Michael G. Simpson

제3판

PLANT SYSTEMATICS

식물계통학

역자 김영동
신현철

월드사이언스
worldscience.co.kr

Plant Systematics

Third Edition

Michael G. Simpson

김영동 · 신현철

Plant Systematics by Michael Simpson. third edition.

식물계통학 제3판

인　　쇄 | 2022년 1월 20일
발　　행 | 2022년 1월 30일

저　　자 | Michael G. Simpson
역　　자 | 김영동 · 신현철
발 행 인 | 신정숙

발 행 처 | (주)도서출판 월드사이언스
주　　소 | 서울특별시 서초구 도구로 115(방배동, 월드빌딩 1층)
등록일자 | 1988년 2월 12일
등록번호 | 제 16-1601호
대표전화 | (02) 581-5811~3
팩　　스 | (02) 521-6418

E-mail | worldscience@hanmail.net
U R L | http://www.worldscience.co.kr

정　　가 | **40,000원**
I S B N | 978-89-5881-309-5

목차

IV부 식물계통학의 근본

V부 종의 개념과 보전생물학

저자 서문

『식물계통학』은 육상식물의 형태, 진화 그리고 분류에 관한 입문서이다. 이 책은 식물계통학 분야의 기본적인 연구방법, 연구목표, 증거 및 용어를 소개하고, 식물의 유연관계에 관한 최신 지식과 이 분야에 필수적인 유용한 자료를 요약하는 것을 목표로 한다. 나는 학생들이 이 분야의 방대한 정보 중에서 보다 중요한 부분을 잘 이해한 후, 관련 문헌으로부터 더욱 상세한 정보를 얻을 수 있도록 이들 자료를 간결하면서도 명료하게 제시하기 위해 노력하였다.

이 책은 학부 고학년에서 개설되는 식물계통학이나 식물분류학 강좌를 위한 것이지만, 책의 일부 내용은 식물상 강의에 사용될 수 있고, 상당 부분은 식물형태학, 식물다양성 또는 일반식물학 수업에 활용될 수도 있다.

각 장의 첫 쪽에는 상세한 목차를 제시하였는데, 이는 나의 학생들이 매우 유익하다고 추천한 방식이다. 책 전반에 걸쳐 수많은 컬러사진과 선화를 활용하였다. 이들 사진에서 볼 수 있는 중요한 특징은 표징형질을 나타내기 위해 식물재료를 절개하여 주요 부위를 표시하였다는 것이다. 각 장의 끝에는 (1) 배운 내용을 점검하는 복습문제, (2) 배운 내용을 적용해 보는 실습과제, (3) 기본적인 또는 최신 참고문헌을 수록하였다. 참고문헌에 인용된 문헌들은 충분하지 못할 수 있으며, 따라서 학생 스스로 자료검색을 해보기 바란다(부록 3 참조). 일부 장에는 웹사이트도 제시하였다.

이 책은 몇 개의 단원으로 구성되며, 대부분의 단원은 논리적으로 묶인 둘 이상의 장으로 이루어져 있다. 물론, 이 책의 강의 순서는 강의자의 의도나 식물재료의 입수 가능 여부에 따라 조정될 수도 있다. 각 장에는 일부 반복되는 내용이 약간 있을 수도 있으나, 이는 각 장을 독립적으로 활용할 수 있도록 배려한 것이다.

단원 I, "계통학"은 계통학 분야의 개념과 연구방법에 관한 일반적인 개요이다. 제1장은 식물의 정의, 유연관계, 분류 그리고 중요성을 담고 있으며, 계통학, 분류학, 진화 그리고 계통수에 관한 원리나 기본 개념을 요약하고 있다. 제2장은 분류학을 여전히 활발한 분야로 소개하면서, 계통수 또는 분계도를 추론하는 이론과 방법론 등을 포함한 계통발생학의 상세한 내용을 다루고 있다.

단원 II, "식물의 진화와 다양성"은 식물의 특징과 분류에 관한 상세한 내용을 담고 있다. 이 단원은 녹색식물(제3장), 관속식물(제4장), 종자식물(제5장), 현화식물(제6–8장)에 관한 기초적인 내용을 이해할 수 있도록 6개의 장으로 구성하였다. 제3장에서 제5장은 각각 두 개의 주요 단락으로 편성하였다. 첫째 단락에서는 해당 식물군의 진화 역사를 보여주는 계통수(분계도)를 제시하였다. 계통수상에 표시된 진화적 특징인 주요 파생형질은 이들 특징이 식물의 적응에 기여한 바를 강조하면서 글과 그림으로 설명하였다. 식물계통학에 대한 이와 같은 진화적 접근은 주요 식물군과 그 특징을 단순히 암기하는 것보다 개념적으로 더 수월하다. 이러한 특징들을 고유한 진화 사건으로 간주하는 것은, 특히 식물의 적응과 관련되었을 중요성을 감안할 때, 이들에게 "생명을 불어넣는" 일이다. 두 번째 단락에서는 대상 분류군의 다양성에 관해 간단히 고찰하였다. 이명과 희귀 형질상태는 대괄호 안에 제시하였다. 주요 식물군의 대표식물은 글과 그림으로 설명하여 학생들이 주요 식물 계통의 기본적인 특징을 인지하고 알아채는 것을 배우도록 했다.

현화식물 또는 피자식물에 관해서는, 이들이 식물계의 대부분을 차지한다는 점을 고려하여, 3개의 장을 할애하였다. 제6장에서는 현화식물의 진화를 다루면서 이 그룹의 파생형질과 기원의 개요를 설명하였다. 제7장과 제8장에서는 현화식물의 특정 분류군에 관해 기재하였다. 제7장에서는 원시피자식물과 단자엽식물 등, 진정쌍자엽식물이 아닌 분류군을 다루었다. 제8장은 피자식물의 대부분을 차지하는 진정쌍자엽식물을 위해 할애하였다. 이들 두 장에서는 상당수의 현화식물 과를 사진과 그림 제공을 통해 상세히 기재하였다. 이들 대부분은 학생들이 쉽게 재료를 접할 수 있는 과에 해당한다. 상세하게 기재하지 않은 다른 몇몇 과에는 사진이나 도해를 제시하였다. 학생들이 과를 인지하는 데 사용할 수 있는 표징형질을 강조하려고 노력했으며, 그 과의 경제적 유용성도 일부 포함하였다. 전문용어를 이해하기 위해서는 제9장과 제10–14장을 참고하거나 용어집을 활용할 필요가 있다. 일부를 제외하고,

전반적으로 피자식물연구회의 APG IV 분류체계를 활용하였다. 이 분류체계는 근연관계에 놓인 과를 분류함에 있어서 목을 주요 분류계급으로 사용하는데, 이는 현화식물의 엄청난 다양성을 다루기에 매우 유익한 방법으로 판명되었다.

단원 III, "계통학적 증거와 기재용어"는 식물형태학(제9장)으로 시작하였다. 본문의 설명, 수많은 모식도 및 사진을 사용하여 학생들이 식물의 형태를 상세하고도 완전하게 기재하는 훈련을 쌓아가도록 하였다. 부록 1과 2는 제9장과 함께 활용하도록 계획된 것이다. 제10장에서는 식물발생학, 화분학 및 생식생물학을, 제11장에서는 식물분자계통학을 다루었다. 이 두 장을 식물계통학 교재에 포함시킨 이유는 이들 다양한 분야의 특성이 계통학적 연구에서 다루어지거나 계통수 제작 및 분류분의 경계 설정에 자주 활용되기 때문이다. 특히, 마지막 장인 식물분자계통학 부분에서는 계통수 연구를 위한 최근 몇 년 동안의 노력 가운데 가장 생산적인 기술과 방법론을 업데이트하려고 했다.

단원 IV, "식물계통학의 근본"에서는 일상적인 식물계통학 연구에 필수적인 일부 기초적인 내용에 관해 논의하였다. 식물의 동정과 명명(제12장)은 가장 전형적인 차상검색표와 전산화된 다지형검색표 및 실제적인 동정방법과, 신종의 합법적 출판 및 식물명의 분류학적 처리 과정을 포함한 최신 규약(조류, 균류, 식물에 관한 국제명명규약)의 기본적인 내용을 담고 있다. 식물 채집과 표본관(제13장)에서는 식물을 올바르게 채집하는 방법 및 철저한 자료 확보를 강조하였는데, 특히 후자는 다양성 연구와 보전생물학에서 그 중요성이 날이 갈수록 증가하고 있다. 또한 표본관 운영의 기초에 관해 알아보면서, 형태적, 생태적, 생물지리학적 자료를 분석하고 통합하기 위한 식물 채집품에서 전산화된 데이터베이스 시스템이 차지하는 역할을 강조하였다.

단원 V, "종의 개념과 보전생물학(14장)"에서는 식물의 생식과 종 및 종내 분류군의 기준과 개념을 검토하고, 보전생물학의 기본 개념과 이것이 분류학 및 계통학과 어떤 관련성이 있으며, 생물학자와 사회에는 어떠한 중요성을 지니고 있는가를 다루었다.

마지막에는 부록 4개와 용어해설을 수록하였다. 이들 부록은 개인적으로 "식물계통학" 강좌에서서 중요하다고 생각해 온 것들이다. 부록 1은 식물을 상세하게 기재하는 데 필요한 형질들의 목록이다(식물계통학 자료 웹사이트 참조). 이 목록은 출판도 가능한 기재문을 작성할 수 있도록 학생들을 훈련시키기에 유익하다. 부록 2에서는 식물도해에 관해 간단히 설명하였다. 관찰능력을 향상시키기 위해서는 보고 그리는 법을 배울 필요가 있다. 부록 3에는 식물계통학 분야의 학술지 목록과 자료검색 요령을 수록하였다. 부록 4에서는 통계 및 형태 계측 방법에 관한 간략한 개요와 이러한 방법을 분류학 및 계통발생과 관련된 문제 해결에 어떻게 적용할 수 있는지 설명하였다. 용어해설에서는 이 책에 사용된 모든 용어를 정의하였고, 일부 유의어와 대체어도 제시하였다.

다음 3개의 웹사이트를 이 교재와 병행해서 사용할 수 있다. (1) 식물계통학 자료 웹사이트(*http://www.sci.sdsu.edu/plants/plantsystematics*)에는 누구나 얻을 수 있는 자료가 올려져 있다. (2) 안내서 웹사이트(*http://www.elsevierdirect.com/companions/9780123743800*)에는 각 장의 그림, 부록의 자료, 저자의 웹사이트 링크가 포함되어 있다. (3) 강의자 전용 웹사이트(*http://books.elsevier.com/manualsprotected/0126444609*)에는 비밀번호를 통해 접속해야 볼 수 있는 지침서가 있다. 강의자 전용 웹사이트에 접속하려면 <textbooks@elsevier.com>에 문의하기 바란다.

본 교재 전반에 걸쳐, 각 장의 주제를 기획하고 편성할 때 "무엇을–어떻게–왜"라는 질문을 늘 염두에 두었다. (1) 무엇을 하였는가? 주제는 무엇이며, 기본 정의는 무엇인가? 많은 "과학적" 문제 제기가 시작 단계에서 용어를 명확히 정의하고 설명하면 해결될 수 있을 것이다. (2) 어떻게 해서 된 것인가? 재료와 방법, 자료 산출 기법, 자료 분석 방법은 무엇인가? (3) 왜 그것을 했는가? 목적, 목표 그리고 지향점은 무엇이며, 관련된 중요한 이론적 틀은 무엇인가? 이 연구나 주제가 다른 분야와 어떤 상관이 있는가? 스승인 A.E. Radford가 내게 처음으로 소개해 준 이 "무엇을–어떻게–왜"라는 단순한 방법은 모든 지적 활동에 유용하다. 학생을 가르치는 것은 얻는 것이 많고, 양질의 글쓰기와 여러 주제를 비판적으로 사고하는 데 도움을 준다.

끝으로, 나는 학생과 강의자 모두에게 하던 일을 이따금씩 잠시 멈추고 우리가 왜 이런 일을 하는가에 대해 되돌아볼 것을 권한다. 나는 오랫동안 이에 관한 생각을 다듬어 왔으며, 그래서 다음과 같은 달성 가능한 목표를 제안하고자 한다. (1) 자연의 아름다움, 웅장함 그리고 오묘함을 깨닫고 알아가기. (2) 과학적 발견을 통한 흥분에 빠져들기. (3) 배움의 기쁨을 경험하고 함께 나누기. 그런 의미에서 이 책이 다른 사람들에게 도움이 되기를 진심으로 바란다.

Acknowledgments

I sincerely thank Andy Bohonak, Bruce Baldwin, Lisa Campbell, Travis Columbus, Gary Emberger, Lluvia Flores-Rentería, Chrissen Gemmill, Matt Guilliams, Robert Hattaway, Bruce Kirchoff, Eric Knox, Kristen Hasenstab-Lehman, Makenzie Mabry, Lucinda McDade, Steve O'Kane, Kathleen Pryer (and her lab group), Jon Rebman, Tanya Renner, P. van Rijckevorsel, Paula Rudall, Dennis Stevenson, Livia Wanntorp, Annette Winner, and several anonymous reviewers for their comments on various chapters or appendices of the first, second, or third editions of this book. I thank Anna C. Simpson and Lee M. Simpson for technical help. I am grateful to Peter Stevens for up-to-date information on higher level classification of angiosperms from his excellent Angiosperm Phylogeny Website. As always, none of these bear responsibility for any mistakes, omissions, incongruities, misinterpretations, or general stupidities.

Almost all of the illustrations and photographs are the product of the author. I thank the following for additions to these (in order of appearance in text):

The "tree" of Unit 1 opening page (at left) is from Augier, A. 1801. Essai d'une nouvelle classification des végétaux. Lyon, Bruyset Ainé. (See Stevens, P. F. 1983. Taxon 32: 203–211.) The cladogram (at right) was an unpublished tree from the study by Simpson et al. 2017. Taxon 66: 1406–1420..

The Jepson Herbarium (University of California Press) gave special permission to reproduce the key to the Oleaceae (Thomas J. Rosatti, author) in Figure 1.7.

Madroño (California Botanical Society) gave permission to reproduce Figure 4C of Simpson, et al. 2016. Madroño 63: 39-54, and Figure 2 of Dodero and Simpson. 2012. Madroño 59:223-229 in Figure 2.1 of Chapter 2.

Rick Bizzoco contributed the images of *Chlamydomonas reinhardtii* in Figures 3.2C and 3.3A.

Linda Graham contributed the image of *Coleochaete* in Figure 3.5B.

Figure 4.12A was reproduced from Kidston, R. and W. H. Lang. 1921. Transactions of the Royal Society of Edinburgh 52(4): 831–902.

Figure 4.20C was redrawn from Wakasugi, T., M. Sugita, T. Tsudzuki, and M. Sugiura. 1998. Plant Molecular Biology Reporter 16: 231–241, by permission.

Figure 4.20D was reproduced from Banks et al. 1975. Palaeontographica Americana 8: 77–126, with permission from Paleontological Research Institution, Ithaca, New York.

John Braggins contributed the images of Figure 4.26H–J.

Figure 4.31 was redrawn from Smith, G. M. 1955. Cryptogamic Botany, McGraw-Hill Book Company, Inc., New York.

Lawrence Jensen contributed the images of Figure 4.34A,B,E, 4.35D–E,H–J, 4.36C–D, and 4.37C–F.

Vera Svobodova contributed the images of 4.35A–C.

Gerald Carr contributed the image of 4.36F.

Figure 5.9 was reproduced and modified from Swamy, B. G. L. 1948. American Journal of Botany 35: 77–88, by permission.

Figure 5.13A,B was reproduced from: Beck, C. B. 1962. American Journal of Botany 49: 373–382, by permission.

Figure 5.13C was reproduced from Stewart, W. N., and T. Delevoryas. 1956. Botanical Review 22: 45–80, by permission.

Figure 5.19 was redrawn from Florin, R. 1951. Evolution in Cordaites and Conifers. Acta Horti Bergiani 15: 285–388.

John Braggins contributed the images of Figure 5.22D and 5.24D–F,L.

Figure 5.26B was reproduced from Esau, K. 1965. Plant Anatomy. J. Wiley and Sons, New York, by permission.

Mark Olson contributed the images of *Welwitschia mirabilis* in Figure 5.27B–E.

Figure 6.5 was based upon Jack, T. 2001. Trends in Plant Science 6: 310–316.

Figure 6.18A–C was redrawn from Thomas, H. H. 1925. Philosophical Transactions of the Royal Society of London 213: 299–363.

Figure 6.18D–F was redrawn from Gould, R. E. and T. Delevoryas. 1977. Alcheringa 1: 387–399, by permission.

Figure 6.19A was contributed by K. Simons and David Dilcher (©); Figure 6.19B was contributed by David Dilcher (©) and Ge Sun.

Stephen McCabe contributed the images of *Amborella* in Figures 7.3A,C.

The Arboretum at the University of California-Santa Cruz contributed the image of *Amborella* in Figure 7.3B.

Sandra Floyd provided the image of *Amborella* in Figure 7.3D.

Jeffrey M. Osborn and Mackenzie L. Taylor contributed the images of the Cabombaceae in Figure 7.4.

Jack Scheper contributed the image of *Illicium floridanum* in Figure 7.6A.

Figure 7.18A was reproduced from Behnke, H.-D. 1972. Botanical Review 38: 155–197, by permission.

Constance Gramlich contributed the image of *Amorphophallus* in Figure 7.25C.

Wayne Armstrong contributed the image of a flowering *Wolffia* in Figure 7.25G.

Benjamin Lowe contributed the image of *Scoliopus bigelovii* (Liliaceae) in Figure 7.28H.

John Kress contributed the Zingiberales drawing in Figure 7.54.

Will Cook contributed the images of *Hamamelis virginiana* in Figure 8.13A–C and of *Ulmus alata* in 8.39G.

Gerald Carr contributed the images of *Hillebrandia sandwicensis* in Figure 8.42A,B and of *Juglans hindsii* in Figure 8.47D–H.

The Rampant Gardener contributed the image of *Juglans regia* in Figure 8.47J.

Jerry Green contributed the image of *Crossosoma bigelovii* in Figure 8.48A.

Reid Moran contributed the image of *Crossosoma californicum* in Figure 8.48B–D, of *Koeberlinia spinosa* in Figure 8.57J–L, and of *Eucnide urens* in Figure 8.88B.

Mark Olson contributed the images of *Moringa* spp. in Figure 8.57M–Q.

Figure 8.72B was reproduced from Behnke, H.-D. 1972. Botanical Review 38: 155–197, by permission.

Gerald Carr contributed the images of *Ardisia crenata* in Figure 8.93A,B.

Steven Swartz contributed the images of *Heliamphora* sp. in Figure 8.97F,G.

Matt Guilliams contributed the image of *Pholisma sonorae* in Figure 8.100F,G.

David G. Smith contributed the images of *Phryma leptostachya* in Figure 8.116I,J.

Michael Silveira contributed the image of *Linnaea borealis* in Figure 8.127C,D.

Michael Mayer contributed material of *Scabiosa*, photographed in Figure 8.128E–L.

On the Unit III opening page the brass microscope image is courtesy of Allan Wissner (*www.antique-microscopes.com*), and the image of an Illumina sequencer is a general use image (*https://www.illumina.com/company/news-center/multimedia-images.html*)

Figure 9.6 was reproduced and condensed from Hallé, F. et al. 1978. *Tropical Trees and Forests: An Architectural Analysis.* Springer, Berlin., by permission.

Figure 9.13 was redrawn from Hickey, L. J. 1973. American Journal of Botany 60: 17–33, by permission.

Darren Burton prepared several illustrations in Chapter 9.

Figure 13.4A was redrawn from Weberling. 1989. *Morphology of Flowers and Inflorescences.* Cambridge University Press, Cambridge, New York, by permission.

Figure 13.4B was redrawn from Kohn et al. 1996. Evolution 50: 1454–1469, by permission.

Jon Rebman contributed the images in Figure 13.7D,E.

Figure 14.4 was redrawn from Wakasugi, T., M. Sugita, T. Tsudzuki, and M. Sugiura. 1998. Plant Molecular Biology Reporter 16: 231–241, by permission.

The Herbarium at the San Diego Natural History Museum contributed the images in Figure 17.2.

Jon Rebman contributed the image of the herbarium sheet in Figure 18.2.

Figure 19.6 was redrawn from Huang et al. 2005. Journal of Plant Research 118: 1–11, by permission.

Figure 19.9 was redrawn from Baldwin. 2000. Madroño 47: 219–229, by permission.

Dinna Estrella contributed the stippled line drawing in Appendix 2.

역자 서문

이 책을 처음 접했을 때 그동안 다른 식물분류학 교재에서 받았었던 이런저런 아쉬움이 상당부분 사라지는 것을 느꼈다. 우선, 식물의 다양성을 수준 높은 컬러사진을 사용하여 소개하는 점이 가장 먼저 눈에 들어왔다. 이는 식물에 관한 관심과 흥미를 이끌어내기 위해서 누군가가 했어야 할 일이라고 생각하였다.

이 책이 주는 또 다른 매력은 계통수 제작에 대한 기초 이론을 비교적 쉽게 잘 설명하였다는 것이다. 다양한 형질을 분석하여 제작한 계통수에 의거하여 분류체계를 수립하는 것이 최근 분류학의 추세라는 점을 고려해 볼 때, 계통수 제작 원리는 식물계통학의 필수 분야라고 할 수 있다. 식물계 전체에 관한 소개부터 시작하여 현화식물 주요 과의 기재에 이르기까지 각 분류군을 특징짓는 파생형질과 계통유연관계가 책 곳곳에 수록되어 있는 것을 보면 계통수 제작 원리에 대한 이해가 얼마나 중요한지 잘 알 수 있다.

이 책이 지니는 장점들 중 가장 주목할 만한 것은 식물의 기재에 필요한 각종 형질, 그 중에서도 특히 형태형질을 매우 체계적이면서도 상세하게 제시했다는 것이다. 이들 중에는 동합이나 이합 등, 역자들이 이전에 진지하게 생각하지 못했던 유용한 용어들이 다수 포함되어 있다. 뿐만 아니라 이 책에는 식물 명명, 채집, 동정, 기재, 도해, 표본제작, 표본관 이용법 등 식물분류학 연구에 꼭 필요한 모든 기본적인 사항이 상세하고 친절하게 수록되어 있다. 이러한 매력과 장점은 이 책을 빨리 번역하고자 하는 마음을 먹도록 하는 데 충분하였다.

그러나 막상 이 책을 번역하는 동안에 이 일을 과연 마무리할 수 있을까라는 의구심이 수시로 찾아들었다는 것을 고백하지 않을 수 없다. 가장 고민했던 점(그리고 지금도 많이 염려하는 것)은 지나치게 다양한 형태형질 및 계통분석 관련 용어들에 대한 번역이었다. 풍부한 용어가 이 책의 장점 가운데 하나이긴 하지만, 이들 용어 상당수에는 우리말 명칭이 붙어 있지 않거나, 우리말 명칭이 있다 할지라도 매우 생소하고, 정착되지 않은 여러 용어들이 난립하고 있다. 따라서 이들을 번역해낸다는 것은 결코 만만한 일이 아니었다. 그럼에도 불구하고 이 책이 보다 많은 사람들에게 읽히기를 원하는 마음으로 오늘에 이르게 되었다.

이번 제3판에서는 연구 방법론의 발전이나 최근의 계통수 연구 결과를 반영한 내용의 변화가 가장 눈에 띈다. 우선 식물분자계통학(제11장) 부분에서 가장 큰 변화가 있었다. 대용량 시퀀싱(차세대염기서열 분석법, NGS)의 등장에 따른 내용 추가가 있었고, 과거에 주로 사용되었던 몇몇 방법론에 관한 내용은 삭제되었다. 한편, 계통유연관계 연구에 관한 최신 결과를 반영하여 제3장~제8장에 제시된 계통수 및 관련 설명에도 적지 않은 변화가 있었다. 원서 제3판은 더 많은 과가 기재 대상으로 추가되면서 제2판에 비해 더욱 두꺼워졌다. 그러나 여러 가지 사정상 번역서에서는 그러한 변화를 모두 담아내지는 않았다. 원서의 제10장 이후는 번역서 제2판과 마찬가지로 관련 주제별로 몇몇 장을 통합하여 편집하였다. 예를 들어, 식물발생학, 화분학 및 식물의 생식은 제10장으로, 식물의 동정과 명명은 제12장으로, 식물 채집과 표본관은 제13장으로 각각 통합하여 편집하였다.

일부 용어는 본래의 의미 및 사용 빈도를 감안하여 수정하였다. 특히 책 전반에 걸쳐 계통(lineage)과 계통발생(phylogeny)의 의미를 구분하여 사용하고자 하였다. 'phylogeny'는 원서의 문맥에 따라 계통수, 계통유연관계 등으로 신중하게 대체하여 번역하였다. 이는 생물 계통(종이나 속 또는 상위 분류계급의 분류군)의 발생 또는 분기 역사, 즉 생물의 진화 역사를 그림으로 제시한 것이 계통수이고, 그 계통수에는 이들 계통 간의 유연관계가 나타나 있기 때문이다. 한편, 최근의 분자계통수 연구 등을 통해 알려진 몇몇 단계통군 또는 분계군(clade)의 명칭은 편의성을 우선적으로 고려하여 국명을 정하였다. 예를 들어, 'Fabids'는 콩분계군에서 콩군으로, 'Asterids'는 국화분계군에서 국화군으로 수정해서 간단히 표기하였다. 그밖에 'fused'라는 단어는 현재 국어사전에서 통용되는 의미를 고려하여 유합에서 합착으로 수정하였으며, 명명과 관련된 몇몇 용어도 최신 자료를 참고하여 재정리하였다.

저자가 제9장 서두에서 언급한 것처럼 용어는 끊임없이 생겨나고 사라진다. 비록 용어 번역 하나하나에 많은 고민을 하였지만,

번역을 위해 채택되거나 역자들에 의해 작명된 일부 용어들에 대해서는 선후배님들의 준엄한 비판과 조언이 필요할 것으로 생각한다. 가장 염려되는 것은 이 책이 학생을 비롯한 독자들에게 얼마나 쉽게 읽힐 수 있을까라는 점이다. 분류학이라는 분야에 내재하는 깊은 역사성과 수많은 생물을 다양한 방법론으로 종합 고찰하는 학문적 특징을 고려할 때, 그간 역자들이 쏟은 모든 노력에도 불구하고 일부 내용은 이해하는 데 많은 시간이 걸릴 수 있으리라 생각한다. 모르는 용어가 나오면 책 말미에 있는 용어해설을 적극 활용하되, 가급적 찾아보기를 통해 해당 본문이나 그림 속에서 그 뜻이나 정의를 살펴보길 권한다.

때로는 번역된 글이 더 읽기 어렵다. 원서의 문체가 만연체라는 점에서, 우리는 특히 이 점을 가장 경계하였으나 능력의 한계를 절감하였다. 그럼에도 불구하고, 현재 진행되고 있는 식물계통학의 각 방법론에서부터 최신 분류체계에 대한 전반적인 내용, 그리고 다양한 용어를 한 권의 책으로 국내에 소개할 수 있었다는 점에서 뿌듯한 마음도 들었다. 부디 이 책이 분류학에 매진하고 있는 선후배님을 비롯하여, 식물분류학을 공부하고자 하는 학생들에게 조금이나마 도움이 될 수 있기를 바란다. 이 책, 특히 제3판의 교정 과정에서 도움을 준 한림대학교 생명과학과 김현구 군에게 고마움을 전한다. 끝으로 이 책이 출간될 수 있도록 아낌없이 지원해 주신 월드사이언스 사장님과, 꼼꼼한 편집으로 개정판의 완성도를 한껏 높여준 정창기 실장님을 비롯한 편집부 직원들 모두에게 깊이 감사드린다.

2021년, 역자 일동

역자 소개

김영동 한림대학교 생명과학과 교수
ydkim@hallym.ac.kr

신현철 순천향대학교 생명과학과 교수
shinhy@sch.ac.kr

I

계통학

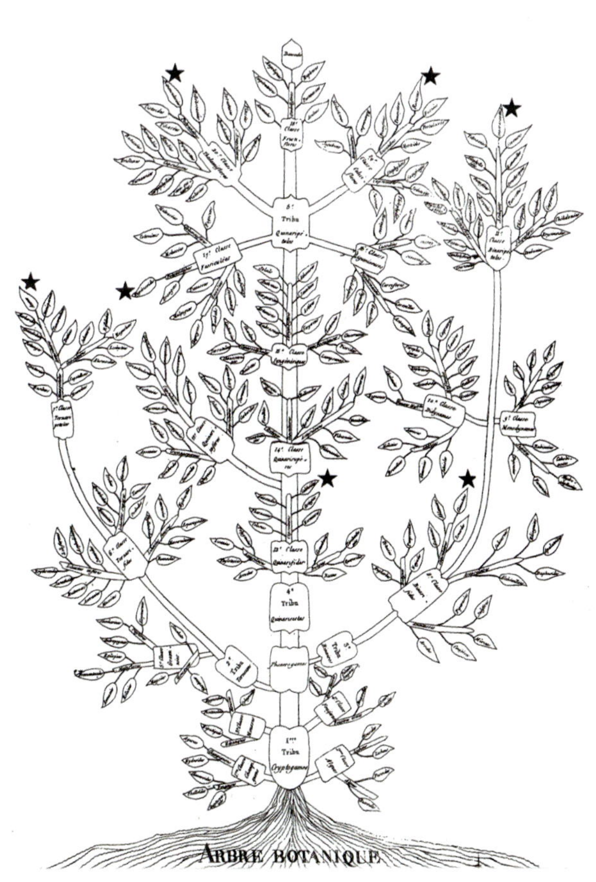
ARBRE BOTANIQUE.

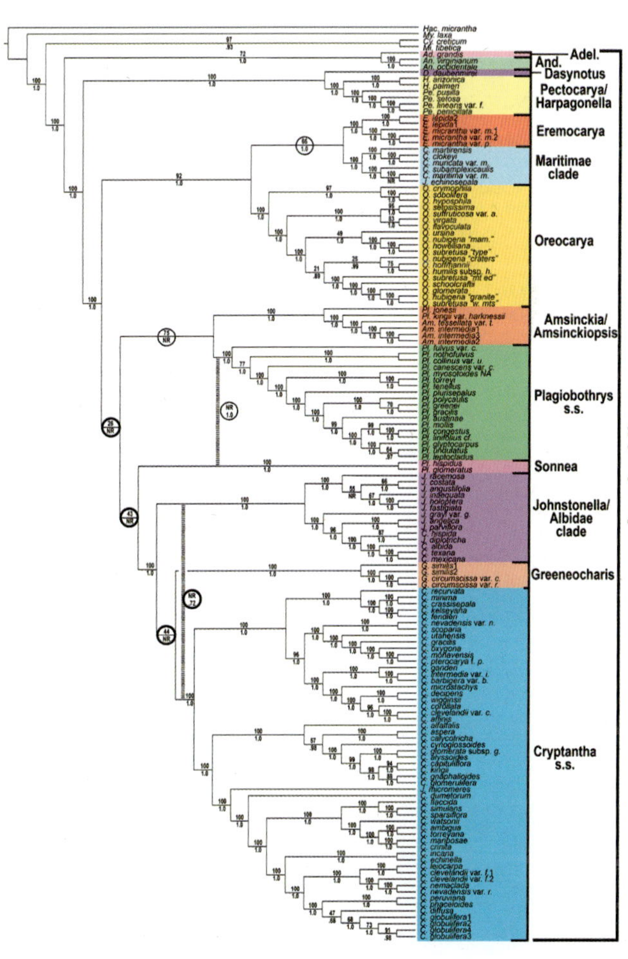
Adel.
And.
Dasynotus
Pectocarya/
Harpagonella
Eremocarya
Maritimae
clade
Oreocarya
Amsinckia/
Amsinckiopsis
Plagiobothrys
s.s.
Sonnea
Johnstonella/
Albidae
clade
Greeneocharis
Cryptantha
s.s.
Amsinckiinae

1

식물계통학: 총론

이 책은 식물계통학이라는 매력적인 생물학 분야에 관한 것이다. 이 장에서는 식물이 무엇인지, 식물계통학은 어떤 학문인지 그리고 식물계통학을 공부하는 이유 등과 같이 기본적인 것을 소개하고자 한다.

식물

식물이란 무엇인가?

이 질문은 다음 두 가지 이론적인 방식 중 하나로 대답할 수 있다. 첫 번째 방식은 전통적인 것으로, 식물과 같은 생물군을 그들이 지니는 형질로써 정의하는 것이다. 아주 오랫동안, 세포벽이 존재하며 포자를 생성하고, 광합성을 수행하면서 다소 정적인 특징을 보이는 생물을 "식물"로 정의해 왔다. 이러한 전통적 의미의 식물에는 현미경적인 크기의 다양한 생물, 모든 "조류(algae)" 및 우리에게 보다 친숙한 육상식물이 전부 포함된다. "식물이란 무엇인가?"라는 질문에 대답하기 위한 두 번째 방식은 생물의 진화 역사를 살펴본 후 그 역사를 반영하여 생물군을 정의하는 것이다. 우리는 그간의 여러 반복적인 연구 결과를 통해 유연관계가 먼 몇몇 광합성 생물군이 각각 독립적으로 진화되어 왔음을 알고 있다.

이처럼 **식물**이라는 단어의 뜻이나 정의는 모호하며 사람들마다 제각각일 수 있다. 일부 사람들은 여전히 "식물"을 광합성이라는 공통적인, 그러나 독립적으로 진화된 형질로 정의되는 "다계통군"으로 대하기를 원한다. 그러나 생물군을 진화 역사에 기초하여 규정하는 것이 거의 보편적으로 받아들여지게 되었다. 후자와 같은 식의 분류는 진화 역사의 양식을 직접적으로 반영하며, 따라서 진화적 가설을 명쾌하게 검증하는 데 활용할 수 있다(제2장 참조).

식물이 무엇인지 이해하기 위해서는 생물의 진화 전반에 대한 설명이 필요하다.

식물 그리고 생물의 진화

최근에는 생물을 3개의 주요 그룹('역'이라고도 함), 즉 **고세균역**[Archaea; 또는 **고세균**이라고 불림], **세균역**[Bacteria; 또는

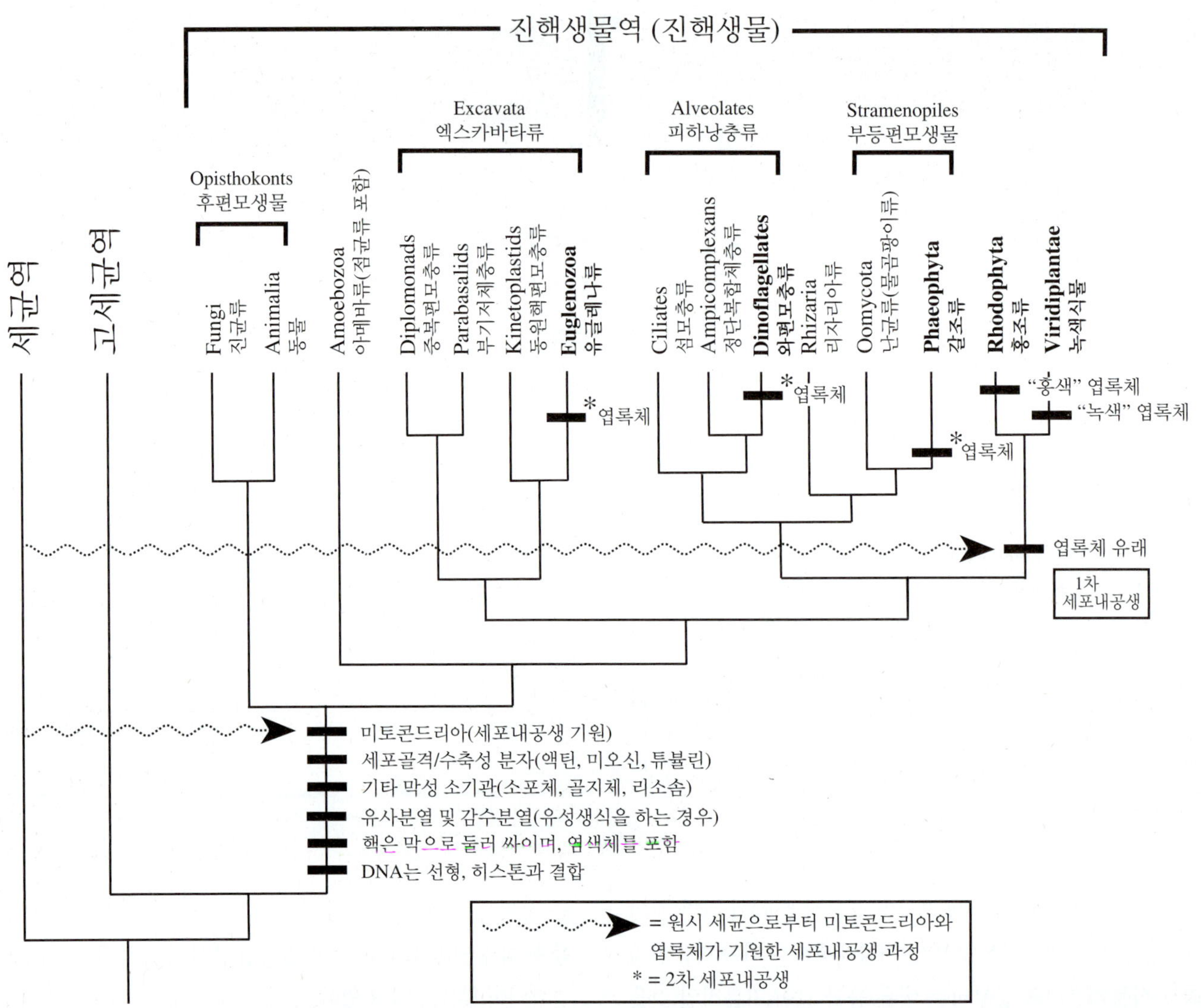

그림 1.1 생명의 계통수(Parfrey et al. 2010로부터 간략하게 변형한 것; Williams et al. 2018 참조). 진핵생물의 파생형질과 엽록체 및 미토콘드리아가 세포내공생을 통해 한 차례 기원했다는 것을 보여준다(화살표). 홍조류와 녹색식물에서 엽록체 구조가 달라졌으며, 다른 여러 계통에서 2차 세포내공생(*로 표시)을 통해 엽록체가 기원한 것에 주목할 필요가 있다. 광합성을 하는 진핵생물 그룹은 볼드체로 표시했다.

진정세균이라고 불림] 그리고 **진핵생물역**(Eukarya) 또는 **진핵생물**(eukaryotes 또는 eucaryotes)로 분류한다. 이들 세 생물 그룹의 진화적 유연관계를 **그림 1.1**에 계통수 또는 분계도로 간략하게 요약하였다. 고세균과 진정세균은 대부분 작은 단세포성 생물로 원형 DNA를 지니며, 이분법으로 분열하고, 막으로 둘러싸인 세포소기관이 없다. 이 두 그룹은 특정 세포 구성 요소의 화학 구조에 있어서 차이를 보인다. 진핵생물은 단세포성 또는 다세포성 생물로 히스톤 단백질이 결합된 선형 DNA를 지니며, 유사분열 및 감수분열을 하고, 핵과 같은 막성 세포소기관과 세포골격 구조 및 미토콘드리아(대부분의 경우)를 보유하고 있다(그림 1.1).

일부 단세포성 세균(남세균 또는 남조류)은 빛에너지를 이용하여 물과 이산화탄소를 고에너지 화합물로 전환하는 생화학적 시스템인 광합성을 수행한다. 이들 광합성 세균은 틸라코이드라는 내막계를 지니며, 그 막에는 빛에너지를 화학에너지로 전환하는 색소화합물이 묻혀 있다. 모든 광합성 진핵생물에는 **엽록체**라고 하는 광합성 세포소기관이 존재하는데, 이는 색소가 함유된 틸라코이드막을 지니는 광합성세균과 유사하다.

엽록체는 어떻게 진화했을까? 진핵생물의 엽록체는 원시 진핵세포가 남세균과 유사한 광합성세균을 집어삼킴으로써 기원

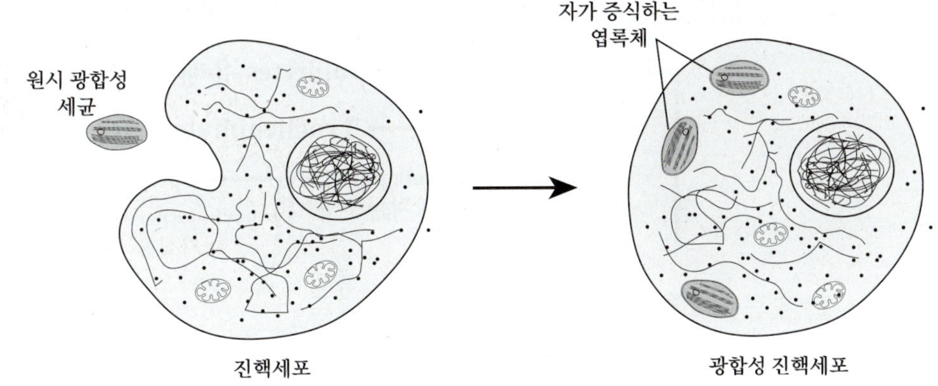

그림 1.2 원시 진핵세포 내에서 원시 광합성 세균이 세포내공생 과정을 통해 엽록체로 기원한 것을 도해한 것.

하게 되었다는 주장이 현재 널리 받아들여지고 있다. 이후 광합성세균은 세포 내에서 계속 살아남았고, 궁극적으로는 증식까지 하게 된 것으로 생각된다(그림 1.1, **그림 1.2**). (미토콘드리아 역시 원시 비광합성 세균으로부터 이와 같은 과정으로 진화하였다; 그림 1.1 참조) 이에 대한 증거로서 엽록체 역시 오늘날의 세균과 마찬가지로, (a) 원형 DNA, (b) 보통보다 약간 작은 70S 리보솜, (c) 이분법에 의한 증식 등의 특징을 보인다. 세포 안으로 들어온 광합성세균은 진핵세포에 고에너지 산물을 제공하였고, "숙주"에 해당하는 진핵세포는 광합성세균에게 보다 나은 환경을 제공하였다. 두 종이 가까이 접촉하며 살아가는 것을 공생이라 하는데, 이처럼 어떤 세포가 다른 세포 안으로 들어가 공생하는 것은 **세포내공생**이라 부른다. 이들 광합성 공생세균은 오랜 시간 동안 구조 및 기능적 변형을 거듭해 왔고, 그 결과 자체의 DNA와 증식 능력은 간직하고 있지만 숙주로부터 독립해서 살아가는 능력은 상실했다. 오랜 세월 속에서 엽록체의 일부 유전자가 숙주세포의 핵으로 이동함에 따라 이 둘은 사실상 생화학적으로 서로 의존하며 살게 된 것이다.

진핵생물의 유연관계에 관한 지식은 지금도 유입되고 있지만, 최근에 분자계통학 연구를 통해 얻은 자료는 이른바 "1차" 세포내공생이 한 차례 일어났는데, 이것이 Rhodophyta (홍조식물)과 Chlorobionta(엽록생물)/Viridiplantae(녹색식물)이 공유하는 진화적 혁신임을 시사한다(그림 1.1). 이들 초기 엽록체는 광합성 색소, 틸라코이드 구조, 저장 산물에 따라 홍조식물 및 녹색식물 유형으로 각각 변화하였다(그림 1.1 참조). 유글레나류, 쌍편모조류, 갈조류와 같은 광합성 생물 계통은 "2차" 세포내공생을 통해 엽록체를 갖게 되었는데, 이는 엽록체를 갖고 있는 원시 진핵생물이 다른 진핵세포에게 삼켜짐으로써 일어났을 것으로 생각된다(그림 1.1).

육상식물

주요 광합성 진핵생물 그룹 중에서 녹색식물은 기본적으로 광합성 색소, 틸라코이드 구조 그리고 저장 화합물에 있어서 녹색식물 엽록체만이 지니는 특성에 의해 하나로 묶인다(제3장 참조). 녹색식물은 대개 수생인 "녹조류"와 흔히 육상식물이라고 부르는 유배식물(Embryophytes)을 포함한다(**그림 1.3**). 육상식물은 물에서 나온 식물이 육지 환경에 적응하는 과정에서 지니게 된 몇 가지 혁신적인 진화적 특징에 의해 하나로 묶인다. 이들 특징에는 (1) 조직이 말라버리는 것을 방지해 주는 각피, (2) 불염성 세포층에 의해 보호되는 특수한 배우자낭(난자와 정자를 생성하는 기관), (3) 생활환 내에 삽입된 이배체기(포자체) 초기의 미성숙 구조인 배("유배식물"로 부르게 된 이유가 됨, 상세한 내용은 제3장 참조) 등이 포함된다.

녹색식물 안에 육상식물이 속하는 것처럼, 육상식물에는 관속식물(그림 1.3)이 포함된다. 관속식물은 포자체의 독립 및 물관부와 체관부로 구성되는 관속조직의 진화에 의해 하나로 묶인다(제4장 참조). 관속식물에는 재(材)와 종자의 진화(제5장 참조)에 의해 하나로 묶이는 종자식물이 포함된다(그림 1.3). 마지막으로, 종자식물에는 심피와 수술을 포함하는 꽃과 기타 여러 특징의 진화에 의해 하나로 묶이는 피자식물(그림 1.3)이 포함된다(제6–8장 참조).

이 책에서는 식물을 유배식물, 즉 육상식물과 같은 의미로 다루고자 한다. 이는 육상식물이 이른바 단계통군인 반면 광합성

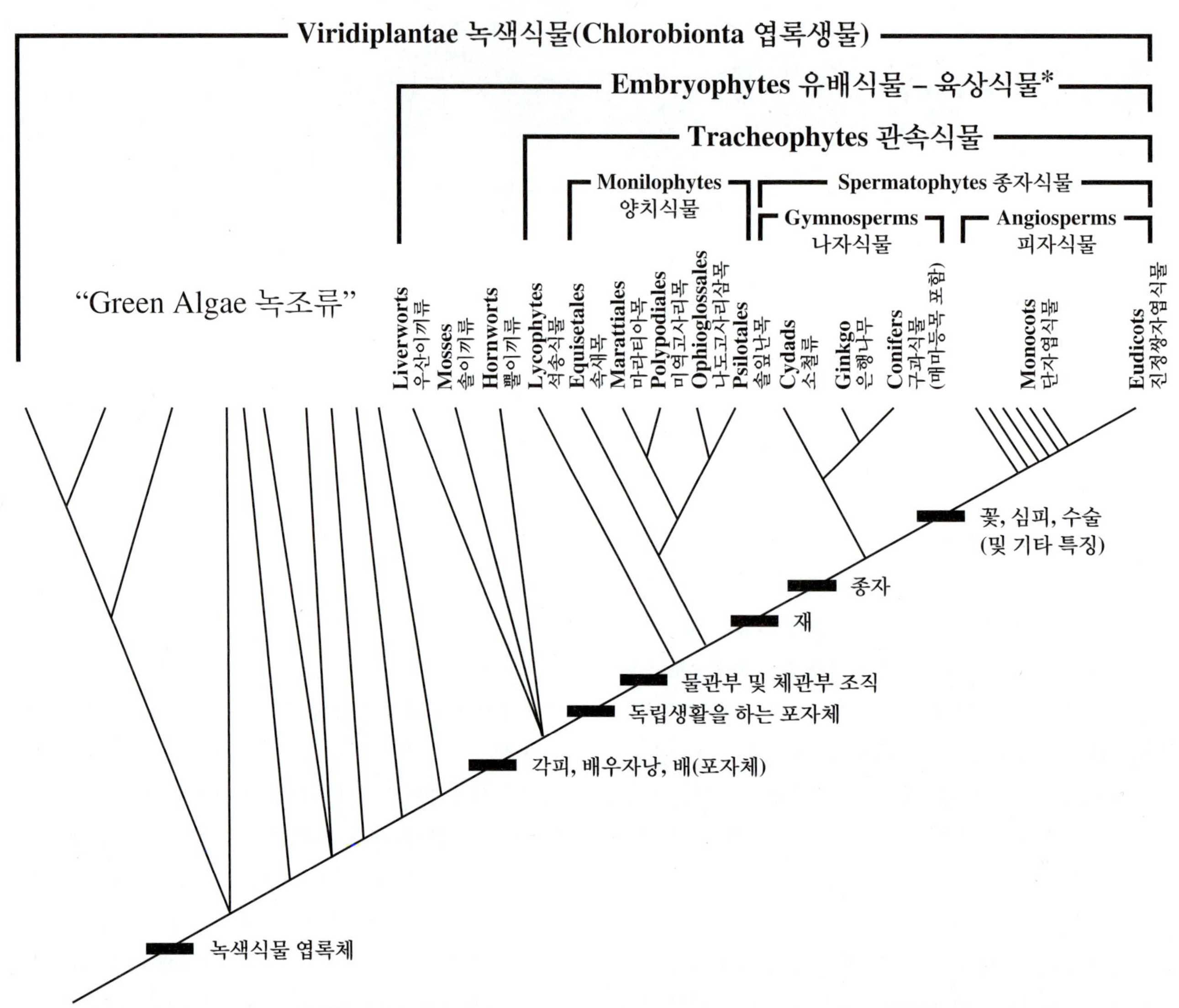

그림 1.3 현존하는 주요 분류군 및 진화적 사건(또는 "파생형질", 굵은 가로선)을 간략하게 나타낸 녹색식물 계통수. *이 책에서는 유배식물(Embryophytes), 즉 육상식물을 "식물"로 간주하였다.

진핵생물은 단계통군이 아니고, 따라서 진화 역사를 정확하게 반영하지 않기 때문이다(제2장 참조). 또한 오늘날 식물계통학 분야를 비롯한 대부분 분야의 사람들이 "식물"을 거론할 때 육상식물을 지칭하는 것이 현실이다. 그러나 앞서 언급했듯이, 일부 사람들은 식물이라는 용어를 다른 의미로 사용하기 때문에 혼란을 피하는 차원에서 이를 명확히 해두는 것이다.

왜 식물을 연구하는가?

식물이 대단히 중요하다는 사실은 아무리 강조해도 지나치지 않다. 식물이 없다면 우리뿐만 아니라 동물 및 다른 많은 생물 그룹 대부분도 존재할 수 없을 것이다. 식물 및 기타 광합성 생물이 수행한 광합성은 두 가지 측면에서 지구 환경을 변화시켰다. 첫째, 수십억 년 동안 광합성에 의한 이산화탄소의 고정과 산소의 방출은 지구의 대기를 변화시켰다. 당초 산소가 결핍되어 있던 대기가 점차 변화하게 된 것이다. 대기에 산소가 일정 부분 축적되면서 산소를 사용하는 호흡(미토콘드리아에서 일어나는 산화적 인산화 반응)에 대한 선택이 일어났는데, 이는 모든 동물을 비롯한 많은 다세포생물의 진화에 필요한 조건을 제공하였다. 게다가 대기 중의 산소가 풍부해짐에 따라 대기 상층부에 오존층이 형성되었고, 이는 과량의 자외선으로부터 생물을 보호해 주었다. 이를 통해 생물은 이전에는 점유하지 못했던 보다 노출된 생태환경에서도 생육할 수 있게 되었다.

둘째, 광합성 생물에 의해 만들어진 화합물은 직간접적으로 여러 비광합성 또는 종속영양 생물에 의해 활용된다. 육상식물은 먹이사슬에서 일차생산자로 작용하여 사실상 거의 대부분의 육상생물과 많은 수생생물에게 탄수화물과 같은 고에너지 화합물, 특정 아미노산과 같은 구조 화합물, 기타 종속영양생물의 대사에 필수적인 화합물을 제공한다. 따라서 수백만 종의 동물을 비롯한 생물종 대부분은 생존을 위해 식물에 거의 전적으로 의존한다. 식물은 일차생산자로서 많은 군집과 생태계의 주요 구성원이자 결정자이다. 식물의 생존은 그들이 속한 생태계를 건강하게 유지하는 데 필수적이다. 이들을 심대하게 파괴할 경우 생물의 멸종, 토양침식, 물 순환 이상 그리고 궁극적으로는 기후의 변화를 통한 재앙이 일어날 수 있다.

또한 식물은 인류에게도 여러 직접적인 면에서 엄청나게 중요하다(**그림 1.4**, **그림 1.5**). 농작물의 대부분을 차지하는 현화식물은 우리들의 주 영양원이다. 우리는 식물의 모든 부분을 음식재료로 활용하는데, 고구마나 당근의 경우 뿌리를(그림 1.4A, B), 마, 카사바, 감자의 경우 줄기를(그림 1.4C), 양배추, 셀러리, 상추의 경우 잎을(그림 1.4D) 그리고 벼(그림 1.4F), 밀(그림 1.4G), 옥수수(그림 1.4H), 기장, 보리, 귀리, 그리고 대두나 완두(그림 1.4I), 기타 많은 과일, 즉 바나나(그림 1.4J), 토마토, 후추, 파인애플(그림 1.4K), 사과(그림 1.4L), 체리, 복숭아, 멜론, 키위, 오렌지, 올리브(그림 1.4M)의 경우 열매나 종자를 이용하는 등과 같이, 그 예는 이루 헤아릴 수 없을 정도로 많다. 향신료로 사용하는 식물에는 허브(그림 1.5A–D)와 향료(그림 1.5E)가 포함되며, 음료로 이용되는 것으로는 초콜릿, 커피, 차 그리고 콜라(그림 1.5F)가 있고, 알코올음료, 즉 맥주, 와인, 증류한 알코올 등으로 이용되는 식물도 있다. 소나무류나 현화식물의 교목은 건축용 목재나 종이 제조를 위한 펄프(그림 1.5G)로 이용된다. 대나무와 야자나무 및 여러 목본이 아닌 식물은 다양한 목적을 위해 건축재로 활용된다. 식물의 섬유는 밧줄(삼), 자루(황마), 천[목화(그림 1.5H), 아마 또는 삼베(그림 1.5I)] 등으로 이용한다. 정유, 수지(고무), 식용유, 펙틴, 녹말, 왁스와 같은 식물 추출물은 산업, 음식, 향수, 화장품에 널리 이용한다. 세계 여러 지역에서 합법 또는 불법적으로 식물 또는 식물에서 얻은 물질이 환각제로 사용되었는데, 여기에는 수백 년간 원주민들이 사용해 온 대마초(그림 1.5I), 아편, 코카인 등과 같은 다양한 식물들이 포함된다. 식물은 그들이 지니는 심미적 아름다움 때문에도 중요한데, 그런 의미에서 원예식물의 재배는 중요한 산업이다. 마지막으로, 식물은 엄청난 의학적 가치를 지니고 있어 다양한 질병을 치료하거나 건강을 유지하게 한다. 식물에서 얻은 물질은 제약 산업에 매우 중요하다. 이들 화합물은 직접 추출되거나, 부분적으로 합성되거나 또는 새로운 약을 합성하기 위한 주형으로 이용된다. 아스피린(원래 버드나무의 수피로부터 얻었음)부터 빈크리스틴과 빈블라스틴(마다가스카르페리윙클에서 기원한 약으로 소아 백혈병을 치료함, 그림 1.5J)에 이르는 많은 "첨단" 약은 궁극적으로 식물에서 유래한 것이다. 또한 수많은 다양한 식물은 전체를 그대로 또는 가공을 통해 식물성 건강보조제로 사용하는데, 최근 인기가 매우 높다.

식물과학과 관련한 인력, 연구방법, 이론은 식물의 용도와 중요성만큼이나 다양하다. 식물과학의 몇몇 분야는 매우 실용적이다. 농학과 원예학은 육종연구나 신품종 선발을 통해 곡물이나 원예작물의 산출과 질병 내성의 개선을 다루는 분야이다. 임학은 목재나 펄프로 사용될 나무를 기르고 수확하는 일에 관심을 두고 있다. 천연물의약학은 식물에서 기원한 1차 추출 천연약물을 다룬다. 이들 실용적인 분야와는 대조적으로 "순수과학"은 실용성과는 별개로 진행되는 연구를 통해 과학적 지식의 진보를 이루는 것이 목표이다. 그러나 순수과학 역시 직접적으로는 실용적인 발견을 통해, 간접적으로는 실용분야에서 활용되는 기초지식의 제공을 통해 실생활에 적용되는 측면이 많다. 이런 분야에는 세포 및 조직의 구조나 발달을 다루는 형태학, 생화학적 및 생물물리학적 과정과 산물을 다루는 식물화학 및 식물생리학, 유전물질의 구조와 기능을 연구하는 식물분자생물학, 식물과 환경의 상호작용을 다루는 식물생태학 그리고 물론 식물계통학이 포함된다.

식물학과 식물과학을 구분할 필요가 있다. **식물과학**(Plant Science)은 식물, 즉 이 책이 다루는 바와 같이 육상식물에 대한 연구이고, **식물학**(Botany)은 전통적으로 식물로 다루어졌던 생물들, 즉 거의 대부분의 광합성 진핵생물(육상식물과 여러 그룹의 "조류")과 세포벽 및 포자를 지니는 다른 많은 진핵생물(진균 및 과거 균으로 처리되었던 난균류나 점균류)에 대한 연구이다(그림 1.1). 그런 면에서 보면 식물학은 식물과학에 비해 더 넓고 포괄적이다. 비록 이들 분야에 대한 정의가 다를 수 있고, 때로는 이를 명확히 해둘 필요도 있지만, 연구 분야로

그림 1.4 경제적으로 중요한 식물들의 예. **A–E.** 채소. **A.** *Ipomea batatas*, 고구마(뿌리). **B.** *Daucus carota*, 당근(뿌리). **C.** *Solanum tuberosum*, 감자(줄기). **D.** *Lactuca sativa*, 상추(잎). **E.** *Brassica oleracea*, 브로콜리(꽃눈). **F–H.** 열매, 건과(곡류). **F.** *Oryza sativa*, 벼. **G.** *Triticum aestivum*, 빵밀. **H.** *Zea mays*, 옥수수. **I.** 종자(콩류), 위에서부터 시계방향으로: *Glycine max*, 대두; *Lens culinaris*, 렌즈콩; *Phaseolus aureus*, 녹두; *Phaseolus vulgaris*, 강낭콩; *Phaseolus vulgaris*, 흑두; *Cicer areitinum*, 병아리콩; *Vigna unguiculata*, 동부; *Phaseolus lunatus*, 리마콩. **J–M.** 열매, 육질과. **J.** *Musa paradisiaca*, 바나나. **K.** *Ananas comosus*, 파인애플. **L.** *Malus pumila*, 사과. **M.** *Olea europaea*, 올리브.

그림 1.5 경제적으로 중요한 식물들의 예. **A–D.** 허브. **A.** *Petroselinum crispum*, 파슬리. **B.** *Salvia officinalis*, 세이지. **C.** *Rosmarinus officinalis*, 로즈마리. **D.** *Thymus vulgaris*, 선백리향. **E.** 향신료와 허브. *Cinnamomum cassia/zeylanicum*, 계피(수피); *Vanilla planifolia*, 바닐라(열매); *Laurus nobilis*, 월계수(잎); *Syzygium aromaticum*, 정향(꽃봉오리); *Myristica fragrans*, 육두구(종자); *Carum carvi*, 캐러웨이(열매), *Anethum graveolens*, 딜(열매); *Pimenta dioica*, 올스파이스(종자); *Piper nigrum*, 후추(종자). **F.** 음료용. (왼쪽 위에서부터 시계 방향으로) *Theobroma cacao*, 초콜릿(종자); *Coffea arabica*, 커피(종자); *Thea sinensis*, 차(잎). **G.** 목재산물: 건축목재(*Sequoia sempervirens*), 펄프로부터 제조한 종이. **H.** 섬유식물. *Gossypium*(목화속)의 일종, 면화(종자의 모용), 매우 중요한 천연섬유 중 하나. **I.** 환각용, 약용, 섬유용 식물. *Cannibis sativa*, 마리화나, 대마; 줄기의 섬유로 삼끈, 밧줄, 천을 제조; 수지에는 tetrahydrocannabinol이라는 환각성 약용물질이 들어있다. **J.** 약용식물. *Catharantus roseus*, 마다가스카르 페리윙클, 소아 백혈병의 치료에 사용되는 빈크리스틴과 빈블라스틴의 원료.

서의 식물학과 식물과학을 모두 인지하는 것이 유용하다.

계통학

계통학이란 무엇인가?

여기서는 **계통학**(systematics)을 생물의 기재, 동정, 명명, 그리고 분류를 수행하는 전통적 **분류학**(taxonomy)을 포함하면서 생명의 진화 역사, 즉 **계통발생**을 재구성하는 것을 일차 목표로 삼는 학문으로 정의하고자 한다. 위와 같은 정의는 새로운 것이 아니고, 그렇다고 모든 사람들이 받아들이는 것도 아니다. 이 분야의 일부 사람들은 분류학과 계통학을 별개의 것이지만 중복되는 것으로 정의한다. 그리고 어떤 사람들은 역사적인 맥락에서 봤을 때 앞서 정의한 것과 사실상 반대(분류학 안에 계통학이 포함되는 것)라고 주장한다. 그러나 용어도 생물처럼 진화한다. 모든 분야를 다 포괄하는 것으로 **계통학**이라는 용어를 사용하는 것은 가장 유용하기도 하거니와 그 분야에서 그 용어를 사용하는 전문가 다수의 의견이기도 하다. 그 예로서 「*Systematic Botany*」라는 학술지를 들 수 있는데, 여기에는 전통적 분류 논문과 계통수 제작과 관련된 논문이 모두 게재되고 있다. 식물계통학 연구는 식물에 대한 정보를 수집, 분석, 종합함으로써 이루어지는데, 그 내용과 방법이 바로 이 책의 주제이다.

계통학은 **진화**라는 원리에 기초하며, 그 대전제는 하나의 생물계통수가 존재한다는 것이다. 계통학자들의 목표는 그 계통수를 찾아내는 것이다.

진화

진화란 넓은 의미에서 "변화"를 의미하며, 약 150억 년 전에 우주가 생겨난 이래 일어난 변화의 축적으로도 볼 수 있다. 생물학적 진화, 즉 생명체의 진화는 다윈의 표현대로 "변화를 수반하는 대물림"으로 정의될 수 있다. 여기서 **대물림**(descent)이란 일정 시간을 거치면서 세포내 유전물질이 부모로부터 자손에게 전달되는 것을 말한다. 이는 단순하지만 꼭 숙고하고 파악해야 할 중요한 개념이다. 약 38억 년 전, 생명이 기원한 이래 모든 생명체는 기존 생명체로부터 파생되어 나왔다. 생물체는 한쪽 혹은 양쪽 부모로부터 유전물질을 전달받음으로써 존재하게 된다. 대물림은 세균의 이분법이나 육상식물의 영양생식처럼 클론 형성을 통한 번식으로 이루어지기도 하지만, 부모로부터 감수분열을 통해 만들어진 특수한 배우자, 즉 정자와 난자에 의한 유성생식을 통해 복잡하게 일어나기도 한다(**그림 1.6**A). 두 배우자는 결합하여 접합자라는 새로운 세포를 만들며, 이는 새로운 개체로 발달하거나(예, 식물; 제3장 참조) 그 자체가 바로 감수분열을 하여 배우자를 형성하기도 한다. 이런 식의 대물림이 일정 기간 일어남으로써 부모로부터 자손에게 유전물질이 시공간을 통해 전달되며, 이를 통해 개체들이 상호 연결된 집합인 **계통**(lineage)이 형성된다(그림 1.6B). 따라서 문자적으로만 따져 본다면, 우리와 지구상의 모든 다른 생물체들은 대물림, 즉 조상에서 자손으로 세대를 거듭하면서 진행된 DNA의 전달에 의해 시공간 안에서 모두 연결되어 있는 것이다.

진화에 있어서 **변화**(modification)란 부모에서 자손으로 전달되는 유전물질의 변화 및 이를 통해 자손의 유전물질이 부모의 그것과 달라지는 것을 가리킨다. 이러한 변화는 DNA가 직접 바뀌는 돌연변이나 기존의 유전자가 새로운 조합으로 뒤섞이는 유전자 재조합 과정(감수분열 동안 일어나는 교차와 염색체의 독립 배분)에 의해 일어난다. 계통학자들은 바로 이 진화상의 고유한 변화를 밝혀내는 데 관심이 있다.

무엇이 진화하는가? 이 또한 대답을 요하는 질문이다. 부모에서 자손으로 가면서 유전적 변화가 일어나지만 개개의 생물이 진화하는 것은 아니다. 왜냐하면, 부모로부터 물려받은 DNA가 합쳐짐으로써 새로운 개체가 생겨나며 그 개체의 DNA는 일생토록 변하지 않기 때문이다(아주 예외적으로 비생식세포에서 일어나는, 따라서 다음 세대로 전달되지 않는 체세포 돌연변이가 일어나기는 함). 진화의 일반적 단위는 개체군과 종이다. **개체군**은 동일종에 속하면서 대개 일정한 지리적 위치를 점하고 상당량의 유전자 교환이 일어나는 개체들의 모임을 말한다. **종**이란 다양한 기준에 따라 관련이 있다고 판단된 개체군들의 무리로서 그러한 다른 무리들과 진화적으로 분기한 것을 일컫는다. 종의 개념은 여러 가지인데, 이는 이들을 인지하기 위해 사용한 기준이나 생물학적 시스템에 따라 다르다(제14장 참조). 후손들의 유전적 조성이 부모와 달라짐에 따라 개체군과 종의 유전적 조성도 시간에 따라 변하게 된다.

이상의 내용을 요약하면, 진화는 변화를 수반하는 대물림으로 개체군 또는 종의 유전적 조성(DNA)이 시간에 따라 변화함으로써 일어난다. 진화가 어떻게 일어나는가? 진화적 변화는 두 개의 주요 기작, 즉 (1) 개체군의 유전자 빈도 변화가 무작

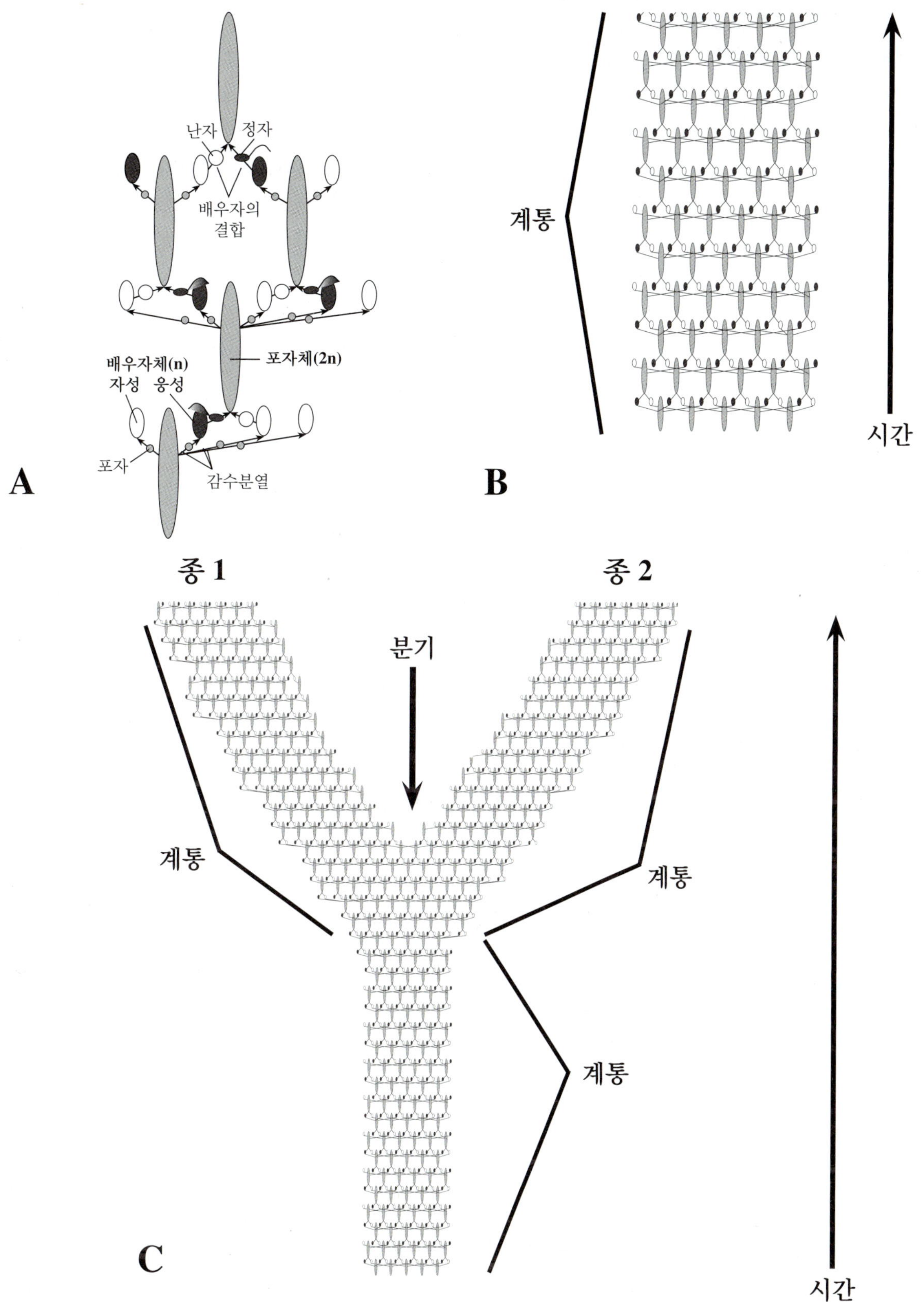

그림 1.6 **A.** 유성생식을 하는 육상식물에서 이배체 포자체가 반수체 포자를 생성하면, 이것이 반수체 배우자체로 발달하는 대물림 과정을 간략히 보여주는 모식도. 배우자체에서 만들어진 난자와 정자는 융합하여 이배체 접합자를 만들고, 이는 이배체 포자체로 발달한다. **B.** 계통, 시공간에 걸쳐 일어나는 유전물질 전달의 결과. **C.** 한 계통이 두 계통으로 분기하여 종분화가 일어나는 것을 보여준다.

위로 일어나는 현상인 **유전적 부동**과, (2) 변화가 방향성을 지니며 일정하게 일어나는 **자연선택**에 의해 일어난다. 자연선택은 유전물질이 한 세대로부터 다음 세대에 차별적으로 기여하는 것인데, 여기서 차별적이라는 것은 개체군이나 종의 유전적 구성요소가 다음 세대를 구성함에 있어서 양적 차이를 보이면서 기여한다는 의미이다. 다시 말해 **생존과 생식 능력**의 증가를 가져오는 유전자 조합이 더 크게 기여한다는 것이다. 이러한 차별적 기여의 정략적 측정치를 **적합도**(fitness)라 한다. 자연선택의 결과 **적응**, 즉 생존과 생식 능력의 증가를 위해 특별한 기능을 수행하는 구조나 특징의 출현이 이루어진다. 계통학에서는 어떤 특징의 진화를 고려할 때 생물의 적응에 있어서 그 특징이 지니는 중요성을 다루어야 한다.

진화의 궁극적 결과는 **종분화**, 즉 기존의 종으로부터 새로운 종이 형성되는 것이다. 종분화는 한 계통이 별개의 두 계통으로 갈라지는 계통 분기를 따라 일어날 수 있다(그림 1.6C). 계통의 분기 자체가 진화적 다양성 증가의 한 방법이다. 만일 분기한 두 계통이 비교적 뚜렷하다면, 이들은 상호 독립적으로 변화하여 서로 다른 두 종으로 지칭될 것이다(제14장 참조).

분류학

분류학은 계통학의 주요 분야로서, 기재, 동정, 명명 그리고 분류라는 네 가지 요소를 포함한다. 연구의 일반적 대상은 **분류군**(taxon, 복수는 taxa)인데, 이는 일정한 경계가 있거나 잘 정의된 생물 무리를 말한다. 이들 분류군은 이상적으로는 단계통이라는 특징을 지녀야 하며(제2장에서 논의), 전통적으로는 특정 계급에 자리한다. 분류학이 포함하는 네 가지 요소는 비단 정통적인 계통학에만 국한되는 것은 아니다. 개념적 실체, 즉 인식과 사고의 대상을 기재, 동정, 명명 그리고 분류하는 작업은 거의 모든 분야에서 지적 활동의 기초가 된다는 사실에 주목할 필요가 있다. 사실상, 사물을 기재, 동정, 명명, 분류하는 능력은 자연선택의 결과 인간에게 주어진 것임에 틀림없으며, 부분적으로는 동물들도 이런 능력을 지니고 있다.

기재(description)는 분류군의 특징이나 속성을 정하는 것이다. 이러한 특징을 **형질**이라 부르며, 형질이 지니는 둘 이상의 유형을 **형질상태**라 한다. 한 예로서 '꽃잎의 색깔'이라는 형질에는 '노란색'과 '파란색'이라는 형질상태가 있는 것을 들 수 있다. '잎의 형태'라는 형질에는 '타원형', '피침형' 그리고 '난형'이라는 형질상태가 있을 수 있다. 계통학에서는 일반적 식물형태(제9장 참조)와 특수한 유형의 자료(제10–11장)와 관련된 수많은 형질과 형질상태에 대한 용어를 사용한다. 이들 기재형질과 형질상태 용어는 분류군이나 생물체의 속성을 정확히 분별하고 한정하는 의사소통의 수단으로 사용된다. 이들 특징을 정확하고 완벽하게 열거하는 것은 분류학의 주요 목적이자 공헌 중 하나이다.

동정(identification)은 잘 모르는 분류군과 이미 알고 있는 분류군을 관련짓는 과정, 즉 이름을 알아내는 과정, 혹은 잘 모르는 분류군이 기재와 명명이 필요한 전혀 새로운 것임을 인식하는 과정이다. 일반적으로 동정의 첫 단계는 잘 모르는 분류군의 형질을 기록 또는 기술하는 것이다. 그런 후에 이들 특징을 다른 분류군의 특징과 비교하고, 이들이 서로 잘 부합하는지 알아본다. 식물분류군은 여러 방법으로 동정할 수 있다(제12장 참조). 동정에 가장 많이 활용하는 방법으로 분류 검색표 이용을 들 수 있다. 여러 검색표의 유형 가운데 대부분의 식물지에서 활용하는 가장 일반적인 것이 차상검색표이다. **차상검색표**는 일련의 대조적 **검색쌍**으로 이루어진다(**그림 1.7**). 첫 검색쌍에서 동정하고자 하는 표본과 가장 잘 맞는 **검색문**을 선택

검색쌍: 검색문: 1. Leaf simple of generally pinnately compound, leaflets 0 or (1)3–9; fruit winged achene .... *Fraxinus*
검색문: 1' Leaf simple; fruit capsule or drupe
2. Leaves generally alternate; fruit a deeply 2-lobed capsule .... *Menodora*
2' Leaves opposite or clustered; fruit a drupe
3. Flowers unisexual; corolla 0; stamens 0 or 4–5 .... *Forestiera*
3' Flowers bisexual; corolla funnel-shaped, salverform, or rotate; stamens 2
4. Corolla funnel-shaped or salverform; fruit 1–4-seeded .... *Ligustrum*
4' Corolla rotate; fruit 1-seeded .... *Olea*

그림 1.7 캘리포니아에 분포하는 물푸레나무과 속의 차상검색표. 출처: Thomas J. Rosatti, Oleaceae, in Jepson Flora Project (eds.) Jepson eFlora, *http://ucjeps.berkeley.edu/cgi-bin/get_IJM.pl?key=207*, accessed on May 31, 2019, reprinted by special permission.

하고, 이러한 과정을 계층적 구조(들여쓰기나 숫자를 사용해서 나타냄) 안에서 다음 단계로 계속하여 최종 동정에 이르기까지 진행한다(그림 1.7).

명명(nomenclature)은 표준화된 체계에 따라 분류군에 공식명칭을 부여하는 것을 말한다. 식물, 조류, 그리고 균류의 명명은 **조류, 균류, 식물에 관한 국제명명규약**을 따른다. 공식명칭은 **학명**으로 하며 관례에 따라 라틴어화 하고 있다. 명명의 근본 원리는 모든 분류군이 하나의 학명만을 지닌다는 것이다. 처음에는 배우기 어려워 보일지 모르지만 국명(보통명, 지역명)에 비해 학명을 훨씬 더 선호하게 된다(제12장). 다른 명명체계로 **계통명명규약**(*Phylocode*)이라는 것이 있는데, 이는 상위 분류계급에서 이용되고 있다(제12장 참조).

종의 학명은 전통적으로 속명과 종소명, 두 부분으로 이루어지며, 밑줄을 긋든가 이탤릭체로 표시한다. 속명은 항상 첫 글자를 대문자로 하고(예, *Quercus*) 종소명은 소문자로 작성한다(예, *agrifolia*). 따라서 캘리포니아참나무라는 국명으로 불리는 식물의 종명은 *Quercus agrifolia*가 된다. 이와 같이 두 이름으로 종명을 구성하는 것을 **이명법**이라 하는데, 이는 린네(Carolus Linnaeus)가 18세기 중엽에 공식화하였다.

분류(classification)란 실제로 존재하는 것(여기서는 분류군을 말함)을 특정 순서나 유형에 따라 배열하는 것이다. 분류의 목적은 이들 분류군 사이의 연관성을 표현하거나 목록으로 정리하는 것이다. 전통적으로 분류학자들은 **분류계급**이라는 범주를 이용한 분류 방법에 동의해 왔다. 이들 분류계급은 계층구조, 즉 각 계급이 그 아래에 있는 다른 계급들을 포함하는 구조로 되어 있다(**그림 1.8**).

이미 정의한 바와 같이 **분류군**이란 생물의 무리로서, 각각에는 분류계급이 주어진다. 그림 1.8의 예에서 Magnoliophyta는 문, Liliopsida는 강 그리고 Arecaceae는 과라는 계급에 해당하는 분류군이다(제12장). 특정 계급의 분류군에서는 특정 어미를 사용함에 주목할 필요가 있다. 일부 계통생물학자들 사이에서는 이와 같은 계급체계를 없애려는 경향도 있다(제12장 참조). 이 책에서는 생물군을 명명함에 있어서 분류계급을 사용하기는 하겠지만 그것을 강조하지는 않고자 한다.

생명체의 분류에 도달하는 방법에는 두 가지, 즉 전형질적인 것과 계통분류학적인 것이 있다. **전형질적**(phenetic) 방법에 의한 분류는 전체 유사성에 기초한다. 우리 일상생활에서 이루어지는 대부분의 분류는 전형질적이라고 할 수 있다. 예를 들어, 우리는 사물을 효율적으로 정리하기 위해 유사한 것은 가까이 두고 덜 유사한 것은 멀리 떨어뜨려 놓는다. 많은 전통적 분류는 분류군 간 및 분류군 중에 존재하는 유사성에 기초한 전형질적 분류이다. **계통분류학적**(phylogenetic) 방법에 의한 분류는 진화의 역사 또는 유전적 대물림의 양식에 기초하는데(제2장에서 자세하게 다룸), 이는 전체 유사성과 일치할 수도 있고 그렇지 않을 수도 있다.

계통발생

계통학의 일차적 지향점인 **계통발생**(phylogeny)은 생물군의 진화 역사를 의미한다. 계통발생은 흔히 계통수 또는 **분계도**(cladogram)의 형태로 나타내는데, 이는 대물림의 진화적 양상을 나뭇가지의 분지형태로 나타낸 모식도이다(**그림 1.9** 참조). 분계도의 선은 **계통**을 나타내는데, 이는 일정 시간에 걸쳐 조상-자손 집단이 순차적으로 배열된 것을 의미한다(그림 1.9A). 따라서 분계도에는 상대적인 시간 척도가 암시되어 있다. 분계도 상에서 가지가 갈라지는 것은 하나의 **공통조상**으로부터 계통들이 갈라져 나오는 계통 **분기**(divergence)를 나타낸다.

집단 내에서 시간의 경과에 따라 일어난 유전적 조성의 변

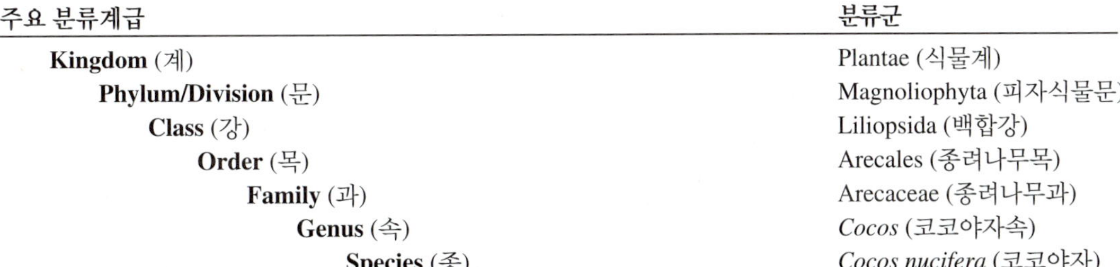

주요 분류계급	분류군
Kingdom (계)	Plantae (식물계)
Phylum/Division (문)	Magnoliophyta (피자식물문)
Class (강)	Liliopsida (백합강)
Order (목)	Arecales (종려나무목)
Family (과)	Arecaceae (종려나무과)
Genus (속)	*Cocos* (코코야자속)
Species (종)	*Cocos nucifera* (코코야자)

그림 1.8 조류, 균류, 식물에 관한 국제명명규약(*International Code of Nomenclature for algae, fungi, and plants*)에서 인정하는 주요 분류계급과 일부 분류군의 예.

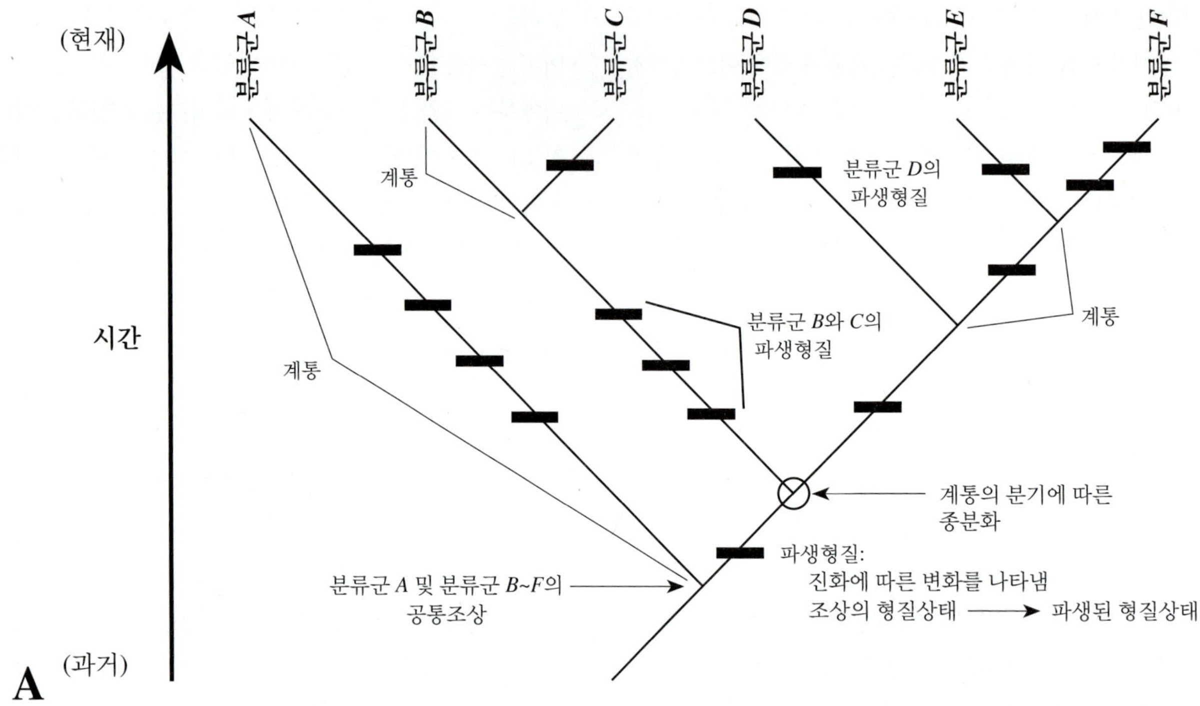

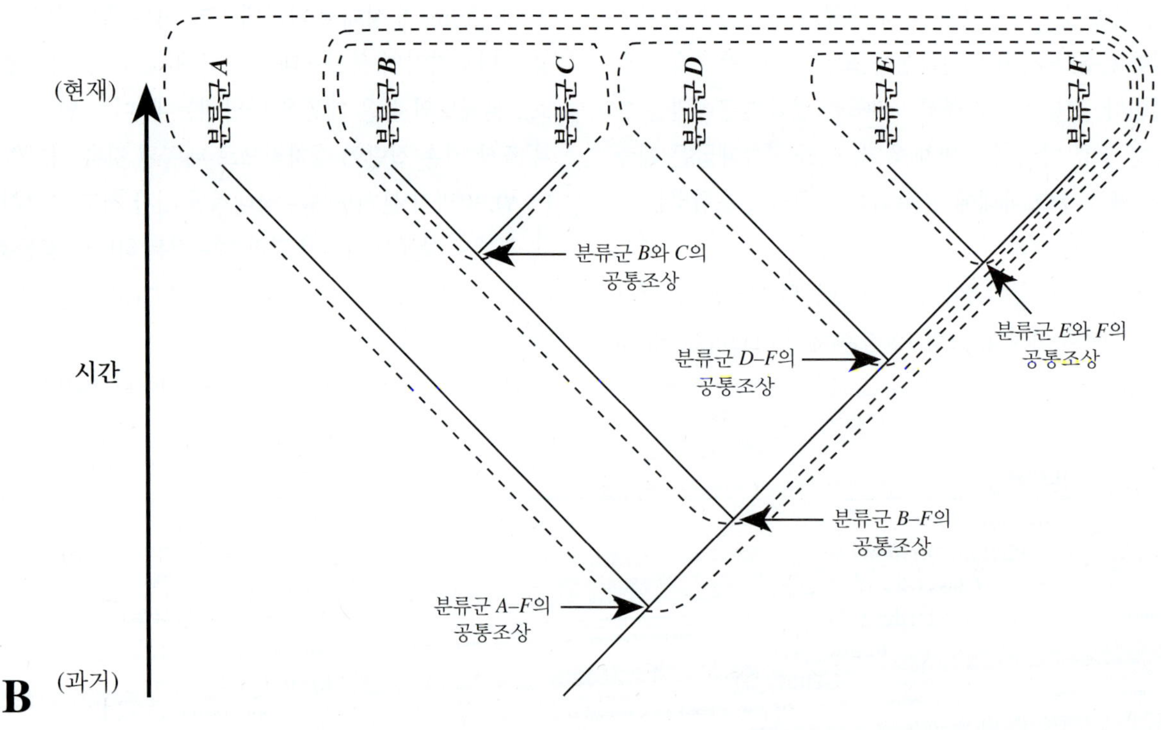

그림 1.9 분류군 *A–F*에 대한 분계도 또는 계통수의 예. **A.** 여러 계통과 파생형질이 나타나 있는 분계도. 파생형질은 굵은 선으로 표시됨. **B.** 공통조상이 포함된 분계도로서 단계통군은 점선으로 표시하였다.

화, 즉 진화가 계통 내에서 일어날 수 있다. 진화는 이미 존재했던 또는 **조상**의 형질상태가 새로운 또는 **파생**된 형질상태로 변화하는 것으로 볼 수 있다. 변화된 형질상태를 진화적으로 새로운 특징 또는 **파생형질**(apomorphy)이라고 한다(그림 1.9A). **계통분석학** 또는 **분계분석론**(cladistics)은 이들 파생형질을 이용하여 생물군의 진화 양상을 추론하는 '방법론'이다(제2장).

앞에서 설명하였듯이, 분계도는 계통분류의 기초가 된다. 이 분류체계의 핵심요소는 **단계통군** 또는 **분계군**(clade)을 인식하는 것이다. 단계통군은 공통조상 및 그로부터 나온 자손 전체로 이루어진다. 예를 들어, 그림 1.9B의 분계도에서 단계통군은 점선으로 표시하였다. 계통분류는 오로지 단계통군만을 받아들인다. 여기서 일부 단계통군은 다른 단계통군 안에 포함될 수 있다는 점에 주목해야 한다. 즉, 그림 1.9B에서 분류군 *E*와 *F*를 포함하는 무리는 분류군 *D*, *E*, *F*로 구성되는 무리 안에 포함되고, 이는 다시 분류군 *B*, *C*, *D*, *E*, *F*로 구성되는 무리 안에 포함된다. 단계통군의 순차적 배열은 계통분류체계의 기초가 된다(제2장 참조).

단계통군과는 대조적으로 **측계통군**은 공통조상 및 그 자손의 '일부'로 구성된 것을 말하고, **다계통군**은 각각 별도의 공통조상으로부터 유래한 둘 이상의 무리로 구성된 것을 말한다. 측계통군과 다계통군은 진화 역사의 정확한 밑그림을 그리는 것을 방해하므로 폐기해야 한다(제2장 참조).

분계도의 형태로 생물 그룹의 계통발생을 규명한다는 것 자체를 중요한 목적으로 간주할 수 있다. 왜냐하면, 그 분계도를 분류학의 일차 목표 가운데 하나인 분류체계 수립에 사용할 수 있기 때문이다. 또한 분계도를 생물지리 또는 생태적 변천, 종분화 과정 그리고 형질의 적응진화 등 여러 흥미 있는 생물학적 의문점을 풀기 위한 도구로 활용할 수도 있다. 계통분석론의 원리와 방법에 대한 보다 심도 있는 내용은 제2장에서 다루기로 한다.

왜 계통학을 공부하는가?

계통학 분야에 종사하는 동기와 근본 이유에 대해 알아볼 필요가 있다. 그 중 하나는 엄청난 생물다양성에 대한 정보의 제공이라는 측면에서 계통학이 중요하다는 것이다. 거의 모든 생물학 분야는 주어진 연구대상 생물에 대한 올바른 분류학적 결정(공식적인 기재, 동정, 명명 그리고 분류)에 의존한다. 계통학적 연구는 생명의 다양성에 대한 정보를 수집, 목록화 그리고 검색하기 위한 기초가 된다(제13장). 이러한 연구에 필수적인 것은 채집을 하는 것과 신뢰할만한 표본관에 표본을 저장함으로써 기록을 남기는 것이다(제13장). 채집 정보에 대한 자료를 전산화하는 과정은 엄청나게 많은 생물다양성 정보를 작성하고 검색하는 데 필수 사항이 되었다(제13장).

계통학은 또한 통합적이고 포괄적인 과학이다. 계통학의 흥미로운 측면 가운데 하나는 생물학의 거의 모든 분야(형태학, 해부학, 발생학, 미세구조, 고생물학, 생태학, 지리학, 화학, 생리학, 유전학, 핵형분석 그리고 세포/분자생물학)의 자료를 활용한다는 점이다. 계통학자들은 그들이 관심을 갖는 생물 무리의 진화 역사를 이해하기 위해 모든 생물학 전문분야에서 알려진 결과를 종합함으로써 분류군의 모든 측면을 이해할 수 있는 기회를 갖게 된다.

생물의 계통발생을 규명함으로써 실용적 가치가 큰 다른 분야를 통찰할 수 있다. 예를 들어, *Dioscorea*(마속)의 한 종, 즉 야생 얌(yam)이 스테로이드 화합물을 지닌다는 발표 이후 다른 연관 종들에 대한 조사를 통해 이 화합물이 훨씬 더 많이 들어있는 종을 발견해냈다. 다른 여러 예에서도 식물종의 계통유연관계가 얼마나 중요한지를 보여 주고 있다. 계통학의 방법론은 비교생물학의 중요한 분야로 진화생태학, 기능생물학, 그리고 기생충학 등 가설 설정과 검증에 있어서 생물의 진화 역사를 고려할 필요가 있는 분야에도 사용한다.

계통학적 연구는 종과 종내 분류군(아종 혹은 변종)의 한계를 설정하고 이들이 다른 근연종 및 유사종과 서로 뚜렷하게 다르다는 과학적 기초를 제공한다. 이런 연구는 오늘날 보전생물학 분야에서 특히 중요하다. 어떤 종 또는 종내 분류군이 희귀하거나 멸종위기에 처해 있어서 보호가 필요한지를 결정하기 위해서는 그 종 또는 종내 분류군의 한계를 우선 알아야 한다. 게다가, 진화와 지리의 역사를 이해하는 것은 어느 지역을 우선적으로 보전하고 관리할 것인가를 결정하는 데 도움을 줄 수 있다.

마지막으로, 계통학을 공부하는 사람들 대부분이 지니고 있는 일차적 동기는 엄청난 생물다양성에 내재된 복잡성을 탐구하는 데서 오는 즐거움이다. 자연세계에 대한 이러한 경이와 찬탄은 높이 평가해야 한다. 계통학은 일반적으로 예리하고 끈기 있는 관찰이 필요한 도전적인 지적활동을 요구한다. 계통유연관계의 재구성 및 파악된 유연관계의 중요성을 확인하는 것은 특히 더 도전할만하고 보람찬 일이다. 그러나 오늘날 우리는 도덕적 이슈에도 직면해 있다. 특히 열대삼림의 제거와 같은 생육지 대량 파괴에 의해 가속화되는 비극적이고 돌이킬 수 없는 멸종이 바로 그것이다. 우리는 개인적 차원에서 혹은 전문가의 수준에서 이러한 상황을 개선하는 데 도움을 줄 수 있다. 흔히 "생물다양성에 대한 연구"라고도 부를 수 있는 계통학은 생물의 다양성을 상세히 기록하고 보호하는 중요한 도구가 된다. 아마 우리 모두는 우리가 연구하는 생명체를 보전하기 위해 우리들 자신의 개인적인 우선순위를 재조정해야 할 것이다.

복습문제

식물

1. "식물"이란 무엇인가? 이 질문에 대해 답하기 위한 방식 두 가지는 무엇인가?
2. 현재 인정되는 주요 생물군 3개는 무엇인가?
3. 엽록체의 진화(기원) 기작을 무엇이라 부르며, 어떻게 설명하는가?
4. 전통적으로 "식물"이라고 부르는 것들 가운데 엽록소는 포함하지만 엽록체가 독립적으로 기원한 생물군에는 어떤 것들이 있는가?
5. 녹색식물(엽록생물), 육상식물(유배식물), 관속식물, 종자식물, 나자식물 그리고 피자식물(현화식물) 사이의 상대적 유연관계를 나타내는 분계도를 간략히 그리시오.
6. 이 책에서 육상식물을 "식물"로 다루는 이유는 무엇인가?
7. 생물진화적인 측면과 인류에게 주는 직접적인 혜택에 있어서 식물의 중요성을 열거하시오.

계통학

8. 계통학이란 무엇이며, 이것이 일차적으로 강조하는 바는 무엇인가?
9. 생물진화를 정의하고, 변화와 대물림이 의미하는 바를 기술하시오.
10. 계통이란 무엇인가?
11. 진화적 변화를 겪는 단위를 말하고 정의하시오.
12. 진화적 변화의 두 가지 주요 방식은 무엇인가?
13. 생존 및 생식 능력을 증가시키는 기능적 특징을 무엇이라 하는가?
14. 분류학의 네 가지 요소를 열거하고 정의하시오.
15. 형질과 형질상태를 정의하시오.
16. 형태 또는 기타 특수한 자료에서 사용되는 형질과 형질상태의 예를 하나 드시오.
17. 차상검색표, 검색쌍/검색문이란 무엇인가?
18. 학명이란 무엇인가?
19. 이명법을 정의하시오. 이명을 구성하는 요소를 무엇이라 부르는가?
20. 계급과 분류군의 차이점은 무엇인가?
21. taxon의 복수형은 무엇인가?
22. 생물을 분류하는 두 가지 주요 방법을 말하고, 이들이 서로 어떻게 다른지 기술하시오.
23. 계통발생을 정의하시오. 나무 형태의 그림을 무엇이라 부르는가?
24. 한 계통이 두 계통으로 갈라지는 것은 무엇을 나타내는가?

25. 기존의 특징과 새로운 특징을 지칭하는 용어는 무엇인가?
26. 계통분석학(분계분석론)이란 무엇인가?
27. 단계통군, 측계통군, 다계통군이란 무엇인가?
28. 계통학적 방법이 어떤 곳에 사용될 수 있는가?
29. 계통학이 어떻게 생물학 분야의 기초가 되는가?
30. 왜 계통학자가 생물학 분야를 종합한다고 생각되는가?
31. 보전생물학에 있어서 계통학의 중요성은 무엇인가?
32. 식물계통학이 우리에게 주는 혜택은 무엇인가?

실습과제

1. 식물이라는 용어의 정의를 여러 사람이나 참고문헌을 통해 알아본다. 다양한 정의를 표로 정리하여 분류한다. 각각의 장단점을 논한다.
2. 일상생활 속에서 식물의 가치와 중요성을 열거한다.
3. 역사나 천문학 따위의 과목을 선택하여 그 안에 사용되고 있는 분류학적 원리를 찾아본다.
4. 특정 식물종에 대해 국명(지역명)과 학명을 가지고 인터넷 검색을 하여 각 사이트가 식물학의 어떤 측면을 다루는지 알아본다.
5. 계통학 학술지의 논문 다섯 편을 정독한 후 연구와 관련된 어떤 질문들이 있는지 표로 정리한다.

참고문헌

일반 문헌

Daly, M., P. S. Herendeen, R. P. Guralnick, M. W. Westneat, and L. McDade. 2012. Systematics agenda 2020: The mission evolves. Systematic Biology 61:549-552.

Parfrey, L. W., J. Grant, Y. I. Tekle, E. Lasek-Nesselquist, H. G. Morrison, M. L. Sogin, D. J. Patterson, and L. A. Katz. 2010. Broadly sampled multigene analyses yield a well-resolved eukaryotic tree of life. Systematic Biology 59:518–533.

Reaka-Kudla, M. L., D. E. Wilson, and E. O. Wilson (eds.). 1997. Biodiversity II: Understanding and Protecting Our Biological Resources. Joseph Henry Press, Washington, DC.

Sauquet, H. and S. W. Graham. 2016. Planning the future of plant systematics: Report on a special colloquium at the Royal Netherlands Academy of Arts and Sciences. American Journal of Botany 103:2022-2027.

Simpson, B. B., and M. C. Ogorzaly. 2001. Economic Botany: Plants in Our World. 3rd ed. McGraw-Hill, New York.

Stevens, P. F. 1994. The Development of Biological Systematics: Antoine-Laurent de Jussieu, Nature, and the Natural System. Columbia University Press, New York.

Systematics Agenda 2000: Charting the Biosphere. 1994. Produced by Systematics Agenda 2000. Wilson, E. O. (ed.), and F. M. Peter (assoc. ed.). 1988. Biodiversity. National Academy Press, Washington, DC.

Williams, T. A., P. G. Foster, C. J. Cox, and T. M. Embley. 2018. An archaeal origin of eukaryotes supports only two primary domains of life. Nature 504:231-236.

기타 식물계통학 교재

Judd, W. S., C. S. Campbell, E. A. Kellogg, P. F. Stevens, and M. J. Donoghue. 2015. Plant Systematics: A Phylogenetic Approach, 4th edition. Sinauer Associates, Sunderland, Mass.

Singh, G. 2004. Plant Systematics: An integrated approach. Science Publishers, Enfield, N.H.

Woodland, D. W. 2009. Contemporary Plant Systematics, 4th edition. Andrews University Press, Berrien Springs, Mich.

Walters, D. R., and D. J. Keil. 1996. Vascular Plant Taxonomy, 4th edition. Kendall/Hunt Publishing Co., Dubuque, Iowa.

2

분류학과 계통분석학

분류학

제1장에서 소개하였듯이, **분류학**이란 기재, 동정, 명명, 분류를 다루는 과학 분야로 정의한다. 식물분류학 그 자체는 계통학의 관심 영역인 종들의 진화적 유연관계와는 관련이 없다. 그럼에도 분류학적 연구는 여전히 유효하고 활발하게 이루어지고 있다. 분류학적 연구를 통해 알게 된 유사성으로부터 종의 근연관계를 유추할 수는 있다. 그러나 명명된 종 거의 대부분은 대개 진화적 유연관계에 관한 직접적인 지식 없이 이러한 분류학적 연구를 통해 정의되어 왔으며, 앞으로도 그러할 것이다.

분류학적 연구는 일반적으로 표본을 통해 주로 연구되는 특정 개체군 그룹이 그것의 분류학적 자격을 보증할 수 있을 만큼 다른 개체군들과 분리되어 있는지, 즉 잘 구분되는 종, 종내 분류군(아종, 변종, 품종) 또는 상위 계급의 분류군인지 확인하는 것을 수반한다. 분류학적 연구는 이미 명명된 분류군에 관한 명확한 설명을 포함하며, 새로운 분류군에 대한 공식적인 명명을 수반할 수도 있다. 일반적으로 형태적 특징의 전반적인 유사성을 가지고(제9장 참조) 연구대상 분류군 간에 비교를 하지만, 다른 유형의 특성도 평가한다(제10-11장). 이들 비교는 정성적 및/또는 정량적이다. 후자는 여러 통계적 방법을 통해

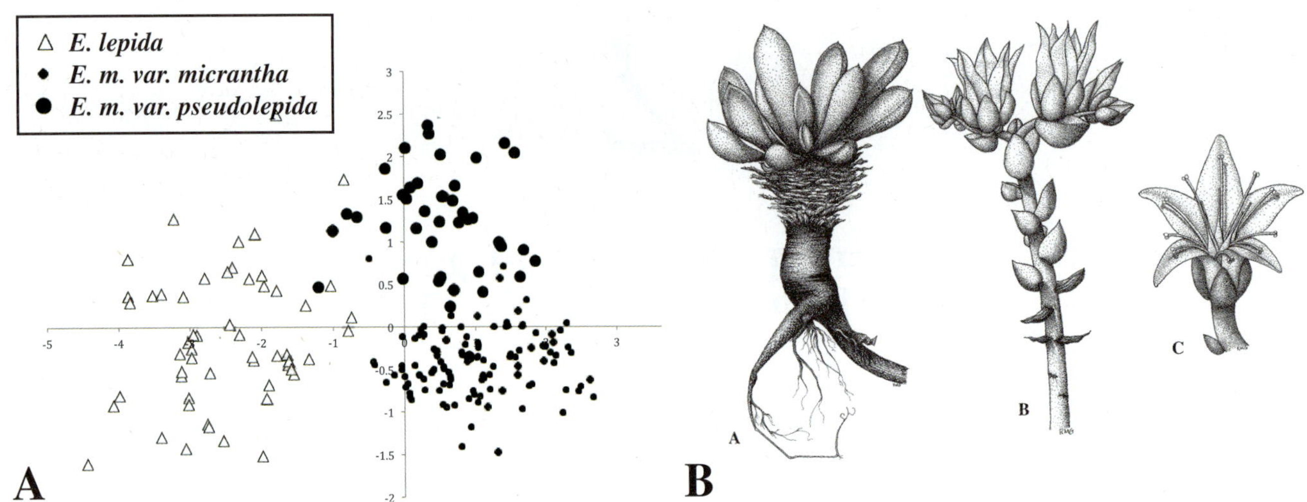

그림 2.1 분류학적 연구 결과의 예. **A.** 주성분 분석, 신변종의 특수성을 보여주는 통계적 방법(출처: Simpson et al. 2016. Madroño 63:39–54). **B.** 영양기관과 꽃을 보여주는 그림, 근연 분류군과의 차이점을 보여 준다(출처: Dodero and Simpson 2012. Madroño 59:223–229). Madroño 제공.

분석하는 측정값을 포함한다(예, 그림 2.1A; 부록 4 참조). 새로운 분류군의 특징을 기록하기 위해 흔히 도해나 사진을 사용한다(그림 2.1B). 모든 새로운 분류군은 정해진 규약에 따라 합법적으로 공표되어야 한다(제12장의 명명 및 식물명 참조). 새로운 분류학적 실체를 발표하는 것은 이 분야의 모든 요소, 즉 그 식물을 기재하고, 동정의 방법을 설명하며(주로 분류 검색표를 제시함), 공식적으로 그것을 명명하고, 상위 계급 안에 그것을 분류하는 것을 포함한다.

분류학적 연구는 생물다양성에 대한 지식의 기초를 계속 제공할 것이다. 그것은 독립적일 수도 있고, 더 정확하게 종을 구분하거나 연구대상 분류군의 진화적 관계 규명을 목표로 하는 계통발생(계통수) 연구의 출발점이 될 수도 있다.

계통분석학

역시 이전 장에서 소개한 바와 같이, 계통학은 분류학을 포함하지만 **계통발생**(phylogeny), 즉 생물 그룹의 진화 역사 또는 대물림 양상을 규명하는 것을 주요 목적으로 하는 분야이다. **계통분석학**(phylogenetic systematics) 또는 **분계분석론**(cladistics)은 계통발생 추론에 관한 계통학의 한 분야이다. 다윈이 진화론의 기본 원리를 제시한 이후 생명과학의 중요한 목표 가운데 하나가 바로 생물의 계통발생을 규명하는 것이었다. 분지양식으로 표시하는 생물의 계통발생은 현존 생물 혹은 화석 생물의 형질을 계통분석학적 원리와 방법으로 분석하여 추론할 수 있다.

일반적으로 계통발생은 **계통수**(phylogenetic tree) 또는 **분계도**(cladogram; **계통의 분기/발생** 양상을 도해한 것)의 형태로 표현하는데, 이는 가장 잘 추정된 계통유연관계를 나무가 분지하는 형태로 나타낸 것이다(그림 2.2). 분계도의 선들은 **계통**(lineage)이라 불리며, 이는 단순히 "가지"로 표현되기도 한다. 계통은 시간에 따라 조상-자손 개체군들을 순차적으로 배열한 것이다. (여기서 "계통"은 하나의 가지를 의미함; 한편, "분계군(clade)"이란 공통조상 및 이로부터 나온 모든 자손을 합친 것으로 정의하며, 둘 이상의 계통을 포함한다. 사실상 단계통군과 같은 말이다.)

시간이 흐름에 따라 계통 내에서 진화가 일어나는데, 이는 기존의 **조상형/원시형(ancestral/plesiomorphic)**이 새로운 **파생형/고등형(derived/apomorphic)**으로 변화하는 것을 통해 인지할 수 있다. 파생형질은 새로운 진화적 특징을 의미한다. 그림 2.2A에서처럼 둘 이상의 계통을 하나로 묶는 파생형질을 **공유파생형질**(synapomorphy)이라 하며, 하나의 계통에만 출현하는 파생형질을 **고유파생형질**(autapomorphy)이라 한다. 여기서는 이 둘 모두를 파생형질로 부르고자 한다.

분계도상의 분지는 한 **공통조상**으로부터 두 계통이 형성되는 것, 즉 계통의 **분기** 또는 **다양화**를 나타낸다. 두 계통은 별개의 종이라 부를 정도로 분기할 수 있는데, 이 경우 **종분화**라

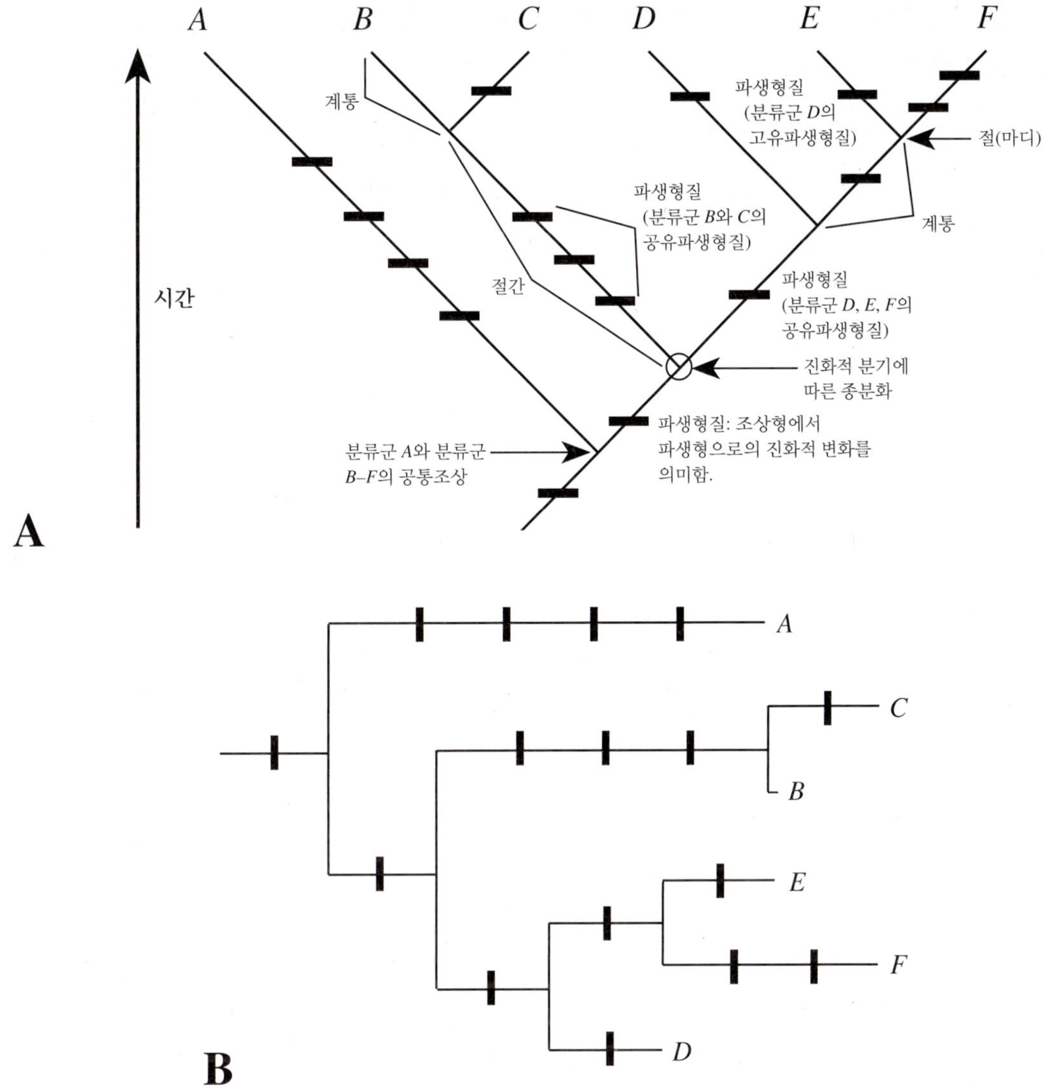

그림 2.2 **A.** 분류군 *A–F*의 분계도(계통수)로 파생형질은 굵은 가로선으로 표시하였다. 용어에 대한 설명은 본문 참조. **B.** 같은 그림을 수평으로 나타낸 분계도. 가지의 길이를 파생형질의 변화 정도에 비례해 나타내었다.

는 용어를 사용한다. 한 분계군이 둘로 분기하는 지점을 **분기점**(마디/절, node)이라 하는데, 이곳은 **분기**를 통해 형성된 두 분계군에서 가장 가까운 공통조상이 자리하는 곳이다; 두 마디 사이의 지역은 **절간**(internode; 공통조상 계통에 해당)이라 한다(그림 2.2A). 분계도는 다른 식으로 표현되기도 한다. 그림 2.2B는 그림 2.2A와 같은 분계도이지만 시계 방향으로 90° 회전시켜 각 계통을 수평으로 나타내고 파생형질의 진화 횟수를 계통의 길이에 반영한 것이다. 이들 두 분계도의 **분지양상**(topology), 즉 계통유연관계는 동일하다.

분계도에는 시간의 "상대적" 척도가 내포되어 있다. 예를 들어, 그림 2.2A에서 분류군 *E*와 *F*의 공통조상은 분류군 *D*, *E*, *F*의 공통조상보다 나중에 출현하였다는 것을 알 수는 있으나 실제로 언제, 얼마만한 시간 동안 이들 마디에서 계통의 분기가 일어났는지는 알 수 없다. 시간의 **절대적** 척도를 나타내기 위해 **계통도**(phylogram)라는 것을 사용하는데, 이는 가지의 길이를 실제 경과된 (분기-)시간에 가깝게 보정하여 나타낸 계통수이다.

계통발생을 연구하는 목적은 무엇인가? 대물림의 진화적 양상을 분계도의 형태로 밝히는 것 그 자체가 중요한 목적이 될 수 있다. 계통분석을 통해 얻어진 분지 양상은 주어진 시간 동안 조상/자손 개체군에서 일어난 총체적 진화를 유추하는 데 사용하기도 한다. 따라서 계통유연관계에 대한 지식은 생물의 구조 또는 DNA 염기서열의 진화뿐만 아니라 이러한 진화적 변화가 기능 및 적응에 어떤 중요한 의미가 있는지를 이해하는 데 있어서 매우 유용할 것이다. 또한 분계도는 진화역사를 직접 반영하는 방식으로 생물을 분류하는 데 사용할 수도 있다. 또한 분계분석 결과는 생물지리 및 생태 역사를 추론하고, 진화 과정을 탐구하며, 종의 다양화 속도와 같은 진화 과정을 평가하고, 멸종 위기에 처한 생물종의 보존에 필요한 결정을 내리는 근거로 사용하기도 한다(14장 참조).

계통분석의 원리, 방법론 그리고 적용은 이 장의 나머지에서 계속 다루기로 한다.

분류군과 형질

분류군 선정

계통발생의 연구는 분석할 **분류군**을 선정하는 것으로 시작되며, 이는 살아있는 생물 그리고/또는 화석 등도 포함한다. 분류군 선정은 **내군**(ingroup) 또는 연구대상 분류군 전체를 선정하는 것과 운영분류단위(**O**perational **T**axonomic **U**nit, **OTU**)라고 불리는 개개의 단위 분류군을 선정하는 것을 포함한다. 많은 분류군 가운데 어떤 것을 선정하느냐는 기존의 분류체계나 검증하려는 계통학적 가설의 필요에 따른다. 내군이란 분류체계가 불확실하거나 경쟁하는 분류가설이 여러 개 존재하는 기존 분류군을 말하는데, 계통분석을 통해 이들 분류체계를 검증하거나 혹은 새로운 분류체계를 제안하게 된다. 운영분류단위는 연구 대상 분류군의 구성원으로 흔히 종 또는 상위 분류군을 말한다. 간혹 아종 또는 심지어 개체군이라도 실체가 분명하고 독자적인 진화경로를 밟아온 경우 분계분석에서 운영분류단위로 사용할 수 있다.

여기에 외군 운영분류단위를 추가로 선정한다. **외군**(outgroup)이란 내군과 밀접하게 연관되면서 내군에는 포함되지 않는 분류군을 일컫는다. 외군은 계통수의 뿌리, 즉 근(根)을 결정하는 데 사용한다.

연구대상 분류군을 선정하는 데에는 약간의 주의가 필요하다. 첫째, 운영분류단위들은 **잘 정의된** 것이어야 하고 상호간에 뚜렷하게 구분되어야 한다. 둘째, 연구대상 분류군에는 가까운 유연관계에 놓인 운영분류단위들을 가능한 한 많이 포함시켜야 한다. 엄밀히 말하자면, 운영분류단위와 내군의 **단계통(monophyly)** 여부가 분석이 시작되기 전에 확인되어야 한다. 요컨대, 분계분석에 있어서 분류군(내군 및 각 운영분류단위들)의 선정은 과거의 분류체계를 맹목적으로 답습하는 오류를 피하기 위해 사전에 철저히 검토되어야 한다.

기재

계통학적 연구에서 가장 기본적인 것은 기재이다. 기재는 분류군의 특징이나 속성을 모든 다양한 증거를 사용해 형질로 나타내는 것을 말한다(제9-11장 참조). 계통학자는 분류군에 대해 새로이 기재하기도 하고, 기존에 발표되었거나 수집된 연구자료(GenBank와 같은 데이터베이스, 제11장 참조) 일부 또는 전부를 참조하여 기재한다. 어떤 경우에든 분류군을 기재함에 있어서 최초 연구자의 정확성과 성실성이 계통발생 연구가 지니는 정당성의 궁극적 기반이라는 사실은 아무리 강조해도 지나치지 않다. 분류군과 관련된 문헌과 형질에 대한 완벽한 이해와 철저한 연구는 계통분석을 위한 전제조건이다.

형질의 선정과 정의

분류군 선정, 문헌조사 그리고 기초연구를 수행한 다음에는 분류군에 대한 기재 자료로부터 **형질**과 **형질상태**를 선정하고 정의하는 일로 접어든다. (형질은 특징과 속성이며, 형질상태는 형질이 지니는 둘 이상의 유형을 일컫는다.) 일반적으로 다음과 같은 특징, 즉 (1) 유전적으로 결정되어 자손에게 전달될 수 있는 것, (2) 운영분류단위 내에서 비교적 변이가 적은 것, 그리고 (3) 다른 유사한 형질 및 형질상태와 뚜렷이 구분되는 특징을 이용해야 한다. 그러나 거의 무한정한 형질들 중에서 일정한 수의 형질을 선정할 때 주관적 요소가 개입될 수 있다. 따라서 모든 연구는 어떤 형질을 선발하고 그것을 어떻게 정의하느냐에 따라 왜곡될 수 있다는 점을 인식하는 것이 매우 중요하다.

계통분석에 사용하는 형질은 크게 형태형질과 분자형질로 구분한다: "**형태형질**"은 기관의 형태(제9장), 해부구조, 배발생, 화분학 그리고 생식생물학의 측면을 모두 가리키고(제10장), "**분자형질**"은 DNA 염기서열과 같은 유전적 데이터를 말한다(제11장).

형태적 특징이란 수많은 유전자들이 상호작용한 산물이며, 이들 유전자 하나 또는 여러 개가 변화하여 진화가 일어나기 때문에 특징을 형질 및 형질상태로 정확하게 정의하기란 쉬운 일이 아니다. 어떤 한 구조는 몇 개의 요소로 구성된 하나의 실체로 정의할 수 있다. 그런가 하면, 그 구조를 이루고 있는 개별적 특징들을 각각의 형질 및 형질상태로서 정의할 수도 있다. 예를 들어, 어떤 분류군을 대상으로 열매 형태의 진화를 연구할 때, "열매의 유형"이라는 형질은 장과 대 삭과라는 2개의 형질상태로 기록할 수 있다. 반면에 열매라는 특징을 열매의 형태, 과피 조직, 열매의 개폐 여부, 종자의 수 등 다수의 형질로 세분할 수도 있다. (그러나 이들 형질은 상호 연관되어 있을 수도 있다.) 실제로는 형질들이 둘 이상의 분류군 간에 차이를 나타낼 수 있을 정도로 있으면 충분하다. 그러나 유전자와 분류형질은 일대일 대응관계에 놓여 있지 않다. 그렇기 때문에 이처럼 형질을 지나치게 세분하는 것은 진화 과정에서 일어나는 특정한 유전적 변화의 효과에 관하여 자칫 오해를 부를 수도 있다. 특정 구조의 형태는 발생 과정의 최종산물로 전체 유전자가 복잡하게 상호작용한 결과다.

분자형질은 형태형질에 비해 덜 주관적일지 모르지만 무턱대고 그렇게 생각해서는 안 된다. DNA 염기서열 자료에는 염기의 결정에 있어서 다형성(polymorphism)이나 불확실성이 존재할 수 있다. 염기서열을 정렬할 때 어떤 분류군에서 결실이나 삽입 돌연변이가 심하게 일어났을 경우 (내부에서 일어나는 내용을 정확히 알 수 없는 블랙박스와도 같은) 염기서열 정렬 프로그램을 사용해야만 한다. 유전자의 중복이나 잡종화 역시 비교하고자 하는 염기서열의 상동성에 문제가 되기도 한다 (제11장 참조).

최근에는 계통발생의 추론을 위해 대부분 분자형질을 사용하고 있는 것이 사실이다. 형태형질은 대개 분자자료 분석을 통해 얻은 분계도를 기준으로 논의될 뿐이다. 그러나 이러한 논의에 있어서도 위에 제시된 주장들이 그대로 적용된다.

형질상태의 불연속성

계통분석에서는 어떤 형질이 한 형질상태에서 다른 형질상태로 전환되는 것을 인지하는 것이 수반되기 때문에 형질상태 상호 간의 개별성 또는 불연속성이 꼭 필요하다. 비록 뉴클레오티드 염기 자리에 다형성이 일어날 수 있으나 분자형질과 그 상태는 대개 불연속적이다. 몇몇 정성적인 형태형질, 예를 들어 화관의 색깔이 지니는 형질상태(붉은색, 노란색 등)는 명백히 불연속적이다. 그러나 다른 형질의 경우 각 상태가 명확히 구분되지 않을 수도 있다. 형질상태가 연속적일 경우 사용할 수 있는 형질의 수는 줄어드는데, 이는 분류군 내 혹은 분류군 간에 나타나는 특징의 변이 때문에 발생한다. ANOVA, *t*-검정 또는 다변량분석 등의 통계 검증을 활용해 형질상태에 대한 불연속성 판정 기준을 마련하기도 한다(상세한 내용은 부록 4 참조).

형질상관

형질을 선정하고 정의하는 데 있어서 또 하나 고려해야 할 점은 형질들 사이의 상관 여부이다. 형질상관이란 서로 독립적이라고 규정되었으나 실제로는 하나의 진화적 사건으로 출현하여 공통적인 구조를 구성하는 형질들 사이의 상호작용을 말한다. 한 형질의 변화가 다른 형질의 변화를 항상 수반한다면 이 두 형질은 유전적으로 연관되어 있을 가능성이 있다. 분계분석에서 사용하는 둘 이상의 형질들이 상관되어 있는 상황에서 이들을 별개의 형질로 취급하여 분석한다면 사실상 하나인 그 형질을 과대평가하게 된다.

상동성 평가

계통분석학의 핵심적인 개념인 **상동성**(homology)은 '공통조상으로부터 유래한 유사성'으로 정의할 수 있다. 둘 이상의 분류군이 지니는 형질 혹은 형질상태가 이들의 공통조상에 존재할 경우 이를 상동이라고 한다. 예를 들어, 데이지와 난초의 꽃은 상동인데, 이는 그들의 공통조상이 꽃을 지니고 있으며 그 특징이 대물림을 통해 두 분류군에 전달되었기 때문이다. 이 경우 상동인 특징을 지닌 두 분류군은 공통조상에서 유래했으며, 따라서 꽃이라는 공통구조의 발달과 관련된 동일 또는 유사한 DNA 염기서열 또는 유전자를 공유할 것이라고 추정할 수 있다. [불행하게도 분자생물학자들은 염기서열이 공통조상으로부터 유래했는지에 대한 검증도 없이 '**상동**'이라는 용어를 DNA 염기서열의 '유사성(similarity)'을 지칭할 때 사용하는데, 이 경우 상동보다는 염기서열 유사성이라는 용어를 사용하는 것이 더 적절하다.]

상동성은 동일 개체 내의 유사한 구조에 대해서 적용하기도 한다. 만일 두 구조의 유사성을 결정하는 DNA 염기서열이 공통조상으로부터 유래한 것이라면 이 두 구조는 상동이다. 예를 들어, 현화식물의 심피는 잎과 상동인데 이는 이 둘의 형태와 해부학적 특징 그리고 발생 과정이 근본적으로 유사하기 때문이다. 이러한 유사성은 심피와 잎의 발생을 결정하는 일련의 유전자들이 하나에서 기원했기 때문이라고 생각된다. 유전자의 중복과 중복된 유전자의 분기는 개체 내 혹은 종 내 상동의 예가 된다. 이 경우 두 유전자가 유사한 이유는 이들이 공통조상, 즉 중복 이전의 유전자로부터 기원했기 때문이다.

분자자료 역시 상동성을 검증해야 한다. 일반적으로 주어진 유전자 또는 유전자간 지역의 공통적인 뉴클레오티드는 연구대상 OTU 간에 상동일 것으로 간주한다. 그러나 유전자 중복이나 잡종화(배수체화의 경우, 제10장 참조)가 일어났을 때 유사유전자(paralogous gene)의 경우와 같이 비상동 염기서열을 무심코 비교함으로써 상동성에 문제를 일으킬 수 있다.

분류군 간의 유사성은 꼭 공통조상으로부터 물려받아 생기는 것은 아니며 진화를 통해 독립적으로 나타나기도 한다. 상동성의 결과가 아닌 유사성을 **비상동유사성**(homoplasy, 간혹 상사성이라는 용어를 쓰기도 함)이라 한다. 비상동유사성은 수렴진화(여기서는 평행진화도 포함한 개념으로 사용함)와 **역진화** 두 가지 방법에 의해 생긴다. **수렴진화**는 둘 이상의 계통이 독립적으로 진화하여 유사한 특징이 얻어지는 것을 의미한다. 우산이끼 배우자체의 잎과 석송 포자체의 잎은 광합성을 수행하는 동일 구조이지만 각각 독립적으로 기원하였으며, 이들의 유사성은 수렴진화의 결과이다. (한편, 비록 이 두 식물의 잎이 독립적인 진화를 통해 기원했지만 양면형 구조인 이들 기관이 공통 기원을 갖는 유전자들을 통해 발생한다는 측면에서 보면 상동으로 평가할 수도 있다. 그러나 현재 이를 확실히 알 수는 없다.)

역진화는 원시적 특징이 다시 나타남으로써 파생된 특징을 잃는 것을 말한다. 예를 들어, 좀개구리밥을 비롯한 여러 피자식물의 꽃에는 화피가 없다. 이는 화피를 상실하는 역진화 과정을 거쳐 화피가 진화하기 이전의 생식기관 상태로 돌아간 결과이다. 그러나 역진화로 생겨난 특징이 조상의 특징과 동일하더라도 이들이 똑같은 역사적 산물에 해당하지는 않는다는 점에 유의해야 한다. 역진화는 하나의 주어진 계통분석에서는 그 자체로 유일한 진화적 사건을 구성한다.

상동성을 결정하는 것은 계통유연관계 분석에 있어서 가장 어려운 일 가운데 하나이며, 이를 위해서 다양한 기준이 적용된다. 일반적으로 어떤 형질 또는 형질상태가 상동이라는 가설의 설정은 이들이 구조, 위치 또는 발생에 있어서 직접적으로 유사하다거나 또는 일련의 단계적 변화를 통해 유사하게 되었다는 판단에 기초한다. 형태형질을 분석함에 있어서, 전체 연구대상 분류군에서 나타나는 모든 형질, 특히 형질상태를 지칭하는 용어가 유사한 형질에 대해서 상동성을 평가하여야 한다. 예를 들어, 대극과의 다육식물과 선인장과 식물은 둘 다 가시라는 특징을 공유한다(그림 2.3). 따라서 초기 분계분석 과정에서 '가시의 존재 유무'라는 형질에 관해 이들 두 분류군이 '가시가 있다'라는 형질상태를 공유한다고 처리할 수도 있다. 이런 식의 처리는, 본래 의도와는 상관없이, 가시가 존재한다는 특징은 공통조상으로부터 물려받은 것, 즉 상동이라고 미리 추정하는 것이다. 바로 이런 경우에서 용어상 유사성과 상동에 의한 유사성 사이에 분명한 구분이 필요하다. 위의 사례를 면밀하게 연구한 결과 두 식물의 가시는 기원이 다른 것으로 확인되었다. 즉, 선인장의 가시는 일종의 단지(spur shoot)로부터 기원했지만, 대극과 식물의 가시는 탁엽이 변한 것이다. 두 식물의 가시가 서로 유사함에도 불구하고 구조와 발생에 있어서는 차이를 보인다는 점은 이것이 비상동 유사형질이고, 이러한 형질이 유사한 선택압력, 즉 초식동물에 대한 방어의 방법으로서 각각 독립적으로 진화했음을 말해준다. 따라서 처음부터 두 분류군이 동일하게 코딩되지 않도록 형질 및 형질상태에 대한 재정의가 필요하다.

그림 2.3 선인장(왼쪽)과 대극과 다육식물(오른쪽)의 가시 비교. 이 두 가시는 상동이 아니다. 설명은 본문 참조.

형질의 상동에 대한 가설은 분계분석을 통해 검증한다. 가장 그럴듯한 계통수를 추론하기 위해 모든 형질을 사용하는데, 최종적으로 얻은 분계도상에서 형질상태가 어떻게 배열되어 있는지를 살펴봄으로써 어떤 형질이 수렴진화 또는 역진화의 산물인지 알 수 있다. 그리고 이를 통해 상동성에 대한 본래의 평가를 점검한다.

형질상태 전환계열과 극성

형질과 형질상태를 선정하여 이들의 상동성 여부를 결정하고 나면, 각 형질의 형질상태를 **형질상태 전환계열**(transformation series)이라고 하는 서열로 배열한다. 형질상태 전환계열은 한 형질상태가 다른 형질상태로 전환되는 진화적 변화를 방향과 확률로써 나타낸 가상적 서열이다. 형질상태가 둘 뿐인

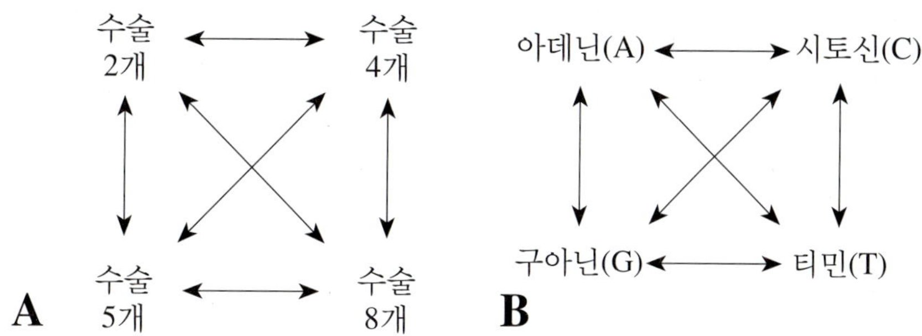

C 단엽 ⟷ 삼출복엽 ⟷ 단신복엽 **D** 단엽 ⟶ 삼출복엽 ⟶ 단신복엽

그림 2.4 분계분석에 사용된 여러 가지 형질상태 전환계열의 예. **A.** 비순차적 형질, 4-형질상태, 수술의 개수. **B.** 비순차적 형질, 4-형질상태, 뉴클레오티드 유형. **C.** 순차적 형질, 3-형질상태, 잎의 유형. **D.** "C"의 순차적, 극성 형질.

형질, 즉 **이원형질**(binary character)에서는 당연히 하나의 형질상태 전환계열만이 존재한다. 예를 들어 "엽록체 역방향 반복서열의 유무"라는 형질에는 "있음"과 "없음"이라는 두 형질상태만 존재한다.

셋 이상의 형질상태로 이루어진 형질은 **다원형질**이라 불리며, 이를 순차적 또는 비순차적 형질상태 전환계열로 배열할 수 있다. **비순차적** 형질상태 전환계열은 각각의 형질상태에서 다른 형질상태로의 진화가 동일한 확률, 즉 모두 한 단계의 진화적 변화로 일어나는 경우를 말한다(형태형질, **그림 2.4**A; 분자형질, 그림 2.4B). 이에 반해 **순차적** 형질상태 전환계열에서는 형질상태들을 미리 정해진 특정 순서로 형질상태의 전환이 일어나게 한다. 예를 들어, 그림 2.4C에서와 같이 단엽으로부터 단신복엽으로의 진화는 복엽이라는 중간 상태를 거쳐 두 단계의 진화를 통해 일어난다.

순차적 형질상태 전환계열은 진화적 변화가 일어날 때 점진적으로, 즉 형질상태의 한 극단에서 다른 극단으로 진화할 때 반드시 중간단계를 거친다는 가정 혹은 가설에 그 논리적 기초를 두고 있다. 순차적 전환계열은 어떤 형질의 발생 과정에서 형질상태들이 반드시 일정한 순서, 즉 형질의 이행 과정을 따라 나타나는 경우에 생각할 수 있다. 그러나 분계분석에서는 순차적 전환에 대한 명백한 증거(예를 들어, 파생된 구조 내에 진화 흔적이 남아있을 경우)가 없을 경우 일단 모든 형질을 비순차적 형질로 코딩할 것을 권장한다.

형질 분석의 최종 단계는 형질의 극성을 판정하는 것이다. **극성**(polarity) 판정이란 형질의 이행 과정에서 형질상태의 상대적 원시성을 결정하는 것을 말한다. 앞서 요약한 바와 같이, 형질상태의 전환이란 기존 구조 또는 특징(**조상형** 또는 **원시형**이라 함)에서 새로운 구조 또는 특징(**파생형** 또는 **고등형**이라 함)으로 유전 가능한 진화적 변화가 일어난 것을 의미한다. 예를 들어, "자방의 위치"라는 형질에 있어서 형질상태가 "상위"와 "하위"일 경우, 만일 상위자방이 조상형이라고 가정한다면 극성이 판정된 형질의 이행 과정은 "상위→하위"일 것이다. 다원형질에서(예, "잎의 유형", 그림 2.4C) 순차적 형질상태 전환계열의 극성 결정은 그림 2.4D에 나타나 있다. 후자의 예에서, 단신복엽이 지니는 조상(복엽) 상태의 흔적은 이와 같은 순차적 형질상태 전환이 일어난 증거이다. 실제 형질의 극성 판정은 한 개 이상의 외군을 지정하여 추론한다(**외군비교법** 참조).

형질 가중치

계통분석의 일부로서, 하나 이상의 형질 또는 형질상태에 가중치를 부여할 수 있으며, 이는 계통유연관계 결정에 있어서 다른 형질에 비해 분류학적 중요성을 증감시키는 효과가 있다. 어떤 형질에 가중치를 더 크게 부여하는 것은 가중치를 부여받지 않은 기타 형질이 계통분석에 미치는 영향을 극복하기 위하여 자료행렬(형질 × 분류군)에서 그 형질을 두 번 이상 포함하는 효과가 있다. (컴퓨터 알고리즘을 사용하여 분수 값의 가중치를 부여할 수도 있다.)

실제로는 형태 형질에 대해서 가중치 부여를 거의 하지 않는데, 이는 가중치 부여의 정도가 주관적으로 결정될 수 있기 때문이다. 그러나 분자형질에서는 예외적으로, 경험적 연구를

A

	0	1	2	3
0	0	1	2	3
1	1	0	1	2
2	2	1	0	1
3	3	2	1	0

B

	0	1	2	3
0	0	1	1	1
1	1	0	1	1
2	1	1	0	1
3	1	1	1	0

C

	0	1	2	3
0	0	1	2	3
1	∞	0	1	2
2	∞	∞	0	1
3	∞	∞	∞	0

D

	0	1	2	3
0	0	1	5	5
1	1	0	5	5
2	5	5	0	1
3	5	5	1	0

그림 2.5 형질단계 행렬. **A.** 순차적 형질. **B.** 비순차적 형질. **C.** 비가역적 형질. **D.** 가중치가 부여된 형질.

통해 가중치 부여 정도에 대한 논리가 정당화되기도 한다. '진화모델'은 정교한 유형의 형질 가중치를 활용한 것이다(후반부 논의 참조).

형질단계 행렬

형질상태 전환계열을 지정함으로써 한 형질상태에서 다른 형질상태로 진행할 때 일어나는 진화단계의 횟수가 결정된다. 계통수를 제작하는 컴퓨터 알고리즘은 각 형질상태 사이에 일어나는 진화단계의 횟수를 더 정확하게 산출해낸다. **형질단계 행렬**에서는 형질상태를 가장 위의 행과 왼쪽 열에 적고, 각 칸에는 한 형질상태에서 다른 형질상태로 전환하는 데 필요한 진화단계의 횟수를 기입한다. 예를 들어, **그림 2.5**A의 형질단계 행렬에서는 순차적인 형질상태의 전환계열을 보여주고 있는데, 0에서 1로 전환될 때는 한 단계를, 0에서 2로 전환될 때에는 두 단계를 요구하고 있다. 그림 2.5B의 형질단계 행렬은 비순차적인 형질상태의 전환계열을 나타내는 것인데, 여기서는 한 형질상태에서 다른 어떤 형질상태로 전환되더라도 한 단계만을 요구하고 있다. 형질단계 행렬은 꼭 대칭적일 필요는 없다. 그림 2.5C는 순차적 전환계열을 나타내지만 비가역적인 전환을 의미한다. 따라서 더 낮은 숫자로의(예를 들어, 2에서 1로의) 전환을 허용하지 않는(즉, 무한대의 단계 횟수를 요구하는) 경우에 해당한다. 형질단계 행렬은 특별한 유형의 데이터에 매우 유용하다. 예를 들어, 그림 2.5D의 자료행렬은 DNA 염기서열, 즉 0과 1은 두 푸린(아데닌과 구아닌)의 형질상태를, 2와 3은 두 피리미딘(시토신과 티민, 제11장 참조)의 형질상태를 나타낸다. 여기서 생화학적으로 일어날 가능성이 더 높은 변화인 푸린에서 푸린, 피리미딘에서 피리미딘으로의 치환, 즉 **염기전이**(transition)는 한 단계인 반면, 생화학적으로 보다 일어나기 힘든 변화인 푸린에서 피리미딘, 피리미딘에서 푸린으로의 치환, 즉 **염기전환**(transversion)은 다섯 단계를 각각 필요로 한다. 따라서 분계분석에서는 후자의 변화에 훨씬 더 큰 가중치를 부여한다.

DNA 염기서열 자료는 가지의 길이, 코돈 위치, 염기 빈도 또는 염기전이/염기전환 비와 같은 매개변수에 따라 보다 복잡한 **진화모델**을 적용하여 분석한다. 이러한 모델의 적용은 최대 공산(maximum likelihood)이나 베이지안(Baysian) 분석에서 필수적인 요소이다.

자료행렬

계통분석 전에 각 분류군의 형질과 형질상태는 **형질 × 분류군 행렬**로 정리한다(**그림 2.6**A). 컴퓨터 알고리즘을 이용하여 자료를 분석하기 위해서 형질과 형질상태는 숫자로 기입한다. 이 때 형질상태는 음이 아닌 정수, 즉 0으로부터 시작하는 수로 지정한다. 그림 2.6B는 그림 2.6A를 숫자로 코딩한 것인데, 이때 형질상태는 그 형질의 형질상태 전환계열 가설에 부합하는 순서에 따라 숫자로 코딩하였다. 예를 들어, 형질 5는 수술 수가 5개에서 4개로, 4개에서 2개로 진화한 순차적 형질상태 전환계열을 지니는데, 이는 각각 숫자 0, 1, 2로 코딩하여 표시하였다.

그림 2.6G는 분자자료의 형질 × 분류군 행렬로 유전자 각 자리의 다양한 뉴클레오티드 염기를 보여준다.

그림 2.6A와 2.6G의 형질 × 분류군 행렬에서 1개 이상의 외군을 형질 × 분류군 행렬에 포함시키고, 이를 이용해 최종 분계군의 근을 결정함으로써(외군을 내군의 자매군으로 만듦) 형질의 극성을 판정한다(후반부 논의 참조).

분계도의 특징

파생형질, 새로운 진화적 특징

계통분석에 있어서 가장 기본적인 신조는 둘 이상의 분류군에서 공유되는 **파생형질**이 공통조상으로 인해 이들 분류군이 그것을 공유하게 되었다는 증거라는 것이다. 이들 공유파생형질은 진화 사건의 유일한 산물이라는 가정하에 분류군을 하나의

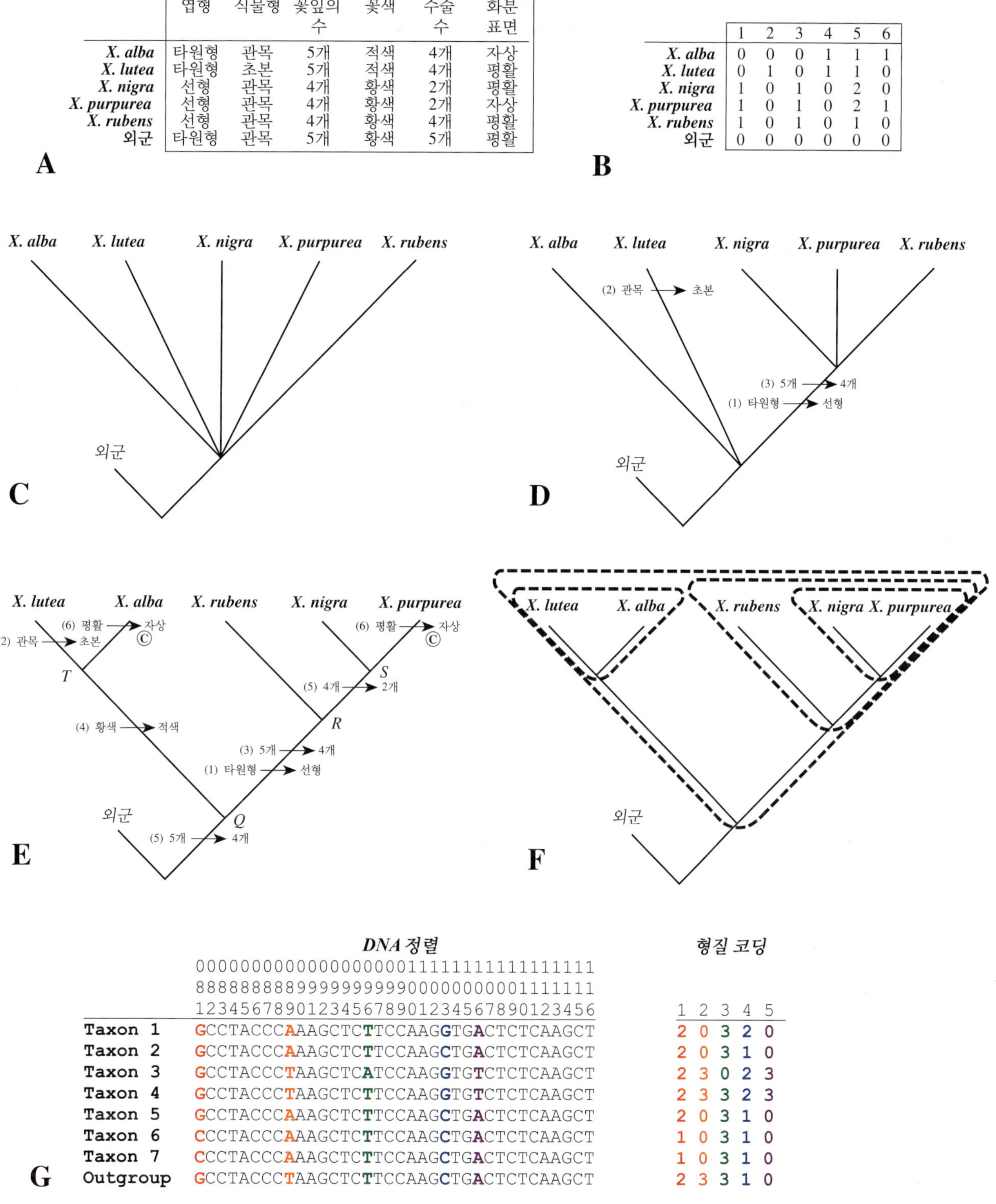

A

	1 엽형	2 식물형	3 꽃잎의 수	4 꽃색	5 수술 수	6 화분 표면
X. alba	타원형	관목	5개	적색	4개	자상
X. lutea	타원형	초본	5개	적색	4개	평활
X. nigra	선형	관목	4개	황색	2개	평활
X. purpurea	선형	관목	4개	황색	2개	자상
X. rubens	선형	관목	4개	황색	4개	평활
외군	타원형	관목	5개	황색	5개	평활

B

	1	2	3	4	5	6
X. alba	0	0	0	1	1	1
X. lutea	0	1	0	1	1	0
X. nigra	1	0	1	0	2	0
X. purpurea	1	0	1	0	2	1
X. rubens	1	0	1	0	1	0
외군	0	0	0	0	0	0

G

DNA 정렬 / ***형질 코딩***

```
            000000000000000000011111111111111111
            888888888999999999900000000001111111
            123456789012345678901234567890123456    1 2 3 4 5
Taxon 1     GCCTACCCAAAGCTCTTCCAAGGTGACTCTCAAGCT    2 0 3 2 0
Taxon 2     GCCTACCCAAAGCTCTTCCAAGCTGACTCTCAAGCT    2 0 3 1 0
Taxon 3     GCCTACCCTAAGCTCATCCAAGGTGTCTCTCAAGCT    2 3 0 2 3
Taxon 4     GCCTACCCTAAGCTCTTCCAAGGTGTCTCTCAAGCT    2 3 3 2 3
Taxon 5     GCCTACCCAAAGCTCTTCCAAGCTGACTCTCAAGCT    2 0 3 1 0
Taxon 6     CCCTACCCAAAGCTCTTCCAAGCTGACTCTCAAGCT    1 0 3 1 0
Taxon 7     CCCTACCCAAAGCTCTTCCAAGCTGACTCTCAAGCT    1 0 3 1 0
Outgroup    GCCTACCCTAAGCTCTTCCAAGCTGACTCTCAAGCT    2 3 3 1 0
```

그림 2.6 가상의 분류군 *Xida*의 5종, 외군 1종, 6개 형질 및 그 형질상태로 이루어진 형질 × 분류군 행렬. **A.** 형질상태의 목록, 형질 5는 순차적 형질: 수술 개수, 5개→4개→2개. **B.** 형질과 형질상태를 부호화한 것. **C.** 미해결 상태의 분계도. **D.** 형질 1–3을 넣은 것. **E.** 나머지 형질을 더해 넣어 작성한 최대 파시모니 분계도. 공통조상 *Q*, *R*, *S*, *T*는 설명을 위해 편의상 표시하였음. **F.** E의 분계도에 존재하는 모든 단계통군을 표시한 것. **G.** 가상의 분류군 7개 및 외군 1개의 DNA 염기서열 데이터를 보여 주는 형질 × 분류군 행렬로, 각 뉴클레오티드 자리에서 변이를 보이는 염기는 색깔로 표시하였으며, 이것을 숫자로 바꿔 오른쪽에 나타내었다.

공통된 진화 역사로 연결하는 데 사용한다. 따라서 파생형질의 공유에 따라 분류군을 차례로 연결하면 연구대상 생물군의 진화 역사를 추론할 수 있다.

형질 × 분류군 행렬은 계통수 또는 분계도를 제작하는 데 사용하는 자료이다. 예를 들어, 그림 2.6C–E는 가상의 속인 *Xida*의 5종에 대한 분계도를 그림 2.6A,B의 형질 × 분류군 행렬을 이용하여 제작하는 과정을 나타낸다. 우선, OTUs(분류군들)은 외군 바로 옆에 있는 공통조상으로부터 갈라져 나온 것으로 설정한다(그림 2.6C). 이처럼, 계통 간의 유연관계가 미해결된 상태를 **방사상분지**(polytomy)라 한다. 그런 후에, 파생형질을 찾아내어 분류군을 차례로 연결해 나가는 데 사용한다(그림 2.6D,E). 이 예에서 **공유파생형질**(synapomorphy)은 *X. nigra*와 *X. purpurea* 그리고 *X. rubens*를 묶는 형질 1과 3의 파생형질, *X. alba*와 *X. lutea*를 묶는 형질 4의 파생형질, 형질 5에서 내군 전체를 묶는 파생형질(수술 4개)과 *X. nigra*와 *X. purpurea*를 묶는 파생형질(수술 2개)이다. 형질 2의 파생형질은 분류군 *X. lutea*에만 국한되는데 이를 **고유파생형질**(autapomorphy)이라 한다. 고유파생형질은 하나의 분류군에만 출현하며 분계도 제작에 정보를 제공하지 않는다. 마지막으로, 형질 6의 파생형질은 *X. alba*와 *X. purpurea*로 진행하는 두 계통에서 각각 독립적으로 두 번 진화하였는데, 이러한 독립적인 진화의 결과를 평행진화에 따른 비상동유사성(homoplasy)이라 한다.

그림 2.6E에서 형질 5를 보면 중요한 원리를 하나 알 수 있다. 형질 5의 파생형질인 "수술 4개"는 *X. nigra*와 *X. purpurea*를 포함한 내군 전체의 파생형질이다. 비록 이 2종은 "수술 4개"라는 파생형질을 지니지 않으나, 다른 3종과 함께 "수술 4개"로의 변화라는 진화적 사건은 공유하고 있다. 다만 *X. nigra*와 *X. purpurea*로 이어지는 계통은 수술 4개에서 2개로의 진화적 변화를 한 번 더 겪었을 뿐이다(그림 2.6E).

공통조상의 분기 시점

분계분석은 생물학적 유연관계를 정확히 파악하게 도와준다. 계통분석학에서의 유연관계는 **공통조상의 분기 시점**을 파악함으로써 규명한다. 최근의 공통조상으로부터 분기한 두 분류군은 그 이전의 공통조상으로부터 분기한 다른 분류군들보다는 더 깊은 유연관계를 지니게 된다. 예를 들어, **그림 2.7**A의 분류군 *C*는 분류군 *E*나 *F*보다 *D*와 더 깊은 유연관계를 지닌다. 이는 *C*와 *D*의 공통조상이 *C*, *D*, *E*의 공통조상에 비해 더 최근에 (현재에 가깝게) 자리하기 때문이다(그림 2.7A). 그림 2.6E에서 *X. nigra*와 *X. purpurea*는 *X. rubens*에 비해 유연관계가 더 가깝다는 것이 명백하다. 이는 앞의 2종의 공통조상 *S*가 2종 및 *X. rubens*의 공통조상인 *R*에 비해 더 최근에 분기하였기 때문이다. 마찬가지로 *X. rubens*는 *X. lutea*와 *X. alba*에 비해 *X. nigra*와 *X. purpurea*에 유연관계가 더 가까운데 이는 앞의 3종의 공통조상인 *R*가 5종의 공통조상인 *Q*에 비해 더 최근에 분기하였기 때문이다.

진화의 양상은 공통조상의 분기 시점에 의해서 파악되기 때문에 주어진 분계도에서 각 계통은 그들의 연결 부위인 절(마디, 즉 공통조상)을 중심으로 계통유연관계의 변화 없이 자리바꿈이 가능하다. 예를 들어, **그림 2.8**A–C의 분계도는 단지 공통조상을 기준으로 계통들이 자리를 바꾸었을 뿐 그림 2.6E의 분계도와 같다. 이들 모든 분계도의 **분지양상**은 완전히 같으며, 다만 가지의 상대적 위치만이 다를 뿐이다. 분계도는 다른 방식으로도 그릴 수 있다. 다시 말해서, 분류군을 위, 아래, 양옆 어디든지 명기할 수 있고, 계통수의 가지들 역시 수평, 수직, 혹은 사선으로 그릴 수도 있다(그림 2.8A–C 참조).

단계통성

계통분석론에서 매우 중요한 개념으로는 단계통성(monophyly) 또는 단계통군이라는 것이 있다. **단계통군** 또는 **분계군**(clade)은 공통조상과 그로부터 출현한 "모든" 후손으로 구성된다. 단계통성의 합리적 근거는 공통조상의 분기 시점이라는 개념에서 확보된다. 단계통군의 구성원들은 하나 혹은 여러 독특한 진화적 사건을 공유하며, 그렇지 않으면 일반적으로 단계통으로 취급하지 않는다. 예를 들어, 그림 2.6E의 분계도에는 단계통군이 총 4개 존재하는데, 이들은 그림 2.6F에 점선으로 구분되어 있다. 마찬가지로 그림 2.7A의 단계통군들은 그림 2.7B에 점선으로 나타나 있다. 모든 단계통군은 공통조상과 이로부터 시작하여 각 운영분류단위(OTU)에 이르는 계통 전부를 포함하고 있다.

공통조상으로부터 갈라져 나온 두 후손 계통을 **자매군**(sister group) 또는 **자매분류군**이라고 부른다. 그림 2.6E에서 자매군을 이루는 쌍들은 (1) *X. lutea*와 *X. alba*; (2) *X. nigra*와 *X. purpurea*; (3) *X. nigra* + *X. purpurea*와 *X. rubens*; 그리고 (4) *X. lutea* + *X. alba*와 *X. nigra* + *X. purpurea* + *X.*

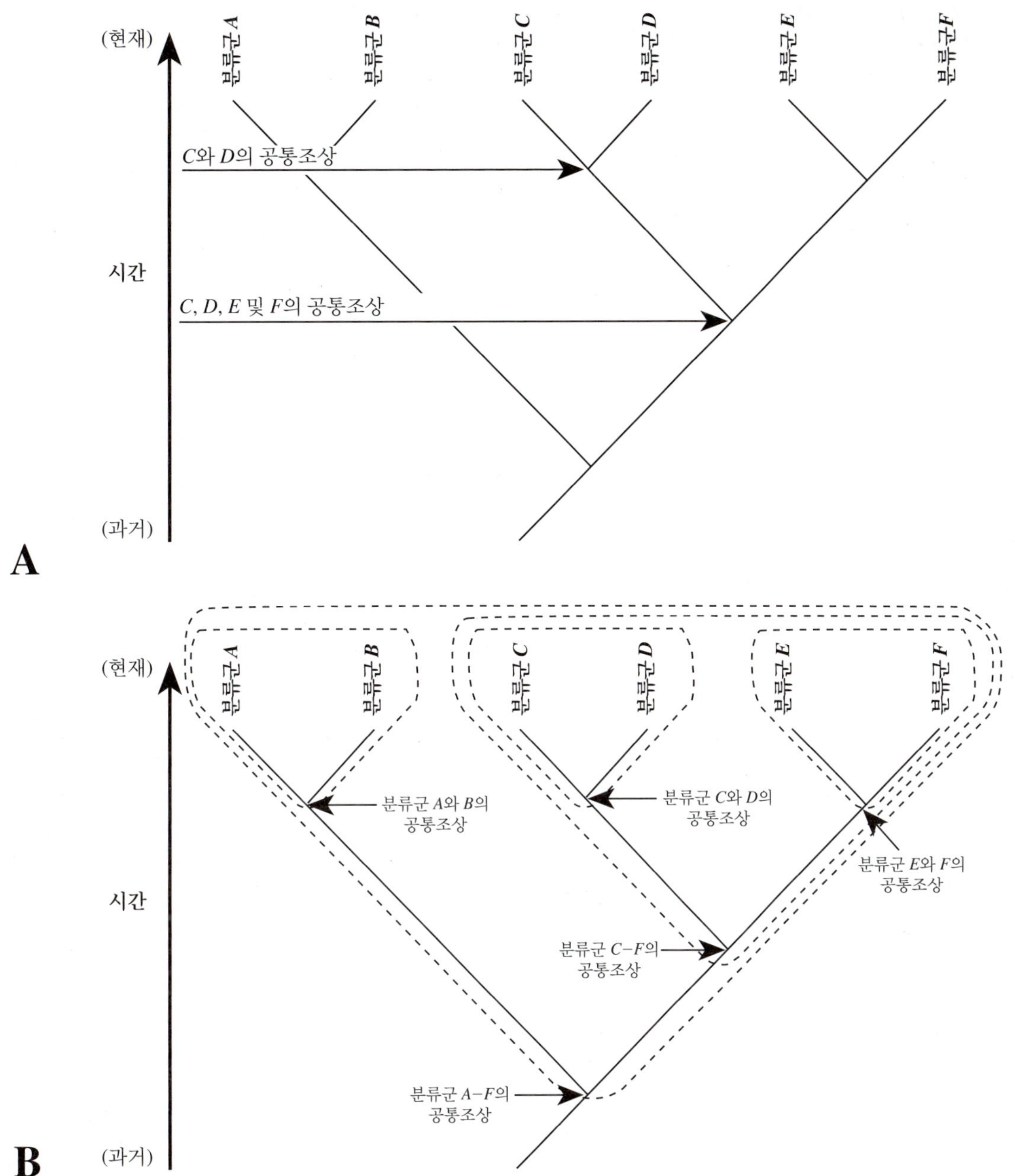

그림 2.7 **A.** 가상의 분계도, 공통조상의 분지시점이 표시되어 있음. **B.** 분계도 A에 존재하는 모든 단계통군을 표시하였다.

*rubens*이다.

단계통성과 반대되는 개념은 측계통성(paraphyly)이다. **측계통군**은 공통조상과 그 후손 중 일부로만 구성된다. 예를 들어, 그림 2.6E에서 조상 *Q*와 후손 *X. lutea*, *X. alba*, *X. rubens*로 구성된 무리는 같은 *Q*의 후손 중 두 분류군(*X. purpurea*와 *X. nigra*)이 빠져 있으므로 측계통군이다. 과거에 측계통군은 파생형질의 부재에 따라 규정되기도 했다. 그림 2.6E에서 *X. lutea*, *X. alba*, *X. rubens*가 파생형질(형질 5의 수술 2개)의 부재로 인해 한 그룹으로 묶이는 것이 그런 예가 된다.

이와 비슷한 경우로, **다계통군**은 둘 이상의 공통조상을 포함하는 무리이다. 예를 들어, 그림 2.6E에서 *X. alba*와 *X. purpurea*만을 포함하는 무리는 다계통군으로 해석될 수 있는데, 이는 이들 분류군이 *X. lutea*, *X. nigra*, *X. rubes*의 공통조상이 아닌 다른 공통조상을 지니지 않기 때문이다. 다계통군은 대개

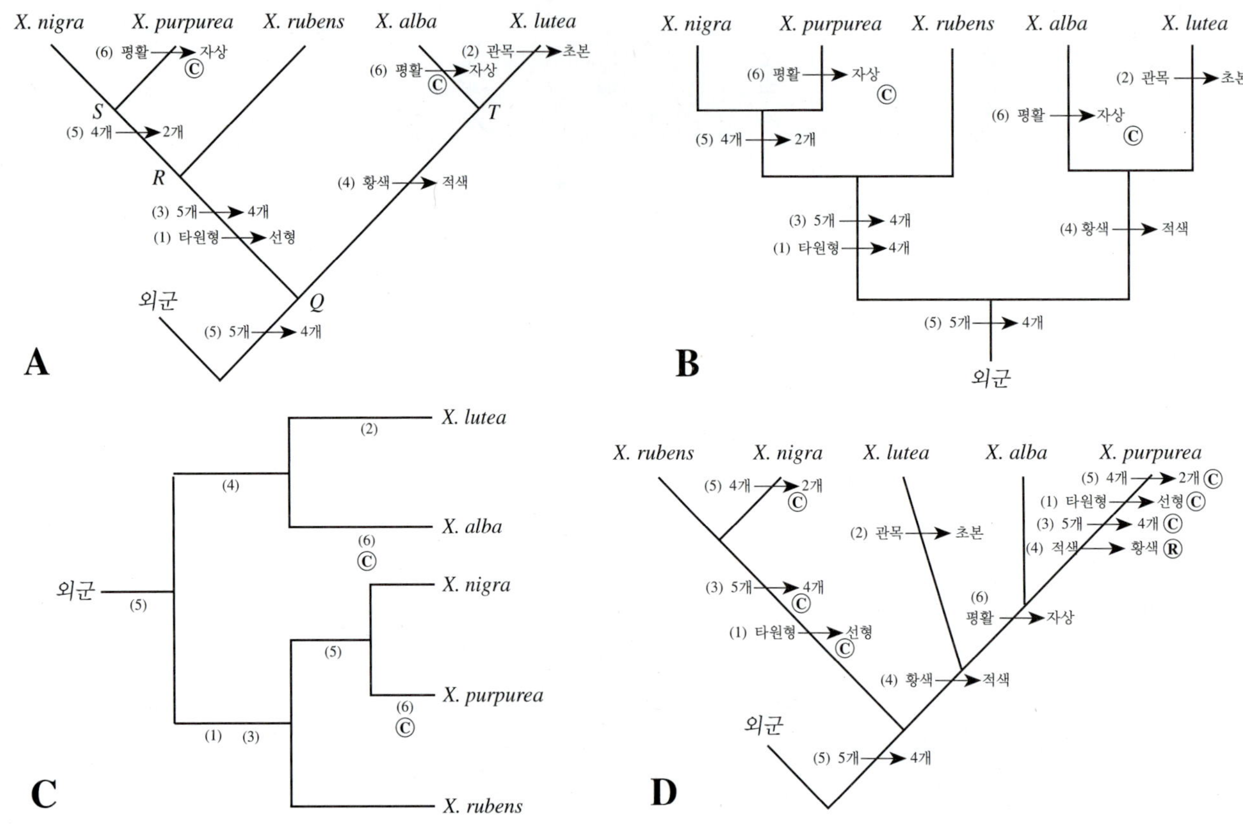

그림 2.8 **A–C**. 그림 2.6E의 최대 파시모니 분계도를 다르게 표현한 분계도. **A.** 사선으로 제작한 분계도로서 공통조상이 위치하는 곳(*Q*)에서 회전된 상태임. **B.** 수직선으로 제작한 분계도. **C.** 분계도 B를 90° 회전한 것. **D.** 그림 2.6A의 자료를 가지고 제작한 다른 분계도. 분류군 *Xida* 5종의 유연관계에 있어서 그림 2.6E와 차이를 보이며, 이 최대 파시모니 분계도에 비해 3차례가 더 많은 11차례의 형질상태 변화를 요구한다. 수렴진화나 역진화와 같은 비상동유사성은 각각 ©와 Ⓡ로 나타내었다.

수렴진화로 인해 규정되었다. 그림 2.6E의 예에서 *X. alba*와 *X. purpurea*는 형질 6의 '자상 화분'이라는 특징을 공유하는데, 이는 분석결과 두 분류군의 수렴진화 형질로 판명되었다. 측계통 또는 다계통 여부는 상황에 따라 달라질 수 있다. 따라서 이 둘을 함께 지칭하는 용어로서 **비단계통군**(non-monophyletic group)이 사용되기도 한다.

비단계통군은 진화 역사를 정확하게 반영하지 않기 때문에 공식적인 분류체계에서 제외해야 한다(**계통분류** 참조). 이들을 토대로 형질 진화, 진화의 과정, 생태, 혹은 생물지리 등의 비교연구 등을 수행할 경우 왜곡된 결과가 야기될 수 있다. 측계통군의 좋은 예로서 전통적으로 "쌍자엽식물"이라고 정의된 그룹을 들 수 있다. 최근 분석결과의 대부분에서는 쌍자엽식물의 일부가 다른 쌍자엽식물보다는 단자엽식물에 더 가깝다는 사실을 보여주므로, 쌍자엽식물이라는 용어를 공식적인 분류학적 명칭으로 사용해서는 안 된다.

무근계통수

분류군들 사이에 일어난 형질상태의 상대적인 변화만을 나타내는 방법으로는 무근계통수가 있는데, 이를 "네트워크"라고 부르기도 한다. **무근계통수**(unrooted tree)는 가상의 조상 또는 외군이 지정되지 않아 형질의 극성이 확인되지 않은 자료로부터 제작한다. 극성을 고려하지 않았기 때문에 무근계통수에는 어떠한 진화가설도 내포되어 있지 않다. **그림 2.9**는 그림 2.6A,B의 자료를 토대로 제작한 무근계통수이다. 여기서는 조상-자손의 상대적 관계가 명시되지 않았기에, 즉 외군이 설정되지 않았기에, 단계통군을 분별할 수 없다. 무근계통수 상에서 한 분류군에서 다른 분류군으로 이행할 때 나타나는 형질상태의 변화는 어떤 진화적 방향성이 없는 단순한 변화일 뿐이다.

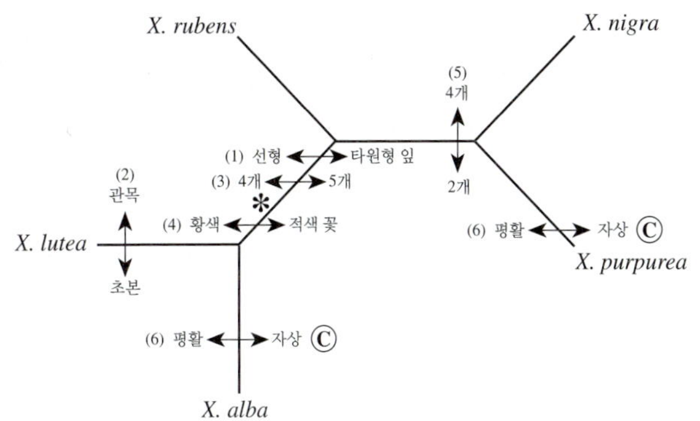

그림 2.9 그림 2.6A의 자료(외군 제외)로부터 제작된 무근계통수. 진화의 방향이 명시되지 않았으며, 따라서 단계통군이 정의될 수 없다. "*"표시는 그림 2.6E를 만들기 위한 근결정(rooting) 지점이다.

무근계통수가 제작된 이후라도 근(root)이 결정되면 분계도로 나타낼 수 있다. 하나 이상의 형질에서 조상-자손 관계가 설정되면, 네트워크상의 한 지점이 최초의 조상으로 지정되어 그 분계도의 근이 되는 것이다. 예를 들어, 그림 2.9에서 무근계통수의 근이 *이라면 그림 2.6E와 같은 분계도를 얻는다. 효율적인 근 결정 방법은 하나 이상의 외군을 분석에 포함시켜 이들을 계통수의 가장 아래에 두어 근으로 삼는 것이다.

방사상분지

간혹 분류군 간의 유연관계를 밝혀낼 수 없는 경우가 생길 수 있다. **방사상분지**(polytomy)는 셋 이상의 계통이 한 가상의 조상으로부터 기원하는 분지 양식을 말한다.

방사상분지는 자료가 불충분한 경우이거나 실제로 하나의 조상종으로부터 셋 이상의 분류군이 분기한 경우에 발생한다. 예를 들어, **그림 2.10**A의 **형질 × 분류군 행렬**에서 *W*, *X*, *Y*의 경우 이들의 어떤 조합(*W*-*X*, *W*-*Y*, *X*-*Y*)이든 그것의 유연관계를 뒷받침할만한 공유파생형질이 없다. 따라서 최대 파시모니 분계도에서 이들 세 분류군은 방사상분지 형태로 묶인다(그림 2.10B).

방사상분지는 자료의 불일치로 인해 발생하기도 한다. 분지 양상에 차이를 보이는 둘 이상의 분계도를 **합의계통수**로 나타낼 수 있는데, 이때 분지 양상이 일치하지 않는 부분은 방사상분지 형태로 표시된다(합의계통수 참조).

끝으로, 방사상분지가 발생하는 또 다른 이유는 실제로 셋 이상의 분류군이 하나의 조상종으로부터 동시에 분기하였거나, 너무 짧은 시간 간격을 두고 분기함으로써 이들의 유연관계를 파악할 만한 파생형질을 감지해낼 수 없기 때문이다(제14장 참조). 계통분석에서 방사상분지의 출현은 진화적 분기가 매우 빠르게 일어났음을 의미할 수 있는데, 이는 그 자체로 중요한 발견이다.

망상분지

계통분석학의 방법론은 일반적으로 종분화 사건을 보여주기 위해 차상분지 또는 방사상분지를 가정한다. 그러나 식물의 진화에 있어 또 다른 가능성으로 망상분지가 있다. **망상분지** 또는 망상종분화란 이미 분화한 두 종이 잡종화를 통해 새로운 계통을 형성하는 것이다. 두 조상분류군인 *E*와 *F*의 망상분지를 그림 2.10D에 예시하였다. 현존 분류군 *X*는 *E*와 *F*의 잡종화로 형성된 분류군 *G*로부터 유래하였다. 전형적인 계통분석에서는 망상분지를 고려하지 않는데, 만일 망상분지가 실제로 일어난 경우에는 잘못된 분계도가 만들어진다. 예를 들어, 그림 2.10C의 자료행렬은 그림 2.10D의 망상분계도와 완벽하게 부합한다. 그러나 전형적인 계통분석 방법에서는 그림 2.10D보다 한 단계 많은 형질의 진화를 요구하며, 비상동유사성이 나타나는 그림 2.10E 또는 F와 같은 차상분지성 분계도를 제작한다.

염색체 분석 자료나 특정 분자마커는 현존하는 분류군의 최근 공통조상들 사이에서 일어났던 잡종화에 대한 강력한 증거를 제공한다. 이에 대한 좋은 예로서 잡종화와 배수체화를 통한 밀의 진화를 들 수 있다(그림 2.10G). 망상종분화 연구에서는 **단계통 형성 양상 분석**(nested clade analysis)과 같이 **네트워크**를 그려내는 알고리즘을 활용한다(제14장).

분류군 선정과 다형 형질

초기에 연구대상 분류군을 어떻게 선정하는가에 따라 계통분석의 결과가 왜곡되기도 한다. 계통분석에 앞서 각 최소 단위 분류군과 무리 전체가 단계통이라고 가정해야 한다. 단계통성은 분석대상 분류군의 구성원들이 최근 공통조상으로부터 기원했음을 입증하는 공유파생형질 1개 또는 여러 개를 인지함으로써 확인한다. 만일 이런 파생형질을 찾아내지 못할 경우 계통분석 결과에서 나타나는 모든 유연관계들을 의심하게 된다. 피자식물의 여러 속을 대상으로 한 분계분석의 경우(**그림 2.11**A) 단위 분류군(이 경우 각 속)이 단계통이어야만 그 결과로 나온 분계도가 왜곡되지 않는다. 그러나 만일 속 *A*가 단계통이 아니라면, 속 *A*의 일부 종은 동일 속 내의 다른 종보다는

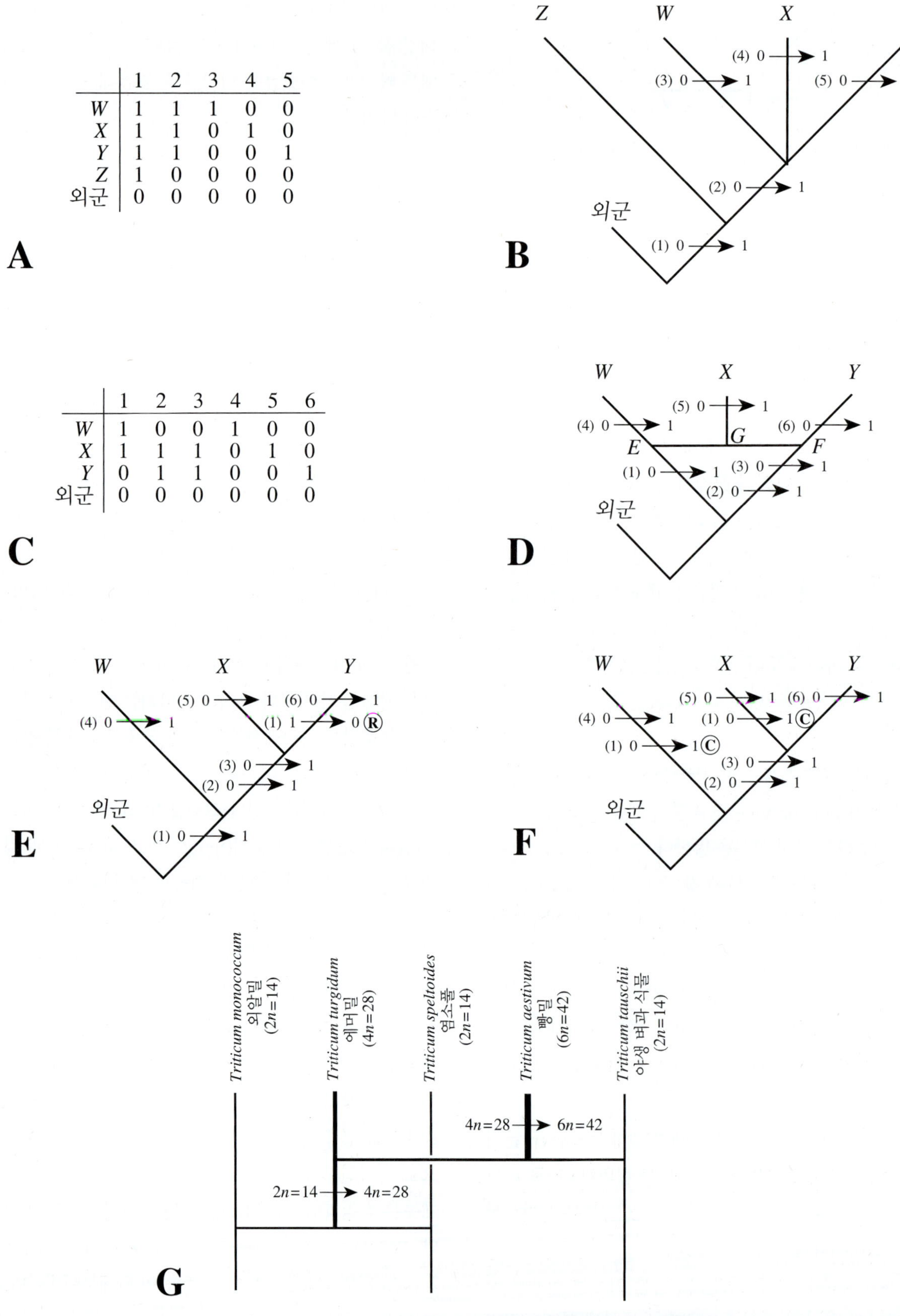

A

	1	2	3	4	5
W	1	1	1	0	0
X	1	1	0	1	0
Y	1	1	0	0	1
Z	1	0	0	0	0
외군	0	0	0	0	0

C

	1	2	3	4	5	6
W	1	0	0	1	0	0
X	1	1	1	0	1	0
Y	0	1	1	0	0	1
외군	0	0	0	0	0	0

그림 2.10 **A.** 가상의 자료. **B.** 자료 A를 통해 제작한 계통수. 계통 *W*, *X*, *Y* 가 방사상분지를 보임. **C.** 가상의 자료. **D.** 자료 C와 부합하는 망상 분계도. **E,F.** 자료 C에 의해 제작된 차상분계도로서, 형질상태의 변화가 서로 다르게 나타나 있음. **G.** 잡종형성과 배수체화에 의한 밀의 진화.

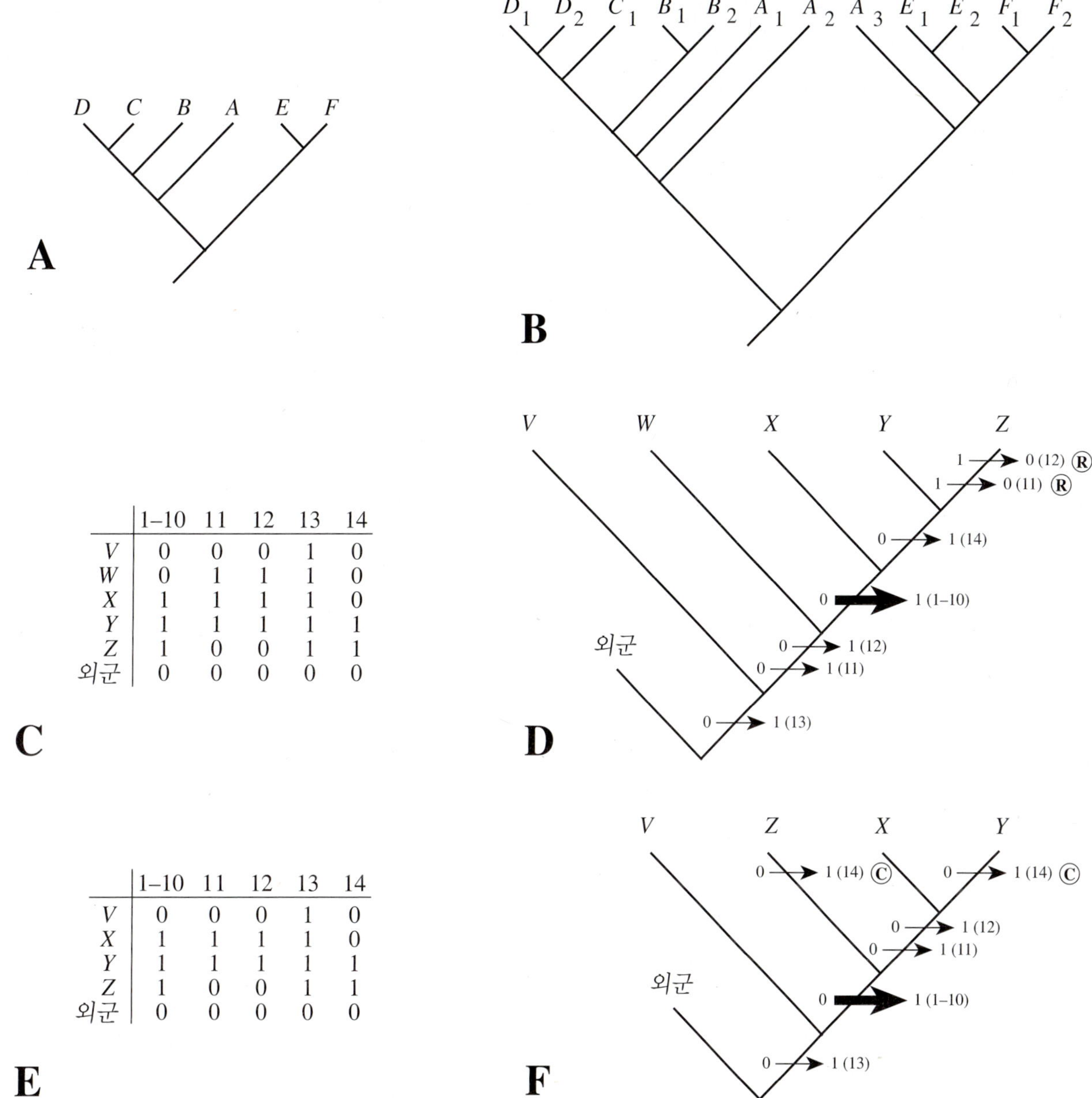

C

	1–10	11	12	13	14
V	0	0	0	1	0
W	0	1	1	1	0
X	1	1	1	1	0
Y	1	1	1	1	1
Z	1	0	0	1	1
외군	0	0	0	0	0

E

	1–10	11	12	13	14
V	0	0	0	1	0
X	1	1	1	1	0
Y	1	1	1	1	1
Z	1	0	0	1	1
외군	0	0	0	0	0

그림 2.11 **A.** 가상의 분류군 *A–F*의 분계도. **B.** 속 *A–F*에 포함된 종의 분계도. 속 A는 다계통군이다. **C.** 분류군 *V–Z*와 외군의 형질 × 분류군 행렬. **D.** 분류군 *V*, *W*, *X*, *Y* 및 *Z*의 최대 파시모니 분계도. **E.** 내군이 아닐 것으로 생각되는 분류군 *W*를 C의 자료로부터 제외한 후 작성한 형질 × 분류군 행렬. **F.** 분류군 *V*, *X*, *Y* 및 *Z*의 최대 파시모니 분계도. *X*, *Y*, *Z*의 분지 양식이 D와 달라졌음에 주목한다.

다른 속의 종들과 더 가까운 유연관계를 보일 가능성이 있다(그림 2.11B). 따라서 단계통 여부가 의심스럽다면 단계통이라는 확신이 생길 때까지 몇 개의 하위 분류군으로 분석대상 분류군을 세분하여야 한다. 이것이 불가능할 경우 유연관계를 대략적으로 파악하기 위하여 상위 분류군을 대표하면서 단계통을 이루는 종들을 선정할 수도 있다.

분류군의 단계통성 요구와 관련된 것으로는 한 분류군 내에서 여러 형질상태가 나타나는 **다형형질**(polymorphic character)이라는 문제가 있다. 만일 단계통으로 간주했던 분류군에서 어떤 형질이 다형일 경우 분류군을 작은 분류단위로 세분하여 각 분류군이 주어진 형질에 대해 하나의 형질상태가 되도록 해야 한다. 만일 그 분류군이 종 수준에서 다형성을 보일 경우에는 다형형질로 컴퓨터에 입력하는 것이 일반적이다.

내군 전체가 단계통이 아닐 경우 분석에서 일부 분류군을 제외시키는 것과 같은 효과를 일으키는데, 이는 어떤 상황에서는 잘못된 결과로 이어진다. 예를 들어, 그림 2.11C의 자료행렬로부터 제작된 파시모니 분계도는 그림 2.11D와 같다. 그러나 분류군 *W*가 내군에서 우연히 제외될 경우(그림 2.11E에서 보는 바와 같이 단계통이 아님) *X*, *Y*, *Z*의 유연관계는 앞에서와는 다른 파시모니 분계도로 나타난다(그림 2.11F). 입증할만한 파생형질이 없는 전통적 분류군의 경우에서는 단계통성에 대한 의심이 심각한 문제가 될 수도 있다.

분계도 제작

최대 파시모니 분석

분계도 제작은 여러 가능한 분지 양상 가운데 하나를 선택하는 과정이다. 차상으로 분지하는 분계도의 가능한 최대 수는 분류군의 수가 늘어남에 따라 급격하게 증가한다. 분류군이 2개일 때에는 하나의 분계도만이 존재한다(**그림 2.12**A). 분류군이 3개일 경우에는 3개의 차상 분계도를 제작할 수 있다(그림 2.12B). 그리고 분류군이 4개일 경우에는 15개의 분계도가 가능하다(그림 2.12C). 분계도의 수는 $\Pi(2i-1)$의 식에 따라 산출한다. 여기서 Π 값은 $(2i-1)$ 식에 i를 1부터 $n-1$(n은 분류군 수)까지 차례로 대입하여 곱해감으로써 산출한다. 예를 들어, 분류군 54개를 포함하는 분계분석에서는 총 3×10^{84}개의 차상 분계도가 가능한데, 이는 우주에 존재하는 모든 원자들의 수보다 더 많은 것이다. 여기에 망상 또는 방사상으로 분지하는 경우까지 고려하면 그 수는 더욱 커진다.

일반적으로 어떤 자료이든지 많은 수의 계통수가 나타나기 때문에 계통유연관계를 수립하는 중요한 방법 가운데 하나로

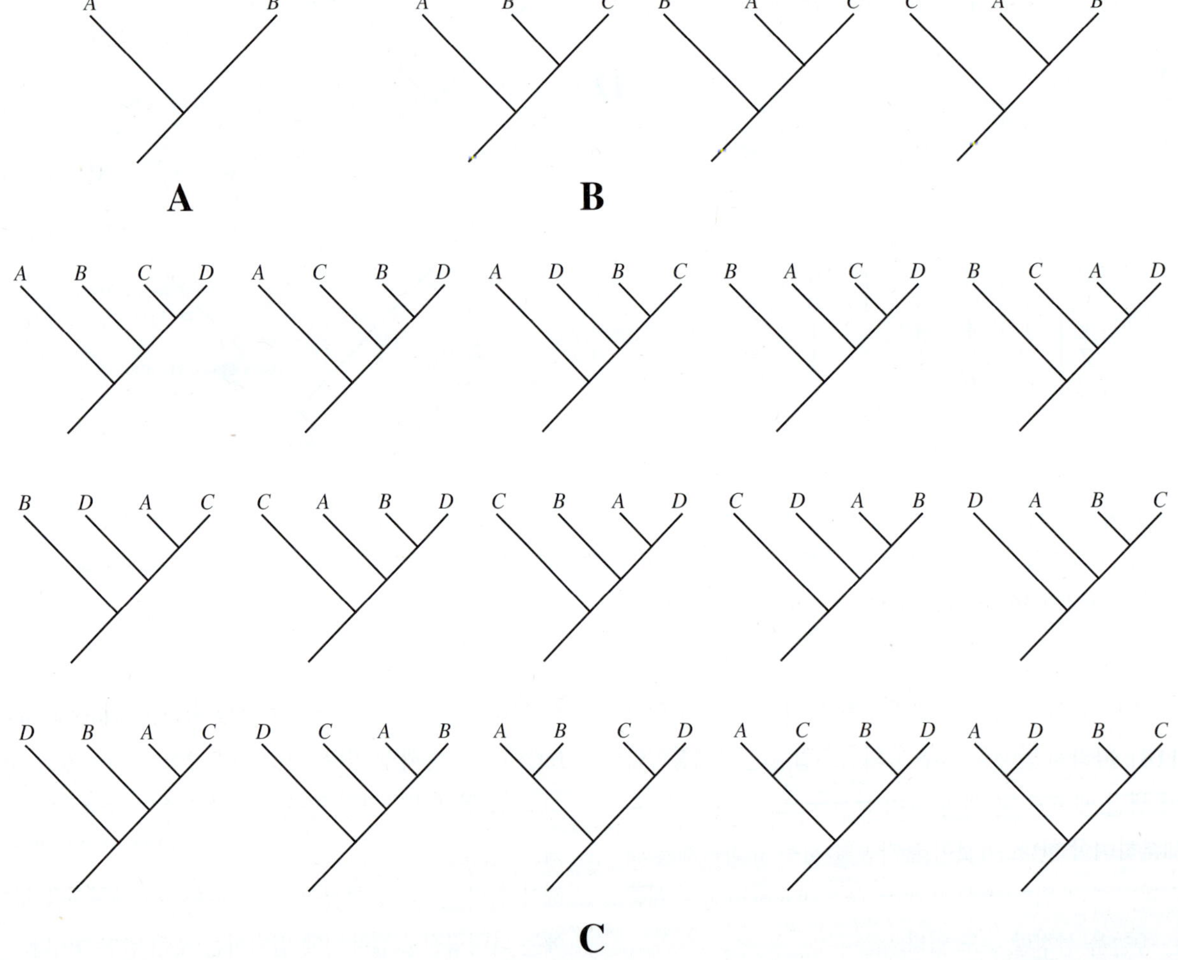

그림 2.12 분류군의 수에 따라 제작이 가능한 모든 차상분계도. **A.** 2개(*A*, *B*)인 경우. **B.** 3개(*A*, *B*, *C*)인 경우. **C.** 4개(*A*, *B*, *C*, *D*)인 경우.

서 **최대 파시모니**(maximum parsimony, MP)가 있다. **파시모니 원리**에서는 제작될 수 있는 수많은 계통수 가운데 최소의 진화단계를 요구하는 분계도가 주어진 분류군 무리의 계통발생을 가장 잘 반영한 것, 즉 최선의 것으로 간주한다. 파시모니 원리는 '오캄의 면도날'의 한 예이다. '오캄의 면도날'이란 어떤 사실을 설명할 수 있는 둘 이상의 가설이 존재할 때 가장 단순한 것을 받아들인다는 보편적 원리이다. 파시모니 원리에 대한 이론적 근거는 가장 단순한 설명이야말로 임시방편 가설, 즉 직접적인 증거가 없는 가설의 수를 최소화한다는 것이다. 이는 어떤 무리에서 제작될 수 있는 모든 가능한 분계도 가운데 형질상태의 변화 횟수가 가장 적은 분계도를 받아들인다는 것을 의미한다. 형질상태의 총변화 횟수를 최소화시킴으로써 비상동유사성의 원인인 역진화나 수렴진화의 횟수가 최소화된다. 파시모니 원리는 불확실한 가설들을 최소화하기 때문에 증거가 없는 진화적 사건들이 고려되지 않는다는 점에서 타당하고도 실용적인 가설이다.

파시모니 분석은 다음과 같이 진행된다. 분류군 5개와 외군 1개를 포함하는 그림 2.6A의 자료로부터는 차상분지성 분계도 105개가 가능하다. 그림 2.6E와 그림 2.8A는 이들 가운데 하나로서 형질상태의 변화가 8회 일어난 경우에 해당한다. 나머지 104개의 분계도 가운데 하나가 그림 2.8D에 제시되어 있다. 그러나 이 분계도에서는 형질상태의 변화가 수렴진화 3회와 역진화 1회를 포함하여 총 11회 일어났다(수렴진화는 쌍으로 표시된다). 따라서 그림 2.6A의 자료로부터 제작될 수 있는 모든 분계도에서 그림 2.6E의 분계도가 가장 짧은, 즉 진화 횟수가 가장 적은 것이 되고, 따라서 최선의 계통수이다.

특정 형질 × 분류군 자료로부터 최선의 파시모니 분계도를 제작하기 위해 여러 컴퓨터 프로그램을 사용하며, 이 프로그램들의 목록은 이 장 마지막에 수록되어 있다. 이들 프로그램은 가능한 모든 계통수의 길이를 계산할 필요가 없는 알고리즘을 사용함으로써 엄청난 시간이 소요되는 분석 시간을 단축시킨다.

외군비교법

단계통군을 규정하는 공유파생형질을 인지하기 위해 형질의 극성에 대한 정보가 필요하다. 형질의 극성을 확인하는 유일하고 타당한 방법은 **외군**(outgroup)과 비교하는 것(외군비교법)이다. 외군이란 분석대상군, 즉 내군의 구성원이 아닌 분류군을 말한다. 외군 비교에서는 **내군**(ingroup)과 가장 가까운 외군의 형질에 대한 평가가 이루어진다. 내군과 가장 가까운 외군, 즉 내군의 **자매군**이 지니는 형질상태가 조상형으로 간주되며, 외군에는 없지만 내군에는 존재하는 형질상태는 파생형이 된다.

외군 비교의 논리적 근거는 파시모니 원리에 있다. 예를 들어, 형질상태 0과 1을 지니는 어떤 단계통군 *X*(**그림 2.13**A)에 있어서 이와 가장 가까운 분류군 *Y*의 형질상태가 1일 경우, 한 번의 형질상태 변화만을 요구하는 파시모니 해법은 1을 *X*와 *Y*의 공통조상인 *M*의 형질상태로 간주하고서 분류군 *X*에서 형질상태 0이 파생되었다고 가정하는 것이다(그림 2.13A). 그 반대의 경우, 즉 형질상태 0을 조상형으로 간주하기 위해서는 적어도 두 번의 형질상태 변화가 필요하다(그림 2.13B). 외군을 추가함으로써 극성 판정을 확인한다(그림 2.13C, 분류군 *Z*의 추가). 만일 두 번째 외군인 *Z*가 형질상태 1을 지니면, 분류군 *Y*의 형질상태 1이 조상형이라는 사실이 더 확고해진다(그림 2.13C). 그러나 만일 *Z*가 형질상태 0만을 지닌다면 형질상태 1 또는 0을 조상형으로 간주하는 것이 모두 가능하다(그림 2.13D,E). 이 경우 극성을 판정하기 위해서 또 다른 외군을 포함시키는 것을 고려해 볼 수 있다. 외군비교법의 주요 문제점은 외군들의 계통유연관계가 알려져 있지 않다는 것이다. 이 경우 모든 가능한 외군(가능한 외군 조합)들을 검토해야 한다. 실제로 계통분석에 필요한 가까운 외군 설정을 위해 상위 분류군 수준에서 예비 연구가 필요하다.

조상형 대 파생형

조상형(원시형)과 **파생형**(고등형)이란 용어의 사용에는 흔히 혼란이 따른다. 이들 용어는 상대적인 것으로서 분류군에 관해서가 아니라 단계통군이 지니는 형질을 논의할 때 사용하는 것이 좋다. 예를 들어, 그림 2.13F에 의거하여 제작된 그림 2.13G의 분계도에서 형질 1의 형질상태 1은 *W*, *X*, *Y*, *Z*를 포함하는 무리에서는 공통조상 *E*에 없으므로 파생형이지만, *X*, *Y*, *Z*로 이루어진 단계통군에서는 공통조상 *F*가 형질상태 1을 지니고 있으므로 조상형이다. 조상형 및 파생형이라는 용어를 분류군에 적용하는 것은 모호한 점이 있기 때문에 사용하면 안 된다. 예를 들어, 그림 2.13G에서 "어떤 분류군이 가장 원시형일까?"라는 물음이 가능하다. 이 경우 혼동을 피하기 위해서 분류군 *W*는 분계군 *X*–*Y*–*C*의 자매군으로, 분류군 *Z*는 공통조상 *E*를 기준으로 파생형질의 수가 가장 적은 분류군으로 기술하면 된다.

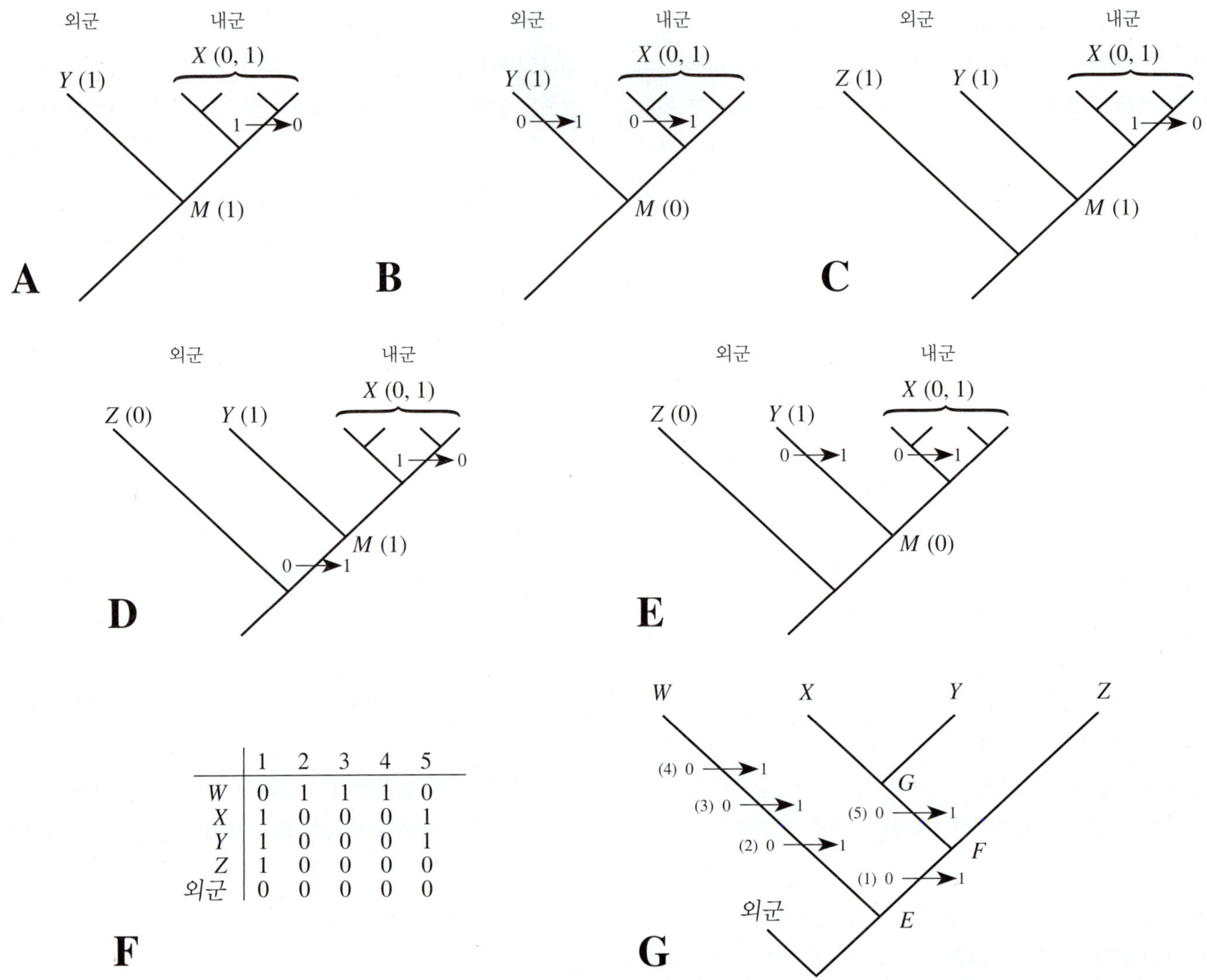

	1	2	3	4	5
W	0	1	1	1	0
X	1	0	0	0	1
Y	1	0	0	0	1
Z	1	0	0	0	0
외군	0	0	0	0	0

그림 2.13 외군비교를 이용한 형질상태의 극성 판정. **A.** 형질상태 1이 조상형이고, 공통조상 *M*에 존재한다는 것을 가정한 경우. **B.** 형질상태 0을 조상형으로 가정한 경우. **C.** 형질상태가 1인 외군 *Z*를 추가해 분계도 A를 검증한 경우. **D,E.** 추가한 외군 *Z*의 형질상태가 0인 경우로서, 형질상태의 극성에 대한 가정이 불분명한 경우, 즉 조상 *M*의 형질상태를 0과 1 가운데 어떤 것으로 하든지 차이가 없는 경우. **F.** 분류군 *W*–*Z*와 외군의 형질 × 분류군 행렬. **G.** 분류군 *W*, *X*, *Y* 및 *Z*와 조상 *E*, *F* 및 *G*의 최대 파시모니 분계도.

합의계통수

실제 계통분석에서는 같은 수의 진화단계로 이루어진 파시모니 분계도, 즉 등가 **최대 파시모니** 분계도가 많이 나오게 된다. 이럴 경우, 이들 분계도 각각에 대해 논의하기보다는 편의상 이들과 부합하는 하나의 계통수를 보여준다. **합의계통수**(consensus tree)란 둘 이상의 분계도가 지니는 공통적인 특징을 합하여 제작한 분계도를 일컫는다. 합의계통수에는 여러 유형이 있다. 가장 흔한 것은 **완전합의계통수**인데, 이는 둘 또는 여러 분계도의 분지 양상 차이를 방사상분지 형태로 변환시키는 것이다. 예를 들어, **그림 2.14**A,B의 두 분계도의 일부 가지 또는 분계군은 완전합의계통수에서 붕괴, 즉 방사상분지 형태로 변환된다(그림 2.14C). 합의계통수의 다른 유형으로 **50% 다수합의계통수**가 있는데, 이는 특정 분계도들 중 50% 이상에서 출현하는 분계군은 붕괴시키지 않고 유지시키는 것을 말한다. 합의계통수는 확고한 분계군, 즉 모든 등가 최대 파시모니 분계도에서 공통적으로 출현하는 분계군을 선별해내는 데 유익하다(**분계도의 견고성** 참조). 이들 분계군은 단계통군으로 인정되고 명명될 때 더 크게 신뢰를 얻는다.

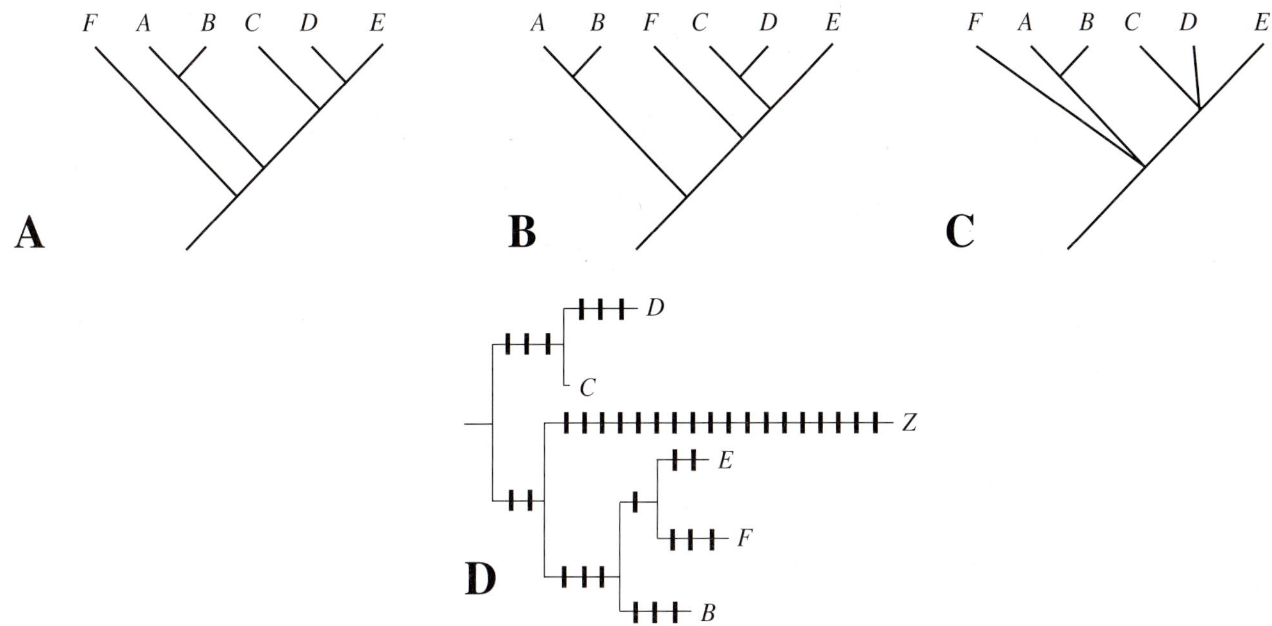

그림 2.14 **A,B.** 분계분석을 통해 얻은 2개의 등가 파시모니 분계도. **C.** 분계도 A와 B의 완전합의계통수. **D.** 분류군 *Z*의 가지가 매우 긴 분계도.

긴가지끌림현상

분자 서열 자료의 분석에 의해 제작된 계통수에서는 다른 분류군에 비해 고유파생형질이 많은 일부 분류군이 훨씬 더 긴 가지에 놓이는 경우가 있다(그림 2.14D의 분류군 *Z*). 이는 각 분류군의 진화 속도 차이 때문이기도 하고 분석에 사용된 특정 자료의 부산물이기도 하다. 이런 상황에서는 긴 가지에 놓인 분류군끼리 서로 끌리게 되어 근연 분류군으로 무리를 짓는 현상, 즉 **긴가지끌림현상**(long branch attraction)이 발생한다. 한편, 단 하나의 가지만이 유난히 길 경우에는 그 위치가 수시로 변동하기도 한다. 이와 같은 끌림 현상은 계통을 따라 형질상태 변화가 너무 여러 차례 일어남으로써 무작위적 변화가 계통학적 정보를 압도하기 때문에 발생하게 된다. 한 분류군의 가지가 길 경우 그 계통학적 위치는 불확실하게 되며, 다른 분류군의 위치에도 부당한 영향을 미친다.

최대 파시모니 방법은 긴가지끌림현상에 특히 더 취약하다. 긴 가지에 놓이는 분류군들은 다른 자료를 사용해 분석할 필요가 있으며, 때로는 이들이 분계도의 견고성에 미치는 영향을 조사하기 위해 분석에서 이들을 제외하기도 한다.

최대공산

파시모니 원리는 주어진 분류군들에 대해 제작이 가능한 모든 분계도의 길이를 계산하여 평가를 내리고, 그 가운데 가장 짧은 것, 즉 최소한의 형질상태 변화가 나타난 것을 선택하는 것이라 할 수 있다. 그밖에 언급할만한 또 다른 계통발생 추론 방법으로 **최대공산**(maximum likelihood, ML) 또는 최우추정 방법이 있다. 이 방법은 파시모니 방법과 마찬가지로 제작이 가능한 모든 계통수를 평가하지만, 특정 **진화모델**에 근거하여 각 계통수가 주어진 자료를 설명하는 '확률'을 고려한다는 점에서 차이를 보인다. 즉, 계통수들 가운데 자료를 설명하는 확률이 높은 계통수를 선호하는 것이다. 적절한 진화모델의 선정을 위해 현재 분석 중인 자료를 사용하는 것이 일반적이지만 간혹 다른 자료를 참고하기도 한다.

최대공산 방법은 주로 분자 서열 자료 분석에 사용하지만 형태 자료나 형태와 분자 자료를 통합한 경우에도 사용할 수 있다. 그림 2.15A는 형질(특정 유전자의 뉴클레오티드 자리) 3개로 이루어진 간단한 분자 자료이다. 이 예에서, 무근계통수 3개(그림 2.15B)와 분류군 *Z*로 근이 결정된 계통수 3개(그림 2.15C)가 가능하다. 최대공산 방법은 각 형질에 대해 그 계통수의 모든 마디에 특정 뉴클레오티드가 존재할 확률을 계산하여 각각의 계통수를 평가한다. (분자 자료에 대해서는 제11장 참조.)

같은 예에서, 그림 2.16A는 염기치환에 의해 한 염기가 다

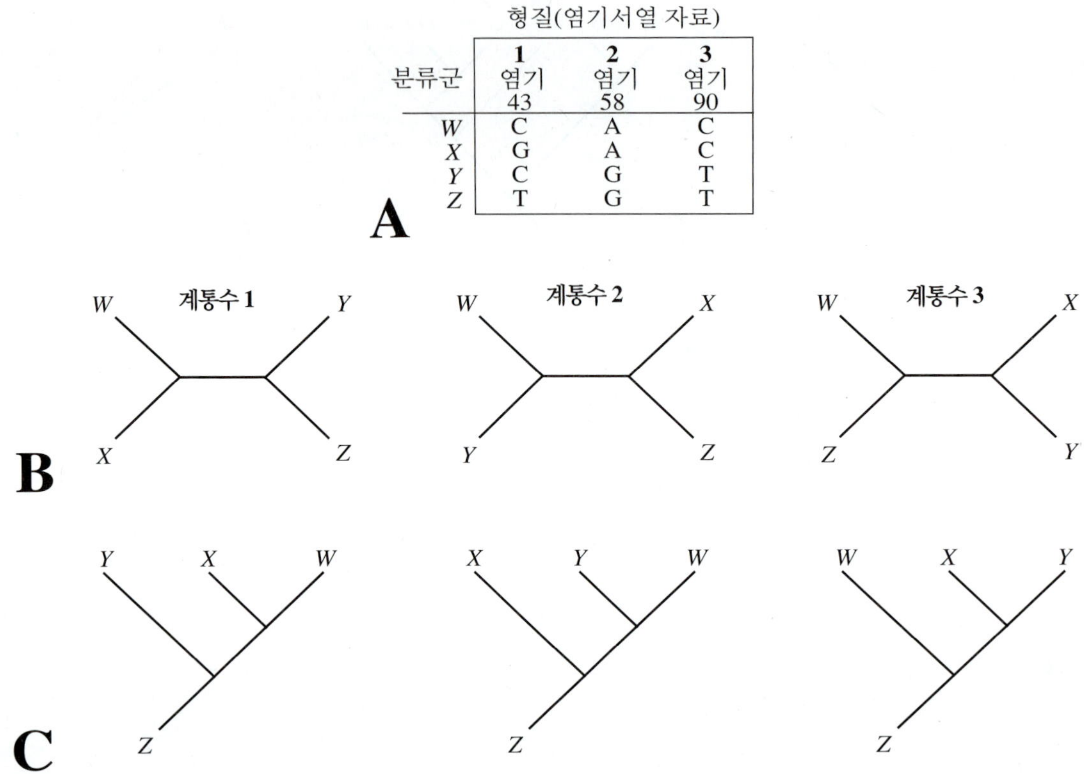

형질(염기서열 자료)

분류군	1 염기 43	2 염기 58	3 염기 90
W	C	A	C
X	G	A	C
Y	C	G	T
Z	T	G	T

그림 2.15 최대공산(Maximum likelihood) 방법. **A.** 분류군 *W–Z*의 형질 × 분류군 행렬. **B.** 분류군 *W–Z*에 대해 제작이 가능한 3개의 무근계통수. **C.** 분류군 *Z*를 임의로 선정하여 근을 삼은 경우에 제작이 가능한 3개의 유근계통수.

른 염기로 변화하는 실제 확률을 나타낸다. 즉, **A**(아데닌)에서 **C**(시토신)로 변화할 확률은 0.1(10%), **A**에서 **G**(구아닌)로 변화할 확률은 0.2(20%)이다. 그림 2.15B의 첫 번째 무근계통수(계통수 1)의 첫 번째 형질(그림 2.15A, 43번째 자리)을 생각해보자. 분류군명(*W–Z*)은 해당 분류군이 지니는 뉴클레오티드 염기로 대체하고 공통조상에 해당하는 2개의 내부 마디(절)에는 **A**가 존재할 것이라고 임의로 가정하자(그림 2.16B). 이 특정 계통수가 이들 뉴클레오티드 조합을 지닐 확률은 어떤 한 뉴클레오티드의 초기 확률(= 0.25: 4개의 뉴클레오티드가 같은 빈도로 존재한다고 가정할 경우) × **A**가 **C**로 변할 확률(= 0.1) × **A**가 **G**로 변할 확률(= 0.2) × **A**가 **A**로 변할(즉, 그대로 있을) 확률(= 0.6) × ... 등으로 계산한다. 이 계통수가 지니는 분지 양상과 염기 조합에서는 확률 P_1 = 0.00003이다(그림 2.16B). 한편, 내부 마디가 지닐 수 있는 16개의 가능한 뉴클레오티드 조합에 대한 확률(P_1 ... P_{16})은 그림 2.16C와 같다. 이 예에서, 주어진 계통수 및 형질 1에 대한 **공산값**(*likelihood* score) L_1은 이들 16개의 확률을 모두 더한 값인 0.0026(= P_1 + P_2 + ... P_{16}, 그림 2.16C)이다.

동일한 분지 양상(계통수 1)에서 다른 두 형질(58번째 자리, 90번째 자리, **그림 2.17**A)에 대한 공산값을 계산하면 그림 2.16D,E와 같다. 한편, 이 분지 양상의 총공산값(total likelihood score) L은 형질 3개에서 각각 산출한 공산값을 곱하여 얻는다. 그러나 이렇게 할 경우 지나치게 작은 값이 얻어지기 때문에, 각 공산값에 음의 자연로그를 취하고 이것을 모두 더하여 총공산값을 산출하는 것이 보통이다. 그림 2.16의 예에서, $L = 0.0026 \times 0.01132 \times 0.01132 = 3.332 \times 10^{-7}$ 또는 $-\text{LnL} = -(\text{Ln}0.0026 + \text{Ln}0.1132 + \text{Ln}0.1132) = 14.915$이다. 가능한 계통수 3개 중에서 분지 양상이 [(*W*,*X*)(*Y*,*Z*)]인 첫 번째 계통수의 총공산값(L)이 가장 높은 것으로 나타났고, 따라서 다른 두 계통수에 비해 이 계통수가 더 타당하다고 받아들일 수 있다.

최대공산 방법에서는 한 뉴클레오티드가 다른 뉴클레오티드로 변화하는 확률을 결정하기 위해 DNA 염기치환 **모델**을 사용한다. 이들 모델과 알고리즘은 복잡하지만 기본적인 것

A

	A	C	G	T
A	0.6	0.1	0.2	0.1
C	0.1	0.6	0.1	0.2
G	0.2	0.1	0.6	0.1
T	0.1	0.2	0.1	0.6

B

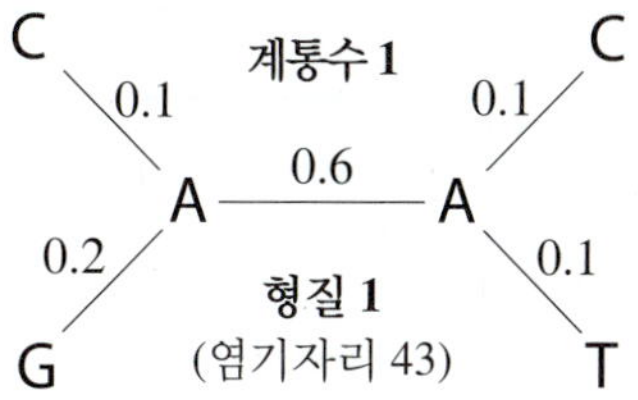

계통수 1

형질 1 (염기자리 43)

$$\text{Probability}_1\ (P_1) = (0.25)\cdot(0.1)\cdot(0.2)\cdot(0.6)\cdot(0.1)\cdot(0.1) = 0.00003$$

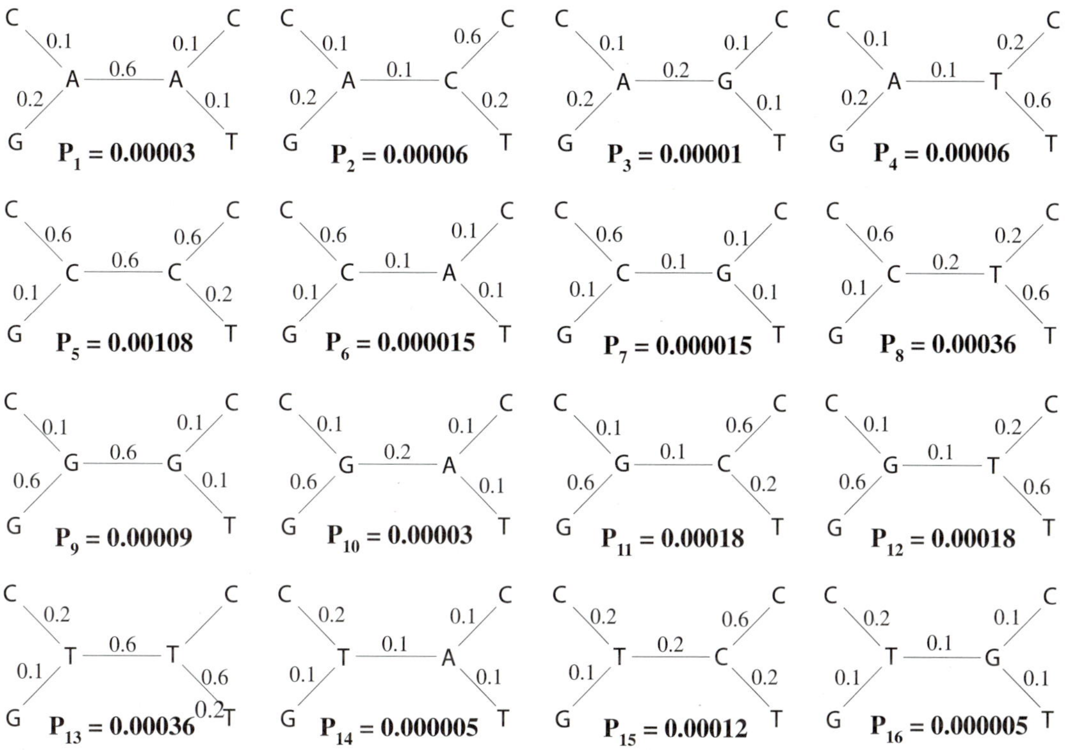

C

$P_1 = 0.00003$ $P_2 = 0.00006$ $P_3 = 0.00001$ $P_4 = 0.00006$

$P_5 = 0.00108$ $P_6 = 0.000015$ $P_7 = 0.000015$ $P_8 = 0.00036$

$P_9 = 0.00009$ $P_{10} = 0.00003$ $P_{11} = 0.00018$ $P_{12} = 0.00018$

$P_{13} = 0.00036$ $P_{14} = 0.000005$ $P_{15} = 0.00012$ $P_{16} = 0.000005$

$$L_1 = P_1 + P_2 \ldots + P_{16} = (0.00003) + (0.00006) \ldots + (0.000005) = 0.0026$$

D

계통수 1

형질 2

$L_2 = 0.01132$

E

계통수 1

형질 3

$L_3 = 0.01132$

그림 2.16 최대공산 방법. **A.** 한 염기가 다른 염기로 변화할 확률을 나타내는 자료행렬. **B.** 계통수 1(그림 2.15B로부터 제작 가능한 무근계통수 3개 가운데 하나), 분류군명(*W–Z*)은 해당 분류군이 지니는 뉴클레오티드 염기로 대체하였고, 공통조상에 해당하는 2개의 내부 마디(절)에는 A(아데닌)가 존재할 것이라고 임의로 가정하였다. 1번 자리의 확률 P_1 계산에 주목하라. **C.** 계통수 1의 내부 마디에 존재할 수 있는 염기의 모든 조합(16개)에 대한 확률과 공산값(L_1). **D,E.** 계통수 1에서 형질 2(D)와 형질 3(E)에 대해 계산한 공산값 L_2, L_3.

A

	A	C	G	T
A	$-\mu(a\pi_C + b\pi_G + c\pi_T)$	$\mu a\pi_C$	$\mu b\pi_G$	$\mu c\pi_T$
C	$\mu a\pi_A$	$-\mu(a\pi_A + d\pi_G + e\pi_T)$	$\mu d\pi_G$	$\mu e\pi_T$
G	$\mu b\pi_A$	$\mu d\pi_C$	$-\mu(b\pi_A + d\pi_C + f\pi_T)$	$\mu f\pi_T$
T	$\mu c\pi_A$	$\mu e\pi_C$	$\mu f\pi_G$	$-\mu(c\pi_A + d\pi_C + e\pi_G)$

B

	A	C	G	T
A	−3/4μ	1/4μ	1/4μ	1/4μ
C	1/4μ	−3/4μ	1/4μ	1/4μ
G	1/4μ	1/4μ	−3/4μ	1/4μ
T	1/4μ	1/4μ	1/4μ	−3/4μ

C

	A	C	G	T
A	−1/4μ(k+2)	1/4μ	1/4μk	1/4μ
C	1/4μ	−1/4μ(k+2)	1/4μ	1/4μk
G	1/4μk	1/4μ	1/4μ(k+2)	1/4μ
T	1/4μ	1/4μk	1/4μ	−1/4μ(k+2)

그림 2.17 염기치환 모델. **A.** 일반가역 치환모델(GTR model): 한 염기가 다른 염기로 치환될 확률은 평균 순간치환율(μ), 상대 치환율 매개변수(a, b, … f) 및 빈도 매개변수(π_A, π_C, π_G, π_T)를 통해 산출한다. **B.** 주크-칸토어(**JC**) 모델: 치환율이 동일한 경우이다. **C.** 기무라 2매개변수(**K2P**) 모델: 염기의 빈도는 동일하나 염기전이(붉은색)와 염기전환(파란색)이 서로 다른 비율로 일어나는 경우이다.

은 이해할 필요가 있다. 여타 특수한 치환 모델의 기본이 되는 것으로 **일반가역치환모델**(General Time-Reversible model, **GTR** model)을 흔히 사용한다. 이 모델은 한 염기가 다른 염기로 변화하는 것(예, A→C)과 그 반대 과정(C→A)을 동일하게 취급한다. 그림 2.17에서 볼 수 있듯이 GTR 모델은 치환율 매개변수(예를 들어, μa)와 빈도 매개변수(π_A, π_C, π_G, π_T)에 영향을 받는 치환확률에 기초를 두고 있다. 여기서 치환율 매개변수는 평균순간치환율(μ)에 각 치환유형(예, A→C)에 따른 상대치환율 매개변수(a, b, … f)를 곱한 값이고, 빈도 매개변수는 A, C, G, T의 빈도에 해당한다. 여타 특수 모델은 이 GTR 모델로부터 유도할 수 있다. 예를 들어, 빈도 매개변수가 동일하고($\pi_A = \pi_C = \pi_G = \pi_T = 0.25$), 모든 유형의 치환이 동일한 비율로 일어나는 것($a = b = c = d = e = f$)을 가정한 것이 주크-칸토어(Jukes-Cantor, **JC**) 모델이다(그림 2.17B). 한편, 빈도 매개변수가 같고 치환이 서로 다른 비율로 일어나는 경우들 가운데, 염기전이(A→G, C→T)와 염기전환(A→C, A→T, G→C, G→T)이 서로 다르게 일어날 경우를 가정한 것이 기무라 2매개변수(Kimura's two parameter, **K2P**) 모델이다(그림 2.17C). 다른 모델은 염기의 코돈 위치(1st, 2nd, 3rd)를 고려할 수도 있을 것이다. 최대공산 방법에서 사용하는 모델은 실제 염기서열 자료로부터 계산하여 결정한다. 예를 들어, 염기전환에 비해 염기전이가 현저히 많이 일어났다면 K2P 모델을 선택할 수 있다. (부록 '웹 사이트'의 '계통수 프로그램'에 계통분석 프로그램이나 염기치환 모델을 결정하는 프로그램이 수록되어 있다.)

최대공산 방법은 주어진 자료에 기초한 상세한 진화 모델로부터 형질상태 전환에 대한 확률을 고려할 수 있다는 점에서 파시모니 방법에 비해 이롭다. 최대공산 방법은 앞서 언급한 긴가지끌림현상과 같은 문제를 해결할 수도 있다. (일반적으로, 가지의 길이가 증가하면 그 가지를 따라 일어나는 형질상태 전환 확률은 감소한다.) 최대공산 방법의 단점은 계통분석을 수행하거나 부트스트랩과 같은 방법으로 계통수의 견고성을 검증할 때 시간이 매우 많이 소요되기 때문에 자료가 방대할 경우에는 사용이 어렵다는 것이었다. 그러나 새로 개발된 컴퓨터 프로그램은 계산 속도를 현저히 증가시켰다. ('**계통수 프로그램**' 참조.)

베이지안 추론

계통분석에 널리 활용되는 방법으로 **베이지안 추론**(Bayesian inference, **BI**)이 있다. 베이지안 추론 방법은 뉴클레오티드 치환 모델을 사용한다는 점에서 최대공산 방법과 유사하다. 그러나 베이지안 추론은 1763년 베이스(T. Bayes)가 고안한 확률 공식을 사용하여 사전 지식(예를 들어, DNA 염기서열 데이터)을 기반으로 **사후 확률**(posterior probability)을 계산한다는 점에서 차이를 보인다(자세한 내용은 참고문헌 참조).

베이지안 추론에서는 계통수(분지 양상), 가지의 길이 등의 사후 확률을 계산한다. 최대 파시모니와 마찬가지로 베이지안 분석을 위해 모든 가능한 계통수의 사후 확률을 다 평가하는 것은 계산 능력의 한계를 벗어난다. 계통분석에서는 사후 확률 분포로부터 마르코프 체인 몬테카를로기법(MCMC) 또는 메트로폴리스 마르코프 체인 몬테카를로기법(MCMCMC)이라는 표본 추출 알고리즘을 통해 계통수를 추출함으로써 계통유연관계의 사후 확률 근사치를 산출한다. 이들 알고리즘으로 인해 계통수의 베이지안 추론이 가능하다.

베이지안 분석의 결과로 얻어진 계통수(추출된 계통수의 50% 합의계통수) 내 각 분계군의 확률도 산출한다. 베이지안 추론은 최대공산 방법과 같은 치환모델을 사용할 수 있다. 또한 베이지안 알고리즘은 비교적 빠르고, 각 분계군의 사후 확률은 그 분계도의 견고성을 평가하는 지표가 된다. 일반적으로 베이지안 사후 확률이 0.95 이상일 경우 그 분계군은 확실하다고 말할 수 있다. 그러나 베이지안 사후 확률은 실제보다 부풀려질 수 있다는 주장도 있다.

계통합체분석법

계통수 제작과 관련한 다른 일반적인 알고리즘 부류로서, **계통합체분석법**(coalescent methods)이라고 널리 알려진 것이 있다. 이들 분석법은 하나 이상의 유전자 서열로 제작한 **유전자 계통수**와 종 및 개체군의 진화 역사를 추론하여 제작한 **종 계통수**를 구분짓는다. 유전자 계통수와 종 계통수가 불일치하는 원인으로는 유전자 중복, 종 간 유전자 이동, 계통합체 지연(deep coalescence)이 주로 거론된다(제14장의 Maddison 1997 참조). 이들 중 계통합체 지연이 계통합체분석법과 관련성이 가장 크다.

앞에서 소개한 최대 파시모니, 최대공산, 베이지안 추론은 유전자 하나 이상(대개 여러 유전자)의 유전적 서열 자료를 활용하지만 기본적으로 유전자 계통수 1개를 창출한다. 만일 유전자(예를 들어, 엽록체, 미토콘드리아, 핵 유전체의 유전자 등)의 염기서열을 2개 이상 통합하여 하나의 자료행렬로 만들어 분석하면 **통합유전자계통수**(super-gene tree)가 얻어질 것이다. 각 유전자 서열에 서로 다른 진화 모델을 적용할 수 있지만, 유전자 계통수는 염기서열의 통합 여부에 관계없이 실제 종 계통수(계통분석의 목표)와 비슷할 수도 있고 그렇지 않을 수도 있다.

계통합체는 "한 유전자자리의 여러 유전자 계통이 과거로 거슬러 올라가면서 공통조상, 즉 이들 유전자 계통을 파생시킨 조상 유전자로 합쳐지는 것"으로 정의할 수 있다. 만일 어떤 두 유전자 계통이 과거로 거슬러 올라가면서 이들 유전자를 지니는 종의 분기 지점 이전에 합쳐지지 않으면 **계통합체 지연**이 발생한다. 개체군의 크기가 크고 계통의 분기 간격이 좁을수록 종의 분기, 즉 종분화 이전에 두 유전자 계통이 합쳐질 가능성이 낮다. 파생된 유전적 특징이라고 해석되는 것들이 해당 분계군의 실제 파생형질이 아닐 수도 있기 때문에 계통합체 지연은 계통발생(종 계통수) 추론에 혼란을 일으킬 수 있다.

계통합체분석법은 서로 다른 유전자 계통수로부터 가장 가능성이 큰 종 계통수를 추론하고자 한다(개념 설명: **그림 2.18**). 이 분석법에서는 이용 가능한 염기서열 자료와 진화 모델을 사용하여 유전자 계통수를 생성하기 위해 가상의 종 계통수를 사용한다. 일부 알고리즘(예, *BEAST)은 유전자 계통수 추정에 불확실성도 고려하지만 이는 계산 강도가 높다. 다른 알고리즘(예, ASTRAL)은 약식 방법을 사용하고 계산 강도가 높지 않지만, 유전자 계통수 추정에 불확실성을 고려할 수 없기 때문

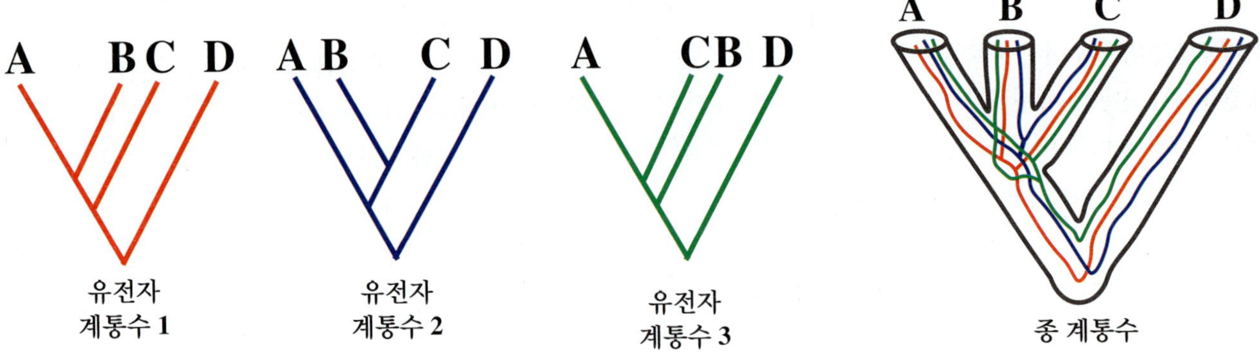

그림 2.18 유전자 계통수 3개를 사용하여 종 계통수(오른쪽)를 제작한 것을 보여주는 그림. 계통합체분석법은 별개의 유전자 계통수 자료로부터 가장 가능성이 큰 종 계통수를 얻고자 하는 방법이다. (출처: Edwards, 2009)

에 추론한 종 계통수에 대한 확신성이 조금 덜하다. 네트워크 분석(제14장 참조)에서도 계통합체분석법을 사용한다.

비상동유사성 측정

분계분석에서 심각한 비상동유사성이 발생할 경우 그 자료는 계통수 제작에 있어서 신뢰를 잃게 된다. 분계도의 비상동유사성을 측정하는 방법으로는 **일치지수**(consistency index, CI)라는 것이 있다. CI란 m/s로서, 여기서 m은 형질상태 변화의 **최소** 횟수를 말하고, s는 실제 일어난 변화의 횟수를 말한다. 변화의 최소 횟수란 모든 형질의 모든 형질상태 사이에서 하나의 형질상태 전환을 설명하는 데 필요한 횟수를 말한다. 예를 들어, 형질상태가 3개인 형질의 경우 0→1→2의 형질상태 변화는 최소한 두 단계의 변화를 필요로 한다. 즉, 0→1이 첫 번째 단계이고, 1→2가 두 번째 단계이다.

CI가 1에 가까울수록 비상동유사성이 적음을 의미하고, CI가 0에 가까울수록 심각한 비상동유사성이 존재함을 가리킨다. 예를 들어, 그림 2.6A,B의 자료의 경우 최소한 7회의 형질상태 전환을 필요로 한다. 즉, 분류군들이 나타내는 형질상태의 분포를 설명하기 위해서는 총 7회의 변화가 필요하다. 그러나 파시모니 분계도에서 실제로 관측된 변화는 8회이다(그림 2.6E). 따라서 이 분계도의 CI는 7/8 = 0.875가 된다. CI는 계통수 제작에 있어서 자료에 대한 신뢰성의 척도로 볼 수 있다.

CI는 각 형질에 대해서 계산하기도 한다. 예를 들어, 그림 2.6E에서 형질 6의 경우는 두 차례의 수렴진화가 일어나므로 CI가 0.5이며, 다른 모든 형질의 CI는 1이다.

비상동유사성을 측정하는 다른 두 방법으로 **유지지수**(retention index, RI)와 **보정일치지수**(RC) 계산법이 있다. RI는 $(g - s)/(g - m)$로 g는 제작 가능한 모든 계통수에서 일어날 수 있는 최대 형질변화 횟수를 말한다. 따라서 RI는 연구대상 분류군의 수를 고려한 지수이다. RC는 CI와 RI의 곱으로써 흔히 연속적으로 가중치를 부여하는 데 사용하며, 이에 대한 이론적 근거는 모의실험 연구에 기초하고 있다.

비상동유사성 정도를 나타내는 이들 척도는 계통분석에서 여전히 사용되고 있기만 그 중요성이 과거에 비해 그리 크지는 않다.

분계도의 견고성

계통수 또는 특정 분계군의 계통유연관계를 신뢰할 수 있는 정도, 즉 견고성의 정량적 지표를 계산하는 것은 매우 중요하다. **분계도의 견고성**(robustness)을 평가하는 한 방법으로는 **부트스트랩**(bootstrap)이 있다. 부트스트랩은 형질을 **무작위**로 재추출하여 원래의 자료행렬을 재분석하는 방법이다. 형질 재추출의 결과, 일부 형질은 반복 추출됨으로써 다른 것에 비해 가중치가 더 커지지만, 전체 형질의 수는 원래의 자료와 동일하다. 이렇게 해서 재형성된 자료를 파시모니 분계도 제작을 위해 사용한다. 이 과정을 연속적으로 반복하며(보통 100회 이상), 이 과정에서 모든 파시모니 계통수들을 얻는다. 이들 파시모니 계통수로부터 50% 다수합의계통수를 제작한다. 부트스트랩 과정에서 얻은 모든 파시모니 계통수에서 특정 분계군이 출현하는 빈도를 퍼센트로 계산하며, 이를 다수합의계통수의 각 가지 위 또는 옆에 표시한다(그림 2.19D). 일반적으로 부트스트랩 값이 70–90% 이상인 분계군은 비교적 확실한 것으로 간주한다. 부트스트랩은 자료가 양호하여, 즉 비상동유사성이 적어, 실제 계통유연관계를 잘 반영하는 경우에는 원래의 자료를 재추출하여 차등 가중치가 부여되더라도 동일한 분계군을 생성하는 경향을 보일 것이라는 점에 이론적 근거를 두고 있다. 부트스트랩의 문제점은 형질들이 상관관계를 보이지 않고 무작위로 분포하는 것을 전제로 한다는 것이다. 그런데 이 전제는 분계분석에서 전혀 검증되지 않고 있다. 그럼에도 불구하고, 계통수의 견고성을 측정하기 위해 부트스트랩 방법을 여전히 가장 많이 사용하고 있다.

계통수의 견고성을 측정하는 또 다른 방법으로 이른바 **잭나이프**(또는 jackknifing) 방법이 있는데, 이는 부트스트랩과 유사하나 같은 형질을 반복하여 추출하지 않고, 재추출하여 생성된 자료행렬이 원래보다 작다는 것이 다르다(**그림 2.19**A,C의 예 참조). 재추출한 자료는 계통수 제작을 위해 사용한다. 이 과정은 부트스트랩의 경우와 마찬가지로 반복되며, 50% 다수합의계통수를 제작하여 잭나이프 값을 얻는다.

분계군의 견고성을 측정하는 두 번째 방법은 붕괴지수이다. **붕괴지수**(decay index) 또는 브레머지수(Bremer's index)는 원래의 분계군이 더 이상 유지되지 않을 때까지 필요로 하는 추가적인 진화단계의 횟수를 측정한 값이다. 따라서 만일 분계도에서 어떤 가지의 붕괴지수가 4라면 그 단계통군은 최대 파시모니 계통수보다 진화단계가 네 단계 많은 등가 파시모니 계통수의 완전합의계통수에서도 붕괴되지 않는다는 것을 의미한다(예, 그림 2.19E). 붕괴지수가 클수록 주어진 분계군에 대한 견고성은 더 커진다. 그러나 오늘날 이 지수는 거의 사용되지 않는다.

베이지안 분석은 계통수 내 모든 분계군의 사후 확률을 계산함으로써 견고성을 측정한다. 사후 확률이 95% 이상인 분계군은 통계적 지지가 큰 것이다. 그러나 이 방법은 실제보다 과장된 수치를 제공하는 경우가 많아 이에 대한 상세한 연구가 진행되고 있다.

일부 분석에서는 파시모니 부트스트랩 값, 최대공산 부트스트랩 값, 베이스 사후 확률을 동일한 분계도(예, 합의계통수)에 표시해서 세 가지 다른 분석법으로 분계군의 견고성을 나타내기도 한다(그림 2.19F 참조).

분계도 해석

분계도는 공통조상의 분지 시점 및 고유한 진화적 사건을 나타내는 파생형질의 분포 면에서 진화적 대물림의 양상을 추정한

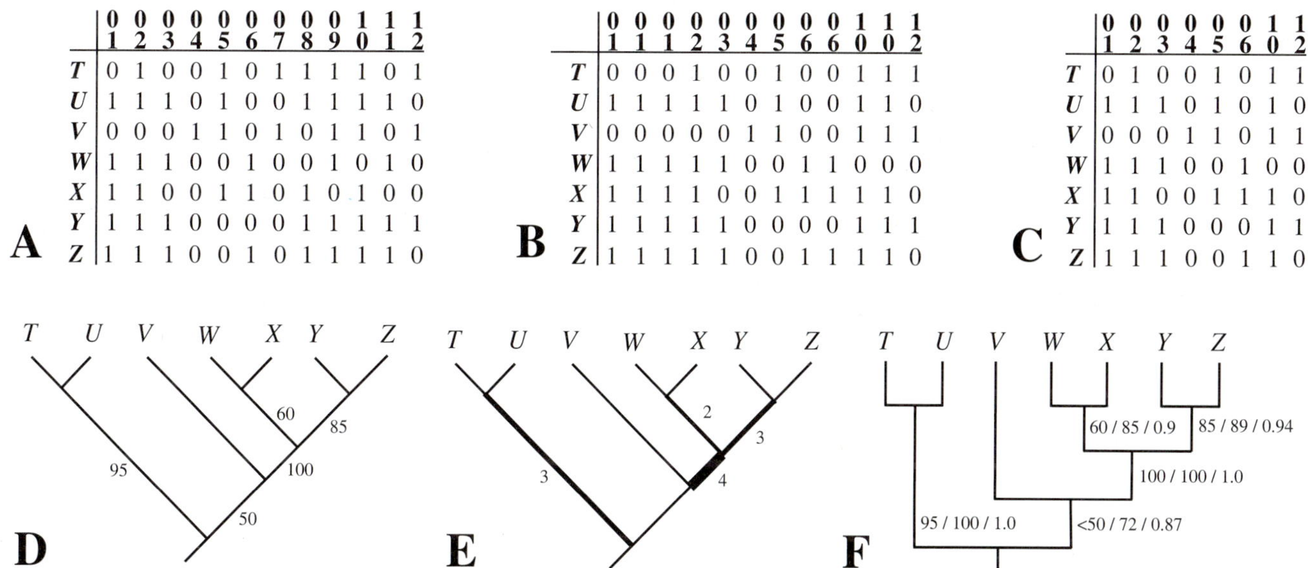

A

	01	02	03	04	05	06	07	08	09	10	11	12
T	0	1	0	0	1	0	1	1	1	1	0	1
U	1	1	1	0	1	0	0	1	1	1	1	0
V	0	0	0	1	1	0	1	0	1	1	0	1
W	1	1	1	0	0	1	0	0	1	0	1	0
X	1	1	0	0	1	1	0	1	0	1	0	0
Y	1	1	1	0	0	0	0	1	1	1	1	1
Z	1	1	1	0	0	1	0	1	1	1	1	0

B

	01	01	01	02	03	04	05	06	06	10	10	12
T	0	0	0	1	0	0	1	0	0	1	1	1
U	1	1	1	1	1	0	1	0	0	1	1	0
V	0	0	0	0	0	1	1	0	0	1	1	1
W	1	1	1	1	1	0	0	1	1	0	0	0
X	1	1	1	1	0	0	1	1	1	1	1	0
Y	1	1	1	1	1	0	0	0	0	1	1	1
Z	1	1	1	1	1	0	0	1	1	1	1	0

C

	01	02	03	04	05	06	10	12
T	0	1	0	0	1	0	1	1
U	1	1	1	0	1	0	1	0
V	0	0	0	1	1	0	1	1
W	1	1	1	0	0	1	0	0
X	1	1	0	0	1	1	1	0
Y	1	1	1	0	0	0	1	1
Z	1	1	1	0	0	1	1	0

그림 2.19 분계도의 견고성 검증. **A.** 7개의 분류군(*T*–*Z*)과 12개의 형질로 이루어진 자료행렬. **B.** 부트스트랩 분석을 위해 원래 자료행렬에서 재추출한 자료행렬. 형질의 수는 동일하고, 일부 형질은 여러 차례 추출되었으며, 일부 형질은 추출되지 않았음을 알 수 있다. **C.** 잭나이프 분석을 위해 재추출한 자료행렬. 중복 추출된 형질은 없고 형질의 수는 줄었다. **D.** 파시모니 부트스트랩을 통해 얻은 값(≥50)을 표시한 분계도. **E.** D와 같은 분계도이지만 붕괴지수를 표시한 것. **F.** 역시 같은 분계도이지만 (좌에서 우로) 파시모니 부트스트랩 값, 최대공산 부트스트랩 값, 베이스 사후 확률을 표시한 것.

것을 보여준다. 일단 견고한 분계도가 얻어지면 유연관계와 진화적 변화의 양상을 다양한 목적으로 사용할 수 있다.

분계분석의 결과로 제작된 하나 이상의 분계도로부터 형질 상태의 변화를 추적하는 것은 유익하다. 또한 모든 단계통군에 대해서는 부트스트랩 값 등으로 그 견고성을 조사해야 하며, 이들을 하나로 묶어주는 파생형질이 무엇인지 구체적으로 파악할 필요가 있다. 수렴진화나 역진화와 같은 비상동유사성 역시 점검되어야 한다. 형질의 비상동유사성은 그 형질에 대한 일차적인 분석에 실수가 있었음을 의미하기 때문에 형질상태의 정의, 점진적 변화, 비상동유사성 또는 극성 등을 재검토해야 한다. 이런 점에서 분계도 제작은 그 자체가 끝이 아니라, 만족할 만한 계통유연관계 정립을 위해 향후 어떤 부분에 대한 추가 조사가 필요한지 파악하거나 또는 생물학적으로 흥미가 있는 진화의 모습을 보여주는 방법으로 이해해야 한다.

계통분류

분계도의 가장 중요한 용도 중 하나는 분류의 기초 역할을 하는 것이다. 분계도에 담겨진 진화 역사의 양상은 분류군을 계통적으로 분류하는 데 사용할 수 있다. 분계도상의 단계통군을 순차적 및 계층적 방식으로 명명하고 배열하는 계통분류를 생각할 수도 있는데, 이를 **거치형**(indented) 방법이라고 칭하기도 한다. 계층적으로 배열한 단계통군에 일반적인 분류계급을 부여하기도 한다. 예를 들어, **그림 2.20**A의 최대 파시모니 분계도에 나타난 *Xida*라는 가상적인 속의 계통분류는 그림 2.20B와 같이 나타낼 수 있다. 이 예에서 명명된 각 분류군은 단계통군에 해당하며, 각각이 순차적으로 내포되어 있어, 이 분류체계로부터 본래의 분계도를 재작성할 수 있음에 주목해야 한다. 같은 계급의 두 분류군, *Rubens* 절과 *Nigropurpurea* 절은 자동적으로 자매군이 된다. 이보다 상위 분류군, 예를 들어

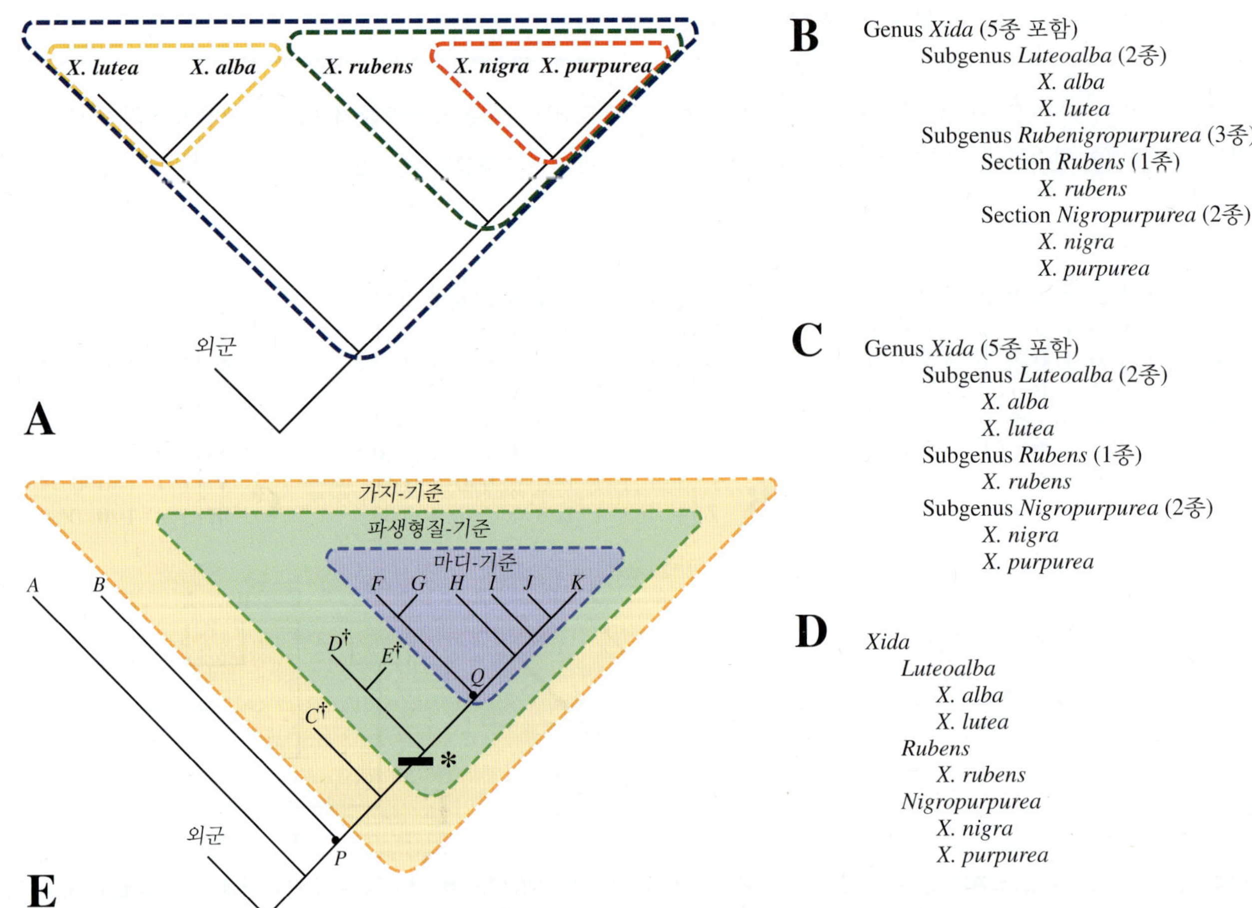

그림 2.20 **A.** 그림 2.6E의 분계도. **B.** 거치형 분류. **C.** 주석형 분류. **D.** 주석형, 무계급 분류. **E.** 마디-기준, 파생형질-기준, 가지-기준 분류 유형을 보여주는 분계도. †절멸 분류군. *파생형질-기준 무리의 근거가 되는 주요 진화적 변화.

Luteoalba 아속은 자동으로 부여된 하위분류군, 즉 종 *Xida alba*와 *Xida lutea*를 포함한다.

분계도로부터 분류체계를 유도해 내는 보다 실제적인 또 다른 방법으로는 **주석**(annotation)을 다는 것이 있다. 여기서 주석을 단다는 것은 분계도의 아래에서 위로 올라가는 중에 갈라져 나간 계통들의 목록을 순차적으로 작성하는 것을 말하며, 이때 각 계통에는 동일한 분류계급을 부여한다. 분류군의 목차는 그들의 진화적 유연관계를 재확립하는 데 사용한다. 그림 2.20C는 이와 같은 주석형 방식에 따라 그림 2.20A로부터 수립한 분류체계의 예이다. 이 경우에 명명된 모든 분류군은 단계통이지만 같은 계급에 있는 분류군들이 반드시 자매군은 아니다(제7장 및 8장 참조).

특정 단계통군에 주어지는 분류계급은 일정하지 않으며, 과거의 전통적 분류체계를 따르는 경우가 많다. 계통학의 최근 경향은 계급 자체를 무시하거나 주요 분류계급명 사이에 무계급명을 허용하는 것이다(제12장 참조). 계급의 설정 여부에 관계없이 분류군명은 계층적, 진화적 유연관계를 유지한다(예, 그림 2.20D).

가장 보편적인 유형의 계통분류는 **마디-기준**(node-based) 분류라고 하는데, 이는 분계도의 마디, 즉 공통조상과 여기서 유래한 모든 자손들을 파악하여 그에 따라 분류하기 때문이다(그림 2.20E). 마디-기준 분류는 공통조상에서 유래하여 '현존하는' 구성원으로 이루어진 그룹인 **수관분계군**(crown clade)을 지칭하기도 한다. 어떤 경우에는 **가지-기준** 분류가 유용한데, 이는 공통조상 바로 위의 가지 부분과 이로부터 파생한 모든 자손들을 하나의 무리로 정의하여 분류하는 방법이다(그림 2.20E). 가지-기준 그룹은 **전체분계군**(total clade)과 같은 의미인데, 이는 수관분계군뿐만 아니라 그것과 공통조상을 공유하면서 다른 수관분계군에는 포함되지 않는 모든 분류군을 포함하기 때문이다. 가지-기준 분류는 잘 정의되고 확증된 단계통군인 수관분계군과 그 가지 아래에서 갈라져 나왔던 몇몇 '화석 계통도 포함'한다는 점에서 유용하다. 이 절멸한 측계통군(예, 그림 2.20에서 C†, D†, E†로 이루어진 그룹)은 마디-기반 수관분계군의 파생형질(예, 그림 2.20에서 "*"로 나타낸 것)을 지닐 수도 있고 그렇지 않을 수도 있다. 한편 계통분류의 세 번째 일반적 유형에는 **파생형질-기준** 분류가 있는데, 이는 주어진 고유한 진화사건(그림 2.20E의 "*")을 공유하는 단계통군의 모든 구성원을 하나의 무리로 정의하여 분류하는 것이다. 계통분류에 대한 상세한 설명은 Cantino et al. (2007)을 참조한다.

마지막으로, 단계통군은 *Phylocode*에 따라 계통학적 "정의"를 통해 인정될 수 있다는 점을 언급하고자 한다(Cantino et al. 2007; Cantino and de Queroz 2010). 예를 들어, 그림 2.20A에서 단계통군 *Xida*는 "*X. lutea*와 *X. nigra*의 공통조상을 포함하는 최소 단계통군"으로 "정의"할 수 있다. 이러한 정의의 논리적 근거는 명확하고 안정적인 분류 방식을 제공한다는 것이다. 그러나 어떠한 특정 계통학적 정의든 특정 분계분석에 기초를 두고 있다. 이후 분계분석 결과 분류군 간의 유연관계가 달라진다면, 계통학적으로 정의된 그룹은 의도하지 않았던 분류군으로 구성되고, 따라서 이들 그룹은 보다 전형적인 분류 방식에 비해 유용성과 안정성이 더 떨어진다.

분석 및 분류의 또 다른 주요 유형은 **전형질분류**인데, 이는 분류군을 전체 유사성으로 무리를 짓는다. 전형질분석으로 무리를 지은 그룹은 **전형질도**(phenogram)로 제시한다. 예를 들어, **그림 2.21**A의 자료로 제작한 전형질도는 그림 2.21B와 같다. 이 경우에는 분류군 *W–Y* 중에서 *X*와 *Y*가 특징을 더 많이 공유한다(형질 2와 3). 따라서 이 둘은 더 유사하며 함께 그룹을 이룬다(이 자료행렬에는 외군이 포함되어 있지 않다). 전형

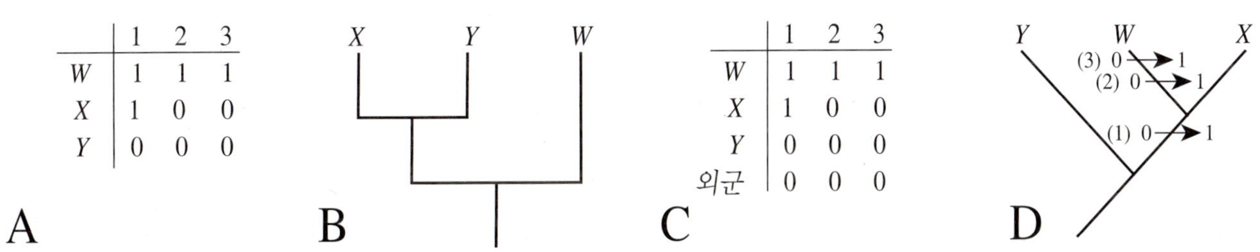

A:

	1	2	3
W	1	1	1
X	1	0	0
Y	0	0	0

C:

	1	2	3
W	1	1	1
X	1	0	0
Y	0	0	0
외군	0	0	0

그림 2.21 **A.** 분류군 *W–Y*의 형질 × 분류군 행렬. **B.** 분류군 *W*, *X* 및 *Y*의 전형질도. **C.** 분류군 *W–Y* 및 외군의 형질 × 분류군 행렬. **D.** 분류군 *W*, *X* 및 *Y*의 최대 파시모니 분계도. B와 분지 양상이 다른 점에 주목할 필요가 있다.

질분류는 계통분류와 사뭇 다른데, 전형질분석에서는 공유파생형질뿐만 아니라 조상형질의 공유(**공유원시형질**)에 의해서도 분류군들이 함께 그룹을 이루기 때문이다. 예를 들어, 그림 2.21C의 자료행렬(외군이 추가된 점을 제외하고 그림 2.21A와 동일함)로 제작한 그림 2.21D의 파시모니 분계도는 그림 2.21B의 전형질도와 분지 양식이 다르다. 분계도에서 분류군 *W*와 *X*는 형질 1의 형질상태, 즉 *W*와 *X*의 공유파생형질에 의해 자매군을 이룬다. 이에 반해 그림 2.21B의 전형질도에서는 X와 Y가 형질 2와 3의 형질상태 "0"을 공유함으로써 함께 그룹을 이룬다. 그러나 이들 형질상태는 공유원시형질이며 단계통군을 인정할 때는 사용할 수 없다. 과거의 많은 분류체계는 전유사성에 기초했었기 때문에 "유연관계"를 평가할 때 주의가 요망된다. 서로 가장 비슷한 분류군들이라 해도 계통학적 관점에서는 반드시 근연 분류군이 아닐 수도 있다.

요컨대, 계통분류는 분류군의 진화역사를 반영하고 이것에 기초한다는 엄청난 장점이 있다. '**조류, 균류 및 식물에 관한 국제명명규약**(제12장)'은 단계통성을 기준으로 한 분류군 명명에 매우 성공적으로 활용되었다. PhyloCode(Cantino and de Queroz 2010)은 이 규약을 보완하는 역할을 성공적으로(특히 상위 계급의 분계군에서) 담당하였다. 계통분류는 일부 분류군에 많은 명칭 변경을 초래했지만, 이는 지속적이며 확고한 분자계통수 연구를 통해 점차 안정화되고 있다. 실제로는 모든 단계통군에 대해 일일이 명칭을 부여하는 것은 바람직하지 않고 필요하지도 않다. 일반적으로, 뚜렷한 파생형질이 잘 뒷받침하는 단계통군에만 공식적인 명칭을 부여해야 하며, 그렇지 않은 경우에는 기존 분류체계를 유지하거나 부분적으로 수정하는 데 필요한 노력을 기울여야 할 것이다.

형질 진화

분계도는 분계도 각 마디의 조상 형질상태 혹은 한 마디에서 다른 마디로 이어질 때 일어나 진화적 변화(파생형질)를 평가하는 분석 도구로 활용할 수 있다. 이 평가는 파시모니, 최대공산, 베이지안 추론 등으로 얻은 계통수와 형질 × 분류군 자료행렬을 사용해 이루어진다. 평가하고자 하는 형질은 당초 계통수 제작에 포함되었을 수도 있고 그렇지 않았을 수도 있다.

형질의 진화를 평가하는 통상적인 방법은 **파시모니 형질최적화**이다. 형질최적화란 파시모니 원리를 적용하여 형질상태 변화 횟수가 가장 적게 일어나도록 분계도상에 형질상태를 표시 또는 배치하는 것을 말한다. 이 방법에서는 마디 간 형질상태의 변화를 최소화하는 형질상태를 각 조상 마디(ancestral node)에 부여한다. (형질최적화 과정에서 형질이 순차적인지, 비순차적인지, 형질상태 전환계열은 어떠한지, 가중치를 줄 것인지 등을 고려한다.) 예를 들어, **그림 2.22**A,B는 형질의 진화를 보여주는 분계도이지만 파시모니 원리가 적용된 것이 아니다. 이에 반해 그림 2.22C,D는 형질상태의 변화를 최소한으로 일어나게 나타낸 형질최적화의 결과를 보여주고 있다. 이 예에서 형질최적화는 두 가지 방법으로 이루어졌다. **액트란**(Acctran: accelerated transformation)은 형질상태 변화가 진화 초기에 일어나고, 이후에 역진화가 일어나는 것을 가정하는 방법이다(그림 2.22C). 한편, **델트란**(Deltran: delayed transformation)은 수렴진화를 가정하는 형질최적화 방법이다(그림 2.22D). 이와 같이 서로 다른 형질최적화가 존재할 때 계통수의 일부 마디에서는 형질상태를 확정할 수 없는 경우가 생긴다. 형질최적화는 형질 및 형질상태를 추적하는 컴퓨터 알고리즘으로 수행할 수 있다.

형질의 진화를 추정하는 또 다른 방법으로 최대공산 방법을 이용한 **조상 형질상태 재구성**(ancestral state reconstruction)이 있는데, 여기서는 마디 사이의 형질상태 변화보다 각 조상 마디의 형질상태 결정을 강조한다. 이 방법에서는 주어진 계통수와 말단분류군이 나타내는 형질상태 분포를 바탕으로 진화 모델(주로 계통수 제작에 사용했던 모델)을 적용해 각 마디의 형질상태에 관한 최대 확률을 계산한다. 최대공산 방법을 통한 조상 형질상태 재구성의 예는 그림 2.22E에 나타내었다. 조상 마디에 명확한 형질상태 대신 그 형질상태의 확률을 제시할 수도 있음에 주목해야 한다. 최대공산 방법으로 계통수를 제작하기 때문에 조상 형질상태 재구성에 있어서 가지의 길이가 형질상태의 변화 확률에 영향을 미친다. 비교적 긴 가지는 형질상태 확률의 증감을 유발하기도 하지만, 파시모니 형질최적화에서는 반드시 그렇지는 않다.

형질의 진화를 알아내면 그 특징이 적응에 미친 중요성을 이해할 수 있다. 예를 들어, 그림 2.22F는 분계도와 형질상태 분포를 통해 구성된 염색체 수 변화의 파시모니 형질최적화를 보여준다. 형질 진화에 관한 연구는 유전적으로 또는 적응에 있어서 관련성을 보여주는 형질들의 상관관계를 찾아낼 수 있다. 또한 형질 진화 연구를 통해 예전 분류체계에서 어떤 분류군이 파생형질로 또는 조상형질로 분류되었는지도 이해할 수 있다.

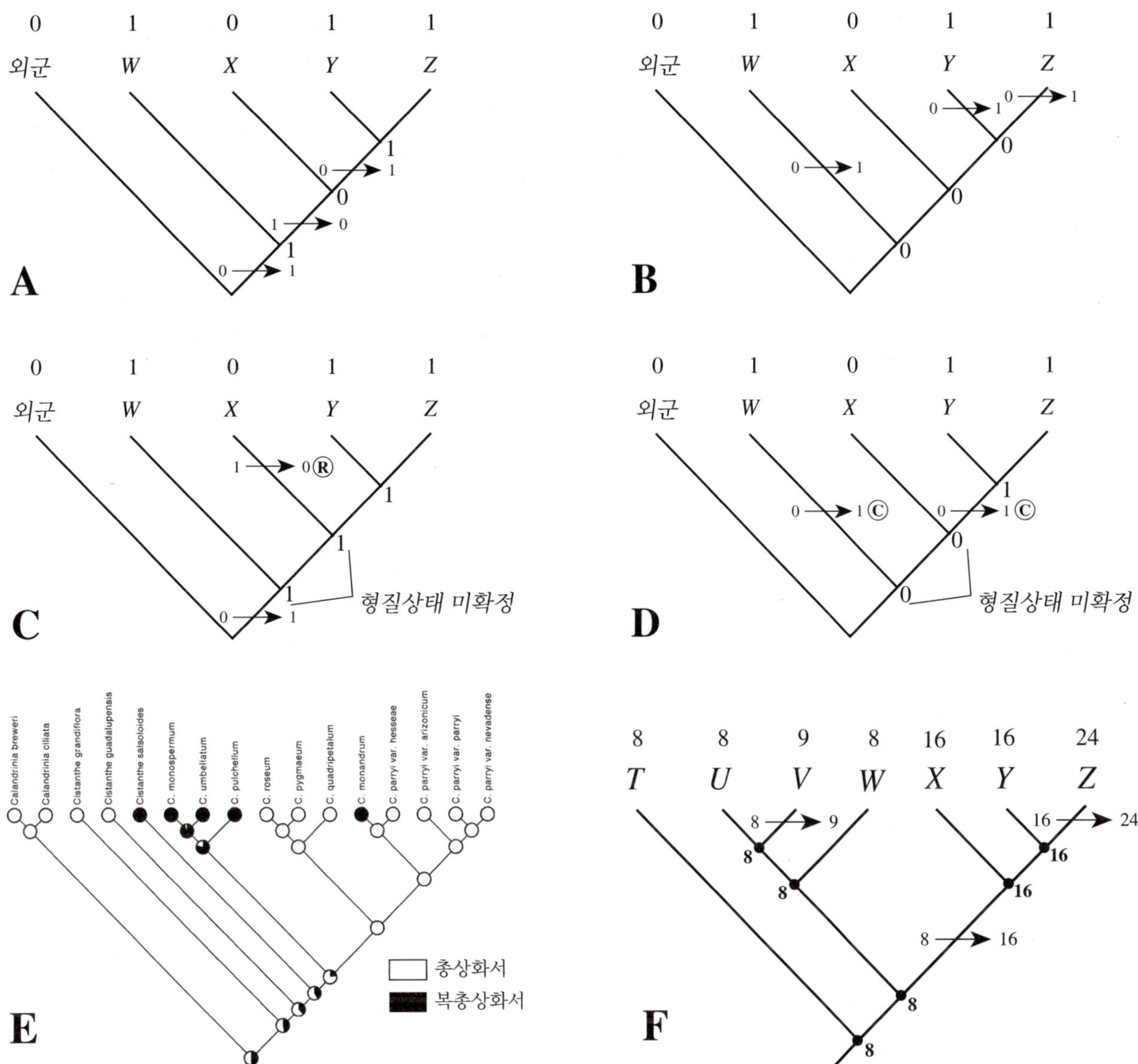

그림 2.22 **A,B.** 분류군 *W–Z*와 외군의 계통수. 형질의 형질상태(각 분류군 위에 표시)를 세 차례의 형질상태 변화로 설명하고 있으나 형질최적화를 이루지는 않고 있다. **C.** 액트란 (Acctran) 방법으로 형질최적화한 분계도. 한 차례의 역진화를 포함한 두 차례의 형질상태 변화로 설명하고 있다. **D.** 델트란 (Deltran) 방법으로 형질최적화한 분계도. 두 차례의 수렴진화를 가정하고 있다. **E.** 최대공산 방법을 통한 조상 형질상태의 재구성.조상 마디(절)에 확률값(약 25–95%)을 원그래프로 표시한 것이 특이하다. **F.** 파시모니 형질최적화를 통해 반수체(n) 염색체 수에 대한 형질 진화를 추적한 예. 조상 마디의 형질상태는 볼드체 숫자로 표시했다. 이 방법에서는 계통수의 길이를 최소화(형질상태의 변화를 세 단계로) 하였음에 주목해야 한다.

생물지리, 생태, 연대 측정, 종분화 속도

계통분석 방법을 사용하여 생물지리적 분포 평가, 생육지와 관련된 생태적 변화 평가, 종분화 속도의 변화 평가, 분계군의 분기 시점 추정을 할 수 있다.

생물지리 자료를 분석하면 생물 분포의 변화 방향을 이해할 수 있다. 분포역의 변화는 산포와 분단이라는 두 가지 방법 중 하나에 의해 일어난다. **산포**(dispersal)는 종자 또는 열매 따위의 번식체나 생물 개체가 지역 간에 이동하는 것으로, 대륙에서 섬으로 바람이나 물 또는 새 등에 의해 이동하는 것이 그 예이다(**그림 2.23**A). 이에 반해 **분단**(vicariance)은 대륙 이동 또는 새로운 물길이나 산맥의 형성 등에 의해 자손 집단 사이에 장벽이 형성되어 하나의 조상 집단이 둘 이상의 집단으

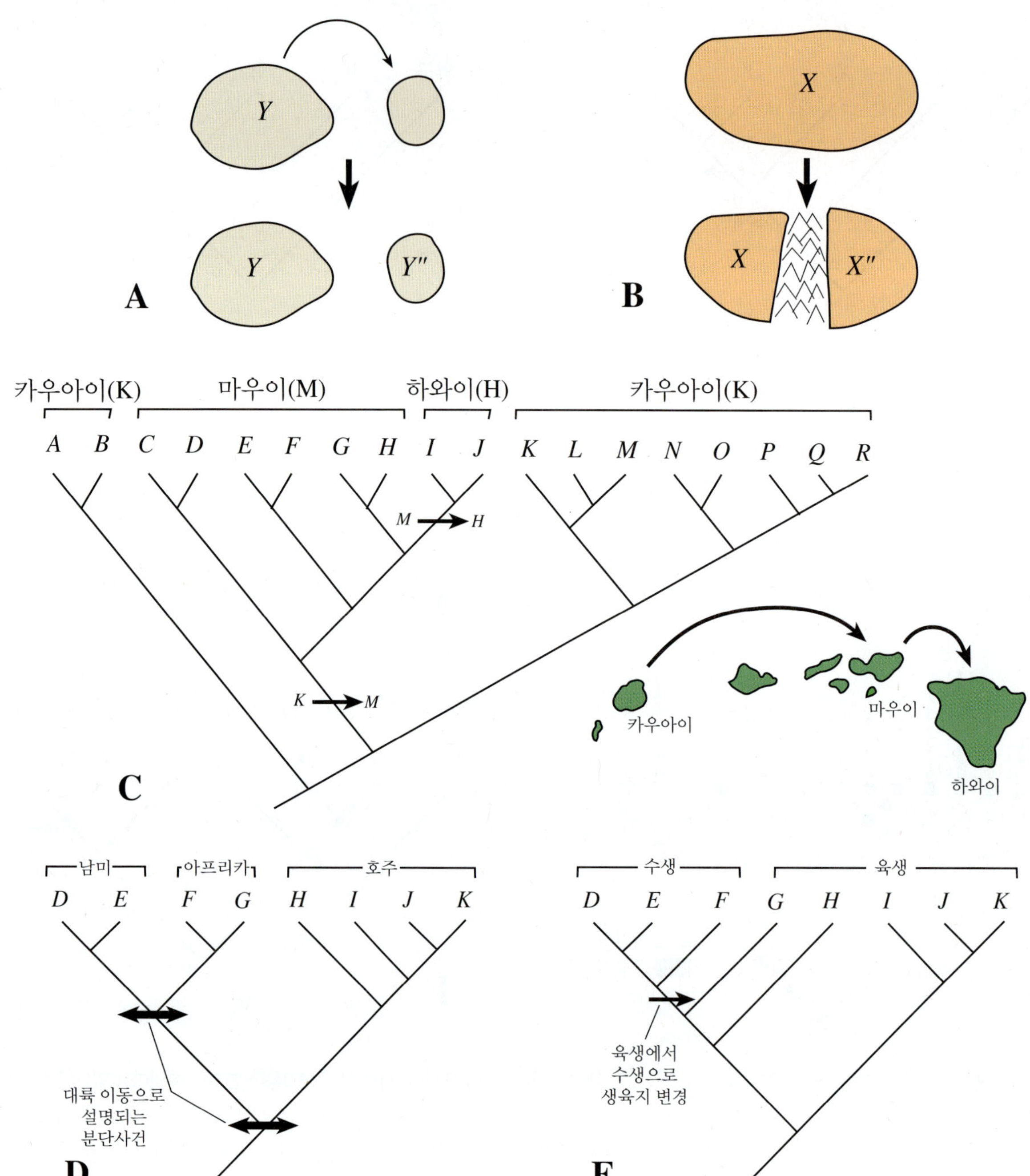

그림 2.23 생물지리 자료에 대한 분계분석. **A.** 산포가설. 종 *Y*의 번식체가 다른 섬에 이주하여 격리된 집단을 형성한 이후 종 *Y*"로 분기한 경우. **B.** 분단가설. 조상집단 *X*가 산맥에 의해 두 집단으로 나뉘어 격리된 이후 한 집단이 *X*"로 분기한 경우. **C.** 하와이제도에서 일어난 산포를 설명하는 분계도. 각 계통 위에 분포역을 얹어 표시하였음. 조상 분류군이 카우아이로부터 마우이로, 이후 마우이에서 하와이로 산포했다는 것이 가장 적절한 설명이다. **D.** 분단을 설명하는 분계도. 각 계통 위에 분포역을 얹어 표시하였음. 분류군 *D*–*K*의 현재 분포를 대륙 이동으로 설명한다. **E.** 생태(생육지) 자료를 각 계통 위에 얹어 표시하였음. 분계도를 생육지 변화 역사를 추론하는 데 활용하였다.

로 갈라지는 것을 말한다. 이 장벽은 이들 집단 간의 유전자 유입을 차단하여 이들이 독립적으로 분기할 수 있도록 한다(그림 2.23B).

생물지리적 변화가 산포에 의한 것인지 분단에 의한 것인지를 늘 결정할 수 있는 것은 아니기에 지질 역사에 대한 추가지식이 필요하다. 예를 들어, 그림 2.23C는 하와이제도에 분포하는 고유분류군에 대한 분계도로 생물들의 분포 영역이 섬 별로 표시되어 있다. 간단한 최적화 방법으로 자료 해석에 필요한 지리적 분포역의 변화를 알 수 있다. 즉, 카우아이에서 마우이 그리고 마우이에서 하와이로 분포역이 변경되었다고 말하는 것이 이들 분류군의 현재 분포양식에 대한 가장 간단한 설명이다. 지질 역사 자료는 현재의 하와이제도가 일련의 과열점 화산 활동에 의해 순차적으로 형성되었고, 이들 섬은 결코 연결된 적이 없었음을 확실히 말해주기에, 이러한 생물지리적 변화는 분단이 아닌 산포로 설명된다. 그림 2.23D는 생물지리적 분포를 분계도에 대입해 놓은 또 다른 가상의 예이다. 이 예에서 생물지리적 분포의 변화는 곤드와나 대륙으로부터 3개 대륙이 분리되어 형성되었다는 가설을 가장 잘 설명한다(그림 2.23D). 대양을 가로지르는 산포를 완전히 배제할 수는 없지만, 분포역의 변화가 대륙 이동의 가설과 일치하므로 분단의 결과일 가능성이 더 높다. 이때, 각각의 대륙에 분포하는 분류군들이 단계통군일 필요가 없다는 점에 유의해야 한다.

생물지리 역사를 추적하는 보다 정교한 방법을 사용하면 분류군의 고분포역(ancestral range), 즉 구계(정의된 생물권역)를 추정할 수 있다(**그림 2.24**A). 이들 방법은 산포 사건에 따른 공통조상의 생물구계 추정을 위해 최대공산 방법을 활용하기도 한다(그림 2.24B).

생육지의 생태 자료를 계통분석으로부터 추적할 수도 있다. 그림 2.23E는 생육지 유형을 분계도의 분류군에 투영하여 생태 자료를 추적한 예를 보여 주는데, 여기서는 육지에서 물로 생육지 변경이 이루어졌다. 이와 같은 분석을 통해 서로 다른 생육지 조건에 따른 형태적, 생리적 또는 유전적 변화의 적응

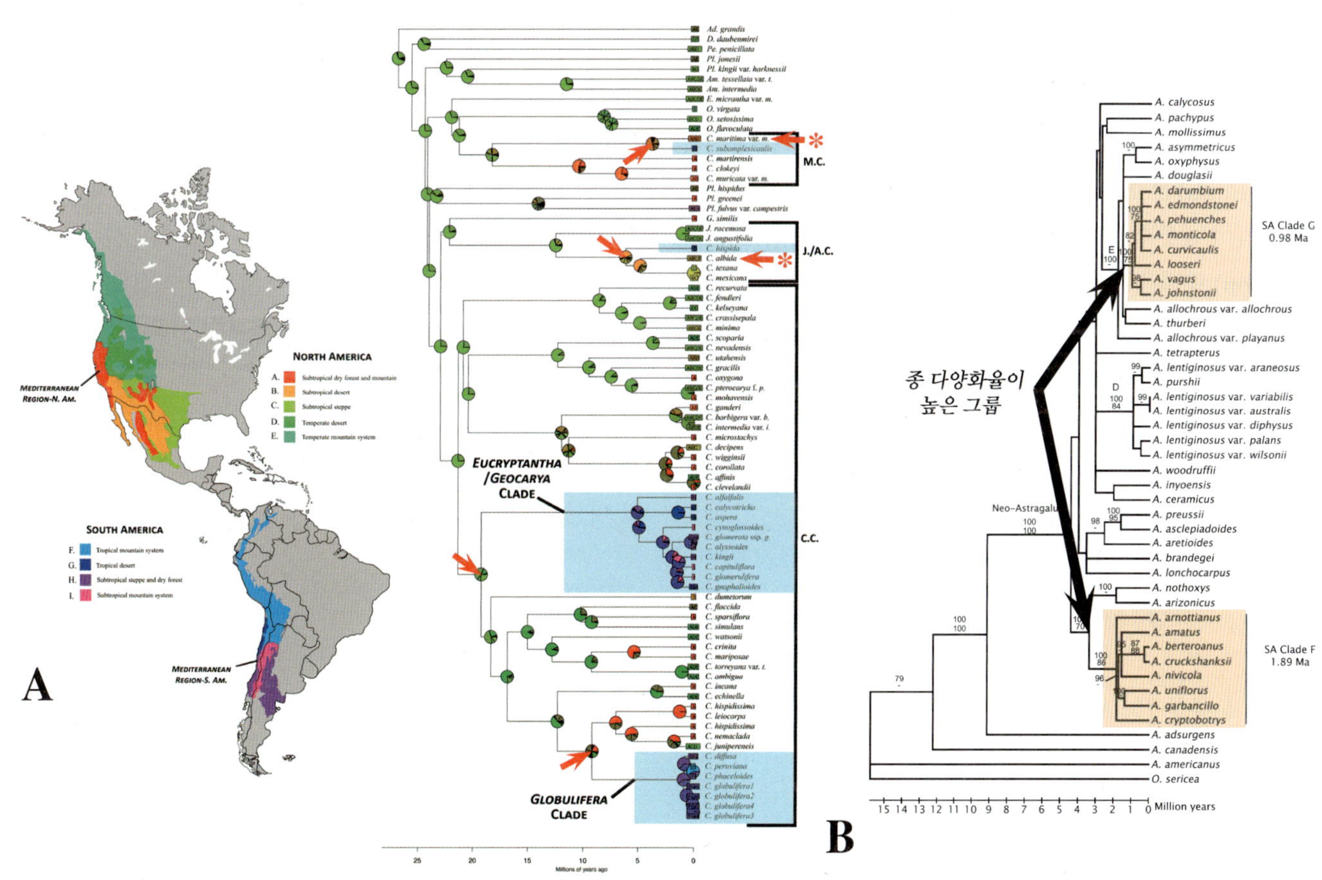

그림 2.24 **A.** 생물지리 데이터의 분계분석 사례(지치과의 아족 Amsinckiinae). 왼쪽: BioGeoBEARS의 종 경계를 결정하는 데 사용되는 북미 및 남미의 생태구계(Matzke 2012, 2013). 오른쪽: 분계도, 색상 원 그래프는 가장 가능성이 높은 고분포역을, 하단의 막대 눈금은 분계군의 평균 분기 연대를 보여 준다. 화살표는 분계군 또는 개별 종("*"로 표시)의 장거리 산포를 나타낸다. 출처: Mabry and Simpson 2018의 그림 10. Systematic Botany 43: 53–76. **B.** *Astragalus*(황기속, 콩과)의 분계도, 종 다양화율의 변화가 북미에서 남미로 독립적으로 일어난 산포와 상관관계가 있다는 것을 보여 준다. 출처: Scherson et al. 2008. American Journal of Botany 95: 1030–1039.

관련 중요성을 통찰할 수 있다. "사막"이나 "염습지"처럼, 어떤 분류군이 살아가는 생육지라는 단순한 의미의 생태적 자료는 외재적이다. 그러나 특정 생육지에서 생존할 수 있는 특징이나 능력, 즉 사막에서 생존할 수 있도록 적응된 생리적/형태적 특징은 내재적이고, 따라서 분석 과정에서 형질로 직접 사용될 수 있다. 계통분석에 생육지와 기후 자료를 포함하기 위한 보다 정교한 알고리즘이 개발되어 왔다. 이들 방법은 산포 사건 이후의 적응에 따른 **생태적 지위**의 변동이나 종의 분포역 변화를 추론할 수 있다. 식물 그룹에서는 기후변화가 그들의 생육지와 생육조건을 바꿀 수 있기 때문에 생태적 지위의 변동을 추론하는 것이 특히 더 의미가 있다.

계통분석을 통해 분계군의 분기 연대를 추정할 수도 있다. 이론적으로는, 어떤 한 유전자(예, ITS, 제11장) 서열의 뉴클레오티드 평균변화율의 추산하고, 이 **분자시계**를 사용하여 한 마디에서 다음 마디로 가는 데 걸리는 시간을 결정함으로써 분기 연대 추정이 가능하다. 그러나 이 추산된 분자시계가 분류군 간에, 심지어 같은 공통조상에서 분기한 두 계통 간에도 일정하지 않기 때문에 이러한 변화율의 변이를 감안한 **완화적 분자시계**(relaxed clock) 방법이 개발되었다. 또한, 화석 분류군을 사용하여 계통수 마디의 나이를 추산하는 **화석보정**(fossil calibration) 방법을 활용하면 연대 추정이 보다 정확해지는 것으로 알려져 있다. 화석의 나이가 동위 원소 분석을 통해 알려져 있다는 점을 감안할 때, 화석 나이를 사용하여 계통수의 특정 마디, 예를 들어 그로부터 파생된 현존하는 분류군에 가장 가까운 것으로 간주되는 마디의 연대를 측정할 수 있다(그림 2.24A 참조).

분기의 절대 연대를 알게 되면 여러 가설, 예를 들면 (1) 두 공생체 (예, 기생생물과 숙주 또는 두 상리공생생물) 사이의 공진화; (2) 과거의 지질학적 또는 기후적 변화와 상관관계가 있는 생물지리학적 역사; (3) 지질학적 또는 기후적 사건과 관련된 형태의 변화; (4) **종 다양화율**(species diversification rate)의 변화에 관한 가설을 검증할 수 있다. 종 다양화율의 증가를 평가함으로써 그것이 과거의 지질학적 변화나 기후변화, 적응과정에서 일어난 진화적 혁신, 종 또는 생태학적 상호작용과 관련이 있는지 알아볼 수 있다. 이러한 변화율 증가는 일례로, 새로운 생육지로의 분산, 이어지는 적응 방사진화와 관련될 수 있다(그림 2.24B 참조).

개체발생과 이시진화

계통과 형질진화는 흔히 성체가 나타내는 성숙한 특징과 관련한 것이다. 그러나 성숙한 구조는 기관, 조직, 세포를 막론하고, 모두 수많은 유전자의 조절이 지배하는 일련의 발생과정, 즉 **개체발생**의 결과이다. 개체발생은 다음 두 방법 가운데 하나로 가시화할 수 있다. 첫째, 발생 양식을 연구함으로써, 시작, 중간 그리고 끝, 즉 성숙한 성체 구조에 이르는 일련의 분절된 구조적 단계나 실재를 파악할 수 있다. 이들 분절된 단계들은 각각 동정되어 명명되며, 한 단계에서 다음 단계로 전환되는 **개체발생 순서**는 다른 분류군의 그것과 비교된다(**그림 2.25**A). 둘째, 어떤 구조의 발생 과정에서 나타나는 변화의 특징 중 일부를 실시간 함수로써 정량적으로 측정할 수 있다. 형태를 실시간 함수로 나타낸 것을 **개체발생 경로**(그림 2.25B)라 하며, 서로 다른 분류군들의 개체발생 경로를 비교할 수도 있다. 그림

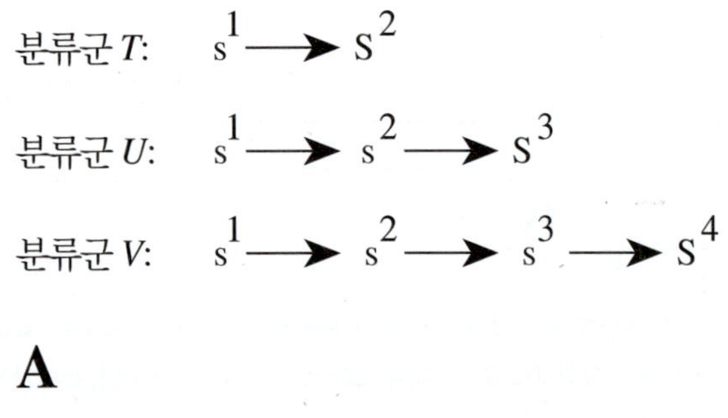

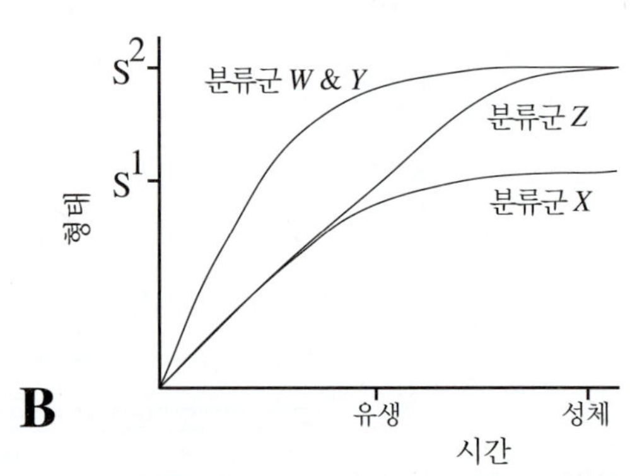

그림 2.25 **A.** 분류군 *T–V*에 있어서 하나의 분절된 단계에서 또 다른 분절된 단계로 변화하는 개체발생 순서를 나타낸 것. **B.** 여러 분류군의 개체발생 경로. 유생과 성체 시기에 주목한다. "s"는 유생발달시기; "S"는 성숙한(성체의) 특징을 의미함.

2.25B에서 분류군 *Z*와 분류군 *W*, *Y*의 성체 구조는 동일하지만 개체발생 경로는 서로 다르다.

개체발생 자료는 다른 형질과 마찬가지로 분계분석에 사용할 수 있다. 따라서 둘 이상의 불연속적인 개체발생 순서(그림 2.25A) 또는 개체발생 경로(그림 2.25B)는 각각 별개의 발생학적 형질상태로 정의할 수 있다(부록 4 참조). 이들 형질상태의 극성은 다른 형질과 마찬가지로 외군 비교에 의해서 판정할 수 있다.

개체발생에 있어서의 변화는 진화의 증거이기도 하다. 발생 시기와 속도의 변화를 **이시진화**(heterochrony)라 한다. 이시진화는 많은 식물 그룹에서 중요한 진화 방식임이 분명하다. 이들 그룹에서는 조절유전자의 아주 단순한 진화적 변화가 종종 자손의 형태에 심대한 변화를 일으킨다. 이시진화는 분계분석을 통해 개체발생 순서 또는 경로의 조상형과 파생형을 결정함으로써 평가할 수 있다. 이시진화의 두 주요 유형으로 과발생진화와 유형진화가 있다. **과발생진화**(peramorphosis)는 개체발생 과정에서 조상형 단계나 경로를 모두 밟을 뿐만 아니라 그 이상으로 개체발생이 진행되는 것을 말한다.

유형진화(paedomorphosis)는 파생형 개체발생 순서상의 성숙 또는 성체 단계가 조상형 개체발생 순서상의 유생 단계와 유사한 이시진화 유형이다. 한편, 유형진화의 한 종류로는 **유형성숙**(neoteny)이 있는데, 이는 어떤 구조의 발생 속도가 감소함으로써 일어난다. 잘 작성된 분계도 상에서 발생학적 특징을 추적하면 적응에 유리한 새로운 특징의 출현을 가져온 진화 메커니즘의 통찰이 가능할 것이다. 발생상의 변화에 관한 분자적 기초 구명은 흥미롭고 새로운 식물계통학 분야이다.

복습문제

분류학

1. 분류학적 연구의 목표와 중요성은 무엇이며, 분류학과 계통분석학은 어떻게 다른가?

계통분석학

2. 계통분석학이란 무엇이며, 그 목표는 무엇인가?
3. 생물의 진화 양상을 나타내는 분지모식도를 무엇이라 하는가?
4. 분계도의 선을 무엇이라 부르며, 이들 선은 무엇을 나타내는가?
5. 계통 하나가 둘로 갈라지는 것은 무엇을 나타내는가?
6. 진화적 변화와 관련하여 기존에 있었던 특징과 새로운 특징을 지칭하는 용어는?
7. 고유파생형질과 공유파생형질의 차이점은 무엇인가?
8. 분지양상(topology)이란 무엇이며, 분계도를 나타낼 때 이것이 왜 중요한가?
9. 계통도(phylogram)란 무엇이며, 분계도와 어떤 점에서 다른가?

분류군과 형질

10. 분계분석에서 전체 무리와 각 구성 분류군에 각각 어떤 이름을 부여하는가?
11. 분류군 선정에서 고려해야할 점은 무엇인가?
12. 형질상태의 불연속성 및 형질상관과 관련하여 주의할 점은 무엇인가?
13. 상동성이란 무엇이며, 어떻게 파악될 수 있는가?
14. 비상동유사성이란 무엇인가? 비상동유사성의 두 유형을 열거하고, 각각의 예를 드시오.
15. 형질상태 전환계열이란 무엇인가? 예를 드시오.
16. 형질상태 극성이란 무엇이며, 극성을 판정하는 일반적인 방법은 무엇인가?

17. 형질가중치부여란 무엇인가? 분자 데이터에서는 형질가중치부여를 어떻게 하는가?
18. 형질단계 행렬이란 무엇인가? 비순차적 형질로 예를 하나 드시오.
19. 형질 × 분류군 행렬이란 무엇인가? 분자서열 데이터로 예를 하나 드시오.

분계도의 특징

20. 파생형질에 관한 계통학의 일차적 원칙은 무엇인가?
21. 공통조상의 분지시점 파악이 의미하는 바는 무엇인가?
22. 단계통군이란 무엇인가? 이것을 인지하는 논리적 근거는 무엇인가?
23. 자매군이란 무엇인가?
24. 측계통군이란 무엇인가? 다계통군이란?
25. 전통적 분류군 가운데 측계통군의 예를 드시오(제3–6장 참조).
26. 무근계통수란 무엇이며, 이것이 나타낼 수 없는 것은 무엇인가?
27. 방사상분지란 무엇이며, 이것은 분계분석 과정에서 어떻게 생길 수 있는가?
28. 망상분지란 무엇인가? 이것은 어떻게 탐지하는가?
29. 연구에 포함된 운영분류단위(OTU)의 단계통성을 왜 검증해야 하는가?

분계도 제작방법

30. 최대 파시모니가 의미하는 것은 무엇이며, 이 원리의 논리적 근거는 무엇인가?
31. 그림 2.6의 자료로부터 그림 2.6E와 형태가 다른 계통수 5개를 제작하고, 각각에 형질상대의 변화를 표시한 후, 각 계통수의 총 길이를 계산하시오. 이들 계통수의 길이는 2.6E의 계통수와 다른가?
32. 외군비교법이란 무엇이며, 이를 형질상태의 극성 결정에 사용하는 논거는 무엇인가?
33. 조상형(원시형)과 파생형(고등형)이라는 용어를 분류군에 적용하지 말아야 하는 이유는 무엇인가?
34. 합의계통수란 무엇인가? 합의계통수 종류 두 가지를 열거하시오.
35. 긴가지끌림현상이란 무엇이며, 이것이 왜 계통분석에 문제가 되는가?
36. 최대공산(Maximum likelihood)의 방법론과 논리적 근거를 간단히 기술하라. 최대공산 값은 어떻게 계산하는가?
37. 최대공산 방법이 파시모니 방법에 비해 더 좋은 점은 무엇인가?
38. 일반가역치환모델(GTR model)이란 무엇인가?
39. 베이지안 추론에 대해 간단히 기술하시오.
40. 분계도 제작에서 계통합체분석법(coalescent methods)이란 무엇인가? 종 계통수와 유전자 계통수가 어떻게 다를 수 있을까?
41. 일치지수란 무엇이며, 이것이 측정하는 것은 무엇인가?
42. 부트스트랩, 잭나이프, 붕괴지수, 사후 확률이란 무엇인가? 이들을 어떻게 산출하는가?

분계도 해석

43. 분계분석을 통해 계통분류체계를 도출해 내는 방법에 대해 기술하시오.
44. 마디-기준, 파생형질-기준, 가지-기준 분류의 차이점은 무엇인가?
45. 파시모니 형질최적화란 무엇이며, 이것을 어떻게 형질진화 파악에 활용하는가?

46. 조상형질상태 재구성과 형질진화 파악의 차이점은?
47. 생물지리 분포의 변화의 주된 이유 두 가지는 무엇이고, 이들은 어떻게 다른가?
48. 분계분석이 생물지리적 역사를 파악하는 데 어떻게 이용될 수 있는 지 예를 들어 설명하시오.
49. 계통분석이 OTU의 생육지 변화를 파악하는 데 어떻게 사용되는가?
50. 계통분석에서 분자시계란 무엇이며, 분기 시간을 파악하는 데 이것이 어떻게 사용될 수 있는가?
51. 분기 연대 추정을 개선하기 위한 화석보정은 어떻게 수행하는가?
52. 계통분석에서 종 다양화율 증가의 중요성은 무엇인가?
53. 개체발생이란 무엇인가? 이것은 계통분석에서 어떻게 평가될 수 있는가?
54. 이시진화, 과발생진화, 유형진화, 유형성숙을 정의하시오.

실습과제

1. 다음과 같은 자료에 대해: (a) 3개의 가능한 (차상분지성) 분계도를 그리고; (b) 3개 분계도 각각에 대해 주어진 자료를 설명하기 위해 최소한으로 필요한 형질상태의 변화를 표시하며(화살표 및 해당 형질과 형질상태 사용); (c) 분계분석을 지지하는 입장에서, 3개 분계도 가운데 어느 것이 계통발생을 가장 잘 나타낸 것으로 받아들여질 것인지 또한 그 이유는 무엇인지 설명하시오.

	1	2	3	4	5
A	1	1	1	1	1
B	1	0	0	0	0
C	0	0	1	1	1
외군	0	0	0	0	0

	1	2	3	4	5
A	0	1	1	1	0
B	0	0	1	0	0
C	1	0	1	1	1
외군	0	0	0	0	0

2. 아래의 자료 각각에 대해: (a) 최대 파시모니 분계도를 제작하고 (b) 모든 형질상태 변화를 표시하며, (c) 단계통군을 선으로 명시하고, (d) 분류체계에 대한 안을 도출하시오.

속:	**1** 꽃의 대칭성	**2** 화탁통 존재유무	**3** 화아의 배열상태	**4** 수술의 개수	**5** 약의 형태	**6** 화분의 표벽상태
Aahh	좌우대칭	있음	섭합상	6	장타원형	무피복성
Batahr	좌우대칭	있음	섭합상	6	장타원형	무피복성
Conarus	방사대칭	있음	섭합상	6	장타원형	무피복성
Phlebus	방사대칭	없음	복와상	6	장타원형	피복성
Tribus	방사대칭	있음	복와상	6	화살촉형	무피복성
외군	방사대칭	없음	복와상	3	장타원형	피복성

속:	**1** 뉴클레오티드 자리	**2** 뉴클레오티드 자리	**3** 뉴클레오티드 자리	**4** 뉴클레오티드 자리	**5** 뉴클레오티드 자리	**6** 뉴클레오티드 자리	**7** 뉴클레오티드 자리
Queesus	T	G	A	T	G	C	A
Racamupa	T	G	A	T	G	C	G
Shoota	T	C	G	T	G	T	A
Tumblus	T	C	G	T	G	T	A
Uvulus	G	C	A	T	A	T	A
Vertex	G	C	A	T	A	T	G
외군	A	C	A	C	A	T	A

3. 주어진 자료행렬과 진화 모델을 사용하여 적어도 1개의 무근계통수를 대상으로 최대공산 값을 계산하시오.

분류군	뉴클레오티드 자리
W	A
X	C
Y	A
Z	G

	A	C	G	T
A	0.9	0.1	0.4	0.1
C	0.1	0.9	0.1	0.4
G	0.4	0.1	0.9	0.1
T	0.1	0.4	0.1	0.9

4. 메스키트(Mesquite; 계통수 컴퓨터 프로그램 참조)와 같이 일반적으로 사용되는 계통수 소프트웨어 프로그램 중 하나를 살펴보자. 여러분은 이러한 프로그램을 통해 분류군 이름과 해당 형질 및 형질상태를 포함한 데이터를 입력할 수 있고, 분류군의 계통유연관계와 특정 형질상태의 변화를 가시화할 수 있다. 아래 Zingiberales(생강목)의 여러 과의 자료행렬을 사용해보자. (계통수의 근 결정을 위해 **Musaceae**를 사용함.)

   최적의(예, 최대 파시모니) 계통수를 제작한다. 형질을 표시하는 기능을 켜고 형질상태의 분포를 확인하면서 계통수 상에서 여러 형질의 진화를 눈으로 확인한다. 계통수에서 "가지 맞교환"을 시도하면서 계통수 길이의 변화에 주목하고, 형질진화와 관련된 여러 다른 가설을 탐색해보자.

   다음 용어를 검토해보자: 분계도, 계통/분계군, 공통조상, 계통 분기/다양화, 파생형질, 공유파생형질, 고유파생형질, 단계통군, 측계통군.

Zingiberales(생강목)의 여러 과에 대한 형질 × 분류군 자료행렬 예시.

과	잎의 배열	가종피	다원형 뿌리	내열의 중간수술	침상결정체	실리카 결정체
Cannaceae	이열호생	있음	있음	있음	없음	있음
Costaceae	일렬호생	있음	있음	있음	없음	있음
Heliconiaceae	이열호생	있음	있음	있음	있음	없음
Lowiaceae	이열호생	있음	없음	없음	있음	없음
Marantaceae	이열호생	있음	있음	있음	없음	있음
Musaceae	나선상호생	없음	없음	없음	있음	없음
Strelitziaceae	이열호생	있음	있음	없음	있음	없음
Zingiberaceae	이열호생	있음	있음	있음	없음	있음

과	수술 수	화판상 헛수술	외유	외화피 유합	약의 유형
Cannaceae	1	있음	있음	없음	단반약성
Costaceae	1	있음	있음	있음	이반약성
Heliconiaceae	5	없음	없음	없음	이반약성
Lowiaceae	5	없음	없음	없음	이반약성
Marantaceae	1	있음	있음	없음	단반약성
Musaceae	5	없음	없음	없음	이반약성
Strelitziaceae	5	없음	없음	없음	이반약성
Zingiberaceae	1	있음	있음	있음	이반약성

5. **웹 계통수.**

   컴퓨터에서 "The Tree of Life"(*http://tolweb.org*), "TreeBASE"(*http://www.treebase.org*), "Angiosperm Phylogeny Website"(*http://www.mobot.org/MOBOT/research/Apweb*) 또는 이와 유사한 웹페이지에 접속해보자. 이들 웹페이지는 생물군 및 식물의 계통유연관계에 관한 최신의 정보를 담고 있다. 이들 사이트에서 볼 수 있는 계통수들을 살펴보고 어떤 자료에 근거하고 있는지 알아본다. 각 계통수의 마디에 표시된 파생형질을 조사해본다.

참고문헌

Akaike, H. 1974. A new look at statistical model identification. IEEE transactions on Automatic Control 19.

Archibald, J. K., M. E. Mort, and D. J. Crawford. 2003. Bayesian inference of phylogeny: a non-technical primer. Taxon 52:187–191.

Bell, C. D. 2015. Between a rock and a hard place: Applications of the "molecular clock" in systematic biology. Systematic Botany 40:6-13.

Bouckaert, R., T. G. Vaughan, J. Barido-Sottani, S. Duchêne, M. Fourment, A. Gavryushkina, J. Heled, G. Jones, D. Kühnert, N. D. Maio, M. Matschiner, F. K. Mendes, N. F. Müller, H. A. Ogilvie, L. d. Plessis, A. Popinga, A. Rambaut, D. Rasmussen, I. Siveroni, M. A. Suchard, C.-H. Wu, D. Xie, C. Zhang, T. Stadler, and A. J. Drummond. 2019. BEAST 2.5: An advanced software platform for Bayesian evolutionary analysis. PLoS computational biology 15:e1006650.

Brooks, D. R., and D. A. McLennan. 1991. Phylogeny, Ecology, and Behavior: A Research Program in Comparative Biology. Univ. Chicago Press, Chicago.

Cantino, P. D. and K. de Queiroz. 2010. International Code of Phylogenetic Nomenclature (Phylocode). Version 4. https://www.ohio.edu/phylocode/index.html. Accessed on

Cantino, P. D., J. A. Doyle, S. W. Graham, W. S. Judd, R. G. Olmstead, D. E. Soltis, P. S. Soltis, and M. J. Donoghue. 2007. Towards a phylogenetic nomenclature of Tracheophyta. Taxon 56: 822-846.

Drummond, A. J., M. A. Suchard, D. Xie, and A. Rambaut. 2012. Bayesian phylogenetics with BEAUti and the BEAST 1.7. Molecular Biology And Evolution 29:1969-1973.

Edwards, S. V. 2009. Is a new and general theory of molecular systematics emerging? Evolution 63:1–19.

Edwards, S. V., Z. Xi, A. Janke, B. C. Faircloth, J. E. McCormack, T. C. Glenn, B. Zhong, S. Wug, E. M. Lemmon, A. R. Lemmon, A. D. Leaché, L. Liu, and C. C. Davis. 2016. Implementing and testing the multispecies coalescent model: A valuable paradigm for phylogenomics. Molecular Phylogenetics and Evolution 94:447-462.

Felsenstein, J. 2003. Inferring Phylogenies. Sinauer Associates. Sunderland, Massachusetts.

Gould, S. J. 1977. Ontogeny and Phylogeny. Belknap Press of Harvard University, Cambridge, Massachusetts.

Heled, J. and A. J. Drummond. 2010. Bayesian inference of species trees from multilocus data. Molecular Biology and Evolution 27:570-580.

Hennig, W. 1966. Phylogenetic Systematics. University of Illinois Press, Urbana.

Hillis, D. M., C. Moritz, and B. Mable (eds.). 1996. Molecular Systematics. Second edition. Sinauer, Sunderland, Massachusetts.

Huelsenbeck, J. P., and J. P. Bollback. 2001a. Empirical and hierarchical Bayesian estimation of ancestral states. Systematic Biology 50: 351–366.

Huelsenbeck, J. P., F. Ronquist, R. Nielsen, and J. P. Bollback. 2001b. Bayesian influence of phylogeny and its impact on evolutionary biology. Science 294:2310-2314.

Huelsenbeck, J. P., B. Larget, R. E. Miller, and F. Ronquist. 2002. Potential application and pitfalls of Bayesian inference of phylogeny. Systematic Biology 51:673-688.

Kitching, I. J. 1998. Cladistics: The Theory and Practice of Parsimony Analysis, 2nd ed. Oxford University Press, Oxford.

Lanfear, R., P. B. Frandsen, A. M. Wright, T. Senfeld, and B. Calcott. 2016. PartitionFinder 2: new methods for selecting partitioned models of evolution for molecular and morphological phylogenetic analyses. Molecular Biology and Evolution 34:772-773.

Li, W. 1997. Molecular Evolution. Sinauer Associates. Sunderland, Massachusetts.

Li, D., L. Trotta, H. E. Marx, J. M. Allen, M. Sun, D. E. Soltis, P. S. Soltis, R. P. Guralnick, and B. Baiser. 2019. For common community phylogenetic analyses, go ahead and use synthesis phylogenies. Ecology 0:e02788.

Liu, L., L. Yu, D. K. Pearl, and S. V. Edwards. 2009. Estimating species phylogenies using coalescence times among sequences. Systematic Biology 58:468-477.

Liu, L. and L. Yu. 2010. Phybase, an R package for species tree analysis. Bioinformatics 26:962–963.

Maddison, W. P. 1997. Gene trees in species trees. Systematic Biology 46:523-536.

Maddison, W. P. and D. R. Maddison. 2017. Mesquite: a modular system for evolutionary analysis. Version 3.2. http://mesquiteproject.org. http://mesquiteproject.org. Accessed on

Matzke, N. J. 2012. Founder-event speciation in BioGeoBEARS package dramatically improves likelihoods and alters parameter inference in dispersal–extinction–cladogenesis (DEC) analyses. Frontiers of Biogeography 4:210.

Matzke, N. J. 2014. Model selection in historical biogeography reveals that founder-event speciation is a crucial process in island clades. Systematic Biology 63:951-970.

Mirarab, S. and T. Warnow. 2015. ASTRAL-II: coalescent-based species tree estimation with many hundreds of taxa and thousands of genes. Bioinformatics 31:i44-52.

Mirarab, S., R. Reaz, M. S. Bayzid, T. Zimmerman, M. S. Swenson, and T. Warnow. 2014. ASTRAL: genome-scale coalescent-based species tree estimation. Bioinformatics 30:541-548.

Nei, M. and S. Kumar. 2000. Molecular Evolution and Phylogenetics. Oxford University Press, New York.

Page, R. D., and E. C. Holmes. 1998. Molecular Evolution: A Phylogenetic Approach. Blackwell Science, Oxford.

Rabosky, D. L., M. Grundler, C. Anderson, P. Title, J. J. Shi, J. W. Brown, H. Huang, and J. G. Larson. 2014. BAMMtools: an R package for the analysis of evolutionary dynamics on phylogenetic trees. Methods in Ecology and Evolution 5:701-707.

Rambaut, A. 2014. FigTree. 2014. v.1.4.2: tree drawing tool. Available at: http://tree.bio.ed.ac.uk/software/figtree/. Accessed on

Sanderson, M. 2002. Estimating absolute rates of molecular evolution and divergence times: A penalized likelihood approach. Molecular

Biology and Evolution 14:1218-1231.
Semple, C., and M. A. Steel. 2003. Phylogenetics. Oxford University Press, Oxford.
Seo, T. K. 2008. Calculating bootstrap probabilities of phylogeny using multilocus sequence data. Molecular biology and evolution 25:960-971.
Slowinski, J. and R. D. M. Page. 1999. How should species phylogenies be inferred from sequence data? Systematic Biology 48:814-825.
Smith, S. A. and B. C. O'Meara. 2012. TreePL: Divergence time estimation using penalized likelihood for large phylogenies. Bioinformatics 28:2689-2690.
Stamatakis, A. 2014. RAxML Version 8: A tool for phylogenetic analysis and post-analysis of large phylogenies. Bioinformatics 30:1312-1313.
Wiley, E. O., D. Siegel-Causey, D. R. Brooks, and V. A. Funk. 1991. The Compleat Cladist: A Primer of Phylogenetic Procedures. Univ. Kansas Museum Nat. History Sp. Publ. no. 19.
Xi, Z., J. S. Rest, and C. C. Davis. 2013. Phylogenomics and coalescent analyses resolve extant seed plant relationships. PLoS ONE 8:e80870.
Zhang, C., M. Rabiee, E. Sayyari, and S. Mirarab. 2018. ASTRAL-III: Polynomial Time Species Tree Reconstruction from Partially Resolved Gene Trees. BMC Bioinformatics 19 (S6): 153 19:153.

계통분석 프로그램

ASTRAL. Estimating species tree given a set of gene trees, using a multi-species coalescent model. *https://github.com/smirarab/ASTRAL*
BAMM. Bayesian Analysis of Macroevolutionary Mixtures. Modeling speciation rates, extinction, and trait evolution on phylogenetic trees. *http://bamm-project.org*
BEAST: Bayesian Evolutionary Analysis Sampling Trees. Bayesian analysis of molecular sequences using MCMC, rooted, time-measured phylogenies inferred using strict or relaxed molecular clock models. *http://beast.community*
BEAST 2 (including *BEAST): An advanced software platform for Bayesian evolutionary analysis. *https://www.beast2.org*
BioGeoBEARS: BioGeography with Bayesian (and Likelihood) Evolutionary Analysis in R Scripts. Inference of biogeographic history on phylogenies, model testing, and biogeography model choice (dispersal, vicariance, founder-event speciation. *http://phylo.wikidot.com/biogeobears*
CIPRES Science Gateway. Resource for inference of large phylogenetic trees, providing large computational resources, with parallel versions of RAxML, MrBayes, and GARLI. *http://www.phylo.org/sub_sections/portal*
FigTree. A graphical viewer of phylogenetic trees and for producing publication-ready figures. *http://tree.bio.ed.ac.uk/software/figtree*
MrBayes: Bayesian inference of phylogeny. *www.mrbayes.net*
ParitionFinder. Software to select partitioning schemes and models of molecular evolution. *http://www.robertlanfear.com/partitionfinder*
Mesquite. Display and manipulation of trees, reconstruction and display of ancestral states, character evolution, comparative methods, parametric bootstrapping. morphometrics, coalescence, tree comparisons and simulations, cluster analysis. *http://mesquiteproject.org*
PHYLIP: Phylogeny Inference Package. Parsimony, distance matrix, and likelihood methods, including bootstrapping and consensus trees *http://evolution.gs.washington.edu/phylip.html*
Phylogeny Programs (J. Felsenstein). *http://evolution.genetics.washington.edu/phylip/software.html*
An exhaustive list and links to just about every phylogeny computer program available, a very few of which are listed here.
RAxML: Randomized Axelerated Maximum Likelihood. Maximum likelihood, plus parsimony, bootstrapping, and consensus tree methods *https://cme.h-its.org/exelixis/web/software/raxml/index.html*
Tree PL. Divergence time estimation using penalized likelihood for large phylogenies. *https://github.com/blackrim/treePL*

II

식물의 진화와 다양성

3

녹색식물과 육상식물의 진화와 다양성

녹색식물

녹색식물(Viridiplantae, 공식명칭: 엽록생물, Chlorobionta)은 전통적으로 "녹조류"라고 부르는 것과 육상식물 또는 유배식물(Embryophytes)을 모두 포함하는 단계통 진핵생물군이다(**그림 3.1**). 모든 진핵생물처럼 녹색식물의 세포에는 핵, 미세소관, 미토콘드리아, 소포체, 소낭 그리고 골지체 등의 세포 소기관이 들어있다. 여기서는 비육상 녹색식물의 상호 유연관계는 상세히 다루지 않겠으나, 육상식물과 관련된 진화상의 큰 변화, 즉 파생형질 가운데 일부는 식물이 육상에 서식하기 전에 기원했다는 사실을 아는 것은 중요하다.

녹색식물은 몇 가지 파생형질에 의해 하나의 무리로 묶인다(그림 3.1). 이 생물군에서 볼 수 있는 진화적 혁신은 **섬유소로 이루어진 세포벽**을 들 수 있다(**그림 3.2**A). 섬유소는 녹말과 마찬가지로 다당류이지만 녹말의 경우 당분자 단위체인 포도당이 α-1,4 결합을 이루는 반면에, 섬유소는 β-1,4 결합을 이루고 있는 점이 다르다. 화학결합의 위치가 약간 달라짐으로써 전혀 다른 분자가 만들어진 것이다. 섬유소는 세포막 밖으로 **미세원섬유**라는 매우 가는 실 형태로 분출되는데, 이것이 다시 다발을 이루어 세포를 지지하게 된다. 섬유소의 기능은 마치 세포의 외골격처럼 작용하여 세포를 견고하게 하는 것이다. 섬유소로 이루어진 세포벽은 보다 복잡한 생장 유형, 특히 자기 몸을 스스로 지탱하는 슈트계 진화의 필수조건이었다. 섬유소로 이루어진 세포벽이 녹색식물만의 파생형질인지 아니면 녹색식물 및 기타 생물군의 파생형질인지는 불분명하지만, 그것이 녹색식물의 적응에 중요했을 것이라는 사실만은 확실하다.

녹색식물의 일차적 파생형질은 특별한 유형의 **엽록체**일 것이다(그림 3.2). 제1장에서 논의한 바와 같이, 엽록체는 전통적 의미의 "식물"을 정의하는 주요 형질 가운데 하나이다. 빛에너지를 화학에너지로 전환하는 광합성 기능을 담당하는 엽록체가 적응에 미친 중요성은 의심의 여지가 없다. 녹색식물의 엽록체는 다음 세 가지 특징으로 인해 홍조류 또는 갈조류의 엽록체와는 다르다. (1) 엽록소 a 이외에 **엽록소 b**를 부가적으로 지녀 광흡수를 한다. (2) 엽록소를 지니는 막인 **틸라코이드**가 동전처럼 싸여 그라나라는 구조를 이룬다(그림 3.2B,C 참조). (3) 다당류(중합체)의 단위체인 포도당이 α-1,4 위치에서 화학결합을 하여 저장물질인 **녹말**을 만든다. 따라서 연못이나 조수웅덩이에 사는 실 모양의 녹색 "조류"에서부터 거대한 세코이

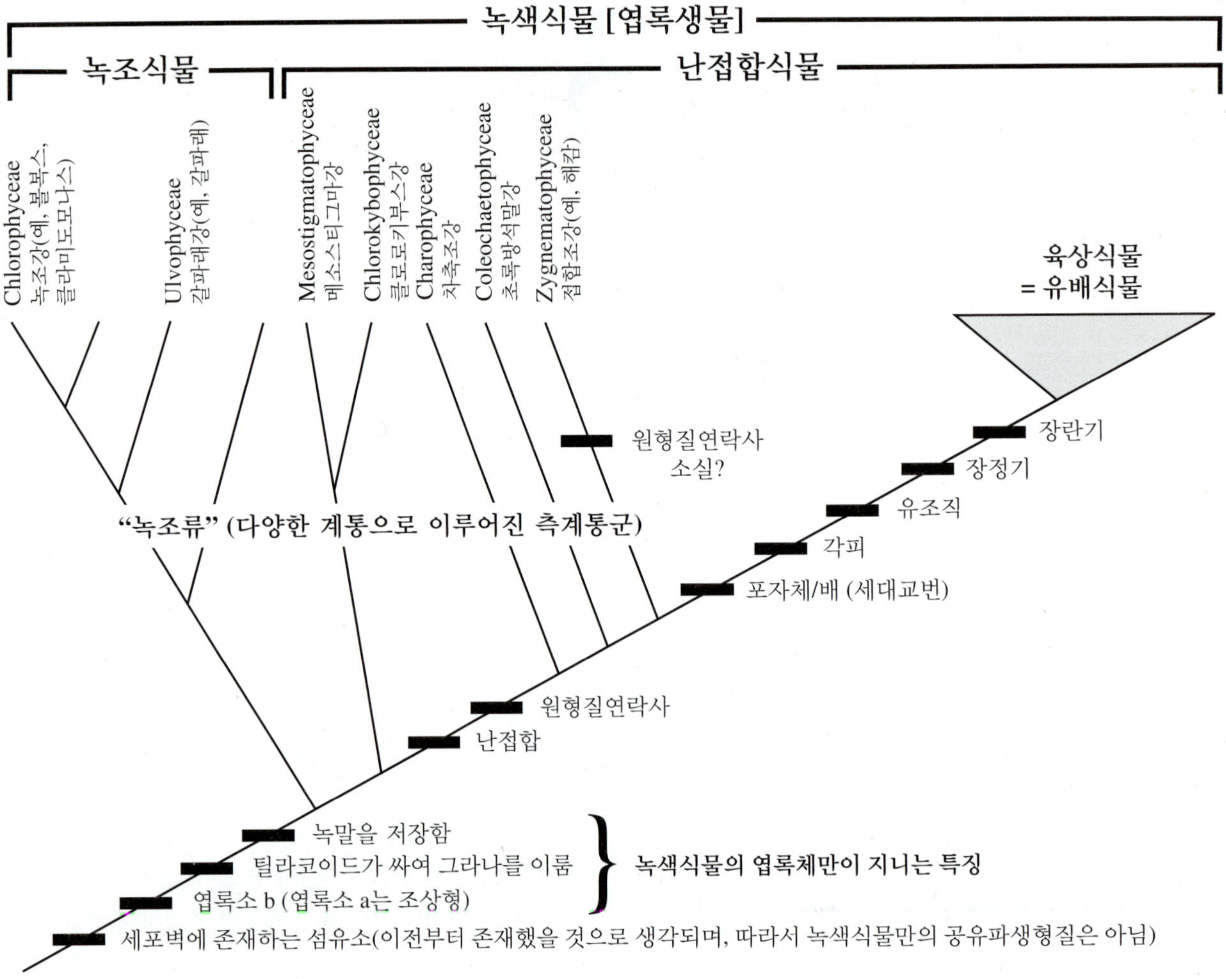

녹색식물 [엽록생물]
녹조식물
난접합식물
Chlorophyceae 녹조강(예, 볼복스, 클라미도모나스)
Ulvophyceae 갈파래강(예, 갈파래)
Mesostigmatophyceae 메소스티그마강
Chlorokybophyceae 클로로키부스강
Charophyceae 차축조강
Coleochaetophyceae 초록방석말강
Zygnematophyceae 접합조강(예, 해캄)
육상식물 = 유배식물
원형질연락사 소실?
장란기
장정기
유조직
각피
포자체/배 (세대교번)
"녹조류" (다양한 계통으로 이루어진 측계통군)
원형질연락사
난접합
녹말을 저장함
틸라코이드가 싸여 그라나를 이룸
엽록소 b (엽록소 a는 조상형)
녹색식물의 엽록체만이 지니는 특징
세포벽에 존재하는 섬유소(이전부터 존재했을 것으로 생각되며, 따라서 녹색식물만의 공유파생형질은 아님)

그림 3.1 녹색식물(엽록생물)의 분계도(Ruhfel et al., 2014). 본문에 언급된 주요 파생형질은 굵은 가로선 옆에 표시하였다.

섬유소로 이루어진 세포벽
녹색식물의 엽록체
A
틸라코이드
그라나
스트로마
B
그라나
틸라코이드
C

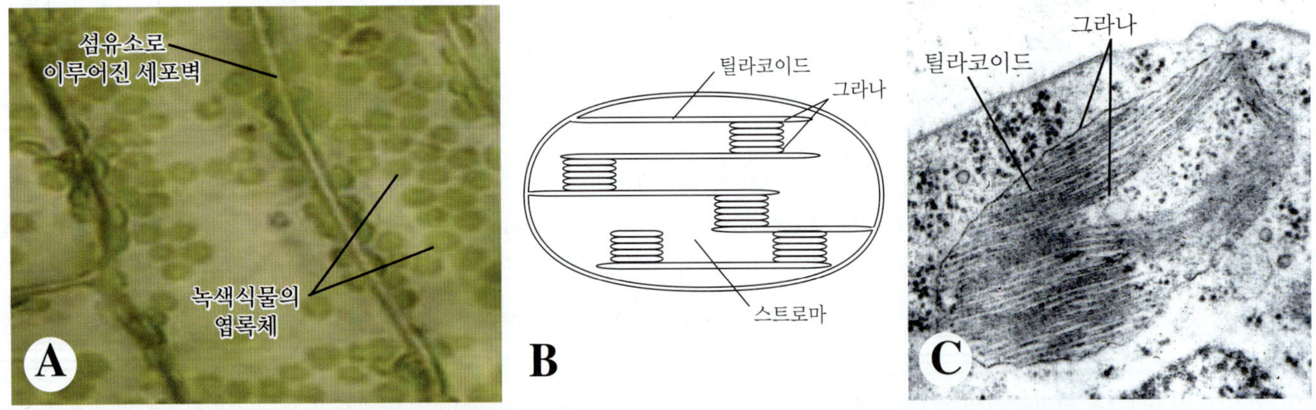

그림 3.2 **A.** *Elodea*(물고추나물속) 잎의 표면 모습, 녹색식물의 파생형질인 섬유소로 이루어진 세포벽과 녹색식물 엽록체를 보여줌. **B.** 녹색식물의 엽록체 구조 모식도, 틸라코이드와 그라나를 볼 수 있음. **C.** 단세포성 녹조류, *Chlamydomonas reinhardtii*(클라미도모나스)의 전자현미경 사진, 엽록체의 그라나가 보인다. (Photo courtesy of Rick Bizzoco.)

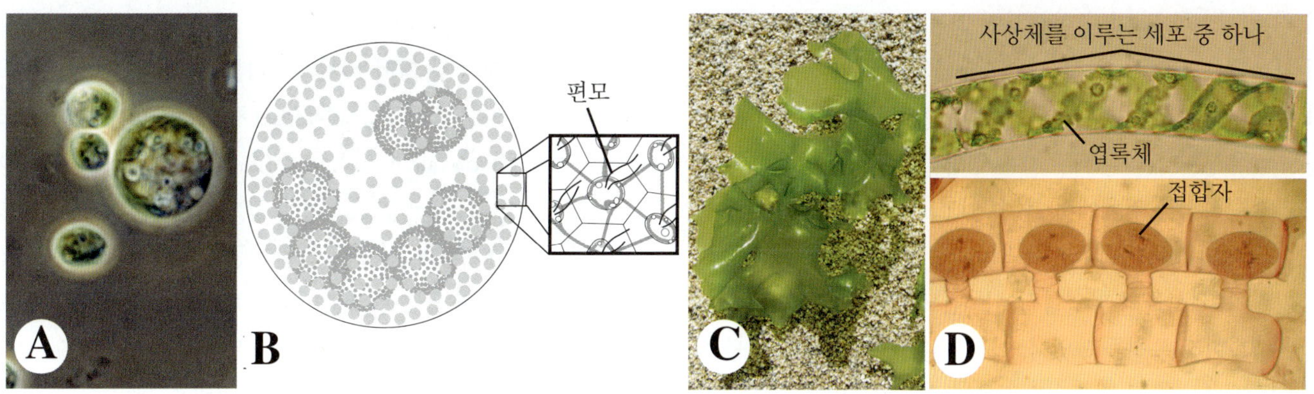

그림 3.3 녹색식물의 예(육상식물 제외). **A.** *Chlamydomonas reinhardtii*(클라미도모나스), 단세포성. **B.** *Volvox*(볼복스속), 군체. **C.** *Ulva*(파래속), 엽상. **D.** *Spirogyra*(해캄속), 사상체. 위에 있는 사진은 커다란 나선상 엽록체를 지니고 있는 영양체이고, 아래 사진은 생식접합을 이룬 상태로서, +/− 교배형과 비운동성 접합자를 보여준다.

어나 유칼리나무에 이르기까지 모든 녹색식물은 동일한 유형의 엽록체를 지닌다. 최근의 자료는 엽록체가 **세포내공생**, 즉 독립생활을 하던 단세포성 원핵생물이 진핵세포 내에 공생하는 과정을 통해 출현했음을 암시한다(제1장 참조).

녹색식물 전체는 두 자매군, 즉 녹조식물(Chlorophytes)과 난접합식물(Streptophytes)로 분류된다(그림 3.1). 전통적인 "녹조류(green algae)"는 측계통군이며(따라서 따옴표 안에 분류군명을 썼음), 녹조식물 전체와 수생 난접합식물로 구성된다. "녹조류"는 엄청나게 다양한 형태적 변이를 나타낸다. 그 예로서 편모가 있거나 없는 단세포형(**그림 3.3**A), 운동성 및 비운동성 군체형(그림 3.3B), 엽상체형(그림 3.3C), 비운동성 사상체형(그림 3.3D) 등을 들 수 있다. 이들 대부분은 생활사 가운데 적어도 한 시기에는 편모가 달린 운동성 세포를 지닌다. "녹조류"는 해수와 담수에 살며, 일부는 토양 (혹은 심지어 눈 위에) 또는 기타 육지에 생육하는데, 일부는 극도로 건조한 상황도 이겨낸다.

원시적인 유형의 녹색식물 유성생식에서는 편모가 달린 "동형"의 반수체(n) **배우자**(생식세포)가 만들어진다. **수정**은 이들 배우자의 결합이고, 그 결과 이배체(2n) **접합자**가 만들어진다(**그림 3.4**A). 자유생활을 하는 접합자는 감수분열에 의해 4개의 반수체 **포자**를 만들고, 이들 각각은 발아하여 새로운 반수체 개체로 생장하여 더 많은 배우자를 생산함으로써 **반수체성** 생활환을 완성한다(그림 3.4A).

육상식물이 기원한 난접합식물 계통 내에서 육상에 생존하

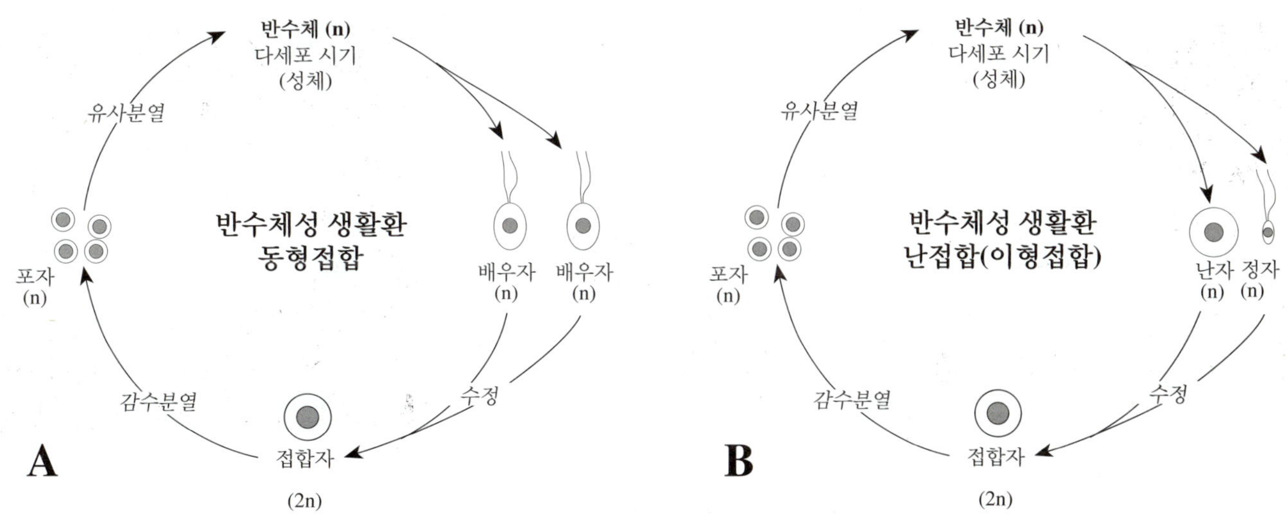

그림 3.4 일부 녹색식물이 나타내는 반수체성 생활환. **A.** 동형접합. **B.** 난접합.

기 위해 필요한 몇 가지 혁신적인 전적응 형질이 진화하였다. 이 가운데 첫 번째는 **난접합**(oogamy)의 진화인데, 이는 배우자 중 하나가 편모가 없는 대형 배우자인 **난자**로 발달하는 유성생식 유형이다(다른 배우자는 **정자**라고 함)(그림 3.4B). 난접합은 육상식물 전체에서 볼 수 있고, "조류(Algae)"와 동물 등 다른 여러 생물군에서도 독립적으로 진화하였다.

한편, 녹색식물의 파생형질에는 편모의 특화된 미세구조와 일부 생화학적 특징들도 있다. 이들 형질이 계통유연관계를 설명하는 데에는 유용하였지만 적응과 관련된 의미는 불분명하며, 여기서는 이를 더 다루지는 않을 것이다.

차축조식물(Charophytes)의 파생형질로서 육상식물에도 존재하는 것은 **원형질연락사**이다(그림 3.1). 원형질연락사는 일차벽에 난 구멍으로, 그 구멍을 통해 인접 세포들의 원형질막이 연결되어 세포 간 물질 이동이 일어난다(**그림 3.5**A). 원형질연락사는 호르몬과 같은 생장조절물질을 빠르고 효율적으로 수송하는 기능을 할 것으로 생각된다.

육상식물과 가장 가까운 차축조식물은 불분명하지만 비육상식물의 세 계통, 즉 Charophyceae(차축조강 또는 윤조강: 그림 3.5C–E), Coleochaetophyceae(초록방석말강: 그림 3.5B), Zygnematophyceae(접합조강: 그림 3.3D)이 난접합과 원형질연락사를 공유한다(후자는 일부 계통에서 퇴화했을 수도 있음; 그림 3.1의 최근 연구 결과 참조). Characeae(차축조과 또는 윤조과)는 육상식물의 기원과 관련된 적응을 보여주는 모델이 될 수 있다. *Chara*(쇠뜨기말속)과 *Nitella*(갈래말속)이 포함되는 차축조과는 담수성 수생식물로 반수체성 생활환을 보이며, 반수체성 식물체는 중축 및 이에 윤생하는 측지(그림 3.5D) 또는 "잎(사실상 작은 가지)"으로 이루어져 있다. Charales(차축조목)의 일부 식물은 몸 표면에 탄산칼슘을 축적한다. 차축조목 식물은 일부 육상식물과 마찬가지로 하나의 정단세포에 의해 생장하는데, 이는 이들 식물의 공유파생형질일 수도 있

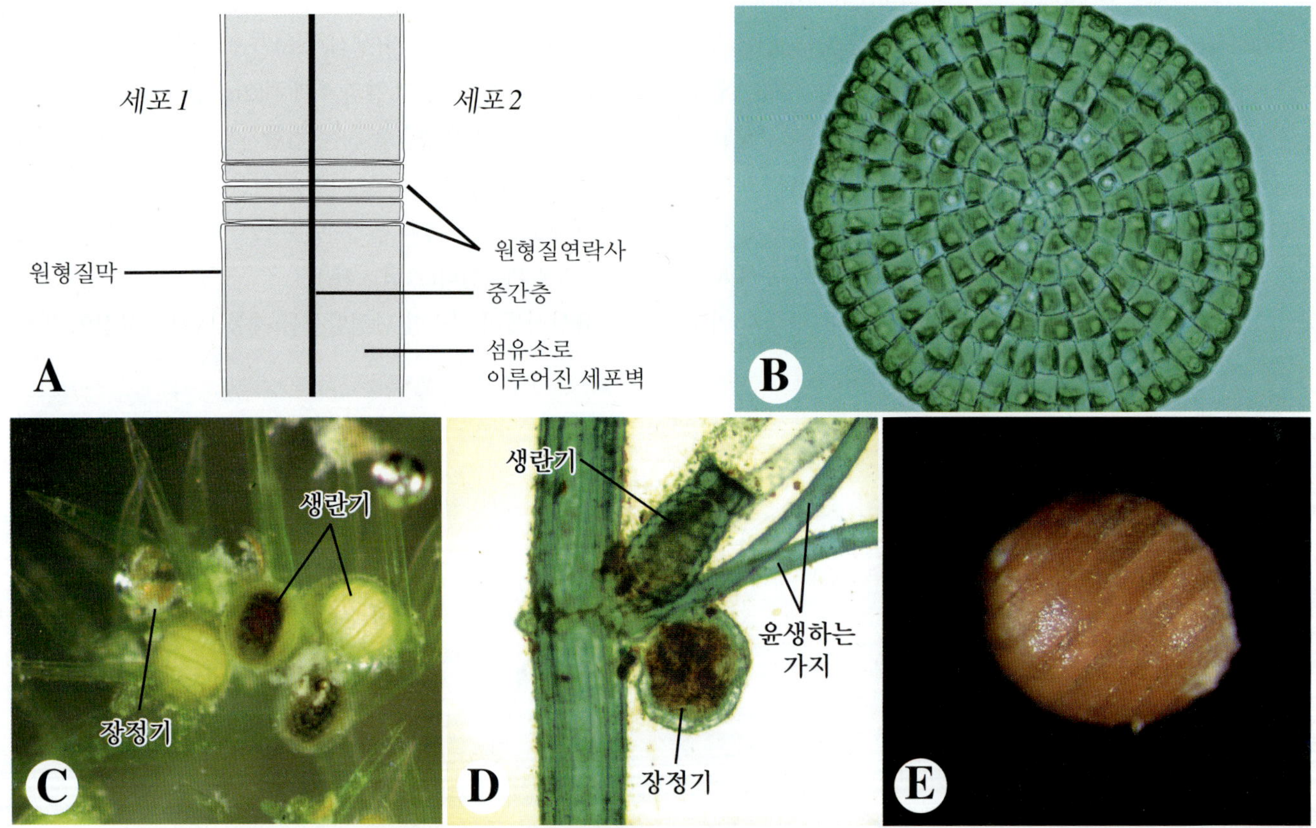

그림 3.5 **A.** 섬유소로 이루어진 세포벽에 있는 원형질연락사: 육상식물을 비롯한 일부 녹색식물의 파생형질. **B–D.** Charales(차축조목). **B.** *Coleochaete*(초록방석말속)의 일종, 유배식물의 근연 생물. **C.** *Nitella*(갈래말속)의 일종, 생란기와 장정기. **D.** *Chara*(쇠뜨기말속) 생란기와 장정기. 생란기의 나선형 벽이 보인다. **E.** *Tectochara helicteres*, 시신세기(Eocene)의 생란기 화석, 나선형 세포의 흔적을 보여준다.

다. 그러나 차축조목 식물은 육상식물과는 달리 진정한 의미의 유조직은 없다. 차축조과는 장정기와 생란기(oogonium)라고 하는 특화된 생식기관을 지닌다(그림 3.5C,D). 생란기는 외곽의 "튜브" 세포들이 나선형으로 배열하는 것이 특징인데(그림 3.5D), 이는 화석화된 생란기에서 발견되기도 한다(그림 3.5E). 차축조과의 생란기 및 장정기는 불염성 외곽 세포를 지녔다는 점에서 육상식물의 장란기 및 장정기와 유사하지만 구조와 발생상의 중대한 차이로 인해 이들과 직접적인 상동은 아닐 것으로 여겨진다. 한편, 차축조목 식물의 난자와 접합자는 반수체성 식물체에 존속하는데(접합자의 경우 매우 잠깐), 이는 난자와 접합자가 배우자체에 '끝까지' 존속하는 육상식물로의 전이를 보여준다.

유배식물 – 육상식물

유배식물(Embryophytes) 또는 육상식물은 녹색식물 내의 단계통군이다(그림 3.1, **그림 3.6**). 실루리아기(약 4억 년 전) 동안에 식물이 처음으로 육상에 생육하는 과정에서 몇 가지 중요한 특징의 진화가 수반되었다. 육상식물이 공유하는 새로운 진화적 특징(그림 3.6)은 과거에 물속 생활을 했던 녹색식물이 물 밖에서 생존하고 생식하는 것에 적응하는 데 중요했을 것으로 여겨진다.

육상식물의 첫 번째 주요 혁신은 **배**와 **포자체**의 진화이다(그림 3.6, **그림 3.7**). 포자체는 육상식물의 생활환에 있어서 분리된 이배체(2n, 복상체) 단계 또는 세대를 말한다. 이에 상응하여 생활환 중 반수체(n, 단상체) 배우자를 생산하는 세대를 **배우자체**라 한다. 반수체 배우자체와 이배체 포자체를 모두 지니는 육상식물의 생활환은 **반수체이배체성**(혹은 단복상체성) **생활환**이라 하며, 흔히 **세대교번**이라고 부른다(그림 3.7). 세대교번이라는 용어는 이 두 세대가 반드시 각각 서로 다른 시기에 출현한다는 것을 의미하지 않는다는 것에 주목해야 한다. 즉, 한 개체군 내에서 두 세대가 같이 출현할 수도 있다.

포자체는 접합자가 감수분열 또는 포자의 생성을 지연시키고 있는 모습으로 볼 수도 있다. 접합자는 감수분열을 하는 대신 여러 차례의 유사분열을 하며, 그 결과 별개의 식물체로 발달한다. **배**는 배우자체에 붙어 있는 또는 감싸여 있는 어린 포자체로 정의된다. 많은 육상식물에 있어서 배는 일정 기간 휴지 상태에 놓여 있으며, 적정 환경 조건이 도래하면 생장을 재개한다. 배가 성숙한 포자체로 자라감에 따라 포자체의 일부분은 포자를 생성하는 지역으로 분화한다. 포자의 생성을 담당하는 곳을 **포자낭**이라 한다. 포자낭은 **포자생성조직**, 즉 장차 감수분열을 할 **포자모세포**를 포함하고 있다. 각 포자모세포는 감수분열을 통해 4개의 반수체 포자를 만든다(그림 3.7). 포자낭은 **포자낭벽**으로 둘러싸이는데, 이는 한 층 또는 여러 층의 불염성(포자를 생성하는 않는) 세포들로 이루어진다.

생활환에 있어서 별도의 포자체 세대가 존재하므로 인해 생긴 장점 가운데 하나는 포자 생산량이 증가한 것이다. 포자체가 없는 경우 정자와 난자의 수정 결과 만들어진 하나의 접합자는 4개의 포자만을 생성할 것이다. 접합자가 포자체 및 포자낭으로 정교하게 발달함으로 인해 그야말로 수백만 개의 포자가 생성되는데, 이는 생식량의 증가뿐 아니라 유전적 다양성의 증가 측면에서도 잠재적으로 대단히 유익하다는 것을 의미한다.

포자체가 지닌 적응상의 또 하나의 장점은 이배체라고 하는 배수체 수준과 관계가 있다. 포자체가 모든 유전자를 2개 지닌다는 점은 이배체 세대의 적합도를 다음 두 가지 방법을 통해 증가시킨다. (1) 배우자체에서는 그대로 발현되는 유해한 열성 대립유전자가 포자체에서는 우성 대립유전자에 의해 "가려져서" 발현이 억제된다. (2) 부모의 유전자가 재조합되어 포자체 세대의 유전적 다양성이 증가하고, 여기에 자연선택이 가해져서 진화적 변화의 잠재력이 높아진다.

육상식물의 두 번째 혁신은 **각피소**와 **각피**의 진화이다(**그림 3.8**). 각피는 식물의 최외곽 조직인 표피의 세포로부터 분비되어 만들어진 보호 층이다. **표피**는 안쪽의 조직을 보호하고 수분 손실을 억제한다. 각피는 투명하고 얇은 각피소 층으로 이루어져 있는데, 각피소는 지방산의 중합체로서 과도한 수분 손실을 방지하는 밀봉 기능을 한다. 표피세포의 바깥쪽 벽에 각피소가 스며들기도 하는데, 이를 "각피화된" 세포벽이라 한다. 적응에 있어서 각피소와 각피의 명백한 장점은 물에서 나와 육상에서 생육하게 된 식물체의 건조를 막는다는 것이다. 실제로, 건조한 환경에 적응한 식물은 각피가 굉장히 두껍게 발달하여 수분손실을 억제한다(그림 3.8).

육상식물의 세 번째 파생형질로 유조직의 진화를 들 수 있다(**그림 3.9**). 모든 육상식물은 엽상체와 슈트 및 뿌리의 정단 부위에서 빠르게 일어나는 세포분열에 의해 생장한다. 이처럼 세포가 활발하게 분열하는 부위를 **정단분열조직**이라고 한다. 태류, 각태류 및 선류 그리고 양치류(중원형식물, 제4장 참조)

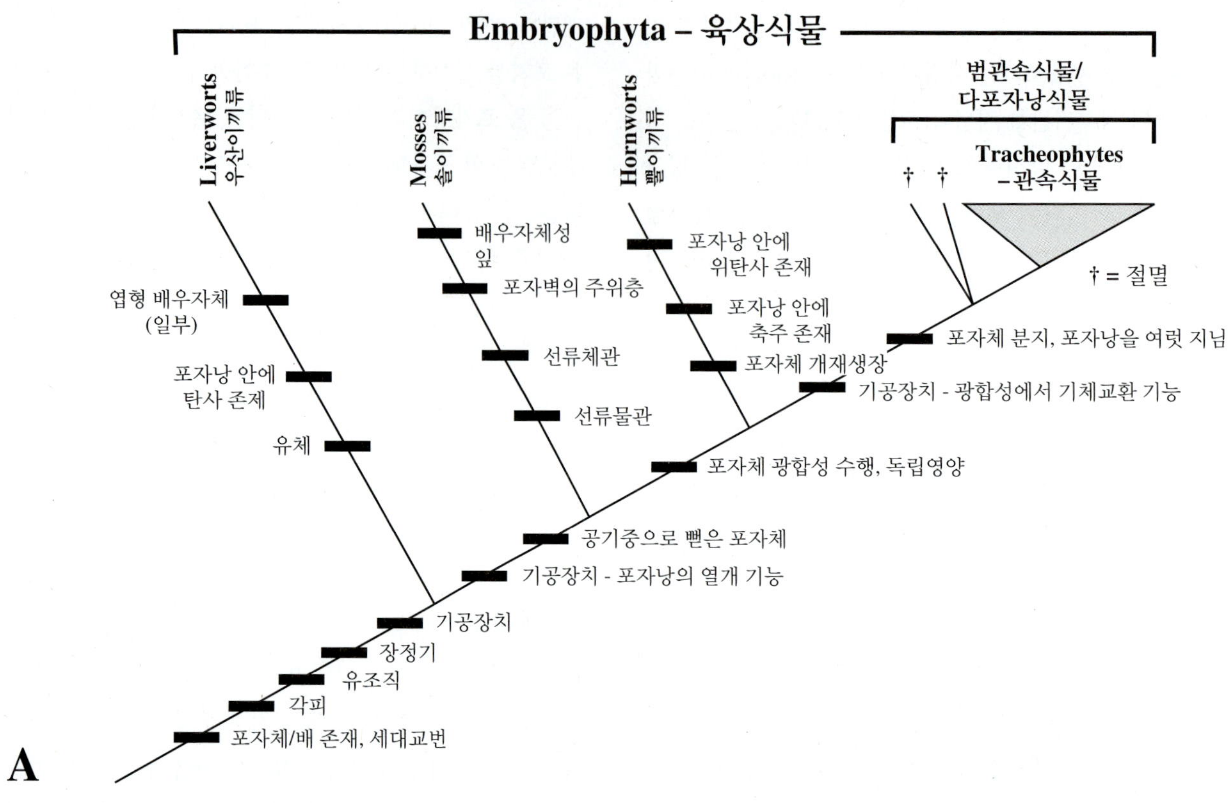

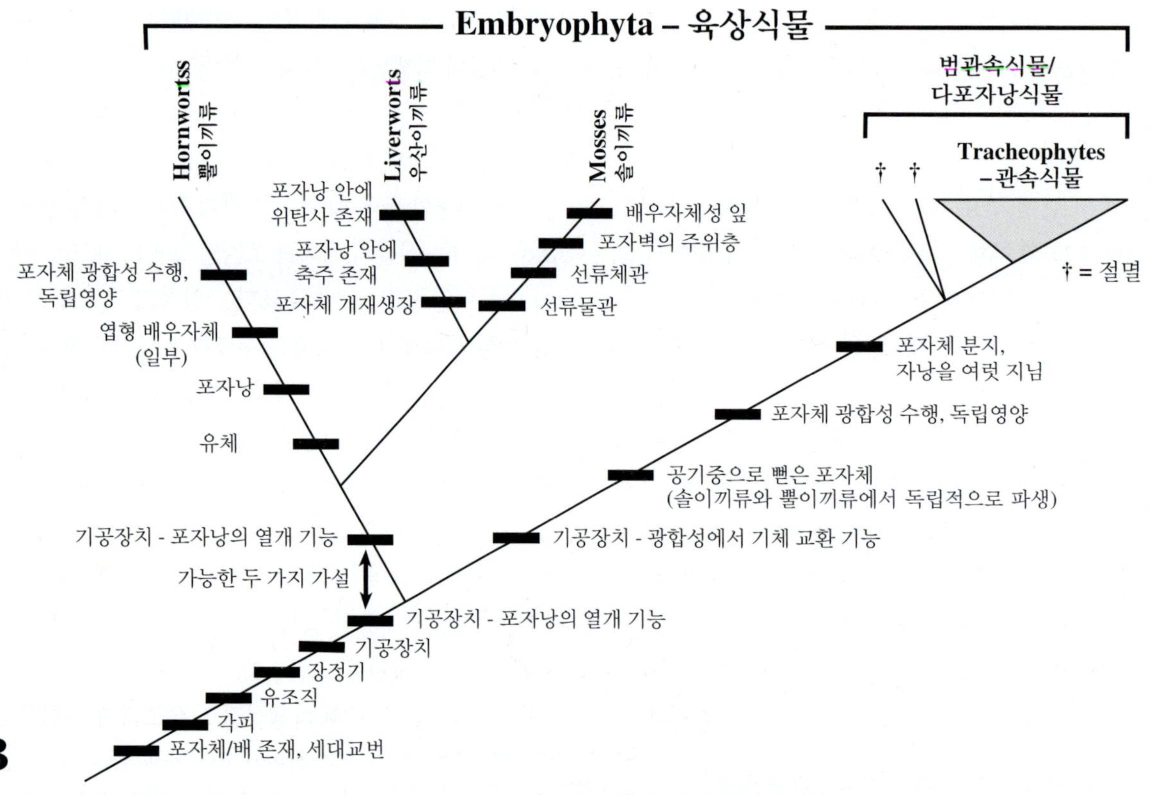

그림 3.6 **A.** 육상식물(유배식물)의 계통유연관계 중 한 가설로 주요 파생형질이 명시되어 있다(Qiu et al. 1997). (파생형질 참조: Bremer, 1985; Mishler and Churchill, 1985; Mishler et al. 1994) **B.** 다른 가설 가운데 하나로 선태류가 단계통임을 보여주는데, 이 계통유연관계는 기공장치와 일부 다른 형질의 진화 과정에서 차이를 지닌다.

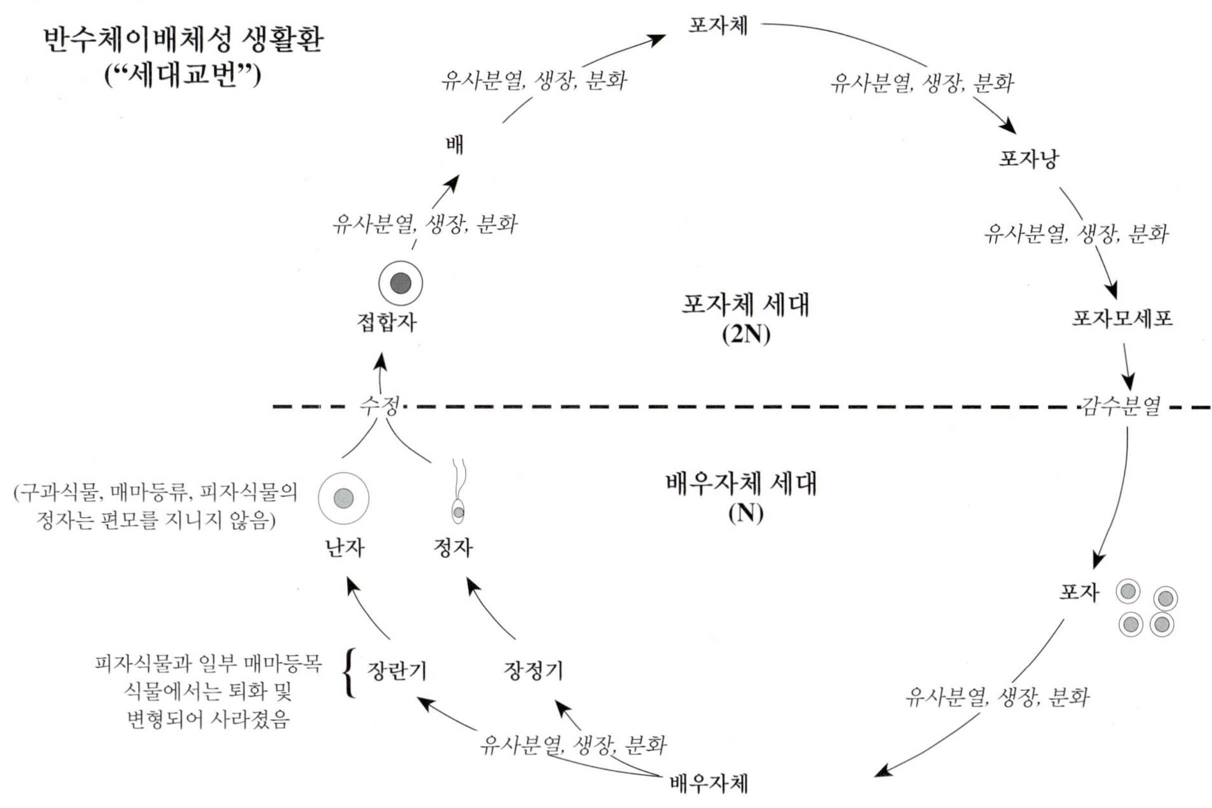

그림 3.7 육상식물(유배식물)이 나타내는 반수체이배체성(단복상체성) "세대교번".

의 정단분열조직에는 하나의 정단세포만이 있는데(그림 3.9), 이는 육상식물의 원시적 특징으로 여겨진다. 모든 육상식물에 있어서 정단분열조직으로부터 파생된 세포들은 **유조직**이라고 부르는 덩어리를 이룬다. 유조직은 특화 또는 분화되지 않은 분열조직 세포들과 흡사하다. 유세포는 구조면에서 (1) 길거나 등경성인 구조이고 (2) 일차벽만이 있으며(아주 간혹 이차벽도 있음), (3) 성숙 시 살아 있기에 계속 분열할 수 있는 잠재력이 있다. 유세포는 호흡, 광합성, 횡수송, 저장, 재분화나 상처 치유 따위의 대사활동을 수행한다. 유세포는 다른 특화된 세포로 분화하기도 한다. 정단생장과 진정한 의미의 유조직(그림 3.6)이 육상식물만의 파생형질인지는 불분명하다. 이 두 형질 모두

그림 3.8 각피, 육상식물의 파생형질.

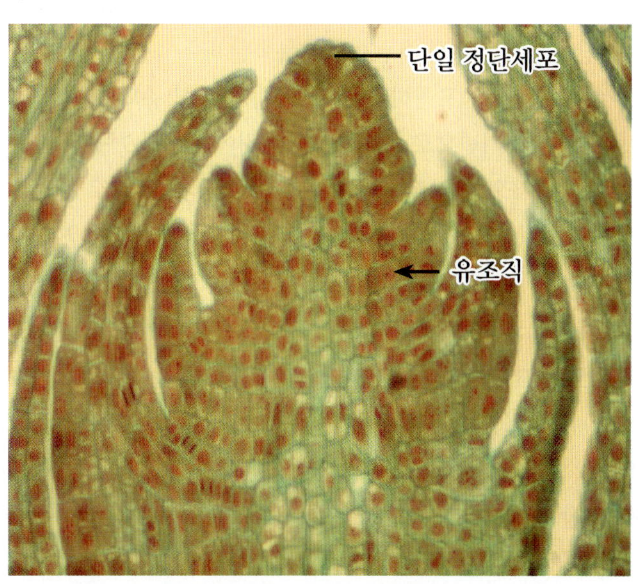

그림 3.9 *Equisetum*(속새속)의 슈트 정단부, 정단분열조직으로부터 유조직이 생성되는 것을 보여준다.

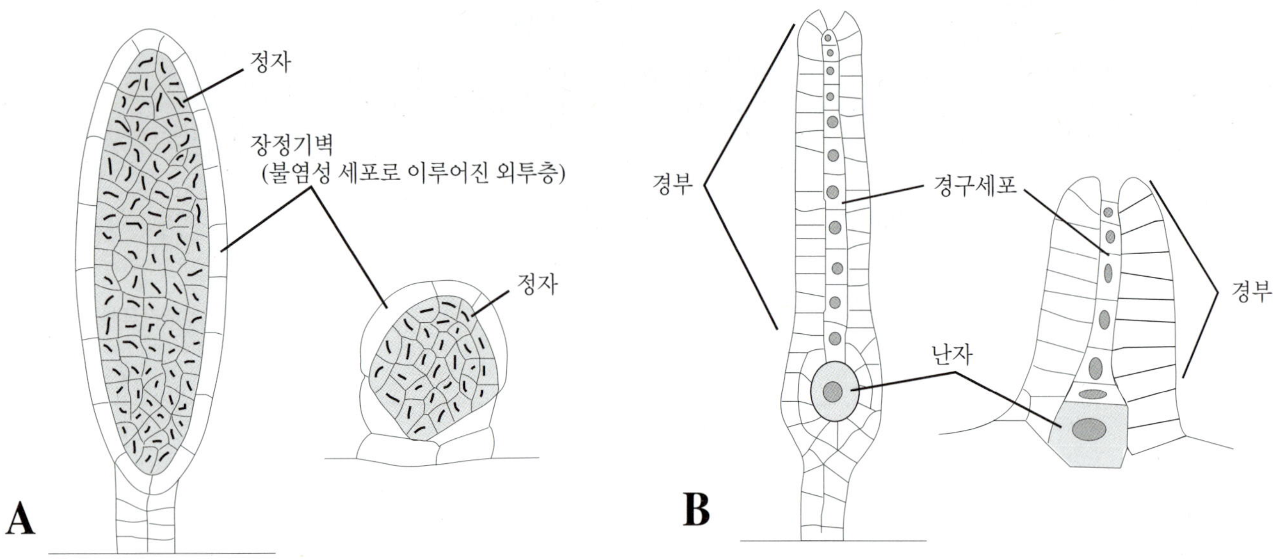

그림 3.10 **A.** 장정기. **B.** 장란기. 이 둘은 모두 육상식물의 파생형질이다.

차축조목을 포함하는 몇몇 근연 녹색식물에서도 나타나는 것으로 해석할 수도 있기 때문이다.

유조직의 진화와 상관관계를 보이는 것으로는 육상식물에서 **중간층**이 진화한 것을 들 수 있을 것이다. 중간층은 인접한 세포의 일차벽 사이에 발달하며 펙틴이 풍부한 층이다(그림 3.5A). 이것의 기능은 인접한 세포들을 상호결합시키는 것인데, 이는 유조직 덩어리 진화를 가능하게 한 필요조건으로 생각된다.

육상식물의 또 다른 진화적 혁신은 **장정기**이다(**그림 3.10** A). 장정기는 반수체 배우자체의 특화된 배우자낭으로 정자를 생성하는 세포를 포함하고 있다. 장정기는 한 층의 불염성 세포층, 즉 장정기벽으로 둘러싸인다는 점에서 엽록생물 내의 다른 유사 구조와 구분된다. 종종 불염성 "외투" 층으로 불리는 이 장정기벽의 진화는 발생 중인 정자가 말라버리는 것을 방지하는 데 적응한 결과로 보인다. 종자식물을 제외한 육상식물에서 정자는 장정기로부터 외부로 방출되어 얇은 수분층을 헤엄쳐 난자까지 가야만 한다. 따라서 이러한 식물은 효과적인 수정을 위해서는 축축한 환경이 필요한데, 이는 과거 수중 생활의 흔적이다. 차축조목의 구성원들에서도 외부의 불염성 세포층인 장정기 구조를 볼 수 있다(그림 3.5C,D). 그러나 해부구조가 다르기에 차축조목의 장정기는 육상식물의 것과 상동으로 보지 않으며, 따라서 각각 독립적으로 진화한 것으로 생각된다.

육상식물의 또 다른 혁신은 특화된 자성 배우자낭인 **장란기**의 진화이다(그림 3.10B). 장란기는 아래쪽의 난자를 직접 감싸는 불염성 세포층인 **복부**와 위쪽으로 뻗은 관모양의 **경부**로 구성된다. 일부 분류군에서는 장란기가 자루에 달리지만, 대개는 난자가 배우자체에 깊이 파묻힌다. 난자는 장란기 기부 안쪽에 위치한다. 난자 바로 위에는 두 번째 세포인 **복구세포**가 그 위로는 여러 개의 **경구세포**가 존재하기도 한다. 장란기는 몇 가지 적응상의 잇점이 있을 것으로 생각된다. 그중 하나는 발생 중인 난자를 보호하는 것이다. 장란기에는 수정과 관련된 기능도 있을 것으로 보인다. 수정 전에 경구세포들과 복구세포가 붕괴되어 세포 내용물이 경부 끝의 구멍으로 분비되는데, 여기에 포함된 화학물질이 정자를 장란기로 끌어들이는 유인물질로 작용한다. 정자는 장란기의 경부로 들어가 난자와 수정하여 이배체(2n) 접합자를 형성한다. 또한 장란기는 배/포자체가 발달하는 자리를 제공하고, 포자체가 배우자체 조직에 영양분을 의존하는 관계를 수립하는 데 이바지한다.

육상식물은 다른 파생형질도 공유한다. 그 예로는 정자 미세구조의 다양한 변형, 플라보노이드 화합물, 열충격 단백질의 급증 등이 있다. 그러나 여기서는 이들을 다루지 않을 것이다.

비관속육상식물의 다양성

육상식물의 진화 초기에 3개의 주요 단계통 분류군이 관속식물 이전에 분기하였다. 이들 계통은 태류, 선류, 각태류이며 비관속(non-vascular)육상식물 또는 "선태류"라고 통칭한다. 이들 각 그룹이 단계통이라는 것은 잘 뒷받침되지만, 이들의 상호 유연관계나 관속식물과의 유연관계는 확실하게 밝혀지지 않은 상태이다. 그림 3.6A에 제시된 계통유연관계는 선태류가 단계통임을 보여주는 그림 3.6B와 마찬가지로 가능한 모든 계통유연관계 중 하나로 취급해야 하는데, 이들 계통수는 형질의 상동성에 관한 해석이나 일부 구조의 수렴진화 여부에 관한 내용이 서로 다르다.

태류, 각태류 그리고 선류는 진정한 관다발 조직이 없고, 생활환에 있어서 배우자체가 광합성을 수행하면서 독립생활을 지속한다는 점에서 관속식물과 구분된다. 원시적인 육상식물의 배우자체는 태류나 각태류처럼 엽상체였을 것으로 추정된다. 태류, 각태류 및 선류의 포자체는 상대적으로 작고, 수명이 짧으며, 배우자체에 붙어 양분을 공급받는다.

태류

태류(Hepaticae) 또는 우산이끼류(liverworts)는 최초의 육상식물 중 일부로부터 기원한 단계통군이다. 그늘지고 습한 지역에서 주로 자라며(간혹 주기적으로 건조하고 더운 지역에 적응한 경우도 있지만), 소수만이 현재 지구 식생을 구성한다. 태류의 파생형질로는 (1) 선명한 **유체**와 (2) 포자낭에 존재하는 긴 세포로서 벽이 나선형으로 비후한 탄사를 들 수 있다. **탄사**는 습기 함량의 변화에 따라 모양이 변하고 움직이는 특징(흡습성)을 지녀 포자의 산포를 돕는다. 포자낭이 마르게 되면 탄사가 꼬이면서 포자낭 밖으로 튀어나오는데, 이 과정에서 포자가 함께 배출된다(**그림 3.11**, **그림 3.12**K).

태류의 배우자체에는 형태적으로 두 가지 기본적인 유형, 즉 엽상체형과 엽형이 있다(그림 3.11–3.13). **엽상체형 태류**는 평평한 조직체인 **엽상체**로 구성되는데, 분계분석 결과 이는 조상형일 가능성이 높다. 각태류나 선류처럼 이 배우자체에는 가느다란 실 모양의 **가근**이 있어 지지와 흡수 기능을 수행한다. 엽상체의 상면에 있는 **소공**은 기체교환 기능을 한다(그림 3.12B,L). 이들 소공은 공변세포가 없기에 진정한 의미의 기공은 아니다. 일부 태류는 후에 소개될 각태류처럼 남세균과 공생관계를 이룬다. *Marchantia*(우산이끼속)와 같은 일부 엽상체형 태류의 배우자체 상면에는 무성아(**배상체아**)가 담겨 있는 **배상체**가 존재한다(그림 3.11, 3.12B). 이 구조에는 영양(무성)생식 기능이 있다. 배상체에 물방울이 떨어지면 무성아는 일정 거리 밖으로 퍼져나가 그 모체와 유전적 조성이 같은 반수체(n) 몸체로 자라게 된다.

엽형 태류의 배우자체는 줄기 축과, 이 축에 3열로 배열된 얇은 잎으로 구성된다. 엽형 태류 대부분에서 줄기는 포복성이고, 상부의 잎은 더 크고 맨 아래의 잎은 퇴화되었다(그림 3.11, **그림 3.13**). 어떤 엽형 태류는 보다 직립하고, 잎은 3열로 배열되며 크기가 모두 비슷하다. 태류의 잎은 선류 또는 관속식물과는 독립적으로 진화하였다(제4장).

초기에 분기한 모든 육상식물 계통과 마찬가지로 태류 역시 배우자체에서 발달하는 장정기와 장란기를 지닌다. 일부 태류(예, 우산이끼속)에서 배우자낭은 자루가 달린 방패 모양인데, 이 중 장정기가 달리는 것을 **장정기병**, 장란기가 달리는 것을 **장란기병**이라 한다(그림 3.11, 3.12). 장정기병의 장정기에서 방출된 정자는 수막을 헤엄쳐 장란기병의 장란기로 가서 난자와 수정하게 된다.

수정 후 접합자는 유사분열을 하여 점차 **배**로 분화하고, 이는 포자체로 성숙한다. 이 포자체는 비교적 작고, 광합성을 수행하지 않으며, 오래 생존하지 않는다. 포자체의 대부분은 **포자낭** 또는 **삭**으로 이루어진다(그림 3.11, 3.12F,J). 특정 시기에 삭 안에 있는 세포가 감수분열을 하여 반수체 포자를 형성한다(그림 3.7 참조). 태류의 경우 삭이 네 조각으로 갈라지면서 포자가 방출된다. 포자는 바닥에 떨어진 후 적정 조건에서 발아하고, 새로운 배우자체로 생장하여 생활환을 마무리하게 된다.

선류

선류(Musci) 또는 솔이끼류(mosses)는 비관속육상식물의 주요 그룹 3개 가운데 가장 다양하고 종이 다양하며 여러 생태적 지위(niche)를 점하고 있다. 선류가 각태류 및 관속식물과 공유하는 파생형질 가운데 하나는 기공장치이다(그림 3.6A). 그러나 선류와 각태류의 기공장치 진화는 육상식물의 기공장치 진화와는 달랐을 수도 있다(Duckett and Pressel 2017). 이들의 가설에 따르면 기공장치는 "선태류"와 육상식물에서 독립적으로 진화하였거나, 아니면 "선태류"에서 포자낭의 열개를 담당하던 것이 육상식물로 오면서 광합성 과정에서의 기체 교환 기능을 획득한 것이다(그림 3.6B 참조).

기공장치는 표피세포 일부가 특화된 것으로 대개 잎에 존재하지만, 때로는 줄기에도 있다. 기공장치는 엽록체를 지닌

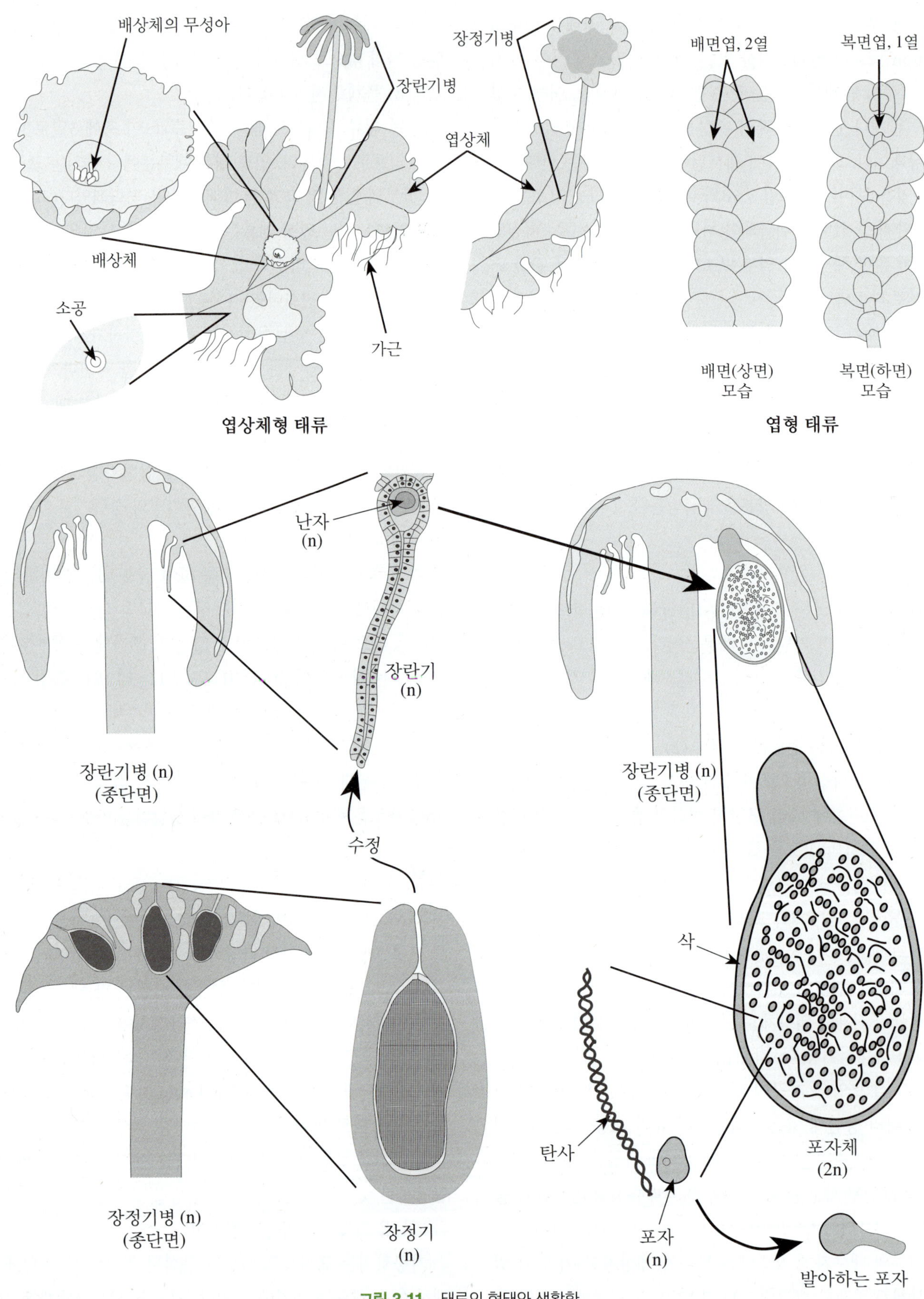

그림 3.11 태류의 형태와 생활환.

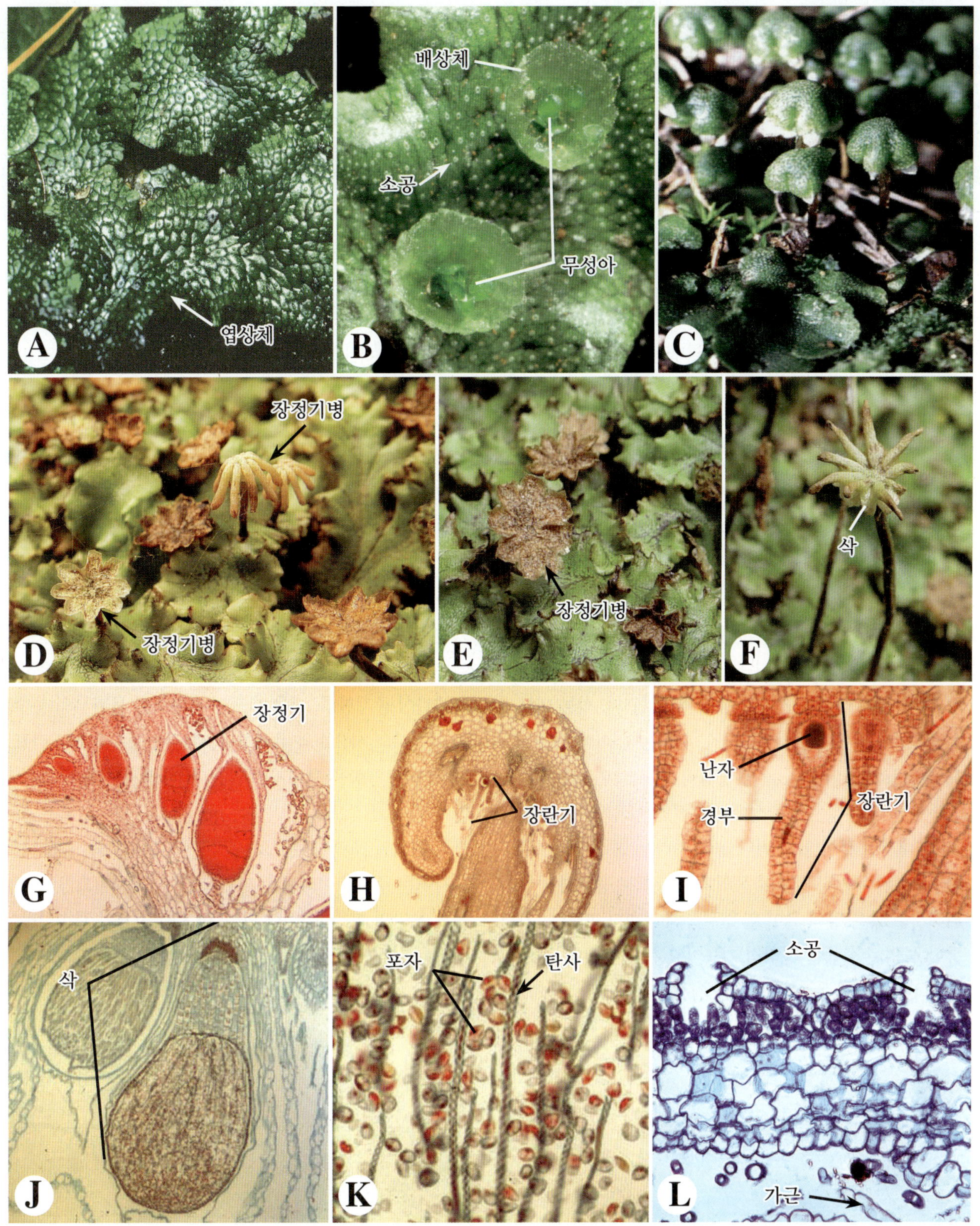

그림 3.12 태류. **A.** *Conocephalum*(패랭이우산이끼속)의 일종, 엽상체형 우산이끼. **B.** *Marchantia*(우산이끼속), 배상체와 무성아가 존재하는 엽상체. **C.** *Asterella*(꽃잎우산이끼속), 엽상체형 태류의 장란기병. **D–L.** 우산이끼속. **D.** 장란기병과 장란기병을 지닌 엽상체. **E.** 장정기병 접사. **F.** 장란기병, 열편 밑의 삭이 보임. **G.** 장정기병, 종단면. **H.** 장란기병, 종단면. **I.** 장란기. **J.** 삭, 종단면, 포자생성조직이 보임. **K.** 포자생성조직, 포자와 탄사가 보임. **L.** 엽상체의 황단면, 가근과 상부의 소공(pore)이 보인다.

그림 3.13 태류. **A.** *Bazzania trilobata*, 엽형태류. **B.** *Porella*(세줄이끼속), 엽형태류, 하면에 퇴화된 잎이 세 번째 열을 이루고 있다(화살표).

공변세포 2개로 구성되는데, 이들 세포는 팽압의 변화를 통해 두 세포 사이의 구멍, 즉 **기공**의 크기를 증감시킬 수 있다(**그림 3.14**). 각 공변세포의 기공 쪽 면에 능각처럼 생긴 구조가 1개 이상 있다(그림 3.14). 이 능각은 목전소가 풍부하여 기공을 밀폐하는 역할을 한다. 기공장치는 기체 교환을 통해 광합성과 수분 흡수를 조절한다. 기공을 통과한 이산화탄소는 광합성 세포의 엽록체로 확산되어 광합성의 암반응에 사용된다. 광합성의 부산물인 산소는 기공을 통해 빠져나간다. 식물 대부분에서 광합성이 일어나는 낮에 기공이 열리는데, 이때 태양열로 인해 상당량의 물이 기공을 통해 사라진다. 일부 식물에서 기공을 통한 물의 손실은 광합성에 필수적인 이산화탄소를 얻는 데 따른 대가일 뿐이다. 그러나 높이 자라는 교목에서는 뿌리로부터 흡수된 무기질 양분이 몸의 각 부분으로 충분히 공급되기 위해서는 많은 양의 물이 잎을 관통해야 한다. 따라서 기공을 통한 물의 손실에는 생리적 기능이 있는데, 이는 사실상 적응의 결과로 여겨진다.

선류가 각태류 및 관속식물과 공유하는 두 번째 파생형질은 **공기 중으로 길게 뻗은 포자체**이다(그림 3.6A). 선류와 각태류에서 보이는 이 기다란 포자체는 관속식물 포자체의 줄기로 진화하는 초기 단계로 해석될 수 있다(제4장 참조).

선류는 여러 가지 고유파생형질을 지닌다. 첫째, 일부 선류에는 물이 통하는 **선류물관**이라는 통도세포와 당이 통하는 **선류체관**이 존재한다. 이들 세포는 전형적인 물관부의 통수요소와 체관부의 사요소와 유사하나(제4장), 통수요소나 사요소처럼 특화된 양상을 보이지는 않는다. 따라서 이들 구조는 진정한 유관속 조직으로 진화하는 중간 단계이거나, 혹은 독립적으로 진화된 조직일 것으로 생각된다(그림 3.6). 둘째, 선류의 포자에는 **주위층**이라는 두꺼운 외층이 있는데(**그림 3.15**), 이는 선류만의 파생형질이거나(그림 3.6) 선류와 관속식물이 공유하는 형질일 가능성도 있다. 주위 층은 포자가 과도하게 마

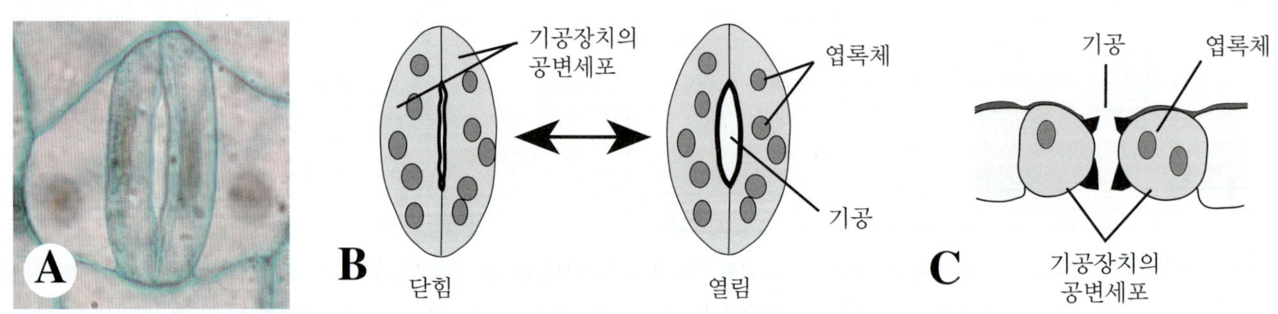

그림 3.14 기공장치: 선류, 각태류 및 관속식물에서 일어난 진화적 혁신. **A.** 표면 모습, 약간 열린 상태. **B.** 개폐를 보여주는 표면 모식도. **C.** 횡단면 모식도.

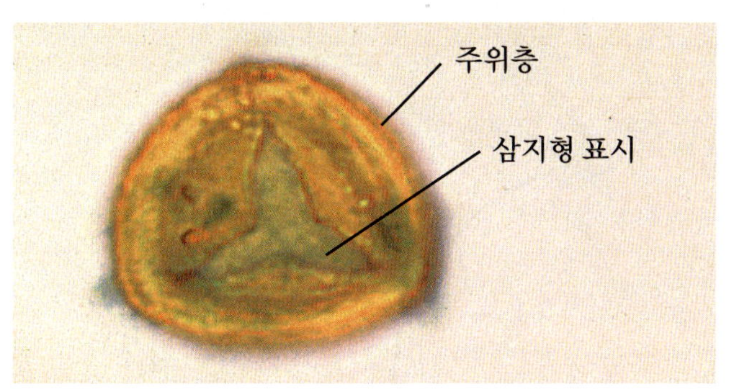

그림 3.15 선류 포자. 보호기능성 주위층과 삼지형 표시.

르는 것을 방지하고 포자의 세포질을 물리적으로 보호하는 데 도움을 줄 것으로 생각된다. 태류와 각태류처럼 세 갈래로 갈라진 선 모양인 **삼지형 표시**가 포자 벽에 발달하는데, 이는 감수분열의 결과로 생성된 포자(4개)가 서로 맞닿아 있었던 흔적이다(그림 3.15, 제4장 참조). 셋째, 선류의 배우자체는 언제나 엽형이며, 잎은 여러 층 또는 줄로 배열된다(**그림 3.16**, **그림 3.17**B,C). 선류의 잎은 태류의 것과는 독립적으로 진화했을 것으로 생각되며, 따라서 이는 선류만의 파생형질이다. 선류의 잎은 대개 매우 작고 얇으나, 통도세포로 이루어진 **엽륵**이 마치 관속식물의 엽맥처럼 가운데 뻗어 있다(그림 3.17C).

선류의 장정기와 장란기는 대개 배우자체 줄기 끝에서 만들어진다(그림 3.16, 3.17D–F). 수정 이후 포자체는 위로 자라는데(그림 3.16, 3.17G), 이때 종종 원래 장란기의 정단부위가 포자체의 끝에 덮인 채 계속 자란다. 이 장란기 정단부 조직을 **삭모**(그림 3.16, 3.17H)라 하는데, 이는 어린 포자체의 정단부위를 보호하는 기능이 있을 것으로 여겨진다. 포자체는 대개 **삭병**이라고 하는 긴 자루로 발달하는데, 그 끝에 포자낭 또는 삭이 달린다(그림 3.16, 3.17G,H). 선류 대부분의 삭은 특수한 방식으로 열개한다. 포자 방출 시기에 **선개**라고 불리는 덮개가 삭의 정단으로부터 떨어져 나가면 윤생하는 삭치가 드러나게 된다. **삭치**는 태류의 탄사처럼 흡습성이다. 삭이 마르면 삭치가 오그라들고, 이는 포자의 방출로 이어진다(그림 3.16, 3.17H,I).

선류 포자는 적당한 환경조건 하에서 발아하여 새로운 배우자체로 자라난다. 배우자체 발달 초기에는 원사체라고 하는 실 모양의 조직이 형성된다(그림 3.16, 그림 3.17A). **원사체**는 사상체 녹조류와 비슷하게 생겼으며, 따라서 조상 형질이 잔존한 것으로 생각된다. 일정 기간 생장한 후 원사체는 유조직으로 이루어진 배우자체로 자란다.

경제적 중요성과 관련하여 언급할만한 선류로는 *Sphagnum*(물이끼속)이 있는데, 여기에는 많은 종이 포함된다. 물이끼는 습한 늪지에 자라면서 주위의 물을 산성으로 만들어 주위 환경을 화학적으로 변화시킨다. 물이끼의 잎은 특이하게 2종류의 세포로 이루어져 있다. 그중 하나는 그물처럼 연결되어 있는 **엽록세포**이고, 다른 하나는 나선상으로 비후되며 수공이 있는 것이 특징인 **투명세포**이다(**그림 3.18**). 투명세포의 수공은 물이끼로 하여금 물을 흡수하고 보유하는 놀라운 능력을 지니게 하며, 따라서 이들은 화분 흙 위를 덮는 식물로서 원예 분야에서 매우 중요하다. **토탄**은 물이끼가 화석화되어 부분적으로 분해된 것을 말하는데, 화분 속 내용물을 조성하는 데 사용하기 위해 채취되며, 일부 국가에서는 중요한 연료 자원이기도 하다. 선류의 상세한 분류는 Liu et al.(2019)를 참조한다.

각태류

각태류(Anthocerotae) 또는 뿔이끼류(hornworts)는 육상식물의 세 번째 주요 계통을 구성하는 단계통군이다. 각태류는 엽상체형 태류와 배우자체의 형태 및 서식지가 유사하다. 그러나 각태류는 태류와 달리 소공이 없고, 일부 종에는 태류를 제외한 육상식물의 파생형질로 여겨지는 기공장치가 있다. 모든 각태류에는 남세균이 엽상체의 강(cavity) 안쪽에 공생하고 있다. 이러한 공생관계는 엽상체형 태류에서도 발견되지만(독립적으로 진화했으리라고 생각됨) 선류에는 존재하지 않는다. 흥미롭게도 각태류와 태류의 배우자체는 관속식물의 뿌리에서 볼 수 있는 균근처럼 균류와 공생관계를 이룬다.

각태류의 기본적인 생활환은 태류와 선류의 생활환과 유사하다. 각태류의 포자체는 공기 중으로 길게 뻗어 있다는 점에서 선류와 유사하지만, 광합성을 수행하고 원통형이라는 점에서 독특하다(**그림 3.19**A,B). 이 원통형의 포자체는 기부의 개재분열조직을 통해 계속 자라난다(그림 3.19E). **개재분열조직**은 포자체의 기부 근처(배우자체에 부착하는 지점 바로 위)에서 활발히 분열하는 세포들로 이루어지며, 각태류의 파생형질이다. 이 지역은 배우자체 조직인 뿔깃(collar)으로 둘러싸여 보호를 받는다(그림 3.19C). 포자체의 기저조직(foot)은 배우자체 조직에 파묻혀 있으며 표면은 다소 얕게 갈라져 있다(그림 3.19D,E). 기타 파생형질로 **축주(원주)**라고 하는 독특한 불염성(포자를 생성하지 않는) 중앙 기둥 조직과 포자낭 안에 **위**

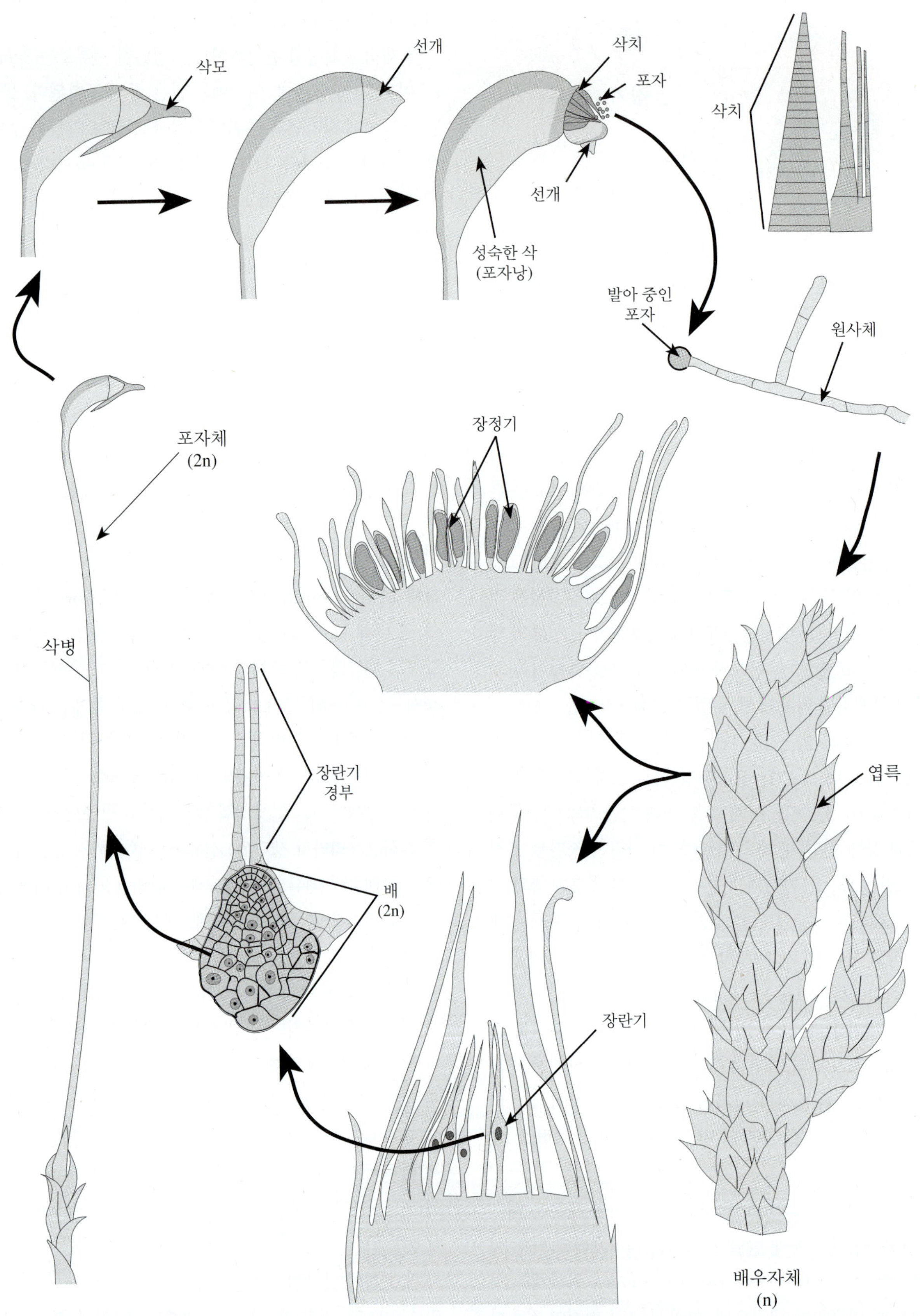

그림 3.16 선류의 형태와 생활환.

그림 3.17 **A.** *Sphagnum*(물이끼속)의 원사체. **B.** *Atrichum* 의 배우자체. **C.** *Mnium*(초롱이끼속) 잎, 중앙의 엽륵을 보여줌. **D.** *Polytrichum*(솔이끼속)의 배우자체를 위에서 바라본 모습. 가지 끝부분에 장정기가 존재함. **E,F.** 초롱이끼속의 일종. **E.** 장정기, 종단면, 외벽과 포자생성조직을 볼 수 있음. **F.** 장란기, 자루, 난세포, 경부 및 경구세포를 볼 수 있음. **G.** 선류의 포자체, 삭을 볼 수 있음. **H.** 선류 포자체 접사, 일련의 발생 과정을 볼 수 있음(왼쪽에서 오른쪽으로). **I.** 초롱이끼속, 삭(포자낭) 종단면, 선개, 삭치, 포자낭 안의 포자를 볼 수 있다.

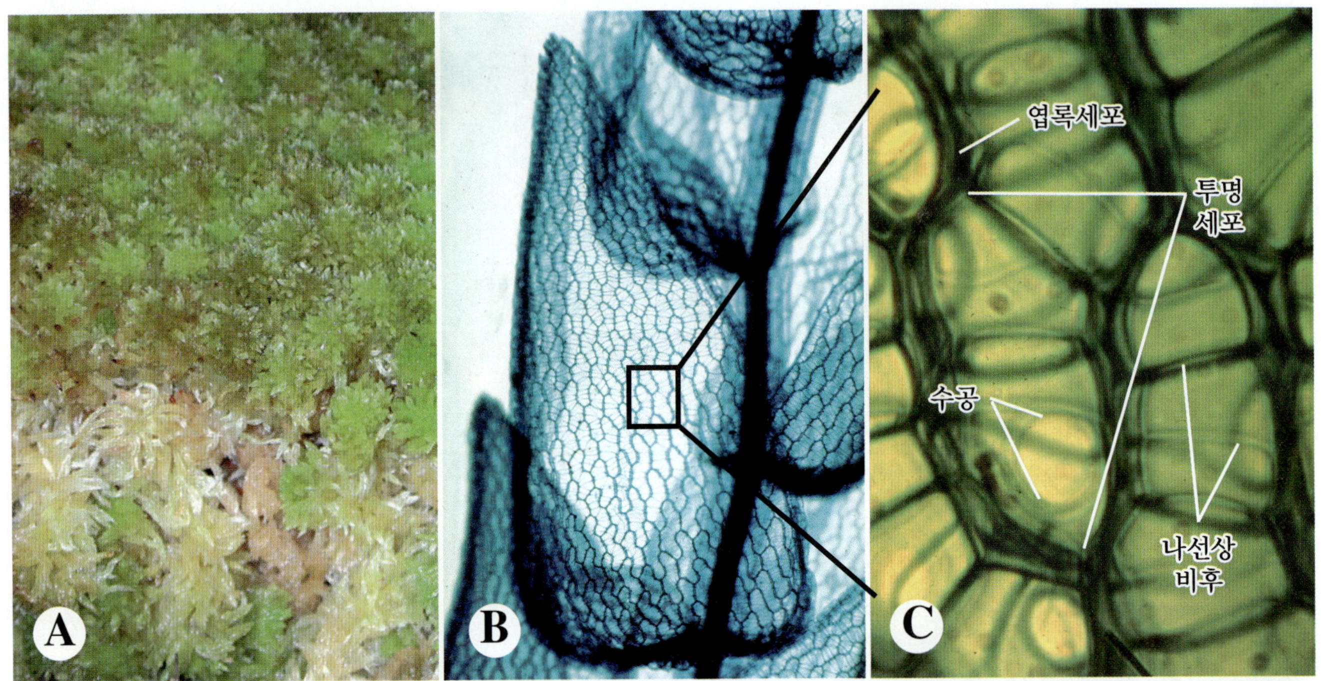

그림 3.18 *Sphagnum*(물이끼속). **A.** 클론 집단. **B.** 잎(중앙), 투명세포와 엽록세포를 볼 수 있음. **C.** 잎 접사, 엽록세포와 투명세포 및 투명세포벽이 나선형으로 비후한 것을 볼 수 있다.

탄사라고 하는 특수 구조물이 만들어진다는 것을 들 수 있다(그림 3.19F). 후자는 길게 연결된 흡습성의 세포들로서 포자 생성과는 무관하며, 태류의 탄사와 상동은 아니지만 기능은 유사하다.

최근의 일부 분자 계통분석 결과에서, 각태류가 관속식물의 자매군으로 나타났다(그림 3.6A). 이것이 사실이라면 각태류와 관속식물이 공유하는 파생형질은 포자체와 관련이 있다. 각태류의 포자체는 광합성을 하며 비교적 오래 산다. 실제로 일부 각태류의 포자체는 배우자체 없이도 긴 기간 독립적으로 존속한다. 게다가 각태류 기저조직은 다소 얕게 갈라져 있는데, 그 부분은 가근의 초기 상태와 비교될 수 있다. 따라서 이 가설에 의하면, 각태류 포자체는 배우자체에 비해 훨씬 더 오랜 기간 생존하는 관속식물 포자체로의 전이를 나타낸다고 볼 수 있다(제4장).

다포자낭식물/범관속식물

이 식물군은 일부 원시적인 화석 분류군과 모든 진정 관속식물을 합한 것이다(제4장). 초기에 진화한 다포자낭식물로 *Horneophyton*이라는 것이 있는데, 이는 관속조직이 없다는 점에서 각태류, 태류, 및 선류와 유사하다. 그러나 이들은 "이끼류"와 다르게, 줄기가 분지하고 포자낭이 여러 개인 점으로 인해 관속식물과 연결된다. 따라서 다포자낭식물에는 관속식물로 진화하는 중간 단계의 여러 분류군이 포함된다.

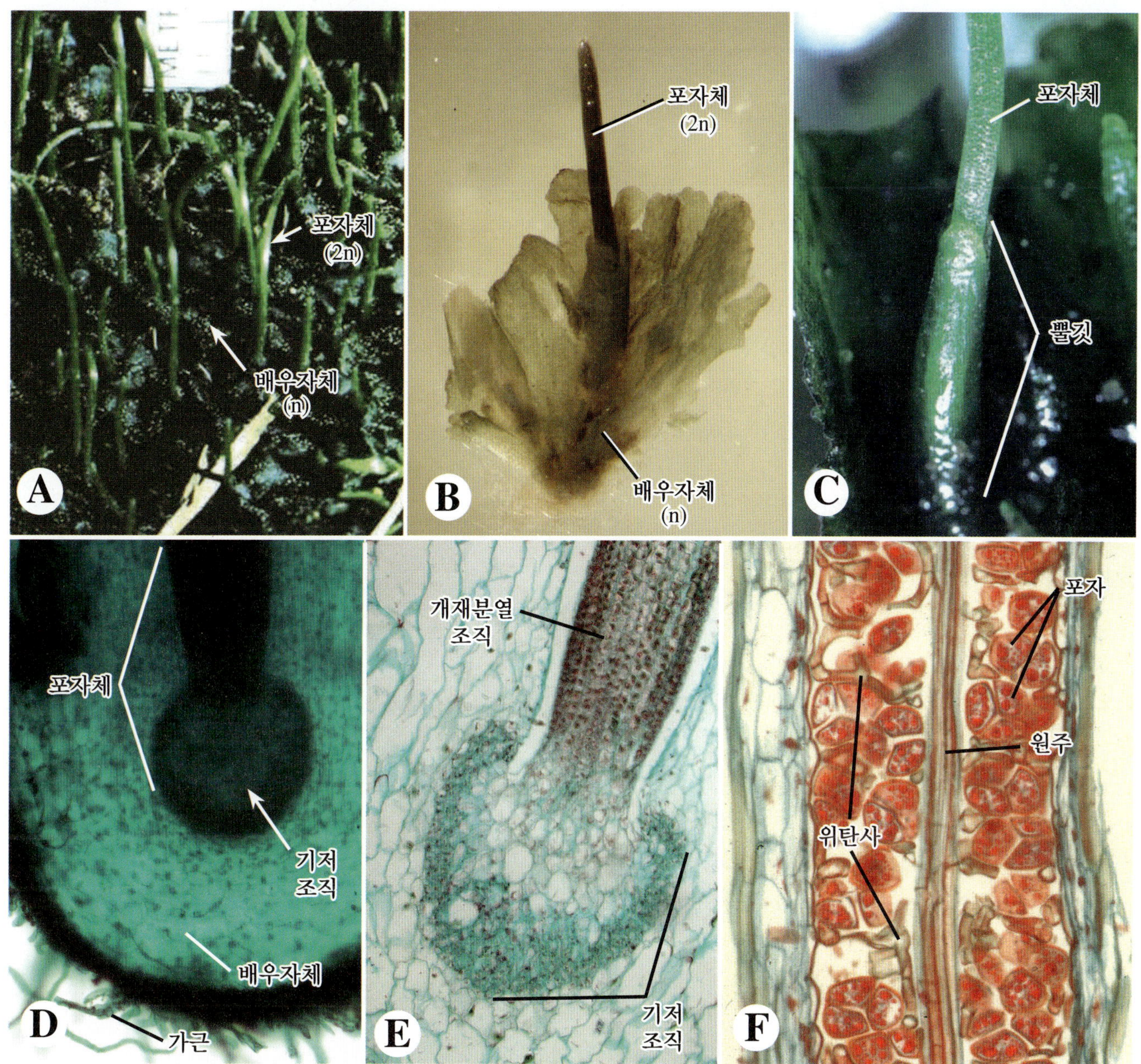

그림 3.19 각태류, *Anthoceros*(뿔이끼속)의 일종. **A.** 포자체가 붙어 있는 배우자체 개체군. **B.** 원통형 포자체가 붙어 있는 배우자체. **C.** 포자체 기부를 접사한 것. 배우자체 조직(뿔깃)이 뿔처럼 생긴 포자체의 개재분열조직을 감싸고 있음. **D.** 포자체 기부, 기저조직이 배우자체에 묻혀 있음. **E.** 포자체 기부의 종단면. 기저조직과 개재분열조직이 보임. **F.** 포자체 종단면, 축주(원주), 포자 및 위탄사를 볼 수 있다.

복습문제

녹색식물

1. 녹색식물의 두 공식명칭은 무엇인가?
2. 녹색식물의 파생형질은 무엇인가?
3. 녹색식물의 일차세포벽 대부분을 이루는 물질(일반명칭과 화학명칭)은 무엇인가?
4. 세포벽이 합성되는 곳은 세포막 안인가, 아니면 밖인가?
5. 녹색식물 엽록체가 지니는 고유한 특징은 무엇인가?
6. 엽록체는 어떤 경로로, 어떤 진화 과정을 통해 기원하였는가?
7. 반수체성 생활환이란 무엇인가? 그림을 그려서 설명하시오.
8. 육상식물과 가까운 유연관계를 보이는 "녹조류"의 세 그룹을 열거하시오.
9. 난접합이란 무엇인가?
10. 원형질연락사의 기능을 기술하시오.

육상식물

11. 육상식물의 공식명칭은 무엇인가?
12. 육상식물의 주요 파생형질을 열거하시오.
13. 모든 육상식물의 기본적인 생활환인 반수체이배체(세대교번) 생활환을 구조 변화, 진행 과정, 핵상(배수체 수준)의 변화 등과 관련하여 기술하시오.
14. 배(embryo)란 무엇인가?
15. 포자낭이란 무엇인가?
16. 식물체의 적응과 관련하여 포자체가 지니는 특징은 무엇인가?
17. 각피소와 각피란 무엇이며, 적응과 관련하여 이들이 지니는 특징은 무엇인가?
18. 정단생장과 유조직을 정의하시오.
19. 육상식물에서, 펙틴이 풍부한 층으로 세포벽 사이에 존재하면서 세포를 결합시키는 역할을 하는 층을 무엇이라 하는가?
20. 장정기를 정의하고, 각 부위를 그림을 그려서 설명하시오.
20. 장란기를 정의하고, 각 부위를 그림을 그려서 설명하시오.

태류, 선류, 각태류

22. 태류의 공식명칭은 무엇인가?
23. 태류의 두 가지 파생형질을 열거하시오.
24. 탄사의 기능은 무엇인가?
25. 태류의 두 가지 주요 형태적 유형은 무엇인가? 어떤 것이 더 조상형일까?
26. 배상체란 무엇인가?
27. 엽형 태류의 잎 형태를 설명하시오.
28. 장정기병/장란기병이란 무엇인가?
29. 기공장치의 구조와 기능에 대해 기술하시오.
30. 기공장치가 존재하는 육상식물 그룹에는 어떤 것들이 있는가?

31. 선류, 각태류 및 관속식물이 공유하는 파생형질로 어떤 것을 들 수 있는가?
32. 선류의 공식명칭은 무엇인가?
33. 선류가 지니는 주요 고유파생형질은 무엇인가?
34. 삭모, 삭병, 선개, 삭치란 무엇인가?
35. 물이끼의 속명은 무엇인가?
36. 물이끼가 물을 흡수하고 보유하는 것이 가능한 것은 잎의 어떤 특징 때문인가?
37. 물이끼가 경제적으로 어떻게 중요한가?
38. 각태류의 공식명칭은 무엇인가?
39. 각태류가 선류 및 태류와 어떻게 다른지 열가하면서 각태류의 특징을 서술하시오.
40. 위탄사의 기능은 무엇이며, 태류의 탄사와 구조적으로 어떻게 다른가?
41. 각태류와 관속식물을 묶는 포자체 형질은 무엇인가?
42. 다포자낭식물이 지니는 파생형질 중에서 관속식물과의 연관성을 나타내는 것은 어떤 것인가?

실습과제

1. "녹조류"와 육상식물과의 계통유연관계에 관한 문헌을 숙독한다. 그림 3.1과 다른 점이 있는가?
2. 태류, 선류, 각태류의 계통유연관계에 대한 문헌을 숙독한다. 그림 3.6과 다른 점을 보이는 것이 있는가?
3. 식물학 관련 학술지에서 선류, 태류 또는 각태류에 대한 계통학 논문을 찾아 숙독한다. 논문의 목적은 무엇이며, 그 연구방법은 무엇인가?
4. 인근 지역에서 태류, 선류 그리고 각태류를 채집하여 동정한다. 과, 속 및 종을 구분하기 위해 어떤 특징을 사용하였는가?

참고문헌

Bremer, Kåre. 1985. Summary of green plant phylogeny and classification. Cladistics 1(4): 369–385.

Burleigh, J. G., M. S. Bansal, O. Eulenstein, S. Hartmann, A. Wehe, and T. J. Vision. 2011. Genome-scale phylogenetics: Inferring the plant tree of life from 18,896 gene trees. Systematic Biology 60:117-125.

Cox, C. J., B. Goffinet, A. J. Shaw, and S. B. Boles 2004 Phylogenetic relationships among the mosses based on heterogeneous Bayesian analysis of multiple genes from multiple genomic compartments. Systematic Botany 29: 234–250.

Cox, C. J. 2018. Land plant molecular phylogenetics: A review with comments on evaluating incongruence among phylogenies. Critical Reviews in Plant Sciences 37:113-127.

Crandall-Stotler B., and R. E. Stotler. 2000. Morphology and classification of the Marchantiophyta. In: AJ Shaw, B Goffinet, eds. Bryophyte biology. Pp. 21–70. Cambridge University Press, Cambridge.

Crum, H. 2001. Structural diversity of bryophytes. University of Michigan Herbarium, Ann Arbor.

de Sousa, F., P. G. Foster, P. C. J. Donoghue, H. Schneider, and C. J. Cox. 2019. Nuclear protein phylogenies support the monophyly of the three bryophyte groups (Bryophyta Schimp.). New Phytologist 222:565-575.

Duckett, J. G. and S. Pressel. 2018. The evolution of the stomatal apparatus: Intercellular spaces and sporophyte water relations in bryophytes—two ignored dimensions. Philosophical Transactions of the Royal Society B: Biological Sciences 373:20160498.

Duff, R. J., D. C. Cargill, J. C. C. Villarreal, and K. S. Renzaglia. 2004. Phylogenetic relationships of the hornworts based on rbcL sequence data: novel relationships and new insights. In: B. Goffinet, V. Hollowell, and R. Magill (eds.). Molecular systematics of bryophytes. Pp. 41–58. Missouri Botanical Garden, St. Louis.

Forrest, L.L., E. C. Davis, D. G. Long, B. J. Crandall-Stotler, A. Clark, and M. L. Hollingsworth. 2006. Unraveling the evolutionary history of the liverworts (Marchantiophyta): multiple taxa, genomes and analyses. Bryologist 109: 303–334.

Garbary, D. J., K. S. Renzaglia, and J. G. Duckett. 1993. The phylogeny of land plants-a cladistic analysis based on male gametogenesis. Plant Systematics and Evolution 188:237-269.

Gensel, P. G., and D. Edwards (eds.). 2001. Plants invade the land: evolutionary and environmental perspectives. Columbia University Press, New York.

Goffinet, B., and W. R. Buck. 2004. Systematics of the bryophyta (mosses): from molecules to a revised classification. In: B. Goffinet, V

Hollowell, and R Magill (eds.) Molecular systematics of bryophytes. Missouri Botanical Garden, St. Louis.
Goremykin, V. V., and F. H. Hellwig. 2005. Evidence for the most basal split in land plants dividing bryophyte and tracheophyte lineages. Plant Systematics and Evolution 254:93–103.
Graham, L. E. 1985. The origin of the life cycle of land plants. American Scientist 73: 178–186.
Graham, L. E. 1993 Origin of land plants. Wiley, New York.
Groth-Malonek, M., D. Pruchner, F. Grewe, and V. Knoop. 2005. Ancestors of trans-splicing mitochondrial introns support serial sister group relationships of hornworts and mosses with vascular plants. Molecular Biology and Evolution 22:117-125.
He-Nygren, X., A. Juslen, I. Ahonen, D. Glenny, and S. Piippo. 2006. Illuminating the evolutionary history of liverworts (Marchantiophyta): towards a natural classification. Cladistics 22:1–31.
Heinrichs, J., S. R. Gradstein, R. Wilson, and H. Schneider. 2005. Towards a natural classification of liverworts (Marchantiophyta) based on the chloroplast gene rbcL. Cryptogamie Bryologie 26:131–150.
Karol, K. G., R. M. McCourt, M. T. Cimino, and C. F. Delwiche. 2001. The closest living relatives of land plants. Science 294: 2351–2353.
Karol, K. G., K. Arumuganathan, J. L. Boore, A. M. Duffy, K. D. E. Everett, J. D. Hall, S. K. Hansen, J. V. Kuehl, D. F. Mandoli, B. D. Mishler, R. G. Olmstead, K. S. Renzaglia, and P. G. Wolf. 2010. Complete plastome sequences of Equisetum arvense and Isoetes flaccida: implications for phylogeny and plastid genome evolution of early land plant lineages. BMC Evolutionary Biology 10:321.
Kelch, D. G., A. Driskell, and B. D. Mishler 2004 Inferring phylogeny using genomic characters: a case study using land plant plastomes. In: B. Goffinet, V. Hollowell, and R. Magill (eds.) Molecular systematics of bryophytes. Pp. 3–11. Missouri Botanical Garden Press, St. Louis.
Kenrick, P., and P. R. Crane. 1997. The origin and early diversification of land plants: a cladistic study. Smithsonian Institution Press, Washington, DC.
Liu, Y., M. G. Johnson, C. J. Cox, R. Medina, N. Devos, A. Vanderpoorten, L. Hedenäs, N. E. Bell, J. R. Shevock, B. Aguero, D. Quandt, N. J. Wickett, A. J. Shaw, and B. Goffinet. 2019. Resolution of the ordinal phylogeny of mosses using targeted exons from organellar and nuclear genomes. Nature Communications 10: 1485.
Mishler, B. D., and S. P. Churchill. 1984. A cladistic approach to the phylogeny of the "Bryophytes." Brittonia 36(4): 406–424.
Mishler, B. D., and S. P. Churchill. 1985. Transition to a land flora: phylogenetic relationships of the green algae and bryophytes. Cladistics 1(4): 305–328.
Mishler, B. D., L. A. Lewis, M. A. Buchheim, K. S. Renzaglia, D. J. Garbary, C. F. Delwiche, F. W. Zechman, T. S. Kantz, and R. L. Chapman. 1994. Phylogenetic relationships of the "Green Algae" and "Bryophytes." Annals of the Missouri Botanical Garden 81: 451–483.
Nickrent, D. L., C. L. Parkinson, J. D. Palmer, and R. J. Duff. 2000. Multigene phylogeny of land plants with special reference to bryophytes and the earliest land plants. Molecular Biology and Evolution 17: 1885–1895.
Nishiyama, T., Paul G. Wolf, M. Kugita, R. B. Sinclair, M. Sugita, C. Sugiura, T. Wakasugi, K. Yamada, K. Yoshinaga, K. Yamaguchi, K. Ueda, and M. Hasebe. 2004. Chloroplast phylogeny indicates that bryophytes are monophyletic. Molecular Biology and Evolution 21:1813-1819.
Pickett-Heaps, J. D. 1975. Green algae: structure, reproduction and evolution in selected genera. Sinauer, Sunderland, MA.
Qiu, Y. L., Y. Cho, J. C. Cox, and J. D. Palmer. 1998. The gain of three mitochondrial introns identifies liverworts as the earliest land plants. Nature 394:671-674.
Qiu, Y.-L., L. Li, B. Wang, Z. Chen, V. Knoop, M. Groth-Malonek, O. Dombrovska, J. Lee, L. Kent, J. Rest, G. F. Estabrook, T. A. Hendry, D. W. Taylor, C. M. Testa, M. Ambros, B. Crandall-Stotler, R. J. Duff, M. Stech, W. Frey, D. Quandt, and C. C. Davis. 2006. The deepest divergences in land plants inferred from phylogenomic evidence. Proceedings of the National Academy of Sciences 103:15511.
Qiu, Y-L., L. Li, B. Wang, Z. Chen, O. Dombrovska, J. Lee, L. Kent, R. Li, R. W. Jobson, T. A. Hendry, D. W. Taylor, C. M. Testa, and M. Ambros. 2007. A nonflowering land plant phylogeny inferred from nucleotide sequences of seven chloroplast, mitochondrial, and nuclear genes. International Journal of Plant Sciences 168: 691-708.
Qiu, Y. L. 2008. Phylogeny and evolution of charophytic algae and land plants. Journal of Systematics and Evolution 46:287-306.
Rensing, S. A. 2018. Plant evolution: Phylogenetic relationships between the earliest land plants. Current Biology 28:R210-R213.
Renzaglia, K. S., R. J. Duff, D. L. Nickrent, and D. J. Garbary. 2000. Vegetative and reproductive innovations of early land plants: implications for a unified phylogeny. Philosophical Transactions: Biological Sciences 355: 769–793.
Renzaglia, K. S. and D. J. Garbary. 2001. Motile gametes of land plants: Diversity, development, and evolution. Critical Reviews in Plant Sciences 20:107-213.
Renzaglia, K. S., S. Schuette, R. J. Duff, R. Ligrone, A. J. Shaw, B. D. Mishler, and J. G. Duckett. 2007. Bryophyte phylogeny: Advancing the molecular and morphological frontiers. The Bryologist 100:179-213.
Ruhfel, B. R., M. A. Gitzendanner, P. S. Soltis, D. E. Soltis, and J. G. Burleigh. 2014. From algae to angiosperms - inferring the phylogeny of green plants (Viridiplantae) from 360 plastid genomes. BMC Evolutionary Biology 14:23.
Shaw, J. and K. Renzaglia. 2004. Phylogeny and diversification of bryophytes. American Journal of Botany 91:1557-1581.
Wickett, N. J., S. Mirarab, N. Nguyen, T. Warnow, E. Carpenter, N. Matasci, S. Ayyampalayam, M. S. Barker, J. G. Burleigh, M. A. Gitzendanner, B. R. Ruhfel, E. Wafula, J. P. Der, S. W. Graham, S. Mathews, M. Melkonian, D. E. Soltis, P. S. Soltis, N. W. Miles, C. J. Rothfels, L. Pokorny, A. J. Shaw, L. DeGironimo, D. W. Stevenson, B. Surek, J. C. Villarreal, B. Roure, H. Philippe, C. W. dePamphilis, T. Chen, M. K. Deyholos, R. S. Baucom, T. M. Kutchan, M. M. Augustin, J. Wang, Y. Zhang, Z. Tian, Z. Yan, X. Wu, X. Sun, G. K.-S. Wong, and J. Leebens-Mack. 2014. Phylotranscriptomic analysis of the origin and early diversification of land plants. Proceedings of the National Academy of Sciences 111:E4859.

4

관속식물의 진화와 다양성

관속식물의 파생형질

관속식물(Tracheophyta)은 육상식물에 속하는 단계통군이다. 그림 4.1은 화석식물군을 제외한 관속식물의 주요 계통을 나타낸 것이다(Pryer et al. 2001, 2004a,b; Qiu et al. 2006, 2007; Rothfels et al. 2015). 관속식물이 공유하는 파생형질로는 (1) **오랜 기간 독립생활을 하는 포자체**; (2) **가지를 치는 포자체**; (3) **목질화된 이차벽**, 일부 특화된 세포에는 벽공 존재; (4) 구조적 지지 기능에 특화된 **후벽조직**; (5) 물 수송을 담당하는 물관부의 세포, **통수요소**; (6) 당 수송을 담당하는 **체관부**의 세포, **사요소**(물관부와 체관부는 관속조직을 이룸); (7) 물질의 선택적 전달에 관여하는 **내피**; (8) 물과 양분의 흡수와 고착

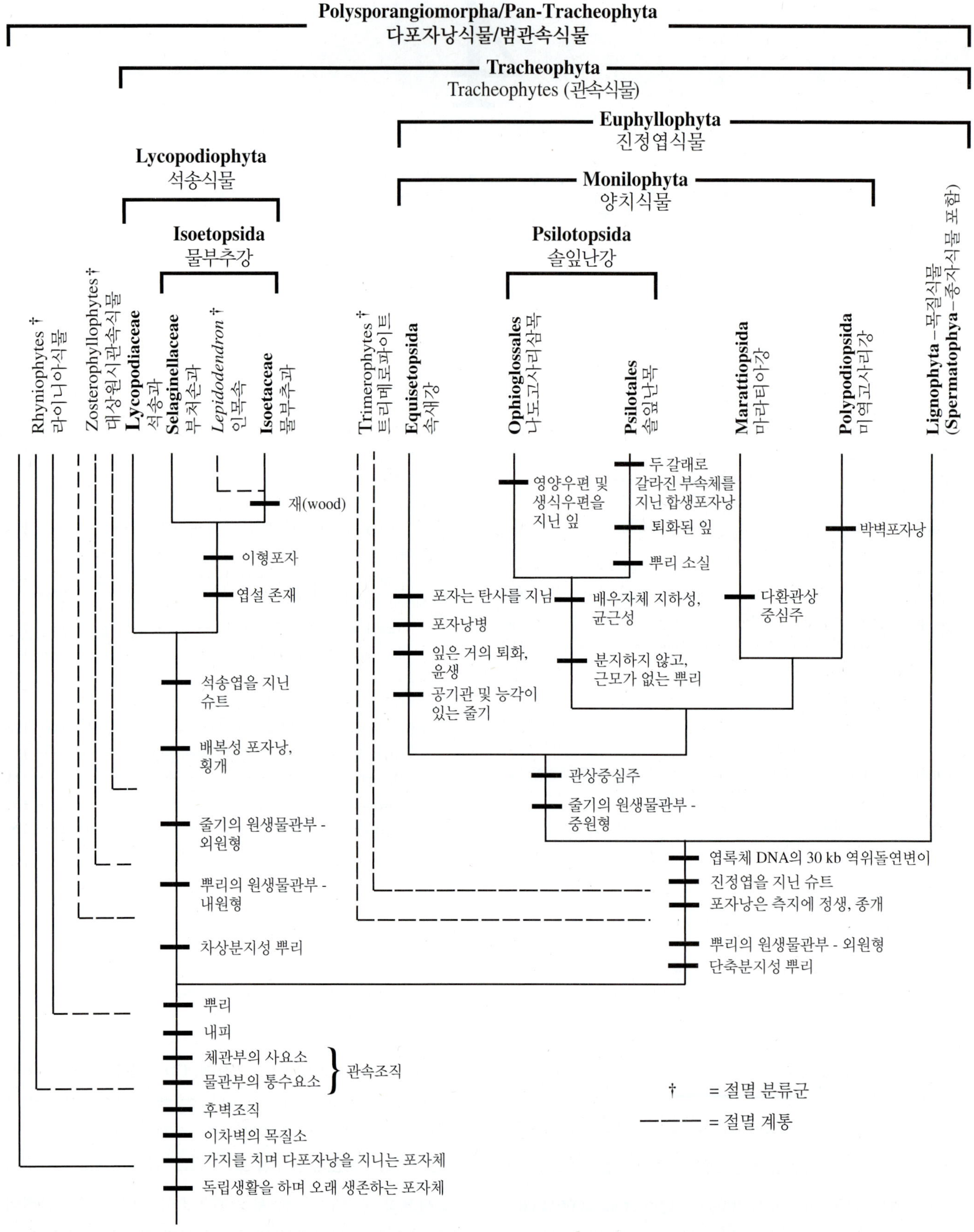

그림 4.1 관속식물의 계통수 및 파생형질(Pryer et al. 2001a, 2004a,b; Qiu et al. 2006, 2007).

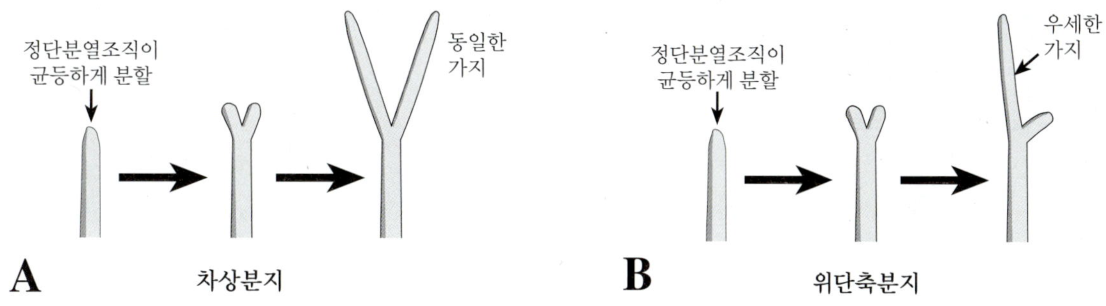

그림 4.2 관속식물의 분지 양상. **A.** 차상분지. **B.** 위단축분지.

기능이 있는 **뿌리**를 들 수 있다. 상세한 내용은 Kenrick and Crane(1997) 및 Pryer et al.(2004b)을 참조한다.

오랜 기간 독립생활을 하는 포자체

다른 모든 육상식물처럼 관속식물 역시 반수체인 배우자체 세대와 이배체인 포자체 세대를 번갈아 살아가는 세대교번을 한다. 그러나 관속식물은 태류, 각태류 그리고 선류와는 달리 **포자체** 세대가 배우자체 세대보다 오래 지속되고 우세하며, 광합성을 통해 독립생활을 한다(제3장에서 논의한 바와 같이, 각태류의 포자체는 광합성을 하며 비교적 오래 지속한다). 원시적 관속식물에서도 배우자체가 독립생활을 하면서 광합성을 수행하기도 하지만 포자체에 비해 배우자체가 더 작고(대개 훨씬 작음) 더 짧은 기간 생존한다(배우자체가 다소 오래 생존하는 경우도 있음). 모든 육상식물에서 포자체는 초기에 배우자체에 붙어 있고 이로부터 양분을 얻는다. 그러나 관속식물의 경우 이내 포자체가 크게 자라나 독립적으로 양분을 얻게 되고 이어서 배우자체는 소멸한다. (종자식물에서 자성배우자체는 포자체에 붙어서 양분을 얻음; 제5장 참조).

가지를 치는 포자체

관속식물 포자체의 주축 또는 **줄기**는 태류, 각태류 그리고 선류와는 달리 가지를 치고, 포자낭은 하나가 아니라 여러 개이다. 현생 관속식물은 "선태류"에서 관속식물로의 전이 단계에 있던 일부 화석 식물과 이 파생형질을 공유한다. 포자체 줄기가 가지를 치고 포자낭이 여러 개인 현생 및 화석 분류군을 통틀어서 **다포자낭식물**(Polysporangiomorpha; Kenrick and Crane 1997)이라고 부른다. 한편 태류, 선류 그리고 각태류를 제외한 모든 식물을 포괄하여 **범관속식물**(Pan-Tracheophyta; Cantino et al. 2007)이라고 한다.

최초 관속식물의 줄기는 **차상분지**, 즉 정단분열조직이 둘로 똑같이 갈라져서 각각 독립적으로 비슷하게 자라는 식으로 가지를 쳤다(**그림 4.2**A). 이후 **위단축분지**(pseudomonopodial)라는 방식이 진화되었는데, 이는 처음에는 차상으로 갈라지지만 곧 한 가지가 우세하게 자라나서 그렇지 못한 다른 가지가 마치 곁가지처럼 보이게 되는 분지 방식이다(**그림 4.2**B). 이어지는 관속식물 계통에서는 **단축분지**라는 생장 방식이 출현하였다. (진정엽식물 참조.)

관속식물의 포자체 줄기는 생식기관과 잎을 달고 있으며, 이들을 높이 위치하게 해주는 지지기관으로 기능한다. 또한 관다발 조직을 통해 물, 무기양분, 당류를 뿌리와 줄기 및 생식 기관 사이에서 통도하는 기관으로도 기능한다. 줄기는 여러 해부학적 특징에 있어서 뿌리와 구조적인 차이를 보인다(뒷 부분에서 다룸).

목질화된 이차벽

관속식물은 페놀 화합물의 복잡한 중합체인 **목질소**를 가진다. 목질소는 관속식물의 일부 특화된 세포가 일차벽 이외에 추가적으로 지니고 있는 **이차벽** 내에 들어찬다(**그림 4.3**). 일차벽이 형성되고서 세포가 생장을 멈추게 되면 이차벽 물질이 세포막 밖으로 분비되어 세포막과 일차벽 사이에 이차벽이 형성된다. 이차벽은 일차벽보다 훨씬 두꺼우며, 일차벽과 마찬가지로 섬유소로 되어 있다. 그러나 이차벽의 경우 섬유소 미세원섬유들 틈새로 목질소가 분비되는데, 이것이 이들을 얽어주는 일종의 시멘트 역할을 한다. 목질소로 인해 세포벽은 매우 강하고 견고해진다.

목질화된 이차벽을 지니는 세포의 대부분은 **벽공**이라는 구멍이 이차벽에 존재한다(**그림 4.3**). 벽공은 많은 원형질연락사가 집중되어 있는 일차벽 지역의 양측에 쌍으로 형성된다. 원

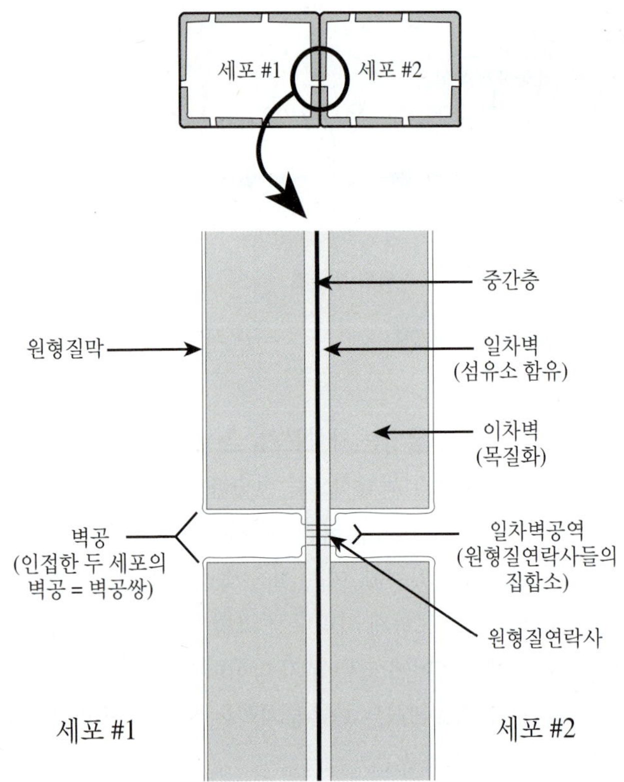

그림 4.3 관속식물의 특수한 세포가 지니는 목질화된 2차벽. 일차벽공역에 존재하는 벽공쌍이 보인다.

형질연락사의 밀집 지역은 **일차벽공역**이라 한다. 벽공은 세포의 발달과 분화에 있어서 원형질연락사를 통한 세포 간 화학적 "교신"을 가능하게 한다. 또한 물을 통과시키는 세포에서 특수한 기능을 수행한다. 이차벽을 지니는 식물세포는 **후벽조직**과 **통수요소**에서 관찰된다.

후벽조직

후벽조직은 이차벽이 두껍고 목질화된 세포들로서 보통 벽공이 있고 성숙 시 죽어 있는 비통도(nonconductive) 세포들을 말한다. 후벽세포에는 두 유형이 있다(**그림 4.4**): (1) **섬유세포**–길고 매우 가늘며 양끝으로 가면서 뾰족해지는 세포; (2) **보강세포**–직경이 같거나 불규칙한 형태 또는 분지하는 형태의 세포. 섬유세포는 다양한 기관과 조직에서 기계적 지지 기능을 하며 때로는 그 조직의 대부분을 이루기도 한다. 섬유는 주로 무리를 짓거나 다발로 존재한다. 물관부와 체관부를 구성하기도 하고, 관다발 조직과 독립적으로 존재하기도 한다. 보강세포 역시 기계적 지지 기능을 하지만 일부 식물 기관의 경우에서는 그 기능이 불분명하다(일부 식물에서는 동물에 의한 초식 피해

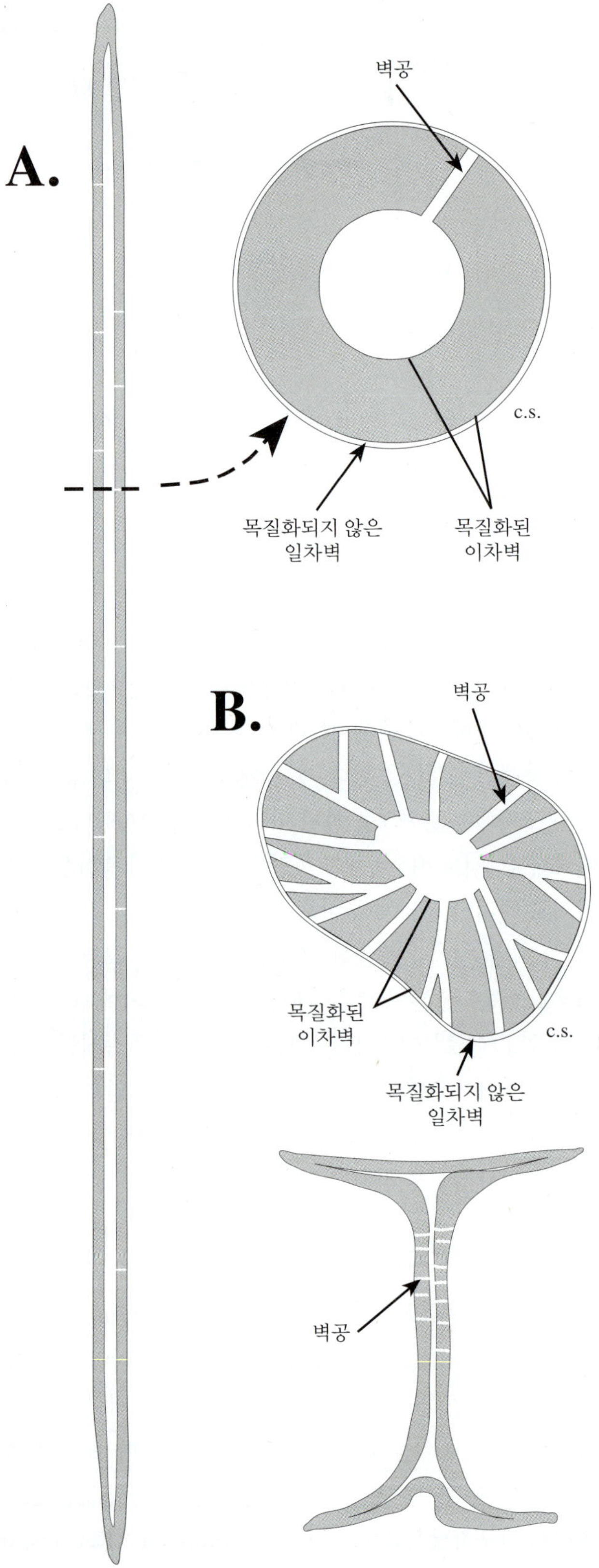

그림 4.4 후벽조직을 이루는 세포. **A.** 섬유세포. **B.** 보강세포. (c.s. = 횡단면)

를 줄여 줄 것으로 생각됨). 이차벽을 지닌 후벽세포, 특히 섬유세포의 진화는 식물의 줄기가 높이 자라는 데 필요한 구조적 힘을 제공함으로써 식물의 적응에 크게 기여했다.

기계적 지지 기능을 하는 또 다른 조직의 유형으로 **후각조직**이 있는데, 이는 펙틴이 많이 포함된 일차벽이 불균등하게 비후한 살아 있는 세포들로 구성된다. 후각조직은 여러 관속식물 종류에서 발견되지만 관속식물의 파생형질은 아닌 것 같다.

물관부의 통수요소

관속식물은, 그 이름이 나타내듯이, 액체를 운반하기 위해 고도로 특화된 세포들로 구성되는 진정한 의미의 관속조직을 지닌다. (**조직**이란 대개 발생적으로 연관되면서 공통의 기능을 수행하는 두 유형 이상의 세포들로 구성되는 것을 말함) 관속조직은 식물의 진화 과정에서 적응을 위한 주요 돌파구였다. 보다 효율적인 통도는 더 크고 다양한 형태의 식물 진화를 가능하게 했다.

통수요소는 물과 무기양분의 통도 기능을 수행하는 특화된 세포들이다. 통수요소는 일반적으로 길고 성숙 시에 죽어 있으며 이차벽이 목질화되어 있다(**그림 4.5**A,B). 이들은 양끝이 연결되어 관처럼 생긴 연속 구조를 이룬다. 통수요소는 대개 유조직 및 일부 후벽조직과 연합하여 **물관부**라는 복합조직을 형성한다. 통수요소는 대부분 뿌리로부터 흡수된 물 및 물속에 녹아있는 필수 무기양분을 식물의 여러 부분으로 보내는 통도 기능을 한다.

통수요소에는 **가도관**과 **도관절** 두 종류가 있다(그림 4.5A). 이들은 인접한 두 세포의 양끝이 연결되는 부위에 천공(perforation)이 있는지 없는지에 따라 구분된다. 가도관에는 천공이 없으며, 목질화된 이차벽에 존재하는 벽공쌍의 일차벽을 통해 인접 세포 간 물과 무기양분이 이동한다. 도관절에는 일차벽 또는 이차벽의 막힘이 전혀 없는 천공이 있어서 이를 통해 인접 세포 간 물 및 무기양분이 통과한다(도관절이 연결되어 도관을 이룸). 두 도관절의 접촉 지역은 **천공판**이라 한다. 천공판에는 하나의 구멍만으로 이루어진 **단순천공판**과 여러 개의 천공이 존재하는 **복합천공판**이 있다. 도관은 길이나 폭, 말단 벽의 각도 및 천공의 정도 등에 있어서 차이가 많다.

가도관은 원시적 유형의 통수요소이다. 도관은 일부 속새류,

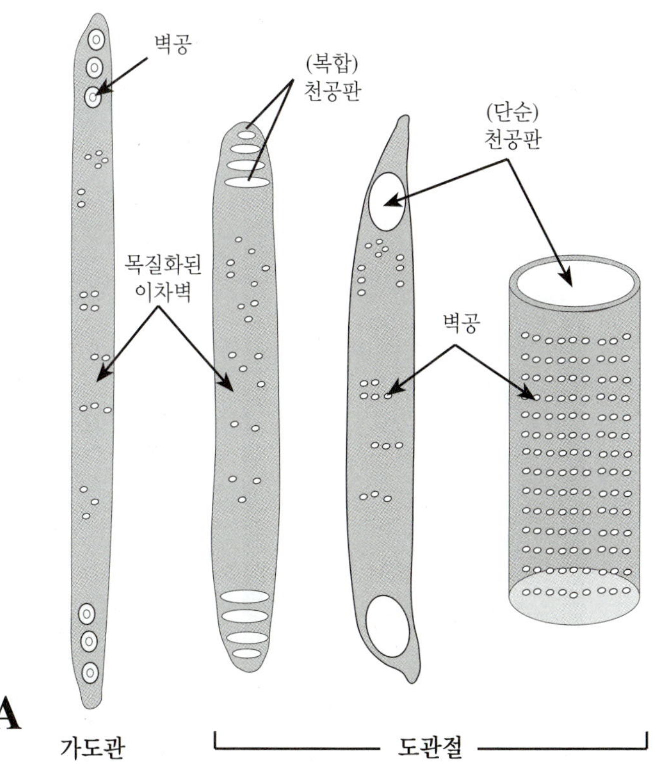

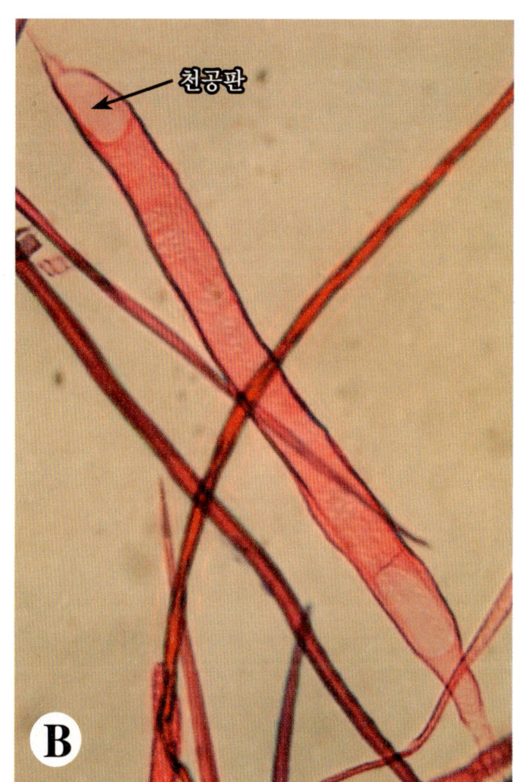

그림 4.5 관속식물의 통도세포: 통수요소. **A.** 통수요소의 유형. **B.** 도관절.

상당수의 박벽포자낭양치류, 모든 매마등류(제5장)와 거의 모든 피자식물(제6장)에서, 기존의 가도관으로부터 각각 독립적으로 진화하였다.

체관부의 사요소

사요소는 당류의 통도에 특화된 세포들이다. 이들은 대개 유조직 및 일부 후벽조직과 함께 **체관부**를 구성한다. 사요소는 목질화된 이차벽이 없이 일차벽만 지니는 기다란 세포이다. 이 일차벽에는 특수한 구멍이 존재하는데(그림 4.6C), 이들이 모인 것이 **사역**이다(**그림 4.6**A). 사역의 각 구멍은 벽면이 β-1,3-포도당결합에 의해 만들어진 **육상체**(callose)로 덮여 있다(섬유소는 β-1,4-포도당결합에 의해 만들어짐). 사요소는 성숙 시 "반생존" 상태이다. 즉 세포핵과 다른 세포소기관은 소멸하지만, 소포체, 미토콘드리아 및 색소체는 남아 있다. 사요소는 통수요소처럼 양 끝이 연결되어 관처럼 생긴 연속 구조를 이룬다. 사요소를 통해 물에 녹은 당이 "공급원(당이 풍부한 곳)"으로부터 "소비원(당이 부족한 곳)"으로 이동한다. 광합성에 의해 당이 생산되는 잎이나 녹말의 분해에 의해 당이 만들어지는 성숙한 저장기관은 "공급원"이 된다. 활발하게 분열하는 세포나 발달 중인 저장조직, 혹은 꽃이나 열매와 같은 생식기관은 "소비원"에 해당된다.

사요소에는 두 유형, 즉 **사세포**와 **사관절**이 있다(그림 4.6A). 사세포는 말단 및 측면 벽에 사역만이 존재한다. 사관절은 사역과 사판 둘 다 지닌다(그림 4.6B). **사판**은 두 사관절의 연결 부위에 존재하며, 1개 이상의 사역으로 구성된다. 사판의 구멍은 측면 벽에 존재하는 사역의 구멍보다 현저히 크다(그림 4.6B,C). 사세포와 사관절 모두 이들과 연관된 유세포가 있다. 사세포와 연관된 유세포를 **알부민세포**라 하고, 사관절과 연관된 유세포를 **동반세포**라 한다. 동반세포는 사관절과 동일한 모세포로부터 기원하지만 알부민세포는 사세포와 그 기원이 다르다. 알부민세포와 동반세포 모두 당을 사세포와 사관절로 실어올리고 내리는 기능을 한다. 사세포(및 이와 연관된 알부민세포)는 비현화관속식물에서 발견되는 원시적 통도세포이다. 사관절은 사세포로부터 파생되었고 현화식물(피자식물)에서만 발견된다(제6장 참조).

관속식물의 줄기에 있는 물관부와 체관부는 대개 일관되고

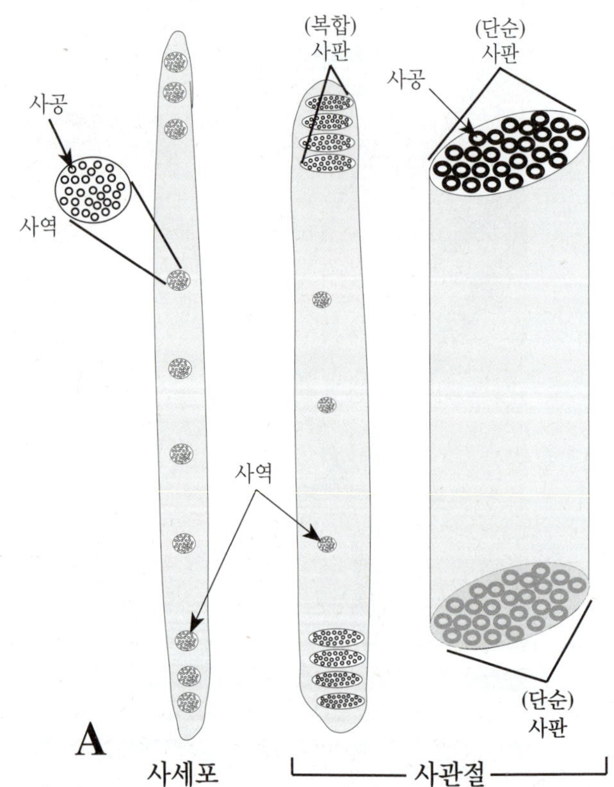

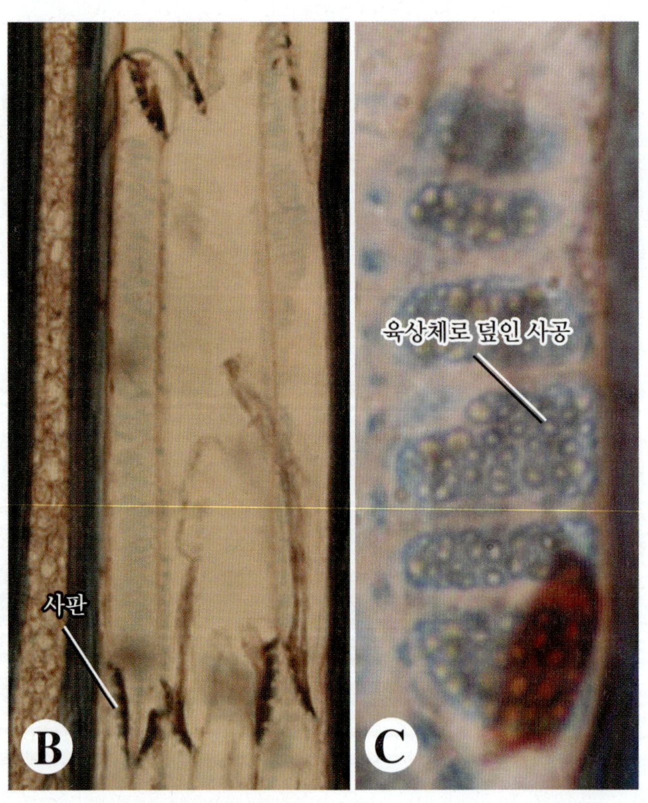

그림 4.6 관속식물의 통도세포: 사요소. **A.** 사요소의 유형. **B,C.** 사관절.

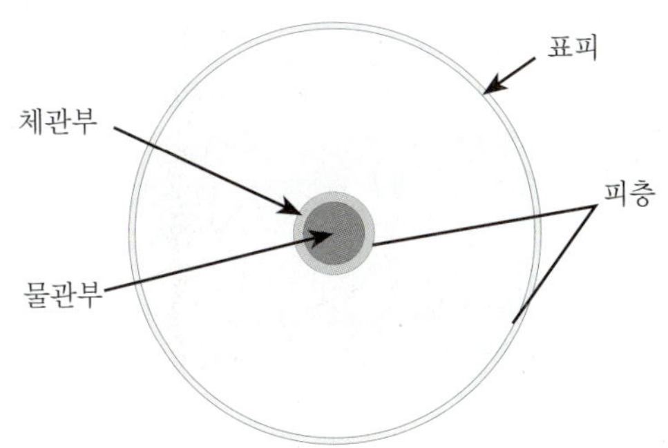

그림 4.7 관속식물의 조상형 관속체계인 원생중심주.

특징적인 배열 양상을 띤다. 이와 같은 물관부와 체관부 조직을 **중심주**라 한다. 초기 여러 관속식물의 중심주 유형은 **원생중심주**라 하는데, 이는 중심부가 물관부와 체관부로 가득 채워진 유형이다(그림 4.7). 관속조직과 표피 사이의 유조직은 **피층**이라 불린다. 원생중심주는 줄기 관속체계 중 가장 원시적인 유형으로 생각되며, 라이니아식물(rhyniophytes)에서 볼 수 있다.

내피

관속식물이 지니는 또 다른 분명한 파생형질로서 세포들이 관형태로 밀착 배열된 **내피**를 들 수 있는데, 이는 일부 줄기(특히, 지하경)와 모든 뿌리에 존재한다(그림 4.8). 내피의 각 세포에는 **카스파리띠**가 있는데, 이는 목질소 또는 목전소가 내피세포의 횡단면과 방사면 벽에 스며들어 띠 또는 고리 모양을 이룬 것을 말한다(그림 4.8C). 카스파리띠는 내피세포의 세포막을 감싸고 있는 수분통과 억제물질의 역할을 한다. 외부로부터 유입된 물과 무기양분이 중앙부의 관속조직으로 흘러들어갈 때 이 카스파리띠가 있는 곳에서는 세포 간 공간이나 세포벽을 통해 갈 수 없고, 따라서 내피세포의 세포막을 투과해서 흘러들어가야만 하는 일이 발생한다. 세포막에서는 물질의 투과가 선택적으로 일어나며, 따라서 식물체가 필요로 하는 것은 흡수되지만 유해하거나 불필요한 무기이온들의 유입은 내피에서 차단된다.

뿌리

관속식물의 진화에서 일어난 주요 혁신은 줄기와 뿌리의 분화이다. **뿌리**는 식물체를 고착시키고 물과 무기양분을 흡수하는 기능을 위해 특화된 기관이다. 뿌리는 모든 관속식물에 존재하지만, Psilotales(솔잎난목), Salviniales(생이가래목) 및 기타 특수한 그룹에서는 퇴화되어 사라졌다. 다른 화석 관속식물도 뿌리가 없으나 대개 한 줄로 연결된 실 모양의 **가근**을 지녀("선태류"의 것과 유사) 흡수 기능을 수행했을 것으로 생각된다. 뿌리는 물과 무기양분의 효율적인 흡수와 통도를 가능하게 함으

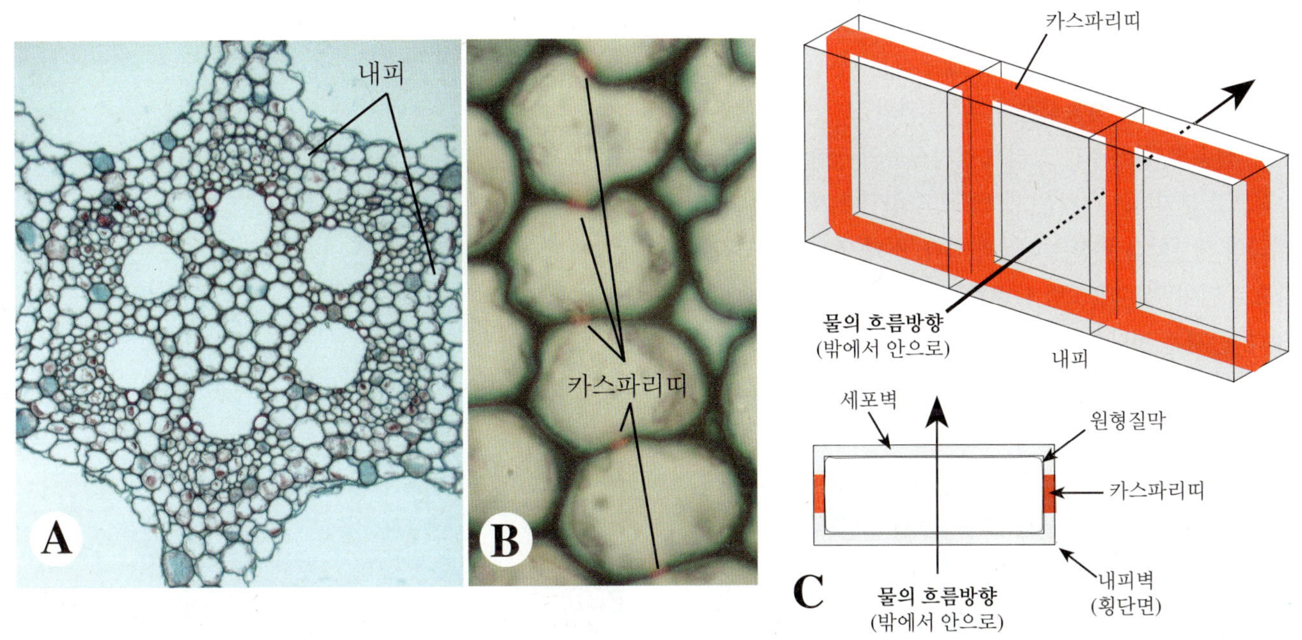

그림 4.8 관속식물의 내피. **A,B.** *Equisetum*(속새속) 식물의 근경. **A.** 근경의 단면, 한 층의 내피세포를 볼 수 있음. **B.** 단면에서 내피세포를 접사한 것으로, 카스파리띠가 발달한 것을 볼 수 있음. **C.** 카스파리띠의 기능을 설명하는 모식도.

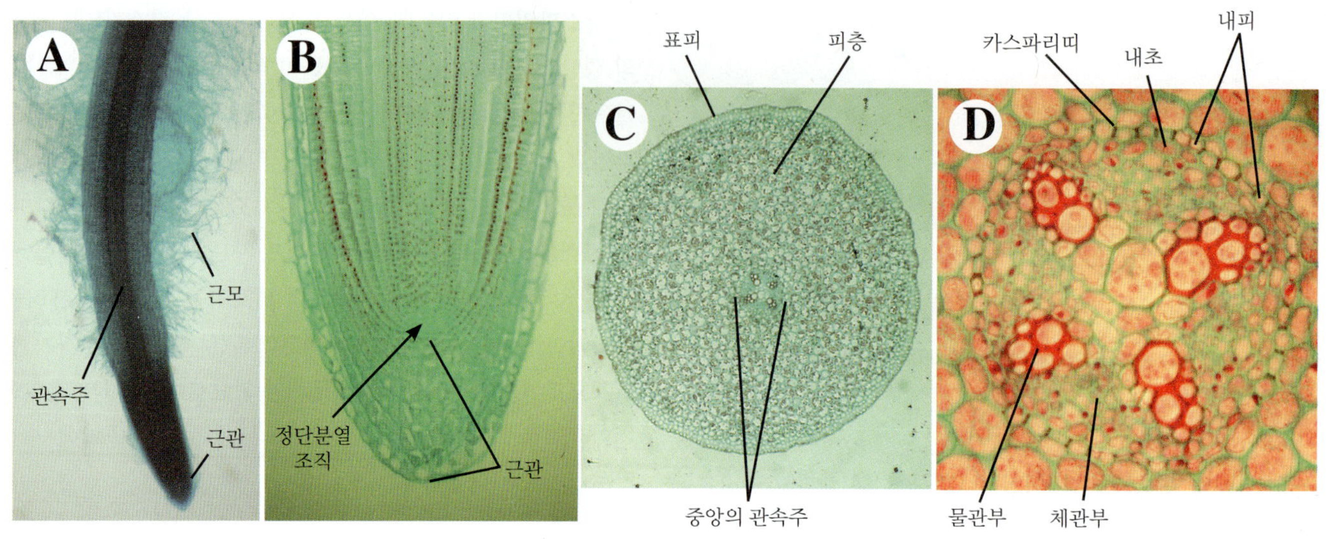

그림 4.9 관속식물의 파생형질인 뿌리의 해부 구조. **A.** 전체 구조. **B.** 종단면. **C.** 횡단면. **D.** 관속주 부분을 접사한 것.

로써 보다 혹독한 환경에서 식물이 적응하는 데 중요한 진화적 진전을 가져왔다.

줄기와 마찬가지로 뿌리는 끊임없이 분열하는 지역이며, 활발하게 생장하는 **정단분열조직**에서 새로운 세포가 형성됨으로써 발생한다(**그림 4.9**B). 발생 후기 또는 뿌리의 윗부분에서는 분열의 결과로 생성된 세포들의 신장이 심하게 일어난다. 세포는 수평 및 수직 방향으로 심하게 팽창하여 생장하면서 정단분열조직을 아래로 밀어내게 된다. 이보다 더 이후에 그리고 뿌리의 더 윗부분에서는 충분히 자라난 세포들이 특화된 세포로 분화한다. 원시적인 뿌리의 정단분열조직은 하나의 정단세포로 구성되는데, 이는 석송식물의 부처손과와 모든 양치류의 특징이다. 석송과, 물부추과 그리고 종자식물의 정단분열조직은 연속적으로 분열하는 수많은 세포들로 구성된다(제5장 참조).

뿌리의 해부학적 특징은 다음과 같다. 첫째, 정단분열조직은 **근관**으로 덮여 있는데(그림 4.9B), 줄기에는 이와 같은 세포층이 없다. 근관은 정단분열조직을 기계적 손상으로부터 보호할 뿐만 아니라 근관의 바깥쪽 세포들을 조금씩 벗겨냄으로써 뿌리가 토양 속으로 잘 뻗어가게 하는 윤활작용을 한다. 둘째, 뿌리 끝에서 조금 떨어진 지역의 표피세포들이 **근모**라고 하는 털과 같은 돌출 구조를 이루는데(그림 4.9A, 솔잎난강 제외), 줄기에는 이런 특징이 없다(솔잎난목의 지하줄기에는 근모를 닮은 가근이 있음). 근모는 물과 무기양분의 흡수에 필요한 면적을 크게 증가시키는 역할을 한다. 셋째, 뿌리에는 언제나 **중앙 관속주**가 있다(그림 4.9C,D). 줄기와 마찬가지로 표피와 관속조직 사이의 유조직을 **피층**이라 하며(그림 4.9C), 관속주(관다발기둥) 중심 부위에 관속이 없을 경우 이를 **수**라 한다. 넷째, 뿌리의 관속은 카스파리띠를 지니는 내피로 둘러싸인다(그림 4.9D). 일부 줄기와 마찬가지로 뿌리의 내피도 식물이 흡수해야 하는 또는 흡수하지 말아야 하는 화학물질을 선택적으로 조절하여 흡수하는 기능이 있다. (한편, **내피** 안쪽에는 미분화 조직인 **내초**가 대부분 존재한다.) 다섯째, 뿌리는 내피 또는 내초에서 기원한 분열조직이 활발하게 자라나 새롭게 생성된 곁뿌리, 즉 **내생적 측근**을 지닌다(**그림 4.10**). 곁뿌리는 피층을 뚫

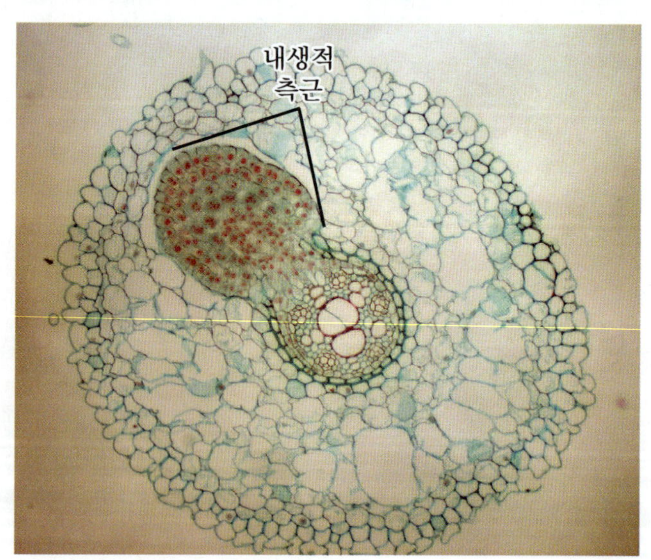

그림 4.10 뿌리의 횡단면(*Lilium* 백합속). 내생적으로 기원하는 측근이 보이는데, 이는 관속식물 뿌리의 특징이다.

- **LYCOPODIOPHYTA/LYCOPODIOPSIDA**
  - **LYCOPODIALES**
    - **Lycopodiaceae** (16/388)
  - **ISOETALES**
    - **Isoetaceae** (1/250)
    - **Selaginellaceae** (1/700)
- **EUPHYLLOPHYTA**
  - **MONILOPHYTA**
    - **EQUISETOPSIDA/EQUISETIDAE**
      - **Equisetaceae** (1/15)
    - **PSILOTOPSIDA/OPHIOGLOSSIDAE**
      - **Ophioglossaceae** (10/112)
      - **Psilotaceae** (2/17)
    - **MARATTIOPSIDA/MARATTIIDAE**
      - **Marattiaceae** (6/111)
    - **POLYPODIOPSIDA/POLYPODIIDAE**
      - **Osmundales**
        - **Osmundaceae** (6/18)
      - **Hymenophyllales**
        - **Hymenophyllaceae** (9/434)
      - **Gleicheniales**
        - Dipteridaceae (2/11)
        - **Gleicheniaceae** (6/157)
        - Matoniaceae (2/4)
      - **Schizaeales**
        - Anemiaceae (1/115)
        - **Lygodiaceae** (1/40)
        - Schizaeaceae (2/35)
      - **Salviniales**
        - **Marsileaceae** (3/61)
        - **Salviniaceae** (2/21)
      - **Cyatheales**
        - Cibotiaceae (1/9)
        - Culcitaceae (1/2)
        - **Cyatheaceae** (3/643)
        - Dicksoniaceae (3/35)
        - Loxosomataceae (2/2)
        - Metaxyaceae (1/6)
        - Plagiogyriaceae (1/15)
        - Thyrsopteridaceae (1/1)
      - **Polypodiales**
        - **Saccolomatineae**
          - Saccolomataceae (1/18)
        - **Lindsaeineae**
          - Cystodiaceae (1/1)
          - Lindsaeaceae (7/234)
          - Lonchitidaceae (1/2)
        - **Pteridineae**
          - **Pteridaceae** (53/1211)
        - **Dennstaedtiineae**
          - Dennstaedtiaceae (10/265)
        - **Aspleniineae**
          - **Aspleniaceae** (2/730)
          - Athyriaceae (3/650)
          - Blechnaceae (24/265)
          - Cystopteridaceae (3/37)
          - Desmophlebiaceae (1/2)
          - Diplaziopsidaceae (2/4)
          - Hemidictyaceae (1/1)
          - Onocleaceae (4/5)
          - Rhachidosoraceae (1/8)
          - Thelypteridaceae (30/1034)
          - Woodsiaceae (1/39)
        - **Polypodiineae**
          - Davalliaceae (1/65)
          - Didymochlaenaceae (1/1)
          - **Dryopteridaceae** (26/2115)
          - Hypodematiaceae (2/22)
          - Lomariopsidaceae (4/69)
          - Nephrolepidaceae (1/19)
          - Oleandraceae (1/15)
          - **Polypodiaceae** (65/1652)
          - Tectariaceae (7/250)
  - **SPERMATOPHYTA** (제5장 참조)

표 4.1 관속식물의 분류군(종자식물 제외). 강, 목, 과명은 PPGI(2016)을 따랐다. (과거에 문으로 취급되었던) 상위 그룹은 Cantino et al.(2007)을 따랐다. 이 책에 상세히 기재한 과는 볼드체로 표시했다. 괄호 안의 숫자는 대략적인 속/종의 수이다.

고 밖으로 뻗어 나간다.

뿌리는 진화 과정에서 수많은 변형을 겪었으며, 이들 대부분은 현화식물에서 일어났다(제9장 참조). 관속식물의 뿌리는 다양한 종의 균류와 흥미로운 공생관계를 형성하는데, 이와 같은 공생관계를 **균근**이라 한다. 균근을 이루는 균류는 식물체에게 물과 무기양분의 흡수를 위한 면적을 증가시키며, 인과 같은 물질의 선택적 흡수 효율을 증가시킨다. 균은 식물로부터 광합성산물인 당이나 기타 양분을 얻는다.

관속식물의 다양성

표 4.1은 Smith et al.(2006)과 Cantino et al.(2007)이 제안한 관속식물 분류체계이다. 이 책에서는 약 4억 년 전에 최초로 출현했던 관속식물의 엄청난 다양성 중에서 주요 계통만을 다루고자 한다. 이들 계통에는 단지 화석으로만 알려진 라이니아식물과 현생 자손을 지니는 분계군인 석송식물문(Lycopodiophyta) 및 진정식물문(Euphyllophyta)이 포함된다(그림 4.1). 관속식물의 일반적인 형태에 대해서는 Bierhorst(1971)와 Foster and Giffor(1974)를 참조한다.

관속식물의 분류에는 포자체의 영양기관 형태(분지 양상, 잎의 유형/모양/배열/엽맥, 줄기 및 잎의 해부 구조), 생활환과 생식기관 형태(동형포자성/이형포자성, 포자엽 형태, 포자낭의 모양/열개방식/부착형, 포자 형태) 그리고 배우자체 형태(녹색이면서 광합성을 수행, 아니면 부생(腐生)성 혹은 균근성)가 사용되어 왔다. 포자의 형태는 관속식물 그룹의 분류에 특히 유용하다(제10장 참고). 분류형질에는 포자의 크기, 모양(예, 신장형, 사면체형, 구형), 표면무늬 그리고 녹색(광합성) 여부가 포함된다. 포자 주요 특징 가운데 하나로 **연접흔**(laesura)을 들 수 있는데, 이는 세포벽의 두께가 주변과 다른 곳으로 감수분열 이후 미성숙 포자 4개가 서로 붙어 있었던 흔적에 해당한다. 연접흔의 모양에 따른 포자 유형에는 (1) 연접흔이 3개로 가지를 친 **삼지형**(trilete; **그림 4.11**A); (2) 연접흔이 가지를 치지 않고 선형인 **단지형**(monolete; 그림 4.11B); (3) 뚜렷한 연접흔이 없는 **무지형**(alete)으로 구분한다.

라이니아식물

라이니아식물(rhyniophytes)은 측계통군으로서 포자체의 줄기가 분지하고, 그중 일부는 관속조직도 지니는 최초의 육상

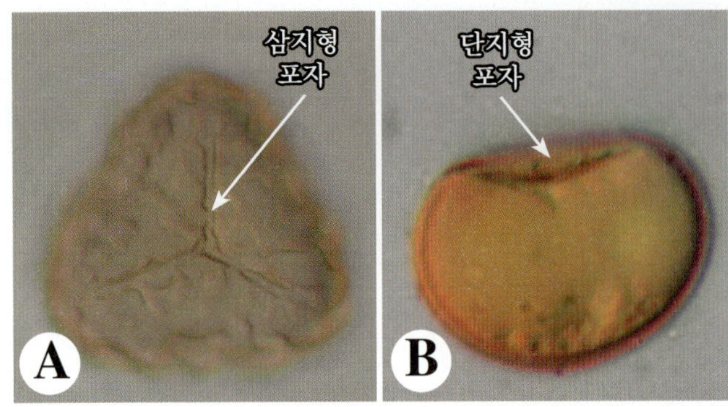

그림 4.11 양치식물의 포자 형태. **A.** 삼지형 연접흔을 지닌 포자(*Pentagramma triangularis*, Pteridaceae 봉의꼬리과). **B.** 단지형 연접흔을 지닌 포자(*Asplenium nidus*, Aspleniaceae 꼬리고사리과).

관속식물로 이루어진다. 라이니아식물은 약 4억 1,600만 년에서 3억 6,000만 년 전 데본기 초기의 관속식물인 *Rhynia*(라이니아속)를 포함한다(**그림 4.12**A,B). 라이니아식물의 포자체는 정단부에 포자낭(종개, 즉 세로로 갈라져 열림)을 지니는 차상분지성 중심축으로 구성된다.

라이니아식물은 잎이 달리는 슈트계와 뿌리가 없는데, 이와 같은 특징은 석송식물 및 진정엽식물이 진화하면서 혹은 그들 안에서 나중에 진화하였다(그림 4.1). 라이니아식물의 줄기는 원생중심주성으로(그림 4.7) 초기에 생성된 물관부(원생물관부)가 "심원형", 즉 중앙에 위치하는 유형이다.

LYCOPODIOPHYTA 석송문—석송식물

석송식물 또는 석송류는 라이니아식물 이후에 갈라져 나온 계통이다. 멸종한 화석 분류군인 대상원시관속식물(zosterophyllophytes)은 석송류의 진화 과정에서 갈라져 나왔던 식물들로 구성된 측계통군이다(그림 4.1). 이들은 잎이 없으나 석송류처럼 측생 포자낭이 있다. 석송류 내에 포함되는 멸종식물인 *Lepidodendron*(인목속), *Sigillaria*(봉인목속) 그리고 그 연관식물(그림 4.12C–E)은 교목으로서 약 3억 년 전의 석탄기 숲에서 일차 생물량을 구성하는 데 큰 몫을 차지했다. 이들 식물의 화석 잔해가 오늘날 지구의 석탄층 대부분을 차지한다.

석송식물은 여러 파생형질로 특징지어진다(그림 4.1). 첫째, 석송식물의 뿌리는 **차상분지성**으로, 이는 근단분열조직이 두 갈래로 갈라짐을 의미하며(**그림 4.13**), 진정엽식물과는 달리 측근이 발생하지 않는다. 둘째, 석송식물 뿌리의 원생물관부는 대부분 **내원형**이다. **원생물관부**는 물관부 가운데 초기에 생

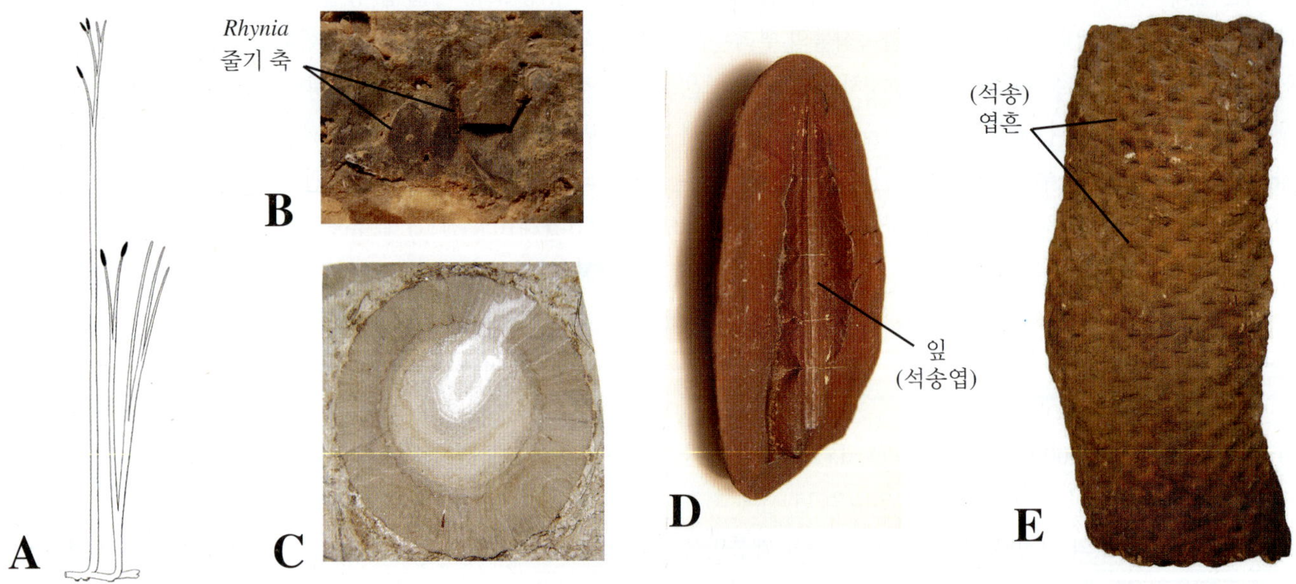

그림 4.12 **A–B.** 라이니아식물(Rhyniophytes). **A.** 멸종한 초기 관속식물인 *Rhynia major*를 재건한 모습. 줄기가 직립하며 분지하고(잎이 없음), 가지 끝에는 포자낭이 달려 있음(출전: Kidston, R. and W.H. Lang. 1921. Transactions of the Royal Society of Edinburgh. vol. 52(4): 831–902). **B.** "Rhynie 처트"(스코틀랜드 북동쪽의 규질암지대)에 매몰되어 있는 *Rhynia*의 줄기 축. **C–E.** 석송식물(Lycophytes). **C,D.** *Sigillaria*(봉인목속), 멸종한 목본 석송식물. **C.** 줄기 횡단면, 바깥쪽에 있는 재(2기 물관부)를 보여줌. **D.** 석송엽의 화석으로 단일맥을 볼 수 있음. **E.** 멸종한 교목성 석송식물인 *Lepidodendron*(인목속)의 화석으로, 석송엽흔을 볼 수 있다.

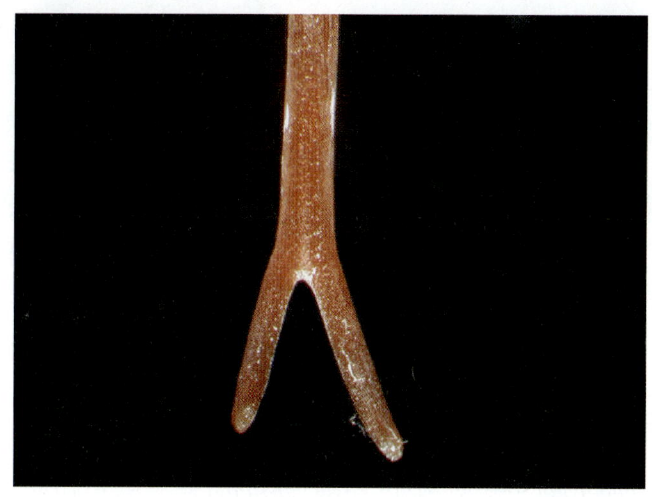

그림 4.13 석송식물문. 석송식물의 파생형질인 차상분지성 뿌리(*Selaginella kraussiana*).

성되는 통수요소들을 지칭하며, 후에 생성되는 **후생물관부**에 비해 작고 세포벽이 더 얇다. 석송식물 뿌리에서 원생물관부는 후생물관부의 안쪽(중심쪽)에 위치한다. 셋째, 석송식물 줄기의 원생물관부는 **외원형**(뿌리와는 반대)으로 후생물관부의 바깥쪽(중심에서 먼 쪽, **그림 4.14**A,B)에 위치한다. 넷째, 석송식물의 포자낭은 **배복성**(납작하여 배면/상면과 복면/하면이 존재)이고, 줄기 축 또는 포자낭을 끼워 싸고 있는 잎에 대해 수평 방향으로 열개한다(그림 4.15E의 석송속 참조). 다섯째, 석송식물은 흔히 "잎"이라고 부르는 포자체엽을 지닌다. (태류와 선류에도 "잎"이 있지만 이는 배우자체에만 나타나며 관속식물의 포자체엽과 상동이 아니다.) 잎은 배복성 기관으로 광합성이 일어나는 주요 장소이다. 포자체엽의 진화는 광합성 과정에서 빛을 받는 면적을 크게 증가시킨 혁신적 적응으로 여겨진다. 이를 통해 일부 관속식물이 이전에는 점유하지 못했던 생육지에서 생존할 수 있는 다양한 생태적 적응 전략의 진화가 일어났다. 더 나아가, 잎 또는 잎과 상동인 기관들이 진화적 변형을 통해 수많은 다른 기능을 수행하게 되었다.

석송식물의 포자체엽은 **석송엽**(lycophyll, 본질적으로 "소엽 microphyll"과 같음)이라 부른다. 석송엽은 엽맥이 분지하지 않으며(아주 드물게 분지), 줄기의 관속체계에 엽극이 없고 잎 기부의 분열조직인 개재분열조직에 의해 발달하는 특징이 있다(그림 4.14C). 석송엽은 다른 모든 포자체엽과 마찬가지로 슈트 정단으로부터 발생한다. **슈트**란 줄기와 이에 부착된 잎으로 정의한다. 포자체엽은 줄기/슈트 정단분열조직 근처에서 활발하게 분열하는 세포들로부터 기원한다. (슈트와 잎에 관한 자세한 설명은 진정엽식물을 참조한다.)

모든 관속식물에 슈트가 있지만 화석을 살펴보면 석송식물과 진정엽식물에서 슈트계가 독립적으로 진화했음을 알 수 있다. 석송엽은 **엽상돌기**(enation, 대상원시관속식물의 화석에서 발견되며, 관속조직이 없이 쐐기 모양으로 돌출한 부속체)라고 하는 작은 구조의 변형을 통해 기원했을 것으로 여겨진다. 석송엽의 진화는 줄기에서 엽상돌기로 물과 무기양분을 보

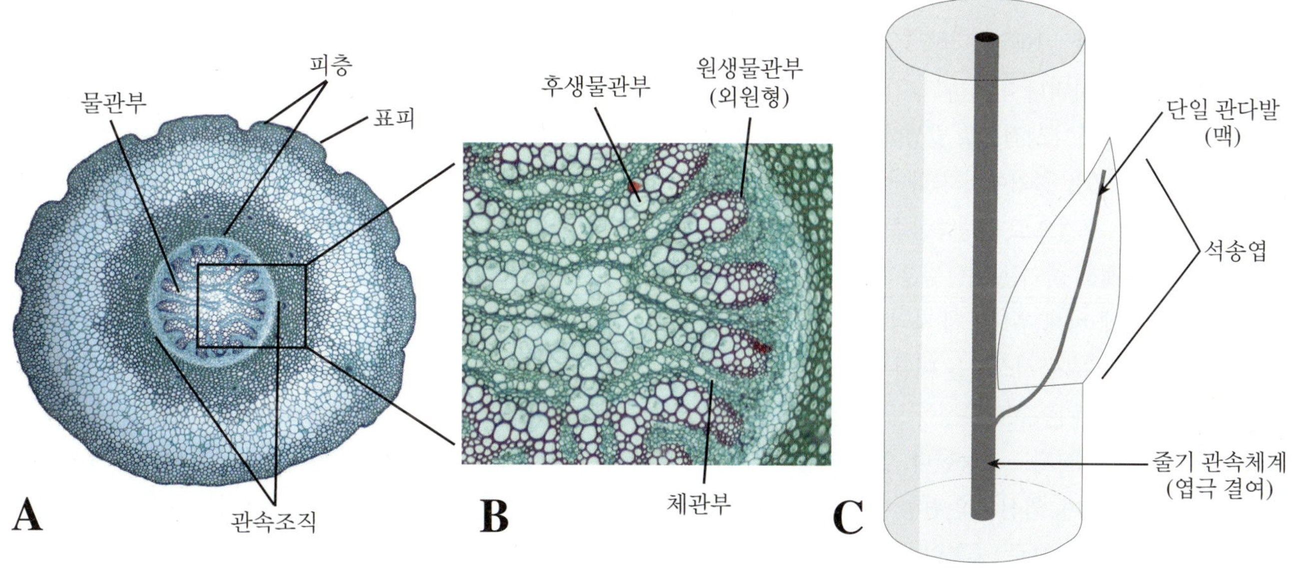

그림 4.14 **A,B.** *Lycopodium*(석송속)의 줄기 횡단면, 외원형(가장자리에 놓인) 원생물관부를 볼 수 있음. **C.** 석송엽의 구조.

다 효율적으로 수송하게 하는 관속조직의 발달을 통해 일어났으며, 이는 엽상돌기가 평평하게 배복성 평면 형태로 변한 것과 결부되어 있다. 일부 화석 식물에서 엽상돌기로부터 석송엽이 점진적으로 변화한 것을 확인할 수 있다. (포자낭이 생식능력을 상실하고 평평해져서 석송엽이 기원했다는 견해도 있음; Kenrick and Crane, 1997 참조.)

현재까지 생존해 있는 석송식물은 작고, 비목본성인 초본식물로 다음 3개의 과로 분류된다: 석송목의 Lycopodiaceae(석송과), 물부추목의 Sellaginellaceae(부처손과), Isoetaceae(물부추과)(그림 4.1). 이들은 다음과 같다.

LYCOPODIALES 석송목

석송목은 Lycopodiaceae(석송과) 하나로 구성된다. 이들은 한 종류의 포자만 지닌다(**동형포자성**). 일부 식물은 커다란 이끼처럼 생겼으나(그림 14.15A) 관속식물이고, 오랜 기간 지속하여 사는 포자체이다. 석송과의 포자낭은 다른 석송식물처럼 줄기에 측생, 즉 **포자엽**이라고 하는 특별한 잎의 겨드랑이에 달린다(그림 4.15E). 이 과의 일부 종에서는 포자엽이 영양엽과 비슷하게 생겼고(그림 4.15C), 무한생장성(생장을 지속하는) 슈트에 영양엽과 함께 달린다. 다른 종의 포자엽은 크기와 형태가 영양엽과 다르고, 유한생장성(생장을 종결하는) 슈트의 끝에 모여 달린다. 포자엽 및 이와 연관된 포자낭이 모여서 형성된 유한생장성 생식 슈트를 **포자낭수** 또는 **구과**라 한다(그림 4.15B,D,G,H).

Lycopodiaceae 석송과—16속 약 388종(그림 4.15).

다년생 초본, 육생하거나 착생하고, 간혹 현하형으로 자란다. **뿌리**는 부정근으로, 내생적으로 발생하고, 차상으로 갈라지며(차상근), 땅속에 있는 줄기에서 자라난다. **줄기**는 차상으로 분지하는 근경 또는 구경으로 원생중심주(때로는 배복중심주)를 지닌다. 일부 식물의 줄기는 위단축분지성으로, 차상분지의 한 가지가 다른 것에 비해 우세하게 자라나 다른 가지가 측지처럼 보이고, 평평한 분지 시스템을 이룬다(예, *L. complanatum*). 어떤 종에서는 짧은 슈트(무성아 또는 소인경)가 분화되어 떨어져나가 영양 번식체로 기능한다. **잎**은 단엽, 무병성, 나선상호생 또는 윤생하며, 엽신은 인편형 내지 침형, 일부 종은 이형성(heteromorphic)으로, 중륵이 하나이고(석송엽/소엽) 엽설이 없다. **포자낭**은 동형포자성으로 대개 신장형이며, 잎(포자엽) 겨드랑이에 난 짧은 자루에 달린다. 포자엽은 영양엽과 유사한 형태의 광합성엽으로 영양엽과 혼재하거나 또는 인편 모양의 비광합성엽으로 줄기 말단에서 포자낭수로 조직화된다. 포자낭은 끝부분이 포자엽의 축에 대해 횡방향으로 갈라져 열린다(횡개). 포자는 구형 또는 사면체형이며, 연접흔은 삼지형이다. **배우자체**는 균근성, 지상에 있으면서 광합성을 하거나 혹은 땅속에 있으면서 부생성이다.

석송과는 PPGI(2016)에 의해 16속으로 분류되는데, 큰 속으로는 *Huperzia*(약 25종, 대개 전 세계), *Lycopodiella*(약 15종, 열대 및 온대), *Lycopodium*(15종, 열대 및 온대), *Pseudolycopodiella*(10종, 전 세계), *Phylloglossum*(1종, 호주, 뉴질랜드)가 있다. 전 세계적으로 분포한다. 원예용으로 재배하거나, 약용(예, *Lycopodiella* 종; *Huperzia selago*는 구토제로 이용; *H. serrata*는 알츠하이머 치료를 위해 실험적으로 이용), 섬유식물(충전재, 바구니, 그물), 염료와 매염제로 중요하다. 건조 포자는 윤활제(콘돔, 고무장갑에서)로 사용되었고, 인화성이 강해 불꽃놀이와 사진촬영의 플래시 조명에 이용되기도 하였다. 일반적 내용은 Øllgaard(1990)을, 계통수는 Wikström and Kenrick(2000a,b; 2001)을 참조한다.

주요 특징: **동형포자성**, **차상분지**, 직립, 포복성 또는 현하형, 다년생, **석송엽**성 초본, 잎은 **엽설**이 **없고**, **포자낭**은 **신장형**, **횡개**하며, **영양엽**과 형태가 유사한 **광합성엽** 또는 **인편**상이며 **비광합성엽**인 **포자엽**에 달리고, 배우자체는 균근성으로, 광합성을 하거나 부생성이다.

ISOETALES 물부추목

현생하는 석송식물 가운데 물부추목으로 분류되는 과는 Selaginellaceae(부처손과)와 Isoetaceae(물부추과)이다. 물부추목에 속하는 식물은 석송목의 식물과 달리 잎에 **엽설**이 있는 **이형포자성**인데, 이는 석송식물 내의 파생형질이다(그림 4.1). 엽설은 영양엽 및 생식엽 상면(향축면)의 기부에 존재하는 아주 작은 부속체이다(그림 4.16, 4.18D,H, 4.19D). 엽설의 기능은 불분명하나 어린 석송엽의 발생 과정에 수분을 공급하는 분비샘으로 작용한다는 견해가 있다. **이형포자성**(그림 4.17)은 2개의 분화된 포자낭인 **소포자낭**과 **대포자낭**에서 각각 두 종류의 포자, 즉 **소포자**와 **대포자**가 만들어지는 것을 의미한다(그림 4.18, 4.19). 소포자는 작고(그림 4.18I, 4.19I,K) 아주 많이 생산된다. 대포자는 크기가 훨씬 더 크고(그림 4.18E, 4.19J,K) 적

그림 4.15 석송식물문. Lycopodiales(석송강). Lycopodiaceae(석송과). **A.** *Huperzia lucidula*, 생식기관이 특화되지 않는 종. **B.** *Lycopodium clavatum*(석송), 특화된 포자낭수가 존재하는 종. **C.** *Huperzia lucidula*, 특화된 구과가 없이 엽액에 포자낭이 존재함. **D.** *Lycopodium annotinum*, 포자낭수를 접사한 것으로 포자엽을 볼 수 있음. **E.** 석송의 포자엽을 분리한 것으로 횡개하는 포자낭을 볼 수 있음. 향축면(왼쪽)과 배축면(오른쪽)의 모습. **F,G.** *Huperzia squarrosa*, 거대한 착생 석송류, 가지는 아래로 드리우고 포자낭수가 발달함(G). **H.** *Phylloglossum drummondii*, 소형의 구경성 석송류.

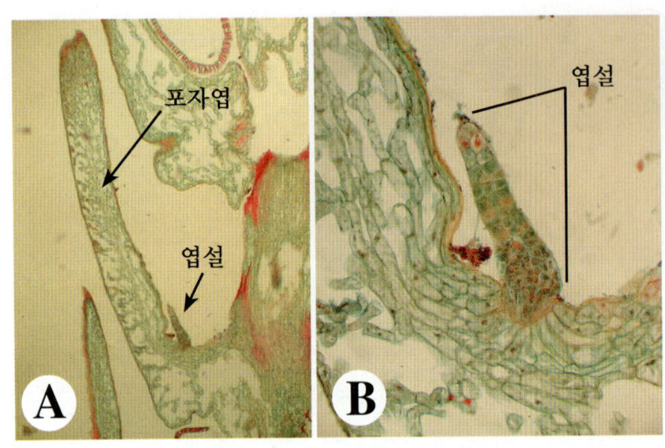

그림 4.16 석송식물문. Isoetales(물부추목). **A.** *Selaginella*(부처손속) 포자낭수의 종단면으로 포자엽과 엽설을 볼 수 있음. **B.** 엽설 접사.

은 수만이 만들어진다(부처손속의 경우 대개 4개, 물부추속은 보다 많이). 대포자낭과 소포자낭은 동일한 슈트 또는 서로 다른 슈트에 달린다. *Selaginella*(부처손속)의 일부 종에는 포자낭 및 이를 끼워 싸고 있는 특수한 포자엽으로 이루어진 유한생장성 생식 슈트, 즉 **포자낭수**가 있다(그림 4.19E). *Isoetes*(물부추속)의 포자엽은 상면(향축면) 기부에 커다란 소포자낭과 대포자낭을 끼워 싸고 있다(그림 4.18B,C). *Selaginella*와 *Isoetes* 모두 대포자는 **자성배우자체**로 발생하는데, 여기에는 난세포를 지닌 장란기만이 존재한다. 각 소포자는 자라나서 **웅성배우자체**를 형성하고 여기서는 정자를 생산하는 장정기만이 만들어진다(그림 4.17). *Selaginella*와 *Isoetes*의 배우자체는 모두 포자 "안에서" 발생을 마치는 **포자내발생성**이다(제5장 참조).

흥미롭게도, 교목성 화석 식물인 *Lepidodendron*(인목속) 종류(그림 4.12C–E)는 엽설을 지닌 석송류에 속하는데, 현생하는 종류로는 *Isoetes*와 가장 가까운 유연관계를 보인다(그림 4.1). *Lepidodendron*은 엽설을 지니며 이형포자성이다. 이들은 유관속형성층이 발달하는 목본성이었다. 그러나 이 유관속형성층은 한쪽 방향으로만 세포를 만들어내는 "단면형"이었다

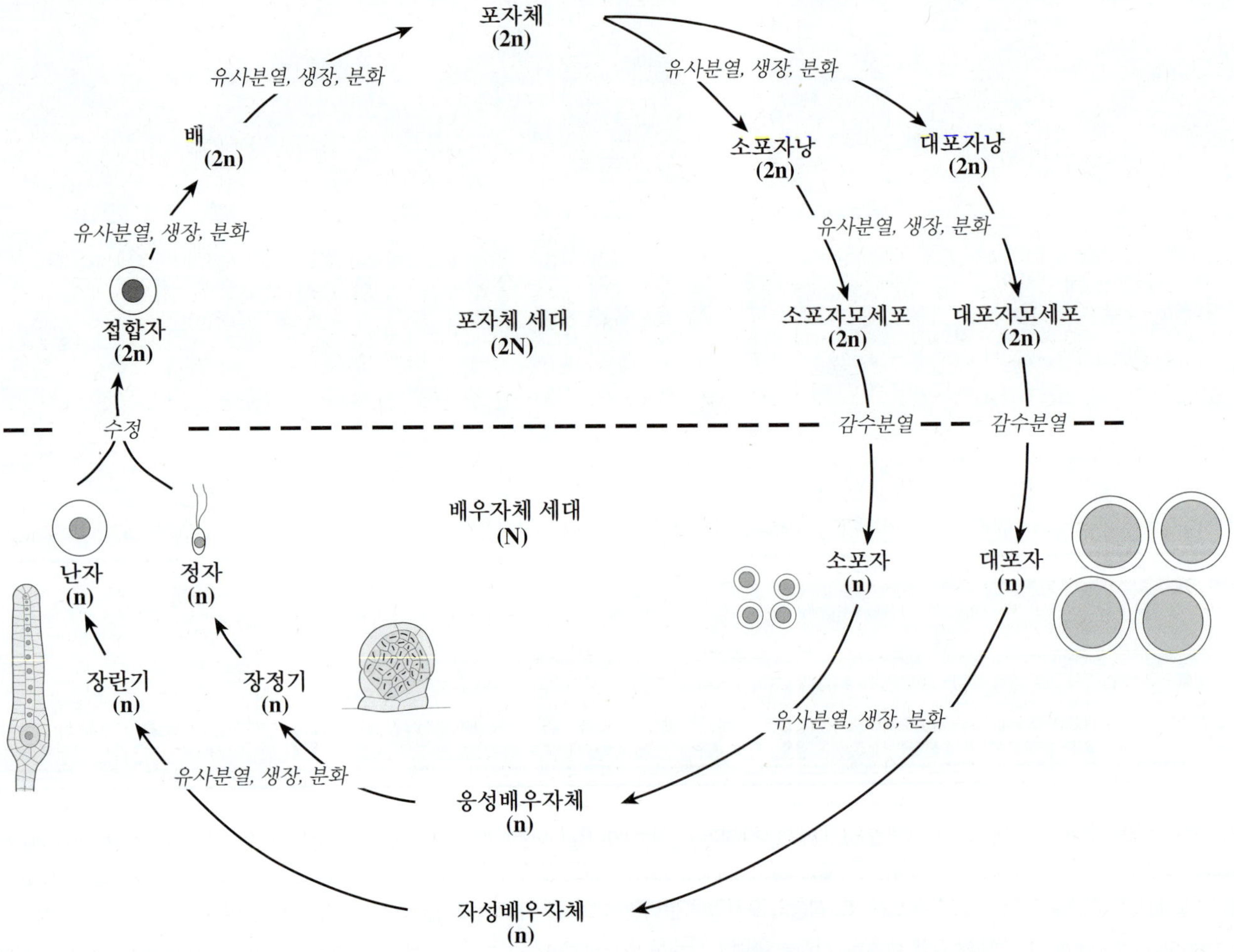

포자체 (2n)
유사분열, 생장, 분화
소포자낭 (2n)
대포자낭 (2n)
유사분열, 생장, 분화
소포자모세포 (2n)
대포자모세포 (2n)
감수분열
감수분열
소포자 (n)
대포자 (n)
유사분열, 생장, 분화
웅성배우자체 (n)
자성배우자체 (n)
유사분열, 생장, 분화
장란기 (n)
장정기 (n)
난자 (n)
정자 (n)
수정
접합자 (2n)
유사분열, 생장, 분화
배 (2n)
유사분열, 생장, 분화
포자체 세대 (2N)
배우자체 세대 (N)

그림 4.17 이형포자성 생활환–석송식물, 물부추목에 속하는 Isoetaceae(물부추과)와 Selaginellaceae(부처손과)의 특징.

(제5장 참조). 재(材, wood)는 *Lepidodendron*과 *Isoetes*의 파생형질이지만(그림 4.1), 후자에서는 나중에 소실된 것으로 생각된다.

Isoetaceae 물부추과—1속 약 250종(**그림 4.18**).

다년생 초본, 수생(주로) 또는 육생한다. **뿌리**는 부정근으로 줄기 밑의 홈에서 내생적으로 기원하며 차상으로 분지한다. **줄기**는 원생중심주성, 수직 방향으로 자라고 구경처럼 생겼으나 간혹 근경성이며, 정단 및 측생 분열조직이 있고, 기부가 갈라져서 열편이 길어지기도 한다. **잎**은 단엽, 로제트형이며, 엽신의 기부는 엽초상, 정단부는 선형 내지는 침형으로 평평하거나 원주형(대개 짧으나 일부 종은 50cm 이상)이고, 석송엽처럼 중륵이 1개 있으며, 넓어진 기부의 정단에 엽설이 있다. **포자낭**은 이형포자성, 잎(포자엽) 기부 향축면에 위치함; **대포자낭**은 바깥쪽 열의 잎에 있음; **대포자**는 크며(포자낭당 50-300개) 삼지형, 표면 구조가 종 동정에 사용됨; **소포자낭**은 안쪽 열의 잎에 있고(또는 대포자낭과 한 열씩 번갈아가며 존재함); **소포자**는 작으며, 단지형으로, 매우 많다(포자낭당 약 100만 개에 달함). 포자낭은 "피막(velum)"이라는 막으로 덮이며, 내부에는 "섬유주(trabeculae)"라는 구조가 횡방향으로 돌출해 있다. 포자낭은 조직이 분해되면서 쪼개져 열리며 특별한 열개방식은 없다. **배우자체**는 포자내발생성이다. 식물체는 CAM 방식으로 광합성을 한다. 뿌리와 잎에 공기강이 있다.

물부추과는 전 세계적으로 분포한다. 일부는 관상용으로 활용된다. 이 과에 관한 일반적인 내용은 Jermy(1990a)를, 계통수 및 생물지리에 관한 것은 Rydin and Wikstrom(2002)과 Hoot et al.(2006)을 참조한다.

주요 특징: **구경성** 내지 **근경성**, **엽설**이 있는 **석송엽성 잎**이 **로제트형**으로 **배열**함, **잎**의 **기부**는 **엽초상**이고 **정단부**는 **선형** 내지 **침형**, **이형포자성**, 잎의 기부 향축면에 대포자낭 또는 소포자낭이 달림.

[*Isoetes*와 Isoetaceae는 각각 *Isoëtes*와 Isoëtaceae로 표기할 수 있음]

Selaginellaceae 부처손과—1속 약 700종(**그림 4.19**).

다년생 초본, 간혹 교목성, 일부 종은 건조한 환경에 잘 적응하였다(예, *S. lepidophylla*, 부활초). **뿌리**는 부정근, 차상분지성(차상근)이며, 일부 분류군에서는 가지가 갈라지는 곳에서 기원하여 밑을 향해 자란다("담근체"라 하는데, 과거에는 잎이 달리지 않은 줄기로 해석했음). **줄기**는 대개 차상으로 분지, 직립, 총생상, 포복성 또는 등반경성이지만, 위단축분지성이거나 (일부 종의 경우) 가축분지성으로 매우 납작한 "양치류성" 분지체계를 형성하기도 하며, 일부는 지상에 괴경이 있음; 줄기 관속계는 원생중심주(외원형 또는 중원형)이다. **잎**은 단엽, 무병성, 나선상호생, 중륵 1개(소엽성), 향축면에 엽설이 있으며, 엽신은 대개 작고 동형성이거나 일부 포복성 분류군의 경우에는 이형성이며, 4열로 배열하는데 상부(배면) 2열의 잎은 크기가 작고, 다른 2열(복면)의 잎은 크다. 포자낭은 이형포자성; 짧은 자루가 있는 **소포자낭**(작은 삼지형 **소포자**가 다수 들어있음)과 **대포자낭**(크고 무늬가 있는 삼지형 **대포자**가 주로 4개 들어 있거나 간혹 다수 들어있음)이 줄기 정단의 포자낭수에 밀집한 포자엽(각각 소포자엽, 대포자엽이라 함)의 엽액에 달리는데, 포자엽은 4열로 배열되고 영양엽과 형태가 크게 다르지 않다. **배우자체**는 포자내발생성이다.

부처손과는 전 세계의 열대지역과 난대지역에 주로 분포한다. 일부는 원예용으로 재배하고 약용이다. 이 과에 관한 일반적인 내용은 Jermy(1990b), 계통수는 Korall and Kenrick(2002, 2004)을 참조한다.

주요 특징: **직립성** 내지 **포복성** 초본, **차상분지성 줄기**, 때로 **납작한 분지체계**를 이룸, **잎**은 **소엽성**, 나선상호생, **동형성**이거나 **이형성**으로 **4줄로 배열**(상면 2줄의 잎은 하면 2줄의 잎보다 더 작다), **이형포자낭**, 소포자낭과 대포자낭은 **정생**하는 **포자낭수**의 포자엽액에 달림, 배우자체는 **포자내발생성**.

EUPHYLLOPHYTA 진정엽식물문—진정엽식물

진정엽식물(euphyllophytes)은 석송식물의 자매군으로 다른 모든 현생 관속식물을 포함한다(그림 4.1). 진정엽식물을 묶어주는 파생형질은 다음과 같다. 첫째, 석송식물과는 달리, 진정엽식물의 뿌리는 **단축분지성**이며, 따라서 정단분열조직에서 차상으로 분지하지 않는다. 측근은 **내피**(양치류의 경우) 또는 **내초**(종자식물의 경우, 제5장)로부터 내생적으로 기원한다. 둘째, 진정엽의 뿌리는 **외원형**으로 원생물관부가 후생물관부의 바깥쪽에 위치한다(**그림 4.20**A,B); 석송식물의 뿌리는 내원형이다. 셋째, 진정엽식물의 원시적 포자낭은 정생하며 종개한다(이들 특징은 일부 그룹에서 심하게 변형되었음). 넷째, 현생 진정엽식물은 **엽록체 DNA**의 30 kb **역위**돌연변이라는 분자적 파생형질을 지닌다(그림 4.20C; 제11장의 그림 11.2 참조).

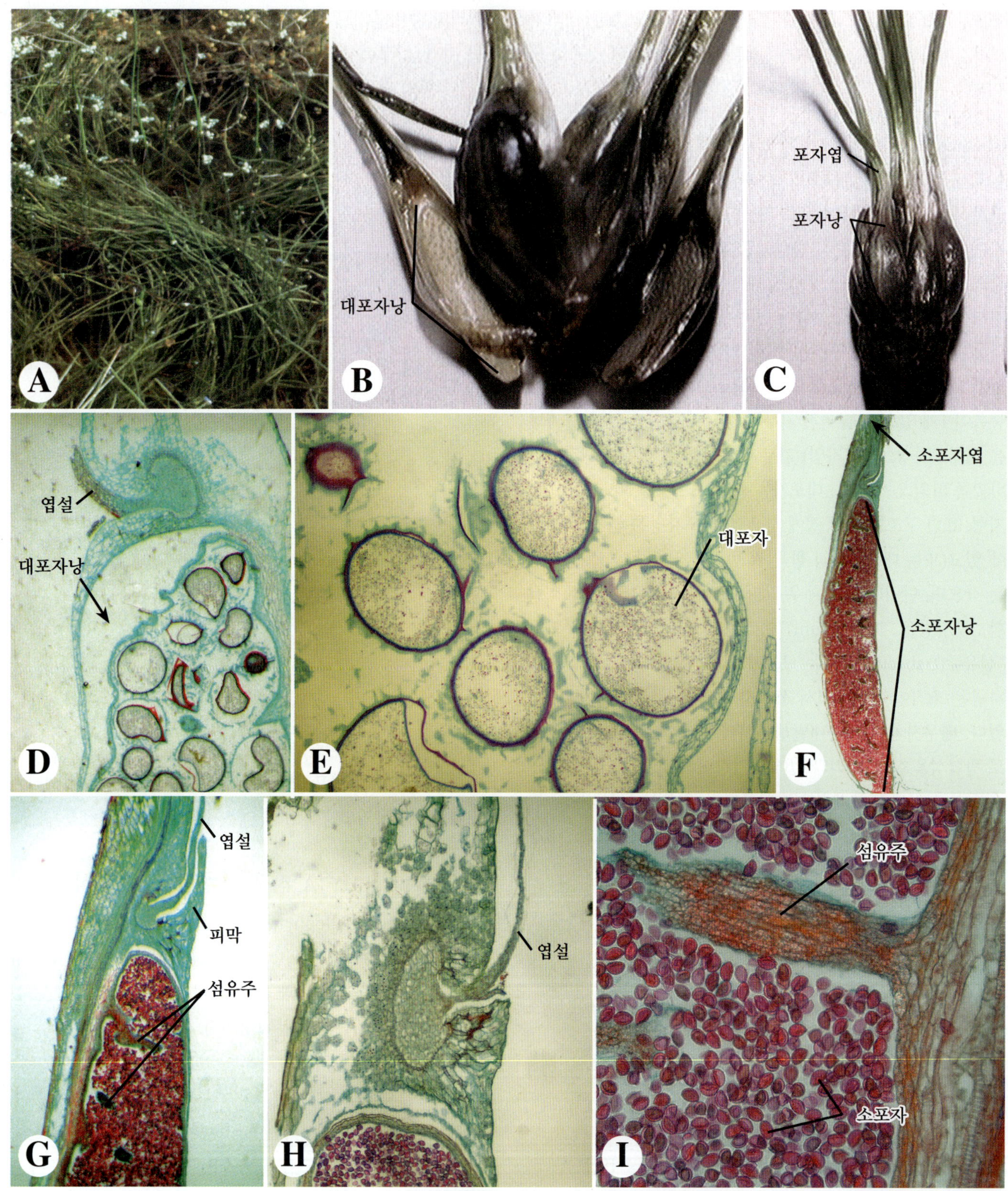

그림 4.18 석송식물문. 물부추목의 물부추과. **A,B.** *Isoetes howellii*. **A.** 간헐적으로 형성되는 물웅덩이에서 자라고 있는 모습. **B.** 대포자가 들어 있는 대포자낭을 접사한 것. **C.** *Isoetes orcutii*, 포자엽 및 그 기부에 존재하는 포자낭이 보임. **D–I.** *Isoetes* sp.(물부추속 일종). **D,E.** 대포자낭의 종단면 및 엽설, 자상돌기가 있는 대포자. **F–I.** 소포자낭의 종단면으로 섬유주, 엽설, 피막 및 수많은 소포자를 보여 준다.

그림 4.19 석송식물문. 물부추목의 부처손과. **A.** *Selaginella bigelovii*, 동형엽. **B–K.** *Selaginella* sp.(부처손속 일종). **B.** 이형엽을 지니는 슈트. **C.** 영양엽을 접사한 것. 각각 두 줄로 배열된 큰 잎과 작은 잎을 보여줌. **D.** 잎 기부의 향축면을 접사한 것으로 엽설을 볼 수 있음. **E.** 구과(포자낭수), 소포자엽과 대포자엽을 지닌 축. **F.** 대포자낭과 소포자낭 접사(각각의 포자엽은 제거하였음). **G.** 소포자엽과 대포자엽의 향축면, 각 포자엽에 액생하는 소포자낭과 대포자낭. **H.** 포자낭수의 종단면. 포자엽, 대포자낭, 소포자낭이 보임. **I.** 소포자낭 접사. 소포자가 많이 들어 있음. **J.** 대포자낭 접사. 대포자 4개가 들어 있음. **K.** 방출된 대포자와 소포자(크기가 현저히 다름). 대포자에 나 있는 삼지형 표시(연접흔)를 볼 수 있다.

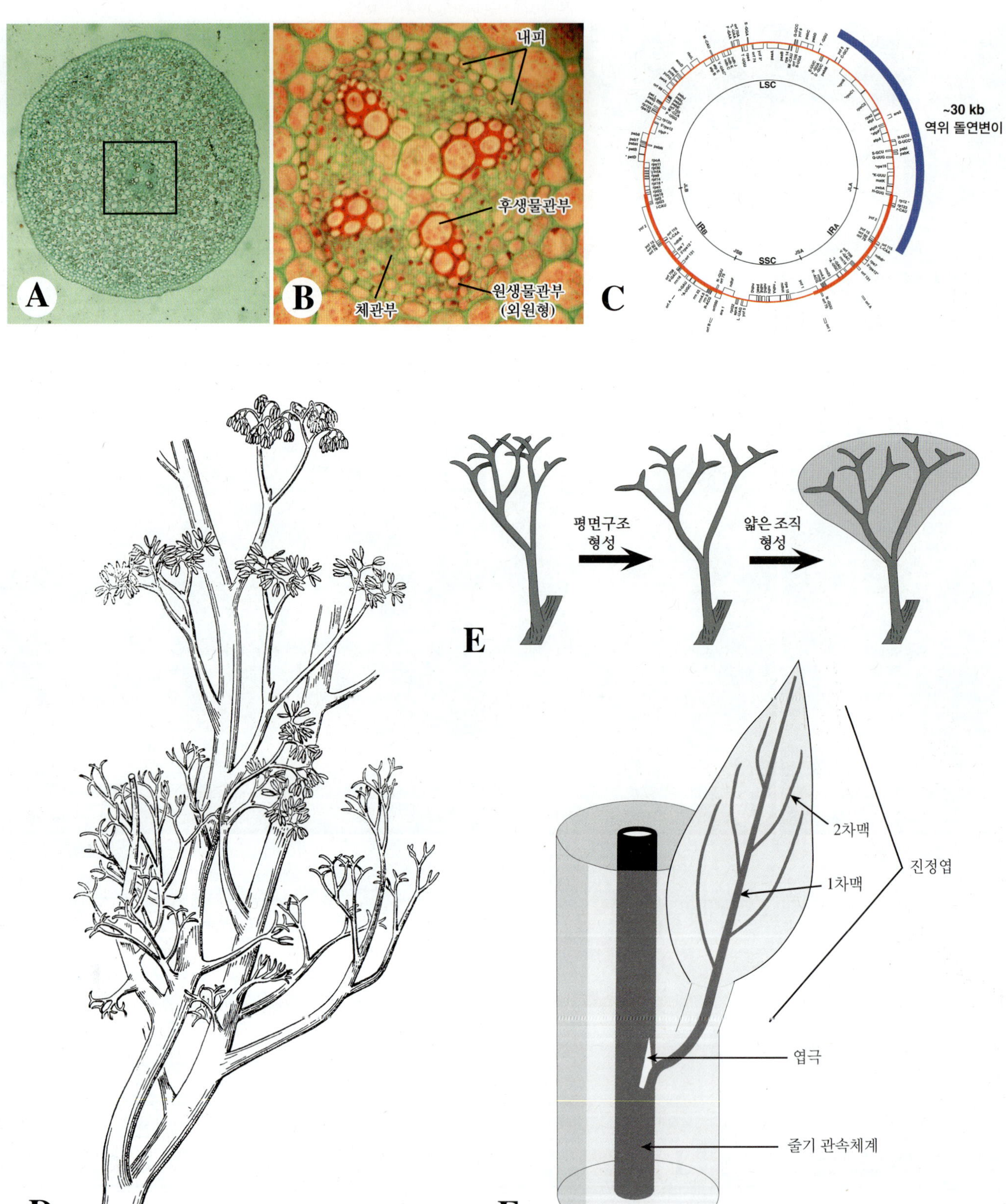

그림 4.20 **A–C.** 진정엽식물문(Euphyllophyta)의 파생형질. **A,B.** 외원형 원생물관부를 지닌 뿌리. **A.** 뿌리의 횡단면, 중심부의 관속주를 보여줌. 네모로 표시된 곳은 "B"에 해당함. **B.** 관속주 접사. **C.** 엽록체 DNA의 30 kb 역위돌연변이(*ycf2-psbM*). **D.** *Psilophyton dawsonii*, 화석식물 트리메로파이트의 일종으로 영양지 및 생식지를 모두 지니고 있음(출전: Banks et al. 1975). **E.** 3차원적 분지시스템이 2차원적 구조를 이루고, 측지계를 이루는 가지들 사이에 물갈퀴처럼 얇은 조직이 발달하는 진화 가설. **F.** 진정엽의 구조, 엽맥 여러 개와 엽극을 보여 준다.

다섯째, 진정엽식물은 **진정엽**이 특징이다(진정엽은 전통적인 의미의 **대엽**과 본질적으로 같음). 진정엽은 석송엽과 마찬가지로 배복성 기관이며 1차적으로 광합성을 수행한다. 진정엽은 **엽극**과 연관되어 있고 엽맥이 2개 이상 있다는 점에서 차이를 보인다(그림 4.20F). 진정엽의 엽맥은 엽록체를 포함하고 있는 엽육조직 사이사이에 여러 차례 갈라지면서 뻗어 있다(일부 식물에선 역진화에 의해 중앙맥 1개만 남아 있음).

진정엽은 석송엽과 **독립적으로 진화**한 것으로 생각된다. 진정엽의 공통조상으로 이어지는 계통으로부터 갈라진 화석식물 중에 멸종한 측계통군인 트리메로파이트(trimerophytes)가 있다(그림 4.1). 트리메로파이트(예, 그림 4.20D의 *Psilophyton dawsonii*)의 포자체는 잎이 없이 줄기에서 광합성을 했다. 트리메로파이트의 줄기는 **위단축성**으로, 차상분지성 줄기 정단부의 두 축 중 하나가 다른 축보다 웃자라는 특징을 보인다(그림 4.2). 곁가지로 기능하는 축은 여러 차례 분지하는데, 그중 일부는 포자낭을 달고 있는 반면 일부는 포자낭이 없는 불염성이다(그림 4.20D). 그런데 이 불염성 곁가지가 바로 진정엽의 기원이라는 견해가 있다. 이 가설에 따르면 3차원적인 측지계가 **평면화** 과정을 통해 2차원적 구조를 이루고, 측지계를 이루는 가지들 사이에 **물갈퀴**처럼 얇은 조직이 발달하여 진정엽이 기원했다(그림 4.20E). 원래의 가지는 엽맥이 되었고 "물갈퀴" 같은 부위는 광합성을 하는 엽육조직이 되었다.

석송엽과 진정엽이 독립적으로 기원했기에 관속식물의 **슈트** 또한 두 차례(석송식물과 진정엽식물에서) 진화하였다. 석송식물과 진정엽식물의 슈트가 독자적으로 기원했음에도 불구하고 이들의 발달 과정은 매우 유사하다. 앞서 언급한 바와 같이 슈트는 줄기와 이에 붙어있는 잎으로 정의되는데, 이 두 기관은 궁극적으로 **정단분열조직**에서 기원한다(**그림 4.21**A,D,E,G). 정단분열조직에 있는 1개 또는 여러 개의 근원세포는 연속적인 유사분열을 통해 세포유도체들을 많이 만들어낸다. 정단분열조직은 대부분의 부처손과 식물이나 양치식물처럼 하나의 우세한 정단세포를 지니거나(그림 4.21C), 또는 석송과, 물부추과 그리고 진정엽식물처럼 활발하게 분열하는 여러 세포들의 복합체로 이루어져 있다(그림 4.21E,G). 이들 유도체의 일부는 정단분열조직의 기능과 지위를 유지하면서 계속 분열할 수 있다. 정단분열조직 바로 아래의 세포유도체들은 현저히 신장하여 정단분열조직의 세포들을 위로 또는 전방으로 밀어낸다. 이보다 더 아래에서는 충분히 자란 세포들이 성숙한 또는 특수한 형태로 분화해 나간다. 한편, 정단분열조직의 측면에서 슈트의 최외곽 세포층 일부가 분열하고 신장한다. 이 지역이 더 생장하고 분화하여 **엽원기**를 형성하고(그림 4.21A,B,D,E), 이것이 성숙하여 **잎**이 된다. 줄기에서 잎이 붙는 자리는 마디 또는 **절**(node)이라 하고 마디와 마디의 사이는 **절간**(internode)이라 한다(그림 4.21D). 슈트가 성숙해감에 따라 잎은 놀랍도록 다양한 형태로 변화하고 줄기에는 관속계가 발달한다. 관다발은 줄기에서 잎으로 이어지며 둘 사이에 액체를 수송하는 통로가 된다.

잎은 특징적인 해부 구조를 보인다(그림 4.21H). 잎은 일반적으로 배복성 기관이기 때문에 상표피와 하표피로 구분된다. 모든 육상식물과 마찬가지로 표피세포의 외벽에는 각피가 있다. 하나 또는 여러 개의 **관속(엽맥)**은 엽육조직에 물을 공급하는 물관과 엽육조직에서 만들어진 당을 수송하는 체관으로 이루어져 있다. 일부 잎의 엽육조직은 기둥들이 세워진 모양과 같은 상부의 책상조직과 불규칙하며 세포간 공간이 넓은 하부의 해면조직으로 분화한다(그림 4.21H). 기체교환을 담당하는 기공은(제3장 참조) 잎의 하표피에서 주로 발견된다(그림 4.21H).

슈트 발달의 후기에 줄기와 잎의 연결 부위, 즉 **엽액**이라고 하는 곳이 분열과 분화를 통해 '미성숙한 슈트계'로 정의되는 **눈**을 형성한다(그림 4.21F). 눈의 구조는 본질적으로 원래의 슈트와 동일하다. 이것은 곁가지(측지)로 발달하거나 생식구조로 발달하여 생장을 종결한다. 이렇게 액아로부터 측지가 발달하는 방식은 **단축성** 생장으로 알려져 있다. 단축성 생장은 대부분의 진정엽식물의 측지 형성을 설명해준다(단축성 생장 양식의 변형은 제9장 참조).

진정엽식물은 서로 자매군 관계인 두 주요 그룹인 양치식물과 종자식물(제5장)로 구성된다.

MONILOPHYTA 양치식물문—양치식물

최근의 형태 및 분자계통수 연구(예, Kenrick and Crane, 1997; Pryer et al. 2001; Grewe et al. 2013; Ruhfel et al. 2014; Rothfels et al. 2015; PPGI 2016)는 단계통군인 양치식물에 4개의 주요 계통이 존재한다는 것을 보여주는데, 속새강(Equisetopsida), 솔잎난강(Psilotopsida), 마라티아강(Marattiopsida), 그리고 미역고사리강(Polypodiopsida) 또는 박벽포자낭양치류(leptosporangiate ferns)가 이들에 해당한다(그림 4.1). 이들 단

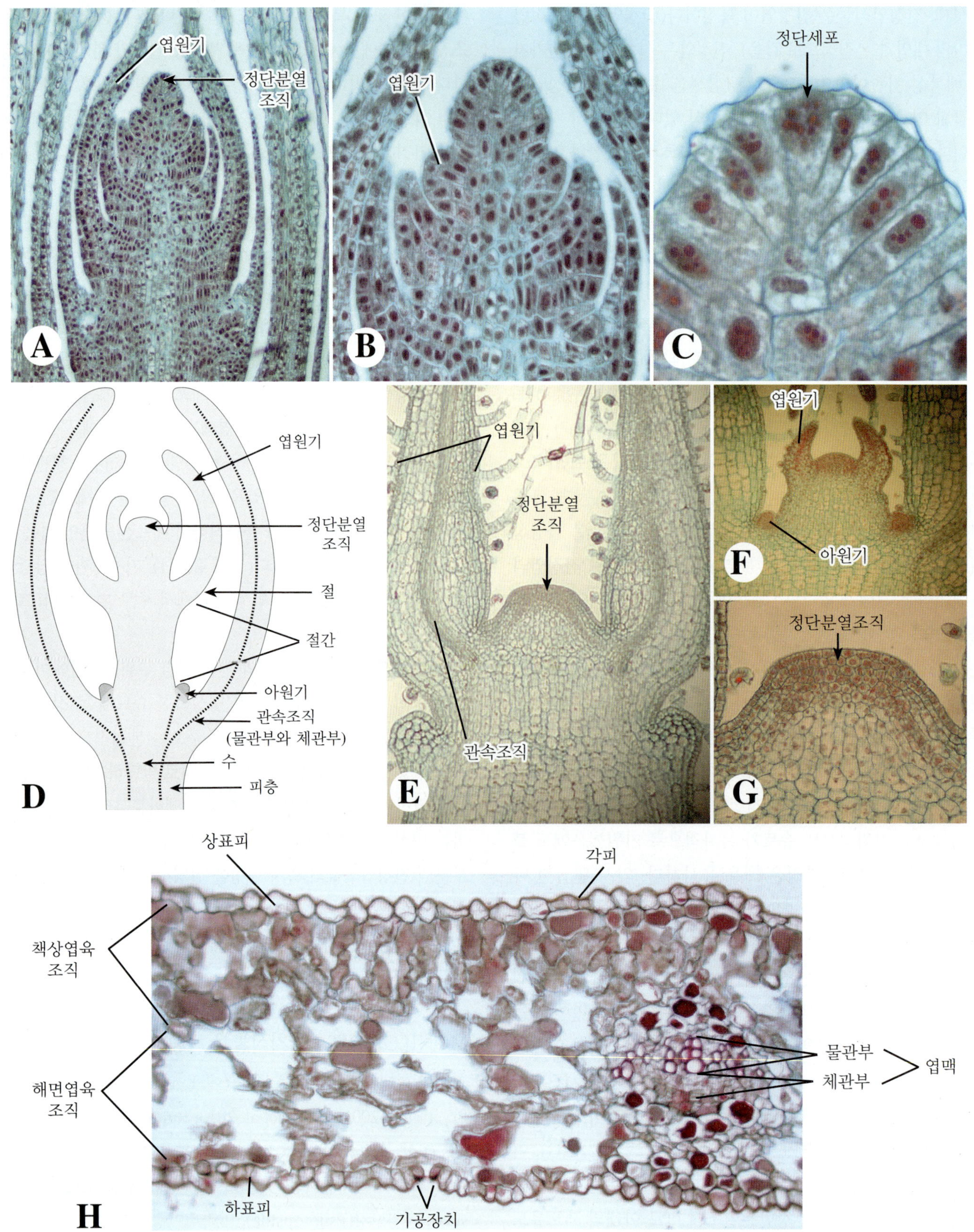

그림 4.21 **A–G.** 슈트 종단면. **A–C.** *Equisetum*(속새속) 식물, 정단분열부에 정단세포 1개를 지님. **D.** 슈트 정단의 종단면 모식도. **E–G.** 꿀풀과 *Plectranthus*[*Coleus*]의 슈트. 복잡한 정단분열조직, 엽원기, 아원기, 관속계를 볼 수 있다. **H.** 관속식물 *Ligustrum*(쥐똥나무속)잎의 횡단면.

계통군은 양치식물문(Monilophyta)으로 명명되었는데, 이는 통상적으로 넓은 의미의 "양치식물(ferns)"을 지칭한다.

현생하는 양치식물 대부분이 지니는 파생형질은 **관상중심주**이다. 관상중심주는 고리 모양의 물관부가 체관부에 의해 둘러싸이거나(**외사관상중심주**, **그림 4.22**A) 물관부 안팎에 체관부가 존재하는(양사관상중심주, 그림 4.22B,D; 만일 이것이 갈라져 있으면 **망상중심주**, 그림 4.22C) 줄기 관속계의 한 유형이다. 관상중심주의 중심에는 유조직인 수가 존재한다(그림 4.22A–D). 관상중심주는 일부 양치식물에서 2차적으로 변형되기도 하였다. 양치식물의 두 번째 파생형질은 줄기의 원생물관부가 **중원형**(mesarch)이라는 것인데(그림 4.22E), 이는 물관부 지역의 중간에서 통수요소가 먼저 성숙됨을 의미한다(즉, 원생물관부가 중간에 위치함). 이 원생물관부는 일부 근연 화석 분류군과는 달리 물관부의 열편 부위에만 존재한다. 양치식물을 지칭하는 'monilophytes'라는 용어는 화석 분류군의 관속계 해부구조에서 기원하였다('monilo'는 라틴어로 구슬목걸이를 의미함).

EQUISETOPSIDA 속새강—속새식물

속새강 또는 속새식물(sphenophytes, sphenopsids)은 관속식물의 진화 초기가 갈라져 나온 단계통군이다. 약 3억 년 전 석탄기의 일부 속새식물은 석송식물과 마찬가지로 커다란 교목이었다. 이 가운데 칼라마이트(*Calamites*, **그림 4.23**)는 석탄층의 형성에 기여한 식물 중 하나이다. 지금까지의 분자계통수

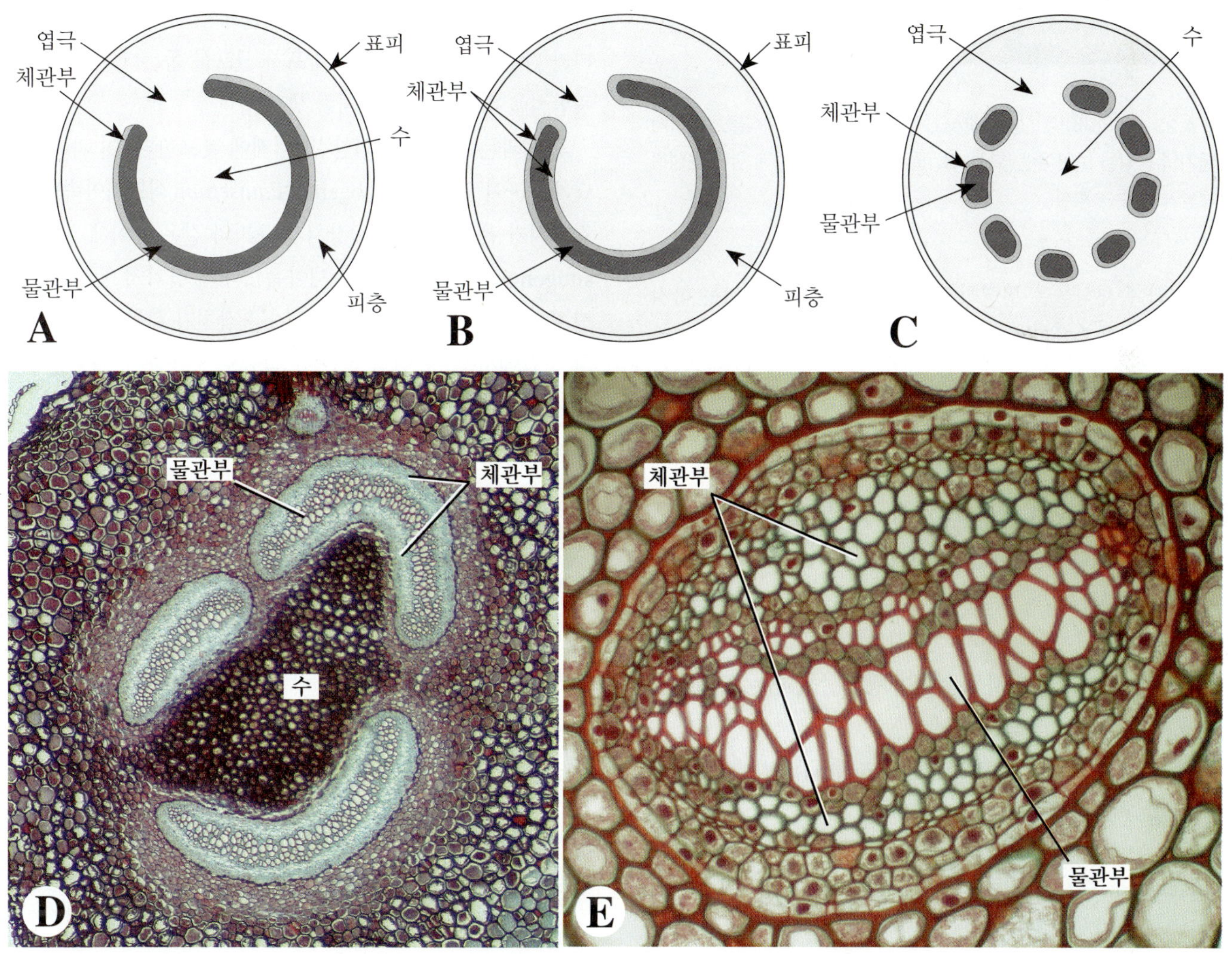

그림 4.22 **A–C.** 관상중심주의 유형. **A.** 외사관상중심주, 체관부가 물관부 바깥쪽에 존재. **B.** 양사관상중심주, 체관부가 안팎으로 존재. **C.** 망상중심주, 양사관상중심주가 분절된 유형. **D.** *Adiantum*(공작고사리속)의 근경, 양사관상중심주. **E.** *Polypodium*(미역고사리속)의 근경, 양치류(양치식물문)의 파생형질인 중원형 원생물관부를 볼 수 있다.

그림 4.23 칼라마이트(*Calamites*), 절멸한 교목성 속새식물. **A.** 마디 및 줄기의 능각을 보여 주는 화석. **B.** 줄기 화석. **C.** 줄기에 잎이 윤생하는 것을 보여 주는 화석.

연구 결과 속새식물은 분명히 양치식물 안에 포함되기는 하지만 다양한 계통유연관계 가설이 존재하는데, 그중 하나가 그림 4.1이다. 그러나 형태 형질, 특히 화석 자료를 포함하면 상이한 결과가 나오기도 한다(Rothwell and Nixon 2006 참조).

속새식물은 몇몇 파생형질에 의해 하나로 묶이며, 그중 4개는 다음과 같다(그림 4.1): (1) **능각이 있는 줄기**(**그림 4.24**A,J), 이것은 **공기관**(canals, 그림 4.24C)과 연관이 있음; (2) 퇴화되어 가장자리가 서로 결합된 윤생엽(그림 4.24A,J); (3) 방패형으로 벌어진 자루에 종개하는 포자낭을 매달고 있는 **포자낭병**(그림 4.24F,L); (4) **탄사**를 지니며 광합성을 하는 포자(그림 4.24G,H).

오늘날, 속새식물에는 속새과의 *Equisetum*(속새속)에 포함되는 몇몇 종만 남아 있다.

Equisetaceae 속새과—1속 15종(**그림 4.24**).

다년생 초본, 습지(간혹 건조지)에서 자란다. 땅속의 **줄기**는 근경성이며(종종 큰 군락을 이룸), 일부 종에는 괴경이 있다. 지상의 줄기는 능각이 있고, 광합성을 하며, 실리카 성분이 표피에 들어 있다. 줄기의 수는 중공상, 공기관이 2열(안쪽 열의 용골공기관, 능각과 마주함; 바깥 열의 과곡공기관)로 존재한다. 일부 종에는 곁가지가 있는데, 빽빽하게 윤생하거나 혹은 정단분열조직의 손상으로 불규칙하게 나왔다. 곁가지는 마디 지역 바로 위에 있는 눈으로부터 발생하여 엽초를 뚫고 나온다. 일부 종은 지상부 슈트가 이형성(광합성 영양슈트와 비광합성 생식슈트)이다. **잎**은 작고, 단엽, 윤생, 소엽성(단일맥), 성숙 시 비광합성, 인접하는 잎과 측면이 동합하여 기부는 엽초상이 되고, 정단부는 치아상으로 뾰족하다. **포자낭**은 동형포자성, 줄기 정단의 포자낭수(윤생엽의 엽초에 싸여 있음)에 달리는데, 포자낭수는 여러 개의 방패형 포자낭병이 배열되어 있는 축으로 이루어지고, 성숙한 포자낭병의 6각형 머리 부분 가장자리 밑으로 포자낭 5-10개가 달린다. 포자낭은 종개한다. **포자**는 연접흔이 없고, 구형, 녹색(엽록체가 있음)이며, 4개의 주걱형 탄사가 있는데, 이는 포자벽에서 기원한 것으로 습도의 변화에 따라 감겼다 풀어졌다 하면서 포자 산포를 돕는다. **배우자체**는 광합성을 하고 대개 방석처럼 생겼다.

속새과는 호주를 제외한 전 세계에 분포한다. 이 과에는 두 단계통군이 있다. (1) subgenus *Equisetum*(쇠뜨기아속): 많은 곁가지가 윤생하고, 기공 장치가 표피와 같은 높이에 있다; (2) subgenus *Hippochaete*(속새아속). 대개 곁가지가 없고(간혹 상처를 입은 뒤에 나오기도 함) 기공 장치가 함몰되어 있다. 일부 민간에서 약용, 염색 및 섬유 식물로 사용하며, 일부는 잡초로서 가축에게 독성을 일으키지만, 어린 슈트는 식용으로도 이용한다. 지상부 슈트는 수세미나 광택용으로 사용되기도 한다. *Equisetum giganteum*은 줄기가 10미터 이상 뻗는다. 이 과에 관한 일반적인 내용은 Hauke(1990)을, 계통수는 Des Marais et al.(2003)을 참조한다.

주요 특징: **근경**이 잘 발달하는 다년생 초본, **속이 빈** 지상부 슈트, 줄기에 **공기관** 및 **능각**이 있고 **표피세포에 실리카 성분**이 있음, **잎**은 작고, 비광합성, 단엽, 소엽성, **윤생**, 옆의 잎과 **측면이 동합**하여 **엽초상**으로 됨, 정단부는 **치아상**; 포자낭은 **정생**하는 **포자낭수**에 달림, **동형포자성**, **방패형 포자낭병**에 포자낭 여러 개가 달려 있음; 포자는 **녹색**, **4개**의 **주걱형** 및 **흡습성 탄사**가 존재.

PSILOPSIDA 솔잎난강

이 그룹은 Psilotales(솔잎난목)와 Ophioglossales(나도고사리삼목)로 이루어진다. DNA 염기서열 자료 이외에 두 가지 파생

그림 4.24 Equisetopsida(속새강). Equisetaceae(속새과). *Equisetum*(속새속)-속새식물 가운데 유일한 현생 속. **A,B.** *Equisetum hyemale*(속새). **A.** 영양경. 줄기의 능각, 윤생하는 작은 잎. **B.** 줄기 종단면, 중공상 수, 마디의 격벽이 보임. **C.** 줄기 횡단면, 중공상 수와 가장자리의 공기관이 보임. **D,E.** *Equisetum laevigatum*, 줄기는 분지하지 않으며, 광합성을 함. **F.** 아래를 향하는 포자낭이 달린 포자낭병. **G,H.** 탄사 4개를 지니는 포자. **G.** 탄사가 꼬여 있는 상태. **H.** 탄사가 풀린 상태. **I–L.** *Equisetum arvense*(쇠뜨기), 지상부의 줄기는 이형성. **I,J.** 영양경, 광합성을 하며 측지가 윤생함. **K.** 생식경, 비광합성 줄기로 측지가 없이 정단에 포자낭수가 달림. **L.** 포자낭수를 접사한 것으로, 포자낭병을 보여 준다.

형질이 이들을 연결시켜 준다. 첫째, 나도고사리삼목의 뿌리는 특이하게 곁뿌리와 근모가 없다. 이는 뿌리를 완전히 상실한 솔잎난목으로 진화하는 전이단계로 생각된다. 둘째, 두 목의 배우자체는 비광합성(종속영양)으로 균근성이며 흔히 지하에 존재한다(그림 4.1).

OPHIOGLOSSALES 나도고사리삼목

나도고사리삼목은 1개 과를 포함한다. 각 잎(양치엽)은 광합성을 담당하는 영양우편(sterile segment)과 포자낭을 달고 있는 생식우편(fertile segment)으로 구성된다. 지하부의 근경에서 나오는 뿌리에는 곁뿌리나 근모가 없다. 박벽포자낭양치류를 제외하고, 나도고사리삼목을 포함한 모든 육상식물의 포자낭은 진정포자낭(eusporangium)이다. 진정포자낭은 상대적으로 크고, 표피세포 여러 개로부터 기원하며, 포자낭벽이 두 층 이상이고, 매우 많은(대개 수천 개) 포자를 담고 있다(그림 4.25B,C, 4.26E). 진정포자낭은 육상식물의 원시형질이다.

Ophioglossaceae 나도고사리삼과—10속 112종(**그림 4.25**).

다년생 초본, 육생한다. **뿌리**는 육질, 균근성, 근모가 없고, 부정아(새로운 식물체로 자라날 수 있음)가 달리기도 한다. **줄기**는 땅속에 있고 직립하며, 원생중심주 또는 외사관상중심주이다. **잎**은 흔히 1개, 어렸을 때 말려 있지 않으며, 엽신은 갈라지지 않거나 또는 복엽성(1-2회 우열)으로 분할된다. 엽맥은 개방-차상맥 또는 망상맥이다. **포자낭군**(낭퇴)은 없다. **포자낭**은 동형포자성 및 진정포자낭, 자루가 있는 생식우편에 수상(이삭 모양)으로 달리거나(포자낭이 2줄로 달림, 예, *Ophioglossum* 나도고사리삼속) 또는 분지하여 원추상으로 달린다. 포자낭은 횡개한다. **포자**는 사면체형이고 삼지형(trilete) 연접흔이 있다. **배우자체**는 비광합성이고 균근성(균영양성)이다.

주요 특징: 전 세계에 분포한다. 주요 속 4개는 다음과 같다. *Botrichium*(고사리삼속, 약 35종), *Helminthostachys*(1종, *H. zeylanica*, 인도-호주 지역), *Mankyua*(제주고사리삼속, 1종, *M. chejuense*, 한국 제주도), *Ophioglossum*(나도고사리삼속, 약 41종). 일부 민간에서 약용이나 식용으로 한다. *Ophioglossum reticulatum*은 생물 중에서 염색체가 가장 많은 것으로 유명하다(문헌에 따라 2n = 1,260, 최근에는 n = 760으로 알려져 있음). 이 과에 관한 일반적인 내용은 Wagner(1990), 계통수는 Hauk et al.(2003)을 참조한다.

주요 특징: **동형포자성**, **진정포자낭**, 다년생 초본, 잎은 단엽성 내지 복엽성, 자루가 있는 **생식우편**에 진정포자낭을 달고 있음, 배우자체는 **비광합성**.

PSILOTALES 솔잎난목

솔잎난목 또는 솔잎난식물은 두 속, *Psilotum*(솔잎난속)과

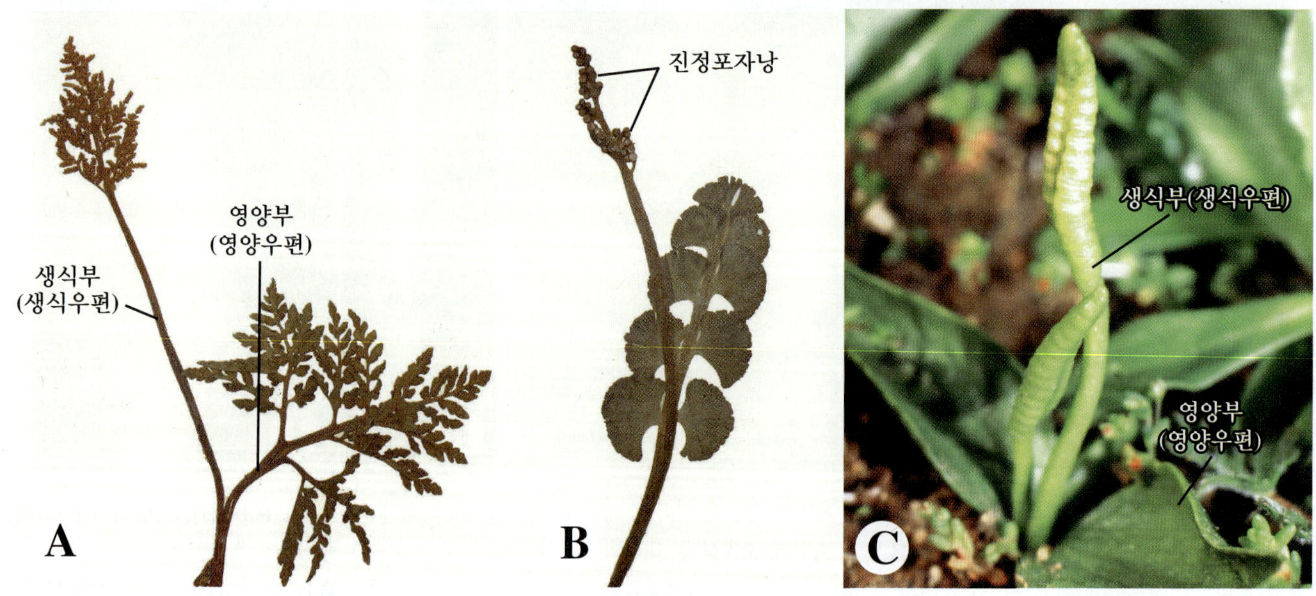

그림 4.25 Ophioglossales(나도고사리삼목), Ohioglossaceae(나도고사리삼과). **A,B.** *Botrychium*(고사리삼속)의 일종. 영양우편과 생식우편이 존재함. **A.** *B. multifidum*(산고사리삼). **B.** *B. lunaria*(백두산고사리삼). **C.** *Ophioglossum californicum*, 진정포자낭이 달린 생식부를 보여 준다.

*Tmesipteris*를 포함하는 솔잎난과 1개로 이루어져 있다. 다른 관속식물과 마찬가지로, 솔잎난식물은 포자체가 더 우세하며 크기가 크고 독립생활을 하는 반면에, 반수체 배우자체는 눈에 띄지 않으며 크기가 작고 토양속 또는 표면에서 살아간다. 포자체는 옆으로 기는 근경 및 이로부터 공기 중으로 뻗어 차상으로 분지하는 줄기로 이루어져 있다(**그림 4.26**A,B). 식물체는 흔히 식물에 착생하고, 근경에는 균근이 공생한다. 모든 종에 진정한 뿌리가 없는데(근경에서 가근이 발달하여 흡수 기능을 함), 이것이 이 그룹의 파생형질이다. 솔잎난식물에 뿌리가 없다는 특징은 원시적인 형질로 생각되었으며, 따라서 이들이 라이니아식물의 직접적인 자손일 것으로 생각되어 왔다. 그러나 분자계통수 연구 결과는 솔잎난목이 나도고사리삼목의 자매군이며 뿌리는 진화 과정에서 퇴화되었음을 말해준다(그림 4.1).

솔잎난류의 잎은 돌기처럼 매우 작게 퇴화되어(그림 4.26C) 관다발이 없어서 **엽상돌기**라고 부르기도 하며, 약간 길어서 중륵을 지니는 것도 있다(그림 4.26H). 포자낭은 진정포자낭으로 2 또는 3개로 얕게 갈라지는데, 이는 포자낭 2–3개가 유합한 **합생포자낭**으로 해석된다(그림 4.26D,J). 합생포자낭은 성숙 시 노란색이 돌며 포크처럼 생긴 부속체가 포자낭을 끼우고 있는데, 이는 이 그룹의 파생형질이다. 나도고사리삼목처럼 솔잎난목의 배우자체는 비광합성이고(토양 속 또는 표면에 존재) 균류와 공생하는 것으로 보인다.

Psilotum nudum(솔잎난)은 가장 널리 퍼져 자라는 종으로서, 이 그룹의 대표식물이다(그림 4.26A–G). 솔잎난은 열대지역에 자생하나 온실에서의 재배를 통해 전 세계의 따뜻한 지역에서 귀화식물이 되었다.

Psilotaceae 솔잎난과—2속 약 17종(그림 4.26).

다년생 초본, 육생 또는 착생한다. **뿌리**는 없다. 지하의 **줄기**는 가근이 난 근경으로 내생균근이 있고, 지상의 줄기는 광합성을 하며, 원주형, 능각이 있거나 납작하고, 차상으로 분지하거나 분지하기 않으며, 원생중심주 또는 관상중심주이다. **잎**은 단엽, 나선상호생이거나 이열호생, 엽신은 작고 쐐기형 내지 인편형 또는 (*Tmesipteris*의 경우) 약간 커서(2 cm에 달함) 수직 방향으로 배열하며, 소엽처럼 단일맥(중륵)이 있거나 관다발이 없다(이 경우 엽상돌기라 함). **포자낭**은 진정포자낭, 동형포자성, 짧은 곁가지에 달리며, 끝이 둘로 갈라진 포크형 부속체에 싸이고, 3개(*Psilotum*) 또는 2개(*Tmesipteris*)의 포자낭이 결합하여 형성된 합생포자낭이다. **포자**는 신장형이고 연접흔은 단지형이다. **배우자체**는 광합성을 하지 않으며, 원기둥형, 부생성 및 균근성; 정자에 편모가 여러 개 있다.

솔잎난과는 전 세계의 열대 또는 난온대지역에 분포한다. *Psilotum*(솔잎난속, 2–3종, 열대 및 난대지역)과 *Tmesipteris* (약 15종, 동남아시아 내지 호주), 두 속을 포함한다. 원예식물로 재배하기도 한다(*Psilotum nudum*). 이 과에 관한 일반적인 내용은 Kramer(1990e)를 참조한다.

주요 특징: **뿌리**가 **없음**, 근경성, 다년생 초본, 줄기는 분지하지 않거나 **차상**으로 **분지**, 지상 줄기는 **광합성 수행**, 잎은 단엽, 나선상호생 또는 이열호생, **관속계가 없거나(엽상돌기)** 단일맥(**소엽성**)임, 포자낭 2개 또는 3개가 유합한 **합생포자낭**이 **포크형 부속체**에 감싸이는 짧은 측지에 달림, 배우자체는 **광합성을 하지 않음, 원주형, 균근성**.

MARATTIOPSIDA 마라티아강

마라티아강은 Marattiales(마라티아목), Marattiaceae(마라티아과)의 6속으로 구성된다. 주로 전 세계의 열대지역에 자란다. 이들은 Polypodiopsida(미역고사리강) 또는 박벽포자낭양치류에 매우 유사하여 커다란 우상복엽 또는 이회우상복엽을 지니며(**그림 4.27**A,F,H) 권상개엽을 하고, 포자낭은 소엽신 배축면에 달리며, 배우자체는 광합성을 한다. 그러나 마라티아목의 포자낭은 **진정포자낭**이다. 일부 분류군은 포자낭이 결합하여 **합생포자낭**을 이룬다(그림 4.27G,J,K). 마라티아목의 뚜렷한 파생형질은 "다환망상중심주"가 있다는 것이데(그림 4.1, 4.27C), 이는 관상중심주가 동심원의 고리처럼 보이는 것이다(그러나 아랫부분에서 관속계는 모두 연결된다).

Marattiaceae 마라티아과—6속 약 111종(그림 4.27).

커다란 육생 양치류, 조직에 점액관이 있다. **줄기**는 근경성이거나 직립하며, 나무기둥처럼 굳세고, 다환망상중심주 해부구조를 지닌다. **잎**은 권상개엽하고, 다 자란 잎은 크고, 탁엽이 있으며(탁엽은 크고, 줄기에 끝까지 붙어 있음), 단엽 또는 1–4회 우상복엽으로 엽병과 엽축에 엽침(pulvinus)과 뚜렷한 피목이 존재한다. **포자낭군**은 배축면에 있고, 잎 가장자리 바로 안쪽에 달리며 포막이 없다. **포자낭**은 진정포자낭으로 동형포자성이며, 눈에 잘 띄고, 수직으로(갈라지는 면이 엽신 표면과 수직임) 열개하며, 좁은 고리 형태로 배열하거나 유합하여 돌출

그림 4.26 Psilotales(솔잎난목), Psilotaceae(솔잎난과). **A–G.** *Psilotum nudum*(솔잎난). **A.** 차상분지를 나타내는 전체 외형. **B.** 차상분지성 지상 슈트 접사. **C.** 영양경 접사, 퇴화된 잎(엽상돌기)이 보임. **D.** 포크형 부속체에 놓인 합생포자낭 접사. **E.** 합생포자낭 횡단면. **F.** 포자, 단지형 표시(연접흔)를 지님. **G.** 줄기의 횡단면: 원생중심주로 가운데 물관부와 주변의 체관부 및 이들을 둘러싸는 내피를 지님. **H–I.** *Tmesipteris elongata*. **H.** 식물에 착생함. **I.** 2개로 천열하는 합생포자낭이 열개하고 있음. **J.** *Tmesipteris lanceolata*. 2개로 천열하는 합생포자낭 및 이를 끼워 싸고 있는 부속체(둘로 깊게 갈라져 있음)를 보여 준다.

그림 4.27 **A–K.** Marattiales(마라티아목), Marattiaceae(마라티아과). **A–E.** *Angiopteris*의 일종. **A.** 직립하는 굵은 줄기 및 2회우상복엽을 지님. **B.** 잎의 기부, 비후되어 있으며 숙존성 탁엽이 보임. **C.** 근경 횡단면, 다환망상중심주. **D.** 포자낭군, 각각은 진정포자낭으로 이루어짐. **E.** 포자낭군 횡단면, 진정포자낭들이 융합되어 있지 않음. **F,G.** *Danaea*의 일종. **F.** 우상복엽, 기부에 있는 염성 우편의 배축면에 수많은 합생포자낭이 존재함. **G.** 여러 진정포자낭으로 된 합생포자낭. **H–K.** *Marattia* spp.(마라티아속 종류들). **H.** 식물체 외형, 커다란 2회우상복엽을 지님. **I.** 소엽 접사. **J.** 소엽의 배축면, 엽연 안쪽에 줄지어 난 합생포자낭을 보여줌. **K.** 두 조각으로 열개하는 합생포자낭, 각각은 여러 진정포자낭을 지니고 있다.

또는 함몰된 합생포자낭을 이룬다(합생포자낭은 접선면에서 2개의 조각으로 갈라진다). **포자**는 삼지형, 단지형 또는 무지형이다. **배우자체**는 크고, 엽상체형이고 광합성을 한다.

마라티아과는 전 세계의 열대 및 난대 지역에 분포한다. 일부는 원예식물로 재배하거나 식용(줄기), 향유, 및 알코올음료(줄기의 전분 사용)로 유용하다. 6개의 속은 다음과 같다. *Angiopteris*, *Christensenia*(2종), *Danaea*(30종), *Eupodium* [*Marattia*] (신열대지역 분포), *Marattia* s.s. 및 *Ptisana* [*Marattia*] (구열대지역 분포). 마라티아과의 일반적인 내용은 Camus(1990), 계통수와 분류학적 재검토는 Murdock (2008a,b)을 참조한다.

주요 특징: 육생하는 양치류로 크고 **점액관**이 있음, 줄기는 **다환망상중심주**, 잎은 대개 크고, 단엽 내지 다회우상복엽, **진정포자낭**은 **잎 가장자리 바로 안쪽 배축면**에 달리며, 때로는 결합하여 **합생포자낭**을 형성.

POLYPODIOPSIDA 미역고사리강

Polypodiopsida(미역고사리강 또는 고란초강)는 흔히 Leptosporangiatae(**박벽포자낭양치류**)로 알려진 식물군에 해당한다. 양치류(양치식물문)의 주요 그룹 중에서 박벽포자낭양치류는 가장 종다양성이 높다(적어도 8,800에서 12,000종 이상이 존재할 것으로 추정).

박벽포자낭양치류는 일반 관속식물과는 다른 특별한 기재용어를 사용한다(제9장 참조). (4개 언어로 작성된 양치류 용어 개요: Lellinger 2002) 박벽포자낭양치류 대부분의 포자체는 다년생 초본 또는 교목이며, 일부는 예외적으로 수생으로 일년생인 경우도 있다(Salviniales 생이가래목). 거의 모든 박벽포자낭양치류에는 수평성 줄기인 **근경**(**그림 4.28**A,B)이 있는데, 이는 지면 또는 지중, 수면 또는 수중, 바위 표면 또는 틈안에서 뻗어 자라거나, 다른 식물에 붙어서 자란다. 일부 박벽포자낭양치류는 줄기가 **목본상**으로 길게 직립하는데, 일부 나무고사리 종류는 키가 20미터까지 자랄 수 있다(그림 4.40). 상당수의 양치류는 연약한 줄기 또는 길게 늘어진 잎으로, 지면 또는 다른 식물을 타고 뻗어 자라는 덩굴성이다(그림 4.37). 줄기의 해부 구조는 **외사관상중심주** 또는 **양사관상중심주**(그림 4.22A,B), **망상중심주**(그림 4.22C) 또는 **원생중심주**이며(그림 4.7), 분류군 식별에 유용하다.

마라티아목 식물처럼 박벽포자낭양치류의 미성숙한 잎은 **권상개엽**(circinate vernation)이라는 특징으로 발달하는데, 이는 잎의 크고 작은 축이 초기에 말려 있다가 나중에 펴지는 발달 방식을 말한다. 말려 있는 어린잎은 **양치유엽**(fiddlehead/croziers)이라 부른다(그림 4.28E). 권상개엽이나 양치유엽은 미역고사리강과 마라티아강의 파생형질이지만 이 특징은 종자식물의 소철류도 공유한다(제5장).

양치류의 잎은 형태가 매우 다양하다. 잎 자체는 **양치엽**(frond)이라 불리며, 엽병을 흔히 **양치엽병**(stipe)이라 한다. (하지만 여기서는 "잎"과 "엽병"이라는 용어를 사용할 것이다.) 양치류 잎의 첫 번째 소엽 또는 열편을 **우편**(pinna)이라 한다(그림 4.28C). 만일 엽신이 더 분할되면 1차 우편, 2차 우편 등의 용어를 사용한다. 가장 마지막의 소엽 또는 열편은 **소우편**(pinnule)이라 부른다(그림 4.28C; 제9장 참조). 잎의 크기, 유형(예, 단엽, 우상복엽, 2회우상복엽, 장상전열엽), 분할방식(예, 우열, 2회우열; 그림 4.28C, 제9장 참조)의 종 간 차이는 양치류 동정에 중요한 일차적 특징이다. 양치류 대부분의 잎은 서로 유사하다(**동형엽**). 그러나 일부 양치류의 잎은 **이형엽**으로 생식엽과 영양엽이 (단순히 생식기관의 유무뿐 아니라) 그 형태에 있어서도 차이를 보인다. 어떤 양치류의 우편은 이형성으로 (우편 또는 소우편의 변형인) 생식우편과 영양우편의 형태가 현저히 다르다.

엽맥은 양치류의 분류와 동정에 유용한 형질이다. 대부분의 양치류에서 전체적인 엽맥은 대개 가운데 맥이 양쪽으로 (깃털형으로) 갈라진 **우상맥**이지만, 기부에서 여러 개의 주맥이 뻗은 형태인 **장상맥**인 경우도 있다(제9장 엽맥 유형 참조). 그러나 가장 중요한 엽맥의 형질은 소우편 또는 잎의 가장 작은 열편에 뻗어 있는 최말단 엽맥의 유형이다. 말단 엽맥의 두 가지 일반적인 유형은 **개방형**과 **망형**(**문합형**)이다. 개방형 엽맥은 중앙맥 또는 우편의 기부에서 기원한 맥이 다시 연결되지 않는 것을 이른다. 개방형 엽맥은 분지하지 않는 단순형(simple, **그림 4.29**A)이거나 또는 가장자리로 가면서 두 갈래로 갈라지는 분지형(forked, 그림 4.29B)으로 구분한다. (만일 분지하여 만들어진 맥이 똑같다면 **차상맥**이라는 용어를 사용할 수 있다.) 망형 또는 문합형은 갈라졌던 맥이 다시 그물처럼 연결되어 망목극을 이루는 것을 말한다(그림 4.29C). 망상 구조는 복잡한 양상을 보이기도 하는데(예, 망목극 안에 망목극이 존재함) 이는 분류군의 식별형질이 된다. 양치엽의 엽맥 용어에 관한 상세한 내용은 Kramer and Green(1990)을 참조한다.

그림 4.28 박벽포자낭양치류의 형질. **A,B.** 근경, 이 그룹에서 가장 흔한 줄기 유형. **A.** 지하 근경(*Nephrolepis cordifolia*-줄고사리). **B.** 지상 근경(*Davallia trichomanoides*). **C.** 양치류의 잎 형태. 관련 용어 설명. **D.** 인편으로 덮인 줄고사리의 엽병. **E.** 양치유엽의 권상개엽을 보여줌. 초기(왼쪽)와 약간 펴진 상태(오른쪽)(*Polypodium aureum*).

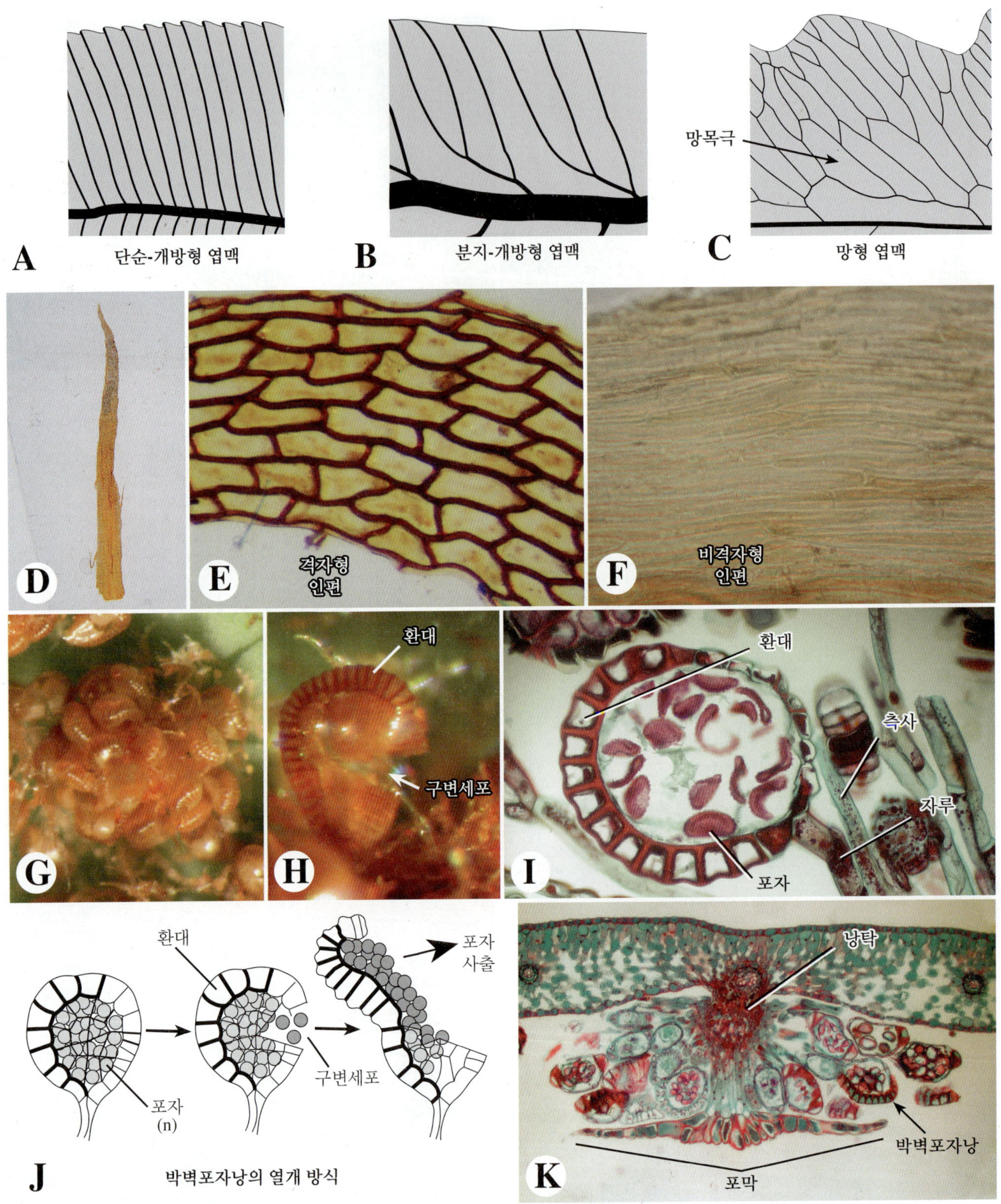

그림 4.29 박벽포자낭양치류의 형질. **A.** 개방형, 단순형 엽맥(*Blechnum procera*, 새깃아재비과). **B.** 개방형, 분지형 엽맥(*Dicranopteris linearis*-발풀고사리, 발풀고사리과). **C.** 망형(문합형) 엽맥(*Onoclea sensibilis*-야산고비, 야산고비과). **D.** 인편. **E.** 격자형 인편, 세포 간 세포벽(수층벽)이 두꺼움(*Asplenium nidus*, 꼬리고사리과). **F.** 비격자형 인편, 수층벽이 두껍지 않음(*Dryopteris arguta*, 관중과). **G–I.** 박벽포자낭. **G.** 포자낭군. **H.** 포자낭의 측면 모습, 환대와 구변세포를 보여줌. **I.** 박벽포자낭의 자루, 환대 및 측사가 보임. **J.** 박벽포자낭의 열개 방식(설명은 본문 참조). **K.** 포자낭군 종단면, 낭탁, 포자낭 및 포막을 보여 준다.

많은 박벽포자낭양치류는 **모용**(털) 또는 **인편**(작고 납작한 엽상 구조물로 줄기, 슈트 정단부, 엽병 또는 엽신에 나 있음; 예, 그림 4.29D)을 지니는데, 이것의 미세한 해부 구조는 유용한 분류형질이다. 예를 들어, 인편을 구성하는 세포의 수층벽(anticlinal wall)이 두꺼운 경우는 **격자형**(clathrate, 그림 4.29E) 인편이라 하고, 수층벽이 얇은 경우는 **비격자형**(non-clathrate, 그림 4.29F)이라 하며, 이를 다시 몇 가지 하위 유형으로 분류한다(Lellinger, 2002 참조).

박벽포자낭양치류의 일차적인 파생형질은 당연히 **박벽포자낭**이다(그림 4.1, 4.29G–I). 박벽포자낭은 (1) 1개 세포에서 발달하고, (2) 포자낭 벽을 이루는 세포층이 하나라는 점에서 매우 독특하다. 또한 박벽포자낭은 진정포자낭에 비해 담고 있는 포자의 수가 더 적은 경향이 있다. (고비과의 일부 종은 포자낭 벽의 시원세포가 둘 이상이라는 것과 상당히 많은 포자를 담고 있다는 점에서 두 포자낭 유형의 중간적인 특징을 보인다.) 박벽포자낭은 대개 기부의 **자루**(낭병)와 정단부의 **낭체**(sporangial body)로 구성된다. 박벽포자낭은 독특한 포자 산포 메커니즘으로 인해 양치류의 적응진화에 중요했을 것으로 생각된다. 낭체 벽의 일부는 한 줄로 늘어선 특화된 세포로 이루어지는데, 이를 **환대**라 한다. 환대의 세포는 안쪽 벽과 인접 환대 세포 사이의 벽이 비후된 특징을 보인다(그림 4.29J). 박벽포자낭이 성숙하고 마르기 시작하면 환대의 세포로부터 수분이 증발한다. 물 분자가 서로를 끌어당기면서 세포벽의 안쪽 표면으로 달라붙는 모세관 인력이 작용하면 비후되지 않아 연약한 세포 바깥쪽 면이 찌그러들게 된다. 이러한 찌그러짐으로 인해 박벽포자낭이 열개(裂開)하는데, 이는 주로 세포벽이 얇은 곳인 **구변세포**(stomium) 또는 열개부에서 일어나며, 이후 환대가 뒤로 젖혀진다(그림 4.29J). 환대가 충분히 뒤로 젖혀진 직후 세포내 수분이 완전히 증발하면 모세관 인력이 사라지고 환대가 투석기처럼 전진하는데, 이 과정에서 포자를 사출하는 것이다(그림 4.29J). (생이가래목의 박벽포자낭은 고도로 변형되어 환대가 없다.)

박벽포자낭은 흔히 무리를 지어 **포자낭군**(낭퇴, sorus)이라고 하는 별개의 집합체를 이룬다(**그림 4.30**A–E). 박벽포자낭들은 '**낭탁**(receptacle)'이라고 하는 곳에 붙는데(그림 4.29K), 어떤 종에서는 이것이 꽤 길게 돌출한다(예, *Trichomanes*, Hymenophyllaceae 처녀이끼과; 그림 4.35H–J). **측사**(paraphysis)라고 하는 털 같은 구조가 낭탁에서 자라나 포자낭과 뒤섞여 있는 경우도 있다(그림 4.29I). 엽신에서 기원한 **포막**이라 불리는 덮개조직이 포자낭군을 덮고 있는데(그림 4.29K, 4.30C–E), 이는 어린 포자낭을 보호하고 포자의 산포를 조절하는 역할을 할 것으로 생각된다. 포막의 존재 여부와 형태는 양치류 분류에 중요한 형질이다. 예를 들어, Aspleniaceae(꼬리고사리과)는 **포막성**으로 포막이 존재하는 반면에, Polypodiaceae(미역고사리과/고란초과)는 **무포막성**으로 포막이 없다(일부 과는 두 유형 모두 지닌다). 한편, 박벽포자낭이 포자낭군으로 명확히 뭉쳐 있지 않아서 잎의 표면에 산재하는 경우를 **아크로스티쿰형**(acrostichoid)이라 한다(이 특징을 보이는 식물인 *Acrostichum*에서 기원한 용어; 그림 4.30F). 일부 분류군에는 포막이 없이 엽신의 가장자리가 말려서 포자낭군을 덮는데, 이를 **위포막**이라 한다(그림 4.30G,H).

포막, 포자낭군 그리고 박벽포자낭의 몇몇 특징은 매우 중요한 분류형질이다. 포자낭군 및 포막의 모양과 엽신의 가장자리나 엽맥에 대한 이들의 위치는 유용한 식별형질이다. 포막의 형태에는 **신장형**(그림 4.30C), **원형**(그림 4.30D), **선형**(그림 4.30E) 등이 있다. 포막의 부착 유형에는 중심부에 자루가 있는 **방패형**(그림 4.30D)과 포자낭군을 옆에서 덮는 **측면형**(그림 4.30E)이 있다. 포자낭군과 관련된 특징에는 (1) 형태(전체 외형); (2) 낭탁의 형태와 크기의 변이; (3) 측사의 유무와 형태가 있다. 박벽포자낭의 발달 유형에는 (1) 포자낭군의 포자낭이 기부(주변부)에서 정단부를 향하는 유형과 정단부에서 기부를 향하여 차례로 성숙하는 유형; (2) 포자낭군 안의 포자낭들이 동시에 성숙하는 동시형(단순형); (3) 점진형과 동시형의 혼합형; (4) 일정한 발달 양상이 없는 불규칙형이 있다. 박벽포자낭의 자루 길이와 세포 수, 낭체의 크기와 모양, 환대의 형태와 위치, 구변세포, 열개선 등에도 변이가 크다(**그림 4.31**). 끝으로, 포자 역시 크기, 형태, 외벽(주위층)의 무늬, 색깔(광합성 여부), 포자낭 1개당 포자 수, 포자의 연접흔 유형(**삼지형**, **단지형**, **무지형**; 그림 4.11 참조) 등에도 변이가 존재한다.

비종자관속식물과 마찬가지로 박벽포자낭양치류 역시 "우세한" 포자체 세대와 분리된 반수체 배우자체 시기를 지닌다. 양치류 배우자체는 매우 작으며 대부분 심장형으로, 녹색이고(광합성 수행) 납작하며 얇지만, 그 형태가 다양하여 분류학적으로 중요하다. 배우자체는 주로 지표면에 자라고 실 같이 생긴 흡수/부착 구조인 **가근**을 가지고 있다. (이형포자성인 생이가래목의 배우자체는 다른 박벽포자낭양치류와 사뭇 다름) 양

그림 4.30 박벽포자낭양치류의 형질: 포자낭군, 포막, 포자낭. **A–B.** 무포막성 포자낭군(*Polypodium* spp.–미역고사리속 종류들, 미역고사리과). **C.** 포막성 포자낭군, 포막은 신장형(*Nephrolepis cordifolia*–줄고사리, 줄고사리과). **D.** 포막성 포자낭군, 포막은 원형, 방패형으로 부착함(*Cyrtomium falcatum*–도깨비쇠고비, 관중과). **E.** 포막성 포자낭군, 포막은 선형(*Asplenium bulbiferum*, 꼬리고사리과). **F.** 아크로스티쿰형 포자낭(*Platycerium* sp. 박쥐란속의 일종, 미역고사리과). **G–H.** 위포막(*Adiantum* spp.–공작고사리속 종류들, 봉의꼬리과).

치류 배우자체에는 정자를 생성하는 **장정기**와 난자를 만드는 **장란기**가 있다(**그림 4.32**). 정자 세포는 꼬여 있고 편모가 많다. 사실상 거의 모든 비현화(non-flowering) 육상식물처럼 정자는 장란기 안의 난자와 수정한다. 그 결과로 생성된 접합자는 분열하여 배(미성숙 포자체)로 분화하는데, 이는 발생 초기에 배우자체에 붙어 있다(그림 4.32). 그러나 포자체는 곧 배우자체로부터 독립하고(배우자체는 점차 스러짐) 지속하여 우세, 즉 생활환의 대부분을 차지하게 된다(모든 관속식물의 특징임; 그림 4.1). 양치류의 포자체는 배우자체로부터 무성생식을 통해 발달할 수도 있는데, 이를 **무배생식(apogamy)**이라 한다.

마지막으로, 이배체(**2n**) 및 반수체(**n**)의 염색체수나 기본 염색체수(**x**)는 양치류의 상위 및 하위 분류체계 수립에 중요하

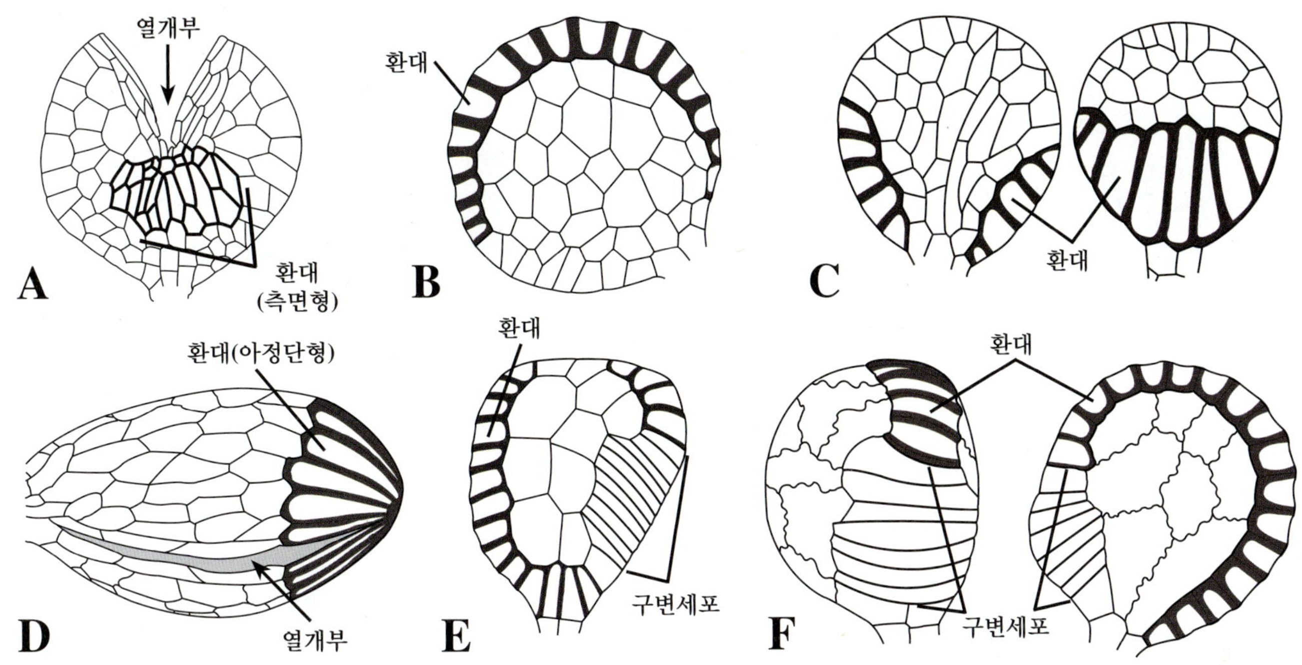

그림 4.31 박벽포자낭양치류—박벽포자낭의 형태. **A.** *Osmunda claytoniana*(음양고비, 고비과), 측면 환대 및 정단부 열개선. **B.** *Hymenophyllum australe*(처녀이끼과), 종으로 나 있는 환대. **C.** *Gleichenia pectinata*(발풀고사리과), 횡으로 나 있는 환대. **D.** *Schizaea bifida*(Schizaeaceae), 정단부 근처에서 횡으로 완전히 이어져 있는 환대. **E.** *Cyathea medullaris*(나무고사리과), 종으로 나 있는 환대. **F.** *Pteridium aquilinum*(잔고사리과), 종으로 나 있는 환대. 출전: Smith(1955).

게 사용되어 왔다.

박벽포자낭양치류는 주로 원예식물로서 유용하다. 그러나 일부 양치류(주로 양치유엽/어린잎)는 식용이며, 일부는 약용, 섬유나 돗자리 제조용 또는 향신료로도 이용된다.

박벽포자낭양치류의 분류는 예로부터 매우 다양하며, 여전히 관련 연구가 활발히 진행되고 있다. 아래의 기재는 박벽포자낭양치류를 7목 31과로 분류하는 Smith et al.(2006)의 분류체계를 따른 것인데(표 4.1), 이는 분자계통분석의 결과를 반영한 것이다(Pryer et al. 2001a, 2004a, Schuettpelz et al. 2006; 더 많은 참고문헌은 Smith et al. 2006, 일반적인 내용은 Kramer 1990d 참조, 계통수는 그림 4.33을 참조한다). 이들 목이나 과가 단계통으로 보이지만, 이 중 일부는 분류군의 식별형질이 빈약하여 인식하기 어렵다(예, 미역고사리목의 일부 과). 양치류의 개요로는 Tryon and Tryon(1982)과 Kramer and Green(1990)을 참조한다.

OSMUNDALES 고비목

고비목은 고비과 하나만 포함한다.

Osmundaceae 고비과—6속(*Leptopteris*, *Osmunda* 고비속, *Todea* 등) 약 18종(그림 4.31A, 그림 4.34).

고비과는 육생식물이다. **줄기**는 직립성(일부는 "나무고사리"같은 목본상), 뚜렷이 구분되는 물관부 지역이 환상으로 배열하는 외사관상중심주이다. **잎**은 1-2회 우상복엽 또는 우열, 엽병 기부에 탁엽이 있으며, 이형성으로 영양엽과 생식엽이 따로 있거나 영양우편과 생식우편으로 구분된다. **포자낭군**과 **포막**은 없고, 포자낭은 잎이나 우편의 배축면에 달린다. **포자낭**은 낭체가 크고 자루는 짧으며 정단부에서 쪼개져 열리고, **환대**는 측면에 있다. **포자**는 녹색, 아구형, 삼지형이고, 한 포자낭에 128-512개 들어 있다. **배우자체**는 비교적 크고, 녹색이며, 심장형이고 지표면에서 자란다. 염색체수: x = 22.

고비과의 식물은 열대와 온대지역에 자란다. 일부 원예식물이 있고(예, *Osmunda* spp., *Todea barbara*), 섬유와 식재료로도 이용한다. *Osmunda regalis*는 켈트맥주 제조에 사용한다. 이 과에 관한 일반적인 내용은 Kramer and Viane(1990b), 계통수는 Yatabe et al.(1999)을 참조한다.

주요 특징: **직립성 줄기**(간혹 목본상), 분리된 물관부로 이

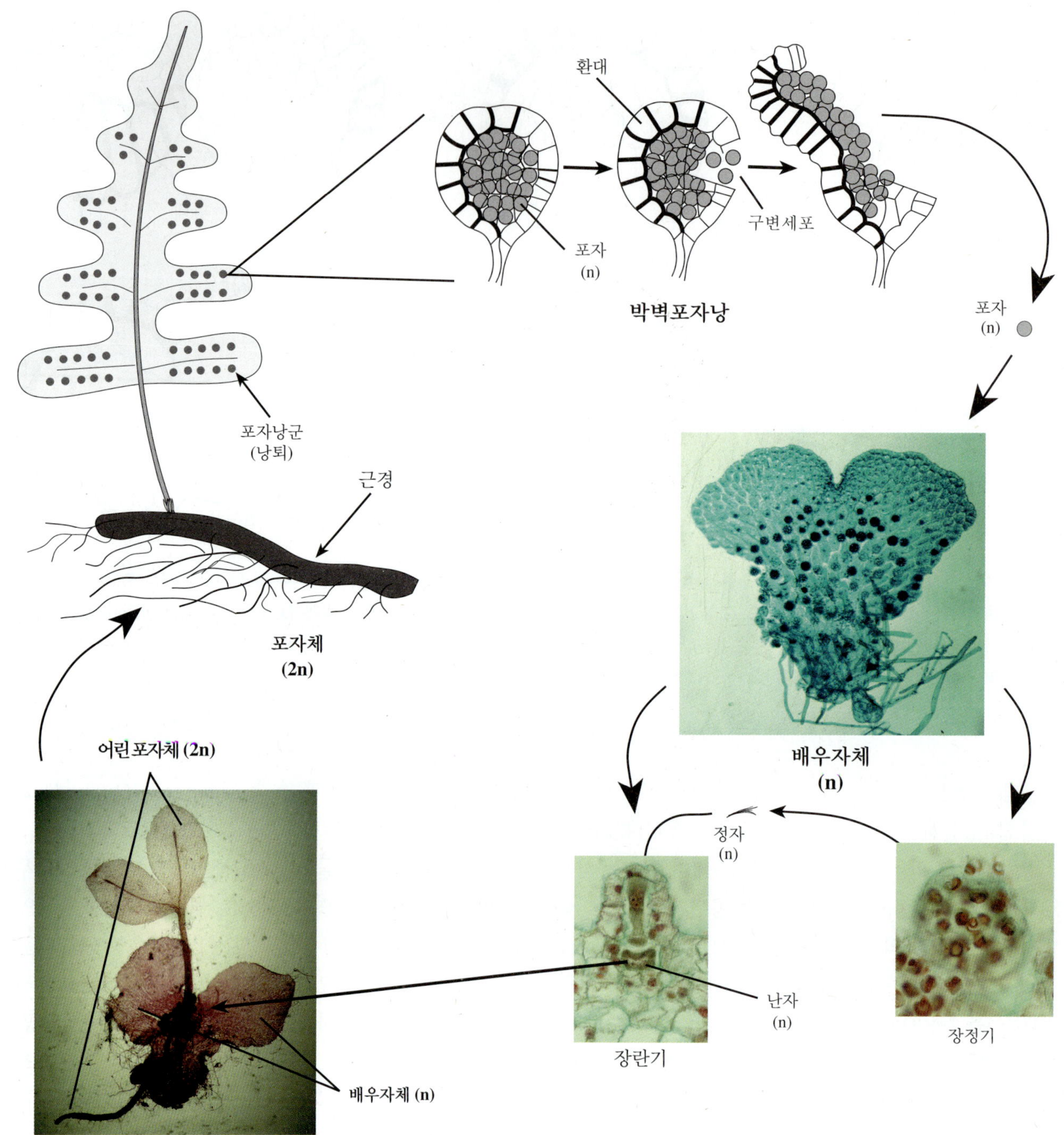

그림 4.32 박벽포자낭양치류의 생활환. 포자 산포방식, 배우자체 발달, 수정, 포자체 발달을 유의해서 살펴보자.

루어진 외사관상중심주, **이형성 잎** 또는 **우편**, **포자낭군**과 **포막**이 **없음**, 포자낭은 자루가 짧고 낭체가 크며, **정단부에서 쪼개져서 열리고**, **환대**가 **측면**에 있음.

HYMENOPHYLLALES 처녀이끼목

처녀이끼목은 처녀이끼과 하나만 포함한다.

Hymenophyllaceae [Trichomanaceae 포함] 처녀이끼과—9속 약 434종(그림 4.31B, 그림 4.35).

주로 바위에 붙어 자라거나 육생한다. **줄기**는 근경성으로, 근경은 인편이 없고 가늘며, 기어 자라거나 두껍게 직립하고, 원생중심주를 지닌다. **잎**은 대개 세포 1개 두께이며, 기공이 없고, 각피는 없거나 퇴화되었으며, 엽신의 인편은 주로 없고, 털

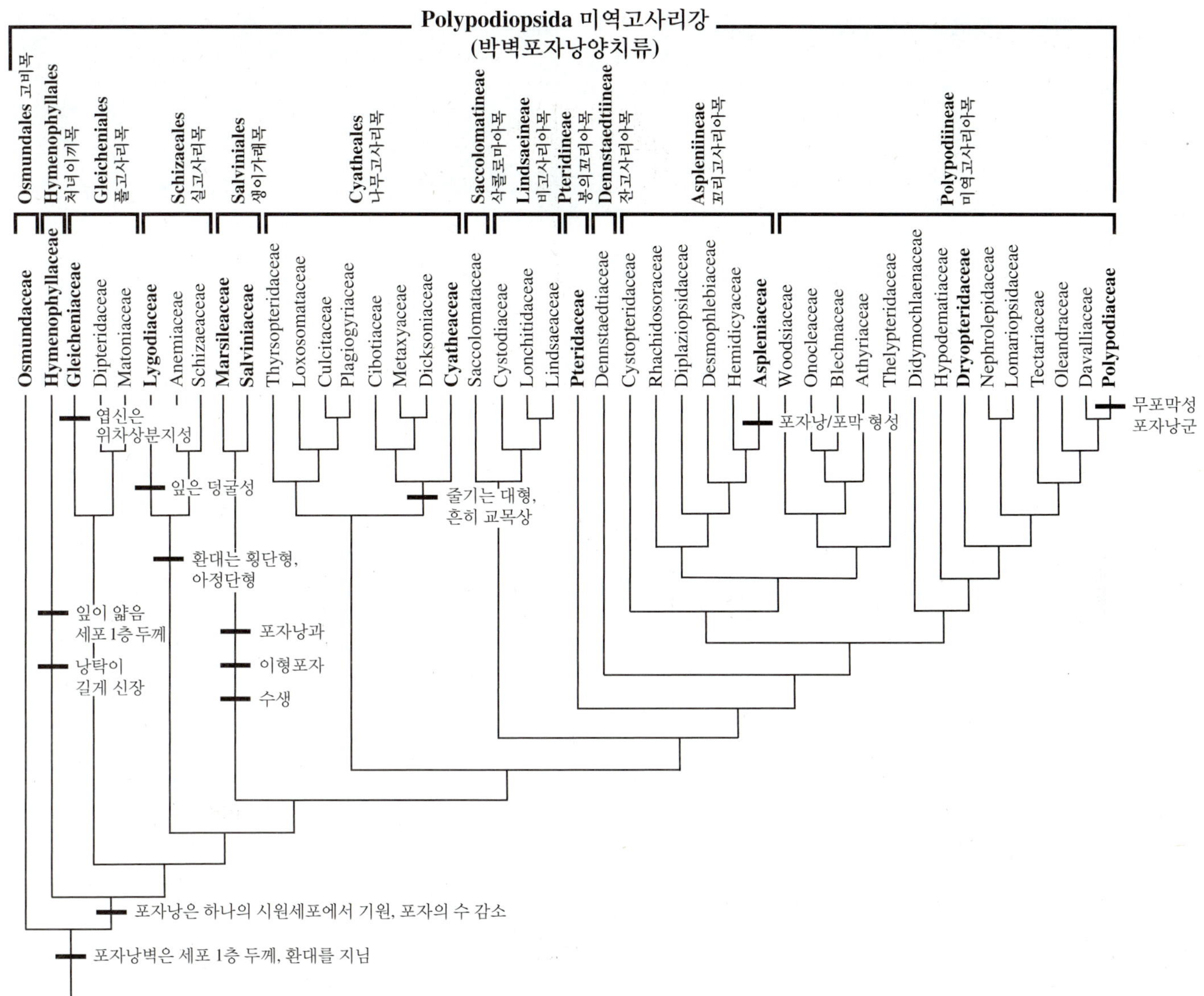

그림 4.33 박벽포자낭양치류의 목/과의 계통수(Smith et al. 2006) 및 파생형질. 볼드체로 표시된 과는 이 책에 상세히 기재하였다.

이 간혹 나있으며, 엽맥은 개방형이다. **포자낭군**은 잎 가장자리에 있고, **낭탁**은 길게 돌출하는데 엽맥 끝에 이어져 있다. **포막**은 원추형, 관형 또는 조가비형(bivalvate)이다. **포자낭**은 정단부에서 기부를 향하여 성숙하고, **환대**는 종으로 나 있다. **포자**는 녹색, 구형, 삼지형이다. **배우자체**는 실 또는 리본형이고, 흔히 조각을 내거나 무성아를 통해 증식한다. 염색체수: x = 11, 12, 18, 28, 32, 33, 34, 36.

처녀이끼과는 다음 두 자매군으로 구성된다. (1) "트리코마네스(trichomanoid)" 분계군(*Trichomanes* 포함) (2) "처녀이끼(hymenophylloid)" 분계군(*Hymenophyllum* 처녀이끼속 포함). 이들은 열대 전지역 및 남온대의 습한 지역(운무림, 물가)에서 자란다. *Trichomanes*의 일부 종(예, 콩팥고사리)은 관상식물이다. 이 과에 관한 일반적인 내용은 Iwatsuki(1990)과 Hennequin et al.(2003)을, 최근의 계통수는 Ebihara et al.(2006)을 참조한다.

주요 특징: **인편**이 **없음**, 근경은 가늘게 기어 자라며 **원생중심주**를 지님, **잎**은 대개 **세포 1개 두께**, **기공**이 **없음**, 포자낭군은 잎 가장자리에 있으며, **포막**은 **원추형**, **관형** 또는 **둘로 갈라진 형태**, **낭탁**은 **길게 돌출**.

GLEICHENIALES 발풀고사리목

발풀고사리목은 170종 이상을 포함하는 3개 과로 이루어져

그림 4.34 박벽포자낭양치류—Osmundales(고비목). Osmundaceae(고비과). **A–B.** *Leptopteris superba*, 2–3회 우상복엽. 비교적 큰 구형 포자낭을 볼 수 있음. **C.** *Osmunda cinnamomaea*(꿩고비). **D.** *Osmunda claytoniana*(음양고비). **E.** *Todea barbara*, 2회 우상복엽.

그림 4.35 박벽포자낭양치류—Hymenophyllales(처녀이끼목). Hymenophyllaceae(처녀이끼과). **A–C.** *Hymenophyllum tunbrigense*. **A.** 쓰러진 나무에 자라는 식물체. **B.** 잎, 향축면. **C.** 잎, 배축면, 조가비형 포막을 지닌 포자낭군이 보임. **D,E.** *Hymenophyllum dilatatum*, 잎과 조가비형 포막. **F.** *Hymenophyllum flabelliforme*, 잎. **G,H.** *Trichomanes reniforme*. **G.** 미성숙한 잎, 개방형 차상맥이 보임. **H.** 박벽포자낭을 달고 있는 기다란 낭탁. **I,J.** *Trichomanes endlicherianum*, 포자낭군 및 길게 신장한 낭탁.

있는데, 여기에서는 이 가운데 1개 과를 기재하였다. 이 목의 식별형질로는 뿌리의 중심주가 3-5개의 원생물관부 극을 지닌다는 것과 장란기병이 6-12개의 좁고 비틀린 또는 굽은 세포로 이루어졌다는 것이다.

Gleicheniaceae [Dicranopteridaceae 및 Stromatopteridaceae 포함] 발풀고사리과—6속(*Dicranopteris* 발풀고사리속, *Gleichenia*, *Stromatopteris* 포함) 약 157종(그림 4.31C, **그림 4.36**).

육생하며, 흔히 개활지에 밀집하여 자란다. **줄기**는 근경성으로, 기어 자라고, 차상으로 분지하며 원생중심주 또는 드물게 양사관상중심주를 지닌다. **잎**은 1-2회 우상복엽, 흔히 무한생장성(때로 매우 길게 자람), 엽축은 위차상분지, 엽맥은 개방형이다. **포자낭군**은 구형, 배축면에 있으며, 잎 가장자리에서 떨어져 있고, 무포막성이다. **포자낭**은 구형 내지 서양배처럼 생겼으며, 5-15개가 모여 있고, 동시에 성숙하며, **환대**는 횡으로 나 있다. **포자**는 구상(globose)-사면체형이거나 좌우대칭형이고, 삼지형 또는 단지형, 포자낭당 128-800개 들어 있다. **배우자체**는 크고, 녹색이며, 지표면에 존재하고, 곤봉형 털이 있으며, 내생균근이 있다. 염색체수: x = 22, 34, 39, 43, 56.

발풀고사리과는 열대지역에 폭넓게 분포한다. *Dicranopteris linearis*의 줄기 섬유를 밧줄, 돗자리, 고기잡이 망태기 등을 만든다. 일부 종은 원예식물이다(예, *Sticherus* 종류). 이 과에 관한 일반적인 내용은 Kramer(1990b)을, 과와 목의 계통수는 Pryer et al.(2004a) 및 Schuettpelz et al.(2006)을 참조한다.

주요 특징: **개활지**에서 **밀집**하여 자람, **잎**은 대개 **길고, 무한생장성, 엽축은 위차상분지성, 포자낭군은 구형, 무포막성**, 포자낭의 **환대**는 **횡**으로 나 있음.

SCHIZAEALES 실고사리목

실고사리목은 Anemiaceae, Lygodiaceae(실고사리과), Schizaeaceae 내에 190여 종을 포함하고 있으며, 이 가운데 실고사리를 아래에 기재하였다. 이 분류군의 공통적인 형태적 특징은 이형엽을 지니며 포자낭군이 뚜렷하지 않다는 것과 포자낭의 환대가 정단부 근처에서 횡으로 완전히 이어져 있다는 것이다(그림 4.31D, 4.37). 이 목의 계통수는 Skog et al.(2002)을 참조한다.

Lygodiacee 실고사리과—1속 약 40종(**그림 4.37**).

육생하며 덩굴성이다. **줄기**는 근경성, 가늘고 기어 자라며, 털이 나 있고, 원생중심주를 지닌다. **잎**은 무한생장성, 덩굴성으로 길게 신장하는 엽축에 우편이 호생하는데, 우편은 위차상분지성이고, 엽맥은 개방형 또는 문합형이다. **포자낭군**은 배축면에 있고, 최종 우편의 열편에 형성되며 포막처럼 생긴 덮개가 포자낭을 덮고 있다. **포자낭**은 포자낭군당 1개이고, **환대**는 정단부 근처에서 횡으로 완전히 이어져 있다(그림 4.31D). **포자**는 사면체형, 삼지형, 포자낭당 128-256개 들어 있다. **배우자체**는 녹색, 심장형, 지표면에서 자란다. 염색체수: x = 29, 30.

열대 전역에 분포한다. 엽축을 섬유/돗자리 제작에 사용하며, 일부 종은 강한 잡초이다. 이 과에 관한 일반적인 내용은 Kramer(1990f)를 참조한다(이 문헌에는 Schizaeaceae 내에 포함되어 있다).

주요 특징: **잎**은 **무한생장성, 엽축**은 **덩굴성, 위차상분지성**인 **우편**이 호생, 우편은 **이형성, 포자낭군**은 **최종 우편의 끝에** 형성됨, 각 **포자낭군은 하나의 포자낭**으로 이루어지며 **포막같은 덮개**로 덮임, 포자낭의 **환대**는 정단부 근처에서 횡으로 완전히 이어져 있음.

SALVINIALES 생이가래목

생이가래목은 박벽포자낭양치류 중에서 특이한 분류군으로 수생성인 Marsileaceae(네가래과)와 Salviniaceae(생이가래과), 2개 과를 포함한다. 일부 종은 작은 연못이나 수족관을 꾸미기 위해 재배한다. 생이가래목은 박벽포자낭양치류 중 유일하게 석송식물인 *Selaginella*(부처손속)와 *Isoetes*(물부추속)와 같은 **이형포자성**으로 대포자낭과 소포자낭이 따로 있어 각각 대포자와 소포자를 생성한다. 두 종류의 포자낭 모두 종자처럼 단단한 외벽을 지닌 구형 **포자낭과**(sporocarp) 안에서 일반 박벽포자낭과 똑같은 방식으로 발달한다. 포자낭과는 보호(포자낭이 마르는 것 방지)와 휴면 기능이 있다. 생육기 말에 만들어진 포자낭과는 생장을 재개할 수 있는 조건이 이를 때까지 휴면상태에 머무는데, 일부 포자낭과는 수십 년 동안 휴면하며, 때가 되면 "발아(포자낭과가 열림)"하여 젤라틴성 삼출액에 들어 있던 포자를 방출한다. 석송식물과 마찬가지로 대포자는 크며, 몇 개만 생성된다(일반적으로 대포자낭당 1개). 반수체 핵을 지닌 대포자는 유사분열과 분화 과정을 통해 자성배우자체로 발달하는데, 이는 적어도 부분적으로는 대포자 내에서 진행된다(석송식물에서도 볼 수 있는 특징인 **포자내발생성** 배우자체). 자성배우자체는 1개 이상의 장란기를 지닌다. 이와는 대조

그림 4.36 박벽포자낭양치류—Gleicheniales(발풀고사리목). Gleicheniaceae(발풀고사리과). **A,B.** *Gleichenia microphylla*. **A.** 위차상분지성으로 갈라지는 잎. **B.** 잎의 배축면, 빽빽한 털이 보임. **C,D.** *Sticherus cunninghamii*. **C.** 위차상분지성으로 갈라지는 잎. **D.** 포자낭군 접사, 각각은 포자낭 3–5개를 지님. **E,F.** *Dicranopteris linearis*(발풀고사리). **E.** 긴 위차상분지성 엽축. **F.** 소우편의 배축면 접사. 포자낭군은 여러 개의 포자낭으로 이루어져 있다.

그림 4.37 박벽포자낭양치류—Schizaeales(실고사리목). Lygodiaceae(실고사리과). **A,B.** *Lygodium japonicum*, 덩굴성 양치류. **A.** 식물체는 기다란 무한생장성 엽축을 통해 덩굴성으로 자람. **B.** 생식엽 접사, 잎의 최종 열편 끝에 형성된 포자낭군. **C–F.** *Lygodium crticulatum*. **C.** 한 장의 잎, 엽축이 다른 식물체를 감고 있으며, 우편이 호생함. **D.** 생식우편(오른쪽), 배축면에 포자낭이 모여 있음. **E.** 잎의 최종 열편, 배축면, 포자낭군이 줄지어 형성되어 있음. **F.** 포자낭군 접사, 각각은 포막처럼 생긴 것이 포자낭 하나를 감싸고 있다.

적으로, 소포자는 작고 많은 수가 만들어진다. 각 소포자는 웅성 배우자체로 자라는데, 여기에는 1개 이상의 장정기가 만들어진다. 이러한 생식 특징(이형포자성, 대포자낭당 대포자수의 감소, 포자내발생성)은 종자의 진화에서도 볼 수 있다(제5장 참조).

Marsileaceae 네가래과—3속(*Marsilea* 네가래속, 우편 4개; *Pilularia*, 실처럼 생긴 잎; *Regnellidium*, 우편 2개) 약 61종(그림 4.38).

수생, 바닥에 뿌리를 박고 자라며, 잎이 물 밖으로 나오거나, 때로는 엽신이 (존재하는 경우) 부유성이다. **줄기**는 근경성, 길고 가늘게 기어 자라며, 흔히 털이 나 있고, 통기조직과 양사관상중심주를 지닌다. **잎**은 권상개엽성, 단엽(엽신이 없음, *Pilularia*) 또는 장상복엽으로 무병성 소엽(우편)이 2장 또는 4장 있으며, 엽맥은 차상맥으로 흔히 정단부에서 합쳐진다. **포자낭과**(복엽 또는 우편의 변형)는 신장형으로 엽병의 기부 또는 엽액에서 나오는 자루에 달리고, 각 포자낭과는 양분되어 각각의 내부에 여러 줄의 포자낭군이 형성된다. **포자낭군**은 대포자낭과 소포자낭이 기둥처럼 배열하여 이루어지는데, 두건처럼 생긴 포막 안에 둘러싸여있으며, 포자낭에는 환대가 없다. 발아(물속에서 일어남) 시 포자낭과로부터 포자낭군 여러 쌍이 붙어 있는 기다란 젤라틴 구조(sorophore)가 방출된다. 각 **대포자낭**에는 삼지형 대포자가 1개 들어 있다. **대포자**는 물에 침윤된 후 젤라틴체(acrolamellae)를 방출한다. 이 젤라틴체는 정단부가 좌우로, 기부는 위아래로 접힌 구조이며, 중심부에는 액체로 가득 찬 지역인 정자수용부(sperm lake)가 있어서 이곳으로 정자가 이동해 들어온다. 대포자낭의 벽은 부서져 사라지며, 포자내발생성 자성배우자체가 대포자 정단부에 장란기(1개)를 형성하고 그 부위의 대포자벽이 터지면서 정자수용부로 돌출한다. **소포자낭**은 삼지형 소포자를 여러 개 생성하는데, 각각의 **소포자**는 포자내발생성 웅성배우자체를 형성하며, 여기서 생성된 코일처럼 꼬인 다편모성 정자 다수가 소포자벽과 소포자낭벽을 부수고서 방출된다. 이중 일부는 젤라틴 덩어리의 열린 틈을 통해 정자수용부로 들어와서 결국 장란기에 도달하게 된다. 염색체수: x = 10(*Pilularia*) 또는 20(*Marsilea*).

네가래과는 거의 전 세계에 분포한다. *Marsilea*(네가래속) 일부 종의 포자낭과 혹은 잎을 식용하며, 몇몇 종(특히 *Marsilea* 종류 및 *Regnellidium diphyllum*)은 원예식물이다. 이 과에 관한 일반적인 내용은 Kramer(1990c), 계통수는 Pryer(1999), 포자 형태에 관한 연구는 Schneider and Pryer(2002)를 참조한다.

주요 특징: 근경성, **수생** 양치류, 잎은 **엽신이 없거나 장상복엽**(**소엽** 또는 우편은 **2개** 또는 **4개**이며, **소엽병**이 **없음**), 포자낭군은 종자처럼 생긴 **포자낭과** 안에서 발생, 포자낭과는 발아하여 포자낭군 및 포자낭을 지닌 **기다란 젤라틴 덩어리**를 방출, 포자는 **이형포자성**.

Salviniaceae 생이가래과—2속(*Azolla*–물개구리밥속, *Salvinia*–생이가래속) 약 21종(그림 4.39).

수생 초본, 부유성이다. **뿌리**는 없거나(*Salvinia*) 있으며(*Azolla*), 뿌리가 있는 경우 통기조직이 발달하고 근관은 없으며 땅에 박히지 않는다. 줄기는 근경성, 차상으로 분지하고, 원생중심주를 지니며 통기조직이 있다. **잎**은 단엽, 이형성, 통기조직이 있으며, 다 자라면 이열호생하거나(*Azolla*) 3개씩 윤생하고(*Salvinia*; 2개는 부유성, 1개는 뿌리처럼 생겼으며 침수성), 엽신은 원형 내지 장타원형이고, 가장자리는 밋밋하며, 엽맥은 개방형 또는 문합형이다. *Salvinia*의 경우 잎의 상면에 물을 밀어내는 털이 나있다. *Azolla*는 엽신이 2개로 얕게 갈라지는데, 하부 열편은 물에 잠기며 대부분 비광합성이고, 상부 열편은 물 밖으로 나와 광합성을 하며, 큰 점액강에 질소고정 남세균(*Anabaena azollae*) 군체가 들어 있다. **포자낭과**(포자낭군과 포막이 보호벽으로 변형된 구조)는 구형, 이형포자성, 각각은 성숙 시 대포자낭 하나 또는 소포자낭 여러 개를 지닌다. **대포자낭** 안에는 젤라틴 덩어리(massulae)에 매몰된 대포자 1개가 있고, 각 대포자는 포자내발생성 자성배우자체를 형성하는데, 이것의 정단부에 여러 개의 장란기가 형성되어 돌출한다. **소포자낭** 안에는 젤라틴 덩어리(갈고리 구조를 형성하기도 함)에 매몰된 소포자가 많이 들어 있다. 염색체수: x = 9(*Salvinia*), 22(*Azolla*).

생이가래과는 거의 전 세계에 분포한다. *Salvinia*(생이가래속)는 원예용으로 재배하고(일부는 수계의 잡초) *Azolla*(물개구리밥)는 (수면을 뒤덮어버림으로써) 모기를 퇴치하는 데 사용하거나, 동물 사료용이고, 논에 (질소고정 공생세균이 만든) 질소를 공급하기 위해 뿌린다. 이 과에 관한 일반적인 내용은 Schneller(1990a,b), 계통수는 Reid et al.(2006)을 참조한다.

주요 특징: **부유성 수생 초본**, 잎은 단엽, **3개씩 윤생**(2개는 부유성, 1개는 뿌리처럼 생겼음)하고 **물을 밀어내는 털**이 나 있거나(*Salvinia*) 또는 **2열성**이면서 **2개로 천열**, 상부 열편에

그림 4.38 박벽포자낭양치류—Salviniales(생이가래목). Marsileaceae(네가래과). **A–I.** *Marsilea sp*.(네가래속의 일종). **A.** 뿌리와 잎이 달린 근경. **B,C.** 잎 접사, 4장의 우편. **D.** 권상개엽을 보여주는 어린잎. **E.** 포자낭과의 종단면, 두꺼운 외벽 안에 여러 소포자낭 및 대포자낭이 보임. **F.** 포자낭과 접사, 소포자가 많은 소포자낭과 대포자 1개가 들어 있는 대포자낭이 보임. **G.** 자성배우자체, 윗부분의 젤라틴 덩어리와 정자수용부. **H.** 정자 접사, 젤라틴 덩어리에 묻혀 있음. **I.** *Marsilea quadrifolia*(네가래) 표본. 근경에 포자낭과가 달려 있음. **J.** 식물체 생육지. **K.** 흙을 제거한 상태, 땅속에 있던 포자낭과를 볼 수 있다.

그림 4.39 박벽포자낭양치류—Salviniales(생이가래목). Salviniaceae(생이가래과). **A–E.** *Azolla*(물개구리밥속). **A.** 옆으로 뻗는 영양 슈트. **B.** 이열호생하는 잎 접사. **C.** 잎의 밑면, 하부의 비광합성 열편과 상부의 광합성 열편. **D.** 상부 잎 열편에 공생 남세균(*Anabaena azollae*)이 사는 공간이 보임. **E.** *Anabaena azollae*를 꺼내서 본 모습. **F–H.** *Salvinia*(생이가래속). **F,G.** 잎 접사, 물분자를 밀어내는 털이 있음. **H.** 부유성 잎 두 장과 뿌리처럼 생겨 물에 잠기는 잎이 근경의 마디에 달려 있는 것을 볼 수 있다.

남세균이 공생하며(*Azolla*), **포자낭군**은 **포자낭과로 변형**되어 각각 대포자 1개 또는 소포자 여러 개를 지니고, **젤라틴 덩어리**(massulae)에 매몰되어 있음.

CYATHEALES 나무고사리목

나무고사리목은 8개과 700종 이상을 포함한다(표 4.1). 줄기는 목본상이거나 근경성으로 털 또는 특징적인 인편이 나 있다. 포자낭군은 엽연 또는 배축면에 형성되며, 포막은 있거나 없다. 포자는 삼지형이고, 배우자체는 녹색이며 심장형이다. 대부분의 종은 아래 기재한 Cyatheaceae(나무고사리과)에 포함된다. 그 밖에 Cibotiaceae, Dicksoniaceae 등이 있는데, 이들 역시 목본상 "나무고사리" 종류를 많이 포함하고 있으며 이들 중 일부는 원예적 가치가 있다. 이 목의 계통수는 Wolf et al.(1999)를 참조한다.

Cyatheaceae 나무고사리과—3속(*Alsophila, Cyathea, Sphaeropteris*) 643종(**그림 4.40**).

대부분 육생, 일부는 식물에 착생한다. **줄기**는 대개 목본상(나무고사리), 줄기에는 잎 또는 잎의 기부가 숙존하며, 슈트 정단부와 엽병 기부는 커다란 인편 또는 털로 덮여 있고, 다환 망상중심주를 지닌다. **잎**은 대개 크고(최대 길이 5 m), 엽신은 1–3회 우상복엽(드물게 단엽), 엽병에는 불연속적인 배기조직(pneumathodes)이 두 줄로 뚜렷하게 나 있다. 엽신의 엽맥은 개방형으로 단순형(비분지형) 내지 분지형이고, 드물게 문합형이다. **포자낭군**은 배축면에 형성되는데, 둥글고, 맥상 또는 맥 말단에 형성되며, 엽연 또는 엽연 가까이에 있고, 측사가 존재하며, 무포막성 또는 포막성이고, 낭탁은 솟아 있다. **포막**은 (존재할 경우) 접시형, 술잔형, 조가비형 또는 구형이고 포자낭을 완전히 둘러싼다. **포자낭**은 점진적으로 성숙하고, **환대**는 종으로 나 있다. **포자**는 사면체형, 삼지형이고, 표면 문양이 다양하다. **배우자체**는 녹색이고, 심장형이다. 염색체수: x = 69.

열대 전역에 분포하는데, 특히 산악 수림에서 자란다. 수간을 건축 재료나 벌통을 만들 때 사용하며, 전분성 수(pith)는 동물의 먹이이고, 식물체의 다양한 부위를 약용한다. 일부 종은 잡초처럼 퍼지며, *Cyathea*의 종은 주요한 원예식물이다. 이 과에 관한 일반적인 내용은 Kramer(1990a)을, 최근의 계통수는 Korall et al.(2007)을 참조한다.

주요 특징: 대부분 **목본상**, 슈트는 **털** 또는 **인편**으로 덮임, **잎은 매우 크고**, 대개 1–3회 우상복엽, 포자낭군은 **무포막성 또는 포막성**, 포막은 (있을 경우) **접시형, 술잔형, 조가비형**, 또는 **구형**이고, 포자낭을 완전히 감싸며, 포자낭의 **환대**는 **종방향**으로 나 있다.

POLYPODIALES 미역고사리목

미역고사리목은 26과 8,700여 종을 포함하는 커다란 그룹이며(그림 4.33), 그중 4개 과를 여기 기재하였다. 이 목의 식물은 포막성(측면형 또는 방패형)이거나 무포막성이다. 포자낭자루는 가늘고(세포 1–3개로 구성) 대부분 길며, 낭체 측면에 구변세포가 있고, 환대는 종으로 연속되어 나 있다(자루와 구변세포 부분 제외). 배우자체는 녹색이며, 대부분 심장형이고 지표면에서 자란다. 이곳에 기재하지 않은 과 중에서 관상식물을 포함하는 것으로 Nephrolepidaceae(줄고사리과; *Nephrolepis*–줄고사리속)와 Blechnanceae(새깃아재비과; *Blechnum* 및 *Woodwardia*–새깃아재비속)가 있다. Onocleaceae(야산고비과)의 *Matteuccia struchiopteris*(타조고사리)의 어린잎은 식용이다.

Aspleniaceae 꼬리고사리과—2속(*Asplenium*–꼬리고사리속, *Hymenasplenium*) 730종(**그림 4.41**).

육생하거나, 바위 또는 식물에 착생하는 다년생 식물이다. **줄기**는 근경성; 근경은 평복성, 덩굴성, 경복성 내지 약간 직립성이며, 슈트 정단부와 엽병 기부에 격자형 인편을 지닌다. **잎**은 단형성, 단엽 내지 다회우상복엽, 흔히 작은 곤봉상 털이 있고, 등을 마주하고 있는 C자형 관속대 2개가 엽병 기부에 있어 끝으로 가면서 X자형으로 되며, 엽맥은 우상 또는 분지형, 대부분 개방형이지만, 약간 드물게 망형이며 소엽맥이 없다. **포자낭군**과 **포막**은 엽맥을 따라 길게 신장한다(선형). **포자낭**은 혼합형으로 성숙하고, 포자낭 자루는 1줄이고 길다. **포자**는 신장형, 단지형(-연접흔), 날개처럼 생긴 주위층이 있다. 염색체수: x = 36, 드물게 38, 39.

거의 전 세계에 분포하지만 열대지방에서 가장 많이 자란다. 일부 지역에서는 약용하고, 엽연에 소식물체가 형성되는 특징이 있는 *Asplenium bulbiferum*은 중요한 원예식물이다. 그 밖에 *A. nidus, A. rhizophyllum, A. trichomanes* 등을 재배한다. 이 과에 관한 일반적인 내용은 Kramer and Viane(1990a)을, 최근의 계통수는 Schneider et al.(2004a) 및 Perrie and Brownsey(2005)를 참조한다.

그림 4.40 박벽포자낭양치류—Cyatheales(나무고사리목). Cyatheaceae(나무고사리과). **A,B.** *Cyathea medullaris*, 세계에서 가장 큰 나무고사리. **C,D.** *Cyathea cunninghamii*. **C.** 수간이 숙존성 잎의 기부로 덮여 있음. **D.** 우편, 검은 포자낭군. **E,F.** *Cyathea dealbata*. **E.** 잎. **F.** 우편 접사, 배축면의 포자낭군이 보임. **G–K.** *Cyathea australis*. **G.** 우편 접사, 배축면의 포자낭군을 보여줌. **H.** 엽병 기부를 절단한 모습, 불연속적인 배기조직이 보임. **I.** 포자낭군 접사, 포자낭이 열개하기 전 모습. **J.** 포자낭이 열개한 후의 포자낭군. **K.** 열개한 포자낭 1개의 모습.

그림 4.41 박벽포자낭양치류—Polypodiales(미역고사리목). Aspleniaceae(꼬리고사리과). **A–E.** *Asplenium nidus*. **A.** 높은 나뭇가지에 착생하는 식물체. **B.** 슈트 정단부 지역. **C.** 중륵. **D**. 관속계의 전이를 보여줌. **E.** 배축면 접사, 선형 포자낭군 및 포막이 보임. **F,G.** *Asplenium bulbiferum*. **F.** 소식물체, 잎에서 자라나는 영양번식체. **G.** 잎, 배축면, 선형의 포자낭군 및 포막. **H,I.** *Asplenium oblongifolium*, 우상복엽성인 종. **J.** *Asplenium rhizophyllum*, 지면에 닿은 잎 끝에서 소식물체가 발달하고 있다.

주요 특징: 슈트 정단부에 **격자형 인편**이 있음, **포자낭군**과 **포막은 긴 선형**.

Dryopteridaceae 관중과—26속(*Ctenitis*-남방고사리속, *Dryopteris*-관중속, *Elaphoglossum* 및 *Polystichum*-십자고사리속 포함) 2,115종(**그림 4.42**).

육생하거나, 바위 또는 식물체에 붙어 자라는 다년생 식물. **줄기**는 근경성; 근경은 망상중심주를 지니고, 평복성, 경복성, 직립성 또는 덩굴성이며, 슈트 정단부에 비격자형(non-clathrate) 인편이 있다. **잎**은 대개 단형성, 드물게 이형성, 단엽 또

그림 4.42 박벽포자낭양치류—미역고사리목. Dryopteridaceae(관중과). **A–B.** *Dryopteris arguta*. **A.** 전체모습, 2회우열엽이 지하 근경으로부터 나옴. **B.** 소우편 배축면 접사, 포자낭군 및 신장형 포막을 보여줌. **C–E.** *Cyrtomium falcatum*(도깨비쇠고비). **C.** 우상복엽. **D.** 소우편 배축면, 원형의 포막성 포자낭군. **E.** 포자낭군 접사, 방패형 포막. **F,G.** *Polystichum imbricans*. **F.** 우상복엽, 지하근경에서 나옴. **G.** 소우편 배축면 접사, 잎 가장자리 근처에 줄지어 형성된 포자낭들이 보인다.

는 1회 내지 다회 우상복엽, 엽맥은 우상 또는 분지형, 개방형 내지 문합형이며, 내재하는 소맥이 있거나 없다. **포자낭군**은 대부분 원형, 포막성 또는 무포막성, 일부는 아크로스티쿰형이다. 포막은 (있는 경우) 구상(球狀)-신장형 또는 방패형이다. **포자낭**은 혼합형으로 성숙, 포자낭 자루는 3줄로 이루어지고, 길이가 다양하다. **포자**는 신장형, 단지형(-연접흔)이다. 염색체수: x = 41(40).

열대 전역 내지 온대지역에 분포한다. *Ctenitis pentangularis*,

Dryopteris spp.(관중속 종류들), *Rumohra adiantiformis*, *Polystichum* spp. 등 많은 식물을 원예용으로 재배한다. 이 과에 관한 일반적인 내용은 Kramer et al.(1990), 계통수는 Little and Barrington(2003) 및 Skog et al.(2004)를 참조한다.

주요 특징: 근경성, 기어 자라는 것에서부터 덩굴성에 이르기까지 다양함, 슈트 정단부에 **비격자형 인편**이 있음, 포자낭은 **무포막성**(일부는 아크로스티쿰형)이거나 **구상-신장형 또는 방패형 포막**을 지님.

Polypodiaceae 미역고사리과—약 65속 1,652종(**그림 4.43**).

주로 식물에 착생하지만 바위에 붙어 자라기도 하거나 육생인 다년생 식물. **줄기**는 근경성; 근경은 망상중심주를 지니고, 길거나 짧게 기어 자라고, 인편을 지닌다. **잎**은 단엽(결각이 없거나 우열함) 내지 1회(혹은 그 이상) 우상복엽, 단형성 또는 이형성이며, 엽신은 무모 또는 털이나 인편이 나있고, 많은 경우 엽병 기부에서 탈리가 일어나 엽병 기부가 짧게 남아 있고, 엽맥은 흔히 문합형(망형)으로 때로는 내재하는 엽맥을 지니거나 또는 개방형이다. **포자낭군**은 배축면에 (드물게 잎 가장자리에) 형성되고, 원형, 장타원형 또는 타원형으로, 간혹 길게 신장하거나 아크로스티쿰형이며, 낭탁에 흔히 측사가 나 있고, 무포막성이다(일부 분류군의 경우 어렸을 때 조락성 인편이 있다). **포자낭**은 혼합형으로 성숙하고, 포자낭 자루는 1-3줄이며, 일반적으로 길다. **포자**는 투명 내지 연황색, 신장형으로 단지형-연접흔이거나, 녹색, 구상(globose)-사면체형으로 삼지형-연접흔이다. 염색체수: x = 35, 36, 37(25 등).

열대 전역에서 온대지역에 분포한다. 식용, 약용 또는 향료용(예, *Polypodium*-미역고사리속 종류)이거나 *Aglaomorpha*, *Drynaria*, *Platycerium*(박쥐난속; 잎은 이형성, 기부 잎은 불염성으로 부엽토 수집이나 식물체에 착생하는 기능이 있음), 그리고 *Polypodium*(미역고사리속)의 다양한 종들(예, *P. aureum*, *P. glycyrrhiza*, *P. vulgare*)은 관상용으로 널리 알려져 있다.

Smith et al.(2006)에 따르면, 이 과는 이른바 그람미티드(grammitid) 고사리를 포함하는데, 여기에는 약 20속(*Grammitis* 포함) 600종의 열대성 고사리(주로 작고 단엽)가 포함된다. 그람미티드고사리는 종종 Grammitidaceae로 처리되지만 미역고사리과 안에 자리한다. 이 과에 관한 일반적인 내용은 Hennipman et al.(1990)을, 최근의 계통수는 Schneider et al.(2004c)를 참조한다.

주요 형질: **무포막성**, 주로 **식물에 착생**, 포자낭군은 대개 원형, 장타원형 또는 타원형, 드물게 길게 신장하거나 아크로스티쿰형이다.

Pteridaceae 봉의꼬리과—약 53속 1,211종(**그림 4.44**).

육생, 바위 또는 식물체에 착생, 드물게 부유성 수생(*Ceratopteris* spp. – 물고사리속 종류들)한다. **줄기**는 근경성; 근경은 기거나 직립성, 인편 또는 털이 나 있다. **잎**은 단엽, 우상복엽, 새발형 또는 여러 번 갈라지고, 엽맥은 개방형 또는 문합형이다. **포자낭군**은 무포막성, 엽연에 형성되어 위포막으로 덮이거나 엽맥을 따라 줄지어 형성되고, 낭탁은 솟아 있지 않다. **포자낭**은 혼합형으로 성숙하고, 포자낭 자루는 1-3세포 두께이고, 대부분 길다. **포자**는 구형 또는 사면체형이고, 삼지형-연접흔, 표면에 문양이 있다. 염색체수: x = 29, 30.

거의 전 세계적으로 분포하며, 주로 열대 및 건조한 지역에서 자란다. 관상용으로 재배하는 것에는 *Acrostichum*, *Adiantum*(공작고사리속), *Cheilanthes*, *Cryptogramma*(북바위고사리속), *Pellaea*, *Pentagramma*, *Platyzoma*, *Pteris*(봉의꼬리속), 및 *Vittaria*(일엽아재비속) 등이 있다. 최근에는 매립지에서 비소를 제거하기 위해 *Pteris vittata*를 활용하고 있다. 봉의꼬리과에는 5개의 단계통군이 있다. (1) Cheilanthoideae – 부싯깃고사리아과(*Cheilanthes* – 부싯깃고사리속, *Gaga*, *Pellaea*, *Pentagramma* 포함); (2) Cryptogrammoideae – 북바위고사리아과(*Coniogramme* – 고비고사리속, *Cryptogramma*, *Llavea*); (3) Parkerioideae – 물고사리아과(*Acrostichum*, *Ceratopteris*); (4) Pteridoideae – 봉의꼬리아과(*Pteris*, *Taenitis* 및 11속); (5) Vittarioideae – 공작고사리아과(*Adiantum* 및 *Vittaria* – 일엽아재비속을 포함한 11개의 속). 이 과에 관한 일반적인 내용은 Tryon et al.(1990)을, 계통수는 Zhang et al.(2005)을 참조한다.

주요 특징: **포자낭군은 무포막성**, **엽연**에 형성되어 **위포막**으로 덮이거나 **엽맥**을 따라 **줄지어 형성**됨.

그림 4.43 박벽포자낭양치류—미역고사리목. Polypodiaceae(미역고사리과). **A,B.** *Polypodium californicum*. **A.** 잎 배축면, 우편에 두 줄로 늘어선 원형의 무포막성 포자낭군. **B.** 포자낭군 접사. **C,D.** *Polypodium scouleri*. **C.** 전체 잎. **D.** 우편 배축면 접사, 무포막성 포자낭군. **E–G.** *Platycerium grande*. **E.** 식물에 착생함. **F.** 식물체의 기부 접사, 이형엽을 보여줌. 기부의 잎은 방패처럼 성숙하여 정단부의 직립성 광합성엽을 둘러쌈. **G.** 직립성 잎의 배축면 접사, 아크로스티쿰형 박벽포자낭을 보여 준다.

그림 4.44 박벽포자낭양치류 – 미역고사리목. Pteridaceae(봉의꼬리과). **A.** *Adiantum aleuticum*, 새발형 잎을 지님. **B.** *Adiantum* sp.(공작고사리속 종류), 위포막. **C.** *Adiantum jordanii*, 소우편 배축면의 위포막. **D.** *Adiantum capillis-veneris*. 소우편 배축면 접사, 위포막이 보임. **E,F.** *Pellaea rotundifolia*. **E.** 전체 식물체, 우상복엽을 지님. **F.** 소우편 배축면 접사, 가장자리를 따라 배열된 수많은 박벽포자낭이 보임. **G–I.** *Pteris vittata*. **G.** 우상복엽, 배축면 모습. **H.** 소우편 배축면 접사, 가장자리를 따라 길게 늘어선 수많은 박벽포자낭이 보임. **I.** 박벽포자낭을 접사한 것.

복습문제

관속식물의 파생형질

1. 관속식물의 공식명칭(학명)은 무엇인가?
2. 관속식물의 주요 파생형질을 열거하시오.
3. 이끼류(태류, 선류, 각태류)와 관속식물의 포자체를 구분하는 두 가지 파생형질은 무엇인가?
4. 관속식물에서 초기에 진화한 두 가지 분지 양상은 어떤 것인가?
5. 목질소가 진화한 것이 관속식물의 적응에 있어서 중요했었던 이유는 무엇인가?
6. 생성 과정과 화학적 조성에 있어서 일차벽과 이차벽의 차이점은 무엇인가?
7. 벽공이란 무엇인가? 일차벽공역이란?
8. 이차벽은 원형질막의 바깥에 형성되는가 아니면 안쪽에 형성되는가? 이차벽은 일차벽 바깥에 형성되는가 아니면 안쪽에 형성되는가?
9. 후벽조직의 일반적 특징은 무엇인가?
10. 후벽조직의 종류 두 가지와 이들 간의 차이점을 열거하시오.
11. 통수요소의 구조와 기능은 무엇인가?
12. 물관부란 무엇인가?
13. 통수요소의 종류 두 가지와 이들 간의 차이점을 열거하시오.
14. 어떤 분류군에 도관이 존재하는가?
15. 사요소의 기능은 무엇인가?
16. 체관부란 무엇인가?
17. 사역(sieve area)이란 무엇이며, 어떤 화합물이 이것과 관련이 있는가?
18. 사세포와 사관절의 차이점은 무엇이며, 이 두 가지는 각각 어떤 식물 그룹에 존재하는가?
19. 내피와 카스파리띠란 무엇이며, 이들의 기능은?
20. 뿌리의 기능은 무엇인가?
21. 뿌리에서 분열이 활발히 일어나는 지역의 명칭은 무엇인가?
22. 뿌리의 5가지 특징과 기능은 무엇인가?
23. 균근이란 무엇이며, 관속식물에서 어떤 기능을 하는가?

관속식물의 다양성

24. 라이니아식물의 포자체 형태와 중심축 해부 구조의 특징은 무엇인가?

석송식물문

25. 석송식물과 비슷한 때에 분기했었던 측계통 화석식물군의 이름과 특징은 무엇인가?
26. 석탄기에 존재했고, 석탄층 형성에 크게 기여한 큰 키의 교목식물은 무엇인가?
27. 석송식물의 주요 파생형질은 무엇인가?
28. 석송엽(소엽)의 특징은 무엇인가? 엽상돌기란?
29. 석송엽은 어떻게 진화하였을까?
30. 동형포자성이란? 석송식물에서 이러한 특징을 보이는 식물은 무엇인가?

31. 포자엽이란? 포자낭수란?
32. 석송과의 3가지 식별형질은 무엇인가?
33. 엽설이란?
34. 다음 용어를 정의하라: 포자내발생, 이형포자, 대포자낭, 대포자, 소포자낭, 소포자.
35. 이형포자성 육상식물의 생활환을 그리시오(핵상 표시).
36. 석송식물 중에서 엽설과 이형포자성을 보이는 두 식물 과(科)는 어떤 것인가?
37. 물부추과의 식물의 기본 형태를 설명하시오.
38. *Selaginella*(부처손속)의 종에서 나타나는 두 종류의 잎에 대해 설명하시오.

진정엽식물문

39. 진정엽식물의 파생형질 및 주요 식물군 2개는 어떤 것인가?
40. 진정엽은 석송엽에 비해 어떻게 다른가?
41. 진정엽식물과 비슷한 때에 분기했었던 측계통군 식물은 무엇인가?
42. 진정엽의 진화와 관련하여 널리 받아들여지는 가설은 무엇인가?
43. 슈트란?
44. 슈트에서 세포분열이 활발히 일어나는 지역의 명칭은 무엇이며, 관속식물 분류군에 따라 어떤 차이를 보이는가?
45. 마디(절), 마디사이(절간)를 정의하시오.
46. 잎의 일반적인 형태와 기능은 무엇인가?
47. 엽맥이란 무엇인가?
48. 잎 내부의 광합성세포는 무엇인가? 이들 세포가 2개의 어떤 층으로 조직화되는가?
49. 눈(bud)의 정의는? 이것은 주로 어디서 생성되는가?
50. 단축성 생장이란 무엇인가?

양치식물문

51. 양치식물의 파생형질을 쓰고, 주요 식물군 5개를 열거하시오.
52. 관상중심주란 무엇인가? 관상중심주의 유형을열거하시오.

속새식물강

53. 속새식물의 어떤 화석 분류군이 석탄층을 형성하였는가?
54. 속새식물의 주요 파생형질을 열거하시오.
55. 이 그룹의 유일한 현생 속은 무엇인가?
56. 속새식물의 세포벽에서 특징적으로 발견되는 주요 성분은?
57. *Equisetum*(속새속)의 두 아속은 무엇이며, 그들의 특징은 무엇인가?
58. 속새속의 포자낭수(구과), 포자낭병, 포자낭의 형태를 기술하시오.
59. 속새속 식물이 지닌 포자의 독특한 형질과 그 기능은 무엇인가?

솔잎난강

60. 솔잎난강의 뿌리와 배우자체에서 파생형질이라고 여겨지는 것은 무엇인가?

61. 진정포자낭이란?
62. 나도고사리삼목/나도고사리삼과 식물의 잎에서 보이는 특징은 무엇인가?
63. 합생포자낭이란?
64. 솔잎난과의 뿌리, 잎, 포자낭에서 관찰되는 파생형질은 무엇인가?
65. 솔잎난과 두 속의 어떤 종이 관상용으로 흔히 재배되는가?

마라티아강

66. 마라티아강 양치류의 파생형질로 여겨지는 것은 무엇인지 기술하시오.
67. 잎의 발생 및 유형, 배우자체에 있어서 마라티아양치류가 박벽포자낭양치류와 유사한 특징은?
68. 마라티아양치류에서 발견되는 포자낭의 유형은 무엇인가?

미역고사리강—박벽포자낭양치류

69. 박벽포자낭양치류에서 나타나는 줄기의 유형 및 생육형에는 어떤 것들이 있는가?
70. 권상개엽이란 무엇인가? 이런 특징을 보이는 식물의 어린잎을 무엇이라 부르는가?
71. 양치엽, 양치엽병, 우편, 소우편을 정의하시오.
72. 박벽포자낭양치류의 분류에서 엽맥 및 인편 형태의 중요성을 기술하시오.
73. 미역고사리강의 주요 파생형질은 무엇인가? 이것의 발생과정과 형태를 기술하시오.
74. 환대, 포자낭군, 포막, 위포막, 아크로스티쿰형을 정의하시오.
75. 포자낭군의 형태, 포막의 형태, 포자낭의 발달 양상, 포자낭의 형태, 포자의 유형이 양치류 분류에 어떻게 활용되는가?
76. 양치류 배우자체에서 웅성배우자낭의 명칭은 무엇인가? 자성배우자낭의 명칭은? 이들은 무엇과 닮았는가?
77. 고비과의 잎 형태 및 포자낭 환대의 독특한 점은 무엇인가?
78. 처녀이끼과의 포막, 낭탁, 잎 해부구조의 특징은 무엇인가?
79. 발풀고사리과의 형태를 기술하시오.
80. 실고사리과의 잎 형태, 포자낭군, 포막, 포자낭 환대의 독특한 점은 무엇인가?
81. 생이가래목의 생활환이 나타내는 파생형질 및 특이한 점은 무엇인가? 포자낭과란 무엇이며 이것의 기능은?
82. 생이가래목의 두 과를 쓰고 이들의 차이점을 기술하시오. 각 과에서 포함되는 두 속을 열거하시오.
83. *Azolla*(물개구리밥속)의 경제적 중요성은 무엇인가?
84. 꼬리고사리과의 포자낭군 및 포막의 특징은 무엇인가?
85. 관중과, 미역고사리과, 봉의꼬리과의 포자낭군 및 포막의 특징은 무엇인가?

실습과제

1. 관속식물의 계통유연관계에 관한 최신 문헌을 숙독한다. 그림 4.1과 어떤 차이점이 있는가?
2. 식물학 학술지에서 비종자관속식물(예, 박벽포자낭양치류)의 계통유연관계에 관한 논문을 찾아 숙독한다. 논문의 목적과 이를 위해 사용한 기법은 무엇인가? 저자들이 논의한 형태 형질의 종류는 무엇인가?
3. 지역에 서식하는 석송식물, 속새식물, 솔잎난식물, 나도고사리삼양치류, 박벽포자낭양치류를 채집하여 동정한다. 이들 종을 구분하는 식별형질은 무엇인가?
4. 박벽포자낭양치류에서 식물종 하나를 채집하여 다음 형질을 기재하시오. 줄기 유형, 인편 및 털, 잎의 유형/분할, 포자낭군/포막의 형태. 줄기의 절단면, 인편 또는 털의 형태, 박벽포자낭의 형태, 포자의 형태를 현미경으로 관찰하여 기재하시오.

참고문헌

Banks, H. P., S. Leclercq, and F. M. Hueber. 1975. Anatomy and morphology of *Psilophyton dawsonii* sp. n. from the late Devonian of Quebec (Gaspé), and Ontario, Canada. Palaeontographica Americana 8: 77-126.

Bierhorst, David W. 1971. Morphology of Vascular Plants. Macmillan, New York.

Camus, J. M. 1990. Marattiaceae. In: K. U. Kramer and P. S. Green (eds.). The Families and Genera of Vascular Plants. I. Pteridophytes and Gymnosperms. Pp. 174-180. Springer-Verlag, Berlin.

Cantino, P. D., J. A. Doyle, S. W. Graham, W. S. Judd, R. G. Olmstead, D. E. Soltis, P. S. Soltis, and M. J. Donoghue. 2007. Towards a phylogenetic nomenclature of Tracheophyta. Taxon 56: 822-846.

Christenhusz, M. J. M. and M. W. Chase. 2018. PPG recognises too many fern genera. Taxon 67:481-487.

Cracraft, J., and M. J. Donoghue. 2004. Assembling the Tree of Life. Oxford University Press, New York.

Des Marais, D. L., A. R. Smith, D. M. Britton, and K. M. Pryer. 2003. Phylogenetic relationships and evolution of extant horsetails, *Equisetum*, based on chloroplast DNA sequence data (rbcL and trnL-F). International Journal of Plant Sciences 164: 737-751.

Ebihara, A., J.-Y. Dubuisson, K. Iwatsuki, S. Hennequin, and M. Ito. 2006. A taxonomic revision of Hymenophyllaceae. Blumea 51: 221-280.

Flora of North America Editorial Committee. 1993+. Pteridophytes and Gymnosperms. Volume 2, in Flora of North America North of Mexico. 7+ vols. New York and Oxford.

Foster, A. S., and E. M. Gifford. 1974. Comparative Morphology of Vascular Plants, 2nd edition. W. H. Freeman, San Francisco.

Gensel, P. G., and C. M. Berry. 2001. Early lycophyte evolution. American Fern Journal 91: 74–98.

Grewe, F., W. Guo, E. A. Gubbels, A. K. Hansen, and J. P. Mower. 2013. Complete plastid genomes from Ophioglossum californicum, Psilotum nudum, and Equisetum hyemale reveal an ancestral land plant genome structure and resolve the position of Equisetales among monilophytes. BMC Evolutionary Biology 13:8.

Gifford, E. M., and A. S. Foster. 1989. Morphology and Evolution of Vascular Plants, 3rd edition. W. H. Freeman and Co., New York.

Hauk, W. D., C. R. Parks, and M. W. Chase. 2003. Phylogenetic studies of Ophioglossaceae: evidence from rbcL and trnL-F plastid DNA sequences and morphology. Molecular Phylogenetics and Evolution 28: 131-151.

Hauke, R. L. 1990. Equisetaceae. In: K. U. Kramer and P. S. Green (eds.). The Families and Genera of Vascular Plants. I. Pteridophytes and Gymnosperms. Pp. 46-48. Springer-Verlag, Berlin.

Hennequin, S., A. Ebihara, M. Ito, K. Iwatsuki, and J.-Y. Dubuisson. 2003. Molecular systematics of the fern genus Hymenophyllum s.l. (Hymenophyllaceae) based on chloroplastic coding and noncoding regions. Molecular Phylogenetics and Evolution 27: 283–301.

Hennipman, E., P. Veldhoen, K. U. Kramer, and M. G. Price. 1990. Polypodiaceae. In: K. U. Kramer and P. S. Green (eds.). The Families and Genera of Vascular Plants. I. Pteridophytes and Gymnosperms. Pp. 203-230. Springer-Verlag, Berlin.

Hoot, S. B., W. C. Taylor, and N. S. Napier. 2006. Phylogeny and Biogeography of Isoëtes (Isoëtaceae) Based on Nuclear and Chloroplast DNA Sequence Data. Systematic Botany 31:449-460.

Pryer, K. M., E. Schuettpelz, P. G. Wolf, H. Schneider, A. R. Smith, and R. Cranfill. 2004a. Phylogeny and evolution of ferns (monilophytes) with a focus on the early leptosporangiate divergences. American Journal of Botany 91: 1582–1598.

Pryer, K. M., H. Schneider, and S. Magallón. 2004b. The radiation of vascular plants. In J. Cracraft and M. J. Donoghue (eds.). Assembling the Tree of Life, pp. 138–153. Oxford University Press, London.

Qiu, Y.-L., L. Li, B. Wang, Z. Chen, V. Knoop, M. Groth-Malonek, O. Dombrovska, J. Lee, L. Kent, J. S. Rest, G. F. Estabrook, T. A. Hendry, D. W. Taylor, C. M. Testa, M. Ambros, B. Crandall-Stotler, R. J. Duff, M. Stech, W. Frey, D. Quandt, and C. C. Davis. 2006. The deepest divergences in land plants inferred from phylogenomic evidence. Proceedings of the National Academy of Sciences U.S.A. 103: 15511-15516.

Qiu, Y-L., L. Li, B. Wang, Z. Chen, O. Dombrovska, J. Lee, L. Kent, R. Li, R. W. Jobson, T. A. Hendry, D. W. Taylor, C. M. Testa, and M. Ambros. 2007. A nonflowering land plant phylogeny inferred from nucleotide sequences of seven chloroplast, mitochondrial, and nuclear genes. International Journal of Plant Sciences 168: 691-708.

Reid, J. D., G. M. Plunkett, and G. A. Peters. 2006. Phylogenetic relationships in the heterosporous fern genus *Azolla* (Azollaceae) based on DNA sequence data from three noncoding regions. International Journal of Plant Sciences 167: 529–538.

Rothfels, C. J., F.-W. Li, E. M. Sigel, L. Huiet, A. Larsson, D. O. Burge, M. Ruhsam, M. Deyholos, D. E. Soltis, C. N. Stewart, S. W. Shaw, L. Pokorny, T. Chen, C. dePamphilis, L. DeGironimo, L. Chen, X. Wei, X. Sun, P. Korall, D. W. Stevenson, S. W. Graham, G. K. S. Wong, and K. M. Pryer. 2015. The evolutionary history of ferns inferred from 25 low-copy nuclear genes. American Journal of Botany 102:1089-1107.

Rothwell, G. W., and K. C. Nixon. 2006. How Does the inclusion of fossil data change our conclusions about the phylogenetic history of Euphyllophytes?. International Journal of Plant Sciences 167: 737-749.

Ruhfel, B. R., M. A. Gitzendanner, P. S. Soltis, D. E. Soltis, and J. G. Burleigh. 2014. From algae to angiosperms - inferring the phylogeny of green plants (Viridiplantae) from 360 plastid genomes. BMC Evolutionary Biology 14:23.

Rydin, C. and N. Wikstrom. 2002. Phylogeny of Isoëtes (Lycopsida): resolving basal relationships using *rbc*L sequences. Taxon 51: 83–89.

Schneider, H. & Pryer, K. M. 2002. Structure and function of spores in the aquatic heterosporous fern family Marsileaceae. International Journal of Plant Sciences 163: 485–505.

Schneider, H., A. R. Smith, R. Cranfill, T. E. Hildebrand, C. H. Haufler, and T. A. Ranker. 2004b. Unraveling the phylogeny of polygrammoid ferns (Polypodiaceae and Grammitidaceae): exploring aspects of the diversification of epiphytic plants. Molecular Phylogeny and Evolution 31: 1041–1063.

Schneider, H., E. Schuettpelz, K. M. Pryer, R. Cranfill, S. Magallon, and R. Lupia. 2004. Ferns diversified in the shadow of angiosperms. Nature 428: 553–557.

Schneider, H., K. M. Pryer, R. Cranfill, A. R. Smith, and P. G. Wolf. 2002. Evolution of vascular plant body plans: a phylogenetic perspective. Systematics Association special volume 65: 330–364.

Schneider, H., S. J. Russell, C. J. Cox, F. Bakker, S. Henderson, M. Gibby, and J. C. Vogel. 2004a. Chloroplast phylogeny of asplenioid ferns based on *rbc*L and *trn*L-F spacer sequences (Polypodiidae, Aspleniaceae) and its implications for the biogeography. Systematic Botany 29: 260–274.

Schneller, J. J. 1990a. Azollaceae. In: K. U. Kramer and P. S. Green (eds.). The Families and Genera of Vascular Plants. I. Pteridophytes and Gymnosperms. Pp. 57-60. Springer-Verlag, Berlin.

Schneller, J. J. 1990b. Salviniaceae. In: K. U. Kramer and P. S. Green (eds.). The Families and Genera of Vascular Plants. I. Pteridophytes and Gymnosperms. Pp. 256-258. Springer-Verlag, Berlin.

Schuettpelz, E., P. Korall, and K. M. Pryer. 2006. Plastid *atp*A data provide improved support for deep relationships among ferns. Taxon 55: 897–906.

Schuettpelz, E., G. Rouhan, K. M. Pryer, C. J. Rothfels, J. Prado, M. A. Sundue, M. D. Windham, R. C. Moran, and A. R. Smith. 2018. Are there too many fern genera? Taxon 67:473-480.

Skog, J. E., E. Zimmer, and J. T. Mickel. 2002. Additional support for two subgenera of Anemia (Schizaeaceae) from data for the chloroplast intergenic spacer region trnL-F and morphology. American Fern Journal 92: 119–130.

Skog, J. E., J. T. Mickel, R. C. Moran, M. Volovsek, and E. A. Zimmer. 2004. Molecular studies of representative species in the fern genus Elaphoglossum (Dryopteridaceae) based on cpDNA sequences rbcL, trnL-F, and rps4-TRNS. International Journal of Plant Sciences 165: 1063-1075.

Smith, G. M. 1955. Cryptogamic Botany, 2nd edition. McGraw-Hill Book Company, Inc., New York.

Smith, A. R., K. M. Pryer, E. Schuettpelz, P. Korall, H. Schneider, and P. G. Wolf. 2006. A classification for extant ferns. Taxon 55: 705-731.

Smith, A. R., K. M. Pryer, E. Schuettpelz, P. Korall, H. Schneider, and P. G. Wolf. 2008. Fern classification. Pp. 417–467 in T. A. Ranker and C. H. Haufler (eds.), Biology and Evolution of Ferns and Lycophytes. Cambridge University Press, New York, USA.

Stewart, W. N., and G. W. Rothwell. 1993. Paleobotany and the Evolution of Plants, 2nd edition. Cambridge University Press, Cambridge, UK.

Tryon, R. M., and A. F. Tryon. 1982. Ferns and Allied Plants, with Special Reference to Tropical America. Springer-Verlag, New York.

Tryon, R. M., A. F. Tryon, and K. U. Kramer. 1990. Pteridaceae. In: K. U. Kramer and P. S. Green (eds.). The Families and Genera of Vascular Plants. I. Pteridophytes and Gymnosperms. Pp. 230-256. Springer-Verlag, Berlin.

Wagner, W. H., Jr. 1990. Ophioglossaceae. In: K. U. Kramer and P. S. Green (eds.). The Families and Genera of Vascular Plants. I. Pteridophytes and Gymnosperms. Pp. 193-197. Springer-Verlag, Berlin.

Weststrand, S. and P. Korall. 2016. Phylogeny of Selaginellaceae: There is value in morphology after all! American Journal of Botany 103:2136-2159.

Wikström, N., and P. Kenrick. 2000a. Phylogeny of epiphytic *Huperzia* (Lycopodiaceae): Paleotropical and neotropical clades corroborated by plastid rbcL sequences. Nordic Journal of Botany 20: 165–171.

Wikström, N., and P. Kenrick. 2000b. Relationships of *Lycopodium* and *Lycopodiella* based on combined plastid rbcL gene and trnL intron sequence data. Systematic Botany 25: 495–510.

Wikström, N. 2001. Diversification and relationships of extant homosporous lycopods. American Fern Journal 91: 150–165.

Wikström, N. and P. Kenrick. 2001. Evolution of Lycopodiaceae (Lycopsida): Estimating Divergence Times from rbcL Gene Sequences by Use of Nonparametric Rate Smoothing. Molecular Phylogenetics and Evolution 19: 177-186.

Wolf, P. G., K. M. Pryer, A. R. Smith, and M. Hasebe. 1998. Phylogenetic studies of extant pteridophytes. In: Molecular Systematics of Plants, 2nd ed. P. S. Soltis, D. E. Soltis, and J. J. Doyle (eds.). Chapman and Hall, New York.

Wolf, P. G., S. D. Sipes, M. R. White, M. L. Martines, K. M. Pryer, A. R. Smith, and K. Ueda. 1999. Phylogenetic relationships of the enigmatic fern families Hymenophyllopsidaceae and Lophosoriaceae: evidence from *rbc*L nucleotide sequences. Plant Systematics and Evolution 219: 263–270.

Yatabe, Y., H. Nishida, and N. Murakami. 1999. Phylogeny of Osmundaceae inferred from *rbc*L nucleotide sequences and comparison to the fossil evidence. Journal of Plant Research 112: 397–404.

Zhang, G., X. Zhang, and Z. Chen. 2005. Phylogeny of cryptogrammoid ferns and related taxa based on *rbc*L sequences. Nordic Journal of Botany 23: 485–493.

웹사이트

American Fern Society web site <http://amerfernsoc.org> lists many resources, including publications, references, local, national, and international fern societies, education sites, commercial fern sites, and fern databases.

5

목질식물 및 종자식물의 진화와 다양성

Lignophytes—목질식물

목질식물 또는 목질식물문(Lignophyta)은 **재**(材)를 생산하는 **유관속형성층**과 **코르크**를 생성하는 **코르크형성층**이라는 진화된 특징을 공유하는 진정엽성 관속식물 단계통군을 지칭한다(그림 5.1, 5.2). 유관속형성층과 코르크형성층을 통한 생장은 일차생장, 즉 세포의 확장에 따라 줄기와 뿌리가 수직으로 길게 자란 이후에 일어나기 때문에 **이차생장**이라고 부른다. 유관속형성층은 현존하는 진정중심주성 종자식물의 줄기와 뿌리에서 물관부와 체관부 사이에 원통형을 이루며 발달하는 분열층이다. 유관속형성층의 세포는 **접선분열**(접선면과 나란한 분열)을 통해 2개의 동심원 세포층을 만든다(그림 5.3A). 이 가운데 하나는 유관속형성층으로 남아 계속 분열하고, 다른 하나는 점차 **이차물관부**(유관속형성층 안쪽에 존재하는 경우) 또는 **이차체관부**(바깥쪽에 존재하는 경우)로 분화한다(그림 5.3A,B). 영속적으로 분열하는 형성층의 안쪽과 바깥쪽으로 세포층이 만들어지기 때문에 이 생장유형은 **양면형**이다. 일반적으로 이차체관부보다 이차물관부가 훨씬 더 많이 만들어진다. [절멸한 석송류인 인목(*Lepidodendron*)이나 속새류인 *Calamites*에서도 유관속형성층이 독자적으로 기원하였는데, 이것의 생장 유형은 **단면형**으로 이차물관부, 즉 재만 생성하였고, 따라서 적응에 있어서 한계가 있었다.]

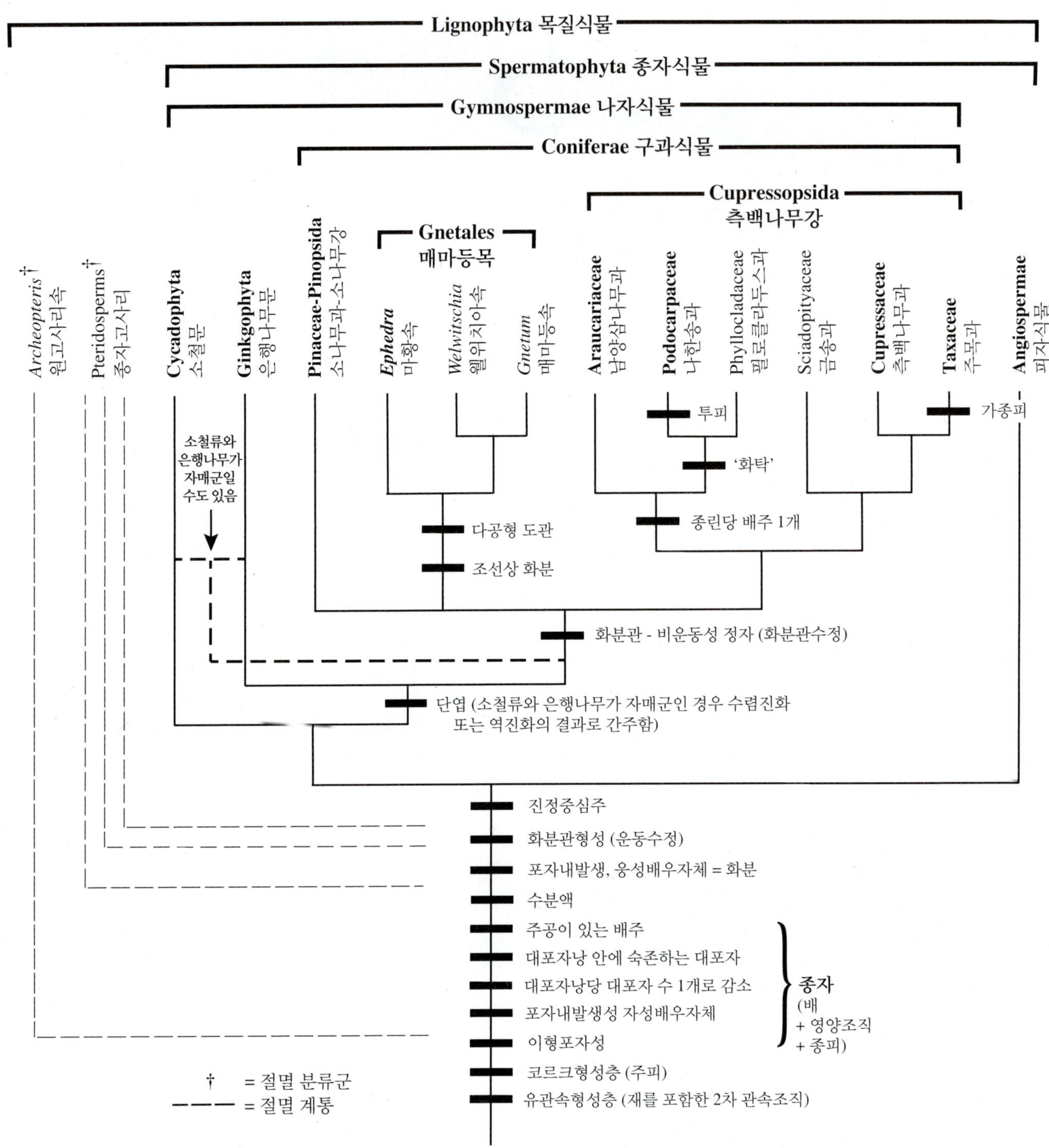

그림 5.1 목질식물(Lignophytes) 및 종자식물(Spermatophytes)의 계통수. 굵은 가로선 옆에 주요 파생형질을 표시하였음. 볼드체로 표시한 과는 본문에 상세히 설명하였다. 출처: Bowe et al. 2000; Chaw et al. 2000; Frolich et al. 2000; Samigullin et al. 1999.

줄기와 뿌리의 둘레가 이차생장을 통해 증가한다(그림 5.3B, 5.4). 형성층으로부터 생성된 세포가 커지고 방사분열을 통해 생장륜 내의 세포 수가 늘어나면 둘레가 증가한다. 많은 목질식물은 생장기가 규칙적이므로, 재에 나이테를 형성하게 된다(**그림 5.4**).

코르크형성층은 줄기 또는 뿌리의 주변부 가까이에서 분화한다는 점 외에는 유관속형성층과 유사하다. 코르크형성층과 그 유도체는 **주피**(periderm, 외수피)를 이루는데, 주피의 최외

그림 5.2 *Sequoiadendron giganteum*(자이언트세쿼이아)-구과식물로 지구 상에서 가장 거대한 생물체이며, 나무 가운데 가장 높이 자란다.

층을 **코르크**라고 한다(그림 5.3B). 코르크세포는 수분 손실 억제능이 뛰어난 **목전소**(각피소와 유사)라고 하는 왁스질의 중합체를 지닌다(제10장 참조).

유관속형성층과 코르크형성층의 출현은 주된 진화적 혁신이다. 이차물관부 또는 재는 구조를 지지하는 기능이 있어 식물체를 높이 자라게 하고 상당한 양의 곁가지 발달을 가능하게 한다. 수관 상층부를 뒤덮는 교목의 나뭇가지들이나(예, 그림 5.2) 복잡하게 분지한 관목은 유관속형성층이 아니었다면 생기지 못했을 것이며, 따라서 이는 생태적 측면에서 중요한 적응이다. 코르크형성층이 만들어낸 코르크는 연약한 유관속형성층이나 이차체관부의 기계적 손상, 포식 그리고 건조로부터 식물체를 보호한다.

재의 해부 구조는 상당히 복잡하다. 상세한 세포 구조는 목질식물의 동정과 분류에 활용되는 중요한 형질이다. 재의 해부학적 특징은 과거를 연구하는 데 사용하기도 하는데, 이러한 분야를 **수목연대학**이라 한다.

목질식물의 또 다른 특징은 주된 슈트 1개로부터 측아를 통해 가지가 발달하는 **단축성 생장**을 한다는 것이다(제4장, 9장). 비록 이 특징이 양치식물과 목질식물이 분기하기 전에 기원한 것으로 보이지만, 특히 목질식물이 단축성 생장을 통해 대규모의 분지체계를 이루면서 더 효과적으로 생존, 번식하게 되었다.

SPERMATOPHYTES—종자식물

종자식물은 목질식물 내의 단계통군 가운데 하나이다(그림 5.1). **종자**는 이 식물군의 진화적 혁신이다. 종자는 접합자로부터 발달한 이배체성 미성숙 포자체인 **배**가 **영양조직**으로 둘러싸이고 **종피**로 밀봉된 것으로 정의한다(**그림 5.5**). 배는 일반적으로 미성숙 뿌리인 **유근**, 슈트 정단분열조직인 **상배축**, 그리고 하나 또는 여러 개의 **자엽**으로 구성된다. 뿌리와 줄기 사이의 전이 부위는 **하배축**이라 한다(그림 5.5, 5.10). 수정 전의 미성숙 종자는 **배주**(밑씨)라 한다.

종자의 진화

종자는 몇 단계에 걸쳐 진화했다. 진화의 정확한 순서는 불명확하지만, 둘 이상의 단계를 거쳐 종자가 진화했을 것으로 생각된다. 종자가 진화한 단계는 다음과 같을 것으로 생각된다(**그림 5.6**):

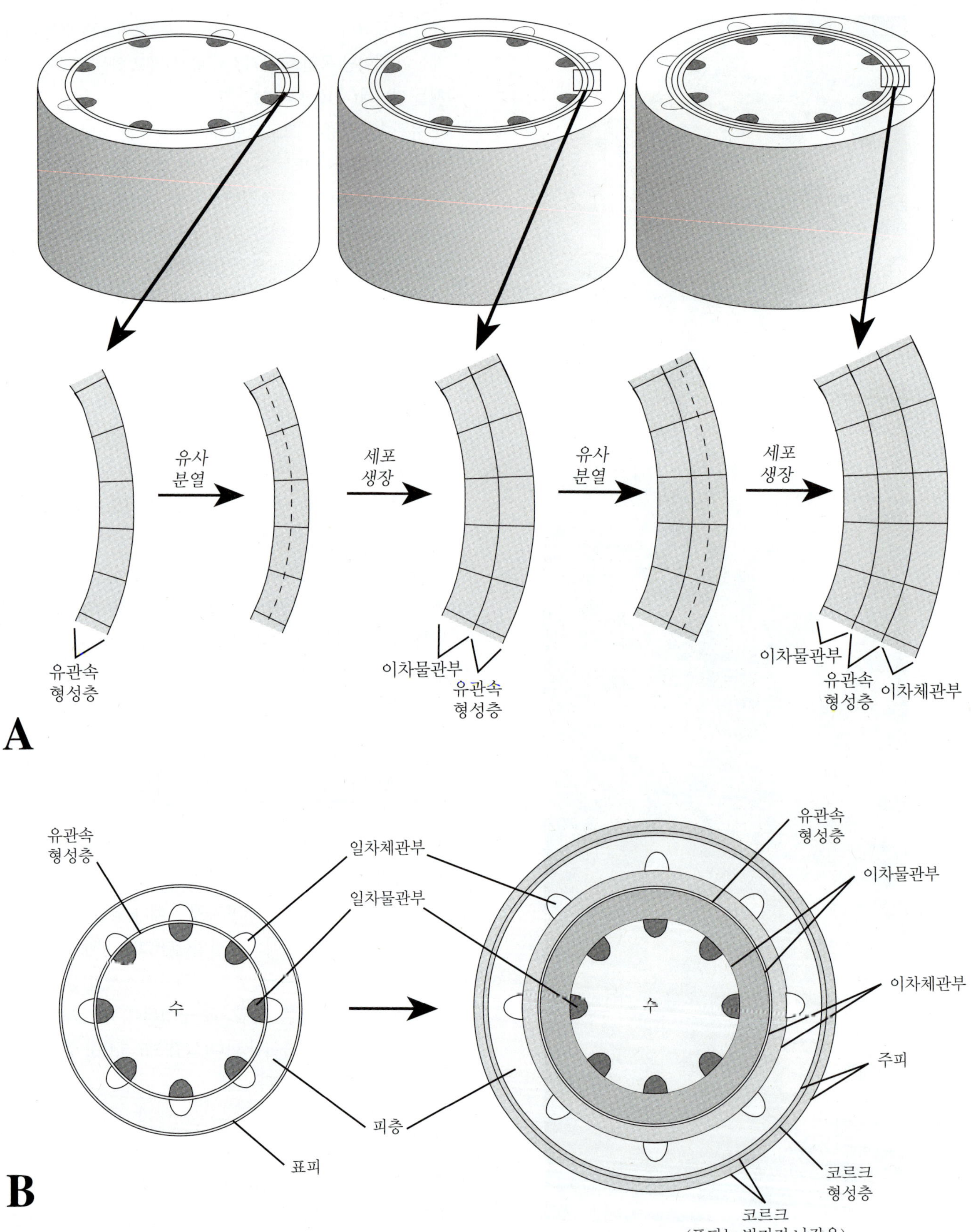

그림 5.3 **A.** 유관속형성층의 발달. **B.** 진정중심주 줄기의 이차관속조직 발달.

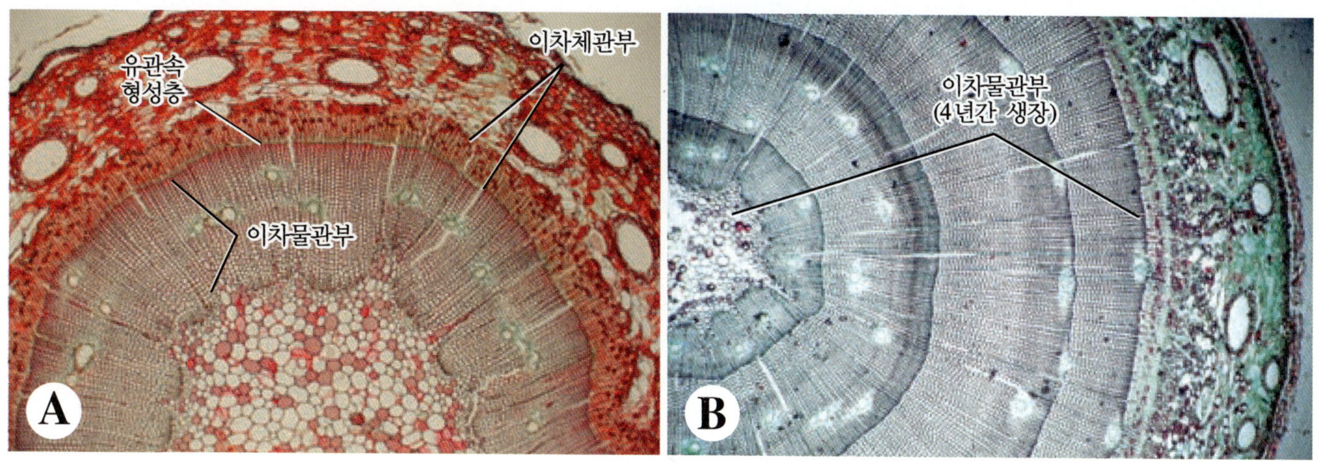

그림 5.4 목본성 줄기의 횡단면, *Pinus*(소나무속)의 일종. **A.** 1년 동안 자란 것. **B.** 4년 동안 자란 것.

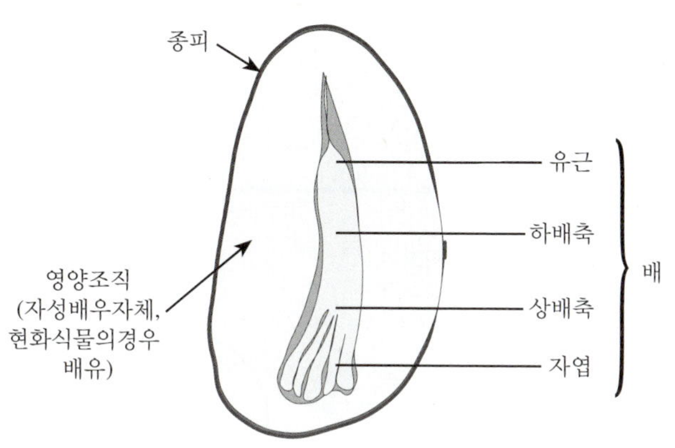

그림 5.5 종자의 형태. *Pinus*(소나무속)의 종자.

1. **이형포자성.** 이형포자성이란 두 종류의 반수체 포자가 두 종류의 포자낭 안에서 생성되는 것을 말한다. 더 크고, 수가 더 적은 **대포자**는 감수분열을 통해 **대포자낭** 안에서 발달하고, 작고 다수인 소포자는 소포자낭 내에서 감수분열을 통해 만들어진다(그림 5.6, **그림 5.7**). 참고로 "동형포자성"이란 보다 원시적인 유형으로 한 종류의 포자만 생성되는 것을 말한다. 대포자는 장란기만을 지니는 **자성배우자체**로 발달하고, 소포자는 장정기를 지니는 **웅성배우자체**로 발달한다. (피자식물에서 장란기와 장정기는 퇴화되었다; 제6장 참조.) 비록 이형포자성이 종자의 진화에 있어서 선행조건이었지만, 화석 식물 중에는 이형포자성이면서도 종자를 지니지 않는 것도 존재하는데, 이런 식물로는 *Archeopteris*(원고사리속, 그림 5.1, 5.13A)가 있다. 한편, 이형포자성은 다른 비종자식물, 즉 부처손이나 물부추 따위의 석송식물이나 수생 양치식물 등에서도 각각 독립적으로 진화하기도 했다(제4장).
2. **포자내발생.** 포자내발생이란 배우자체가 '원래의 포자벽 내에서' 완전하게 발생하는 것을 말한다(그림 5.6). 포자가 발아하여 포자벽 밖에서 배우자체로 발생하는 것을 **포자외발생**이라 하며, 이는 보다 원시적인 특징이다. 자성배우자체의 포자내발생은 웅성배우자체의 포자내발생(화분)과 상호 관련되어 있다.
3. **대포자의 수가 1개로 감소.** 대포자 수의 감소는 두 단계로 일어났다. 첫째, 대포자낭 안에서 감수분열을 하는 세포(**대포자모세포**)의 수가 1개로 감소하였다(그림 5.6). 둘째, 감수분열로 만들어진 4개의 대포자 가운데 '3개는 일관되게 발생을 중단'하여 대포자 1개만 남아 기능하게 되었다. 이 대포자는 대포자낭 내의 자원과 공간이 증가함에 따라 크기가 매우 커졌다.
4. **대포자의 숙존.** 대부분의 비종자-동형포자성 식물이 포자가 방출되는 원시적 형질상태를 지닌 것과는 달리, 종자식물의 경우에는 대포자가 포자낭 밖으로 방출되지 않고 포자낭 안에 남아 있다(그림 5.6). 이와 동시에 대포자 벽의 두께도 감소하였다.
5. **주피 및 주공의 진화.** 종자 진화의 최종 단계는 대포자낭이 **주피**(integument)라는 조직으로 둘러싸이게 된 것이라 할 수 있다(그림 5.6). 주피는 **대포자낭**의 기부에서 자라나 끝부분만을 제외하고 대포자낭을 둘러싼다(이 경우 대포자낭은 **주심**이라고 부름). 화석 증거에 의하면 최초의 주피는 대포자낭을 감싸는 **텔롬**(telome, 원시 가지)으로부터 진화했을 것이라고 생각된다. 이들 "전배주(주피 진화 이전의 배주)"는 대포자낭의 정단부에 **화분포촉기**(lagenostome)

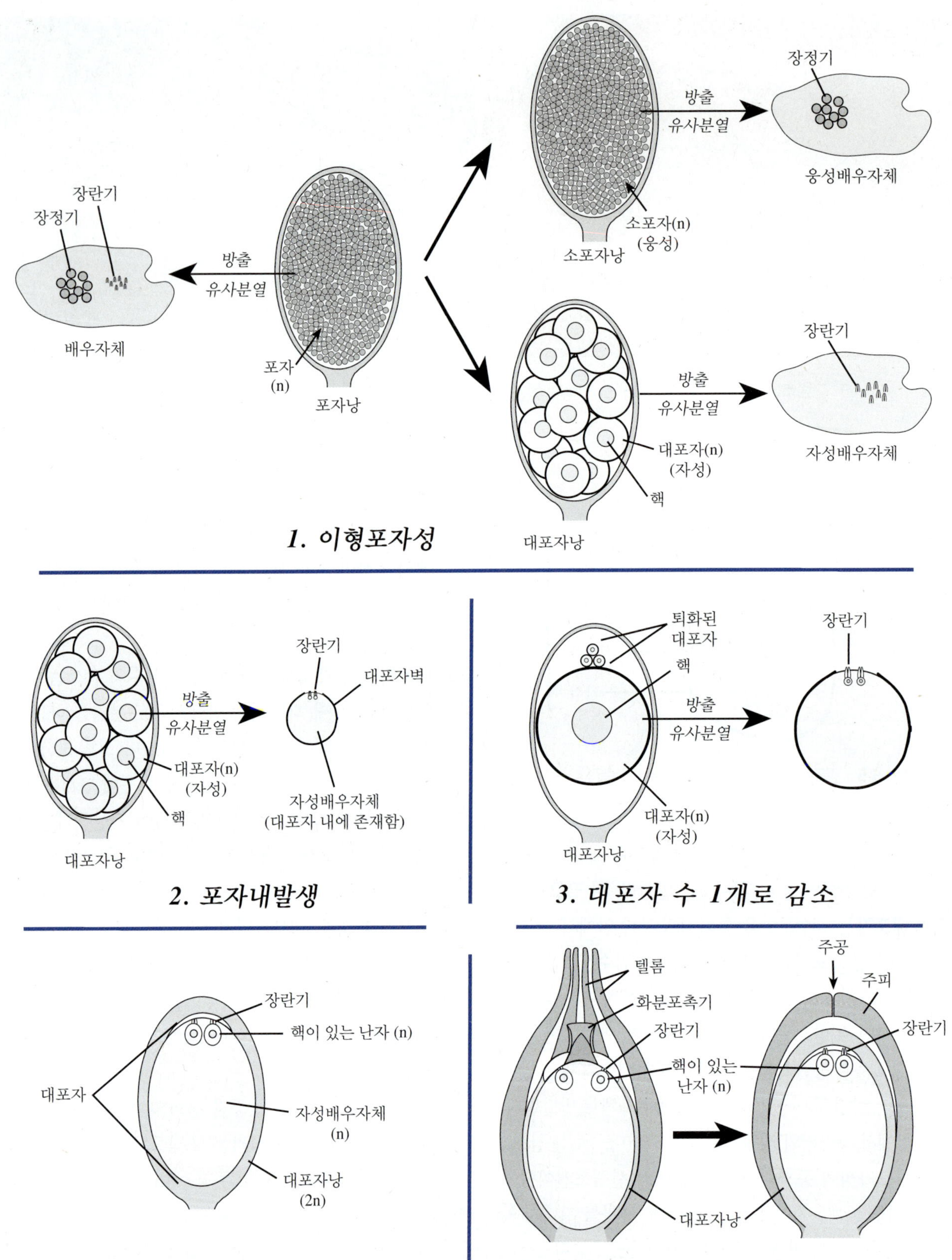

그림 5.6 종자식물의 배주와 종자의 진화 단계.

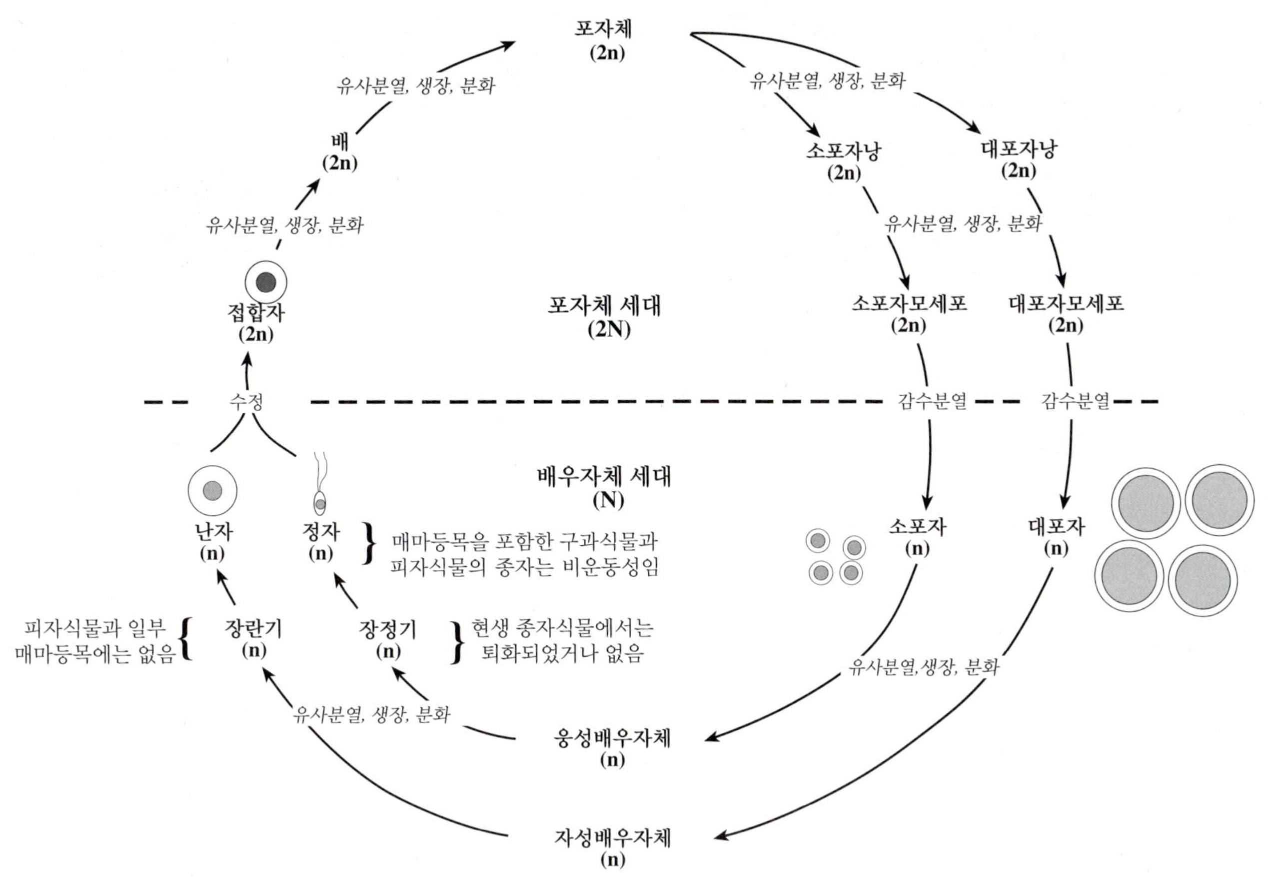

그림 5.7 이형포자성 식물의 생활환.

라는 고리형 조직을 지녔는데, 이는 수분실(pollination chamber)로 꽃가루를 받아들이는 기능을 했다. (상세한 설명은 Stewart and Rothwell 1993 참조.) 종자 진화의 정점은 텔롬이 '결합'하여 대포자낭을 완전히 둘러싸는 **주피**를 형성한 것이었다. 모든 현생 종자식물의 주피 정단부에는 **주공**이라고 하는 작은 구멍이 있다. 주공은 화분(피자식물의 경우 화분관)을 받아들이는 원시적인 화분포촉기를 대체하였다. 또한, 주공은 수분액의 형성과 재흡수의 기능도 있다. 주피가 한 겹인 경우는 원시적인 종자식물의 특징이고, 피자식물에서는 두 번째 주피층이 진화하였다(제6장).

수분액

종자의 진화와 관련한 진화적 혁신으로 **수분액**을 들 수 있다. 이는 주공을 통해 분비되는 액체방울이다(그림 5.10A, 5.17I). 이 액체방울은 주로 물과 일부 당류 또는 아미노산으로 구성되며, 대포자낭(주심) 정단부의 세포들이 붕괴하여 만들어진다. 이들 세포가 붕괴하여 형성된 공간을 **수분실**이라 한다(그림 5.10A). 수분액은 주공을 통해 화분을 운반하는 역할을 한다. 화분은 액체방울이 재흡수되는 과정에서 수분실로 당겨져 들어온다. 최초의 종자식물에 수분액이 있었는지는 알 수 없으나 많은 비현화종자식물에는 수분액이 있는데, 이는 수분액의 출현이 적어도 현생 종자식물의 파생형질이 될 수 있음을 의미한다. 피자식물의 경우 배주에 수분액이나 수분실이 없고, 별도의 화분 이동방식이 진화하였다(제6장 참조).

화분

종자의 진화는 **화분**의 진화를 수반하였다(**그림 5.8**). 엄밀히 말하면 화분(화분립)은 미성숙한 포자내발생성 웅성배우자체라고 할 수 있다. 화분에서 **포자내발생**은 포자벽 안에서 웅성배우자체가 발달한다는 점에서 종자의 진화 과정과 유사하다. 종자식물의 화분은 극도로 퇴화된 웅성배우자체로서 단 몇 개의 세포로만 구성된다. 화분을 "미성숙" 웅성배우자체라고 하는 이유는 이것이 방출될 때 완전히 분화한 상태가 아니기 때문이다.

소포자낭으로부터 방출된 화분은 수정을 위해 배주의 주공

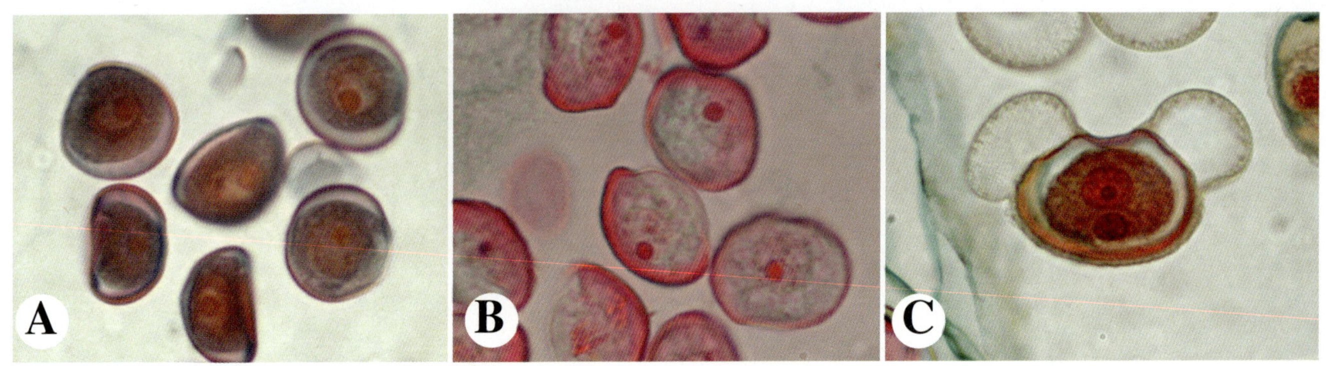

그림 5.8 화분립. **A.** *Zamia*(멕시코소철속)의 일종, 소철류. **B.** *Ginkgo biloba*(은행나무). **C.** *Pinus*(소나무속)의 일종, 구과류.

으로(피자식물의 경우 심피의 주두 조직으로; 제6장 참조) 옮겨가야 한다. 바람의 도움으로 옮겨가는 것이 원시적인 화분 전달 방식이었을 것으로 생각된다. 웅성배우자체는 배주(또는 주두)로 전달된 후에 추가적인 유사분열과 분화를 통해 발생을 완료한다. 웅성배우자체는 **화분관**을 내는데, 이것이 일종의 흡기로 기능함으로써 인접 포자체조직으로부터 영양분을 흡수한다(그림 5.9; **화분관** 참조).

화분관

모든 현생 종자식물의 웅성배우자체는 배주의 대포자낭(주심) 조직과 접촉한 이후 바로 화분관을 낸다(**그림 5.9**). 현생 종자식물에서 원시적인 화분 유형은 웅성배우자체가 (마치 기생생물처럼) 주심 조직을 흡입하는 흡기성 화분이다(소철과 은행나무에서 볼 수 있음). 이 웅성배우자체로부터 수정실로 배송된 '운동성' 정자는 장란기로 헤엄쳐가서 난자와 수정하는데, 이를 **운동수정**(zooidogamy)이라 한다. 구과식물(매마등목 포함)의 화분관 역시 흡기성이지만 '비운동성' 정자를 난자 또는 장란기로 배송하는데, 이를 **화분관수정**(siphonogamy)이라 부른다. 화분관수정은 피자식물에서 독립적으로 진화하였다. 그러나 피자식물에서는 화분관이 암술대 조직을 통해 자라남으로써 정자를 배우자체의 난자로 배송한다(제6장 참조).

배주와 종자의 발달

수분이 일어난 후, 배주의 대포자낭 내에서 **대포자모세포**가 발달한다(**그림 5.10**A, **5.11**A). 대포자모세포는 하나의 세포로서 감수분열을 하여 4개의 반수체 대포자를 생성하는데 이들

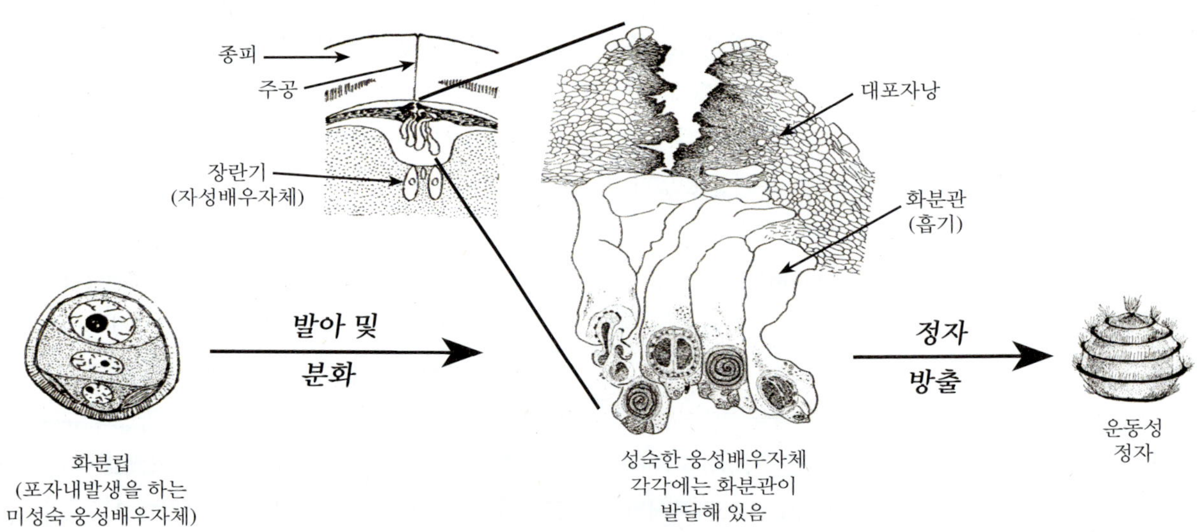

그림 5.9 비현화종자식물인 *Cycas*(소철속, 종자식물)의 웅성배우자체 발달. (출처: Swamy, B.G.L. 1948. American Journal of Botany 35: 77–88.)

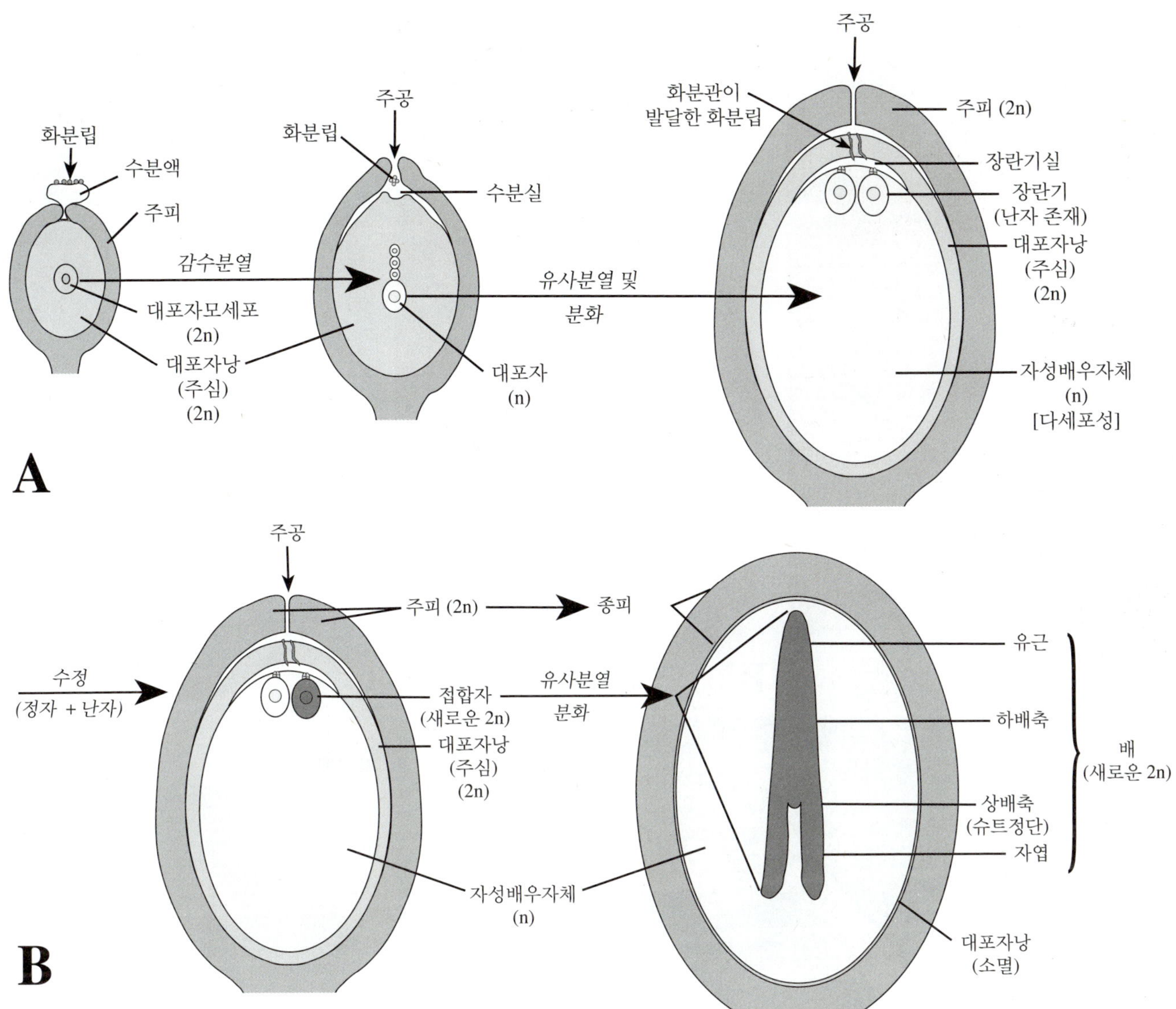

그림 5.10 **A.** 비현화종자식물의 배주 발달. **B.** 종자 발달.

은 대개 일렬로 배열한다(그림 5.10A). 주공 쪽의 대포자 3개는 퇴화하고 기부에 있는 대포자는 발생을 계속한다. 수분실 내로 유입된 화분은 성숙한 웅성배우자체로 발달하여 화분관을 내고(그림 5.10A, 5.11A), 이것은 대포자낭 조직 속으로 자라나간다(그림 5.10A, 5.11B). 나자식물의 웅성배우자체는 대포자낭 조직에서 일정 기간, 즉 대개 몇 달 혹은 일 년가량 생존한다.

살아남은 대포자는 여러 차례의 유사분열을 통해 크게 팽창하여 포자내발생을 하는 자성배우자체를 생성하는데(그림 5.10A, 5.11B,C), 이를 **대배우자체생성**이라 한다. 나자식물의 종자에서는 자성배우자체의 정단부에서 장란기가 분화한다(그림 5.11C,D). 다른 비종자육상식물처럼 각 장란기는 커다란 난자 및 짧게 배열된 몇 개의 경구세포(및 하나의 복구세포)로 구성된다. 웅성배우자체는 운동성 정자를 대포자낭과 자성배우자체 사이의 공간인 장란기실로 방출하거나(**소철** 및 **은행나무**; 그림 5.10A) 또는 웅성배우자체의 화분관이 장란기 경부로 정자를 직접 배송한다(구과식물). (일부 매마등목 식물과 모든 피자식물의 배주에는 장란기가 없음.) 그 결과 웅성배우자체에서 온 정자 하나가 장란기의 난자와 수정하게 된다. 화분을 배주로 전달하는 과정인 **수분**과 정자와 난자의 실제적 결합 과정인 **수정** 사이에는 오랜 시간(보통 1년 내지 그 이상)이 소요된다. 이는 수분 직후 수정이 이루어지는 피자식물의 경우와는 다른 주목할 만한 특징이다(제6장 참조).

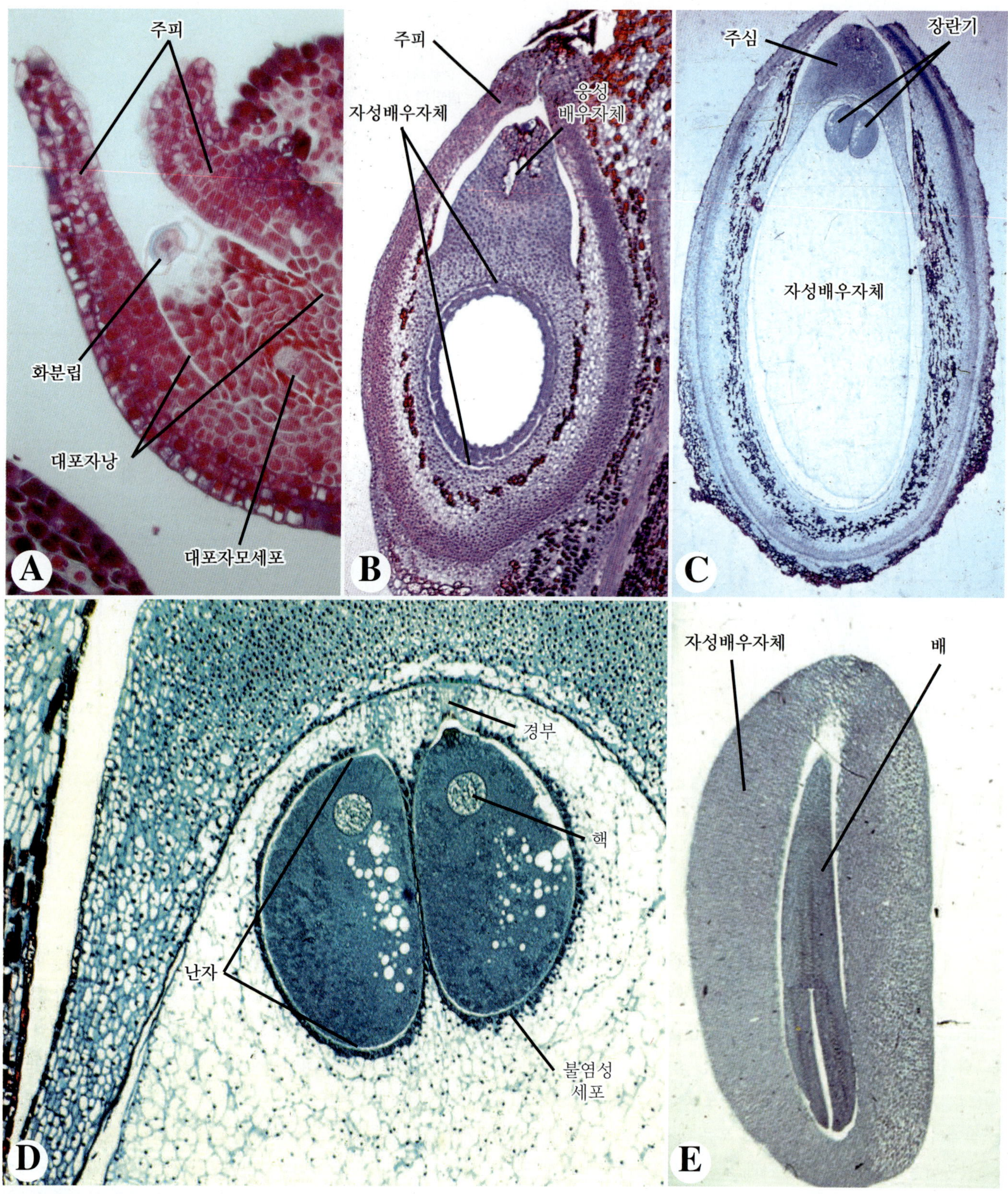

그림 5.11 *Pinus*(소나무속)의 배주와 종자의 발달. **A.** 수분될 때의 어린 배주 종단면. 화분립은 수분액을 흡수하면서 주공으로 빨려 들어간다. 대포자모세포의 감수분열은 아직 일어나지 않은 상태이다. **B.** 수분 이후, 자성배우자체가 발달하고, 대포자낭(주심) 조직에서 흡기처럼 생긴 화분관이 웅성배우자체로부터 뻗어 나온다. **C.** 성숙한 배주. 자성배우자체 내에 장란기 2개가 존재한다. **D.** 장란기를 접사한 것. 각각은 커다란 난자와 이를 둘러싼 불염성 세포 및 정단부의 경부로 이루어진다. **E.** 종피를 제거한 종자의 종단면. 배가 자성배우자체 조직의 영양층으로 둘러싸여 있다.

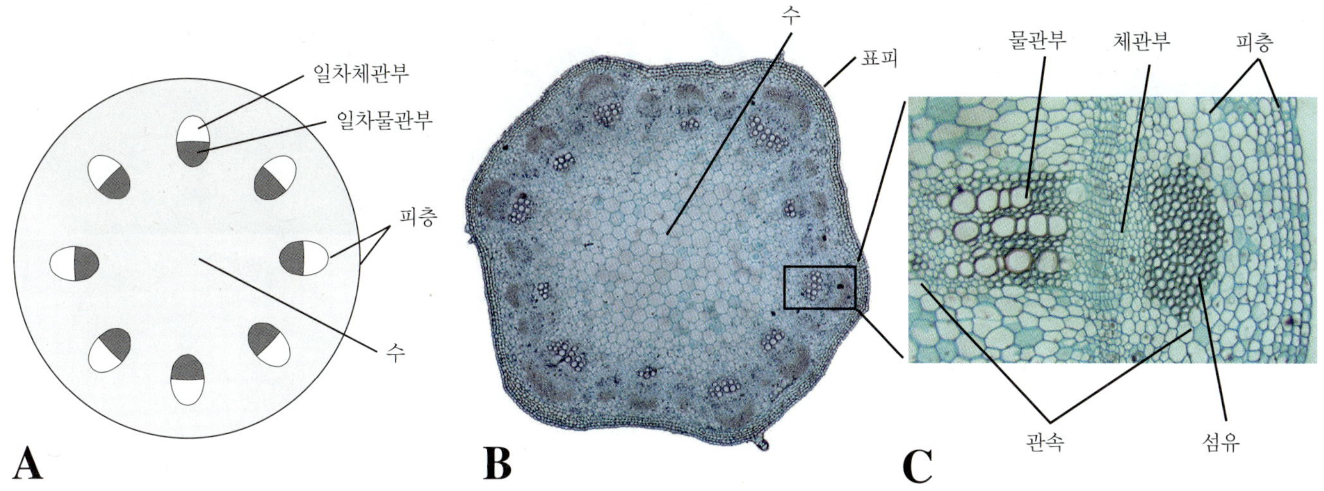

그림 5.12 진정중심주. **A.** 진정중심주의 모식도. 관속은 하나의 고리 형태로 배열되어 있으며, 각 관속의 안쪽에는 물관부가, 바깥쪽에는 체관부가 존재한다. **B.** *Helianthus*(해바라기속) 줄기의 횡단면, 진정중심주의 예. **C.** 관속을 접사한 것으로 물관부, 체관부 및 이와 연관된 섬유조직을 볼 수 있다.

수정의 결과인 이배체 접합자는 수차례의 유사분열과 분화를 통해 점차 미성숙 포자체, 즉 **배**로 성숙한다(그림 5.10B, 5.11E). 자성배우자체 조직은 계속해서 배를 둘러싸며(그림 5.11E), 종자 발아 시 배에 양분을 공급한다(피자식물은 예외, 제6장 참조). 대포자낭(주심)은 점차 소멸한다. 주피는 딱딱하거나 육질인 **종피**로 성숙한다.

종자와 적응

식물의 적응에 있어서 종자의 중요성은 의문의 여지가 없다. 첫째, 종자의 종피는 기계적 손상, 건조, 포식 등으로부터 배를 **보호**한다. 둘째, 종자는 유성생식 과정에서 **산포 단위**로서 기능한다. 많은 식물에서 종자는 산포를 위해 특수하게 변형되어 왔다. 예를 들어, 육질의 외종피는 동물에 의한 산포를 돕는다. 사실상 일부 식물에서 종자는 동물에 의해 먹히고 육질의 외종피는 소화되며, 나머지 부분(딱딱한 내종피에 둘러싸인 배)은 동물의 장을 무사히 빠져나가 거름의 공급이 확보된 상태에서 발아를 준비하게 된다. 셋째, 종피는 **휴면 메커니즘**을 통해 이상적인 온도, 햇빛 및 습도 조건에서만 발아가 일어나게 할 수도 있다. 넷째, 발아 시 배를 둘러싼 **영양조직**은 유식물에게 **에너지**를 공급하여 성공적인 생장을 돕는다.

흥미롭게도 종자식물에서는 대포자 내에서 발달한 자성배우자체가 포자체에 계속 붙어서 남아 있고 양분도 공급받는다. 이는 태류, 각태류, 및 선류의 경우와 정반대이다(제3장).

진정중심주

종자와 더불어, 현생 종자식물 모두를 포함한 대부분의 종자식물의 파생형질은 **진정중심주**(eustele)이다(**그림 5.12**). 진정중심주는 일차(이차생장 이전의) 줄기의 관속이 환상으로 배열된 관속체계를 일컫는다. 각 관속은 안쪽의 물관부와 바깥쪽의 체관부로 구성되는데, 이것이 방사상으로, 즉 동심원 위에 배열한다(그림 5.12).

진정중심주 유관속의 원생물관부는 **내원형**으로, 중심 쪽에 위치한다. 이는 석송식물의 외원형, 양치식물(중원형식물) 및 종자식물 이전에 분기한 몇몇 근연 화석 식물의 중원형 물관부와 분명히 구분된다(제4장).

종자식물의 다양성

Archeopteris 원고사리속

목질식물로서 종자를 지니지 않는 유명한 화석 식물로는 ***Archeopteris***가 있다. *Archeopteris*는 커다란 교목으로 구과식물과 같은 재를 지니고 있으나 잎은 양치류를 닮았다(**그림 5.13** A,B). 포자를 생성하는 포자낭은 생식지에 달린다. *Archeopteris*의 일부 종은 이형포자성이었다.

종자고사리류

"종자고사리류(pteridosperms)"는 양치식물과 유사한 잎을 가

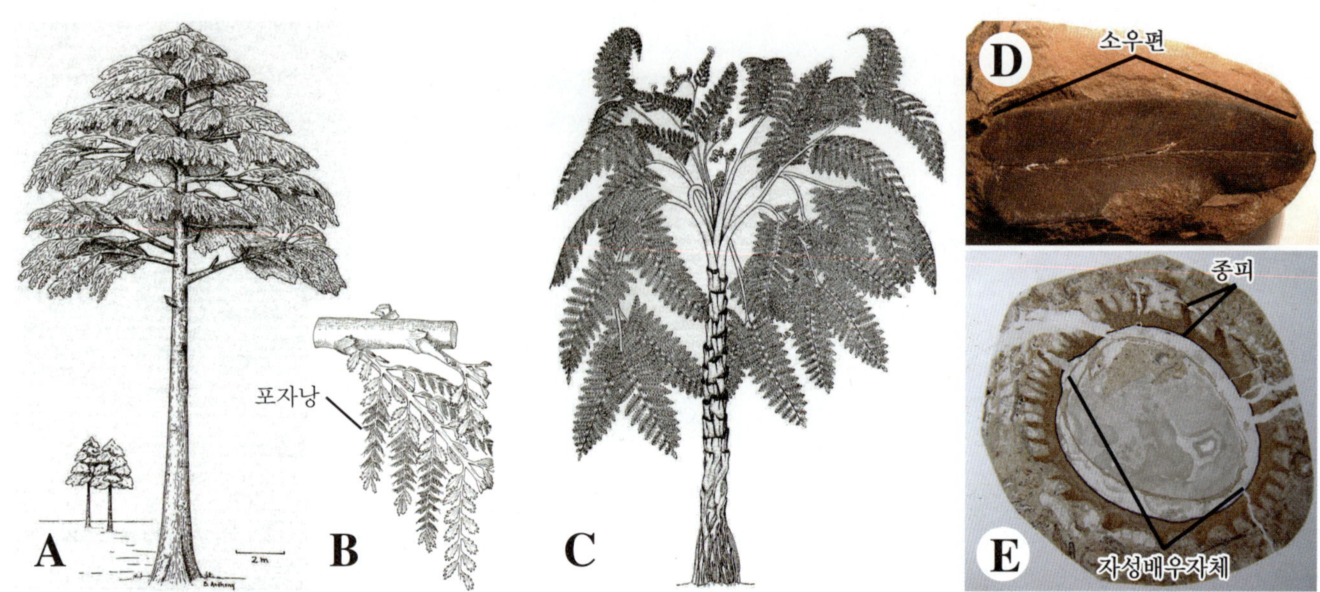

그림 5.13 **A,B.** *Archeopteris*(원고사리속), 절멸한 목질식물. **A.** 식물체를 재구성한 모습. **B.** 가지 시스템, 잎과 포자낭을 보여준다(출처: Beck, C.B. 1962. American Journal of Botany 49:373-382). **C–E.** *Medullosa*, 절멸한 "종자고사리." **C.** 식물체를 재구성한 모습. (출처: Stewart, W. N., and T. Delevoryas. 1956. Botanical Review 22: 45–80.) **D.** 잎의 화석. **E.** 종자의 종단면(*Pachytesta*).

지고 있지만 종자를 지닌 화석 식물을 지칭하는데, 이는 자연 분류군이 아닌 측계통군이라는 것이 거의 확실하다. 잘 알려진 종자고사리로는 ***Medullosa***를 들 수 있다(그림 5.13C–E). 다른 많은 화석 식물처럼 *Medullosa*의 여러 다른 기관들은 각각 별도의 속으로 분류된다. 예를 들어, 양치류의 잎과 같은 *Medullosa*의 잎은 *Alethopteris*와 *Neuropteris*라는 속으로 분류된다. 거대한 꽃가루를 지니는 *Dolorotheca*는 *Medullosa*의 화분이 들어있는 기관이며, *Medullosa*의 종자는 *Pachytesta*라는 속으로 분류된다.

이들 "종자고사리"와 현생 종자식물과의 유연관계는 불분명하다 일부는 현생 종자식물 이전에 진화한 것으로 생각된다(그림 5.1; Doyle 2006 참조).

나자식물

여러 유전자의 염기서열을 활용한 분계분석 결과는 종자식물이 나자식물과 피자식물로 이루어졌다는 강력한 증거를 제시하였다(그림 5.1). 이들 자매군의 공통조상은 대략 3억 천만 년에서 3억 5천만 년 사이에 기원하였을 것으로 추정된다. 현생 나자식물은 종종 *Acrogymnospermae*로 불리기도 한다. 나자식물(gymnosperms)은 수분이 일어날 당시에 배주가 심피로 둘러싸이지 않았기 때문에 붙여진 이름이다(종자는 수분 이후 대포자엽이나 종린으로 감싸이기도 한다). 나자식물은 본질적으로 꽃이 존재하지 않는 종자식물이다. 나자식물 내의 유연관계에 관하여는 Cycadophyta(소철문)가 나머지 나자식물의 자매군이라는 가설(예, Bowe et al. 2000)과 소철류-은행나무 단계통군이 나머지 나자식물의 자매군이라는 가설(예, Xi et al 2013; Ruhfel et al 2014, 그림 5.1)이 서로 경쟁한다. 또한, 가장 최근 분석은 Gnetales(매마등목)이 Pinopsida(소나무강)의 자매군이거나("gnepine" 가설; Mathews et al. 2010; Zhong et al. 2011) 또는 Cupressopsisa(측백나무강)의 자매군이라고 주장한다("gnecup" 가설; Ruhfelt al. 2014; 그림 5.1 참조).

표 5.1은 이 책에서 채택한 나자식물 분류체계이다. 관속식물에 관한 일반적인 형태는 Bierhorst(1971)과 Foster and Gifford(1974)를, 나자식물에 관한 연구는 Hill(2005)과 Rydin et al.(2002)을 참조한다.

CYCADOPHYTA 소철문

소철문 또는 소철류(cycads)는 한때 식물성 공룡류의 먹이였을 정도로 흔했었던 원시분류군이다. 현생 소철류는 약 11속 210–250종이며 다소 제한적으로 분포한다. 소철류는 북미 동남부, 멕시코, 중미, 카리브제도의 일부 섬, 남미, 아시아 동부와 동남부, 호주 그리고 아프리카 일부 지역에 분포한다. 세계

SPERMATOPHYTA 종자식물
GYMNOSPERMAE 나자식물
CYCADOPHYTA 소철문
Cycadaceae 소철과 (1/100–110)
Zamiaceae 멕시코소철과 (10/220–230)
GINKGOPHYTA 은행나무문
Ginkgoaceae 은행나무과 (1/1)
CONIFERAE 구과식물
PINOPSIDA 소나무강
Pinaceae 소나무과 (12/225)
CUPRESSOPSIDA 측백나무강
Araucariaceae 남양삼나무과 (3/32)
Cupressaceae 측백나무과 (32/130)
Phyllocladaceae (1/5)
Podocarpaceae 나한송과(17/167)
Sciadopityaceae 금송과 (1/1)
Taxaceae 주목과 (개비자나무과 포함) (6/28)
GNETALES 매마등목
Ephedraceae 마황과 (1/40)
Gnetaceae 매마등과 (1/30)
Welwitschiaceae 웰이치아과 (1/1)
ANGIOSPERMAE 피자식물(제6–8장 참조)

표 5.1 종자식물의 분류(나자식물 강조). 이 책에서 상세히 기재한 과는 볼드체로 표시하였다. 괄호 안은 각 과가 포함하는 속/종의 수이다.

곳곳에서 소철은 "sago"라고 하는 녹말의 원료를 제공한다는 점에서 경제적으로 중요한데, 이 녹말은 잎이나 생식 구조가 나오기 전에 줄기 선단 부위로부터 채취된다. *Cycas revoluta* (소철) 등 일부 소철류는 원예용으로도 심는다.

소철류는 단계통군으로 여겨지는데, 대부분 줄기가 직립하고 키가 작으나, *Microcycas*의 경우는(속 이름의 뜻과는 어울리지 않게) 종려나무처럼 크게 자라기도 한다. 굵고 짧은 줄기에는 대개 우상복엽이 나선상으로 호생한다(**그림 5.14**A, 5.15 B–E). *Bowenia*는 이회우상복엽을 지니는 유일한 속이다(**그림 5.15**A). 소철류의 줄기(수간, trunk)는 대개 측지를 형성하지 않는데, 이는 소철류만의 특징으로 생각된다. 흥미롭게도 *Cycas*(소철속)의 우편이나 Zamiaceae(멕시코소철과)의 *Bowenia*의 잎은 양치류와 같이 **권상개엽**의 특징을 보이는데(그림 5.14B), 이는 종자식물 대부분에서는 사라진 원시형질이 여전히 남아 있는 것으로 생각된다. 모든 소철식물 개체의 성은 자성 아니면 웅성이며, 따라서 **자웅이주**이다(제9장 참조).

모든 소철류는 **화분구과**(웅성구과) 또는 **화분포자낭수**(웅성포자낭수)를 지닌다. 구과(cone)는 유한생장성 슈트계로서 포자낭을 달고 있는 변형된 잎인 **포자엽**들이 하나의 축에 달려 있는 구조이다. 화분구과는 수많은 소포자낭을 지닌 **소포자엽**(그림 5.14D)이 달려 있는 축으로 이루어져 있다(그림 5.14A,C; **그림 5.16**A,B,G). **소포자낭**에는 많은 반수체 소포자가 생성되는데, 이들은 미성숙한 포자내발생성 웅성배우자체인 화분으로 발달한다(그림 5.9). 흥미롭게도, 소철류의 화분은 종자구과의 배주 안으로 **운동성 정자**를 방출하는데(그림 5.9), 이는 과거 물속 생활의 흔적이다.

최근 증거에 따라 소철류는 Cycadaceae(소철과)와 Zamiaceae(멕시코소철과), 2개 과로 분류하는데(Rai et al., 2003), 전자에 종자구과가 없는 것이 일차적인 차이점이다. 소철과에서 종자는 수많은 **대포자엽**의 가장자리에 달리며, 대포자엽은 구과를 이루지는 않으나 수간의 정단부에 밀집한다(그림 5.14E–G). 반면에, 멕시코소철과 식물은 **종자/배주구과**(자성구과) 또는 **종자/배주포자낭수**(자성포자낭수)를 지닌다. 종자/배주구과(seed/ovule cone)는 종자 2개를 지닌 **대포자엽**이 축에 달려 있는 구조이다(그림 5.15C–E, 5.16C,D,F–I). 종자구과, 대포자엽 및 종자의 크기와 형태에는 많은 변이가 존재한다.

이 식물에 관한 일반적인 내용은 Wilson(1990c)을, 계통분석은 Rai et al.(2003)과 Hill et al.(2003)을 참조한다.

Cycadaceae 소철과—1속 100–110종(그림 5.14).

자웅이주 교목 내지 다년생 초본, 상록성이다. **뿌리**는 내생균근성; 일부 부정근은 반굴지성이며(위를 향해 자람), 산호처럼 분지하고, 외층 조직에 질소고정 남세균이 공생한다. **줄기**는 분지하지 않거나 차상으로 분지하고, 수간(trunk)이 숙존성 엽병 기부로 뒤덮여 있는 지상성이거나, 부정아로부터 자라 나온 줄기 정단부가 땅 표면에 있는 지하성이다. **잎**은 나선상호생, 엽병성이고(엽병 가장자리에 가시가 있음), 우상복엽, 혁질이며, 발달 초기에 소엽이 안으로 말려있는 권상개엽성이다; 다 자란 소엽은 중앙맥 1개만 있음; 비광합성엽이며, 딱딱한 저출엽(인엽)이 광합성엽과 호생하여 돋아난다. **화분구과**는 크고, 수간에 정생하며, 다수의 소포자엽이 수많은 구형 소포자낭을 지니고 있다. **종자를 달고 있는 생식 구조**는 유한생장성 구과로 조직화되지 않았으며, 정단부가 치아상이거나 우상으로 갈

그림 5.14 소철문. Cycadaceae 소철과. **A–F.** *Cycas revoluta*(소철). **A.** 화분구과를 지닌 수그루. **B.** 권상개엽성 소엽을 지닌 잎. **C.** 수많은 웅성포자엽으로 이루어진 화분구과 접사. **D.** 소포자낭(웅성포자낭)이 있는 소포자엽(웅성포자엽). **E.** 암그루, 대포자엽(자성포자엽)이 밀집한다(구과가 없음). **F.** 자성포자엽, 가장자리에 달리는 배주. **G.** *Cycas circinalis*(스리랑카소철), 암그루, 성숙한 종자와 자성포자엽을 보여준다(구과가 없다).

라진 엽병성 대포자엽(자성포자엽)이 수간 정단부를 빽빽이 둘러싸는 형태이다. **종자**는 크고, [1] 2–8개가 각 대포자엽 가장자리에 달림; **배**는 자엽은 2개이다.

소철과는 동아프리카, 동아시아 및 동남아시아, 북호주에 분포한다. *Cycas revoluta*(소철)은 원예식물로, 수간의 수에서 "sago"라고 하는 녹말의 원료를 얻으며, 일부 종의 종자는 독성물질을 제거한 후 식용한다(예, 호주와 뉴기니의 *C. media*). 이 과에 관한 일반적인 내용은 Johnson and Wilson(1990b)과 Norstog and Nicholls(1997), 분류와 명명은 Hill et al.(2004)과 Walters and Osborne(2004), 계통분석은 Hill et al.(2003)을 참조한다.

주요 특징: **자웅이주** 교목 또는 다년생 초본, (지상의) **수간**

그림 5.15 소철문. Zamiaceae 멕시코소철과. **A.** *Bowenia spectabilis*(호주), 한 장의 이회우상복엽을 볼 수 있다. **B.** *Macrozamia moorei*(호주). **C**. *Encephalartos lebomboens*(아프리카). **D.** *Lepidozamia peroffskyana*(호주 동부). **E.** *Stangeria eriopus*(아프리카).

또는 **지하 줄기**를 지님, 잎은 **혁질, 우상복엽(권상개엽성)**, 대형, 화분구과는 유한생장성, **배주를 달고 있는 생식 구조는 구과로 조직화되지 않으며,** 수간 정단부에서 자라나 치아상 내지 전열하는 수많은 자성포자엽으로 이루어짐, 각 자성포자엽의 가장자리에 1개 이상의 배주/종자가 달림.

Zamiaceae 멕시코소철과—10속 약 220-230종(그림 5.15, 5.16).

자웅이주 교목, 관목 또는 다년생 초본. **뿌리**는 내생균근성; 일부 부정근은 "산호상"으로 반굴지성이며(위를 향해 자람), 산호처럼 분지하고, 외층 조직에 질소고정 남세균이 공생한다. **줄기**는 분지하지 않거나 불규칙하게 분지하고, 수간이 숙존성 엽병 기부로 뒤덮여 있는 지상성이거나, 부정아로부터 자라 나온 줄기 정단부가 땅 표면에 있는 지하성이다. **잎**은 주로 우상복엽(*Bowenia*는 이회우상복엽)으로 나선상호생, 엽병성이고, 탁엽성 또는 무탁엽성이며, 흔히 크고, 권상개엽성인 경우가 많음; 소엽의 엽맥은 주로 평행맥(*Stangeria*는 우상맥으로 측맥은 차상맥); 비광합성 인엽(cataphyll)이 존재한다. **화분구과**는 다수의 소포자엽으로 이루어지며, 각각은 수많은 구형의 포자낭을 배축면에 지니고 있다. 배주가 달리는 생식 구조는 유한생장성 **구과**로 조직화되고, 이것은 나선상호생을 하는 많은 방패형 대포자엽을 지니는데, 대포자엽의 향축면 가장자리

그림 5.16 소철문. Zamiaceae 멕시코소철과. **A,B.** *Encephalartos altensteinii*, 화분구과. **C.** *Encephalartos arenarius*, 구과를 지닌 암그루. **D.** *Encephalartos ferox*, 커다란 적색 구과를 지닌 암그루. **E.** *Encephalartos maikensis*, 자성포자엽(대포자엽)에 달린 종자. **F.** *Ceratozamia mexicana*, 종자구과. **G.** *Zamia*의 일종, 화분구과 및 종자구과. **H,I.** *Ceratozamia*의 일종, 종자구과와 자성포자엽 및 배주.

에 2[3]개의 배주가 거꾸로 달린다. 바람 또는 딱정벌레나 벌(*Trigona*)에 의해 수분이 이루어짐; 일부 분류군의 구과는 자체적으로 열을 발산하여 곤충 활동이나 냄새를 증가시켜 수분에 영향을 준다.

이 과의 주요 속은 다음과 같다. *Bowenia*(2종, 호주 동북부), *Ceratozamia*(26종, 멕시코에서 중미), *Chigua*(2종, 콜롬비아), *Dioon*(14종, 멕시코 및 남미), *Encephalartos*(65종, 열대 및 남아프리카), *Lepidozamis*(2종, 호주 동북부), *Macrozamia*(41종, 호주), *Microcycas*(*M. calcoma* 1종, 쿠바 서부), *Stangeria*(*S. eriopus* 1종, 남아프리카), *Zamia*(68종, 열대/난대 남북미).

Zamiaceae는 중앙 내지 남아프리카, 열대 남북미, 호주에 분포한다. *Ceratozamia*, *Encephalartos*, *Zamia*의 일부 종은 원예식물이고, 수간의 수에서 "sago"라고 하는 녹말의 원료 얻으며, 일부 종의 종자는 식용이다. 호주 동북부의 *Lepidozamia hopei*는 20 m에 달하는 가장 큰 소철류이다. 이 과에 관한 일반적인 내용은 Johnson and Wilson(1990a,d,e)과 Norstog and Nicholls(1997), 분류와 명명은 Hill et al.(2004)과 Walters and Osborne(2004), 계통수는 Hill et al.(2003)을 참조한다.

주요 특징: **자웅이주** 교목 또는 다년생 초본, **수간** 또는 **지하줄기**가 있음, 잎은 **우상**[드물게 **이회우상**]**복엽**, **화분구과**와 **종자구과**는 **유한생장**성, 종자구과는 **방패형 대포자엽**을 지님, **배주/종자 2**[3]**개**가 자성포자엽의 **향축면 가장자리**에 달림.

GINKGOPHYTA 은행나무문

은행나무문은 화석 기록이 풍부하지만, 현생종은 *Ginkgo biloba*(은행나무) 하나뿐이다. 이 종은 중국의 오지에 자생하지만, 지금은 전 세계에서 흔히 가로수로 식재된다. 은행나무는 소철류와는 다르게 다른 구과식물처럼 심하게 분지하는 교목이지만 장지뿐 아니라 단지도 지닌다는 점, 잎이 끝이 둘로 갈라지는 부채형이고 엽맥이 차상이라는 특징으로 구분된다(**그림 5.17**A–C). 은행나무는 소철류처럼 **자웅이주**이며 운동성 정자라는 조상형 특징을 지닌다.

은행나무 수그루는 "구과"라 불리는 생식 구조를 지니지만 포자엽 같은 것은 없다. 이 화분구과는 2개의 소포자낭을 달고 있는 자루들이 중축을 따라 배열된 구조이다(그림 5.17D–G). 소포자낭은 종개하여 화분을 방출한다. 암그루는 구과를 지니지 않는다. 자성 생식 구조는 자루(축) 끝에 배주 2개가 달리는 형태이다(그림 5.17H,I).

Ginkgoaceae 은행나무과—1속 1종(*Ginkgo biloba* 은행나무; 그림 5.17).

자웅이주 교목, 수지를 분비하며 낙엽성이다. **뿌리**는 균근성이다. **줄기**(수간)는 높이 자라고, 곁가지를 많이 낸다. **잎**은 단엽(은행나무문의 공유파생형질), 나선상호생, 엽병성, 부채형이며, 개방형 차상맥을 지님; 잎은 단지와 장지에 달린다. **웅성 생식슈트**는 (변형된 구과로 해석되기도 함) 미상화서처럼 생겼고, 자루처럼 생긴 많은 소포자엽이 축에 나선상으로 호생하는 구조이며, 각 소포자엽(자루) 끝에는 긴 소포자낭 한 쌍이 밑을 향해 달린다. **자성 생식슈트**는 단지의 엽액에서 자라나온 자루 끝에 직립성 배주 2 [–4]개가 달리는 구조이며, 각 배주 기부는 약간 비후하였다. **종자**는 핵과처럼 생겼으며(자루당 주로 1개), 주피는 두 층, 즉 안쪽의 딱딱한 층과 바깥쪽의 육질층으로 이루어지는데, 후자는 고약한 냄새를 풍김(낙산 및 관련 화합물 때문); **배**의 자엽은 2개이다. 수분은 바람에 의해 이루어진다.

중국에는 자연 개체군이 매우 제한적으로 분포하며, 그곳 사원에 매우 오래된 큰 나무들이 남아 있다. 지금은 사라진 일부 종은 중생대에 전 세계적으로 널리 분포했었다. 단풍이 아름답고 공해에 강해 가로수로 많이 심는다. 종자는 구워먹거나(과량은 유해함), 기름의 원료, 기억증진제로 사용되기도 한다. 이 과에 대한 일반적인 내용은 Page(1990f)를, 다른 식물과의 유연관계는 Rhdin et. al.(2002)을 참조한다.

주요 특징: **자웅이주성 교목**, **단지**를 지님, **잎**은 단엽, 나선상호생, **부채형**, **차상맥**, 웅성생식기관은 **미상화서상**, **소포자낭이 쌍으로 밑을 향해 달림**, **자성생식기관은 배주(기부가 약간 비후) 2개가 자루에 달려 직립**하는 구조, 종자의 바깥은 육질이고 안쪽은 단단한 주피층임.

CONIFERAE 구과식물

구과식물은 과거 전 세계의 식물군집을 우점하였던 육상식물군이다. 오늘날 이들은 피자식물에게 그 자리를 내주었지만, 여전히 여러 "침엽수림"의 우점종이다.

구과식물은 가지를 많이 치는 교목 또는 관목으로 구성된 단계통군이다. 잎은 **단엽**인데, 이는 은행나무와 공유하는 파생형질이 될 수 있다. 구과식물의 잎은 주로 선형, 침형 또는 추형(송곳형; 제9장 참조)이지만, 때로는 넓고 크다. 일부 종에서는 절간이 극도로 짧은 줄기인 단지(short shoot)에 잎이 뭉쳐난다. 그 극단적인 예로서 소나무 종류들에서 잎이 속생하는 것을 들 수 있다. 소나무의 **속생지**(fascicle)는 줄기조직과 1개 이상의 바늘잎 그리고 기부에 숙존하는 아린으로 구성된 특이한 단지 구조를 일컫는다(**그림 5.18**A,B; 제9장).

매마등류를 포함한 구과식물의 두 번째 뚜렷한 파생형질은 **정자가 운동성을 상실**했다는 것이다(그림 5.1). 이것은 정자에 편모가 달린 여타 나자식물과 구과식물 간의 차이점이다. 모든 현생 종자식물처럼 구과식물에는 웅성배우자체에서 화분관이 발달하는 화분관수정이라는 특징이 존재한다. 소철류나 은행나무와 같이 구과식물의 화분관도 흡기처럼 되어 수정 후 약

그림 5.17 은행나무문. Ginkgoaceae 은행나무과. *Ginkgo biloba*(은행나무). **A,B.** 영양생장. 부채형의 잎이 단지에 밀집한 점에 주목할 것. **C.** 잎 접사, 차상맥. **D.** 화분구과를 지닌 수그루. **E.** 화분구과. **F,G.** 화분구과의 중앙 축에 달리는 자루에 쌍으로 달리는 소포자낭을 접사한 것. **H.** 자루에 배주 한 쌍을 달고 있는 암그루. **I.** 한 쌍의 배주 접사, 주공에서 나온 수분액이 보임. **J.** 단지에 달려 있는 어린 종자. **K.** 성숙한 종자(악취가 심함).

그림 5.18 구과식물. Pinaceae 소나무과. **A–G.** *Pinus*(소나무속)에 포함되는 종들. **A.** 어린 속생지로 이루어진 슈트. **B.** 인편엽과 속생지로 이루어진 가지. **C.** 가지의 정단에 있는 속생지와 화분구과. **D.** 화분구과 접사. **E.** 화분구과의 소포자엽, 각각에는 2개의 소포자낭이 존재. **F.** 소포자낭수(웅성포자낭수)의 종단면으로, 소포자낭과 이를 지니고 있는 소포자엽을 보여줌. **G.** 소포자낭 접사, 성숙한 화분립으로 가득 차 있다.

1년에 걸쳐 주심(대포자낭조직)을 소비한다. 그러나 구과식물의 경우 웅성배우자체의 화분관이 장란기실 안까지 자라나 자성배우자체와 접촉함으로써 정자를 난자에 더 가깝게 배송한다는 점에서 다른 나자식물들과 차이를 보인다. 화분관에서 방출된 비운동성 정자는 장란기의 난자와 접촉한 후 난자핵과 수정하게 된다. 이렇게 화분관을 통해 정자를 난자에 배송하는 것을 **화분관수정**이라 하는데, 이는 운동수정과 대비되는 방식이다. 배주 하나에 장란기 여러 개가 있기에 수정이 여러 차례 일어나 초기에는 배가 여러 개 생기지만, 성숙한 종자에는 그 중 대개 1개만 살아남는다.

구과식물은 화분구과와 종자구과가 동일 개체에 달리거나(**자웅동주**) 간혹 다른 개체에 달리기도 한다(**자웅이주**). 다른 관속식물처럼 구과는 포자엽을 달고 있는 축으로 이루어진다. 화분구과(그림 5.18C,D)는 소철류와 마찬가지로 **소포자엽**(웅성포자엽; 그림 5.18E,F)을 지니는 축으로 이루어진다. 소포자엽에는 **화분**을 생성하는 **소포자낭**(웅성포자낭)이 달린다(그림 5.18E–G). 일부 구과식물의 화분에는 대개 기낭이 2개 있는데, 이들은 화분의 벽으로부터 발달한다(그림 5.8C). 이들 낭형 구조는 화분이 바람에 의해서 보다 효율적으로 이동하게 할 것으로 생각된다. 또한, 비현화종자식물이 분비하는 수분액에 의해 화분이 포획되고 수송되는 것을 돕는 일종의 부유 장치로도 기능할 것으로 보인다.

구과식물 대부분의 종자구과는 여타 종자식물의 것과 달리 **복합**적인 구조이다. 종자구과는 잎의 변형인 **포**를 달고 있는 축으로 이루어지며, 각 포는 종자가 달리는 구조인 **종린**(실편, ovulate scale)을 끼워 싸고 있다(**그림 5.19**, 5.20). 화석 기록에 의하면 종린은 사실상 측지 시스템의 변형이다. 화석 그룹인 Cordaitales는 종자구과를 지녔는데, 이는 현생 구과식물의 것처럼 중축에 포가 나선상으로 호생하는 구조이다. 하지만 슈트계(측지)가 그 포에 액생했는데, 이는 여러 불염성 잎과 1개 내지 여러 개의 배주(각 배주는 대개 "염성" 잎에 액생)를 달고 있는 축으로 이루어진 것이었다. 스웨덴 식물학자인 Rudolf Florin은 이 측지가 현생식물이 지니는 평평한 배복성 종린으로 변형되었을 것으로 생각했다. 이러한 진화 과정은 나선상으로 호생하는 많은 잎(대부분 불염성)으로 이루어진 액생 슈트계를 지닌 *Lebachia*(그림 5.19A,B), 이 슈트계의 잎이 평평해진 화석 구과식물(그림 5.19C) 그리고 이 슈트계가 단일 구조로 융합하여 평평해진 또 다른 화석 구과식물(그림 5.19D)에서 엿볼 수 있다. 이 가설을 뒷받침해 주는 증거로서 현생 구과식물 종린의 엽맥 *방향(물관부와 체관부의 상대적 위치–*역자 주)은 포의 엽맥 방향과 반대인 점을 들 수 있는데, 이는 이들 엽맥이 과거에 포와 반대쪽에 있었던 잎으로부터 기원했다는 것을 가리킨다.

많은 구과식물의 종자구과는 종린이 포보다 훨씬 더 크다(**그림 5.20**D–F). 일부 구과식물, 예를 들어 *Pseudotsuga*(더글러스전나무속)는 포가 종린 위로 길게 자라난 것을 볼 수 있다(그림 5.20G). 종에 따라 각 종린의 상면(향축면)에는 1개 내지 여러 개의 종자가 존재한다(그림 5.20H, 5.23C,O). 다 자란 종자에는 흔히 날개가 있는데(그림 5.20H,I), 이는 바람에 의한 종자 산포에 적응한 결과이다. 일부 구과식물, 예를 들어 나한송

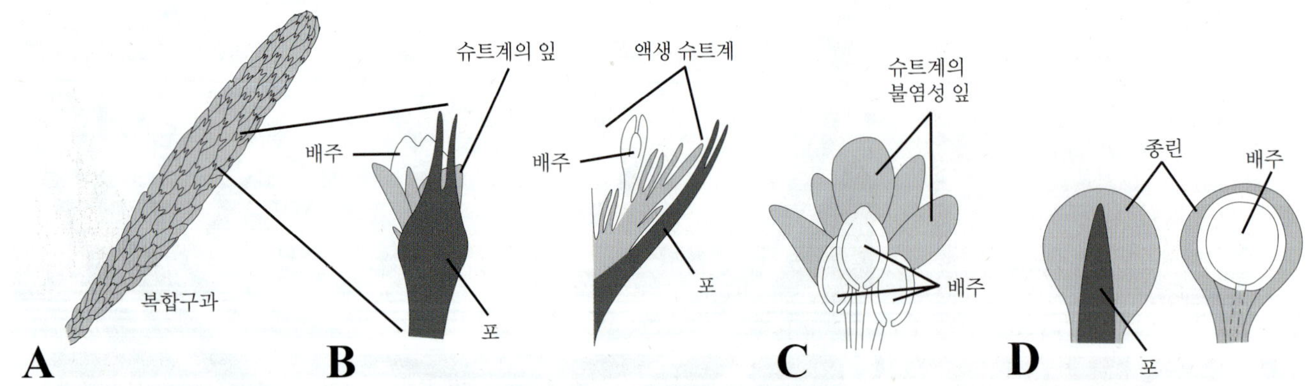

그림 5.19 구과식물 구과의 진화. **A,B.** CORDAITALES, *Lebachia*. **A.** 복합구과, 수많은 포가 나선상으로 배열하고 각각은 염성 단지(short shoot)를 싸고 있음. **B.** 포 및 포에 액생하는 염성 슈트계를 확대하여 본 것으로(좌=배축면, 우=측면) 나선상으로 배열하는 잎과 배주 1개를 보여줌. **C,D.** 화석 구과식물. **C.** *Voltzia*, 복합구과의 슈트계, 불염성 잎 제5장과 배주 3개를 보여줌. **D.** *Ulmannia*, 복합구과의 슈트계로(좌=배축면, 우=향축면) 바깥의 포와 안쪽의 종린 및 배주를 보여준다. (출처: Florin, 1951.)

그림 5.20 구과식물—소나무강. Pinaceae 소나무과. **A–F.** *Pinus*(소나무속)에 포함되는 종들. **A.** 수분시의 어린 종자구과. **B.** 종자구과 접사, 종린과 포. 화분립이 보임. **C.** 1년 동안 자란 종자구과. **D.** *Pinus coulteri*, 성숙한 종자구과(구과 중에서 가장 큼). **E.** 종자구과 및 이를 종단한 것(오른쪽). **F.** 종단면을 접사한 것, 포와 종린을 보여줌. **G.** *Pseudotsuga*(더글러스전나무속)의 일종, 종자구과. 길게 뻗어 나온 포와 넓은 종린이 보임. **H.** 미성숙한 종린을 위에서 본 것으로 날개 달린 종자 2개를 보여줌. **I.** *Pinus*(소나무속), 날개가 달린 성숙한 종자를 보여준다.

과나 주목과에서 종자구과는 심하게 퇴화되어 포와 종린이 발생의 흔적으로만 존재하거나 육질 구조로 변형되었으며, 구과 전체에 배주가 1개뿐이다.

여기서는 구과식물을 3개의 그룹으로 분류했다. Pinopsida (소나무강, 소나무과로만 구성), Cupressopsida(측백나무강, 6개 과로 구성), Gnetales(매마등목, 3개 과로 구성; 그림 5.1, 표 5.1 참조). 매마등목과 소나무과는 분자계통수에서 자매군으로 나타나지만, 이것이 강하게 지지를 받는 것은 아니다. 구과식물에 관한 일반적인 정보는 Page(1990d,e,g,m)를 참조한다.

PINOPSIDA 소나무강

Pinaceae 소나무과—12속 약 225종(그림 5.18, 5.20, **5.21**).

자웅동주 교목(드물게 관목), 수지를 분비하며, 대개 상록성이다(*Larix* 및 *Pseudolarix*는 낙엽성). **뿌리**는 외생균근성이다. **잎**은 단엽, 나선상호생, 무엽병성 또는 짧은 엽병이 있으며, 선형 내지 긴 침형; 광합성엽(보통엽)은 특화된 단지에 달리고 (*Cedrus*, *Larix*, *Pseudolarix*; *Pinus*에서는 무한생장성 속생지로 변형), 비광합성 인편엽이 간혹 장지에 존재한다. **화분구과**는 작고, 단생하거나 여러 개가 모여 있고, 나선상으로 호생하는 소포자엽의 배축면에 소포자낭이 2개 달림; **화분**은 대개 2-낭형이다. **종자구과**는 측생 또는 정생하며, 대개 목질이고, 때로는 성숙하여도 열리지 않으며(산불이 종자 방출을 유도함), 종린은 나선상호생, 향축면에 배주가 2개 있으며, 포는 종린과 분리되어 있고, 때로는 길게 자라난다(예, *Psudotsuga*). **종자**는 종린당 주로 2개, 종린의 기부를 향하며, 흔히 날개가 있음; **배**는 자엽이 많음; 발아는 주로 지표성(드물게 지하성)이다. 엽록체 DNA에 IR(inverted repeat, 그림 14.4 참조)이 없다(즉, 'IR' 지역에 해당하는 지역이 1개뿐임).

소나무과의 12속: *Abies*(전나무속, 46종, 북온대, 동남아시아, 중미), *Cathaya*[*Tsuga*](1종, *C. argyrophylla*, 중국), *Cedrus*(삼나무속, 2-4종, 북아프리카-아시아), *Hesperopeuce*[*Tsuga*](1종, 북미 서부), *Keteleeria*(3종, 중국 남부, 대만, 동남아시아), *Larix*(잎갈나무속, 10종, 북반구 냉온대), *Nothotsuga*[*Tsuga*](1종, *N. longibracteata*, 중국), *Picea*(가문비나무속, 34종, 북반구 냉온대), *Pinus*(소나무속, 110종, 북반구 온대에서 남미, 인도네시아), *Pseudotsuga*(더글러스전나무속, 4종, 동아시아 및 북미 서부), *Tsuga*(솔송나무속, 10종, 북미 온대 및 동아시아).

소나무과는 북미, 서인도, 북아프리카 및 유라시아 등 북반구 온대에 분포한다(소나무속 1종은 남반구까지 분포). 매우 중요한 목재, 펄프(제지용), 테르펜틴, 고무, 수지(예, *Abies balsamea*), 고무, 기름(향수 또는 의약용), 식재료(소나무속 식물의 종자) 및 많은 산업용 원료를 제공하며, 크리스마스트리를 비롯한 수많은 원예식물을 포함한다. 일부 지역에서 목재나 펄프를 위해 도입했던 몇몇 소나무속 식물이 야생으로 퍼지기도 했다. *Pinus longaeva*(강털소나무) 중에는 단일 생물 개체로서는 가장 장수한 것이 있다(수령 5,000년 이상). 이 과에 관한 일반적인 내용은 Page(1990i), 계통수는 Gernandt et al.(2008), 가장 큰 속인 소나무속에 관한 연구는 Gernandt et al.(2005)을 참조한다.

주요 특징: 교목[매우 드물게 관목], **잎**은 단엽, **선형** 내지 **침형**, **나선상호생**, **화분구과**는 비교적 작고, **소포자엽 배축면**에 **소포자낭 2개**를 지님, **종자구과**는 **목질성 종린**으로 이루어지고, 각각에 **2개**의 **배주/종자**가 **거꾸로 달림**, **종자**에는 대개 **날개**가 있고, **자엽**은 **다수**.

CUPRESSOPSIDA 측백나무강

측백나무강은 6개과: Araucariaceae(남양삼나무과), Cupressaceae(측백나무과), Phyllocladaceae(그림 5.24M-P; 나한송과에 포함되기도 함), Podocarpaceae(나한송과), Sciadopityaceae(금송과), Taxaceae(주목과)로 구성되는데, 여기서는 이들 가운데 4개 과를 기재하였다. 이들 과의 유연관계와 파생형질은 그림 5.1을 참조한다.

Araucariaceae 남양삼나무과—3속 32종(그림 **5.22**).

자웅동주 또는 자웅이주, 상록성이다. **뿌리**는 내생균근성이다. **잎**은 단엽으로 나선상호생 또는 대생하고, 활엽 내지 침형이다. **화분구과**는 비교적 크고, 소포자엽은 많고 소포자낭 5-20개가 밑을 향해 달림; **화분**은 낭형이 아니다. **종자구과**는 대개 직립, 구형 내지 난형, 다 자라면 떨어지거나 부서짐; 종린에 배주 1개가 있으며, 포는 종린에 이합한다. **종자**는 종린으로부터 분리되며(성숙 시), **배**의 자엽은 2-4개이다.

남양삼나무과의 3속: *Agathis*(약 13종, 호주), *Araucaria*(18종, 호주, 남미), *Wollemia*(1종, *W. nobilis*, 호주).

남반구, 주로 남미 남부, 호주, 동남아시아에 분포한다. 목재와 카누제작용 식물(예, *Agathis australis*, 뉴질랜드의 카우리 원

그림 5.21 구과식물—소나무강. Pinaceae 소나무과. **A,B.** *Abies bracteana*. **C.** *Abies concolor*. **D.** *Abies fabri*. **E.** *Abies grandis*. **F.** *Cedrus* sp.(개잎갈나무속의 일종), 단지 및 직립하는 종자구과. **G.** *Picea orientalis*. **H–J.** *P. sitchensis*. **H.** 뻣뻣하고 뾰족한 잎을 지닌 가지. **I.** 숙존성 엽병기부를 지닌 가지(가문비나무의 특징). **J.** 종자구과. **K–L.** *Pinus coulteri*(코울터소나무), 솔방울이 가장 많이 달리는 종. **M.** *Pinus muricata*, 이 종의 솔방울은 산불이 지나간 후에 열림. **N.** *Pinus labertiana*, 가장 키가 큰 소나무로 솔방울 역시 가장 길다. **O.** *Pinus sabiniana*. **P,Q.** *Pseudotsuga menziesii*(더글러스전나무), 종린보다 길게 뻗어 나온 포가 보임. **R,S.** *Hesperopeuce mertensiana*, 솔방울이 늘어져 달린다.

그림 5.22 구과식물—측백나무강. Araucariaceae 남양삼나무과. **A–D.** *Agathis australis*(카우리소나무). **A.** 뉴질랜드에서 가장 큰 카우리소나무 (51.5 m), 밑에 사람이 보임. **B.** 카우리소나무의 수관, 착생식물이 많이 있음. **C.** 카우리소나무의 잎. **D.** 화분구과와 종자구과. **E–G.** *Araucaria bidwillii*(넓은잎남양삼나무). **E.** 영양지, 가시처럼 뾰족한 혁질의 잎을 지님. **F.** 종자구과. **G.** 종자구과의 종린, 종자 1개를 지님. **H.** *Araucaria cunninghamii*, 영양지, 작은 추형 잎을 지님. **I–L.** *Araucaria heterophylla*(남양삼나무), 가느다란 최종가지에 선형 잎이 나있다.

산), 원예식물(*Araucaria araucana*-칠레소나무, *A. bidwillii*-버냐파인, *A. heterophylla*)이 경제적으로 중요하다. 뉴칼레도니아 원산의 *Araucaria columnaris*는 세계 곳곳에서 재배하는데, 북반구에서는 약간 남쪽으로 기울어 자라고 남반구에서는 약간 북쪽으로 기울어 자라는 것으로 알려져 있다(Johns et al., 2017). *Agathis australis*의 화석화된 수지인 코팔(copal)은 니스의 원료이다. 호주 뉴사우스웨일스의 희귀종인 *Wollemia nobilis*는 살아 있는 화석으로 유명하다. 이 과에 관한 일반적인 내용은 Page(1990a)를, 계통수는 Setoguchi et al.(1998)을 참조한다.

주요 특징: **자웅이주** 또는 **자웅동주** 교목, **잎**은 **활엽** 내지 **침형**, **화분구과**는 크고, 소포자엽에 **소포자낭 5-20개**가 **거꾸로 달림**, **종자구과**는 **크고**, **성숙 시 부서짐**, 각 종린 중앙에 **배주/종자** 한 개를 지님.

Cupressaceae 측백나무과—약 32속 130종(그림 5.23).

자웅동주 또는 자웅이주, 교목 또는 관목, 수지를 분비한다. **뿌리**는 내생균근성, '무릎'처럼 생겨 지상으로 돌출하기도 한다(*Taxodium*-낙우송속). **줄기**는 측지를 지니며, 심하게 눌려서 납작하고(예, *Calocedrus*, *Libocedrus*, *Thuja*-눈측백속; 다른 식물은 정도가 약간 덜함), 잎이 달린 가지(우상복엽처럼 보임)가 낙엽성인 경우가 있다(*Glyptostrobus*, *Metasequoia*-메타세쿼이아속, 낙우송속). **잎**은 단엽으로 무엽병성, 엽병성, 또는 연하형이고, 때때로 이형성이며, 나선상호생, 교호대생, 또는 3-4개가 윤생하고, 선형, 침형 또는 삼각상-추형(인편처럼 생겨 소지를 완전히 뒤덮음)이다. **화분구과**는 정생, 단생[드물게 여러 개가 모여 달림], 소포자엽 배축면에 소포자낭 2-10개를 지님; **화분**은 낭형이 아니다. **종자구과**는 주로 정생하고, 단생하며(드물게 여러 개가 모여 달림), 목질, 혁질 또는 육질(예, *Juniperus*의 "장과"); 종린은 나선상호생, 대생 또는 3개가 윤생하며, 대개 2-20개의 배주를 향축면에 지니고, 포는 종린과 이합한다. **종자**는 바로 또는 거꾸로 달리며, 날개가 있거나 없음; **배**의 자엽은 2[-15]개이다.

주목할 만한 속: *Hesperocyparis*(약 16종, 서반구), *Calocedrus*(3종, 동남아시아, 북미 서부), *Chamaecyparis*(편백속, 5종, 동아시아 및 북미), *Cupressus*(약 12종, 동반구), *Juniperus*(향나무속, 약 50종, 북반구, 열대 아프리카 산악지역), *Metasequoia*(메타세쿼이아, 1종, 중국), *Sequoia*(레드우드, 북미 서부), *Sequoiadendron*(자이언트세쿼이아, 미국 캘리포니아), *Taxodium*(낙우송속, 2종, 북미 동부, 멕시코), *Thuja*(눈측백속, 5종, 동아시아 및 북미). 미국 캘리포니아와 오리건의 레드우드는 세계에서 가장 높이 자라는 나무이고(116 m), 캘리포니아의 자이언트세쿼이아는 세계에서 가장 큰 생물체이다(1,487 m^3).

전 세계에 분포한다. 목재(잘 썩지 않고 흰개미에 저항성이 있음), 수지 및 방향성 식물, 많은 원예식물(예, *Juniperus* spp.-향나무속 종류, *Cupressus sembervirens*-서양노송나무)은 경제적 가치가 높다.

Taxodiaceae(낙우송과, 잎은 주로 호생)는 과거 협의의 측백나무과와 별개로 취급하였으나, 그렇게 하면 낙우송과가 측계통군이 되기 때문에 광의의 측백나무과로 통합되었다. 이 과에 관한 일반적인 내용은 Page(1990c,l), 종속지 연구는 Farjon(2005), 계통수는 Brunsfeld et al.(1994), Gadek et al.(2000), Kusumi et al.(2000)을 참조한다.

주요 특징: 자웅동주 또는 자웅이주, 교목 또는 관목, **잎**은 나선상호생, 교호대생 또는 윤생, **삼각상-추형**, **선형** 또는 **침형**(일부 분류군에서 가지가 눌려 있거나, 낙엽성임), 화분구과는 **소포자엽에 소포자낭**이 대개 **2-10개**가 달림, **종린**은 **대생** 또는 **3개씩 윤생**, **배주**는 **다수**, 자엽은 대개 2개.

Podocarpaceae 나한송과—17속 약 167종(그림 5.24A-L).

자웅이주(드물게 자웅동주) 교목, 수지를 분비한다. **잎**은 단엽, 나선상호생(드물게 교호대생 또는 아대생), 선형, 타원형 또는 추형 내지 인편상이다. **화분구과**는 정생 또는 액생, 단생하거나 여러 개가 모여 나고, 흔히 기다란 축에 소포자엽이 여러 개 달리며("미상화서상"), 소포자엽에는 소포자낭 2개가 있음; **화분**은 대개 2-[0, 3-]낭형이다. **종자구과**는 정생 또는 액생, 구과처럼 생겼거나 심하게 퇴화했고, 대개 육질성[드물게 건성]이며, 일부는 자루("화경")에 싸이는데, 이것은 포와 합착하여 육질성 "화탁"을 형성하고, 종린은 1개 내지 다수로 배주는 1개만 지니며, 일부 종에서 종린 하나가 배주를 둘러싸는 보호층으로 변형되어 "투피(epimatium)"를 이룬다. **종자**는 1[-다수]개, 거꾸로 또는 바로 달리며, 흔히 돌출하고, 일부 종에서는 육질성 투피, 포("carpidium"이라 함), 자루처럼 생긴 기부("화탁")가 화려한 색깔을 지녀 새에 의한 종자 산포에 도움을 줌; **배**의 자엽은 2개이다.

그림 5.23 구과식물—측백나무강. Cupressaceae 측백나무과. **A.** *Cupressus macrocarpa*, 박스 안: 종자구과. **B,C.** *Cupressus sempervirens*. **B.** 종자구과를 지닌 가지. **C.** 종자가 여럿 존재하는 종린. **D,E.** *Juniperus osteosperma*. **D.** 영양지, 교호대생, 인편상 잎. **E.** 종자구과, 육질 종린을 지님. **F.** *Taxodium distichum*, 낙엽성 가지와 종자구과. **G,H.** *Metasequoia glyptostroboides*, 종자구과 및 낙엽성 가지(단엽이 대생함). **I–K.** *Sequoia sempervirens*(레드우드), 납작한 상록성 가지와 성숙한 종자구과(솔방울). **L–O.** *Sequoiadendron giganteum*(자이언트세쿼이아). **L.** 나무. **M.** 추형 잎을 지닌 가지. **N.** 성숙한 솔방울. **O.** 종린, 날개가 돋은 종자 여럿이 존재한다.

그림 5.24 구과식물—측백나무강. **A–L.** Podocarpaceae 나한송과. **A–C.** *Dacrydium cupressinum*, 단엽을 지닌 늘어진 가지. **D–E.** *Dacrycarpus dacrydoides*. **D.** 화분구과, 나선상으로 배열된 다수의 소포자엽. **E.** 종자구과, 보라색 종자 1개와 육질의 붉은 화탁을 보여줌. **F.** *Halocarpus bidwillii*, 검은 투피, 포(carpidium), 흰 화탁을 지님. **G,H.** *Podocarpus totara*. **J.** 수간. **K.** 가지. **L.** 종자구과, 종자 밑의 붉은 화탁. **M–P.** Phyllocladaceae, 납작한 가지(엽상지)는 넓은 잎처럼 보임. **M,N.** *Phyllocladus glaucus*. **O,P.** *Phyllocladus trichomanoides*.

특기할 만한 속에 *Dacrydium*(25종, 동남아시아 내지 뉴질랜드)과 *Podocarpus*(나한송속, 94종, 온대 남반구, 동아시아, 서인도제도)가 있다. 엽상지를 지니는 *Phyllocladus*(5종, 동남아시아, 오스트랄라시아; 그림 5.24M–P)는 나한송과에 포함되기도 하지만, 여기서는 나한송과의 자매군인 Phyllocladaceae로 처리하였다.

대부분 남반구(주로 오스트랄라시아 내지 동남아시아, 일본)에 분포하지만, 중미와 남미 및 열대 아프리카 산악지역에도 자란다. 목재, 펄프용으로 중요하며(일부는 전통적으로 카누 제조용으로 사용), 종자구과를 식용하고, 일부는 원예용이다(예, *Dacrydium*, *Podocarpus*–나한송속). 뉴칼레도니아의 *Parasitaxus usta*는 나자식물에서 유일하게 알려진 기생식물로 같은 과의 *Falcatifolium taxoides*에 기생한다. 이 과에 관한 일반적인 내용은 Page(1990h,j)를, 계통수는 Kelch(1999)을 참조한다.

주요 특징: **자웅이주** 교목, 잎은 선형, 타원형 또는 추형 내지 인편형, 종자구과의 **종린**은 **배주 1개**만 지님, 전체 **구과**는 흔히 **종자 1개**로 퇴화, 종종 **육질 화탁**에 달리고, **종자**는 **육질성 투피** 및 **포**(carpidium)로 둘러싸임, 자엽은 2개.

Taxaceae 주목과—6속 28종(그림 5.25).

자웅이주 또는 자웅동주, 교목 또는 관목, 수지는 있거나 없고, 상록성이다. **잎**은 단엽, 나선상호생(줄기가 비틀려서 2열성으로 보임) 내지 교호대생, 선형 내지 침형, 주로 연하형이다. **화분구과**는 작고, 단생하거나 몇 개가 모여 달리며, 소포자엽은 방패형으로 소포자낭 2–16개를 지니고, **화분**은 낭형이 아니다. **종자구과**는 배주 1개로 퇴화되었다(*Cephalotaxus*–개비자나무속의 종자구과에는 배주 2개를 끼워 싸고 있는 교호대생 포가 있음). **종자**는 직립, 구과당 1개이고, 날개가 없으며, 부분 또는 전체가 화려한 색깔의 육질성 가종피(종의)로 둘러싸임; **배**의 자엽은 2개이다.

주목과의 6개 속: *Amenotaxus*(4종, 중국), *Austrotaxus*(1종, 뉴칼레도니아), *Cephalotaxus*(개비자나무속, 6종, 아시아), *Pseudotaxus*(1종, 중국), *Taxus*(주목속, 9종, 북반구 온대, 동남아시아), *Torreya*(비자나무속, 7종, 동아시아, 미국).

북미, 북아프리카, 유라시아에서 동남아시아에 걸쳐 분포한다. 목재, 일부 약용식물, 원예식물(예, 주목속 식물)로 이용된다. *Taxus brevifolia*에서 추출한 택솔은 난소암 치료에 사용한다. *Cephalotaxus*는 흔히 별개 과로 독립되기도 한다. 이 과에 관한 일반적인 내용은 Page(1990b,k), 계통수는 Hao et al.(2008)을 참조한다.

주요 특징: **상록성** 교목 또는 관목, 잎은 선형 내지 침형, 나선상호생 내지 교호대생, **화분구과**는 **다수(2–16)**의 **소포자낭**을 지닌 **방패형 소포자엽**으로 구성됨, **종자구과**는 **1개의 종자**로 최종 성숙하고, **종자**는 **가종피성**, 자엽은 2개.

GNETALES 매마등목

Gnetopsida(매마등아문) 또는 Gnetophyta(매마등문)으로도 불리며, 현생과 3개는 다음과 같다. Ephedraceae(마황과, *Ephedra*–마황속 약 40종으로 구성); Gnetaceae(매마등과,

그림 5.25 구과식물—측백나무강. Taxaceae 주목과. **A.** *Taxus* sp.(주목속의 일종), 화분구과를 지닌 가지. **B.** 종자구과를 지닌 가지, 종자 1개가 육질 가종피(종의)로 둘러싸임(정단부는 열려 있음). **C.** *Torreya californica*, 가종피가 종자를 완전히 감싼다.

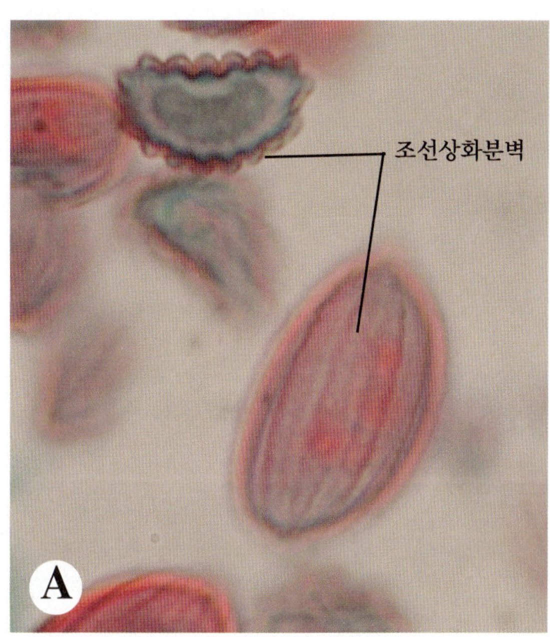

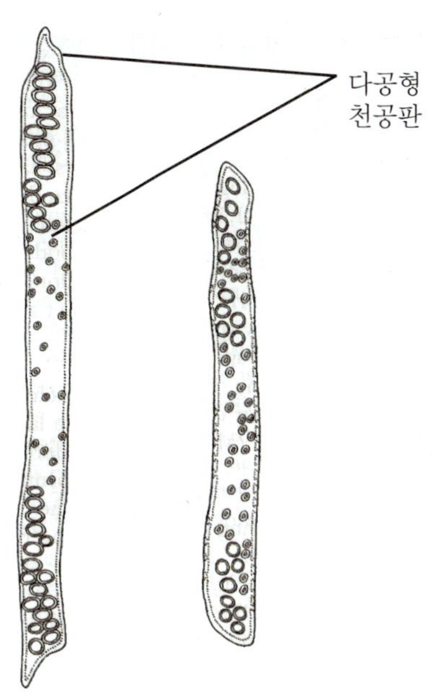

그림 5.26 구과식물—매마등목. *Ephedra*(마황속)를 통해 보는 파생형질. **A.** 조선상화분벽을 지닌 화분, 위는 횡단면, 아래는 표면의 모습. **B.** 다공형 천공판을 지니는 도관절. (출처: Evert, R. F. 2006. Esau's Plant Anatomy. 3rd. J. Wiley and Sons.)

Gnetum-매마등속 30종과 *Vinkiella* 1종으로 구성); Welwitschiaceae(웰위치아과-*Welwitschia mirabilis* 1종으로 구성). 매마등목은 윤생하는 소포자엽이 마치 피자식물의 화피와 "유사"해서 후자의 자매군으로 종종 거론되었다(제6장 참조). 그러나 최근의 분자계통 연구에서는 매마등목을 구과식물 내 소나무과의 자매군으로 포함시키고 있다(그림 5.1).

매마등목은 (1) 조선상화분벽(**그림 5.26**A)과, (2) 원시 피자식물의 계문상 천공판과는 다르게, 다공형 천공판이 존재하는 도관절(그림 5.26B) 등의 특징에 의해 유집된다. 매마등류의 도관절은 피자식물과는 독립적으로 기원하였다(제6장 참조). 여러 매마등류의 생식 구조는 피자식물의 꽃과 평행 진화한 양상을 띤다.

매마등속 식물은 열대성 덩굴식물(드물게 교목 또는 관목)로 잎은 (교호)대생하는 단엽(**그림 5.27**A)이고, 모든 면에서 피자식물처럼 생겼지만 꽃은 없다. 웰위치아과의 *Welwitschia mirabilis*는 서남아프리카의 나미비아사막에 사는 특이한 식물이다. 지하로 뻗은 정간(caudex)은 두 장의 잎만을 지니는데(그림 5.27B), 이들은 꽤 길어지고, 오래 되면 갈기갈기 갈라진다. 화분구과와 종자구과는 정간의 정단부에서 자라난 축에 달린다(그림 5.27C-G). 마황과의 마황속은 비교적 흔한 사막관목으로(그림 5.28), 광합성을 하며 줄무늬가 있는 줄기와 마디당 2-3개만 달리며 인편상으로 매우 작게 퇴화된 잎이 특징적이다. 엽액에는 화분구과와 종자구과가 존재한다(그림 5.28; 과 기재 참조). 매마등목에 관한 상세한 내용은 Kubitzki (1990a,b,c,d)를 참조한다.

최근에 매마등목의 종에서 **중복수정**이 일어나는 것이 확인되었다. 마황속의 중복수정은 웅성배우자체에서 나온 두 정자가 자성배우자체의 장란기 내에 있는 핵들과 결합하는 방식으로 일어난다. 정자 하나는 난자핵과 융합하고 다른 정자는 복구세포 핵과 융합한다. 사실상 정자와 복구세포와의 융합 이후에 피자식물에서처럼 몇 차례의 세포분열이 진행되기도 하지만(제6장), 이는 더 이상 지속되지 못한다. 피자식물만의 고유 특질로 인식되어 온 중복수정이 매마등목에서도 일어남에 따라 이것이 매마등과 피자식물을 총칭하는 "Anthophytes"의 파생형질로 해석되기도 했다. 그러나 이 생각은 매마등목이 구과식물 내에 포함되는 종자식물 유연관계(그림 5.1)를 받아들임으로써 부정되었다. 따라서 매마등목과 피자식물의 중복수정은 각각 독립적으로 진화한 것으로 생각된다.

Ephedraceae 마황과—1속 35-45종(**그림 5.28**).

건생식물 형태의 관목, 덩굴식물 또는 작은 교목, 대개 자웅이주이다. **줄기**는 지하부에서 흔히 근경성, 어린 지상줄기는

그림 5.27 구과식물—매마등목. **A.** Gnetaceae 매마등과. *Gnetum*(매마등속)의 일종, 잎이 대생함. **B–G.** Welwitschiaceae 웰위치아과. *Welwitschia mirabilis*. **B.** 식물체 외형, 길게 자란 잎이 2장 대생함. **C.** 중심부 접사. **D.** 화분구과. **E–G.** 종자구과.

가늘고, 줄이 나있으며, 광합성을 한다. **잎**은 작게 퇴화되었고, 단엽이며, 대생 또는 3[4]개씩 윤생하고, 삼각형 내지 추형(주로 인편상, 비광합성형)이다. **화분구과**는 지상줄기에 액생하고, 여러 쌍의 교호대생 포로 이루어짐(가장 아래의 포는 불염성); 상부의 포는 자루처럼 생긴 소포자낭병(소포자엽이라고도 함)을 싸고 있으며, 소포자낭병 끝에 2–8개의 합생포자낭이 달린다. 각 합생포자낭은 공개하는 소포자낭 2[4]개로 이루어짐; 구과의 포 안에 있는 소포자낭병의 기부는 소포(때로는 "화피"라 칭함) 2장이 합착하여 감싼다. **화분**은 조선상, 낭형이 아님; 표벽은 수분 이후 벗겨진다(따라서 웅성배우자체는 "나출"되

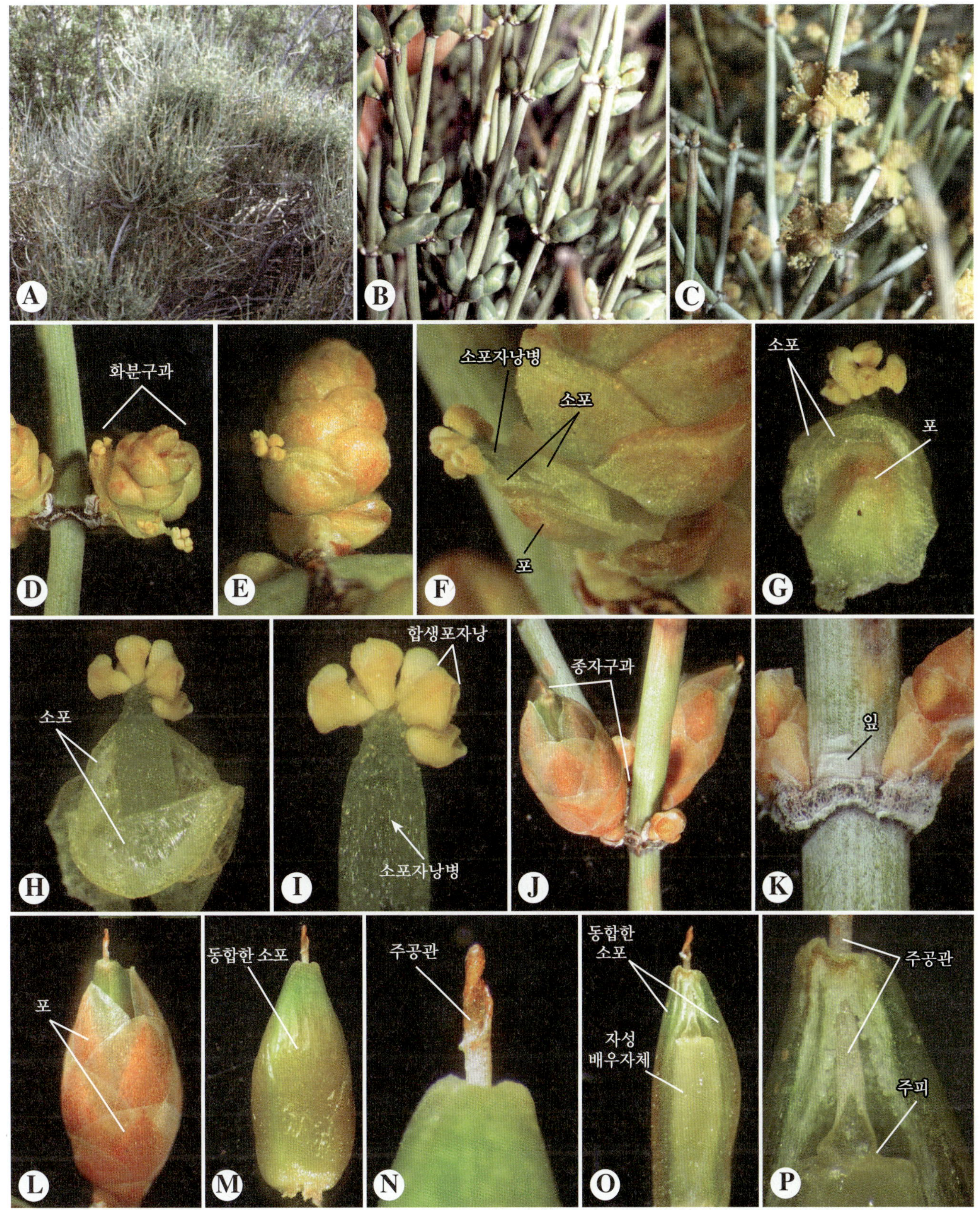

그림 5.28 구과식물—매마등목. Ephedraceae 마황과. **A–C.** *Ephedra*(마황속)의 일종. **A.** 전체 외형. **B.** 구과를 지닌 암그루. **C.** 구과를 지닌 수그루. **D–P.** *Ephedra aspera*. **D–I.** 화분구과, 소포자낭(합생포자낭을 달고 있음)을 싸고 있는 포와 소포. **J–L.** 종자구과. 포가 보임. **M–P.** 종자 형태. 종자는 합착된 소포로 싸이고, 주피에서 뻗은 주공관을 지닌다.

어 있다). **종자구과**는 지상줄기에 액생하며, 2-8쌍의 포로 감싸인 축으로 이루어짐(가장 아래의 포는 불염성이고 때로 육질임); 구과는 1-3개의 배주를 지니고, 상부 포의 겨드랑이에 1개씩 달린다. 각 배주는 외층과 내층 2개의 층으로 이루어지는데, 외층은 합착된 한 쌍의 소포로 해석하고, 주피인 내층의 정단부에서 "주공관(micropylar tube)"이 외층을 뚫고 돌출하여 화분을 받는다. **종자**는 1-2개이고, 건성이며, 날개가 돋거나 육질로서 화려한 색을 띰; **배**는 2개의 자엽을 지닌다. 바람에 의해 수분되며, 일부는 주공에서 밀액 같은 분비물을 내서 곤충을 유인하기도 한다. 재의 세포간극에 칼슘옥살초산 결정이 있다.

북미 남서부, 남미 서부, 북아프리카, 유라시아에 분포한다. 북미 남서부에서는 차(Mormon tea)로 이용하며, 일부 종의 종자는 식용이다. 중국에서는 *Ephedra sinica*를 "마황"이라 하여 오랫동안 약으로 사용해 왔다. 에페드린이라는 알칼로이드에 식욕억제, 천식억제, 흥분 효과가 있어서 체중감량을 위해 사용되었지만 부작용이 알려지면서 사용이 금지되었다. 일부는 원예식물이다. 이 과에 관한 일반적인 내용은 Kubitzki(1990a), Price(1996), 형태 및 계통수에 관한 것은 Rydin et al.(2004)을 참조한다.

주요 특징: **자웅이주 관목**, **덩굴성** 또는 **소교목**, 지상줄기는 **가늘고**, **조선상**, **광합성**을 함, 잎은 **인편상**, **대생** 또는 **윤생**, **화분구과**는 교호대생하는 포가 **소포자낭병**을 감싸는 구조로 소포자낭병 끝에 **합생포자낭**이 달림, 이 포자낭은 **소포 2장이 유합하**여 감싸고 이것은 다시 바깥의 포로 덮임, **종자구과**는 배주 1-3개를 지님, 각 배주는 **주피**와 **외층**(**소포가 합착한 것**)으로 둘러싸이고 이것을 포가 다시 감싸고 있는 구조로 주피로부터 **주공관**이 돌출함, 종자는 날개가 있거나 육질임.

복습문제

LIGNOPHYTES—목질식물

1. 목질식물의 진화적 혁신은 무엇인가?
2. 형성층이 이차생장을 어떻게 수행하는지 설명하시오.
3. 유관속형성층과 코르크형성층의 이차생장 결과는 무엇인가?

SPERMATOPHYTES—종자식물

4. 종자와 배주를 정의하시오.
5. 이형포자성을 포함하여 종자의 진화에 관련된 단계를 설명하시오.
6. 화석 증거에 따르면, 주피와 주공의 전구조는 무엇인가?
7. 수분액을 정의하고 그 중요성을 기술하시오.
8. 화분의 정의는? 화분은 무엇으로부터 발달하는가?
9. 화분관이란 무엇이며 그 기능은 무엇인가?
10. 운동수정과 화분관수정의 차이 그리고 이러한 특징을 보이는 식물 그룹에 대해 기술하시오.
11. 배주와 종자의 발달 단계를 알아보고, 수분과 수정 사이의 기간에 어떤 일이 일어나는지 설명하시오.
12. 식물의 적응과 관련하여, 종자 진화의 중요성 네 가지는 무엇인가?
13. 현생 종자식물의 파생형질인 줄기 중심주 유형을 쓰고 설명하시오.

종자식물의 다양성

14. *Archeopteris*(원고사리속)의 기본 특징은 무엇인가?
15. "종자고사리"란 무엇인가? 예를 드시오.

16. 나자식물이란 무엇이며, 왜 그런 이름이 붙었는지 기술하고, 여기에 포함되는 주요 식물 그룹을 열거하시오.
17. 일반적으로 줄기가 짧고, 우상복엽, 혁질의 권상개엽 잎, 종자구과 및 화분구과를 지니는 자웅이주 식물 등의 특징을 보이는 종자식물군은 무엇인가?
18. 구과의 정의는? 종자구과와 화분구과는 어떤 부분들로 구성되는가?
19. 소철과의 식별형질은 무엇인가? 경제적으로 중요한 식물에는 어떤 것이 있는가?
20. 멕시코소철과는 소철과와 어떤 점에서 차이를 보이는가?
21. 단지(短枝), 차상맥의 역삼각형 잎이라는 특징을 지니는 식물은 무엇인가?
22. 소나무의 속생지란 무엇인가?
23. 소나무과 식물 화분의 형태적 특징은 무엇인가? 이 형태의 기능은 무엇이라 생각하는가?
24. 소나무의 자성구과에서 배주/종자가 놓여 있는 부위는 어디인가? 이것은 어디서 기원했는가? 이 부위를 끼워 싸고 있는 것은 무엇인가?
25. 소나무과의 표징형질은 무엇인가? 이 안에 포함되는 속을 열거하시오(학명, 국명).
26. 남양삼나무과와 측백나무과의 잎, 소포자낭 수, 배주 수에 대해 설명하시오. 각 과에 포함되는 주요 식물 2개를 각각 열거하시오.
27. 나한송과의 종자구과가 나타내는 특징적 구조는 무엇인가? 이것의 기능은?
28. 주목과의 종자를 감싸고 있는 것은 무엇인가?
29. 매마등목의 두 파생형질을 쓰시오.
30. 마황과의 표징형질을 제시하시오. 이 과의 경제적 중요성은 무엇인가?
31. 매마등목에 속하는 다른 두 과와 속을 열거하시오. 이들은 닮은 점이 무엇이고, 어디에 분포하는가?

실습과제

1. 종자식물의 계통유연관계에 관한 최신 문헌을 참고한다. 그림 5.1과 어떤 다른 점이 있는가?
2. 구과식물, 은행나무, 매마등류 및 소철류에 관한 식물학 관련 학술지나 분류학 논문을 숙독한다. 이들 논문의 목적은 무엇이고, 이를 달성하기 위해 어떤 기법을 사용하고 있는가?
3. 주변에 서식하는 구과식물을 채집하여 동정한다. 이들 종을 구분하는 표징형질은 무엇인가?

참고문헌

Bierhorst, David W. 1971. Morphology of Vascular Plants. Macmillan, New York.

Bowe, L. Michelle, Gwénaële Coat, and Claude W. dePamphilis. 2000. Phylogeny of seed plants based on all three genomic compartments: Extant gymnosperms are monophyletic and Gnetales' closest relatives are conifers. Proceedings of the National Academy of Sciences of the United States of America 97: 4092–4097.

Brunsfeld, S. J., P. S. Soltis, D. E. Soltis, P. A. Gadek, C. J. Quinn, D. D. Strenge, and T. A. Ranker. 1994. Phylogenetic relationships among the genera of Taxodiaceae and Cupressaceae: Evidence from *rbc*L sequences. Systematic Botany 19: 253-262.

Cantino, P. D., J. A. Doyle, S. W. Graham, W. S. Judd, R. G. Olmstead, D. E. Soltis, P. S. Soltis, and M. J. Donoghue. 2007. Towards a phylogenetic nomenclature of Tracheophyta. Taxon 56: 822-846.

Chamberlain, C. J. 1935. Gymnosperms: Structure and Evolution. University of Chicago Press, Chicago.

Chaw, Shu-Miaw, Christopher L. Parkinson, Yuchang Cheng, Thomas M. Vincent, and Jeffrey D. Palmer. 2000. Seed plant phylogeny inferred from all three plant genomes: Monophyly of extant gymnosperms and origin of Gnetales from conifers. Proceedings of the National Academy of Sciences of the United States of America 97: 4086–4091.

Crane, Peter. 1985. Phylogenetic relationships in seed plants. Cladistics 1(4): 329–348.

Doyle, James A., and Michael J. Donoghue. 1986. Seed plant phylogeny and the origin of angiosperms: an experimental cladistic approach.

The Botanical Review 52(4): 321–431.
Doyle, J. A. 2006. Seed ferns and the origin of angiosperms. Journal of the Torrey Botanical Society 133: 169-209.
Doyle, J. A. 2012. Molecular and fossil evidence on the origin of angiosperms. Annual Review of Earth and Planetary Science 40:301-326.
Farjon, A. 2005. A Monograph of Cupressaceae and Sciadopitys. Royal Botanic Gardens, Kew.
Florin, R. 1951. Evolution in Cordaites and Conifers. Acta Horti Bergiani 15:285-388.
Foster, A. S., and E. M. Gifford. 1974. Comparative Morphology of Vascular Plants, 2nd edition. W. H. Freeman, San Francisco.
Frohlich, Michael W., and David S. Parker. 2000. The mostly male theory of flower evolutionary origins: from genes to fossils. Syst. Bot. 25(2): 155-170.
Gadek, P. A., D. L. Alpers, M. M. Heslewood, and C. J. Quinn. 2000. Relationships within the Cupressaceae sensu lato: A combined morphological and molecular approach. American Journal of Botany 87: 1044-1057.
Gernandt, D. S., G. G. López, S. O. García, and A. Liston. 2005. Phylogeny and classification of *Pinus*. Taxon 54:29–42.
Gernandt, D. S., S. Magallón, G. G. López, O. Z. Flores, A. Willyard, and A. Liston. 2008. Use of simultaneous analyses to guide fossil-based calibrations of Pinaceae phylogeny. International Journal of Plant Sciences 169: 1986-1099.
Gifford, E. M., and A. S. Foster. 1989. Morphology and evolution of vascular plants, 3rd edition. W.H. Freeman and Co., New York.
Gugerli, F., C. Sperisen, U. Buchler, I. Brunner, S. Brodbeck, J. D. Palmer, and Y.-L. Qiu. 2001. The evolutionary split of Pinaceae from other conifers: evidence from an intron loss and a multigene phylogeny. Molecular Phylogenetics and Evolution 21: 167–175.
Hao, D. C., P. G. Xiao, B. L. Huang, G. B. Ge, and L. Yang. 2008. Interspecific relationships and origins of Taxaceae and Cephalotaxaceae revealed by partitioned Bayesian analyses of chloroplast and nuclear DNA sequences. Plant Systematics and Evolution 276: 89-104.
Hill, K. D., M. W. Chase, D. W. Stevenson, H. G. Hills, and B. Schutzman. 2003. The families and genera of cycads: a molecular phylogenetic analysis of Cycadophyta based on nuclear and plastid DNA sequences. International Journal of Plant Sciences 164: 933–948.
Hill, K. D., D. W. Stevenson, and R. Osborne. 2004. The world list of cycads. Botanical Review 70: 274-298.
Hill, K. D. 2005. Diversity and evolution of gymnosperms. In: Henry, R. J. (ed.), Plant Diversity and Evolution: Genotypic and Phenotypic Variation in Higher Plants. Pp. 25-44. CABI International, Wallingford.
Jiao, Y., N. J. Wickett, S. Ayyampalayam, A. S. Chanderbali, L. Landherr, P. E. Ralph, L. P. Tomsho, Y. Hu, H. Liang, P. S. Soltis, D. E. Soltis, S. W. Clifton, S. E. Schlarbaum, S. C. Schuster, H. Ma, J. Leebens-Mack, and C. W. dePamphilis. 2011. Ancestral polyploidy in seed plants and angiosperms. Nature 473:97.
Johns, J. W., J. M. Yost, D. Nicolle, B. Igic, and M. K. Ritter. 2017. Worldwide hemisphere-dependent lean in Cook pines. Ecology 98:2482-2484.
Johnson, L. A. S., and K. L. Wilson. 1990a. Boweniaceae. In: K. U. Kramer and P. S. Green (eds.). The Families and Genera of Vascular Plants. I. Pteridophytes and Gymnosperms. Pp. 369-370. Springer-Verlag, Berlin.
Johnson, L. A. S., and K. L. Wilson. 1990b. Cycadaceae. In: K. U. Kramer and P. S. Green (eds.). The Families and Genera of Vascular Plants. I. Pteridophytes and Gymnosperms. Pp. 370. Springer-Verlag, Berlin.
Johnson, L. A. S., and K. L. Wilson. 1990c. General Traits of the Cycadales. In: K. U. Kramer and P. S. Green (eds.). The Families and Genera of Vascular Plants. I. Pteridophytes and Gymnosperms. Pp. 363-368. Springer-Verlag, Berlin.
Johnson, L. A. S., and K. L. Wilson. 1990d. Stangeriaceae. In: K. U. Kramer and P. S. Green (eds.). The Families and Genera of Vascular Plants. I. Pteridophytes and Gymnosperms. Pp. 370-371. Springer-Verlag, Berlin.
Johnson, L. A. S., and K. L. Wilson. 1990e. Zamiaceae. In: K. U. Kramer and P. S. Green (eds.). The Families and Genera of Vascular Plants. I. Pteridophytes and Gymnosperms. Pp. 371-377. Springer-Verlag, Berlin.
Jones, David L. 1993. Cycads of the World: Ancient Plants in Today's Landscape. Smithsonian Institution Press, Washington, DC.
Kelch, D. G. 1998. Phylogeny of Podocarpaceae: Comparison of evidence from morphology and 18S rDNA. American Journal of Botany 85: 986-996.
Kubitzki, K. 1990a. Ephedraceae. In: K. U. Kramer and P. S. Green (eds.). The Families and Genera of Vascular Plants. I. Pteridophytes and Gymnosperms. Pp. 379-382. Springer-Verlag, Berlin.
Kubitzki, K. 1990b. General Traits of the Gnetales. In: K. U. Kramer and P. S. Green (eds.). The Families and Genera of Vascular Plants. I. Pteridophytes and Gymnosperms. Pp. 378-379. Springer-Verlag, Berlin.
Kubitzki, K. 1990c. Gnetaceae. In: K. U. Kramer and P. S. Green (eds.). The Families and Genera of Vascular Plants. I. Pteridophytes and Gymnosperms. Pp. 383-386. Springer-Verlag, Berlin.
Kubitzki, K. 1990d. Welwitschiaceae. In: K. U. Kramer and P. S. Green (eds.). The Families and Genera of Vascular Plants. I. Pteridophytes and Gymnosperms. Pp. 387-391. Springer-Verlag, Berlin.
Kusumi, J., Y. Tsumura, H. Yoshimaru, and H. Tachida. 2000. Phylogenetic relationships in Taxodiaceae and Cupressaceae sensu stricto based on *mat*K gene, *chl*L gene, *trn*L-*trn*F IGS region, and *trn*L intron sequences. American Journal of Botany 87:1480-1488.
Li, Z., A. E. Baniaga, E. B. Sessa, M. Scascitelli, S. W. Graham, L. H. Rieseberg, and M. S. Barker. 2015. Early genome duplications in conifers and other seed plants. Science Advances 1:e1501084.
Magallón, S., K. W. Hilu, and D. Quandt. 2013. Land plant evolutionary timeline: Gene effects are secondary to fossil constraints in relaxed clock estimation of age and substitution rates. American Journal of Botany 100:556-573.
Mathews, S. 2009. Phylogenetic relationships among seed plants: persistent questions and the limits of molecular data. American Journal of Botany 96: 228–236.
Mathews, S., D. Clements Mark, and A. Beilstein Mark. 2010. A duplicate gene rooting of seed plants and the phylogenetic position of flow-

ering plants. Philosophical Transactions of the Royal Society B: Biological Sciences 365:383-395.

Nixon, Kevin C., William L. Crepet, Dennis Stevenson, and Else Marie Friis. 1994. A reevaluation of seed plant phylogeny. Annals of the Missouri Botanical Garden 81: 484–533.

Norstog, K. J. and T. J. Nicholls. 1997. The Biology of the Cycads. Cornell University Press, Ithaca.

Page, C. N. 1990a. Araucariaceae. In: K. U. Kramer and P. S. Green (eds.). The Families and Genera of Vascular Plants. I. Pteridophytes and Gymnosperms. Pp. 294-299. Springer-Verlag, Berlin.

Page, C. N. 1990b. Cephalotaxaceae. In: K. U. Kramer and P. S. Green (eds.). The Families and Genera of Vascular Plants. I. Pteridophytes and Gymnosperms. Pp. 299-302. Springer-Verlag, Berlin.

Page, C. N. 1990c. Cupressaceae. In: K. U. Kramer and P. S. Green (eds.). The Families and Genera of Vascular Plants. I. Pteridophytes and Gymnosperms. Pp. 302-316. Springer-Verlag, Berlin.

Page, C. N. 1990d. Economic Importance and Conifer Conservation. In: K. U. Kramer and P. S. Green (eds.). The Families and Genera of Vascular Plants. I. Pteridophytes and Gymnosperms. Pp. 293-294. Springer-Verlag, Berlin.

Page, C. N. 1990e. General Traits of Conifers. In: K. U. Kramer and P. S. Green (eds.). The Families and Genera of Vascular Plants. I. Pteridophytes and Gymnosperms. Pp. 290-292. Springer-Verlag, Berlin.

Page, C. N. 1990f. Ginkgoaceae. In: K. U. Kramer and P. S. Green (eds.). The Families and Genera of Vascular Plants. I. Pteridophytes and Gymnosperms. Pp. 284-289. Springer-Verlag, Berlin.

Page, C. N. 1990g. Interrelationships Between Families of Conifers. In: K. U. Kramer and P. S. Green (eds.). The Families and Genera of Vascular Plants. I. Pteridophytes and Gymnosperms. Pp. 292-293. Springer-Verlag, Berlin.

Page, C. N. 1990h. Phyllocladaceae. In: K. U. Kramer and P. S. Green (eds.). The Families and Genera of Vascular Plants. I. Pteridophytes and Gymnosperms. Pp. 317-319. Springer-Verlag, Berlin.

Page, C. N. 1990i. Pinaceae. In: K. U. Kramer and P. S. Green (eds.). The Families and Genera of Vascular Plants. I. Pteridophytes and Gymnosperms. Pp. 319-331. Springer-Verlag, Berlin.

Page, C. N. 1990j. Podocarpaceae. In: K. U. Kramer and P. S. Green (eds.). The Families and Genera of Vascular Plants. I. Pteridophytes and Gymnosperms. Pp. 332-346. Springer-Verlag, Berlin.

Page, C. N. 1990k. Taxaceae. In: K. U. Kramer and P. S. Green (eds.). The Families and Genera of Vascular Plants. I. Pteridophytes and Gymnosperms. Pp. 348-353. Springer-Verlag, Berlin.

Page, C. N. 1990l. Taxodiaceae. In: K. U. Kramer and P. S. Green (eds.). The Families and Genera of Vascular Plants. I. Pteridophytes and Gymnosperms. Pp. 353-361. Springer-Verlag, Berlin.

Page, C. N. 1990m. Taxonomic Concepts in Conifers and Ginkgoids. In: K. U. Kramer and P. S. Green (eds.). The Families and Genera of Vascular Plants. I. Pteridophytes and Gymnosperms. Pp. 282. Springer-Verlag, Berlin.

Penny, D., O. Deusch, R. A. Atherton, B. Zhong, P. J. Lockhart, S. V. Nikiforova, V. V. Goremykin, and P. J. Biggs. 2011. Systematic Error in Seed Plant Phylogenomics. Genome Biology and Evolution 3:1340-1348.

Price, R. A. 1996. Systematics of the Gnetales: A review of morphological and molecular evidence. International Journal of Plant Sciences 157 (6, suppl.): S40-S49.

Rai, H. S., H. E. O'Brien, P. A. Reeves, R. G. Olmstead, and S. W. Graham. 2003. Inference of higher-order relationships in the cycads from a large chloroplast data set. Molecular Phylogenetics and Evolution 29: 350–359.

Rothwell, Gar W., and Rudolph Serbet. 1994. Lignophyte phylogeny and the evolution of spermatophytes: a numerical cladistic analysis. Systematic Botany 19: 443–482.

Ruhfel, B. R., M. A. Gitzendanner, P. S. Soltis, D. E. Soltis, and J. G. Burleigh. 2014. From algae to angiosperms - inferring the phylogeny of green plants (Viridiplantae) from 360 plastid genomes. BMC Evolutionary Biology 14:23.

Rydin, C., M. Källersjö, and E. M. Friis. 2002. Seed plant relationships and the systematic position of Gnetales based on nuclear and chloroplast data: Conflicting data, rooting problems, and the monophyly of conifers. International Journal of Plant Sciences 163: 197-214.

Rydin, C., K. R. Pedersen, and E. M. Friis. 2004. On the evolutionary history of *Ephedra*: Cretaceous fossils and extant molecules. Proceedings of the National Academy of Sciences U.S.A. 101: 16571-16576.

Samigullin, Tagir Kh., William F. Martin, Aleksey V. Troitsky, Andrey S. Antonov. 1999. Molecular data from the chloroplast *rpo*C1 gene suggest a deep and distinct dichotomy of contemporary spermatophytes into two monophyla: gymnosperms (including Gnetales) and angiosperms. Journal of Molecular Evolution 49: 310–315.

Setoguchi, H., T. A. Osawa, J.-C. Pintaud, T. Jaffré, and J.-M. Veillon. 1998. Phylogenetic relationships within Araucariaceae based on rbcL gene sequences. American Journal of Botany 85: 1507-1516.

Stewart, W. N., and G. W. Rothwell. 1993. Paleobotany and the evolution of plants. Cambridge University Press, New York.

Walters, T. and R. Osborne (eds). 2004. Cycad Classification—Concepts and Recommendations. CAB International.

Xi, Z., J. S. Rest, and C. C. Davis. 2013. Phylogenomics and coalescent analyses resolve extant seed plant relationships. PLoS ONE 8:e80870.

웹사이트

Earle, C. J. 2007 onwards. The Gymnosperm Database. http://www.conifers.org/cy/index.htm

Hill, K. D. 1998 onwards. The Cycad Pages. http://plantnet.rbgsyd.nsw.gov.au/PlantNet/cycad

6

현화식물의 진화

현화식물 또는 피자식물(속씨식물, Angiosperms)은 단계통군이며 최근에는 나자식물이 그 자매군인 것으로 생각되고 있다(제5장). 피자식물은 가장 수가 많고 다양하며 "성공적인" 식물군으로 현존하는 육상식물의 95%를 훨씬 넘는 종이 여기에 포함된다. 현화식물은 거의 모든 생육지에서 자라며 일부 수생태계 및 침엽수림을 제외한 거의 대부분의 육상생태계를 우점하고 있다. 피자식물에는 매우 소중한 식량 작물을 비롯하여 경제적으로 중요한 식물이 엄청나게 많이 포함된다(제1장).

피자식물을 다른 모든 육상식물로부터 구분하는 파생형질에는(**그림 6.1**) (1) 화피가 발달하는 꽃, (2) 각각 소포자낭 2개로 구성되는 반약 2개가 나란히 배열되는 수술, (3) 퇴화된 3핵성 웅성배우자체, (4) 심피와 열매의 발달, (5) 두 겹의 주피로 둘러싸이는 배주, (6) 퇴화된 8핵성 자성배우자체, (7) 배유 형성, (8) 사관절 등이 있다. 각각 독특한 진화적 사건의 산물인 이들 파생형질 중 일부는 피자식물의 특정 계통에서 더욱 변형되기도 하였다(제7, 8장 참조).

그림 6.1은 주요 피자식물 분류군의 간단한 계통수이다. 이들 식물군의 다양성과 분류는 제7장(Amborellales 암보렐라목, Nymphaeales 수련목 , Austrobaileyales 붓순나무목, Magnoliids 목련군, Ceratophyllales 붕어마름목 및 Monocotyledons 단자엽식물)과 제8장(Eudicots-진정쌍자엽식물)에서 논의될 것이다. 다음은 현화식물의 파생형질에 대한 소개와 일반적 진화 역사에 관한 것이다.

피자식물의 파생형질

꽃

피자식물을 구분 짓는 가장 뚜렷한 특징은 **꽃**일 것이다(**그림 6.2**; 꽃의 구조에 관한 세부적인 용어는 제9장 참조). 꽃은 "하나 이상의 **수술**(통칭하여 **수술군** 또는 **웅예군**)과 하나 또는 여러 개의 **심피**(**암술**의 구성단위, 통칭하여 **암술군** 또는 **자예군**이라 함)를 지니고 있는 변형된 유한생장성 슈트계"라고 정의할 수 있다. 대부분의 피자식물 꽃은 **양성(완전)**, 즉 수술과 심피를 모두 지니지만 일부는 **단성(불완전)**, 즉 수술 또는 심피 중 하나만 지니기도 한다. 또한 대부분의 꽃에는 변형된 잎인 **화피**가 그 슈트계의 기부에 존재한다.

화피는 꽃이 발달하는 동안 암술과 수술을 보호할 뿐만 아니라 수분매개자를 유인하기도 한다(제10장의 설명 참조). 대부분의 꽃에서 화피는 바깥쪽 윤생열(외열)에 **꽃받침**, 안쪽 윤생열(내열)에 **화관**이 배열되는 2열성 구조를 보인다(**그림**

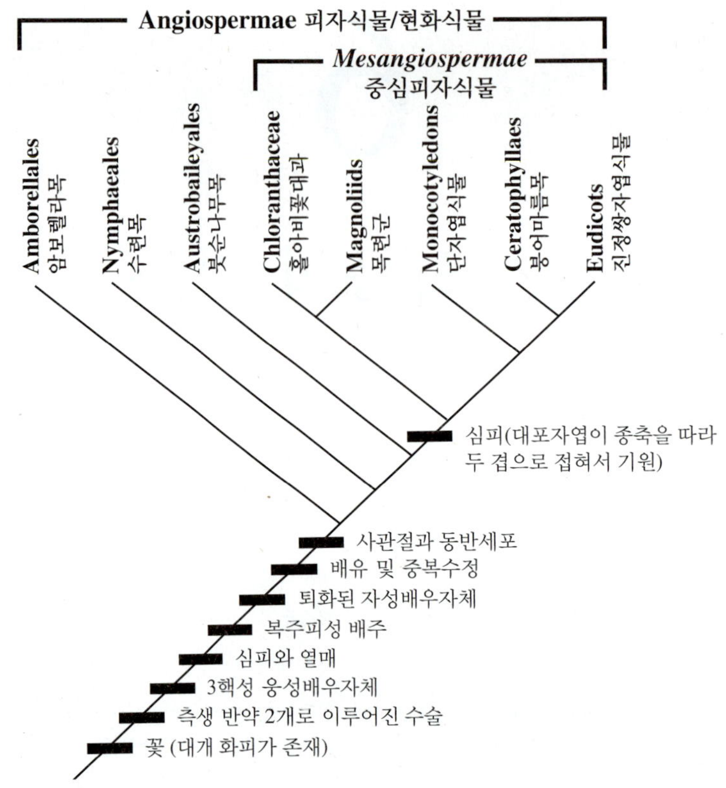

그림 6.1 피자식물(Angiosperms)의 계통수, 파생형질과 주요 분류군(APG IV, 2016). 심피와 관련한 형질은 Endress and Doyle(2009)와 기타 참고 문헌을 따랐다.

6.3A). 꽃받침(악)은 일반적으로 녹색이고 광합성을 하며, 잎처럼 생긴 **꽃받침잎**(악편) 또는 **악열편**(꽃받침잎이 합착되었을 경우)으로 구성된다. 화관은 대개 색이 다양하고, 화려하며, 냄새가 있으며, **꽃잎** 또는 **화관열편**(꽃잎이 합착되어 있을 경우)으로 구성된다. 그러나 일부 현화식물의 경우 화피의 내열과 외열이 분화되지 않아 색깔과 재질이 유사하다. 이 경우 화피를 구성하는 각각의 구조를 **화피편**이라 하는데, 내열 및 외열의 화피편에 대해 각각 **내화피편** 및 **외화피편**이라는 용어를 쓰기도 한다(그림 6.3B). 좀 더 드물게는 화피가 1열로 되거나(이 경우 관례상 꽃받침이라고 부름) 아니면 3열 이상으로 배열되기도 한다(제9장 참조). 끝으로, 일부 꽃의 화피는 화피의 구성 단위가 나선상으로 배열되고, 바깥쪽에 놓인 꽃받침 유사구조로부터 안쪽에 위치하는 꽃잎 유사구조로의 형태적 연속성을 보임에 따라 이들 구조 사이의 명확한 경계가 없는데, 이런 경우에도 각 단위를 화피편이라 한다(그림 6.3C).

꽃의 부속기관은 잎과 매우 유사한 방식으로 발달한다. 꽃의 발달 초기에 활발하게 분열하는 지역의 세포들이 생장하여 혹 같은 조직, 즉 원기를 형성한다. 일반적으로, 원기는 밖에서 안으로 열을 지으면서 순차적으로 발달하는데, 그 순서는 꽃받침잎(외화피편)의 원기, 꽃잎(내화피편)의 원기, 수술의 원기(2열 이상) 그리고 심피의 원기 순이다(**그림 6.4**A–C). 각 원기에는 대개 1개 이상의 관속이 연결되고, 원기는 잎과 같은 배복성의 평평한 형태로 변형된다. 발달 후기에 꽃 구성체의 합착, 즉 후생식기(postgenital) 합착이 일어나기도 한다. 한편, 성숙기에 합착된 것처럼 보이지만, 실제로는 처음부터 하나의 구조로 발달하는 경우도 있다. 예를 들어, 합판화관의 판통 기부는 각 꽃잎 원기의 아랫부분, 즉 고리 모양의 구조가 활발하게 분열하여 수직 방향으로 팽창함으로써 형성되며, 화관의 열편 부분만이 각 원기의 발달에 의해 형성된다. 꽃 부속기관이 잎과 전반적으로 닮았다는 점, 즉 화원기가 영양 슈트의 엽원기처럼 시작되는 것, 관속이 연결된다는 점 그리고 배복성 형태를 취한다는 점은 이들 기관(꽃받침, 꽃잎, 수술, 심피)이 왜 잎과 "상동"으로 여겨지고 있는가를 말해 준다(제2장).

Arabidopsis thaliana(애기장대) 등을 대상으로 하여 진행되고 있는 분자발생학적 연구는 꽃 발달의 유전적 기초와 상동 개념을 이해하는 데 도움을 주고 있다. 이 분야의 연구는 꽃

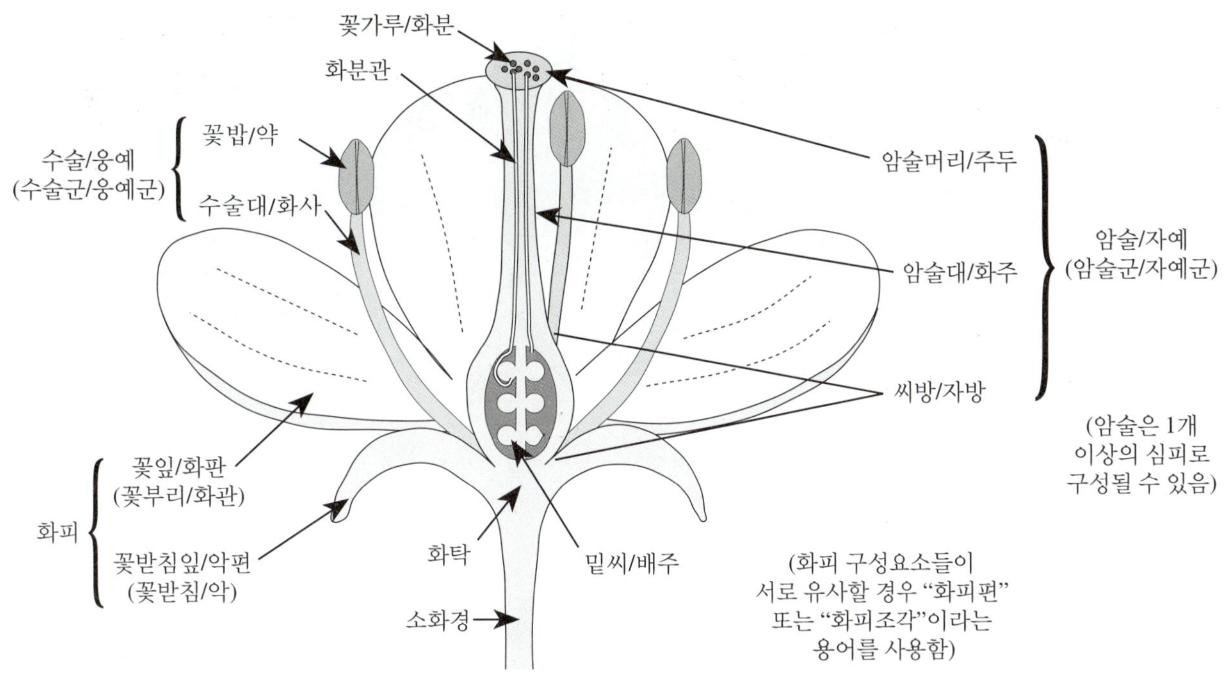

그림 6.2 전형적인 꽃의 모식도와 각 부분의 명칭.

발달의 "ABC" 모델로 요약되는데, 이는 이른바 A, B, C 유전자군의 발현 산물이 조합하여 꽃받침잎, 꽃잎, 수술, 심피라는 4개의 주요 꽃 부속기관을 생성한다는 이론이다(**그림 6.5**; Soltis et al. 2007 및 Theissen and Melzer 2007 참조). 이 모델에서 꽃받침잎은 A의 단독 활동으로 발현되며, 꽃잎은 A와 B의 조합, 수술은 B와 C의 조합 그리고 심피는 C의 단독 활동으로 발현된다(그림 6.5). 뿐만 아니라 적절한 꽃 기관의 정체성은 이른바 E 유전자군과 A, B 및 C 유전자군의 조합에 영향을 받는다(그림 6.5). 이들 꽃 부속기관 결정 유전자는 꽃의 적절한 위치, 즉 가장 외곽, 바로 안쪽, 그 다음 안쪽 그리고 가장 안쪽 등에서 전사조절인자를 생성하는 방식으로 작동한다. 전사조절인자는 다른 유전자의 발현을 유도함으로써 4종류의 꽃 부속기관 발달을 일으킨다. 이와 같은 발생학적 연구는 상동성에 관한 분자적 기초나 꽃 형태의 풍부한 다양성을 초래한 진화 방식을 이해하게 해줄 것이다.

일반적으로 화려하고 향기를 내는 화피가 존재하는 꽃은 동

그림 6.3 다양한 화피 유형. **A.** 2열성 화피, 각 열의 외양이 서로 다름: 악편은 꽃받침을, 꽃잎은 화관을 구성함. *Ruta*(운향속). **B.** 2열성 화피, 각 열의 외양이 비슷함: 바깥쪽 윤생렬은 외화피, 안쪽 윤생렬은 내화피임. *Lilium*(나리속). **C.** 화피가 미분화된 상태로 나선상으로 배열되어 있다. *Nymphaea*(수련속).

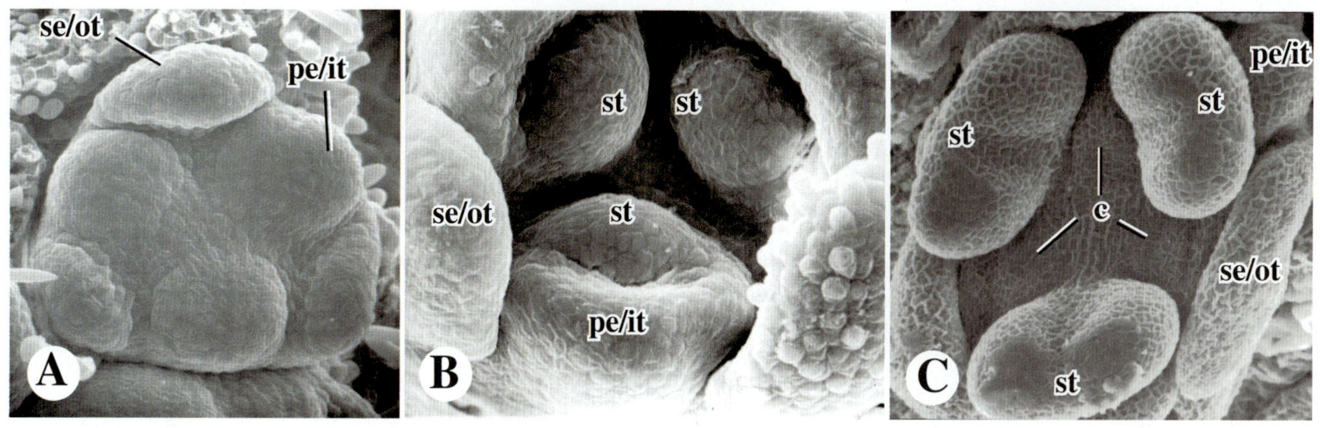

그림 6.4 꽃의 발달. **A.** 악편/외화피편 원기(se/ot) 및 화판/내화피편 원기(pe/it)의 발달 초기. **B.** 이후, 수술 원기(st)의 형성. **C.** 성숙이 진행된 수술(st)과 발달을 시작하고 있는 심피 원기(c).

물을 통해 화분을 옮기기 위한 선택압에 반응하여 진화한 것이 확실하다. 동물수분은 피자식물에 있어서 원시적 상태인데, 이는 대개 바람에 의해 수분이 이루어지는 나자식물과 다른 점이다(제5장). 여러 정교한 수분방식이 다양한 피자식물의 계통에서 출현했다. 이러한 수분방식은 셀 수 없이 다양한 꽃 형태의 진화를 불러왔으며, 이로 인해 피자식물에 속하는 많은 과들의 구분이 가능하게 되었다(수분과 관련된 꽃의 적응양상, 제10장 참조). 동물수분은 벌(**그림 6.6**A), 나비와 나방(그림 6.6B), 파리(그림 6.6C), 박쥐(그림 6.6D,E) 그리고 새(그림 6.6F)에 의해 이루어진다. 그러나 여러 식물의 꽃은 크기나 구조적 복잡성이 크게 감소하여 화피가 없는 경우도 있다. 이들은 물에 의해 수분이 이루어지거나(그림 6.6G) 또는 바람에 의해 수분이 이루어질 수 있다(그림 6.6H).

수술

수술은 꽃의 웅성생식기관으로 피자식물이 지니는 뚜렷한 파생형질이다. 수술은 소포자엽, 즉 소포자낭을 지니는 변형된 잎이 진화하여 형성된 것으로 해석된다(제5장 참조). 소포자낭은 소포자를 생성하고, 이는 화분으로 발달한다(제5장; 뒤에서 논의). 일부 수술은 판상(엽상) 구조에 약이 부착되거나 혹은 파묻혀 있는 형태이다(**그림 6.7**A). 그러나 현화식물 대부분의 수술은 **수술대**(화사)라고 하는 자루 부분과 **약**(꽃밥)이라고 하는 화분주머니 구조, 두 부분으로 구성된다(그림 6.7B). 일부 수술에는 수술대가 없는데, 이 경우에는 약이 꽃의 다른 부분에 직접 **부착**하게 된다.

피자식물의 수술은 일종의 합생포자낭, 즉 포자낭이 합착된 구조이다. 원시적인 약은 두 쌍의 소포자낭이 좌우대칭으로 배열된 독특한 구조를 하고 있다. 소포자낭의 각 쌍은 **반약**이라는 구조를 형성한다(그림 6.7C). 대개 약은 2개의 반약으로 구성되고(**이반약성**), 각 반약은 2개의 소포자낭으로 구성되기 때문에, 하나의 약에는 총 4개의 소포자낭이 존재하게 된다(**사포자낭성**; 그림 6.7D). 약이 성숙하게 되면 반약의 두 소포자낭 사이의 벽이 붕괴되어 하나의 공간, 즉 **약실**을 이룬다. 이후 각 반약은 특수한 열개방식에 의해 열려 화분을 방출한다(그림

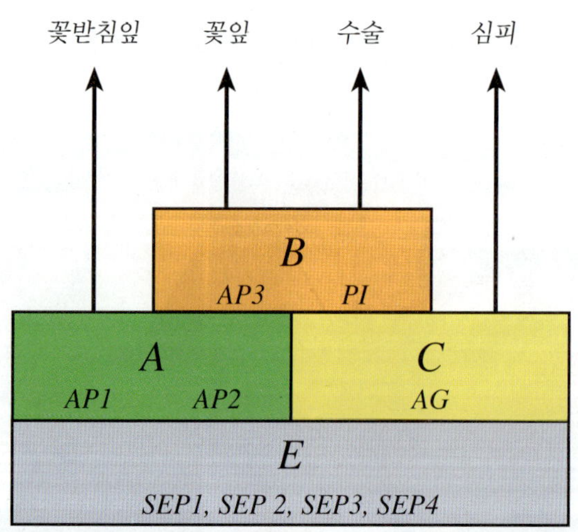

그림 6.5 꽃의 발달을 설명하는"ABC"모델. 각 유전자군에는 *Arabidopsis thaliana*(애기장대)에서 밝혀진 돌연변이형 유전자(*AP1*, *AP2*, *AP3*, *AG*, *PI*, *SEP1*, *SEP2*, *SEP3*)가 존재한다. (Diagram modifed from Jack, 2001.)

그림 6.6 꽃의 변형. **A.** *Ranunculus*(미나리아재비속)의 일종. 곤충에 의해 수분. **B.** *Calonyction*의 일종. 나방에 의해 수분. **C.** *Stapelia*의 일종. 파리에 의해 수분. **D.** *Selenicereus*의 일종, 박쥐에 의해 수분. **E.** *Couroupida guianensis*. 박쥐에 의해 수분. **F.** *Strelitzia reginae*(극락조화). 새에 의해 수분. **G.** *Phyllospadix torreyi*. 물에 의해 수분. **H.** 벼과식물. 바람에 의해 수분.

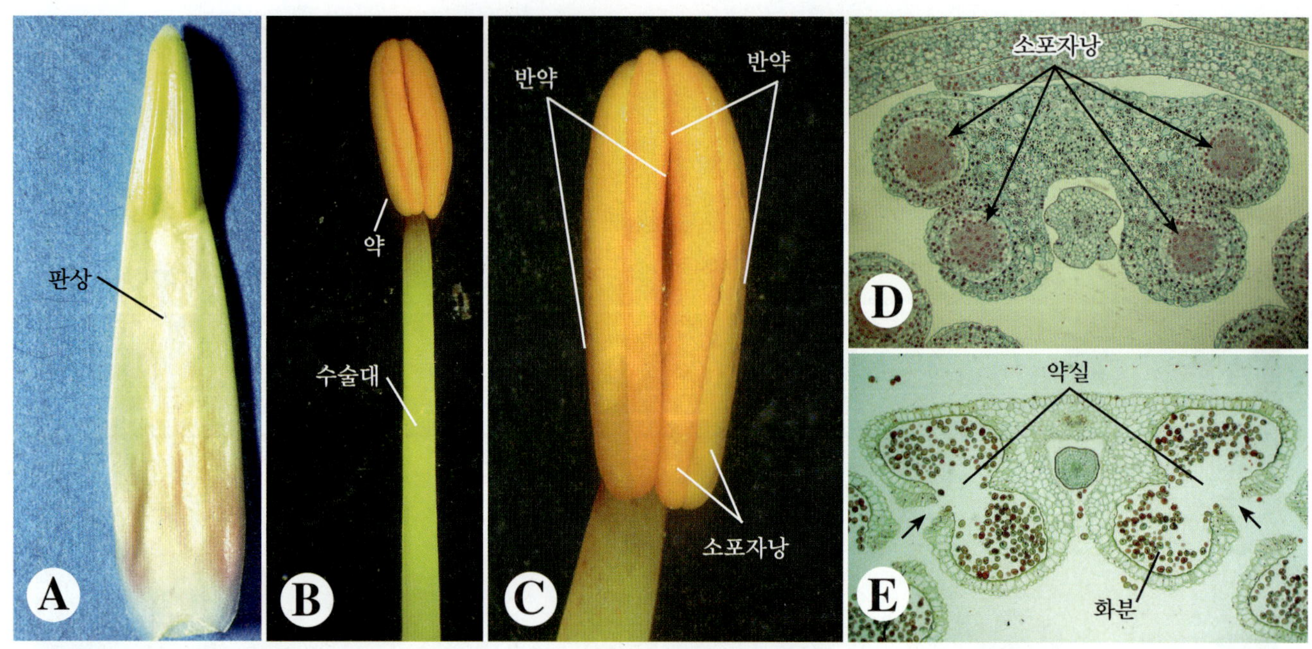

그림 6.7 수술의 형태. **A.** 판상수술. *Nymphaea*(수련속). **B,C.** 수술대가 있는 수술. 약은 반약 2개로 구성되며, 반약은 소포자낭 2개로 이루어짐. *Aloe*(알로에속). **D.** 어린 약의 횡단면으로, 소포자낭 4개를 보여줌. **E.** 약이 열개할 때의 횡단면. 각 반약을 구성하는 두 소포자낭 사이의 벽이 터지고 있음. 약이 열개하는 선은 화살표로 나타내었다.

6.7E). (일부 피자식물의 약은 퇴화되어 하나의 반약만을 지녀 **단반약성** 또는 **이포자낭성** 특징을 보이게 되는데, 이는 뚜렷한 계통학적 형질이다; 제7-9장 참조.)

나자식물의 소포자엽에 비해 피자식물의 수술이 지니는 적응상의 이점은 꽃 자체에 대한 선택압과 관련이 있을 것으로 생각된다. 나자식물의 소포자엽에 비해 피자식물의 수술은 대개 작고 가벼우며, 묵직하고 밀집된 단성 구과가 아닌 양성화에 존재한다. 수술의 변형은 특수한 수분방식의 진화를 가능하게 했는데, 여기에는 화분을 특별한 수분매개자에게 전달하기 위해 수술의 길이 또는 방향이 적절하게 변한 것, 이형화주(암술대의 길이 차이에 따라 수술이 다양한 위치에 달리는 것), 촉발장치 그리고 화분괴와 같은 변형 구조 등이 포함된다(상세한 내용은 제10장 참조).

퇴화된 웅성배우자체

피자식물의 또 다른 파생형질은 **퇴화된 3세포성 웅성배우자체**이다(그림 6.8). 다른 어떤 식물군의 배우자체도 이처럼 적은 수의 세포로 구성되어 있지 않다. 소포자낭 내에서 감수분열에 의해 각 **소포자**가 생성된 이후 소포자의 핵이 유사분열을 하여 **화분관세포**와 **생식세포**를 생성하게 된다(그림 6.8A,B). 이 과정에서 소포자는 포자내 발생성 미성숙 웅성배우자체, 즉 **화분**으로 변형된다(제5장). 생식세포는 한 차례 더 분열하여 **정자 2개**를 생성한다(그림 6.8A). 화분은 생식세포의 분열이 약열개 이전 혹은 이후에 일어나는지의 여부에 따라 세포 2개 또는 세포 3개인 상태로 방출된다. 화분이 세포 2개인 상태로 방출된 경우에 생식세포는 암술대를 따라 내려가는 중에 화분관 안에서 분열한다(그림 6.8 A). 약열개 시 화분이 2핵성(2세포성)인지 또는 3핵성(3세포성)인지 여부가 중요한 분류 형질이 될 수 있다(제10장).

나자식물의 화분과 마찬가지로 피자식물의 화분 역시 발아, 즉 화분벽 밖으로 **화분관**이 뻗어 나오게 되는데 이를 **화분관수정**이라 한다(그림 6.8A,C,D). 나자식물에서 화분관은 화분이 배주의 주공으로 들어간 이후에 발달하여 오랜 기간 주심으로부터 양분을 취하는 흡기의 기능을 한다(제5장 참조). 그러나 피자식물의 화분은 주두에 옮겨진 직후 화분관이 발달한다. 피자식물의 화분관은 주두와 암술대의 조직을 뚫고 신장하여 배주에 도달하고, 거기서 주공을 관통하여 정자 2개를 자성배우자체에 전달하게 된다. 피자식물의 정자는 편모나 섬모가

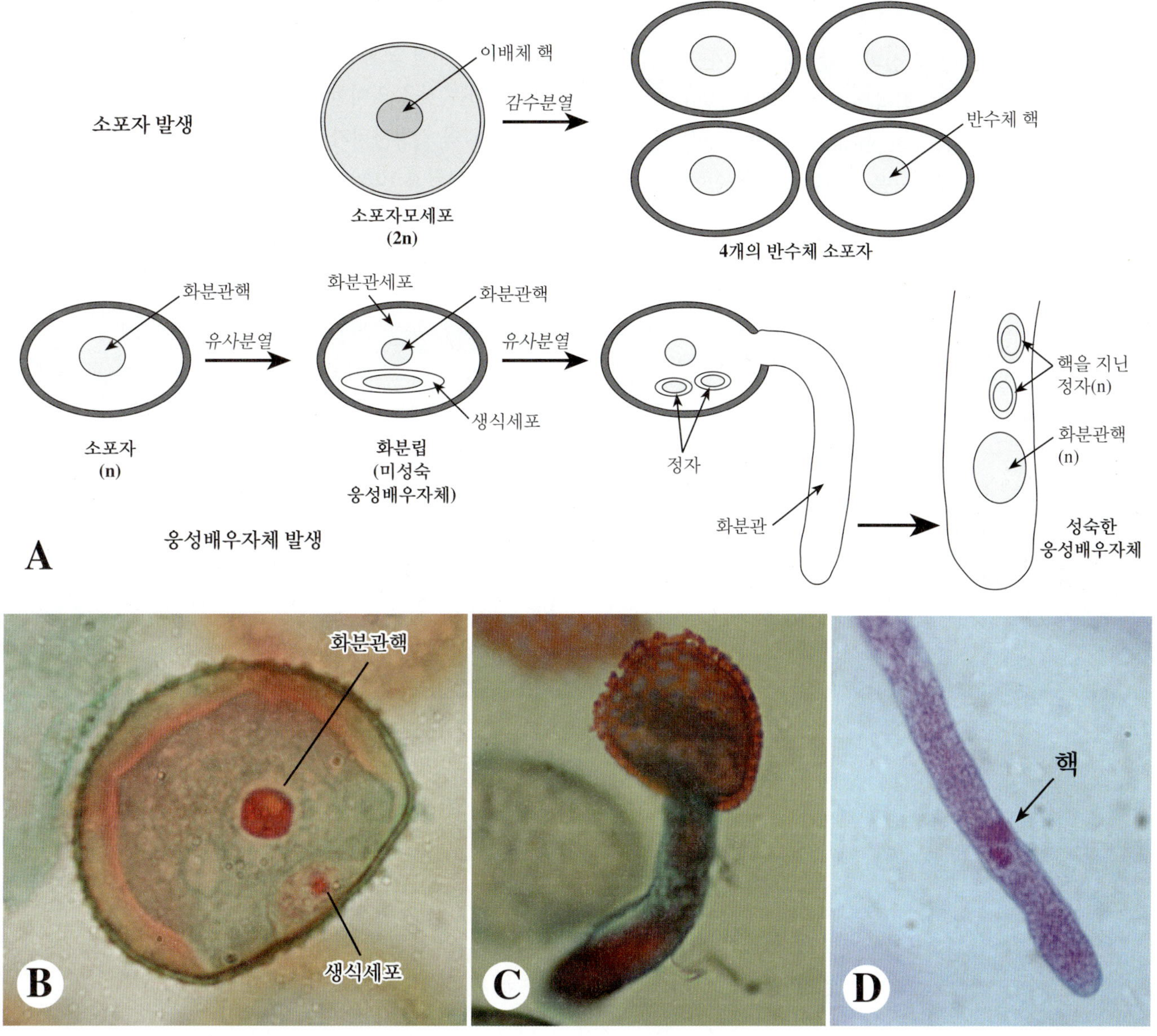

그림 6.8 피자식물의 웅성배우자체. **A.** 웅성배우자체 발생; 소포자모세포의 감수분열을 통해 반수체 소포자가 생성되며, 이로부터 3핵성 웅성배우자체(화분립)가 발달함. **B.** 성숙한 2핵성 화분, 화분관핵과 생식세포를 볼 수 있음. **C.** 화분의 발아, 화분관이 형성됨. **D.** 화분관의 끝부분으로, 핵 물질이 들어있다(이 사진에서는 핵의 종류가 뚜렷하지 않음).

없어서 비운동성인데, 이는 육상식물 중 진화된 형질이다. 정자가 배주의 주공에 직접 전달됨에 따라 정자의 운동성이 상실된 것으로 생각된다. 다른 육상식물 가운데 비운동성 정자를 지닌 것은 구과식물류(마황류 포함)뿐이며, 이러한 운동성의 상실은 현화식물과는 독립적으로 일어났다.

피자식물의 적응 과정에서 퇴화된 웅성배우자체의 이점은 퇴화된 자성배우자체 및 비교적 신속한 종자의 발달과 상관이 있을 것으로 보인다. 나자식물에 있어서 정자와 난자의 수정은 수분 이후 긴 시간이 지나서, 때로는 1년 가까이 지난 이후에 일어나기에 웅성배우자체는 주심 조직으로부터 양분을 공급받으며 오랜 기간 생존해야 한다. 그러나 피자식물의 경우 수정은 수분 이후 곧바로 일어난다. 따라서 피자식물의 웅성배우자체는 최소한의 핵과 세포만을 지니므로 "단출"하다. 현화식물의 웅성배우자체는 정자를 자성배우자체에 전달하여 수정이 이루어지게 하는데, 이러한 일은 나자식물에 비해 훨씬 빠른 속도로 진행된다.

심피

피자식물의 주요 파생형질로 **심피**를 들 수 있다. 가장 널리 받아들여지는 학설에 의하면 심피는 향축면에 두 줄의 배주를 지니는 대포자엽이 접첩(conduplicate)하여 형성되었다(그림 6.9D). "대포자엽"은 대포자낭을 지니는 변형된 잎인데, 대포자낭은 종자식물에 있어서 배주와 종자의 구성요소이다(제5장 참조). 접첩이란 포자엽이 세로축의 중앙선을 따라 안쪽으로 말려 접히는 것을 의미한다(제9장 참조). 이 대포자엽은 접첩에 의해 양쪽 가장자리가 맞닿아 합착됨으로써 변형된다(**그림 6.9**A-D, **그림 6.10**A). 이때 어떤 부분은 화분을 받아들이거

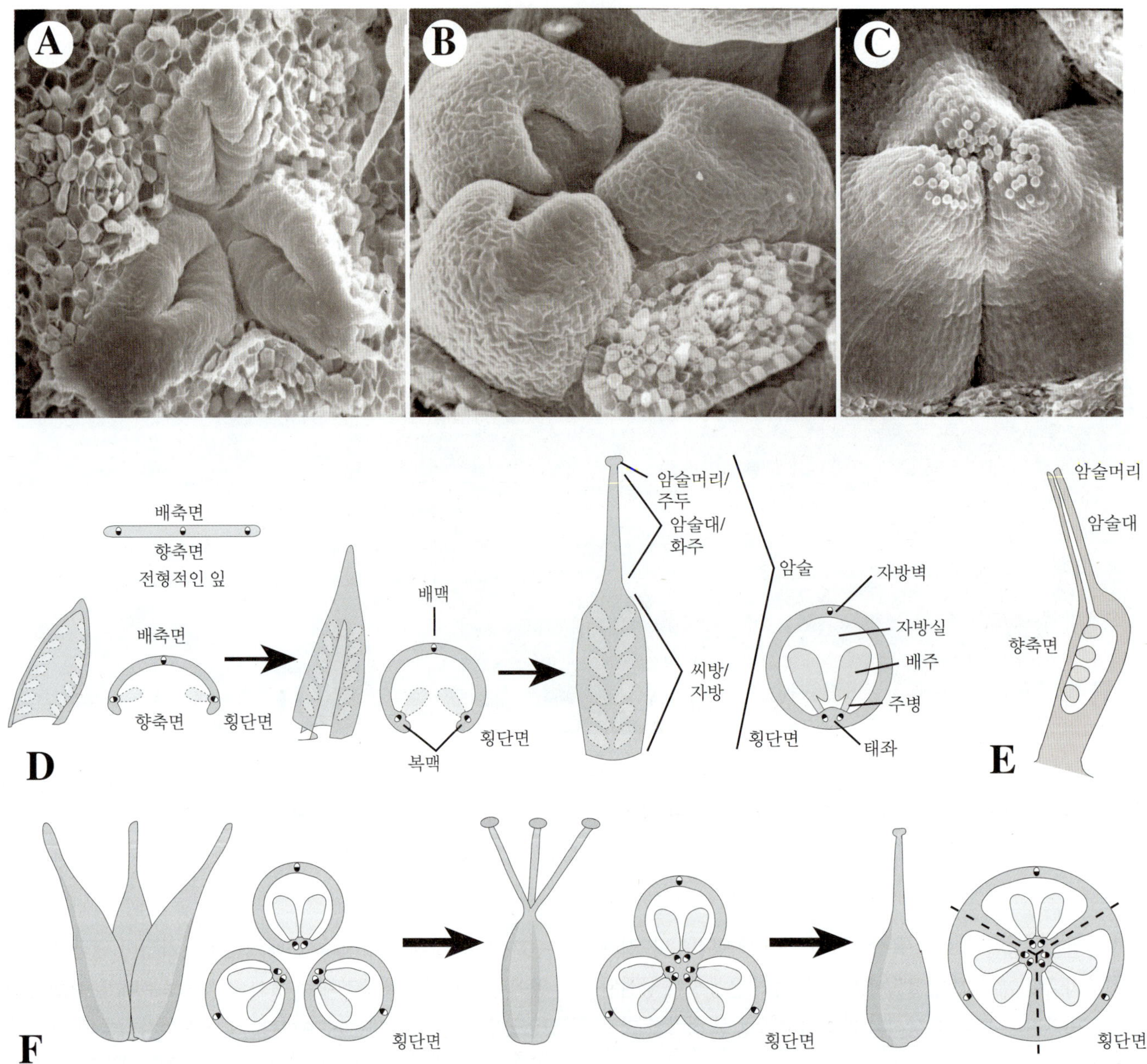

그림 6.9 심피, 피자식물의 파생형질. **A–C.** 심피가 발달하는 과정을 주사전자현미경으로 촬영한 것. **A.** 심피 형성 초기, 심피 3개가 접힌 모습이 보임. **B.** 발달 중간단계. 심피 3개가 측면에서 바짝 붙은 것을 볼 수 있음. **C.** 성숙단계. 접첩을 통해 각 심피의 가장자리가 융합되었고, 심피 3개는 합착되어 합생심피성 암술군(복자예)이 되었음. **D.** 심피가 발달 초기에서 성숙한 자방을 형성하기까지 발달해가는 과정을 모식화한 그림. 아랫부분이 향축면임. 배면 및 복면의 맥(검은색=물관부, 흰색=체관부) 위치와, 복면의 맥은 나중에 역전됨. **E.** 조상형인 낭상 심피를 지닌 *Austrobaileya*의 암술 모식도. **F.** 심피 합착의 진화적 과정을 보여 주는 모식도(점선=심피의 경계).

나 화분관이 생장하는 조직으로 분화하게 되는데, 정단부의 주두와 그 아래의 화주(암술대)가 바로 그것들에 해당한다(그림 6.9D). 성숙 단계에서 심피는 배주를 완전히 둘러싸게 된다.

심피가 포자엽과 본질적으로 같다는 증거는 다음과 같다. (1) 심피의 발달 과정은 잎과 유사하여 발달 초기에 향축면과 배축면을 지니는 평평한 배복성 구조를 보인다. (2) 심피 가운데에는 잎의 중앙맥에 해당하는 **배맥**이 있고, 심피 가장자리 쪽에는 **복맥** 2개가 있다(그림 6.9D, 6.10A). 배맥과 복맥 사이에는 몇 개의 맥이 더 있기도 하며(예, 그림 6.10B), 이들은 간혹 서로 합착된다. 심피의 맥은 대개 물관부가 향축면에, 체관부가 배축면에 배열되는 병립형이다. 심피가 접첩된 이후에 복맥의 체관부 및 물관부 위치는 180°로 역전된다(그림 6.9D).

일부 피자식물 분류군은 심피 발달 단계에서 잎과 같은 것이 접첩한 증거를 보이지 않는 경우도 있다. 이들은 고리 모양 조직으로부터 위를 향해 튜브 또는 항아리처럼 자라나는 발달 양상을 보이는데, 이러한 심피를 **낭상 심피**라고 한다(그림 6.9E). 낭상 심피는 조상형 심피일 것으로 여겨진다(그림 6.1; Endress and Igersheim 2000 참조). 낭상 심피는 후생식기 합착이 아닌 액체 분비에 의해 최종 밀봉되어 배주를 감싸며, 이 액체는 화분 발아가 일어나는 접촉점이 된다. 접첩성 심피는 Mesangiospermae(core angiosperms-중심피자식물)의 파생형질로 여겨진다. 그러나 낭상 심피로의 역진화가 현화식물에서 여러 차례 일어났다(Endress and Doyle 2009).

한 꽃 안에는 하나 내지 여러 개의 심피가 존재할 수 있다. 심피가 2개 이상 존재할 경우, 이들이 서로 떨어져 있으면 **이생심피**, 이들이 합착되어 있으면 **합생심피**한다. 심피는 합착되는 경우가 많기 때문에 꽃의 자성기관 기재에 추가적인 용어 사용이 필요하다. **암술군**은 그 구조와는 상관없이 꽃의 자성생식기관을 통칭한다. 따라서 심피는 암술군의 구성 단위로 정의할 수도 있다. 암술군은 1개 또는 2개 이상의 **암술**(자예)로 구성된다. 각 암술은 **자방**(씨방)과 **암술대**(화주) 및 **주두**(암술머리)로 이루어지는데, 암술대가 없는 경우도 있다. 주두는 화분이 내려앉는 곳으로 1개 혹은 여러 개이다(그림 6.9D). 심피 하나가 암술 하나와 같을 수도 있고(이 경우 **단자예**라 함), 심피 둘 이상이 합착되어 하나의 암술을 형성하기도 한다(이 경우 **복자예**라 함; 그림 6.9F, 6.10B). (배주 또는 배주들의 위치와 심피의 합착 양상에 따라 **태좌**의 유형이 다양함; 상세한 용어는 제9장 참조.)

심피의 진화는 적응에 있어서 심대한 중요성을 내포한다. 첫째, 심피는 화분의 수용체로서 수정을 선택적으로 조절하는 기능을 지닐 것으로 생각된다. 화분은 심피에 전달된 후 발아하여 화분관을 내고, 화분관은 주두와 암술대의 조직을 뚫고 자

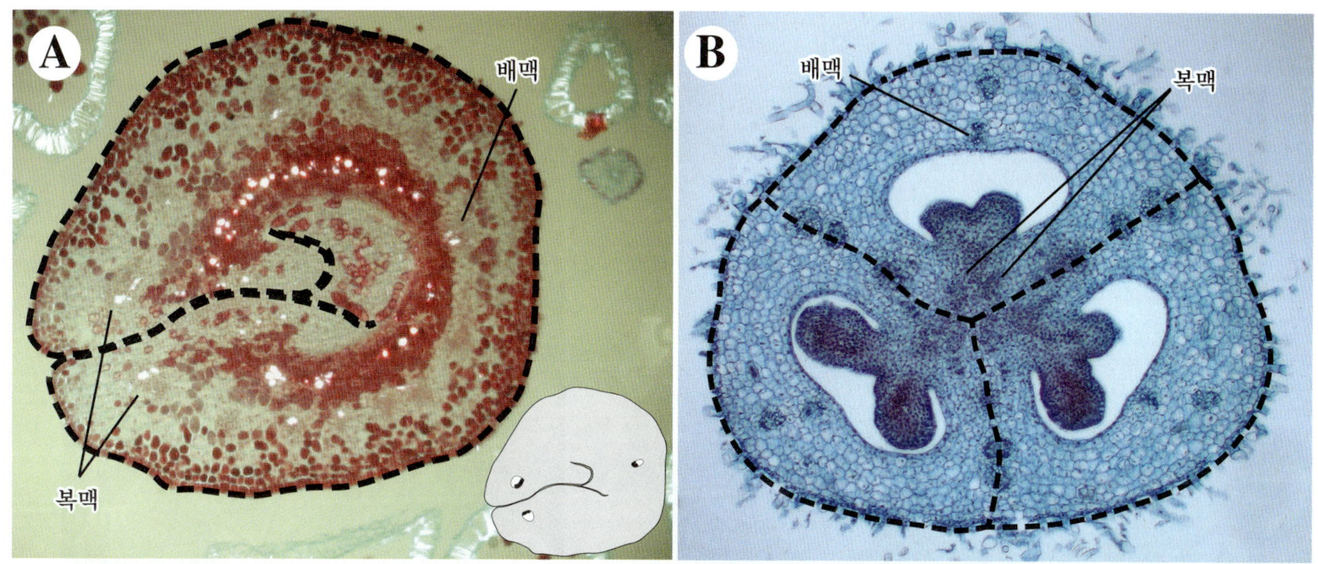

그림 6.10 **A.** 한 꽃 내에 하나의 심피를 지니는(단심피성 암술군) 분류군의 자방을 횡단한 것. 점선은 심피의 경계를 나타냄. 안의 모식도에서 물관부(검은색)와 체관부(흰색)의 상대적 위치에 주목할 것. **B.** 심피 3개가 합착된 암술을 지닌 분류군의 자방을 횡단한 것으로, 배맥과 복맥을 볼 수 있다. (이 식물의 경우 하위자방이며, 따라서 배맥 바깥쪽에 존재하는 맥은 화피와 수술로 뻗는 맥임.)

라 배주의 주공에 도달한다. 그러나 주두와 암술대에 있는 화학물질은 화분의 발아나 화분관의 생장을 억제하기도 한다. 이를 **불화합성 반응**이라 하며, 이는 불화합성 유전자에 의해 조절된다(제10장). 이러한 화학적 불화합성은 주로 "이종" 간의 화분과 주두 사이에서 일어난다. 그러나 "동종"의 개체 사이에서도 일어나는데, 특히 유전적으로 유사하거나 동일한 불화합성 유전자를 지니는 개체들 사이에서 일어난다. 따라서 불화합성 반응으로 인해 내교배가 억제되어 유전적으로 덜 유사한 개체들 간의 생식만이 허용되게 된다(즉, 외교배를 촉진함; 상세한 내용은 제10장 참조). 따라서 심피는 궁극적으로 어떤 화분이 난자와 수정하는 정자를 제공할 것인지 선택적으로 조절한다.

둘째, 적응에 있어서 심피의 기능은 열매의 형성과 종자의 산포와 관련된다. **열매**란 성숙한 자방 또는 자방들 및 그 부속조직이라고 할 수 있다(제9장 참조). 수정이 일어나지 않을 경우 자방의 성숙을 통한 열매의 형성은 대개 일어나지 않는다. 성숙한 자방벽이라 일컫는 **과피**는 극도로 변형되기도 한다. 이러한 변형은 대개 엄청나게 다양한 산포 방식으로 작용한다(제9장). 일반적으로 과피가 육질이면 그 열매는 동물에 의해 퍼뜨려진다. 동물에 의해 산포되는 육질의 열매에서 종자는 동물의 내장을 거치거나(과피만 소화됨) 동물의 서투른 섭식 과정에서 흘려짐으로써 산포된다. 건과 역시 동물에 의해 전파되지만 대개 과피 표면의 돌기나 가시에 의해 피부, 털 또는 깃털 등에 붙는 방법을 통해 퍼진다. 마지막으로, 열매는 바람(날개나 모용이 발달), 물(다양한 부유장치 발달) 또는 기계적(다양한 폭발 방식, 흡습 방식, 투석기 방식)으로 퍼져나간다.

두 겹인 주피

피자식물의 고유한 파생형질로서 배주의 발달 동안 두 겹의 **주피**가 형성되는 것을 들 수 있는데, 이를 **복주피성**이라 한다(그림 6.11). 현화식물을 제외한 다른 모든 종자식물은 배주의 주피가 한 겹인 **단주피성**이다. 두 겹의 주피는 주심을 완전히 둘러싸고, 선단에는 작은 구멍만이 남는데, 이를 **주공**이라 하며, 이곳으로 화분관이 들어온다. 피자식물 배주의 주피 두 겹 모두 종피 형성에 기여한다. 두 겹의 주피는 종피의 발달 과정에서 대개 합착되지만 해부학적으로는 별개의 층을 형성한다.

확실하지는 않지만, 주피가 두 겹인 점이 지니는 적응상의 중요성은 종피층의 특화를 가능하게 한 것과 관련이 있을 것으로 생각되지만, 몇몇 나자식물 역시 분화된 종피층을 지닌다. 흥미롭게도, 여러 피자식물 계통은 이차적으로 주피 한 겹을 잃어서 단주피성이 되기도 하였다. 단자엽식물의 벼목(제7장)과 진정쌍자엽식물의 국화군 대부분이 대표적인 단주피성 식물군이다(제8장).

퇴화된 자성배우자체

피자식물의 여러 진화적 혁신은 특수한 유형의 배주 및 종자의 진화와 관련이 있다. 피자식물의 주요 파생형질은 **퇴화된 자성**

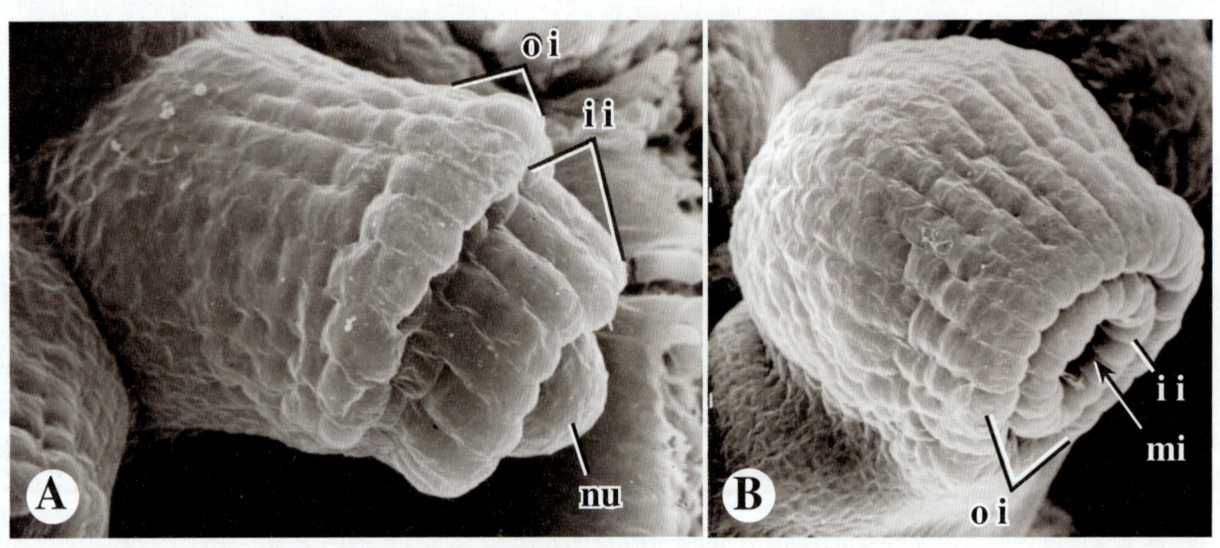

그림 6.11 복주피성 배주, 피자식물의 원시적 상태. **A.** 어린 배주, 내주피(ii)와 외주피(oi)가 발달하기 시작하며, 이 둘은 모두 주심(nu)을 둘러쌈. **B.** 보다 성숙한 배주, 내주피와 외주피가 주심을 완전히 감싸서 주공(mi)을 형성한 상태이다.

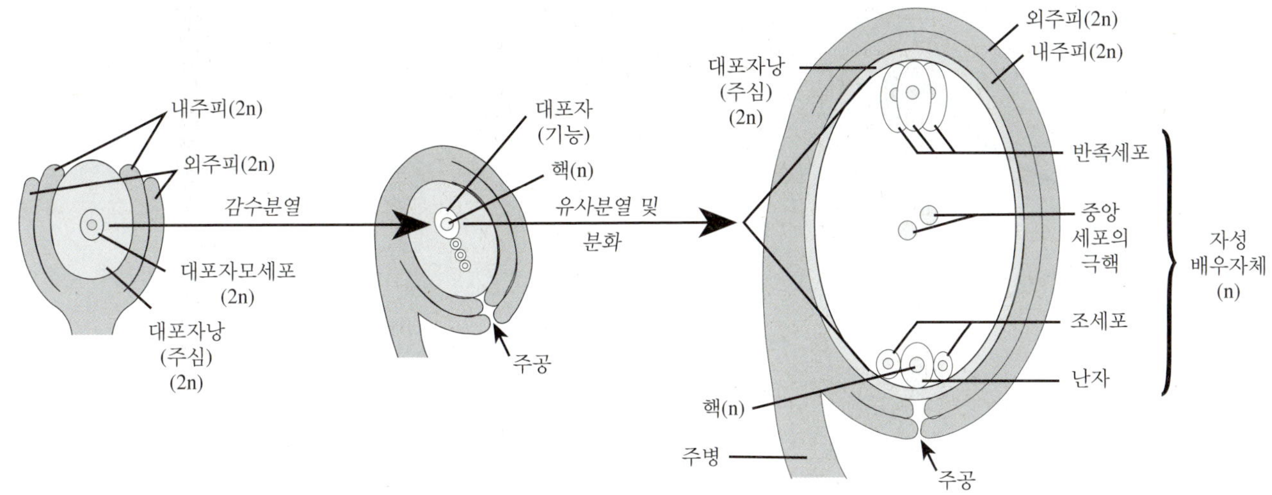

그림 6.12 피자식물 배주의 발달과 형태. 대포자모세포가 감수분열하여 반수체 대포자 4개를 만들고, 그 중 하나가 유사분열과 분화를 거쳐 8핵성 자성 배우체가 만들어진다.

배우자체이다. 다른 종자식물처럼 대포자낭(주심) 내의 대포자모세포는 감수분열을 통해 4개의 반수체 대포자를 생성한다(**그림 6.12**). 자성배우자체는 이들 대포자 가운데 단 하나로부터 발달하지만(그림 6.12), 일부 예외적으로 다른 포자들이 관여하기도 한다(제10장 참조). 대포자는 세 차례의 유사분열을 통해 총 8개의 반수체 핵을 형성한다. 여기서 좀 더 분화하여 8개의 핵이 7개의 세포로 배열한다(*Polygonum* type, **마디풀형**; 그림 6.12, **그림 6.13**A; 제10장 참조). 주공 쪽에는 3개의 세포, 즉 **난자**와 그 양옆에 있는 **조세포**가 발달한다. 난자와 조세포는 "난장치"로도 불린다. 주공의 반대쪽인 **합점** 쪽에는 **반족세포**가 3개 형성된다. 이들 세포 6개를 제외한 나머지는 사실상 하나의 커다란 세포로서 **중앙세포**라 불리는데, 이 안에는 **극핵**이 2개 존재한다. 피자식물의 자성배우자체는 다른 종자식물과는 달리 장란기를 형성하지 않는다. 여러 피자식물군에서 자성배우자체는 위에 설명된 조상형으로부터 세포분열, 핵융합, 세포형성 등의 변이에 의해 더욱 변형되었다(제10장 참조). (**주의:** 피자식물의 자성배우자체는 배낭이라 일컫는다. 비록 이 용어가 자주 사용되지만 다른 종자식물의 자성배우자체와의 상동성에 문제

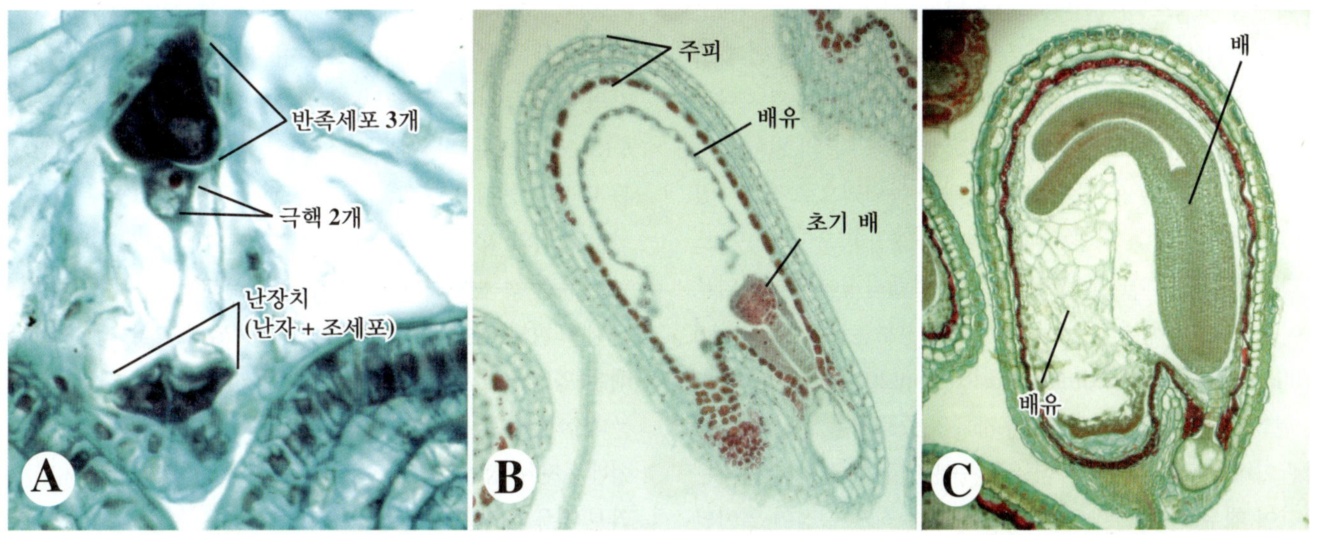

그림 6.13 **A.** 8핵성 구조로 퇴화된 자성배우자체(*Lachnanthes*). 난장치(난자 + 조세포), 극핵 그리고 반족세포를 보여줌. **B,C.** 배유 형성. **B.** 초기. **C.** 후기, 종자가 형성된다.

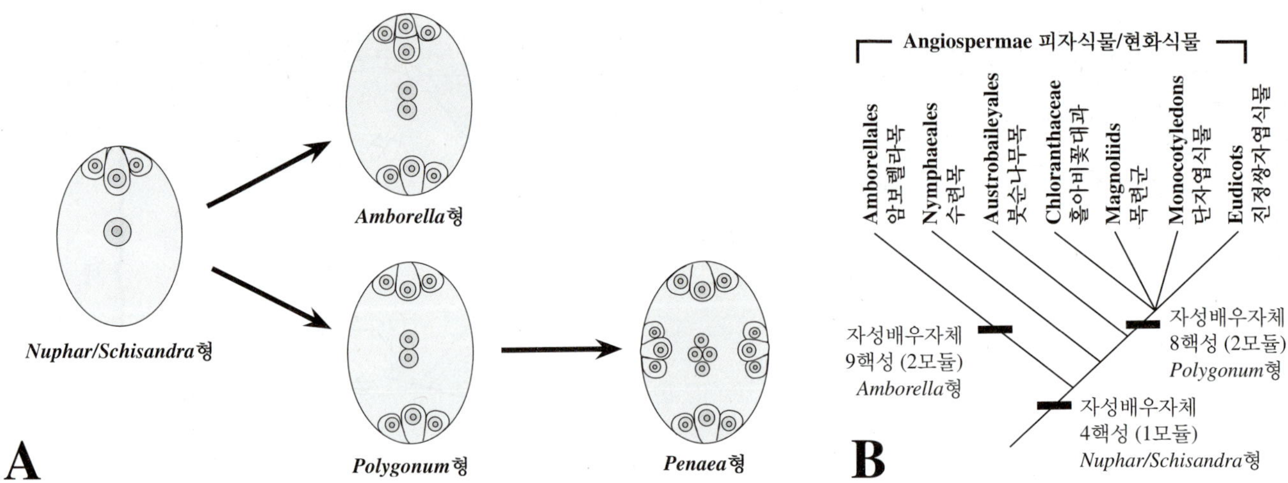

그림 6.14 **A.** 자성배우자체의 진화에 관한 모듈 가설. 단포자성, 4핵성 *Nuphar/Schisandra*형은 피자식물의 원시형이며, 이 모듈의 중복에 의해 *Polygonum*형과 *Amborella*형이 각각 진화하였다. **B.** 모듈 가설에 따른 진화를 보여 주는 피자식물의 계통수. *Polygonum*형은 피자식물 내에서 파생되었음을 알 수 있다. (출처: Friedman and Williams 2004.)

가 있으므로, 가능하면 사용하지 말아야 한다.)

자성배우자체의 진화와 관련한 최근 이론은 피자식물의 원시적 형질이 일반적인 단포자성, 7세포-8핵성(마디풀형)이 아니라 수련목 및 붓순나무목 대부분에서 발견되는 단포자성, 1세포-4핵성(*Nuphar*/*Schisandra* type, 개연꽃/오미자형)이라고 제안한다(**그림 6.14**A). 즉, 중앙세포의 극핵 1개와 주공 쪽의 세포 3개(난장치)를 지니는 4핵성 상태가 원시적 자성배우자체 **모듈**일 수 있다는 것이다. 이 모듈이 나중에 2배로 되어 일반적인 마디풀형을 낳았고, 4배로 되어 *Penaea*형과 같은 것이 나왔을 것으로 생각된다(그림 6.14A). 사실상, 8세포 9핵성으로 변형된(난장치에서 유사분열이 추가로 일어나 세 번째 조세포를 형성함, *Amborella*형이람 함) 자성배우자체를 지니는 *Amborella trichopoda*(암보렐라; 제7장) 등 대부분의 원시적 피자식물의 자성배우자체는 마디풀형과는 독립적으로 진화하였을 것으로 생각된다. 그림 6.14B는 4핵성 개연꽃/오미자형이 조상형이고, 8핵성 마디풀형 및 9핵성 암보렐라형이 파생형임을 보여준다. 이 견해에 관한 보다 상세한 정보는 Friedman and Williams(2004)와 Friedman and Ryerson(2009)를 참조한다.

현화식물의 퇴화된 자성배우자체의 중요성은 발달 시간과 상관이 있다고 본다. 나자식물은 수분 이후 수정까지 걸리는 시간이 매우 긴 반면에, 피자식물은 수분 직후 수정이 일어난다. 따라서 피자식물은 더 빨리 종자를 생산할 능력이 있다. 이러한 특징은 신속히 퍼져나가는 일년생 초본의 진화를 가능하게 했다는 점에서 적응에 매우 중요할 것이다.

배유 형성

피자식물의 또 다른 파생형질은 **배유**가 존재한다는 것이다. 배유는 **중복수정**의 산물이다. 화분관은 배주의 주공으로 침입할 때 조세포 중 하나를 관통하여 자성배우자체의 중앙세포를 향해서 정자 2개를 방출한다(**그림 6.15**). 정자 하나는 난자와 결합하여 2배체인 **접합자**를 생성한다. 다른 육상식물처럼 접합자는 배로 성숙하는데, 이는 나자식물의 것과 구조가 유사하다(그림 6.15). 나머지 정자는 극핵 2개와 융합하여 3배체인 **배유세포**를 생성한다. 이 배유세포는 유사분열을 반복하여 점차 종자의 배를 둘러싸는 조직체인 **배유**를 형성한다(그림 6.13B,C, 6.15). 거의 모든 피자식물에 있어서 배유는 탄수화물, 지방, 또는 단백질 등이 풍부한 세포를 지님으로써, 배에 양분을 공급하는 원래의 영양조직인 자성배우자체를 대체하게 된다.

배유가 적응에 미친 중요성은 퇴화된 자성배우자체와 마찬가지로 발달 기간과 관련이 있을 가능성이 높다. 피자식물의 배유(영양조직)는 수정이 성사될 때까지 발달을 시작하지 않는다. 이는 수분 이후에 수정 여부와 전혀 관계없이 상당한 자성배우자체 영양조직이 축적되는 나자식물과 대조적이다. 따라서 배유의 진화와 관련한 주요 선택압은 수정이 확실히 이루어지기까지는 종자 내에 저장 물질이 형성되게 하지 않음으로써 자원을 절약하는 것이라 생각된다. 배유가 지니는 또 하나

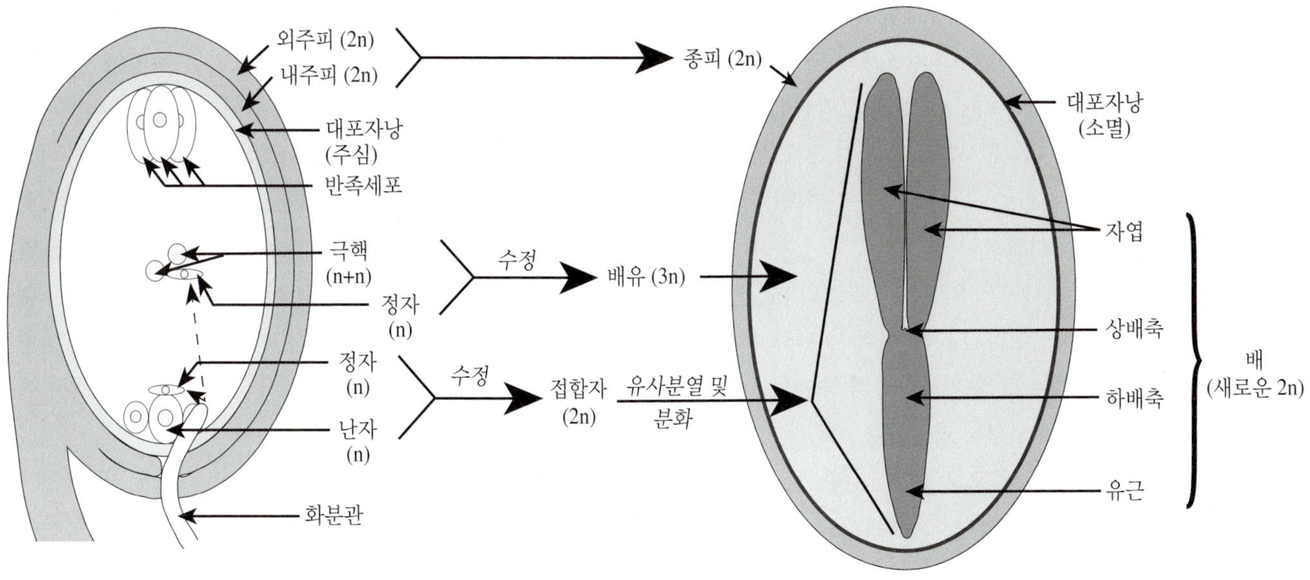

그림 6.15 피자식물 종자의 발달과 형태. 난자가 수정하여 접합자와 배를 형성하고, 극핵이 수정하여 3배체 배유를 형성하는 점에 주목한다.

의 기능적 특징은 3배체(3n)라는 것에서 찾을 수 있다. 세 세트(한 세트는 부계, 두 세트는 모계)의 염색체를 지님으로써 배유의 발달 및 그에 따른 종자의 발달이 더 빨라졌고, 영양분의 내용에 있어서 화학적 변이를 위한 잠재력이 더 커졌을 것이라고 여겨진다.

사관절

피자식물은 당을 운반하는 특수 세포인 **사관절**을 지닌다는 점에서 독특하다(**그림 6.16**A). 사세포 및 알부민세포는 현화식물을 제외한 관속식물에서 발견되는 원시적인 당(sugar)-통도세포이다(제4장 참조). 사관절 및 동반세포는 사세포의 진화적

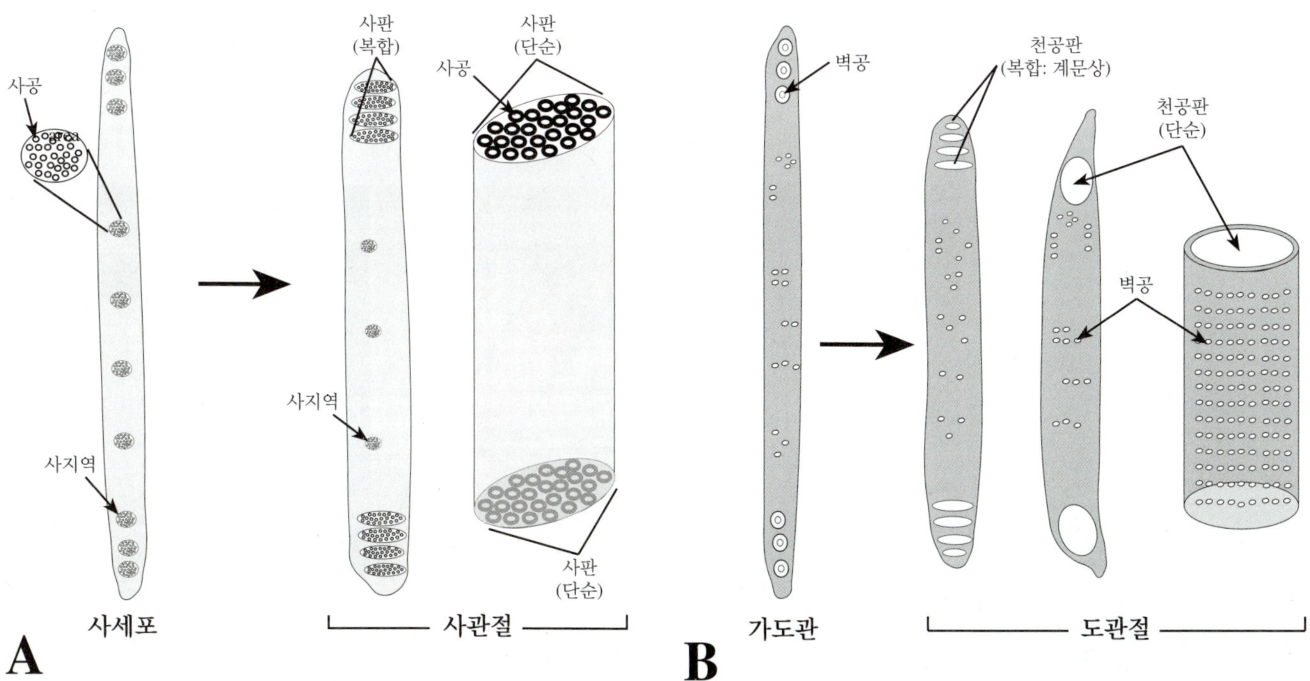

그림 6.16 **A.** 사세포(왼쪽)에서 사관절로의 진화적 변화. **B.** 피자식물 도관절의 진화. 천공판이 없는 가도관에서 천공판이 있는 도관절로 형질상태가 전환된 점에 주목할 것. 피자식물 내에서는 계문상 천공판을 지닌 긴 도관절로부터 단순천공판을 지닌 짧은 도관절로 진화하는 경향을 보인다.

변형으로 기원하였으며, 오직 현화식물에만 존재한다. 사관절은 양끝 벽의 사공이 분화되어 측면의 사공보다 훨씬 더 커졌다는 점에서 조상형인 사세포와 다르다. 사관절 양끝에 존재하는 커다란 사공들의 집합 부위를 **사판**이라 한다. 사판에는 복합사판(둘 이상의 사공집합으로 구성)과 단순사판(하나의 사공집합으로 구성)이 있다. 사관절과 연관을 맺고 있는 유세포를 **동반세포**라 부른다. 동반세포의 역할은 사관절의 내강에 당을 실어 올리거나 내리는 것이다. 나자식물에서 이와 유사한 역할을 하는 알부민세포와는 달리 피자식물의 동반세포는 사관절의 세포와 동일한 모세포로부터 기원한다.

사관절이 당 전달을 더 효율적으로 수행하리라 생각되지만, 그 적응상의 중요성은 확실하지 않다.

피자식물의 분화

피자식물은 엄청나게 다양한 종자식물군으로서 수많은 구조적 혁신을 보여 준다. 피자식물의 다양한 계통에서 다른 어떤 육상식물군에도 없는 특수한 뿌리, 줄기 그리고 잎의 유형이 출현했다(제7-9장 참조). 또한 이미 언급한 바와 같이, 꽃과 열매의 진화적 부산물로서 여러 가지 특수한 수분 시스템과 열매/종자 산포 방식이 피자식물에서 출현했다(제10장 참조).

도관

피자식물의 특화 가운데 하나는 물과 무기물을 전달하는 세포에서 볼 수 있다. 대다수의 피자식물에는 **도관**이 존재하는데, 도관절 세포 양끝에는 천공이라 불리는 구멍이 있다(그림 6.16B; 제4장 참조). 도관은 피자식물 내에서 중요한 진화적 혁신을 이루었는데, 이는 도관이 용질의 운반을 보다 효율적으로 수행했기 때문일 것으로 생각된다. 그러나 모든 피자식물에 도관이 존재하는 것은 아니며, 일부 원시적 현화식물군(예, 암보렐라목, 수련목 일부; 그림 6.1 및 제7장 참조)에는 도관절 없이 가도관만 존재한다. 따라서 도관은 현화식물 전체의 파생형질이라고 말할 수는 없으며, 둘 이상의 피자식물 계통에서 독립적으로 출현했을 것으로 생각된다.

도관이 없는 원시피자식물에는 횡으로 신장된 벽공(계문상 벽공) 여러 개가 다른 가도관과 맞닿는 양끝 벽에 주로 존재한다. 계문상 벽공을 지니는 가도관은 피자식물의 원시적 통수 요소로 여겨진다. 일반적으로, 원시적 도관절은 계문상 천공판(횡으로 신장된 벽공들로 구성; **그림 6.17**A)을 지닌다는 점에서 가도관과 닮았다. 도관의 특화(그림 6.16B) 과정에서 (1) 횡으로 길쭉한 벽공 여러 개로 구성된 천공판이 점차 길쭉한 정도가 감소하고 숫자도 줄어 최종적으로 하나의 천공만을 지니는 단순천공판(구멍이 1개만 존재; 그림 6.17B,C)으로 되었으며, (2) 양끝이 점차 가늘어지는 방추형에서 뭉뚝한 형태로 되었고, (3) 도관절의 길이는 짧아지고 폭은 넓어지게 되었다(그림 6.17D).

가도관에 비해 도관이 지니는 이점은 용질이 저항을 덜 받

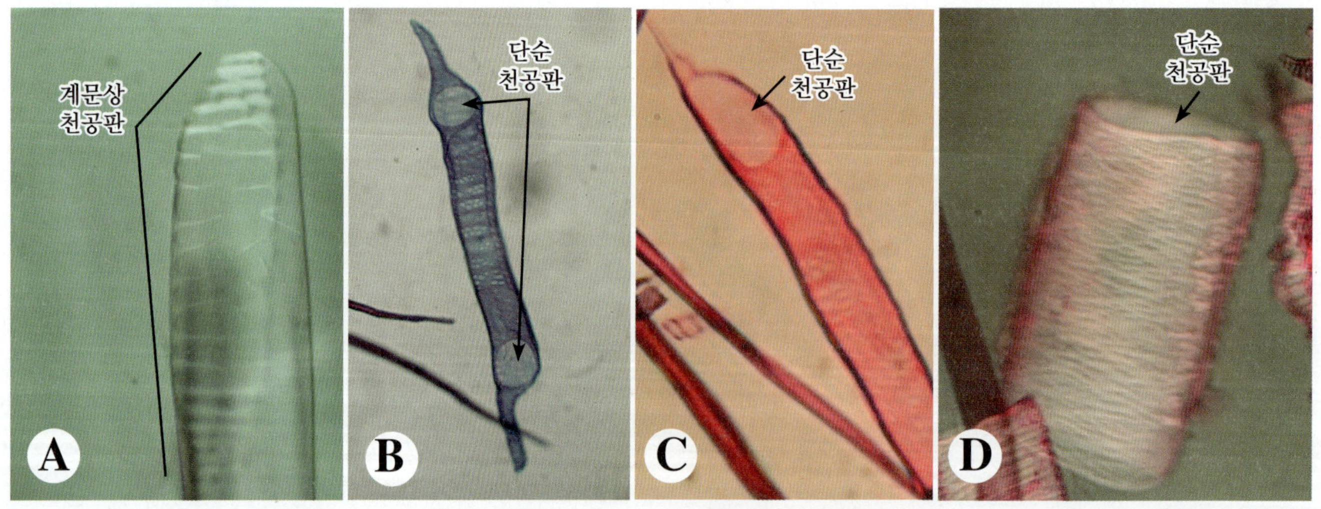

그림 6.17 피자식물 도관절의 해부 구조 다양성. **A.** *Liriodendron tulipifera*(백합나무)의 도관절, 계문상 천공판을 지님. **B,C.** *Quercus*(참나무속)에 포함되는 종의 도관절, 길이가 길고 단순천공판을 지님. **D.** *Cucurbita*(박속)에 포함되는 종의 도관절, 길이가 짧고 단순천공판을 지닌다.

으며 더 빠르게 수송된다는 것이다. 그러나 수분 퍼텐셜이 낮은 조건이나 매우 낮은 온도에서 가도관에 비해 지름이 더 큰 도관은 공동화(cavitation, 기포의 형성)의 가능성이 높아져서 물 흐름이 끊어지고, 그로 인해 식물체가 죽을 수도 있다. 이는 가도관을 지니는 구과식물이 현화식물보다 추운 지역에서 더 우세한 이유가 될 수 있다.

피자식물의 기원

잘 알려졌듯이, 찰스 다윈은 고등식물(피자식물을 의미했을 것)의 신속한 번창을 "난해한 수수께끼"로 묘사했다. 최초의 분명한 피자식물 화석은 약 1억 4천만 년 전 백악기 초기의 화분이다. 최초의 꽃 화석은 이보다 약간 나중인 1억 3천만 년 전에 나온다. 이들 초기 현화식물 화석은 대개 우리가 아는 현생 식물군에 소속될 수 있다. 피자식물이 출현한 이후 이들은 여러 뚜렷한 계통으로 급속히 방사진화를 함으로써 점차 나자식물을 대체하여 지구 식생의 대부분을 차지하였다.

그러나 나자식물 조상으로부터 피자식물로의 진화에 대한 구체적인 내용은 불명확하다. 우선 무엇을 피자식물로 규정할 것이냐는 문제가 있다. 퇴화된 웅성배우자체와 자성배우자체, 중복수정 및 3배체 배유 등처럼, 전에 열거했던 피자식물의 여러 특징은 현미경적이며 세포학적이라서 화석 기록으로 남아 있기 어려웠을 것이다. 현존하는 피자식물의 계통분석은 현화식물의 공통조상이 소유했던 특징을 밝히는 데 도움이 될 수 있다. 이를 토대로 피자식물과 가장 가까운 화석식물로부터 그러한 특징을 찾아낼 수 있으리라고 기대한다. 최근의 계통분석은 암보렐라목의 *Amborella trichopoda*(그림 6.1)를 가장 원시적인 피자식물 계통으로 받아들인다(제7장 참조). *Amborella*는 도관이 없고, 단성화, 나선상배열 화피, 판상웅예, 이생심피라는 특징을 지닌다. 그러나 피자식물의 다른 원시적 식물은 이들 특징에 있어서 변이를 보이며, 따라서 피자식물의 공통조상이 지닌 형질을 추론하는 것은 쉽지 않다.

피자식물의 주요 계통을 포함한 분자계통수 연구를 통해 추론된 조상형 피자식물의 꽃은 방사대칭형 양성화이며, 미분화된 화피편 3개가 2열 이상 윤생하고, 수술의 포자낭은 합생하지 않고, 이생하는 낭상 심피(액체 분비에 의해 최종 밀봉) 5개 이상이 나선상으로 배열하는 등의 특징을 지닌다(Endress and Doyle 2009 및 Sauquet et al. 2017 참고, 일부 결과에서 차이가 존재함). 이후 다양한 속씨식물 그룹에서 화피편과 수술의 윤생열 수가 퇴화 또는 병합에 의해 잇따라 감소하였다. 윤생열 수가 감소함으로써 꽃 부속기관의 융합과 좌우대칭성의 진화가 가능했으며, 이러한 특징은 종 다양성이 가장 높은 일부 피자식물 그룹에서 볼 수 있다.

피자식물의 기원에 관한 현재의 가설은 이미 멸종한 "종자고사리(pteridosperms)" 식물 일부가 변형되어 피자식물이 기원했다는 것이다(제5장 참조). "종자고사리"는 잎은 양치류와 같으면서 종자를 지녔던 측계통식물군인데, 이중 일부는 피자식물 조상의 특징을 나타내고 있다(Doyle 2006 참조). 종자고사리에서 피자식물로의 전이를 보여줄 것으로 생각되는 예로는 Caytoniales의 *Caytonia*라는 화석 분류군이 있다(**그림 6.18**A–C). *Caytonia*의 생식구조는 피자식물과 유사하다. 웅성생식 구조는 서너 개의 소포자낭이 합착된 구조(합생포자낭)로 되어 있어 약과 닮았다. 그러나 피자식물의 약이 좌우대칭인 것과는 달리 이 웅성생식구조는 방사대칭이다(그림 6.18A). *Caytonia*의 자성생식구조는 **각두**라고 하는 단위가 이삭처럼 배열되어 있다(그림 6.18B,C). 각두는 단주피성 배주/종자들을 감싸는 형태로서 아래쪽에 작은 구멍이 나 있다(그림 6.18C). 각두는 피자식물의 심피와 상동일 것이라는 가설이 존재해 왔다. 그러나 *Caytonia*의 각두는 대포자엽이 접혀서 형성된 구조인 피자식물의 심피와는 다르다. 또한 *Caytonia* 배주의 주공에서 원구형의 화분이 발견되었는데, 이는 화분이 주두 지역이 아닌 배주로 직접 전달(아마 현존하는 나자식물처럼 수분액에 의한 방법으로)되었다는 증거이다. 따라서 각두에는 화분 발아 장소로서의 심피 기능은 없었을 것이다. *Caytonia* 각두에 대한 또 다른 해석은 이것이 피자식물의 파생형질인 두 번째 주피에 해당한다는 것이다. 다시 말해, 각두 내의 배주 수가 하나로 감소되어 각두가 외주피로 되었다는 것이다. 요컨대, *Caytonia*의 생식구조의 상동성은 풀기 어려운 문제이고, 다른 종자고사리 어느 것도 피자식물의 명백한 조상이 아니라는 것이다. 그러나 피자식물은 현생 나자식물보다는 *Caytonia*와 같은 일부 종자고사리류와 더 깊은 유연관계를 지닐 것으로 생각된다(Doyle 2006 참조).

피자식물과 가까울 것으로 여겨지는 또 다른 "종자고사리" 무리로 glossopterids(글로소프테리스)가 있다. 이들은 단엽을 지닌 교목으로 중륵에서 뻗어 나온 망상맥이 잘 발달한다(그

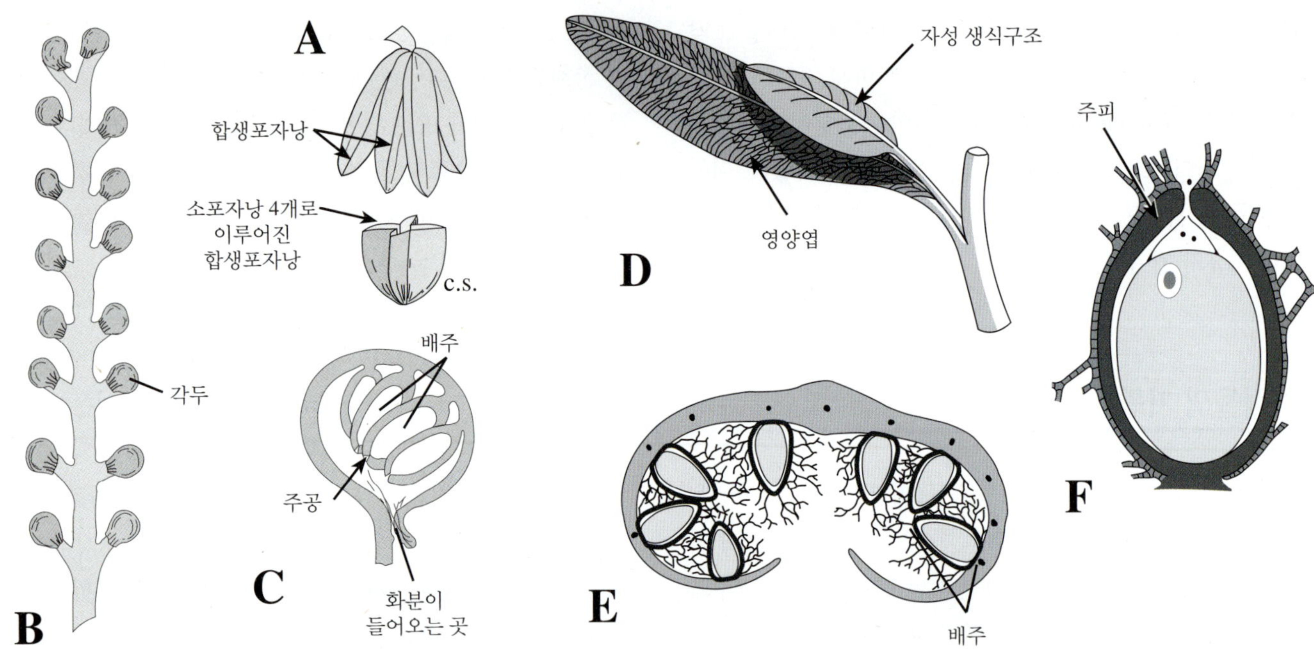

그림 6.18 **A–C.** *Caytonia*, 모식도(출처: Thomas, 1925). **A.** 웅성생식단위, 각각은 소포자낭 4개로 이루어진 방사대칭성 합생포자낭임. (c.s.=횡단면.) **B.** 생식지, 각두가 두 줄로 배열함. **C.** 각두의 단면, 배주 4개, 기부에 존재하는 구멍을 볼 수 있음. **D–F.** *Glossopteris*(출처: Gould and Delevoryas 1977). **D.** 생식기관 구조, 망상맥을 지닌 영양엽과 기부에 부착한 자성 생식구조(종두, capitulum). **E.** 생식기관의 횡단면, 가장자리가 말려 있고 하면에 배주(분지모가 나 있음) 여럿이 있음. **F.** 배주 종단면, 주피와 주공이 보인다.

림 6.18D). 이들 가운데 일부 종의 자성 생식구조는 잎의 기부와 이합하는데, 이것을 "종두(capitulum)"라 한다. 이 구조는 흔히 하면에 배주(직생, 단주피성)를 '부분적'으로 감싸고 있는 대포자엽으로 해석된다(그림 6.18E,F). 따라서 이 종두는 배주를 '완전히' 감싸는 피자식물 심피의 원시적 구조일 수 있다. 종자고사리류로부터 피자식물이 기원한 것에 관한 상세한 내용은 Dilcher(1981)와 Doyle(2006)을 참조한다.

아주 최근에 중국에서 채집된 것으로 최소한 1억 3천만 년 전의 초기 백악기 화석식물인 *Archaefructus*는 초기 피자식물의 진화를 조명하는 데 도움을 줄 수 있는 화석의 예이다. *Archaefructus*는 (현재 2종이 기재되어 있음) 수생식물이었을 것으로 여겨지는데, 잘게 갈라진 잎과 길게 신장된 생식축에 아래쪽에는 수술쌍들이, 위쪽에는 종자 여러 개를 담고 있는 심피가 배열되어 있는 형태를 보인다(**그림 6.19**). 비록 *Archaefructus*가 진정한 심피를 지닌 것으로 보이지만, 이 식물과 현존하는 피자식물과의 유연관계에는 논란이 있다. 한 가설에 의하면 이 생식축 전체가 하나의 무화피화이며, 일부 목련과의 신장된 화탁을 연상시키는 이 축이 화탁과 상동이라는 것이다(제7장 참조). 이 해석에 따르면, 이 생식구조는 원시적인 꽃 또는 꽃의 전구(precursor) 형태를 나타낼 것이며, 따라서 *Archaefructus*는 현생 피자식물의 자매군이 된다. 다른 가설에서는 이 생식축을 하나의 원시형 꽃으로 보지 않으며, 현존하는 일부 수생 현화식물에서 보는 것처럼 퇴화된 수꽃과 암꽃 각각으로 구성된 화서로 간주한다. 이 관점에 의하면 *Archaefructus*는 피자식물(예를 들어, 수련목) 내의 현존하는 계통에서 멸종한 곁가지에 해당한다는 것이다.

이 난해한 수수께끼를 만족스럽게 풀어내기 위해서는 더 많은 화석의 발견과 연구 및 새로운 기법을 사용한 재조사가 선행되어야 한다. 계통분석이 도움이 될 수 있지만, 화석과 현생식물이 나타내는 엄청난 형태적 차이로 인해 상동 여부를 판가름하기가 어렵다는 것이 언제나 문제가 된다. 향상된 분자계통 연구기법을 통해 현존하는 현화식물의 유연관계가 이전보다 훨씬 더 잘 알려지게 되었지만(제7장 참조), 현화식물의 기원을 이해하기 위한 열쇠는 화석이 쥐고 있다. 식물의 유연관계를 이해하기 위해서는 고생물학 연구가 무엇보다 중요하다는 사실은 계속 강조되어야 한다.

그림 6.19 *Archaefructus*. **A.** *Archaefructus sinensis*를 재구성한 그림으로 생식축의 아랫부분에 수술이 윗부분에 심피가 달려있는 모습이다. (제공: K. Simons and David Dilcher (©).) **B.** *Archaefructus lianogensis*의 심피 화석. (제공: David Dilcher(©) and Ge Sun.)

복습문제

피자식물의 파생형질

1. 현화식물의 다른 명칭에는 어떤 것이 있는가?
2. 현화식물의 파생형질을 열거하시오.
3. 꽃을 정의하시오.
4. 전형적인 꽃의 주요 부속기관을 열거하시오.
5. 화피의 형태와 적응 과정에서의 중요성에 대해 설명하시오.
6. 꽃 발달의 "ABC" 모델은 무엇이며, 어떤 종에 근거해서 이 모델이 제안되었는가?
7. 꽃의 분화에 대한 주요 선택압으로 작용한 것은 무엇인가?
8. 피자식물 수술의 고유 특징은 무엇이며, 수술의 유형과 구성 요소에는 어떤 것이 있는가?
9. 반약이란 무엇이며, 무엇으로 구성되는가?
10. 현화식물의 웅성배우자체의 고유 특징은 무엇인가?
11. 현화식물의 성숙한 웅성배우자체의 구조와 기능에 대해 기술하시오.
12. 심피를 정의하시오.
13. 심피, 암술 및 암술군의 차이점은 무엇인가?
14. 피자식물의 적응과 관련하여 심피가 지니는 두 가지 주요 특징은 무엇인가?
15. 나자식물과 피자식물이 지니는 주피의 개수를 비교하시오.
16. 현화식물의 성숙한 자성배우자체를 그리고 각 부위의 명칭을 표시하시오.

17. 일반적인 현화식물의 성숙한 자성배우자체에는 세포와 핵이 각각 몇 개 존재하는가?
18. 피자식물의 퇴화된 자성배우자체가 적응에 있어서 유리한 점은 무엇인가?
19. 배유의 정의와 기능에 대해 기술하시오.
20. 사세포와 사관절의 차이점은 무엇인가? 이들은 각각 어떤 분류군에서 발견되는가?
21. 피자식물 대다수에서 볼 수 있는 통수요소의 유형은 무엇이며, 적응에 있어서 그것이 지니는 중요성은 무엇인가?

피자식물의 기원

22. 현재까지 발견된 최초의 피자식물 화석은 무엇인가?
23. 피자식물의 선조로 추정되는 *Caytonia*와 *glossopterids*에 대해 기술하면서, 이 견해에 대한 반론도 함께 제시하시오.
24. *Archaefructus*의 생식구조에 대해 기술하고, 이 구조의 상동성에 관하여 대립되는 두 가지 가설을 제시하시오.

실습과제

1. 현화식물 한 개체를 채집하여 관찰한다. 식물체의 특정 부위를 살펴보면서 피자식물로 하여금 지구의 식생을 우점하게 만든 파생형질(미세형질 포함)을 되새겨 본다. 특히, 꽃의 모든 구성요소에 대해 피자식물의 적응과 관련한 중요성을 복습한다.
2. 피자식물의 웅성배우체인 화분 여러 종류를 슬라이드글라스 위에 놓고, 톨루이딘블루 등으로 염색한 후 현미경을 이용해 관찰한다. 내부의 세포와 핵을 살펴본다. 이 화분은 성숙 시기에 2핵성인가 3핵성인가?
3. 현미경을 이용해 피자식물의 배주를 절개하여 관찰한다. 주피가 두 겹인지 확인하고, 핵 8개와 세포 7개로 이루어진 전형적인 자성배우자체를 관찰한다.
4. 옥수수(피자식물)와 잣(나자식물)의 영양조직에 대해 배수체의 관점에서 발달 과정을 비교한다. 이와 관련하여, 현화식물이 지니는 진화적 장점을 조사한다.

참고문헌

Andrews, H. N. 1961. Studies in Paleobotany. Wiley, New York.

APG III. 2009. An update of the Angiosperm Phylogeny Group classification for the orders and families of flowering plants: APG III. Botanical Journal of the Linnean Society 161: 105-121.

Coiro, M., J. A. Doyle, and J. Hilton. 2019. How deep is the conflict between molecular and fossil evidence on the age of angiosperms? New Phytologist: 1-17.

Crane, P. R., E. M. Friis, and K. Pedersen. 1995. The origin and early diversification of angiosperms. Nature 374: 27.

Crepet, W. L. 1998. The abominable mystery. Science 282: 1653–1654.

Cronquist, A. 1981. An integrated system of classification of flowering plants. Columbia University Press, New York.

Davies, T. J., T. G. Barraclough, M. W. Chase, P. S. Soltis, D. E. Soltis, and V. Savolainen. 2004. Darwin's abominable mystery: insights from a supertree of the angiosperms. Proceedings of the National Academy of Sciences of the United States of America 101: 1904–1909.

Doyle, J. A. 2006. Seed ferns and the origin of angiosperms. Journal of the Torrey Botanical Society 133: 169-209.

Doyle, J. A. 2008. Integrating molecular phylogenetic and paleobotanical evidence on origin of the flower. International Journal of Plant Sciences 169: 816-843.

Endress, P. K. and J. A. Doyle. 2009. Reconstructing the ancestral angiosperm flower and its initial specializations. American Journal of Botany 96: 22-66.

Eames, A. J. 1961. Morphology of the angiosperms. McGraw Hill, New York.

Friedman, W. E. and J. H. Williams. 2004. Developmental evolution of the sexual process in ancient flowering plant lineages. The Plant Cell 16, S119–S132, Supplement.

Friedman, W. E. and K. C. Ryerson. 2009. Reconstructing the ancestral female gametophyte of angiosperms: insights from Amborella and other ancient lineages of flowering plants. American Journal of Botany 96: 129–143.

Friis, E. M., J. A. Doyle, P. K. Endress, and Q. Leng. 2003. *Archaefructus*: Angiosperm precursor or specialized early angiosperm? Trends in Plant Science 8: 369–373.

Friis, E. M., K. R. Pedersen, and P. R. Crane. 2000. Reproductive structure and organization of basal angiosperms from the Early Cretaceous (Barremian or Aptian) of western Portugal. International Journal of Plant Sciences 161: S169–S182.

Gould, R. E. and T. Delevoryas. 1977. The biology of *Glossopteris*: evidence from petrified seed-bearing and pollen-bearing organs. Alcheringa 1: 387-399.

Li, H.-T., T.-S. Yi, L.-M. Gao, P.-F. Ma, T. Zhang, J.-B. Yang, M. A. Gitzendanner, P. W. Fritsch, J. Cai, Y. Luo, H. Wang, M. van der Bank, S.-D. Zhang, Q.-F. Wang, J. Wang, Z.-R. Zhang, C.-N. Fu, J. Yang, P. M. Hollingsworth, M. W. Chase, D. E. Soltis, P. S. Soltis, and D.-Z. Li. 2019. Origin of angiosperms and the puzzle of the Jurassic gap. Nature Plants 5:461-470.

Jack, T. 2001. Relearning our ABCs: new twists on an old model. Trends in Plant Science 6: 310–316.

Jenik, P. D., and V. F. Irish. 2000. Regulation of cell proliferation patterns by homeotic genes during *Arabidopsis* floral development. Development 127: 1267–1276.

Magallón, S., S. Gómez-Acevedo, L. L. Sánchez-Reyes, and T. Hernández-Hernández. 2015. A metacalibrated time-tree documents the early rise of flowering plant phylogenetic diversity. New Phytologist 207:437-453.

Retallack, G. and D. L. Dilcher. 1981. Arguments for a glossopterid ancestry of angiosperms. Paleobiology 7: 54-67.

Sauquet, H., M. v. Balthazar, S. Magallón, J. A. Doyle, P. K. Endress, E. J. Bailes, E. B. d. Morais, K. Bull-Hereñu, L. Carrive, M. Chartier, G. Chomicki, M. Coiro, R. Cornette, J. H. L. E. Ottra, C. Epicoco, C. S. P. Foster, F. Jabbour, A. Haevermans, T. Haevermans, R. Hernández, S. A. Little, S. Löfstrand, J. A. Luna, J. Massoni, S. Nadot, S. Pamperl, C. Prieu, E. Reyes, P. d. S. K. M. Schoonderwoerd, S. Sontag, A. Soulebeau, Y. Staedler, G. F. Tschan, A. W.-S. Leung, and J. Schönenberger. 2017. The ancestral flower of angiosperms and its early diversification. Nature Communications 8: 16047.

Soltis, D. E., P. S. Soltis, P. K. Endress, and M. W. Chase. 2005. Angiosperm phylogeny and evolution. Sinauer, Sunderland, MA.

Soltis, D. E., A. S. Chanderbali, S. Kim, M. Buzgo, and P. S. Soltis. 2007. The ABC model and its applicability to basal angiosperms. Annals of Botany 100:155-163.

Stebbins, G. L. 1974. Flowering Plants: Evolution above the Species Level. Belknap Press of Harvard University Press, Cambridge, MA.

Sun, G., D. L. Dilcher, S. Zheng, and Z. Zhou. 1998. In search of the first flower: a Jurassic angiosperm, *Archaefructus*, from Northeast China. Science 282: 1692–1695.

Sun, G., Q. Ji, D. L. Dilcher, S. Zheng, K. C. Nixon, and X. Wang. 2002. Archaefructaceae, a new basal angiosperm family. Science 296: 899–904.

Stewart, W. N., and G. W. Rothwell. 1993. Paleobotany and the evolution of plants. Cambridge University Press, New York.

Takhtajan, A. L. 1991. Evolutionary Trends in Flowering Plants. Columbia University Press, New York.

Theissen, G. and R. Melzer. 2007. Molecular mechanisms underlying origin and diversification of the angiosperm flower. Annals of Botany 100:603-619.

Thomas, H. H. 1925. The Caytoniales, a new group of angiospermous plants from the Jurassic rocks of Yorkshire. Philosophical Transactions of the Royal Society of London 213: 299–363.

Veit, B., R. J. Schmidt, S. Hake, and M. F. Yanofsky. 1993. Maize floral development: new genes and old mutants. The Plant Cell 5: 1205–1215.

Zanis, M. J., P. S. Soltis, Y. L. Qiu, E. Zimmer, and D. E. Soltis. 2003. Phylogenetic analyses and perianth evolution in basal angiosperms. Annals of the Missouri Botanical Garden 90: 129–150.

7

현화식물의 다양성과 분류: 암보렐라목, 수련목, 붓순나무목, 목련목, 단자엽식물, 붕어마름목

서론

식물계통학에 있어서 피자식물의 계통유연관계는 활발히 연구되었으며, 이는 앞으로도 계속될 것이다. 그동안 형태학, 해부학, 발생학, 화분학, 세포학, 화학 및 분자생물학 자료의 활용과 계통분석학적 접근으로 인해 이 분야에 상당한 진전이 있었다. 특히 색소체 유전체나 시스트론의 전체 염기서열과 복수의 핵 유전자 염기서열 자료는 상위 분류계급 간의 유연관계를 밝히는 데 유용하게 사용되었다. 많은 식물에 대한 전체 유전체 서열이 확보되었으며, 이는 머지않아 일반적인 데이터가 될 것이다. 그러나 연구, 특히 다루기 힘든 그룹에 관한 연구는 지속해야 한다. 특정 분류군의 유연관계를 정확하게 이해하기 위해서는 최신의 학술자료를 참조하는 것 이외의 대안은 없다.

주요 피자식물군

APG(1998), APG II(2003) 및 APG III(2009)를 대체하는 APG IV 2016 분류체계 이후, 약간의 편차가 있긴 하지만, 주요 피자식물 그룹의 유연관계를 묘사하는 모델이 만들어졌다(표 7.1–7.3 참조; Cole 2015). APG IV 2016 분류체계는 기본적으로 분자 데이터를 사용한 계통분석 결과에 기초하고 있다. APG IV의 분류 대부분은 이전 APG 분류체계에서 이어진 것이다. APG 분류체계에서는 단계통인 피자식물 과만 인정된다. 많은 과가 전통적인 과의 범주와는 달리 여러 개의 작은 과로 분할되거나(예, 전통적인 "백합과"와 "현삼과") 하나의 과로 통합되었다(예, 목면과, 아욱과, 벽오동과 및 피나무과는 광의의 아욱과로 통합됨). 이들 APG 분류체계는, 단계통군이라는 강력한 증거가 존재할 경우, 과 1개 또는 여러 개를 목(目)으로 분류하였다. 그러나 이들 목은 서로 대등한 진화적 단위가 아니며, 따라서 계층적 분류체계(제2장 참조)를 시사하고 있지 않다는 점을 이해해야 한다. 예를 들어, 1개의 "목"이 여러 개의 목으로 구성되는 단계통군의 자매군일 수도 있다. 이들 목은 1개 이상의 과가 단계통이라는 확신이 비교적 큰 경우에 이들을 편의상 묶어놓기 위한 단순한 장치로 볼 수 있다. 여러 개의 목으로 구성되는 일부 단계통군에는 *Mesangiospermae*(중심피자식물), Magnoliids(목련군), Monocotyledons(단자엽식물), Commelinids(닭의장풀군), Eudicots(진정쌍자엽식물), Superrosids(*Superrosidae* 범장미군), Rosids(장미군), Superasterids(*Superasteridae* 범국화군), Asterids(국화군) 등이 있다(**그림 7.1**). 이들 중 상당수는 계통분류 명명체계에 따라 공식적으로 명명되기도 하였다(Cantino et al. 2007 참조).

주요 피자식물군의 정확한 유연관계는 여전히 약간 불확실하지만, 최근의 연구 결과는 일치점을 찾아가고 있다. 그림 7.1은 Moore et al.(2011), Soltis et al.(2011), APG IV(2016), Sun et al.(2016), Givnish et al. (2018)에서 제시하는 상위 그룹의 계통유연관계를 보여준다. 이 계통수에는 부분적으로 방사상분지가 존재하는 것에 유의한다. 피자식물 및 다양한 주요 그룹의 공통조상으로부터 기원한 계통 또는 계통군에 관한 설명은 이들의 진화, 기원 시기, 형질의 변화 및 다양한 생육지로의 진출을 통찰하게 해 주었다.

그림 7.1에 나타난 것과 같이 피자식물은 Amborellales(암보렐라목), Nymphaeales(수련목), Austrobaileyales(붓순나무목), Chloranthales(홀아비꽃대목), Magnoliids(목련군: Laurales 녹나무목, Magnoliales 목련목, Canellales 카넬라목, Piperalles 후추목), Monocots(단자엽식물), Ceratophyllales(붕어마름목) 및 Eudicots(진정쌍자엽식물)로 크게 나눌 수 있다. 여기서는 이들 주요 식물군 중에서 진정쌍자엽식물을 제외한 나머지 식물군을 다루고자 한다. (진정쌍자엽식물은 제8장에서 소개.) 중심피자식물을 제외한 나머지는 피자식물의 공통조상으로부터 초기에 분기한 그룹으로, "기저" 피자식물이라 한다. 그러나 그림 7.1에 나타난 바와 같이, 이들 "기저" 피자식물은 측계통군이며, 공식적인 분류군으로 받아들이지 않는다. 단자엽식물을 제외한 다른 모든 목에 포함된 과는 **표 7.1**, "기저" 단자엽식물은 표 7.2 그리고 닭의장풀군은 표 7.3에 수록하였으며, 진정쌍자엽식물의 과는 제8장의 표 8.1–8.3에 수록하였다.

종다양성 측면에서 보면, 피자식물의 상당 부분은 단자엽식물과 진정쌍자엽식물에 포함된다. 단자엽식물은 피자식물의 약 22%를 차지하는 큰 식물군이고, 진정쌍자엽식물은 피자식물의 약 75%를 포함하는 매우 큰 그룹이다.

전통적인 "쌍자엽식물"은 자엽이 2개인 분류군으로 정의하여 왔다. 그러나 자엽이 2개라는 특징은 현화식물 전체의 원시적 특징일 뿐이고, 현화식물 내의 어떤 특정 식물군에서만 나타나는 특징은 아닌 것으로 생각된다. 전통적인 "쌍자엽식물"은 측계통군이므로, 따라서 공식적인 분류단위에 포함하지 말아야 한다.

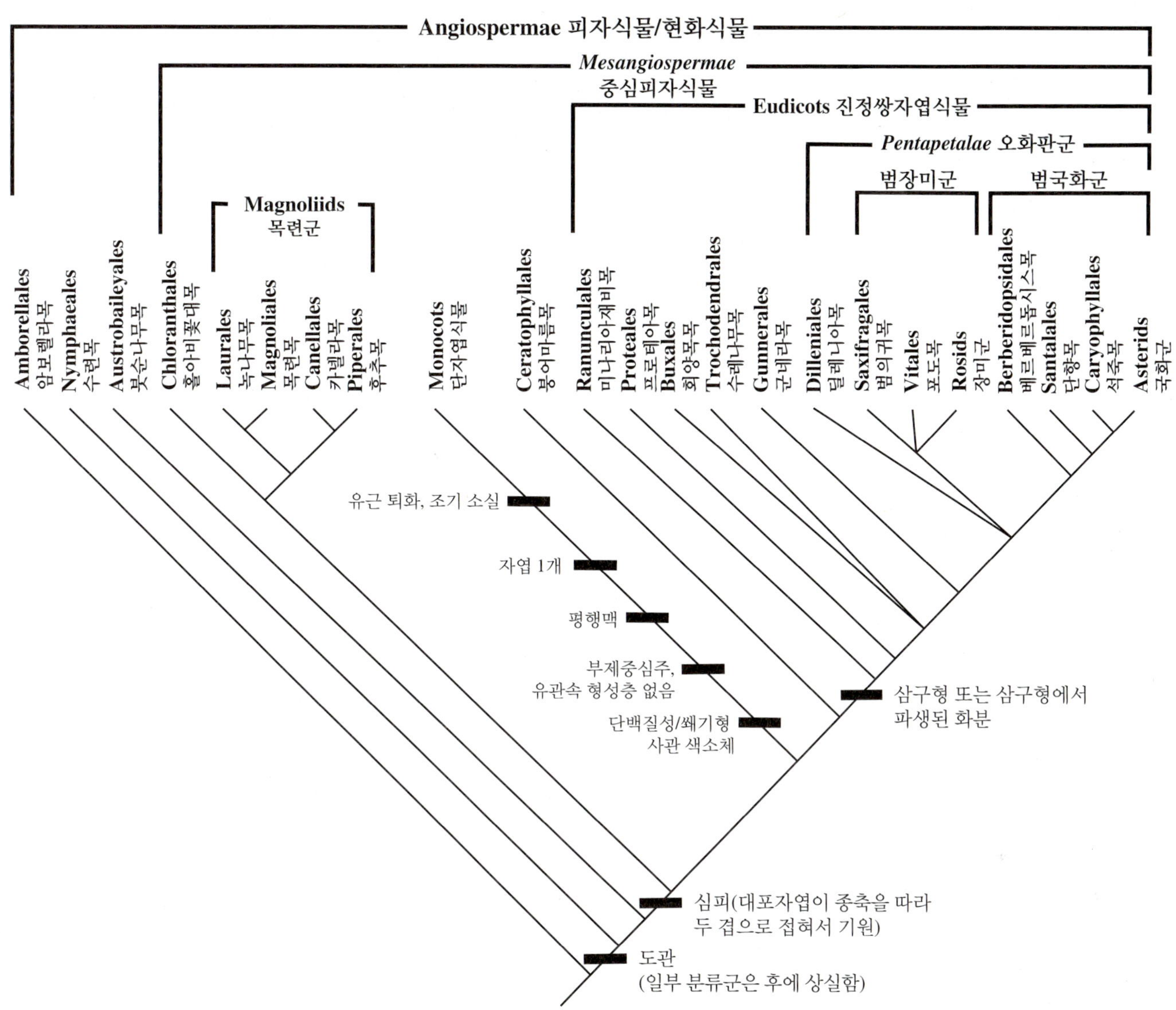

그림 7.1 주요 피자식물(현화식물) 그룹 간의 계통유연관계 및 주요 파생형질(Moore et al. 2011, Soltis et al. 2011, APG IV 2016, Sun et al. 2016, Givnish et al. 2018).

이 장과 제8장에서는 각 목과 기타 주요 식물군만을 대표로 기재하였다. 피자식물의 높은 다양성을 고려할 때 이는 매우 제한적이다. 따라서 이 책의 기재는 상세한 과 기재를 수록하고 있는 여러 참고문헌을 대체한다고 할 수 없으며, 분류학을 처음 배우기 시작하는 학생들에게 일반적인 또는 중요한 일부 식물군을 소개하려는 것을 목적으로 한다.

기재는 주로 과를 단위로 하였으나, 필요한 경우에는 아과나 족도 기재하였다. 기재문에는 표징형질 설명을 위한 식물의 예를 제시하면서, 흔히 접하는 과의 주요 일반 특징만을 포함하였다. 피자식물의 각 과에 관한 더 상세한 기재나 도해는 각 과 기재에 인용된 문헌이나 각 장의 끝에 수록된 참고문헌에서 확인할 수 있다.

과 기재

과 기재에 사용된 전문용어는 제9장에서 정의하거나 도해하였고, 용어해설에도 수록하였다. 과명(학명과 국명)과 속 및 종의 수는 맨 앞에 수록하였다. 첫 번째 문단은 과를 구성하는 식물의 특징으로서 **식물형(plant habit)**을 필두로, 영양기관(**뿌리**, **줄기**, **잎**)과 생식기관(**화서**, **꽃**, **화피** 또는 **꽃받침**과 **화관**, **수술군**, **암술군**, **열매**, **종자**)의 특징을 기재하였다. 중요한 해부학적 또는 화학적 특징을 필요에 따라 추가로 수록하기도 하였

표 7.1 Angiosperms(피자식물)의 주요 그룹, 목 및 과(APG IV 2016). 단자엽식물은 표 7.2, 7.3을, 진정쌍자엽식물은 제8장을 참조한다. 본문에 상세하게 기재한 과는 볼드체로 표시하였다. 별표는 APG IV와 크게 다르지 않다는 것을 의미하며, 대괄호 안은 APG IV에서 제안하는 보다 포괄적인 과이다.

ANGIOSPERMS		
AMBORELLALES	**MAGNOLIIDS**	**MAGNOLIIDS** (계속)
Amborellaceae	LAURALES	CANELLALES
NYMPHAEALES	Atherospermataceae	Canellaceae
Cabombaceae	Calycanthaceae	**Winteraceae**
Hydatellaceae	Gomortegaceae	PIPERALES
Nymphaeaceae	Hernandiaceae	**Aristolochiaceae** (Lactoridaceae 포함)
AUSTROBAILEYALES	**Lauraceae**	Hydnoraceae*[Aristolochiaceae]
Austrobaileyaceae	Monimiaceae	**Piperaceae**
Illiciaceae*[Schisandraceae]	Siparunaceae	**Saururaceae**
Schisandraceae	MAGNOLIALES	**MONOCOTS** (단자엽식물: 표 7.2, 209쪽; 표 7.3, 229쪽)
Trimeniaceae	**Annonaceae**	CERATOPHYLLALES
CHLORANTHALES	Degeneriaceae	**Ceratophyllaceae**
Chloranthaceae	Eupomatiaceae	**EUDICOTS** (진정쌍자엽식물: 제8장 참조)
	Himantandraceae	
	Magnoliaceae	
	Myristicaceae	

다. 두 번째 문단에는 과 내 분류(필요한 경우), 분포 그리고 경제적 중요성을 지닌 식물을 수록하였다. 세 번째 문단에는 과의 주요 특징(즉, 표징형질), 즉 그 과를 인접 과로부터 구분하는 형질을 수록하였다. 이는 초보자들이 과를 한눈에 인식하는 것을 돕기 위함이며, 가장 중요한 특징은 볼드체로 나타내었다. 그 과나 과 내 특정 식물군의 파생형질을 나타내는 특징도 인용해 두었다. 과 기재 마지막에는 화식을 수록하였다.

화식은 꽃 부속기관의 합착 여부나 개수를 요약하기 위해 사용하였다. 이 식에서 **P**는 화피가 외부의 꽃받침잎과 내부의 꽃잎으로 분화하지 않은 경우('동종화피성'이거나, 꽃받침잎과 유사한 외화피열과 꽃잎과 유사한 내화피열이 점진적 형태 변이로 이어진 경우)를 나타낸다. 화피가 꽃받침과 꽃잎으로 뚜렷하게 구분될 경우, **K**는 꽃받침잎이나 꽃받침열편의 개수를, **C**는 꽃잎이나 화관열편의 개수를 나타낸다. '수술군'은 **A**로 표시하여 수술의 개수를 나타내었고, 헛수술 역시 따로 표시할 수 있으나 여기서는 그냥 A로 나타내었다. '암술군'은 **G**로 표시하여 심피의 개수를 나타냈으며, 뒤에 자방의 위치를 나타내는 용어인 "상위" 또는 "하위"를 적시하였다. 동합, 즉 같은 구성 부분(parts)의 합착은 구성 부분의 개수를 괄호 안에 넣는 식으로 표시하였다. 구성 부분이 동심원상에 뚜렷이 분리되어 배열하는 경우 가장 바깥 열부터 구성 부분의 개수를 적고, 중간에 "+"를 두어 각 열을 구분하였다. 대괄호 안의 숫자는 덜 흔하거나 아주 드문 경우를 의미한다. 구성 부분이 10–12개를 초과할 경우 "다수"라는 뜻의 "∞"을 사용하였다. (자세한 내용은 Prenner et al. 2010을 참조.)

여기에 사용된 화식은 과 전체에 나타나는 변이를 요약한 것일 뿐이며, 한 종에 대한 것은 아니다. 물론 화식은 한 종에 대해서도 사용할 수도 있다. 가상적인 꽃의 화식을 예로 들면 아래와 같다.

K (5)[(4)] **C** 5[4] **A** 5+5[4+4] **G** 5[4], 상위: 합편악으로 꽃받침열편은 5개(간혹 4개), 이판화관으로 꽃잎은 5개(간혹 4개), 이생웅예로 수술 10개가 5개씩 2열로(간혹 수술 8개가 4개씩 2열로) 배열하고, 심피 5개(간혹 4개)가 이생하며, 상위자방임.

P (3+3) **A** 3+3 **G** (3), 하위: 화피 6장이 3장씩 동합하여 2열로 배열하고, 수술 6개가 3개씩 2열로 배열하며, 심피 3개가 합생하고, 하위자방임.

과 기재에서는 대표적인 식물의 사진을 제시하였으며, 표징형질과 파생형질을 묘사하려고 노력하였다. 간혹 **화식도**를 그려 넣기도 했는데, 이는 꽃눈의 단면 모식도로서 화피, 수술군

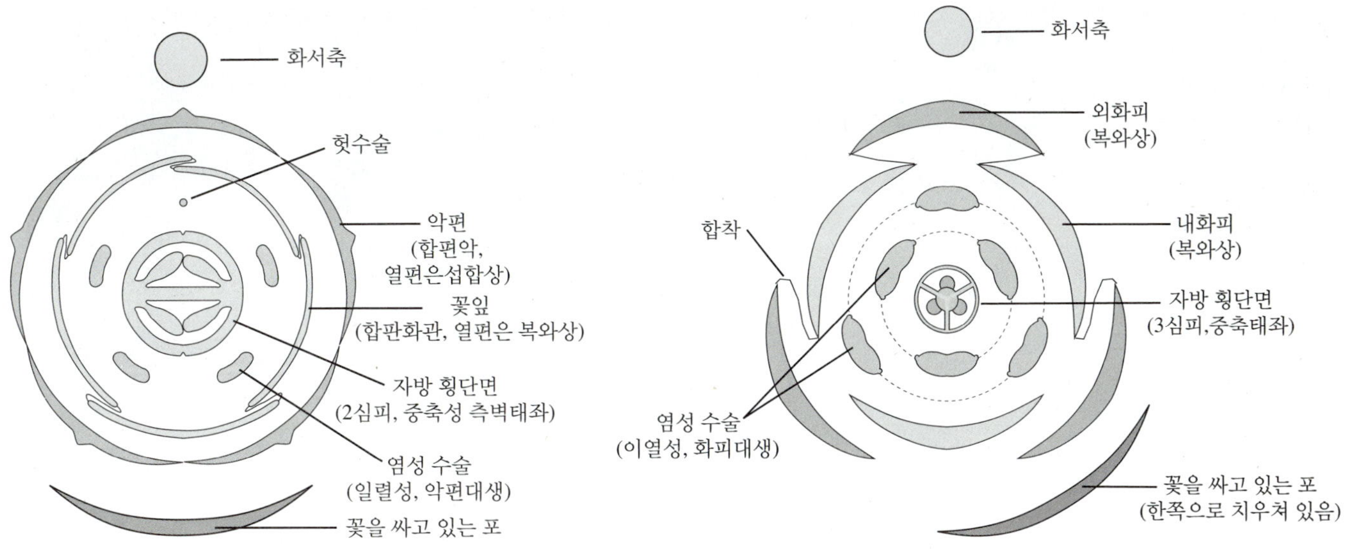

그림 7.2 화피, 수술군 및 암술군 구성부분의 상대적 관계를 보여주는 화식도.

및 암술군 구성 부분의 상대적 관계를 나타낸다(예, **그림 7.2**). 화식도는 꽃 부속기관 간의 합착(이합)뿐만 아니라 수술의 위치, 태좌형, 화피, 꽃받침 또는 꽃잎의 전형을 나타낸다(제9장 참조). 이는 꽃 구조를 시각화하는 데 매우 유용하고, 화식과 더불어 식물군의 특징을 명료하게 요약한다.

다음은 주요 식물군에서 선별한 과에 대한 상세한 기재이다(표 7.1의 **볼드체** 부분). 선별한 과는 대개 수업시간에 관찰 및 해부를 위한 재료 이용이 가능하거나 생태학 및 생물다양성 측면에서 중요성이 큰 것이다. 아주 중요한 표징형질을 제외하고, 학생들이 일반적으로 관찰할 수 없는 형질의 정보는 기재에서 배제하였다. 과 기재에 사용한 정보는 주로 *The Plant-Book*(Mabberley 2008)을 참조하였다. 이 책은 관속식물의 과와 속 기재를 잘 요약하고 있으며, 널리 추천하는 일반 참고문헌이다. Cronquist(1981)과 Heywood et al.(2007) 역시 중요한 참고문헌이다. 일련의 연속 저작물인 *The Families and Genera of Flowering Plants*(Kubitzki et al. 1993, 1998a,b; Kubitzki and Bayer 2002, Kubitzki 2004)는 최근의 과 기재를 잘 수록하고 있다. *Plants of the World: An Illustrated Encyclopedia of Vascular Plant Families*(Christenhusz et al. 2017) 역시 좋은 참고자료이다. APG 분류체계에서 많은 과의 분류학적 범주가 크게 변했다. 더 상세한 과 기재나 여기에 언급하지 않은 과에 대한 설명이 필요한 경우에는 이전에 인용하였거나 이 장의 끝에 인용한 문헌을 참고할 것을 권한다. *Angiosperm Phylogeny Website*(Stevens 2001 이후)는 계통수, 분류체계, 참고문헌 그리고 파생형질에 관한 아주 좋은 최신 정보를 담고 있다.

AMBORELLALES 암보렐라목

이 목에는 1과 1종이 포함된다. 대부분의 분자계통학적 연구에서는 Amborellaceae(암보렐라과)가 가장 원시적인 피자식물군으로 나타난다. 일부 연구에서는 다른 가능성, 예를 들어 '암보렐라과 + 수련과'와 나머지 피자식물이 자매군임을 제시한다. 피자식물 내에서 암보렐라과의 계통유연관계에 관한 연구로는 Mathews and Donoghue(1999, 2000), Qiu et al.(1999, 2000), Graham and Olmstead(2000a,b), Parkinson et al.(1999), Barkman et al.(2000), Zanis et al.(2002), Borsch et al.(2003), Kim et al.(2004), Moore et al.(2007), Moore et al.(2011), Soltis et al.(2011), Sun et al.(2016) 등이 있다. 기저 피자식물의 형질 진화에 관한 논의는 Doyle and Endress(2000)와 Zanis et al.(2003)에서 볼 수 있다.

이 목에 속하는 식물에 도관이 없다는 점은 피자식물로서는 드문 특징인데, 이는 조상 형질상태로 생각되며, 또한 다른 피자식물이 지니는 방향성("에테르성") 기름세포가 없다는 점 역시 주목할 만한 특징이다.

그림 7.3 AMBORELLALES(암보렐라목), Amborellaceae(암보렐라과), *Amborella trichopoda*. **A.** 전체 외형, 재배 개체. **B.** 잎 접사. **C.** 수꽃, 판상 웅예를 나타냄. **D.** 암꽃 접사, 나선상으로 배열하는 화피와 이생심피성 암술군을 보여준다. (A와 C는 Stephen McCabe 제공; B는 UC-Santa Cruz 수목원 제공; D는 Sandra K. Floyd 제공.)

Amborellaceae 암보렐라과—1속 1종(그림 7.3).

자웅이주의 열대 상록관목, *Amborella trichopoda* 1종만을 포함한다. **잎**은 호생, 나선상호생 또는 이열호생, 단엽, 갈라지지 않고, 탁엽은 없다. **화서**는 액생, 취산화서이다. **꽃**은 단성, 방사대칭, 자방하생 내지 자방주생이다. **화피편**은 5–8장, 나선상으로 배열, 이생하거나 기부에서 동합한다. 수꽃의 **수술**은 다수, 다소 판상이다. **약**은 종개한다. 암꽃의 **암술군**은 이생심피성, 암술 5–6개, 상위자방, 정단부가 벌어진다. 변연태좌. **배주**는 각 심피에 1개 들어 있다. **열매**는 집합핵과이다. 도관과 에테르성 기름세포가 없다.

*Amborella trichopoda*는 뉴칼레도니아섬에 자생한다. 경제적 유용성은 없으나 피자식물 가운데 가장 원시적이라는 이유로 인해 재배한다. *Amborella*의 개체군 구조와 꽃 구조에 대해서는 Thien et al.(2003)을, 식물의 성과 교배 시스템 연구는 Anger et al.(2017)을 참조한다.

주요 특징: **도관이 없고, 상록성** 관목, **단성화, 분화되지 않은** 화피가 **나선상**으로 배열, **다수**의 **판상** 수술, **이생심피성, 정단부가 벌어진 암술**, 심피의 **배주**는 **1개**.

수꽃: **P** 5–8 **A** ∞.

암꽃: **P** 5–8 **G** 5–6, 상위.

NYMPHAEALES 수련목

이 목은 3개 과로 구성된다(표 7.1). Hydatellaceae(히다텔라과)는 이전에는 단자엽(벼목)에 소속되었으나, 최근 연구 결과에 따르면 수련목의 기부에 위치한다(Saarela et al. 2007 참고). 수련과와 어항마름과는 때로 광의의 수련과에 속하는 것으로 처리된다. 이 목과 이 목에 속하는 과들의 계통수와 분류 그리고 생물지리학에 대한 최근 정보는 Les et al.(1999), Borsch et al.(2008), Borsch and Solits(2008), Lohne et al.(2007, 2008)을 참조한다.

Cabombaceae 어항마름과—2속 6종(그림 7.4).

수생 초본. 잎이 달리는 슈트는 땅속에 있는 근경으로부터 자라난다. **줄기**의 관속은 부제중심주이다. **잎**은 이형성, 부유성 또는 침수성, 무탁엽성, 나선상호생, 대생 또는 윤생, 단엽, 갈라지지 않거나 심하게 전열한다. **화서**는 물 밖으로 돌출하는 단정화서이다. **꽃**은 양성, 방사대칭, 자방하생이다. **화피**는 이종화피, 각 구성부분은 윤생한다. **꽃받침**은 이편악, 꽃받침잎은 3[2 또는 4]개이다. **화관**은 이판화관, 꽃잎은 3[2 또는 4]개이다. **수술**은 3개 또는 6개(*Cabomba*) 또는 12개-다수(*Brasenia*)이고, 수술대는 다소 판상이다. **암술군**은 이생심피성, 상위자방, 심피는 2-18[1]개이다. 측벽태좌, **배주**는 도생배주, 복주피성, 각 심피에 2-3[1]개 들어 있고, 암술대는 정생 또는 심피를 따라 길게 발달한다. **열매**는 혁질의 골돌과이다.

어항마름과는 열대에서 온대에 걸쳐 분포한다. *Cabomba*(어항마름속)은 열대아메리카에서 발견되고, *Brasenia schreberi*(순채) 1종만을 포함하는 순채속은 열대-온대아메리카, 아프리카 그리고 호주에 분포한다. 어항마름과는 간혹 수련과의 어항마름아과로 처리되기도 하지만, 수련과와는 달리 꽃받침과 꽃잎이 삼수성(수련과는 이수성 또는 사수성)이고, 나선형으로 배열하지 않는다. 더 상세한 내용은 Williamson and Schneider(1993)를 참조한다.

주요 특징: **수생 초본**, 줄기는 **부제중심주**(단자엽식물과 유사); 잎은 이형, 부유성 또는 침수성, **전연 또는 전열**, **꽃받침잎과 꽃잎은 각각 3[2, 4]개**, **심피는 이생**.

K 3[2, 4] **C** 3[2, 4] **A** 3, 6 또는 12–∞ **G** 2–18[1], 상위.

Nymphaeaceae 수련과—5–6속 60–95종(그림 7.5).

일년생 또는 다년생 초본, 수생식물, 대개 유액 존재. 지하**줄기**는 근경성 또는 괴경성이다. 줄기의 관속은 부제중심주 또는 진정중심주이다. **잎**은 단엽, 대개 방패형, 탁엽성 또는 무탁엽성, 부유성, 나선상호생하며, 흔히 원형이다. **화서**는 부유성 또는 물 밖으로 돌출, 단정화서이다. **꽃**은 양성, 방사대칭, 자방하생 또는 자방상생이며, 땅속줄기에서 길게 뻗어 나온 화경에 달린다. **화피**는 대개 꽃받침과 화관으로 분화하고, 각 구성 부분은 나선상으로 배열한다. **꽃받침**은 이편악, 꽃받침잎은 4-6[14]장이다. **화관**은 이판화관, 꽃잎은 8-다수[0], 안쪽으로 가면서 점차 수술 형태를 취한다. **수술**은 다수, 나선상 배열, 이생하고, 수술대는 판상이나 안쪽으로 가면서 점차 원주형으로 된다. **약**은 종개, 이반약성으로 종종 반약과 약격이 길게 돌출한다. **암술군**은 합생심피성, 상위자방 또는 하위자방, 심피는 3개-다수이다. 판상태좌 또는 측벽태좌, **배주**는 도생배주, 복주피성, 다수, **열매**는 장과이다.

그림 7.4 NYMPHAEALES(수련목), Cabombaceae(어항마름과). **A.** 부유성 잎과 수면 위로 돌출하는 꽃. **B,C.** 꽃(자성선숙) 접사. **B.** 성숙한 암술. **C.** 성숙한 수술. (사진 제공: Jeffrey M. Osborn and Mackenzie L. Taylor.)

그림 7.5 NYMPHAEALES(수련목), Nymphaeaceae(수련과). **A.** *Victoria amazonica*(큰가시연꽃), 커다란 부유성 잎, 가장자리가 위로 꺾인 구조를 보임. **B–I.** *Nymphaea*(수련속) 종류. **B.** 전체 외형, 부유성 잎과 단정화서를 보여줌. **C,D.** 꽃 접사. 나선상으로 배열된 수많은 화피와 수술이 특징이다. **E.** 꽃 종단면, 일련의 화피, 하위자방 및 수많은 수술을 볼 수 있다. **F.** 떼어낸 꽃 구성 부분(왼쪽에서 오른쪽으로 갈수록 꽃의 중심을 향함), 꽃받침과 유사한 구조(왼쪽)에서부터 꽃잎과 유사한 구조(가운데) 그리고 수술과 유사한 구조(오른쪽)로 조금씩 변해가는 것을 보여준다. **G.** 수술 접사, 왼쪽의 판상 수술로부터 시작하여 사상 수술(가운데)을 거쳐 수술대가 거의 없는 수술(오른쪽)로 점차 변하는 것을 보여준다. **H.** 자방 횡단면. **I.** 자방 횡단면 접사, 판상태좌, 즉 배주가 격벽면에 부착되는 모습을 볼 수 있다.

수련과는 과거 Cabomboideae(어항마름아과)와 Nelumboideae(연꽃아과)를 포함했으나 여기서는 이들을 별개의 과로 분리했다. 특히, 연꽃과는 수련과와 유연관계가 매우 멀고, 진정쌍자엽식물이다(제8장 참조). 수련과는 전 세계적으로 분포한다. 일부 종의 근경과 종자는 식용이고, 여러 종 특히, *Nuphar*(개연꽃속), *Nymphaea*(수련속) 그리고 *Victoria*(빅토리아수련속) 등은 관상용으로 재배한다. 이 가운데 *Victoria*의 잎은 부유성이고, 매우 크며, 잎 가장자리가 위쪽으로 꺾여 있다. 이 과에 대한 더 많은 정보는 Schneider and Williamson(1993), 계통수는 Börsch and Soltis(2008)과 Lohne et al.(2007, 2008)을 참조한다.

주요 특징: **수생** 초본, **부유성** 잎, 부유 또는 돌출하는 **단정화서**, 꽃 구성 부분들이 대개 **나선상** 배열, 꽃잎은 안쪽으로 갈수록 수술과 유사한 형태를 띰.

K 4–6[–14] **C** 8–∞[0] **A** ∞ **G** (3–∞), 상위 또는 하위.

AUSTROBAILEYALES 붓순나무목

붓순나무목은 4–5개 과로 구성된다(표 7.1). 여기서는 붓순나무과만을 기재한다. (APG IV 분류체계에서는 오미자과에 포함됨)

Illiciaceae 붓순나무과—1속 42종(**그림 7.6**).

상록성 교목 또는 관목, 방향성(에테르성) 세포가 존재한다. **잎**은 단엽, 나선상호생(종종 윤생처럼 보임), 유점이 있으며, 무탁엽성이고, 털이 없다. **화서**는 액생하거나 엽액 바로 위에 달리는 단정화서 또는 꽃 2–3개가 모여 달린다. **꽃**은 작고, 양성, 방사대칭, 자방하생이다. **화피**는 다수(7–33개)이고, 화피편은 이생, 주로 나선상 배열, 바깥쪽 것은 꽃받침잎처럼 생겼으나 안쪽으로 가면서 점차 꽃잎처럼 되고, 더 안쪽으로 가면서 수술의 약과 같은 형태를 띤다. **수술**은 4개에서 약 50개, 나선상 배열(1–다열), 이생, 수술대는 짧고 굵으며, 약은 종개하고, 약격은 돌출한다. **암술군**은 이생심피성, 상위자방, 단자방실, 심피는 5–21개, 1열로 윤생하며, 암술대는 개방형이다. **태좌**는 복부 또는 기저부 가까운 곳에 있다. **배주**는 도생배주, 각 심피에 1개 들어 있다. **열매**는 집합골돌과이다. **종자**에 배유가 풍부하고, 배유에는 기름이 많다. 딱정벌레가 수분한다.

붓순나무과는 아시아 동남부, 미국 동남부의 카리브 지역에 분포한다. *Illicium anisatum*은 물고기를 죽이거나, 약용 및 종교적 의식에 사용하고, *Illicium verum*(팔각)은 술이나 음식의 향료로 사용한다(그림 7.6D). 붓순나무과 및 이와 연관된 오미자나무과의 계통수는 Hao et al.(2000)과 Liu et al.(2006)을 참조한다.

주요 특징: **방향성 세포**가 있는 **상록** 교목 또는 관목, 무모, 잎은 나선상호생, **유점**이 있음, **무탁엽성,** 화피편은 여러 개가 **나선상**으로 배열(바깥쪽 것은 꽃받침잎, 안쪽 것은 꽃잎과 유사), 수술 및 암술은 적거나 많음, 암술군은 **이생심피성**, 동심원상에 1열로 배열, 종자는 심피당 1개, 열매는 **집합골돌과**.

P ∞ [7–33] **A** ∞ [4–50] **G** ∞ [5–21], 상위.

그림 7.6 AUSTROBAILEYALES(붓순나무목), Illiciaceae(붓순나무과). **A.** *Illicium floridanum*, 꽃 정면. (사진: Jack Scheper, Florida.com LC) **B–C.** *Illicium parviflorum*. **B.** 가지, 단엽, 무모, 상록성 잎, 1–수 개의 꽃으로 이루어진 화서를 볼 수 있음. **C.** 꽃 정면, 화피를 보여줌. **D.** *Illicium verum*(팔각), 열매.

MAGNOLIIDS 목련군

과거 목련아강으로 알려진 그룹으로, APG IV(2016) 분류체계에 따르면 4개의 목(녹나무목, 목련목, 카넬라목, 후추목)이 여기에 포함된다. 이 복합적인 그룹의 최근 계통수는 Qui et al.(2005), Soltis et al.(2007, 2011), Massoni et al.(2014, 2015a,b), Sun et al.(2016)을 참조한다.

LAURALES 녹나무목

녹나무목은 7개 과를 포함하지만(표 7.1), 여기서는 녹나무과만을 기재하였다. 기재하지 않은 과 중 주목할 만한 과는 다음과 같다. **Atherospermataceae**(6–7속 16–25종, 호주와 칠레에 분포): 잎은 단엽, 대생, 예거치연이며, 안쪽에는 헛수술과 우모상 단위 열매를 지닌다. **Calycanthaceae**(받침꽃과, 3–5속 10–11종, 호주 북동부, 중국, 북미에 분포): 잎은 단엽, 대생, 전연, 화피편은 수가 많고 미분화되었으며, 수많은 수술과 심피가 볼록한 화탁에 붙어있다. **Monimiaceae**(22–24속 200종, 주로 남반구 열대 지역에 분포): 잎은 단엽, 대생, 선모가 나 있으며, 꽃은 작고 흔히 단성화이다. 이 목에 대한 보다 상세한 내용은 Endress and Igersheim(1997), Renner(1999), Renner and Chanderbali(2000), 계통수는 Massoni et al.(2014, 2015a,b)를 참조한다.

Lauraceae 녹나무과—50속 2,500종(**그림 7.7**).

대부분 상록 교목 또는 관목(기생성 덩굴식물인 *Cassytha*는 예외), 방향성 유선이 존재한다. **잎**은 단엽, 무탁엽성, 나선상호생, 드물게 윤생 또는 대생, 갈라지지 않거나 천열, 우상맥, 대개 미요상이다. **화서**는 액생 취산화서이거나 총상화서이며, 간혹 단정화서이다. 꽃은 작고, 양성 또는 단성, 방사대칭, 자방주생 또는 자방상주생이며, 화탁은 결실 과정에서 팽창한다. **화피**는 일렬성에서 삼렬성, 이생, 대개 3+3[6, 2+2 또는 3+3+3]개, 화탁통이 존재한다. **수술**은 3–12개 또는 그 이상, 흔히 안쪽 열에 헛수술 존재, 수술대 기부에 밀선을 지닌 부속체 한 쌍 존재, 약은 판개, 2–4개의 판이 아래에서 위를 향해 열리며, 내향약 또는 외향약, 이반약성[단반약성], 사포자낭성[이포자낭성 또는 단포자낭성]이다. **암술군**은 단심피성 또는 합생심피성, 상위자방 또는 [하위자방], 심피 1[–3]개, 단자방실, 암술대는 1개, 정생, 주두는 1–3개이다. 정단태좌, **배주**는 도생배주, 복주피성, 각 심피에 1개 있다. **열매**는 장과, 핵과 또는 건폐과이고, 팽창된 화탁과 숙존성 꽃받침이 있으며, **종자**에는 배유가 없다.

열대에서 난온대 지역, 특히 동남아시아, 열대아메리카에 분포한다. 목재, 향신료, 기타 향료(*Cinnamomoum cassia*의 수피–육계, *C. zeylanicum*의 수피–계피, *C. camphor*–장뇌유, *Laurus nobilis*–월계수), 식재료(*Persea americana*–아보카도) 등은 경제적으로 중요하다. 일반적인 정보는 Rohwer(1993)을, 계통수는 Rohwer and Rudolf(2005)를 참조한다.

주요 특징: **상록 교목 또는 관목**[드물게 덩굴성]으로 **방향성 유선**이 존재, 화피는 **미분화**, 약은 **판개**, 심피는 **1개**, **상위자방**, 정단태좌, 배주는 각 심피에 1개, 무배유성 종자.

P 3+3[6, 2+2 또는 3+3+3] **A** 3–12+ **G** 1[–(3)], 상위[하위], 화탁통.

MAGNOLIALES 목련목

목련목은 6개 과를 포함하는데(표 7.1), 여기서는 목련과 1개만을 기재하였다. 여타 주목할 만한 과로는 Annonaceae(포포나무과, 106속 2,400종을 포함하는 열대식물과)와 **Myristicaceae**(육두구과, 종자인 육두구와 가종피인 육두구 종피를 얻는 *Myristica fragrans* 포함)가 있다. Sauquet et al.(2003) 및 피자식물 계통에 관한 일반 문헌(예, Massoni et al. 2014)을 참조한다.

Magnoliaceae 목련과—7속 200종(**그림 7.8**).

교목 또는 관목. **잎**은 단엽, 나선상호생, 우상맥, 눈을 감싸는 조락성 탁엽이 있다. **화서**는 정생, 단정화서이다. 꽃은 크고, 양성[단성], 방사대칭, 자방하생, 수술과 암술이 배열된 화탁은 신장한다(자웅예합생병). **화피**는 여러 열로 윤생 또는 나선상 배열, 이생한다. **수술**은 다수, 나선상 배열, 이생, 수술대는 두꺼운 판상, 약은 다양한 방향으로 종개, 사포자낭성, 이반약성, 반약은 약격에 파묻혀 있고, 약격은 반약 위로 돌출한다. **암술군**은 이생심피성, 나선상 배열, 상위자방, 단자방실, 심피는 [2개–]다수, 암술대는 1개, 정생, 주두는 1개이다. 변연태좌, **배주**는 도생배주, 복주피성, 각 심피에 2–다수 존재한다. **열매**는 골돌과, 장과 또는 시과가 모인 취과(집합과)이다. **종자**에는 배

그림 7.7 LAURALES(녹나무목). Lauraceae(녹나무과). **A.** *Sassafras albidum*(사사프라스). **B–D.** *Laurus nobilis*(월계수). **B.** 꽃이 피어있는 가지. **C.** 꽃, 화피편 및 여러 열로 배열되는 수술. **D.** 약, 아래서 위를 향해 열리는 판개, 반약 하나가 하나의 판으로 열개함. **E–I.** *Persea americana*(아보카도). **E.** 슈트와 화서. **F.** 꽃. **G.** 약, 아래서 위를 향해 열리는 판개, 반약 하나가 2개의 판으로 열개함. **H.** 암술, 자방 종단면, 정단태좌를 보여줌. **I.** 성숙한 열매, 핵과. **J–M.** *Cinnamomum camphora*(녹나무). **J**. 화서가 존재하는 가지. **K.** 꽃. **L.** 핵과, 화탁이 부풀었음. **M.** 핵과 종단면, 딱딱한 내과피를 보여준다.

그림 7.8 MAGNOLIALES(목련목), Magnoliaceae(목련과). **A–D.** *Magnolia grandiflora*(태산목). **A.** 꽃, 화피편이 많이 존재함. **B.** 암술 접사. 변연태좌. **C.** 꽃 종단면, 심피를 보여줌. **D.** 열매, 집합골돌과. 종자를 덮고 있는 육질종피(적색). **E,F.** *Magnolia stellata*(별목련). **E.** 꽃. **F.** 꽃 종단면, 중앙에 신장된 화탁이 보임. **G,H.** *Michelia doltsopa*. **G.** 꽃 종단면 접사, 수술군(아래)과 암술들이 달린 화탁을 볼 수 있음. **H.** 수술, 향축면(왼쪽) 및 측면(오른쪽) 모습. 수술대와 약이 분화되지 않았다.

유가 있고, 지방과 단백질이 풍부하며, 대개 육질 종피(종의를 닮은 육질의 종피)가 존재한다.

열대에서 난온대 지역 특히 북반구에 주로 분포한다. *Liriodendron*(백합나무속), *Magnolia*(목련속) 그리고 *Michelia*(초령목속)와 같은 원예 재배종이나 목재 종은 경제적으로 중요하다. 본 과에 관한 더 상세한 내용은 Kim et al.(2001)을, 계통수는 Sauquet et al.(2003), Nie et al.(2008)을 참조한다.

주요 특징: 교목, 관목, **탁엽성**, **단정화서**, **화피**는 **다수**, 꽃받침잎과 꽃잎으로 분화하지 않으며 **화판상**, **수술**은 **다수**, **나선상** 배열, **심피 다수**, **이생**, **나선상** 배열, 수술과 심피가 **신장된 화탁**(**자웅예합생병**)에 달림, 골돌과, 장과, 시과가 모인 **취과**, 종자에 **육질 종피** 존재.

P ∞ **A** ∞ **G** ∞[2–∞], 상위.

PIPERALES 후추목

APG IV(2016) 분류체계에 따르면 3–4개의 과가 이 목에 포함된다(표 7.1). 이 가운데 2개를 여기에 기재하였다. 여타 주요 과에 Piperaceae 후추과, *Piper nigrum*–후추 포함)가 있다. 이 목의 계통수는 Nickrent et al.(2002)과 Wanke(2007a)를 참조한다.

Aristolochiaceae 쥐방울덩굴과—5–8속 465–480종(**그림 7.9**).

관목, 덩굴식물 또는 근경이 발달하는 다년생 초본. **줄기**는 대개 등반경이다. **잎**은 단엽, 나선상호생, 엽병이 존재하고, 탁엽은 대개 없다. **화서**는 단정화서, 정생 또는 액생, 총상화서 및 취산화서이다. **꽃**은 양성, 방사대칭 또는 좌우대칭(*Aristolochia*), 주로 자방상생이다. **꽃받침**은 합편악, 3개로 천열하고 화판상이다. **화관**은 없거나 매우 작게 퇴화되었다(*Asarum*의 경우). **수술**은 6–40여 개, 이생 또는 암술대와 이합하여 예주를 형성, 수술대는 없거나 매우 짧고 굵으며, 약은 종개, 외향[내향]약, 이반약성이다. **암술군**은 합생심피성, 하위자방 또는 반하위자방[*Lactoris*는 상위자방], 심피 3–6개, 자방은 3–6실이다. **암술대**는 1개, 주두는 3–6개이다. 중축태좌[*Lactoris*는 측벽태좌], **배주**는 대개 도생배주, 복주피성, 각 심피에 다수 존재한다. **열매**는 주로 삭과, 분열 골돌과 또는 폐과이다. **종자**의 배유는 지방성 또는 녹말성이다.

열대와 난온대지역 특히 아메리카에 분포한다. *Aristolochia*(쥐방울덩굴속)와 *Asarum*(족도리풀속)은 원예식물로, 일부는 의료용으로(*Aristolochia*, *Thottea*) 또는 뱀에 물렸을 때 사용한다. 칠레 후안페르난데스 제도에 분포하는 *Lactoris fernandeziana* 단일종을 Lactoridaceae로 분리하기도 한다. 이 과의 계통수는 Ohi-Toma et al.(2006), Wanke et al.(2006a), Naumann et al.(2013)을 참조한다.

주요 특징: **등반경성**, 꽃받침은 **팽출된 화판상**, 꽃잎은 **없거나 거의 퇴화**, 수술은 흔히 암술대와 이합하여 예주를 형성, **합생심피성**, **하위자방** 내지 상위자방, **심피**와 **자방실**은 각각 **3–6개**.

K (3) **C** 0[3] **A** 6–∞, 대개 암술대와 이합 **G** (4–6), 하위(반하위).

Saururaceae 삼백초과—4속 6종(**그림 7.10**).

다년생 초본. **잎**은 나선상호생, 단엽, 탁엽은 엽병에 이합한다. **화서**는 수상화서 또는 총상화서, 포가 있으며, 일부 분류군의 경우 총포가 커져서 꽃잎처럼 된다. **꽃**은 양성, 자방하생이다. **화피**는 없다. **수술**은 3개, 3+3개 또는 4+4개, 이생, 일부 종에서는 암술의 기부와 이합한다. **약**은 종개이다. **암술군**은 합생심피성 또는 정단부에서 이생, 상위자방, 심피 3–5개, 단자방실이다. **암술대**는 3–5개이다. 측벽태좌(*Saururus*의 경우 변연태좌), **배주**는 직생배주 내지 반도생배주, 복주피성, 각 자방에 1–10개 존재한다. **열매**는 삭과, 정단부에서 열개한다. **종자**에 외배유가 존재한다.

동아시아와 북미에 분포한다. 일부 종은 원예종으로서 경제적 가치가 있다. 이 과의 계통수는 Meng et al.(2003)과 Neihuis et al.(2005)을 참조한다.

주요 특징: **다년생 초본**, **포가 존재하는 수상화서 또는 총상화서**, **무화피화**, 자방 1개, 배주 다수, **삭과**.

P 0 **A** 3, 3+3 또는 4+4 **G** (3–5), 상위.

MONOCOTYLEDONEAE 단자엽식물

단자엽식물은 과거 Liliidae(백합아강)으로 알려진 그룹으로, 피자식물의 22%인 약 56,000종을 포함하고 있는 매우 뚜렷한 주요 계통군이다. 분자계통수를 포함한 최근의 모든 연구 결과들은 단자엽식물이 단계통이라는 사실에 견해가 일치한다(그림 7.1). 단자엽식물은 천남성류, 벗풀류, 백합류, 생강류, 난초

그림 7.9 PIPERALES(후추목), Aristolochiaceae(쥐방울덩굴과). **A.** *Asarum canadense*. 전체 외형, 꽃은 삼수성 꽃받침으로 이루어짐. **B,C.** *Hexastylis minor*. **B.** 전체 외형. **C.** 꽃 접사, 삼수성, 화판상 꽃받침. **D,E.** *Aristolochia elegans*. **D.** 꽃봉오리, 개화 직전. **E.** 성숙한 꽃, 전면. **F,G.** *Aristolochia macrophylla*. **F.** 덩굴, 커다란 심장형 잎 및 꽃(원으로 표시)을 볼 수 있음. **G.** 꽃 종단면. 화피는 합편악으로 이루어지고, 하위자방. **H–M.** *Aristolochia trilobata*. **H.** 꽃 기부의 종단면, 하위자방과 예주를 볼 수 있음. **I.** 예주 접사. 반약과 주두 표면에 주목할 것. **J.** 예주, 위에서 본 모습, 6개 열편 각각은 심피에 해당함. **K.** 예주 횡단면. **L.** K를 접사한 것으로, 반약을 보여줌. **M.** 자방 횡단면. 심피 6개와 중축태좌를 보여준다.

그림 7.10 PIPERALES(후추목), Saururaceae(삼백초과). **A–D.** *Anemopsis californica*. **A.** 전체 외형. 근생엽과 근생화경에 달리는 수상화서를 보여줌. **B.** 화서 접사, 화려한 포가 존재함. **C.** 화서 접사. 밀생하는 꽃(원 안이 꽃 하나임). **D.** 화서 종단면, 부분적으로 매몰된 암술군, 측벽태좌 배주를 볼 수 있음. **E,F.** *Saururus cernuus*. **E.** 전체 외형, 경생엽 및 긴 총상화서를 보여줌. **F.** 화서 접사. **G,H.** *Houttuynia cordata*(약모밀).

류, 붓꽃류, 야자류 그리고 벼과식물 등 잘 알려진 식물들을 포함한다. 이 중 벼과식물이 모든 식물 가운데 경제적으로 가장 중요한데, 이는 벼, 밀, 옥수수, 보리 그리고 호밀 등의 곡류가 이 과에 속하기 때문이다.

전통적으로 단자엽식물을 정의하는 특징 가운데 하나로 삼수성 꽃을 지닌다는 점을 들 수 있다. 그러나 현재 이 특징은 조상 형질상태로 생각되는데, 이는 녹나무목, 목련목, 후추목 등 비(非)단자엽식물에도 공통적이다.

최근의 연구를 요약한 주요 단자엽식물군의 계통 유연관계는 **그림 7.11**에 나타내었다. 단자엽식물이 단계통이라는 점은 주요 형태, 해부 그리고 미세구조 파생형질이 뒷받침한다. 이들 파생형질을 우선 알아보고, 이어서 주요 식물군 또는 대표적인 과에 대해 기재하고자 한다.

단자엽식물의 파생형질

첫째, 모든 단자엽식물은 **사관색소체** 내에 **쐐기 모양**의 "P2형" **단백질성 물질**(**그림 7.12**A)을 지닌다(쥐방울덩굴과의 *Asarum* 족도리풀속에서도 발견됨). 투과전자현미경으로만 관찰이 가능한 이 사관절 색소체에는 약간의 형태 변이가 존재하며, 현재까지 조사된 모든 단자엽식물에서 발견되었다(Behnke 2000). 따라서 이 쐐기 모양의 단백질체를 지닌 색소체는 단자엽식물의 파생형질로 생각된다(그림 7.1, 7.12A). 이러한 색소

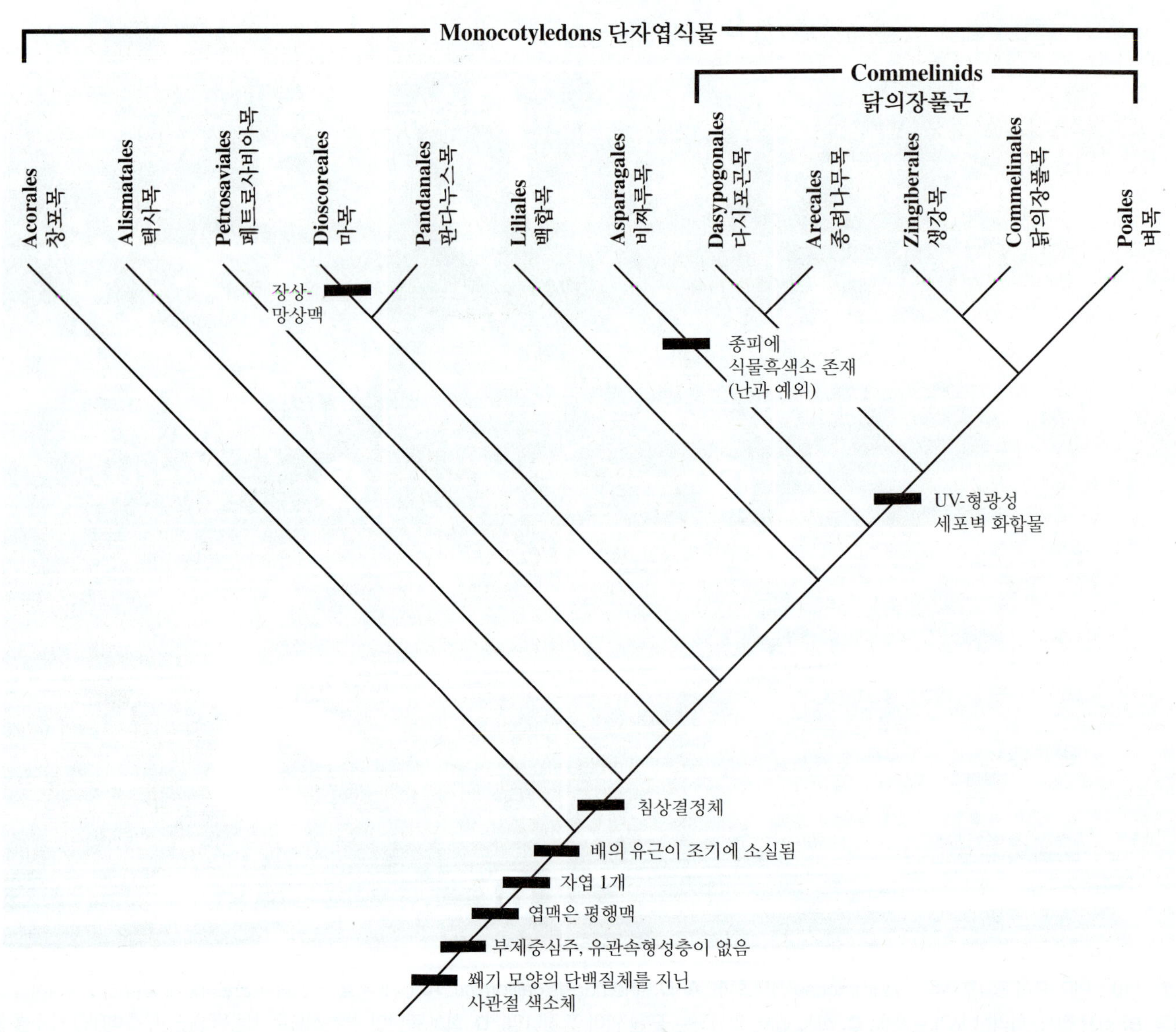

그림 7.11 단자엽식물의 주요 단계통군(Givnish et al. 2018) 및 선별된 파생형질.

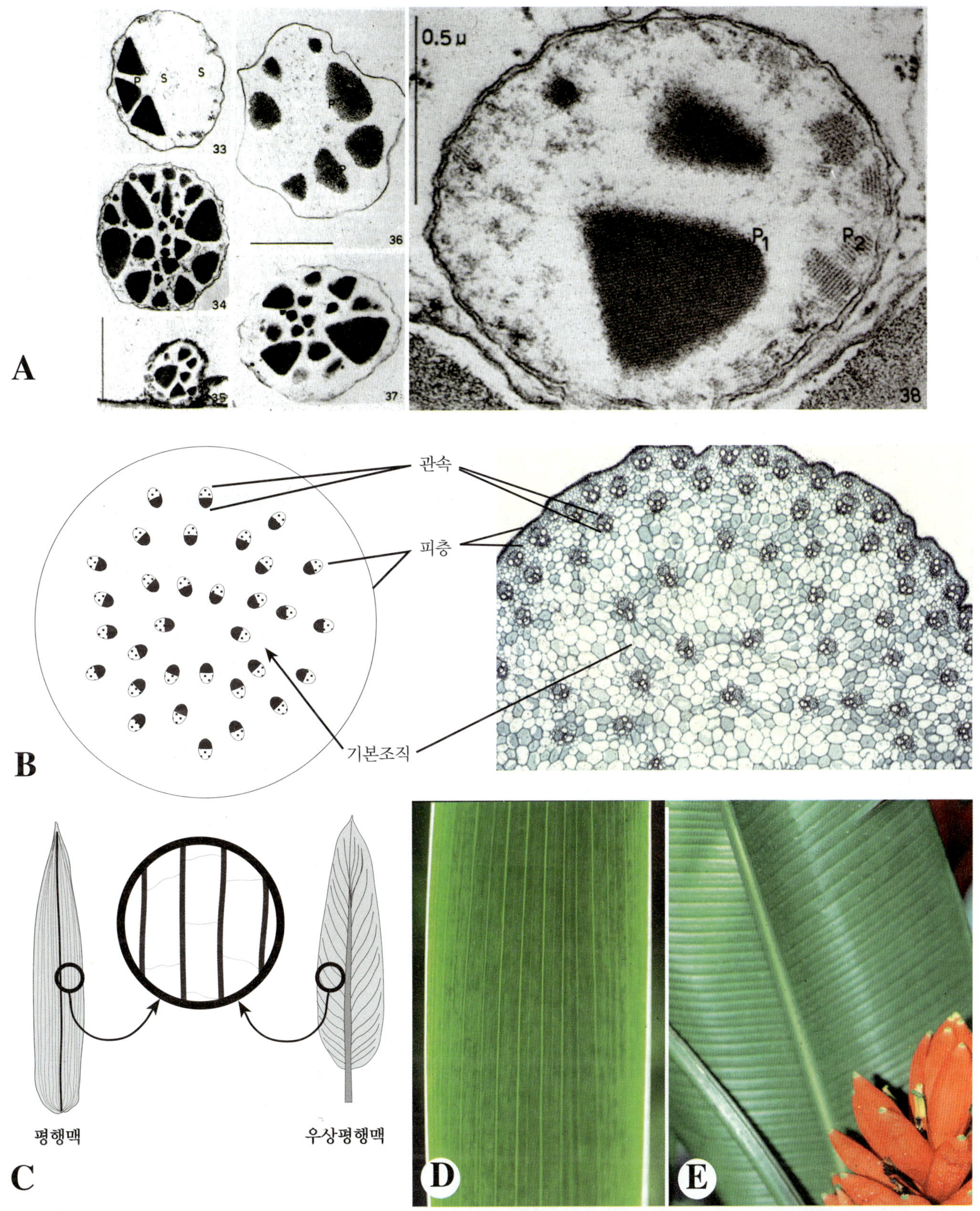

그림 7.12 단자엽식물 파생형질. **A.** 사관 색소체, 쐐기형 단백질체가 포함된 모습(출처: Behnke, 1972). **B.** 부제중심주, 단자엽식물의 파생형질. 관속이 매우 많다(왼쪽 그림에서 짙은 색은 물관부, 점이 찍힌 것은 체관부를 나타냄). **C.** 평행맥, 단자엽식물의 파생형질. **A.** 평행맥(왼쪽) 및 우상평행맥(오른쪽). **B.** *Leymus condensatus*(Poaceae 벼과), 평행맥의 예. **C.** *Musa coccinea*(Musaceae 파초과), 우상평행맥의 예.

체 유형이 적응에 있어서 어떤 중요성을 지니는지 아직 알려지지 않았다.

둘째, 모든 단자엽식물의 줄기는 부제중심주를 지니는데, 이 또한 분명한 파생형질이다. **부제중심주**(그림 7.12B)는 관속 여러 개가 2개 이상의 열로 환상 배열하거나 산재하는(실제로는 고도로 조직화된) 단면 구조를 나타낸다. 어떤 단자엽식물도 유관속형성층의 분열에 의한 재(材)를 생성하지 않는데, 이는 부제중심주의 진화와 관련이 있을 것으로 보인다. 따라서 키가 큰 종려나무의 경우 재가 아니라 일차생장 동안 축적된 세포들에 의해 식물체를 지지하고 있다. 일부 단자엽식물(예를 들어, 용설란과와 알로에과의 일부)은 비정상적인 유관속형성층에 의해 이차생장을 하기도 하지만, 이는 전형적인 재 형성 과정에서처럼 이차조직이 고리 모양으로 싸여 가는 식이 아니다. 몇몇 진정쌍자엽식물에서(예, 연꽃과) 부제중심주를 볼 수 있는데, 이는 이차적으로 기원한 것이다. 분명하지는 않지만, 부제중심주는 수생 환경에 적응하는 과정에서 자연선택에 따라 진화한 것으로 생각된다.

셋째, 단자엽식물 대부분 엽맥은 **평행맥**이다(**그림 7.12**C, D). 엽맥은 정확히 평행하거나(대부분의 벼과식물처럼), 혹은 다소 굽은 후 점차 평행해지는 우상평행맥의 양상을 보인다. 우상평행맥은 중앙맥에서 뻗은 이차맥이 서로 평행하게 배열되는 형태이다(그림 7.12C,E). 어떤 평행맥 유형이든 간에 최종 소엽맥은 평행한 엽맥을 횡으로 연결하는 양상을 띠는데, 이것이 대부분의 비단자엽식물에서 볼 수 있는 **망상맥**과 다른 점이다(제9장 참조). 평행맥은 모든 단자엽식물에서 볼 수 있는 형질이 아니다. 많은 단자엽분류군, 예를 들어 천남성과, 마과, 청미래덩굴과 등은 비단자엽분류군에서 나타나는 망상맥을 지닌다. 그러나 이들 분류군에서 나타나는 망상맥은 평행맥이 진화한 이후, 이로부터 이차적으로 진화한 것이다.

넷째, 모든 단자엽식물은 그 이름이 의미하듯이 **자엽이 1개**인 것이 특징이다(**그림 7.13**). 자엽이 1개인 것은 모든 단자엽식물에 대한 타당한 파생형질로 생각된다. 그러나 이것이 적응과정에서 어떤 중요성이 있는지는 알려진 바가 없다. 단자엽식물과 밀접한 몇몇 계통에서 자엽 1개가 퇴화한 특징을 보이는데, 이들은 거의 확실하게 상동이 아니다.

다섯째, 단자엽식물의 유근은 조기에 소실된다(그림 7.13). 이후 생성되는 뿌리는 부정근이다(제9장).

단자엽식물 분류체계

단자엽식물의 목 및 이에 속하는 과는 **표 7.2**와 표 7.3에 수록하였다. 창포목은 1속 1과(창포속 창포과)로만 구성되며, 많은 분자계통분석에서 나머지 단자엽식물의 자매군으로 판명되었다. 그 다음 계통이 택사목이고, 페트로사비아목, 마목, 판다누스목, 백합목, 비짜루목, 닭의장풀군 순서로 그 뒤를 잇는다. 닭의장풀군은 다시포곤목, 종려목(종려과 1과만 포함), 닭의장풀목, 생강목 그리고 벼목(벼과 및 근연군)을 포함하며, 계통학적으로 잘 정의되는 그룹이다(Hertweck et al. 2015, Givnish et al. 2018). 단자엽식물에 관해 심포지엄에서 발표된 문헌들은 Rudall et al.(1995), Wilson and Morrison(2000), Columbus et al.(2006, 2007)을 참조한다.

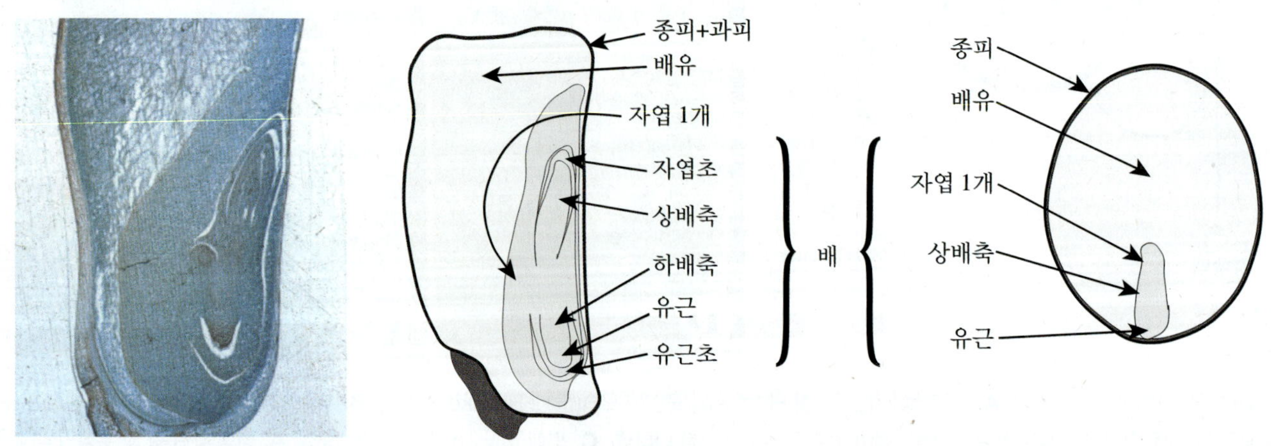

그림 7.13 자엽 1개, 단자엽식물의 파생형질. 왼쪽, *Zea mays*(옥수수, Poaceae 벼과). 오른쪽, *Xiphidium caeruleum*(Haemodoraceae 지모과).

표 7.2 Monocotyledons(단자엽식물)에 속하는 목 및 과의 목록[APG IV 2016; 닭의장풀군(COMMELINIDS)은 표 7.3 참조]. 본문에 상세하게 기재한 과는 볼드체로 표시하였다. APG IV 분류체계와 약간 차이가 나는 과는 별표로 표시하였으며, APG IV에서 제안하는 보다 포괄적인 과는 대괄호 안에 기록하였다.

Monocotyledons		
ACORALES	PANDANALES	ASPARAGALES (계속)
Acoraceae	Cyclanthaceae	Asparagaceae s.s.*
ALISMATALES	**Pandanaceae**	**Asphodelaceae s.s.***
Alismataceae	Stemonaceae	Asteliaceae
Aponogetonaceae	Triuridaceae	Blandfordiaceae
Araceae	Velloziaceae	Boryaceae
Butomaceae	LILIALES	Doryanthaceae
Cymodoceaceae	Alstroemeriaceae	Hemerocallidaceae*[Hemerocallidoideae, Asphodelaceae s.l.]
Hydrocharitaceae	Campynemataceae	
Juncaginaceae	Colchicaceae	Hyacinthaceae*[Scilloideae, Asparagaceae s.l.]
Maundiaceae	Corsiaceae	Hypoxidaceae
Posidoniaceae	**Liliaceae**	**Iridaceae**
Potamogetonaceae	Luzuriagaceae*	Ixioliriaceae
Ruppiaceae	Melanthiaceae	Lanariaceae
Scheuchzeriaceae	Petermanniaceae	Laxmanniaceae*
Tofieldiaceae	Philesiaceae	[Lomandroideae, Asparagaceae s.l.]
Zosteraceae	Ripogonaceae	**Orchidaceae**
PETROSAVIALES	Smilacaceae	Ruscaceae*[Nolinoideae, Asparagaceae s.l.]
Petrosaviaceae	ASPARAGALES	Tecophilaeaceae
DIOSCOREALES	Agapanthaceae*[Agapanthoideae, Amaryllidaceae s.l.]	**Themidaceae***
Burmanniaceae	**Agavaceae***[Agavoideae, Asparagaceae s.l.]	[Brodiaeoideae, Asparagaceae s l]
Dioscoreaceae	**Alliaceae***[Alloideae, Amaryllidaceae s.l.]	Xanthorrhoeaceae*
Nartheciaceae	**Amaryllidaceae s.s.***	[Xanthorrhoeoideae, Asphodelaceae s.l.]
Taccaceae*	Aphyllanthaceae*	Xeronemataceae
Thismiaceae*	[Aphyllanthoideae, Asparagaceae s.l.]	**COMMELINIDS** (표 7.3 참조)

ACORALES 창포목

창포목은 1과 1속, 2–4종만을 포함한다. 이 목은 여러 분자계통수에서 나머지 단자엽식물의 자매군으로 밝혀졌다(Hertweck et al. 2015, Givnish et al. 2018).

Acoraceae 창포과—1속 2–4종(그림 7.14).

습지에 서식하는 다년생 초본. **줄기**는 근경으로 발달. **잎**은 검형, 단면엽, 이열호생, 엽초성, 단엽, 갈라지지 않고, 탁엽이 없으며, 엽맥은 평행맥이고, 엽초엽액모용이 존재한다. **화서**는 육수화서, 엽상 화경에 정생하고, 불염포는 선형이다. **꽃**은 양성, 방사대칭, 포가 없고, 소화경이 없으며, 자방하생이다. **화피**는 이열성(3+3), 화피편은 이생한다. **수술**은 이열성(3+3), 이생, 수술대는 납작하다. **약**은 종개, 내향약이다. **암술군**은 합생심피성, 상위자방, 심피 2–3개, 자방 2–3실, 주두는 매우 작다. 중축정단태좌, **배주**는 다수이다. **열매**는 장과, 화피가 숙존한다. **종자**는 1–5개, 외배유와 배유가 존재한다. 방향성 에테르 기름세포가 존재한다. 침상결정체는 없다.

육수화서와 불염포를 지닌다는 점에서 천남성과와 유사하지만 형태와 DNA 염기서열 자료 분석에서는 이 둘이 명백히 구분된다. 창포과는 검형 단면엽, 외배유와 배유가 있는 종자, 방향성 에테르 기름세포 그리고 침상결정체가 없다는 점에서 천남성과와 다르다. 창포과 식물은 구대륙과 북미에 분포한다. *Acorus calamus*(창포)에서 추출한 기름(창포유)은 약용, 종교예식용, 살충제 그리고 향수나 음료의 향료로 사용한다. 더 자세한 내용은 Grayum(1990), Bogner and Mayo(1998), Govaerts and Frodin(2002), Bogner(2011)를 참조한다.

주요 특징: **습지**식물, **육수화서**와 **불염포**(천남성과와 유사), **이열호생**하는 **검형 단면엽**, **외배유**와 **배유**를 지니는 종자, **에**

그림 7.14 ACORALES(창포목). Acoraceae(창포과). *Acorus calamus* (창포). **A.** 전체 외형. **B.** 육수화서를 접사한 것.

테르 기름세포 존재, **침상결정체가 없음**.
P 3+3 **A** 3+3 **G** (2–3) 상위.

ALISMATALES 택사목

APG IV(2016)에 따르면, 택사목은 14개 과를 포함하지만, 여기서는 2개 과를 기재하였다. 천남성과는 택사목 내 나머지 과의 자매군이다(Soltis et al. 2011, Givnish et al. 2018). 여기에 기재하지 않는 과 가운데 주목할 만한 과에는 육생하는 과인 **Tofieldiaceae**(돌창포과)와 여러 수생식물군, **Aponogetonaceae**(*Aponogeton distachyon* 희망봉가래), **Cymodoceaceae**(바닷말류 포함), **Hydrocharitaceae**[자라풀과, 그림 7.15A,B; 바다풀인 *Halophila*(해호말속)와 *Thallasia*, 담수성 수생식물인 *Elodea*, *Vallisneria*(나사말속) 같은 수족관 수초, 잡초성 *Elodea*, *Hydrilla*(검정말속) 및 *Lagarosiphon* 등이 포함됨], **Juncaginaceae**(지채과, 그림 7.15C,D), **Posidoniaceae**(*Posidonia*), **Potamogetonaceae**(가래과, 담수성 수생식물, 그림 7.15E,F), **Ruppiaceae**(줄말과, 줄말속 종류, 담수 및 기수성 수생식물) 그리고 **Zosteraceae**[거머리말과 *Phyllospadix*(새우말속)포함, 그림 7.15G–J]가 있다. Les and Haynes(1995), Les et al.(1997), Ross et al.(2016)은 이 목에 관한 더 상세한 정보를 제공한다.

엽초성 잎의 엽액에 존재하는 모용인 **엽초엽액모용**(제9장 참조)은 택사목(및 창포목)의 여러 식물에서 흔히 발견된다. 침상결정체의 진화는 창포목을 제외한 다른 모든 단자엽식물과 택사목의 파생형질로 생각된다(그림 7.11). 만일 그렇다면, 이는 여러 단자엽식물 계통, 예를 들어 벼목, 생강목 그리고 (천남성과를 제외한) 택사목 대부분에서 이 형질이 이차적으로 소실되었음을 의미한다.

Araceae 천남성과—123속 약 4,430종(그림 7.16).

육생 또는 수생 관목, 덩굴성 또는 초본(Lemnoideae에서 영양체는 구형 또는 엽상으로 퇴화되었음). **뿌리**는 간혹 균근성, 근모가 없다. **줄기**는 근경성, 구경성, 괴경성 또는 퇴화되어 없다. **잎**은 단엽, 양면엽, 나선상호생 또는 이열호생, 간혹 심하게 갈라지거나 창문상(종종 이형엽의 특징을 나타냄), 엽맥은 평행, 우상평행 또는 망상맥이다. **화서**는 정생, 육수화서, 대개 눈에 띄는 유색의 불염포가 존재하거나, Lemnoideae의 경우에는 작은 함몰구조에 1–4개의 꽃만 존재한다. **꽃**은 작고, 양성 또는 단성(육수화서에서 암꽃들은 대개 기부에 수꽃은 정단 쪽에 존재), 방사대칭, 소화경이 없고, 포가 없으며, 자방하생이고, 간혹 좋지 않은 냄새가 난다. **화피**는 이열성, 2+2개 또는 3+3[4+4]개 또는 무화피성, 이생하거나 기부에서 동합, 화탁통은 없다. **수술**은 4, 6개 또는 8[1–12]개, 이생하거나 합생하며, 양성화의 경우 화피편과 대생, 약은 공개, 종개 또는 횡개이다. **암술군**은 합생심피성, 상위자방, 심피 3[1–약 50]개, 자방실은 심피와 동수, 암술대와 주두는 1개, 짧거나 없다. 태좌는 여러 종류이다. **배주**는 주로 도생배주, 복주피성, 각 심피에 1개–다수 존재한다. **열매**는 장과가 모인 다화과, 간혹 건과(낭과)이다. **종자**는 지방성(간혹 전분성) 배유가 있고 드물게 배유가 없음, 종피가 육질로 되기도 한다. 일부는 시안화합물 또는 알칼로이드를 지닌다. 침상결정체가 존재하고 대개 유액이 있다.

천남성과는 전통적으로 여러 아과로 분류한다. 과거의 Lemnaceae(좀개구리밥과: 소형, 엽상체 또는 구형체 수생식물로서 꽃이 극도로 퇴화되었음)는 현재 천남성과의 Lemnoideae(좀개구리밥아과)로 분류한다. 천남성과는 열대 및 아열대 지역에 분포한다. 경제적으로 중요한 식물에는 열대지방에서 이용되는 식용(뿌리, 잎, 종자, 열매 등) 식물인 *Alocasia*, *Amorphophallus*, *Colocasia esculenta*(토란), *Monstera*, *Xanthosoma sagittifolium*, 민간 의약, 섬유(뿌리), 재배 관

그림 7.15 ALISMATALES(택사목)에 속하는 식물 예. **A,B.** *Najas guadalupensis*, Hydrocharitaceae(자라풀과). **C.** *Lilaea scilloides*, Juncaginaceae(지채과). **D.** *Triglochin concinnus*, Juncaginaceae(지채과). **E,F.** *Potamogeton foliosus*, Potamogetonaceae(가래과). **G–J.** *Phyllospadix torreyi*, Zosteraceae(거머리말과).

그림 7.16 ALISMATALES(택사목). Araceae(천남성과). **A–D.** *Xanthosoma sagittifolium*. **A.** 커다란 화살촉 모양의 잎. **B.** 육수화서 및 이를 둘러싸는 불염포. **C.** 윗부분의 수꽃 접사. **D.** 아랫부분의 암꽃 접사. **E.** *Anthurium*(안투리움속)의 일종. 장과로 이루어진 다화과. **F.** *Gymnostachys anceps*, 화서. **G.** *Aglaonema modestum*, 화서. **H.** *Arisaema triphyllum*, 화서 및 잎. **I.** *Symplocos foetidus*, 화서. **J.** *Monstera deliciosa*(몬스테라), 꽃(양성), 육각형의 암술과 그 주변의 수술을 보여줌. **K–Q.** *Zantedeschia aethiopica*(calla lily, 물칼라). **K.** 화살촉 모양의 잎. **L,M.** 화서. **N.** 암꽃, 전면. **O.** 암꽃, 암술 종단면, 기저태좌를 보여줌. **P.** 자방 횡단면, 심피 3개 및 3실을 보여줌. **Q.** 약, 공개.

상식물인 *Aglaonema, Anthurium, Caldium, Dieffenbachia, Epipremnum, Monstera, Philodendron, Spathiphyllum, Syngonium, Zantedeschia*이 있다. *Amorphophallus titanum*은 피자식물 중 화서가 가장 거대하고, *Wolffia*(분개구리밥속)는 꽃이 가장 작다는 점에서 매우 독특하다. 더 상세한 정보와 계통수 연구 결과는 Grayum(1990), French et al.(1995), Mayo et al.(1998), Rothwell et al.(2004), Cabrera et al.(2008)을 참조한다.

주요 특징: **양면엽**, **평행 혹은 망상맥**, 수많은 작은 꽃들이 **육수화서**를 이룸, **불염포**가 존재, 종자에 **배유 풍부**, **침상결정체**가 있다.

P 2+2, 3+3, (2+2), (3+3) 또는 0[4+4, (4+4)] **A** 4, 6, 8 또는 (4, 6, 8)[1-12] **G** (3)[1-(∞)] 상위.

Alismataceae 택사과—15속 약 88종 이상(그림 7.17).

다년생[또는 일년생] 초본, 자웅동주, 자웅이주, 혹은 잡성주, 부유성 또는 정수성, 수생 또는 습지식물. 줄기는 구경 또는 근경으로 발달; 근경에 간혹 괴경이 달린다. **잎**은 기부에 달림, 단엽, 엽병이 있거나[없음], 엽초성, 나선상호생, 종종 이형엽(어린 잎은 선형, 성숙시의 잎은 선형에서 난형 또는 삼각상 화살촉형 혹은 극형), 엽맥은 평행맥 또는 망상맥이다. **화서**는 화경에 달리는 총상화서 또는 원추화서[간혹 산형상]로 꽃 또는 화축이 윤생하며, 불염포는 없다. **꽃**은 양성 또는 단성, 방사대칭, 소화경이 있거나 없고, 포가 있으며 자방하생, 화탁은 평평하거나 다소 움푹하다. **화피**는 이열성, 이종화피, 삼수성, 화탁통은 없다. **꽃받침**은 이편악, 꽃받침잎은 3장, 조락성이다. **수술**은 [3], 6, 9개 또는 다수, 윤생, 이생, 일렬성 또는 이열성(종종 쌍을 이룸), 약은 외향 또는 측향약, 종개한다. **암술군**은 이생심피성, 상위자방, 심피 3개-다수, 암술대와 주두는 심피에 정생한다. 기저태좌[변연태좌], **배주**는 도생배주, 복주피성, 각 심피에 1개 또는 드물게 다수 존재한다. **열매**는 집합수과 또는 기부에서 열개하는 골돌과이다. **종자**에는 배유가 없다.

전 세계에 분포하지만, 특히 북반구 온대지역에 주로 분포한다. 몇몇 식물을 원주민들이 식용하고, 일부 종은 관상용 수생식물로 재배한다. 더 상세한 정보 및 계통수 연구는 Haynes et al.(1998), Lehtonen(2009), Chen et al.(2012)을 참조한다.

주요 특징: **수생** 또는 **습지**성 초본, 잎이 기부에 달리고, 꽃 또는 화축은 대개 **윤생**, **이종화피**, **이생심피**, **기저태좌**, **집합수과** 또는 **골돌과**.

K 3 **C** 3 **A** 6, 9-∞ [3] G 3-∞ 상위.

DIOSCOREALES 마목

APG IV (2016)는 이 목을 3개 과로 분류하지만 Stevens(2001 이후)와 Givnish et al.(2018)은 5개 과를 인식한다(표 7.2). 여기서는 Dioscoreaceae(마과)만을 기재하였다. 기타 주목할 만한 과로 **Taccaceae**(타카과, 그림 7.18A-C)와 Thismiaceae(티스미아과, 약 5속 85종; 비광합성이면서 균종속영양성)가 있다. 이 식물군에 대한 최근의 분계분석은 Caddick et al.(2002a,b)과 Givnish et al.(2018)을 참조한다.

Dioscoreaceae 마과—4속 약 870종(**그림 7.18**D-I).

다년생 초본, 자웅이주 또는 양성화주. **줄기**는 근경성 또는 괴경성, 지상줄기는 흔히 덩굴성, 일부 분류군에서는 이차생장을 한다. **잎**은 나선상호생, 대생 또는 윤생, 엽병이 있으며(대개 엽병 양 끝에 엽침이 존재), 단엽 또는 장상엽, 갈라지지 않거나 장상으로 전열하고, 탁엽은 있거나 없으며, 평행맥 또는 흔히 망상맥, 일차맥은 잎의 기부에서 시작된다. **화서**는 액생, 원추화서, 총상화서, 산형화서 또는 단기산화서의 단위(꽃 1개로 퇴화)가 수상화서로 배열한다. **꽃**은 양성 또는 단성, 방사대칭, 소화경이 있고, 소포는 있거나 없으며, 자방하생이다. **화피**는 이열성, 동종화피, 3+3개, 화탁통이 있거나 없다. **수술**은 3+3 또는 3+0 배열, 윤생, 화피대생이열웅예 또는 악편대생, 이생 또는 단체웅예, 화판상생이거나 화판과 분리되어 있다. **약**은 종개, 내향 또는 외향약, 사포자낭성, 이반약성이다. **암술군**은 합생심피성, 하위자방, 심피 3개, 자방은 3실이다. **암술대**는 3개 또는 1개가 정생, 주두는 3개이다. 중축 또는 측벽태좌, **배주**는 1-2[다수]개이다. **열매**는 삭과 또는 장과, 흔히 날개가 발달하고, 성숙하면 1-3실이 된다. **종자**에는 배유가 없다.

전 세계적으로 분포한다. 가장 최근의 연구에 의하면 4개의 속, *Dioscorea*(마속), *Stenomeris, Trichopus*(간혹 Trichopodaceae로 분리함)가 이 과에 속한다. 분리되어 있었던 여러 속들이 마속으로 통합되었다(Caddick et al. 2002). 마속의 여러 종들은 경제적으로 중요한데, 얌(yam)은 여러 열대지역에서 매우 중요한 식량원이며, 또한 이 식물에서 추출한 스테로이드성 사포닌은 코르티코스테로이드와 성호르몬(특히, 피임제) 관

그림 7.17 ALISMATALES(택사목), Alismataceae(택사과). **A–C.** *Sagittaria montevidensis*. **A.** 정수성 수생식물, 화살촉형 잎. **B.** 화서. **C.** 수꽃 접사, 이종화피를 보여줌. **D–F.** *Sagittaria*(소귀나물속). **D.** 암꽃 종단면, 부푼 화탁과 수많은 암술을 볼 수 있음. **E.** 암술 접사, 각각에는 기저태좌 배주 1개가 존재함. **F.** 잎과 화서, 윤생하는 꽃이 총상으로 배열함. **G–I.** *Echinodorus berteroi*. **G.** 잎. **H.** 꽃(양성) 접사. **I.** 성숙한 열매, 집합수과, 숙존성 꽃받침을 볼 수 있다.

그림 7.18 DIOSCORALES(마목). **A–C.** *Tacca chantieri*. **A.** 전체 외형; 망상맥 잎에 주목할 것. **B.** 열매 접사. **C.** 열매. **D–G.** Dioscoreaceae(마과). *Dioscorea*(마속)의 일종. **D.** 슈트. **E.** 괴경. **F–H.** *Dioscorea saxatilis*. **F.** 수꽃. **G.** 암꽃, 하위자방. **H.** 아래로 늘어지는 화서, 날개가 달린 미성숙한 열매. **I.** 열매 접사.

련 의약품 원료로 사용되며, 민간에서는 비누나 독으로 사용한다. 상세한 내용은 Huber(1998a,b), Caddick et al.(2002), Viruel et al.(2018)을 참조한다.

주요 특징: 다년생 초본, **양성화주 또는 자웅이주**, **근경성 또는 괴경성**, **단엽 또는 장상엽**, **망상맥**, 꽃은 **자방상생**, 삼수성.

P 3+3 **A** 3+3 또는 3+0, **G** (3), 하위, [화탁통은 있거나 없음].

LILIALES 백합목

백합목은 상당히 큰 단자엽식물군으로 10–11개 과를 포함한다

(표 7.2). 비짜루목과 마찬가지로 백합목의 과 범주에 관해서는 아직 연구가 진행 중이다. 여기서는 백합과만을 기재하기로 한다. 기재하지 않은 과 가운데 주목할 만한 것으로는 다음 과들이 있다. **Alstroemeriaceae**(전도형 잎이 특징으로 널리 재배되는 *Alstroemeria* 포함, 그림 7.19A–D), **Colchicaceae**[의료용(과거에 통풍 치료제로 이용)이나 식물육종(염색체 배수화 유발물질)에 필요한 콜히친을 추출하는 *Colchicum autumnale* 포함, 그림 7.19E], **Melanthiaceae**(여로과, 그림 7.19G–I); **Smilacaceae**[청미래덩굴과, sarsaparilla(음료의 일종)의 원료를 제공하는 *Smilax*(청미래덩굴속) 포함, 그림 7.19J]. 이 목의 계통수는 Rudall et al.(2000), Fay et al.(2006), Kim et al.(2013), Givnish et al.(2016a)을 참조한다.

Liliaceae 백합과—약 15속 약 600–700종(그림 7.20).

다년생 초본. **뿌리**는 대개 수축근이다. **줄기**는 대개 인경성, 일부는 근경성이다. **잎**은 근생 또는 경생, 단엽, 나선상호생 또는 (*Lilium*과 *Fritillaria*-패모속의 경우) 윤생, 대개 엽초성이고, 드물게 엽병성, 평행맥[망상맥]이다. **화서**는 정생, 총상화서 또는 단정화서 또는 간혹 산형화서이다. **꽃**은 양성, 방사대칭 또는 좌우대칭, 소화경이 있고, 소포는 있거나 없으며, 자방하생이다. **화피**는 이열성, 3+3개, 동종화피 또는 이종화피, 화피편은 이생, 간혹 점이나 줄무늬가 있다. **수술**은 3+3개, 윤생, 화피대생이열웅예, 이생, 화피편으로부터 분리되어 있다. **약**은 정자착, 위저착(수술대 끝이 약격조직에 부착된 것이 아니라 둘러싸여 있음), 종개한다. **암술군**은 합생심피성, 상위자방, 심피 3개, 자방은 3실이다. 암술대는 1개, 주두는 3개로, 얕게 또는 볏처럼 갈라진다. 중축태좌, 화피편의 기부에 밀선이 있다. 자성배우자체는 사포자성, *Fritillaria*형이다. **열매**는 포배열개삭과이다. **종자**는 납작하고 원반상 또는 타원체형, 배유에는 호분층과 지방이 있고, 녹말은 없다. 침상결정체와 켈리돈산이 없으며, 부추 냄새가 나지 않는다.

과거에 폭넓게 처리하였던 백합과는 최근 여러 개의 작은 과로 세분되었다. 백합과는 대부분 스텝 지대와 북반구의 산악 초원에 자라며, 서남아시아에서 중국 지역까지가 다양성의 중심지이다. *Lilium*(백합속)과 *Tulipa*(산자고속) 등 여러 분류군을 원예용으로 재배한다. Tamura(1998a,b), Hayashi and Kawano(2000), Patterson and Givnish(2000), Rønsted et al.(2005)를 참조한다.

주요 특징: **다년생 초본**, 인경이 발달, **부추 냄새가 나지 않음**, 근생엽 또는 경생엽이 존재, 화서는 **총상, 산형 또는 단정화서, 상위자방**.

P 3+3 **A** 3+3 **G** (3), 상위.

ASPARAGALES 비짜루목

APG IV(2016) 분류체계에서는 이 목을 14개 과로 분류하지만, 여기서는 24개 과로 인식하였다(표 7.2). 최근의 계통수 연구는 이전에 비짜루목을 하나로 묶으리라고 생각했던 파생형질, 즉 종피에 존재하는 검은 물질인 **식물흑색소**(그림 7.21)가 사실상 난과를 제외한 모든 분류군의 파생형질임을 보여 주었다(그림 7.22). 이 특징은 일부 분류군에서, 특히 육질과를 지니는 계통에서 소실되었다.

비짜루목 내 과의 유연관계는 그림 7.22에 나타나 있다. 이 목의 파생형질은 아마도 동시분열형 소포자생성과 하위자방일 것이다. 만일 그렇다면, 이들 특징의 역전 현상이 다양한 계통에서 나타난다. 비짜루목 내 각 과의 분류학적 경계는 최근 여러 차례 바뀌었는데, 일부 과는 분류체계에 따라 다음과 같이 다르게 처리된다(표 7.2, 그림 7.22 참조): 부추과와 아가판투스과(Agapanthaceae) [APG IV에서 광의의 수선화과로 통합], 용설란과, 아필란테스과(Aphyllanthaceae), 히아신스과(Hyacinthaceae), 락스만니아과(Laxmanniaceae), 은방울꽃과(Ruscaceae), 브로디아과(Themidaceae) [APG IV에서 광의의 비짜루과(Asparagaceae)로 통합], 원추리과(Hemerocallidaceae)와 크산토리아과(Xanthorrhoeaceae) [APG IV에서 광의의 아스포델루스과(Asphodelaceae)로 통합].

여기서는 4개 과를 기재하였다. 기재 대상에서 제외되었지만 주목할 만한 과로는 흔히 재배하는 *Agapanthus* 종류를 포함하는 **아가판투스과**; 채소인 *Asparagus officinalis*(아스파라거스)와 기타 몇몇 관상식물(예를 들어 '아스파라거스 고사리'로 알려진 *A. setaceus*)을 포함하는 **비짜루과**; *Hemerocallis fulva*(원추리)를 포함하는 **원추리과**; 여러 관상용 재배식물을 포함하는 **히아신스과**; 알로에를 포함하는 **아스포델루스과** 등이 있다. 최근의 계통학적 및 형태학적 연구는 Fay et al.(2000), Rundall(2003), Chase et al.(2006, 2009), Graham et al.(2006) 그리고 Pires et al.(2006)을 참조한다.

Alliaceae 부추과—약 23속 640종(그림 7.23).

이년생 또는 다년생 초본, 대개 부추 냄새가 난다. **줄기**는 무

그림 7.19 LILIALES(백합목)에 속하는 식물 예. **A–D.** Alstroemeriaceae(알스트리메리아과). **A,B.** *Alstroemeria* sp. **C,D.** *Bomarea* sp. **E.** Colchicaceae(콜키쿰과), *Burchardia umbellata*. **F.** Philesiaceae(필레시아과), *Geitonoplesium* sp. **G–I.** Melanthiaceae(여로과). **G.** *Trillium grandiflorum*. **H.** *Trillium erectum*. **I.** *Toxicoscordion fremontii*. **J.** Smilacaceae(청미래덩굴과), *Smilax glyciphylla*.

그림 7.20 LILIALES(백합목), Liliaceae(백합과). **A.** *Lilium paradalinum* ssp. *shastense*, 밑으로 숙은 꽃. **B.** *Lilium*의 일종, 직립하는 꽃. 화피편 기부에 밀선이 있음. **C.** *Tulipa*(산자고속)의 일종. **D,E.** *Erythronium americanum*. **D**. 꽃 접사, 일부 화피편을 제거한 상태. **E.** 자방 횡단면, 심피 및 자방실 3개를 보여줌. **F,G**. *Medeola virginiana*. **F.** 전체 외형, 윤생엽. **G.** 꽃 접사. **H.** *Scoliopus bigelovii*. **I**. *Fritillaria biflora*, 꽃. **J.** *Calochortus splendens*. **K.** *Calochortus venustus*. **L,M.** *Calochortus weedii*. **L.** 꽃 전체 모습. **M.** 화피밀선 접사(내화피편 기부).

그림 7.21 ASPARAGALES(비짜루목). *Agapanthus*(왼쪽)과 *Yucca*(오른쪽)의 종자. 둘 다 파생형질인 식물흑색소가 포함된 검은 종피를 지닌다.

경성, 인경상, 간혹 짧은 근경이나 구경으로 되며, 일반적으로 막질의 인편엽 또는 엽저로 감싸여 있다. **잎**은 단엽, 근생, 나선상호생, 기부가 엽초로 되며, 침형, 선형 또는 피침형[난형], 평행맥이다. **화서**는 정생, 근생화경에 달리는 산형화서(단기산화서가 밀집하여 형성된 경우로 "위산형화서"라고 함), 간혹 수상화서 또는 단정화서이며, 불염포와 같은 막질의 포가 있다. **꽃**은 양성, 방사대칭, 소화경(간혹 정단부에 결절이 있음)이 존재한다. **화피**는 이열성, 동종화피, 종형 또는 관형, 화탁통은 없으며, 화피편은 3+3개, 이생 또는 동합, 간혹 부화관이 있다. **수**

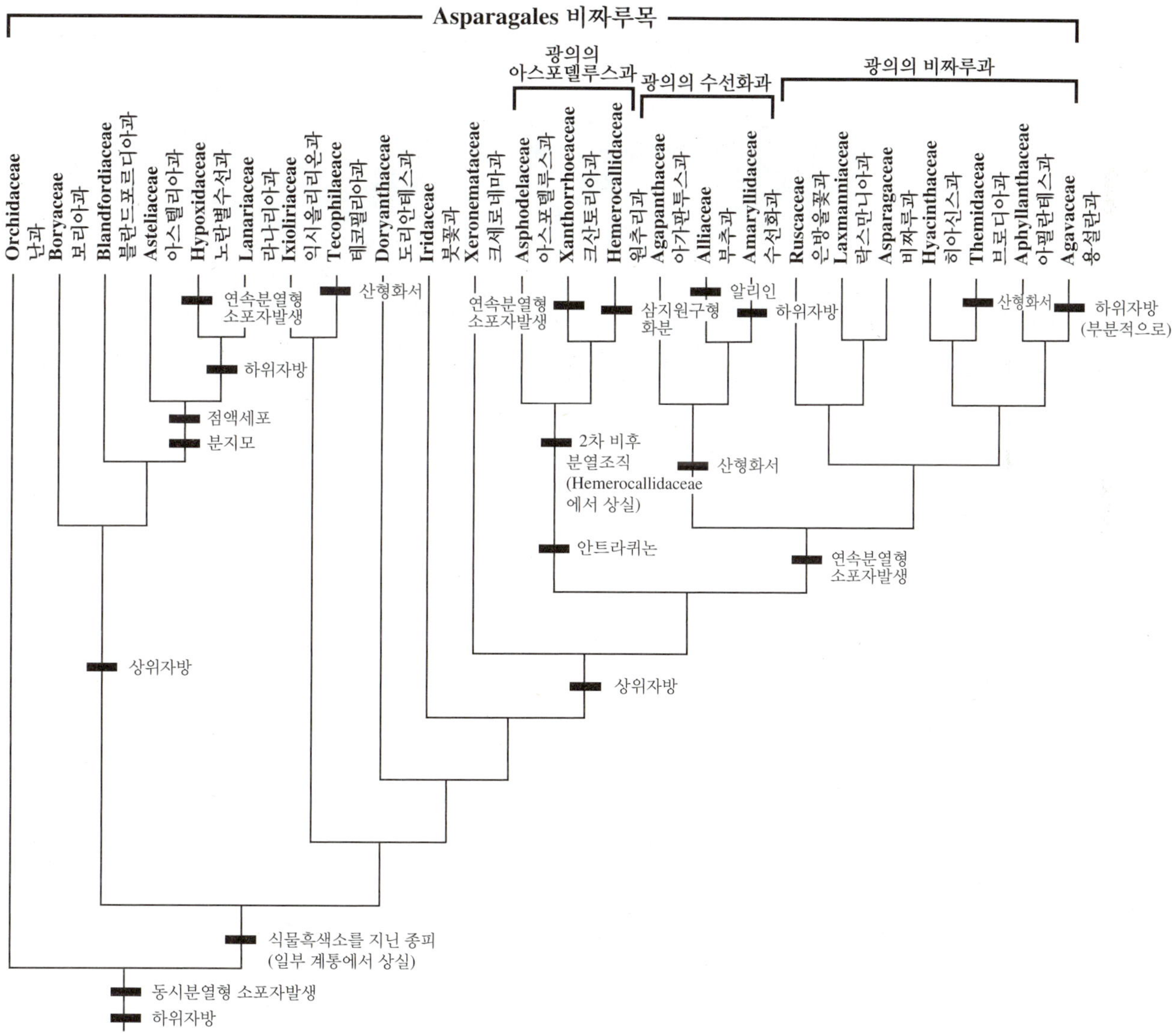

Asparagales 비짜루목
광의의 아스포델루스과
광의의 수선화과
광의의 비짜루과
Orchidaceae 난과
Boryaceae 보리아과
Blandfordiaceae 블란드포르디아과
Asteliaceae 아스텔리아과
Hypoxidaceae 노란별수선과
Lanariaceae 라나리아과
Ixioliriaceae 익시올리리온과
Tecophilaeace 테코필리아과
Doryanthaceae 도리안테스과
Iridaceae 붓꽃과
Xeronemataceae 크세로네마과
Asphodelaceae 아스포델루스과
Xanthorrhoeaceae 크산토리아과
Hemerocallidaceae 원추리과
Agapanthaceae 아가판투스과
Alliaceae 부추과
Amaryllidaceae 수선화과
Ruscaceae 은방울꽃과
Laxmanniaceae 락스만니아과
Asparagaceae 비짜루과
Hyacinthaceae 히아신스과
Themidaceae 브로디아과
Aphyllanthaceae 아필란테스과
Agavaceae 용설란과
연속분열형 소포자발생
산형화서
연속분열형 소포자발생
삼지원구형 화분
알리인
하위자방
산형화서
하위자방 (부분적으로)
하위자방
점액세포
분지모
2차 비후 분열조직 (Hemerocallidaceae에서 상실)
산형화서
안트라퀴논
연속분열형 소포자발생
상위자방
상위자방
식물흑색소를 지닌 종피 (일부 계통에서 상실)
동시분열형 소포자발생
하위자방

그림 7.22 Asparagales(비짜루목)의 계통수 및 파생형질(Chase et al. 2006; Pires et al. 2006). Alliaceae s.l.(광의의 부추과, APG IV 2016의 Amaryllidaceae s.l. 광의의 수선화과), Asparagaceae s.l. (광의의 비짜루과), Xanthorrhoeaceae(크산토리아과)의 분류에는 다른 견해도 있다. Aphyllanthaceae(아필란테스과)는 계통적 위치가 불명확하다. 하위자방이 이 목의 파생형질로 생각되지만(몇 차례 역진화가 일어났음) 다른 설명도 가능하다. 광의의 부추과와 비짜루과를 포함하는 그룹을 "고등" 비짜루군이라 한다.

그림 7.23 ASPARAGALES(비짜루목), Alliaceae(부추과). **A.** *Allium praecox*, 근생엽, 근생화경 및 산형화서를 보여줌. **B.** *Allium peninsulae*, 산형화서 접사, 불염포처럼 생긴 포를 볼 수 있음. **C.** *Allium praecox*, 꽃 접사. 이열성 동종화피, 수술 6개, 상위자방을 보여줌. **D.** *Allium cepa*(양파), 인경 종단면. **E,F.** *Tulbaghia violacea*.

술은 3+3개[3 또는 2개, 헛수술이 있음], 윤생, 화피대생이열웅예, 화피편과 이생하거나 화피편에 이합, 수술대는 대개 납작하다. 약은 정자착, 종개, 내향약이다. **암술군**은 합생심피성, 상위[반하위]자방, 심피 3개, 자방 3실이다. **암술대**는 1개, 자방의 끝이나 기부에 달리고, 주두는 1개, 3개로 얕게 갈라지거나 두상, 말라 있거나 젖어 있다. 중축태좌, **배주**는 만곡배주 내지 도생배주, 각 심피에 2개-다수 존재한다. 격벽**밀선**이 존재한다. 열매는 포배열개삭과이다. **종자**는 검은색, 식물흑색소가 존재, 난형, 타원체형, 아구형, 지방과 호분층이 풍부한 배유가 있다. 이 과에 속하는 식물에는 알리인(alliin)이라는 성분이 있는데, 이 성분은 식물체가 손상을 입을 때 allyl sulfide로 전환되면서 부추 특유의 냄새와 맛을 내게 된다.

전 세계적으로 분포하지만, 특히 북반구, 남미 그리고 남부 아프리카에 주로 분포한다. 경제적으로 중요한 식물인 *Allium sepa*(양파), *A. sativum*, *A. ampeloprasum*, *A. schoenoprasum* 및 기타 *Allium*(부추속) 종들을 식용 및 향료로 사용한다. 마늘에는 약리성분이 있다고 보고되어 있다. *Ipheion*, *Leucocoryne* 그리고 *Tulbaghia*의 몇몇 종은 원예용, 재배종으로 활용한다. 계통수는 Fay and Chase(1996)을, 최근에 이루어진 과에 대한 분류학적 처리에 대해서는 Rahn(1998a)를 그리고 *Allium*(부추속)의 계통수 연구는 Nguyen et al.(2008)을 참조한다. APG IV (2016) 분류체계에서는 광의의 수선화과에 포함된다.

주요 특징: **인경을 지닌 초본**, 잎은 대개 **가늘고** 줄기 **기부**에 달림, **산형상 화서**, 주로 **상위자방**.

P 3+3 **A** 3+3[3, 2] **G** (3), 상위[반하위].

Amaryllidaceae 수선화과—약 60속 800종(그림 7.24).

다년생 초본, 육생 또는 드물게 수생 또는 착생한다. **줄기**는 인경상, 막질상 엽저(막초)로 덮여 있다. **잎**은 단엽, 갈라지지 않고, 나선상호생 또는 이열호생, 엽초성인 경우도 있으며, **엽**

병은 있거나 없고, 평행맥이다. **화서**는 정생, 근생화경 끝에 달리는 산형화서(단기산화서가 밀집하여 형성된 경우로 "위산형화서"라고 함), 간혹 단정화서이고, 화아를 둘러싸는 포가 있다. **꽃**은 양성, 방사대칭 또는 좌우대칭, 소화경은 있거나 없고, 소포가 있으며, 자방하생 또는 자방상주생이다. **화피**는 이열성, 동종화피, 삼수성, 화피편은 이생 또는 동합하여 화탁통을 이루고, 간혹 (화피-)부화관이 있다(예, *Narcissus*). **수술**은 대개 이열성, 3+3[3-18]개, 이생 또는 간혹 동합하여 (수술-)부화관을 형성한다(예, *Hymenocallis*). **약**은 측착, 종개[공개], 내향약이다. **암술군**은 합생심피성, 하위자방, 심피 3개, 자방은 3[1]실이다. 중축태좌 또는 기저태좌, **배주**는 도생배주, 복주피성, 단주피성 또는 무주피성이다. **열매**는 포배열개삭과 또는 드물게 장과이다. **종자**에는 식물흑색소가 존재한다.

전 세계적으로 분포하며, 특히 남미와 남부 아프리카에 집중 분포한다. 수많은 식물, 예를 들어 *Amaryllis*, *Crinum*(문주란속), *Galanthus*, *Hippeastrum*, *Leucojum*(은방울수선속), *Lycoris*(상사화속), *Narcissus*(수선화속) 등은 원예식물로, 몇몇 식물은 민간에서 약용, 향료, 향정신성 물질 등의 목적으로 이용한다. APG IV (2016) 분류체계에서는 부추과와 아가판투스과를 포함하여 광의의 수선화과로 처리된다. 계통수는 Meerow et al.(1999, 2000)와 Rønsted et al.(2012)를 참조한다.

주요 특징: **인경**, 다년생 **초본**, **산형상 화서**, **하위자방**.

P 3+3 또는 (3+3) **A** 3+3 또는 (3+3)[3-18], **G** (3), 하위, 화탁통.

Iridaceae 붓꽃과—약 66속 2,120종(**그림 7.25**).

다년생[일년생] 초본, 일부는 비정상적 이차생장을 하는 관목, 일부는 엽록소가 없는 부생식물이다(예, *Geosiris*). **줄기**는 근경성, 구경성, 인경성이거나 목본성 줄기로 발달한다. **잎**은 단면형 또는 원주형, 단엽, 좁고, 대개 검형, 엽초 발달, 과상, 이열호생, 평행맥이다[*Geosiris*는 인편상이고 엽록소가 없음]. **화서**는 정생, 수상화서, 단정화서, 단산화서 1-여러 개로 이루어진 수상화서나 원추화서(흔히 호산화서)이고, 대개 불염포처럼 생긴 포 2개가 감쌈; *Geosiris*의 경우 화서는 지표면에 있다. **꽃**은 양성, 방사대칭 또는 좌우대칭, 소화경이 있거나 없으며, 소포가 있고, 자방하생 또는 드물게 자방상생(*Isophysis*)이다. **화피**는 이열성, 동종화피, 3+3개, 화피편은 이생 또는 동합(Ixioideae의 경우 긴 관 모양임)하고, 화탁통은 있거나 없다. **수술**은 3개, 외화피편과 대생, 이생하거나 단체웅예, 약은 외향약으로 종개, 또는 공개한다. **암술군**은 합생심피성, 하위(*Isophysis*만 상위)자방, 심피 3개, 자방은 3실이다. **암술대**는 정생, Iridoideae는 암술대가 화판상이다. 중축태좌[측벽태좌], **배주**는 도생배주, 복주피성, 1개-다수이다. **열매**는 포배열개삭과이다. **종자**는 배유가 풍부하며, 종피는 말랐거나 육질이다.

붓꽃과는 Isophysidoideae(상위자방인 *Isophysis* 1속으로 구성됨)와 Iridoideae(붓꽃아과-하위자방인 여타 속), 2개의 아과로 분류하여 왔다. 후자는 흔히 3개의 족으로 분류한다. 이 중 Irideae(붓꽃족), Nivenieae는 소화경에 달리는 방사대칭화, 호산화서가 불염포 같은 커다란 포로 둘러싸이며(Nivenieae는 호산화서가 쌍을 이룬다는 점에서 다름), Ixieae는 소화경이 없는 방사대칭화 또는 좌우대칭화이고(기부에 포가 2개 있음), 화피편이 긴 관 모양으로 동합하며, 화서는 대개 수상화서이거나 단정화서이다. 전 세계적으로 분포하며, 특히 아프리카 남부에 다양한 종이 자란다. 꽃꽂이용 원예식물인 *Iris*(붓꽃속), *Gladiolus*(글라디올러스속), *Freesia*(프리지아속) 그리고 *Crocus*(크로커스속) 등이 경제적으로 중요하다. *Crocus sativus*(사프란 크로커스)의 암술대와 주두는 사프란의 원료이고, 일부 종의 구경은 민간에서 식용으로 이용한다. 형태 형질 및 계통수 연구는 Goldblatt et al.(1998, 2001, 2008), Reeves et al.(2001) 그리고 Goldblatt and Manning(2008)을 참조한다.

주요 특징: **다년생 초본**, **검형 단면엽**, **수상화서**, **단정화서**, **단산화서(호산화서)로 이루어진 화서**가 포로 감싸임, **수술 3개가 외화피편과 대생**.

P 3+3 또는 (3+3) **A** 3 또는 (3) **G** (3), 하위 (상위-*Isophysis*).

Orchidaceae 난과—약 800속 20,000종(**그림 7.26-7.28**).

다년생[일년생] 초본[덩굴식물], 육생 또는 착생. **뿌리**는 괴근(육생종의 경우) 또는 기근(착생종의 경우), 대개 다층표피를 지닌다. **줄기**는 육생종의 경우 근경 또는 구경으로 발달하고, 착생종의 경우 흔히 위인경이 존재한다. **잎**은 나선상호생, 이열호생 또는 윤생, 대개 엽초가 있으며, 단엽이고, 엽맥은 평행맥이다. **화서**는 총상화서, 원추화서, 수상화서 또는 단정화서이다. **꽃**은 양성, 드물게 단성, 좌우대칭, 주로 전도형(resupinate)으로 발생 중 꽃이 180° 역전하고(그림 7.28C), 자방상생이다. **화피**는 이열성, 동종화피성이지만 내화피와 외화피가 분

그림 7.24 ASPARAGALES(비짜루목), Amaryllidaceae(수선화과). **A,B.** *Narcissus pseudonarcissus*(나팔수선화). **A.** 꽃, 긴 관모양의 부화관. **B.** 꽃 종단면. 하위자방을 주목할 것. **C.** *Crinum*(문주란속)의 일종, 하위자방을 보여줌. **D.** *Eucharis* × *grandiflor*. 꽃 밑에 불염포성의 포가 존재함. **E–G.** *Clivia miniata*(군자란). **E.** 꽃, 정면. **F.** 자방 종단면. **G.** 자방 횡단면. 중축태좌, 3심피성, 3실 자방을 볼 수 있다.

그림 7.25 ASPARAGALES(비짜루목), Iridaceae(붓꽃과). **A.** *Iris*(붓꽃속)의 일종, 잎은 단면형, 과상 및 이열호생. **B.** *Dietes*의 일종, 외화피편 3개, 내화피편 3개, 꽃잎처럼 생긴 암술대(심피 3개에 해당함). **C.** *Iris*의 일종, 외화피편과 대생하는 수술을 보여주기 위해 암술대를 젖혀 올린 모습. **D.** *Crocus*(크로커스속)의 일종. **E.** *Chasmanthe aethiopica*, 좌우대칭화를 지니는 종. **F.** *Iris*의 일종, 하위자방의 횡단면, 중축태좌를 보여줌. **G–I.** *Sisyrinchium bellum*. **G.** 전체 외형. **H.** 꽃 접사, 동합한 수술. **I.** 동합한 약을 접사한 것. **J.** *Melasphaerula ramosa*. **K.** *Pillansia templemannii*. **L.** *Moraea fugax*. **M.** *Tritoniopsis*(남아프리카 케이프주 고유속).

그림 7.26 ASPARAGALES(비짜루목), Orchidaceae(난과). **A.** *Oncidium lanceanum*. **B.** *Vanilla planifolia*(바닐라). **C.** *Zygopetalum*의 일종. **D,E.** *Stanhopea tigrina*. **F.** *Caladenia fuscata*. **G.** *Calopogon*의 일종(비전도형 꽃).

화하는 경우가 많고, 화피편은 3+3개, 이생 또는 기부가 동합하는데, 모양과 색이 극도로 다양하고 간혹 거(꽃뿔)가 발달하거나 부풀어 주머니 같이 되기도 한다. 안쪽 화피열의 가운데 위치하며, 앞을 향해 처지는(전도형인 경우에는 발생 초기에 뒤를 향함) 화피편을 "순판"이라 부르는데, 이는 크고, 모양이 다양하거나 화려한 색을 띠는 경우가 많으며, 수분매개자가 내려앉는 장소가 되는 경우가 많다. **수술**은 대부분의 종에서 1개인데 이는 외열의 수술 3개 중 가운데 1개의 수술로부터 기원한 것이고, 흔히 헛수술의 흔적이 2개 있는데 이는 내열의 수술 3개 가운데 2개 수술로부터 유래한 것이다. Apostasioideae 또는 Cypripedioideae의 경우 염성수술이 2–3개 있는데, 2개일 경우에는 내열의 수술 3개 중 2개에서 온 것이고, 3개일 경우에

그림 7.27 ASPARAGALES(비짜루목), Orchidaceae(난과) 계속. **A.** *Cattleya*의 일종, 전도형 난꽃의 기본형. 안쪽 가운데 있는 크고 화려한 화피편인 "순판"에 주목할 것. **B–F.** *Cymbidium*(보춘화속)의 일종. **B.** 꽃 전체, 예주를 잘 나타내줌. **C.** 꽃 종단면. **D.** 예주 정단 접사. 약을 덮고 있는 약개에 주목할 것. **E.** 예주로부터 약개를 제거한 모습. **F.** 화분괴 2개를 달고 있는 화분괴이동체. **G.** *Ludisia*의 일종, 하위자방의 횡단면, 측벽태좌를 보여줌. **H.** *Thelymitra antennifera*, 곤충처럼 생긴 난초. **I,J.** *Epidendrum*의 일종. **I.** 순판에 이합하고 있는 예주를 접사한 것. **J.** 꽃 종단면. **K,L.** *Orchis spectabilis*. **K.** 꽃. **L.** 예주 접사. **M,N.** *Encyclia cochleata*. **M.** 위인경, 착생 난초에서 많이 볼 수 있음. **N.** 난과식물로서는 드문 형태인 비전도형 꽃. **O.** *Dendrobium*(석곡속)의 일종. **P.** *Cypripedium*(복주머니난속)의 일종. 순판은 커다랗게 부푼 형태이다. **Q.** *Paphiopedilum*의 일종.

(다음 페이지에 그림)

내화피편
A
순판
예주
순판
B
예주
자방(하위)
순판
C
약개
D
화분괴
주두돌기
주두부위
E
화분괴
F
G
예주
H
약개
주두돌기
I
화분괴
주두 부위
순판
J
거(꽃뿔)
K
L
위인경
M
N
O
순판
P
순판
Q

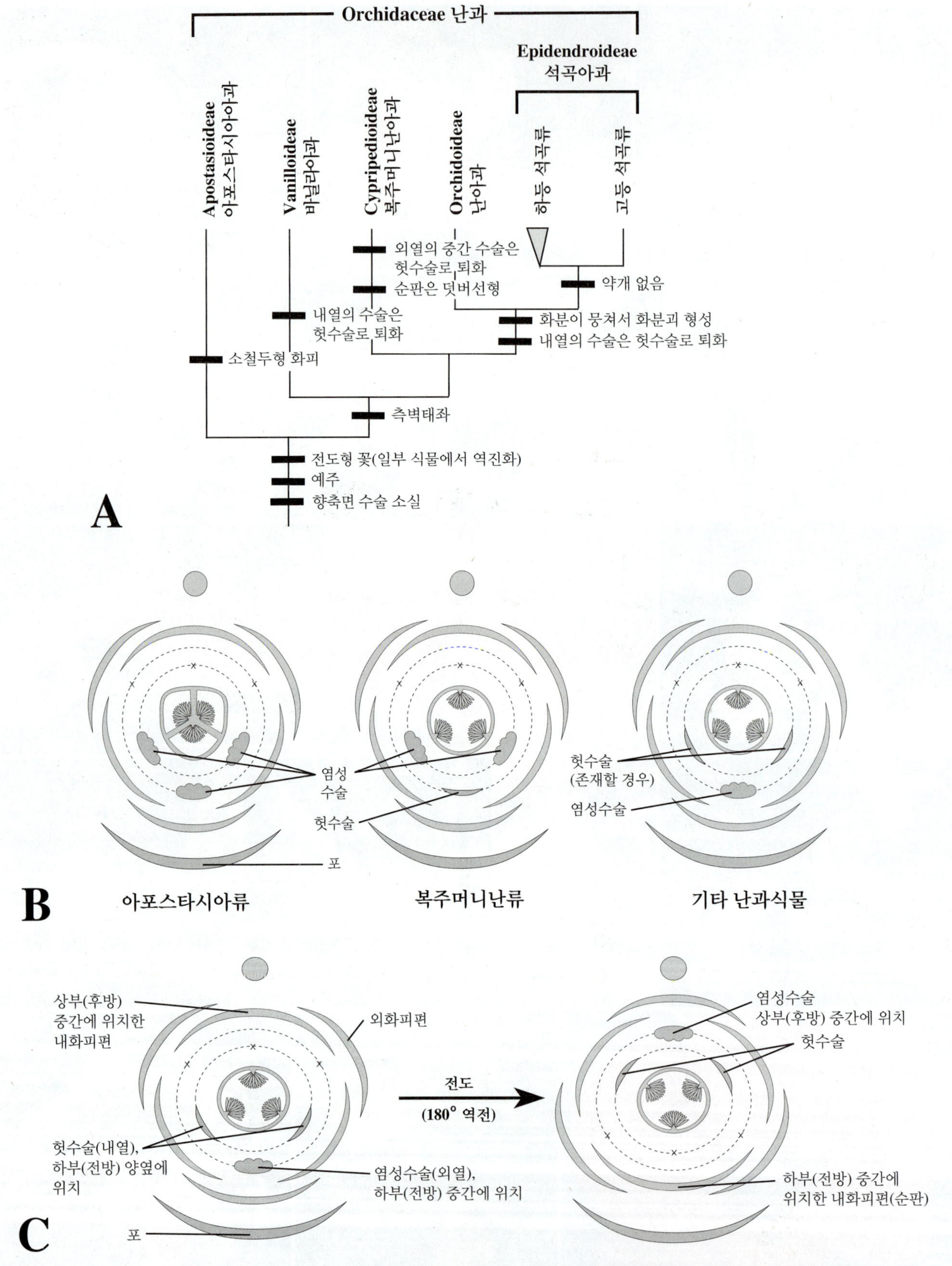

그림 7.28 ASPARAGALES(비짜루목), Orchidaceae(난과). **A.** 주요 난과 분류군의 계통수 및 파생형질(Cameron et al. 2006). **B.** 화식도: Apostasioids(아포스타시아류), Cypripedioids(복주머니난류) 및 기타 난과식물(Dahlgren et al. 1985). **C.** 전도되기 전(좌)과 후(우)의 화식도.

는 이 두 수술에 외열에서 기원한 가운데 수술 1개가 추가된 것이다. 수술은 암술대 및 주두와 합착하여 예주를 형성한다. **약**은 종개 또는 종개에서 약간 변형된 방식으로 열리며, 이포자낭성, 이반약성: Apostasioideae와 대부분의 Cypripedioideae를 제외한 모든 종에서 화분이 뭉쳐 1-12(대개 2-4)개의 덩어리를 이루는데, 각각을 "화분괴"(각 약의 소포자낭에서 기원하거나, 소포자낭이 몇 개로 나뉘거나 융합한 결과로 생성됨)라 한다. 화분괴와 점액질의 자루(약 또는 주두에서 기원)를 모두 합해 "화분괴이동체(pollinarium)"라 부르며, 이는 수분의 단위가 된다. 약격은 종종 "약개(덮개)"로 변형되어 수분이 일어나기 전까지 약을 감싼다. 화분은 종 대부분이 사립이지만, 일부에서는 화분괴이고, Apostasioideae와 Cypripedioideae는 단립이다. **암술군**은 합생심피성, 하위자방, 심피 3개, 자방은 1-3실이다. **암술대**는 1개, 정생, 예주의 주 구성체이다. 주두부위 위로 돌출한 열편은 주두돌기라 부르며, 주두의 일부분으로 해석한다. 주두돌기는 표면에서 점액 물질을 분비하여 화분괴이동체자루와 달라붙는다. 측벽태좌 또는 중축태좌, **배주**는 도생배주, 주로 복주피성이고, 아주 많이 존재한다(수백만 개가 들어 있기도 함). 흔히 밀선이 존재하며, 그 위치와 유형은 다양하다. **열매**는 포배열개삭과 또는 드물게 장과이다. **종자**에는 주로 막질의 날개가 있어서 바람에 의한 산포를 쉽게 할 것으로 생각되며, 배유는 초기에 발생을 중지하여 존재하지 않는다. **수분**은 다양한 곤충(대개 한 식물 종에는 특정한 종류의 곤충만이 수분에 관여함), 새, 박쥐 또는 개구리가 한다. 화분괴 안의 화분이 한꺼번에 이동하는 것은 엄청나게 많은 배주를 모두 수정하기 위해 적응한 결과로 보인다. 일부 종은 수분 과정에서 매우 주목할 만한 적응 양상을 보인다. 이 중 어떤 종은 시각적이면서 화학적인 의태현상을 통해 수컷을 유인하여 꽃을 마치 교미대상 암컷으로 인식하게끔 한다. 한편, *Coryanthes*의 순판은 예주에서 분비된 액체를 담고 있는 주머니 모양으로 되어 있는데, 이 액체에 빠진 벌은 순판을 빠져나오는 과정에서 화분괴이동체(pollinarium)를 자기의 몸에 묻히게 된다.

난과는 다음 5개 아과, Apostasioideae(아포스타시아아과: 수술 2-3개, 중축태좌), Vanilloideae(바닐라아과: 수술 1개, 측벽태좌), Cypripedioideae(복주머니난아과: 수술 2개, 측벽태좌), Orchidoideae-Epidendroideae(난아과-석곡아과: 수술 1개, 측벽태좌, 화분괴)로 분류하며, 석곡아과는 다시 "하등 석곡류(측계통군임)"와 "고등 석곡류"로 분류한다(그림 7.28A,B; Cameron et al. 2004, 2006). "수술 1개"라는 특징은 바닐라아과와 난아과-석곡아과에서 독립적으로 진화한 것으로 생각된다(Cameron et al. 2006). 난과는 전 세계적으로 분포한다. 난과의 많은 종은 원예적 가치가 높은 것이 많으며, 이 중 몇몇은 매우 비싼 값에 거래되기도 하고, *Vanilla planifolia*(그림 7.26B)의 삭과를 발효하여 향료를 만들기도 한다. 마다가스카르에 분포하는 *Angraecum sesquipedale*의 꽃은 45 cm에 달하는 긴 거(꽃뿔)로 유명하다. 이 난초는 거의 길이만큼 긴 주둥이를 지닌 나방에 의해 수분이 이루어지는 것으로 알려져 있는데, 찰스 다윈은 이러한 나방이 존재할 것으로 예측했으며, 실제로 그러한 나방이 나중에 발견되었다. 계통수와 생물지리 연구는 Cameron and Chase(2000) 그리고 Cameron(2004, 2006), Górniak et al.(2010), and Givnish et al.(2015, 2016b)를 참조한다.

주요 특징: **균근** 발달, **육생 또는 착생** 다년생 초본, 삼수성의 **전도형** 꽃, 화려한 **순판**, **수술과 암술이 이합**(**예주**), 화분은 합착하여 1-여러 개의 덩어리(**화분괴**)를 이루어 끝이 점액질인 자루에 달리는 경우가 많음, 이 화분괴와 자루는 **화분괴이동체**라 불리는데, 이것은 수분 과정에서 화분의 이동단위임.

P (3+3) **A** 1-3, 1개일 경우 화분괴이동체 **G** (3), 하위, 예주 형성.

COMMELINIDS 닭의장풀군

닭의장풀군(또는 닭의장풀아강)은 단자엽식물의 단계통군이며, 형태와 분자 데이터가 이를 뒷받침한다(**그림 7.29**). 이 식물군의 파생형질은 세포벽에 일련의 유기산(coumaric, diferulic 및 ferulic acid)이 스며들어 있다는 것이다. 자외선형광현미경을 이용하여 이 유기산을 확인할 수 있다(**그림 7.30**). 이 식물군에 포함되는 목과 과는 **표 7.3**에 수록되어 있다(APG IV, 2016).

닭의장풀군은 경제적으로 중요한데, 여기에는 Arecaceae(종려나무과), 생강 및 바나나(생강목), Poaceae(벼과) 등이 포함된다. 벼과는 특히 가장 중요한데, 여기에 곡류가 포함되기 때문이다. 그림 7.29에서 볼 수 있듯이, Dasypogonales-Arecales(다시포곤목-종려나무목)가 여타 계통으로 이루어진 그룹과 자매군을 이룬다. 계통수는 Graham et al. (2006), Chase et al.(2000a), Givnish et al.(2018)을 참조한다.

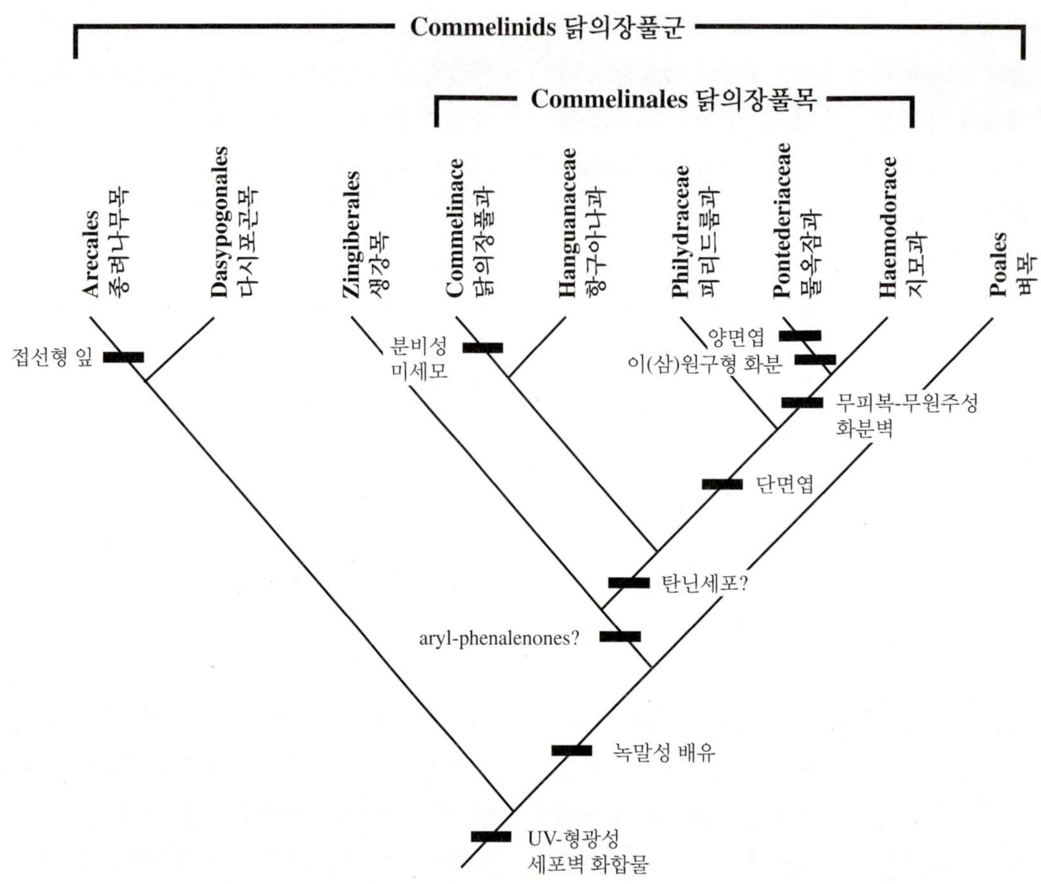

그림 7.29 Commelinids(닭의장풀군)의 주요 분류군 및 일부 파생형질(출처: APG IV 2016).

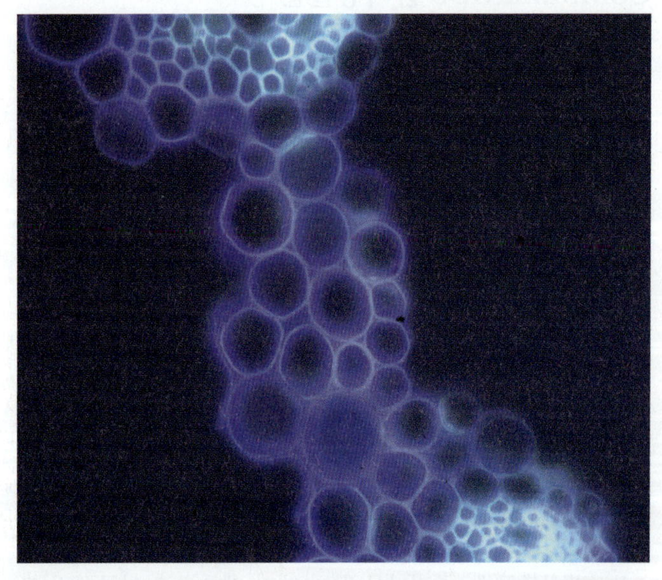

그림 7.30 *Lachnanthes caroliniana*(Haemodoraceae지모과)의 잎 횡단면. 목질화되지 않은 세포벽이 자외선 형광을 띠고 있다. 이 형광은 닭의장풀군의 파생형질인 특정 유기산이 존재하는 것을 나타낸다.

ARECALES 종려나무목

이 목은 종려나무과 하나만을 포함한다. 종려나무종류에 대한 정보와 계통유연관계 분석 결과는 Dransfield and Uhl(1998), Amussen et al.(2000), Hahn(2002) 그리고 Lewis and Doyle(2001)을 참조한다.

Arecaceae(=Palmae) 종려나무과—약 190속 2,600종(**그림 7.31**).

교목, 근경이 크게 발달하는 다년생 초본, 덩굴나무. 식물체의 성은 다양하고, 이차생장은 없다. **뿌리**는 균근성, 근모는 없다. **줄기**는 대개 목본상, 분지하지 않는 하나의 줄기 또는 수간이 있거나[*Hyphaene*는 차상분지], 직립성으로 총생 또는 단단한 지하경이 차상분지하거나(*Nypa*), 길게 뻗어 자라는 덩굴성으로 절간이 길다(*Calamus*). **잎**은 매우 큰 경우가 많고, 대개

표 7.3 Commelinids(닭의장풀군)의 목 및 과(APG IV 2016). 본문에 상세하게 기술한 과는 볼드체로 표시하였다. APG IV 분류체계와 약간 차이가 나는 과는 별표로 표시하였으며, APG IV에서 제안하는 보다 포괄적인 과는 대괄호 안에 기록하였다.

COMMELINIDS			
DASYPOGONALES*	ZINGIBERALES	POALES	POALES(계속)
Dasypogonaceae	Cannaceae	Anarthriaceae*[Restionaceae]	Mayacaceae
ARECALES	Costaceae	Bromeliaceae	**Poaceae(Gramineae)**
Arecaceae(Palmae)	Heliconiaceae	Centrolepidaceae*[Restionaceae]	Rapateaceae
COMMELINALES	Lowiaceae	**Cyperaceae**	Restionaceae
Commelinaceae	Marantaceae	Ecdeiocoleaceae	**Sparganiaceae***[Typhaceae]
Haemodoraceae	**Musaceae**	**Eriocaulaceae**	Thurniaceae(Prioniaceae 포함)
Hanguanaceae	Strelitziaceae	Flagellariaceae	**Typhaceae***
Philydraceae	**Zingiberaceae**	Joinvilleaceae	Xyridaceae
Pontederiaceae		**Juncaceae**	

가지 끝에 달리며(경정성), 나선상호생[이열호생 또는 삼렬호생], 잎의 기부는 엽초성인데 엽초 상단과 엽신 사이의 엽병이 길고 단단함, 목본상 분류군에서 이웃하는 잎은 엽초가 서로 중복되어 수간정단에 "엽관주"를 이룸, 단엽, 우상복엽, 이회우상복엽, 위장상엽 또는 장상복엽, 단엽일 경우, 주로 우상 또는 장상으로 전열, 간혹 이열하고, 일부 분류군에는 소엽에 가시가 나 있다. 엽신과 엽병 연결 부위에 대개 부속체(엽설)가 존재하는데, 장상복엽인 분류군의 경우에는 고둥형 돌기가 엽병과 엽신의 연결 부위에 존재한다. 엽신은 부채처럼 접히는 특징(접선형)을 보이는데, 소엽 또는 엽신이 갈라진 부위의 단면이 V자형(향접선형)이거나 역 V자형(배접선형)이고, 엽맥은 우상평행맥 또는 장상평행맥이다. **화서**는 대개 액생, 꽃 또는 취산화서 단위들이 원추화서 또는 수상화서를 이루고, 포에 싸여 있으며, 엽관주의 아래(엽하), 사이(엽간) 등에서 자라 나온다. 화경에는 커다란 전출엽과 1개-다수의 불염포가 있다. **꽃**은 단성 또는 양성, 방사대칭, 소화경이 없고, 자방하생이다. **화피**는 대개 이열성, 동종화피, 3+3개[0, 2+2개 또는 ∞], 화피편은 이생한다. **수술**은 3+3개[3개 또는 다수], 이생 또는 동합, 일부 종에서는 화판상생, 헛수술이 존재하기도 한다. **약**은 종개[공개]한다. **암술군**은 이생심피성 또는 합생심피성, 상위자방, 심피는 대개 3[1, 2, 4-∞]개, 자방은 3실 또는 1[∞]실이다. 암술대는 (존재할 경우) 이생하거나 동합, 주두는 자방에 바로 붙거나 암술대에 정생한다. **태좌**의 유형은 다양하다. **배주**는 여러 종류, 복주피성, 각 자방실에 1개 존재한다. **열매**는 육질성 또는 섬유질성, 대부분 핵과, 드물게 열개과, 일부는 외부에 인편(Calamoideae), 털, 가시 등이 나 있다. **종자**는 대개 1개, 배유는 지방 혹은 헤미셀룰로오스가 풍부하고, 때로 주름이 지며, 녹말은 없다.

주로 난대, 열대 지역에 분포하며 생태적으로 중요하다. 이 과는 최근에 5개 아과, 즉 Arecoideae(종려아과), Calamoideae(수수야자아과), Ceroxyloideae(납종려아과), Coryphoideae(정종려아과), Nypoideae(니파야자아과)로 분류한다(Asmussen et al. 2006). 덩굴나무인 수수야자아과(*Calamus* 및 근연속)가 다른 4개 아과로 이루어진 그룹과 자매군을 이룬다. 4개 아과 중 근경성인 니파야자아과(*Nypa*)가 나머지 3개 아과 그룹의 자매군이고, 정종려아과가 종려아과-납종려아과와 자매군을 이룬다. 부채처럼 접히는 엽신은 열매가 핵과인 점과 함께 이 과 전체의 파생형질이다. (받침꽃과와 다른 몇몇 단자엽식물도 잎이 접히는 특징을 보이지만, 이는 각각 독립적으로 진화되어 온 것으로 생각된다.) 종려나무류는 경제적으로 매우 중요하다. 예를 들어, *Cocos nucifera*(코코야자), *Phoenix dactylifera*(대추야자)는 열매, 등나무야자는 가구나 지팡이, 코코야자 열매의 중과피에서 추출한 조직(coir)은 섬유, *Elaeis oleifera*(기름야자)는 기름, *Metroxylon* 종류(예, 사고야자)에서는 녹말, *Copernicia cerifera*(왁스야자)에서는 왁스 물질, 그리고 많은 종들은 민간에서 목재 혹은 건축 자재로 활용하며, 인도에서는 *Areca catechu*(베텔야자)의 열매에 *Pipe betle*(베틀후추)의 잎과 라임을 섞어서 씹는 담배를 만든다.

주요 특징: 근경성, 덩굴나무 또는 주로 **목본상**인 줄기, 잎은 대형, 엽초성, **부채**처럼 접히는 특징을 보임, 열매는 대개 **핵과**,

그림 7.31 ARECALES(야자나무목), Arecaceae(야자나무과). **A.** *Syagrus romanzoffiana*(여왕야자), 화서와 불염포. **B.** *Chamaerops humilis*(지중해야자). 꽃 접사, 삼수성 화피와 수술군을 볼 수 있음. **C,D.** *Rhopalostylis sapida*. **C.** 암꽃 접사, 인편상으로 퇴화된 화피와 삼심피성 상위자방을 보여줌. **D.** 엽초상 엽저가 엽관주를 형성하는 모습; 측면으로 난 엽하화서에 주목할 것. **E.** *Syagrus romanzoffiana*. 화서와 불염포. **F.** *Phoenix dactylifera*(대추야자), 핵과. **G,H.** *Syagrus romanzoffiana*, 핵과. **G.** 열매 전체 외형. **H.** 핵과 종단면, 과피층(딱딱한 내과피와 육질의 중과피). **I–K.** *Calamus*의 일종(등나무야자). **I.** 전체 외형, 우상복엽을 보여줌. **J.** 엽저 접사; 엽초와 긴 절간에 주목할 것. **K.** 열매 (핵과) 접사, 아래를 향한 인편을 보여줌(등나무야자의 특징). **L.** *Zombia antilarum*, 가시가 많이 나있다.

종자에는 녹말이 없음. 잎이 접히는 특징과 열매가 핵과인 점은 파생형질로 생각됨.

P 3+3[0, 2+2, ∞] **A** 3+3 또는 (3+3)[3, ∞; 0 암꽃] **G** 3 또는 (3)[1, 2, 4-∞; 0 수꽃], 상위.

COMMELINALES 닭의장풀목, ZINGIBERALES 생강목 및 POALES 벼목

다시포곤과와 종려나무과를 제외한 나머지 닭의장풀군은 3개의 목, 즉 생강목, 닭의장풀목, 벼목으로 분류한다. 이들은 배유에 녹말이 풍부하다는 파생형질을 공유한다(그림 7.29). 이와는 달리 종려나무류의 종자에는 녹말이 없고, 지방과 헤미셀룰로오스가 풍부하다.

최근의 계통 분석결과에 따르면, 닭의장풀목과 생강목은 자매군이다(APG IV, 2016; Givnish et al., 2018). 이 2개의 목을 묶는 파생형질은 arylphenalenone이라는 화합물인데(그림 7.29), 이는 Haemodoraceae(지모과)에서 흔히 발견되며, Pontederiaceae(물옥잠과)와 생강목의 일부 식물에서도 발견된 바 있다.

COMMELINALES 닭의장풀목

APG IV(2016)에서 정의한 닭의장풀목은 5개의 과로 구성되는데(표 7.3), 이들 간의 상호관계와 파생형질은 그림 7.29에 나타내었고, 1개 과를 여기에 기재하였다. Hanguanaceae(항구아나과)는 아주 최근에 이 목에 포함되었다. 꽃에 있는 탄닌세포가 파생형질로 생각되기는 하지만 닭의장풀목을 형태적으로 정의하기는 쉽지 않다. 지모과와 Philydraceae(필리드룸과)는 파생형질로서 단면엽을 지니는데, 이는 수생식물인 물옥잠과에서 양면엽으로 역진화하였다. 지모과와 물옥잠과는 무피복-무원주성 화분이라는 파생형질을 공유함으로써 근연관계를 이루는 것으로 생각된다. 이 목의 계통수는 Davis et al.(2004), Saarela et al.(2008), Givnish et al.(2018)을 참조한다.

Commelinaceae 닭의장풀과—약 40속 700종(그림 7.32).

다년생 초본. **줄기**의 마디가 불룩한 경우가 많다. **잎**은 나선상호생, 기부는 폐쇄형 엽초성이며, 단엽, 갈라지지 않고, 발생초기에 엽신이 중륵을 향해 말려 있다. **화서**는 취산화서, 드물게 총상 또는 단정화서이며, 포를 뚫고 꽃이 자라 나오기도 한다. **꽃**은 대개 양성, 방사대칭 또는 좌우대칭, 자방하생이다. **화피**는 이열성, 대개 이종화피이다. **꽃받침**은 꽃받침잎 3개가 이생 또는 기부에서 동합한다. **화관**은 이생[꽃잎은 화조형] 또는 기부에서 동합, 꽃잎 또는 화관열편은 3개, 동형 또는 이형(후방의 것이 더 작음), 흔히 쉽게 떨어진다. **수술**은 대개 3+3개, 때로 3개는 염성, 3개는 헛수술[수술 1개만이 염성]이고, 이생, 수술대에는 종종 털이 나 있으며, 염성 수술은 모양이 다른 경우가 있다. **약**은 저착, 정자착, 종개[정단부 또는 기부가 공개]하며, 간혹 약격이 길게 돌출하고, 눈에 잘 띄는 불염성 약을 헛수술에서 볼 수 있다. **암술군**은 합생심피성, 상위자방, 심피 3개(가운데 것이 전방에 위치), 자방은 3실이거나 1실(정단부에만 존재) 또는 1-2실(다른 자방실은 미발달하거나 없음)이다. 중축태좌. **배주**는 직생배주 내지 도생배주, 복주피성, 1개-다수이다. **열매**는 포배열개삭과, 드물게 폐삭과 또는 장과이다. **종자**에는 간혹 날개나 가종피가 발달하고, 녹말성 배유가 있다. 식물체 표면에는 세포 3개로 이루어진 세포성의 분비성 "미세모"가 있는데, 이것이 이 과의 파생형질일 것으로 생각되며(그림 7.29), 조직에는 침상결정체를 함유하는 점액세포가 있는 경우가 종종 있다.

열대에서 아열대 지역에 분포한다. 일부 식물, 예를 들어, *Rhoeo*, *Tradescantia*(자주달개비속) 및 *Zebrina*는 원예식물로 가치가 있으며, 지역에 따라 일부 종은 약용 또는 식용으로 사용한다. 최근의 분류학적 처리와 계통수는 Faden(1998), Evans et al.(2003), Pellegrini(2017a)을 참조한다.

주요 특징: 다년생 **초본**, **폐쇄형 엽초**, 삼수성 자방하생화, 화관은 **조락성**, 일부에는 헛수술이 존재, 대부분의 종에 **삼세포성 분비성 미세모**가 있는데, 이는 파생형질로 생각됨.

K 3 또는 (3) **C** 3 또는 (3) **A** 3 또는 3+3 헛수술 또는 1 **G** (3), 상위.

ZINGIBERALES 생강목

생강-바나나그룹이라고도 하는 생강목은 8개의 과를 포함하며, 여러 파생형질로 잘 정의된 단계통군이다(표 7.3, 그림 7.33). 가장 분명한 파생형질은 엽맥이 **우상평행맥**이라는 것이다(그림 7.36A). 생강목의 거의 모든 식물은 **초권상 유엽형태**

그림 7.32 COMMELINALES(닭의장풀목). Commelinaceae(닭의장풀과). **A–C.** *Commelina*(닭의장풀속)의 일종. **A.** 화서 정단, 폐쇄형 엽초와 화서를 싸고 있는 포를 보여줌. **B.** 꽃 정면. 헛수술과 염성수술의 이형성에 주목할 것. **C.** 삼세포성 미세모, 닭의장풀과의 파생형질로 추정. **D.** *Dichorisandra reginae*. **E.** *Cyanotis somaliensis*. **F–H.** *Tradescantia*(자주달개비속). **F.** *Tradescantia hirsuta*. **G.** *Tradescantia virginiana*. 꽃의 전체 외형. **H.** *Tradescantia*의 일종. 수술군 접사, 털이 난 수술대를 볼 수 있다.

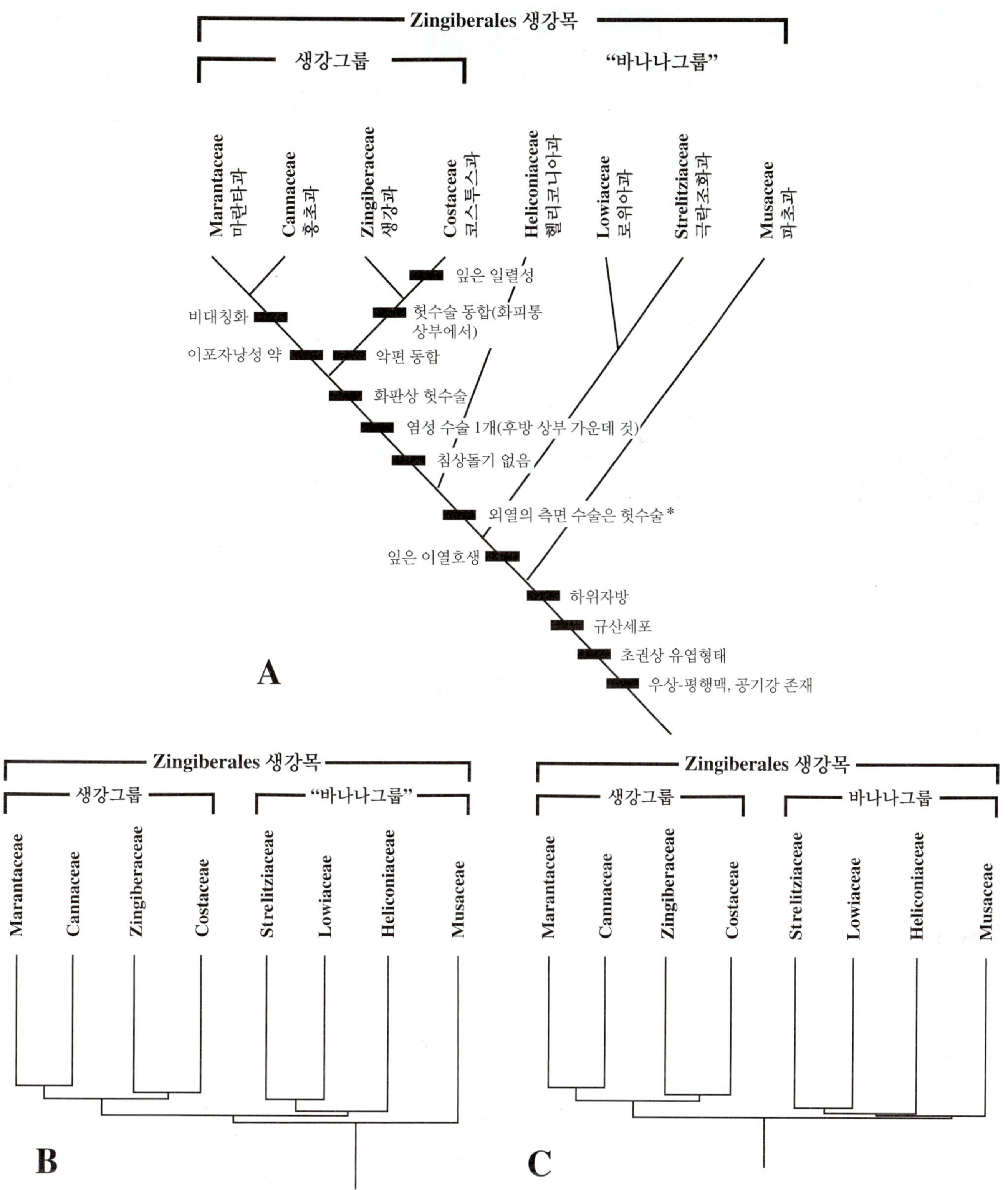

그림 7.33 **A.** 주요 파생형질이 명시된 Zingiberales(생강목)의 계통수(Kress et al. 2001) [*로 표시한 것은 Kirchoff(2003)을 참조하였음]. **B.** 파초과가 생강목의 다른 모든 과와 자매군임을 보여주는 계통수(Sass et al. 2016). "바나나그룹"의 나머지 3개 과는 단계통군을 이루고 있음. **C.** "바나나그룹"이 단계통을 형성하고 있는 계통수(Givnish et al. 2018). 그러나 "**B**"와 "**C**"의 일부 가지 길이가 매우 짧다는 점에 주목한다.

그림 7.34 생강목의 파생형질. **A–B.** 초권상 유엽 형태. **A.** *Strelitzia reginae*(극락조화) 어린잎, 오른쪽 반이 말려있는 상태. **B.** *Musa acuminata*(바나나), 미성숙한 잎의 횡단면, 엽신 좌우가 말려있는 모습. **C.** *Musa acuminata*(바나나), 엽병 종단면, 격실상 공기강이 있는 것을 볼 수 있다.

를 지니는데(미성숙한 잎의 모습, 제9장 참조), 이는 중륵을 따라 좌우의 엽신이 안쪽으로 말릴 때 한쪽의 엽신이 다른 쪽을 완전히 감싸면서 말리는 형태를 말한다(그림 7.34A,B). 이와 더불어 이목에 포함되는 모든 식물의 잎과 줄기에는 확장된 격실상 공기강(그림 7.34C) 및 규산 세포(그러나 이 형질은 이 목에만 국한된 파생형질은 아님)가 있다. 끝으로, 모든 생강목의 자방은 하위이다(그림 7.33A).

생강목의 계통수에서 말단에 위치하는 과 4개는 단계통군을 이루며 흔히 생강그룹(Gingers)이라 하는데, 이들 간의 상호 유연관계는 잘 규명되어 있다(그림 7.33A–C). 나머지 4개 과는 "바나나그룹(Bananas)"으로 불리는데, 이는 측계통군으로 생각되며, 과 간의 유연관계는 아직 명확히 밝혀지지 않은 상태다. 그림 7.33A/7.35(Kress et al. 2001)과 그림 7.33B(Sass et al. 2016)의 계통수는 바나나그룹의 계통유연관계에서 차이를 보이며, 그림 7.33C(Givnish et al. 2018)는 바나나그룹이 단계통을 이루고 있다. 이 목의 계통유연관계는 이들 연구와 Johansen(2005)를 참조한다.

생강목에 속하는 8개 과 중 1개를 여기에 기재하였다. 기재하지 않은 주요 과에는 Heliconiaceae, Marantaceae 그리고 Costaceae가 있다.

Musaceae 파초과—2–3속 약 40종(그림 7.36).

다년생 초본, 자웅동주. **줄기**는 땅속으로 뻗음, 가축성, 근경성 내지 구경성, 개화유한생장성이다. **잎**은 대형, 근생엽, 나선상호생, 엽초성(엽초성 엽병들이 계속 겹쳐 줄기처럼 됨), 엽병은 있거나(*Musa*) 없고(*Ensete*), 단엽(흔히 가장자리에서 중륵을 향해 갈기갈기 찢어짐), 우상평행맥이다. **화서**는 구경의 정단분열조직에서 나와 말려진 엽초를 통과하여 발달하는 밀추화서인데, 이는 단산화서(보통 "바나나 손"이라 부름)가 나선상으로 배열하는 총상화서로 볼 수 있다. 크고 혁질인 포가 총생하는 각각의 화서를 감싸고 있고, 자성취산화서는 기부에, 웅성취산화서는 정단에 위치한다. **꽃**은 소포가 없고, 단성, 좌우대칭, 자방상생이다. **화피**는 이열성, 동종화피, 3+3개, 화피편은 동합한다. (대개 내열의 향축면 화피편은 이생함.) **수술**은 이생, 5–6개, 안쪽의 가운데 향축면 화피편에 헛수술이 대생하기도 하지만 수술이 퇴화된 경우도 있으며, 약은 종개, 이반약성이다. **암술군**은 합생심피성, 하위자방, 심피 3개(가운데 심피가 하부에 위치), 자방 3실, 암술대는 정생, 중축태좌, 배주는 도생배주, 복주피성, 각 심피에 다수 존재한다. 격벽밀선이 자방실 위에 존재한다. **열매**는 장과이다. **종자**는 배유가 풍부하며, 가종피의 흔적이 있다. 박쥐나 새가 수분한다.

그림 7.35 생강목의 계통수(Kress et al. 2001). 바나나그룹의 유연관계는 Sass et al.(2016) 또는 Givnish et al.(2018)의 것과는 다르다(그림 7.33 참조). 그림 저작권자, Ida Lopez.

열대아프리카와 동남아시아에서 호주 북부에 주로 분포한다. *Musa*(파초속) 종류(특히, *Musa acuminata*의 삼배체형과 *Musa* × *paradisiaca*의 삼배체형)를 식용하고, *Musa textilis*(마닐라삼, abaca)와 *Musa basjoo*를 실이나 직물 그리고 건축용 섬유원료로 사용한다. 최근의 분류학적 처리는 Andersson (1998a)와 Liu et al.(2010)을 참조한다.

주요 특징: 여타 생강목 과와 다르게 **자웅동주**, 잎은 **나선상호생**.

P (3+3) **A** 5–6 **G** (3), 하위.

POALES 벼목

APG IV(2016)에서는 벼목을 16–17개 과로 구성되는 커다란 분류군으로 정의한다. 여기서는 6개 과를 기재하였다. **그림 7.37**의 계통수는 이들 과의 유연관계로 제시된 가설 가운데 하나이다. 계통수의 기부에 위치하는 분규군의 꽃은 화려하고, 충매화이다. 이 식물군의 꽃은 작고, 퇴화하였으며, 대개 풍매화이다. 벼목의 계통수는 Bremer(2002), Michelangeli et al.(2003), Davis et al.(2004), Chase et al.(2006), Graham et al.(2006), Columbus et al.(2007), Soltis et al.(2007, 2011)을 참조한다.

Cyperaceae 사초과—약 98속 약 5,700종(**그림 7.38**, **7.39**).

초본, 다년생 또는 일년생, 드물게 관목 또는 덩굴나무. 다년생일 경우 **줄기**는 근경성, 포복성, 또는 인경성 또는 지상부 줄기가 빽빽하게 총생하며, 단면은 삼각형, 수는 차 있다. **잎**은 양면엽, 나선상호생, 대개 삼렬호생[이열호생], 엽초성(폐쇄형), 단엽, 갈라지지 않고, 좁고 평평, 평행맥, 엽설은 있거나 없다. 하부의 잎은(또는 일부 식물의 경우 전체 잎이) 엽초로 된다. **화서**는 1개 또는 2개 이상의 양성 또는 단성의 "사초과형"소수화서(1개만 존재하거나 여러 개가 이차화서를 형성)로 되고,

그림 7.36 ZINGIBERALES(생강목), Musaceae(파초과). **A.** *Musa coccinea*, 우상평행맥인 잎과 정생하는 화서를 보여줌(꽃과 포가 밝은 적색임). **B–F.** *Musa acuminata*, 재배종 바나나. **B.** 어린 화서, 기부에 암꽃으로 이루어진 취산화서(일명, 바나나손)와 이를 싸고 있는 커다란 포를 볼 수 있음. **C.** 취산화서로 배열된 암꽃. **D.** 화서가 마치 줄기처럼 자라는 모습. 기부에는 암꽃(결실 상태), 정단부(아래쪽)에는 수꽃이 존재함. **E.** 수꽃 접사. **F.** 화식도(수꽃과 암꽃을 합친 것); * = 퇴화되어 없어진 수술.

각 소수화서는 소축에 포(인편 또는 포영)가 나선상호생 또는 이열호생하며, 맨 아래의 포를 제외한 각 포는 하나의 꽃을 싸고 있다. **꽃**은 작고, 단성 또는 양성, 방사대칭, 자방하생이다. **화피**는 없거나 육수성 [1개–다수], 화피편은 퇴화되어 강모나 인편형이다. **수술**은 3[1–6+]개, 약은 내향약, 종개, 수술대는 약 열개시 길어진다. **화분**은 위단립인데, 이는 소포자 형성 과정에서 소포자 4개 중 3개가 사라지고 남은 1개가 화분으로 발달하는 경우이다. **암술군**은 합생심피성, 상위자방, 심피 2–3[4]개, 자방 1실, *Carex*의 암술은 과낭(낭포)이라고 하는 주머니 모양의 포에 둘러 싸이며, 정단부에 암술대가 존재한다. 기저태좌, **배주**는 도생배주, 복주피성, 자방에 1개씩 존재한다. **밀선**은 없다. **열매**는 수과, 능각이 2개인 렌즈형 또는 능각이 3개인

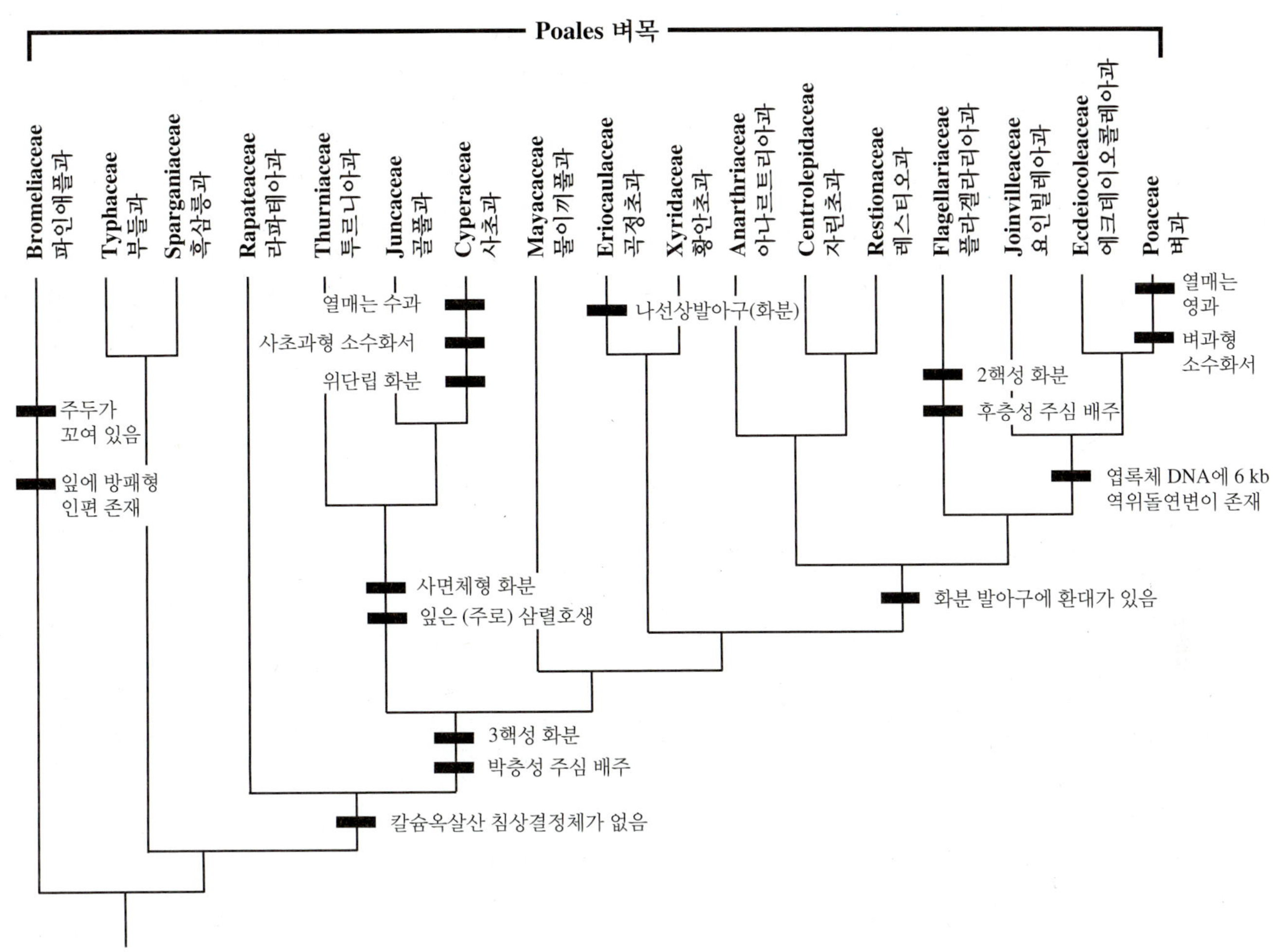

그림 7.37 POALES(벼목)의 과 간 유연관계와 주요 파생형질을 보여주는 계통수(Givnish et al. 2018).

삼릉형이다(소견과라고 부르기도 함). 일반적으로 풍매화이다.

전 세계, 특히 온대 지역에 주로 분포한다. (측계통인) *Carex*(사초속)은 약 2,000종을 포함하는데, 여러 생태계에서 매우 중요하다. 경제적 중요성은 별로 없으나 일부 종은 돗자리나, 지붕, 직물 또는 종이로 이용하며, 일부는 원예식물로 재배하고(예, *Cyperus involucratus*), *Cyperus esculentus*(기름골) 같은 종은 고약한 잡초이다. 최근의 기재와 계통분석은 Goetghebeur(1998), Simpson et al.(2003, 2007), Muasya et al.(2009), Naczi(2009), Escudero and Hipp(2013), Hinchcliff and Roalson(2013)을 참조한다.

주요 특징: 줄기는 단면이 **삼각형**, 속이 차 있고, **폐쇄형 엽초**, 잎은 **삼렬 호생**, 화서는 "**사초과형소수화서**", 중앙축(소축)에 **포**(인편 또는 포영)가 **나선상호생 또는 이열호생**, 각 포는 양성화 또는 단성화 1개를 싸고 있음, 화피편은 **퇴화되어 강모나 인편상**, 수술은 주로 3개, 심피 2–3개 합생, 열매는 2–3개의 능각이 있는 **수과**.

P 6 또는 0[1–∞] **A** 3[1–6+] **G** (2–3)[(4)], 상위.

Eriocaulaceae 곡정초과—7속 700 약 1,200종(**그림 7.40**).

다년생 또는 일년생 초본, 자웅동주[자웅이주], 근경이 발달하고, 슈트는 총생한다. **잎**은 줄기 기부에 달리며, 종종 로제트형, 나선상호생[이열호생], 엽초성, 단엽, 대개 좁고(평평하거나 원주형, 일부는 고랑형), 평행맥이다. **화서**는 근생화경에 달리는 두상화서로 복와상의 총포편들이 끼워 싸고 있으며, 화탁에 털이 나고, 화탁포가 있으며, 자웅동주일 경우에는 암꽃과 수꽃이 혼생하거나 암꽃이 가장자리에 배열된다. **꽃**은 작고, 흰색을 띠며, 단성, 방사대칭 또는 좌우대칭, 소화경이 없거나 매우 짧다. **화피**는 이열성, 이종화피, 투명, 흰색 또는 다양한 색을 띤다. **꽃받침**은 이생하거나 기부에서 동합하여 통 모양을 이루고, 2 또는 3개로 부분전열한다. **화관**은 이생하거나 기부

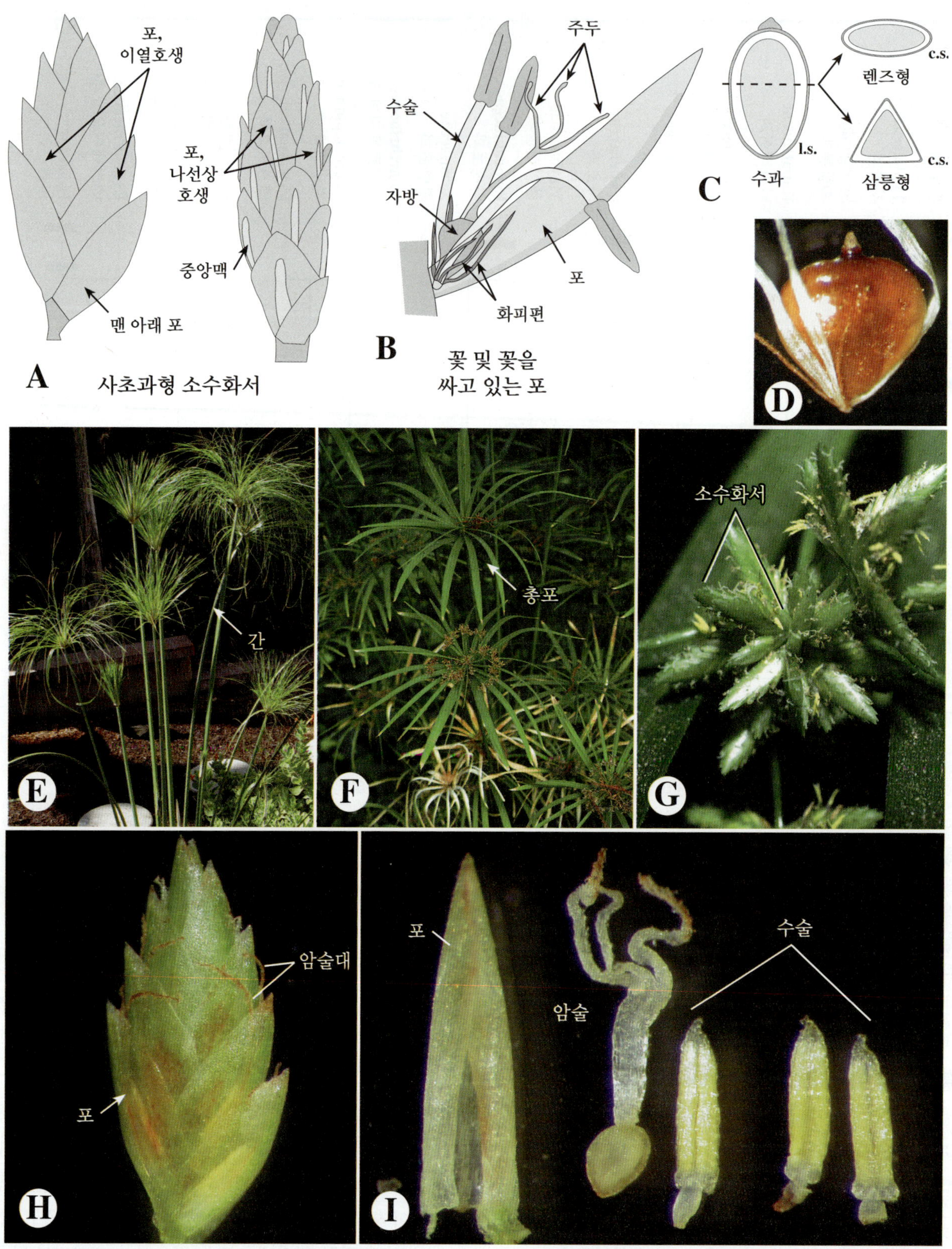

그림 7.38 POALES(벼목), Cyperaceae(사초과). **A.** 사초과형 소수화서의 모식도로서 포의 배열은 이열호생(왼쪽) 또는 나선상호생(오른쪽). **B.** 사초 꽃의 모식도. **C.** 수과의 모식도로서 2개의 형태를 나타냄; l.s. = 종단면; c.s. = 횡단면. **D.** *Scirpus*(매자기속)의 일종, 성숙한 수과. **E.** *Cyperus papyrus*(파피루스). **F–I.** *Cyperus involucratus*. **F.** 커다란 포가 특징적인 식물체. **G.** 화서 접사. 소수화서가 단집화서(glomerule)를 이룸. **H.** 소수화서 접사. **I.** 꽃을 싸고 있는 포(왼쪽)와 꽃의 구성체(오른쪽).

그림 7.39 POALES(벼목), Cyperaceae(사초과). **A,B.** *Scirpus californicus*. **A.** 연못가에서 자라는 모습. **B.** 화서 접사. 소수화서가 밀집하여 원추화서를 이룸. **C.** *Scirpus americanus*, 간(稈)에서 발달한 화서. 정단부에 줄기처럼 생긴 포가 있음. **D,E.** *Scirpus maritimus*(매자기). **D.** 폐쇄형 엽초. **E.** 줄기 횡단면, 삼각형 구조. **F-H.** *Scirpus*(매자기속) 종류. **F.** 화피편을 1개 떼어낸 것. **G.** 꽃. **H.** 꽃의 기부에 붙어있는 화피편의 모습. **I,J.** *Eleocharis montevidensis*. **I.** 전체 외형; 간이 총생함. **J.** 소수화서, 접사. **K.** *Carex barbarae*, 자성 소수화서. **L.** *Carex praegracilis*, 암술을 싸고 있는 과낭.

그림 7.40 POALES(벼목), Eriocaulaceae(곡정초과). *Eriocaulon*(곡정초속)의 일종. **A.** 전체 외형. **B.** 화서, 근생화경에 달리는 두화. **C.** 두화, 위에서 본 모습, 수꽃의 짙은 약을 볼 수 있음. **D.** 수꽃. **E.** 암꽃. **F.** 암꽃의 자방, 화피편은 제거되었음. **G.** 나선상 발아구형 화분.

에서 동합하여 통 모양을 이루고, 2개 또는 3개로 부분전열한다[간혹 화관이 없다]. **수술**은 이수성 꽃일 경우 2개 또는 4개, 삼수성 꽃일 경우 3, 6 또는 1개이며, 꽃잎과 대생(2개 또는 3개일 경우)하고, 화판상생이거나 웅예병에서 자라 나온다. **약**은 종개, 내향약, 이포자낭성 또는 사포자낭성이다. **화분**은 구형, 발아구는 나선상이고 표면에 소자상 돌기가 있다. **암술군**은 합생심피성, 상위자방, 심피 2–3개, 자방은 2–3실이다. **암술대**는 1개, 간혹 화주처럼 생긴 부속체가 존재한다. **주두**는 2–3개이고, 말라 있다. **태좌**는 정단태좌, 복부현하태좌. **배주**는 직생배주, 복주피성, 각 심피에 1개 존재한다. 일부 분류군에서는 꽃잎 끝에 있는 분비선 이외에 밀선은 없다. **열매**는 포배열개 삭과이다. **종자**는 타원체형, 배유에 녹말이 들어 있다. 풍매화 또는 충매화이다.

곡정초과를 구성하는 주요 속은 *Eriocaulon*(곡정초속), *Leithrix*, *Paepalanthus* 그리고 *Syngonanthus* 등이다. 이 과의 식물은 열대 및 아열대 지역, 특히 아메리카의 습지에 주로 자라며, 일부만이 북반구 온대 지역에 자란다. *Syngonanthus*의 화서는 "everlastings"라는 이름으로 화훼시장에서 거래한다. 상세한 과 기재는 Stutzel(1998), 계통수는 Gomes de Andrade et al.(2010)과 Giulietti et al.(2012)을 참조한다.

주요 특징: 다년생 또는 일년생 초본, 잎은 줄기 **기부에 달리며 흔히 로제트형**, **근생화경** 끝에 매우 작은 단성화(대개 **흰색**)로 이루어진 **두상화서**가 존재함.

K 2–3 또는 (2–3) **C** 2–3 또는 (2–3) **A** 2, 3, 2+2 또는 3+3 **G** (2–3), 상위.

Juncaceae 골풀과—7속 약 430종(**그림 7.41**).

초본, 다년생[1년생]. **줄기**는 대개 근경성이다. **잎**은 단엽, 평행맥, 갈라지지 않고, 양면엽 또는 단면엽, 대부분 근생, 나선상호생, 대개 삼렬호생[이열호생], 엽초성, 엽설이 있고, 평평하거나 원주형이다. **화서**는 단정화서 또는 1개-다수의 취산화서로 이루어진 복합화서, 단집화서, 두상화서이다. **꽃**은 양성, 간혹 단성, 방사대칭, 포가 있고, 자방하생이다. **화피**는 대개 건막질성, 이열성, 동종화피, 드물게 일렬성, 3+3[2+2 또

그림 7.41 POALES(벼목), Juncaceae(골풀과). **A.** *Juncus bufonius*(애기골풀), 전체 외형. **B.** *Juncus dubius*, 꽃 접사. 화피편은 6개이며, 막질이고 복와상인 점에 주목할 것. **C,D.** *Juncus phaeocephalus*. **C.** 단면엽 접사. **D.** 꽃, 암술대가 밖으로 돌출함. **E.** *Juncus acutus*. 전체 외형. **F.** 삭과(왼쪽)와 화서(오른쪽) 접사.

는 3]개이다. 화피편은 이생, 화탁통은 없다. 외화피편과 내화피편은 이생, 각각은 3[2]개의 부분으로 이루어진다. **수술**은 3+3[3+0 또는 2+2]개, 윤생, 이열로 배열할 경우 화피대생이 열웅예, 합착하지 않는다. **약**은 저착, 종개한다. **화분**은 사립이다. **암술군**은 합생심피성, 상위자방, 심피 3개, 자방은 3실 또는 1실이다. **암술대**는 대개 3개로 갈라진다. **주두**는 간혹 꼬인다. 중축태좌, 기저태좌 또는 측벽태좌. **배주**는 도생배주, 복주피성, 각 심피에 1개-다수 존재한다. **열매**는 포배열개삭과, 드물게 폐과이다. **종자**에는 녹말성 배유가 있다. 풍매 또는 충매 수분을 한다.

골풀과, 사초과 그리고 근연 과들(Thurniaceae, Prioniaceae)은 2개의 주요 파생형질, 즉 삼렬호생엽, 사립화분을 공유할 것으로 생각된다(그림 7.38). 골풀과 식물은 전 세계적으로 분포하지만, 일반적으로 온대와 냉대지역에 주로 분포한다. 경제적 중요성은 거의 없지만, 일부 종이 원예종으로, *Juncus*(골풀속)의 일부 종은 민간에서 돗자리, 광주리 등의 물건을 만드는 데 이용된다. 페루에서는 *Distichia*(쿠션을 형성함)를 연료로 사용한다. 최근의 과 기재와 계통학적 연구는 Balslev(1998), Záveská Drábková et al.(2003), Roalson(2005), Záveská Drábková(2010)을 참고한다.

주요 특징: **초본**, **다년생**, **나선상호생**, **엽초상**, 양면엽 또는 단면엽, 꽃은 삼수성, 방사대칭, 화피는 **건막질성**, 포배열개삭과. **P** 3+3[2+2 또는 3] **A** 3+3[3+0 또는 2+2] **G** (3), 상위.

Poaceae(Gramineae) 벼과—707속 약 11,300종(그림 7.42–7.45).

초본, 다년생 또는 일년생, 양성화주, 자웅동주 또는 자웅이주, 간혹 교목상(대나무). **뿌리**는 부정근, 종종 내생균근을 이룬다. **줄기**는 다년생일 경우 근경 또는 포복경으로 되며, 직립경("간"이라고 함)은 비었고(마디에는 차 있음), 흔히 총생상, 일부 식물에서는 목본처럼 된다(대나무). **잎**은 단엽, 기부에만 달리거나 줄기 전반에 달리고, 이열호생, 드물게 나선상호생, 엽초는 대개 개방형, 엽신은 양면형, 평행맥, 엽저는 흔히 이저이고, 엽초와 엽신의 연결 부위에 엽설이 있다(엽설은 엽초와 비슷하거나 모용이 밀집한 것처럼 보임); 대나무류의 경우 엽초와 엽신 사이에 자루 같은 구조("위엽병")가 있다. **화서**는 정생 또는 액생하는 소수화서(더 적절히 표현하자면 "벼과형 소수화서"이며), 이것들이 다시 배열되어 수상화서, 총상화서, 원추화서 또는 단집화서 등을 이룬다. 소수화서는 자루가 있거나 없고, 화서축에 윤생, 대생 또는(한 방향 또는 두 방향으로) 이열호생, 개개의 벼과형 소수화서는 소축과 여기에 이열호생하는 화서 구성 부분으로 이루어지는데, 이는 기부에 위치하는 2개의 포(=포영 아래쪽의 것은 일차포영, 위쪽의 것은 이차포영이라 부르며, 변형되거나 없는 경우도 있음)와 하나 또는 둘 이상의 "소화(꽃)"로 구성된다. 각 소화는 극히 짧은 측축에 달리는 포("외화영"과 "내화영" 2장과 꽃 1개로 구성됨)가 있다. 외화영은 아래쪽에 달리는 더 큰 포를 지칭하며, 맥의 개수가 대개 홀수이다. 내화영은 위쪽에 달리는 작은 포로서 맥은 2개이고, 전체 또는 일부분이 외화영에 의해 둘러싸인다. 강모 같은 까락이 포영과 외화영 정단에 있는 경우도 있다. **꽃**은 양성 또는 단성, 소화경은 없고, 자방하생이다. **화피**는 없거나 2–3개의 인피(외화영측 하부에 위치함)로 변형되었고, 팽창하여 외화영과 내화영을 분리시켜 소화를 열어 주는 역할을 한다. **수술**은 2개 또는 3개이다. 약은 저착 내지 정자착, 기부는 화살촉형, 흔히 길게 늘어난 수술대에 매달려 늘어지며, 이반약성이고, 종개한다. **화분**은 원공형이다. **암술군**은 합생심피성, 상위자방, 심피 2–3개, 자방은 1실이다. **주두**는 2–3개, 흔히 우모상이다. 기저태좌. **배주**는 직생배주 내지 도생배주, 대개 복주피성, 각 자방에 1개 존재한다. **밀선**은 없다. **열매**는 영과이다. **종자**에는 배유가 있다. 풍매수분을 한다.

전 세계적으로 분포한다. 벼과는 경제적으로 가장 중요한 과이다. 보리(*Hordeum*), 옥수수(*Zea*), 귀리(*Avena*), 벼(*Oryza*), 호밀(*Secale*), 밀(*Triticum*) 등의 곡류(주식 및 주정원료)와 목초지의 여러 중요한 풀들이 여기에 포함된다. 이 과의 식물은 여러 생태계, 예를 들어 초원과 사바나의 중요한 구성 요소이다. 벼과의 형질 진화에 대한 정보와 과 내 분류체계에 대한 것은 Duvall et al.(2007), Hodkinson et al.(2007), Simon(2007), Grass Phylogeny Working Group II(2012), Kellogg(2015)를 참조한다.

주요 특징: 초본(대나무는 교목), 줄기는 **중공상수**, 잎은 **이열호생**, **엽초는 개방형**, 엽신과 엽초 사이에 **엽설**이 있음, 화서는 **벼과형소수화서**로 중앙축 기부에 있는 2개의 **포영**과 1–다수의 **소화**로 구성, 각 소화는 짧은 측축에 달리는 2장의 포(아래쪽의 **외화영**은 홀수 개의 맥이 있고, 위쪽의 **내화영**은 맥이 2개 있음)와 1개의 꽃으로 구성, 꽃은 2–3개의 **인피**로 퇴화한 화피, 수술 대개 2–3개, 아래로 늘어지며, 심피 2–3개가 합생,

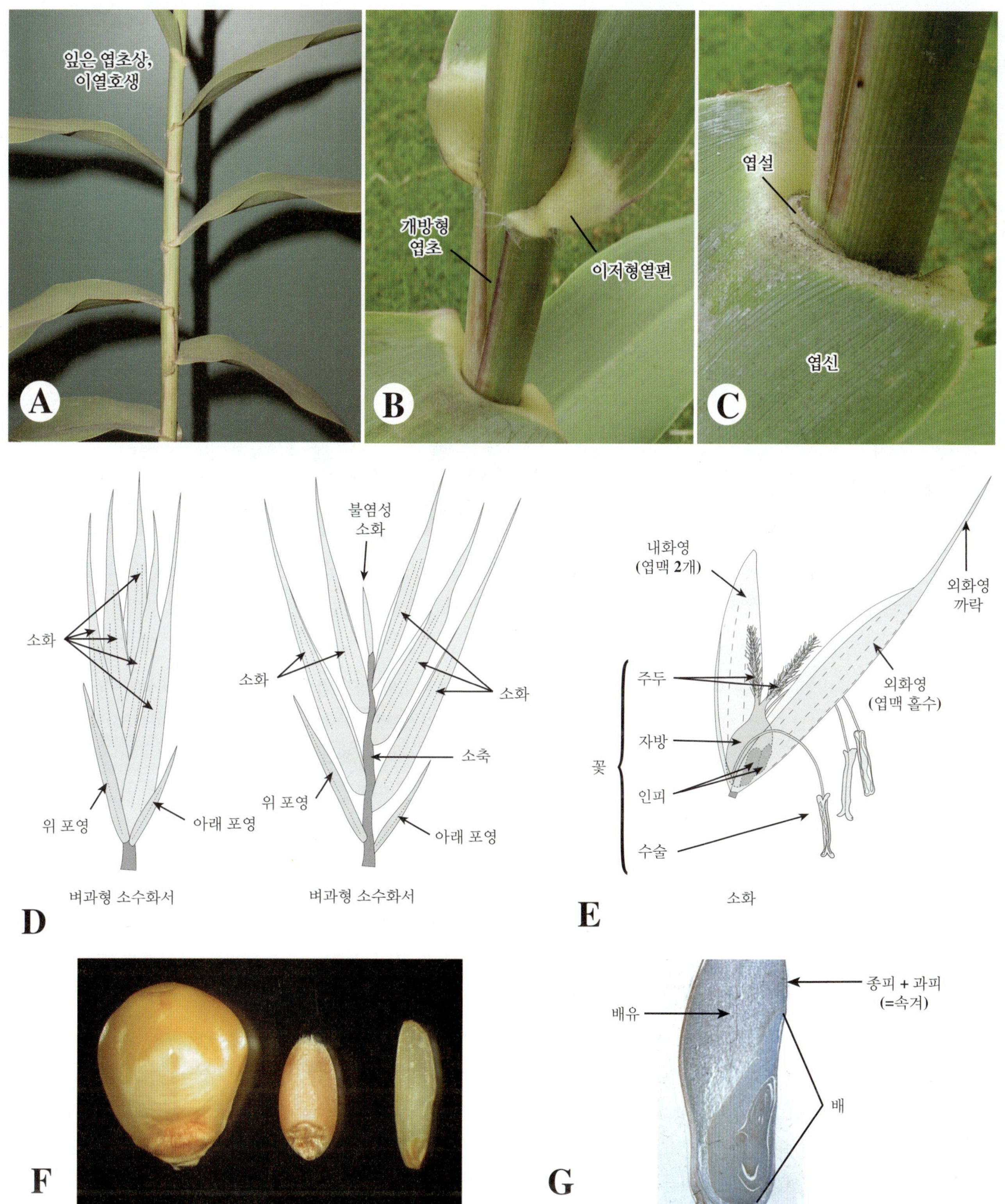

그림 7.42 POALES(벼목), Poaceae(벼과). **A.** 지상부 슈트, 이열호생하는 잎을 볼 수 있음. **B.** 잎 접사, 개방형 엽초와 귓불처럼 생긴 엽저(이저)를 보여줌. **C.** 엽설, 엽초와 엽신이 만나는 향축 부위에 존재함. **D.** 벼과 소수화서 모식도, 소축에 포영 2개(일부 분류군에서 포 2개 중 1개 또는 둘 다 없거나 변형되었음)와 소화가 1–다수가 존재함. **E.** 소화. 짧은 측지에 포 2개(외화영과 내화영)와 꽃 1개가 달림; 일부 분류군에서 이 소화는 단성화이거나 불염성. **F.** (왼쪽에서 오른쪽으로) *Zea mays*(옥수수), *Triticum aestivum*(빵밀) 그리고 *Oryza sativa*(벼)의 영과. **G.** 옥수수의 영과를 종단한 것으로, 배와 배유 그리고 종피와 과피가 합착한 구조를 보여준다.

그림 7.43 POALES(벼목). Poaceae(벼과)의 대나무류. 목본처럼 견고한 지상부 줄기, 광합성을 하지 않는 커다란 인편엽, 상부에 발달하는 측지와 광합성엽을 볼 수 있다. **A,B.** *Dendrocalamus giganteus*. **C.** 광합성엽이 달린 측지.

자방에 1개의 배주만이 있고, 주두는 **우모상**, 열매는 **영과**.

P 2–3[–6+] 인피 **A** 1–6[1] **G** (2–3), 상위.

Sparganiaceae 흑삼릉과—1속(*Sparganium*) 14종(그림 7.46A–F).

다년생 초본, 정수성 수생식물, 자웅동주, **줄기**는 근경성이다. **잎**은 양면엽, 이열호생, 엽초성, 단엽, 전연, 납작하고, 좁고 길며, 평행맥이다. **화서**는 구형 두상화서, 포가 있고, 웅성두화가 위에 자성두화는 아래 달린다. **꽃**은 작고, 단성, 방사대칭, 소화경이 없으며, 암꽃은 자방하생이다. **화피**는 인편상, 화피편이 1–6개(수꽃), 암꽃은 포가 있고, 화피편은 3–4[2–5]개이다. **수술**은 1–8개, 화피편과 대생, 이생 또는 기부가 동합한다. **암술군**은 단심피성 또는 합생심피성, 상위자방, 심피는 1[2–3]개, 자방은 1[2–3]실이다. 정단태좌, **배주**는 도생배주, 복주피성, 각 심피에 1개 존재한다. **밀선**은 없다. **열매**는 건과로서 핵과처럼 생겼고, 화피와 암술대는 숙존한다. **종자**에는 배유가 있다. 풍매화이다.

전 세계적으로 분포한다. 경제적 중요성은 알려진 바 없다. 종종 부들과와 통합된다(Kubitzki 1998d 참조).

주요 특징: **다년생**, **근경성**, **자웅동주**, **정수성 수생식물**, 잎은 **이열호생**, **양면엽**, **단성화**, **구형의 두상화서**(웅성두화는 상부에 자성두화는 하부에 위치함), 꽃은 매우 작고 풍매화, **인편상**화피, 열매는 **핵과형**, **암술대**는 **숙존성**.

수꽃: **P** 1–6 **A** 1–8 또는 (1–8).

암꽃: **P** 3–4 [2–5] **G** 1 [(2–3)], 상위.

Typhaceae 부들과—1속 8–13종(그림 7.46G–I).

다년생 초본, 수생식물, 정수성이고, 자웅동주, **줄기**는 근경성이다. **잎**은 양면엽, 대개 근생엽, 이열호생, 엽초성, 단엽, 갈라지지 않으며, 납작하고, 길고 좁으며, 평행맥, 해면유조직이 발달한다. **화서**는 정생, 원주형의 수상화서로 작은 꽃이 빽빽하게 배열하고, 수꽃은 위에 암꽃은 아래에 달린다. **꽃**은 매우 작고, 단성, 방사대칭, 암꽃은 자방하생이다. 수꽃의 화피편은 0–3[–8]개로 강모 같으며, 암꽃의 화피편은 (1–4열로 배열) 수가 매우 많고, 강모 또는 인편처럼 생겼다. **수술**은 3[1–8]개, 이생한다. **약**은 저착, 약격은 넓고 반약 위로 돌출한다. **화분**은 사립 또는 단립 상태로 약에서 방출된다. **암술군**은 단심피성, 상위자방이다. 암술대는 숙존생장한다. 정단태좌, **배주**는 1개, 도생배주, 복주피성이다. **밀선**은 없다. **열매**는 열개과, 수과처럼 생겼으며, 숙존생장하는 자방병과 암술대 그리고 화피 일부가

그림 7.44 POALES(벼목), Poaceae(벼과). 소수화서 형태. **A–C.** *Elymus glaucus*. **A.** 미성숙한 소수화서. 포영 2개와 소화 3개를 지니고 있으며 열리지 않았음. **B.** 성숙한 소수화서. 내화영 및 까락이 발달한 외화영과 개화한 소화 1개를 보여줌. **C.** 꽃 접사. 수술 3개, 암술대를 보여줌. **D–F.** *Agrostis stolonifera*(애기겨이삭). **D.** 성숙한 소수화서, 포영 2개, 꽃 1개의 외화영과 내화영을 보여줌. **E.** 소화를 해부한 모습. 수술 3개, 외화영과 자방 사이에 위치한 인피 2개를 보여줌. **F.** 인피를 제거한 모습; 우모상 암술대 2개가 달려 있는 자방에 주목할 것.

그림 7.45 POALES(벼목), Poaceae(벼과). 다양한 소수화서. **A.** *Cynodon dactylon*(버뮤다그래스), 두 줄로 달리는 소수화서 접사, 각 소수화서에는 약이 돌출하여 아래로 늘어져 있고, 털이 난 붉은 암술대가 존재함. **B.** *Nasella pulchra*, 각 소수화서에 1개의 소화가 있음. **C.** *Sorghum bicolor*(수수), 퇴화된 웅성 소수화서 2개가 양성 소수화서 1개와 함께 모여 있는 상태를 보여줌. **D.** *Phalaris minor*(애기카나리새풀), 뚜렷한 포영 2개와 소화 1개로 구성된 소수화서. **E.** *Avena barbata*, 아래로 늘어지는 소수화서. **F.** *Distichlis spicata*, 암식물체의 화서로 소수화서가 원추화서로 밀집한 상태임. **G.** *Brachypodium distachyon*, 까락이 있는 소화 여러 개로 이루어진 소수화서. **H.** *Lolium multiflorum*(쥐보리), 소수화서가 이열호생하여 이루어진 수상화서. **I.** *Oryza sativa*(벼).

그림 7.46 POALES(벼목). **A–F.** Sparganiaceae(흑삼릉과). *Sparganium*(흑삼릉속)의 일종. **A.** 전체 외형. **B.** 화서, 구형 두화가 원추화서를 이룸. **C.** 슈트 횡단, 이열호생하는 잎을 보여줌. **D.** 화서, 자성두화는 아래에, 웅성두화는 위에 각각 달림. **E.** 자성두화. **F.** 웅성두화. **G–I.** Typhaceae(부들과). **G,H.** *Typha latifolia*(큰잎부들). **G.** 전체 외형, 근경이 발달하는 정수성 초본. **H.** 화서. **I.** *Typha domingensis*, 화서 접사. 암꽃은 아래에, 수꽃은 위에 각각 달린다.

그림 7.47 CERATOPHYLLALES(붕어마름목). Ceratophyllaceae(붕어마름과). *Ceratophyllum demersum*(붕어마름). **A.** 전체 외형. **B.** 가지 일부 접사, 차상으로 갈라지는 잎이 윤생하는 것을 볼 수 있다.

숙존하여 바람에 의한 산포를 돕는다. **종자**는 배유에 녹말이 있다. 수분은 바람에 의해 이루어진다.

연못이나 도랑 그리고 습지에 정수성으로 자라며 전 세계적으로 분포한다. 화분과 녹말이 풍부한 근경을 식용하고, 잎은 돗자리나 종이를 만들며, 원예식물로도 이용한다. 과 기재는 Kubitzki(1998d), 계통수는 Kim and Choi(2011), Zhou et al.(2018)을 참조한다.

주요 특징: **다년생**, **근경성**, **자웅동주**, **정수성 수생식물**, **이열호생**, **양면엽**, 수없이 많은 미세한 **풍매화**가 **수상화서**를(수꽃은 상부에, 암꽃은 하부에) 이루며, 화피는 **강모** 또는 **인편상**, **수과처럼 생긴 열개과**, **암술대와 자방병은 숙존성**.

수꽃: **P** 0–3[–8] **A** 3[1–8].

암꽃: **P** ∞ **G** 1, 상위.

CERATOPHYLLALES 붕어마름목

1과 1속이 존재하는 이 목은(APG IV 2016, 표 7.1) 여러 계통분석에서 서로 다른 위치에 놓여 왔다. 최근 여러 연구의 결과는 이 목을 진정쌍자엽식물의 자매군으로 두는 것에 동의한다 (Moore et al. 2011, Soltis et al. 2011, Sun et al. 2016).

Ceratophyllaceae 붕어마름과—1속 2–30종(그림 7.47).

다년생 초본, 자웅이주, 부유성 또는 침수성 수생식물, 뿌리처럼 생긴 부차지가 존재. **잎**은 탁엽이 없고, 각 마디에 3–10개씩 윤생, 1–4회 차상으로 갈라지며, 소예거치연이다. **화서**는 단정화서, 액생, 대개 암꽃과 수꽃이 각 마디에 번갈아 달린다. **꽃**은 단성이다. **화피**는 일렬성, 화피편은 3–12장, 기부가 동합, 선형이다. **수술**은 일반적으로 다수(5–27개), 평평한 화탁에 나선상으로 배열, 수술대와 약의 구분은 뚜렷하지 않고, 반약과 약격의 정단은 뾰족하다. **암술군**은 단심피성, 상위자방, 단자방실이다. 변연태좌, **배주**는 1개, 도생배주 또는 직생배주, 단주피성이다. **열매**는 수과, 가시 같은 암술대가 숙존한다. **종자**는 무배유성이다.

전 세계적으로 분포한다. *Ceratophyllum demersum*(붕어마름)은 수족관식물 또는 양어장을 보호하는 식물로 활용한다. 더 자세한 정보는 Les(1993)를 참조한다.

주요 특징: **자웅동주**, **수생초본**, **차상으로 갈라지는 잎이 윤생**, **소예거치연**, **단정화서**, **단성화**.

P (8–12) **A** 5–27 **G** 1, 상위.

복습문제

서론

1. APG의 분류체계란 무엇이며, 여기에서 사용하는 분류계급은 무엇인가?
2. 진정쌍자엽식물을 제외한 피자식물의 주요 분류군에는 어떤 것들이 있나?
3. 전통적인 분류군인 "쌍자엽식물"이 왜 분류학적 군으로부터 폐기되었는가?
4. 화식이란 무엇인가? 화식에 사용하는 기호에는 어떤 것들이 있나?
5. 화식도란 무엇이며, 이것은 무엇을 나타내는는가?

비단자엽식물군

6. 피자식물 가운데 가장 원시적인 계통으로 생각되는 과와 종을 열거하시오.
7. 암보렐라과의 표징형질을 제시하시오. 이것이 피자식물의 원시적 특징을 나타내는 것이라고 말할 수 있는가?
8. 수련목과 암보렐라과를 식물형, 꽃의 성, 화피 배열, 수술 개수와 유형, 심피 합생 유형 그리고 자방의 위치를 기준으로 비교하시오.
9. 붓순나무과의 해부학적 특징은 무엇인가? 이 과와 수련목 및 암보렐라과와의 차이점과 유사점은 무엇인가?
10. 녹나무과의 약열개 방식은 무엇인가?
11. 녹나무과에서 경제적으로 중요한 종 둘만 열거하시오.
12. 목련목에 포함되는 과 가운데 둘 이상을 열거하시오.
13. 목련과에서 볼 수 있는 화탁 및 암술군 합생의 특징은 무엇인가?
14. 목련과의 열매 유형은 무엇인가?
15. 후추목에 포함되는 과 가운데 셋 이상을 열거하시오.
16. 쥐방울덩굴과의 표징형질은 무엇인가?

단자엽식물: 기저계통

17. 단자엽식물의 주요 파생형질을 열거하고 기술하시오.
18. 단자엽식물 가운데 가장 원시적인 계통의 목명, 과명, 속명을 열거하시오.
19. 창포속과 천남성과가 잎의 구조, 종자 영양 조직, 결정체 유형 등에서 어떻게 다른가?
20. 천남성과 식물의 엽맥의 유형은 무엇인가?
21. 천남성과 식물의 화서 유형은 무엇인가?
22. 천남성과에서 경제적으로 중요한 식물을 열거하시오.
23. 비짜루목의 주요 파생형질은 무엇인가?
24. 부추과의 화학적 파생형질은 무엇인가?
25. 부추과에서 경제적으로 중요한 식물 둘만 열거하시오.
26. 붓꽃과의 잎 구조를 지칭하는 용어를 나열하고, 이를 정의하시오.
27. 붓꽃과의 화서 형태 다양성에 관해 설명하시오.
28. 붓꽃과의 화식은 무엇인가?
29. 난과에는 몇 종이 있는가?
30. 난과에서 자방의 위치, 태좌, 수술의 특수한 구조를 나타내는 명칭을 열거하시오.

31. 예주란 무엇인가? 같은 뜻으로 쓰일 수 있는 다른 용어는 무엇인가?
32. 음식의 향료로 사용되는 난과 식물은? 이 식물의 어떤 부위를 이용하는가?

단자엽식물: 닭의장풀군

33. 닭의장풀군의 주요 화학적 파생형질은 무엇인가?
34. 종려나무류의 파생형질은 무엇인가?
35. 종려나무과를 지칭하는 학명 두 가지는 무엇인가?
36. 종려나무과에서 꽃의 성, 자방 위치, 열매 유형은 어떤 것인가?
37. 종려나무과와 다시포곤과를 제외한 닭의장풀군의 종자 영양 특징은 무엇인가?
38. 생강목의 파생형질 세 가지를 열거하시오.
39. 파초과의 잎의 배열과 식물체 성의 특징은 무엇인가?
40. 바나나의 학명은?
41. 닭의장풀목에 포함되는 3개 과를 열거하시오.
42. 이들 과가 나타내는 한 개 이상의 파생형질은 무엇인가?
43. 사초과, 투르니아과 그리고 골풀과를 묶는 화분 및 잎의 파생형질은 무엇인가?
44. 사초과와 골풀과가 화서, 화피, 열매 유형에서 어떻게 다른가?
45. 벼과(화본과)의 두 학명은 무엇인가?
46. 잎의 배열과 부착 상태에 있어서 벼과와 사초과의 차이점은 무엇인가?
47. '사초과형 소수화서'와 '벼과형 소수화서'의 구조적 차이점은 무엇인가?
48. '벼과형 소수화서', 소화, 포영, 외화영, 내화영, 인피란 무엇인가?
49. 벼과의 열매 유형은 무엇인가?
50. 경제적으로 중요한 곡류 다섯 가지의 일반명과 속명을 열거하시오.
51. 흑삼릉과와 부들과의 꽃의 성은 어떠한가?
52. 두 과는 어떤 점에서 다른가?
53. 붕어마름과의 식물형, 잎의 배열과 형태 그리고 경제적 중요성을 설명하시오.

실습과제

1. 이 장에서 언급된 피자식물 과 가운데 하나를 선택하여 상세히 조사한다. 과거 5년간 출판된 논문을 대상으로 문헌 조사(예를 들어, 과명 및 계통학적 내용)를 수행한다. 과 기재, 계통유연관계에 대한 최근 자료 그리고 과내 분류체계에 대해 알아본다.
2. 앞서 조사한 과에서 대표되는 종의 생체를 채집한다. 참고로 제공된 부록 1에 수록된 형질을 사용하여 이 종을 상세히 기재한다(제9장 참조). 영양기관과 생식기관을 도해한다(부록 2 참조).
3. 연구된 모든 정보를 종합하여 보고서로 작성하고, 컴퓨터 파일을 제작하여 청중 앞에서 발표한다.
4. 비짜루목, 닭의장풀군, 생각목, 벼목의 계통유연관계에 대한 경쟁가설을 조사하여 각각의 연구방법과 결과를 비교한다. 그룹 내 계통의 형태적 파생형질로 나타나는 것에는 어떤 것이 있나?

참고문헌

GENERAL REFERENCES ON ANGIOSPERM RELATIONSHIPS AND EVOLUTION

Christenhusz, M. J. M., M. F. Fay, and M. W. Chase. 2017. Plants of the World: An Illustrated Encyclopedia of Vascular Plant Families. Kew Publishing, Royal Botanic Gardens, Kew, and The University of Chicago Press.

Heywood, V. H., R. K. Brummitt, A. Culham, and O. Seberg. 2007. Flowering Plants of the World. Firefly Books, London.

Mabberley, D. J. 2008. Mabberley's Plant-Book: A Portable Dictionary of the Higher Plants, Their Classification and Uses. 3rd edition. Cambridge University Press, Cambridge..

Soltis, D., P. Soltis, P. Endress, M. W. Chase, S. Manchester, W. Judd, L. Majure, and E. Mavrodiev. 2018. Phylogeny and Evolution of the

GENERAL REFERENCES ON ANGIOSPERM PHYLOGENY AND ON SPECIFIC GROUPS

Andersson, L. 1998a. Musaceae. In: Kubitzki, K. (ed.), The Families and Genera of Vascular Plants. IV. Flowering Plants. Monocotyledons. Alismatanae and Commelinanae (except Gramineae). Pp. 296–300. Springer, Berlin.

Andersson, L. 1998b. Strelitziaceae. In: Kubitzki, K. (ed.), The Families and Genera of Vascular Plants. IV. Flowering Plants. Monocotyledons. Alismatanae and Commelinanae (except Gramineae). Pp. 451–454. Springer, Berlin.

Anger, N., B. Fogliani, C. P. Scutt, and G. Gâteblé. 2017. Dioecy in Amborella trichopoda: Evidence for genetically based sex determination and its consequences for inferences of the breeding system in early angiosperms. Annals of Botany 119:591-597.

Angiosperm Phylogeny Group (APG). 1998. An ordinal classification for the families of flowering plants. Annals of the Missouri Botanical Garden 85: 531–553.

APG II. 2003. An update of the Angiosperm Phylogeny Group classification for the orders and families of flowering plants: APG II. Botanical Journal of the Linnean Society 141: 399–436.

APG III. 2009. An update of the Angiosperm Phylogeny Group classification for the orders and families of flowering plants: APG III. Botanical Journal of the Linnean Society 161: 105-121.

APG IV. 2016. An update of the Angiosperm Phylogeny Group classification for the orders and families of flowering plants: APG IV. Botanical Journal of the Linnean Society 181: 1-20.

Arber, A. 1925. Monocotyledons; A Morphological Study. The University Press, Cambridge, England.

Archibald, J. K., S. R. Kephart, K. E. Theiss, A. L. Petrosky, and T. M. Culley. 2015. Multilocus phylogenetic inference in subfamily Chlorogaloideae and related genera of Agavaceae - informing questions in taxonomy at multiple ranks. Molecular Phylogenetics and Evolution 84:266-283.

Asmussen, C. B., Baker, W. J., and Dransfield, J. 2000. Phylogeny of the palm family (Arecaceae) based on rps16 intron and trnL-trnF plastid DNA sequences. In: Wilson, K. L., and D. A. Morrison (eds.), Monocots: Systematics and Evolution. Pp. 525–535. CSIRO, Collingwood.

Asmussen, C. B., J. Dransfield, V. Deickmann, A. S. Barfod, J.-C. Pintaud, and W. J. Baker. 2006. A new subfamily classification of the palm family (Arecaceae): Evidence from plastid DNA phylogeny. Botanical Journal of the Linnean Society 151: 15-38.

Azuma, H., J. G. Garciá-Franco, V. Rico-Gray, and L. B. Thien. 2001. Molecular phylogeny of the Magnoliaceae: The biogeography of tropical and temperate disjunctions. American Journal of Botany 88: 2275-2285.

Balslev, H. 1998. Juncaceae. In: Kubitzki, K. (ed.), The Families and Genera of Vascular Plants. IV. Flowering Plants. Monocotyledons. Alismatanae and Commelinanae (except Gramineae). Pp. 252–259. Springer, Berlin.

Barkman, T. J., G. Chenery, J. R. McNeal, J. Lyons-Weiler, W. J. Ellisens, G. Moore, A. D. Wolfe, and C. W. dePamphilis. 2000. Independent and combined analyses of sequences from all three genomic compartments converge on the root of flowering plant phylogeny. Proceedings of the National Academy of Sciences of the United States of America 97: 13166–13171.

Barrett, C. F., W. J. Baker, J. R. Comer, J. G. Conran, S. C. Lahmeyer, J. H. Leebens-Mack, J. Li, G. S. Lim, D. R. Mayfield-Jones, L. Perez, J. Medina, J. C. Pires, C. Santos, D. W. Stevenson, W. B. Zomlefer, and J. I. Davis. 2015. Plastid genomes reveal support for deep phylogenetic relationships and extensive rate variation among palms and other commelinid monocots. New Phytologist 209:855-870.

Barrett, S. C. H., and S. W. Graham. 1997. Adaptive radiation in the aquatic plant family Pontederiaceae: Insights from phylogenetic analysis. In: Givnish, T. J., and K. J. Sytsma (eds.), Molecular Evolution and Adaptive Radiation. Pp. 225–258. Cambridge University Press, Cambridge, UK.

Behnke, H.-D. 1972. Sieve-tube plastids in relation to Angiosperm systematics—an attempt towards a classification by ultrastructural analysis. Botanical Review 38: 155–197.

Behnke, H.-D. 2000. Forms and sizes of sieve-element plastids and evolution of the monocotyledons. In: Wilson, K. L., and D. A. Morrison (eds.), Monocots: Systematics and Evolution. Pp. 163–188. CSIRO, Collingwood.

Bell, C. D., D. E. Soltis, and P. S. Soltis. 2010. The age and diversification of the angiosperms re-revisited. American Journal of Botany 97:1296–1303.

Bogler, D. J., and B. B. Simpson. 1995. A Chloroplast DNA Study of the Agavaceae. Systematic Botany 20: 191.

Bogler, D. J., and B. B. Simpson. 1996. Phylogeny of Agavaceae based on ITS rDNA sequence variation. American Journal of Botany 83: 1225.

Bogler, D. J., C. Pires, and J. Francisco-Ortega. 2006. Phylogeny of Agavaceae based on ndhF, rbcL, and ITS sequences: implications of molecular data for classification. In: Columbus, J. T., E. A. Friar, J. M. Porter, L. M. Prince, and M. G. Simpson (eds.), Monocots: Comparative Biology and Evolution. Pp. 313-328. Rancho Santa Ana Botanic Garden, Claremont, California. [Aliso 22: 313-328.]

Bogner, J. 2011. Acoraceae. Pp. in H. P. Noteboom (ed.), Flora malesiana. Ser. 1, vol. 20. Nationaal Herbarium Nederland, Leiden.

Bogner, J., and S. J. Mayo. 1998. Acoraceae. In: Kubitzki, K., H. Huber, P. J. Rudall, P. S. Stevens, and T. Stutzel (eds.). The Families and Genera of Vascular Plants IV: Flowering Plants Monocotyledons Alismatanae and Commelinanae (except Gramineae). Springer-Verlag, New York.

Borsch, T., and P. S. Soltis. 2008. Nymphaeales - the first globally diverse clade? Taxon 57: 1051.

Borsch, T., C. Löhne, and J. H. Wiersema. 2008. Phylogeny and evolutionary patterns in Nymphaeales: Integrating genes, genomes and morphology. Taxon 57: 1052-1081.

Borsch, T., K. W. Hilu, D. Quandt, V. Wilde, C. Neinhuis, and W. Barthlott. 2003. Noncoding plastid trnT-trnF sequences reveal a well resolved phylogeny of basal angiosperms. Journal of Evolutionary Biology 16: 558–576.

Bremer, K. 2002. Gondwanan evolution of the grass alliance of families (Poales). Evolution 56: 1374–1387.

Briggs, B. G. and H. P. Linder. 2009. A new subfamilial and tribal classification of Restionaceae (Poales). Telopea 12:333-345.

Briggs, B. G., A. D. Marchant, and A. J. Perkins. 2010. Phylogeny and features in Restionaceae, Centrolepidaceae and Anarthriaceae (restiid clade of Poales). Pp. 357-388 in O. Seberg, Petersen, G., Barfod, A. S., & Davis, J. I. (ed.), Diversity, Phylogeny, and Evolution in the Monocotyledons. Åarhus University Press, Århus.

Briggs, B. G., A. D. Marchant, and A. J. Perkins. 2014. Phylogeny of the restiid clade (Poales) and implications for the classification of Anarthriaceae, Centrolepidaceae and Australian Restionaceae. Taxon 63:24-46.

Briggs, B. G., A. D. Marchant, and A. J. Perkins. 2014. Phylogeny of the restiid clade (Poales) and implications for the classification of Anarthriaceae, Centrolepidaceae and Australian Restionaceae. Taxon 63:24-46.

Briggs, B. G., A. D. Marchant, S. Gilmore, and C. L. Porter. 2000. A molecular phylogeny of Restionaceae and allies. Pp. 661-671 in K. L. Wilson, & Morrison, D. A. (ed.), Monocots: Systematics and Evolution. CSIRO, Collingwood.

Buerki, S., T. Gallaher, T. Booth, G. Brewer, F. Forest, J. T. Pereira, and M. W. Callmander. 2017. Biogeography and evolution of the screw-pine genus Benstonea Callm. & Buerki (Pandanaceae). Candollea 71:217-229.

Cabrera, L. I., G. A. Salazar, M. W. Chase, S. J. Mayo, J. Bogner, and P. Dávila. 2008. Phylogenetic relationships of aroids and duckweeds (Araceae) inferred from coding and noncoding plastid DNA. American Journal of Botany 95:1153-1165.

Cabrera, L. I., G. A. Salazar, M. W. Chase, S. J. Mayo, J. Bogner, and P. Dávila. 2008. Phylogenetic relationships of aroids and duckweeds (Araceae) inferred from coding and noncoding plastid DNA. American Journal of Botany 95:1153-1165.

Caddick, L. R., P. J. Rudall, P. Wilkin, T. A. J. Hedderson, and M. W. Chase. 2002a. Phylogenetics of Dioscoreales based on combined analyses of morphological and molecular data. Botanical Journal of the Linnean Society 138: 123–144.

Caddick, L. R., P. Wilkin, P. J. Rudall, T. A. J. Hedderson, and M. W. Chase. 2002b. Yams reclassified: A recircumscription of Dioscoreaceae and Dioscoreales. Taxon 51: 103–114.

Cameron, K. M. 2004. Utility of plastid psaB gene sequences for investigating intrafamilial relationships within Orchidaceae. Molecular Phylogenetics and Evolution 31: 1157–1180.

Cameron, K. M. 2006. A comparison and combination of plastid atpB and rbcL gene sequences for inferring phylogenetic relationships within Orchidaceae. In: Columbus, J. T., E. A. Friar, J. M. Porter, L. M. Prince, and M. G. Simpson (eds). Pp. 447-464. Monocots: Comparative Biology and Evolution. Excluding Poales. Rancho Santa Ana Botanical Garden, Claremont, Ca. [Aliso 22: 447-464.]

Cameron, K. M., and M. W. Chase. 2000. Nuclear 18S rDNA sequences of Orchidaceae confirm the subfamilial status and circumscription of Vanilloideae. In: Wilson, K. L., and D. A. Morrison (eds.), Monocots: Systematics and Evolution. Pp. 457–464. CSIRO, Collingwood.

Cameron, K. M., M. W. Chase, W. M. Whitten, P. J. Kores, D. C. Jarrell, V. A. Albert, T. Yukawa, H. G. Hills, and D. H. Goldman. 1999. A phylogenetic analysis of the Orchidaceae: evidence from rbcL nucleotide. American Journal of Botany 86: 208–224.

Cantino, P. D., J. A. Doyle, S. W. Graham, W. S. Judd, R. G. Olmstead, D. E. Soltis, P. S. Soltis, and M. J. Donoghue. 2007. Towards a phylogenetic nomenclature of Tracheophyta. Taxon 56: 822-846.

Chase, M. W. 2004. Monocot relationships: an overview. American Journal of Botany 91:1645-1655.

Chase, M. W., A. Y. De Bruijn, A. V. Cox, G. Reeves, P. J. Rudall, M. A. T. Johnson, and L. E. Eguiarte. 2000b. Phylogenetics of Asphodelaceae (Asparagales): an analysis of plastid rbcL and trnL-F DNA sequences. Annals of Botany 86: 935–952.

Chase, M. W., D. E. Soltis, P. S. Soltis, P. J. Rudall, M. F. Fay, W. J. Hahn, S. Sullivan, J. Joseph, M. Molvray, P. J. Kores, T. J. Givnish, K. J. Sytsma, and J. C. Pires. 2000a. Higher-level systematics of the monocotyledons: an assessment of current knowledge and a new classification. In: Wilson, K. L., and D. A. Morrison (eds.), Monocots: Systematics and Evolution. CSIRO, Collingwood.

Chase, M. W., D. E. Soltis, R. G. Olmstead, D. Morgan, D. H. Les, B. D. Mishler, M. R. Duvall, R. A. Price, H. G. Hills, Y.-L. Qiu, K. A. Kron, J. H. Rettig, E. Conti, J. D. Palmer, J. R. Manhart, K. J. Sytsma, H. J. Michaels, W. J. Kress, K. G. Karol, W. D. Clark, M. Hedrén, B. S. Gaut, R. K. Jansen, K.-J. Kim, C. F. Wimpee, J. F. Smith, G. R. Furnier, S. H. Strauss, Q.-Y. Xiang, G. M. Plunkett, P. S. Soltis, S. M. Swensen, S. E. Williams, P. A. Gadek, C. J. Quinn, L. E. Eguiarte, E. Golenberg, G. H. Learn Jr., S. W. Graham, S. C. H. Barrett, S. Dayanandan, and V. A. Albert. 1993. Phylogenetics of seed plants: an analysis of nucleotide sequences from the plastid gene rbcL. Annals of the Missouri Botanical Garden 80: 528–580.

Chase, M. W., M. F. Fay, and V. Savolainen. 2000. Plant Systematics: A half-century of progress (1950–2000) and future challenges—Higher-level classification in the angiosperms: New insights from the perspective of DNA sequence data. Taxon 49: 685–704.

Chase, M. W., M. F. Fay, D. S. Devey, O. Maurin, N. Rønsted, T. J. Davies, Y. Pillon, G. Petersen, O. Seberg, M. N. Tamura, C. B. Asmussen, K. Hilu, T. Borsch, J. I. Davis, D. W. Stevenson, J. C. Pires, T. J. Givnish, K. J. Sytsma, M. A. Mcpherson, S. W. Graham, and H. S. Rai. 2006. Multigene analyses of monocot relationships: a summary. In: J. T. Columbus, E. A. Friar, J. M. Porter, L. M. Prince, and

M. G. Simpson (eds.). Monocots: comparative biology and evolution, 2 vols. Aliso 22: 63-75. Rancho Santa Ana Botanic Garden, Claremont, California, USA.

Chen, L.-Y., J.-M. Chen, R. W. Gituru, T. D. Temam, and Q.-F. Wang. 2012. Generic phylogeny and historical biogeography of Alismataceae, inferred from multiple DNA sequences. Molecular Phylogenetics and Evolution 63:407-416.

Chen, Y.-Y., D.-Z. Li, and H. Wang. 2002. Infrageneric phylogeny and systematic position of the Acoraceae inferred from ITS, 18S and rbcL sequences. Acta Botanica Yunnanica 24: 699–706.

Cole, T. C. H. 2015. Angiosperm Phylogeny Group (APG) in jeopardy – Where have the flowers gone? PeerJ PrePrints 3:e1238v1

Columbus, J. T., E. A. Friar, J. M. Porter, L. M. Prince, and M. G. Simpson (eds.). 2006. Monocots: Comparative Biology and Evolution. 2 vols. Rancho Santa Ana Botanic Garden, Claremont, CA.

Cook, C. D. K. 1998. Pontederiaceae. In: Kubitzki, K. (ed.), The Families and Genera of Vascular Plants. IV. Flowering Plants. Monocotyledons. Alismatanae and Commelinanae (except Gramineae). Pp. 395–403. Springer, Berlin.

Cox, P. A., K.-L. Huynh, and B. C. Stone. 1995. Evolution and systematics of Pandanaceae. In: Rudall, P. J., P. J. Cribb, D. F. Cutler, and C. J. Humphries (eds.), Monocotyledons: Systematics and Evolution. Pp. 663–684. Royal Botanic Gardens, Kew.

Cron, G. V., C. Pirone, M. Bartlett, W. J. Kress, and C. Specht. 2012. Phylogenetic relationships and evolution in the Strelitziaceae (Zingiberales). Systematic Botany 37:606-619.

Cronquist, A. 1981. An Integrated System of Classification of Flowering Plants. Columbia University Press, New York.

Dahlgren, R., H. T. Clifford, and P. F. Yeo. 1985. The Families of the Monocotyledons: Structure, Evolution, and Taxonomy. Springer-Verlag, New York.

Davis, J. I., D. W. Stevenson, G. Petersen, O. Seberg, L. M. Campbell, J. V. Freudenstein, D. H. Goldman, C. R. Hardy, F. A. Michelangeli, and M. P. Simmons. 2004. A phylogeny of the monocots, as inferred from rbcL and atpA sequence variation, and a comparison of methods for calculating jackknife and bootstrap values. Systematic Botany 29: 467–510.

Devey, D. S., I. Leitch, P. J. Rudall, J. C. Pires, Y. Pillon, and M. W. Chase. 2006. Systematics of Xanthorrhoeaceae sensu lato, with an emphasis on Bulbine. In: Columbus, J. T., E. A. Friar, J. M. Porter, L. M. Prince, and M. G. Simpson (eds). Monocots: Comparative Biology and Evolution. Excluding Poales. Pp. 345-351. Rancho Santa Ana Botanical Garden, Claremont, Ca. [Aliso 22: 345-351.]

Doyle, J. A., and A. Le Thomas. 1994. Cladistic analysis and pollen evolution in Annonaceae. Acta Botanica Gallica 141: 149–170.

Doyle, J. A., and A. Le Thomas. 1996. Phylogenetic analysis and character evolution in Annonaceae. Bulletin of the Museum of Natural History. Paris, 4e sér. [sect. B, Adansonia] 18: 279–334.

Doyle, J. A., and P. K. Endress. 2000. Morphological phylogenetic analysis of basal angiosperms: Comparison and combination with molecular data. International Journal of Plant Sciences 161: S121–S153.

Dransfield, J. and N. W. Uhl. 1998. Palmae. In: Kubitzki, K. (ed.), The Families and Genera of Vascular Plants. IV. Flowering Plants. Monocotyledons. Alismatanae and Commelinanae (except Gramineae). Pp. 306–388. Springer, Berlin.

Drew, B. T., B. R. Ruhfel, S. A. Smith, M. J. Moore, B. G. Briggs, M. A. Gitzendanner, P. A. Soltis, and D. E. Soltis. 2014. Another look at the root of angiosperms reveals a familiar tale. Systematic Biology 63:368-382.

Duvall, M. R., C. H. Leseberg, C. P. Grennan, and L. M. Morris. 2010. Molecular evolution and phylogenetics of complete chloroplast genomes in Poaceae. Pp. 437-450 in O. Seberg, Petersen, G., Barfod, A. S., & Davis, J. I. (ed.), Diversity, Phylogeny, and Evolution in the Monocotyledons. Aarhus, Aarhus University Press.

Duvall, M. R., J. I. Davis, L. G. Clark, J. D. Noll, D. H. Goldman, and G. Sánchez-Ken. 2007. Phylogeny of the grasses (Poaceae) revisited. In: Columbus, J. T., E. A. Friar, J. M. Porter, L. M. Prince, and M. G. Simpson. (eds). Monocots: Comparative Biology and Evolution. Poales. Pp. 237-247. Rancho Santa Ana Botanical Garden, Claremont, Ca. [Aliso 23: 237-247.]

Duvall, M. R., M. T. Clegg, M. W. Chase, W. D. Clark, W. J. Kress, H. G. Hills, L. E. Eguiarte, J. F. Smith, B. S. Gaut, E. A. Zimmer, and G. H. Learn Jr. 1993. Phylogenetic hypotheses for the monocotyledons constructed from rbcL sequence data. Annals of the Missouri Botanical Garden 80: 607–619.

Eiserhardt, W. L., A. Antonelli, D. J. Bennett, L. R. Botigué, J. G. Burleigh, S. Dodsworth, B. J. Enquist, F. Forest, J. T. Kim, A. M. Kozlov, I. J. Leitch, B. S. Maitner, S. Mirarab, W. H. Piel, O. A. Pérez-Escobar, L. Pokorny, C. Rahbek, B. Sandel, S. A. Smith, A. Stamatakis, R. A. Vos, T. Warnow, and W. J. Baker1. 2018. A roadmap for global synthesis of the plant tree of life. American Journal of Botany 105:614-622.

Endress, P. K., and A. Igersheim. 1997. Gynoecium diversity and systematics of the Laurales. Botanical Journal of the Linnean Society 125: 93–168.

Escobedo-Sarti, J., I. Ramírez, C. Leopardi, G. Carnevali, S. Magallón, R. Duno, and D. Mondragón. 2013. A phylogeny of Bromeliaceae (Poales, Monocotyledoneae) derived from an evaluation of nine supertree methods. Journal of Systematics and Evolution 51:743–757.

Escudero, M. and A. L. Hipp. 2013. Escudero, M., & Hipp, A. L. 2013. Shifts in diversification rates and clade ages explain species richness in higher-level sedge taxa (Cyperaceae). American J. Bot. 100: 2403-2411. American Journal of Botany 100:2403-2411.

Evans, T. M., K. J. Sytsma, R. B. Faden, and T. J. Givnish. 2003. Phylogenetic relationships in the Commelinaceae: II. A cladistic analysis of rbcL sequences and morphology. Systematic Botany 28: 270–292.

Faden, R. B. 1998. Commelinaceae. In: Kubitzki, K. (ed.), The Families and Genera of Vascular Plants. IV. Flowering Plants. Monocotyledons. Alismatanae and Commelinanae (except Gramineae). Pp. 109–127. Springer, Berlin.

Faurby, S., W. L. Eiserhardt, W. J. Baker, and J.-C. Svenning. 2016. An all-evidence species-level supertree for the palms (Arecaceae). Molecular Phylogenetics and Evolution 100:57-69.

Fay, M. F., and M. W. Chase. 1996. Resurrection of Themidaceae for the Brodiaea alliance, and recircumscription of Alliaceae, Amaryllidaceae and Agapanthoideae. Taxon 45: 441–451.

Fay, M. F., M. W. Chase, N. Rønsted, D. S. Devey, Y. Pillon, J. C. Pires, G. Petersen, O. Seberg, and J. I. Davis. 2006. Phylogenetics of Liliales: Summarized evidence from combined analyses of five plastid and one mitochondrial loci. In: Columbus, J. T., E. A. Friar, J. M. Porter, L. M. Prince, and M. G. Simpson (eds). Monocots: Comparative Biology and Evolution. Excluding Poales. Pp. 559-565. Rancho Santa Ana Botanical Garden, Claremont, Ca. [Aliso 22: 559-565.]

Fay, M. F., P. J. Rudall, S. Sullivan, K. L. Stobart, A. Y. de Bruijn, G. Reeves, F. Qamaruz-Zaman, W.-P. Hong, J. Joseph, W. J. Hahn, J. G. Conran, and M. W. Chase. 2000. Phylogenetic studies of Asparagales based on four plastid DNA regions. In: Wilson, K. L., and D. A. Morrison (eds.), Monocots: Systematics and Evolution. Pp. 360–371. CSIRO, Collingwood.

French, J. C., M. Chung, and Y. Hur. 1995. Chloroplast DNA phylogeny of Ariflorae. In: Rudall, P. J., P. J. Cribb, D. F. Cutler, and C. J. Humphries (eds.), Monocotyledons: Systematics and Evolution. Pp. 255–275. Royal Botanic Gardens, Kew.

Giulietti, A. M., M. J. G. Andrade, V. L. Scatena, M. Trovó, A. L. Coan, P. T. Sano, F. A. R. Santos, R. L. B. Borges, and C. van den Berg. 2012. Molecular phylogeny, morphology and their implications for the taxonomy of Eriocaulaceae. Rodriguésia 63:1-19.

Givnish, T. J., A. Zuluaga, D. Spalink, M. S. Gomez, V. K. Y. Lam, J. M. Saarela, C. Sass, W. J. D. Iles, D. J. L. d. Sousa, J. Leebens-Mack, J. C. Pires, W. B. Zomlefer, M. A. Gandolfo, J. I. Davis, D. W. Stevenson, C. dePamphilis, C. D. Specht, S. W. Graham, C. F. Barrett, and C. Ané. 2018. Monocot plastid phylogenomics, timeline, net rates of species diversification, the power of multi-gene analyses, and a functional model for the origin of monocots. American Journal of Botany 105:1-23.

Givnish, T. J., A. Zuluaga, I. Marques, V. K. Y. Lam, M. S. Gomez, W. J. D. Iles, M. Ames, D. Spalink, J. R. Moeller, B. G. Briggs, S. P. Lyon, D. W. Stevenson, W. Zomlefer, and S. W. Graham. 2016a. Phylogenomics and historical biogeography of the monocot order Liliales: Out of Australia and through Antarctica. Cladistics 32:581-605.

Givnish, T. J., D. Spalink, M. Ames, S. P. Lyon, S. J. Hunter, A. Zuluaga, A. Doucette, G. C. Caro, J. McDaniel, M. A. Clements, M. T. K. Arroyo, L. Endara, R. Kriebel, N. H. Williams, and K. M. Cameron. 2016b. Orchid historical biogeography, diversification, Antarctica and the paradox of orchid dispersal. Journal of Biogeography 43:1905-1916.

Givnish, T. J., D. Spalink, M. Ames, S. P. Lyon, S. J. Hunter, A. Zuluaga, W. J. D. Iles, M. A. Clements, M. T. K. Arroya, J. Leebens-Mack, L. Endara, R. Kriebel, K. M. Neubig, W. M. Whitten, N. H. Williams, and K. M. Cameron. 2015. Orchid phylogenomics and multiple drivers of their extraordinary diversification. Proceedings of the Royal Society of London, Series B: Biological Sciences 282:20151553.

Givnish, T. J., J. C. Pires, S. W. Graham, M. A. McPherson, L. M. Prince, and T. B. Patterson. 2007. Phylogeny, biogeography, and ecological evolution in Bromeliaceae: Insights from ndhF sequences. In: Columbus, J. T., E. A. Friar, J. M. Porter, L. M. Prince, and M. G. Simpson (eds). Monocots: Comparative Biology and Evolution. Poales. Pp. 3-26. Rancho Santa Ana Botanical Garden, Claremont, Ca. [Aliso 23: 3-26.]

Givnish, T. J., M. S. Ames, J. R. McNeal, M. R. McKain, P. R. Steele, C. W. dePamphilis, S. W. Graham, J. C. Pires, D. W. Stevenson, W. B. Zomlefer, B. G. Briggs, M. R. Duvall, M. J. Moore, J. M. Heaney, D. E. Soltis, P. S. Soltis, K. Thiele, and J. H. Leebens-Mack. 2010. Assembling the tree of the monocotyledons: Plastome sequence phylogeny and evolution of Poales. Annals of the Missouri Botanical Garden 97:584-616.

Givnish, T. J., T. M. Evans, J. C. Pires, and K. J. Sytsma. 1999. Polyphyly and convergent morphological evolution in Commelinales and Commelinidae: Evidence from rbcL sequence data. Molecular Phylogenetics and Evolution 12: 360–385.

Goetghebeur, P. 1998. Cyperaceae. In: Kubitzki, K. (ed.), The Families and Genera of Vascular Plants. IV. Flowering Plants. Monocotyledons. Alismatanae and Commelinanae (except Gramineae). Pp. 141–189. Springer, Berlin.

Goldblatt, P., A. Rodriguez, M. P. Powell, T. J. Davies, J. C. Manning, M. van der Bank, and V. Savolainen. 2008. Iridaceae 'out of Australia'? Phylogeny, biogeography and divergence times based on plastid DNA sequences. Systematic Botany 33: 495-508.

Goldblatt, P., and J. Manning. 2008. The Iris Family. Natural history and Classification. Timber Press, Portland, Ore.

Goldblatt, P., J. C. Manning, and P. Rudall. 1998. Iridaceae. In: Kubitzki, K. (ed.), The Families and Genera of Vascular Plants. III. Flowering Plants. Monocotyledons. Lilianae (except Orchidaceae). Pp. 295–333. Springer, Berlin.

Gomes de Andrade, M. J., A. M. Giuletti, A. Rapini, L. P. de Queiroz, A. Concição de Souza, P. R. Macahado de Almeida, and C. van den Berg. 2010. A comprehenesive phylogenetic analysis of Eriocaulaceae: Evidence from nuclear (ITS) and plastid psbA-trnH and trnL-F) DNA sequences. Taxon 59:379-388.

Górniak, M., O. Paun, and M. W. Chase. 2010. Phylogenetic relationships with Orchidaceae based on a low-copy nuclear-coding gene, Xdh: Congruence with organellar and nuclear ribosomal DNA results. Molecular Phylogenetics and Evolution 56:784-795.

Govaerts, R. and D. G. Frodin. 2002. World Checklist and Bibliography of Araceae (and Acoraceae). Royal Botanic Gardens, Kew.

Graham, S. W. and R. G. Olmstead. 2000a. Evolutionary significance of an unusual chloroplast DNA inversion found in two basal angiosperm lineages. Current Genetics 37: 183–188.

Graham, S. W., and R. G. Olmstead. 2000b. Utility of 17 chloroplast genes for inferring the phylogeny of the basal angiosperms. American Journal of Botany 87: 1712–1730.

Graham, S. W., J. M. Zgurski, M. A. Mcpherson, D. M. Cherniawsky, J. M. Saarela, E. F. C. Horne, S. Y. Smith, W. A. Wong, H. E. O'Brien, V. L. Biron, J. C. Pires, R. G. Olmstead, M. W. Chase, and H. S. Rai. 2006. Robust inference of monocot deep phylogeny using an expanded multigene plastid data set. In: J. T. Columbus, E. A. Friar, J. M. Porter, L. M. Prince, and M. G. Simpson (eds.). Monocots: comparative biology and evolution, 2 vols. Aliso 22: 3-21. Rancho Santa Ana Botanic Garden, Claremont, California, USA.

Graham, S. W., J. R. Kohn, B. R. Morton, J. Eckenwalder, and S. C. H. Barrett. 1998. Phylogenetic congruence and discordance among one

morphological and three molecular data sets from Pontederiaceae. Systematic Biology 47: 545-567.
Grass Phylogeny Working Group. 2001. Phylogeny and subfamilial classification of the grasses (Poaceae). Annals of the Missouri Botanical Garden 88: 373–457.
GrassPhylogenyWorkingGroupII. 2012. New grass phylogeny resolves deep evolutionary relationships and discovers C4 origins. New Phytologist 193:304-312.
Grayum, M. H. 1990. Evolution and phylogeny of the Araceae. Annals of the Missouri Botanical Garden 77: 628–697.
Guo, X., C. C. Tang, D. C. Thomas, T. L. P. Couvreur, and R. M. K. Saunders. 2017. A megaphylogeny of the Annonaceae: Taxonomic placement of five enigmatic genera and support for a new tribe, Phoenicantheae. Scientific Reports 7:7323.
Hahn, W. J. 2002. A molecular phylogenetic study of the Palmae (Arecaceae) based on atpB, rbcL and 18s nrDNA sequences. Systematic Biology 51: 92–112.
Hao, G., R. M. K. Saunders, and M.-L. Chye. 2000. A phylogenetic analysis of the Illiciaceae based on sequences on internal transcribed spacers (ITS) of nuclear ribosomal DNA. Plant Systematics and Evolution 223: 81-90.
Hardy, C. R., P. Moline, and H. P. Linder. 2008. A phylogeny for the African Restionaceae and new perspectives on morphology's role in generating complete species phylogenies for large clades. International Journal of Plant Sciences 169: 377-390.
Hayashi, K. and S. Kawano. 2000. Molecular systematics of Lilium and allied genera (Liliaceae): Phylogenetic relationships among Lilium and related genera based on the rbcL and matK gene sequence data. Plant Species Biology 15:73-93.
Hayashi, K., and Kawano, S. 2000. Molecular systematics of Lilium and allied genera (Liliaceae): Phylogenetic relationships among Lilium and related genera based on the rbcL and matK gene sequence data. Plant Species Biology 15: 73–93.
Haynes, R. R., D. H. Les, and L. B. Holm-Nielsen. 1998. Alismataceae. In: Kubitzki, K. (ed.), The Families and Genera of Vascular Plants. IV. Flowering Plants. Monocotyledons. Alismatanae and Commelinanae (except Gramineae). Pp. 11–18. Springer, Berlin.
Hertweck, K. L., M. S. Kinney, S. A. Stuart, O. Maurin, S. Mathews, M. W. Chase, M. A. Gandolfo, and J. C. Pires. 2015. Phylogenetics, divergence times and diversification from three genomic partitions in monocots. Botanical Journal of the Linnean Society 178:375-393.
Heywood, V. H., R. K. Brummitt, A. Culham, and O. Seberg. 2007. Flowering Plants of the World. Firefly Books, London.
Hilu, K. W., T. Borsch, K. Muller, D. E. Soltis, P. S. Soltis, V. Savolainen, M. W. Chase, M. P. Powell, L. A. Alice, R. Evans, H. Sauquet, C. Neinhuis, T. A. B. Slotta, J. G. Rohwer, C. S. Campbell, and L. W. Chatrou. 2003. Angiosperm phylogeny based on matK sequence information. American Journal of Botany 90: 1758–1766.
Hinchcliff, C. E. and E. H. Roalson. 2013. Using supermatrices for phylogenetic enquiry: An example using the sedges. Systematic Biology 62:205-219.
Hodkinson, T. R., N. Salamin, M. W. Chase, Y. Bouchenak-Khelladi, S. A. Renvoize, and V. Savolainen. 2007. Large trees, supertreess, and diversification of the grass family. In: Columbus, J. T., E. A. Friar, J. M. Porter, L. M. Prince, and M. G. Simpson. (eds). Monocots: Comparative Biology and Evolution. Poales. Pp. 248-258. Rancho Santa Ana Botanical Garden, Claremont, Ca. [Aliso 23: 248-258.]
Hopper, S. D., M. G. Fay, M. Rossetto, and M. W. Chase. 1999. A molecular phylogenetic analysis of the bloodroot and kangaroo paw family, Haemodoraceae: taxonomic, biogeographic and conservation implications. Botanical Journal of the Linnean Society 131: 285–299.
Hopper, S. D., R. J. Smith, M. F. Fay, J. C. Manning, and M. F. Chase. 2009. Molecular phylogenetics of Haemodoraceae in the greater cape and southwest Australian floristic regions. Molecular Phylogenetics and Evolution 51: 19-30.
Huber, H. 1998a. Dioscoreaceae. Pp. 216–235. In: The Families and Genera of Flowering Plants. IV. Flowering Plants, Monocotyledons: Lilianae (except Orchidaceae) (Kubitski, K. (ed.), Springer-Verlag, Berlin, Heidelberg, New York.
Huber, H. 1998b. Trichopodaceae. Pp. 441–444. In: The Families and Genera of Flowering Plants. IV. Flowering Plants, Monocotyledons: Lilianae (except Orchidaceae) (Kubitski, K. (ed.), Springer-Verlag, Berlin, Heidelberg, New York.
Hutchinson, J. 1973. The Families of Flowering Plants; Arranged According to a New System Based on their Probable Phylogeny, 3rd edition. Clarendon Press, Oxford.
Jansen, R. K., Z. Cai, L. A. Raubeson, H. Daniell, C. W. dePamphilis, J. Leebens-Mack, K. F. Müller, M. Guisinger-Bellian, R. C. Haberle, A. K. Hansen, T. W. Chumley, S.-B. Lee, R. Peery, J. R. McNeal, J. V. Kuehl, and J. L. Boore. 2007. Analysis of 81 genes from 64 plastid genomes resolves relationships in angiosperms and identifies genome-scale evolutionary patterns. Proceedings of the National Academy of Sciences U.S.A. 104: 19369-19374.
Jaramillo, M. A., R. Callejas, C. Davidson, J. F. Smith, A. C. Stevens, and E. J. Tepe. 2008. A phylogeny of the tropical genus Piper using ITS and the chloroplast intron psbJ–petA. Systematic Botany 33: 647-660.
Johansen, L. B. 2005. Phylogeny of Orchidantha (Lowiaceae) and the Zingiberales based on six DNA regions. Systematic Botany 30: 106-117.
Kellogg, E. A. 2015. Poaceae. Pp. 1-416 in K. Kubitzki (ed.), The Families and Genera of Vascular Plants. XIII. Springer, Berlin.
Kelly, L. M., and F. Gonzalez. 2003. Phylogenetic relationships in Aristolochiaceae. Systematic Botany 28: 236–249.
Kim, C. and H.-K. Choi. 2011. Molecular systematics and character evolution of Typha (Typhaceae) inferred from nuclear and plastid DNA sequence data. Taxon 60:1417-1428.
Kim, J. S., J.-K. Hong, M. W. Chase, M. F. Fay, and J.-H. Kim. 2013. Familial relationships of the monocot order Liliales based on a molecular phylogenetic analysis using four plastid loci: matK, rbcL, atpB and atpF-H. Botanical Journal of the Linnean Society 172:5-21.
Kim, S., C.-W. Park, Y.-D. Kim, and Y. Suh. 2001. Phylogenetic relationships in family Magnoliaceae inferred from ndhf sequences.

American Journal of Botany 88: 717–728.

Kim, S., D. E. Soltis, P. S. Soltis, M. J. Zanis, and Y. Suh. 2004. Phylogenetic relationships among early-diverging eudicots based on four genes: Were the eudicots ancestrally woody? Molecular Phylogenetics and Evolution 31: 16–30.

Kirchoff, B. K. 2003. Shape matters: Hofmeister's rule, primordium shape, and flower orientation. International Journal of Plant Sciences 164: 505–517.

Kral, R. 1998. Xyridaceae. In: Kubitzki, K. (ed.), The Families and Genera of Vascular Plants. IV. Flowering Plants. Monocotyledons. Alismatanae and Commelinanae (except Gramineae). Pp. 461–469. Springer, Berlin.

Kress, W. J. and C. D. Specht. 2006. The evolutionary and biogeographic origin and diversification on the tropical monocot order Zingiberales. Pp. in J. T. Columbus, Friar, E. A., Porter, J. M., Prince, L. M., & Simpson, M. G. (ed.), Monocots: Comparative Biology and Evolution. Excluding Poales. Claremont, California, Rancho Santa Ana Botanical Garden [Aliso 22: 621-632.].

Kress, W. J., L. M. Prince, and K. J. Williams. 2002. The phylogeny and a new classification of gingers: evidence from molecular data. American Journal of Botany 89: 1682–1696.

Kress, W. J., L. M. Prince, W. J. Hahn, and E. A. Zimmer. 2001. Unraveling the evolutionary radiation of the families of the Zingiberales using morphological and molecular evidence. Systematic Biology 50: 926–944.

Kubitzki, K. 1998c. Cannaceae. In: Kubitzki, K. (ed.), The Families and Genera of Vascular Plants. IV. Flowering Plants. Monocotyledons. Alismatanae and Commelinanae (except Gramineae). Pp. 103–105. Springer, Berlin.

Kubitzki, K. 1998d. Typhaceae. In: Kubitzki, K. (ed.), The Families and Genera of Vascular Plants. IV. Flowering Plants. Monocotyledons. Alismatanae and Commelinanae (except Gramineae). Pp. 457–460. Springer, Berlin.

Kubitzki, K., H. Huber, P. J. Rudall, P. S. Stevens, and T. Stutzel (eds.). 1998a. The Families and Genera of Vascular Plants III: Flowering Plants Monocotyledons Lilianae (except Orchidaceae). Springer-Verlag, Berlin.

Kubitzki, K., H. Huber, P. J. Rudall, P. S. Stevens, and T. Stutzel (eds.). 1998b. The Families and Genera of Vascular Plants IV: Flowering Plants Monocotyledons Alismatanae and Commelinanae (except Gramineae). Springer-Verlag, Berlin.

Kubitzki, K., J. G. Rohwer, and V. Bittrich (eds). 1993. The Families and Genera of Vascular Plants. II. Flowering Plants: Dicotyledons, Magnoliid, Hamamelid and Caryophyllid Families. Springer, Berlin.

Larsen, K., J. M. Lock, H. Maas, and P. J. M. Maas. 1998. Zingiberaceae. In: Kubitzki, K. (ed.), The Families and Genera of Vascular Plants. IV. Flowering Plants. Monocotyledons. Alismatanae and Commelinanae (except Gramineae). Pp. 474–495. Springer, Berlin.

Lehtonen, S. 2009. Systematics of the Alismataceae - a morphological evaluation. Aquatic Botany 91:279-290.

Les, D. H. 1993. Ceratophyllaceae. In: Kubitzki, K., J. G. Rohwer, and V. Bittrich (eds.), The Families and Genera of Vascular Plants. II. Flowering Plants: Dicotyledons, Magnoliid, Hamamelid and Caryophyllid Families. Pp. 246–249. Springer, Berlin.

Les, D. H., and Haynes, R. R. 1995. Systematics of subclass Alismatidae: a synthesis of approaches. In: Rudall, P. J., P. J. Cribb, D. F. Cutler, and C. J. Humphries (eds.), Monocotyledons: Systematics and Evolution, Vol. 2. Pp. 353–377. Royal Botanic Gardens, Kew.

Les, D. H., E. L. Schneider, D. J. Padgett, P. S. Soltis, D. E. Soltis, and M. Zanis. 1999. Phylogeny, classification and floral evolution of water lilies (Nymphaeaceae; Nymphaeales): a synthesis of non-molecular, rbcL, matK, and 18s rDNA data. Systematic Botany 24: 28–46.

Les, D. H., M. A. Cleland, and M. Waycott. 1997. Phylogenetic studies in Alismatidae, II: evolution of marine angiosperms (seagrasses) and hydrophily. Systematic Botany 22: 443–463.

Lewis, C. E., and J. J. Doyle. 2001. Phylogenetic utility of the nuclear gene malate synthase in the palm family (Arecaceae). Molecular Phylogenetics and Evolution 19: 409–420.

Linder, H. P., B. G. Briggs, and L. A. S. Johnson. 1998. Restionaceae. In: Kubitzki, K. (ed.), The Families and Genera of Vascular Plants. IV. Flowering Plants. Monocotyledons. Alismatanae and Commelinanae (except Gramineae). Pp. 425–444. Springer, Berlin.

Linder, H. P., B. G. Briggs, and L. A. S. Johnson. 2000. Restionaceae: A morphological phylogeny. In: Wilson, K. L., and D. A. Morrison (eds.), Monocots: Systematics and Evolution. Pp. 653–660. CSIRO, Collingwood.

Liu, A.-Z., W. J. Kress, and D.-Z. Li. 2010. Phylogenetic analyses of the banana family (Musaceae) based on nuclear ribosomal (ITS) and chloroplast (trnL-F) evidence. Taxon 59:20-28.

Liu, Z., G. Hao, Y.-B. Luo, L. B. Thien, S. W. Rosso, A.-M. Lu, and Z.-D. Chen. 2006. Phylogeny and androecial evolution in Schisandraceae, inferred from sequences of nuclear ribosomal DNA ITS and chloroplast DNA trnL-F regions. International Journal of Plant Sciences 167: 539-550.

Löhne, C., M.-J. Yoo, T. Borsch, J. H. Wiersema, V. Wilde, C. D. Bell, W. Barthlott, D. E. Soltis, and P. S. Soltis. 2008. Biogeography of Nymphaeales: Extant patterns and historical events. Taxon 57: 1123-1146.

Löhne, C., T. Borsch, and J. H. Wiersema, J. H. 2007. Phylogenetic analysis of Nymphaeales using fast-evolving and noncoding chloroplast markers. Botanical Journal of the Linnean Society 154: 141-163.

Maas-van de Kamer, H., and P. J. M. Maas. 2008. The Cannaceae of the world. Blumea 53: 247-318.

Mabberley, D. J. 2008. Mabberley's Plant-Book: A Portable Dictionary of the Higher Plants, Their Classification and Uses. 3rd edition. Cambridge University Press, Cambridge..

Marquínez, X., L. G. Lohmann, M. L. F. Salatino, A. Salatino, and F. González. 2009. Generic relationships and dating of lineages in Winteraceae based on nuclear (ITS) and plastid (rpS16 and psbA-trnH) sequence data. Molecular Phylogenetics and Evolution 53:435-449.

Massoni, J., F. Forest, and H. Sauquet. 2014. Increased sampling of both genes and taxa improves resolution of phylogenetic relationships within Magnoliidae, a large and early-diverging clade of angiosperms. Molecular Phylogenetics and Evolution 70:84-93.

Massoni, J., J. Doyle, and H. Sauquet. 2015b. Fossil calibration of Magnoliidae, an ancient lineage of angiosperms. Palaeontologia Electronica 18.1.2FC.

Massoni, J., T. L. P. Couvreur, and H. Sauquet. 2015a. Five major shifts in diversification through the long evolutionary history of Magnoliidae (angiosperms). BMC Evolutionary Biology 15:49.

Mathews, S., and M. J. Donoghue. 1999. The root of angiosperm phylogeny inferred from duplicate phytochrome genes. Science 286: 947–950.

Mathews, S., and M. J. Donoghue. 2000. Basal angiosperm phylogeny inferred from duplicate phytochromes A and C. International Journal of Plant Sciences 161: S41–S55.

Mayo, S. J., J. Bogner, and N. Cusimano. 2013. Recent progress in the phylogenetics and classification of Araceae. Pp. 208-242 in P. Wilkin, & Mayo, S. J. (ed.), Early Events in Monocot Evolution. Cambridge University Press, Cambridge.

Mayo, S. J., J. Bogner, and P. C. Boyce. 1998. Araceae. In: Kubitzki, K. (ed.), The Families and Genera of Vascular Plants. III. Flowering Plants. Monocotyledons. Lilianae (except Orchidaceae). Pp. 26–73. Springer, Berlin.

McKain, M. R., H. Tang, J. R. McNeal, S. Ayyampalayam, J. I. Davis, C. W. DePamphilis, T. J. Givnish, J. C. Pires, D. W. Stevenson, and J. Leebens-Mack. 2016. A phylogenomic assessment of ancient polyploidy and genome evolution across the Poales. Genome Biology and Evolution 8:1150-1164.

Meerow, A. W., and D. A. Snijman. 1998. Amaryllidaceae. In: Kubitzki, K. (ed.), The Families and Genera of Vascular Plants. III. Flowering Plants. Monocotyledons. Lilianae (except Orchidaceae). Pp. 83–110. Springer, Berlin.

Meerow, A. W., and D. A. Snijman. 2006. The never-ending story: Multigene approaches to the phylogeny of Amaryllidaceae. In: Columbus, J. T., E. A. Friar, J. M. Porter, L. M. Prince, and M. G. Simpson (eds). Monocots: Comparative Biology and Evolution. Excluding Poales. Pp. 355-366. Rancho Santa Ana Botanical Garden, Claremont, Ca. [Aliso 22: 355-366.]

Meerow, A. W., M. F. Fay, C. L. Guy, Q.-B. Li, F. Q. Zaman, and M. W. Chase. 1999. Systematics of Amaryllidaceae based on cladistic analysis of plastid rbcL and trnL-F sequence data. American Journal of Botany 86: 1325–1345.

Meerow, A. W., M. F. Fay, M. W. Chase, C. L. Guy, Q.-B. Li, D. A. Snijman, and S. L. Yang. 2000. Phylogeny of Amaryllidaceae: Molecules and morphology. In: Wilson, K. L., and D. A. Morrison (eds.), Monocots: Systematics and Evolution. Pp. 372–386. CSIRO, Collingwood.

Meng, S.-W., A. W. Douglas, D.-Z. Li, Z.-D. Chen, H.-X. Liang, and J.-B. Yang. 2003. Phylogeny of Saururaceae based on morphology and five regions from three plant genomes. Annals of the Missouri Botanical Garden 90: 592–602.

Merckx, V. S. F. T., S. Huysmans, and E. F. Smets. 2010. Cretaceous origins of mycoheterotrophic lineages in Dioscoreales. Pp. 39–53 in O. Seberg, G. Petersen, A. S. Barfod, and J. I. Davis (eds.), Diversity, phylogeny and evolution in the monocotyledons. Aarhus University Press, Aarhus, Denmark.

Michelangeli, F. A., J. I. Davis, and D. W. Stevenson. 2003. Phylogenetic relationships among Poaceae and related families as inferred from morphology, inversions in the plastid genome, and sequence data from the mitochondrial and plastid genomes. American Journal of Botany 90: 93–106.

Moore, M. J., C. D. Bell, P. S. Soltis, and D. E. Soltis. 2007. Using plastid genome-scale data to resolve enigmatic relationships among basal angiosperms. Proceedings of the National Academy of Sciences U.S.A. 104: 19363-19368.

Moore, M. J., N. Hassan, M. A. Gitzendanner, R. A. Bruenn, M. Croley, A. Vandeventer, J. W. Horn, A. Dhingra, S. F. Brockington, M. Latvis, J. Ramdial, R. Alexandre, A. Piedrahita, Z. Xi, C. C. Davis, P. S. Soltis, and D. E. Soltis. 2011. Phylogenetic analysis of the plastid inverted repeat for 244 species: Insights into deeper-level angiosperm relationships from a long, slowly evolving sequence region. International Journal of Plant Sciences 172:541-558.

Muasya, A. M., D. A. Simpson, G. A. Verboom, P. Goetghebeur, R. F. C. Naczi, M. W. Chase, and E. Smets. 2009. Phylogeny of Cyperaceae based on DNA sequence data: Current progress and future prospects. Botanical Review 75: 2-21.

Naczi, R. F. C. 2009. Insights on using morphologic data for phylogenetic analysis in sedges (Cyperaceae). Botanical Review 75: 67-95.

Nandi, O. I., M. W. Chase, and P. K. Endress. 1998. A combined cladistic analysis of angiosperms using rbcL and non-molecular data sets. Annals of the Missouri Botanical Garden 85: 137–212.

Naumann, J., K. Salomo, J. P. Der, E. K. Wafula, J. F. Bolin, E. Maass, L. Frenzke, M.-S. Samain, C. Neinhuis, C. W. dePamphilis, and S. Wanke. 2013. Single-copy nuclear genes place haustorial Hydnoraceae within Piperales and reveal a Cretaceous origin of multiple parasitic Angiosperm lineages. PLoS ONE 8:e79204.

Neinhuis, C., S. Wanke, K. W. Hilu, K. Müller, and T. Borsch. 2005. Phylogeny of Aristolochiaceae based on parsimony, likelihood, and Bayesian analyses of trnL-trnF sequences. Plant Systematics and Evolution 250: 7-26.

Nguyen, N. H., H. E. Driscoll, and C. D. Specht. 2008. A molecular phylogeny of the wild onions (Allium; Alliaceae) with a focus on the western North American center of diversity. Molecular Phylogenetics and Evolution 47: 1157-1172.

Nickrent, D. L., A. Blarer, Y.-L. Qiu, D. E. Soltis, P. S. Soltis, and M. Zanis. 2002. Molecular data place Hydnoraceae with Aristolochiaceae. American Journal of Botany 89: 1809–1817.

Nie, Z.-L., J. Wen, H. Azuma, Y.-L. Qiu, H. Sun, Y. Meng, W.-B. Sun, and E. A. Zimmer. 2008. Phylogeny and biogeographic complexity of Magnoliaceae in the Northern Hemisphere inferred from three nuclear data sets. Molecular Phylogenetics and Evolution 48: 1027-1040.

Ohi-Toma, T., T. Sugawara, H. Murata, S. Wanke, C. Neinhuis, and J. Murata. 2006. Molecular phylogeny of Aristolochia sensu lato

(Aristolochiaceae) based on sequences of rbcL, matK, and phyA genes, with special reference to differentiation in chromosome numbers. Systematic Botany 31: 481-492.

Parkinson, C. L., K. L. Adams, and J. D. Palmer. 1999. Multigene analyses identify the three earliest lineages of extant flowering plants. Current Biology 9: 1485–1488.

Patterson, T. B. and T. J. Givnish. 2002. Phylogeny, concerted convergence, and phylogenetic niche conservatism in the core Liliales: Insights from rbcL and ndhF sequence data. Evolution 56: 233–252.

Pellegrini, M. O. O. 2017a. Morphological phylogeny of Tradescantia L. (Commelinaceae) sheds light on a new infrageneric classification for the genus and novelties on the systematics of subtribe Tradescantiinae. PhytoKeys 89:11-72.

Pellegrini, M. O. O. 2017b. Two new synonyms for Heteranthera (Pontederiaceae, Commelinales). Nordic Journal of Botany 35:124-128.

Pellegrini, M. O. O., C. N. Horn, and R. F. Almeida. 2018. Total evidence phylogeny of Pontederiaceae (Commelinales) sheds light on the necessity of its recircumscription and synopsis of Pontederia L. PhytoKeys 108:25-83.

Pires, J. C., and K. J. Sytsma. 2002. A phylogenetic evaluation of a biosystematic framework: Brodiaea and related petaloid monocots (Themidaceae). American Journal of Botany 89: 1342–1359.

Pires, J. C., I. J. Maureira, J. P. Rebman, G. A. Salazar, L. I. Cabrera, M. F. Fay, and M. W. Chase. 2004. Molecular data confirm the phylogenetic placement of the enigmatic Hesperocallis (Hesperocallidaceae) with Agave. Madroño 51:307-311.

Pires, J. C., I. J. Maureira, T. J. Givnish, K. J. Sytsma, O. Seberg, G. Petersen, J. I. Davis, D. W. Stevenson, P. J. Rudall, M. F. Fay, and M. W. Chase. 2006. Phylogeny, genome size, and chromosome evolution of Asparagales. In: Columbus, J. T., E. A. Friar, J. M. Porter, L. M. Prince, and M. G. Simpson (eds). Monocots: Comparative Biology and Evolution. Excluding Poales. Pp. 287-304. Rancho Santa Ana Botanical Garden, Claremont, Ca. [Aliso 22: 287-304.]

Pires, J. C., M. F. Fay, W. S. Davis, L. Hufford, J. Rova, M. W. Chase, and K. J. Sytsma. 2001. Molecular and phylogenetic analyses of Themidaceae (Asparagales). Kew Bulletin 56: 601-626.

Pirie, M. D., L. W. Chatrou, J. B. Mols, R. H. J. Erkens, and J. Oosterhof. 2006. 'Andean centred' genera in the short branch clade of Annonaceae: testing biogeographic hypotheses using phylogeny reconstruction and molecular dating. Journal of Biogeography 33: 31-46.

Pirie, M. D., M. P. B. Vargas, M. Botermans, F. T. Bakker, and L. W. Chatrou. 2007. Ancient paralogy in the cpDNA trnL-F region in Annonaceae: Implications for plant molecular systematics. American Journal of Botany 94: 1003-1016.

Prenner, G., R. M. Bateman, and P. J. Rudall. 2010. Floral formulae updated for routine inclusion in formal taxonomic descriptions. Taxon 59:241–250.

Prince, L. M. 2010. Phylogenetic relationships and species delimitation in Canna (Cannaceae). Pp. 307-331 in O. Seberg, Petersen, G., Barfod, A. S., & Davis, J. I. (ed.), Diversity, Phylogeny, and Evolution in the Monocotyledons. Aarhus University Press, Århus.

Qiu, Y.-L., J. Lee, F. Bernasconi-Quadroni, D. E. Soltis, P. S. Soltis, M. Zanis, E. A. Zimmer, Z. Chen, V. Savolainen, and M. W. Chase. 1999. The earliest angiosperms: evidence from mitochondrial, plastid and nuclear genomes. Nature 402: 404–407.

Qiu, Y.-L., J. Lee, F. Bernasconi-Quadroni, D. E. Soltis, P. S. Soltis, M. Zanis, E. A. Zimmer, Z. Chen, V. Savolainen, and M. W. Chase. 2000. Phylogeny of basal angiosperms: analyses of five genes from three genomes. International Journal of Plant Sciences 161: S3–S27.

Qiu, Y.-L., O. Dombrovska, J. Lee, L. Li, B. A. Whitlock, F. Bernasconi-Quadroni, J. S. Rest, C. C. Davis, T. Borsch, K. W. Hilu, S. S. Renner, D. E. Soltis, P. S. Soltis, M. J. Zanis, J. J. Cannone, R. R. Gutell, M. Powell, V. Savolainen, L. W. Chatrou, and M. W. Chase, M. W. 2005. Phylogenetic analysis of basal angiosperms based on nine plastid mitochondrial and nuclear genes. International Journal of Plant Sciences 166: 815-842.

Rahn, K. 1998a. Alliaceae. In: Kubitzki, K. (ed.), The Families and Genera of Vascular Plants. III. Flowering Plants. Monocotyledons. Lilianae (except Orchidaceae). Pp. 70–78. Springer, Berlin.

Rahn, K. 1998b. Themidaceae. In: Kubitzki, K. (ed.), The Families and Genera of Vascular Plants. III. Flowering Plants. Monocotyledons. Lilianae (except Orchidaceae). Pp. 436–440. Springer, Berlin.

Reeves, G., M. W. Chase, P. Goldblatt, P. Rudall, M. F. Fay, A. V. Cox, B. Lejeune, and T. Souza-Chies. 2001. Molecular systematics of Iridaceae: evidence from four plastid DNA regions. American Journal of Botany 88: 2074–2087.

Renner, S. S. 1999. Circumscription and phylogeny of the Laurales: Evidence from molecular and morphological data. American Journal of Botany 86: 1301–1315.

Renner, S. S., and A. S. Chanderbali. 2000. What is the relationship among Hernandiaceae, Lauraceae, and Monimiaceae, and why is this question so difficult to answer? International Journal of Plant Sciences 161: S109–S119.

Roalson, E. H. 2005. Phylogenetic relationships in the Juncaceae inferred from nuclear ribosomal DNA internal transcribed spacer sequence data. International Journal of Plant Sciences 166: 397-413.

Rohwer, J. G. 1993. Lauraceae. In: Kubitzki, K., J. G. Rohwer, and V. Bittrich (eds.), The Families and Genera of Vascular Plants. II. Flowering Plants: Dicotyledons, Magnoliid, Hamamelid and Caryophyllid Families. Pp. 366–390. Springer, Berlin.

Rohwer, J. G., and B. Rudolph. 2005. Jumping genera: The phylogenetic positions of Cassytha, Hypodaphnis, and Neocinnamomum (Lauraceae) based on different analyses of trnK intron sequences. Annals of the Missouri Botanical Garden 92: 153-178.

Ronse Decraene, L.-P., P. S. Soltis, and D. E. Soltis. 2003. Evolution of floral structures in basal angiosperms. International Journal of Plant Sciences 164: S329–S363.

Rønsted, N., M. R. E. Symonds, T. Birkholm, S. Brøgger Christensen, A. W. Meerow, M. Molander, P. Mølgaard, G. Petersen, N. Rasmussen, J. van Staden, G. I. Stafford, and A. K. Jäger. 2012. Can phylogeny predict chemical diversity and potential medicinal

activity of plants? A case study of Amaryllidaceae. BMC Evolutionary Biology 12:182.
Rønsted, N., S. Law, H. Thornton, M. F. Fay, and M. W. Chase. 2005. Molecular phylogenetic evidence for the monophyly of Fritillaria and Lilium (Liliaceae; Liliales) and the infrageneric classification of Fritillaria. Molecular Phylogenetics and Evolution 35:509-527.
Ross, T. G., C. F. Barrett, M. S. Gomez, V. K. Y. Lam, C. L. Henriquez, D. H. Les, J. I. Davis, A. Cuenca, G. Petersen, O. Seberg, M. Thadeo, T. J. Givnish, J. Conran, D. W. Stevenson, and S. W. Graham. 2016. Plastid phylogenomics and molecular evolution of Alismatales. Cladistics 32:160-178.
Rothwell, G. W., M. R. Van Atta, H. E. J. Ballard, and R. A. Stockey. 2004. Molecular phylogenetic relationships among Lemnaceae and Araceae using the chloroplast trnL-trnF intergenic spacer. Molecular Phylogenetics and Evolution 30:378-385.
Rudall, P. 2003. Unique floral structures and iterative evolutionary themes in Asparagales: insights from a morphological cladistic analysis. Botanical Review 68: 488–509.
Rudall, P. J. and R. M. Bateman. 2006. Morphological phylogenetic analysis of Pandanales: Testing contrasting hypotheses of floral evolution. Systematic Botany 31:223-238.
Rudall, P., K. L. Stobart, W.-P. Hong, J. G. Conran, C. A. Furness, G. C. Kite, and M. W. Chase. 2000. Consider the lilies: Systematics of Liliales. In: Wilson, K. L., and D. A. Morrison (eds.), Monocots: Systematics and Evolution. Pp. 347–359. CSIRO, Collingwood.
Rudall, P., P. J. Cribb, D. F. Cutler, and C. Humphries (eds). 1995. Monocotyledons: Systematics and Evolution. Royal Botanic Gardens Kew [London].
Saarela, J. M., H. S. Rai, J. A. Doyle, P. K. Endress, S. Mathews, A. D. Marchant, B. Briggs, and S. W. Graham. 2007. Hydatellaceae identified as a new branch near the base of the angiosperm phylogenetic tree. Nature 446: 312-315.
Saarela, J. M., P. J. Prentis, H. S. Rai, and S. W. Graham. 2008. Phylogenetic relationships in the monocot order Commelinales, with a focus on Philydraceae. Botany 86:719-731.
Saarela, J. M., P. J. Prentis, H. S. Rai, and S. W. Graham. 2008. Phylogenetic relatiionships in the monocot order Commelinales, with a focus on Philydraceae. Botany 86: 719-731. doi:10.1139/B08-063
Sass, C., W. J. D. Iles, C. F. Barrett, S. Y. Smith, and C. D. Specht. 2016. Revisiting the Zingiberales: Using multiplexed exon capture to resolve ancient and recent phylogenetic splits in a charismatic plant lineage. PeerJ 4:31584.
Sauquet, H., J. A. Doyle, T. Scharaschkin, T. Borsch, K. W. Hilu, L. Chatrou, and A. Le Thomas. 2003. Phylogenetic analysis of Magnoliaceae and Myristicaceae based on multiple data sets: implications for character evolution. Botanical Journal of the Linnean Society 142: 125–186.
Sauquet, H., M. v. Balthazar, S. Magallón, J. A. Doyle, P. K. Endress, E. J. Bailes, E. B. d. Morais, K. Bull-Hereñu, L. Carrive, M. Chartier, G. Chomicki, M. Coiro, R. Cornette, J. H. L. E. Ottra, C. Epicoco, C. S. P. Foster, F. Jabbour, A. Haevermans, T. Haevermans, R. Hernández, S. A. Little, S. Löfstrand, J. A. Luna, J. Massoni, S. Nadot, S. Pamperl, C. Prieu, E. Reyes, P. d. S. K. M. Schoonderwoerd, S. Sontag, A. Soulebeau, Y. Staedler, G. F. Tschan, A. W.-S. Leung, and J. Schönenberger. 2017. The ancestral flower of angiosperms and its early diversification. Nature Communications 8:16047.
Savolainen, V., M. W. Chase, S. B. Hoot, C. M. Morton, D. E. Soltis, C. Bayer, M. F. Fay, A. Y. de Bruijn, S. Sulllivan, and Y.-L. Qiu. 2000. Phylogenetics of flowering plants based on combined analysis of plastid atpB and rbcL sequences. Systematic Biology 49: 306–362.
Schneider, E. L. and P. S. Williamson. 1993. Nymphaeaceae. In: Kubitzki, K., J. G. Rohwer, and V. Bittrich (eds.), The Families and Genera of Vascular Plants. II. Flowering Plants: Dicotyledons, Magnoliid, Hamamelid and Caryophyllid Families. Pp. 486–493. Springer, Berlin.
Simon, B. K. 2007. Grass phylogeny and classification: Conflict of morphology and molecules. In: Columbus, J. T., E. A. Friar, J. M. Porter, L. M. Prince, and M. G. Simpson. (eds). Monocots: Comparative Biology and Evolution. Poales. Pp. 259-266. Rancho Santa Ana Botanical Garden, Claremont, Ca. [Aliso 23: 259-266.]
Simpson, D. A., A. M. Muasya, M. V. Alves, J. J. Bruhl, S. Dhooge, M. W. Chase, C. A. Furness, K. Ghamkhar, P. Goetghebeur, T. R. Hodkinson, A. D. Marchant, A. A. Reznicek, R. Nieuwborg, E. H. Roalson, E. Smets, J. R. Starr, W. W. Thomas, K. L. Wilson, and X. Zhang. 2007. Phylogeny of Cyperaceae based on DNA sequence data - a new rbcL analysis. In: Columbus, J. T., E. A. Friar, J. M. Porter, L. M. Prince, and M. G. Simpson. (eds). Monocots: Comparative Biology and Evolution. Poales. Pp. 72-83. Rancho Santa Ana Botanical Garden, Claremont, Ca. [Aliso 23: 72-83.]
Simpson, D. A., C. A. Furness, T. R. Hodkinson, A. M. Muasya, and M. W. Chase. 2003. Phylogenetic relationships in Cyperaceae subfamily Mapanioideae inferred from pollen and plastid DNA sequence data. American Journal of Botany 90: 1071–1086.
Simpson, M. G. 1990. Phylogeny and classification of the Haemodoraceae. Annals of the Missouri Botanical Garden 77: 722–784.
Simpson, M. G. 1998. Haemodoraceae. In: Kubitzki, K. (ed.), The Families and Genera of Vascular Plants. IV. Flowering Plants. Monocotyledons. Alismatanae and Commelinanae (except Gramineae). Pp. 212–222. Springer, Berlin.
Smith, G. F., and B.-E. v. Wyk. 1998. Asphodelaceae. In: Kubitzki, K. (ed.), The Families and Genera of Vascular Plants. III. Flowering Plants. Monocotyledons. Lilianae (except Orchidaceae). Pp. 130–140 Springer, Berlin.
Smith, L. B., and W. Till. 1998. Bromeliaceae. In: Kubitzki, K. (ed.), The Families and Genera of Vascular Plants. IV. Flowering Plants. Monocotyledons. Alismatanae and Commelinanae (except Gramineae). Pp. 74–99. Springer, Berlin.
Soltis, D. E., M. A. Gitzendanner, and P. S. Soltisy. 2007. A 567-taxon data set for angiosperms: the challenges posed by Bayesian analyses of large data sets. International Journal of Plant Sciences 168:137–157.
Soltis, D. E., P. S. Soltis, D. L. Nickrent, L. A. Johnson, W. J. Hahn, S. B. Hoot, J. A. Sweere, R. K. Kuzoff, K. A. Kron, M. W. Chase, S. M. Swensen, E. A. Zimmer, S.-M. Chaw, L. J. Gillespie, W. J. Kress, and K. J. Sytsma. 1997. Angiosperm phylogeny inferred from 18S

ribosomal DNA sequences. Annals of the Missouri Botanical Garden 84: 1–49.

Soltis, D. E., P. S. Soltis, M. W. Chase, M. E. Mort, D. C. Albach, M. Zanis, V. Savolainen. W. H. Hahn, S. B. Hoot, M. F. Fay, M. Axtell, S. M. Swensen, L. M. Prince, W. J. Kress, K. C. Nixon, J. S. Farris. 2000. Angiosperm phylogeny inferred from 18S rDNA, rbcL, and atpB sequences. Botanical Journal of the Linnean Society 133(4): 381–461.

Soltis, D. E., P. S. Soltis, P. K. Endress, and M. W. Chase. 2005. Angiosperm phylogeny and evolution. Sinauer, Sunderland, MA.

Soltis, D. E., S. A. Smith, N. Cellinese, K. J. Wurdack, D. C. Tank, S. F. Brockington, N. F. Refulio-Rodriguez, J. B. Walker, M. J. Moore, B. S. Carlsward, C. D. Bell, M. Latvis, S. Crawley, C. Black, D. Diouf, Z. Xi, C. A. Rushworth, M. A. Gitzendanner, K. J. Sytsma, Y.-L. Qiu, K. W. Hilu, C. C. Davis, M. J. Sanderson, R. S. Beaman, R. G. Olmstead, W. S. Judd, M. J. Donoghue, and P. S. Soltis. 2011. Angiosperm phylogeny: 17 genes, 640 taxa. American Journal of Botany 98:704-730.

Stevenson, D. W., J. I. Davis, J. V. Freudenstein, C. R. Hardy, M. P. Simmons, and C. D. Specht. 2000. A phylogenetic analysis of the monocotyledons based on morphological and molecular character sets, with comments on the placement of Acorus and Hydatellaceae. In:Wilson, K. L., and D. A. Morrison (eds.), Monocots: Systematics and Evolution, CSIRO, Collingwood.

Stone, B. C., K.-L. Huynh, and H.-H. Poppendieck. 1998. Pandanaceae. In: Kubitzki, K. (ed.), The Families and Genera of Vascular Plants. III. Flowering Plants. Monocotyledons. Lilianae (except Orchidaceae). Pp. 397–403. Springer, Berlin.

Stützel, T. 1998. Eriocaulaceae. In: Kubitzki, K. (ed.), The Families and Genera of Vascular Plants. IV. Flowering Plants. Monocotyledons. Alismatanae and Commelinanae (except Gramineae). Pp. 197–207. Springer, Berlin.

Sun, Y., M. Moore, S. Zhang, P. Soltis, D. Soltis, T. Zhao, A. Meng, L. Xiaodong, J. Li, and H. Wang. 2016. Phylogenomic and structural analyses of 18 complete plastomes across nearly all families of early-diverging eudicots, including an angiosperm-wide analysis of IR gene content evolution. Molecular Phylogenetics and Evolution 96:93-101.

Takhtajan, A. L. 1991. Evolutionary Trends in Flowering Plants. Columbia University Press, New York.

Takhtajan, A. L. 1997. Diversity and Classification of Flowering Plants. Columbia University Press, New York.

Tamura, M. N. 1998a. Calochortaceae. In: Kubitzki, K. (ed.), The Families and Genera of Vascular Plants. III. Flowering Plants. Monocotyledons. Lilianae (except Orchidaceae). Pp. 164–172. Springer, Berlin.

Tamura, M. N. 1998b. Liliaceae. In: Kubitzki, K. (ed.), The Families and Genera of Vascular Plants. III. Flowering Plants. Monocotyledons. Lilianae (except Orchidaceae). Pp. 343–353. Springer, Berlin.

Thien, L. B., T. L. Sage, T. Jaffre, P. Bernhardt, V. Pontieri, P. H. Weston, D. Malloch, H. Azuma, S. W. Graham, M. A. McPherson, H. S. Rai, R. F. Sage, and J.-L. Dupre. 2003. The population structure and floral biology of Amborella trichopoda (Amiborellaceae). Annals of the Missouri Botanical Garden 90: 466–490.

Thomas, N., J. J. Bruhl, A. Ford, and P. H. Weston. 2014. Molecular dating of Winteraceae reveals a complex biogeographical history involving both ancient Gondwanan vicariance and long-distance dispersal. Journal of Biogeography 41:894-904.

Thorne, Robert F. 2000. The classification and geography of the flowering plants: Dicotyledons of the class Angiospermae: (Subclasses Magnoliidae, Ranunculidae, Caryophyllidae, Dilleniidae, Rosidae, Asteridae, and Lamiidae). Botanical Review 66(4): 441–647.

Verhoek, S. 1998. Agavaceae. In: Kubitzki, K. (ed.), The Families and Genera of Vascular Plants. III. Flowering Plants. Monocotyledons. Lilianae (except Orchidaceae). Pp. 60–70. Springer, Berlin.

Viruel, J., F. Forest, O. Paun, M. W. Chase, D. Devey, R. S. Couo, J. G. Segarra-Moragues, P. Catalán, and P. Wilkin. 2018. A nuclear Xdh phylogenetic analysis of yams (Dioscorea, Dioscoreaceae) congruent with plastid trees reveals a new Neotropical lineage. Botanical Journal of the Linnean Society 187:232-246.

Wanke, S., F. González, and C. Neinhuis. 2006a. Systematics of pipevines: Combining morphological and fast-evolving molecular characters to investigate the relationships within subfamily Aristolochioideae (Aristolochiaceae). International Journal of Plant Sciences 167: 1215-1227.

Wanke, S., L. Vanderschaeve, G. Mathieu, C. Neinhuis , P. Goetghebeur and M. S. Samain. 2007b. From Forgotten Taxon to a Missing Link? The Position of the Genus Verhuellia (Piperaceae) Revealed by Molecules. Annals of Botany 99: 1231–1238.

Wanke, S., M. A. Jaramillo, T. Borsch, M.-S. Samain, D. Quandt, and C. Neinhuis. 2007a. Evolution of Piperales - matK gene and trnK intron sequence data reveal lineage specific resolution contrast. Molecular Phylogenetics and Evolution 42: 477-497.

Wanke, S., M.-S. Samain, L. Vanderschaeve, G. Mathieu, P. Goetghebeur, and C. Neinhuis. 2006b. Phylogeny of the genus Peperomia (Piperaceae) inferred from the trnK/matK region (cpDNA). Plant Biology 8: 93-102.

Williamson, P. S. and E. L. Schneider. 1993. Cabombaceae. In: Kubitzki, K., J. G. Rohwer, and V. Bittrich (eds.), The Families and Genera of Vascular Plants. II. Flowering Plants: Dicotyledons, Magnoliid, Hamamelid and Caryophyllid Families. Pp. 157–160. Springer, Berlin.

Wilson, K. L., and D. A. Morrison (eds). 2000. Monocots: Systematics and Evolution. CSIRO, Collingwood, VIC, Australia.

Zanis, M. J., D. E. Soltis, P. S. Soltis, S. Mathews, and M. J. Donoghue. 2002. The root of the angiosperms revisited. Proceedings of the National Academy of Sciences of the United States of America 99: 6848–6853.

Zanis, M. J., P. S. Soltis, Y. L. Qiu, E. Zimmer, and D. E. Soltis. 2003. Phylogenetic analyses and perianth evolution in basal angiosperms. Annals of the Missouri Botanical Garden 90: 129–150.

Záveská Drábková, L. 2010. Phylogenetic relationships within Juncaceae: Evidence from five regions of plastid, mitochondrial and nuclear ribosomal DNA, with notes on morphology. Pp. 389-416 in O. Seberg, G. Petersen, A. S. Barfod, and J. I. Davis (eds.), Diversity, Phylogeny, and Evolution in the Monocotyledons. Aarhus University Press, Aarhus, Denmark.

Záveská Drábková, L., J. Kirschner, O. Seberg, G. Petersen, and C. Vlcek. 2003. Phylogeny of the Juncaceae based on rbcL sequences, with special emphasis on Luzula DC. and Juncus L. Plant systematics and evolution = Entwicklungsgeschichte und Systematik der

Pflanzen 240: 133–148.
Zhou, B., T. Tu, F. Kong, J. Wen, and X. Xu. 2018. Revised phylogeny and historical biogeography of the cosmopolitan aquatic plant genus Typha (Typhaceae). Science Reports 8:6613.
Zomlefer, W. B. 1994. Guide to Flowering Plant Families. University of North Carolina Press, Chapel Hill.

웹사이트

POWO. 2019. Plants of the World Online. Facilitated by the Royal Botanic Gardens, Kew. Published on the Internet. *http://plantsoftheworldonline.org*.

Reveal, J. L. (2001 onwards). Indices Nominum Supragenericorum Plantarum Vascularium. Alphabetical Listing by Family of Validly Published Suprageneric Names. *http://www.plantsystematics.org/reveal/PBIO/fam/allspgnames.html*
An index of accepted names above the rank of family.

Royal Botanic Gardens, Kew, Vascular Plant Families and Genera Database *http://data.kew.org/vpfg1992/vascplnt.html*
A searchable database taken from Vascular Plant Families and Genera, compiled by R. K. Brummitt and published by the Royal Botanic Gardens, Kew, in 1992.

Stevens, P. F. (2001 onwards). Angiosperm Phylogeny Website. *http://www.mobot.org/MOBOT/research/APweb*
An excellent graphical representation and update of the Angiosperm Phylogeny Group classification, cladograms, family characteristics, references, and apomorphies.

World Checklist of Monocotyledeons. (2009 onwards). The Board of Trustees of the Royal Botanic Gardens, Kew. Published on the Internet. *http://www.kew.org/monocotChecklist*
A Checklist of accepted scientific names and synonyms of all monocot families, including search functions for all scientific names and distribution of monocot taxa.

8

현화식물의 다양성과 분류:

진정쌍자엽식물

EUDICOTS 진정쌍자엽식물

진정쌍자엽식물은 매우 큰 단계통군으로, 피자식물의 75%인 약 19만 종을 포함한다. 진정쌍자엽식물이 단계통군이라는 것은 분자 자료가 잘 뒷받침해준다. 이 식물군이 지니는 가장 분명한 형태적 파생형질은 **삼구형 또는 삼구형에서 파생된 화분**이다(**그림 8.1**). 삼구형 화분이란 발아구 3개가 극축과 거의 나란하게 서로 같은 간격으로 배열된 것을 말한다(**그림 8.2**, 제10장 참조). 발아구는 화분립의 벽 일부가 분화된 지역으로 화분관이 발아하게 할 뿐 아니라, 화분립이 습도의 변화에 따라 적절히 수축과 팽창을 할 수 있도록 도와준다(제10장). 삼구형 화분립은 **원구형**(원구 1개만 있는 경우; 그림 8.2)으로부터 진화됐는데, 이 원구형은 피자식물뿐만 아니라 여러 종자식물군에서도 조상형질상태로 생각된다. 진정쌍자엽식물에 속하는 많은 식물은 발아구의 수, 모양, 위치가 매우 다양하며(이는 매우 중요한 분류형질이다; 제10장 참조), 이들 모두는 삼구형에서 파생한 것으로 생각된다.

진정쌍자엽식물에 포함되는 목 및 과의 목록은 표 8.1–8.3에 수록하였다. 이 목록은 부분적인 차이를 제외하고(Cole 2015 참조) 대부분 APG IV(2016) 분류체계를 따른 것이다. **표 8.1**은 Superrosids(범장미군)과 Superasterids(범국화군)을 제외한 것으로 Ranunculales(미나리아재비목), Proteales(프로테아목), Buxales(회양목목), Trochodendrales(트로코덴드론목), Gunnerales(군네라목), Dilleniales(오아과목)를 수록하고 있다. 표 8.2는 장미군을 포함하는 범장미군 내의 목과 과를 수록하고 있다. 표 8.3은 국화군을 포함하는 범국화군 목 및 과의 목록이다. 진정쌍자엽식물의 유연관계에 대한 상세한 내용은 일반적인 피자식물 계통수(Moore et al. 2011; Soltis et al. 2011; Sun et al. 2016a)를 참조한다. 진정쌍자엽식물 내 단계통군의 몇몇 계통명명규약(PhyloCode) 명칭은 Cantino et al.(2007)을 참조한다. 그러한 예로 *Pentapetalae*(오판화군: Dilleniales + Superrosids + Superasterids; 그림 8.1)과 *Gunneridae*(군네라아강: Gunnerales + *Pentapetalae*)가 있다.

RANUNCULALES 미나리아재비목

미나리아재비목은 7개 과를 포함하며, 이들 중 3개 과를 여기에 기재하였다. 기재하지 않은 과 중 **Menispermaceae**(방기과)에 속하는 쿠라레(*Chondrodendron tomentosum*)를 아마존 일부 종족들이 화살촉에 바르는 독으로 사용하였었는데,

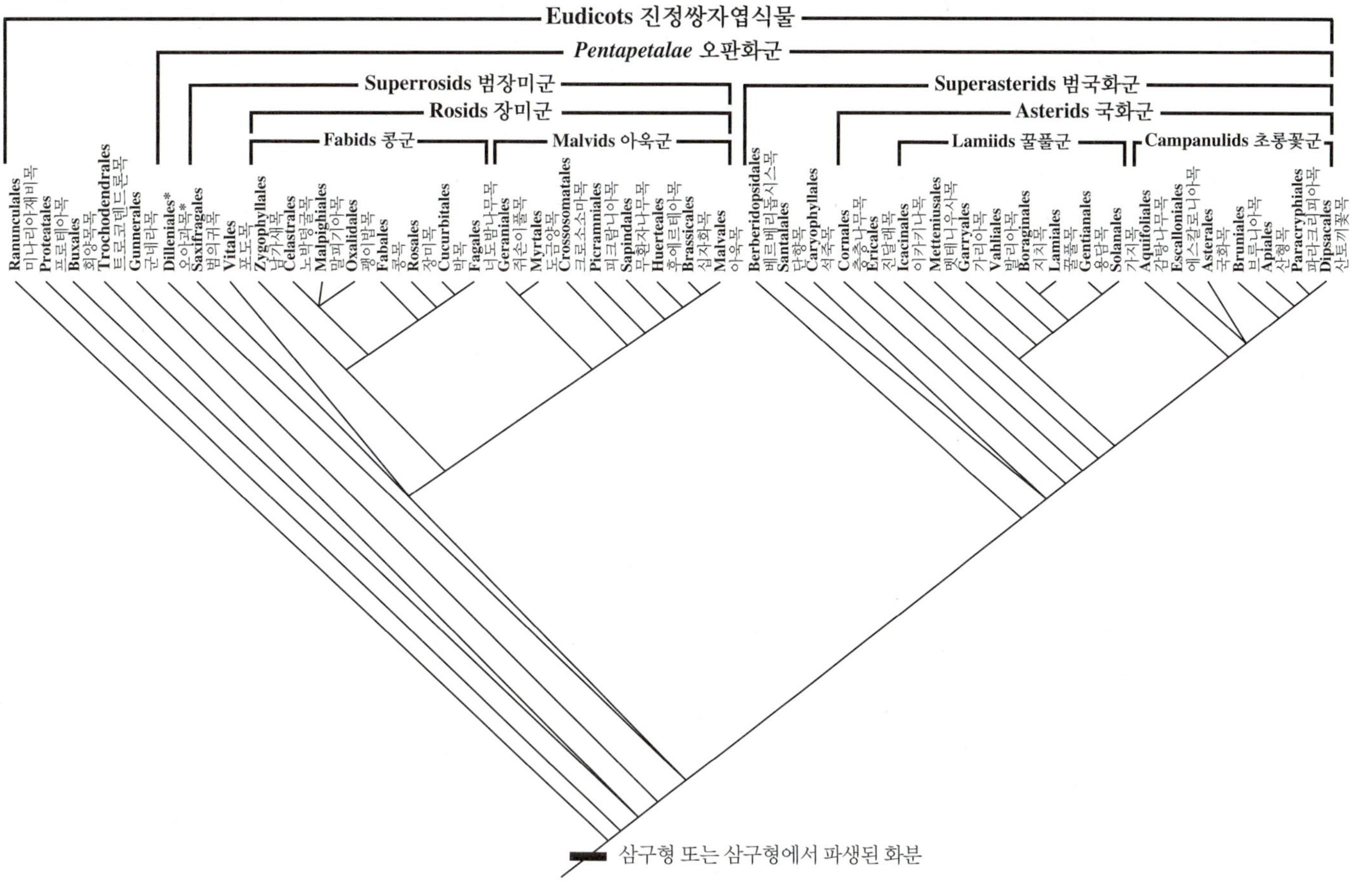

Eudicots 진정쌍자엽식물
Pentapetalae 오판화군
Superrosids 범장미군
Rosids 장미군
Fabids 콩군
Malvids 아욱군
Superasterids 범국화군
Asterids 국화군
Lamiids 꿀풀군
Campanulids 초롱꽃군

Ranunculales 미나리아재비목
Proteales 프로테아목
Buxales 회양목목
Trochodendrales 트로코덴드론목
Gunnerales 군네라목
Dilleniales* 오아과목*
Saxifragales 범의귀목
Vitales 포도목
Zygophyllales 남가새목
Celastrales 노박덩굴목
Malpighiales 말피기아목
Oxalidales 괭이밥목
Fabales 콩목
Rosales 장미목
Cucurbitales 박목
Fagales 너도밤나무목
Geraniales 쥐손이풀목
Myrtales 도금양목
Crossosomatales 크로소소마목
Picramniales 피크람니아목
Sapindales 무환자나무목
Huerteales 후에르테아목
Brassicales 십자화목
Malvales 아욱목
Berberidopsidales 베르베리돕시스목
Santalales 단향목
Caryophyllales 석죽목
Cornales 층층나무목
Ericales 진달래목
Icacinales 이카키나목
Metteniusales 멧테니우사목
Garryales 가리아목
Vahliales 발리아목
Boraginales 지치목
Lamiales 꿀풀목
Gentianales 용담목
Solanales 가지목
Aquifoliales 감탕나무목
Escalloniales 에스칼로니아목
Asterales 국화목
Bruniales 브루니아목
Apiales 산형목
Paracryphiales 파라크리피아목
Dipsacales 산토끼꽃목

▬ 삼구형 또는 삼구형에서 파생된 화분

그림 8.1 진정쌍자엽식물 목의 계통유연관계. Moore et al.(2011), Soltis et al.(2011), APG IV(2016), Sun et al.(2016) 참조. *Dilleniales(오아과목)의 유연관계는 불확실함.

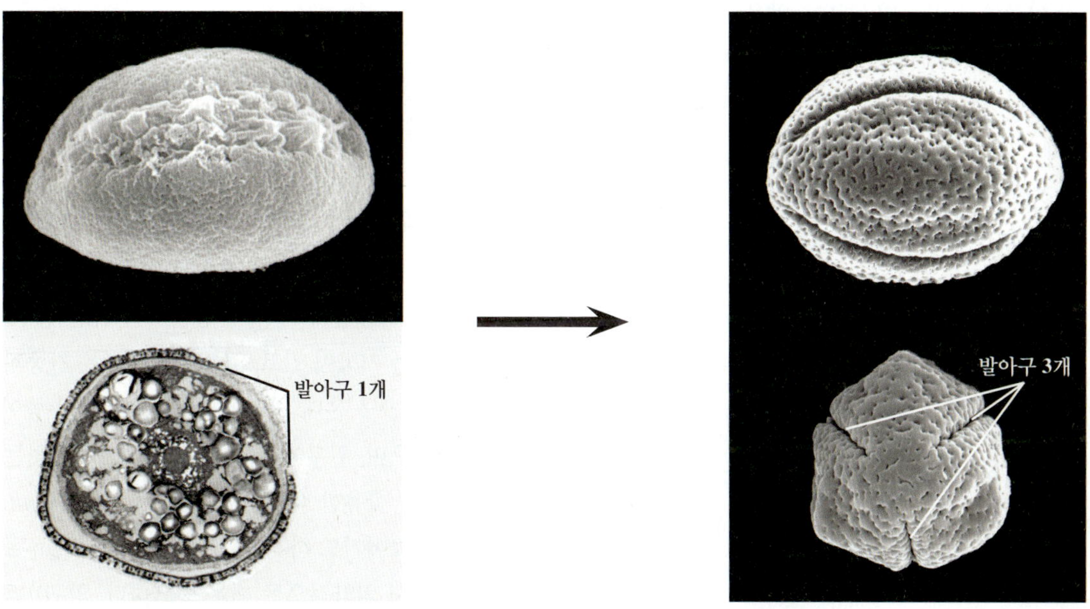

그림 8.2 원구형 화분으로부터 진정쌍자엽식물의 파생형질인 삼구형 화분으로의 형질상태 전환.

표 8.1 Eudicots(진정쌍자엽식물)의 목과 과(APG IV, 2016). 본문에 상세하게 기재한 과는 볼드체로 표시하였다. *Dilleniales(오아과목)의 위치는 불확실하다. Superrosids(범장미군)/Rosids(장미군)과 Superasterids(범국화군)/Asterids(국화군)의 목록은 각각 표 8.2와 8.3을 참조한다.

EUDICOTS		
RANUNCULALES	PROTEALES	GUNNERALES
Berberidaceae	**Nelumbonaceae**	Gunneraceae
Circaeasteraceae	Platanaceae	Myrothamnaceae
Eupteleaceae	Proteaceae	DILLENIALES*
Lardizabalaceae	Sabiaceae	Dilleniaceae
Menispermaceae	BUXALES	**SUPERROSIDS & ROSIDS**
Papaveraceae	Buxaceae	(표 8.2 참조, p. 272)
Ranunculaceae	TROCHODENDRALES	**SUPERASTERIDS & ASTERIDS**
	Trochodendraceae	(표 8.3 참조, p. 315)

수술할 때 근육을 이완시키고 질병을 치료하는 튜보쿠라린(tubocurarine)을 이 쿠라레로부터 추출하였다. 이 목의 계통분석은 Wang et al.(2009)과 Lane et al.(2018)을 참조한다.

Berberidaceae 매자나무과—14속 700종(그림 8.3).

다년생 초본, 관목, 교목. **잎**은 나선상호생[대생], 엽병이 있으며, 엽병 기부가 넓어지기도 하고, 우상복엽, 삼출엽, 단엽 또는 단신복엽이다. **화서**는 총상화서, 수상화서, 원추화서, 취산화서 또는 엽액에 달리는 단정화서이다. **꽃**은 양성, 방사대칭, 자방하생이다. **화피**는 6–7열성, 각 열에 3[2,4]장이 있고, 바깥쪽 2열은 악편상, 안쪽 4–5열은 화판상, 가장 안쪽의 2–3열은 밀선처럼 된다(간혹 헛수술로 해석함). **수술**은 6[4–18]개, 대개 2열성, 가장 안쪽의 꽃잎과 대생한다. **약**은 판개(위로 열림) 또는 종개, 사포자낭성, 이반약성이다. **암술군**은 단심피성(2–3개의 심피가 합생한 것으로 해석함), 상위자방, 자방 1[2]실이다. 변연태좌, **배주**는 각 자방에 다수 [1,2개] 존재한다. **열매**는 장과 또는 삭과이다.

전 세계적으로 분포하며, 특히 북반구 온대 지역에 많이 분포한다. *Berberis*(매자나무속)와 *Mahonia*(뿔남천속)의 여러 종들이 원예용이며; *Podophyllum*은 정소암의 항암제로 사용되고; *Berberis vulgaris*는 밀의 녹병균의 중간 숙주로 알려져 있다. 최근 계통수는 Sun et al.(2018)을 참조한다.

주요 특징: **여러 열로 배열**되는 화피, **외화피열**은 **악편상**, **내화피열**은 **화판상**, **수술**은 **2열**로 배열, 외관상 **단심피성** 암술. **P** ∞, 3 [2,4]개씩 6–7열 **A** 6[4–18] **G** 1, 상위.

Papaveraceae 양귀비과 (현호색과 및 Pteridophyllaceae 포함)—약 44속 825종(그림 8.4).

일년생 또는 다년생 초본, 관목 또는 소교목(때로 기부비후경성), 일부 식물에는 유절유관에서 분비되는 유액이 있다. **잎**은 나선상호생 또는 아대생, 대개 천열, 전열 또는 심열, 탁엽은 없다. **화서**는 단정화서 또는 취산화서이다. **꽃**은 양성, 방사대칭, 좌우대칭 또는 이축좌우대칭, 자방하생[자방상생]이다. **화피**는 이종화피, 3(2,4)열성, 화탁통은 없다[간혹 있음]. **꽃받침**은 일렬성, 이생하거나 기부에서 합생, 꽃받침잎은 2[3]장, 대개 조락성이다. **화관**은 이열성, 이판화관, 꽃잎은 2 + 2 또는 3 + 3[–16]장, 눈 안에서는 구겨져 있거나 복와상, 일부 종에서는 바깥쪽의 꽃잎에 거나 주머니가 발달한다. **수술**은 대개 다수[4–6], 원심적으로 성숙, 간혹 2–3개로 무리를 짓는다. **약**은 사포자낭성 또는 이포자낭성, 이반약성 또는 일반약성(같은 꽃 안에서 두 유형이 다 나타나기도 함)이다. **암술군**은 합생심피성, 상위자방, 심피 2개, 자방 1[2–다]실이다. **암술대**와 **주두**는 대개 1개, 주두는 동합하여 원반형으로 되기도 한다. 측벽[중축]태좌, **배주**는 도생배주 내지 만곡배주, 복주피성, 각 심피에 1개–다수 있다. 수술 기부에 밀선이 존재하기도 한다. **열매**는 종개 또는 포공열개 삭과, 분열과나 견과인 경우도 있다. **종자**의 배유에는 지방이 있고, 일부 분류군에는 가종피가 있다.

대개 북반구 온대 지역에 분포한다. 여러 종이 원예용으로 알려져 있으며, 일부에서는 종자에서 기름을 얻는다. 중독성의 환각물질을 함유한 식물인 *Papaver somniferum*(양귀비)는 헤로인의 원료이기도 하지만, 모르핀 및 기타 알칼로이드의 원료라는 점에서 의약적으로 매우 중요하다. 양귀비과는 현재 3개의 아과, Pteridophylloideae, Fumarioideae(현호색아과) 그리

그림 8.3 RANUNCULALES(미나리아재비목), Berberidaceae(매자나무과). **A–E.** *Berberis*(매자나무속)의 일종. **A.** 우상복엽을 지닌 종. **B.** 화피편이 여러 개인 화아. **C.** 개화한 꽃. **D.** 화피편 및 이와 대생하는 수술. **E.** 암술, 종단면, 변연태좌. **F.** *Diphylleia cymosa*; 잎은 방패형이며, 장상으로 갈라짐. **G,H.** *Podophyllum peltatum*. **G.** 잎이 방패형임. **H.** 단정화서. **I.** *Caulophyllum thalictroides*; 취산화서. **J–M.** *Nandina domestica*(남천). **J.** 화피가 여러 열로 배열된 화아. **K.** 개화한 꽃. **L.** 꽃 접사, 암술과 수술을 보여줌. **M.** 자방 종단면, 변연태좌를 보여준다.

그림 8.4 RANUNCULALES(미나리아재비목), Papaveraceae(양귀비과). **A.** *Dicentra chrysantha* [Fumarioideae(현호색아과)]. 꽃은 이축좌우대칭인 낭형. **B.** *Dendromecon rigida*, 이열성(2+2) 화관(꽃받침은 조락성). **C.** *Eschscholzia californica*, 자방 횡단면, 측벽태좌를 보여줌. **D.** *Papaver californicum*. **E.** *Papaver somniferum*(양귀비)의 성숙한 포공열개삭과. **F.** *Platystemon californicus*. **G.** *Romneya trichocalyx*. **H,I.** *Sanguinaria canadensis*, 꽃잎이 여러 장이다.

고 Papaveroideae(양귀비아과)로 분류한다. 현호색아과(이전에는 Fumariaceae 현호색과)는 꽃이 이축좌우대칭성인 점과 바깥쪽 열에 있는 꽃잎이 거(spur) 또는 주머니형으로 되는 특징을 지닌다. 상세한 계통학적 연구결과는 Hoot et al.(1997), Kadereit et al.(1994, 1995) 그리고 Wang et al. (2009)를 참조한다.

주요 특징: 초본, 관목, 소교목, 흔히 유액이 있음, **이종화피**, **삼열성** 화피(화관은 **이열성**), 수술은 흔히 **다수**, 암술은 합생심피성, 상위자방, **측벽**태좌, **포배열개 또는 포공열개** 삭과.

K 2 [3] 또는 (2 [3]) **C** 2 + 2 또는 3 + 3 [–16] **A** ∞ [4–6] **G** (2) [–소수], 상위.

Ranunculaceae 미나리아재비과—약 62속 2,500종(그림 8.5).

다년생 또는 일년생 초본, 관목 또는 덩굴나무, 육생 또는 수

그림 8.5 RANUNCULALES(미나리아재비목), Ranunculaceae(미나리아재비과). **A,B.** *Actaea alba*. **C.** *Anemone lancifolia*. **D.** *Aquilegia canadensis*, 화피의 거가 잘 발달함. **E,F.** *Clematis pauciflora*. **G,H.** *Hepatica americana*. **I.** *Delphinium parryi*. **J.** *Delphinium*(제비고깔속)의 일종, 수술 및 암술이 다수임을 보여주기 위해 화피를 제거한 상태. **K.** *Ranunculus californica*. **L,M.** *Thalictrum fendleri*. **L.** 수꽃, 아래로 늘어져 달림. **M.** 암꽃은 직립하며 암술은 여러 개임. **N.** *Myosurus minimus*, 화탁이 길게 솟아 있음. **O.** *Xanthorhiza simplicissima*.

생. **잎**은 나선상호생, 단엽 또는 복엽, 탁엽은 있거나 없다. **화서**는 취산화서이거나 단정화서이다. **꽃**은 양성, 간혹 단성, 방사대칭 또는 좌우대칭, 자방하생; 화탁은 다소 솟아 있다. **화피**는 이종화피, 화탁통은 없다. **꽃받침**은 이편악, 꽃받침잎은 5–8[3]개, 흔히 화판상이다. **화관**은 이판화관, 꽃잎은 수 개에서 다수이다[없는 경우도 간혹 있음]. **수술**은 이생, 대개 다수, 나선상으로 배열, 원심적 성숙, 간혹 여러 열로 배열되기도 한다. **약**은 종개, 사포자낭성, 이반약성이다. **암술군**은 이생[아주 드물게 합생]심피성, 상위자방, 심피는 대개 다수, 자방은 1실이다. 변연태좌, 정단태좌 또는 기저태좌, 합생심피성인 경우 중축태좌, **배주**는 도생배주 또는 반도생배주, 복주피성 또는 단주피성, 각 심피에 수 개에서 다수 존재한다. **밀선**은 화피밀선이다(헛수술처럼 생긴 꽃잎의 기부에 존재). **열매**는 골돌과, 수과 또는 장과가 모인 취과이다. 충매화 또는 풍매화이다.

주로 온대나 극 지역에 분포한다. 원예용, 약용(예, *Hydrastis canadensis*)으로 사용되고, 독초나 잡초인 것도 있다. 계통수는 Hoot(1991, 1995)와 Wang et al.(2009)을 참조한다.

주요 특징: 초본, 관목, 덩굴나무, 화피는 **나선상으로 배열**, 대개 이열성, 수술은 **다수**, 암술군은 이생심피성.

K 5–8 [3] **C** 소수–∞ [0] **A** ∞ **G** ∞ [1–소수], 상위.

PROTEALES 프로테아목

최근의 분류체계에 의하면 프로테아목은 3개의 이질적인 과를 포함한다. 이들 3개 과의 공통점은 자방에 배주가 1개 있다는 것이다. **연꽃과, 버즘나무과**는 정단태좌라는 특징에서 유사하다. **버즘나무과**와 **프로테아과**는 목재 해부 형질에서 유사하다. 목의 계통수는 Sun et al.(2016)을 참조한다.

Nelumbonaceae 연꽃과—1속 1–2종(**그림 8.6**).

다년생 초본, 수생, 유절유관에서 분비되는 유액이 있다. **줄기**는 근경으로 발달한다. **잎**은 나선상호생, 방패형, 엽병이 잘

그림 8.6 PROTEALES(프로테아목), Nelumbonaceae(연꽃과). *Nelumbo nucifera*(연꽃). **A.** 전체 외형, 오목한 방패형 잎과 꽃이 물 밖으로 돌출함. **B.** 화피편이 여러 개인 꽃. **C.** 꽃 접사; 수술 수가 매우 많고 화탁이 팽출되어 있는 점에 주목할 것. **D.** 화탁 종단면, 화탁 정단에 암술이 파묻혀 있음. **E.** 암술 종단면을 접사한 것으로, 정단태좌를 보여줌. **F.** 열매, 견과의 취과, 숙존생장하는 화탁에 파묻혀 있음. **G.** 열매(견과) 접사, 종단면.

발달하고(엽병은 물 밖으로 돌출), 단엽, 갈라지지 않고, 원형, 위로 볼록하며, 엽맥은 망상이다. **화서**는 액생(근경의 인편엽에), 물 밖으로 돌출하는 단정화서이다. **꽃**은 크고, 양성, 방사대칭, 화경이 길고, 포는 없으며, 자방하생; 화탁은 팽출하며 해면질, 움푹 파인 곳에 암술이 존재한다. **화피**는 대략 삼렬성, 최외열은 꽃받침잎처럼 생긴 2장의 녹색 화피편으로, 안쪽의 2열은 꽃잎처럼 생긴 다수의 황색 또는 적색 화피편으로 구성된다. **수술**은 다수, 나선상 배열, 이생; 수술대는 좁다. **약**은 측향약 내지 내향약, 종개, 사포자낭성, 약격은 판상이다(넓다). **암술군**은 이생심피성, 상위자방, 암술은 12–40개, 자방은 1실이다. 정단태좌, **배주**는 도생배주, 복주피성, 각 자방에 1개 존재한다. **암술대**와 **주두**는 1개, 정생한다. **열매**는 견과가 모인 취과, 숙존생장하는 화탁에 파묻혀 있다. **종자**는 무배유성이다. 딱정벌레가 수분한다. 줄기는 진정중심주 또는 부제중심주이다.

과거에 연꽃과는 수련과의 연꽃아과로 처리되었었다. 연꽃과의 2종 가운데 *Nelumbo lutea*는 북미 동부에서 남미 북부에 걸쳐 자라고 *N. nucifera*(연꽃)는 아시아에서 호주 북부까지 분포한다. 원예용이고 식용(근경과 종자), 약용, 종교적 행사에도 사용한다. 연꽃은 오랜 기간 생존하는 종자로 유명한데, 일부 종자는 1,300년간 휴면하다가 발아하였다. 상세한 정보는 Williamson and Schneider(1993)를 참조한다.

주요 특징: **수생초본**, 부제중심주 줄기, **잎은 물 밖으로 돌출**, **방패형**, 위로 다소 볼록함, 꽃은 **단정화서**, 화피편 다수, 수술 다수, **이생심피성**, **팽출된 화탁에 파묻힘**; 열매는 **견과가 모인 취과**, **숙존생장하는 화탁에 파묻힘**.

P 2+∞+∞ **A** ∞ **G** ∞, 상위.

SUPERROSIDS 범장미군

이른바 범장미군 또는 Superrosidae(범장미아강, Soltis et al. 2011)은 범의귀목, 포도목(간혹 장미군에 포함됨) 및 매우 큰 분류군인 장미군 또는 장미분계군(Rosids)으로 이루어진 그룹이다(그림 8.1, **표 8.2** 참조).

SAXIFRAGALES 범의귀목

범의귀목은 15개 과를 포함하는데(표 8.2), 여기에는 2개 과를 기재하였다. 기재되지 않은 과 가운데 주목할 만한 과로는 **Altingiaceae**(*Liquidamber*가 포함됨), **Cercidiphyllaceae**(계수나무과; 2종만으로 구성됨, 목재용으로 중요, 과거에는 분포역이 매우 넓었을 것으로 추정), **Grossulariaceae**(까치밥나무과; 열매를 식용하는 *Ribes* 까치밥나무속 포함), **Haloragaceae**(개미탑과; 수족관의 수초인 *Myriophyllum* 물수세미속 포함), Hamamelidaceae(조록나무과), **Paeoniaceae**(작약과)가 있다. 이 목에 대한 정보는 Fishbein et al.(2001), Jian et al.(2008), Solts et al.(2016)을 참조한다.

Crassulaceae 돌나물과—약 34속 1,400종(**그림 8.7**).

초본, 관목 또는 드물게 교목. **잎**은 나선상호생, 대생 또는 윤생, 단엽, 탁엽은 없으며, 다육성이다. **화서**는 분지하는 취산화서 또는 단정화서이다. **꽃**은 대개 양성, 방사대칭, 소화경이 있거나 없으며, 자방하생 또는 약간 자방주생이다. **화피**는 이열성, 이종화피이다. **꽃받침**은 이편악, 꽃받침잎은 5[3–6+]개, 이생한다. **화관**은 이생하거나 기부에서 동합, 꽃잎은 5[간혹 3–6+]개이다. **수술**은 꽃받침잎과 꽃잎의 1–2배수, 화피호생이열웅예 또는 일렬성으로 악편대생, 꽃받침잎과 이합하거나 분리되어 있다. 약은 종개, 사포자낭성, 이반약성이다. **암술군**은 이생심피성, 상위자방, 심피는 5[3–6+]개이다. **태좌**는 변연태좌, **배주**는 도생배주, 복주피성, 다수[몇 개만 있거나 1개인 경우도 있음]이다. **밀선**은 심피 기부와 대생하는 곳에 인편상으로 존재한다. **열매**는 골돌과, 간혹 삭과이다. **종자**에는 배유가 있다(지방과 단백질이 존재). 줄기의 물관부는 연속 배열하여 관 구조를 이루고; 잎은 종종 크란츠 해부 구조를 보이며, CAM 광합성을 한다.

돌나물과는 전통적으로 6개 아과로 세분했으나 최근의 연구에서 이들 모두가 단계통군이 아닌 것으로 밝혀졌다. 대개 건조한 환경에 자라지만 그렇지 않은 지역에도 분포하며, 호주와 태평양 제도를 제외한 전 세계에 분포한다(남아프리카 지역, 멕시코, 아시아 산악지역에서 종 다양성이 가장 높음). *Aeonium, Crassula, Echeveria, Kalanchoe, Sedum*(돌나물속)의 많은 종이 원예용으로 중요하다. 일반적인 정보는 Thiede and Eggli(2006)를, 계통수는 Mort et al.(2001, 2010)을 참조한다.

주요 특징: 초본, 관목, 드물게 교목, 잎은 단엽, **다육성**, **CAM 광합성** 수행, 취산화서, 꽃은 양성화, 방사대칭, 이종화피, 화피호생이열웅예, **이생심피성**, **밀선**은 심피 기부와 대생

표 8.2 Superrosids(범장미군) 및 이에 포함되는 Rosids(장미군)의 목/과의 목록(APG IV 2016). 본문에 상세하게 기재한 과는 **볼드체**로 표시하였다. 별표는 APG IV와 분류군의 범주에 있어서 다른 견해가 있는 경우를 나타낸다. Celastrales(노박덩굴목, Zhand and Simmons 2006), Geraniales(용담목, Jeiter et al. 2016). Superasterids(범국화군)과 Asterids(국화군)의 식물목록은 표 8.3을 참조한다.

SUPERROSIDS & ROSIDS

SAXIFRAGALES
Altingiaceae
Aphanopetalaceae
Cercidiphyllaceae
Crassulaceae
Cynomoriaceae
Daphniphyllaceae
Grossulariaceae
Haloragaceae
Hamamelidaceae
Iteaceae
Paeoniaceae
Penthoraceae
Peridiscaceae
Saxifragaceae
Tetracarpaeaceae
VITALES (within Rosids; APG IV)
Vitaceae
ROSIDS
FABIDS
ZYGOPHYLLALES
Krameriaceae
Zygophyllaceae
CELASTRALES
Celastraceae
Lepidobotryaceae
Parnassiaceae*
MALPIGHIALES
Achariaceae
Balanopaceae
Bonnetiaceae
Callophyllaceae
Caryocaraceae
Centroplacaceae
Chrysobalanaceae
Clusiaceae (Guttiferae)
Ctenolophonaceae
Dichapetalaceae
Elatinaceae
Erythroxylaceae
Euphorbiaceae
Euphroniaceae
Goupiaceae
Humiriaceae
Hypericaceae
Irvingiaceae
Ixonanthaceae
Lacistemataceae
Linaceae
Lophopyxidaceae
Malpighiaceae
Ochnaceae
Pandaceae
Passifloraceae
Peraceae
Phyllanthaceae
Picrodendraceae
Podostemaceae
Putranjivaceae
Rafflesiaceae
Rhizophoraceae
Salicaceae
Trigoniaceae
Violaceae
OXALIDALES
Brunelliaceae
Cephalotaceae
Connaraceae
Cunoniaceae
Elaeocarpaceae
Huaceae
Oxalidaceae
FABALES
Fabaceae (Leguminosae)
Polygalaceae
Quillajaceae
Surianaceae
ROSALES
Barbeyaceae
Cannabaceae
Dirachmaceae
Elaeagnaceae
Moraceae
Rhamnaceae
Rosaceae
Ulmaceae
Urticaceae
CUCURBITALES
Apodanthaceae
Anisophylleaceae
Begoniaceae
Coriariaceae
Corynocarpaceae
Cucurbitaceae
Datiscaceae
Tetramelaceae
FAGALES
Betulaceae
Casuarinaceae
Fagaceae
Juglandaceae
Myricaceae
Nothofagaceae
Ticodendraceae
MALVIDS
CROSSOSOMATALES
Aphloiaceae
Crossosomataceae
Geissolomataceae
Guamatelaceae
Stachyuraceae
Staphyleaceae
Strasburgeriaceae
GERANIALES
Francoaceae
Geraniaceae
Hypseocharitaceae*
Melianthaceae*
Vivianiaceae*
MYRTALES
Alzateaceae
Combretaceae
Cryteroniaceae
Lythraceae
Melastomataceae
Myrtaceae
Onagraceae
Penaeaceae
Vochysiaceae
PICRAMNIALES
Picramniaceae
HUERTEALES
Dipentodontaceae
Gerrardinaceae
Tapisciaceae
BRASSICALES
Akaniaceae
Bataceae
Brassicaceae (Cruciferae)
Capparaceae
Caricaceae
Cleomaceae
Emblingiaceae
Gryrostemonaceae
Koeberliniaceae
Limnanthaceae
Moringaceae
Pentadiplandraceae
Resedaceae
Salvadoraceae
Setchellanthaceae
Tovariaceae
Tropaeolaceae
MALVALES
Bixaceae
Cistaceae
Cytinaceae
Dipterocarpaceae
Malvaceae
Mutingiaceae
Neuradaceae
Sarcolaenaceae
Sphaerosepalaceae
Thymelaeaceae
SAPINDALES
Anacardiaceae
Biebersteiniaceae
Burseraceae
Kirkiaceae
Meliaceae
Nitrariaceae
Rutaceae
Sapindaceae
Simaroubaceae

그림 8.7 SAXIFRAGALES(범의귀목), Crassulaceae(돌나물과). **A–D.** 영양기관 형태. **A.** *Kalanchoe beharensis*. 면모가 밀생하는 두꺼운 잎이 달리는 대형 관목. **B.** *Graptopetalum paraguayense*. 잎은 다육성이고 표피는 밀랍질임. **C.** *Crassula argentea*. 관목, 잎은 다육성이고 털이 없음. **D.** *Sedum smallii*, 작은 일년생 초본, 잎은 다육성이고 매우 작음. **E–J.** 생식기관 형태. **E.** *Dudleya pulverulenta*, 호산상취산화서가 분지하는 형태; 포가 소화경으로부터 약 90° 틀어져 있는 점에 주목할 것. **F.** *Bryophyllum pinnatum*. 관상화는 아래로 늘어지며 커다란 원추화서에 배열됨. **G.** *Crassula argentea*. 심피는 이생하며 심피 맞은편 기부에 인편상 밀선이 존재함. **H,I.** *Graptopetalum paraguayense*. **H.** 화피호생이열웅예. **I.** 심피(자방) 횡단면, 변연태좌. **J.** *Pachyphytum hookeri*, 성숙한 집합골돌과.

하며 **인편상**, 열매는 **골돌과**.

K 5 [3–6+] **C** 5 [3–6+] **A** 5+5 또는 5 [3–6+] **G** 5 [3–6+], 상위.

Saxifragaceae 범의귀과—약 33속 600종(**그림 8.8**).

다년생 초본, 아관목. **잎**은 대개 나선상호생, 로제트형인 경우가 많고, 단엽, 우상 또는 장상, 탁엽이 없고, 간혹 다육성이다. **화서**는 취산화서, 총상화서 또는 단정화서이다. **꽃**은 양성, 방사대칭, 자방하생 내지 자방상생이다. **화피**는 이열성, 이종화피이다. **꽃받침**은 이편악, 꽃받침잎은 5[3–10]개; **화관**은 합판화관 또는 이판화관으로 꽃잎은 5[0, 3–10]개이다. **수술**은 개수가 다양하며, 일렬성 또는 이열성, 일부 종에는 헛수술이 있다. **암술군**은 합생심피성, 위에서 갈라지고, 이생하는 경우도 있으며, 상위자방 내지 하위자방, 심피는 2–4[7]개이다. 변연태좌, 중축태좌 또는 측벽태좌, **배주**는 도생배주, 단주피성 또는 복주피성, 대개 다수이다. 흔히 자방 밀선반이 있다. **열매**는 (주로) 포간열개 삭과이다. **종자**에는 지방성 배유가 있다.

전 세계적으로, 특히 북반구 추운 지역에 자라며, 원예식물로서 중요하다. 계통수는 Soltis et al.(2001), Xiang et al.(2012), and Deng et al.(2015)을 참조한다.

주요 특징: **다년생 초본, 드물게 아관목**, 잎은 나선상호생, 간혹 다육성(흔히 로제트형), 꽃은 이생하는 꽃받침잎 5개와 동합하는 꽃잎 5개로 구성되는 것이 일반적임, 수술은 일렬성 또는 이열성, 심피는 대개 **합생**, 위에서 갈라짐, **상위자방 내지 하위자방**, 배주 다수, **포간열개 삭과**.

K 5 [3–10] **C** (5) [(0, 3–10)] **A** 5 또는 5 + 5 [다양] **G** (2–4) [(–7)], 상위–하위.

VITALES 포도목

포도목은 포도과 하나만을 포함한다. APG IV(2016) 분류체계에서는 이 그룹을 잠정적으로 장미군에 포함시켰다.

Vitaceae 포도과—약 17속 955종(**그림 8.9**).

덩굴나무, 초본 또는 교목, 일부는 다육성 또는 기부비후경성. **줄기**에 잎과 대생하는 덩굴손이 있다. **잎**은 단엽(대개 장상천열, 장상맥), 나선상호생, 대생 또는 이열대생하며, 조락성 탁엽이 있음. **화서**는 취산화서, 산방화서 또는 원추화서, 잎과 대생하며 매우 드물게 액생한다. **꽃**은 작고, 양성 또는 단성, 방사대칭이다. **화피**는 이열이다. **꽃받침**은 이편악, 일부에서는 매우 퇴화하여 목깃처럼 생겼으며, 꽃받침잎은 4–5[3–7]개이다. **화관**은 대개 이판화관, 간혹 삭모상이며(*Vitis* 종류), 꽃잎은 4–5[3–7]개, 섭합상이다. **수술**은 4–5[3–7]개이며, 화판대생이다. **암술군**은 합생심피성, 상위[반하위]자방, 심피는 2[3–4]개이며, 자방실은 대개 2개이다(일부는 위격벽 존재). 암술대는 1개이다. 중축태좌이며, **배주**는 도생, 복주피성, 심피당 2개이다. **밀선**은 5개로 갈라져 수술과 호생하거나, 원반상으로 자방 기부를 두른다. **열매**는 장과이다. **종자**에는 배유가 있다.

북미 동부에서 남미, 아프리카 중부에서 남부, 동남아시아, 오스트랄라시아에 분포한다. 포도(*Vitis vinifera* 및 근연 야생종)가 경제적으로 중요하며, *Cissus*, *Parthenocissus*(담쟁이덩굴속), *Rhoicissus*는 원예식물로 사용한다. 포도과는 Leeoideae(리아아과)와 Vitoideae(포도아과)로 분류한다. 계통수와 분류는 Wen(2006)과 Wen et al.(2018)을 참조한다.

주요 특징: **덩굴나무**(드물게 초본 또는 기부비후경성), **잎과 대생하는 덩굴손**, 잎은 단엽, 장상 또는 우상, 꽃은 작고, **섭합상 이판화관** 또는 **상모상 화관**, **화판대생 수술**, **밀선**은 갈라져 **수술과 호생**하거나 **원반상**으로 자방 기부를 두름, 열매는 장과, 자방실당 종자 1–2개.

K 4–5 [3–7] **C** 4–5 [3–7] **A** 4–5 [3–7] **G** 2 [3–4], 상위[반하위].

ROSIDS 장미군

장미군 또는 장미분계군은 상당히 큰 진정쌍자엽식물군이다. 최근의 분자계통수에서 단계통군임이 확인되었다. 장미군은 Cronquist(1981)의 장미아강과 거의 일치하지만, 여러 학자들에 의해 다른 무리, 특히 Dilleniidae(오아과아강)으로 분류하였던 다양한 과도 포함한다.

분자 형질 이외에 장미군을 명확히 정의하는 형질은 없는 상태이다. 장미군에 속하는 식물은 화피가 합착하지 않고, 수술수가 꽃받침잎이나 꽃잎의 수보다 많은 경향을 보이지만 예외도 많다. 일반적으로, 장미군은 배주가 복주피성, 후층성주심이라는 점에서 단주피성, 박층성주심인 Asterids(국화군)과 구분된다.

장미군은 현재 16목으로 분류하는데, 이들을 이전에 Eurosids

그림 8.8 SAXIFRAGALES(범의귀목), Saxifragaceae(범의귀과). **A,B.** *Heuchera hirsutissima*, 다년생 초본, 기부의 로제트형 잎을 지님. B의 위는 꽃의 종단면으로 반하위 자방을 보여줌. **C.** *Heuchera sanguinea*, 하위자방 및 화탁통을 보여줌. **D.** *Jepsonia aphylla*. 화서 **E.** *Lithophragma affine*, 이열성 화피를 보여줌. **F.** *Mitella diphylla*. **G.** *Saxifraga bronchialis*의 꽃 접사. **H.** *Saxifraga californica*의 꽃 접사, 반하위자방을 지님. **I.** *Tellima grandiflora*의 꽃 접사, 갈라진 꽃잎을 보여줌. **J,K.** *Tiarella cordifolia*.

그림 8.9 VITALES(포도목), Vitaceae(포도과). **A.** *Cyphostemma juttae*, 다육성, 기부비후경성 소교목. **B,C.** *Rhoicissus capensis*, 전형적인 덩굴나무 분류군으로 잎과 대생하는 덩굴손과 탁엽을 보여줌. **D–J.** *Vitis girdiana*, 야생 포도. **D.** 슈트, 잎과 대생하는 덩굴손. **E.** 원추화서. **F.** 개화기 꽃, 목깃처럼 생긴 꽃받침과 삭모상 화관(밑에서부터 떨어져 나감). **G.** 꽃, 개화 후반기, 화관은 거의 떨어져 나갔음. **H.** 꽃, 수술과 호생하는 밀선을 보여줌. **I.** 자방 종단면, 배주를 보여줌. **J.** 자방 횡단면, 자방실 2개와 심피당 배주 2개를 보여줌. **K.** *Vitis vinifera*, 재배 포도, 성숙한 장과.

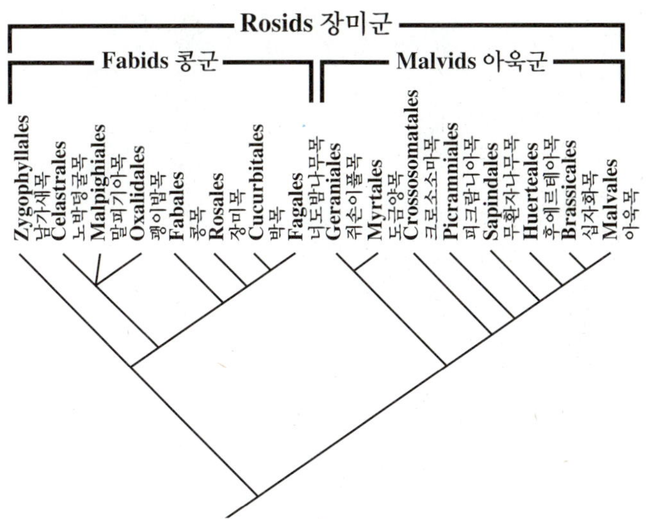

그림 8.10 장미군의 계통수. Moore et al.(2011), Soltis et al.(2011), APG IV(2016), Sun et al.(2016) 참조. 일부 연구자는 Vitales(포도목)을 장미군에 포함시키기도 한다.

I(진정장미군 I)로 알려진 Fabids(콩군)과 이전에 Eurosids II(진정장미군 II)로 알려진 Malvids(아욱군)으로 구분한다(그림 8.1, **그림 8.10**). 이들 목에 속하는 과의 목록은 표 8.2(APG IV 2016을 따름)에 실려 있다. 장미군에 대한 분석은 Soltis et al.(2007), Zhu et al.(2007), Wang, H et al.(2009), Sun et al.(2016b), Folk et al.(2018)을 참조한다.

FABIDS 콩군

콩군 또는 콩분계군은 장미군의 하위그룹으로 8개 목을 포함한다(표 8.2, 그림 8.1, 8.10). 이들 가운데 일부는 매우 많은 수의 과, 속, 종을 포함한다. 박과, 콩과, 장미과, 대극과가 농업에 매우 중요하다. 너도밤나무과는 생태적 또는 산업적으로 중요한 참나무류를 포함한다.

CELASTRALES 노박덩굴목

이 목은 3개 과를 포함한다(표 8.2). 이들 중에 널리 알려진 과로는 잎을 흥분제로 씹는 카트(khat) *Catha* edulis(**그림 8.11**A) 및 *Euonymus*(사철나무속(그림 8.11B,C)을 포함하는 **Celastraceae**(노박덩굴과)와 *Parnassia*(물매화풀속, 그림 8.11D)을 포함하는 **Parnassiaceae**(물매화풀과)가 있다.

MALPIGHIALES 말피기아목

말피기아목은 매우 많은 수의 과인, 36개 과를 포함하는데(표 8.2), 이 중 3개 과를 여기에 기재하였다. 기타 주요 과로는 대풍자산(hydnocarpic acid)이라는 사이클로펜테인 지방산을 만드는 *Hydnocarpus*(대풍자속) 종류를 포함하는 **Achariaceae**, *Chrysobalanus icaco*(코코매실나무)를 포함하는 **Chrysobalanaceae**(**그림 8.12**A), 때로는 Hypericaceae(Gutiiferae, 물레나물과)에 포함되기도 하는 **Clusiaceae**(그림 8.12B), 수생 물별 종류인 **Elatinaceae**(물별과, 그림 8.12C), 코카인의 원료를 추출하는 *Erythroxylum* 종류를 포함하는 **Erythroxylaceae**(코카나무과), 라이넨 섬유를 추출하는 *Linum usitatissimum*(아마)이 포함된 **Linaceae**(아마과, 그림 8.12D), 지구 상에서 가장 큰 꽃을 피우는 *Rafflesia arnoldii*를 포함하는 **Rafflesiaceae**(라플레시아과), **Phyllanthaceae**(여우주머니과, 그림 8.12E),

그림 8.11 CELASTRALES(노박덩굴목). **A–D.** Celastraceae(노박덩굴과). **A.** *Catha edulis*. **B,C.** *Euonymus occidentalis*. **D.** Parnassiaceae(물매화과). *Parnassia californica*.

그림 8.12 MALPIGHIALES(말피기아목). **A.** Chrysobalanaceae(코코매실나무과), *Chrysobalanus icaco*, 결실기 슈트 및 꽃 접사. **B.** Clusiaceae (클루시아과), *Clusia* sp., 개화기 슈트 및 꽃 접사. **C.** Elatainaceae(물별과), *Elatine brachysperma*, 소형 초본, 꽃(왼쪽)과 열매(오른쪽)을 보여줌. **D.** Linaceae(아마과), *Linum lewisii*, 꽃. **E.** Phyllanthaceae(여우주머니과), *Phyllanthus*(여우주머니속)의 일종. **F.** 맹그로브 식물인 Rhizophoraceae (홍수과), *Ceriops*의 일종, 미성숙 열매.

생태적으로 중요한 망그로브로 이루어진 **Rhizophoraceae**(그림 8.12F) 등이 있다. 이 목의 계통수는 Chase et al.(2002), Wurdack and Davis(2009), Korotkova et al.(2009), Xi et al.(2012)을 참조한다.

Euphorbiacae 대극과—약 218속 약 6,300-6,700종(**그림 8.13**).

초본, 관목, 덩굴식물 또는 교목, 자웅동주 또는 자웅이주, 일부 분류군에 유액이 있다. 일부 식물(예, *Euphorbia*)의 줄기는 다육성이며, 선인장처럼 생겼다. **잎**은 나선상호생, 대생 또는 윤생, 단엽, 드물게 삼출엽 또는 장상복엽이고, 탁엽은 대개 존재하며, 간혹 분비선이나 가시로 변형되기도 한다(일부 다육성 대극 종류). **화서**는 일반적으로 취산화서이나, Euphorbioideae에서는 배상화서로 변형되었다. **꽃**은 단성, 방사대칭, 간혹 좌우대칭, 포가 존재하기도 하며, 자방하생이다. **화피**는 이열성, 일렬성 또는 없으며, 주로 오수성이다. **꽃받침**은 이편악, 꽃받침잎은 5[0]장이다. **화관**은 이판화관, 꽃잎은 5[0]장, 섭합상 또는 복와상이다. **수술**은 1개-다수, 이생 또는 동합한다. **약**은 종개, 공개 또는 횡개한다. **암술군**은 합생심피성, 상위자방, 심피 3개[2개-다수], 자방실은 3개[2개-다수]이다. **암술대**는 심피의 수와 같고, 각 암술대는 간혹 2개로 갈라진다. 중축정단태좌, 주병돌기(배주의 기부에 있는 주병 또는 태좌로부터 기원한 돌출 구조)가 있음; **배주**는 도생 또는 반도생, 복주피성, 심피당 1개 존재한다. **밀선**이 흔히 존재한다. **열매**는 분열과, 핵과, 장과 또는 시과이다.

대극과는 전통적으로 5개의 아과, 즉 Phyllanthoideae(여우주머니아과), Oldfieldioideae, Acalyphoideae(깨풀아과), Crotonoideae(파두아과) 및 Euphorbioideae(대극아과)로 분류하였다. 앞의 두 아과는 각 심피에 배주가 2개 있어(이배주성), 각각 (말피기아목에 속하는) Phyllanthaceae(여우주머니과)와 Picrodendraceae 등 과 수준으로 독립시키기도 했다. 여기서 정의한 바와 같이, Wurdack et al.(2005)는 9개의 과 내 단계통군을 인식하였는데, 이들은 새롭게 아과로 분류된 Peroideae와 Cheilosoideae 그리고 단계통 대극아과를 포함한다.

그림 8.13 MALPIGHIALES(말피기아목), Euphorbiaceae(대극과). **A.** *Chamaesyce maculata*의 잎과 배상화서를 접사한 것. **B.** *Euphorbia ingens*, 줄기가 다육성인 식물. **C.** *Euphorbia baioensis*, 쌍을 이루고 있는 탁엽성 가시. **D.** *Euphorbia obesa*. **E,F.** *Euphorbia milii*(꽃기린). **E.** 지상부 슈트. **F.** 배상화서 접사, 포가 적색임. **G,H.** *Euphorbia grandicornis*. **G.** 전체 외형, 탁엽이 변해 생성된 큰 가시. **H.** 배상화서. **I–K.** *Euphorbia* (대극속)의 일종. **I.** 배상화서; 포, 암꽃 및 수꽃을 보여줌. **J.** 암꽃과 수꽃을 떼어서 본 모습. **K.** 수꽃 접사, 수술대와 소화경의 연결부위를 볼 수 있음. **L.** *Euphorbia ingens*, 배상화서가 단기산화서를 이룬 모습, 가운데 것은 열매임. **M.** *Manihot esculenta*(카사바). **N.** *Aleurites moluccana*.

전통적으로 분류된 깨풀아과와 파두아과는 측계통군이다. 대극아과에 속하는 종들은 유액을 만들며, 일부 종들의 경우 퇴화한 수꽃이 매우 특수하게 특징적으로 분화한 배상화서에 모여 있다. 계통수는 Wurdack and Chase(2002)와 Wurdack et al. (2005)을 참조한다.

전 세계적으로 분포한다. 경제적으로 중요한 종으로는 동유를 얻는 *Aleurites fordii*(유동)와 쿠쿠이나무기름을 얻는 *A. moluccana*, 천연고무의 원료가 되는 *Hevea brasiliensis*(파라고무나무), 카사바라고 하여 타피오카의 원료가 되는 중요한 식용작물인 *Manihot esculenta*, 피마자유와 맹독성 리신의 공급원인 *Ricinus communis*(피마자)를 비롯하여 기름, 목재, 의약물질, 염료를 제공하는 다양한 식물과 원예품종이 있다. 다육성 대극속 식물은 남부 아프리카의 식물군집의 주요 구성원이자 중요한 원예자원이다.

주요 특징: 단성화, 상위자방, 자방 **3실**, **심피당 배주 1개**, **중축정단태좌**, 파두아과와 대극아과는 **적색**, **황색** 또는 **주로 흰색**의 **유액**이 있고, 대극아과는 **배상화서**가 특징임.

K 5 [0] **C** 5 [0] **A** 1–∞ **G** (3) [(2–∞)], 상위.

Salicaceae 버드나무과—54속 1,200종(그림 8.14).

교목 또는 관목, 양성화주 또는 자웅이주. *Salix*와 *Populus*의 **뿌리**는 외생근균을 지닌다. **잎**은 단엽, 나선상호생[대생 또는 아대생], 대개 탁엽성(탁엽은 대개 조락성)이고, 흔히 “버드나무형 거치”, 즉 엽맥이 거치 정단까지 도달하여 색소를 지닌 둥근 분비선이나 단단한 모용으로 확장하는 특징을 보인다. **화서**는 정생 또는 액생하는 총상화서, 수상화서, 미상화서(*Salix*, *Populus*), 산방화서, 취산화서, 단집화서 또는 단정화서이다. **꽃**은 대개 작고, 양성 또는 단성, 간혹 소포가 있고, 자방하생이다. **화피**는 없거나 일렬성 또는 이열성이다. **꽃받침**은 이편악 또는 합편악, 꽃받침잎/악열편은 0–8[–15]개이고, 자방 기부에 부착하기도 한다. **화관**은 꽃잎 0–8[15]개로 이루어진다(꽃받침과 동수). **수술**은 [1] 또는 2개–다수, 다수일 경우 원심적 성숙을 하며, 일부는 다발을 이루어 화판대생하고, 수술대는 드물게 동합한다. **약**은 대개 작고, 종개한다. **암술군**은 합생심피성, 상위[반하위]자방, 심피 2개–다수, 자방 1실이다. **암술대**는 1–8개, **주두**는 2개–다수이다. 측벽 내지 기저[중축]태좌, **배주**는 도생 내지 직생, 단주피성 또는 이주피성, 2개–다수이다. **밀선**은 대개 있는데, 웅예내, 웅예외 밀선반 또는 자예외 밀선반을 이루거나 이어지지 않고 끊어져서 돌출하기도 하는 분비선의 형태이다. **열매**는 장과, 핵과, 3[2–6]개로 갈라지는 삭과이거나 드물게 시과이다. **종자**는 가종피 또는 정단총생모가 있다. 바람 또는 곤충이 수분한다.

최근 버드나무과는 과거보다 훨씬 폭넓게 인식되며, 과거의 Flacourtiaceae를 포함한다. Chase et al.(2002)은 계통유연관계 분석을 통해 버드나무과를 9개의 족으로 나누었는데, 그 중 Saliceae(버드나무족)가 Salicaceae s.s.(협의의 버드나무과)에 해당한다.

전 세계적으로 분포하여, 열대에서부터 추운 온대 지역까지 자란다. 목재나 열매가 유용하고, *Azara*, *Idesia*, *Olmediella*, *Populus*(사시나무속) 그리고 *Salix*(버드나무속)는 원예식물로 유용하다. 버드나무속의 수피에서 아스피린의 원료인 살리신(salicin)을 얻는다. Samydaceae와 Scyphostegiaceae는 APG IV(2016)에서 버드나무과로 합쳐지거나 Salicoideae와 함께 아과로 처리된다(Sun et al. 2016b).

주요 특징: **자웅이주** 또는 **양성화주 교목** 또는 **관목**, 잎은 **단엽**, **대개 나선상호생**, **탁엽성**, 버드나무형 **거치**가 있음, 꽃은 흔히 **작고**, 화피는 다양하거나 때로는 없음, 수술은 2개–다수, **측벽**태좌 또는 **기저**태좌, 열매는 주로 **삭과**, **장과**, **핵과**.

K 0–8 [–15] **C** 0–8 [–15] **A** 2–∞ **G** 2–∞, 상위.

Violaceae 제비꽃과—약 34속 985종(그림 8.15).

초본, 관목, 교목 또는 덩굴나무. **잎**은 단엽, 갈라지거나 갈라지지 않고, 대개 나선상호생, 탁엽이 있다. **화서**는 액생, 단정화서 또는 두상화서, 원추화서, 총상화서이다. **꽃**은 주로 양성(일부 *Viola* 종에서 폐화인 경우가 있음), 방사대칭 또는 좌우대칭. **꽃받침**은 이편악, 꽃받침잎은 5개, 복와상, 흔히 숙존성이다. **화관**은 이판화관, 꽃잎은 5개, 복와상 또는 회선상, 좌우대칭화일 경우 가운데 아래쪽의 꽃잎에는 꿀(밀액)을 저장하는 거가 발달한다. **수술**은 5[3]개, 이생 또는 단체웅예, 대개 자방 주변에서 가합착한다. **암술군**은 합생심피성, 상위자방, 심피 3[2–5]개, 자방 1실이다. **암술대**는 1개이다. 측벽태좌, **배주**는 도생배주, 복주피성 1개–다수이다. 밀선은 수술의 배면에 존재한다. **열매**는 장과 또는 포배열개삭과, 간혹 견과이다. **종자**에는 배유가 풍부하고, 대개 가종피와 종침이 있다.

전 세계적으로 분포한다. 경제적으로 중요한 식물로는 약용 가치가 있는 일부 식물을 비롯하여 팬지 종류(*Viola* ×

그림 8.14 MALPIGHIALES(말피기아목), Salicaceae s.l.(광의의 버드나무과). **A.** *Populus fremontii*, 암그루, 미상화서를 지닌 슈트. **B.** *Populus deltoides*, 늘어지는 웅성 화서. **C.** *Salix laevigata*, 개화중인 웅성 슈트. **D–M.** *Salix lasiolepis*. **D.** 나무. **E.** 웅성 미상화서. **F.** 수꽃, 포와 기부 향축면 밀선을 보여줌. **G.** 자성 미상화서. **H.** 암꽃, 포와 밀선을 지님. **I.** 자방 종단면, 기저 내지 측벽태좌. **J.** 자방 횡단면, 2개의 태좌 지역을 보여줌. **K.** 결실중인 미상화서. **L.** 갈라져 열린 삭과. **M.** 정단총생모가 달린 종자. **N.** *Dovyalis caffra*, 화피가 잘 발달한 양성화, 3심피성 암술군을 보여줌. **O–P.** *Xylosma congestum*, 다수의 원심성 수술과 웅예외밀선을 보여준다.

그림 8.15 MALPIGHIALES(말피기아목), Violaceae(제비꽃과). **A.** *Hybanthus calycinus*, 꽃. 아래쪽의 커다란 꽃잎에 주목할 것. **B.** *Hybanthus concolor*, 꽃이 퇴화되었음. **C.** *Viola pedata*. **D.** *Viola purpurea*, 다년생 초본. **E,F.** *Viola papilionacea*. **E.** 꽃. 정면 모습. **F.** 꽃 종단면. 가합착한 수술과 화관의 거 안쪽의 밀선이 보임. **G–K.** *Viola* × *wittrockiana*(팬지 종류). **G.** 꽃. 정면 모습. **H–J.** 꽃 종단면. **H.** 화관의 거 및 밀선. **I.** 가합착한 수술이 암술에 들러붙은 모습. **J.** 자방, 암술대, 주두. **K.** 자방 횡단면, 3심피, 측벽태좌. 화살표는 배주가 달리는 자리를 가리킨다.

wittrockiana)와 같은 원예용 그리고 휘발성 기름을 추출하는 식물 등이 있다. 일반적인 내용은 Bellard et al.(2013), 계통수는 Tokuoka(2008)와 Wahlert et al.(2014)을 참조한다.

주요 특징: **초본**, **관목**, **교목** 또는 **덩굴나무**, 잎은 단엽이며 갈라지거나 갈라지지 않고, 꽃은 방사대칭 또는 좌우대칭, 오수성 화피, **수술**은 **5개**로 **가합착**, **심피 3개**, 상위자방, **측벽**태좌, 종자에 **가종피**와 **종침**이 있음.

K 5 **C** 5 **A** 5 [3] 또는 (5) [(3)] **G** (3) [(2–5)], 상위.

OXALIDALES 괭이밥목

APG IV(2016) 분류체계에서는 괭이밥목에 5개 과를 포함시켰는데(표 8.2), 여기서는 괭이밥과만을 기재하였다. 이 외에 널리 알려진 과로는 호주 서부에 분포하는 식충식물 *Cephalotus follicularis* 한 종으로 이루어진 **Cephalotaceae**, 남반구에서 흔히 자라며 복엽성 교목과 관목으로 이루어진 **Cunoniaceae**(쿠노니아과) 그리고 단엽성이며 공개하는 약을 지닌 교목 또는 관목으로 이루어진 **Elaeocarpaceae**(담팔수과) 등이 있다. 이 목에 대한 최근 정보는 Matthews and Endress(2002)와 Kutitzki(2004)를 참조한다.

Oxalidaceae 괭이밥과—5–6속 560–770종(그림 8.16).

초본, 관목 또는 소교목. 일부 초본성 식물에서 **줄기**는 인경 또는 괴경으로 발달한다. **잎**은 나선상호생, 우상복엽, 장상복엽, 흔히 삼출엽, 간혹 단신복엽 또는 위엽이며, 대개 탁엽이 없고, 소엽은 밤에 접히는 경우가 많다. **화서**는 취산화서이다. **꽃**은 양성, 방사대칭, 자방하생이다. **꽃받침**은 이편악, 꽃받침잎은 5개, 복와상이다. **화관**은 이판화관 또는 꽃잎의 기부에서 동합, 꽃잎은 5[0]개, 회선상 또는 복와상이다. **수술**은 이열성, 5 + 5개, 윤생, 외열의 염성 수술은 짧고, 수술대는 기부에서 동합, 일부는 헛수술로 되기도 한다. **약**은 종개한다. **암술군**은 합생심피성, 상위자방, 심피 5[3]개, 자방 5[3]실이다. **암술대**는 5[3,1]개이다. 중축태좌, **배주**는 도생 내지 반도생, 복주피성, 각 심피에 2개–다수[1개] 존재한다. 간혹 밀선이 외열 수술 기부에 있기도 한다. **열매**는 포배열개삭과 또는 장과. **종자**에 배유가 있고, 기부에 가종피가 발달하기도 한다.

전 세계적으로 분포한다. 경제적으로 중요한 종류로는 열매를 먹는 *Averrhoa carambola*(star fruit), 괴경을 먹는 *Oxalis tuberosa*(oca, 안데스괭이밥), *Oxalis*(괭이밥속)의 여러 원예종이 있다. 이 과에 대한 계통수는 Oberlander et al.(2004)와 Heibl and Renner(2012)을 참조한다.

주요 특징: 초본, 관목 또는 소교목, 잎은 **우상복엽** 또는 **장상복엽(삼출엽이 흔함)**, **소엽은 밤에 접히는 경우가 많음**, 꽃은 양성, 방사대칭, 오수성, **수술**은 **주로 이열성**, **외열 수술 기부에 밀선**이 존재, 열매는 포배열개삭과 또는 장과.

K 5 **C** 5 또는 (5) [0] **A** (5+5) [(+5헛수술)] **G** (5) [(3)], 상위.

FABALES 콩목

콩목은 4개 과를 포함하며(표 8.2), 여기서는 잘 알려진 1개 과를 기재하였다. 이전까지 Rosaceae(장미과)에 소속되어 있었던 **Quillajaceae**는 화피대생이열웅예, 화조형 꽃잎, 심하게 갈라진 자방, 날개가 발달하는 종자를 지닌다. 콩목에 대한 최근 정보는 Bello et al.(2009, 2012)와 Sun et al.(2016)을 참조한다.

Fabaceae(Leguminosae) 콩과—약 770속 19,500종(그림 8.17, 8.18, 8.19).

초본, 관목, 교목 또는 덩굴식물, 간혹 가시가 존재한다. **뿌리**는 대부분 질소고정 세균(*Rhizobium* 종류)과 공생관계를 이루어 뿌리혹을 형성한다(Faboideae). **잎**은 주로 복엽(우상, 이회우상, 삼출엽, 드물게 장상복엽), 간혹 단엽이거나 단신복엽, 주로 나선상호생, 기부의 엽침이 촉각기능을 통해 잎을 접히게 하며(*Mimosa*), 일반적으로 탁엽이 있고, 간혹 소탁엽이 존재하는데, 몇몇 식물에서 탁엽은 가시처럼 생겼다. **화서**는 다양하고, 대개 포가 싸고 있다. **꽃**은 주로 양성, 간혹 단성, 방사대칭 또는 좌우대칭, 소화경이 있거나 없고, 자방하생 또는 자방주생이다. **화피**는 이열성, 이종화피, 간혹 화탁통이 존재한다. **꽃받침**은 이편악 또는 합편악, 꽃받침잎은 5[3–6]장이다. **화관**은 이판화관 또는 합판화관, 꽃잎은 5[0]장, 섭합상 또는 복와상이다. **수술**은 5개 또는 10개–다수, 이생 또는 동합한다. **약**은 종개, 간혹 공개한다. **암술군**은 단심피성 [미모사군의 심피는 2개 이상], 상위자방, 자방은 1실이다. **암술대**와 **주두**는 각각 1개이다. 변연태좌, **배주**는 도생배주 또는 만곡배주, 복주피성, [1]2개–다수이다. **밀선**은 자방 기부에 밀선반으로 존재한다. **열매**는 일반적으로 협과, 간혹 폐과(예, *Arachis hypogaea*), 시과, 핵과 또는 분리과이다.

그림 8.16 OXALIDALES(괭이밥목), Oxalidaceae(괭이밥과). **A,B.** *Averrhoa carambola*. **A.** 개화 중인 꽃. **B.** 날개가 발달한 열매. **C,D.** *Oxalis arborescens*. 관목. **E.** *Oxalis oregana*, 다년생 초본. **F.** *Oxalis rosea*, 꽃 접사. **G–I.** *Oxalis pescaprae*. **G.** 꽃, 절개한 모습, 이열성 웅예, 외열의 헛수술. **H.** 자방 정단에서 갈라지는 암술대 및 주두를 보여줌. **I.** 자방 횡단면. 심피 5개와 중축태좌를 볼 수 있다.

그림 8.17 FABALES(콩목), Fabaceae(콩과), Cercidioideae(박태기나무아과). **A–B.** *Bauhinia variegata*. **A.** 꽃. **B.** 꽃눈 횡단면. 가운데 상부 꽃잎이 측판 안쪽에 위치하고 수술이 이생함. **C–F.** *Cercis occidentalis*, 캘리포니아박태기. **C.** 단신복엽, 아과의 특징. 엽병 끝부분의 비후 부위, 즉 엽침은 소엽병의 흔적으로 해석함. **D.** 식물체. **E.** 꽃. **F.** 꽃 종단면, 화탁통을 보여줌. 가운데 상부 꽃잎이 측판 안쪽에 위치하고 수술이 이생함.

콩과는 다음과 같은 6개의 단계통군으로 분류한다(The Legume Phylogeny Working Group, 2017). **Caesalpinioideae**(실거리나무아과, *Ceratonia*, *Senna* 포함 148속, 열대 전역 내지 온대 분포; *Acacia*와 *Mimosa*가 속하는 "미모사군" 포함), **Cercidoideae**(박태기나무아과, *Bauhinia*와 *Cercis* 포함 12속), **Dialioideae**(17속, 범열대성 교목, 관목), **Detarioideae**(*Tamarindus* 포함 84속, 대개 열대 교목, 관목), **Duparquetioideae**(아프리카산 1종 *Duparquetia orchidacea*만을 포함하는 단형아과), **Faboideae**(**Papilionoideae** 콩아과, 503속, 범세계적 분포).

박태기나무아과(그림 8.17)는 단신복엽성(엽신은 갈라지지 않거나 *Bauhinia* 종류처럼 둘로 갈라짐) 또는 이출복엽성, 후방/상부의 꽃잎이 측판보다 안쪽에 위치, 수술은 10개 이하로 이생, 종자 정단부에 초승달 모양의 제가 존재한다.

실거리나무아과(그림 8.18)는 엽병, 엽축 또는 소엽축에 화외밀선을 지닌다. 꽃은 좌우대칭 또는 방사대칭이며, 화아 내에서 복와상(후방/상부의 꽃잎이 측면 꽃잎보다 안쪽에 위치) 또는 섭합상, 수술은 [3]5개–다수가 이생(일부 식물에서 헛수술 존재), 흔히 약 정단부에 밀선이 존재, 화분은 대개 사립 또는 다립이다. 이 아과에 포함되는 **미모사군**(과거 미모사아과)은 방사대칭화이며, 꽃잎은 이생 또는 기부에서 동합(화아 내에서 섭합상), 화탁통이 존재하기도 하고, 수술은 다수가 이생 또는 기부에서 동합한다는 것이 특징이다.

콩아과(그림 8.19)의 꽃은 접형화관을 지닌 좌우대칭화로, 꽃잎은 5장(화아 내에서 복와상)인데, 기판(주로 위쪽에 위치하는 커다란 꽃잎, 양쪽의 측판[익판] 뒤쪽에 위치함) 1개, 익

그림 8.18 FABALES(콩목), Fabaceae(콩과). **A–H.** Caesalpinioideae(실거리나무아과). **A.** *Balsamocarpon brevifolium*의 꽃, 가운데 상부 꽃잎이 양옆의 측판 안쪽에 위치함. **B.** *Senna cumingii*의 꽃, 가운데 상부 꽃잎이 양옆의 측판 안쪽에 위치함. 이생하는 이형성(3종류) 수술. **C–I.** 미모사군. **C–E.** *Acacia longifolia*. **C.** 위엽 및 수상화서. **D.** 수상화서의 꽃 접사. **E.** 꽃 1개. 눈에 잘 안 띄는 화관, 수많은 수술, 암술이 보임. **F.** *Acacia urophylla*의 구형 두상화서. **G.** *Pithecellobium unguis-cati*의 구형 두상화서. **H–I.** *Calliandra haematocephala*. **H.** 두상화서, 화려한 수술을 지닌 꽃. **I.** 열매와 미성숙 두화를 지닌 가지.

판(기판에 의해 부분적으로 덮임) 2개 및 용골판 2개(전방에 위치, 상부가 동합)로 구성되며, 수술대가 동합(10개가 단체웅예를 이루거나, 9 + 1의 양체웅예를 형성)한다. *Clitoria*와 같은 일부 식물에서는 꽃이 전도되어 기판이 아래쪽에 위치한다.

콩과는 전 세계에 분포하는 매우 큰 식물군이다. 이 과에 속하는 많은 식물은 질소고정을 수행하기 때문에 생태학적으로

그림 8.19 FABALES(콩목), Fabaceae(콩과), Faboideae/Papilionoideae(콩아과). **A–C.** *Wisteria sinensis*(중국등나무). **A.** 접형화관의 정면 모습. 커다란 기판이 익판 뒤쪽에 위치하는 것에 주목할 것. **B.** 측면 모습, 기판과 익판 1개를 볼 수 있음. **C.** 측면 모습, 익판 1개와 용골판을 제거한 모습, 양체웅예를 볼 수 있음. **D.** *Strophostyles umbellata*, 비대칭형 꽃. **E,F.** *Erythrina caffra*. **E.** 꽃의 측면 모습, 기판과 퇴화된 익판 및 용골판을 보여줌. **F.** 꽃을 해부한 모습. 수술대가 동합하여 수술통을 이룬 것과 자방병을 보여줌. **G.** 미성숙한 협과의 종단면(위) 및 횡단면(아래), 변연태좌를 보여줌. **H–J.** *Erythrina corraloides*. **H.** 우상삼출복엽. **I.** 꽃의 측면 모습. 긴 관 모양으로 생긴 기판. **J.** 퇴화된 익판을 접사하여 본 모습. **K.** *Clitoria mariana*의 전도형 접형화관. 기판이 아래에, 용골판이 위에 존재함. **L.** *Daviesia*의 일종, 접형화관. **M.** *Lupinus excubitus*, 장상복엽이 특징임. **N.** *Lupinus bicolor*, 꽃 접사, 기판은 밝고, 반점이 있어 눈에 띈다.

매우 중요하다. 일부 식물, 예를 들어 *Acacia*는 아프리카나 호주의 일부 식생에서 우점종으로 알려져 있다. 콩과는 경제적으로도 매우 중요하다. *Arachis hypogaea*(땅콩), *Glycine max*(콩), *Lens culinaris*(렌즈콩), *Phaseolus*(강낭콩 종류), *Pisum sativum*(완두) 같은 콩류는 매우 중요한 작물이고, *Ceratonia siliqua*은 조미료로 이용되며, *Medicago sativa*(알팔파)나 *Trifolium*(토끼풀속)은 목초지 식물이고, 이 외에 기름, 목재, 고무, 염료, 살충제 등으로 이용되는 식물도 많다. 상세한 내용이나 계통수는 The Legume Phylogeny Working Group(2017)을 참조한다.

주요 특징: 초본, 관목, 교목, 덩굴식물, **탁엽**이 있음, 대개 **복엽**, 오수성 꽃, **단심피성**, **변연**태좌, **협과**(또는 협과의 변형).
K 5 또는 (5) [(3–6)] **C** 5 또는 (5) [0, 1–6 또는 (1–6)] **A** 5, 10–∞ 또는 (5,10,–∞) **G** 1 [2–16], 상위, [화탁통].

ROSALES 장미목

APG IV(2016) 분류체계에는 9개 과가 장미목에 포함되는데(표 8.2), 여기서는 5개 과만 기재하였다. 이들 가운데 대형 과인인 장미과가 경제적으로 중요하다. 장미목에 속하는 4개 과, Cannabaceae(삼과), Moraceae(뽕나무과), Ulmaceae(느릅나무과) 그리고 Urticaceae(쐐기풀과)는 흔히 Urticalean Rosids(쐐기풀근연 장미군)라고도 부르는 단계통군이다. 이 목에 대한 최신 정보는 Kubitzki(2004)와 Sung et al.(2016)을 참조한다.

Rhamnaceae 갈매나무과—52–57속 약 950종(**그림 8.20**).

교목, 관목, 덩굴나무, [초본]. 일부 식물의 뿌리는 질소고정을 하는 방선균과 공생한다. **줄기**는 때로 경침, 덩굴손 또는 "갈고리"로 변형되었다. **잎**은 나선상호생 또는 대생, 단엽, 때로 흔적만 있으며, 탁엽은 있거나 없고, 일부 식물에는 탁엽이 변형된 가시가 있으며, 우상맥 또는 장상맥이다. **화서**는 취산화서, 밀추화서, 밀집화서 또는 간혹 단정화서이다. **꽃**은 단성 또는 양성, 방사대칭, 자방주생 내지 자방상주생이다. **화피**는 대부분 화탁통이 있으며, 때로 웅예하밀선반과 이합한다. **꽃받침**은 이편악, 꽃받침잎은 4–5개이다. 화관은 이판화관, 꽃잎은 4–5개[일부 식물에서는 없음], 화조가 있는 경우가 많고, 오목하며, 승모형이다. 수술은 4–5개, 윤생, 꽃받침잎과 호생하며, 이생한다. **약**은 종개한다. **암술군**은 합생심피성, 상위자방 내지 하위자방, 심피는 2–3[–5]개, 자방 2–3[–5]실이다. 중축정단태좌, **배주**는 도생배주, 복주피성, 각 심피에 1[2]개 존재한다. **밀선**은 수술 기부에 존재하며(웅예하밀선반), 화탁통 및 (하위)자방과 합착한 경우가 많다. **열매**는 핵과, 내과피가 1개–다수 존재, 횡렬삭과 또는 분열과이다. 종자에는 배유가 없다.

전 세계적으로 분포하며, 특히 열대 지역에 많이 분포한다. 식용열매(예를 들어, *Ziziphus jujuba*[대추], *Z. lotus*), 원예 품종, 염료, 비누, 의약, 목재 및 광택제 등을 제공하는 유용식물을 포함한다. *Ziziphus spina-christi*는 예수의 가시면류관으로 알려져 있다. 일반적인 정보는 Medan and Schirarend(2004)를 참조하고, 갈매나무과의 과내 유연관계는 Hauenschild et al.(2016)을 참조한다.

주요 특징: 교목, 관목, 덩굴나무 또는 간혹 초본, 잎은 단엽, 나선상호생 또는 대생, 꽃은 단성 또는 양성화, **자방주생** 또는 **자방상주생**, 화피/수술은 **사수성** 또는 **오수성**, 간혹 꽃잎이 없으며, **수술**은 **꽃받침잎과 호생**, **밀선반**은 **화탁통과 이합**, 열매는 **핵과**, **횡렬삭과** 또는 **분열과**.
K 4–5 **C** 4–5 [0] **A** 4–5 **G** (2–3) [(–5)], 상위–하위, 화탁통.

Rosaceae 장미과—85–90속 2,500–3,000종(**그림 8.21**).

교목, 관목 또는 초본. **잎**은 나선상호생 [대생], 단엽 또는 복엽, 갈라지거나 갈라지지 않고, 대개 탁엽이 있으며, 탁엽은 흔히 엽병 기부와 이합한다. **화서**는 다양하다. **꽃**은 주로 양성, 방사대칭, 자방주생 또는 자방상주생; 화탁은 때로 넓어지거나 움푹 꺼져 있다. **화피**는 이열성, 이종화피, 흔히 오수성, 복와상이며, 화탁통이 존재한다. **꽃받침**은 이편악, 꽃받침잎은 5[3–10]개이다. **화관**은 이판화관, 꽃잎은 5[0, 3–10]개이다. **수술**은 20개–다수[1, 5개], 윤생, 구심적으로 성숙하며, 주로 이생한다. **약**은 종개 또는 간혹 공개, 이반약성이다. **암술군**은 합생심피성 또는 이생심피성, 상위자방 또는 하위자방, 자방실은 1개–다수이다. 중축태좌, 기저태좌 또는 변연태좌, **배주**는 1개–다수이다. **밀선**이 화탁통에 존재하는 경우가 많다. **열매**는 핵과, 이과, 장미과(hip), 집합골돌과, 집합수과 또는 삭과이다. **종자**에는 대부분 배유가 없다.

장미과는 최근 3개의 아과로 분류한다(Potter et al. 2007, Zhang et al. 2017). (1) Rosoideae(장미아과), 이생심피성 또는 단심피성 암술군에서 수과, 집합수과 또는 집합핵과가 만들

그림 8.20 ROSALES(장미목), Rhamnaceae(갈매나무과). **A,B.** *Ceanothus crassifolius*. **C.** *Ceanothus tomentosus*의 화서. **D.** *Ceanothus verrucosus*의 꽃 접사. **E.** *Ceanothus griseus*의 꽃 접사. 수술이 꽃잎과 대생하는 점에 주목할 것. **F,G.** *Ceanothus tomentosus*. 꽃, 밀선반, 자방, 및 화탁통을 확인할 수 있음. **H.** *Rhamnus californica*. **I,J.** *Rhamnus crocea*. **I.** 꽃. 꽃잎이 없으며, 수술이 악편과 호생하는 점에 주목할 것. **J.** 열매가 달리는 가지. **K.** *Colletia cruciata*. 두꺼운 가시 같은 잎. **L.** *Colletia paradoxa*. **M.** *Ziziphus*(대추속)의 일종.

그림 8.21 ROSALES(장미목), Rosaceae(장미과). **A–E.** Rosoideae(장미아과). **A–C.** *Rosa californica*. **A.** 꽃. **B.** 함몰된 화탁에 자리한 많은 암술. **C.** 열매, 장미과. **D,E.** *Potentilla glandulosa*, 수많은 암술이 이생하는 암술군. **F–H.** Spiraeoideae(조팝나무아과) Pyrinae(배나무아족). **F.** *Pyrus kawakamii*(배), 꽃 정면. **G,H.** *Malus domestica*(사과). **G.** 꽃 종단면, 본 아족의 특징인 하위자방을 보여줌. **H.** 사과의 열매 형태. 대부분 화탁통 조직으로 이루어진 이과임. **I,J.** 조팝나무아과, Amygdaleae, *Prunus*(벚나무속)의 일종. 상위자방. **K–M.** 조팝나무아과, Spiraeeae, *Spiraea vanhouttii*. **K.** 꽃 접사, 화탁통 내에 5개의 암술을 보여줌. **L.** 꽃 종단면. **M.** 자방 종단면, 변연태좌를 보여준다.

어지는데, 화탁아 팽창하여 육질이 되는 것(*Fragaria* 딸기속)에서부터 잔처럼 함몰되는 것(*Rosa* 장미속)에 이르기까지 다양함; (2) Dryadoideae(담자리꽃나무아과), 집합핵과 또는 수과를 만들지만, 모든 종이 질소고정 방선균 *Frankia*와 공생관계를 유지함; (3) Spiraeoideae(조팝나무아과). 조팝나무아과는 자방/열매 형태가 매우 복잡한 변이를 보여주는데, 집합골돌을 만드는 이생심피를 지닌 분류군[*Spiraea*(조팝나무속)와 근연종들로 이루어진 Spiraeeae(조팝나무족)], 하나의 암술을 지니며 상위자방에 배주 1개가 들어 있고 핵과가 열리는 분류군[*Prunus*(벚나무속)와 근연종들로 이루어진 Amygdaleae, 이전에는 Prunoideae(벚나무아과)로 분류했음] 하위자방을 지니며 이과가 열리는 분류군[*Malus*(사과나무속)과 근연종들로 이루어진 Pyrinae(배나무아족), 이전에는 Maloideae (사과나무아과)로 분류했음] 등을 포함한다.

장미과 식물은 전 세계적으로 분포하지만, 주로 북반구 온대 지역에 집중적으로 분포한다. 이 과는 경제적으로 매우 중요하다. 딸기속, 사과나무속, 벚나무속, *Pyrus*(배나무속), *Rubus*(산딸기속) 등 과일을 제공하는 종류들과 장미기름을 얻는 장미속 그리고 여러 원예식물들[*Cotoneaster*(섬개야광나무속), *Photinia*(홍가시나무속), 벚나무속, *Pyracantha*(피라칸타속), 장미속, 조팝나무속]이 장미과에 속한다. 계통수는 Potter et al. (2002, 2007)과 Zhang et al.(2017)을 참조한다.

주요 특징: **탁엽**이 있음(주로 엽병과 이합), 꽃은 방사대칭, **5수성**, **화탁통 존재**, 심피의 합착 여부, 자방의 위치 및 열매의 유형 등이 다양함.

K 5 [3–10] **C** 5 [0,3–10] **A** 20–∞ [1,5] **G** 1 (–∞), 상위 또는 하위, 화탁통.

URTICALEAN ROSIDS 쐐기풀근연 장미군

장미목에 포함된 4개 과는 과거에 "Urticales(쐐기풀목)"으로 다양하게 분류되었다. 이 무리를 비공식적으로 '쐐기풀근연 장미군'이라 부르는데, 꽃이 작은 단성화로 풍매화인 것이 명백한 파생형질이다. 이 단계통군의 파생형질은 그림 8.22에 제시되어 있다. 뽕나무과, 느릅나무과 그리고 쐐기풀과를 여기에 기재하였다. 나머지 과인 Cannabaceae(삼과)는 경제적으로 문화적으로 중요한 *Cannabis sativa*(삼)을 포함하는데, 삼은 인피섬유, 삼베, 마리화나 등을 만든다. *Humulus lupulus*(호프)는 맥주의 맛을 내는 데 사용하는 향기식물이며, *Celtis*(팽나무속)

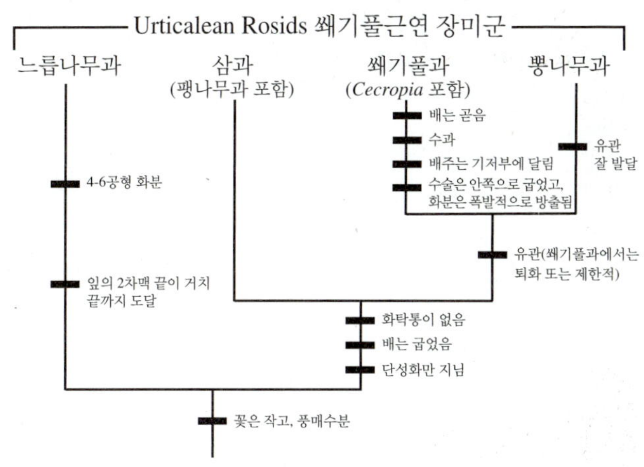

그림 8.22 쐐기풀근연 장미군의 계통수(Sytsma et al. 2002).

은 과거 Celtidaceae(팽나무과)로 분류하였다. 이 무리의 계통과 형질 분석은 Sytsma et al.(2002), 이후 계통수는 Sun et al. (2016b)과 Zhang et al.(2017)을 참조한다.

Moraceae 뽕나무과—약 39속 약 1,125종(그림 8.23).

초본, 관목, 교목, 덩굴나무, 자웅동주 또는 자웅이주, 유액을 내는 유관이 존재하는 경우가 많다. 일부 종에 지지근이 있다. **잎**은 나선상호생, 대생, 단엽 [복엽], 탁엽이 있다. **화서**는 액생, 수상화서(*Morus*의 경우 미상화서처럼 생겼음), 총상화서, 두상화서(일부 분류군에서는 함입된 화탁에 꽃들이 달림), 은두화서(*Ficus*) 등 형태가 다양하다. **꽃**은 단성, 작고, 방사대칭, 자방하생 또는 자방상생이다. **화피**는 일렬성[이열성], 화피편은 0–10개, 적어도 기부에서는 동합한다. **수술**은 1–6개, 대생, 대개 화피편과 동수; 약은 이반약성 또는 단반약성(*Ficus*)이다. **암술군**은 합생심피성, 상위자방 또는 하위자방, 심피 2[3]개, 자방 1[2–3]실이다. **암술대**는 주로 2개이다. 정단(아정단)태좌, 배주는 1개, 도생배주 내지 만곡배주, 복주피성이다. **열매**는 수과로 형성된 다화과이며, 각 수과는 숙존생장성 육질의 화피로 둘러싸이거나(따라서 핵과와 유사) 육질의 복합화탁에 달리고, *Ficus*의 경우 은화과에 달린다. **종자**는 1개, 배유는 있거나 없다. 바람이나 곤충이 수분하고, *Ficus*의 경우 말벌류가 정교하게 수분한다. (빵나무)

열대와 온대에 걸쳐 전 세계에 분포한다. *Artocarpus altilis*(빵나무), *Ficus carica*(무화과), *Morus*(뽕나무속) 종류 등은 열매를 제공하고, 일부는 종이, 고무, 목재를 제공하기도 하며, *Ficus*(무화과속)은 조경용이나 원예용으로 이용하고, *Morus*

그림 8.23 ROSALES(장미목), Moraceae(뽕나무과). **A.** *Artocarpus altilis*(빵나무), 우상으로 중렬하는 잎과 단성화로 된 두상화서를 지니는 교목. **B–D.** *Broussonetia papyrifera*. **B.** 두상화서. **C.** 꽃, 암술을 둘러싼 육질성 화피를 보여줌. **D.** 수과 종단면, 씨 1개가 들어있음. **E,F.** *Dorstenia* sp., 작은 꽃을 지니는 두상화서처럼 생긴 복합화탁. **G–I.** *Ficus benghalensis*. **G.** 지지근. **H.** 식물의 체형, 대형 교목, 운동장 4000 m^2 가량을 뒤덮고 있음. **I–K.** *Ficus carica*. **I.** 슈트 접사, 은화과를 볼 수 있음. **J.** 성숙한 은두화서의 종단면. **K.** 은두화서의 정단, 구멍 주변의 인편과 말벌류를 볼 수 있음. **L.** *Maclura pomifera*, 핵과상 수과로 이루어진 구형의 다화과. **M–P.** *Morus*(뽕나무속)의 일종. **M.** 자성 두상화서. **N.** 꽃 접사, 육질 층을 이루는 외화피. **O.** 자방 종단면, 아정단태좌를 보여줌. **P.** 열매, 수과로 이루어진 다화과, 각 열매는 육질성 화피로 둘러싸인다.

alba(뽕나무)의 잎은 누에의 먹이로서 중요하다. 이 과에 대한 것은 Datwyler and Weiblen(2004), Zerega et al. (2005, 2010), Clement and Weiblen(2009), Gardner et al. (2017)을 참조한다.

주요 특징: 초본, 관목, 덩굴나무 또는 교목, **자웅이주** 또는 **자웅동주**, **유액**이 있으며, 잎은 단엽, **탁엽**이 있고, 꽃은 **단성**, 암꽃은 대개 **심피 2개**가 **합생(암술대 2개)**, **배주 1개**가 **정단(아정단)태좌**에 달리며, 열매는 **수과로 이루어진 다화과**, 일부 분류군에는 넓은 복합 화탁에 수과가 달리거나 또는 은화과가 존재함.

P (0–10) **A** 1–6 **G** (2) [(3)], 상위 또는 하위.

Ulmaceae 느릅나무과—6속 35종(**그림 8.24**).

교목, 자웅동주 또는 자웅이주, 흔히 점액관이 있다. **잎**은 단엽, 이차맥이 거치 끝까지 도달(*Ampelocera* 제외), 나선상호생이었다가 대부분 이열호생으로 되고, 탁엽성, 예거치연, 기부는 의저이다. **화서**는 단정화서 또는 취선화서나 원추화서가 액생한다. **꽃**은 작고, 단성화 또는 양성화, 방사대칭이다. **화피**는 화피편 5[2–9]개가 이생하거나 기부에서 합착한다. **수술**은 흔히 다수이다. **약**은 측착, 정자착이다. **화분**은 4–7공형이다. **암술군**은 합생심피성, 상위자방, 심피와 자방실은 각각 2–3개이다. **암술대**는 2–3개이다. 정단태좌, **배주**는 도생배주 내지 만생배주, 이주피성, 각 자방실에 1개 들어 있다. **열매**는 건과, 흔히 시과이다.

온대 북미, 유라시아와 열대 아메리카, 열대 아프리카, 및 동남아시아에 분포한다. *Ulmus*(느릅나무속), *Holoptelea*, *Phyllostylon*, *Zelkova*(느티나무속)는 목재로서 유용하고, 섬유용, 사료용, 약용, 원예용 식물도 있다. *Ulmus americana* 등은 자낭균류가 일으키는 병에 취약하다. 계통수는 Sytsma et al. (2002)을 참조한다.

주요 특징: 교목, 잎은 단엽, 흔히 **이열호생성**, **예거치연**, **의저**이고, **이차맥이 거치 끝까지 도달**함, 꽃은 작고, **단성화** 또는 **양성화**, 풍매화, 자방은 상위, 자방실은 2–3개, 각 자방실에 배주 1개가 밑을 향해 달림, 열매는 **건과**, 흔히 **납작한 시과**.

P 5[2–9] **A** ∞ **G** (2–3), 상위, 단성화 또는 양성화.

Urticaceae 쐐기풀과—약 54–55속 1,600–2,600종(**그림 8.25**).

초본, 관목, 교목, 덩굴나무, 때로는 기근이나 지지근을 내는 착생식물, 자웅이주 또는 자웅동주[양성화주]이다. 일부는 자모를 지니는데, 이 안에 독성 물질(5-hydroxytryptamine, 세로토닌, 아세틸콜린 또는 미확인 신경독성물질)이 들어 있다. 종유체가 흔히 있는데, 이는 분류학적으로 중요한 형질이다. 때로 유관이 있으나 유액을 만들지는 않는다. *Cecropia*의 경우 **줄기**의 절간이 비어 있어 Azteca 상리공생 개미의 집으로 사용된다. **잎**은 단엽, 갈라지지 않거나 장상으로 전열(예, *Cecropia*), 나선상호생 또는 대생, 대개 탁엽성(일부에서는 탁엽이 동합), 우상맥, 장상맥 또는 불균등 삼출맥이 있음; *Cecropia*의 엽병 기부에 상리공생을 하는 개미를 위한 먹이조직이 있다. **화서**는 액생, 취산화서, 구형 두상화서, 수상화서 또는 단정화서이며, 화서포는 동합하거나 총포를 이루기도 한다. **꽃**은 작고, 대부분 단성, 주로 방사대칭, 자방하생이다. **화피**는 꽃받침이 일렬성으로 있고, 이편악 또는 합편악, 주로 4–5[1–6]개이거나 어떤 종의 암꽃에는 없다. **수술**은 4–5[1–6]개, 일렬성, 꽃받침잎과 동수, 악편대생, 이생웅예; 수술대는 곧거나 안으로 굽었고, 굽었을 경우 개화 시 밖을 향해 탄력적으로 펴져 화분을 방출한다. **약**은 이반약성, 종개한다. 일부 종의 수꽃에는 헛암술이 존재한다. 암꽃의 **암술군**은 단심피성(퇴화에 의한 것으로 '위단심피성'이라고 하며, 드물게 2개임), 상위자방이다. **암술대**는 1개, 정생, 주두는 1[2]개로, 일부 종에서는 페인트칠하는 붓처럼 생겼다. 때로는 헛수술이 존재한다. 기저태좌, **배주**는 1개, 도생[반도생]배주, 이주피성이다. 밀선은 없다. **열매**는 수과, 견과 또는 핵과로, 흔히 숙존생장성 화피를 지님; 일부 식물은 육질성 화피가 수과를 완전히 감싸 '위핵과'를 형성함; 일부 식물의 수과는 암꽃의 헛수술이 탄력적으로 펴지면서 사출되기도 한다. **종자**는 지방성 또는 전분성 배유를 지니고, 배는 곧다. 수분은 바람에 의한다.

전 세계의 온대와 열대 지역에 분포한다. 섬유식물(예, *Boehmeria nivea* 모시풀), 원예식물(예, *Pilea* spp. *Elatostema* spp., *Soleirolia soleirolii*) 그리고 일부 식용식물은 경제적으로 중요하다. *Cecropia*의 종들은 생태적으로 신열대 지역에서 중요한 개척자 교목이다. Urticeae(쐐기풀족)의 자모는 피부에 질환을 유발한다. 호주에서 자라는 *Dendrocnide moroides*의 자모는 미확인 신경독성물질을 지니며, 찔렸을 때 그 고통이 매우 오래 지속되고, 동물과 인간에게 치명적이다. 일반적인 사항은 Friis(1993)와 Kubitzki(1993a), 계통수는 Systma et al. (2002), Hadiah et al.(2008), Zerega et al.(2005)을 참조한다.

주요 특징: **자웅동주성** 또는 **자웅이주성** 초본, 관목, 교목 또

그림 8.24 ROSALES(장미목), Ulmaceae(느릅나무과). **A–F.** *Ulmus pumila*. **A.** 슈트, 이열호생 잎. **B.** 마디 접사, 탁엽흔과 의저인 잎을 보여줌. **C.** 열매를 지닌 슈트. **D–E.** 엽맥, 소맥이 거치 끝에 도달함. **F.** 열매, 납작한 시과. **G.** *Ulmus alata*, 암꽃, 열매로 성숙하고 있음. **H.** *Ulmus thomasii*, 영양슈트. **I.** *Ulmus americana*, 시과로 이루어진 과서.

는 덩굴나무, 흔히 **종유체**가 있음, 일부 종은 자모가 나있음, 꽃은 **작고, 풍매화, 일렬성 화피**[드물게 없음], 수술은 직립성 또는 많은 분류군에서 안으로 **굽었음(화분을 사출하는 수술대)**, 암꽃은 **단자방실**, 대개 **단심피성**(위단심피성) 자방, **기부에 직생배주 1개**가 존재, 열매는 **수과, 견과** 또는 **핵과**, 흔히 **숙존생장성 화피**에 붙어 있음.

그림 8.25 ROSALES(장미목), Urticaceae(쐐기풀과) **A–C.** *Cecropia* sp. **A–B.** 나무, 장상으로 전열한 잎을 지님. **C.** 줄기 접사, 개미가 보임. **D.** *Boehmeria cylindrica*. **E,F.** *Parietaria hespera*. **E.** 취산화서 접사, 박스 안은 수과. **F.** 잎, 구형의 종유체가 있음. **G.** *Soleirolia soleirolii*, 잎 정면, 종유세포 내 종유체가 보임. **H–K.** *Hesperocnide tenella*. **H.** 식물체, 대생엽과 털을 지님. **I.** 액생하는 취산화서. **J.** 취산화서 접사. **K.** 자모. **L–P.** *Urtica urens*. **L.** 수꽃, 4개의 꽃받침잎과 안으로 굽은 수술을 보여줌. **M.** 수꽃, 수술대가 펼쳐져 있음. **N.** 성숙한 암꽃으로 수과를 지님. **O.** 수과, 종단면, 직생배를 보여줌. **P.** 종자에서 분리해낸 배, 정면.

수꽃: **P** 4–5 또는 (4–5) [1–6] **A** 4–5 [1–6].

암꽃: **P** 4–5 또는 (4–5) [0] **G** 1 [(2)], 상위.

CUCURBITALES 박목

박목은 8개 과를 포함한다(표 8.2). 여기에는 박과만을 기재하였다. 그 외 주요 과로는 베고니아 등 다양한 원예 자원을 포함하는 **Begoniaceae**(베고니아과, 2속 1,870종), 숙주식물 내부에 기생하는(수피를 뚫고 개화) 식물인 **Apodanthaceae**(아포단테스과), 북미 서부와 아시아에서 각각 자라는 2종을 포함하는 **Datiscaceae**가 있다. 이 목에 대한 연구는 Zhang and Renner (2003)와 Zhang et al.(2006)을 참조한다.

Cucurbitaceae 박과—약 98속 1,000종(**그림 8.26**).

덩굴식물, 자웅동주, 자웅이주, 매우 드물게 양성화주, 대개 각 마디에 덩굴손이 존재한다. **잎**은 단엽, 장상맥, 흔히 장상으로 천열, 나선상호생, 탁엽이 없다. **화서**는 액생, 화서 종류는 다양하다(단정화서 포함). **꽃**은 대개 단성화, 방사대칭이며, 암꽃은 자방상주생이다. **화피**는 이열성, 이종화피성, 화탁통이 있다. **꽃받침**은 이편악 또는 합편악, 꽃받침잎은 5[3–6]개이다. **화관**은 이판화관 또는 합판화관, 꽃잎은 5[3–6]개로 섭합상이다. **수술**은 3–5개, 화판호생, 이생 또는 동합한다. **약**은 종개, 이반약성 또는 단반약성이다. **암술군**은 합생심피성, 하위자방, 심피는 3[1–5]개, 자방실은 1실[또는 심피수와 동수]이다. **암술대**는 1–3개이다. **주두**는 1–2개이다. 측벽태좌이나 드물게 중축태좌이다, **배주**는 도생, 이주피성, 수가 매우 많다[드물게 1개–소수]. 화외밀선이 흔히 존재한다. **열매**는 장과, 박과, 삭과 또는 시과이다. **종자**는 무배유성이다.

전 세계적으로 분포하지만, 주로 열대지역에 자란다. *Citrullus lanatus*(수박), *Cucumis melo*(참외), *Cucumis sativa*(오이), *Cucurbita pepo* 및 근연종(호박 종류) 등이 경제적으로 중요하고, 일부 종의 열매를 말린 것은 박으로 이용하고, *Luffa*(수세미속)은 스폰지로 사용한다. 약용 및 원예식물도 포함한다. 최근 연구 결과는 Renner et al.(2002), Schaefer et al.(2008) 그리고 Schaefer and Renner(2011a,b)를 참조한다.

주요 특징: 대개 **자웅동주 또는 자웅이주성 덩굴식물**, **단엽**, **장상으로 갈라짐**, **장상맥**, 흔히 **덩굴손**이 있음, **암꽃**은 **자방상주생**, 대개 **측벽태좌**이며 **3심피성**, 열매는 장과, 박과, 삭과 또는 시과.

K 5 [3–6] **C** 5 [3–6] 또는 (5) [(3–6)] **A** 3–5 또는 (3–5) **G** (3) [(2–5)], 하위, 화탁통 존재.

FAGALES 너도밤나무목

너도밤나무목은 대체로 자웅동주이며, 풍매화의 특징을 보이는 8개 과를 포함한다(표 8.2). 여기서는 2개 과만 기재하였다. 기재하지 않은 과 가운데 주목할 만한 것은 *Casuarina*(호주 '소나무')로 대표되는 Casuarinaceae, 호두나 피칸을 포함하는 Juglandaceae(가래나무과), Myricaceae(소귀나무과), 중요한 목재식물을 포함하는 Nothofagaceae, 중미에 자생하는 한 종으로 이루어진 Ticodendraceae 등이 있다. 이 목에 관한 상세한 분류학적 처리는 Li et al.(2002, 2004, 2016)과 Manos and Steele(1997)을 참조한다.

Betulaceae 자작나무과—6속 약 145종(**그림 8.27**).

관목 또는 교목, 자웅동주, 낙엽성. **잎**은 주로 나선상호생, 단엽, 가장자리에 거치가 있으며, 탁엽은 조락성이다. **화서**는 1–3개의 꽃이 단기산화서를 이루고, 포에 싸인 단기산화서 여러 개가 수상으로 배열되는 미상화서로, 암화서는 짧으며 곧추서거나 늘어지고, 수화서는 아래로 길게 늘어진다. **꽃**은 단성, 자방하생 또는 자방상생이다. **화피**는 일렬성(특별한 언급이 없는 한 꽃받침으로 간주), 꽃받침잎 또는 악열편은 인편상이며 1–6[0]개이다. **화관**은 없다. **수술**은 1개–다수, 일반적으로 꽃받침잎과 동수, 악편대생이다. **약**을 구성하는 반약은 약격을 따라 분리되었거나 동합하였다. **암술군**은 합생심피성, 하위자방 또는 상위자방(이 경우 화피가 없어서 사실상 상위와 하위를 구분할 수 없고, 따라서 '나출'이라는 표현을 쓰기도 함), 심피 2–3개, 자방은 하부 2–3실, 상부 1실이다. **암술대**는 2–3개, 이생한다. 중축정단태좌, **배주**는 격벽 정단에서 아래로 매달리며, 도생배주, 단주피성 또는 복주피성, 각 자방실에 1–2개 들어있다. **열매**는 견과 또는 시과로 솔방울 같은 과서의 목질성 포에 싸여 있거나, 잎처럼 생긴 포에 의해 부분적으로 덮여 있다. **종자**에는 배유가 있거나 없다. 풍매화이다.

북반구 온대 산악지역과 열대지역에 분포한다. 자작나무과는 2개의 아과로 분류한다. Betuloideae(자작나무아과) 종에는 수꽃이 3개씩 달리며(완전한 단기산화서), *Alnus*(오리나무

그림 8.26 CUCURBITALES(박목), Cucurbitaceae(박과). **A.** *Cucumis melo* 캔터루프. **B.** *Cucurbita foetidissima*. **C.** *Cucurbita pepo* 늙은호박 종류. **D–F.** *Cucurbita pepo* 애호박 종류. **D,E.** 암꽃. **F.** 수꽃. **G–L.** *Marah macrocarpus*. **G.** 식물체, 장상으로 갈라지는 단엽과 덩굴손이 보임. **H.** 수꽃. **I.** 수꽃에서 동합하는 약을 접사. **J.** 암꽃, 하위자방. **K.** 자방 횡단면, 측벽태좌를 보여줌(심피는 2개). **L.** 가시가 난 미성숙 열매.

그림 8.27 FAGALES(너도밤나무목), Betulaceae(자작나무과). **A,B.** *Alnus serrulata*의 웅성 미상화서. **C–K.** *Alnus rhombifolia*. **C.** 웅성 및 자성 미상화서. **D.** 웅성 미상화서 접사. **E,F.** 웅성 단기산화서 단위, 꽃 3개가 포로 덮임. **G.** 수꽃의 화피. **H.** 자성 미성화서. **I.** 미상화서 접사, 암술대가 포 밖으로 돌출한 모습. **J.** 암꽃 및 이를 싸고 있는 포. **K.** 목질성 포로 이루어진 과서. **L.** *Betula papyrifera*; 과서. **M.** *Corylus cornuta*의 열매 및 열매를 싸고 있는 포.

속)과 *Betula*(자작나무속)을 포함한다. Coryloideae(개암나무아과) 종에는 단기산화서가 퇴화하여 수꽃 1개만이 달리며, *Corylus*(개암나무속), *Carpinus*(서어나무속), *Ostrya*(새우나무속)을 포함한다. 목재, 화학물질 유도체, 견과(개암), 조경용 등 여러 가지 용도로 이용되는 종이 많다. 과 계통수는 Forest et al.(2005)와 Yoo and Wen(2008)을 참조한다.

주요 특징: **관목**, **교목**, **자웅동주**, 잎은 단엽, 거치가 있음, **늘어지는 미상화서**(**수화수**), **곧추서거나 아래로 늘어지는 미상화서**(**암화서**), 각 미상화서는 **포**로 싸이는 기산화서들로 구성, 열매는 **견과** 또는 **시과**(**날개는 2개**).
P 1–6[0] **A** 1–∞ **G** (2–3), 상위 ('나출') 또는 하위.

Fagaceae 너도밤나무과—7속 약 730종(**그림 8.28**).

관목 또는 교목, 자웅동주, 드물게 자웅이주. **잎**은 단엽, 갈라지지 않거나 갈라짐, 대개 나선상호생, 드물게 대생 또는 윤생, 낙엽성 탁엽이 있다. **화서**는 대개 단성; 수꽃의 화서는 축소 진화된 기산화서로 이루어진 미상화서 또는 두상화서이고, 암꽃들은 수화서의 기부에 달리거나 하나의 암꽃이 다른 가지에 달린다. **꽃**은 작고, 단성, 방사대칭, 암꽃은 자방상생, 총포로 싸이고, 총포편은 합착하여 깍정이(도토리받침)를 형성한다. **화피**는 6[4–9]장의 화피편으로 구성된다. **수술**은 6–12[4–90]개, 이생한다. **약**은 종개한다. **암술군**은 합생심피성, 하위자방, 심피 3 또는 6[2, 7–12]개, 자방실의 수는 자방 아랫부분에서는 심피의 수와 같고 정단 부분에서는 1개이다. **암술대**의 수는 심피 수와 같다. 태좌는 중축 기부에 형성됨; **배주**는 도생배주, 복주피성, 각 심피에 2개씩 들어 있다. **열매**는 견과, 흔히 과피가 딱딱하고 숙존생장성 총포편에 의해 형성된 깍정이에 싸여 있다. **종자**는 무배유성이다. 충매화인 *Castanea*를 제외하고 바람에 의해 수분이 이루어진다.

너도밤나무과는 열대지역을 제외한 전 세계에 분포한다. *Quercus*(참나무속), *Fagus*(너도밤나무속), *Castanea*(밤나무속) 등은 목재로 쓰이고, *Q. suber*의 수피에서 상업용 코르크를 얻으며, 종자는 식용하거나 동물의 먹이가 된다. 계통수는 Manos et al.(2001)과 Oh and Manos(2008)을 참조한다.

주요 특징: **관목**, **교목**, **자웅동주**(간혹 자웅이주), 잎은 **단엽**(간혹 갈라짐), **꽃**은 **단성**, **작고**, 수꽃은 **축소된 기산화서가 모인 미상화서** 또는 **두상화서**, 암꽃은 수화서 기부에 달리거나 단생, 하위자방, 다심피 자방, **총포편이 동합하여 형성된 깍정이에 견과가 싸임**.
수꽃: **P** 6 [4–9] **A** 6–12 [4–90]
암꽃: **P** 6 [4–9] **G** (3,6) [(2,7–12)], 하위.

MALVIDS 아욱군

아욱군(과거의 진정장미군 II)은 장미군의 두 번째 주요 단계통군으로 8개의 목으로 구성되지만(표 8.2, 그림 8.10), 이 무리의 분류학적 범주에 대해 여러 의견이 있다. 이 단계통군에 속하는 일부 목은 매우 많은 과와 종을 포함한다. 아욱군 내에서 농업적으로 중요한 분류군으로는 **Anacardiaceae** (옻나무과), **Brassicaceae**(십자화과), **Malvaceae**(아욱과), **Myrtaceae**(도금양과) 그리고 **Rutaceae**(운향과) 식물이 있다.

GERANIALES 쥐손이풀목

이 목은 5개 과를 포함하는데(표 8.2), 여기서는 **Geraniaceae** (쥐손이풀과)만 기재하였다. 상세한 분석은 Palazzasi et al. (2012)을 참조한다.

Geraniaceae 쥐손이풀과(Hypseocharitaceae 포함)—7속 866종(**그림 8.29**).

초본 또는 목본. **줄기**는 일부 식물에서 기부가 비후한다. **잎**은 단엽 또는 복엽, 단엽일 경우 대개 우상 또는 장상으로 천열 또는 전열, 나선상호생, 드물게 대생, 흔히 탁엽이 있다. **화서**는 취산화서 또는 액생하는 단정화서이다. **꽃**은 양성, 방사대칭(*Pelargonium*의 경우 좌우대칭), 자방하생이며, 포가 있고, 일부 식물에는 외악이 있다. **화피**는 이열성, 이종화피이다. **꽃받침**은 이편악 또는 합편악, 꽃받침잎은 5[4]개로 복와상 또는 섭합상이며, *Pelargonium*에는 배축면 꽃받침잎에 밀선거가 있다. **화관**은 이판화관, 꽃잎은 5[0,4,8]개, 복와상, 간혹 회선상이다. **수술**은 흔히 10[8 또는 15]개, 이열성, 기부에서 동합하고, 외열의 일부 수술은 헛수술이다. **약**은 종개한다. **암술군**은 합생심피성, 상위자방, 심피 5[2, 3 또는 8]개, 자방실의 수는 심피와 동수이다. **암술대**는 흔히 1개; **주두**는 심피의 수와 같다. 중축정단태좌, **배주**는 도생배주 내지 만곡배주, 복주피성, 흔히 각 심피에 2개 존재한다. **밀선**은 꽃잎과 수술 사이에 있다

그림 8.28 FAGALES(너도밤나무목), Fagaceae(너도밤나무과). **A,B.** *Castanea dentata*. **A.** 웅성 수상화서. **B.** 열매, 가시가 많은 총포로 싸임. **C–E.** *Quercus suber*(코르크참나무). **C.** 외수피; 여기서 상업용 코르크를 채취함. **D.** 미상화서의 수꽃. **E.** 암꽃. 암술대와 미성숙한 총포를 보여줌. **F.** *Quercus*(참나무속)의 일종. 미상화서와 암꽃. **G.** *Quercus chrysolepis*. 성숙한 도토리와 잔 모양으로 동합한 총포(깍정이). **H.** *Quercus acutissima*의 총포편은 G에 비해 이생하며, 눈에 잘 띈다.

(*Pelargonium* 제외). **열매**는 포배열개삭과 또는 분열과(분과는 골돌과), 숙존생장성 화주에서 갈라진다. 다세포성, 두상, 선상 모용이 있고, 모용 샘에는 방향유가 있다.

Geranium(쥐손이풀속), *Pelargonium*(무늬제라늄속) 그리고 *Erodium*(국화쥐손이속) 등은 숙존생장화주에서 갈라지는 분열과라는 분명한 파생형질을 지니고 있다. 대부분 온대지역에 분포하나, 일부는 열대지역에도 자란다. 경제적으로 중요한 종류로는 원예용(쥐손이풀속과 무늬제라늄속), 사료식물(미국에 분포하는 *Alfilaria*) 그리고 방향유를 추출하는 무늬제라늄속 식물들이 있다. 일반적인 정보는 Lis-Balchin(2002), 계통

그림 8.29 GERANIALES(쥐손이풀목), Geraniaceae(쥐손이풀과). **A,B.** *Erodium botrys*. **A.** 개화 중인 식물. **B.** 성숙한 분열과의 기부 형태. **C,D.** *Erodium moschatum*. **C.** 꽃. **D.** 미성숙한 열매, 암술대는 부리처럼 길게 숙존생장함. **E.** *Geranium carolinianum*. 꽃 및 미성숙한 열매. **F.** *Geranium* (쥐손이풀속)의 일종. 꽃받침과 꽃잎을 제거한 꽃의 기부로, 꽃잎과 호생하는 밀선을 보여줌. **G–L.** *Pelargonium*(무늬제라늄속) 종류. **G.** 꽃 정면, 약간 좌우대칭임. **H.** 화서. **I.** 수술군과 암술군, 갈라진 암술대를 보여줌. **J.** 자방 횡단면, 5개로 깊게 갈라짐. **K.** 자방열편 종단면, 중축정단태좌. **L.** 열매, 분열하여 숙존생장화주 끝에 달려있는 분과들.

수는 Fiz et al.(2008), Palazzasi et al.(2012), and Zhang et al.(2015)을 참조한다.

주요 특징: 초본 또는 관목, 오수성화, 이종화피, **꽃잎과 호생하는 밀선**이 있고, **수술**은 이열 이상의 열로 **윤생**, 간혹 **헛수술** 존재; 쥐손이풀족은 긴 **숙존생장화주**에 달리는 **분열과**를 지님. **K** 5 [4] **C** 5 [0,4,8] **A** 5+5 [8,15] **G** (5) [(2,3,8)], 상위.

MYRTALES 도금양목

이 목은 약 12개 과를 포함하는데(표 8.2), 여기서는 1개 과만을 기재하였다. 널리 알려진 **Combretaceae**는 사바나와 맹그로브에 서식하는 종, 목재와 염료 식물 그리고 원예용 식물들을 포함한다. 이 밖에 Lythraceae(부처꽃과)는 염료와 목재식물, *Cuphea*와 *Lagerstroemia*(배롱나무속) 따위의 원예식물, 식용식물인 *Punica granatum*(석류나무, 과거에는 Punicaceae로 분류) 등을 포함한다. 이 목의 파생형질로 생각되는 것은 하위자방과 화탁통(화피/수술이 자방상주생성)이 존재한다는 것이다. 자세한 정보는 Conti et al.(1996, 1998), Wilson et al.(2004), Sytsma et al.(2005)을 참조한다.

Onagraceae 바늘꽃과—약 22속 660종(**그림 8.30**).

육생 또는 수생 초본, 관목, 드물게 교목. **줄기**는 복병립유관속, 표피에 기름세포가 있다. **잎**은 나선상호생, 대생 또는 윤생, 단엽, 갈라지지 않거나 우열하고, 탁엽은 없거나 있다. **화서**는 수상화서, 원추화서 또는 단정화서이다. **꽃**은 대개 양성, 방사대칭, 자방상주생, 일부 식물에서 화탁통이 길게 발달한다. **화피**는 이열성, 이종화피이다. **꽃받침**은 이편악, 꽃받침잎은 4[2–6]장이다. **화관**은 이판화관, 꽃잎은 4[2–6 또는 0]장, 섭합상 또는 복와상이다. **수술**은 4+4[2–6]개이다. **약**은 종개, 사포자낭성, 이반약성, 일부 종에는 분리벽이 존재한다. **화분**은 단립 또는 사립, 흔히 점사가 있어 화분립이 서로 달라붙는다. **암술군**은 합생심피성, 하위자방, 심피 및 자방실은 4[2–6]개이다. 중축태좌 또는 측벽태좌, **배주**는 도생배주, 복주피성, 대개 다수, 단포사성; 사성배우사체는 사핵성(*Oenothera*)이다. **열매**는 삭과, 장과 또는 견과이다. **종자**의 배유에 지방이 풍부하다.

전 세계에 분포한다. *Clarkia*, *Fuchsia* 그리고 *Oenothera*(달맞이꽃속)의 여러 종은 원예용으로 중요하다. 최근의 계통분석 결과는 Levin et al.(2003)과 Ford and Gottlieb(2007), Wagner et al.(2007)을 참조한다.

주요 특징: 초본, 관목[교목], **4[2–6]수성**, **자방상주생화**, **수술 4+4개**, **단포자성**, **사핵성 자성배우자체**(이 과의 파생형질). **K** 4 [2–6] **C** 4 [2–6,0] **A** 4+4 [2–6] **G** (4) [(2–6)], 하위, 화탁통.

BRASSICALES 십자화목

십자화목은 약 17개 과를 포함하는데, 여기에는 십자화과만을 기재하였다. 이 목은 글루코시놀레이트라는 이차화합물을 지닌다는 특징을 기준으로 분류되었다(**그림 8.31**). 글루코시놀레이트는 초식과 기생을 어렵게 하고, 브로콜리, 콜리플라워, 겨자 등의 채소에 향미를 내게 하는 물질이다. 기재에서 제외된 과들 가운데 잘 알려진 것으로는 염생식물인 **Bataceae**, *Capparis spinosa*를 포함하는 **Capparaceae**(카파리스과), *Carica papaya*(파파야)를 포함하는 **Caricaceae**(파파야과), **Cleomaceae**(풍접초과), **Koeberliniaceae**, **Limnanthaceae**, **Moringaceae** 등이 있다. 이 목에 대한 더 많은 정보는 Rodman et al.(1997, 1998), Kubitzki and Bayer(2002), Edger et al.(2018)을 참조한다.

Brassicaceae(Cruciferae) 십자화과—321–338속 3,400–3,700종(**그림 8.32**).

초본, 간혹 관목(일부 식물은 기부비후경성), 주로 양성화주이다. **잎**은 단엽[복엽], 흔히 천열 또는 전열, 나선상호생[대생], 탁엽은 없다. **화서**는 주로 총상화서, 간혹 단정화서가 액생한다. **꽃**은 양성, 간혹 단성, 주로 방사대칭, 소화경이 있으며, 소포는 없고, 자방하생; 화탁은 아주 드물게 자방병으로 길게 신장한다. **화피**는 이종화피, 십자형이다. **꽃받침**은 이편악[합편악], 꽃받침잎[악열편]은 2+2개, 교호대생, 기부가 약간 볼록하다. **화관**은 이판화관[기부에서 동합], 꽃잎[화관열편]은 4개(간혹 없음)이며 화조형이다. **수술**은 이열성, 2+4개 [간혹 2 또는 4 또는 16개까지 있음], 사강웅예로 외열의 2개는 짧고, 꽃받침잎과 대생, 내열의 4개는 길고 2개씩 쌍을 이루며, 각 쌍은 하나의 원기에서 발달하여 꽃잎과 대생한다. 약은 종개한다. **암술군**은 합생심피성, 상위자방, 심피 2개, 자방 2실이다. **암술대**는 1개이거나 없다. **태좌**는 중축성측벽태좌로 격벽과 자방벽이 만나는 부위에 존재함; 배주는 각 심피에 2줄로 배열, 도생배주 또는 만곡배주, 각 심피에 1개–다수 존재한다. **밀선**은 수술 또는 암술 주위에 고리형으로 합착되거나 분리되어 있다. **열매**는 장각과 또는 단각과, 2개의 과피편으로 완전히 열개하는데, 얇은 격벽(위격벽) 및 이를 두른 격벽테두리(replum)가 숙존한다. **종자**에는 주로 배유가 없다.

APG IV(2016) 분류체계에 따르면 십자화과에서 전통적으로 인정되던 카파리스과와 풍접초과가 분리되었다(이들 2개 과는 과거 카파리스과의 두 아과로 분류하였음). 이들 3개 과는 각각 단계통군인 것으로 파악되었다. 카파리스과는 십자화과와는 달리 목본성인 경우가 많고, 신장된 자방병 또는 자웅예합생병이 있고, 수술의 수가 더 많으며, 자방 1실, 측벽태좌, 격벽이 없는 폐과이다. 풍접초과는 카파리스과와 유사하지만 주로 초본성이고, 열개과이며, 격벽테두리가 있다(그러

그림 8.30 MYRTALES(도금양목), Onagraceae(바늘꽃과). **A,B.** *Camissonia claviformis*. **A.** 전체 외형. **B.** 두상 주두. **C.** *Clarkia delicata*. **D.** *Clarkia purpurea*. **E,F.** *Clarkia unguiculata*. **E.** 꽃. **F.** 자방 횡단면, 중축태좌. **G,H.** *Fuschia × hybrida*. **G.** 아래로 늘어지는 꽃. **H.** 꽃 종단면, 자방상주생화. **I.** *Epilobium canum*, 좌우대칭화. **J.** *Ludwigia hexapetala*, 오수성화. **K.** *Ludwigia sedoides*, 부유성 수생식물. **L.** *Oenothera deltoides*, 주두는 선형이고, 4개임. **M.** *Oenothera speciosa*. **N.** *Oenothera elata*, 4개로 갈라지는 삭과.

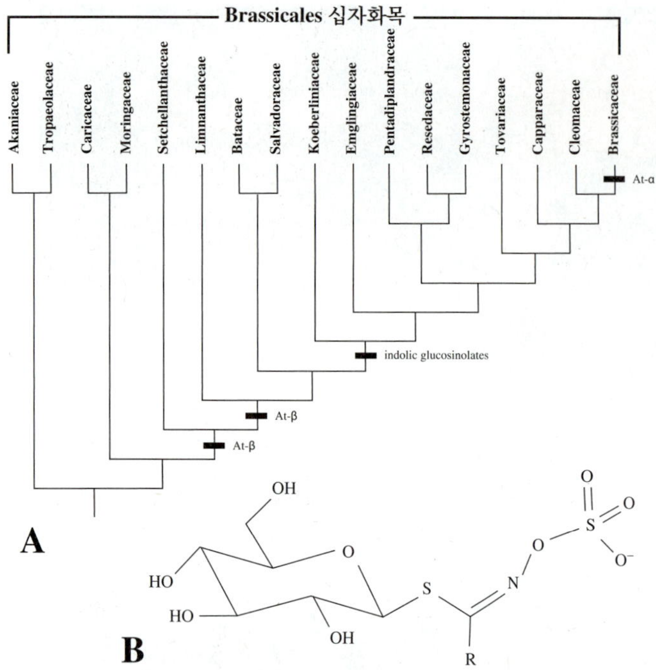

그림 8.31 **A.** 십자화목 17개 과의 계통수(Edger et al. 2018). At-α와 At-β는 글루코시놀레이트(glucosinolate) 경로에 관여하는 유전체의 중복을 나타냄. **B.** Brassicales(십자화목)의 공통적인 특징인 글루코시놀레이트의 일반 구조.

나 자방실은 완전히 분리되지 않아 여전히 1실이다). 계통수는 Al-Shehbaz et al.(2006), Bailey et al.(2006) 그리고 Beilstein et al.(2008)을 참조한다.

전 세계적으로 분포한다. 수많은 채소, 예를 들어 브로콜리, 브뤼셀싹, 콜리플라워, 양배추, 콜라드, 케일, 순무 그리고 카놀라유, 겨자, 스웨덴순무, 와사비(*Eutrema japonicum*) 등이 여기에 포함되고, *Isatis tinctoria*(대청, 염료식물)과 일부 잡초도 있으며, *Arabidopsis thaliana*(애기장대)는 상세한 분자생물학 연구의 모델생물이다.

주요 특징: 초본, 드물게 관목, **글루코시놀레이트**가 있음, **화피**는 **십자형**(꽃잎은 화조형), **사강웅예(2+4)**, **2심피 합생**, 상위자방, **2자방실**, **중축성측벽태좌**, **열매는 2개로 갈라지며 박격벽이 있음(장각과, 단각과)**.

K 2+2 **C** 4 **A** 2+4[2,4,–16] **G** (2), 상위.

MALVALES 아욱목

아욱목은 10개 과를 포함한다(표 8.2). 이 중에서 광의의 아욱과만을 여기에 기재하였다. 다른 과 가운데 잘 알려진 것으로는 **Bixaceae**(anatto, 천연 식용색소의 원료인 *Bixa orellana* 포함), **Cistaceae**, **Dipterocarpaceae**(목재와 고무/수지 원료인 동남아시아산 교목 포함) 그리고 **Thymelaeaceae**(팥꽃나무과)가 있다. 이 목은 전반적으로 화학적 및 해부학적 파생형질을 지니고 있는데, 종 대부분에서 파생적 점액관이 발달한다. 더 많은 내용은 Kubitzki and Chase(2002)와 Le Péchon and Gigord(2014)를 참조한다.

Malvaceae 아욱과(목면과, 벽오동과, 피나무과 포함)—약 250속 4,200종(**그림 8.33–8.36**).

교목, 관목, 드물게 초본, 대개 양성화주, 간혹 자웅동주 또는 잡성주이며, 성상모나 방패형의 인편이 있다. **잎**은 단엽 또는 장상복엽, 천열 또는 전열, 대개 나선상호생, 조락성 탁엽이 있으며, 장상맥 또는 우상맥이다. **화서**는 단정화서 또는 쌍으로 달리거나 취산화서처럼 되며, 때로 복합화서이다. **꽃**은 양성[단성], 대개 방사대칭, 외악이 존재하며, 자방하생, 간혹 자방주생이다. **화피**는 이열성, 꽃잎과 꽃받침잎은 호생한다. **꽃받침**은 이편악 [꽃받침잎 기부에서 동합], 꽃받침잎은 5[3–4]장, 섭합상이다. **화관**은 이판화관, [수술대가 동합하여 이루어진 수술통의 기부와 이합], 꽃잎은 5[3–4]개, [없는 경우도 있음], 간혹 화조형이며, 회선상, 섭합상 또는 복와상이다. **수술**은 5개–다수, 수술대는 주로 동합하여 자방을 둘러싸는 수술통을 이루거나, 5–15개로 모여 나기도 한다. **약**은 종개 또는 공개이다. **화분**은 표면에 소자상돌기가 있거나 평활하다. **암술군**은 합생심피성 또는 이생심피성으로 정단에서만 합생, 상위[하위]자방, 심피 2개–다수, 자방실은 [1]2개–다수이다. 중축태좌이나 드물게 변연태좌, **배주**는 각 심피에 [1]–2개 있다. **밀선**은 꽃받침 기부에 난 선모의 형태로 존재하다. **열매**는 삭과로 포배열개, 포간열개이거나 또는 폐과, 드물게 장과 또는 시과이다. **종자**에는 배유가 없거나, 지방성 또는 녹말성 배유가 있다.

광의의 아욱과는 과거에 협의의 아욱과, Bombacaceae(목면과), Sterculiaceae(벽오동과), 및 Tiliaceae(피나무과)로 세분하였다. 최근의 형태 및 분자 분석 결과는 이들 식물군이 대부분 단계통군이 아니며, 따라서 통합하는 것이 가장 타당하다는 것을 보여주었다. Bayer et al.(1999)은 잠정적으로 9개 아과를 인정했으며, 이들에 대한 파생형질 몇몇을 잠정적으로 지정했다(그림 8.35). 아욱과 전체를 정의하는 파생형질

그림 8.32 BRASSICALES(십자화목), Brassicaceae(십자화과). **A–E.** *Brassica rapa*. **A–C.** 꽃. **A.** 측면 모습. **B.** 위에서 본 모습. **C.** 화피를 제거한 후, 사강웅예를 보여줌. **D.** 장각과. **E.** 장각과 열개 후. **F,G.** *Lepidium nitidum*. **F.** 단각과, 열개 전. **G.** 단각과, 열개 후. **H,I.** *Cardamine californica*. **J,K.** *Rorippa nasturtium-aquaticum*의 꽃과 열매. **L.** *Raphanus sativus*(무)의 꽃. **M.** *Brassica nigra*(겨자)의 장각과. **N.** *Thysanocarpus laciniatus*의 단각과. **O**. *Cakile maritima*의 열매는 횡으로 열개하는 삭과이다.

그림 8.33 MALVALES(아욱목), Malvaceae(아욱과). **A,B.** *Theobroma cacao*, 카카오(Byttnerioideae 불암초아과) **A.** 꽃, 후드형 꽃잎을 보여줌. **B.** 열매, 장과, 초콜릿의 원료. **C.** *Guichenotia ledifolia*(Byttnerioideae) **D.** *Grewia occidentalis*(Grewioideae 장구밥나무아과) **E.** *Tilia americana*(Tilioideae 피나무아과), 커다란 화서포를 보여줌. **F.** *Durio zibethinus*, 두리안(Helicteroideae 헬릭테레스아과), 열매 종단면. **G,H.** *Dombeya* 종류(Dombeyoideae 까치깨아과) **I.** *Brachychiton discolor*(Sterculioideae 벽오동아과), 일렬성 화피(화관은 없음). **J.** *Heritiera littoralis*(Sterculioideae), 자웅예합생병을 보여줌. **K,L.** *Pseudobombax ellipticum*(Bombacoideae 목면아과) **K.** 많은 수술을 지닌 꽃. **L.** 단반약성 약 접사. 아과 분류체계는 Bayer et al.(1999)을 따랐다.

그림 8.34 MALVALES(아욱목), Malavaceae(아욱과). **A–C.** *Chorisia speciosa*(목면아과). **A.** 꽃의 외형, 수술통이 특징임. **B.** 단반약성 약을 지닌 수술통을 접사한 것. **C.** 화아 횡단면, 회선상 화관을 볼 수 있음. **D,E.** *Chiranthodendron pentadactylon*(목면아과). **D.** 꽃의 향축면, 수술 5개가 동합하였음. **E.** 열매, 삭과. **F.** *Fremontodendron mexicanum*(목면아과). **G–K.** *Hibiscus*(무궁화속)의 일종(Malvoideae 아욱아과). **G.** 꽃의 전체 외형. 회선상 화관과 수술통을 볼 수 있음. **H.** 꽃받침의 향축면, 밀선이 존재. **I.** 수술통을 둘러싸는 약과 갈라진 암술대를 접사한 것. **J.** 단반약성 약을 접사한 것. **K.** 자방 횡단면, 중축태좌. **L.** *Alyogyne huegelii*(Malvoideae 아욱아과), 꽃 종단면, 화관이 수술군의 수술통과 이합한 것과 자방이 상위임을 보여줌. 아과 분류체계는 Bayer et al.(1999)을 따랐다.

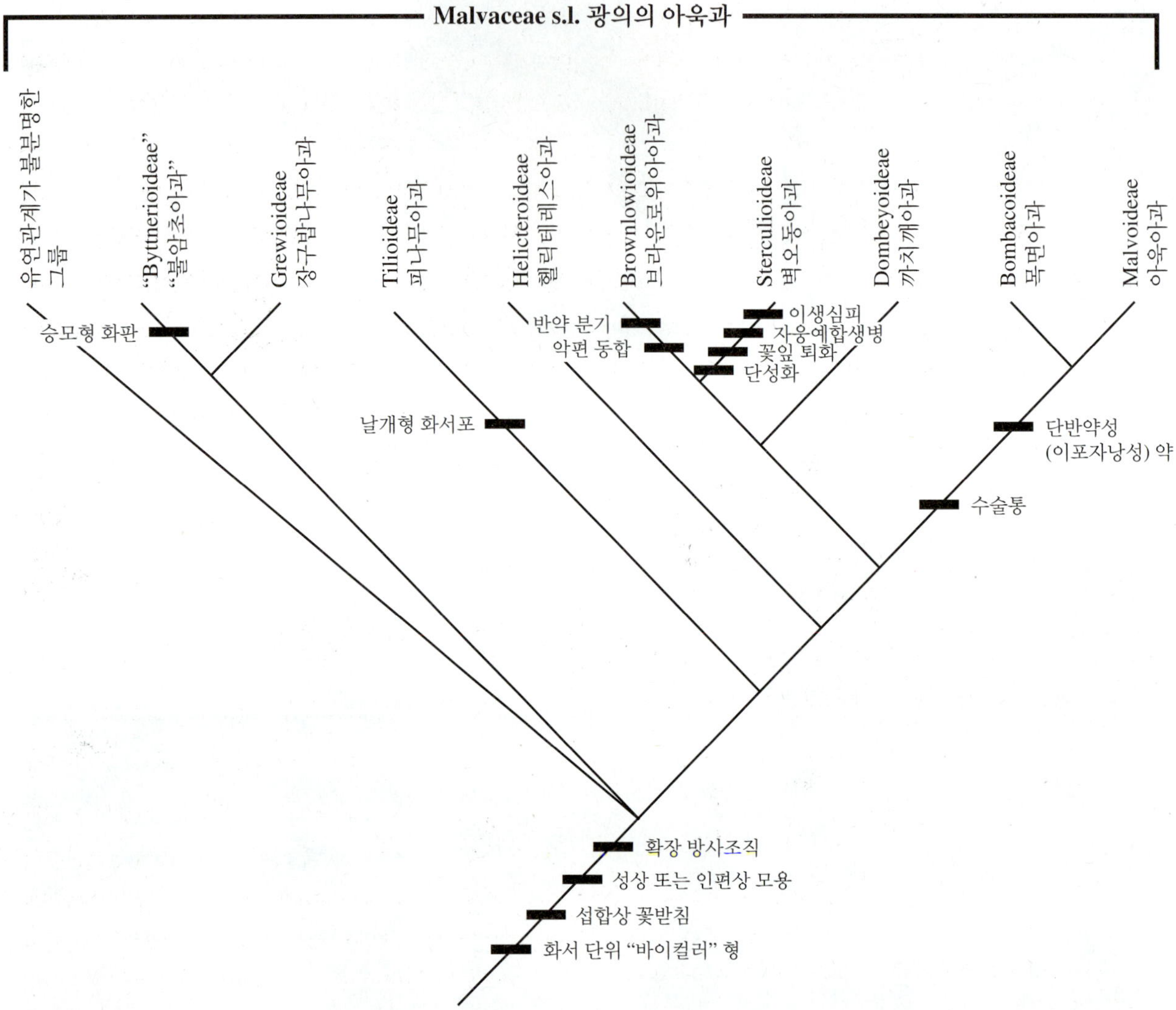

Malvaceae s.l. 광의의 아욱과
유연관계가 불분명한 그룹
"Byttnerioideae" "불암초아과"
Grewioideae 장구밥나무아과
Tilioideae 피나무아과
Helicteroideae 헬릭테레스아과
Brownlowioideae 브라운로위아아과
Sterculioideae 벽오동아과
Dombeyoideae 까치깨아과
Bombacoideae 목면아과
Malvoideae 아욱아과
승모형 화판
반약 분기
악편 동합
이생심피
자웅예합생병
꽃잎 퇴화
단성화
날개형 화서포
단반약성 (이포자낭성) 약
수술통
확장 방사조직
성상 또는 인편상 모용
섭합상 꽃받침
화서 단위 "바이컬러" 형

그림 8.35 MALVALES(아욱목), Malvaceae s.l.(광의의 아욱과)의 계통수(Bayer et al. 1999, Nyffeler et al. 2005, Richardson et al. 2015). 표시된 파생형질은 잠정적인 것이고, 추후 연구를 통한 검증을 요한다.

회선상 화관
섭합상 꽃받침
외악
A
B
C
이차물관부 방사조직
재
이차체관부 확장 방사조직
D

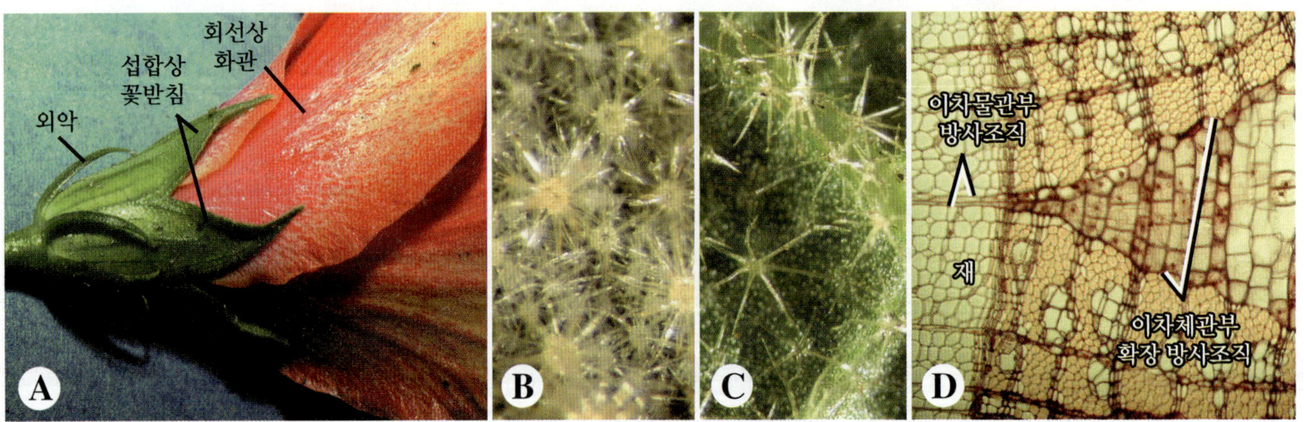

그림 8.36 MALVALES(아욱목), Malvaceae s.l.(광의의 아욱과)의 파생형질. **A.** 섭합상 꽃받침(*Hibiscus* 무궁화속); 외악과 회선상 화관이 특징임. **B,C.** 성상 모용(각각, *Alyogyne*, *Fremontodendron*). **D.** 확장 방사조직(*Tilia* 피나무속).

은 화서에서 찾아볼 수 있는데, 아욱과 식물에서 출현하는 "바이컬러(bicolor) 단위(이 형질이 최초로 발견된 종 *Theobroma bicolor*에서 유래)"는 3장의 포로 덮이는 취산화서의 변형이며, 따라서 과 내에서 발견되는 3수성 외악은 바로 이 3장의 포에서 유래했을 것으로 추정한다. 다른 파생형질로는 섭합상 꽃받침, 성상 또는 인편상 모용 그리고 2차 조직에서 방사조직이 확장한 것을 들 수 있다(그림 8.35, 8.36).

전 세계적으로 분포하며, 특히 열대지방에 많이 분포한다. 약용식물; 섬유식물, 특히 *Gossypium*(목화속, 세계에서 가장 중요한 섬유식물)과 *Ceiba pentandra*(케이폭)는 종자의 모용을 활용하고, *Corchorus*(황마속) 종류들은 인피섬유로 'burlap'(올이 굵은 삼베)의 원료; *Theobroma cacao*(카카오, 초콜릿의 원료), *Cola nitida*(콜라), *Abelmoschus*(오크라 종류) 및 *Durio zibethinus*(두리안) 등의 식용식물; *Ochroma pyramidale*(balsa-모형비행기 제작용 목재)와 *Pachira aquatica* 같은 목재식물; 그 외 *Brachychiton*, *Chorisia*, *Dombeya*, *Fremontodendron*, *Hibiscus*(무궁화속), 및 *Tilia*(피나무속) 등의 조경식물이 모두 아욱과에 포함된다. 기타 식물, 예를 들어 아프리카의 *Adansonia digitata*(바오밥나무) 같은 식물은 그 지역에서 생태적 및 경제적 가치가 매우 크다. 계통수는 Bayer et al.(1999), Nyffeler et al.(2005), Richardson et al.(2015)을 참조한다.

주요 특징: 초본, 관목, 교목, 흔히 **성상모**가 있고, 대개 **외악**이 있음, **꽃받침**은 **섭합상**, **화관**은 **회선상**[섭합상 또는 복와상], **수술**은 **동합**하여 수술통이 되거나 5개-다수로 무리지음, **약**은 **단반약성** 또는 **이반약성**, 합생심피성[이생심피성], 상위[하위]자방, 중축태좌 또는 [변연태좌], 열매는 삭과, 분열과, 장과 또는 시과.

K 3–5 또는 (3–5) **C** 3–5 [0] **A** 5–∞ **G** 2–∞ [1], 상위 [하위].

SAPINDALES 무환자나무목

무환자나무목은 9개 과를 포함하는데, 이 중 3개 과를 여기에 기재하였다. 기재하지 않은 과 가운데 유향(*Boswellia* 종류, 특히 *B. sacra*)과 몰약(*Commiphora* 종류, 특히 *C. myrrha*)이 포함되는 **Burseraceae**가 유명하다. 이 목에 대한 계통분석 결과는 Muellner-Riehl et al.(2016)을 참조한다.

Anacardiaceae 옻나무과—약 80속 870종(**그림 8.37**).

교목, 관목, 덩굴나무 또는 드물게 다년생 초본, 수지도나 유관이 존재하며, 일부 식물의 수지는 과민반응을 일으킨다. **잎**은 우상복엽, 3출엽 또는 단엽, 나선상호생, 간혹 대생 또는 윤생, 탁엽은 없거나 흔적만 있다. **화서**는 정생 또는 액생, 밀추화서이다. **꽃**은 양성 또는 단성, 방사대칭, 주로 자방하생이고, 일부 식물에서 화탁은 부풀어 육질이다(*Anacardium*). **화피**는 이열성, 이종화피, 각 화피편은 섭합상 또는 복와상. **꽃받침**은 합편악, 악열편은 5개이다. **화관**은 이판화관, 꽃잎은 5[0]개이다. **수술**은 5–10개[1개, 다수], 이생 또는 드물게 기부에서 동합한다. **암술군**은 합생[이생]심피성, 상위[하위]자방, 심피는 1–3개 또는 5[12]개, 자방실은 1개[심피와 같은 수]이다. 정단태좌 또는 기저태좌, **배주**는 도생배주, 복주피성 또는 단주피성, 각 심피에 1개가 있다. **밀선**은 웅예하밀선 또는 수술군 안팎에 밀선반으로 존재한다. **열매**는 핵과, 중과피는 주로 수지상이다. **종자**는 배유가 없거나 매우 적다.

열대와 아열대 지역에 폭넓게 분포한다. 옻나무과에는 원예식물(*Schinus* 종류), *Pistacia vera*(피스타치오)나 *Mangifera indica*(망고)와 같은 식용식물, *Rhus*(옻나무속) 종류(슈막)나 *Anarcadium occidentale*(캐슈)처럼 염료나 점성고무 원료 등을 제공하는 식물이 포함되어 있다. *Toxicodendron* 종류(포이즌아이비) 및 근연종들은 접촉성 피부질환을 유발하며, 이들의 열매/종자는 일부 사람들에게 과민반응을 일으킨다. 이 과의 계통수는 Wannan(2006)과 Aguilar-Ortigoza and Sosa(2004)를 참조한다.

주요 특징: 교목, 관목, 덩굴나무 또는 다년생 초본, **수지도**와 **유관**이 존재(일부 식물은 과민반응을 일으킴), 꽃은 일반적으로 5수성, **밀선반**이 있고, **각 심피에 1개의 배주**가 있으며, 열매는 **핵과**로 수지상 중과피가 있다.

K 주로 5 또는 (5) **C** 주로 5 [0] **A** 5–10 [1, ∞] **G** (1–3,5) [(12)], 상위 [하위].

Rutaceae 운향과—약 61속 2,100종(**그림 8.38**).

교목, 관목, 덩굴나무 또는 [초본]. 일부 식물은 줄기에 가시가 나있다. **잎**은 단엽, 삼출엽 또는 우상복엽, 간혹 우열하고, 탁엽은 없으며, 주로 유점이 있다. **화서**는 취산 또는 총상화서, 드물게 단정화서이다. **꽃**은 대개 양성, 방사대칭, 자방하생, 간혹 자방상생이다. **꽃받침**은 이생 또는 합편악, 꽃받침잎 또는

그림 8.37 SAPINDALES(무환자나무목), Anacardiaceae(옻나무과). **A–C.** *Mangifera indica*(망고). **A.** 화서와 잎. **B.** 꽃 접사. **C.** 열매(핵과) 종단면, 정단에 달리는 종자 1개와 내과피를 볼 수 있음. **D.** *Rhus integrifolia*. 핵과가 달리는 가지. **E.** *Schinus terebinthifolius*, 핵과가 달리는 가지. **F.** *Toxicodendron diversilobum*. **G–K.** *Malosma laurina*. **G.** 영양지. **H.** 화서. **I,J.** 꽃 접사. **K.** 꽃 종단면, 밀선과 자방을 볼 수 있다.

그림 8.38 SAPINDALES(무환자나무목), Rutaceae(운향과). **A–C.** *Calodendrum capense*. **A.** 꽃. **B.** 열매. **C.** 잎을 접사한 것으로, 유점을 볼 수 있음. **D.** *Cneoridium dumosum*. 열매의 선점에 주목할 것. **E,F.** *Eriostemon myoporoides*. **G.** *Eriostemon spicatum*. **H.** *Eriostemon buxifolius*. **I–K.** *Ruta graveolens*. **I.** 꽃; 정면에서 본 모습. **J.** 자방 접사, 표면에 선점이 분포하는 것을 알 수 있음. **K.** 꽃 종단면. **L.** *Philotheca salsolifolia*. **M.** *Citrus aurantiacus*(네이블 오렌지); 씨가 없는 재배품종으로 열매의 유형은 감귤과이다.

악열편은 4–5[2–3]개이다. **화관**은 이판화관 또는 합판화관, 꽃잎 또는 화관열편은 4–5[0, 2–3]개, 복와상 또는 섭합상이다. **수술**은 8–10개–다수, 대개 화피대생이열웅예, 2[1–4]열성, 일부 분류군에는 헛수술이 있음; 수술대는 기부에서 동합하는 경우가 많다. **약**은 종개한다. **암술군**은 합생[이생]심피성, 상위자방, 심피 4–5개[1개–다수]개, 자방실은 4–5개[1개–다수]이다. 중축태좌, **배주**는 도생배주 또는 반도생배주, 복주피성, 각 심피에 2[1–다수]개 있다. **밀선**은 자방 기부에 밀선반으로 존재한다. **열매**는 분열과, 장과, 핵과 또는 감귤과(자방실에 부풀어 오른 모용, 즉 과즙낭이 있다)이다. 잎이나 과피를 포함한 여러 조직에 에테르 계통의 기름을 포함하는 분비강이 존재한다.

전 세계적으로 분포하는데, 특히 열대지역에 많다. *Citrus* (귤속; 오렌지, 자몽, 레몬, 라임 등)은 중요한 과일 작물이며, *Ruta graveolens*(rue), 목재용 식물, 약용식물 및 수많은 원예식물이 이 과에 포함된다. 이 과의 계통수는 Groppo et al.(2008, 2012), Bayer et al.(2009), Morton and Telmer (2014)를 참조하는데, 마지막 문헌에서는 이 과를 4개의 아과로 분류하였다.

주요 특징: 교목, 관목, 덩굴나무 또는 초본, 잎은 단엽, 복엽, 꽃은 주로 양성, 방사대칭, 자방하생, 4–5수성, **고리 모양의 밀선반**이 있음, 열매는 분열과, 장과, 감과 또는 핵과; 많은 조직에서 **에테르** 계통의 기름을 포함하는 **분비선**이 잎과 과피에서 **유점**으로 나타남.

K 4–5 [2–3] **C** 4–5 [0, 2–3] **A** 8–10–∞ **G** (4–5) [(1–∞)], 상위.

Sapindaceae 무환자나무과(단풍나무과 및 칠엽수과 포함)—약 144속 1,900종(**그림 8.39**, **8.40**).

교목, 관목, 덩굴나무 또는 초본성 덩굴, 덩굴성 식물에는 덩굴손이 존재한다. **잎**은 단엽, 장상복엽, 삼출엽, 우상복엽 또는 이회우상복엽으로, 주로 나선상호생, 그러나 *Acer*와 *Aesculus* 근연 속에서는 대생하며, 대개 탁엽이 없다. **화서**는 취산화서 또는 밀추화서, 간혹 단정화서가 액생, 때로는 산형 또는 산방화서처럼 된다. **꽃**은 단성 또는 양성, 방사대칭 또는 좌우대칭, 자방하생, 간혹 자방주생이며, 간혹 화탁통이 있다. **꽃받침**은 이편악이거나 기부에서만 합편악, 꽃받침잎 또는 악열편은 4–5개이다. **화관**은 이판화관, 꽃잎은 4–5[3, 6+, 0]개이다. 수술은 8[4–10+]개, 대개 수술대에 성모가 있다. **약**은 종개한다. **암술군**은 합생심피성, 상위자방, 심피와 자방실은 각각 2–3[–6]개, 일부 식물에서는 1개 외에는 발생을 중시한다. 태좌는 다양함; **배주**는 도생배주, 직생배주 내지 만곡배주, 이주피성, 각 심피에 1개–다수 존재한다. **밀선**은 주로 웅예외밀선반이거나 외예내밀선반 또는 밀선판으로 존재한다. **열매**는 육질과 또는 건과로 다양하며, *Acer*와 *Dipteronia* 경우는 분열시과이고, *Aesculus* 경우는 포배열개삭과이다. **종자**는 무배유성, 가종피나 육질의 주피가 발달하는 경우도 있다. 많은 분류군에 비누 같은 사포닌이 존재한다.

열대와 온대 지역 전반에 분포한다. *Blighia*, *Dimocarpus* 및 *Litchi*(여지속)의 열매나 종자는 식용하고, 많은 식물을 목재, 종자유, 약물, 카페인 음료(*Paullinia cupana*, 구아라나, 남미에서 즐겨 마심)로, *Koelreuteria*(모감주나무속)와 *Acer*(단풍나무속), *Aesculus*(칠엽수속) 종류는 조경식물로, *Jagera*와 *Paullinia* 종류는 화살촉에 바르거나 물고기를 잡을 때 쓰는 독성분의 원료로, 기타 식물은 민간에서 비누로 사용한다. Harrington et al.(2005)은 계통분석을 통해 이 과를 4개의 아과인 Dodonaeoideae, Hippocastanoideae(단풍나무속과 칠엽수속 포함), Sapindoideae 그리고 단일 속으로 이루어진 Xanthoceroideae로 분류하였다. 최근의 분석 및 분류체계는 Buerki et al.(2009, 2010)를 참조한다.

주요 특징: **교목**, **관목**, **덩굴나무** 또는 **초본성 덩굴식물**, 잎은 **단엽**, **장상복엽**, **3출엽** 또는 **우상복엽**, 화피는 **4–5수성**, **밀선반**이 **수술군 안팎**에 존재, **심피 2–3개 합생**, 상위자방, 종자는 가종피나 육질의 종피가 있는 경우가 많음; 조직에 비누 같은 사포닌이 있는 식물이 많음.

K 4–5 또는 (5) **C** 4–5 [3, 6+, 0] **A** 5–8 [4–10+] **G** (2–3) [(–6)], 초상위, [화탁통].

SUPERASTERIDS 범국화군

범국화아강(*Superasteridae*, Soltis et al. 2011)이라고도 하는 이 그룹은 여러 분자계통수에서 확인되었다(그림 8.1, **표 8.3**). 범국화군은 대개 단향목, 석죽목, Berberidopsidales(베르베리돕시스목) 및 국화군으로 이루어진다. 때로는 Dilleniales(오아과목)이 이 상위 단계통군 안에 포함되기도 한다.

SANTALALES 단향목

단향목은 7개 과(APG IV, 2016) 또는 20개 과(Nickrent et al. 2010; Su et al. 2015)를 포함하는데, 이 가운데 1개만 여기에

그림 8.39 SAPINDALES(무환자나무목), Sapindaceae(무환자나무과). **A.** Dodonaeoideae(도도니아아과) *Dodonaea triquetra*, 시과. **B–N.** Sapindoideae(무환자나무아과) **B.** *Alectryon subcinereus*. **C.** *Cupaniopsis anacardioides*, 가종피를 지닌 종자. **D.** *Cardiospermum corindum*, 풍선처럼 부푼 삭과. **E–K.** *Koelreuteria*(모감주나무속) 종류. **E,F.** 꽃 접사. **G.** 교목 전체. **H.** 자방 횡단면, 중축태좌 및 심피 3개를 보여줌. **I.** 수술군. **J,K.** 미성숙 열매. **L,M.** *Litchi chinensis*, 여지의 견과, 식용 가능한 가종피로 둘러싸인 종자 1개가 존재. **N.** *Sapindus saponaria*, 아메리카 원산 낙엽성 교목.

그림 8.40 SAPINDALES(무환자나무목), Sapindaceae(무환자나무과). **A–D.** *Acer macrophyllum*. **A.** 슈트, 대생엽. **B.** 총상화서. **C.** 꽃, 방사대칭화피. **D.** 분열시과. **E.** *Acer rubrum*의 화서(우)와 미성숙 열매(시과, 좌). **F–I.** *Aesculus californica*. **F.** 꽃이 피는 슈트, 장상복엽과 원추화서를 보여줌. **G.** 꽃, 측면 모습, 좌우대칭임. **H.** 꽃, 종단면. **I.** 자방 횡단면, 3심피 합생. **J–K.** *Aesculus* sp. **J.** 미성숙한 열매. **K.** 성숙한 열매, 3개로 쪼개져 열리는 삭과, 종자.

표 8.3 Superasterids(범국화군) 및 Asterids(국화군)의 목과 과 목록(APG IV 2016). 본문에 상세하게 기재한 과는 볼드체로 표시하였다. 별표는 APG IV와 분류군의 범주에 있어서 다른 견해가 있는 경우를 나타낸다. Primulaceae s.l.(광의의 앵초과, Martins et al. 2003), Santalales(단향목, Nickrent et al. 2010, Su et al. 2015), Caryophyllales(석죽목, Hernández-Ledesma et al. 2015, Walker et al. 2018), Boraginales(지치목, Leubert et al. 2016), Peltantheraceae(Stevens 2001 이후).

SUPERASTERIDS

- BERBERIDOPSIDALES
  - Aextoxicaceae
  - Berberidopsidaceae
- SANTALALES
  - Amphorogynaceae*
  - Aptandraceae*
  - Balanophoraceae
  - Cervantesiaceae*
  - Comandraceae*
  - Coulaceae*
  - Erythropalaceae*
  - Loranthaceae
  - Misodendraceae
  - Mystropetalaceae*
  - Nanodeaceae*
  - Olacaceae
  - Oktoknemaceae*
  - Opiliaceae
  - Santalaceae
  - Schoepfiaceae
  - Strombosiaceae*
  - Thesiaceae*
  - **Viscaceae***
  - Ximeniaceae*
- CARYOPHYLLALES
  - Achatocarpaceae
  - Agdestidaceae*
  - Aizoaceae
  - **Amaranthaceae**
  - Anacampserotaceae
  - Ancistrocladaceae
  - Asteropeiaceae
  - Barbeuiaceae
  - Basellaceae
  - Cactaceae
  - **Caryophyllaceae**
  - **Chenopodiaceae***
  - Corbichoniaceae*
  - Didiereaceae
  - Dioncophyllaceae
  - Droseraceae
  - Drosophyllaceae
  - Frankeniaceae
  - Gisekiaceae
  - Halophytaceae
  - Kewaceae
  - Limeaceae
  - Lophiocarpaceae
  - Macarthuriaceae
  - Microteaceae
  - Molluginaceae
  - Montiaceae
  - Nepenthaceae
  - Nyctaginaceae
  - Petiveriaceae
  - Physenaceae
  - Phytolaccaceae
  - Plumbaginaceae
  - **Polygonaceae**
  - Portulacaceae
  - Rhabdodendraceae
  - Sarcobataceae
  - Simmondsiaceae
  - Stegnospermataceae
  - Talinaceae
  - Tamaricaceae

ASTERIDS

- CORNALES
  - **Cornaceae**
  - Curtisiaceae
  - Grubbiaceae
  - Hydrangeaceae
  - Hydrostachyaceae
  - Loasaceae
  - Nyssaceae
- ERICALES
  - Actinidiaceae
  - Balsaminaceae
  - Clethraceae
  - Cyrillaceae
  - Diapensiaceae
  - Ebenaceae
  - **Ericaceae**
  - Fouquieriaceae
  - Lecythidaceae
  - Maesaceae*
  - Marcgraviaceae
  - Mitrastemonaceae
  - **Myrsinaceae***
  - Pentaphylacaceae
  - Polemoniaceae
  - **Primulaceae***
  - Roridulaceae
  - Sapotaceae
  - Sarraceniaceae
  - Sladeniaceae
  - Styracaceae
  - Symplocaceae
  - Tetrameristaceae
  - Theaceae
  - Theophrastaceae*

LAMIIDS

- GARRYALES
  - Eucommiaceae
  - Garryaceae
- BORAGINALES
  - **Boraginaceae**
  - Codonaceae*
  - Coldeniaceae*
  - Cordiaceae*
  - Ehretiaceae*
  - Heliotropiaceae*
  - Hoplestigmataceae*
  - Hydrophyllaceae*
  - Lennoaceae*
  - Namaceae*
  - Wellstediaceae*
- ICACINALES
  - Icacinaceae
  - Oncothecaceae
- METTENIUSALES
  - Metteniusaceae
- VAHLIALES
  - Vahliaceae
- GENTIANALES
  - **Apocynaceae**
  - Gelsemiaceae
  - **Gentianaceae**
  - Loganiaceae
  - **Rubiaceae**
- LAMIALES
  - **Acanthaceae**
  - **Bignoniaceae**
  - Byblidaceae
  - Calceolariaceae
  - Carlemanniaceae
  - Gesneriaceae
  - **Lamiaceae (Labiatae)**
  - Lentibulariaceae
  - Linderniaceae
  - Martyniaceae
  - Mazaceae
  - **Oleaceae**
  - Orobanchaceae
  - Paulowniaceae
  - Pedaliaceae
  - Peltantheraceae*
  - Phyrmaceae
  - Plantaginaceae
  - Plocospermataceae
  - Schlegeliaceae
  - **Scrophulariaceae**
  - Stilbaceae
  - Tetrachondraceae
  - Thomandersiaceae
  - Verbenaceae
- SOLANALES
  - **Convolvulaceae**
  - Hydroleaceae
  - Montiniaceae
  - **Solanaceae**
  - Sphenocleaceae

CAMPANULIDS

- AQUIFOLIALES
  - Aquifoliaceae
  - Cardiopteridaceae
  - Helwingiaceae
  - Phyllonmaceae
  - Stemonuraceae
- ESCALLONIALES
  - Escalloniaceae
- BRUNIALES
  - Bruniaceae
  - Columelliaceae
- APIALES
  - **Apiaceae (Umbelliferae)**
  - **Araliaceae**
  - Griseliniaceae
  - Myodocarpaceae
  - Pennantiaceae
  - Pittosporaceae
  - Torricelliaceae
- PARACRYPHIALES
  - Paracryphiaceae
- DIPSACALES
  - Adoxaceae
  - **Caprifoliaceae***
  - Diervillaceae*
  - **Dipsacaceae***
  - Linnaeaceae*
  - Morinaceae*
  - **Valerianaceae***
- ASTERALES
  - Alseuosmiaceae
  - Argophyllaceae
  - **Asteraceae (Compositae)**
  - Calyceraceae
  - **Campanulaceae**
  - Goodeniaceae
  - Menyanthaceae
  - Pentaphragmataceae
  - Phellinaceae
  - Rousseaceae
  - Stylidiaceae

기재하였다. 기타 과로 **Balanophoraceae**(발라노포라과: 비광합성 식물로 뿌리 기생성인데 꽃이 필 때 토양 밖으로 나옴; **그림 8.41**A–C), **Santalaceae**(단향과: 목재, 기름, 향으로 사용되는 백단향 포함; 그림 8.41 D–F) 등이 있다. 이 목의 계통수와 분류는 Nickrent and Malécot(2001), Der and Nickrent (2008), Nickrent et al.(2010), Su et al.(2015)을 참조한다. APG IV(2016)에서 단향과는 Nickrent et al.(2010, 2019)과 Su et al.(2015)이 인식한 협의의 단향과, Amporogynaceae, Cervantesiaceae, Comandraceae, Nanodeaceae, 제비꿀과, 겨우살이과를 포함한다.

Viscaceae 겨우살이과—7속 약 520종(그림 8.41G–I)

초본 또는 관목, 자웅이주, 자웅동주, 웅성동주이다. **뿌리**는 흡기로 된다. **잎**은 단엽, 교호대생, 무탁엽성, 일부는 인편상이다. **화서**는 액생 또는 정생, 대개 복기산화서이다. **꽃**은 작고, 단성, 방사대칭, 소화경이 없다. **화피**는 일렬성, 2–4수성, 흔히

그림 8.41 SANTALALES(단향목). **A–C.** Balanophoraceae(발라노포라과), *Balanophora fungosa*, 무광합성, 뿌리 기생식물. **D.** *Comandra umbellata*의 꽃 접사, 일렬성, 섭합상 화피가 보임. **E.** *Pyrularia pubera*. **F.** *Thesium* sp.(제비꿀속 일종), 꽃 접사. **G–I.** Viscaceae(겨우살이과). **G.** *Arceuthobium campylopodum*, 소나무에 기생. **H,I.** *Phoradendron californicum*.

퇴화, 화피편은 섭합상, 이생 또는 기부에서 동합, 종종 황색 또는 녹색이다. **수술**은 2–4개, 화피편과 대생, 이생, 화피편과 이합하거나 떨어져 있고, 수술대는 짧거나 없다. **약**은 저착, 공개 또는 횡개, 4-, 2- 또는 1-포자낭성이다. **암술군**은 합생심피성, 하위자방, 심피 3–4개, 자방은 1실이다. **암술대**는 1개, 정생한다. 기저태좌로, 배주는 종종 없다. 밀선은 암꽃에서는 없거나 많이 퇴화하였고, 수꽃에서는 밀선반으로 잘 발달한다. **열매**는 장과 또는 삭과(폭발적으로 열개)이다. **종자**는 중과피 조직이 점액성으로 되어 새에 의한 종자 산포를 돕고, 종피는 없으며, 배유가 있고, 배유에 엽록체가 존재하기도 한다. 바람 또는 곤충이 수분한다.

전 세계적인 분포를 보인다. 미슬토, 특히 *Phoradendron*의 종은 크리스마스 장식용이고, *Arceuthobium*은 농작물에 해를 끼친다. 이 과의 표징형질은 Nickrent et al.(2010)을 참조한다.

주요 특징: **반기생성(광합성 수행)**, 작은 **교호대생엽**, **일렬성 화피**를 지닌 **단성화**, 종종 배주가 없음, **장과** 또는 **폭발적**으로 **열개**하는 **삭과**, 종자는 **종피가 없으며**, **엽록체성 배유**를 지니고, **점액성**임.

P 2–4 **A** 2–4 **G** (3), 하위.

CARYOPHYLLALES 석죽목

석죽목은 38–41개 과(표 8.3) 약 12,500종을 포함한다. 진정쌍자엽식물 내에서 석죽목의 계통학적 위치는 분석에 따라 다양하지만, Rosids(장미군)보다는 Asterids(국화군)과 좀 더 밀접한 유연관계를 지니는 것으로 알려져 있으며(Moore et al. 2011; Soltis et al. 2011; Sun et al. 2016; 그림 8.1), 여기서는 범국화군에 포함시켰다.

현재 정의된 석죽목은 분자계통학적 연구 이전에 밀접한 유연관계가 있을 것으로 예상치 못했던 과들을 많이 포함한다. 그림 8.42는 Hernández-Ledesma et al.(2015), Yang et al.(2017), Walker et al.(2018)의 연구결과에서 합의한 내용으로 석죽목을 Polygonids(마디풀군)-Caryophyllids(석죽군) 자매군으로 분류하는 비공식 분류체계를 보여준다(Schäferhoff et al. 2009). 최근의 분석은 Brockington et al.(2009), Schäferhoff et al.(2009), Hernández-Ledesma et al.(2015), Yang et al.(2017), Walker et al.(2018), 색소의 진화 고찰은 Brockington et al.(2011, 2015), 다육성 고찰은 Wang et al.(2018), 배수체화는 Yang et al.(2017), 식충성 고찰은 Renner and Specht(2011, 2013)와 Walker et al.(2017)을 참조한다.

석죽목은 전통적 그룹인 중심자목(Cronquist 1981)을 포함한다. 이 전통적 중심자목 또는 석죽아강은 큰 틀에서 31개 과의 복합체인 석죽군과 거의 일치한다(그림 8.42; 마디풀과, 갯질경이과, Frankeniaceae, 위성류과의 지위는 불일치).

약간의 예외는 있지만, 석죽군에 속하는 식물들은 피자식물에서는 좀처럼 보기 힘든 삼핵성 화분이라는 특징을 보인다(대부분의 피자식물의 화분은 이핵성임). 또한, 석죽군의 많은 식물은 독립중앙태좌(여기에서 중심자목이라는 이름이 기원했음) 또는 기저태좌의 특징을 나타낸다(제9장 참조). 그러나 석죽군에 속하는 24개 과의 명료한 파생형질은 사관 색소체가 단백질성 섬사에 의해 둘러싸이는 단백질 결정체를 지닌다는 미세구조적 특징(그림 8.11B), 만곡배주(그림 8.11A) 및 외배유(외유)성 종자라는 배주 및 종자의 특징이다(제10장 참조). 또한 이들 과의 대부분은 베타레인(betalains, 그림 8.43C)을 지니고 있는데, 이는 다른 피자식물에서 발견되는 안토시아닌의 기능을 대체하는 색소로 붉은색, 자주색 또는 황색의 색소를 말한다. 베타레인의 출현이 일부 과에서는 안토시아닌 출현으로의 역진화가 일어났다(그림 8.42; Brockington et al, 2011, 2015 참조). 석죽군에 속하는 20개 과는 단백질성 사관 색소체가 "구형"인 특징을 지닌 하나의 하위 단계통군(subclade)을 형성한다(그림 8.42). 이들 "Globular Inclusion(구형 결정 포함)" 단계통군은 2개의 자매군으로 구성되는데, 하나는 침상결정체(raphide)를 지니며, 다른 하나는 다육성이다.

이 목을 구성하는 과 가운데 4개 과를 여기에 기재하였다. 기재에서 제외한 주요 과로는 매우 유명한 Cactaceae(선인장과), 기부비후경을 만드는 *Alluaudia*와 *Portulacaria*을 포함하는 **Didieriaceae**, 초본 또는 관목성의 염생식물로 이루어진 **Frankeniaceae**, 대부분 초본이며 주로 잡초성인 **Molluginaceae**(석류풀과), 다육성 잎을 지니며 초본 또는 관목인 **Montiaceae**(이전에는 쇠비름과로 분류), 광합성엽의 말단부위가 호리병처럼 발달한 식충식물인 **Nepenthaceae**(벌레잡이통풀과), 식충식물인 *Dionaea muscipula*(파리지옥)와 *Drosera*(끈끈이귀개속, 촉수 같은 선모가 나있는 잎이 특징)를 포함하는 **Droseraceae**(끈끈이귀개과), **Phytolaccaceae**(자리공과), 독립중앙태좌이며 횡렬삭과, 육부(肉阜)를 지닌 종자, 다육성 식물로 구성된 **Portulacaceae**(쇠비름과), *Simmondsia chinensis*

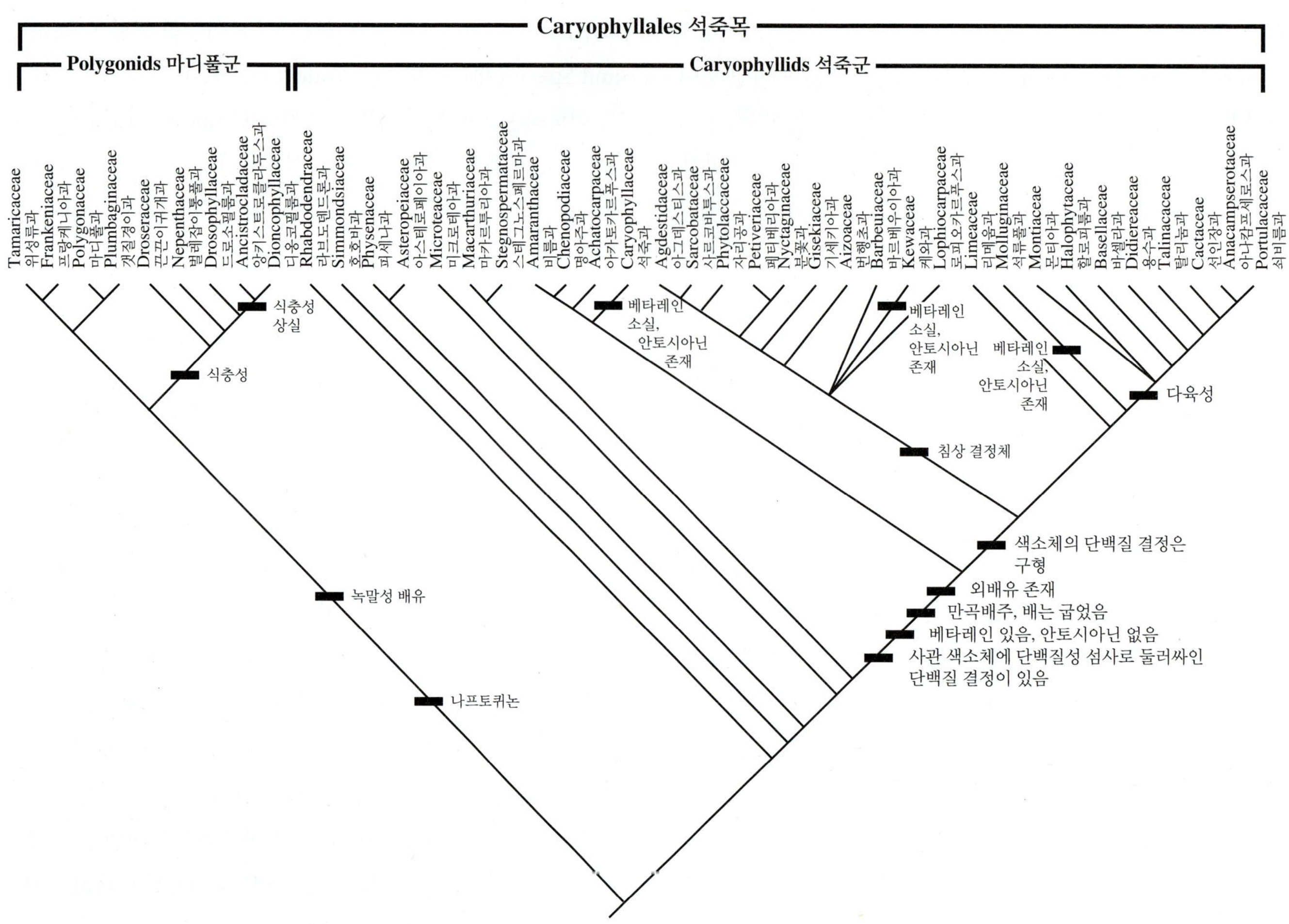

그림 8.42 Caryophyllales(석죽목)의 과 간 유연관계를 보여주는 계통수 및 주요 파생형질(Hernández-Ledesma et al. 2015, Yang et al. 2017, Walker et al. 2018). Polygonids(마디풀군)에서 식충성의 진화와 소실을 보여준다. Caryophyllids(석죽군) 내에서 24개 과가 4가지 파생형질, 즉 미세구조, 배발생, 화학적 파생형질에 의해 단계통군을 형성한다. 이후 베타레인은 3개 계통에서 소실되었다.

(호호바: 종자에서 왁스 물질을 추출하여 화장품이나 피부, 모발 관련 제품의 원료로 사용) 1종만을 포함하는 **Simmondsiaceae** 그리고 원예용으로 심으나 잡초성인 *Tamarix*(위성류속)을 포함하는 **Tamariaceae**(위성류과), **Aizoaceae**(번행초과) 등이 있다.

Amaranthaceae 비름과—71속 750종(그림 8.44A–D).

일년생 또는 다년생 초본, 관목, 덩굴식물 또는 드물게 교목, 양성화주, 자웅동주, 자웅이주 또는 잡성주. **잎**은 단엽, 나선상 호생 또는 대생, 대개 가장자리가 전연이다. **화서**는 단정화서, 취산화서 또는 밀추화서, 포와 소포는 강모처럼 되고 색을 띠기도 한다. **꽃**은 양성 또는 단성, 자방하생이다. **화피**는 일렬성, 3–5[0–2]장, 이생하거나 기부가 동합한다. **수술**은 3–5[0–2]개, 화피편 또는 화피열편과 동수, 화피편대생, 기부가 동합하여 수술통을 이룬다. **약**은 이반약성 또는 단반약성이다. **암술군**은 단심피성, 상위자방이다. **암술대**는 1개이다. **태좌**는 기저태좌, **배주**는 만곡배주, 복주피성, 1개[다수]이다. **밀선**은 웅예내밀선반으로 존재한다. **열매**는 불규칙하게 열개하는 삭과 또는 장과이다. **종자**에 대부분 녹말성 외배유가 있다. 베타레인이 존재하고 안토시아닌은 없다. 줄기는 관다발이 동심원상에 여러 개의 고리 모양으로 배열한다.

전 세계적으로 열대나 일부 온대 지역에 주로 분포한다. *Amaranthus*(비름속) 종류는 아곡류(유사곡류)이고, *Celosia argentea*(개맨드라미)는 원예용으로 재배하며, 몇몇 종은 잡초로 퍼져 자란다. 계통수는 Kadereit et al.(2003)과 Müller and Borsch(2005)를 참조한다.

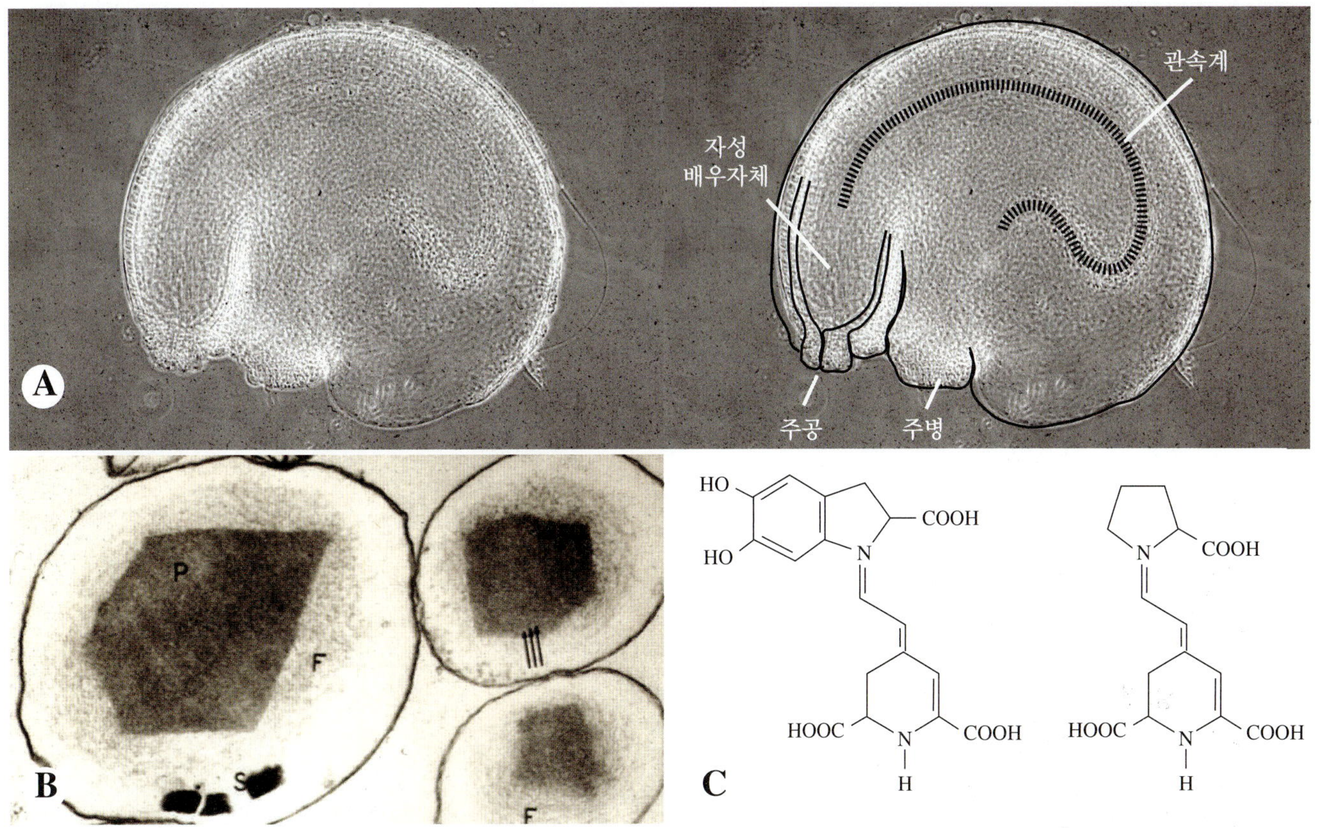

그림 8.43 Caryophyllales(석죽목)의 파생형질. **A.** 만곡배주. **B.** 사관 색소체, 단백질성 섬사(F)가 단백질 결정체(P)를 감싸고 있음(Benhke 1972). **C.** 베타레인 색소의 예. Betacyanin의 일종인 betanidin(좌)과 betaxanthin의 일종인 indicoxanthin(우).

주요 특징: 초본 내지 교목, **강모처럼 생긴 포**, **화피** 구성부분은 **일렬성**, 3–5[0–2]장, **수술**은 **화피편대생**, 화피 구성부분과 동수, 기부가 동합, **자방**은 **1실**, **배주** 대개 1개, **기저태좌**.
P 3–5[0–2] **A** 3–5 [0–2] **G** 1, 상위.

Chenopodiaceae 명아주과—약 10속 500종(**그림 8.44**E–T).

일년생 또는 다년생 초본, 관목. **줄기**는 다육성, 간혹 마디가 불룩해진다. **잎**은 단엽, 탁엽이 없고, 다육성, 일부에서는 퇴화하였다. **화서**는 단정화서, 수상화서, 원추화서 또는 취산화서이다. **꽃**은 작고 양성 또는 단성, 대개 방사대칭, 자방하생이다. **화피**는 일렬성, [1] 5 [6–8]장, 이생, 드물게 기부가 동합한다. **수술**은 [0–2] 3–5 [6–8]개, 화피편대생, 이생 또는 기부가 동합하여 수술통을 이룬다. **약**은 종개한다. **암술군**은 합생심피성이며, 자방은 상위자방이나 드물게 반하위자방이다. **암술대**는 1개–소수이다. **태좌**는 기저태좌, **배주**는 만곡배주, 복주피성, 1개이다. **밀선**은 일부 종에 존재하고 고리 모양이다. **열매**는 소견과, 드물게 횡렬삭과이다. **종자**에 녹말성 외배유가 있다. 베타레인이 존재하고 안토시아닌은 없다. 비정상적인 이차생장을 하여 관다발이 동심원상에 여러 개로 배열하거나, 물관부와 체관부가 동심원상에 번갈아 존재한다. C4 또는 CAM 광합성을 하는 경우가 많다.

전 세계적으로 분포한다. 채소작물로는 *Beta vulgaris*(사탕무)와 *Spinacea oleracea*(시금치), 아곡류(유사곡류)로 퀴노아(*Chenopodium quinoa*)가 있고, 일부는 심각한 잡초이며, 일부는 민간에서 약용한다. APG IV(2016)는 명아주과를 비름과로 통합하여 처리한다. 계통수는 Kadereit et al.(2003, 2010)을 참조한다.

주요 특징: 초본 또는 관목, **화피**는 **일렬성**, [1] 5 [6–8]장, **자방**은 **상위**, **1실**, 열매는 **소견과 또는 횡렬삭과**, **종자 1개**.
P [0–2] 3–5 [6–8] **A** [0–2] 3–5 [6–8] **G** (2–5), 상위 [반하위].

Caryophyllaceae 석죽과—약 101속 2,200종(**그림 8.45**).

일년생 또는 다년생 초본, 간혹 관목, 덩굴나무 또는 교목. **줄기**는 마디에서 약간 불룩해진다. **잎**은 대생[나선상호생], 단

그림 8.44 CARYOPHYLLALES(석죽목), Amaranthaceae(비름과). **A.** *Amaranthus caudatus*. **B–D.** *Amaranthus* sp.(비름속 일종). **B.** 화서가 발달한 식물체. **C.** 암꽃. **D.** 수꽃. **E,F** *Suaeda esteroa*. **E.** 전체 외형, 다육성 염생식물. **F.** 엽액에 달리는 꽃; 수술이 악편과 대생하는 점에 주목할 것. **G–J.** *Chenopodium*(명아주속) 종류. **G.** 개화한 양성화. 악편 5개, 악편대생 수술 5개 그리고 암술은 1개임. **H.** 숙존성 꽃받침에 둘러싸이는 열매. **I.** 열매를 보여주기 위해 꽃받침을 제거한 상태. **J.** 열매 단면, 굽은 배를 지니는 종자 1개를 볼 수 있음. **K,L.** *Atriplex triangularis*. **K.** 전체 외형. **L.** 취산화서가 복수상화서를 이룸. **M.** *Atriplex canescens*, 숙존생장하는 포가 열매를 감쌈. **N,O.** *Salsola tragus*. **N.** 전체 외형. **O.** 꽃 접사, 끝이 가시로 된 포와 잘 발달한 꽃받침잎을 보여줌. **P,Q.** *Allenrolfea occidentalis*. **P.** 하구를 우점하고 있는 군집의 모습. **Q.** 줄기 접사, 다육성 줄기 마디에 퇴화된 잎이 존재함. **R,S.** *Salicornia virginica*. **R.** 슈트, 다육성 줄기 마디에 퇴화된 잎이 존재함. **S.** 화서, 포로 덮인 꽃, 암술대가 돌출한 모습. **T.** *Salicornia subterminalis*의 화서, 수술이 포 밖으로 돌출하였다.

엽, 탁엽이 없다. **화서**는 기산화서 또는 단정화서이다. **꽃**은 양성 또는 단성, 방사대칭, 자방하생, 드물게 자방상생이다. **화피**는 이열성, 이종화피, 화탁통은 없다(간혹 있음). **꽃받침**은 합편악[이편악], 악열편은 5[4]개이다. **화관**은 이판화관, 화조형, 꽃잎은 5[4]장이다. **수술**은 1–2열성, 5–10[1–4]개, 이생, 화판상생 또는 악편상생, 기부가 화판상생하여 통을 이루는 종도 있다. **약**은 종개한다. **암술군**은 합생심피성, 상위자방(흔히 자방병이 있음), 심피 2–5+개, 자방 1실, 기부에 격벽이 있다. **태좌**는 최소한 상부는 독립중앙태좌이지만, 하부는 중축태좌인 경우가 있다. **배주**는 만곡배주 내지 반도생배주, 복주피성, 다수인 경우가 많다. **밀선**은 일부 종에서 밀선반으로 존재한다. **열매**는 삭과, 과피편은 심피 수의 1–2배이다. **종자**는 종피에 미세한 돌기 문양이 많고, 외배유가 존재한다. 안토시아닌이 존재하며 베타레인은 없다. 일부 식물은 비정상적인 이차생장을 하여 동심원상의 관속조직이 있다.

전 세계적으로 분포하는데, 특히 북반구에 주로 분포한다. *Dianthus*(패랭이꽃속, 카네이션 포함)를 비롯한 원예종이 많다. 계통수는 Smissen et al.(2002), Fior et al.(2006), Harbaugh et al.(2010), Greenberg and Donoghue(2011)을 참조한다.

주요 특징: **마디**가 **불룩함**, 잎은 **단엽**, **대생**, 화서는 **단정화서** 또는 **기산화서**, 꽃은 방사대칭, 오수성, 화피는 이열로 배열, 꽃잎은 **이생**, 화조형, 상위자방, 상부는 **독립중앙태좌**, **삭과**, 안토시아닌이 존재함.

K 5 [4] 또는 (5 [4]) **C** 5 [4] **A** 5 또는 5+5 [1–4] **G** (2–5+), 상위, 화탁통.

Polygonaceae 마디풀과—약 55속 1,100종(그림 8.46).

일년생 또는 다년생 초본, 관목, 교목 또는 덩굴성 식물. **줄기**의 마디는 다소 불룩하다. **잎**은 나선상호생, 단엽, 탁엽은 있거나 없고, 탁엽이 있는 경우에는 기부가 동합하여 건막질성의 압착된 엽초로 되며, 엽초는 마디 상부까지 확장하는데 이를 탁엽초라 한다. **화서**는 총포에 싸인 밀집화서 단위가 다양하게 분지하거나 분지하지 않으면서 이차화서를 이룬다. **꽃**은 작고, 양성 또는 단성, 좌우대칭, 자방하생, 소화경이 있고, 소화경의 상부에 결절이 있으며, 막질포가 꽃을 싸기도 한다. **화피**는 일렬성 또는 외관상 이열성(실제로는 나선상 배열), 동종화피, 대개 3+3개, 5개일 경우 오편상(드물게 2+2개), 화피편은 기부에서 동합, 화탁통은 있거나 없다. **수술**은 3+3 또는 8[2,9+]개, 길이가 두 종류인 경우가 많고, 주로 화피편과 대생, 이생 또는 기부에서 동합한다. **약**은 정자착, 종개, 내향약이다. **암술군**은 합생심피성, 상위자방, 심피 3[2,4]개, 자방은 1실이다. **암술대**는 이생 또는 기부에서 동합한다. 기저태좌, **배주**는 직생배주, 복주피성 또는 단주피성, 1개이다. **밀선**이 있는 경우가 많으며, 수술대 기부에 밀선반 또는 밀선판의 형태로 존재한다. **열매**는 수과 또는 소견과로 3개의 능각이 있으며, 숙존생장하는 화피나 화탁통이 간혹 존재한다. **종자**에는 배유가 있으며, 지방과 녹말이 있다. 안토시아닌이 있고 베타레인은 없다. 관속계는 비정형인 경우가 많다.

마디풀과는 보통 2개 아과로 분류된다. Polygonoideae(마디풀아과)는 탁엽초가 있으나 Eriogonoideae는 탁엽초가 없다는 점에서 서로 다르지만, 전자는 측계통일 가능성이 큰 것으로 생각된다. 전 세계적 분포를 보이는데, 특히 북반구 온대 지역에 많이 분포한다. *Fagopyrum esculentum*(메밀)과 *Rheum* × *hybridum*은 식용하고, 일부 종은 약용식물, 목재, 숯, 무두질용으로 이용하고, *Antigonon leptopus*이나 *Muelenbeckia*과 *Polygonum*(마디풀속)의 많은 종은 원예용으로 중요하다. 계통수는 Burke et al.(2010), Sanchez et al.(2011), Schuster et al.(2015)을 참조한다. 탁엽초, 오편상 화피, 직생배주 및 수과는 이 과의 파생형질로 여겨진다(Sanchez and Kron 2008 참조).

주요 특징: 단엽, 나선상호생, **탁엽초**가 있거나 없음, **밀집화서**가 이차화서를 이룸, 꽃은 작고 방사대칭, **화피편**은 **3 + 3개** 또는 **5개**가 **동합**(**오편상**), 심피 3[2,4]개, 배주는 **1개**, **직생배주**, **기저태좌**, 수과 또는 **소견과**는 **3개의 능각**이 있고, 안토시아닌 색소만 존재.

P (3+3) 또는 (5) [(2+2)] **A** 3+3, 8 [2,9+] **G** (3) [(2,4)], 상위, [화탁통].

ASTERIDS 국화군

국화군 또는 국화분계군은 진정쌍자엽식물의 주요 식물군으로, 전체 피자식물에서 높은 비율을 차지한다. 국화군은 17개 목으로 구분한다(APG IV, 2016, 그림 8.47, 표 8.3). 국화군에는 층층나무, 수국, 들쭉나무, 플록스, 차나무, 지치, 용담, 박하, 현삼, 토마토, 감자, 당근, 꼭두서니, 호랑가시나무, 초롱꽃, 구름국화 등과 같이 매우 잘 알려진 식물들이 모두 포함된다.

그림 8.45 CARYOPHYLLALES(석죽목), Caryophyllaceae(석죽과). **A,B.** *Arenaria caroliniana*. **A.** 전체 외형, 일년생 초본. **B.** 꽃 접사. **C.** *Cerastium glomeratum*의 삭과; 정단부의 치아상 과피편. **D–H.** *Lychnis coronaria*. **D.** 꽃의 정면. **E.** 꽃받침의 측면; 합편악. **F.** 꽃잎 1장, 기부의 화조. **G.** 자방 및 5개로 갈라진 암술대. **H.** 자방 횡단면; 독립중앙태좌(격벽이 없음). **I.** *Silene gallica*; 꽃의 측면과 미성숙한 열매. **J.** *Silene laciniata*의 꽃; 꽃잎이 심하게 갈라져 있음. **K.** *Spergularia villosa*, 꽃 접사. **L,M.** *Spergula arvensis*. **L.** 불룩한 마디에 갈라진 잎이 달려있음. **M.** 열매; 과피편 5개로 갈라진 삭과. **N,O.** *Stellaria media*. **N.** 줄기의 마디는 불룩하고 잎이 대생함. **O.** 두 갈래로 갈라진 꽃잎.

그림 8.46 CARYOPHYLLALES(석죽목), Polygonaceae(마디풀과). **A,B.** *Polygonum amphibium*(물여뀌). **A.** 수상화서가 달리는 가지. **B.** 탁엽초가 발달하는 마디를 접사한 것. **C.** 꽃 접사. **D.** *Polygonum*(마디풀속)의 일종, 꽃 접사, 오편상 화피배열을 보여줌(선으로 표시함). **E.** *Eriogonum fasciculatum*, 자방 종단면, 기저에 달리는 직생배주 1개를 보여줌. **F.** *Dedekera eurekensis*, 자방 및 암술대 3개. **G.** *Rumex crispus*(소리쟁이)의 열매, 숙존생장성 꽃받침으로 둘러싸임. **H.** *Fagopyrum esculentum*(메밀)의 삼릉형 수과. **I.** *Cocoloba diversifolia*. **J.** *Chorizanthe fimbriata*의 3+3 화피편. **K.** *Antigonon leptopus*. **L,M.** *Eriogonum fasciculatum*. **L.** 전체 외형. **M.** 총포로 싸인 밀집화서. **N.** 꽃 접사, 3+3 화피편, 수술군 그리고 상위 자방을 보여준다.

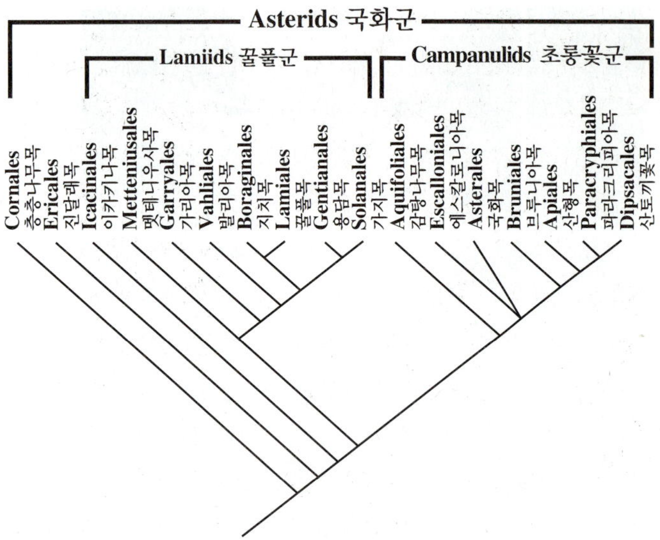

그림 8.47 Asterids(국화군) 주요 목의 계통유연관계(APG IV 2016). 목의 학명은 그림 8.1 참조.

국화군은 3가지 주요 형질로 묶인다. 이 중 하나는 화학적 특징으로 이리도이드 화합물이 존재한다는 것이다(**그림 8.48**A). 또한 대부분의 국화군은 합판화이고(그림 8.48B), 배주는 단주피성이며, 주심은 박층성이다(그림 8.48C; 제10장 참조). 그러나 이들 형질은 변이도 있고, 비상동유사성을 보이는 것도 있다.

다음은 표 8.3에 수록된 대부분의 목을 대표하는 과의 기재이다. 국화군에 대한 더 많은 내용과 계통유연관계 및 진화는 Albach et al.(2001), Bremer et al.(2001, 2002) Soltis et al.(2007), Moore et al.(2011), Soltis et al.(2011), Oxelman et al.(2004), Stull et al.(2015), Sun et al.(2016a)을 참조한다.

CORNALES 층층나무목

총 67의 과를 포함하며(표 8.3, 그림 8.47), 여기서는 층층나무과만 기재하였다. 다른 주요 과로는 원예식물인 *Hydrangea*(수국속)와 *Philadelphus*(고광나무속)을 포함하는 **Hydrangeaceae**(수국과)가 있다(**그림 8.49**). 이 목에 대한 더 많은 정보와 목의 계통수는 Xiang et al.(2002)와 Kubitzki(2004) 및 여기에 인용된 문헌들을 참조한다.

Cornaceae 층층나무과—2속(*Alangium*, *Cornus*) 약 85종(**그림 8.50**).

교목, 관목 또는 [근경이 발달하는 다년생 초본]. **잎**은 단엽, 대개 갈라지지 않으며 [우열], 주로 대생[나선상호생]하고, 탁엽은 없다. **화서**는 취산화서 또는 취산화서로 된 두상화서이거나, 간혹 총상화서이고, 일부 식물에는 눈에 잘 띄는 포가 있다. **꽃**은 양성[단성], 방사대칭, 자방상생이다. **화피**는 이열성. **꽃받침**은 이편악, 꽃받침잎은 4[5–7, 0]장, 일부 수꽃에서 통상으로 동합; **화관**은 이판화관, 꽃잎은 4–5[–10, 암꽃의 경우 0]장, 섭합상 또는 복와상이다. **수술**은 4–5[–10]개, 대개 꽃잎과 호생, 일렬성, 간혹 이열성, 이생; **약**은 종개한다. **암술군**은 합생심피성, 하위자방, 심피 2–4[–9]개, 자방실은 심피와 동수 또는 [1실]; **암술대**는 1개 또는 심피와 동수이다. 정단태좌, **배주**는

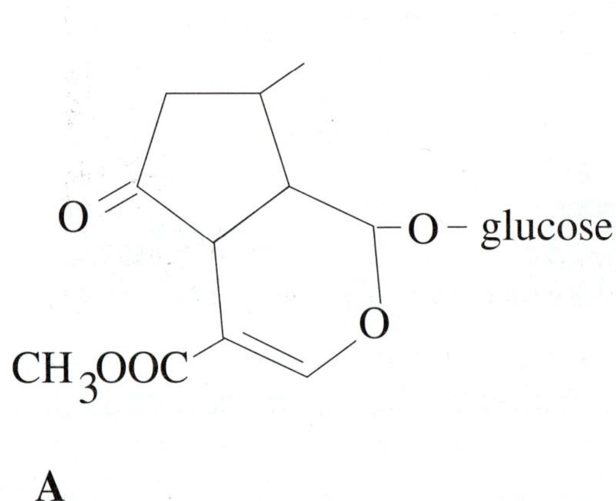

그림 8.48 Asterids(국화군)의 파생형질. **A.** 코르닌(cornin), 이리도이드 화합물의 일종. **B.** 단주피성, 박층성 주심형 배주. **C.** 합판화관.

그림 8.49 CORNALES(층층나무목), Hydrangeaceae(수국과). **A.** *Carpenteria californica*. **B–C.** *Hydrangea*(수국속)의 일종. **B.** 화서, 주변화는 꽃받침잎이 크게 발달함. **C.** 염성화. **D.** *Whipplea modesta*.

도생배주, 복주피성[단주피성], 각 심피에 1개 존재한다. 밀선은 수술군 안쪽에 밀선반으로 존재한다. **열매**는 주로 핵과, 내과피에 홈이 파여 있고, 1–5실로 된다. **종자**에는 배유가 있다.

일반적으로 북반구 온대 지역에 분포한다. 경제적으로 중요한 식물로는 *Cornus*(층층나무속) 종류의 조경식물과 목재나 열매를 생산하는 종이 있다. APG IV(2016)에 따르면, Nyssaceae가 층층나무과에 포함된다. 더 상세한 정보는 Xiang et al.(1993, 1997, 2006), Xiang and Thomas(2008)와 Feng et al.(2009)을 참조한다.

주요 특징: 교목, 관목 또는 근경성의 초본, 잎은 **단엽**, **주로 대생**, **갈라지지 않음**, 화서는 **취산화서**, 때때로 **두상화서**, 일부 식물에는 **화려한 포**가 있음, 꽃은 주로 이열성, 양성화, **자방상생**, 일반적으로 4–5수성, 수술군 안쪽으로 고리 모양의 밀선반이 존재하고, 열매는 흔히 여러 자방실로 이루어진 **핵과**.

K 4 [5–7, 0, 수꽃에서는 동합] **C** 4–5 [10, 암꽃에는 없음] **A** 4–5 [10] **G** (2–4) [(–9)], 하위.

ERICALES 진달래목

진달래목은 22–25개 과를 포함하는 커다란 식물군으로(표 8.3), 여기서는 그중 2개 과를 기재하였다. 기재되지 않은 과 가운데 주목할 만한 것으로는 **Actinidiaceae**(다래과; *Actinidium chinensis* 키위 포함), **Ebenaceae**(감나무과; *Diospyros* 감속과 *Euclea pseudoebenus* 흑단 포함), **Sapotaceae**(과일과 목재의 공급원; 구타페르카를 생산하는 *Palaquium gutta*, 껌의 치클 원료인 *Manilkara zopote* 포함), Sarraceniaceae(식충식물 포함), Theaceae(차나무과; *Camellia sinensis* 차 포함)를 들 수 있다. 이 목에 대한 정보와 유연관계는 Geuten et al.(2004), Kubitzki(2004), Rose et al.(2018)을 참조한다.

Ericaceae 진달래과(시로미과, Epacridaceae, 수정란풀과, 노루발과 포함)—약 126속 4,000–4,400종(**그림 8.51**, **8.52**).

관목, 소교목, [다년생 덩굴식물], 주로 상록성, 양성화주 또는 자웅이주. 일부 식물은 엽록소 없이 균류와 공생한다. **뿌리**는 내생근균을 지닌다. **잎**은 단엽, 무탁엽성, 나선상호생, 대생 또는 윤생, 간혹 기부에 엽침이 존재하며, 대개 혁질, 선형이면서 배축면으로 말리는 것에서부터 넓으면서 비교적 평평한 것에 이르기까지 모양이 매우 다양하고, 우상맥이다. **화서**는 총상화서, 속생, 두상화서처럼 뭉쳐 달리거나, 단정화서이다. **꽃**은 양성[간혹 단성], 방사대칭, 소화경이 있으며, 포가 있고(소포는 2개), 자방하생 또는 자방상생이다. **화피**는 이열성(이종화피) 또는 일렬성이다. **꽃받침**은 이편악, 꽃받침잎은 5[2–7]장, 섭합상 또는 복와상이다. **화관**은 합판화관(화관은 호형, 관형 또는 종형) 또는 간혹 이판화관; 화관열편 또는 꽃잎은 5[2–7, 일부는 0]개, 회선상 또는 복와상이다. **수술**은 5+5[10+, 2–4]개, 이열성, 주로 화피호생이열웅예, 간혹 일렬성, 대개 이생하며, 화판상생한다. **약**은 과 내의 원시적 종을 제외한 여타 종의 발생 과정에서 역전되고(약의 기부는 사실상 정단부에 해당), 공개 또는 종개, 성숙 시 내향약이며, 일부 식물에는 약격에 부속체가 존재한다. **화분**은 대개 사립[일부 원시적 종은 단립]이다. **암술군**은 합생심피성, 자방은 주로 상위이지만 하위인 경우도 있으며(*Vaccinium*), 심피 및 자방실은 5[2–10]개이

그림 8.50 CORNALES(층층나무목), Cornaceae(층층나무과). **A,B.** *Cornus canadensis*(풀산딸나무), 아관목. **A.** 꽃을 싸고 있는 화려한 포가 존재하는 화서. **B.** 장과로 이루어진 과서. **C.** *Cornus florida*. 교목이며, 화서에는 크고 화려한 포가 존재함. **D–I.** *Cornus sericea*, 소교목. **D.** 산방화서, 화려한 포가 없음. **E.** 잎은 대생함. **F.** 꽃의 정면 모습, 꽃잎, 화판호생, 밀선 및 암술대/주두를 볼 수 있음. **G.** 꽃의 종단면으로, 하위자방과 밀선을 보여줌. **H.** 자방 종단면, 중축정단태좌임. **I.** 자방 횡단면. 자방은 2심피 2자방실이다.

다. **암술대**는 1개, 정생, 속이 비어 있고, 세로로 홈이 파여 있다. 중축태좌, 중축정단태좌, 중축기저태좌 또는 측벽태좌, **배주**는 도생배주 내지 만생배주, 단주피성, 각 심피에 1개–다수 존재한다. **밀선**은 수술 안쪽에 밀선반으로 존재한다. **열매**는 삭과, 장과 또는 핵과이다. **종자**에는 지방 및 단백질성 배유가 있다.

현재 진달래과는 과거에 독립된 과였던 Empetraceae(시로미과), Epacridaceae, Monotropaceae(수정란풀과), Pyrolaceae(노루발과) 등을 모두 포함한다. 진달래과는 8개의 아과: Enkianthoideae, Monotropoideae(수정란풀아과; 비광합성 기생식물 포함), Arbutoideae(*Arbutus*와 *Arctostaphylos* 포함), Cassiopoideae, Ericoideae[진달래아과, *Erica*, *Rhododendron*(진

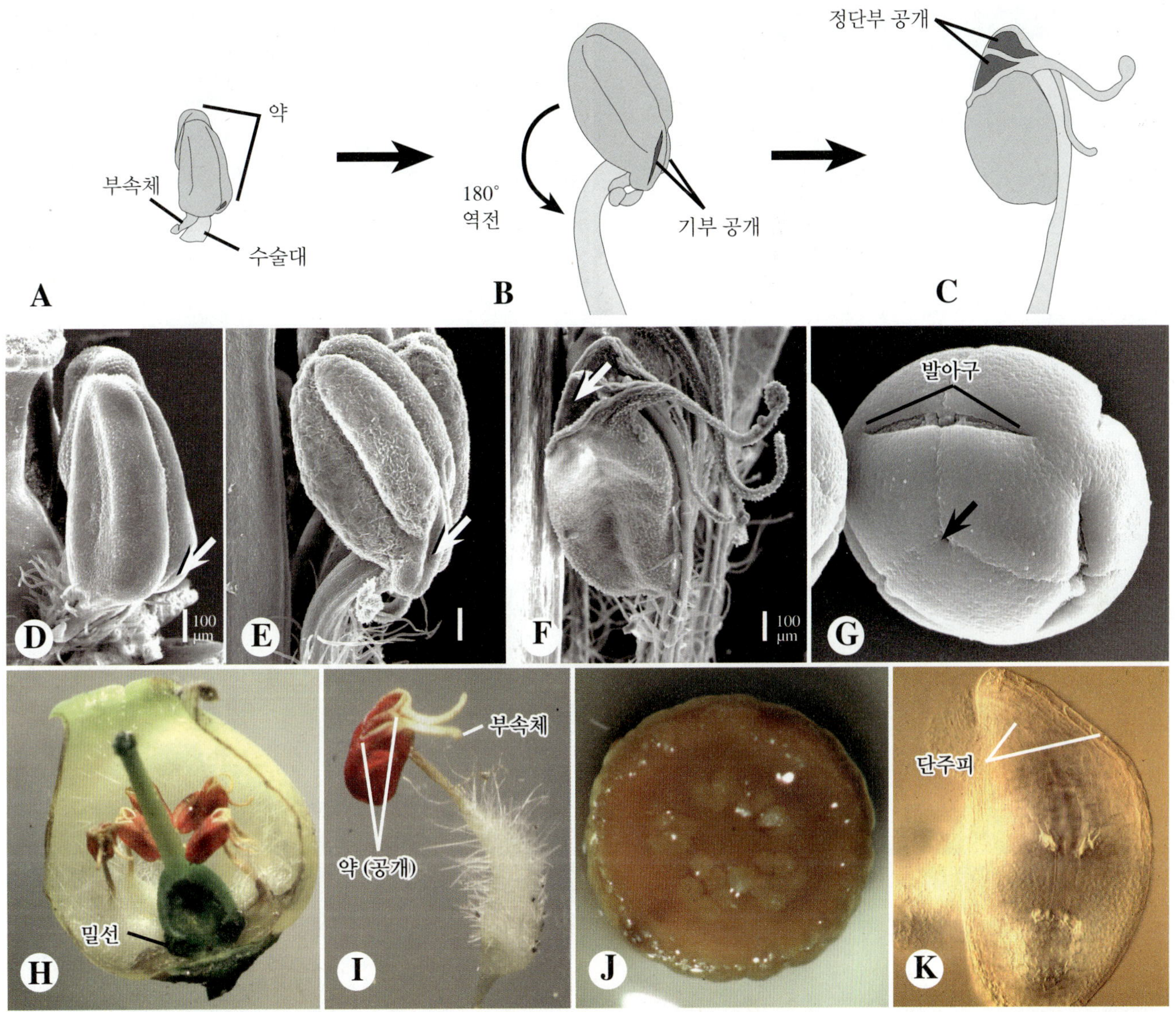

그림 8.51 ERICALES(진달래목), Ericaceae(진달래과). **A–C.** 발생과정에서 약이 역전되는 과정을 보여주는 모식도. 이 같은 발생방식은 진달래과의 특징이다. 부속체가 있는 약의 기부가 발생과정에서 180° 역전되는 것에 주목할 것. **D–F.** *Xylococcus bicolor*, 약의 역전이 일어나는 과정으로 기저부가 정단부로 됨(화살표). **G–K.** *Arbutus unedo*. **G.** 사립 화분으로, 발아구는 구공형임; 화분립 3개(4개 중)의 연결부위(화살표)에 주목할 것. **H.** 꽃 종단면; 호형 화관, 상위자방, 기저부에 밀선을 볼 수 있음. **I.** 수술; 약은 공개하고 부속체가 있음. **J.** 자방 횡단면; 5자방실, 5심피, 중축태좌를 확인할 수 있음. **K.** 단주피성 배주. 이는 진달래과 및 여타 국화군 식물의 일반적인 특징이다.

달래속) 및 과거 시로미과 포함], Harrimanelloideae, Styphelioideae(과거 Epacridaceae 포함) 그리고 Vacciniodeae[들쭉아과; *Vaccinium*(산앵도나무속) 및 기타 근연 속 포함]로 분류한다(Kron et al. 2002). 주로 산성 토양에서 자라는 진달래과 식물(예, *Erica*)은 소택지, 광야, 히스가 무성한 황야의 우점종이며, 전 세계의 온대와 열대 지역(주로 산악지역)에 분포한다. 진달래속과 *Erica* 종류들은 중요한 원예식물이며, 산앵도나무속 종류의 열매(블루베리)는 경제적으로 중요하다. 이 과의 계통수와 진환는 Kron et al.(2002)과 Schwery et al.(2014)을 참조한다.

주요 특징: **관목**(간혹 비광합성 기생식물), 주로 **상록성**, 잎은 **혁질, 선형이면서 뒤로 말리는 것**에서부터 **넓으면서 편평한 것**에 이르기까지 다양, 합판화관, **약**은 수술의 발생 과정에서 180° **역전, 공개**, 수술 안쪽에 밀선반 존재.

그림 8.52 ERICALES(진달래목), Ericaceae(진달래과). **A.** *Vaccinium erythrocarpum*. **B.** *Xylococcus bicolor*; 여러 진달래과 식물처럼 호형 화관을 지녔음. **C.** *Epacris longiflora*; 길고 붉은색인 관상 화관과 짧고 납작한 혁질의 잎이 특징임. **D.** *Leucopogon ericoides*. **E.** *Pyrola rotundifolia*; 비광합성이며, 균영양성인 식물. **F.** *Monotropa uniflora*(수정난풀); 비광합성이며, 균과 공생하여 살아가는 식물. **G.** *Rhododendron maximum*; 상록성 식물로, 꽃은 좌우대칭이고, 잎은 크고 혁질임. **H,I.** *Rhododendron occidentale*. **H.** 좌우대칭화, 수술과 암술대는 밖으로 길게 돌출함. **I.** 암술대와 수술을 접사한 것. **J.** *Corema conradii*: 낮게 경복성으로 자라는 관목; 퇴화된 풍매화와 배축면이 "진달래과형"으로 움푹 파인 잎(화살표). **K.** *Erica centranthoides*, 적색 관상 화관, 선형의"진달래과형"잎. **L.** *Kalmia latifolia*; 수술이 뒤로 휘어 약이 화관 주머니에 박혀 있다가(화살표), 약이 열개할 때 주머니로부터 빠져나오면서 투석기처럼 작용하여 화분을 분사시킨다.

K 5 [2–7] **C** (5) [(2–7),0] **A** 5+5 [2–4,∞] **G** (5) [(2–10)], 상위 [하위].

Myrsinaceae 자금우과—약 41속 1,440종(**그림 8.53**, **8.54**).

교목, 관목, 덩굴나무 또는 초본, 수지 분비샘 또는 수지강이 잎, 꽃 또는 열매에 있어 노랗거나 검은 반점 또는 점선처럼 보이고, 일부는 분비모용을 지닌다. **잎**은 단엽, 나선상호생 또는 대생, 무탁엽성이다. **화서**는 무포엽성, 속생 또는 산방화서이다. **꽃**은 작고, 양성, 방사대칭, 자방하생이다. **화피**는 이열성, 이종화피이다. **꽃받침**은 대개 기부에서 동합하여 4–5[3–7]개의 열편이 있다. **화관**은 합판화관; 화관열편은 4–5[3–7]개, 복와상, 회선상이거나 섭합상이다. **수술**은 4–5[3–7]개, 화판대생, 화판상생, 일부는 단체웅예이다. **약**은 종개 또는 공개한다. **암술군**은 합생심피성, 상위자방, 심피 3–5[6]개, 자방은 1실이다. **암술대**는 1개, 정생한다. 독립중앙태좌, **배주**는 도생배주 또는 만곡배주, 이주피성, [단주피성], 소수 내지 다수이다. **열매**는 장과(종자는 1개–다수), 핵과 또는 삭과이다. **종자**는 대개 지방성 배유가 있거나, [없다].

전 세계에 분포하나 주로 구대륙 열대지역에 집중적으로 자란다. 원예식물(예, *Ardisia crenata*, *Myrsine africana*), 일부 약용식물 등이 경제적으로 중요하며, *Aegiceras*는 맹그로브 숲을 이루는 중요한 식물이다. 이 과는 단계통 복합그룹(Maesaceae, Theophrastaceae, Primulaceae, Myrsinaceae)의 하나인데, 이들 과는 화판대생 수술과 일반적으로 독립중앙태좌를 지닌다는 점에서 유사하다. 계통수는 Källersjö et al.(2000), Martins et al.(2003), Hao et al.(2004), Anderberg et al.(2007), Yesson et al.(2009), 일반적인 부류학적 처리는 Ståhl and Anderberg(2004)을 참조한다.

주요 특징: 교목, 관목, 덩굴나무 또는 초본, 흔히 **색소를 지닌 반점** 또는 **점선**처럼 배열된 **분비선**이나 **분비모용**을 지님, 잎은 단엽, 나선상호생 또는 대생, 꽃은 작고, 방사대칭, 이종화피성, 4–5[3–6]수성, 수술은 **화판대생**, 자방은 상위, **독립중앙태좌**, 열매는 **장과**, **핵과** 또는 **삭과**.

K 4–5 [3–7] **C** 4–5 [3–7] **A** 4–5 [3–7] **G** 3–5 [–6], 상위.

Primulaceae s.s.(협의의) 앵초과—9속 900종(**그림 8.55**).

일년생 또는 다년생 초본, 드물게 아관목이다. **잎**은 대개 단엽, 흔히 근생, 로제트형, 무탁엽성, 나선상호생, 대생 또는 윤생한다. **화서**는 근생화경에 달리는 두상화서, 원추화서, 산형화서이거나 단정화서이다. **꽃**은 포로 싸이고, 양성화, 방사대칭[좌우대칭]이다. **화피**는 이열성, 이종화피성이다. **꽃받침**은 합편악으로 열편은 5[3–9]개 이다. **화관**은 합판화관으로 열편은 5[3–9, 0]개, 회선상 또는 복와상이다. **수술**은 5[3–9]개로 꽃잎 또는 꽃받침잎과 동수이며, 윤생, 일렬성(이형화주성 분류군에서 개체에 따라 부착 높이가 차이가 남), 화판대생, 화판상생, 일부 분류군에는 악편대생 헛수술이 있다. **약**은 이반약성, 내향약, 종개 또는 공개한다. **암술군**은 합생심피성, 자방은 상위 또는 [반하위(*Samolus*)], 심피는 대개 5개, 자방 기부에 부분적으로 격벽이 있으며, 배주는 각 자방실에 1개 있다. 독립중앙태좌, **배주**는 도생배주 또는 만곡배주, 이주피성, 다수 또는 [5+]개이다. **열매**는 과피편으로 쪼개져 열리거나, 횡렬삭과 또는 폐삭과이다. **종자**는 대개 다수 또는 [1개], 비전분성 배유를 지닌다.

그림 8.53 ERICALES(진달래목), Myrsinaceae(자금우과). **A–B.** *Ardisia crenata*. **A.** 꽃이 달린 슈트, 수지 분비샘을 보여줌. **B.** 꽃, 분비샘 및 화판대생 수술을 보여줌. **C.** *Ardisia escalloniodes*, 육질의 열매(핵과)를 보여준다.

그림 8.54 ERICALES(진달래목), Myrsinaceae(자금우과). **A–G.** *Anagallis arvensis*. **A.** 꽃, 정면. **B.** 꽃, 밑에서 본 모습. **C.** 꽃의 중앙, 화판대생 수술이 보임. **D.** 자방 횡단면, 독립중앙태좌. **E.** 꽃 종단면, 상위자방을 보여줌. **F.** *Lysimachia quadrifolia*. **G.** *Lysimachia terrestris*. **H–N.** *Cyclamen persicum*. **H.** 전체 모습. **I.** 아래로 굽은 꽃봉오리, 회선상 화관열편을 보여줌. **J.** 꽃. **K.** 꽃 중심부 접사, 가합착하는 화판대생 수술 5개가 보임. **L.** 꽃 종단면. **M.** 수술의 배축면(좌)과 향축면(우) 모습. **N.** 자방 횡단면, 독립중앙태좌를 보여준다.

그림 8.55 ERICALES(진달래목), Primulaceae(앵초과). **A–G.** *Primula[Dodecatheon] clevelandii*. **A.** 산형화서. **B.** 꽃, 꽃잎이 뒤로 젖혀졌음. **C.** 꽃, 정면, 화판대생 수술을 보여줌. **D.** 수술군, 측면 모습, 내향약. **E.** 꽃 종단면; 상위자방과 뒤로 젖혀진 꽃잎이 보임. **F.** 약의 향축면 모습. **G.** 자방 횡단면, 독립중앙태좌를 볼 수 있다.

주로 북반구에 분포한다. *Androsace*(봄맞이속), *Cyclamen*(시클라멘속), *Lysimachia*(까치수염속), *Primula*(앵초속) 등 수많은 원예식물이 경제적으로 중요하다. 앵초속을 비롯한 많은 식물은 이형화주성으로 단주화와 장주화를 지녀서 교차 수분을 촉진한다. 이 과는 단계통 복합그룹(Maesaceae, Theophrastaceae, Primulaceae, Myrsinaceae)의 하나인데, 이들 과는 화판대생 웅예와 일반적으로 독립중앙태좌를 지닌다는 점에서 유사하다[APG IV(2016)에서는 이들을 Primulaceae s.l.(광의의 앵초과)로 처리함]. Källersjö et al.(2000)과 Martins et al.(2003)은 이 복합그룹의 계통분석에서 측계통군인 광의의 앵초과 일부 종을 자금우과에 포함할 것을 제안하였다. 광의의 앵초과에 대한 기재는 Anderberg(2004)를 참조한다.

주요 특징: 초본 또는 아관목, 꽃은 **이종화피성**, 대개 5[3–9] 수성, 합편악 및 합판화, **수술**은 **화판대생**, 자방은 상위[드물게 반하위], **독립중앙**태좌, 열매는 삭과.

K (5) [(3–9)] **C** (5) [(3–9),0] **A** 5 [3–9] **G** (5), 상위, 드물게 반하위.

LAMIIDS 꿀풀군

꿀풀군(Bremmer et al. 2002; 과거의 진정국화군 I에 해당) 또는 Lamiidae(꿀풀아강, Cantino et al. 2007)은 8개의 목으로 이루어진 단계통군이다(APG IV 2006; 표 8.3 그림 8.47). 계

통수는 Refulio-Rodriguez and Olmstead(2014)와 Stull et al. (2015)을 참조한다.

BORAGINALES 지치목

APG IV(2016)은 지치목 내에 지치과 하나만을 포함한다. 여기서는 이 목을 11개 과로 분류한 최근의 연구결과를 받아들였는데(Luebert et al. 2016), 이들 중 일부는 통합되어야 할 필요도 있다(Stevens 2001 이후 참조). 여기서 기재하지 않은 주요 과로는 **Ehretiaceae**(송양나무과; 대개 교목, 자방은 4개로 갈라지고, 정생하는 암술대는 2개로 갈라지며, 열매는 2-종자성 경핵과 2개 또는 1-종자성 경핵과 4개로 이루어진 핵과), **Lennoaceae**(레노아과; 비광합성, 근기생성 초본, 육질성 횡렬삭과), **Namaceae**(고잎풀과; 물잎풀과로부터 분리된 속 3개로 구성, 관목, 소교목 또는 초본, 자방은 갈라지지 않고, 정생하는 암술대 2개가 이생하거나 3/4 정도 동합)가 있다.

Boraginaceae 지치과—90속 1,600–1,700종(**그림 8.56**).

일년생 또는 다년생 초본, 드물게 관목 또는 교목, 흔히 조장모 또는 장강모가 나 있다. **줄기**는 간혹 근경성이다. **잎**은 단엽, 나선상호생, 무탁엽성, 가장자리는 전연이다. **화서**는 정생 또는 액생, 단산화서(대개 권산상취산화서) 또는 기산화서, 드물게 단정화서가 액생한다. **꽃**은 양성, 방사대칭, 자방하생이다. **화피**는 이열성, 이종화피성이다. **꽃받침**은 이편악 또는 합편악, 5수성, 섭합상, 흔히 모용으로 덮여 있다. **화관**은 합판화관, 5수성으로, 폭상, 분상, 깔때기형 또는 종형이고, 백색, 황색, 분홍색 또는 청색이며, 화아 내에서 회선상 또는 복와상이다. **수술**은 5[4–6]개, 윤생, 화판호생, 내재형 또는 돌출형, 화파상생이다. **약**은 종개한다. **암술군**은 합생심피성, 상위자방, 심피는 2개, 자방실은 위격벽에 의해 4개로 나뉘는데, 성숙하며 4개로 깊게 갈라진다. 암술대는 1개, 자방기생(基生)성이며, 주두는 1–2개, 매우 작고, 두형이거나 둘로 갈라진다. 기저태좌이다. **배주**는 심피당 2개이다. **밀선**은 일부에서 자방의 기부에 고리모양으로 존재한다. **열매**는 4[1–3]개의 소견과로 갈라지는 분열과, 표면은 매끈하거나 다양한 강모(일부는 구자형 또는 갈고리형)나 돌기가 나 있고, 간혹 날개가 존재한다.

전 세계적으로 분포한다. 약용(*Borago officinalis*), 염료, 원예용(예, *Echium*, *Myosotis* 물망초속) 등으로 유용하다. 지치과는 3개 아과 11개 족으로 분류한다(Chacn et al. 2016). 상세한 내용은 Weigend et al.(2016)을 참조한다.

주요 특징: 초본(드물게 관목 또는 교목), 단엽, 나선상호생, **권산상취산화서**, 꽃은 **방사대칭**, **합판화관**, (위격벽의 발달로 인해) **4개로 깊게 갈라지는 자방**, 자방기생성 화주, 열매는 **소견과 4(1–3)**개로 갈라지는 **분열과**.

K 5 또는 (5) **C** (5) **A** 5 **G** (2), 상위, 화탁통 없음.

GENTIANALES 용담목

APG IV(2016) 분류체계에 따르면 이 목은 5개 과를 포함하는데(표 8.3), 여기서는 3개 과만 기재하였다. 이 목의 계통수는 Struwe et al.(1995)과 Refulio-Rodriguez and Olmstead(2014)을 참조한다.

Apocynaceae 협죽도과(박주가리과 포함)—약 400속 4,555–5,100종(**그림 8.57**, **8.58**).

덩굴나무, 교목, 관목 또는 초본, 조직에 유액이 존재한다. **줄기**는 일부 식물(예, stapelioids 스타펠리아류)에서 다육성이다. **잎**은 단엽, 갈라지지 않으며, 간혹 퇴화했고, 대생, 윤생 또는 드물게 나선상호생, 대개 탁엽이 없다. **화서**는 취산화서(asclepiadoids 박주가리류의 경우 산형상), 총상화서 또는 단정화서이다. **꽃**은 주로 양성, 방사대칭, 자방하생이다. **꽃받침**은 합편악(적어도 기부에서), 악열편은 5개, 복와상 또는 섭합상이다. **화관**은 합판화관, 화관열편은 5장, 회선상(간혹 섭합상 또는 복와상)이다. **수술**은 5개, 화관열편과 호생, 화판상생, 이생하거나 단체웅예; asclepiadoids의 경우 수술은 주두와 합착하여 예주를 이루고, 부속체(고깔, 뿔)가 발달하는 경우가 많다. Asclepiadoids의 경우 화분은 화분괴를 이루는데, 각 화분괴는 2개로 갈라진 분비선 모양의 구상체가 화분괴(인접한 두 약의 반약에 존재하는 화분들이 동합하여 형성됨)를 화분괴병에 달고 있는 구조를 하고 있다. **암술군**은 합생심피성(정단부만 동합하여 자방이 분리된 경우도 종종 있음), 상위[반하위]자방, 심피 2[–8]개, 자방은 1–2실이다. **주두**는 두상, asclepiadoids의 경우 하나로 넓게 합착한다. 정단태좌 또는 변연태좌, **배주**는 도생배주, 단주피성, 각 심피에 다수[1개] 존재한다. **밀선**은 자방 기부에 5개 또는 밀선반이 존재한다. **열매**는 장과, 핵과 또는 골돌과 등 다양; Asclepiadoideae의 경우 분열과이며 골

그림 8.56 Boraginaceae(지치과). Boraginoideae(지치아과). **A.** *Amsinckia intermedia*, 분상 화관과 나선상 취산화서를 보여줌. **B–H.** *Borago officinalis*. **B.** 단산화서. **C.** 꽃을 접사한 것. **D.** 수술의 부속체 및 부화관 접사. **E,F.** 암술; 자방은 4개로 갈라지고 암술대는 자방의 기부에 붙음(자방기생화주). **G.** 열매 접사. **H.** 소견과 및 종침. **I.** *Cryptantha intermedia*의 화서 단위인 단산화서. **J.** *Plagiobothrys acanthocarpus*. **K,L.** *Echium fastuosum*의 화서 단위인 권산상 취산화서. **M.** *Mertensia virginica*. **N–R.** 다양한 소견과의 형태. 눈금선 = 1 mm. **N.** *Amsinckia tessellata*. **O.** *Cryptantha pterocarya*. **P.** *Eremocarya micrantha*. **Q.** *Oreocarya bakeri*. **R.** *Plagiobothrys acanthocarpa*.

그림 8.57 GENTIANALES(용담목), Apocynaceae(협죽도과). **A.** *Carissa grandiflora*. 꽃의 정면 모습. **B.** *Catharanthus roseus*. **C–F.** *Nerium oleander*(협죽도). **C.** 꽃의 정면 모습. **D.** 꽃의 측면 모습. **E,F.** 꽃 종단면으로, 암술대, 주두(E) 및 자방(F)을 보여줌. **G.** *Plumeria*(플루메리아속)의 일종, 꽃의 정면 모습. **H,I.** *Pachypodium lamerei*. **H.** 가지 윗부분. **I.** 수피의 가시. **J.** *Pachypodium namaquanum*. **K.** *Pachypodium bispinosum*. **L.** *Strophanthus speciosus*.

그림 8.58 GENTIANALES(용담목), Apocynaceae(협죽도과), Asclepiadoids(박주가리류). **A–G.** *Asclepias tuberosa*. **A.** 화서, 산형화서형 취산화서. **B.** 꽃의 측면 모습. **C.** 예주를 접사한 것. 고깔과 뿔 모양 부속체 그리고 화분괴 1개(5개 중)를 보여줌. **D.** 화분괴, 얇은 조직으로 덮여있는 상태. 구상체가 돌출해 있음. **E.** 화분괴를 꺼낸 모습. 화분괴병 및 화분괴를 볼 수 있음. **F.** 꽃 종단면, 2개로 분리된 자방과 암술대 그리고 주두 1개를 보여줌. **G.** 자방 종단면 접사. **H.** *Sarcostemma cynanchoides*의 꽃. **I,J.** *Gomphocarpus physocarpus*. **I.** 산형화서형 취산화서. **J.** 열매, 풍선처럼 부푼 분열과형 골돌과. **K–M.** 다육성 분류군. **K.** *Stapelia gigantea*, 악취를 내며 파리에 의해 수분되는 식물. **L.** *Stapelia variegata*. **M.** *Huernia*의 일종.

돌과 2개로 이루어진다(이 중 1개는 발달하지 않는 경우가 많음). **종자**에는 배유가 있다. 식물체는 대개 다양한 글리코사이드와 알칼로이드 화합물을 지닌다. Asclepiadoideae의 화분괴에서는 분비선처럼 생긴 구상체가 곤충의 다리에 들러붙으며, 이로써 전체 화분장치(화분괴)가 예주의 측면에 있는 홈을 따라 빠져나가게 된다.

협죽도과는 흔히 2개의 과(Apocynaceae 협죽도과, Asclepiadaceae 박주가리과)로 취급하는 경우가 많으나 지금은 박주가리과를 Asclepiadoideae(박주가리아과)로 분류한다. 협죽도과는 전 세계적으로 분포하지만, 대부분 열대지역에 분포한다. *Nerium*(협죽도속), *Plumeria*, *Stapelia* 그리고 *Vinca*는 잘 알려진 원예식물이고, *Catharanthus roseus*(마다가스카르 페리윙클)로부터는 소아백혈병을 치료하는 데 사용하는 빈크리스틴/빈블라스틴을, *Rauvolfia serpentina*(인도사목)으로부터는 진정제 일종인 레세핀을 추출하며, 목재, 섬유, 고무, 염료, 독성물질 등의 원료가 되는 식물이 여럿 포함된다. 이 과의 계통수, 분류, 화합물 진화에 관해서는 Endress and Bruyns(2000), Sennblad and Bremer(1996, 2002), Fishbein et al.(2018), Livshultz et al.(2018)을 참조한다.

주요 특징: 덩굴나무, 교목, 관목 또는 초본, 오수성 화피/수술, 심피 2개 합생, 몇몇 분류군의 경우 **주두만 동합**하며 **자방**은 **이생**(박주가리아과의 경우 **수술군**은 **주두와 이합**하여 **예주**를 **형성**, 화분은 동합하여 **화분괴**를 형성하고, 각 화분괴의 절반(반화분괴)은 인접한 2개의 서로 다른 약으로부터 기원), 열매는 다양하며, 박주가리아과에서는 **분열과**(각 분과는 골돌과)이다.

K (5) **C** (5) **A** 5 또는 (5) **G** (2)[(-8)], 상위[반하위].

Gentianaceae 용담과—약 91속 1,700종(그림 8.59).

초본, 간혹 교목 또는 관목이며, 교목일 경우 줄기는 기부비후경이고, 일부 분류군은 비광합성, 부생식물이다. **잎**은 단엽(부생식물의 경우 잎이 인편처럼 생겼음), 대생[윤생 또는 나선상호생], 탁엽은 없다. **화서**는 취산, 총상 또는 단정화서이다. **꽃**은 주로 양성, 방사대칭, 자방하생이다. **꽃받침**은 합편악, 악열편은 4-5[-12]개, 복와상 또는 섭합상이다. **화관**은 합판화관, 폭상 또는 분상이고, 화관열편은 4-5[-12]장이며 회선상이다. **수술**은 4-5[-12]개, 화관열편과 호생, 화판상생, 헛수술이 있는 경우도 있다. 약은 주로 종개 또는 [공개]이다. **암술군**은 합생심피성, 상위자방, 심피 2개, 자방 1[2]실; **암술대**는 1개, 자방정생; 주두는 1개, 끝이 둘로 갈라지거나 아래로 뻗어 있다. 측벽태좌이며, 때로 돌출하고 분지하는데, 간혹 중축태좌 또는 독립중앙태좌, **배주**는 도생배주, 단주피성, 다수이다. **밀선**은 화관 열편에 구덩이처럼 존재하고, 자방 기부에 밀선반 또는 분비선이 존재한다. **열매**는 포간열개삭과이며, 간혹 장과이다. **종자**에는 지방성 배유가 있다.

전 세계적으로 분포한다. *Eustoma*, *Exacum*, *Gentiana*(용담속) 그리고 *Sabatia*는 원예용으로 중요하고, 일부 식물은 약용이나 목재용으로 가치가 있다. 이 과에 관한 정보 및 계통수는 Struwe et al.(2002), Merckx et al.(2013), Struwe(2014)를 참조한다.

주요 특징: **초본**(간혹 비광합성, 부생식물), 관목, 교목, 꽃은 **4-5[-12]수성 화피**/수술, **화관열편**에 구덩이처럼 된 **밀선**이 존재, **자방 기부**에 **밀선반이나 분비선** 존재, 심피 2개 합생, **상위자방**, **측벽태좌**(때로는 중축 또는 독립중앙태좌), 열매는 **포간열개삭과** 또는 **장과**.

K (4-5) [(-12)] **C** (4-5) [(-12)] **A** 4-5 [-12] **G** (2), 상위.

Rubiaceae 꼭두서니과—약 614속 13,240종(그림 8.60).

교목, 관목, 초본, 덩굴나무, 육생, [착생 또는 수생]. **잎**은 주로 교호 대생, 간혹 윤생 또는 억제생장에 의한 나선상호생, 단엽, 탁엽이 있으며, 대생하는 잎의 탁엽은 동합하고, 점액선이 있으며, 엽신은 갈라지지 않고 전연이다. **화서**는 취산화서, 간혹 단정화서이다. **꽃**은 주로 양성이고 자방상생이다. **화피**는 주로 이열성, 일부 식물에서 꽃받침은 퇴화되었다. **꽃받침**은 합편악, 4-5개로 갈라지거나 갈라지지 않는다. **화관**은 합판화관, 화관열편은 4-5[3 또는 8-10]장, 방사대칭 또는 순형이다. **수술**은 4-5[3 또는 8-10]개, 화관열편과 호생, 화판상생한다. **약**은 종개한다. **암술군**은 합생심피성, 하위자방, 심피 2[3-5+]개, 자방은 1-2[3-5+]실이다. 중축태좌, 간혹 측벽태좌, **배주**는 도생배주 내지 반도생배주, 단주피성, 주병돌기가 있으며, 각 심피에 1개-다수 존재한다. **밀선**은 자방 정단부에 밀선반 형태로 존재한다. **열매**는 장과, 삭과, 핵과 또는 분열과이다. **종자**에는 대개 배유가 있다.

전 세계적으로 분포하는데, 열대지방에 특히 집중적으로 분포한다. *Cinchona*는 말라리아를 치료하는 퀴닌의 공급원, *Coffea arabica*(커피나무)와 근연종의 열매는 커피의 원료, *Pausi-*

그림 8.59 GENTIANALES(용담목), Gentianaceae(용담과). **A–F.** *Centaurium venustum*. **A,B.** 전체 외형. **C.** 꽃을 접사한 것. **D.** 꽃의 종단면. **E.** 꼬인 수술과 암술대 접사. **F.** 자방 횡단면, 측벽태좌. **G,H.** *Exacum affine*. **I.** *Obolaria virginica*, 초본. **J,K.** *Swertia parryi*. **J.** 전체 외형. **K.** 꽃을 접사한 것; 구덩이처럼 생긴 화관밀선을 보여줌. **L.** *Sabatia dodecandra*, 화피 및 수술이 많이 존재한다.

그림 8.60 GENTIANALES(용담목), Rubiaceae(꼭두서니과). **A–C.** *Coffea arabica*(커피나무). **A.** 꽃. **B.** 잎; 대생배열에 주목할 것. **C.** 핵과. **D.** *Pentas*의 일종. **E.** *Galium aparine*. **F,G.** *Psychotria kirkii*. **H–M.** *Psychotria viridiflora* 꽃의 형태. **H.** 단기산화서. **I.** 꽃의 종단면; 하위자방을 보여줌. **J.** 자방. 배주 2개가 중축태좌로 달림. **K.** 화관의 정단부위. 암술대를 보여줌. **L.** 주두. **M.** 자방 횡단면. 심피와 자방실이 2개이다.

*nystalia johimbe*는 성적 흥분제인 요힘빈의 원료가 되며, 일부는 목재, 식용과일, 염료(*Rubia* 꼭두서니속) 그리고 원예용이다(*Pentas* 펜타스). 계통수는 Robbrecht and Manen(2006), Bremer(2009), Bremer and Eriksson(2009), Rydin et al.(2017)을 참조한다.

주요 특징: 교목, 관목, 초본, 덩굴나무, 잎은 **교호대생**, **단엽**, **전연**, **탁엽**은 **동합**, 점액을 분비하는 **점액선** 존재, 화서는 주로 **취산화서**, 꽃은 대개 양성, 화피는 이종화피, 화피와 수술은 4–5수성(일부 식물은 꽃받침이 없음), **하위**[상위]**자방**, 자방정단에 **밀선반**이 있는 경우가 많음, 배주에는 **주병돌기**가 있고, 열매는 장과, 삭과, 핵과 또는 분열과.

K (4–5) [0] **C** (4–5) [(3, 8–10)] **A** 4–5 [3, 8–10] **G** (2) [(3–5+)], 하위 [상위].

LAMIALES 꿀풀목

APG IV(2016) 분류체계에서는 꿀풀목을 24–25개 과로 분류하는데(표 8.3), 이들 중 상당수의 분류체계가 심하게 변화했다(예, 현삼과). 여기에서는 3개 과를 기재하였다. 기재하지 않은 주요 과에는 **Gesneriaceae**(괭이귀과, 아프리칸 바이올렛 종류, 글록시니아 종류 등의 원예식물을 포함하는 커다란 과), **Lentibulariaceae**(통발과; 식충식물인 *Pinguicula* 벌레잡이속, *Utricularia* 통발속 등이 포함되는 과), *Sesamum indicum* (참깨)를 포함하는 **Pedaliaceae**(참깨과) 등이 있다. 이 목에 대한 내용이나 분류는 Kadereit(2004), 계통수는 Schäferhoff et al.(2010)을 참조한다.

Lamiaceae(Labiatae) 꿀풀과—약 236속 7,280종(**그림 8.61**).

초본, 관목, [교목], 양성화주, 간혹 자성이주, 흔히 방향성 에테르 기름을 생산하는 선모(자루가 짧음)가 나있다. **줄기**는 대개 사각이 진다(적어도 발생 초기에서). **잎**은 단엽, [우상복엽], 대생, 때때로 윤생, [나선상호생], 탁엽은 없다. **화서**는 취산화서들이 윤생하거나 밀추화서를 이루는 경우가 많으나, 단정화서가 액생하기도 한다. **꽃**은 양성[단성], 주로 좌우대칭, 포와 소포가 있으며, 자방하생이다. **화피**는 이열성, 이종화피, 화탁통은 없다. **꽃받침**은 합편악, 좌우대칭, 악열편은 5개, 간혹 순형이다. **화관**은 합판화관, 화관열편 4–5개(4개인 것은 5개 중 2개가 합착한 것임), 좌우대칭, 화관은 주로 순형, 간혹 방사대칭이다. **수술**은 2개, 4개 또는 염성 수술 2개 + 헛수술 2개, 윤생, 화판상생한다. **약**은 종개, *Salvia*와 그 근연종들은 약격이 갈라지며, 따라서 반약이 분리된다(일부 식물에서는 반약 1개가 소실되었음). **암술군**은 합생심피성, 상위자방, 심피 2개, 자방은 4실이다. **암술대**는 1개, 끝에서 2개로 갈라지는 경우가 많고, 자방에 정생하거나 자방 기부에 부착(이 경우 자방은 위격벽에 의해 각 심피가 둘로 갈라짐으로써 4개로 분리된다); **주두**는 대개 2개이다. 기저태좌, **배주**는 도생배주 내지 반도생배주, 단주피성, 각 심피에 2개, 각 자방실에 1개 존재한다. **밀선**은 주로 자방 기부 주변에 밀선반이나 밀선판 형태로 존재한다. **열매**는 4[1–3]개의 소견과로 갈라지는 분열과, 핵과 또는 장과이다. 식물체에 에테르향 오일이나 사당류 탄수화물(스타키오스)이 있다.

전 세계적으로 분포한다. 약용식물, 요리용 허브(예, 민트–*Mentha*, 바질–*Ocimum*, 로즈마리–*Rosmarinus*, 세이지–*Salvia*, 타임–*Thymus*), 향기식물(라벤더–*Lavandula*, 패출리유–*Pogostemon*), 식용(*Stachys affinis*) 그리고 수많은 원예식물이 이 과에 포함된다. 계통수와 분류에 관한 것은 Wagstaff et al.(1998)과 Harley et al.(2004)을 참조한다.

주요 특징: 초본 또는 관목, **방향성 에테르향 오일**이 있는 경우가 많고, **줄기 단면**은 **사각형**, 잎은 **대생** [또는 윤생], 화서는 **윤생화서** 또는 **밀추화서** [단정화서가 액생하는 경우도 있음], 꽃은 좌우대칭 [방사대칭], 주로 **순형**, 상위자방, 위격벽의 발달에 의해 **자방**이 **4개로 깊게 갈라짐**, 자방기생화주, 열매는 자방이 **4개의 소견과로 갈라지는 분열과** 또는 장과 또는 핵과.

K (5) **C** (5) [(4)] **A** 4 또는 2 [+2 헛수술] **G** (2), 상위.

Oleaceae 물푸레나무과—24속 615–800종(**그림 8.62**).

교목, 관목, 드물게 덩굴나무, 방패형 분비모가 있다. **잎**은 대생[나선상호생], 무탁엽성, 단엽이거나, 우상복엽, 단신복엽 또는 삼출복엽이다. **화서**는 취산화서 또는 단정화서이다. **꽃**은 양성[단성], 방사대칭, 자방하생이다. **화피**는 대개 이종화피성이다. **꽃받침**은 합편악, 악열편은 4[–15]개로 섭합상이거나 [없다]. **화관**은 합판화관[이판화관 또는 없음], 열편은 4[–12]개로 회선상이거나, 복와상 또는 섭합상이다. **수술**은 2[4]개 화판상생한다. **약**은 이반약성, 종개한다. **암술군**은 합생심피성, 상위자방, 심피와 자방실은 각각 2개이다. **암술대**는 정생한다. 중축정단태좌, **배주**는 도생배주 또는 만생배주, 단주피성, 각

그림 8.61 LAMIALES(꿀풀목), Lamiaceae(꿀풀과)의 표징형질. **A.** *Salvia leucantha*, 대생엽. **B.** *Marrubium vulgare*, 화서단위는 윤생화서. **C.** *Orthosiphon*, 밀추화서. **D.** *Rosmarinus officinalis*. 좌우대칭화로, 화관은 순형임. **E.** *Hemiandra pungens*, 4개로 갈라진 자방과, 자방기생화주를 보여줌. **F,G.** *Rosmarinus officinalis*. **F.** 암술대, 끝이 2개로 갈라짐. **G.** 열매, 분열과형 소견과 4개 중 2개를 보여줌. **H.** *Acanthomintha ilicifolia*, 멸종위기종으로, 꽃이 엽액에 단생함. **I.** *Hemiandra pungens*의 화관. **J.** *Hyptis emoryi*의 화서. **K,L.** *Monarda fistulosa*, 두화처럼 밀집한 윤산화서, 화려한 포가 존재함. **M.** *Monarda didyma*.

그림 8.62 LAMIALES(꿀풀목), Oleaceae(물푸레나무과) **A–G.** *Olea europaea*(올리브). **A.** 화서, 밀추화서가 액생함. 잎이 대생함. **B–C.** 잎 접사, 배축면(B)과 향축면(C), 인편처럼 생긴 방패형 털이 보임. **D.** 기산화서 단위. **E.** 꽃, 정면, 꽃잎 4장, 수술 2개가 보임. **F.** 꽃 종단면, 상위자방을 보여줌. **G.** 자방 종단면; 중축정단태좌. **H.** *Chionanthus* sp.(이팝나무속의 일종), 꽃잎 4장이 보임. **I–M.** *Fraxinus*(물푸레나무속) 일종. **I.** 기산화서 단위. **J.** 암꽃. **K.** 자방 종단면, 중축정단태좌. **L.** 미성숙한 열매. **M.** 성숙한 열매, 시과. **N–R.** *Ligustrum japonicum*. **N.** 정생 밀추화서. **O.** 어린 화관, 섭합상 화아내 형태. **P.** 성숙한 꽃, 4개의 꽃받침/화관 열편을 지님. **Q.** 자방 횡단면, 4개의 배주를 지님. **R.** 자방 종단면, 중축정단태좌를 지닌다.

심피에 대개 2[1–4]개 또는 [다수] 들어 있다. **밀선**은 일부 식물에서 자방 주위에 고리 모양으로 형성된다. **열매**는 장과, 삭과, 핵과(예, *Olea*) 또는 시과(예, *Fraxinum*)이다. **종자**는 배유가 지방성이거나 없다.

전 세계적으로 분포한다. 이 과는 목재용 식물(예, *Fraxinus* 물푸레나무속, 야구방망이 제조), 식용식물(*Olea europaea* 올리브), 향기식물(예, *Jasminum* 재스민, *Syringa* 라일락), 수많은 원예식물(*Chionanthus* 이팝나무속, *Forsythia* 개나리속, *Ligustrum* 쥐똥나무속, *Osmanthus* 목서속)을 포함한다. 계통수는 Wallander and Albert(2000)와 Kim and Kim(2011), 상세한 기재는 Greeen(2004)을 참조한다.

주요 특징: **교목**, **관목**(드물게 덩굴나무), 대개 **방패형 분비모**를 지님, 잎은 **대생**, 화서는 **취산화서** 또는 **단정화서**, 꽃은 주로 양성, 방사대칭, 화피는 이종화피성, **4수성**, **수술**은 **2**[4]개, 자방은 상위, 심피와 자방실은 각각 2개, 중축정단태좌, 열매는 장과, 삭과, 핵과 또는 시과.

K (4) [(–15), 0] **C** (4) [(–12), 0] **A** 2 [4] **G** (2), 상위.

Scrophulariaceae 현삼과(Buddlejaceae 및 Myoporaceae 포함)—약 60속 1,900종(**그림 8.63**).

교목, 관목 또는 초본으로, 육생 또는 수생이다. **잎**은 단엽, 나선상호생 또는 대생, 무탁엽성이다. **화서**는 수상화서, 총상화서 또는 밀추화서이다. **꽃**은 양성, 좌우대칭[방사대칭], 자방하생이다. **화피**는 이종화피성이다. **꽃받침**은 합편악, 열편은 4–5[2]개, 섭합상 또는 복와상이다. **화관**은 합판화관, 대개 순형, 때때로 거가 발달하고, 열편은 5[0, 4–8]개, 섭합상 또는 복와상이다. **수술**은 2–5개이며 간혹 헛수술이 있다. **약**은 종개하고, 약실은 융합한다. **암술군**은 합생심피성, 상위자방, 심피와 자방실은 각각 2[3]개이다. **암술대**는 1개가 정생한다. 중축태좌, **배주**는 도생배주 내지 만곡배주, 단주피성, 각 심피에 1개–다수 들어 있다. **밀선**은 자방 기부 주위에 밀선반으로 존재한다. **열매**는 삭과(포간열개, 포배열개, 포공열개), 핵과 또는 장과이다. **종자**에는 배유가 있다.

전 세계적으로 분포한다. 약용, 목재용, 원예용(예, *Buddleja*, *Diascia*, *Myoporum*, *Verbascum*)으로 유용하다. 여기서는 본과를 좁게 정의하였다. 분자계통수 연구는 전통적 현삼과가 단계통군이 아님을 말해준다. 과거 광의의 현삼과에 속했던 일부 식물을 포함하는 여러 주요 단계통군들은 현재 과 수준에서 별도로 처리한다(Calceolariaceae, Linderniaceae, Orobanchaceae 열당과, Paulowniaceae 오동나무과, Phrymaceae 파리풀과, Plantaginaceae 질경이과, Scrophulariaceae s.s. 협의의 현삼과, Stilbaceae; Olmstead et al. 2001, Oxelman et al. 2005; 표 8.3 참조). 이들 과는 형태적으로 식별하기가 어렵다. 일반적인 분류학적 처리는 Fischer(2004), 계통수는 Kornhall et al.(2001), Oxelman et al.(2005), Tank et al.(2006)을 참조한다.

주요 특징: 교목, 관목, 초본, 잎은 대생 또는 나선상호생, 꽃은 주로 **좌우대칭**, **상위자방**, **심피 2**[**3**]개, **중축태좌**, 배주는 다수, 열매는 삭과, 장과 또는 핵과.

K (2–5) **C** (5) [0, (4–8)] **A** 2–5 **G** (2) [(3)], 상위.

SOLANALES 가지목

APG IV(2016)에 따르면 가지목은 5개 과를 포함하는데(표 8.3), 여기에서는 2개 과를 기재하였다. 이 목의 계통수는 Soltis et al.(2011)과 Refulio-Rodriguez and Olmstead(2014)를 참조한다.

Convolvulaceae 메꽃과—약 59속 1,900종(**그림 8.64**).

초본성 또는 목본성 덩굴식물, 초본, 관목 또는 드물게 교목, 일부 식물은 비광합성 기생성이다(예, *Cuscuta*). 비광합성 식물의 **뿌리**는 기생근이다. 덩굴성 식물에서 줄기는 시계 방향으로 꼬여 자라나간다. **잎**은 단엽, 결각하거나 하지 않으며, 나선상호생, *Cuscuta*의 경우 인편으로 퇴화했으며, 탁엽은 없다. **화서**는 두상화서, 기산화서 또는 단정화서, 흔히 숙존생장성 포가 2개 있다. **꽃**은 양성, 방사대칭, 자방하생이다. **화피**는 이종화피이다. **꽃받침**은 이편악 또는 합편악, 꽃받침잎 또는 악열편은 5[3, 4]개이다. **화관**은 합판화관, 화관열편은 5[3, 4]개, 흔히 깔때기형, 꽃눈 안에서는 내권상(*Cuscuta*의 경우 복와상)이다. **수술**은 5[3, 4]개, 수술대의 길이는 서로 다른 경우가 많고, 화판상생한다. **약**은 종개한다. **암술군**은 합생심피성, 상위자방, 심피는 2[3–5]개, 자방실은 1개 내지 심피와 동수이다. **암술대**는 1개 내지 심피와 동수이다. 기저태좌, **배주**는 도생배주, 단주피성, 각 심피에 2개[다수] 존재한다. **밀선**은 자방의 기부에 고리 모양으로 존재한다. **열매**는 삭과(포배열개, 횡렬 또는 불규칙 열개), 장과, 핵과 또는 견과이다. **종자**에 배유가 있다. 물관부 안쪽에 존재하는 내재체관부가 존재한다.

그림 8.63 LAMIALES(꿀풀목), Scrophulariaceae s.s.(협의의 현삼과). **A–D.** *Scrophularia californica*. **A.** 전체 외형. **B.** 꽃을 접사한 것으로, 순형화관임. **C.** 꽃 종단면; 상위자방인 점에 주목할 것. **D.** 자방 횡단면, 중축태좌. **E–G.** Myoporoids. *Myoporum laetum*. **E.** 열매(장과)가 달린 나뭇가지. **F.** 잎 접사, 유점을 볼 수 있음. **G.** 꽃 접사. **H–J.** *Verbascum thapsus*. **H.** 수상화서. **I.** 꽃 접사. **J.** 전체 외형.

전 세계적으로 분포한다. *Convovulus*(서양메꽃속), *Ipomoea*(애기나팔꽃속) 등의 원예식물이 있고, *Ipomoea batatas*(고구마)의 뿌리로부터 저장물질인 녹말을 얻는다. 일반적인 정보는 Staple and Brummitt(2007), 계통수와 분류에 대한 정보는 Stefanovic(2002, 2003), Stefanovic and Olmstead(2004), Garcia et al.(2014)를 참조한다.

주요 특징: 대개 **덩굴식물**(시계 방향으로 꼬이면서 자라나감) 또는 관목이나 교목, 잎은 단엽, 나선상호생, 꽃은 **방사대칭**, **합판화관**, **깔때기형**, 꽃눈 안에서 **내권상**이다.

K (5) [(3, 4)] **C** (5) [(3, 4)] **A** (5) [(3, 4)] **G** (2) [(3–5)], 상위.

Solanaceae 가지과—약 102속 2,460종(**그림 8.65**).

초본, 관목, 교목 또는 덩굴나무, 많은 경우 성상 모용이 있고, 일부 식물에는 가시가 있다. **잎**은 단엽, 우상복엽 또는 삼

그림 8.64 SOLANALES(가지목), Convolvulaceae(메꽃과). **A–D.** *Calystegia*(메꽃속)의 일종. **A.** 개화 중인 식물체 외형, 덩굴성. **B.** 방금 개화한 꽃, 화관이 한 쪽으로 감긴 형태(내권상)인 것을 보여줌. **C.** 꽃의 측면 모습. **D.** 꽃을 싸고 있는 포(외악). **E.** *Calonyction*의 일종, 판통이 좁고 긴 형태임. 나방에 의해 수분이 이루어짐. **F–J.** *Ipomoea*(애기나팔꽃속)의 일종인 나팔꽃. **F–G.** 개화한 상태, 화관은 깔대기형. **H.** 꽃의 기부 종단면, 기저태좌. **I.** 자방 횡단면, 배주 4개가 보임. **J.** 암술대는 2개로 갈라짐. 양 옆에 약이 보임. **K.** *Dichondra occidentalis*. **L–N.** *Cressa truxillensis*. **O,P.** *Cuscuta gronovii*, 광합성을 하지 않는 기생식물로 기생근이 존재한다.

그림 8.65 SOLANALES(가지목), Solanaceae(가지과). **A,B.** *Brugmansia*의 일종. 방사상칭화와 화관이 한쪽으로 감긴 형태(내권상)인 것을 보여줌. **C.** *Datura wrightii*, 맹독성/환각성 식물. **D–H.** *Nicotiana glauca*. **D.** 화관. **E.** 암술대와 주두. **F.** 자방 종단면. **G.** 자방 횡단면, 2심피성 중축태좌. 태좌가 매우 큼. **H.** 열매, 삭과. **I.** *Iochroma cyaneum*의 관상 화관. **J.** *Physalis ixocarpa*, 숙존생장성 꽃받침이 존재함. **K.** *Solandra maxima*. **L.** *Schizanthus litoralis*, 좌우대칭화. **M,N.** *Solanum douglasii*. **M.** 꽃: 가합착한 수술. **N.** 공개하는 약. **O.** *Solanum pseudocapsicum*, 관상용 식물.

출엽, 주로 나선상호생, 탁엽은 없다. **화서**는 단정화서 또는 취산화서이다. **꽃**은 양성, 방사대칭, 간혹 좌우대칭이다. **화피**는 이열성, 이종화피, 주로 관상, 폭상 또는 분상이고, 화탁통은 없다. **꽃받침**은 합편악, 악열편은 5개, 숙존성, 숙존생장하기도 한다. **화관**은 합판화관, 화관열편은 5[4, 6]개, 회선상, 복와상 또는 섭합상, 꽃눈 안에서 내권상이다. **수술**은 5개 [4개 또는 염성 2개 + 헛수술 2개], 악열편과 대생, 화판상생한다. **약**은 가합착, 종개 또는 공개이다. **암술군**은 합생심피성, 상위자방, 심피 2[3–5]개, 자방은 2[1 또는 4–5]실이다. 중축태좌, 간혹 기저태좌, **배주**는 여러 유형이고, 단주피성, 각 심피에 다수[1개–소수] 존재한다. **열매**는 장과, 핵과 또는 삭과(흔히 포간열개)이다. **종자**에는 배유가 있다. 많은 식물에 알칼로이드 화합물이 존재하고, 물관부 안쪽에 존재하면서 수를 둘러싸는 내재체관부가 존재한다.

전 세계적으로 분포하며, 남미에 집중적으로 분포한다. *Capsicum*(고추속), *Lycopersicon esculentum*(토마토), *Physalsis philadelphica*(토마티요), *Solanum tuberosum*(감자), *Nicotiana tabacum*(담배)는 경제적으로 매우 중요하다. 여러 식물에서 추출한 알칼로이드 화합물은 약리물질(*Atropa belladona*로부터 얻은 아트로핀), 환각성분(*Datura* 독말풀속), 맹독물질(독말풀속, *Solanum* 가지속 종류) 또는 발암물질(담배)로 알려져 있다. 일부 식물은 원예용이고, 잡초인 것도 있다. 계통수와 분류는 Olmstead et al.(2008)과 Särkinen et al.(2013), 일반적인 내용은 Barboza et al.(2016)을 참조한다.

주요 특징: 초본, 관목, 교목 또는 덩굴나무, **내재체관부** 존재, 잎은 나선상호생, 꽃은 주로 **방사대칭**, 화피 및 수술은 **오수성**, **화관**은 **꽃눈 안에서 내권상**, **심피 2개**가 **합생**, **배주**는 **다수**, 열매는 장과, 핵과 또는 삭과.

K (5) **C** (5) [(4), (6)] **A** 5 [4 또는 2+2 헛수술] **G** (2) [(3–5)], 상위.

CAMPANULIDS 초롱꽃군

APG IV(2016) 분류체계에 따르면, 초롱꽃군(Bremer et al. 2002, 과거의 진정국화군 II에 해당)은 7개 목으로 구성된 단계통군이다(표 8.3). 최근 연구내용은 Tank and Donoghue (2010), 계통분석에 관한 것은 Winkworth et al.(2008)과 Beaulieu and O'Meara(2018)을 참조한다.

APIALES 산형목

산형목은 약 7개의 과로 구성는데(APG IV 2016; 표 8.3), 여기에는 2개 과를 기재하였다. 이 목에 대한 보다 자세한 정보는 Chandler and Plunkett(2004), Tank and Donoghue(2010), Nicolas and Plunkett(2014)를 참조한다.

Apiaceae(Umbelliferae) 산형과—약 434속 3,780종(**그림 8.66, 8.67**).

초본, 간혹 관목 또는 교목. **잎**은 주로 우상복엽, 삼출엽 또는 반복복엽, [단엽, 장상복엽 또는 광엽병엽], 나선상호생, 엽병의 기부가 넓은 엽초상이며, 간혹 탁엽성 날밑 구조가 있다. **화서**는 주로 복산형화서, 총포가 있고, 간혹 두상화서나 산형화서 또는 단기산화서나 단정화서로 퇴화되었다. **꽃**은 작고, 양성 [화서의 주변화는 때로 불염성], 방사대칭, 자방상생이다. **화피**는 이열성, 이종화피 또는 꽃받침의 소실로 인해 일렬성이다. **꽃받침**은 이편악, 꽃받침잎은 5장, 축소되었거나 없다. **화관**은 이판화관, 꽃잎은 5[0]장, 섭합상이다. **수술**은 5개, 이생, 윤생, 꽃잎과 호생한다. **암술군**은 합생심피성, 하위자방, 심피 2개, 자방은 2[1]실, 대개 정단부에 주기(화주족)가 있다. 중축정단태좌, **배주**는 도생배주, 단주피성, 각 심피에 1개 존재한다. **열매**는 분과로 이루어진 분열과, 갈라질 때 분과병에 각 분과가 매달린다. **종자**에는 지방성 배유가 있다. 일부 분류군에서 비정상적인 이차 비후가 일어난다.

전 세계적으로 분포한다. 이 과는 여러 식용, 허브, 향신료 포함 속, *Anethum*(딜), *Apium*(셀러리), *Carum*(캐러웨이), *Coriandrum*(고수풀), *Cuminum*(쿠민, 애기회향), *Daucus*(당근), *Foeniculum*(회향), *Petroselinum*(파슬리) 등을 포함하고, *Conium maculatum*(독당근, 소크라테스가 마신 독이 들어있음)과 같은 일부 독성식물, 기타 원예용으로 알려진 여러 종도 포함한다. 계통수와 분류는 Plunkett et al.(1997, 2004a)와 Nicolas and Plunkett(2009)를 참조한다.

주요 특징: **초본**, 잎은 복엽 또는 단엽, 흔히 반복 복엽, 잎의 기부는 **엽초상**, 화서는 주로 총포에 싸이는 **복산형화서**인 경우가 많음 [두상화서, 산형화서 또는 기산화서나 단정화서로 퇴화], 꽃은 방사대칭, 심피 2개 합생, 자방 2실, **하위자방**, 각 자방실의 **중축정단태좌**에 배주가 1개 존재, 열매는 **분과로 이루어진 분열과**.

그림 8.66 APIALES(산형목), Apiaceae(산형과). **A–E.** *Apium graveolens*. **A.** 미성숙한 꽃; 꽃잎이 안쪽으로 말려 있음. **B.** 개화한 꽃, 주기와 화판 호생웅예를 보여줌. **C.** 꽃, 측면 모습; 하위자방인 것에 주목할 것. **D.** 잎. **E.** 화서, 복산형화서. **F.** *Conium maculatum*(독당근), 소크라테스의 죽음과 관련된 식물. **G.** *Daucus carota*(당근)의 화서. **H,I.** *Daucus pusillus*. **H.** 화서 및 이를 끼워 싸고 있는 총포. **I.** 과서, 열매에 강모가 나있음. **J–L.** *Foeniculum vulgare*(회향), **J.** 복산형화서, 산경을 볼 수 있음. **K.** 단위 산형화서 접사. **L.** 자방 종단면, 심피 2개, 중축정단태좌를 확인할 수 있다.

그림 8.67 APIALES(산형목), Apiaceae(산형과). **A–F.** *Foeniculum vulgare*(회향). **A.** 단위 산형화서. **B.** 열매; 분열과, 분과 2개가 분과병에 달려 있음. **C.** 열매 횡단면, 심피 2개, 유관 그리고 종자를 보여줌. **D.** 잎, 엽병과 이합한 탁엽의 흔적을 엽초 정단에서 볼 수 있음. **E,F.** 플로렌스회향(var. *dulce*), 육종의 결과로 형성된 다육성 줄기와 엽병은 채소로 사용함. **G.** *Heracleum lanatum*, 단위 산형화서의 꽃. **H.** *Hydrocotyle*(피막이속)의 일종. **I.** *Lomatium dasycarpum*의 미성숙한 열매. **J.** *Lomatium lucidum*의 열매. 날개가 발달함. **K.** *Sanicula bipinnatifidum*, 두화처럼 생긴 산형화서. **L.** *Sanicula tuberosa*, 소화경이 짧은 양성화와, 소화경이 긴 수꽃을 볼 수 있음. **M.** *Xanthosia*의 일종, 포와 산경에 날개가 달리는 점이 특징적이다.

K 5 또는 0 **C** 5 [0] **A** 5 **G** (2), 하위.

Araliaceae 두릅나무과—약 43속 1,450종(**그림 8.68**).

교목, 관목, 덩굴나무 또는 초본. 교목의 **줄기**는 기부비후경이다. **잎**은 장상복엽, 우상복엽 또는 단엽(전열하는 경우가 많음), 주로 나선상호생, 간혹 대생 또는 윤생, 대개 탁엽이 있다. **화서**는 주로 정생, 산형화서 또는 산형화서가 이차 화서(예, 원추화서)를 이루기도 하며, 간혹 단정화서이다. **꽃**은 주로 양성, 방사대칭, 자방상생 [자방하생]이다. **꽃받침**은 이편악, 꽃받침잎은 5개[3개–다수], 흔히 축소되거나 퇴화되어 없다. **화관**은 이판화관, 간혹 기부에서 동합하거나 합판화관이며, 꽃잎 또는 화관열편은 5[3–12]장, 섭합상이거나 복와상이다. **수술**은 5–10개[3개–다수]이다. **약**은 종개한다. **암술군**은 합생심피성, 하위(간혹 이차 진화의 결과로 형성된 상위)자방, 심피는 2–5개[–다수], 자방실은 1개–다수이다. **암술대**는 1개–다수이다. 중축정단태좌, **배주**는 도생배주, 단주피성, 각 심피에 1[2]개 존재한다. **밀선**이 자방 상부에 존재하는 경우가 있다. **열매**는 핵과(다중 내과피), 장과 또는 분열과로 분과병이 있다. **종자**에는 지방성 배유가 있다. 분비관이 있으며, 마디는 다엽극성이다.

전 세계적으로 분포하는데, 특히 열대지역에 주로 분포한다. 중요한 약용식물인 *Panax*(인삼속), '라이스 페이퍼'로 알려진 *Tetrapanax papyrifer*(통탈목), 몇몇 목재식물 그리고 원예식물(*Fatsia* 팔손이속, *Hedera* 송악속, *Schefflera* 홍콩야자 등)이 이 과에 속한다. 이 과의 계통수와 분류는 Wen et al.(2000), Plunkett et al.(2004b), Nicolas and Plunkett(2009)를 참조한다.

주요 특징: **주로 열대성** 교목, 관목, 덩굴식물 또는 초본, 잎은 **장상복엽** 또는 **우상복엽**(드물게 단엽이면서 전열), 산형화서가 **두상화서**, **복산형화서** 등으로 이차 화서를 형성, 꽃받침은 퇴화된 경우가 많고, 이판화관 내지 합판화관, **심피 1개–다수**, **하위자방**, **중축정단**태좌, 열매는 장과, 핵과 또는 분열과.

K 5 [0,3–∞] **C** 5 [3–12] **A** 5–10 [3–∞] **G** (2–5) [(–∞)], 하위 [상위].

DIPSACALES 산토끼꽃목

산토끼꽃목은 7개 과를 포함하지만(Xiang et al. 2019), APG IV(2016)에 따르면 Adoxaceae(연복초과)를 제외한 모든 종류가 Caprifoliaceae(인동과)에 속한다. 이들 중 3개 과를 여기에 기재하였다. 연복초과는 원예용으로 사용하는 수 종의 *Viburunum*(백당나무속)과 열매를 식용 또는 와인 제조용으로 사용하는 *Sambucus*(딱총나무속)를 포함한다(**그림 8.69**A,B). "분류학의 아버지"라 부르는 린네를 기념하기 위하여 붙여진 Linnaeaceae(린네풀과)도 이 목에 속한다(그림 8.69C,D). 계통수는 Donoghue et al.(2001)과 Zhang et al.(2003), Moore and Donoghue(2007), Xiang et al.(2019)를 참조한다.

Caprifoliaceae s.s. 협의의 인동과—5속 220종(**그림 8.69**E–I).

관목, 교목, 덩굴나무 또는 초본. **잎**은 단엽 [복엽], 대생, 탁엽은 없거나 매우 축소되었다. **화서**는 주로 취산화서이다. **꽃**은 양성, 자방상생, [자방중생]이다. **꽃받침**은 합편악, 악열편은 5[4]개, 복와상이거나 벌어지며, 열편 이하는 잘록한 경우가 많다. **화관**은 합판화관, 화관열편은 5[4]개, 복와상 또는 섭합상이다. **수술**은 5[2,4]개, 화관열편과 호생, 화판상생한다. **약**은 종개한다. **암술군**은 합생심피성, 하위자방, 심피는 2–5[–8]개(몇몇 식물에서는 일부 심피만이 염성임), 자방은 1–5[–8]실이다. **암술대**는 1개이거나 없다. 중축태좌 또는 측벽태좌, **배주**는 도생배주, 단주피성, 각 심피에 1개–다수 들어 있다. **밀선**은 판통 안쪽에 있는 경우가 많으며, 일부 식물에는 화외밀선이 있다. **열매**는 삭과, 장과 또는 핵과이다. **종자**에는 지방성 배유가 있다.

인동과는 전 세계적으로 분포한다. *Lonicera*(인동속)에는 경제적으로 중요한 원예식물이 많이 포함된다. 분류체계는 Pyck et al.(1999), 계통수는 Theis et al.(2008)을 참조한다.

주요 특징: 교목, 관목, 초본 또는 덩굴나무, 잎은 **대생**, 주로 **단엽**(간혹 복엽), **취산화서**, 꽃은 **자방상생**, 화피는 **사수성** 또는 **오수성**, 수술은 5[2,4]개, 심피는 2–5[–8]개, **식물에 따라 일부 심피만 염성**인 경우가 있음, 열매는 장과, 삭과 또는 핵과.

K (5) [(4)] **C** (5) [(4)] **A** 5 [2, 4] **G** (2–5) [(–8)], 하위.

Dipsacaceae 산토끼꽃과— 11속 290종(**그림 8.70**).

초본 또는 관목. **잎**은 단엽, 대생 또는 윤생, 탁엽이 없다. **화서**는 두상화서 또는 취산화서가 총상으로 배열, 총포가 싸고 있다. **꽃**은 양성, 주로 포가 있고, 외악이 존재하는 경우도 있다. **꽃받침**은 합편악, 악열편은 4–5[0, 10]개로 강모처럼 생겼

그림 8.68 APIALES(산형목), Araliaceae(두릅나무과). **A.** *Fatsia japonica*(팔손이)의 화서. 산형화서들이 원추형으로 배열함. **B,C.** *Hedera canariensis*. **B.** 생식경, 단위 산형화서들이 총상으로 배열함. **C.** 산형화서 접사. **D.** *Hydrocotyle* sp.(피막이속의 일종). **E–J.** *Brassaia actinophylla*. **E.** 전체 외형; 가지 끝에 달리는 산형화서들이 원추형으로 배열한 것과 장상복엽을 볼 수 있음. **F.** 화서축을 접사한 것. **G.** 단위 산형화서. 개화한 꽃을 보면 꽃잎이 조락성임을 알 수 있음. **H.** 성숙한 화아의 종단면. **I.** 심피 접사, 중축정단태좌를 보여줌. **J.** 자방 횡단면, 심피 10개를 확인할 수 있음. **K–M.** *Schefflera*의 일종. **K.** 전체 회형. **L.** 줄기의 절간을 접사한 것, 줄기에 부착되는 엽병 부위가 넓음. **M.** 단위 산형화서. **N.** 열매; 핵과.

그림 8.69 DIPSACALES(산토끼꽃목). **A,B.** Adoxaceae(연복초과), *Sambucus mexicana*. **C–D.** Linnaeaceae(린네풀과). **C.** *Linnaea borealis*(린네풀). **D.** *Abelia* × *grandiflora*. **E–I.** Caprifoliaceae s.s.(협의의 인동과). **E–G.** *Symphoricarpos albus*. **E.** 꽃이 피는 슈트, 대생엽. **F.** 꽃 종단면. **G.** 자방 종단면. **H,I.** *Lonicera japonica*(인동).

다. **화관**은 합판화관, 화관열편은 4–5개, 복와상이다. **수술**은 4개, 화관열편과 호생하고 화판상생한다. **약**은 종개한다. **암술군**은 합생심피성, 하위자방, 심피 2개, 자방실은 1개만 기능한다. **암술대**는 1개이다. 정단태좌, **배주**는 1개, 도생배주, 단주피성이다. **밀선**은 암술대 기부에 고리 모양으로 존재한다. **열매**는 수과, 주로 외악과 정단에 숙존하는 꽃받침에 의해 둘러싸인다. **종자**는 지방성 배유를 지닌다.

유라시아와 아프리카에 분포한다. 일부 종을 원예식물로 이용한다. APG IV(2016)은 인동과의 산토끼꽃아과로 처리한다. 계통수는 Pyck and Smets(2004)를 참조한다.

그림 8.70 DIPSACALES(산토끼꽃목), Dipsacaceae(산토끼꽃과). **A–D.** *Dipsacus sativus*. **A.** 식물의 체형, 초본. **B.** 잎, 대생, 동합관통형, 저수성 잎, 곤충이 기어오르는 것을 저지시킴. **C.** 화서, 총포가 존재하는 두화. **D.** 과서, 목질화된 숙존성 포가 존재함. **E–L.** *Scabiosa* sp.(솔체꽃속의 일종). **E.** 두상화서. **F.** 화서의 밑부분. **G.** 화서 종단면, 복합화탁을 보여줌. **H.** 꽃, 정면. **I.** 꽃, 외악, 꽃받침, 화관. **J.** 암술대와 주두역. **K.** 자방 종단면, 하위자방과 정단 배주를 보여줌. **L.** 열매, 숙존성 외악과 실처럼 생긴 꽃받침을 지닌다.

주요 특징: 초본 또는 관목, 잎은 **대생** 또는 **윤생**, **취산화서가 두상**으로 모이고 **총포**가 존재, 꽃에는 포와 **외악**이 있음, **심피는 2개**, **하위자방**, **1자방실**(다른 1실은 발달하지 않음), **배주 1개**, **정단태좌**, 열매는 **수과**, 대개 **숙존하는 외악**과 **꽃받침**이 있음.

K (4–5) [0,10] **C** (4–5) **A** 4 **G** (2), 하위.

Valerianaceae 마타리과—17속 315종(**그림 8.71**).

초본, 드물게 관목. **잎**은 단엽 또는 우상복엽, 대생, 탁엽은 없다. **화서**는 취산화서들이 모여 이루어진다. **꽃**은 주로 양성, 포가 싸고 있다. **화피**는 일렬성 또는 이열성이다. **꽃받침**은 없거나 소형 꽃받침잎 5장으로 이루어지며, 일부 식물에서 숙존 생장하여 관모처럼 된다. **화관**은 합판화관, 방사대칭이거나 좌

그림 8.71 DIPSACALES(산토끼꽃목), Valerianaceae(마타리과). **A–C.** *Centranthus ruber*. **A.** 꽃의 전체외형, 합판화관 및 거, 수술 1개, 하위자방을 보여줌. **B.** 자방 종단면, 정단태좌. **C.** 왼쪽에서 오른쪽으로 열매가 성숙해 가는 일련의 과정: 꽃받침으로부터 관모가 성숙해가는 것을 보여줌. **D–G.** *Plectritis ciliosa*. **D.** 화서. **E.** 꽃, 거가 존재하며, 하위자방임. **F.** 5개로 갈라진 화관, 화판상생 수술 3개를 볼 수 있음. **G.** 시들어가는 화관/수술군 아래에 날개가 발달하는 열매. **H–L.** *Valeriana*(쥐오줌풀속) 종류, 영양기관 및 생식기관 형태.

우대칭, 일부 식물은 순형으로 기부에 밀선을 지닌 거가 발달하며, 화관열편은 5[3,4]개이고, 복와상이다. **수술**은 1–4개(화관열편 수 이하), 윤생, 화판상생한다. **약**은 정자착, 종개한다. **암술군**은 합생심피성, 하위자방, 심피는 3개, 자방실 1개만이 기능한다(다른 2개는 발달하지 않음). **암술대**는 1개이다. 정단태좌, 배주는 1개, 도생배주이다. **열매**는 수과, 간혹 날개가 있고, 일부 식물에는 우모상 관모처럼 생긴 꽃받침이 존재한다. **종자**에는 지방성 배유가 있다.

전 세계적으로 분포한다. 일부 식물(예, *Centranthus*, *Valeriana*)은 원예 식물로 이용하고, 몇몇 종은 약용이고(*Valeriana officinalis*), 방향유를 만드는 식물도 있다. APG IV(2016)은 인동과의 마타리아과로 처리한다.

주요 특징: 초본, 드물게 관목, 잎은 **대생**, 꽃은 **합판화**, 화관에 **거**가 있음, 수술은 1–4개, **심피는 3개, 합생**, 하위자방, **자방실은 1개만 기능**(2개는 미발달), 배주는 **1개**, **정단태좌**, 열매는 **수과**, 일부 식물에는 **관모처럼 자란 꽃받침**이 존재.

K 0–5 **C** (5) [(3,4)] **A** 1–4 **G** (3), 하위.

ASTERALES 국화목

APG IV(2016) 분류체계에 따르면, 국화목은 11개 과를 포함하는데(표 8.3), 이 중 2개 과를 여기에 기재하였다. 기재하지 않은 과 가운데 주목할 만한 것으로는 **Stylidiaceae**(격발 방식으로 수분을 하는 식물 포함, 제10장 참조)가 있다. 계통수는 Lundberg and Bremer(2003)과 Soltis et al.(2007, 2011)을 참조한다.

Asteraceae (Compositae) 국화과—약 1,900속 33,000종(그림 8.72–8.75).

초본, 관목, 교목 또는 덩굴성, 일부 식물에는 유관 또는 수지도가 있다. **잎**은 단엽 또는 복엽, 나선상호생 또는 대생[윤생], 탁엽이 없다. **화서**는 하나 혹은 여러 개의 두상화서(두화)가 다양한 이차 화서를 이루고, 각 두화는 평평 내지 원뿔형 복합화탁에 놓이는 1개–다수의 꽃과(구심적 성숙) 두화를 두르고 있는 1열–다열의 총포편(전체를 총포라고 함)으로 구성된다. 두화에는 5가지 일반적인 유형이 있다. (1) 반상화형 I: 반상화로만 구성되며, 모두 양성화이다(그림 8.74C–E,H). (2) 반상화형 II: 반상화로만 구성되며, '암꽃', '불염성화', '양성화', '수꽃'이 같은 두화 또는 다른 두화에 혼생한다(그림 8.74F,G,J–L). (3) 반상화형 III: 반상화로만 구성되는데, 주변의 소화는 다소 크고 좌우대칭성이다(그림 8.74I). (4) 방사화형: 중앙의 반상화(양성화 또는 수꽃)와 주변의 방사화(암꽃 또는 불염성화)로 구성된다(그림 8.72A–C; 8.73H–J). (5) 설상화형: 방사화로만 구성된다(화관 정단에 5개의 치아상 열편이 있음; 그림 8.73K–M). (6) 순형화형: 순형화로만 구성된다. 꽃은 양성 또는 단성, 자방상생, 화탁포 또는 강모형 포가 존재하는(엉겅퀴의 경우) 분류군도 있다(그림 8.74A,B). **화피**는 일렬성 또는 이열성, 화탁통은 없다. **꽃받침**은 관모라고 하는데, 2개–다수의 까락, 인편 또는 미세강모(대개 세자상 또는 우모상) 등으로 변형되었으며, 일부 식물에는 관모가 없다. **화관**은 합판화관, 화관열편은 5[4]개(간혹 3개), 세 가지 유형이 있다: (1) **순형화**–좌우대칭, 판통이 짧고, 상순편과 하순편이 존재함; (2) **반상화** 또는 **통상화**–방사대칭, 판통의 길이는 다양하고, 5[4]개의 치아상 열편 또는 긴 열편이 존재함; (3) **방사화** 또는 **설상화**-좌우대칭, 판통은 짧고 그 위는 길고 평평하게 되며, 끝에 치아상 열편 3–5개가 존재한다. **수술**은 5[4]개, 윤생, 꽃잎과 호생, 취약웅예, 약이 합착하여 관을 이루고 그 관을 통과하여 암술대가 생장한다. **약**은 저착, 정단부가 길어지거나 기부가 갈라지며, 종개, 내향약이다. **암술군**은 합생심피성, 하위자방, 심피 2개, 자방은 1실이다. **암술대**는 1개, 정단부에서 2개로 분지; 주두는 2개, 암술대가 갈라진 부위의 향축면에 주두선이 발달한다. 기저태좌, **배주**는 도생배주, 단주피성, 1개 존재한다. **밀선**은 대개 자방의 정단에 존재한다. **열매**는 수과(또는 하위수과-하위자방에서 기원한 수과라는 의미)가 모여 다화과를 이루며, 일부 분류군에서는 자방과 관모 사이가 자루처럼 길어지는 경우도 있다. **종자**에는 배유가 없다.

국화과는 최근에 적어도 10개의 아과로 분류하고 있다(Panero and Funk 2002, Panero et al. 2014). 전 세계적으로 분포한다. *Cynara scolymus*(아티초크)나 *Helianthus annuus*(해바라기)는 식용으로, 수많은 종이 원예식물로 그리고 기타 여러 종을 민간이나 산업에서 활용하고 있다. 가시가 달려있는 *Arctium lappa*(우엉) 열매를 보고서 벨크로(찍찍이)를 고안한 것으로 알려져 있다. 상세한 계통유연관계 내용은 Bremer(1994, 1996), Panero and Funk(2002), Panero et al.(2014)를 참조한다.

주요 특징: 초본, 관목, 덩굴성 또는 교목, 화서는 **두상화서**, 총포로 둘러싸임, 꽃은 순형화, 반상화 또는 설상화(많은 식물에서 두화는 중앙의 **반상화**와 주변의 **설상화**로 이루어짐), **관모**라고 부르는 꽃받침은 **인편**, **까락** 또는 **미세강모**로 변형(또는 없음), **취약웅예**, **하위자방**, **기저태좌**, **배주**는 **1개**, 열매는 **수과**로 이루어진 다화과.

K 0–∞(관모) **C** (5) [(4)] 또는 일부 설상화에서 (3) **A** (5) [(4)] **G** (2), 하위.

Campanulaceae 초롱꽃과—약 84속 2,380종(그림 8.76).

초본[관목 또는 교목], 양성화주. **줄기**는 드물게 괴경성; 교목은 흔히 기부비후경을 지닌다. **잎**은 단엽, 나선상호생[대생, 윤생], 무탁엽성이다. **화서**의 단위는 총상화서 또는 취산화서이다. **꽃**은 양성[단성], 방사대칭 또는 좌우대칭, 전도형인 경우도 있고, 자방주생이다. **화피**는 이종화피이다. **꽃받침**은 합편악, 악열편은 5[3–10]개, 섭합상 또는 복와상으로 숙존성이다. **화관**은 합판화관, 화관열편은 5[3–10]개, Lobelioideae(숫잔대아과)는 순형이다. **수술**은 5개, 윤생, 화판호생, 가합착하거나 수술통으로 동합, 화판상생하기도 한다. **약**은 종개한다.

그림 8.72 ASTERALES(국화목), Asteraceae(국화과). **A–C.** *Gazania*의 일종; 두화의 형태. **A.** 방사화형(radiate) 두화의 정면 모습. **B.** 두화의 측면 모습으로 총포를 보여줌. **C.** 두화의 종단면, 중앙의 반상화와 가장자리의 방사화(주변화)를 보여줌. **D–G.** *Encelia californica*. **D.** 반상화(통상화); 하위자방 및 화관을 보여줌. **E.** 꽃의 정단. 2개로 갈라지는 암술대와 이를 둘러싸고 있는 약에 주목할 것. **F,G.** 꽃을 해부한 것. 취약웅예 및 중앙의 암술대를 보여줌. **H–J.** 반상화의 형태. **H.** *Chrysanthemum coronarium*. **I.** *Viguiera laciniata*. **J.** *Carduus pycnocephalus*. **K.** 순형화관의 형태, *Trixis californica*. **L–N.** 방사화(주변화)의 형태, *Sonchus oleraceus*(방가지똥).

그림 8.73 ASTERALES(국화목), Asteraceae(국화과). **A–D.** 총포의 형태. **A.** 복와상, 다열성, 동형 총포편을 지닌 *Encelia californica*. **B.** 복와상, 다열성, 이형 총포편을 지닌 *Ursinia*의 일종. **C.** 총포편 대부분은 일렬로 배열하지만, 일부 작은 포(악상총포)가 바깥쪽 아래에 존재하는 *Senecio vulgaris*(개쑥갓). **D.** 총포편이 교호대생하는 *Jaumea carnosa*. **E–G.** 이차 화서의 유형. **E.** 두화가 단집화서를 이루는 *Carduus pycnocephalus*(총포편 끝이 가시처럼 생겼음). **F.** 두화가 산방화서를 이루는 *Achillea*(톱풀속)의 일종. **G.** 두화가 편측성 원추화서로 좁게 배열하는 *Solidago pinetorum*. **H–J.** 안쪽에 반상화를, 가장자리에 방사화(설상화)를 지니는 방사화형 두화. **H.** *Aster*(쑥부쟁이속)의 일종. **I.** *Layia platyglossa*. **J.** *Tithonia rotundifolia*. **K–M.** 방사화(설상화)로만 이루어진 설상화형(ligulate) 두화. **K.** *Malacothrix californica*. **L.** *Cichorium intybus*(치커리). **M.** *Rafinesquia neo-mexicana*.

그림 8.74 ASTERALES(국화목), Asteraceae(국화과). **A,B.** 순형화로 구성되는 순형화형(bilabiate) 두화. **A.** *Polyachyrus* sp. **B.** *Acourtia microcephala*. **C–E.** 반상화로만 이루어진 반상화형 I 두화. **C.** *Psathyrotes ramosissima*. **D.** *Cirsium vulgare*. **E.** *Carduus pycnocephalus*. **F,G.** 중앙부에는 수꽃 또는 양성화, 주변부에는 암꽃이 배열하는 반상화형 II(disciform) 두화, *Cotula coronopifolia*. 퇴화된 사수성 꽃에 주목할 것. **H.** 반상화형 I(discoid) 두화, *Palafoxia arida*. **I.** 주변부의 반상화가 다소 크면서 약간 좌우대칭성인 반상화형 III(radiant) 두화. **J–L.** 단성화로 이루어진 반상화형 II 두화. **J.** *Ambrosia chamissonis*, 웅성두화(위)와 자성두화(아래). **K–L.** *Ambrosia salsola*. **K.** 웅성두화. **L.** 자성두화.

그림 8.75 ASTERALES(국화목), Asteraceae(국화과). **A–H.** 관모의 형태. **A.** 관모가 없는 *Chrysanthemum coronarium*. **B.** 관모가 미세강모형인 *Carduus pycnocephalus*. **C.** 미세강모에 위를 향한 세자가 나있는 *Isocoma menziesii*. **D.** 열매; 긴 관모자루(숙존생장성 화주) 끝에 미세강모가 나 있는 *Lactuca serriola*. **E.** 우모상 미세강모를 지닌 *Cirsium mohavense*. **F.** 관모가 까락형인 *Palafoxia arida*. **G.** 관모가 까락 2개와 인편 여러 개로 이루어진 *Viguiera laciniata*. **H.** 관모가 납작한 까락 모양인 *Uropappus lindleyi*. **I.** 열매(수과), *Sonchus oleraceus*. **J.** 수과들이 가시가 있는 총포로 싸여있는 구형각두 열매, *Xanthium strumarium*. **K.** *Carduus pycnocephalus*, 수많은 강모가 나있는 복합화탁. **L,M.** 꽃을 끼워 싸고 있는 화탁포(소포)가 존재하는 두화. **L.** *Bahiopsis laciniata*. **M.** *Encelia californica*.

그림 8.76 ASTERALES(국화목), Campanulaceae(초롱꽃과). **A.** *Adenophora* sp.(잔대속의 일종). **B,C.** *Brighamia insignis*. **D.** *Campanula* sp.(초롱꽃속의 일종). **E–G.** *Campanula muralis*. **E–F.** 꽃, 화관을 일부 제거하여 하위자방과 수술(수술대 밑부분이 넓어져 합착) **G.** 자방 횡단면. **H.** *Canarina canariensis*. **I.** *Downingia concolor*, 꽃 정면, 순형 화관. **J–M.** *Lobelia eriantha*. **J.** 꽃, 순형 화관이 보임. **K.** 꽃 종단면, 하위자방과 수술통을 보여줌. **L.** 수술통 정단부 접사. 주두가 돌출한 것이 보임. **M.** 수술통 종단면, 합착하는 약, 암술대, 정단부의 주두가 보임. **N–O.** *Lobelia cardinalis*. **P–Q.** *Nemacladus* spp.

암술군은 합생심피성, 하위자방, 심피 2-5개, 자방은 1-10실이다. **태좌**는 중축[측벽]태좌, **배주**는 도생배주, 단주피성, 심피 내에 다수 들어 있다. **밀선**은 일부 종에 자방 정단부에 밀선반으로 존재한다. **열매**는 장과 또는 삭과이다. **종자**는 지방성 배유를 지닌다.

전 세계적으로 분포한다. 일부 종은 약용과 원예용(예, *Adenophora* 잔대속, *Campanula* 초롱꽃속, *Lobelia* 숫잔대속)으로 사용한다. 아프리카 산악지역의 대형 로벨리아는 초본성 조상으로부터 진화하였다. 계통수와 생물지리 연구는 Eddie et al.(2003), Roquet et al.(2008), Crowl et al.(2014, 2016)을 참조한다.

초본, 관목 또는 교목, 꽃은 **방사대칭** 또는 **좌우대칭**, 화피 및 수술 5[3-10]개, **수술**은 **가합착** 또는 **동합**, **하위**[상위]**자방**, **심피 2-5개**, 열매는 **장과** 또는 **삭과**.

K (5) [(3-10)] **C** (5) [(3-10)] **A** (5) [(3-10)] **G** (2-5), 하위 [상위].

복습문제

진정쌍자엽식물 일반, 미나리아재비목, 프로테아목

1. 진정쌍자엽식물의 주요 파생형질은 무엇인지 열거하고 설명하시오.
2. 미나리아재비목의 3개 과를 열거하시오.
3. 매자나무과의 화피는 어떤 특징이 있는가?
4. 양귀비과의 화관과 태좌의 특징은 무엇인가?
5. 인류 역사에 영향을 끼친 양귀비과 식물은 무엇인가?
6. 미나리아재비과의 심피의 합착 상태는 어떠한가?
7. Nelumbonaceae의 국명, 서식지 특성, 잎 기부/외형, 화식 그리고 태좌의 유형은 무엇인가?
8. Nelumbonaceae의 열매형은 무엇이며, 열매를 담고 있는 조직은 어디서 온 것인가?

범장미군

9. 돌나물과 식물의 잎의 배열과 전형적인 잎 조직의 특징은 무엇인가?
10. 돌나물과에 대하여 광합성 방식, 화서 유형, 화피열의 특징, 암술의 합착 상태 그리고 열매 유형을 기술하시오.
11. 흔히 재배되는 돌나물과 식물의 예를 몇 가지 드시오.
12. 범의귀과의 잎의 배열, 암술의 합착 상태 및 자방 위치의 변이에 대해 기술하시오.
13. 식물형, 줄기 형태, 화피 형태 및 열매 유형과 관련하여 포도과의 표징형질을 열거하시오.
14. 포도과에서 경제적으로 가장 중요한 식물의 이름(국명 및 학명)은 무엇인가?

장미군: 콩군

15. 장미군 식물이 지니는 공통적 특징은 무엇인가?
16. 장미군에 속하는 잘 알려진 과 5개는 무엇인가?
17. 대극과 식물에서 식물체의 성이 나타내는 특징은?
18. 대극과 식물 중에서 유액을 분비하는 두 분류군(아과)은 어떤 것인가?
19. 전형적인 대극과 식물의 심피 수 및 자방실 수는 몇 개인가?
20. 대극과의 화서유형은 무엇인가?
21. 대극과에서 경제적으로 중요한 식물 3가지의 학명과 국명을 쓰시오.
22. 남아프리카 지역의 식물군집에 있어서 중요한 대극과 식물은 어떤 것인가?

23. 버드나무과의 의학적 중요성은 무엇인가?
24. 버드나무과의 식물의 성, 잎의 거치형, 태좌형의 특징은 무엇인가?
25. 전형적인 제비꽃과 식물의 화식은 무엇인가?
26. 좌우대칭화관인 제비꽃과 식물의 꽃에서 전방의 꽃잎은 어떤 구조로 변형되었으며, 그 기능은 무엇인가?
27. 제비꽃과 식물에서 볼 수 있는 약의 방향과 태좌에 대해 기술하시오.
28. 괭이밥과의 표징형질은 무엇인가?
29. Fabaceae(콩과)의 다른 명칭(전통/고전 과명)은 무엇인가?
30. 콩과의 전형적인 암술군 합생, 심피 수, 태좌 및 열매 유형의 특징은 무엇인가?
31. 콩과의 3 아과를 대상으로 (a) 꽃의 대칭성 (b) 중간후방 꽃잎의 위치 (c) 수술 수 (d) 수술 합착의 특징에 대한 표를 제작하시오.
32. 접형화관에 대해 자세히 기술하고, 이러한 유형의 꽃이 특징인 아과의 명칭을 쓰시오.
33. 경제적으로 중요한 콩과 식물들을 열거하시오.
34. 일부 갈매나무과 식물의 뿌리에서 볼 수 있는 특이한 형질은?
35. *Ziziphus spina-christi*은 어떤 점에서 의미가 있는가?
36. 갈매나무과의 화피/수술군 위치와 수술 위치의 특징은 무엇인가?
37. 장미과의 전통적인 아과들을 열거하고, 암술군의 합생 양상, 자방 위치 및 열매형에 있어서 이들이 보이는 차이점을 기술하시오.
38. 장미과 식물 가운데 경제적으로 중요한 식물의 이름(학명과 국명)을 열거하시오.
39. 쐐기풀근연 장미군에 속하는 식물과 4개는 무엇인가?
40. 뽕나무과의 표징형질 3가지를 열거하시오.
41. 경제적으로 중요한 뽕나무과 식물 3가지는 어떤 것들인가?
42. 쐐기풀과의 식물의 성, 수분 기작, 화피의 윤생성, 화분 사출과 관련된 수술의 특징, 자방의 구조, 배주의 수, 위치, 유형에 대해 설명하시오.
43. 쐐기풀과의 자모에 대해 설명하시오.
44. 박과의 일반적인 식물형, 식물의 성 및 잎의 형태는 무엇인가?
45. 박과의 일반적인 자방 위치, 화피/수술군 위치, 심피 개수 및 태좌의 이름은?
46. 박과에서 경제적으로 중요한 식물 3종류를 제시하시오.
47. Betulaceae의 국명, 식물체의 성, 화서 및 열매 유형에 대해 각각 기술하시오.
48. Betulaceae와 Fagaceae(너도밤나무과)의 차이점은 무엇인가?
49. 너도밤나무과에서 (a) 웅화서와 (b) 열매 부과부분의 특징은 무엇인가?

장미군: 아욱군

50. 쥐손이풀과에서 밀선의 위치에서 특징은 무엇인가?
51. 쥐손이풀과 쥐손이풀족의 열매 특징은 무엇인가?
52. Onagraceae의 국명은 무엇인가?
53. Onagraceae의 전형적인 화식(자방위치 포함)을 쓰시오.
54. 십자화목 식물 대부분의 파생형질은 무엇인가?
55. Brassicaceae에 대한 전통/고전 과명 및 우리말 명칭은 무엇인가?

56. Brassicaceae의 화관 유형은 무엇인가?
57. Brassicaceae의 수술배열이 나타내는 특징은 무엇인가?
58. 태좌 및 열매형에 있어서, Brassicaceae가 Capparaceae 및 Cleomaceae와 다른 점은 무엇인가?
59. Brassicaceae 가운데 경제적으로 중요한 식물에는 어떤 것이 있는가?
60. 광의의 아욱과에 대한 파생형질 4가지를 열거하시오.
61. 광의의 아욱과에 새롭게 포함되게 된 기존의 과 3개는 어떤 것들인가?
62. 아욱과에서 꽃받침을 싸고 있는 특이한 포의 명칭은 무엇인가?
63. *Gossypium* 종류, *Theobroma cacao* 그리고 *Cola nitida*의 국명은 무엇인가?
64. 경제적으로 중요한 옻나무과 식물을 열거하시오.
65. 밀선 및 해부 구조와 관련한 옻나무과의 특징은 무엇인가?
66. 경제적으로 중요한 운향과 식물을 열거하시오.
67. 밀선 및 분비선과 관련한 운향과의 특징은 무엇인가?
68. 잎의 형태, 밀선, 식물화합물과 관련한 여러 무환자나무과 식물의 특징은 무엇인가?
69. 무환자나무과에 새롭게 포함된 기존의 과는 어떤 것인가?

범국화군

70. 겨우살이과의 뿌리 유형에 대한 용어는 무엇인가?
71. 겨우살이과에서 경제적으로 중요한 식물의 이름을 열거하시오.
72. 석죽목에 포함되어 있는 식충식물과는 무엇인가?
73. 석죽목 내에서, "핵심 석죽목"의 파생형질 3개를 열거하시오.
74. "고등 석죽목"이 지니는 화학적 파생형질의 명칭과 기능은 무엇인가?
75. 비름과의 화피열의 특징, 자방실의 수, 태좌의 종류에 대해 기술하시오.
76. 카네이션의 속명은 무엇인가?
77. 석죽과에 대해 줄기의 마디, 잎의 배열, 화관(꽃잎)의 유형, 태좌의 특징을 중심으로 기술하시오.
78. Polygonaceae의 국명은 무엇인가?
79. 마디풀과 식물의 화피가 나타내는 2가지 특징은 무엇인가?
80. 일부 마디풀과 식물에서 볼 수 있는 독특한 탁엽 구조에 대한 용어는 무엇인가?
81. 마디풀과 식물의 배주 위치와 유형은 무엇인가?

국화군

82. 국화군의 파생형질로 여겨지는 것 3가지는 무엇인가?
83. Cornaceae의 국명은 무엇이며, (a) 잎의 배열 (b) 화서의 유형 (c) 자방의 위치 (d) 열매의 유형과 관련한 이 과의 특징은 무엇인가?
84. Ericaceae의 국명은 무엇이며, (a) 서식 토양의 화학적 특성 (b) 잎의 형태 (c) 잎의 지속기간과 관련한 이 과의 특징은 무엇인가?
85. 진달래과의 약열개 유형은 무엇이며, 이들 약은 어떤 발생과정을 거치는가?
86. 경제적으로 중요한 진달래과 식물의 예를 드시오.
87. 앵초과와 자금우과의 유사성에 대해 설명하시오.

국화군: 꿀풀군

88. 지치목의 과 구성에 대한 최근 분류체계는 APG IV(2016)의 것과 어떻게 다른가?
89. 지치과의 암술군(심피, 자방실, 및 배주 개수를 포함)의 형태, 암술대의 위치 그리고 열매의 유형에 대해 기술하시오.
90. 협죽도과에서 발견되는 식물화합물의 종류는 무엇인가?
91. 여러 협죽도과 식물에서 암술군의 합생과 관련하여 발견되는 특이한 점은 무엇인가?
92. 박주가리류에서 볼 수 있는 수술군과 화분립의 특징을 기술하시오.
93. 협죽도과에서 의학적으로 중요한 식물 2가지를 들고, 이들 식물로부터 추출되는 화합물 및 이것이 사용되는 질병은 무엇인지 기술하시오.
94. 화내밀선과 분비선에 주목하면서, 용담과의 표징형질에 대해 다시 한 번 알아보시오.
95. 꼭두서니과 식물에서 볼 수 있는 잎의 배열, 탁엽의 형태 그리고 자방의 위치에 대해 기술하시오.
96. 꼭두서니과 식물 가운데 의약용, 음료용 그리고 성적 흥분제로 사용되는 경제식물의 예를 드시오.
97. 꿀풀과의 (a) 식물화합물 특징 (b) 줄기의 형태 (c) 잎의 유형과 배열 (d) 화관의 유형 (e) 암술대의 일반적인 위치 (f) 열매의 일반적인 유형에 대해 기술하시오.
98. 물푸레나무과의 특징적인 털, 잎의 배열, 수술 수에 대해 설명하시오.
99. 메꽃과와 가지과의 유사점과 차이점은 무엇인가?
100. 농업적으로 중요한 메꽃과 식물은 무엇인가?
101. 가지과의 (a) 꽃의 대칭성 (b) 화관의 화아내 형태 (c) 수술의 개수 (d) 자방의 위치 (e) 심피 개수 (f) 배주 개수(심피 1개당)에 대해 기술하시오.
102. 경제적으로 매우 중요한 가지과 식물 3가지를 열거하시오.

국화군: 초롱꽃군

103. Apiaceae의 국명과 경제적으로 중요한 식물 3가지를 열거하시오.
104. Apiaceae의 (a) 엽저 (b) 화서의 유형 (c) 자방의 위치 (d) 열매의 유형에 대해 기술하시오.
105. Apiaceae와 두릅나무과의 유사점과 차이점은 무엇인가?
106. 산토끼목을 분류하는 2가지 방법을 열거하시오.
107. Caprifoliaceae의 국명은 무엇인가?
108. Caprifoliaceae에 대해 잎의 배열, 화서의 유형 및 자방의 위치를 열거하시오.
109. 산토끼꽃과 식물에서 볼 수 있는 심피와 자방실의 개수 및 열매 유형의 특징은 무엇인가?
110. 마타리과 식물에서 볼 수 있는 심피와 자방실의 개수 및 화관 유형의 특징은 무엇인가?
111. Asteraceae의 전통/고전 과명은 무엇인가?
112. Asteraceae의 화서 유형은 무엇인가? 이 화서를 세분하는 기준은 무엇인가?
113. (a) 총포 (b) 총포편 (c) 화탁포 (d) 관모를 정의하시오.
114. Asteraceae의 화관 유형을 열거하고 기술하시오.
115. Asteraceae의 (a) 수술의 합착 (b) 자방의 위치 (c) 열매의 유형에 대해 기술하시오.
116. Asteraceae에서 경제적으로 중요한 식용식물 2가지를 열거하시오.
117. 초롱꽃과의 꽃의 대칭성, 수술 합착, 자방 위치, 열매 유형의 특징은 무엇인가?

실습과제

1. 진정쌍자엽식물 중에서 한 과를 선택하여 자세히 공부한다. 이 과에 대해 과거 5년 동안 발표된 문헌을 조사한다. 과에 대한 기재, 계통유연관계에 대한 최신 자료 그리고 과내 분류체계를 알아본다.
2. 위의 과에 대해, 예가 될 수 있는 식물을 채집한다. 부록 1을 참고로 하여 이 과를 상세하게 기재한다(제9장 참조). 영양기관과 생식기관을 그린다(부록 2 참조).
3. 수집한 모든 정보를 모아 보고서로 작성하고, 컴퓨터 파일로 작성하여 대중 앞에서 발표한다.

참고문헌

GENERAL ANGIOSPERM FAMILY CLASSIFICATION, DESCRIPTIONS, AND IMAGES

Christenhusz, M. J. M., M. F. Fay, and M. W. Chase. 2017. Plants of the World: An Illustrated Encyclopedia of Vascular Plant Families. Kew Publishing, Royal Botanic Gardens, Kew, and The University of Chicago Press.

Heywood, V. H., R. K. Brummitt, A. Culham, and O. Seberg. 2007. Flowering Plants of the World. Firefly Books, London.

Mabberley, D. J. 2008. Mabberley's Plant-Book: A Portable Dictionary of the Higher Plants, Their Classification and Uses. 3rd edition. Cambridge University Press, Cambridge..

Soltis, D., P. Soltis, P. Endress, M. W. Chase, S. Manchester, W. Judd, L. Majure, and E. Mavrodiev. 2018. Phylogeny and Evolution of the Angiosperms: Revised and Updated Edition. The University of Chicago Press, Chicago, London.

GENERAL REFERENCES ON ANGIOSPERM PHYLOGENY AND ON SPECIFIC EUDICOT GROUPS

Abbott, J. R. 2011. Notes on the disintegration of *Polygala* (Polygalaceae), with four new genera for the Flora of North America. Journal of the Botanical Research Institute of Texas 5: 125-137.

Acuña, R., S. Fliesswasser, M. Ackermann, T. Henning, F. Luebert, and M. Weigend. 2017. Phylogenetic relationships and generic re-arrangements in "South Andean loasas" (Loasaceae). Taxon 66: 385-378.

Aguilar-Ortigoza, C. J. and V. Sosa. 2004. The evolution of toxic phenolic compounds in a group of Anacardiaceae genera. Taxon 53: 357-364.

Al-Shehbaz, I. A., M. A. Beilstein, M. A., and E. A. Kellogg. 2006. Systematics and phylogeny of the Brassicaceae (Cruciferae): An overview. Plant Systematics and Evolution 259: 89-120

Albach, D. C., P. S. Soltis, D. E. Soltis, and R. G. Olmstead. 2001. Phylogenetic analysis of Asterids based on sequences of four genes. Annals of the Missouri Botanical Garden 88: 163–212.

Albach, D. C., H. M. Meudt, and B. Oxelman. 2005. Piecing together the "new" Plantaginaceae. American Journal of Botany 92: 297-315.

Anderberg, A. A. 2004. Primulaceae. In: Kubitzki, K. (ed.), The Families and Genera of Vascular Plants. VI. Flowering Plants. Dicotyledons. Celastrales, Oxalidales, Rosales, Cornales, Ericales. Pp. 313-319. Springer, Berlin.

Anderberg, A. A., U. Manns, and M. Källerjö. 2007. Phylogeny and floral evolution of the Lysimachieae (Ericales, Myrsinaceae): Evidence from ndhF sequence data. Willdenowia 37: 407-421.

Andersson, L., and S. Andersson. 2000. A molecular phylogeny of Tropaeolaceae and its systematic implications. Taxon 49: 721-736.

Angiosperm Phylogeny Group (APG). 1998. An ordinal classification for the families of flowering plants. Annals of the Missouri Botanical Garden 85: 531–553.

APG II. 2003. An update of the Angiosperm Phylogeny Group classification for the orders and families of flowering plants: APG II. Botanical Journal of the Linnean Society 141: 399–436.

APG III. 2009. An update of the Angiosperm Phylogeny Group classification for the orders and families of flowering plants: APG III. Botanical Journal of the Linnean Society 161: 105-121.

APG IV. 2016. An update of the Angiosperm Phylogeny Group classification for the orders and families of flowering plants: APG IV. Botanical Journal of the Linnean Society 181: 1-20.

Bailey, C. D., M. A. Koch, M. Mayer, K. Mummenhorf, S. L. Okane, Jr., S. I. Warwick, M. D. Windham, and I. A. Al-Shehbaz. 2006. Toward a global phylogeny of the Brassicaceae. Molecular Biology and Evolution 23: 2142-2160.

Ballard, H. E., J. de Paula-Souza, and G. A. Wahlert. 2013. Violaceae. Pp. 303-322 in K. Kubitzki (ed.), The Families and Genera of Flowering Plants. XI. Flowering Plants: Eudicots. Malpighiales. Springer, Berlin.

Barboza, G. E., A. T. Hunziker, G. Bernardello, A. A. Cocucci, C. Carrizo Garcia, V. Fuentes, M. O. Dillon, V. Bittrich, M. T. Cosa, R. Subils, A. Romanutti, S. Arroyo, and A. Anton. 2016. Solanaceae. Pp. in J. W. Kadereit and V. Bittrich (eds.), The Families and Genera of Vascular Plants, Volume 14: Flowering Plants: Eudicots - Aquifoliales, Boraginales, Bruniales, Dipsacales, Escalloniales, Garryales, Paracryphiales, Solanales (except Convolvulaceae), Icacinaceae, Metteniusaceae, Vahliaceae. Springer, Berlin.

Barker, W. R., G. l. Nesom, P. M. Beardsley, and N. S. Fraga. 2012. A taxonomic conspectus of Phrymaceae: A narrowed circumscription for Mimulus, new and resurrected genera, and new names and combinations. Phytoneuron 2012-39: 1–60.

Barkman, T. J., G. Chenery, J. R. McNeal, J. Lyons-Weiler, W. J. Ellisens, G. Moore, A. D. Wolfe, and C. W. dePamphilis. 2000. Independent and combined analyses of sequences from all three genomic compartments converge on the root of flowering plant phylogeny. Proceedings of the National Academy of Sciences of the United States of America 97: 13166–13171.

Bayer, C. 1999. The bicolor unit-homology and transformation of an inflorescence structure unique to core Malvales. Plant Systematics and Evolution 214: 187–198.

Bayer, C., M. F. Fay, A. Y. D. Bruijn, V. Savolainen, C. M. Morton, K. Kubitzki, W. S. Alverson, and M. W. Chase. 1999. Support for an expanded family concept of Malvaceae within a recircumscribed order Malvales: a combined analysis of plastid atpB and rbcL DNA sequences. Botanical Journal of the Linnaean Society 129:267–303.

Bayer, C., and O. Appel. 2002. Tropaeolaceae. In: Kubitzki, K. (ed.), The Families and Genera of Vascular Plants. V. Flowering Plants. Dicotyledons. Malvales, Capparales and Non-betalain Caryophyllales. Pp. 400-404. Springer, Berlin.

Bayer, R. J., L. Hufford, and D. E. Soltis. 1996. Phylogenetic relationships in Sarraceniaceae based on rbcL and ITS sequences. Systematic Botany 21: 121-134.

Bayer, R. J., D. J. Mabberley, C. Morton, C. H. Miller, I. K. Sharma, B. E. Pfeil, S. Rich, R. Hitchcock, and S. Syskes. 2009. A molecular phylogeny of the orange subfamily (Rutaceae: Aurantioideae) using nine cpDNA sequences. American Journal of Botany 96: 668-685.

Beardsley, P. M., and R. G. Olmstead. 2002. Redefining Phrymaceae: the placement of *Mimulus*, tribe Mimuleae, and Phryma. American Journal of Botany 89: 1093–1102.

Beardsley, P. M., S. Schoenig, J. B. Whittall, and R. G. Olmstead. 2004. Patterns of evolution in western North American Mimulus (Phrymaceae). American Journal of Botany 91: 474-489.

Beaulieu, J. M. and B. C. O'Meara. 2018. Can we build it? Yes we can, but should we use it? Assessing the quality and value of a very large phylogeny of campanulid angiosperms. American Journal of Botany 105: 417–432.

Behnke, H. D. 1972. Sieve-tube plastids in relation to Angiosperm systematics—an attempt towards a classification by ultrastructural analysis. Botanical Review 38: 155–197.

Beilstein, M. A., I. A. Al-Shehbaz, S. Mathews, and E. A. Kellogg. 2008. Brassicaceae phylogeny inferred from phytochrome A and ndhF sequence data: Tribes and trichomes revisited. American Journal of Botany 95: 1307-1327.

Bello, M. A., A. Bruneau, F. Forest, and J. A. Hawkins. 2009. Elusive relationships within order Fabales: phylogenetic analyses using matK and rbcL sequence data. Systematic Botany 34: 102-114.

Bello, M. A., P. J. Rudall, and J. A. Hawkins. 2012. Combined phylogenetic analyses reveal interfamilial relationships and patterns of floral evolution in the eudicot order Fabales. Cladistics 28: 393-421.

Biffin, E., M. G. Harrington, M. D. Crisp, L. A. Craven, and P. A. Gadek. 2007. Structural partitioning, paired-sites models and evolution of the ITS transcript in Syzygium and Myrtaceae. Molecular Phylogenetics and Evolution 43: 124-139.

Bittrich, V. and Kühn, U. 1993. Nyctaginaceae. In: Kubitzki, K., J. G. Rohwer, and V. Bittrich (eds.), The Families and Genera of Vascular Plants. II. Flowering Plants: Dicotyledons, Magnoliid, Hamamelid and Caryophyllid Families. Pp. 473-485. Springer, Berlin.

Borsch, T., K. W. Hilu, D. Quandt, V. Wilde, C. Neinhuis, and W. Barthlott. 2003. Noncoding plastid trnT-trnF sequences reveal a well resolved phylogeny of basal angiosperms. Journal of Evolutionary Biology 16: 558–576.

Bremer, B., K. Bremer, N. Heidari, P. Erixon, R. G. Olmstead, A. A. Anderberg, M. Källersjö, and E. Barkhordarian. 2002. Phylogenetics of asterids based on 3 coding and 3 non-coding chloroplast DNA markers and the utility of non-coding DNA at higher taxonomic levels. Molecular Phylogenetics and Evolution 24: 274–301.

Bremer, B. 2009. A review of molecular phylogenetic studies of Rubiaceae. Annals of the Missouri Botanical Garden 96: 4-26.

Bremer, B. and O. Eriksson. 2009. Time tree of Rubiaceae: Phylogeny and dating the family, subfamilies and tribes. International Journal of Plant Sciences 170: 766-793.

Bremer, K. 1994. Asteraceae: Cladistics and Classification. Timber Press, Portland, OR.

Bremer, K. 1996. Major clades and grades of the Asteraceae. In: Hind, D. J. N., and H. J. Beentje (eds.), Compositae: Systematics. Pp. 1–7. Proceedings of the International Compositae Conference, Kew. Royal Botanic Gadens, Kew.

Bremer, K., A. Backlund, B. Sennblad, U. Swenson, K. Andreasen, M. Hjertson, J. Lundberg, M. Backlund, and B. Bremer. 2001. A phylogenetic analysis of 100+ genera and 50+ families of euasterids based on morphological and molecular data with notes on possible higher level morphological synapomorphies. Plant Systematics and Evolution 229: 137–169.

Brockington, S. F., R. Alexandre, J. Ramdial, M. J. Moore, S. Crawley, A. Dhingra, K. Hilu, D. E. Soltis, and P. S. Soltis. 2009. Phylogeny of the Caryophyllales Sensu Lato: Revisiting Hypotheses on Pollination Biology and Perianth Differentiation in the Core Caryophyllales. International Journal of Plant Sciences 170:627–643.

Brockington, S. F., R. H. Walker, B. J. Glover, P. S. Soltis, and D. E. Soltis. 2011. Complex pigment evolution in the Caryophyllales. New Phytologist 190:854–864.

Brockington, S. F., Y. Yang, F. Gandia-Herrero, S. Covshoff, J. M. Hibberd, R. F. Sage, G. K. S. Wong, M. J. Moore, and S. A. Smith. 2015. Lineage-specific gene radiations underlie the evolution of novel betalain pigmentation in Caryophyllales. New Phytologist 207:1170-1180.

Buerki, S., F. Forest, P. Acevedo-Rodríguez, M. W. Callmander, J. A. A. Nylander, M. Harrington, I. Sanmartín, F. Küpfer, and N. Alvarez. 2009. Plastid and nuclear DNA markers reveal intricate relationships at subfamilial and tribal levels in the soapberry family (Sapindaceae). Molecular Phylogenetics and Evolution 51: 238-258.

Buerki, S., P. P. I. Lowry, N. Alvarez, S. G. Razafimandimbison, P. Küpfer, and M. W. Callmander. 2010. Phylogeny and circumscription of Sapindaceae revisited: Molecular sequence data, morphology, and biogeography support recognition of a new family, Xanthoceraceae. Plant Ecology and Evolution 143: 148-159.

Burke, J. M., A. Sanchez, K. A. Kron, and M. Luckow. 2010. Placing the woody tropical genera of Polygonaceae: A hypothesis of character evolution and phylogeny. American J. Bot. 97: 1377-1390. American Journal of Botany 97: 1377-1390.

Butterworth, C. A. 2006. Molecular phylogenetics of Cactaceae Jussieu - a review. In: Sharma A. K., & Sharma, A. (eds), Plant Genome Biodiversity and Evolution. Volume 1, Part C. Phanerogams (Angiosperm-Dicotyledons). Pp. 489-524. Science Publishers, Enfield.

Cameron, K. M., M. W. Chase, W. R. Anderson, and H. G. Hills. 2001. Molecular systematics of Malpighiaceae: Evidence from plastid rbcL and matK sequences. American Journal of Botany 88: 1847-1862.

Cameron, K. M., K. J. Wurdack, and R. W. Jobson. 2002. Molecular evidence for the common origin of snap-traps among carnivorous plants. American Journal of Botany 89: 1503-1509.

Cantino, P. D. 1992. Evidence for a polyphyletic origin of the Labiatae. Annals of the Missouri Botanical Garden 79: 361–379.
Cantino, P. D. 2004. Phrymaceae. In: Kadereit, J. (ed.), The Families and Genera of Vascular Plants. VII. Flowering Plants: Dicotyledons: Lamiales (except Acanthaceae including Avicenniaceae). Pp. 323–326. Springer, Berlin.
Cantino, P. D., J. A. Doyle, S. W. Graham, W. S. Judd, R. G. Olmstead, D. E. Soltis, P. S. Soltis, and M. J. Donoghue. 2007. Towards a phylogenetic nomenclature of Tracheophyta. Taxon 56: 822-846.
Carolin, R. C. 2006. Goodeniaceae. In: Kadereit, J. W. and C. Jeffrey (eds), The Families and Genera of Vascular Plants. Volume VIII. Flowering Plants. Eudicots. Asterales. Pp. 589-598. Springer, Berlin.
Cayzer, L. W., M. D. Crisp, and I. R. H. Telford. 2004. Cladistic analysis and revision of *Billardiera* (Pittosporaceae). Australian Systematic Botany 17: 83-125.
Chacón, J., F. Luebert, H. H. Hilger, S. Ovcinnikova, F. Selvi, L. Cecchi, C. M. Guilliams, K. Hasenstab-Lehman, K. Sutorý, M. G. Simpson, and M. Weigend. 2016. The borage family (Boraginaceae s.str.): A revised infrafamilial classification based on new phylogenetic evidence, with emphasis on the placement of some enigmatic genera. Taxon 65:523–546.
Chandler, G. T., and G. M. Plunkett. 2004. Evolution in Apiales: nuclear and chloroplast markers together in (almost) perfect harmony. Botanical Journal of the Linnean Society 144: 123–147.
Chandler, G. T., G. M. Plunkett, S. M. Pinney, L. W. Cayzer, and C. E. C. Gemmill. 2007. Molecular and morphological agreement in Pittosporaceae: Phylogenetic analysis with nuclear ITS and plastid trnL-trnF sequence data. Australian Systematic Botany 20: 390-401.
Chase, M. W., et al. 1993. Phylogenetics of seed plants: an analysis of nucleotide sequences from the plastid gene rbcL. Annals of the Missouri Botanical Garden 80: 528–580.
Chase, M. W., C. M. Morton, and J. A. Kallunki. 1999. Phylogenetic relationships of Rutaceae: a cladistic analysis of the subfamilies using evidence from rbcL and atpB sequence variation. American Journal of Botany 86: 1191–1199.
Chase, M. W., M. F. Fay, and V. Savolainen. 2000. Plant systematics: a half-century of progress (1950–2000) and future challenges—higher -level classification in the angiosperms: new insights from the perspective of DNA sequence data. Taxon 49: 685–704.
Chase, M. W., S. Zmarzty, M. D. Lledó, K. J. Wurdack, S. M. Swensen, and M. F. Fay. 2002. When in doubt, put it in Flacourtiaceae: A molecular phylogenetic analysis based on plastid L DNA sequences. Kew Bulletin 57: 141–181.
Clausing, G., and S. S. Renner. 2001. Molecular phylogenetics of Melastomataceae and Memecylaceae: implications for character evolution. American Journal of Botany 88: 486–498.
Clement, W. L., M. C. Tebbitt, L. L. Forrest, J. E. Blair, L. Brouillet, T. Eriksson, and S. M. Swensen. 2004. Phylogenetic position and biogeography of *Hillebrandia sandwicensis* (Begoniaceae): a rare Hawaiian relict. American Journal of Botany 91:905-917.
Clement, W. L. and G. D. Weiblen. 2009. Morphological evolution in the mulberry family (Moraceae). Systematic Botany 34: 530-552.
Cole, T. C. H. 2015. Angiosperm Phylogeny Group (APG) in jeopardy – Where have the flowers gone? PeerJ PrePrints 3:e1238v1
Conti, E., A. Litt, and K. J. Sytsma. 1996. Circumscription of Myrtales and their relationships to other Rosids: evidence from rbcL sequence data. American Journal of Botany 83: 221–233.
Conti, E., A. Litt, P. G. Wilson, S. A. Graham, B. G. Briggs, L. A. S. Johnson, and K. J. Sytsma. 1998. Interfamilial relationships in Myrtales: molecular phylogeny and patterns of morphological evolution. Systematic Botany 22: 629–647.
Craven, L. A. 2005. Malesian and Australian *Tournefortia* transferred to *Heliotropium* and notes on delimitation of Boraginaceae. Blumea 50: 375-381.
Crowl, A. A., E. Mavrodiev, G. Mansion, R. Haberle, A. Pistarino, G. Kamari, D. Phitos, T. Borsch, and N. Cellinese. 2014. Phylogeny of Campanuloideae (Campanulaceae) with emphasis on the utility of nuclear pentatricopeptide repeat (PPR) genes. PLoS ONE 9: e94199.
Crowl, A. A., N. W. Miles, C. J. Visger, K. Hansen, T. Ayers, R. Haberle, and N. Cellinese. 2016. A global perspective on Campanulaceae: Biogeographic, genomic and floral evolution. American Journal of Botany 103: 233-245.
Cuénoud, P., M. A. Del Pero Martinez, P.-A. Loizeau, R. Spichiger, S. Andrews, and J.-F. Manen. 2000. Molecular phylogeny and biogeography of the genus *Ilex* L. (Aquifoliaceae). Annals of Botany 85: 111-122.
Cuénoud, P., V. Savolainen, L. W. Chatrou, M. Powell, R. J. Grayer, and M. W. Chase. 2002. Molecular phylogenetics of Caryophyllales based on nuclear 18S rDNA and plastid rbcL, atpB, and matK DNA sequences. American Journal of Botany 89:132-144.
Datwyler, S. L. and G. Weiblen. 2004. On the origin of the fig: Phylogenetic relationships of Moraceae from ndhF sequences. American Journal of Botany 91: 767-777.
Davis, C. C., W. R. Anderson, and M. J. Donoghue. 2001. Phylogeny of Malpighiaceae: Evidence from chloroplast ndhF and trnL-F nucleotide sequences. American Journal of Botany 88: 1830-1846.
Davis, C. C. and W. R. Anderson. 2010. A complete generic phylogeny of Malpighiaceae inferred from nucleotide sequence data and morphology. American Journal of Botany 97: 2031-2046.
De-Nova, J. A., L. L. Sánchez-Reyes, L. E. Eguiarte, and S. Magallón. 2018. Recent radiation and dispersal of an ancient lineage: The case of Fouquieria (Fouquieriaceae, Ericales) in North American deserts. Molecular Phylogenetics and Evolution 126: 92-104.
Deng, J.-b., B. T. Drew, E. V. Mavrodiev, M. A. Gitzendanner, P. S. Soltis, and D. E. Soltis. 2015. Phylogeny, divergence times, and historical biogeography of the angiosperm family Saxifragaceae. Molecular Phylogenetics and Evolution 83: 86-98.
Der, J., and D. Nickrent. 2008. A molecular phylogeny of Santalaceae (Santalales). Systematic Botany 33: 107-116.
Devi, S. P., S. Kumaria, S. R. Rao, and P. Tandon. 2016. Carnivorous plants as a source of potent bioactive compound: Naphthoquinones. Tropical Plant Biology 9: 267-279.
Diane, N., H. H. Hilger, H. Förther, M. Weigend, and F. Luebert. 2016. Heliotropiaceae. Pp. 203-211 in J. W. Kadereit and V. Bittrich (eds.), The Families and Genera of Vascular Plants. Flowering Plants. Eudicots. 14. Springer International Publishing, Switzerland.
Donoghue, M. J., T. Eriksson, P. A. Reeves, and R. G. Olmstead. 2001. Phylogeny and phylogenetic taxonomy of Dipsacales, with special reference to Sinadoxa and Tetradoxa (Adoxaceae). Harvard Papers in Botany 6:459-479.
Douglas, N. A., and P. S. Manos. 2007. Molecular phylogeny of Nyctaginaceae: taxonomy, biogeography, and characters associated with a radiation of xerophytic genera in North America. American Journal of Botany 94: 856-872.

Douglas, N. and R. Spellenberg. 2010. A new tribal classification of Nyctaginaceae. Taxon 59: 905-910.

Eddie, W. M., T. Shulkina, J. Gaskin, R. C. Haberle, and R. K. Jansen. 2003. Phylogeny of Campanulaceae s. str. inferred from ITS sequences of nuclear ribosomal DNA. Annals of the Missouri Botanical Garden 90: 554-576.

Edger, P. P., J. C. Hall, A. Harkess, M. Tang, J. Coombs, S. Mohammadin, M. E. Schranz, Z. Xiong, J. Leebens-Mack, B. C. Meyers, K. J. Sytsma, M. A. Koch, I. A. Al-Shehbaz, and J. C. Pires. 2018. Brassicales phylogeny inferred from 72 plastid genes: A reanalysis of the phylogenetic localization of two paleopolyploid events and origin of novel chemical defenses. American Journal of Botany 105: 463–469.

Eiserhardt, W. L., A. Antonelli, D. J. Bennett, L. R. Botigué, J. G. Burleigh, S. Dodsworth, B. J. Enquist, F. Forest, J. T. Kim, A. M. Kozlov, I. J. Leitch, B. S. Maitner, S. Mirarab, W. H. Piel, O. A. Pérez-Escobar, L. Pokorny, C. Rahbek, B. Sandel, S. A. Smith, A. Stamatakis, R. A. Vos, T. Warnow, and W. J. Baker1. 2018. A roadmap for global synthesis of the plant tree of life. American Journal of Botany 105: 614-622.

Ellison, A. M., E. D. Butler, E. J. Hicks, R. F. C. Naczi, P. J. Calie, C. D. Bell, and C. C. Davis. 2012. Phylogeny and biogeography of the carnivorous plant family Sarraceniaceae. PLoS ONE 7: e39291.

Ellison, A. M. and L. Adamec. 2018. Carnivorous Plants: Physiology, Ecology, and Evolution. Oxford University Press, Oxford.

Endress, M. E., and P. V. Bruyns. 2000. A revised classification of the Apocynaceae s. l. Botanical Review 66: 1–56.

Eriksen, B., and C. Persson. 2006. Polygalaceae. In: Kubitzki, K. (ed.), The Families and Genera of Vascular Plants. IX. Flowering Plants. Eudicots. Berberidopsidales, Buxales, Crossosomatales, Fabales p.p., Geraniales, Gunnerales, Myrtales p.p., Proteales, Saxifragales, Vitales, Zygophyllales, Clusiaceae Alliance, Passifloraceae Alliance, Dilleniaceae, Huaceae, Picramniaceae, Sabiaceae Series. Pp. 345-363. Springer, Berlin.

Feng, C.-M., S. R. Manchester, and Q.-Y. J. Xiang. 2009. Phylogeny and biogeography of Alangiaceae (Cornales) inferred from DNA sequences, morphology, and fossils. Molecular Phylogenetics and Evolution 51: 201-214.

Feuillet, C., and J. M. Macdougal. 2006. Passifloraceae. In: Kubitzki, K. (ed.), The Families and Genera of Vascular Plants. IX. Flowering Plants. Eudicots. Berberidopsidales, Buxales, Crossosomatales, Fabales p.p., Geraniales, Gunnerales, Myrtales p.p., Proteales, Saxifragales, Vitales, Zygophyllales, Clusiaceae Alliance, Passifloraceae Alliance, Dilleniaceae, Huaceae, Picramniaceae, Sabiaceae Series. Pp. 270-281. Springer, Berlin.

Fior, S., P. O. Karis, G. Casazza, L. Minuto, and F. Sala. 2006. Molecular phylogeny of the Caryophyllaceae (Caryophyllales) inferred from chloroplast matK and nuclear rDNA ITS sequences. American Journal of Botany 93: 399-411.

Fischer, E. 2004. Scrophulariaceae. In: Kadereit, J. (ed.), The Families and Genera of Vascular Plants. VII. Flowering Plants. Dicotylendons. Lamiales (except Acanthaceae including Avicenniaceae). Pp. 333–432. Springer, Berlin.

Fishbein, M., C. Hibsch-Jetter, D. E. Soltis, and L. Hufford. 2001. Phylogeny of Saxifragales (Angiosperms, Eudicots): analysis of a rapid, ancient radiation. Systematic Biology 50: 817–847.

Fishbein, M., T. Livshultz, S. C. K. Straub, A. O. Simões, J. Boutte, A. McDonnell, and A. Foote. 2018. Evolution on the backbone: Apocynaceae phylogenomics and new perspectives on growth forms, flowers, and fruits. American Journal of Botany 105: 495-513.

Fiz, O., P. Vargas, M. L. Alarcón, M. Aedo, J. L. Garcia, and J. J. Aldasoro. 2008. Phylogeny and historical biogeography of Geraniaceae in relation to climate changes and pollination ecology. Systematic Botany 33: 326-342.

Folk, R. A., M. Sun, P. S. Soltis, S. A. Smith, D. E. Soltis, and R. P. Guralnick. 2018. Challenges of comprehensive taxon sampling in comparative biology: Wrestling with rosids. American Journal of Botany 105: 433–445.

Ford, V. S, and L. D. Gottlieb. 2007. Tribal relationships within Onagraceae inferred from PgiC sequences. Systematic Botany 32: 348-356.

Forest, F., V. Savolainen, M. W. Chase, R. Lupia, A. Bruneau, and P. R. Crane. 2005. Teasing apart molecular- versus fossil-based error estimates when dating phylogenetic trees: A case study in the birch family (Betulaceae). Systematic Botany 30: 118-133.

Forrest, L. L. and P. M. Hollingsworth. 2003. A recircumscription of *Begonia* based on nuclear ribosomal sequences. Plant Systematics and Evolution 241: 193-211.

Forrest, L. L., M. Hughes, and P. M. Hollingsworth. 2005. A phylogeny of *Begonia* using nuclear ribosomal sequence data and morphological characters. Systematic Botany 30: 671-682.

Friis, I. 1993. Urticaceae. In: Kubitzki, K., J. G. Rohwer, and V. Bittrich. (eds), The Families and Genera of Vascular Plants. II. Flowering Plants: Dicotyledons, Magnoliid, Hamamelid and Caryophyllid Families. Pp. 612-629. Springer, Berlin.

Frost, L. A., S. M. Tyson, P. Lu-Irving, N. O'Leary, and R. G. Olmstead. 2017. Origins of North American arid-land Verbenaceae: More than one way to skin a cat. American Journal of Botany 104: 1708-1716.

Gadek, P. A., E. S. Fernando, C. J. Quinn, S. B. Hoot, T. Terrazas, M. C. Sheahan, and M. W. Chase. 1996. Sapindales: molecular delimitation and infraordinal groups. American Journal of Botany 83: 802–811.

García, M. A., M. Costea, M. Kuzmina, and S. Stefanovic. 2014. Phylogeny, character evolution, and biogeography of *Cuscuta* (dodders; Convolvulaceae) inferred from coding plastid and nuclear sequences. American Journal of Botany 101: 670-690.

Gardner, A. G., E. B. Sessa, P. Michener, E. Johnson, K. A. Shepherd, D. G. Howarth, and R. S. Jabaily. 2016. Utilizing next-generation sequencing to resolve the backbone of the Core Goodeniaceae and inform future taxonomic and floral form studies. Molecular Phylogenetics and Evolution 94: 605-617.

Geuten, K., E. Smets, P. Schols, Y.-M. Yuan, S. Janssens, P. Küpfer, and N. Pyck. 2004. Conflicting phylogenies of balsamoid families and the polytomy in Ericales: Combining data in a Bayesian framework. Molecular Phylogenetics and Evolution 31: 711–729.

Gottschling, M., H. H. Hilger, M. Wolf, and N. Diane. 2001. Secondary structure of the ITS1 transcript and its application in a reconstruction of the phylogeny of Boraginales. Plant Biology 3: 629–636.

Gottschling, M., M. Weigend, and H. H. Hilger. 2016. Ehretiaceae. Pp. 165-178 in J. W. Kadereit and V. Bittrich (eds.), The Families and Genera of Vascular Plants. Flowering Plants. Eudicots. 14. Springer International Publishing, Switzerland.

Graham, S. A., J. Hall, K. Sytsma, and S.-H. Shi. 2005. Phylogenetic analysis of the Lythraceae based on four gene regions and morphology. International Journal of Plant Sciences 166: 995-1017.

Graham, S. A., M. Diazgranados, and J. C. Barber. 2011. Relationships among the confounding genera *Ammannia, Hionanthera, Nesaea*, and

Rotala (Lythraceae). Botanical Journal of the Linnean Society 166: 1-19.
Graham, S. W., and R. G. Olmstead. 2000. Utility of 17 chloroplast genes for inferring the phylogeny of the basal angiosperms. American Journal of Botany 87: 1712–1730.
Green, P. S. 2004. Oleaceae. Pp. 296-306, in Kadereit, J. (ed)., The Families and Genera of Vascular Plants. VII. Flowering Plants. Dicotyledons. Lamiales (except Acanthaceae including Avicenniaceae). Springer, Berlin.
Greenberg, A. K. and M. J. Donoghue. 2011. Molecular systematics and character evolution in Caryophyllaceae. Taxon 60: 1637-1652.
Grimm, G. and S. S. Renner. 2013. Harvesting Betulaceae sequences from GenBank to generate a new chronogram for the family. Botanical Journal of the Linnean Society 172: 465-477.
Grimm, G. W., and T. Denk. 2008. ITS evolution in *Platanus* (Platanaceae): Homoeologues, pseudogenes and ancient hybridization. Annals of Botany 101: 403-419.
Groppo, M., J. R. Pirani, M. L. F. Salatino, S. R. Blanco, and J. A. Kallunki. 2008. Phylogeny of Rutaceae based on two non-coding regions from cpDNA. American Journal of Botany 95: 985-1005.
Groppo, M., J. A. Kallunki, J. R. Pirani, and A. Antonelli. 2012. Chilean *Pitavia* more closely related to Oceania and Old World Rutaceae than to Neotropical groups: Evidence from two cpDNA non-coding regions, with a new subfamilial classification of the family. PhytoKeys 19: 9-29.
Guerrero, P. C., L. C. Majure, A. Cornejo-Romero, and T. Hernández-Hernández. 2018. Phylogenetic relationships and evolutionary trends in the cactus family. Journal of Heredity 110: 4-21.
Hadiah, J. T., B. J. Conn, and C. J. Quinn. 2008. Infra-familial phylogeny of Urticaceae, using chloroplast sequence data. Australian Systematic Botany 21: 375-385.
Hall, J. C., K. J. Sytsma, and H. H. Iltis. 2002. Phylogeny of Capparaceae and Brassicaceae based on chloroplast sequence data. American Journal of Botany 89: 1826–1842.
Ham, R. C., H. J. van, and H. 't Hart. 1998. Phylogenetic relationships in the Crassulaceae inferred from chloroplast DNA restriction-site variation. American Journal of Botany 85: 123–134.
Hao, G., Y.-M. Yuan, C.-M. Hu, X.-J. Ge, and N.-X. Zhao. 2004. Molecular phylogeny of *Lysimachia* (Myrsinaceae) based on chloroplast trnL-F and nucclear ribosomal ITS sequences. Molecular Phylogenetics and Evolution 31: 323-339.
Harbaugh, D. T., M. Nepokroeff, R. K. Rabeler, J. Mc Neill, E. A. Zimmer, and W. L. Wagner. 2010. A new lineage-based tribal classification of the family Caryophyllaceae. Internat. J. Plant Sci. 171: 185-198. International Journal of Plant Sciences 171: 185-198.
Harley, R., S. Atkins, A. L. Budantsev, P. D. Cantino, B. J. Conn, M. Grayer, M. M. Harley, R. De Kok, T. Krestovskaya, R. Moralaes, A. J. Paton, O. Ryding, and T. Upson. 2004. Labiatae. In: Kadereit, J. (ed.), The Families and Genera of Vascular Plants. VII. Flowering Plants. Dicotyledons. Lamiales (except Acanthaceae including Avicenniaceae). Pp. 167–275. Springer, Berlin.
Harrington, M. G., K. J. Edwards, S. A. Johnson, M. W. Chase, and P. A. Gadek. 2005. Phylogenetic inference in Sapindaceae sensu lato using plastid matK and rbcL DNA sequences. Systematic Botany 30: 366-382.
Hauenschild, F., S. Matuszak, A. N. Muellner-Riehl, and A. Favre. 2016. Phylogenetic relationships within the cosmopolitan buckthorn family (Rhamnaceae) support the resurrection of Sarcomphalus and the description of Pseudoziziphus gen. nov. Taxon 65: 47-64.
Heibl, C. and S. S. Renner. 2012. Distribution models and a dated phylogeny for Chilean *Oxalis* species reveal occupation of new habitats by different lineages, not rapid adaptive radiation. Systematic Biology 61: 823-834.
Hernández-Hernández, T., H. M. Hernández, J. A. De-Nova, R. Puente, L. E. Eguiarte, and S. Magallón. 2011. Phylogenetic relationships and evolution of growth form in Cactaceae (Caryophyllales, Eudicotyledoneae). American Journal of Botany 98:44-61.
Hernández-Ledesma, P., W. G. Berendsohn, T. Borsch, S. V. Mering, H. Akhani, S. Arias, I. Castañeda-Noa, U. Eggli, R. Eriksson, H. Flores-Olvera, S. Fuentes-Bazán, G. Kadereit, C. Klak, N. Korotkova, R. Nyffeler, G. Ocampo, H. Ochoterena, B. Oxelman, R. K. Rabeler, A. Sanchez, B. O. Schlumpberger, and P. Uotila. 2015. A taxonomic backbone for the global synthesis of species diversity in the angiosperm order Caryophyllales. Willdenowia 45:281-383.
Hilu, K. W., Borsch, T., Muller, K., Soltis, D. E., Soltis, P. S., Savolainen, V., Chase, M. W., Powell, M. P., Alice, L. A., Evans, R., Sauquet, H., Neinhuis, C., Slotta, T. A. B., Rohwer, J. G., Campbell, C. S., and Chatrou, L. W. 2003. Angiosperm phylogeny based on matK sequence information. American Journal of Botany 90: 1758–1766.
Hofmann, M., G. K. Walden, H. H. Hilger, and M. Weigend. 2016. Hydrophyllaceae. Pp. 221-238 in J. W. Kadereit and V. Bittrich (eds.), The Families and Genera of Vascular Plants. Flowering Plants. Eudicots. 14. Springer International Publishing, Switzerland.
Hoot, S. B. 1991. Phylogeny of the Ranunculaceae based on epidermal characters and micromorphology. Systematic Botany 16: 741 755.
Hoot, S. B., and P. R., Crane. 1995. Inter-familial relationships in the Ranunculiidae based on molecular systematics. In: Jensen, U., and J. W. Kadereit (eds.), Systematics and Evolution of the Ranunculiflorae. Springer, Vienna. Pp. 119–131 [Plant Syst. Evol. Suppl. 9.]
Hoot, S. B. 1995. Phylogeny of the Ranunculaceae based on preliminary atpB, rbcL and 18S ribosomal DNA sequence data. In: Jensen, U., and J. W. Kadereit (eds.), Systematics and Evolution of the Ranunculiflorae. Pp. 241–251. Springer, Vienna. [Plant Syst. Evol. Suppl. 9.]
Hoot, S. B., J. W. Kadereit, F. R. Blattner, K. B. Jork, A. E. Schwarzbach, and P. R. Crane. 1997. Data congruence and phylogeny of the Papaveraceae s.l. based on four data sets: atpB and rbcL sequences, trnK restriction sites, and morphological characters. Systematic Botany 22:575–590.
Hoot, S. B., and A. W. Douglas. 1998. Phylogeny of the Proteaceae based on atpB and atpB-rbcL intergenic spacer regions. Australian Systematic Botany 11: 301–320.
Hoot, S. B., S. Magallon-Puebla, and P. R. Crane. 1999. Phylogeny of basal eudicots based on three molecular data sets: atpB, rbcL and 18S nuclear ribosomal DNA sequences. Annals of the Missouri Botanical Garden 86: 119–131.
Hufford, L., M. M. McMahon, A. M. Sherwood, G. Reeves, and M. W. Chase. 2003. The major clades of Loasaceae: Phylogenetic analysis using the plastid matK and trnL-trnF regions. American Journal of Botany 90: 1215-1228.
Jabaily, R. S., K. A. Shepherd, M. H. G. Gustafsson, L. W. Sage, S. L. Krauss, D. G. Howarth, and T. J. Motley. 2012. Systematics of the Austral-Pacific family Goodeniaceae: Establishing a taxonomic and evolutionary framework. Taxon 61: 419-436.

Jabaily, R. S., K. A. Shepherd, A. G. Gardner, M. H. G. Gustafsson, D. G. Howarth, and T. J. Motley. 2014. Historical biogeography of the predominantly Australian plant family Goodeniaceae. Journal of Biogeography 41: 2057-2067.

Jansen, R. K., Z. Cai, L. A. Raubeson, H. Daniell, C. W. dePamphilis, J. Leebens-Mack, K. F. Müller, M. Guisinger-Bellian, R. C. Haberle, A. K. Hansen, T. W. Chumley, S.-B. Lee, R. Peery, J. R. McNeal, J. V. Kuehl, and J. L. Boore. 2007. Analysis of 81 genes from 64 plastid genomes resolves relationships in angiosperms and identifies genome-scale evolutionary patterns. Proceedings of the National Academy of Sciences U.S.A. 104: 19369-19374.

Janssens, S. B., K. Geuten, Y. M. Yuan, Y. Song, P. Küpfer, and E. F. Smets. 2006. Phylogenetics of *Impatiens* and *Hydrocera* (Balsaminaceae) using chloroplast atpB-rbcL spacer sequences. Systematic Botany 31: 171-180.

Jeiter, J., M. Weigend, and H. H. Hilger. 2016. Geraniales flowers revisited: Evolutionary trends in floral nectaries. Annals of Botany 119:395–408.

Jian, S., P. S. Soltis, M. A. Gitzendanner, M. J. Moore, R. Li, T. A. Hendry, Y.-L.Qiu, A. Dhingra, C. Bell, and D. E. Soltis. 2008. Resolving an ancient, rapid radiation in Saxifragales. Systematic Biology 57: 38-57.

Johnson, L. A., L. M. Chan, T. L. Weese, L. D. Busby, and S. McMurry. 2008. Nuclear and cpDNA sequences combined provide strong inference of higher phylogenetic relationships in the phlox family (Polemoniaceae). Molecular Phylogenetics and Evolution 48: 997-1012.

Kadereit, G., T. Borsch, K. Weising, and H. Freitag. 2003. Phylogeny of Amaranthaceae and Chenopodiaceae and the evolution of C4 photosynthesis. International Journal of Plant Sciences 164:959-986.

Kadereit, G., E. V. Mavrodiev, E. H. Zacharias, and A. P. Sukhorukov. 2010. Molecular phylogeny of Atripliceae (Chenopodioideae, Chenopodiaceae): Implications for systematics, biogeography, flower and fruit evolution, and the origin of C4 photosynthesis. American Journal of Botany 97:1664–1687.

Kadereit, J. (ed.). 2004. The Families and Genera of Vascular Plants. VII. Flowering Plants. Dicotyledons. Lamiales (except Acanthaceae including Avicenniaceae). Springer, Berlin.

Kadereit, J. W., F. R. Blattner, K. B. Jork, and A. Schwarzbach. 1994. Phylogenetic analysis of the Papaveraceae s.l. (inc. Fumariaceae, Hypecoaceae, and Pteridophyllum) based on morphological characters. Botanische Jahrbücher für Systematik 116: 361–390.

Kadereit, J. W., F. R. Blattner, K. B. Jork, and A. Schwarzbach. 1995. The phylogeny of the Papaveraceae sensu lato: morphological, geographical, and ecological implications. In: Jensen, U., and J. W. Kadereit (eds.), Systematics and Evolution of the Ranunculiflorae. Pp. 133-145. Springer, Vienna. [Plant Syst. Evol. Suppl. 9.]

Källersjö, M., G. Bergqvist, and A. A. Anderberg. 2000. Generic realignment in primuloid families of the Ericales s.l.: A phylogenetic analysis based on DNA sequences from three chloroplast genes and morphology. American Journal of Botany 87: 1325-1341.

Kårehed, J. 2002. Not just hollies - the expansion of Aquifoliales. Pp. 1-14 Evolutionary Studies in Asterids Emphasising Euasterids II. Acta Universitatis Upsaliensis, Uppsala.

Kim, D.-K. and J.-H. Kim. 2011. Molecular phylogeny of the tribe Forsythieae (Oleaceae) based on nuclear ribosomal DNA internal transcribed spacers and plastid DNA trnL-F and matK gene sequences. J. Plant Res. 124: 339-347. Journal of Plant Research 124: 339-347.

Klak, C., A. Khunou, G. Reeves, and T. Hedderson. 2003. A phylogenetic hypothesis for the Aizoaceae (Caryophyllales) based on four plastid DNA regions. American Journal of Botany 90: 1433–1445.

Klak, C. 2010. Phylogeny and diversification of Aizoaceae: Progress and prospects. Schumannia 6, Biodiversity & Ecology 3: 87-107.

Kornhall, P., N. Heidari, and B. Bremer. 2001. Selagineae and Manuleeae, two tribes or one? Phylogenetic studies in the Scrophulariaceae. Plant Systematics and Evolution 288: 199-218.

Korotkova, N., J. V. Schneider, D. Quandt, A. Worberg, G. Zizka, and T. Borsch. 2009. Phylogeny of the eudicot order Malpighiales - analysis of a recalcitrant clade with sequences of the petD group II intron. Plant Systematics and Evolution 282: 201-228.

Kron, K. A., W. S. Judd, P. F. Stevens, D. M. Crayn, A. A. Anderberg, P. A. Gadek, C. J. Quinn, and J. L. Luteyn. 2002. A phylogenetic classification of Ericaceae: molecular and morphological evidence. Botanical Review 68: 335–423.

Kubitzki, K., Rohwer, J. G., and Bittrich, V. 1993. The Families and Genera of Vascular Plants. II. Flowering Plants: Dicotyledons, Magnoliid, Hamamelid and Caryophyllid Families. Springer-Verlag, Berlin.

Kubitzki, K. 1993a. Cecropiaceae. In: Kubitzki, K., J. G. Rohwer, and V. Bittrich (eds.), The Families and Genera of Vascular Plants. II. Flowering Plants: Dicotyledons, Magnoliid, Hamamelid and Caryophyllid Families. Pp. 243-245. Springer, Berlin.

Kubitzki, K. 1993b. Platanaceae. In: Kubitzki, K., J. G. Rohwer, and V. Bittrich (eds.). The Families and Genera of Vascular Plants. II. Flowering plants:dicotylendons, magnoliid, hamamelid, and caryophyllid families. Pp. 521–522. Springer-Verlag, Berlin, New York.

Kubitzki, K., and C. Bayer. 2002. The Families and Genera of Vascular Plants. V. Flowering Plants. Dicotyledons: Malvales, Capparales, and non-betalain Caryophyllales. Springer, Berlin.

Kubitzki, K., and M. W. Chase. 2002. Introduction to Malvales. In: K. Kubitzki and C. Bayer (eds), The Families and Genera of Vascular Plants. V. Flowering Plants. Dicotyledons. Malvales, Capparales and Non-betalain Caryophallales. Pp. 12–16. Springer, Berlin.

Kubitzki, K. 2004. The Families and Genera of Vascular Plants. VI. Flowering Plants. Dicotyledons. Ceslastrales, Oxalidales, Rosales, Cornales, Ericales. Springer, Berlin.

Lamb Frye, A. S., and K. A. Kron. 2003. RbcL phylogeny and character evolution in Polygonaceae. Systematic Botany 28:326–332.

Lane, A. K., M. M. Augustin, S. Ayyampalayam, A. Plant, S. Gleissberg, V. S. di Stilio, C. W. Depamphilis, G. K.-S. Wong, T. M. Kutchan, and J. H. Leebens-Mack. 2018. Phylogenomic analysis of Ranunculales resolves branching events across the order. Botanical Journal of the Linnean Society 187: 157-166.

Langstrom, E. and M. W. Chase. 2002. Tribes of Boraginoideae (Boraginaceae) and placement of *Antiphytum, Echiochilon, Ogastemma*, and *Sericostoma*: A phylogenetic analysis based on atpB plastid DNA sequence data. Plant Systematics and Evolution 234: 137-153.

Le Péchon, T. and L. D. B. Gigord. 2014. On the relevance of molecular tools for taxonomic revision in Malvales, Malvaceae s.l., and Dombeyoideae. Pp. 337-363 in P. Besse (ed.), Molecular Plant Taxonomy Methods and Protocols. Humana Press, Springer, New York.

Levin, R. A., W. L. Wagner, P. C. Hoch, M. Nepokroeff, J. C. Pires, E. A. Zimmer, and K. J. Sytsma. 2003. Family-level relationships of Onagraceae based on chloroplast rbcL and ndhF data. American Journal of Botany 90: 107–115.

Li, H.-L., W. Wang, R.-Q. Li, J.-B. Zhang, M. Sun, R. Naeem, J.-X. Su, X.-G. Xiang, P. E. Mortimer, D.-Z. Li, K. D. Hyde, J.-C. Xu, D. E. Soltis, P. S. Soltis, J. Li, S.-Z. Zhang, H. Wu, Z.-D. Chen, and A.-M. Lu. 2016. Global versus Chinese perspectives on the phylogeny of the N-fixing clade. Journal of Systematics and Evolution 54: 392–399.

Li, J. and A. L. Bogle. 2001. A new suprageneric classification system of Hamamelidoideae based on morphology and sequences of nuclear and chloroplast DNA. Harvard Papers in Botany 5: 499-515.

Li, J. 2008. Molecular phylogenetics of Hamamelidaceae: Evidence from DNA sequences of nuclear and chloroplast genomes. Pp. 227-250 in A. K. Sharma and A. Sharma (eds.), Plant Genome Biodiversity and Evolution. Volume 1. Part E. Phanerogams - Angiosperm. Science Publishers, Delhi.

Li, R.-Q., Z.-D. Chen, Y.-P. Hong, and A.-M. Lu. 2002. Phylogenetic relationships of the "higher" hamamelids based on chloroplast trnL-F sequences. Acta Botanica. Sinica 44: 1462–1468.

Li, R.-Q., Z.-D. Chen, A.-M. Lu, D. E. Soltis, P. S. Soltis, and P. S. Manos. 2004. Phylogenetic relationships in Fagales based on DNA sequences from three genomes. International Journal of Plant Sciences 165: 311-324.

Lis-Balchin, M. (ed.). 2002. Geranium and Pelargonium: The Genera Geranium and Pelargonium. Taylor and Francis, London.

Liston, A. 2003. A new interpretation of floral morphology in *Garrya* (Garryaceae). Taxon 52: 271-276.

Livshultz, T., E. Kaltenegger, S. C. K. Straub, K. Wietemier, E. Hirsch, K. Koval, L. Mema, and A. Liston. 2018. Evolution of pyrrolizine alkaloid biosynthesis in Apocynaceae: Revisiting the defence de-escalation hypothesis. New Phytologist 218: 762-773.

Lledó, M. D., M. B. Crespo, K. M. Cameron, M. F. Fay, and M. W. Chase. 1998. Systematics of Plumbaginaceae based on cladistic analysis of rbcL sequence data. Systematic Botany 23: 21-29.

Lledó, M. D., P. O. Karis, M. B. Crespo, M. F. Fay, and M. W. Chase. 2001. Phylogenetic position and taxonomic status of the genus Aegialitis and subfamilies Staticoideae and Plumbaginoideae (Plumbaginaceae): Evidence from plastid DNA sequences and morphology. Plant Systematics and Evolution 229: 107-124.

Lledó, M. D., M. B. Crespo, M. F. Fay, and M. W. Chase. 2005. Molecular phylogenetics of *Limonium* and related genera (Plumbaginaceae): Biogeographical and systematic implications. American Journal of Botany 92: 1189-1198.

Luebert, F., G. Brokamp, J. Wen, M. Weigend, and H. H. Hilger. 2011. Phylogenetic relationships and morphological diversity in neotropical *Heliotropium* (Heliotropiaceae). Taxon 60: 663–680.

Luebert, F., L. Cecchi, M. W. Frohlich, M. Gottschling, C. M. Guilliams, K. E. Hasenstab-Lehman, H. H. Hilger, J. S. Miller, M. Mittelbach, M. Nazaire, M. Nepi, D. Nocentini, D. Ober, R. G. Olmstead, F. Selvi, M. G. Simpson, K. Sutorý, B. Valdés, G. K. Walden, and M. Weigend. 2016. Familial classification of the Boraginales. Taxon 65: 502–522.

Lundberg, J. and K. Bremer. 2003. A phylogenetic study of the order Asterales using one morphological and three molecular data sets. International Journal of Plant Sciences 164: 553–578.

Manen, J.-F., M. C. Boulter, and Y. Naciri-Graven. 2002. The complex history of the genus *Ilex* L. (Aquifoliaceae): evidence from the comparison of plastid and nuclear DNA sequences and from fossil data. Plant Sytematics and Evolution 235: 79-98.

Manen, J.-F., G. Barriera, P.-A. Loizeau, and Y. Naciri. 2010. The history of extant *Ilex* species (Aquifoliaceae): Evidence of hybridization within a Mioece radiation. Molecular Phylogenetics and Evolution 57: 961-977.

Manos, P. S., and K. P. Steele. 1997. Phylogenetic analysis of "higher" Hamamelididae based on plastid sequence data. American Journal of Botany 84: 1407–1419.

Manos, P. S., and D. E. Stone. 2001. Evolution, phylogeny and systematics of the Juglandaceae. Annals of the Missouri Botanical Garden 88: 231-269.

Manos, P. S., Z.-K. Zhou, and C. H. Cannon. 2001. Systematics of Fagaceae: Phylogenetic tests of reproductive trait evolution. International Journal of Plant Sciences 162: 1361–1379.

Manos, P. S., P. S. Soltis, D. E. Soltis, S. R. Manchester, S.-H. Oh, C. D. Bell, D. L. Dilcher, and D. E. Stone. 2007. Phylogeny of extant and fossil Juglandaceae inferred from the integration of molecular and morphological data sets. Systematic Biology 56: 412-430.

Martins, L., C. Oberprieler, and F. H. Hellwig. 2003. A phylogenetic analysis of Primulaceae s.l. based on internal transcribed spacer (ITS) DNA sequence data. Plant Systematics and Evolution 237:75-85.

Marx, H., N. O'Leary, Y.-W. Yuan, P. Lu-Irving, D. C. Tank, M. E. Múlgura, and R. Olmstead. 2010. A molecular phylogeny and classification of Verbenaceae. American Journal of Botany 97: 1647-1663.

Matthews, M. L., and P. K. Endress. 2002. Comparative floral morphology and systematics in Oxalidales (Oxalidaceae, Connaraceae, Brunelliaceae, Cephalotaceae, Cunoniaceae, Elaeocarpaceae, Tremandraceae). Botanical Journal of the Linnean Society 140: 321–381.

Matthews, M. L., and P. K. Endress. 2005. Comparative floral structure and systematics in Crossosomataceae, Stachyuraceae, Staphyleaceae, Aphloiaceae, Geissolomataceae, Ixerbaceae, Strasburgeriaceae). Botanical Journal of the Linnean Society 147: 1–46.

Mayta, L. and E. A. Molinari-Novoa. 2015. L'intégration du genre Leuenbergeria Lodé dans sa propre sous-famille, Leuenbergerioideae Mayta & Mol. Nov., subfam. nov. Succulentopi 12:6-7.

McDade, L. A., S. E. Masta, M. L. Moody, and E. Waters. 2000. Phylogenetic relationships among Acanthaceae: Evidence from two genomes. Systematic Botany 25: 106–121.

McDade, L. A., T. F. Daniel, and C. A. Kiel. 2008. Toward a comprehensive understanding of phylogenetic relationships among lineages of Acanthaceae s.l. (Lamiales). American Journal of Botany 95: 1136-1152.

McNeal, J. R., J. R. Bennett, A. D. Wolfe, and S. Mathews. 2013. Phylogeny and origins of holoparasitism in Orobanchaceae. American Journal of Botany 100: 971-983.

Medan, D., and C. Schirarend. 2004. Rhamnaceae. In: Kubitzki, K. (ed.), The Families and Genera of Vascular Plants. VI. Flowering Plants. Dicotyledons. Celastrales, Oxalidales, Rosales, Cornales, Ericales. Pp. 320-338. Springer, Berlin.

Meimberg, H., P. Dittrich, G. Bringmann, J. Schlauer, and G. Heubl. 2000. Molecular phylogeny of Caryophyllidae s.l. based on matK sequences with special emphasis on carnivorous taxa. Plant Biology 2: 218–228.

Merckx, V. S. F. T., J. Kissling, H. Hentrich, S. B. Janssens, C. B. Mennes, C. D. Specht, and E. F. Smets. 2013. Phylogenetic relationships of the mycoheterotrophic genus *Voyria* and the implications for the biogeographic history of Gentianaceae. American Journal of Botany 100: 712-721.

Miller, J. S. 2003. Classification of Boraginaceae subfam. Ehretioideae: Resurrection of the genus Hilsenbergia Tausch ex Meisn. Adansonia Series 3, 25: 151-189.

Miller, J. S. and M. Gottschling. 2007. Generic classification in the Cordiaceae (Boraginales): Resurrection of the genus *Varronia* P.Br. Taxon 56:163-169.

Moharrek, F., S. Kasempour Osaloo, and M. Assadi. 2014. Molecular phylogeny of Plumbaginaceae with emphasis on *Acantholimon* Boiss. based on nuclear and plastid DNA sequences in Iran. Biochemical Systematics and Ecology 57: 117-127.

Monro, A. K. 2006. The revision of species-rich genera: A phylogenetic framework for the strategic revision of Pilea (Urticaceae) based on cpDNA, nrDNA, and morphology. American Journal of Botany 93: 426-441.

Moonlight, P. W., W. H. Ardi, L. A. Padilla, K.-F. Chung, D. Fuller, D. Girmansyah, R. Hollands, A. Jara-Muñoz, R. Kiew, W.-C. Leong, Y. Liu, A. Mahardika, L. D. K. Marasinghe, M. O'Connor, C.-I. Peng, Á. J. Pérez, T. Phutthai, M. Pullan, S. Rajbhandary, C. Reynel, R. R. Rubite, J. Sang, D. Scherberich, Y.-M. Shui, M. C. Tebbitt, D. C. Thomas, H. P. Wilson, N. H. Zaini, and M. Hughes. 2018. Dividing and conquering the fastest-growing genus: Towards a natural sectional classification of the mega-diverse genus *Begonia* (Begoniaceae). Taxon 27: 276-323.

Moore, B. R. and M. J. Donoghue. 2007. Correlates of diversification in the plant clade Dipsacales: Geographic movement and evolutionary innovations. The American Naturalist 170:S28–S55.

Moore, M. J., N. Hassan, M. A. Gitzendanner, R. A. Bruenn, M. Croley, A. Vandeventer, J. W. Horn, A. Dhingra, S. F. Brockington, M. Latvis, J. Ramdial, R. Alexandre, A. Piedrahita, Z. Xi, C. C. Davis, P. S. Soltis, and D. E. Soltis. 2011. Phylogenetic analysis of the plastid inverted repeat for 244 species: Insights into deeper-level angiosperm relationships from a long, slowly evolving sequence region. International Journal of Plant Sciences 172:541-558.

Morley, R. J. and C. W. Dick. 2003. Missing fossils, molecular clocks, and the origin of the Melastomataceae. American Journal of Botany 90: 1638-1645.

Mort, M. E., D. E. Soltis, P. S. Soltis, J. Francisco-Ortega, and A. Santos-Guerra. 2001. Phylogenetic relationships and evolution of Crassulaceae inferred from matK sequence data. American Journal of Botany 88: 76–91.

Mort, M. E., T. R. O'Leary, P. Carillo-Reyes, T. Nowell, J. K. Archibald, and C. P. Randle. 2010. Phylogeny and evolution of Crassulaceae: Past, present and future. Schumannia 6: 69-86.

Morton, C. M. and C. Telmer. 2014. New subfamily classification for Rutaceae. Annals of the Missouri Botanical Garden 99: 620-641.

Muellner-Riehl, A. N., A. Weeks, J. W. Clayton, S. Buerki, L. Nauheimer, Y.-C. Chiang, S. Cody, and S. K. Pell. 2016. Molecular phylogenetics and molecular clock dating of Sapindales based on plastid rbcL, atpB and trnL-trnF DNA sequences. Taxon 65: 1019-1036.

Müller, K., and T. Borsch. 2005. Phylogenetics of Amaranthaceae based on matK/trnK sequence data - evidence from parsimony, likelihood, and Bayesian analysis. Annals of the Missouri Botanical Garden 92: 66-102.

Nandi, O. I., M. W. Chase, and P. K. Endress. 1998. A combined cladistic analysis of angiosperms using rbcL and non-molecular data sets. Annals of the Missouri Botanical Garden 85: 137–212.

Narzary, D., S. A. Ranade, P. K. Divakar, and T. S. Rana. 2016. Molecular differentiation and phylogenetic relationship of the genus Punica (Punicaceae) with other taxa of the order Myrtales. Rheedea 26: 37-51.

Neyland, R. and M. Merchant. 2006. Systematic relationships of Sarraceniaceae inferred from nuclear ribosomal DNA sequences. Madroño 53: 223-232.

Nickrent, D. L., and V. Malécot. 2001. A molecular phylogeny of Santalales. In: Fer, A., P. Thalouarn, D. M. Joel, L. J. Musselman, C. Parker, and J. A. C. Verkleij (eds.), Proceedings of the 7th International Parasitic Weed Symposium. Faculté des Sciences, Université de Nantes, Nantes, France. See http://www.science.siu.edu/parasitic-plants/Santalales.IPWC/Sants.IPWC.html for an on-line version of the paper.

Nickrent, D. L., V. Malécot, R. Vidal-Russell, and J. P. Der. 2010. A revised classification of Santalales. Taxon 59:538-558.

Nickrent, D. L., F. Anderson, and J. Kuijt. 2019. Inflorescence evolution in Santalales: integrating morphological characters and molecular phylogenetics. American Journal of Botany 3: 1-13.

Nicolas, A. N. and G. M. Plunkett. 2009. The demise of subfamily Hydrocotyloideae (Apiaceae) and the re-alignment of its genera across the whole order Apiales. Molecular Phylogenetics and Evolution 53: 134-151.

Nicolas, A. N. and G. M. Plunkett. 2014. Diversification times and biogeographic patterns in Apiales. Botanical Review 80: 30-58.

Nürk, N. M., S. Uribe-Convers, B. Gehrke, D. C. Tank, and F. R. Blattner. 2015. Oligocene niche shift, Miocene diversification - cold tolerance and accelerated speciation rates in the St John's worts (Hypericum, Hypericaceae). BMC Evolutionary Biology 15: 80.

Nyffeler, R. 2002. Phylogenetic relationships in the cactus family (Cactaceae) based on evidence from trnK/matK and trnL-trnF sequences. American Journal of Botany 89: 312–326.

Nyffeler, R., C. Bayer, W. S. Alverson, A. Yen, B. A. Whitlock, M. W. Chase, and D. A. Baum. 2005. Phylogenetic analysis of the Malvadendrina clade (Malvaceae s.l.) based on plastid DNA sequences. Organisms Diversity & Evolution 5: 109-123.

Oh, S.-H., and P. S. Manos. 2008. Molecular phylogenetics and cupule evolution in Fagaceae as inferred from nuclear CRABS CLAW sequences. Taxon 57: 434-451.

Oh, S.-H. 2010. Phylogeny and systematics of Crossosomatales as inferred from chloroplast atpB, matK, and rbcL sequences. Korean Journal of Plant Taxonomy 40: 208-217.

Olmstead, R. G., and P. A. Reeves. 1995. Evidence for the polyphyly of the Scrophulariaceae based on chloroplast rbcL and ndhF sequences. Annals of the Missouri Botanical Garden 82: 176–193.

Olmstead, R. G., J. A. Sweere, R. E. Spangler, L. Bohs, and J. D. Palmer. 1999. Phylogeny and provisional clasification of the Solanaceae based on chloroplast DNA. In: Nee, M., D. Symon, R. N. Lester, and J. P. Jessop (eds.), Solanaceae IV: Advances in Biology and Utilization. Pp. 111–137. Royal Botanic Gardens, Kew.

Olmstead, R. G., C. W. DePamphilis, Andrea D. Wolfe, Nelson D. Young, Wayne J. Elisons, and Patrick A. Reeves. 2001. Disintegration of the Scrophulariaceae. American Journal of Botany 88: 348.

Olmstead, R. G., L. Bohs, H. A. Migid, E. Santiago-Valentin, V. F. Garcia, and S. M. Collier. 2008. A molecular phylogeny of the Solanaceae. Taxon 57: 1159-1181.

Olmstead, R. G., M. L. Zjhra, L. G. Lohmann, S. O. Grose, and A. J. Eckert. 2009. A molecular phylogeny and classification of Bignoniaceae. American Journal of Botany 96: 1731-1743.

Oxelman, B., N. Yoshikawa, B. L. McConaughy, J. Luo, A. L. Denton, and B. D. Hall. 2004. RPB2 gene phylogeny in flowering plants, with particular emphasis on asterids. Molecular Phylogenetics and Evolution 32: 462-479.

Oxelman, B., P. Kornhall, R. G. Olmstead, and B. Bremer. 2005. Further disintegration of Scrophulariaceae. Taxon 54: 411-425.

Palazzesi, L., M. Gottschling, V. Barreda, and M. Weigend. 2012. First Miocene fossils of Vivianiaceae shed new light on phylogeny, divergence times, and historical biogeography of Geraniales. Biol. Biological Journal of the Linnean Society 107: 67-85.

Panero, J. L. and V. A. Funk. 2002. Toward a phylogenetic classification for the Compositae (Asteraceae). Proceedings of the Biological Society of Washington 115: 909–922.

Panero, J. L. and V. A. Funk. 2008. The value of sampling anomalous taxa in phylogenetic studies: Major clades of the Asteraceae revisited. Molecular Phylogenetics and Evolution 47: 757-782.

Panero, J. L., S. E. Freire, L. A. Espinar, B. S. Crozier, G. E. Barboza, and J. J. Cantero. 2014. Resolution of deep nodes yields an improved backbone phylogeny and a new basal lineage to study early evolution in Asteraceae. Molecular Phylogenetics and Evolution 80:43-53.

Pell, S. K., J. D. Mitchell, A. J. Miller, and T. A. Lobova. 2011. Anacardiaceae. Pp. 7-50 in K. Kubitzki (ed.), The Families and Genera of Flowering Plants. X. Flowering Plants: Eudicots. Sapindales, Cucurbitales, Myrtaceae. Springer, Berlin.

Persson, C. 2001. Phylogenetic relationships in Polygalaceae based on plastid DNA sequences from the trnL-F region. Taxon 50: 763–779.

Plana, V. 2003. Phylogenetic relationships of the Afro-Malagasy members of the large genus Begonia inferred from trnL intron sequences. Systematic Botany 28: 693-704.

Plunkett, G. M., D. E. Soltis, and P. S. Soltis. 1997. Evolutionary patterns in Apiaceae: Inferences based on matK sequence data. Systematic Botany 21: 477–495.

Plunkett, G. M., G. T. Chandler, P. P. Lowry II, S. M. Pinney, and T. S. Sprenkle. 2004a. Recent advances in understanding Apiales and a revised classification. South African Journal of Botany 70: 371-381.

Plunkett, G. M., J. Wen, and P. P. Lowry II. 2004b. Infrafamilial classifications and characters in Araliaceae: Insights from the phylogenetic analysis of nuclear (ITS) and plastid (trnL-trnF) sequence data. Plant Systematics and Evolution 245: 1-39.

Porter, J. M. 1997. Phylogeny of Polemoniaceae based on nuclear ribosomal internal transcribed DNA sequences. Aliso 15: 57–77.

Porter, J. M., and L. A. Johnson. 1998. Phylogenetic relationships of Polemoniaceae: inferences from mitochondrial nad1b intron sequences. Aliso 17: 157–188.

Potter, D., F. Gao, P. E. Bortiri, S.-H. Oh, and S. Baggett. 2002. Phylogenetic relationships in Rosaceae inferred from chloroplast matK and trnL-trnF nucleotide sequence data. Plant Systematics and Evolution 231: 77–89.

Potter, D., T. Eriksson, R. C. Evans, S. Oh, J. E. E. Smedmark, D. R. Morgan, M. Kerr, K. R. Robertson, M. Arsenault, T. A. Dickinson, and C. S. Campbell. 2007. Phylogeny and classification of Rosaceae. Plant Systematics and Evolution 266: 5-43.

Powell, M., V. Savolainen, P. Cuénoud, J.-F. Manen, and S. Andrews. 2000. The mountain holly (*Nemopanthus mucronatus*: Aquifoliaceae) revisited with molecular data. Kew Bulletin 55: 341-347.

Prather, C. A., C. J. Ferguson, and R. K. Jansen. 2000. Polemoniaceae phylogeny and classification: Implications of sequence data from the chloroplast gene ndhF. American Journal of Botany 87: 1300–1308.

Prince, L. M. and C. R. Parks. 2001. Phylogenetic relationships of Theaceae inferred from chloroplast DNA sequence data. American Journal of Botany 88: 2309-2320.

Pyck, N., P. Roels, and E. Smets. 1999. Tribal relationships of Caprifoliaceae: Evidence from a cladistic analysis using ndhF sequences. Systematics and Geography of Plants 69: 145-159.

Pyck, N., and E. Smets. 2004. On the systematic position of Triplostegia (Dipsacales): A combined molecular and morphological approach. Belgian Journal of Botany 137: 125-139.

Qui, Y.-L., M. W. Chase, S. B. Hoot, E. Conti, P. R. Crane, K. J. Sytsma, and C. R. Parks. 1998. Phylogenetics of Hamamelidae and their allies: parsimony analyses of nucleotide sequences of the plastid gene rbcL. International Journal of Plant Sciences 159: 891–905.

Reeves, P. A., and R. G. Olmstead. 1998. Evolution of novel morphological, ecological, and reproductive traits in a clade containing Antirrhinum. American Journal of Botany 85: 1047–1056.

Refulio-Rodriguez, N. F. and R. G. Olmstead. 2014. Phylogeny of Lamiidae. American Journal of Botany 101: 287-299.

Renner, S. S., A. Weerasooriya, and M. E. Olson. 2002. Phylogeny of Cucurbitaceae inferred from multiple chloroplast loci. In: Botany 2002: Botany in the Curriculum, Abstracts. Madison, WI. (http://www.botany2002.org)

Renner, T. and C. D. Specht. 2011. A sticky situation: assessing adaptations for plant carnivory in the Caryophyllales by means of stochastic character mapping. International Journal of Plant Sciences 172:889-901.

Renner, T. and C. D. Specht. 2013. Inside the trap: gland morphologies, digestive enzymes, and the evolution of plant carnivory in the Caryophyllales. Current Opinion in Plant Biology 16:436-442.

Richardson, J. E., M. E. Fay, Q. C. B. Cronk, and M. W. Chase. 2000. A revision of the tribal classification of Rhamnaceae. Kew Bulletin 55: 311–340.

Richardson, J. E., B. A. Whitlock, A. W. Meerow, and S. Madriñán. 2015. The age of chocolate: A diversification history of *Theobroma* and Malvaceae. Frontiers in Ecology and Evolution 3: 120.

Rivadavia, F., K. Kondo, M. Kato, and M. Hasebe. 2003. Phylogeny of the sundews, Drosera (Droseraceae), based on chloroplast rbcL and nuclear 18S ribosomal DNA sequences. American Journal of Botany 90: 123-130.

Robbrecht, E. and J. F. Manen. 2006. The major evolutionary lineages of the coffee family (Rubiaceae, angiosperms). Combined analysis (nDNA and cpDNA) to infer the position of Coptosapelta and Luculia, and supertree construction based on rbcL, rps16, trnL-trnF and atpB-rbcL data. A new classification in two subfamilies, Cinchonioideae and Rubioideae. Systematics and Geography of Plants 76: 85-146.

Rodman, J. E., K. G. Karol, R. A. Price, and K. J. Sytsma. 1997. Molecules, morphology, and Dahlgren's expanded order Capparales. Systematic Biology 21: 289–307.

Rodman, J. E., P. S. Soltis, D. E. Soltis, K. J. Sytsma, and K. G. Karol. 1998. Parallel evolution of glucosinolate biosynthesis inferred from congruent nuclear and plastid gene phylogenies. American Journal of Botany 85: 997–1007.

Roquet, C., L. Sáez, J. J. Aldasoro, A. Susanna, M. L. Alarcón, and N. Garcia-Jacas. 2008. Natural delineation, molecular phylogeny and floral evolution in Campanula. Systematic Botany 33: 203-217.

Rose, J. P., T. J. Kleist, S. D. Löfstrand, B. T. Drew, J. Schönenberger, and K. J. Sytsma. 2018. Phylogeny, historical biogeography, and diversification of angiosperm order Ericales suggest ancient Neotropical and East Asian connections. Molecular Phylogenetics and Evolution 122: 59-79.

Ruhfel, B. R., C. P. Bove, C. T. Philbrick, and C. C. Davis. 2016. Dispersal largely explains the Gondwanan distribution of the ancient tropical clusioid plant clade. American Journal of Botany 103: 1117-1128.

Rydin, C., N. Wikström, and B. Bremer. 2017. Conflicting results from mitochondrial genomic data challenge current views of Rubiaceae phylogeny. American Journal of Botany 104: 1522-1532.

Salomo, K., J. F. Smith, T. S. Feild, M.-S. Samain, L. Bond, C. Davidson, J. Zimmers, C. Neinhuis, and S. Wanke. 2017. The emergence of earliest angiosperms may be earlier than fossil evidence indicates. Systematic Botany 42:607-619.

Sanchez, A., and K. A. Kron. 2008. Phylogenetics of Polygonaceae with an emphasis on the evolution of Eriogonoideae. Systematic Botany 33: 87-96.

Sanchez, A., T. M. Schuster, J. M. Burke, and K. A. Kron. 2011. Taxonomy of Polygonoideae (Polygonaceae): A new tribal classification. Taxon 60: 151-160.

Särkinen, T., L. Bohs, R. G. Olmstead, and S. Knapp. 2013. A phylogenetic framework for evolutionary study of the nightshades (Solanaceae): A dated 1000-tip tree. BMC Evolutionary Biology 13: 214.

Savolainen, V., Chase, M. W., Hoot, S. B., Morton, C. M., Soltis, D. E., Bayer, C., Fay, M. F., de Bruijn, A. Y., Sulllivan, S., and Qiu, Y.-L. 2000a. Phylogenetics of flowering plants based on combined analysis of plastid atpB and rbcL sequences. Systematic Biology 49: 306–362.

Savolainen, V., M. F. Fay, D. C. Albach, A. Backlund, M. v. d. Bank, K. M. Cameron, S. A. Johnson, M. D. Lledo, J. C. Pintaud, M. Powell, M. C. Sheahan, D. E. Soltis, P. S. Soltis, P. Weston, W. M. Whitten, K. J. Wurdack, and M. W. Chase. 2000b. Phylogeny of the eudicots: a nearly complete familial analysis based on rbcL gene sequences. Kew Bulletin 55: 257–310.

Scatigna, A. V., P. W. Fritsch, V. C. Souza, and A. O. Simões. 2018. Phylogenetic relationships and morphological evolution in the carnivorous genus Philcoxia (Plantaginaceae, Gratioleae). Systematic Botany 43: 910–919.

Schaefer, H., C. Heibl, and S. S. Renner. 2008. Gourds afloat: A dated phylogeny reveals an Asian origin of the gourd family (Cucurbitaceae) and numerous oversea dispersal events. Proceedings of the Royal Society B, 276: 843-851.

Schaefer, H. and S. S. Renner. 2011a. Cucurbitaceae. Pp. 112-174 in K. Kubitzki (ed.), The Families and Genera of Flowering Plants. X. Flowering Plants: Eudicots. Sapindales, Cucurbitales, Myrtaceae. Springer, Berlin.

Schaefer, H. and S. S. Renner. 2011b. Phylogenetic relationships in the order Cucurbitales and a new classification of the gourd family (Cucurbitaceae). Taxon 60: 122-138.

Schäferhoff, B., K. F. Müller, and T. Borsch. 2009. Caryophyllales phylogenetics: Disentangling Phytolaccaceae and Molluginaceae and description of Microteaceae as a new isolated family. Willdenowia 39:209-228.

Schäferhoff, B., A. Fleischmann, E. Fischer, D. C. Albach, T. Borsch, G. Heubl, and K. F. Müller. 2010. Towards resolving Lamiales relationships: insights from rapidly evolving chloroplast sequences. BMC Evolutionary Biology 10: 352.

Schönenberger, J. 2009. Comparative floral structure and systematics of Fouquieriaceae and Polemoniaceae (Ericales). International Journal of Plant Sciences 170:1132-1167.

Schultheis, L., and B. G. Baldwin. 1999. Molecular phylogenetics of Fouquieriaceae: evidence from nuclear rDNA ITS studies. American Journal of Botany 86: 578–589.

Schuster, T. M., J. L. Reveal, M. J. Bayly, and K. A. Kron. 2015. An updated molecular phylogeny of Polygonoideae (Polygonaceae): Relationships of *Oxygonum, Pteroxygonum*, and *Rumex*, and a new circumscription of *Koenigia*. Taxon 64: 1188-1208.

Schwarzbach, A. E. and L. A. McDade. 2002. Phylogenetic relationships of the mangrove family Avicenniaceae based on chloroplast and nuclear ribosomal DNA sequences. Systematic Botany 27: 84-98.

Schwarzbach, A. E. 2004. Plantaginaceae. In: Kadereit, J. (ed.), The Families and Genera of Vascular Plants. VII. Flowering Plants. Dicotyledons. Lamiales (except Acanthaceae including Avicenniaceae). Pp. 327–329. Springer, Berlin.

Schwery, O., R. E. Onstein, Y. Bouchenak-Khelladi, Y. Xing, R. J. Carter, and H. P. Linder. 2014. As old as the mountains: The radiations of the Ericaceae. New Phytologist 207: 355-367.

Selbach-Schnadelbach, A., S. Cavalli, J.-F. Mannen, G. C. Coelho, and T. Teixeira de Souza-Chies. 2009. New information for Ilex phylogenetics based on the plastid psbA-trnH intergenic spacer (Aquifoliaceae). Botanical Journal of the Linnean Society 159: 182-193.

Sennblad, B., and B. Bremer. 1996. The familial and subfamilial relationships of Apocynaceae and Asclepiadaceae evaluated with rbcl data. Plant Systematics and Evolution 202: 155-175.

Sennblad, B., and B. Bremer. 2002. Classification of Apocynaceae s.l. according to a new approach combining Linnaean and phylogenetic taxonomy. Systematic Biology 51: 389-409.

Sheahan, M. C., and Chase, M. W. 1996. A phylogenetic analysis of Zygophyllaceae R. Br. based on morphological, anatomical and rbcL sequence data. Botanical Journal of the Linnean Society 122: 279-300.

Sheahan, M. C., and Chase, M. W. 2000. Phylogenetic relationships within Zygophyllaceae based on DNA sequences of three plastid regions, with special emphasis on Zygophylloideae. Systematic Botany 25: 371-384.

Sheahan, M. C. 2006. Zygophyllaceae. In: Kubitzki, K. (ed.), The Families and Genera of Vascular Plants. IX. Flowering Plants. Eudicots.

Berberidopsidales, Buxales, Crossosomatales, Fabales p.p., Geraniales, Gunnerales, Myrtales p.p., Proteales, Saxifragales, Vitales, Zygophyllales, Clusiaceae Alliance, Passifloraceae Alliance, Dilleniaceae, Huaceae, Picramniaceae, Sabiaceae Series. Pp. 488-500. Springer, Berlin.

Simmons, M., M. McKenna, C. Bacon, K. Yakobson, J. Cappa, R. Archer, and A. Ford. 2012. Phylogeny of Celastraceae tribe Euonymeae inferred from morphological characters and nuclear and plastid genes. Molecular phylogenetics and evolution 62:9-20.

Simpson, B. B., A. Weeks, D. M. Helfgott, and L. L. Larkin. 2004. Species relationships in Krameria (Krameriaceae) based on ITS sequences and morphology: implications for character utility and biogeography. Systematic Botany 29:97-108.

Simpson, B. B. 2006. Krameriaceae. In: Kubitzki, K. (ed.), The Families and Genera of Vascular Plants. IX. Flowering Plants. Eudicots. Berberidopsidales, Buxales, Crossosomatales, Fabales p.p., Geraniales, Gunnerales, Myrtales p.p., Proteales, Saxifragales, Vitales, Zygophyllales, Clusiaceae Alliance, Passifloraceae Alliance, Dilleniaceae, Huaceae, Picramniaceae, Sabiaceae Series. Pp. 208-212. Springer, Berlin.

Smissen, R. D., J. C. Clement, P. J. Garnock-Jones, and G. K. Chambers. 2002. Subfamilial relationships in Caryophyllaceae as inferred from 5' ndhF sequences. American Journal of Botany 89: 1336–1341.

Soejima, A., and J. Wen. 2006. Phylogenetic analysis of the grape family (Vitaceae) based on three chloroplast markers. American Journal of Botany 93: 278-287.

Soltis, D. E., and P. S. Soltis. 1997. Phylogenetic relationships in Saxifragaceae sensu lato: a comparison of topologies based on 18S rDNA and rbcL sequences. American Journal of Botany 84: 504–522.

Soltis, D. E., P. S. Soltis, M. W. Chase, M. E. Mort, D. C. Albach, M. Zanis, V. Savolainen. W. H. Hahn, S. B. Hoot, M. F. Fay, M. Axtell, S. M. Swensen, L. M. Prince, W. J. Kress, K. C. Nixon, and J. S. Farris. 2000. Angiosperm phylogeny inferred from 18S rDNA, rbcL, and atpB sequences. Botanical Journal of the Linnean Society 133(4): 381–461.

Soltis, D. E., R. K. Kuzoff, M. E. Mort, M. Zanis, M. Fishbein, L. Hufford, J. Koontz, and M. K. Arroyo. 2001. Elucidating deep-level phylogenetic relationships in Saxifragaceae using sequences for six chloroplastic and nuclear DNA regions. Annals of the Missouri Botanical Garden 88: 669–693.

Soltis, D. E., P. S. Soltis, P. K. Endress, and M. W. Chase. 2005. Angiosperm phylogeny and evolution. Sinauer, Sunderland, MA.

Soltis, D. E., M. A. Gitzendanner, and P. S. Soltisy. 2007. A 567-taxon data set for angiosperms: the challenges posed by Bayesian analyses of large data sets. International Journal of Plant Sciences 168:137–157.

Soltis, D. E., S. A. Smith, N. Cellinese, K. J. Wurdack, D. C. Tank, S. F. Brockington, N. F. Refulio-Rodriguez, J. B. Walker, M. J. Moore, B. S. Carlsward, C. D. Bell, M. Latvis, S. Crawley, C. Black, D. Diouf, Z. Xi, C. A. Rushworth, M. A. Gitzendanner, K. J. Sytsma, Y.-L. Qiu, K. W. Hilu, C. C. Davis, M. J. Sanderson, R. S. Beaman, R. G. Olmstead, W. S. Judd, M. J. Donoghue, and P. S. Soltis. 2011. Angiosperm phylogeny: 17 genes, 640 taxa. American Journal of Botany 98:704-730.

Soltis, D. E., M. E. Mort, M. Latvis, E. V. Mavrodiev, B. C. O'meara, P. S. Soltis, J. G. Burleigh, and R. R. D. Casas. 2013. Phylogenetic relationships and character evolution analysis of Saxifragales using a supermatrix approach. American Journal of Botany 100.

Sosa, V. and M. W. Chase. 2003. Phylogenetics of Crossosomataceae based on rbcL sequence data. Systematic Botany 28:96-105.

Sosa, V. 2006. Crossosomataceae. Pp. 119-122 in K. Kubitzki (ed.), The Families and Genera of Vascular Plants. Volume 9: Flowering Plants: Eudicots: Berberidopsidales, Buxales, Crossosomatales. Springer, Berlin.

Spangler, R. E., and R. G. Olmstead. 1999. Phylogenetic analysis of the Bignoniaceae based on the cpDNA gene sequence rbcL and ndhF. Annals of the Missouri Botanical Garden 86: 33–46.

Ståhl, B. and A. A. Anderberg. 2004. Myrsinaceae. In: Kubitzki, K. (ed.), The Families and Genera of Vascular Plants. VI. Flowering Plants. Dicotyledons. Celastrales, Oxalidales, Rosales, Cornales, Ericales. Pp. 266-281. Springer, Berlin.

Staples, G. W., and R. K. Brummitt. 2007. Convolvulaceae. In: Heywood, V. H., R. K. Brummitt, A. Culham, and O. Seberg. (eds). Flowering Plant Families of the World. Pp. 108-110. Royal Botanic Gardens, Kew.

Stefanovic, S., L. Krueger, and R. G. Olmstead. 2002. Monophyly of the Convolvulaceae and circumscription of their major lineages based on DNA sequences of multiple chloroplast loci. American Journal of Botany 89: 1510-1522.

Stefanovic, S., D. F. Austin, D. F., and R. G. Olmstead. 2003. Classification of Convolvulaceae: A phylogenetic approach. Systematic Botany 28: 791-806.

Stefanovic, S. and R. G. Olmstead. 2004. Testing the phylogenetic position of a parasitic plant (Cuscuta, Convolvulaceae, Asteridae): Bayesian inference and the parametric bootstrap on data drawn from three genomes. Systematic Biology 53: 384-399.

Stevens, P. F., S. Dressler, and A. L. Weitzman. 2004. Theaceae. In: Kubitzki, K. (ed.), The Families and Genera of Vascular Plants. VI. Flowering Plants. Dicotyledons. Celastrales, Oxalidales, Rosales, Cornales, Ericales. Pp. 463-471. Springer, Berlin.

Stevens, P. F. 2006. Hypericaceae. In: Kubitzki, K. (ed.), The Families and Genera of Vascular Plants. Volume IX. Flowering plants, Eudicots: Berberidopsidales, Buxales, Crossosomatales, Fabales p.p., Geraniales, Gunnerales, Myrtales pp., Proteales, Saxifragales, Vitales, Zygophyllales, Clusiaceae Alliance, Passifloraceae Alliance, Dilleniaceae, Huaceae, Picramniaceae, Sabiaceae. Pp. 194-201. Springer, Berlin.

Struwe, L., V. A. Albert, and B. Bremer. 1995. Cladistics and family-level classification of the Gentianales. Cladistics 10: 175-206.

Struwe, L., J. W. Kadereit, J. Klackenberg, S. Nilsson, M. Thiv, K. B. von Hagen, and V. A. Albert. 2002. Systematics, character evolution, and biogeography of Gentianaceae, including a new tribal and subtribal classification. In: Struwe, L., & Albert, V. A. (eds), Gentianaceae: Systematics and Natural History. Pp. 21-209. Cambridge University Press, Cambridge.

Struwe, L. 2014. Classification and evolution of the family Gentianaceae. Pp. 13-35 in J. J. Rybczynski, M. R. Davey, and A. Mikula (eds.), The Gentianaceae = Volume 1: Characterization and Ecology. Springer, Heidelberg.

Stull, G. W., R. D. d. Stefano, D. E. Soltis, and P. S. Soltis. 2015. Resolving basal lamiid phylogeny and the circumscription of Icacinaceae with a plastome-scale data set. American Journal of Botany 102:1-20.

Stull, G. W., M. Schori, D. E. Soltis, and P. S. Soltis. 2018. Character evolution and missing (morphological) data across Asteridae. American Journal of Botany 105: 470–479.

Su, H.-J., J.-M. Hu, F. E. Anderson, J. P. Der, and D. L. Nickrent. 2015. Phylogenetic relationships of Santalales with insights into the origins of holoparasitic Balanophoraceae. Taxon 64:491-506.

Sun, Y., M. J. Moore, S. Zhang, P. S. Soltis, D. E. Soltis, T. Zhao, A. Meng, X. Li, J. Li, and H. Wang. 2015. Phylogenomic and structural analyses of 18 complete plastomes across all families of early-diverging eudicots, including an angiosperm-wide analysis of IR gene content evolution. Molecular Phylogenetics and Evolution 96:93-101.

Sun, Y., M. Moore, S. Zhang, P. Soltis, D. Soltis, T. Zhao, A. Meng, L. Xiaodong, J. Li, and H. Wang. 2016a. Phylogenomic and structural analyses of 18 complete plastomes across nearly all families of early-diverging eudicots, including an angiosperm-wide analysis of IR gene content evolution. Molecular Phylogenetics and Evolution 96:93-101.

Sun, M., R. Naaem, J.-X. Su, Z.-Y. Cao, J. G. Burleigh, P. S. Soltis, D. E. Soltis, and Z.-D. Chen. 2016b. Phylogeny of the Rosidae: A dense taxon sampling analysis. Journal of Systematics and Evolution 54: 363-391.

Sun, Y., M. J. Moore, J. B. Landis, N. Lin, L. Chen, T. Deng, J. Zhang, A. Meng, S. Zhang, K. S. Tojibaev, H. Sun, and H. Wang. 2018. Plastome phylogenomics of the early-diverging eudicot family Berberidaceae. Molecular Phylogenetics and Evolution 128: 203-211.

Sytsma, K. J., J. Morawetz, J. C. Pires, M. Nepokroeff, E. Conti, M. Zjhra, J. C. Hall, and M. W. Chase. 2002. Urticalean rosids: Circumscription, rosid ancestry, and phylogenetics based on rbcL, trnL-F, and ndhF sequences. American Journal of Botany 89: 1531-1546.

Sytsma, K. J., A. Litt, M. L. Zjhra, C. Pires, M. Nepokroeff, E. Conti, J. Walker, and P. G. Wilson. 2004. Clades, clocks, and continents: Historical and biogeographical analysis of Myrtaceae, Vochysiaceae, and relatives in the southern hemisphere. International Journal of Plant Sciences 165: S85-S105.

Takhtajan, A. L. 1991. Evolutionary Trends in Flowering Plants. Columbia University Press, New York.

Tank, D. C., P. M. Beardsley, S. A. Kelchner, and R. G. Olmstead. 2006. Review of the systematics of Scrophulariaceae s.l. and their current disposition. Australian Systematic Botany 19: 289-307.

Tank, D. C., J. M. Egger, and R. G. Olmstead. 2009. Phylogenetic classification of subtribe Castillejinae (Orobanchaceae). Systematic Botany 34: 182-197.

Tank, D. C. and M. J. Donoghue. 2010. Phylogeny and phylogenetic nomenclature of the Campanulidae based on an expanded sample of genes and taxa. Systematic Botany 35:435-441.

The Legume Phylogeny Working Group (LPWG). 2017. A new subfamily classification of the Leguminosae based on a taxonomically comprehensive phylogeny. Taxon 66: 44–77.

Theis, N., M. J. Donoghue, and J. Li. 2008. Phylogenetics of the Caprifolieae and Lonicera (Dipsacales) based on nuclear and chloroplast DNA sequences. Systematic Botany 33: 776-783.

Thiede, J., and U. Eggli. 2006. Crassulaceae. In: Kubitzki, K. (ed.), The Families and Genera of Vascular Plants. IX. Flowering Plants. Eudicots. Berberidopsidales, Buxales, Crossosomatales, Fabales p.p., Geraniales, Gunnerales, Myrtales p.p., Proteales, Saxifragales, Vitales, Zygophyllales, Clusiaceae Alliance, Passifloraceae Alliance, Dilleniaceae, Huaceae, Picramniaceae, Sabiaceae Series. Pp. 83-118. Springer, Berlin.

Thorne, Robert F. 2000. The classification and geography of the flowering plants: Dicotyledons of the class Angiospermae: (Subclasses Magnoliidae, Ranunculidae, Caryophyllidae, Dilleniidae, Rosidae, Asteridae, and Lamiidae). Botanical Review 66(4): 441–647.

Thulin, M., A. J. Moore, H. El-Seedi, A. Larsson, P. A. Christin, and E. J. Edwards. 2016. Phylogeny and generic delimitation in Molluginaceae, new pigment data in Caryophyllales, and the new family Corbichoniaceae. Taxon 65:775-793.

Tokuoka, T. 2008. Molecular phylogenetic analysis of Violaceae (Malpighiales) based on plastid and nuclear DNA sequences. Journal of Plant Research 121: 253-260.

Tokuoka, T. 2012. Molecular phylogenetic analysis of Passifloraceae sensu lato (Malpighiales) based on plastid and nuclear DNA sequences. Journal of Plant Research 125: 489-497.

Wagner, W. L., P. C. Hoch, and P. H. Raven. 2007. Revised classification of the Onagraceae. Systematic Botany Monographs 83: 1-240.

Wagstaff, S. J., and R. G. Olmstead. 1997. Phylogeny of Labiatae and Verbenaceae inferred from rbcL sequences. Systematic Botany 22: 165-179.

Wagstaff, S. J., L. Hickerson, R. Spangler, P. A. Reeves, R. G. Olmstead. 1998. Phylogeny of Labiatae s.l., inferred from cpDNA sequences. Plant Systematics and Evolution 209: 265-274.

Wahlert, G. A., T. Marcussen, J. de Paula-Souza, M. Feng, and H. E. J. Ballard. 2014. A phylogeny of the Violaceae (Malpighiales) inferred from plastid DNA sequences: Implications for generic diversity and intrafamilial classification. Systematic Botany 39: 239-252.

Walden, G. K. and R. Patterson. 2012. Nomenclature of subdivisions within *Phacelia* (Boraginaceae: Hydrophylloideae). Madroño 59:211-222.

Walker, J. F., Y. Yang, M. J. Moore, J. Mikenas, A. Timoneda, S. F. Brockington, and S. A. Smith. 2017. Widespread paleopolyploidy, gene tree conflict, and recalcitrant relationships among the carnivorous Caryophyllales. American Journal of Botany 104:858 – 867.

Walker, J. F., Y. Yang, T. Feng, A. Timoneda, J. Mikenas, V. Hutchison, C. Edwards, N. Wang, S. Ahluwalia, J. Olivieri, N. Walker-Hale, L. C. Majure, R. Puente, G. Kadereit, M. Lauterbach, U. Eggli, H. Flores-Olvera, H. Ochoterena, S. F. Brockington, M. J. Moore, and S. A. Smith. 2018. From cacti to carnivores: Improved phylotranscriptomic sampling and hierarchical homology inference provide further insight into the evolution of Caryophyllales American Journal of Botany 105:446–462.

Wallace, R. S., and A. C. Gibson. 2002. Evolution and systematics. In: Nobel, P. S. (ed.), Cacti: Biology and Uses. Pp. 1–21. University of California Press, Berkeley.

Wallander, E., and Albert, V. A. 2000. Phylogeny and classification of Oleaceae based on rps16 and trnL-F sequence data. American Journal of Botany 87: 1827-1841.

Wang, H., M. J. Moore, P. S. Soltis, C. D. Bell, S. F. Brockington, R. Alexandre, C. C. Davis, M. Latvis, S. R. Manchester, and D. E. Soltis. 2009. Rosid radiation and the rapid rise of angiosperm-dominated forests. Proceedings of the National Academy of Sciences 106: 3853-3858.

Wang, N., Y. Yang, M. J. Moore, S. F. Brockington, J. F. Walker, J. W. Brown, and e. a. B. Liang. 2018. Evolution of Portulacineae marked

by gene tree conflict and gene family expansion associated with adaptation to harsh environments. BioArxiv Issue 294549.
Wang, W., A.-M. Lu, Y. Ren, M. E. Endress, and Z.-D. Chen. 2009. Phylogeny and classification of Ranunculales: Evidence from four molecular loci and morphological data. Perspectives in Plant Ecology, Evolution and Systematics 11: 81-110.
Wang, W., D. L. Dilcher, G. Sun, H.-S. Wang, and Z.-D. Chen. 2016. Accelerated evolution in the early angiosperms: Evidence from ranunculalean phylogeny by integrating living and fossil data. J. Syst. Evol. 54:336-341.
Wang, W., Z.-D. Chen, R.-Q. Li., and J.-H. Li. 2007. Phylogenetic and biogeographic diversification of Berberidaceae in the northern hemisphere. Systematic Botany 32: 731-742.
Wang, X. Z., D. Ren, and Y. F. Wang. 2000. First discovery of angiospermous pollen from Yixian Formation in Western Liaoning. Acta Geologica Sinica 74.
Wannan, B. S. 2006. Analysis of generic relationships in Anacardiaceae. Blumea 51: 165-195.
Wanntorp, L. 2006. Molecular systematics and evolution of the genus Gunnera. Pp. 419-435 in A. K. Sharma and A. Sharma (eds.), Plant Genome Biodiversity and Evolution. Volume 1, Part C Phanerogams (Angiosperm-Dicotyledons). Science Publishers, Enfield, NH.
Wanntorp, L. and H.-E. Wanntorp. 2003. The biogeography of *Gunnera* L.: vicariance and dispersal. Journal of Biogeography 30: 979-987.
Weigend, M., F. Selvi, D. C. Thomas, and H. H. Hilger. 2016. Boraginaceae. Pp. 41-102 in K. Kubitzki, J. W. Kadereit, and V. Bittrich (eds.), The Families and Genera of Vascular Plants. Flowering Plants, Eudicots. 14. Springer International Publishing, Switzerland.
Wen, J. 2006. Leeaceae and Vitaceae. In: Kubitzki, K. (ed.), The Families and Genera of Vascular Plants. IX. Flowering Plants. Eudicots. Berberidopsidales, Buxales, Crossosomatales, Fabales p.p., Geraniales, Gunnerales, Myrtales p.p., Proteales, Saxifragales, Vitales, Zygophyllales, Clusiaceae Alliance, Passifloraceae Alliance, Dilleniaceae, Huaceae, Picramniaceae, Sabiaceae Series. Pp. 221-225 and 467-479. Springer, Berlin.
Wen, J., G. M. Plunkett, A. D. Mitchell, and S. J. Wagstaff. 2000. The evolution of Araliaceae: a phylogenetic analysis based on ITS sequences of nuclear ribosomal DNA. Systematic Botany 26: 144–167.
Wen, J., Z.-L. Nie, X.-Q. Liu, N. Zhang, S. Ickert-Bond, J. Gerrath, S. R. Manchester, J. Boggan, and Z.-D. Chen. 2018. A new phylogenetic classification of the grape family (Vitaceae). Journal of Systematics and Evolution 56: 262-272.
Weston, P. H., and N. P. Barker. 2006. A new generic classification of the Proteaceae with an annotated checklist of genera. Telopea 11: 314-344.
Wilken, D. H. 2004. Polemoniaceae. In: Kubitzki, K. (ed.), The Families and Genera of Vascular Plants. VI. Flowering Plants. Dicotyledons. Celastrales, Oxalidales, Rosales, Cornales, Ericales. Pp. 300–312. Springer, Berlin.
Williamson, P. S., and E. L. Schneider. 1993. Nelumbonaceae. In: Kubitzki, K., Rohwer, J. G., and Bittrich, V. (eds.), The Families and Genera of Vascular Plants. II. Flowering Plants: Dicotyledons, Magnoliid, Hamamelid and Caryophyllid Families. Pp. 470–472. Springer, Berlin.
Wilson, P. G., M. M. O'Brien, P. A. Gadek, and C. J. Quinn. 2001. Myrtaceae revisited: A reassessment of infrafamilial groups. American Journal of Botany 88: 2013–2025.
Wilson, P. G., M. M. O'Brien, M. M. Heslewood, and C. J. Quinn. 2005. Relationships within Myrtaceae sensu lato based on a matK phylogeny. Plant Systematics and Evolution 251: 3-19.
Winkworth, R. C., J. Lundberg, and M. J. Donoghue. 2008. Towards a resolution of campanulid phylogeny, with special reference to the placement of Dipsacales. Taxon 57: 53-65.
Wurdack, K. J., and M. W. Chase. 2002. Phylogenetics of Euphorbiaceae s.s. using plastid (rbcL and trnL-F) DNA sequences. In: Botany 2002 Botany in the Curriculum: Integrating Research and Teaching. Abstract. Madison, WI. (http://www.botany2002.org)
Wurdack, K. J., P. Hoffmann, and M. W. Chase. 2005. Molecular phylogenetic analysis of uniovulate Euphorbiaceae (Euphorbiaceae sensu stricto) using plastid rbcL and trnL-F DNA sequences. American Journal of Botany 92: 1397-1420.
Wurdack, K. J., and C. C. Davis. 2009. Malpighiales phylogenetics: Gaining ground on one of the most recalcitrant clades in the angiosperm tree of life. American Journal of Botany 96:1551-1570.
Xi, Z., B. R. Ruhfel, H. Schaefer, A. M. Amorim, M. Sugumaran, K. J. Wurdack, P. K. Endress, M. Matthews, P. F. Stevens, S. Mathews, and C. C. Davis, III. 2012. Phylogenomics and a posteriori data partitioning resolve the Cretaceous angiosperm radiation in Malpighiales. Proceedings of the National Academy of Sciences 109: 17519-17524.
Xiang, C. L., M. A. Gitzendanner, D. E. Soltis, H. Peng, and L. G. Lei. 2012. Phylogenetic placement of the enigmatic and critically endangered genus Saniculiphyllum (Saxifragaceae) inferred from combined analysis of plastid and nuclear DNA sequences. Molecular Phylogenetics and Evolution 64: 357-367.
Xiang, C.-L., H.-J. Dong, S. Landrein, F. Zhao, W.-B. Yu, D. E. Soltis, P. S. Soltis, A. Backlund, H.-F. Wang, D.-Z. Li, and H. Peng. 2019. Revisiting the phylogeny of Dipsacales: new insights from phylogenomic analyses of complete plastomic sequences. Journal of Systematics and Evolution doi: 10.1111/jse.12526.
Xiang, Q.-Y., D. E. Soltis, D. R. Morgan, and P. S. Soltis. 1993. Phylogenetic relationships of Cornus L. sensu lato and putative relatives inferred from rbcL sequence data. Annals of the Missouri Botanical Garden 80: 723-734.
Xiang, Q.-Y., S. J. Brunsfeld, D. E. Soltis, and P. S. Soltis. 1997. Phylogenetic relationships in Cornus based on chloroplast DNA restriction sites: implications for biogeography and character evolution. Systematic Botany 21: 515–534.
Xiang, Q.-Y., S. J. Brunsfeld, and P. S. Soltis. 1998. Phylogenetic relationships of Cornaceae and close relatives inferred from matK and rbcL sequences. American Journal of Botany 85: 285–297.
Xiang, Q.-Y., M. Moody, D. E. Soltis, C.-Z. Fan, and P. S. Soltis. 2002. Relationships within Cornales and circumscription of Cornaceae—matK and rbcL sequence data and effects of outgroups and long branches. Molecular Phylogenetics and Evolution 24: 35–57.
Xiang, Q.-Y., D. T. Thomas, W. H. Zhang, S. R. Manchester, and Z. Murrell. 2006. Species level phylogeny of the genus Cornus (Cornaceae) based on molecular and morphological evidence - implications for taxonomy and Tertiary intercontinental migration. Taxon 55: 9-30.
Xiang, Q.-Y. and D. T. Thomas. 2008. Tracking character evolution and biogeographic history through time in Cornaceae - does choice of methods matter? Journal of Systematics and Evolution 46: 349-374.

Xiang, Q.-Y. J., D. T. Thomas, and Q. P. Xiang. 2011. Resolving and dating the phylogeny of Cornales - effects of taxon sampling, data partitions and fossil calibrations. Molecular Phylogenetics and Evolution 50: 123-138.

Yang, J.-B., S.-X. Yang, D.-Z. Li, L.-G. Lei, T. Ikeda, and H. Yoshino. 2006. Phylogenetic relationships of Theaceae inferred from mitochondrial matR gene sequence data. Acta Botanica Yunnanica 29: 29-36.

Yang, S.-X., J.-B. Yang, L.-G. Lei, D.-Z. Li, H. Yoshino, and T. Ikeda, T. 2004. Reassessing the relationships between Gordonia and Polyspora (Theaceae) based on the combined analysis of molecular data from the nuclear, plastid and mitochondrial genomes. Plant Systematics and Evolution 248: 45-55.

Yang, Y., M. J. Moore, S. F. Brockington, D. E. Soltis, G. K.-S. Wong, E. J. Carpenter, Y. Zhang, L. Chen, Z. Yan, Y. Xie, R. F. Sage, S. Covshoff, J. M. Hibberd, M. N. Nelson, and S. A. Smith. 2015. Dissecting Molecular Evolution in the Highly Diverse Plant Clade Caryophyllales Using Transcriptome Sequencing. Molecular Biology and Evolution 32:2001-2014.

Yang, Y., M. J. Moore, S. F. Brockington, J. Mikenas, J. Olivieri, J. F. Walker, and S. A. Smith. 2017. Improved transcriptome sampling pinpoints 26 ancient and more recent polyploidy events in Caryophyllales, including two allopolyploidy events. New Phytologist 217: 855-870.

Yesson, C., N. H. Toomey, and A. Culham. 2009. Cyclamen: Time, sea and speciation biogeography using a temporally calibrated phylogeny. Journal of Biogeography 36: 1234-1252.

Yoo, K.-O., and J. Wen. 2008. Phylogenetic relationships of Coryloideae based on waxy and atpB-rbcL sequences. Korean Journal of Plant Taxonomy 38: 371-388.

Yuan, Y.-M., Y. Song, K. Geuten, E. Rahelivololona, S. Wohlhauser, E. Fischer, E. Smets, and P. Küpfer. 2004. Phylogeny and biogeography of Balsaminaceae inferred from ITS sequences. Taxon 53: 391-403.

Zerega, N. J. C., M. N. Nur Supardi, and T. J. Motley. 2010. Phylogeny and recircumscription of Artocarpeae (Moraceae) with a focus on Artocarpus. Systematic Botany 35: 766-782.

Zerega, N. J. C., W. L. Clement, S. L. Datwyler, and G. D. Weiblen. 2005. Biogeography and divergence times in the mulberry family (Moraceae). Molecular Phylogenetics and Evolution 37: 402-416.

Zhang, J., T. A. Ruhlmann, J. Sabir, J. C. Blazier, and R. K. Jansen. 2015. Coordinated rates of evolution between interacting plastid and nuclear genes in Geraniaceae. Plant Cell 27: 563-573.

Zhang, L.-B., and S. S. Renner. 2003. Phylogeny of Cucurbitales inferred from seven chloroplast and mitochondrial loci. In: Botany 2003: Aquatic and Wetland Plants: Wet and Wild. Mobile, Alabama. (http://www.botany2003.org)

Zhang, L.-B. and M. Simmons. 2006. Phylogeny and delimitation of the Celastrales inferred from nuclear and plastid genes. Systematic Botany 31:122-137.

Zhang, L.-B., M. P. Simmons, A. Kocyan, and S. S. Renner. 2006. Phylogeny of the Cucurbitales based on DNA sequences of nine loci from three genomes: Implications for morphological and sexual system evolution. Molecular Phylogenetics and Evolution 39: 305-322.

Zhang, S.-D., J.-J. Jin, S.-Y. Chen, M. W. Chase, D. E. Soltis, H.-T. Li, J.-B. Yang, D.-Z. Li, and T.-S. Yi. 2017. Diversification of Rosaceae since the Late Cretaceous based on plastid phylogenomics. New Phytologist 214: 1355-1367.

Zhang, W.-H., H. Li, H.-B. Chen, and Y.-C. Tang. 2003. Phylogeny of the Dipsacales s.l. based on chloroplast trnL-F and ndhF sequences. Molecular Phylogenetics and Evolution 26:176–189.

웹사이트

POWO. 2019. Plants of the World Online. Facilitated by the Royal Botanic Gardens, Kew. Published on the Internet. *http://plantsoftheworldonline.org*.

Reveal, J. L. (2001 onwards). Indices Nominum Supragenericorum Plantarum Vascularium. Alphabetical Listing by Family of Validly Published Suprageneric Names. *http://www.plantsystematics.org/reveal/PBIO/fam/allspgnames.html*
An index of accepted names above the rank of family.

Royal Botanic Gardens, Kew, Vascular Plant Families and Genera Database *http://data.kew.org/vpfg1992/vascplnt.html*
A searchable database taken from Vascular Plant Families and Genera, compiled by R. K. Brummitt and published by the Royal Botanic Gardens, Kew, in 1992.

Stevens, P. F. (2001 onwards). Angiosperm Phylogeny Website. *http://www.mobot.org/MOBOT/research/APweb*
An excellent graphical representation and update of the Angiosperm Phylogeny Group classification, cladograms, family characteristics, references, and apomorphies.

III

계통학적 증거와 기재용어

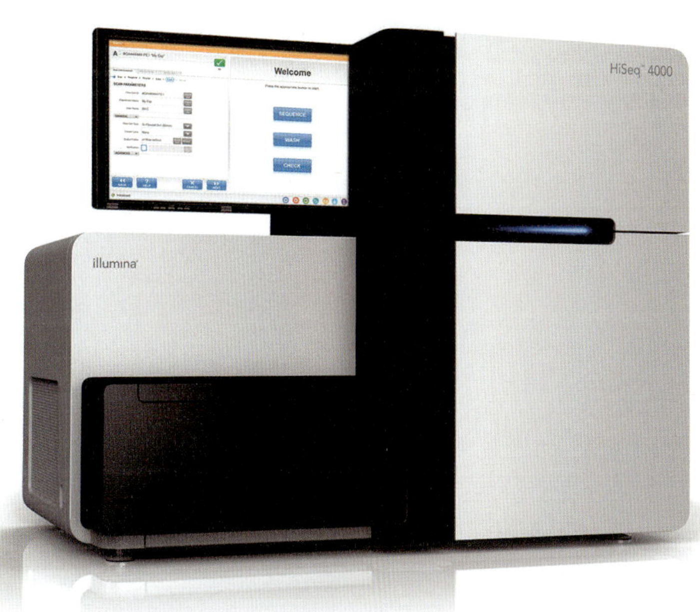

9

식물형태학

식물형태학은 식물 기관의 외부 구조와 내부 구조 전반에 관한 학문이다. 형태학은 식물 기관의 조직과 세포 구조에 관한 학문인 식물해부학과 어느 정도 중복된다. 형태학은 분류학적 기재의 기본이며, 분류군을 규정하고 한계를 설정함에 있어 가장 중요한 자료를 제공한다.

이 장에서 인용한 용어는 대부분 과거의 본초학자나 식물학자들이 사용하였던 것으로, 그 가운데는 테오프라스토스(Theophrastus, BC 370~약 285년)가 사용하기 시작한 것도 있다. 그는 전문 용어를 사용하여 식물을 자세하게 기재한 최초의 사람이었다(그의 저서, *Historia Plantarum* 참조). 용어는 해를 거듭하면서 엄청나게 발전하였으며, 특히 현미경이 발명됨에 따라 좀 더 자세하고 특수한 용어가 많이 생겨났다. 많은 용어가 고전 라틴어(또는 라틴어로 번역된 그리스어)에서 파생되어 만들어졌고, 새로운 의미로 사용되었다. 일부 용어는 기존에 사용하던 용어를 약간 변형하여 만들어졌으나, 많은 용어가 새롭게 고안되었고, 그 과정에서 일부 용어는 사라지기도 했다.

다른 모든 분야와 마찬가지로, 식물의 형태 기재에 사용되는 용어는 문헌자료마다 다를 수 있다. 따라서 특정 식물지를 참조할 때에는 거기에 사용된 용어가 어떤 뜻으로 사용되었는지 확인하기 위해 용어해설서(수록되어 있을 경우)를 참고해야만 한다. 아래에 인용된 용어는 수많은 참고자료에서 발췌한 것이나, 일부를 제외한 대부분은 Radford et al.(1974)에서 추출하여 분류한 것이다. Radford et al.(1974)의 자료에는 형태 용어가 상세하면서도 논리적으로 정리되어 있다(Bell 1991). 이러한 체계에 따라, '**식물 구조**'에서는 특정 식물 기관이나 부분의 형질과 형질상태를 다루었으며, 이어서 '**일반 용어**'에서는 다양한 식물기관을 기재하는 데 사용할 수 있는 형질과 형질상태를 수록하였다.

일부 용어를 설명하기 위해서 또 다른 용어, 특히 일반 용어 부분에 있는 용어를 사용하였다. 만일 뜻을 모르는 용어가 있다면, 용어해설을 참고한다.

식물 구조

식물 기관

식물의 기본적인 구조요소 또는 기관은 특정 기능에 의해 제한되거나 그 기능과 깊은 상관관계를 보인다. 우산이끼(태류), 뿔이끼(각태류) 그리고 솔이끼(선류)의 경우에는 각 기관이 반수체성 배우자체로 이루어져 있다(제3장 참조). 이들 분류군의 배우자체에는 가근이 있다. 가근은 여러 세포가 일렬로 연결된 사상(filamentous) 구조로, 고착 및 물/무기물 흡수 기능을 한다. 배우자체의 기본 몸체는 여러 세포로 구성된 평평한 덩어리인 엽상체이거나(일부 태류와 전체 각태류에서 발견됨), 잎이 달리는 원주형 줄기로 구성된 슈트이다(일부 태류와 선류에서 볼 수 있음. 제3장 참조). 태류와 선류의 슈트계는 배우자체 조직이라는 점에 주의해야 한다.

관속식물의 주된 기관은 포자체성 뿌리와 슈트이다. **뿌리**는 거의 모든 관속식물에 존재하여 고착 및 물/무기물 흡수 기능을 수행한다. 뿌리는 보호기능성 근관, 중심부의 내피에 의해 둘러싸이는 관속계, 표피에 있는 흡수기능성 근모 등을 형성하는 정단분열조직과, 내생적으로 발달하는 측근으로 이루어진다(**그림 9.1**).

관속식물의 포자체성 **슈트**는 줄기와 잎으로 구성된다(그림 9.1). 슈트는 활발하게 분열하는 세포로 이루어진 정단분열조

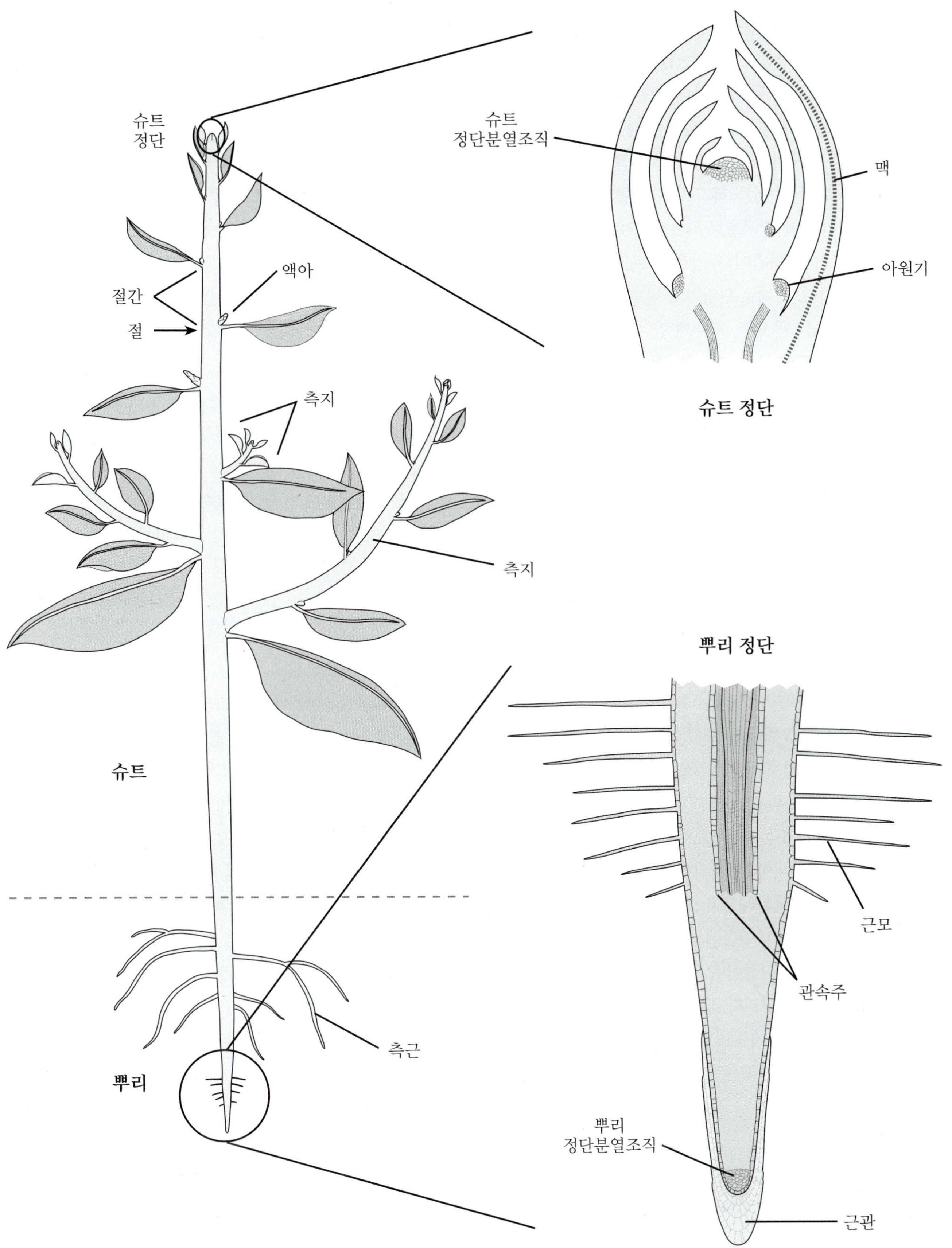

그림 9.1 일반적인 식물 구조로 일차근과 일차슈트를 보여준다. 뿌리와 슈트의 모든 부분은 뿌리나 슈트 정단분열조직에서 일어난 세포분열로 만들어진다.

직을 포함하는데, 이들 세포는 지속적으로 분화하여 줄기를 신장시키며 잎과 눈을 형성한다. **줄기**는 일반적으로 원주형 기관으로, 광합성을 하는 잎을 달고 있다. 줄기는 주로 뿌리에서 빨아들인 물과 무기물을 이동시키고, 잎과 생식 구조를 지탱하면서 일정한 높이에 위치시키는 역할을 한다. 그러나 일부 줄기는 다른 기능을 수행할 수 있도록 고도로 변형되어 있다. **잎**은 일반적으로 평평한 배복성 구조로 되어 있으며, 광합성과 증산작용을 하는 슈트의 한 기관이다. 잎은 슈트 정단에 있는 **엽원기**로부터 만들어지며, 때때로 다양하게 변형된다. 관속식물의 잎에는 관속, 즉 **맥**이 1개 또는 여러 개 있다. 일부 선류의 배우자체 잎에는 특수하게 분화한 (진정한 의미의 관속은 아님) 통도조직으로 이루어진, 맥과 비슷한 **엽륵**이 있다. **눈**(芽)은 미성숙 슈트계로, 주로 엽액에 자리한다. 눈은 자라서 곁가지나 생식 구조를 이룬다.

식물 생식기관 중, **포자낭**은 모든 육상식물에서 포자를 생산하는 기본 구조이다. 이형포자성 식물은 (모든 종자식물을 포함) 두 종류의 포자낭, 즉 웅성포자낭(소포자낭)과 자성포자낭(대포자낭)을 만든다. 태류, 각태류 그리고 선류의 포자낭은 **삭**이라고 하는데, 이는 포자체 대부분을 차지한다. 많은 비현화 관속식물에서 볼 수 있는 유한생장성 생식슈트계의 변형인 **구과** 또는 **포자낭수**는 포자엽("단순"구과의 경우) 또는 변형된 슈트계("복합"구과의 경우)를 달고 있는 줄기 축으로 이루어져 있다. **배주**(밑씨)는 1개 이상의 보호기능성 주피에 의해 감싸여 있는 대포자낭이다. **종자**는 종자식물의 성숙한 배주로, 영양조직(자성배우자체 또는 배유)으로 둘러싸여 있는 배로 구성되며, 보호기능성 종피에 의해 감싸여 있다. 피자식물의 생식기관인 **꽃**은 수술과 심피라고 부르는 포자엽이 달리는 유한생장성 슈트의 변형으로, 바깥쪽에는 잎이 변형된 화피가 있거나 없다. **화서**는 꽃 하나 이상이 모인 것으로, 화서의 경계부에는 일반적으로 영양엽이 달린다. **열매**는 피자식물의 자방이 성숙한 것으로, 과피(성숙한 자방벽), 종자로 이루어지고, 경우에 따라 자방외 부위가 열매(부과)를 이루기도 한다.

식물형

식물의 생육양식, 즉 **식물형**(plant habit)은 식물의 일반적인 종류(form)에 관한 것으로, 줄기의 지속기간, 분지양상, 발달 또는 재질 등과 같이 다양한 속성을 내포한다. 식물 대부분은 초본, 덩굴식물, 덩굴나무, 관목 또는 교목으로 명확하게 구분되나, 일부 종은 이러한 종류로 구분하기가 매우 힘들다. **초본**은 땅 위에 있는 슈트가, 영양기관이나 생식기관에 상관없이, 한 해의 생육기간이 끝나면 죽는 식물이다. 지상에 있는 슈트가 비록 1년만 살지라도, 초본 자체는 일년생, 이년생 또는 다년생일 수 있다. 후자인 다년생 식물은 땅속에 있는 근경체를 통해 오래 살 수 있다(참조: 지중식물). **덩굴식물**은 기다랗고 약한 줄기를 지니고 있는데, 대개 기어오르거나, 다른 것을 감거나, 덩굴손을 지니거나, 뿌리를 내려 식물체를 지탱하고 있다. 덩굴식물은 일년생 또는 다년생, 초본 또는 목본일 수 있다. **덩굴나무**는 덩굴식물의 한 종류로, 다년생이며 목본성이고, 주로 열대삼림에서 임관을 이루는 주요 식물이다. **관목**은 주 줄기 여러 개가 지표면에서 나오는 다년생 목본 식물이다. **아관목**은 작은 관목으로 기부만 목본성이며, 계절에 맞추어 새로운 비목본성 일년생 슈트를 낸다. 마지막으로, **교목**은 일반적으로 크고, 다년생이며, 주된 줄기(수간) 하나가 지표면에서 나오는 목본성 식물로 정의한다. (일부 식물생태학자는 주로 식물체의 키를 가지고 관목과 교목을 인위적으로 구분하는 경우가 있다.)

식물의 생육지

식물의 생육지는 식물이 자라고 있는 지역의 일반적 환경을 가리킨다. 식물이 육지에서 자랄 경우 **육생**, 물에서 자랄 경우 **수생**이라 한다. 수생의 경우, 식물체가 물속에 있으면 **침수성**, 물 표면에 떠 있으면 **부유성**, 물 밑바닥에 식물체를 고착시키는 뿌리나 줄기가 있으면서 물 밖으로 자라는 슈트가 있으면 **정수성**이라고 한다. 다른 식물에 붙어 자라는 경우 **착생**이라 한다. **계류연안식물**은 (흔히 물살이 빠른) 개울가나 강둑에 사는 식물이다. 생육지에 관한 것으로 저토의 유형(모래, 양토, 점토, 자갈, 암석상 토양)도 있다. **암생성**은 암석 또는 거석의 표면이나(**암석식물**) 홈에(**암극식물**) 자라는 생육지 특성을 말한다. 그밖에 경사도, 경사면, 고도, 습도 상황, 주변 식생, 군집 또는 생태계 등에 관한 것도 있다.

식물의 생활형

식물의 생활형(plant life form)은 식물체의 구조, 생활환, 생리적인 측면을 나타낸다. (Raunkiaer 1934 참조.) 생활형에는 **지표식물**, 지표 또는 바로 아래에 겨울눈이 있는 다년생 식물; **지중식물**, 지하부 줄기로서 인경, 구경, 근경 또는 괴경을 지니고 있는 다년생 식물; **염생식물**, 염분에 적응한 식물; **다육식물**, 줄기나(예, 선인장) 잎이(예, 돌나물) 육질성인 식물; **건생식물**, 건조하고 더운 환경에 적응한 식물 등이 있다.

영양생리적인 측면을 나타내는 말로 **부생식물**, 죽은 유기체 물질로 살아가는 종속영양 식물; **균영양식물**, 균과 긴밀한 접촉을 하여 영양을 공급받는 무엽록소식물; **기생식물**, 다른 식물에 의존하여 살아가는 식물 등이 있다. 기생식물은 광합성을 하지 못하여 생존과 생식을 위해 숙주에 붙어 있어야만 하는 **전기생식물**(예, *Cuscuta* 새삼속, *Orobanche* 초종용속, *Balanophora*) 또는 생활환 중 적어도 일부는 광합성을 하는 **반기생식물**로 구분한다. 반기생식물은 생존과 생식을 위해 숙주가 필요한 **절대 반기생식물**(예, 겨우살이)과, 생존과 생식을 위해 숙주와 연결될 필요가 없는 **선택 반기생식물**(예, 열당과의 *Pedicularis* 송이풀속)로 구분된다.

뿌리

뿌리는 고착과 물/무기물 흡수 기능을 수행한다. 뿌리는 솔잎난식물의 *Psilotum*(솔잎난속)과 그 근연종을 제외한 모든 관속육상식물에 존재한다. (앞서 설명하였듯이, 비관속육상식물에는 뿌리와 비슷한 기능을 수행하는 **가근**이 있음.)

뿌리는 슈트와 마찬가지로, 활발하게 생장하는 근단의 **정단분열조직**에서 새로운 세포들이 형성되어 발달한다. 정단분열조직은 바깥쪽에 있는 **근관**(뿌리골무)에 의해 보호받는데, 근관은 뿌리의 정단분열조직을 보호할 뿐만 아니라, 뿌리가 땅속을 뚫고 자랄 수 있도록 윤활 작용도 한다. 근단에서 조금 떨어진 곳의 표피에서는 털과 같은 부속체, 즉 **근모**(뿌리털)가 발달하는데, 뿌리털은 물과 무기물을 흡수하는 표면적을 엄청나게 증가시키는 역할을 한다. 많은 (그러나 대부분은 아님) 식물 종의 뿌리는 곰팡이 종류와 **균근**이라고 하는 흥미로운 공생관계를 이루고 있다. 균근의 정확한 기능은 때로 불명확하지만, 대부분의 종에서 적어도 곰팡이는 식물의 흡수 활동에 필요한 표면적을 전반적으로 증가시켜줄 뿐만 아니라, 무기물 흡수, 특히 인산 흡수의 효율성을 증가시킨다. 뿌리 중심부에는 물관부와 체관부의 통도세포로 이루어진 **관속주**가 있다. 관속주는 여러 세포로 이루어진 원통형 특수 구조인 **내피**에 의해 둘러싸여 있다. 내피의 바로 안쪽에 위치한 유세포로 이루어진 원통형 층인 **내초**의 세포가 분열함에 따라 측근이 발달한다.

관속식물에서 발달하는 최초 뿌리는 배 안에 존재하는 **유근**이다. 유근이 배 생장 이후 계속 발달한 것을 **일차근**이라 한다. 뿌리, 줄기(흔히 눈 근처) 또는 매우 드물게 잎의 조직에서도 뿌리가 추가적으로 발달하기도 한다. 뿌리가 아닌 기관, 즉 줄기나 잎에서 기원한 뿌리를 **부정근**이라 한다. 또한 다른 뿌리에서 발달한 뿌리를 **측근**이라 한다.

뿌리의 유형(그림 9.2)

뿌리는 다양한 형태로 진화하였다. 만일 일차근이 뚜렷하다면, 이러한 뿌리를 **주근**이라고 하며, 이러한 근계를 **주근계**라고 한다. 만일 일차근이 곧바로 사라지고, 이어서 만들어진 뿌리가 부정근이라면, 이 근계를 **수근계**라고 한다. 몇몇 식물, 특히 이년생 식물에는 **저장근**이 있는데, 이는 고에너지 저장화합물(대개 녹말)이 축적되어 주근이 크게 두꺼워진 것이다. 여러 착생식물, 특히 단자엽식물인 천남성과와 난과 중에서 열대지방에 자라는 식물에는 **기근**이 존재한다. 이 기근은 모두 부정근으로, 대개 땅속으로 들어가지 않으며, 식물 표면을 흐르는 물이나 공기 중으로부터 물과 무기물을 흡수할 수 있다. 인경이나 구경이 있는 많은 식물에는 **수축근**이 있는데, 수축근은 수직 방향으로 수축하여 근경을 땅속으로 밀어 넣는 역할을 한다. 기생식물에는 숙주식물의 조직을 뚫고 들어가는 **기생근**이라는 특별한 뿌리가 있다. **지지근**이라고 부르는 일부 부정근은 줄기의 기부에서 자라나는데, 식물체를 더욱 더 튼튼하게 지탱하는 역할을 한다. 늪지나 소택지에서 자라는 일부 식물은 **호흡근**을 만드는데, 이는 토양에서 공중으로 생장하며 산소를 추가적으로 얻는 역할을 한다. **판근**은 커다랗게 수평 방향으로 퍼진 뿌리이지만, 때로는 교목의 기부 근처에서 수직 방향으로 두꺼워져서 기계적 지지 작용을 한다. 이러한 뿌리는 일부 열대습지/늪지에서 자라는 교목에서 발견된다.

줄기와 슈트

줄기는 잎과 생식구조를 지탱하면서 일정한 높이에 위치시키는 지지기관인 동시에, 관속조직을 통하여 잎과 뿌리 그리고 생식기관 사이에 물과 무기물 및 당을 운반하는 통도기관이다. 줄기는 몇 가지 해부학적 특징에 의해 그 구조가 뿌리와 뚜렷하게 구분된다. 앞서 설명한 것처럼, **슈트**는 줄기뿐만 아니라 잎까지 포함한 개념이다. 가지가 나 있으며 잎이 달려있는 포자체 슈트는 현존하는 모든 관속식물의 파생형질이다. 한편, 선류와 일부 태류에서 잎을 달고 있는 슈트처럼 생긴 구조는 배

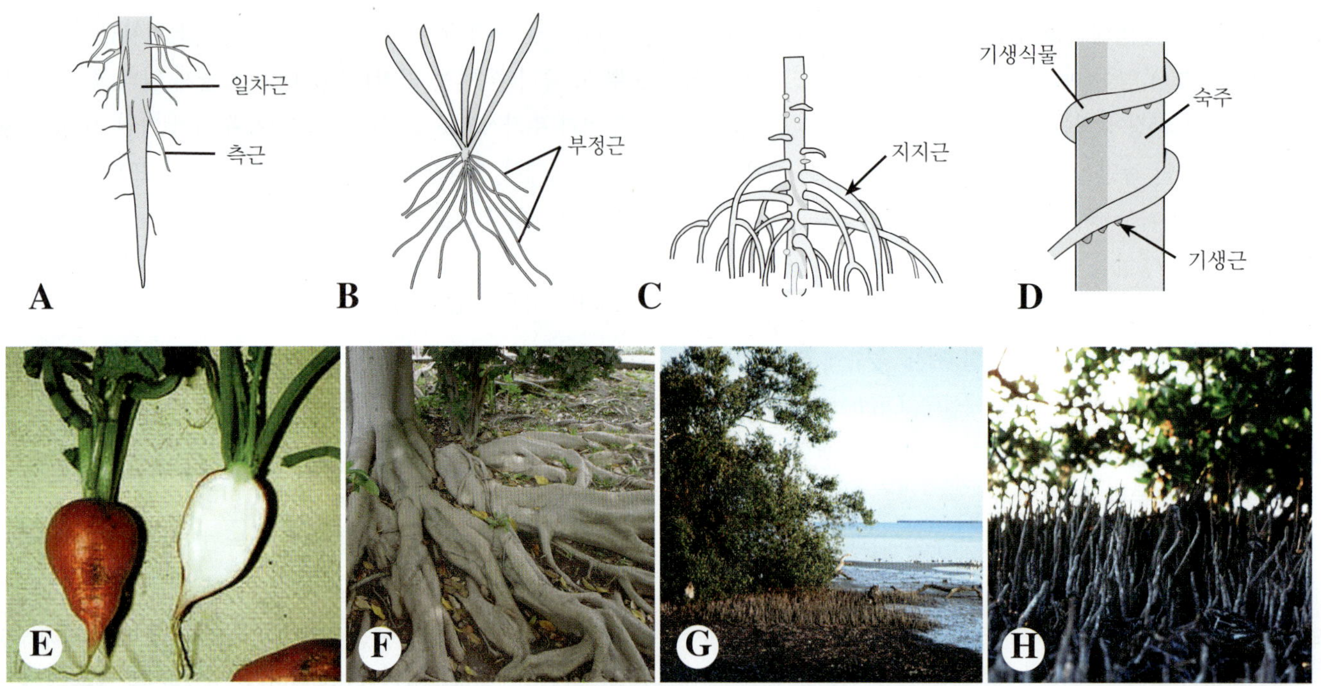

그림 9.2 뿌리의 유형. **A.** 주근. **B.** 수근계. **C.** 지지근. **D.** 기생근. **E.** 저장근. *Raphanus sativus*(무). **F.** 판근. *Ficus rubiginosa*. **G,H.** 호흡근. *Avicennia germinans*(망그로브의 일종).

우자체이며, 관속식물의 슈트와 직접적으로 관련된 상동기관은 아니다.

종자식물에서 최초의 슈트는 배 안에 있는 **상배축**에서 발달한다. 상배축은 배가 생장한 이후 계속 신장하여 끝에서부터 잎이 달리는 축, 즉 줄기로 자라는데, 그 끝에는 활발하게 분열하는 슈트 **정단분열조직**의 세포들이 있다. 세포분열이 계속 일어나고 생장하면 미성숙 잎, 즉 **엽원기**로 발달하는 조직 덩어리가 형성된다(그림 9.1). 줄기에서 잎이 달리는 곳을 **절**(마디)이라고 하며, 2개의 인접한 절 사이 지역을 **절간**(마디사이)이라고 한다. 발달 단계의 약간 후기에 줄기와 잎의 상면(향축면)이 만나는 곳(**엽액**이라고 함)의 조직이 분열하여 **아원기**로 분화한다. 슈트가 성숙함에 따라 잎은 놀라울 정도로 다양한 크기와 형태로 분화한다. 아원기는 '미성숙 슈트계'로 정의되는 눈(芽)으로 발달하는데, 눈은 흔히 보호기능성 인편엽으로 둘러싸인다. 눈은 원래의 슈트와 똑같은 구조로 되어 있다. 이들은 측지로 발달하거나 꽃이나 화서로 발달하면서 생장이 중단되기도 한다. 물관부와 체관부를 통한 물과 무기물 그리고 당 운반을 위해 줄기와 잎 사이에는 관속대가 만들어져 관속연결이 이루어진다. 잎의 **관속대**는 **맥**이라 한다.

줄기 관속조직의 바깥쪽에 자리하고 있으면서 대부분 유세포로 이루어진 조직을 **피층**이라고 한다. 수는 중앙부에 유세포로 이루어진 조직으로, 줄기의 관속계(관상중심주와 진정중심주)의 안쪽에 있다. 단자엽식물에는 관속 여러 개가 산재해 있으며(부제중심주), 그 사이는 **기본조직**이라고 하는 유조직이 채우고 있다.

일부 관속식물의 줄기, 특히 소나무 종류와 비단자엽피자식물의 줄기는 재(材)를 포함하는데, 재는 유관속형성층으로부터 만들어진 이차물관부 조직을 이르는 전문용어이다. 이러한 목본성 식물에서 수피는 유관속형성층 바깥쪽에 있는 모든 조직을 가리키며, 이차체관부(내수피)와 그 밖의 피층 그리고 코르크형성층에서 형성된 것으로(이 부분을 외수피 또는 주피라 한다) 이루어져 있다.

줄기/슈트의 유형

진화 과정에서 줄기와 슈트의 특별한 적응 과정을 나타내는 다양한 변형이 생겨났다(**그림 9.3**). 예를 들어, 다년생과 일부 이년생 초본은 땅속에 있는 줄기를 지니는데, 이러한 줄기를 흔히 **근경체**(rootstock)라고 한다. 근경체는 추위나 건조 등 극심한 상태에서도 땅속에서 살아남아 저장 및 보호 기관의 역할을 한다. 환경 조건이 나아지면, 근경체는 정단분열조직이나 기존

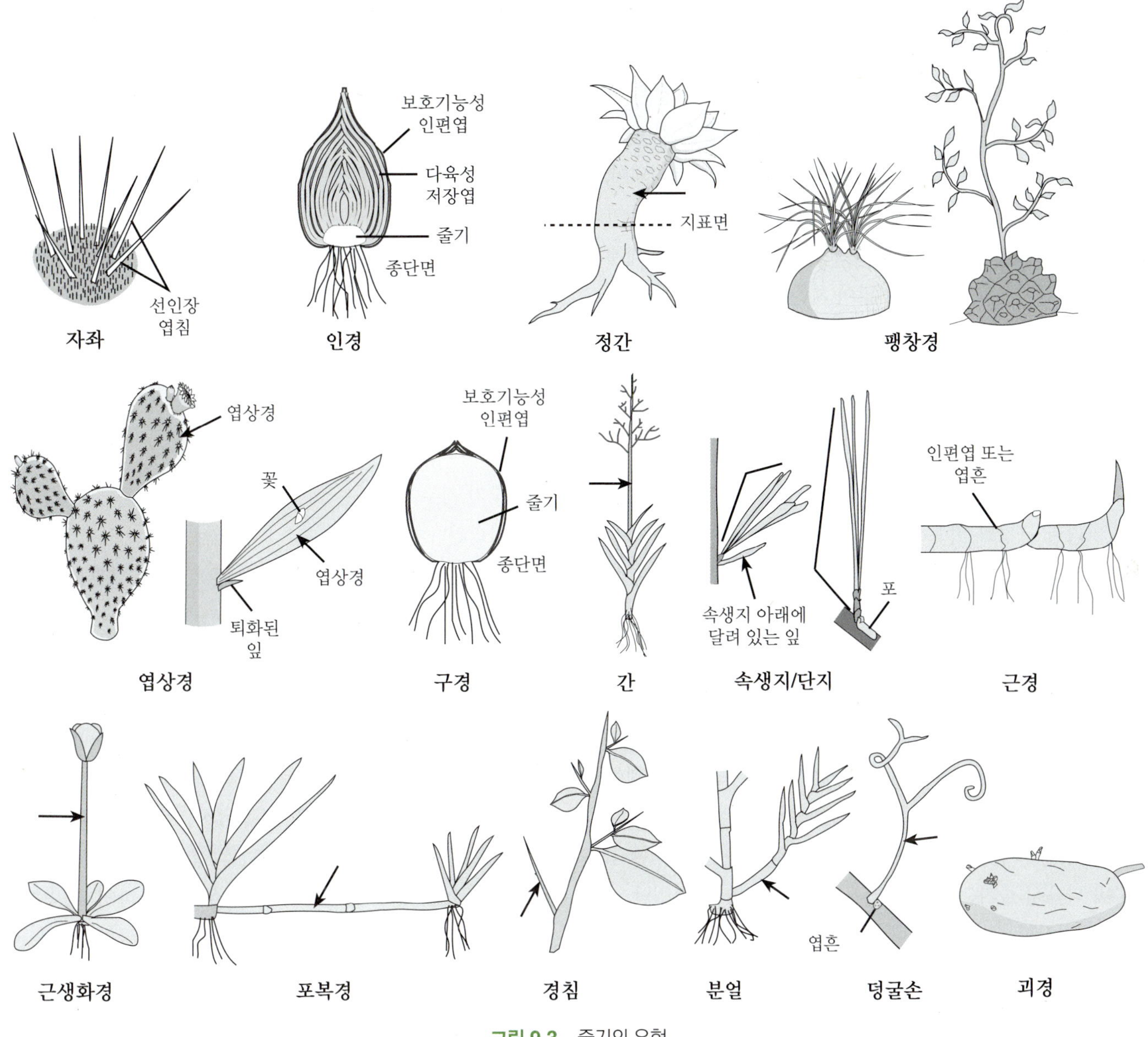

그림 9.3 줄기의 유형.

의 휴면아로부터 새로운 부정근이나 지상슈트를 내보내는 자리가 된다. 여러 근경체 유형이 다양한 분류군에서 진화하였다. 이들은 다음과 같다.

1. **인경.** 아주 적은 양의 수직 줄기조직과 빽빽하게 무리지어 달리는 두꺼운 육질성 저장엽으로 이루어진 슈트이다(예, *Allium* 부추속 종류, 양파).
2. **구경.** 대부분 구형 줄기조직으로 이루어지며, 아주 얇은 인편상 잎으로 감싸이는 슈트이다(예, 일부 *Iris* 붓꽃속 종류).
3. **정간(caudex).** 비교적 미분화되었으나 수직으로 선 줄기로 되어 있는 근경체이다(그림 9.3).
4. **근경.** 줄기가 수평으로 자라며, 주로 땅속에(일부 양치류는 땅 위에) 있고, 포복경에 비해 대개 절간이 짧으며, 인편상 잎이 달린다(예, *Zingiber officinale* 생강).
5. **괴경.** 지하에 있는 두꺼운 저장줄기로, 대개 직립하지 않으며, 바깥쪽에 눈이 주로 있고, 둘러싸는 저장엽이나 보호기능성 인편이 없다(예, *Solanum tuberosum* 감자).

근경체는 일부가 떨어져 나가 새로운 식물체로 되거나, 번식구조를 형성한 뒤 분리되어(심지어 동물에 의해 산포되어) 영양(클론)번식을 하는 생식기관 역할도 한다. 예를 들어, 인경의 엽액에 달리는 눈은 **출아인경**(소인경)으로 발달하며(예, 마늘),

일부 식물은 심지어 식물체의 화서나(예, 일부 양파 종류) 지상슈트에(예, 참나리) 조그만 번식성 인경을 만들기도 하는데, 이러한 인경을 **주아**라 한다. 구경이 있는 식물도 액아와 같은 번식성 구경, 즉 **소구경**을 만들 수 있다. 괴경성 식물은 긴 줄기 끝에 수많은 괴경을 형성하는데, 이러한 괴경은 쉽게 분리되어, 하나의 독립된 개체로 자란다. 괴경은 지상슈트에서도 만들어지며(예, *Dioscorea* 마속), 궁극적으로는 떨어져서 새로운 개체로 자란다. 근경은 흔히 가지를 많이 치는데, 오래된 부분은 죽거나 분리되며, 분리된 근경은 독자적인 개체로 생장한다.

포복경 또는 **횡주지**는 절간이 긴 줄기로서 지표면 바로 위 또는 바로 아래에서 뻗어 자라며, 대개 끝에서 새로운 소식물체를 만드는데, *Fragaria* 딸기속이 그 예이다. 포복경은 땅속으로도 뻗기 때문에 이러한 줄기를 때때로 근경이라고도 부르며, 좁고 기다란 근경과 비슷하게 생겼다. 그러나 끝에 생긴 소식물체가 모식물체로부터 종종 분리되기 때문에 포복경은 무성번식 구조와 같은 특수한 역할을 한다.

여러 유형으로 변형된 지상줄기 또한 특별한 기능을 수행하고 있다. 예를 들어, **엽상경**은 광합성을 하는 평평한 줄기로서 형태나 기능이 잎과 비슷한데, 이는 주걱선인장 종류, *Asparagus* 비짜루속, *Ruscus* 등에서 발견된다. 엽상경은 주로 잎이 수행하는 광합성 기능을 담당하며, 물의 손실을 줄이는 역할도 한다.

일부 지상부 줄기는 양분이나 물을 저장하는 역할도 한다. 이른바 다육성 줄기는 유조직이 거의 대부분이어서 엄청난 양의 물을 저장할 수 있으며, 따라서 건기가 지속되더라도 식물체가 살아남을 수 있도록 해준다. 신대륙의 선인장과 남아프리카의 다육성 대극 종류는 줄기가 다육성인 대표적인 식물이다. 이들 중 일부로, 기둥선인장(사와로) 등과 같이 잘 알려진 선인장은 줄기에 세로로 홈(주름)이 있어 비가 온 후 줄기가 재빨리 팽창됨으로써, 식물체에 더 많은 물이 저장될 수 있도록 한다. 기타 지상부 저장성 줄기로 팽창경과 기부비후경이 있다. (1) **팽창경**(caudicifom stem)은 키가 작고 (지면 또는 지상에서) 부풀은 다년생 저장 줄기로, 여기에서 일년생 또는 비숙존성 광합성 슈트가 나온다(예, 일부 *Dioscorea* 마속 종류). (2) **기부비후경**(pachycaul)은 목본성 수간처럼 생긴 줄기로, 기부가 약간 부풀어 있으며, 부푼 부위에 저장 기능이 있다(예, *Brachychiton* 종류, *Fouquieria columnaris*).

일부 줄기나 슈트는 식물의 일부를 뜯어먹는 초식성 동물을 방해하는 보호 장치 같은 역할을 한다. **경침**은 끝이 뾰족한 줄기 또는 슈트이다. (경침을 엽침이나 피침과 혼동해서는 안 된다. 엽침은 끝이 뾰족한 잎이나 잎 부분이고, 피침은 끝이 뾰족한 표피성 구조로 식물체 어느 부위에서나 발견된다.) 아주 특별한 유형의 슈트로는 **자좌**가 있는데, 이는 퇴화되고 변형되어 신장하지 않는 슈트 정단분열조직으로서 엽침을 지니고 있다. 자좌는 선인장과의 주요 특징이다.

일부 줄기는 번식을 위해 특화되어 있다. 예를 들어, **근생화경**은 "나출된" (영양엽이 달리지 않은) 화경(*花茎*, 꽃줄기) 또는 화서축으로, 일반적으로 로제트형 근생엽에서 길게 자라나 꽃을 지표면 위로 충분히 올려주는 역할을 한다. **간**(culm)은 벼과와 사초과 식물에서 화서와 열매가 달리는 줄기를 가리킨다. **분얼**은 벼과식물의 번식성 슈트를 지칭하는 일반적 용어로, 주로 줄기 기부에 달리는 액아로부터 슈트가 나와 뭉쳐 자라는 것을 가리킨다.

줄기는 여러 가지 다양한 기능을 수행하기도 한다. **목질괴경** 또는 **지하옹이**는 불이 지나간 다음에 만들어지는 보호기능성 및 재생성 줄기이다. 이것은 주로 부풀어 있는 목본성 줄기로, 지표면이나 지표면 약간 아래에 형성되고, 이들로부터 지상부의 숙존성, 목본성 가지가 나온다(예, 일부 *Manzanita* 종류). **위인경**은 일부 착생 난과식물에서 볼 수 있는 짧고 직립하는 저장성 또는 번식성 지상줄기이다. **단지**(短枝) 또는 **속생지**는 절간이 매우 짧게 변형되어 꽃이나 잎을 달고 있는 슈트이다. 단지는 최소한의 줄기(또는 가지) 조직을 이용하여 잎이나 번식 기관을 재빠르게 만들 수 있다. 단지는 소위 건기낙엽성 식물에서 발견되기도 하는데, 이러한 식물은 비가 온 후, 잎 여러 장을 재빨리 만들어낸다. 단지는 절간이 더 긴 전형적인 슈트(가지)의 눈에서도 만들어지는데, 절간이 상대적으로 더 긴 슈트(가지)는 장지라고 부른다. 마지막으로, **덩굴손**은 기다랗고 가느다란 나선형의 가지로, 감아 자라는 것에 적응한 구조이다. 덩굴손은 주로 줄기가 약한 덩굴식물에서 발견되며, 식물체를 지탱하는 역할을 한다. (그러나 덩굴손 대부분은 잎 또는 잎의 부분이 변형된 것임을 기억해야 한다.)

줄기형

줄기형(stem habit)은 줄기나 슈트의 상대적인 자세나 상태를 기술하는 형질이지만, 줄기 구조, 생장 그리고 방향과 관련되기도 한다(**그림 9.4**). 줄기형이 보이는 특징은 줄기의 유형과 마찬가지로, 생존과 번식을 가능하게 한 적응을 보여 준다. 예를

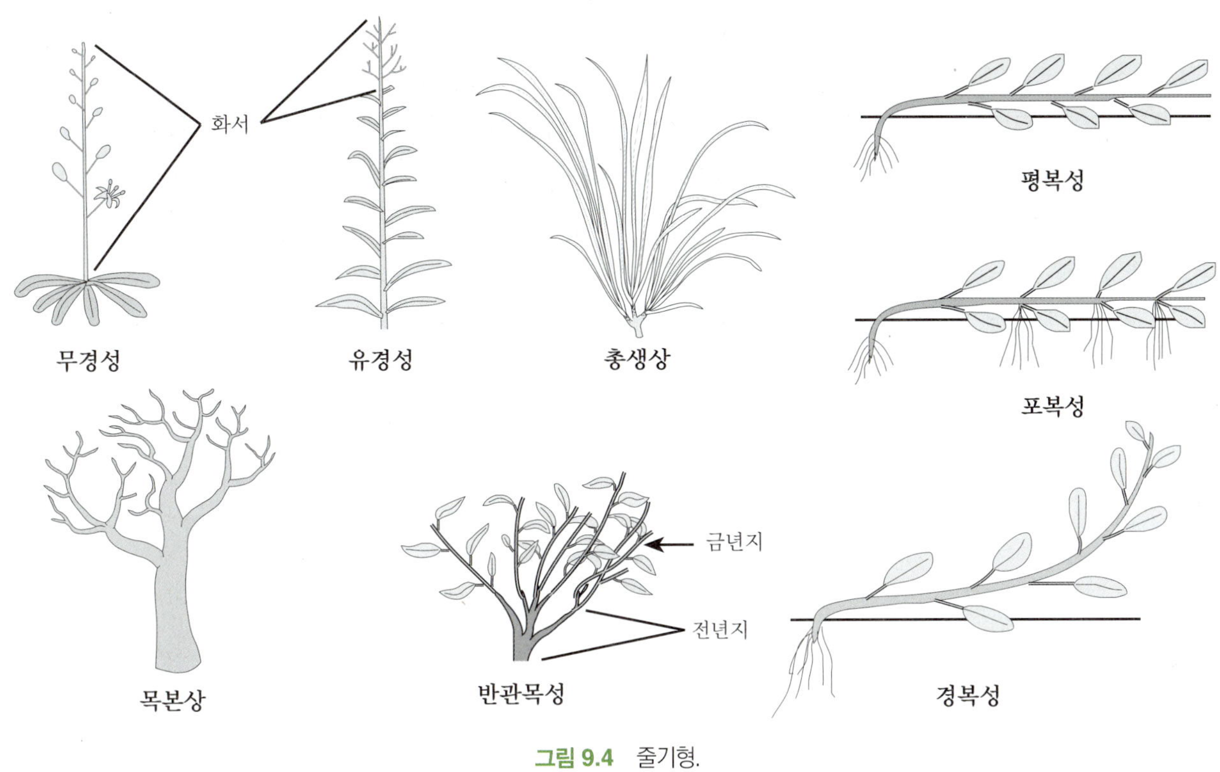

그림 9.4 줄기형.

들어, 지상에 줄기가 있는 식물은 **유경성**이라고 하며, 꽃을 제외하고 지상에 줄기가 없는 식물은 **무경성**이라고 한다. 무경성 식물은 주요 광합성 잎이 단지 지표면에만 있어서 흔히 기부에서 로제트를 형성하고, 차차 죽어 사라지는 화서만이 유일한 지상 슈트인 것을 말한다. 무경성 식물은 흔히 이년생 또는 다년생이다. 이년생 식물은 첫 해에 저장근이 발달하고서 두 번째 해에 개화(추대)하는 것이다. 다년생 식물의 숙존성 줄기는 지하에 남아 극한 환경 조건으로부터 보호받는다. 줄기형이 유경성인 식물로는 지상에 영양슈트와 영양엽을 지니는 관목, 교목 그리고 초본이 있다. 이들의 줄기형에 해당하는 용어 중 일부는 다음과 같다. **목본상**은 형태나 크기가 목본처럼 보이는 것이고, **관목성**은 목본성 지상줄기 여러 개로 이루어진 관목의 줄기형이며, **반관목성**은 기부는 목본성이나 정단부는 초본성인 아관목의 줄기형이다. 덩굴식물은 유경성의 한 종류이다. 덩굴식물의 줄기형은 특별한 등반구조 없이 물체를 아무렇게나 가로질러 뻗어가는 **평반경성**과, 덩굴손, 엽병 또는 부정근 등의 방법을 통해 자라 올라가는 **등반경성**으로 구분된다. 일부 식물은 적어도 부분적으로는 지표면에 붙어서 자라는 데 적응하였다. 이러한 식물의 줄기형에는, 마디에서 뿌리를 내리지 않은 상태에서 옆으로 기면서 자라는 **평복성**, 마디에서 뿌리를 내리면서 기어 자라는 **포복성**, 기부는 평복성이나 정단부는 위를 향해 자라는 **경복성** 등이 있다. 마지막으로, 일부 식물의 줄기형은 **총생상**인데, 이는 줄기가 짧은 지상 슈트가 기부에서 심하게 분지하여 방석처럼 되는 것이다. 많은 벼과식물은 총생상이며, 이로 인해 소위 "뭉치" 식물로 불린다.

줄기의 분지양상

지표면 아래나 위에 자라는 줄기 또는 슈트는 때때로 독특한 분지양상을 보인다(그림 9.5). 분지양상은 두 정단분열조직, 즉 유식물의 상배축에서 기원한 "원래" 슈트 정단분열조직과 측아에서 기원한 정단분열조직의 상대적인 활동에 따라 결정된다. 분지양상에서 한 가지 중요한 특징은 슈트 정단분열조직 생장의 지속기간과 관련되어 있다. 만일 특정 슈트가 무제한 생장할 잠재력이 있어서 정단분열조직이 지속적으로 활동한다면, **무한**(-생장성)이라고 한다. 만일 특정 시기가 지나 슈트 정단분열조직이 발달을 중지하거나 꽃이나 화서 또는 (가시나 덩굴손과 같은) 기타 특수 구조로 변환된다면, **유한**(-생장성)이라고 한다. (화서 발달에도 같은 용어가 사용된다.) 이와 관련된 용어 2개를 개화에 대해서도 사용한다. 완전하게 꽃이나 화서로 변환되는 유한생장성 슈트는 **개화유한생장성**이라고 하

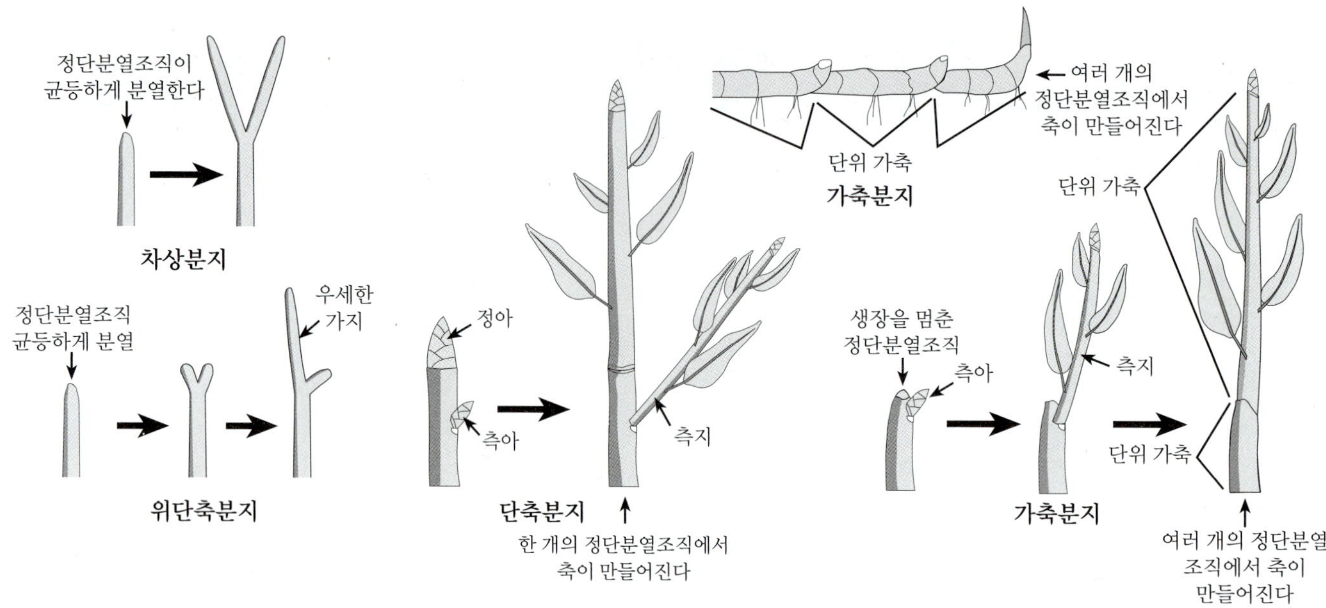

그림 9.5 줄기의 분지양상.

며, 곁에 꽃을 피우지만 영양생장을 계속하는 무한생장성 슈트는 **개화무한생장성**이라고 한다.

특정 가지 또는 축의 발달 기원에 초점을 맞춘 일반적인 용어 3개가 있다. 분지양상 중 매우 드문 것으로, 하나의 정단분열조직이 똑같이 나눠어 가지로 자라가는 **차상분지성**이 있는데, 이는 *Psilotum*(솔잎난속)의 특징이다. 차상분지성의 변형으로는 **위단축분지성**이 있는데, 이는 초기 차상분지 중 하나가 다른 것보다 웃자라 우세해지는 양상이다. 차상분지성 및 가축분지성 분지 양상은 주로 석송식물에서 볼 수 있다. 만일 특정 줄기 축이 '단일' 정단분열조직으로부터 나온다면, 이러한 양상을 **단축분지성**이라고 한다. 단축분지성 축은 계속해서 생장하며, 따라서 무한생장성이다. 이와는 대조적으로 (단 하나의 연속된 구조로 보일 수도 있는) 특정 축이 각기 '분리된' 정단분열조직에서 기원한 여러 개의 단위로 이루어져 있다면, 이러한 양상을 **가축분지성**이라고 한다. 이러한 가축분지성 단위는 슈트 정단분열조직 가까이에서 형성된 측아로부터 발달한다. 많은 근경이 가축분지성 생장을 한다(매우 다양하고 전문적인 줄기의 분지 모델이 많은 학자에 의해 제안되었는데, 이는 부록에 정리되어 있음).

소지, 눈, 수간

소지(小枝)는 교목이나 관목에서 최근에 생장한 목본성 가지이다(그림 9.6). 미성숙 슈트계인 **눈**은 분열조직에서 만들어진다. 낙엽성 목본 식물에서, 잎은 생육 계절의 마지막에 떨어지고, 눈의 최외곽 조각들은 잎이 변형되어 만들어진 보호기능성 구조인 **인편**으로 발달한다. 슈트의 원래 정단분열조직을 포함하는 소지의 눈(후에 생장하여 슈트의 길이 신장으로 이어짐)은 **정생아** 또는 **정아**(끝눈)라고 한다. 잎의 엽액에 형성되는 눈은 **액아** 또는 **측아**(곁눈)라고 한다.

잎을 포함하는 영양(-기관) 슈트로 발달하는 눈을 **영양아**라고 하고, 꽃이나 화서로 발달하는 눈을 각각 **화아** 또는 **화서아**라고 하며, 꽃과 잎이 모두 발달하면 **혼아**라고 한다. 일부 종에서는 마디에 2개 이상의 눈이 달리기도 한다. 둘 이상의 액아가 옆에 나란히 자리를 잡고 있을 때에는 **병립아**라고 하며, 위아래로 자리를 잡고 있을 때에는 **중생아**라고 한다. 슈트의 원래 정단분열조직이 활동을 하지 못할 경우(생장을 정지하거나 꽃으로 성숙할 경우)에는 슈트 정단부 근처에 있는 액아가 생장을 지속하여 신장하게 된다. 이처럼 정아의 기능을 대행하는 액아를 **위정아**라고 한다.

목본성, 낙엽성 소지에서 몇몇 흔적들이 발견된다. 이러한 흔적에는 **엽흔**, **관속흔**, **탁엽흔**(탁엽이 존재할 경우), **인편흔** 등이 있다. 인편흔은 새로운 계절 동안 생장을 재개하였을 때 원래 정아의 인편이 달렸었던 자리를 나타낸다. 따라서 인편흔은 지난 생육 계절에 가지의 생장이 중단되었던 지점을 나타

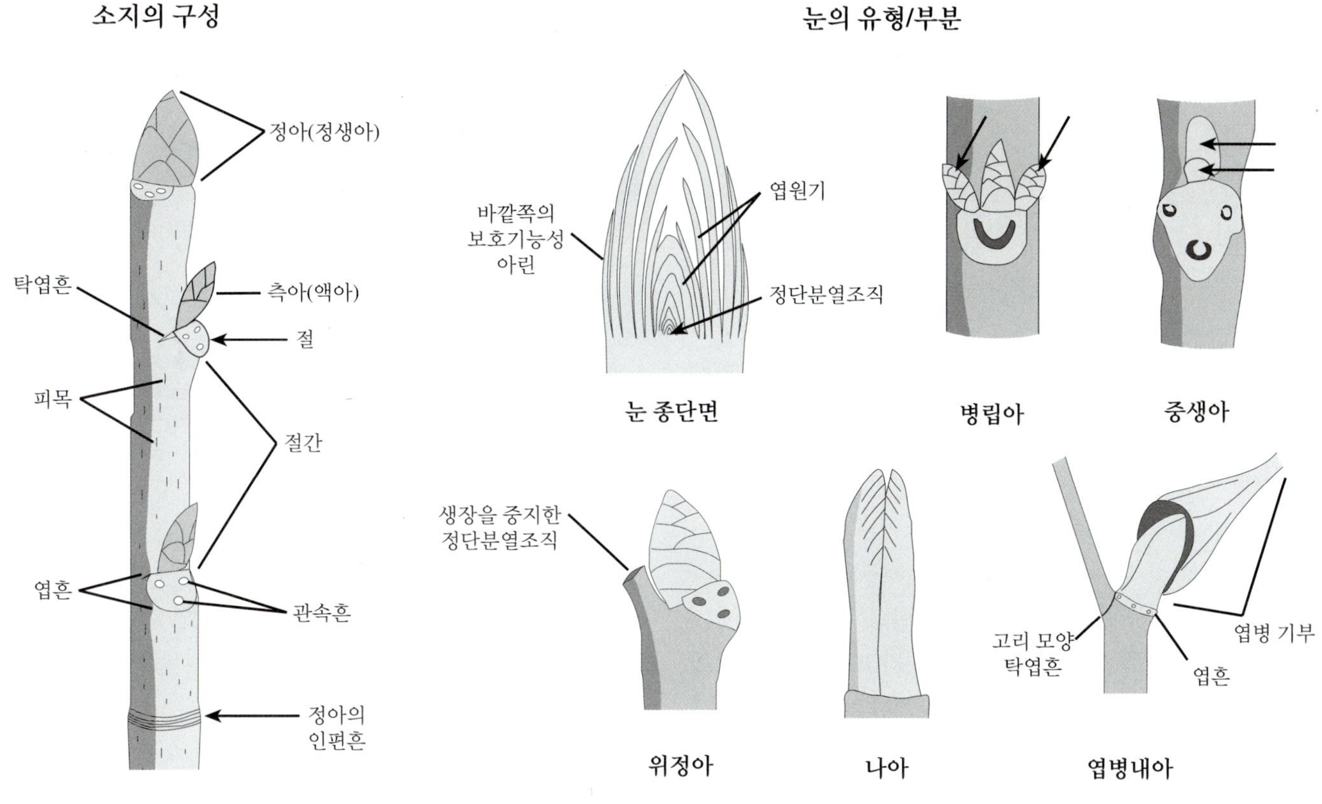

그림 9.6 소지의 구성과 눈의 유형.

내며, 인접한 인편흔과의 사이 지역은 한 해 동안 생장한 부분이다.

수피는 진정한 재(wood)를 지니는 식물에서 유관속형성층 바깥쪽에 있는 조직을 가리키는 용어이다. 외수피 또는 주피는 코르크형성층 자체에서 파생된 조직이다. 형태학적으로, 수피는 줄기나 뿌리에서 일종의 이차생장을 통해 생성된 (진정한 코르코형성층에서 기원한 것인지 아닌지에 상관없이) 최외곽 보호층을 지칭한다. 수피의 유형은 잎이 탈락하고 없는 상태의 낙엽교목과 같은 식물 분류군을 동정하는데, 특히 유용한 형질이다. 다음은 다양한 수피 유형이다.

1. **박리형.** 커다란 종이처럼 홈이 생기거나 벗겨지는 수피.
2. **파열형.** 수직 또는 수평 방향으로 홈이 생기거나 갈라지는 수피.
3. **평판형.** 균열 사이에 평평한 판이 있는 것처럼 갈라지거나 홈이 생기는 수피.
4. **섬유형.** 거친 섬유처럼 된 수피.
5. **활면형.** 균열이나, 섬유, 판 또는 박리하는 층이 없는 비섬유상 수피.

잎

식물에서 잎은 일차적인 광합성 기관이며, 증산이 일어나는 주된 장소이기도 하다. 잎은 슈트 정단부에 있는 엽원기로부터 만들어지며, 적어도 발달 초기에는, 대개 평평한 "배복성"이다(즉, 배축면과 향축면이 모두 있다). 잎은 엽형 태류와 선류에서처럼 배우자체성이거나, 관속식물에서처럼 포자체성일 수도 있다. 포자체성 잎은 엽액에 위치한 미성숙한 슈트계인 **눈**과 그 특징이 연관되어 있다. 눈은 생장하여 옆으로 뻗는 영양지나 생식 구조를 만든다.

잎의 구성(그림 9.7, 9.8, 9.9)

평평하게 확장되어 다수의 엽록체를 지니고 있는 잎 부분을 **엽신** 또는 **엽편**(lamina)이라고 한다. 대부분의 잎은 기부에 자루, 즉 **엽병**이 있다(일부 양치식물에서는 **양치엽병**이라고 부른다). 마디 위에서 줄기를 부분적으로 또는 완전히 감싸는 잎 또는 잎 부분(주로 기부)을 **엽초**라고 하는데, 이는 벼과와 산형과 여러 식물에서 나타나는 특징이다. **위엽병**은 대나무나 바나나 같은 일부 단자엽식물에서 발견되는 엽병 유사 구조로, 엽

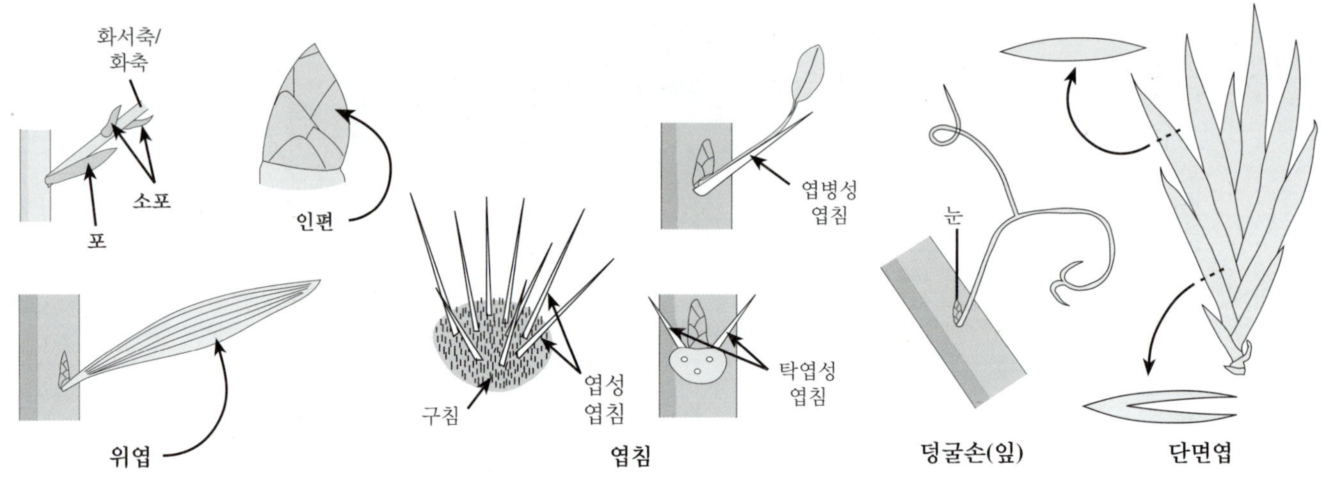

그림 9.7 잎의 구조 유형.

초와 엽신 사이에서 만들어진다. 앞에서 설명하였듯이, 잎에는 1개 이상의 관속, 즉 **맥**(때로는 '늑(肋)'이라고도 한다)이 있으며, 선류에는 진정한 의미의 관속은 아니지만 특이한 통도조직이 존재한다.

잎의 기부 양쪽에는 잎처럼 생긴 부속체인 **탁엽**이 쌍을 이루고 있는데, 이는 엽침이나 밀선으로 변형되기도 한다. 탁엽이 존재하는 잎을 **탁엽성**이라고 하고, 존재하지 않는 잎을 **무탁엽성**이라고 한다. 마디풀과 일부 종의 마디 위쪽에는 건막질성 엽초와 비슷한 특이 구조가 나타나는데, 이는 변형된 탁엽으로 간주되어, **탁엽초**라 한다. 복엽의 소엽 기부 양쪽에 쌍으로 달리면서 잎과 비슷하게 생긴 **소탁엽**이 있는데, 이는 일부 콩과식물에서 엽침이나 밀선으로 변형되기도 한다. 소탁엽이 있으면 소탁엽성, 없다면 **무소탁엽성**이라고 한다. 어떤 경우에는 탁엽과 소탁엽이 발달 중인 어린 엽원기를 보호하는 역할을 한다. 이들은 흔히 작으며 잎이 성숙하자마자 떨어진다("조락성"). 일부 분류군에서는 탁엽 또는 소탁엽이 엽침이나 밀선으로 심하게 변형되기도 한다. 극단적인 예로서, 식물을 보호해주는 개미들의 집 역할을 하는 부풀은 탁엽성 엽침을 아프리카의 아카시아 종류에서 볼 수 있다. 꼭두서니과에서는 (서로 마주보는 잎들이) 발달 중인 어린 슈트를 보호하기 위해 점액질을 분비하는 구조인 **점액선**(colleter)이 동합한 탁엽의 안쪽 면에 있다. 일부 잎은 **소엽**이라 부르는 분명한 부분으로 분할하여 복엽이 된다. 소엽의 자루는 **소엽병**이라 한다. 그밖에 일부 분류군에 한정되어 나타나는 특별한 잎 관련 구조는 다음과 같다.

1. **고동형돌기.** 일부 야자식물에서 엽병과 엽신이 만나는 부위에 달리는 부속체 또는 돌기.
2. **엽설.** 벼과식물에서 엽신과 만나는 부위의 엽초 상부에 있는 돌출생장 구조 또는 돌기.
3. **엽침**(葉枕; 엽침/葉針과 혼동하지 말 것). 일부 콩과식물의 엽병 또는 소엽병의 부풀은 기부.

잎의 운동

엽침(葉枕)은 일부 분류군, 예를 들어 일부 콩과식물에서 **감진성**(또는 **감촉성**) 기능을 수행하는데, 이는 접촉, 진동 또는 열에 대한 반응으로 *Mimosa pudica*(미모사)에서처럼 복엽의 소엽들이 접히는 운동을 말한다. 이와 비슷하지만 광주기성에 따른 생리적 반응으로 일어나는 것을 **수면운동**이라고 한다. 이러한 생리적 반응들은 기계적 손상으로부터 잎을 보호하거나, 증산에 따른 물 손실을 방지한다.

잎의 구조 유형(그림 9.7, 그림 9.8)

잎의 구조 유형은 다음에 설명할 잎의 유형과는 대조적으로 잎의 특별한 변형과 관련되어 있다. 관속식물에서 볼 수 있는 잎의 기본적인 구조 유형은 석송엽과 진정엽이다. **석송엽**은 개재생장을 하며, 엽극이 없이 줄기에 연결되는 중앙맥 하나를 지니는 작은 단엽이다. 석송엽은 석송식물에서만 발견되며, 관속식물의 초기 조상들에서 발견되는 잎의 유형과 비슷하다. **진정엽**은 정단생장을 하며, 잎과 줄기의 관속이 만나는 부위의 위쪽에 나타나는 유조직인 엽극이 있고, 흔히 맥이 여럿인 커다

그림 9.8 잎의 구조 유형. **A,B.** 위엽. *Acacia longifolia*. **A.** 성숙 상태, **B.** 어린 상태로, 흔적성, 조락성 소엽축이 있는데, 이는 조상형질상태이다. **C.** 덩굴손. *Lathyrus vestitus*. **D,F. D.** 탁엽성 엽침. *Euphorbia*(대극속) 종류. **E.** 엽병성 엽침. *Fouquieria splendens*. 성숙한 잎(위쪽)과 비교할 때, 엽신과 엽병의 위쪽 조직이 분리되면서 엽병성 엽침이 형성된다(아래쪽). **F.** 엽성 엽침, 선인장 자좌. **G–J.** 식충식물의 변형된 잎. **G,H.** 낭상엽. **G.** *Nepenthus*(벌레잡이통풀속) 식물. **H.** *Sarracenia* sp. **I.** *Drosera capensis*의 촉수엽. 선모(화살표). **J.** 함정엽. *Dionaea muscipula*. **K.** 화려한 포. *Bougainvillea*. **L.** 부악, *Lavatera bicolor*. **M.** 아린. *Liquidambar styraciflua*. **N.** 단면엽. *Juncus phaerocephalus*.

란 단엽 또는 복엽이다. 진정엽은 양치식물, 나자식물 그리고 피자식물에서 발견된다(제4장 참조).

대부분의 광합성엽보다 작고, 형태가 변형된 잎을 **포**라고 한다. 피자식물에서는 주로 꽃(화포)이나 화서의 축(화서 포)에 포가 있다. 간혹 현화식물의 소화경에 있는 작은 이차 포를 **소포** 또는 **전출엽**이라 한다. 포라는 용어는 나자식물에서 구과의 종린(실편) 밑부분에 달려 있거나, 소나무과 식물에서 속생지를 싸고 있는 비광합성엽을 지칭하는 데 사용되기도 한다. **인편**(-엽)이라는 용어는 눈의 연약한 정단분열조직과 엽원기를 보호하거나(이 경우 **아린**이라 함) 근경에서 절간을 따라 나는 (녹색이 아닌) 작은 잎에 대하여 사용한다. 또한 인편은 사초과의 소수화서에서 축소된 포를 의미하기도 한다. 흔적처럼 남아 있는 인편엽이 표토내발아성(은닉자엽성) 유식물에서 발견되는데, 이를 **저출엽**이라고 부른다.

특정 분류군에서 발견되는 일부 포처럼 생긴 잎에는 별도의 이름이 붙어 있다. 꽃받침 바로 아래에 꽃받침잎처럼 생긴 포의 무리를 **외악**(부악)이라고 하는데, 이는 아욱과의 여러 종에서 볼 수 있다. 국화과, 특히 Heliantheae(해바라기족)의 두상화서에서 하나하나의 꽃을 싸고 있는 포를 총칭하여 화탁포라고 한다. 벼과의 소수화서에 달리는 특별한 포에는 또 다른 이름이 붙어 있는데, 화서의 기부에 달리는 두 장의 포는 **포영**, 소화의 바깥쪽 아래에 달리는 포는 **외화영**, 소화의 안쪽 위에 달리는 포는 **내화영**이라고 한다(화서 유형, 제7장의 벼과 기재 참조).

(국화-)총포편은 국화과의 두상화서(두화)를 감싸는 총포를 이룬다. **불염포**는 확장되어 화서를 감싸고 있거나(간혹 색을 띰), 천남성과에서처럼 흔히 육수화서를 감싸고 있는 포를 말한다.

가엽(위엽)은 엽신처럼 평평한 엽병으로 이루어진 잎이다. 가엽은 호주에 분포하는 대부분의 *Acacia*(가엽성 아카시아 무리)에서 발견되는데, 이는 조상형 복엽이 엽축과 소엽을 상실하면서 형성되었다. **덩굴손**은 꼬이면서 다른 물체를 감싸는 잎 또는 잎의 부분으로, 흔히 엽축이나 소엽이 변형되어 형성된다. (덩굴손이라는 용어는 줄기의 변형에서도 사용된다. 줄기의 유형 참조.)

엽침은 끝이 뾰족한 잎 또는 잎의 일부분이다. 전형적인 엽침은 Cactaceae(선인장과)에서 볼 수 있는 **엽성엽침**인데, 이는 엽원기로부터 만들어진다. 아주 작은 수많은 하향성 세자가 길게 배열되어 있는 낙엽성 엽침을 **구침**이라고 하는데, 이는 선인장류의 자좌에서 발견된다. 일부 분류군에서는 엽병, 중륵 또는 이차맥에서 엽침이 발달하기도 하는데, *Fouquieria*의 **엽병성엽침**이 그 예이다. 대추야자와 같은 일부 야자종류들에는 소엽의 끝이 뾰족하게 변형된 **소엽성엽침**이 있다. 줄기가 다육성인 *Euphorbia*(대극속) 식물이나 콩과의 *Robinia pseudoacacia*(아까시나무)에는 **탁엽성엽침**이 있는데, 이는 주로 잎의 기부에 짝을 이루며 달린다.

단면엽은 동측형, 즉 기부를 제외한 측면이 평평해져 (상하면이 아닌) 좌우면이 존재하는 형태를 보이는 잎으로, 기부는 대개 엽초상이다. 단면엽은 여러 과에 속하는 일부 단자엽식물에서 볼 수 있는데, 특히 붓꽃과에서 특징적으로 나타난다. **원주엽**은 원기둥처럼 생긴 잎으로, 번행초과의 *Fenestraria*에서 나타난다. 원주엽은 때때로 단면엽의 범주에 포함된다.

식충식물이 특별하게 적응한 결과로 만들어진 잎의 유형에는 세 가지가 있다. **낭상엽**은 용액을 담고 있는 주머니처럼 생겼으며, 작은 동물을 잡아서 소화시키는 기능을 수행하는 잎이다. 낭상엽이 있는 분류군은 *Darlingtonia*, *Nepenthes*(벌레잡이통풀속), *Sarracenia* 등이다. **촉수엽**은 작은 동물을 잡아서 소화시키는 기능을 하는 끈적끈적한 선모 또는 강모가 수없이 많이 나 있는 잎이다. 이러한 잎은 *Drosera*(끈끈이주걱속)의 특징이다. 함정엽은 자극이 오면 기계적으로 움직여 작은 동물을 잡아서 소화시키는 잎이다. **함정엽**은 *Dionaea muscipula*(파리지옥)에서 볼 수 있다.

잎의 유형

잎이 불연속적인 부분 또는 조각으로 나뉜 양식을 **잎의 유형**이라 한다(**그림 9.9**). **단엽**은 엽신이 단 하나로 연속된 잎이다. **복엽**은 둘 이상으로 구분된 **소엽**으로 이루어진 잎이다. 잎의 유형과 잎의 분할을 혼동하면 안 된다. 단엽은 심하게 분할될 수는 있으나, 아무리 분할되었다고 하더라도 불연속적인 소엽이 형성되지 않았다면 엄밀히 말해 여전히 단엽이다. 양치식물의 복엽이나 분할된 잎에서, 일차로 분할된 부분을 **우편**, 그 보다 더 분할된 부분을 **소우편**이라고 한다. 만일 잎이 복엽이거나 두 차례 이상 분할되어 있다면 "일차우편", "이차우편" 등의 용어를 사용할 수 있다. 그러나 이때에도 가장 마지막에 분할된 부분이나 소엽은 항상 소우편이라 불리운다.

단엽은 석송식물의 석송엽에서 볼 수 있는 것처럼 관속식물

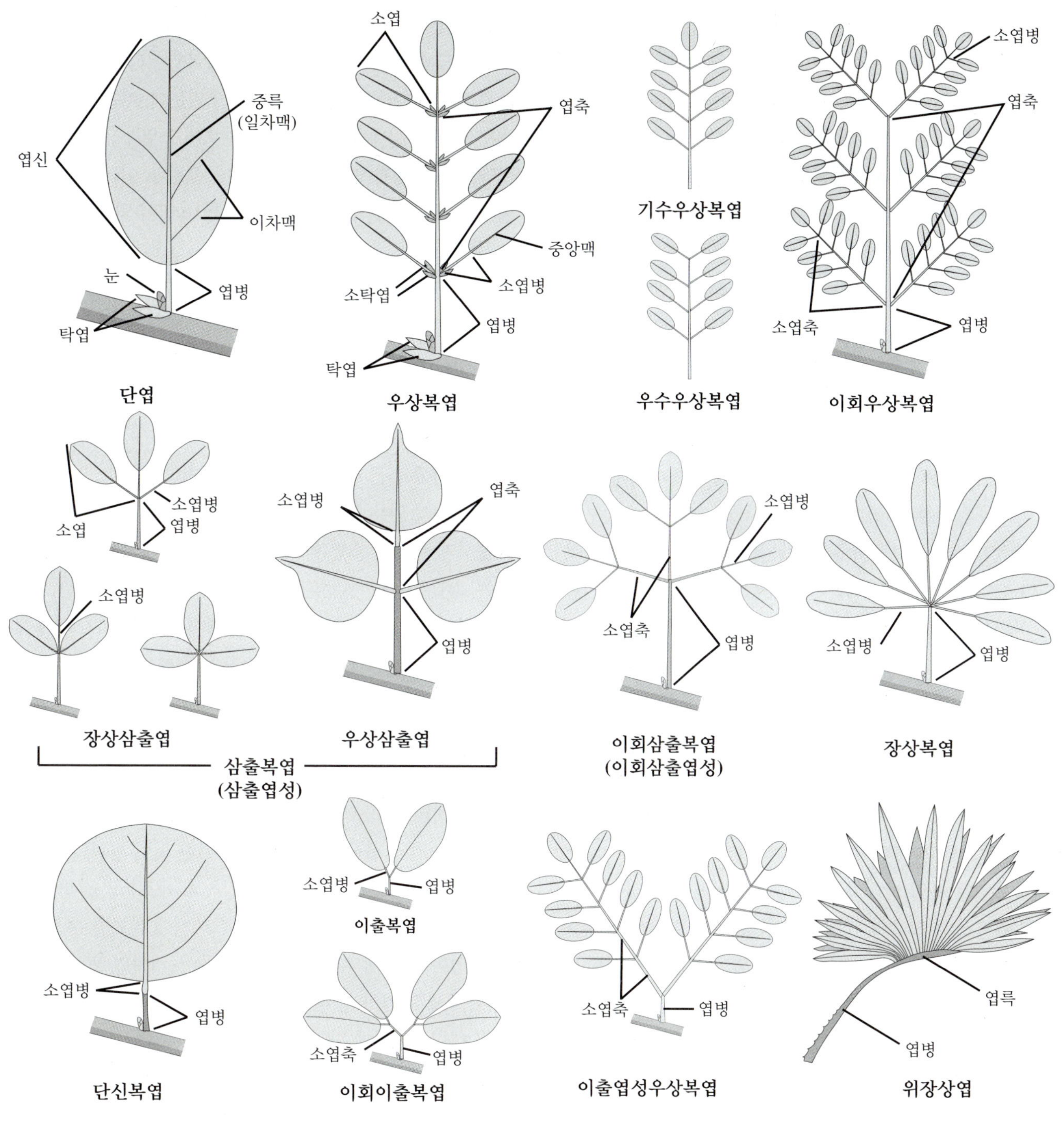

그림 9.9 잎의 유형/부분.

잎의 조상형이다. 단엽은 솔잎난류, 속새류, *Ginkgo*(은행속) 그리고 매마등목을 포함하는 구과식물류의 일반적인 잎 유형이다. 복엽은 많은 "양치식물류"와 모든 소철류의 특징이다. 피자식물에는 단엽에서부터 극도로 복잡한 복엽에 이르기까지 엄청나게 다양한 잎이 존재한다.

구조적 단일성을 손상하지 않은 상태에서 전체 엽신 면적을 증가시키기 위한 다양한 형태의 복엽이 진화하였다. 예를 들면, 복엽의 엽신 조직은 비슷한 면적의 단엽 조직에 비해 일반적으로 그 구조가 더 잘 유지된다(예, 바람이 부는 상태에서). 복엽은 보통 내지 습한 환경에서 더 흔히 볼 수 있고, 단엽은 건조한 환경에서 더 흔히 나타나지만, 이러한 점에 대해서는 예외가 너무 많고, 명확한 경향성은 없다.

복엽은 소엽의 수와 배열 상태에 따라 정의한다. **우상복엽**은 소엽이 중앙축, 즉 **엽축**을 따라 대생 또는 호생하는 것을 일컫는다. 우상복엽에 정소엽(정단부의 소엽)이 있어서 소엽의 수가 홀수이면 **기수우상복엽**이라고 하고, 정소엽이 없어서 소엽의 수가 짝수이면 **우수우상복엽**이라 한다. **이회우상복엽**은 엽축이 이차로 갈라지고 각 축이 우상복엽(전체 복엽을 이루는 하나의 복엽)을 이룬 것이다. 이회우상복엽의 중앙축도 **엽축**이라고 하며, 소엽이 달리는 측축은 **소엽축**이라고 한다. 마찬가지로, 축이 삼차로 갈라지며 각 축이 우상복엽을 이루는 잎은 **삼회우상복엽**이라고 한다.

한 지점, 주로 엽병의 끝에 4개 이상의 소엽이 달린 복엽은 **장상복엽**이라 한다. **위장상엽**은 근본적으로는 장상복엽으로 갈라져 있으나 엽축처럼 신장된 엽병인 **엽륵**을 지니는데, 이는 일부 야자나무 종류에서 나타난다.

단지 소엽 3장으로만 이루어진 복엽은 **삼출엽** 또는 **삼출복엽**이라 한다(축이 이차로 갈라지며 각 축이 삼출복엽을 이룬 잎은 **이회삼출복엽**이라 하고, 그 이상 갈라져서 **삼회삼출복엽** 등이 되기도 한다). 삼출복엽 대부분은 3장의 소엽이 (소엽병의 유무에 상관없이) 한 공통지점에 부착하는 **장상삼출엽**이다. 간혹 **우상삼출엽**이라고 하는 삼출복엽이 있는데, 이는 정소엽이 엽축의 정단에 달리는 것을 이르는 용어이다. 우상삼출엽은 사실상 원시적인 우상복엽이 퇴화되어 생겨난 것으로, 일부 콩과식물에서 나타난다.

반복복엽은 복엽 상태가 두 차례 이상 나타나는 잎에 대한 일반적 용어로, 우상복엽, 장상복엽, 삼출엽이 2회, 3회 이상 반복하여 형성되는 복엽이다. (비슷한 개념이 잎의 분할에도 나오는데 그 경우에는 반복분할이라 한다.)

단 2장의 소엽으로만 이루어진 복엽을 **이출복엽**(이출엽)이라고 한다. 두 소엽축 각각에 소엽 두 장이 달리는 복엽은 **이회이출복엽**이라고 한다. 2개의 소엽축 각각에 우상으로 배열된 소엽이 달려 있는 잎은 **이출엽성우상복엽**이라고 한다. 마지막으로, 잎의 유형 중 가장 특별한 잎이 있는데, 이는 외견상 단엽처럼 보이나 실제로는 엽병의 정단부에 소엽 1장이 붙어 있는 형태로, 소엽병과 엽병이 명확하게 구분된다. 이러한 잎의 유형을 **단신복엽**이라 하는데, 이는 조상형 복엽이 퇴행진화를 거쳐 형성된 것으로 풀이된다.

일부 분류군, 특히 천남성과에서 여러 종류의 잎은 어린잎과 다 자란 잎의 크기와 형태가 매우 뚜렷하게 구분되는 **이형발달엽** 양상을 보임으로써 종 동정을 매우 어렵게 한다.

잎의 부착형(그림 9.10)

잎이 줄기에 붙은 모습을 잎의 부착형이라고 한다. 일반적으로 잎은 엽병이 있는 **엽병성**이거나 엽병이 없는 **무병성**이다. 이와 비슷하게 복엽의 소엽 역시 **소엽병성**이거나 **무병성**이다(엽병 또는 소엽병이 작거나 흔적만 있을 때 **아무병성**이라는 용어를 사용하기도 한다). 무병성 또는 엽병성 잎은 엽저가 평평해져서(즉, 엽초로 되어) 줄기의 일부 또는 전체를 감싸는 **엽초성**으로 될 수도 있는데, 이는 벼과에서 주로 나타나며 여러 산형과 식물에서도 발견된다. 잎이 부착점에서부터 줄기의 아래쪽까지 뻗어, 마치 줄기와 합착된 상태처럼 보일 경우 이를 **연하형**이라고 하며, 여러 측백나무과 식물에서 발견된다. 연하형 잎은 엽저와 줄기가 실제로 합착하여 기원한 것이 아니라, 잎과 줄기의 연결부에 있는 엽원기가 활발하게 세포분열을 하여 신장한 결과이다. 끝으로, 무병성 잎은 특이하게 분화할 수 있다. 무병성 잎이 줄기 대부분을(전체는 아님) 둘러싸면 **포경형**이라고 한다. 무병성 잎의 엽저가 줄기를 완전히 둘러싼다면 **관천형**이라고 한다. 그 외에 관천형의 특별한 경우로서, 대생하는 잎이 기부에서 서로 합착하는 식으로 동합하고, 이렇게 해서 형성된

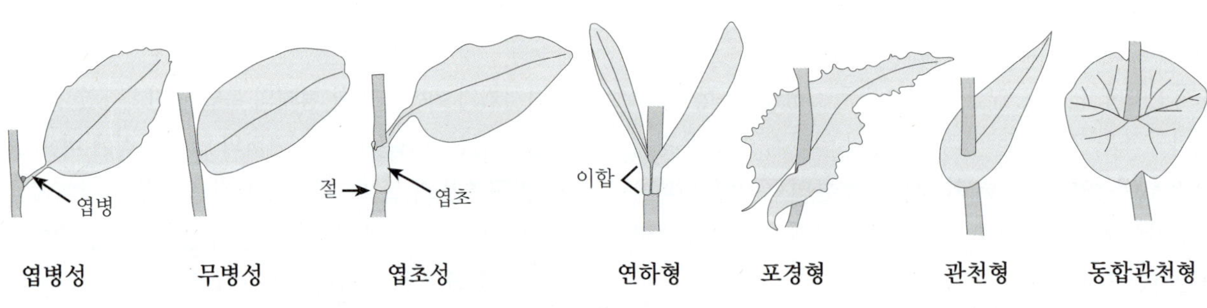

그림 9.10 잎의 부착형.

엽신의 기부가 줄기를 완전히 감싸는 **동합관천형**이라는 것이 있다.

엽맥(그림 9.11, 9.12)

관속식물의 포자엽에는 물, 무기물 그리고 당을 잎과 줄기 사이에서 운반하는 관속, 즉 **맥**이 있다. 일부 관속식물의 잎에는 맥이 하나만 있지만, 대부분의 잎에서는 맥이 가지를 치는데, 이는 때때로 매우 복잡한 양상을 띤다. **맥계**는 이러한 맥과 맥의 분지 패턴을 나타내는 용어이다. 맥계는 흔히 영양엽에 대해서만 기재하지만, 잎과 상동인 구조, 즉 포, 꽃받침잎, 꽃잎, 수술 또는 심피에도 적용할 수 있다.

엽맥의 크기와 관련하여, 잎의 주된 맥 또는 맥들을 **일차맥**이라고 한다. 일차맥으로부터 보다 작은 측맥이 "분지해서" 나올 수 있는데, 이를 **이차맥**이라 한다. 이차맥으로부터는 이보다 더 작은 **삼차맥**이 분지해 나오는 등, 맥이 여러 차례로 분지할 수 있다. (일부 식물에서는 분지 차례를 구분해내기가 어려울 수 있다.) 단엽에 일차맥이 한 개만 있을 경우, 이를 **중륵**(midrib) 또는 **엽륵**이라고 한다(엽륵은 선류의 배우자체성 잎에 있는 비관속 통도조직에 대한 용어이기도 하다). 복엽을 이루는 소엽의 중앙 일차맥을 소엽의 **중앙맥**(midvein)이라고 한다.

맥계의 양상은 매우 복잡하고, 용어들도 만만치가 않다. 아주 일반적인 맥계 4종류는 다음과 같다(그림 9.11).

1. **단일맥**, 중앙부의 중륵만 있고 측맥은 없는 상태로, 석송식물, 솔잎난식물 그리고 속새식물에서 나타나며 구과식물에서도 흔히 나타난다.
2. **차상맥**, 맥이 일정한 크기와 방향을 가지고 연속해서 쌍으로 분지하는 형태로, 은행나무에서 나타나며, 중륵이 없다.

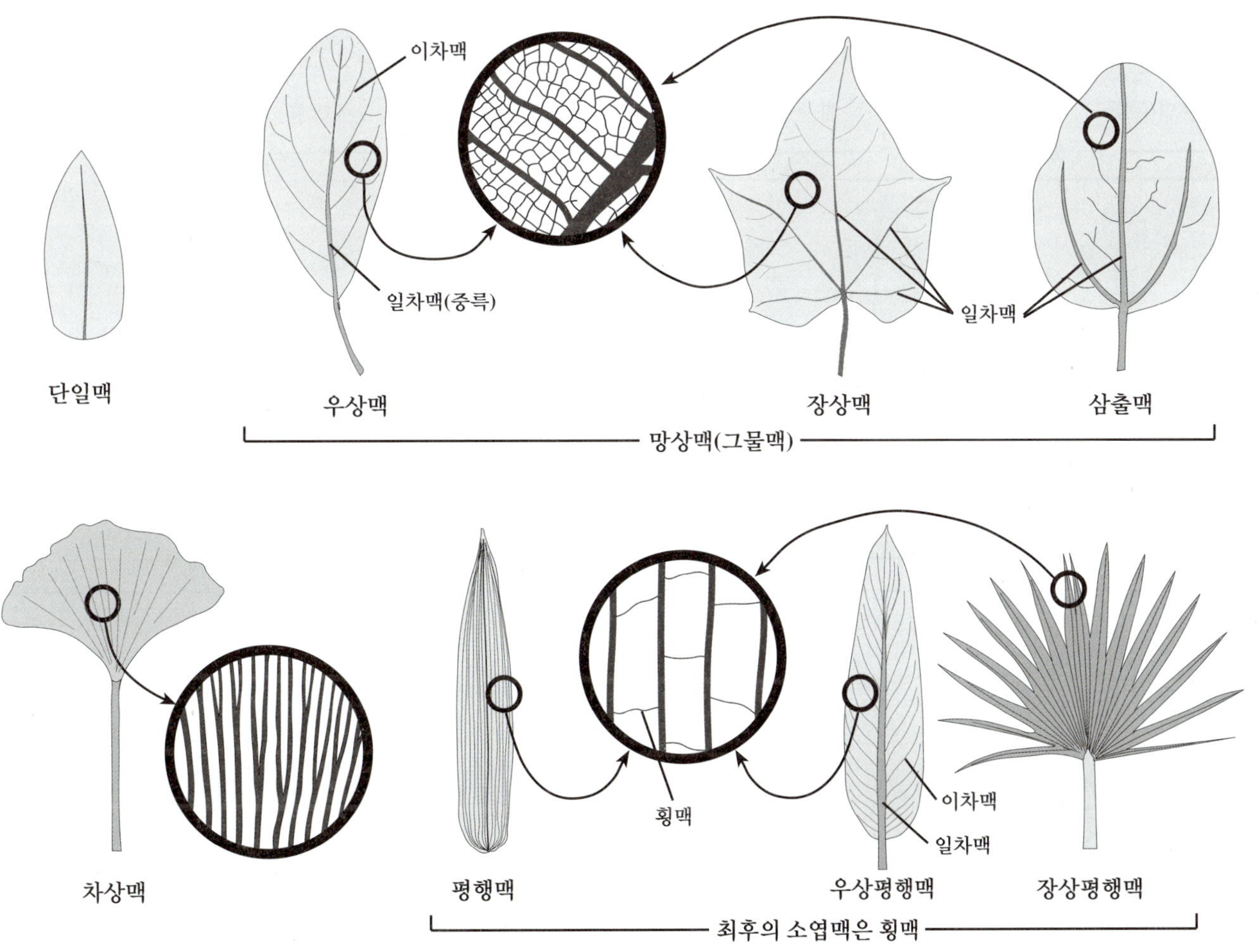

그림 9.11 엽맥, 일반 용어.

3. **평행맥**, 일차맥과 이차맥이 서로 나란히 배열된 상태로, 최종 소엽맥은 맥 사이를 횡 또는 직각으로 연결하며(즉, 횡맥이며), 대부분의 단자엽식물에서 발견된다.
4. **망상맥**, 최종 소엽맥이 그물처럼 서로 연결되는 상태로, 단자엽식물을 제외한 현화식물 대부분에서 나타난다.

망상맥은 단 하나의 일차맥(중륵 또는 주맥)을 따라 이차맥이 발달하는 **우상망상맥**, 4개 이상의 일차맥이 기부의 공동 지점에서 발달하는 **장상망상맥**, 3개의 일차맥이 기부의 공동 지점에서 발달하는 **삼출맥**으로 구분할 수 있다.

횡으로 배열된 소엽맥(횡맥)이 있다는 점에서는 평행맥과 유사하나 이차맥이 1개의 일차맥 지역에서 갈라져 나와 서로 평행한 것을 **우상평행맥**이라고 한다(예, 생강목). 소엽 또는 잎열편의 일차맥들이 한 지점에서 발달하고, 인접한 이차맥이 이들 맥과 평행하면 **장상평행맥**이라고 한다(예, 부채야자).

Hickey(1973), Hickey and Wolf(1975)는 일차맥, 이차맥 그리고 삼차맥의 양상에 근거하여 좀 더 자세한 맥계 분류체계를 제안하였다. 다음은 이를 요약한 것이다(**그림 9.12**).

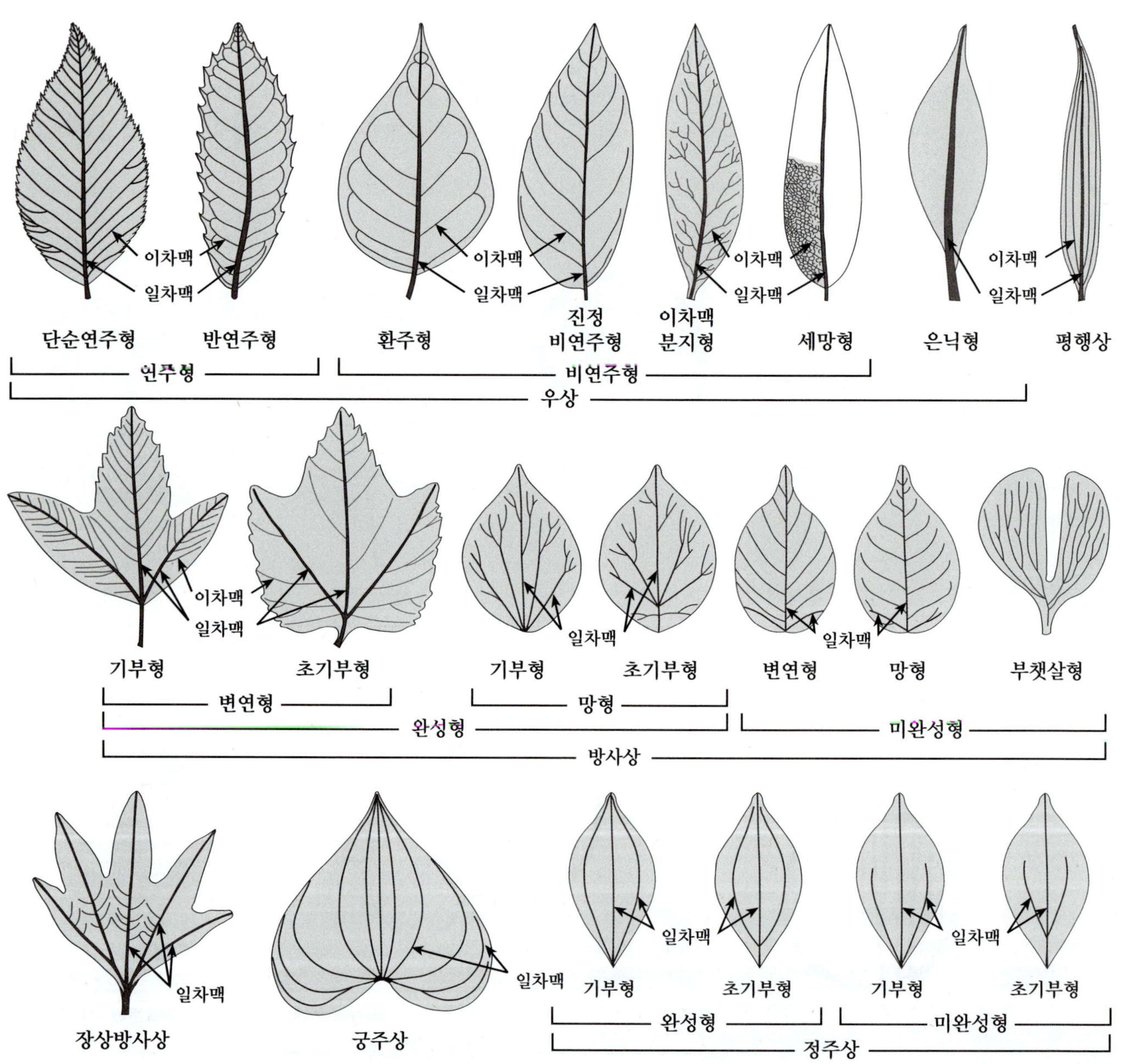

그림 9.12 엽맥(맥계)의 특수 용어(출처: Hickey 1973).

우상 맥계는 일반적으로 세 범주로 나눈다. 이차맥이 엽연에서 끝나는 것은 **연주형**, 이차맥이 엽연까지 도달하지 않으면 **비연주형**, 오직 일차 증륵만이 존재하거나 명확히 보이고, 이차맥은 없거나, 매우 퇴화되었거나 또는 엽육세포에 감추어져 있으면 **은닉형**이라 한다. 연주형의 하위 범주로, 모든 이차맥이 엽연까지 도달하는 **단순연주형**, 이차맥이 엽연 근처에서 분지하여 그중 하나는 엽연까지 도달하고, 다른 하나는 위로 굽어져 인접한 이차맥과 만나는 **반연주형**, 일부 이차맥은 엽연까지 도달하지만, 상당수의 이차맥이 엽연까지 도달하지 않는 **혼합연주형**(그림에는 없음) 등이 있다.

비연주형의 하위 범주로, 이차맥이 엽연 근처에서 뚜렷하게 위쪽으로 굽어져서, 더 위쪽의 이차맥과 만나는 **환주형**, 이차맥이 엽연 근처에서 굽어지지만 인접한 이차맥과 만나지 않는 **진정비연주형**, 이차맥이 엽연쪽으로 가지를 치는 **이차맥분지형**, 이차맥이 반복적으로 가지를 쳐서 매우 미세한 그물 구조를 형성하는 **세망형** 등이 있다.

평행상 맥계는 앞서 평행맥에서 설명했던 것과 같이, 둘 이상의 일차맥 또는 이차맥이 서로 평행하게 배열하여 정단부에서 수렴하는 것이다.

방사상 맥계는 3개 이상의 일차맥이 한 지점에서 발달한 맥계로, 삼출맥 또는 장상맥과 같다. **장상방사상** 맥계는 이와 비슷하지만, 일차맥의 주된 분지점 위쪽에서 또 다른 분지가 일어나는 것이다.

방사상과 장상방사상 맥계에서 주요 일차맥이 엽신의 가장자리까지 도달하면 **변연형**, 그렇지 않으면 **망형**이라 한다(좀 더 일반적인 맥계 용어인 "망상맥"과 혼동하면 안 된다). **부챗살형**은 동일한 가는 맥 여러 개가 잎의 정단부를 향하여 분지하는 유형이다.

궁주상 맥계는 둘 이상의 일차맥(또는 뚜렷하게 발달한 이차맥)이 기부를 향해 굽어진 반원 형태를 띠다가, 다시 정단 쪽으로 수렴하는 형태이다.

마지막으로, **정주상** 맥계는 둘 이상의 일차맥(또는 뚜렷하게 발달한 이차맥)이 정단 쪽으로 반원 형태로 수렴하는 형태이지만, 궁주상처럼 기부를 향해 굽어지지는 않는다.

방사상, 장상방사상, 정주상 등의 맥계에서 일차맥들이 엽신의 기부에서 분지하면 **기부형**, 일차맥들이 엽신 기부에서 약간 위쪽에서 분지하면 **초기부형**이라 한다. 만일 일차 측맥과 여기서 갈라진 가지들이 엽신 면적의 ⅔이상을 덮으면 (또는 정단부까지 이르는 거리의 ⅔이상 도달하면) **완성형**이라 하고, 이들 맥이나 맥의 가지들이 엽신 면적의 ⅔를 채 못 덮으면 (또는 정단부 쪽으로 ⅔의 거리까리 도달하지 못하면) **미완성형**이라 한다.

이처럼 복잡한 맥계 유형은 잎의 다른 특징들과 함께 일부 식물 분류군에서 특징적으로 나타난다. 비록 이러한 용어가 일반적인 형태 기재에 널리 사용되지는 않지만, 식물, 특히 여러 열대식물 또는 화석식물의 동정과 분류를 위해서는 이들을 인지하는 것이 중요할 수 있다(Hickey and Wolf 1975 참고).

꽃

피자식물의 주된 표징형질은 꽃이다. 제6장에서 설명하였듯이, 꽃은 변형된 생식 슈트이다. 슈트는 기본적으로 엽원기를 만들어내는 정단분열조직을 포함하는 줄기이다. 그러나 전형적인 영양기관 슈트와는 달리, 꽃이 피는 슈트는 유한생장성이어서, 꽃의 부속기관들이 형성되고 나면 정단분열조직이 생장을 중단한다. 꽃의 엽원기 중 적어도 일부는 생식성 포자엽(포자낭을 지닌 잎)으로 변형된다. 꽃은 포자엽이 수술이나 심피로 발달한다는 점에서 매우 독특하고, 나자식물의 구과와는 차이가 있다(제6장과 다음의 설명을 참조).

꽃의 구성(그림 9.13)

꽃의 기본적인 부속기관을 기부에서부터 정단부 방향으로 순서대로 설명하면 다음과 같다. **소화경**(화병)은 꽃의 자루이다. (만일 소화경이 없다면, 꽃의 부착 상태는 무병성이다.) **포**는 일반적으로 퇴화되어 형태가 변한 잎으로, 꽃을 덮고 있거나 싸고 있다. 보다 작은 이차 포가 소화경 주위에 달리기도 하는데, 이를 **소포** 또는 **전출엽**이라고 한다. 소포는, 존재할 경우, 주로 쌍을 이룬다. (일부 분류군에서는 **외악**이라고 하는 포가 윤생하여 꽃받침을 싸고 있는데, 이는 *Hibiscus* 무궁화속 식물을 비롯한 아욱과의 많은 종류에서 나타난다.) 화탁은 꽃의 다른 부속기관이 부착되는 조직 또는 장소이다. **화탁**은 대개 작고 뚜렷이 구분되지 않는 지역이다(원래의 정단분열조직에서 기원하였음). 일부 분류군에서는 화탁이 크게 발달하기 때문에 또 다른 역할을 할 것으로 추정되고 있다. 화탁으로부터 기본적인 꽃 부속기관이 자라나온다. **화피**는 꽃의 제일 바깥쪽에 있는 변형된 비생식성 잎의 무리이다. 만일 화피의 각 구성부분이 비교적 미분화된 상태이거나 형태적인 연속성을 보이면

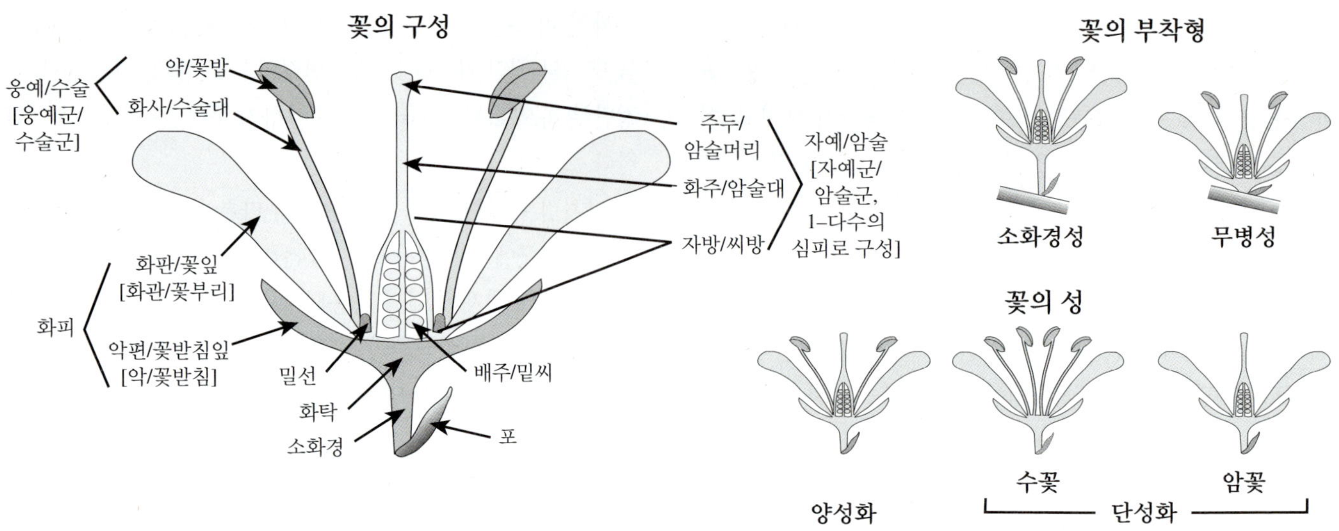

그림 9.13 꽃의 구성, 성(性) 및 부착형.

서 존재한다면 이들을 **화피편**이라고 한다. 대부분의 꽃에서 화피는 두 무리로 분화되어 있다. **꽃받침**(악)은 제일 바깥쪽 윤생렬에 배열한다. 꽃받침 하나하나의 단위를 **꽃받침잎**(악편)이라 하는데, 이는 주로 녹색이며, 잎처럼 생겼고, 어린 꽃을 보호하는 역할을 한다. **화관**(꽃부리)은 화피 안쪽의 윤생렬에 배열한다. 화관 하나하나의 단위를 **꽃잎**(화판)이라고 하는데, 대부분 색깔이 다양하며, 수분매개자를 유인하는 역할을 한다. 일부 꽃에는 잔이나 원통 모양으로 된 **화탁통**이 자방 주위나 정단부에 있고, 그 주변으로 꽃받침잎, 꽃잎 그리고 수술이 있다.

많은 꽃에는 꿀을 분비하는 특수 구조인 **밀선**(꿀샘)이 있다. 밀선은 화피의 일부분, 화탁, 수술군이나 암술군의 위나 안쪽에 발달하거나 독립된 구조로 발달한다. 일부 꽃에는 화탁 위로 솟아나온 원반상 또는 도넛 모양의 **화반**이 있다. 화반은 수술 바깥쪽에 또는 수술을 둘러싸며 형성되거나(이를 웅예외화반이라고 함), 수술의 기부에(이를 웅예하화반이라고 함) 또는 수술의 안쪽이나 자방의 기부에(이를 웅예내화반이라고 함) 형성될 수 있다. 화반은 밀선을 분비할 수 있으며, 그럴 경우 **밀선반**이라고도 한다.

수술군(웅예군)은 꽃의 모든 웅성생식기관, 즉 수술들을 총칭한다. 수술(웅예)은 반약(각 반약은 소포자낭 쌍으로 구성됨, 제6장 참조) 2개를 지니는 소포자엽이다. 수술은 **판상**(엽형)일 수도 있으나, 주로 자루처럼 생긴 **수술대**(화사)와 화분(꽃가루)이 들어 있는 **약**(꽃밥)으로 발달하는데, 후자는 일반적으로 2개의 반약이 합착된 것이라고 할 수 있다.

암술군(자예군)은 꽃의 모든 자성생식기관, 즉 심피들을 총칭한다. 심피는 암술군의 단위로, 변형된 대포자엽이며, 1개 이상의 배주를 감싼다. **심피**는 주로 **접첩**(摺疊, conduplicate) 과정을 통해 발달한다. **암술**(자예)은 암술군의 한 부분으로 **자방**(씨방), 1개 이상의 **암술대**(화주, 간혹 없는 경우도 있음) 그리고 1개 이상의 **주두**(암술머리)로 구성된다. 쥐방울덩굴과와 난과의 일부 분류군들은 수술군과 암술군이 합착되어 하나의 구조를 이루는데, 이를 **예주**라 한다.

꽃의 성과 식물의 성(그림 9.13)

꽃의 성은 꽃 하나에 관한 웅성 또는 자성 기관의 존재 유무를 의미한다. 대부분의 꽃은 **양성화**로, 수술과 심피가 모두 존재한다. 양성화는 피자식물의 조상형질로 간주된다. 그러나 많은 피자식물 분류군의 꽃은 **단성화**이다. 단성화 중에서 심피만 발달하면 **암꽃**(자화), 수술만 발달하면 **수꽃**(웅화)이라고 한다.

식물의 성은 한 종의 개체에 대한 양성화 또는 단성화의 존재 여부 및 분포와 관련되어 있다. **양성화주**는 양성화만 있는 식물이다. **자웅동주**는 단성화만 있는 식물인데, 한 개체에 수꽃과 암꽃이 모두 나타나는 *Quercus*(참나무속) 식물이 그 예이다. 자웅이주는 단성화만 있는 식물인데, 수꽃과 암꽃이 각기 다른 개체에 달리는 *Salix*(버드나무속) 식물이 그 예이다. 식물의 성은 한 종에서도 서로 다른 개체에 양성화와 단성화가 혼재할 수도 있다. **잡성주**는 한 개체에 양성화와 단성화가 함께 있는 것을 지칭하는 일반적인 용어이다. **웅성동주**는 한 개체

안에 수꽃과 양성화가 함께 있는 것이며, **자성동주**는 한 개체 안에 암꽃과 양성화가 함께 있는 경우이다. **삼성동주**는 한 개체에 수꽃, 암꽃 그리고 양성화가 함께 존재하는 경우이다. 그런가 하면 **웅성이주**는 한 개체에는 수꽃이, 다른 개체에는 양성화가 있는 것이며, **자성이주**는 한 개체에는 암꽃이, 다른 개체에는 양성화가 존재하는 것이다. **삼성이주**는 수꽃, 암꽃 그리고 양성화가 각기 다른 개체에 있는 경우이다. 이들 비양성화주성 식물의 성은 모두 한 종 내에서 서로 다른 개체들 사이에 타가교배를 증가시킨다. (그러나 많은 양성화주 식물은 다른 방법으로 외교배를 할 수도 있다. 제10장 참조.)

꽃의 부착형(그림 9.13)

꽃의 부착형은 소화경이 있으면 **소화경성**, 소화경이 없으면 **무병성**, 짧은 흔적처럼 된 소화경이 있으면 아무병성이라고 한다. 꽃의 부착과 관련하여 포가 있으면 **포엽성**, 포가 없으면 **무포엽성**이라고 한다. 식물의 적응에 있어서 소화경이 지니는 중요성은 수분, 결실 또는 종자 산포에 대한 꽃의 공간적 배치와 상관이 있다.

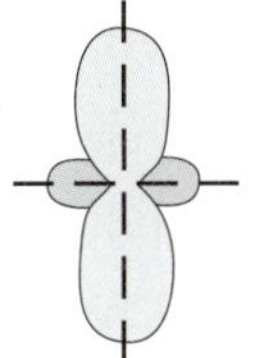
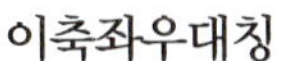

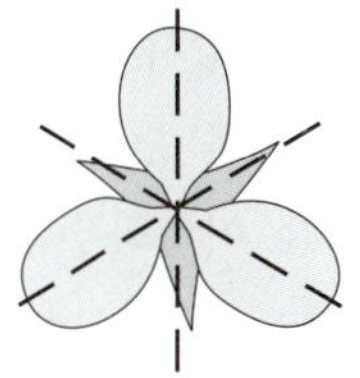

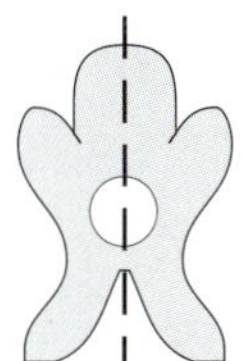

그림 9.14 꽃의 대칭성 유형.

꽃의 윤생성

꽃의 윤생성은 꽃을 이루는 부속기관이 몇 개의 윤생렬(윤생층)로 되어 있는가에 대한 것이다. 여기에는 두 가지 기본 용어가 있다. 4종류의 주요 부속기관(꽃받침잎, 꽃잎, 수술, 심피)으로 이루어진 윤생렬이 모두 존재하면 **완전화**라고 하고, 하나 또는 둘 이상의 주요 부분이 없으면(예를 들어, 단성화, 화관이 없는 양성화) **불완전화**라고 한다.

꽃의 대칭성(그림 9.14, 9.15)

꽃의 대칭성은 거울상을 만드는 대칭면의 존재 여부와 그 수에

그림 9.15 꽃의 대칭성 예. **A,B.** 방사대칭/방사상칭. **A.** 대칭면 5개. **B.** 대칭면 6개. **C.** 좌우대칭 유사 형태, 수직 방향의 대칭면. **D,E.** 모든 꽃 부분이 명확하게 좌우대칭임. **F.** 꽃의 부분이 비틀려 있는 비대칭.

대한 것이다. **방사상칭** 또는 **방사대칭**(또는 **정제**)은 3개 이상의 대칭면이 있는 경우로, 축을 중심으로 꽃을 360° 돌렸을 때 반복되는 구조가 나타난다. **이축좌우대칭**은 단 2개의 대칭면이 존재하는 대칭 구조이다. 때로는 이축좌우대칭과 방사대칭의 차이점을 정확히 따지지 않고 방사대칭 또는 방사상칭이라고 부르지만, 둘의 차이점을 인지하는 것이 유용하다. **좌우대칭** 또는 **양면대칭**은 **부정제**라고도 하는데, 대칭면이 단 하나인 것이다. **비대칭성** 꽃은 대칭면이 하나도 없는데, 이는 꽃을 구성하는 부속기관이 비틀렸기 때문이다. 꽃의 대칭성은 때때로 애매하며, 꽃을 구성하는 부속기관 사이에서도 변이가 나타난다. 따라서 혼동을 피하기 위하여 꽃받침, 화관, 수술군, 암술군 등으로 구분해서 대칭성을 기재해야 한다.

꽃의 대칭성은 수분 체계와 관련된 중요한 적응의 결과일 수 있다. 방사대칭 꽃은 피자식물에서 원시적인 상태로 간주되며, 많은 무리에서 발견된다. 꽃가루를 좀 더 효율적으로 동물 수분매개자(주로 곤충)에게 전해 주기 위한 방법으로 많은 식물에서 좌우대칭성이 독립적으로 진화하였다. 좌우대칭성은 주로 꽃을 좀 더 수평으로 위치하게 하는 것과 관련이 있으며, 발생학적으로 그리고 형태학적으로 좌우대칭성이 형성될 수 있는 방법은 다양하다.

꽃의 성숙상

꽃의 성숙상은 꽃 또는 꽃의 부속기관의 발달 시기에 대한 것이다. **개화시기**는 일반적으로 꽃이 피는 시기, 즉 수분이 가능하도록 꽃의 부속기관이 열리는 때를 말한다. 수꽃 대 암꽃 또는 꽃의 부속기관 사이의 상대적인 발달 시기는 생식생물학에서 매우 중요하다. **웅성선숙**은 심피나 주두가 꽃가루를 받을 수 있을 만큼 성숙하기 전에 수술이 발달하거나 꽃가루가 방출되는 것을 의미한다. **자성선숙**은 웅성선숙과는 반대로, 수술이 성숙하거나 꽃가루가 방출되기 전에 심피 또는 주두가 발달하는 것을 의미한다. 웅성선숙과 자성선숙은 모두 한 종 내의 개체들 사이에 타가교배를 촉진시키는 (따라서 자가수정을 억제하는) 결과를 낳는다.

꽃의 성숙상과 관련된 용어 가운데 꽃 부속기관의 상대적인 발달 방향을 다루는 용어 두 가지가 분류군을 기재하는 데 중요하다. **원심성**은 중앙에서부터 바깥쪽 또는 주변을 향해 발달하는 것이고, **구심성**은 바깥쪽 또는 주변에서 중앙을 향해 발달하는 것이다. 원심성과 구심성은 모두 화피, 꽃받침, 화관, 수술군, 암술군에 적용할 수 있지만, 주로 다열성 수술군에서 수술의 발달 방향을 설명할 때 사용한다.

화피

화피는 꽃의 제일 바깥쪽에 있는 변형된 비생식엽의 그룹이다. (화피라는 용어를 다양한 매마등목 식물의 생식 구조를 이루는 부분들에 대해 사용하기도 하지만, 이는 피자식물의 화피와 상동이 아니다.) 일부 현화식물은 화피가 없는 경우도 있으며, 이들 분류군의 꽃은 대부분 퇴화되어 크기가 매우 작다. 화피가 있는 경우에는, 어린 꽃 부속기관을 보호하고, 수분을 돕는 역할을 한다.

화피의 구성부분(화피편 또는 꽃받침잎, 꽃잎)은 꽃의 정단분열조직에 있는 원기에서 잎처럼 발달한다. 화피는 주로 잎과 같은 구조를 하고 있다. 실제로 꽃받침잎은 흔히 녹색을 띠며, 기공과 맥도 지닌다. 심지어 꽃잎에도 맥이 있으며, 기공의 흔적도 있다. 그러나 화피는 발달 과정에서 상당한 변화를 보이며, 성숙 단계에서는 고도로 변형되어 잎처럼 보이지 않게 된다.

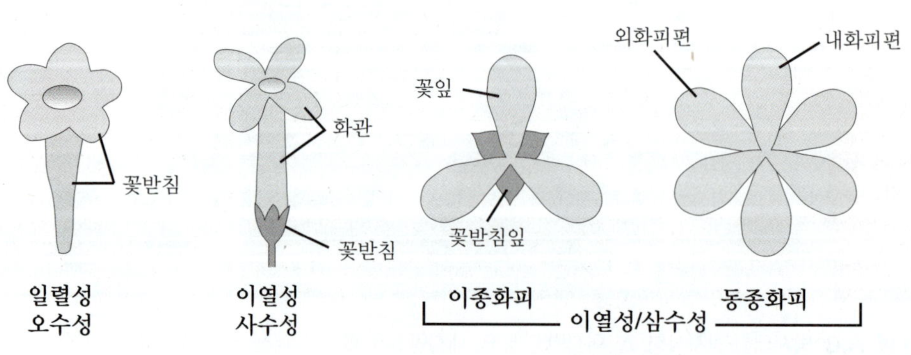

그림 9.16 화피의 윤생성과 수성.

그림 9.17 화피의 윤생성. **A.** 이열성, 동종화피로 바깥쪽과 안쪽의 화피편이 비슷하다. **B.** 이열성, 이종화피로 꽃받침과 꽃잎이 분명하게 구분된다. **C.** 일렬성 화피편이 윤생렬 한 개에 배열되어 있는데, 이를 총칭하여 꽃받침이라 한다.

화피의 배열/윤생성/수성(그림 9.16, 9.17)

화피 구조의 근본 내용은 **화피의 배열**, 즉 화피 구성부분의 상대적인 위치이다. **나선상** 배열이란 목련이나 수련 종류들과 같은 일부 분류군에서처럼 화피 구성부분 하나하나가 각 마디에 나선형으로 붙어나가면서 분명한 윤생렬을 이루지 않는 배열을 말한다. 화피가 나선상 배열을 하는 꽃은 주로 화피의 구성부분이 서로 분화되지 않았거나(서로 비슷하게 생겼거나), 바깥쪽(꽃받침잎 형태)에서 안쪽(꽃잎 형태)으로 가면서 형태적인 연속성을 나타낸다. 이처럼 미분화되었거나 또는 형태적인 연속성이 나타나는 경우를 설명하기 위하여 **화피편**이라는 용어를 사용한다. 현화식물 대부분은 화피 구성부분이 같은 마디에 달리는 **윤생** 배열을 한다. (발생학적으로, 화피의 각 구성부분은 약간 다른 시기와 장소에 놓인 원기로부터 시작되지만, 성숙하면 이러한 차이를 파악할 수 없다는 점에 주목해야 한다.)

화피의 **윤생성**은 화피 구성부분이 몇 개의 윤생렬로 되어 있는가에 관한 것이다. **이열성**은 가장 흔한 화피 윤생성으로, 바깥쪽(또는 아래쪽)과 안쪽(또는 위쪽) 윤생렬이 뚜렷하게 존재하는 유형이다. 일렬성은 좀 덜 흔한 윤생성으로, 화피 구성부분이 한 윤생렬에 배열되는 유형이다. 일렬성 화피는 조상형인 이열성 화피에서 한 열이 사라지거나 퇴화되어 형성된 것으로 해석된다. 만일 꽃받침이 진화적으로 사라졌다면, 남아 있는 것을 화관이라고 불러야 하며, 만일 화관이 퇴화되었다면, 남아 있는 것을 꽃받침이라고 불러야 한다. 만일 방향이 알려지지 않았다면, 일렬성 화피는 흔히 전통에 따라 꽃받침으로 부른다(단순히 화피라고 부르기도 함). 화피는 매우 드물게 윤생렬 3개로 이루어진 **삼렬성**, 윤생렬 4개로 이루어진 **사열성**일 수도 있다. **다열성**은 "윤생렬 3개 이상"으로 이루어진 상태이다. 화피 구성부분으로 이루어진 윤생렬 간의 유사성을 평가하는 다른 용어도 있다. **이종화피**는 바깥쪽의 꽃받침과 안쪽의 화관으로 화피가 뚜렷하게 구분되는 화피를 말한다. 대부분의 경우 이종화피성 화피는 이열성이지만, 다열성인 경우도 있다(즉, 꽃받침이나 화관이 윤생렬 3개 이상으로 구성됨). **동종화피**는 비슷하게 생긴 단위로 화피가 구성된 것으로, 각 구성부분을 화피편이라고 한다. 대부분의 단자엽식물 꽃은 동종화피성이나, 진정쌍자엽식물의 꽃은 이종화피성이다. 어떤 경우에는 이종화피와 동종화피의 구분이 매우 모호한데, 이는 안쪽과 바깥쪽 윤생렬이 비슷한지 다른지 판단하기 어렵기 때문이다.

수성(数性)은 윤생렬에 달리는 화피 구성부분의 수와 관련된 것이다. 따라서 화피의 수성은 각 윤생렬에 달리는 화피 구성부분의 수이다. 화피의 수성에 대한 일반적 용어로 **동수성**과 **비동수성**이 있는데, 동수성은 각기 다른 윤생렬의 화피 구성부분의 수가 같은 것이고(예, 꽃받침잎 5개에 꽃잎 5개), 비동수성은 다른 윤생렬의 화피 구성부분의 수가 다른 것을 말한다(예, 꽃받침잎 2개에 꽃잎 5개). 수성은 화피의 각 윤생렬에 따라 꽃받침의 수성과 화관의 수성 등으로 구분하여 설명할 수도 있다. 이생하는 꽃잎, 꽃받침잎 그리고 화피편의 수 또는 합착된 화피의 꽃받침열편, 화관열편 또는 화피열편의 수 등도 평가할 수 있다. 화피, 꽃받침 또는 화관 등의 수성은 흔히 단순한 숫자로 나타내지만, 용어는 **이수성**(2개의 구성원으로 이루어진 윤생렬), **삼수성**(3개의 구성원으로 이루어진 윤생렬), **사수성**(4개의 구성원으로 이루어진 윤생렬), **오수성**(5개의 구성원으로 이루어진 윤생렬) 등을 사용한다. 부분들이 없는 경우에 해당하는 용어도 있는데, 화피 전체가 없을 때에는 **무화피성**, 꽃잎이나 화관이 없을 때에는 **무화판성**, 꽃받침잎이나 꽃받침이 없을 때에는 **무악편성**이라고 한다.

화피의 합착(그림 9.18)

화피의 합착이라는 용어는 화피의 구성부분이 서로 확실하게 합착된 경우에 사용한다. (이 장에서는 꽃받침 합착 또는 화관 합착으로 구분하여 설명할 것이다.) 만일 꽃받침잎, 꽃잎 그리고 화피편이 떨어져 있고 합착되어 있지 않다면, 각각 **이편악**, **이판화관** 그리고 **이생화피**라는 용어를 사용한다. 만일 꽃받침잎, 꽃잎 그리고 화피편이 합착되어 있다면(기부의 일부라도), 각각 **합편악**, **합판화관** 그리고 **합생화피**라고 한다. 화피 부분의 "합착"은 서로 분리된 사건, 예를 들어 각 꽃잎이 독립적으로 형성된 후 나중에 서로 합착되는 식으로 일어나지 않는다. "합착"은 주로 꽃받침, 화관 또는 화피 기부에서 공통 화원기가 성장하여 그렇게 나타나는 것이다.

화피의 합착 결과 꽃받침, 화관 또는 화피에 통 또는 잔 같은 구조가 ("합착"된 지역에) 생겨난다. 약간만 합착된 경우에는 통 또는 잔 구조가 기부에만 나타나 꽃받침열편(악열편), 화관열편 또는 화피열편을 형성한다.

화피의 구성(그림 9.19)

다양하고 특이한 용어들을 화피의 구성부분에 대해 사용한다. 이들 용어는 다음과 같다. **하부** 또는 **복부**, 포를 향하는 쪽, 즉 아래쪽 또는 배축면 열편이나 면; **악수**(顎鬚, beard), 화피에 모용이 다발, 선, 띠를 이룬 것(표면구조 참조); **화조**, 꽃받침잎 또는 꽃잎의 미상예첨저; **부화관**, 꽃잎이나 수술에서 기원한 것으로, 수술과 화관 사이에 있는 왕관처럼 생긴 돌출생장 구조; **화탁통** 또는 **화통**, 일반적으로 통이나 잔처럼 생긴 구조로, 정단부 가장자리에 꽃받침, 화관, 수술군이 부착함; **순판**, 특이하게 변형되어 확장된 가운데 꽃잎, 화피편 또는 화피열편으로, 난과에 존재; **판연**, 판통, 판인 또는 화조 위의 화관 또는 꽃받침이 확장된 부위; **순편**, 다양한 형태를 나타내면서 둘로 갈라진 꽃받침 또는 화관의 조각으로, 꿀풀과와 난과 대부분의 꽃에서 볼 수 있고, 흔히 위쪽(상순편)과 아래쪽(하순편)으로 구분됨(각 순편은 1개 이상의 열편으로 나뉠 수도 있음); **열편**, 합편악 또는 합판화관의 갈라진 조각; **꽃잎**(화판), 화관을 이루는 부분 또는 조각으로 화관의 단위; **상부** 또는 **배부**, 포에서 먼 쪽, 즉 위쪽 또는 향축면 열편이나 면으로, 축과 가까운 곳; **꽃받침잎**(악편), 꽃받침을 이루는 부분 또는 조각으로 꽃받침의 단위; **거**(꽃뿔), 꽃받침이나 화관에서 발달한 원통형, 구형 또는 뾰족한 돌출 구조로, 꿀을 저장함; **화피편**(화피조각), 화피를 이루는 부분 또는 조각으로, 꽃받침잎과 꽃잎으로 뚜렷하게 분화되지 않은 것; **판인**, 벌어져 있거나 확장된 화피부분으로, 흔히 합판화관에서 나타남; **판통**, 원통형 화피 또는 화피의 일부로, 흔히 합판화관에서 나타난다.

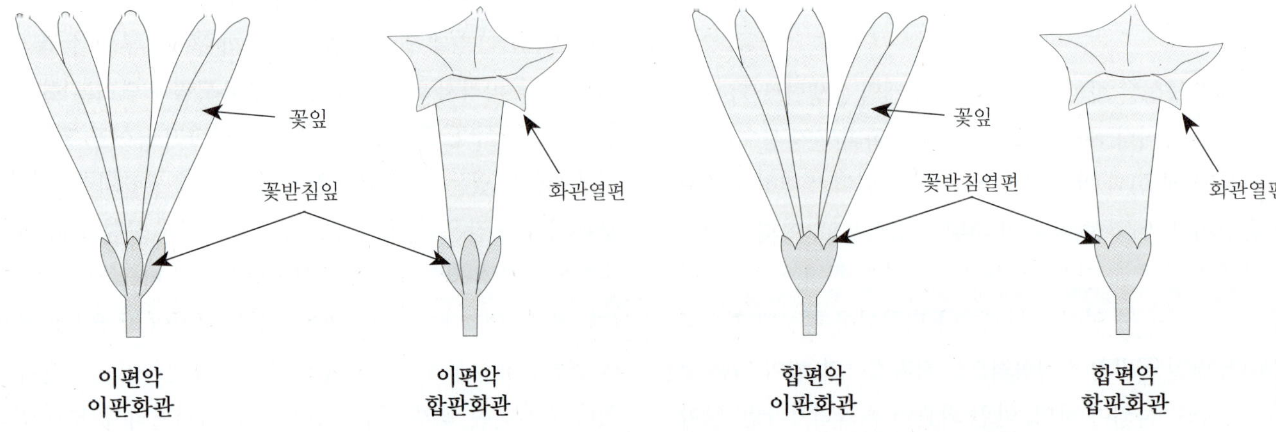

그림 9.18 화피의 합착.

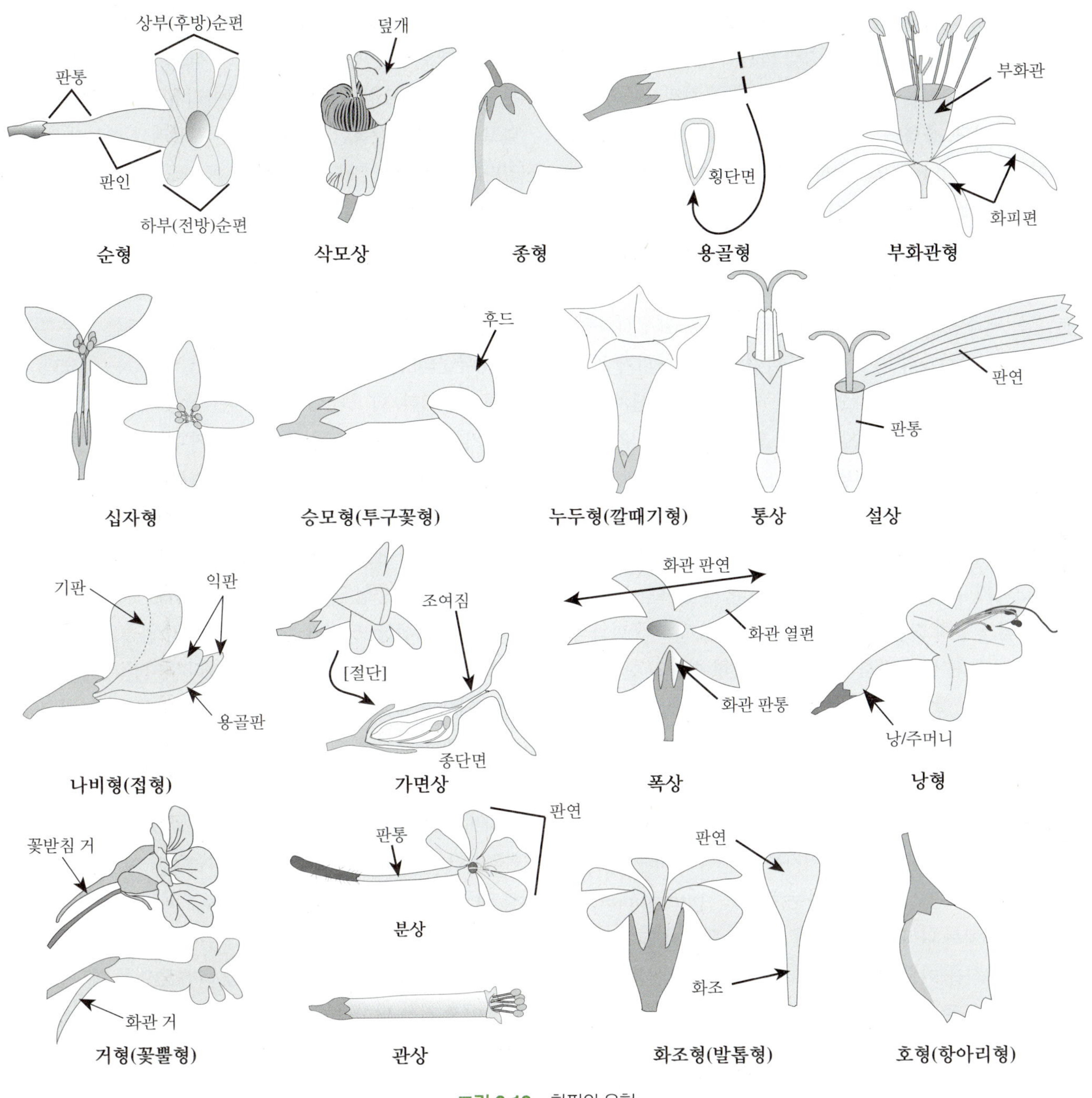

그림 9.19 화피의 유형.

화피의 유형(그림 9.19)

화피의 유형은 화피 전체에 관한 용어이지만, 꽃받침, 화관 또는 화탁통에 관한 것도 포함한다. 일반적으로 화피의 유형은 화관의 구조에만 근거를 두는데, 이럴 경우 화관의 유형이라고 부르는 것이 타당하다. 화피의 유형에 관한 용어들은 다양한 형태, 합착, 방향 그리고 수성을 고려하고 있다. 화피의 유형은 때로 계통학적 가치가 있으며, 피자식물의 일부 단계통군에서는 표징형질로도 이용된다. 화피의 유형은 주로 수분매개자를 유인하거나 화분을 더 효율적으로 운반하는 것과 관련하여 적응된 수분생물학적 특징이다. 일부 화피는 고도로 분화되어 다른 기능을 수행하기도 하는데, 예를 들어 벼과식물의 **인피**는 화피 구성부분이 퇴화된 것으로, 벼과식물의 소수화서를 부풀게 해서 벌어지도록 한다(화서의 유형, 제7장의 벼과 참조).

화피의 특별한 유형에는 다음과 같은 것들이 있다. **순형**은 위, 아래 2개의 조각, 즉 순편으로 구성되며, 많은 꿀풀과 식물에서 볼 수 있다. **삭모상**은 꽃받침과 화관이 덮개처럼 합착되어, 한꺼번에 떨어지는 형태로, *Eucalyptus*(유칼리나무속) 식물에서 나타난다. **종형**은 종처럼 생긴 구조로, 기부는 다소 부푼 통형이며, 길이와 폭이 비슷하고, 열편이 다소 벌어져 있는 것으로, *Campanula*(초롱꽃속) 식물에서 볼 수 있다. (종형이라는 용어는 종처럼 생긴 이판화관성 또는 이생화피성 화피에서도 사용된다.) **용골형**은 가운데가 접힌 형태로, 뾰족한 중앙부는 흔히 배축면을 향한다. **부화관형**은 *Narcissus*(수선화속)나 *Asclepias*(박주가리속) 식물에서 발견되는데, 화피가 관형이거나 벌어지며, 수술이 밖으로 돌출하기도 한다. **십자형**은 서로 떨어진 꽃잎 4장이 십자 형태를 하는데, 많은 십자화과 식물에서 나타난다. **승모형/투구꽃형**은 투구를 쓴 형태로, 상부 순편의 배축면이 오목하다. **누두형**은 깔때기처럼 생겼는데, 기부는 통 모양이나 지속적으로 확대되어 정단부는 넓어지며, *Ipomoea*(애기나팔꽃속) 식물에서 나타난다. **통상** 또는 **반상**은 방사대칭의 원통형 화관으로 열편이 벌어지며, 일부 국화과식물에서 발견된다. **설상/방사형**은 짧은 원통형 화관의 한 쪽 끝이 띠 또는 혀 모양으로 길게 신장한 형태이며, 일부 국화과에서 나타난다. **나비형**(접형)은 상부에 커다란 꽃잎(기판) 1장과, 안쪽의 측면 꽃잎(익판) 2장 그리고 정단부가 합착된 아래쪽 꽃잎(용골판) 2장 등으로 이루어졌으며, 콩아과의 꽃 구조이다. **가면상**은 순편 2장으로 이루어지는데, 위쪽은 아치형이고, 아래쪽은 화관의 판인으로 돌출하는 형태로, *Antirrhinum*(금어초속) 식물에서 나타난다. **폭상**은 판통은 짧으나 넓은 판연이 판통과 수직을 이룬 형태로, *Phlox*(꽃고비속) 식물에서 나타난다. **낭형**은 주머니처럼 생긴 부푼 형태이다. **분상**은 나팔 모양으로, 길고 가느다란 판통과 벌어진 판연이 판통과 수직을 이룬 형태이다. **관상**은 대개 긴 원통형이다. **화조형**은 화조를 지닌 형태로 많은 십자화과, 석죽과 식물에서 나타난다. **반순편형**은 순편이 1장이고, **호형**은 항아리처럼 생겼으며, 기부는 넓고 정단부는 잘록한 형태로, 많은 진달래과 식물에서 볼 수 있다.

화피의 화아내형태

화피의 **화아내형태**(aestivation, 그림 9.20)는 화피 부분들의 위치, 배열, 중첩 등으로 정의한다. 화아내형태는 일부 피자식물 분류군의 한계를 설정하거나 식별할 수 있는 중요한 계통학적 특징이다. 화피의 화아내형태는 꽃이 개화하고 나면 모호해지기 때문에 성숙한 화아를 절단하여 관찰해야만 한다. 아주 작은 꽃의 경우, 화아내형태 관찰을 위해 조직학적 방법이 필요하다.

화피의 화아내형태와 관련된 일부 표준 용어는 다음과 같다. **복와상**은 서로 중첩되어 있는 화피 구성부분에 대한 일반적인 용어이다. **회선상** 또는 **편권상**은 복와상의 일종으로 하나의 윤생렬에서 각 구성부분의 한쪽 가장자리가 다른 부분의 가장자리에 의해 덮이고, 반대쪽 가장자리는 다른 구성부분의 가장자리에 의해 덮이는 상태로, 많은 아욱과 식물의 화관에서 볼 수 있다. **복와상호생**은 바깥쪽 윤생렬의 화피 구성부분(악편 또는 외화피편)가 안쪽 윤생렬의 구성부분(꽃잎이나 내화피편)과 복와상으로 호생하는 것이다. **오편상**은 오수성 복와상 화피에서 양쪽 가장자리가 인접 화피편을 덮는 화피편 2개와 인접 화피편에 의해 덮이는 화피편 2개, 가장자리 한쪽은 다른 화피편을 덮고 반대쪽은 또 다른 화피편에 의해 덮이는 화피편 1개로 이루어진 것을 말한다(마디풀속 식물 화피의 특징). **섭합상**은 윤생렬에 있는 화피 구성부분의 가장자리가 서로 맞닿을 뿐 중

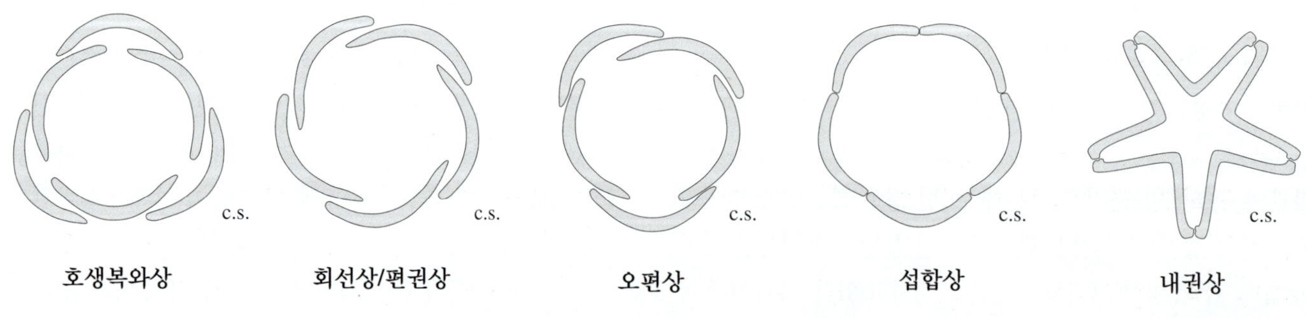

그림 9.20 화피의 화아내형태. (c.s. = 횡단면)

첩되지는 않는 형태이다. **내권상**은 각각의 화피 구성부분이 향접선형(중앙 축을 따라 안쪽으로 접혀 들어간 상태)으로 섭합상인 형태이다.

수술군

수술군은 꽃가루를 만드는 모든 웅성생식기관으로 구성되며, 그 구성단위는 수술이다. 수술은 포자낭을 지니고 있는 변형된 잎, 즉 소포자엽으로 해석된다. 수술은 꽃 정단분열조직의 원기에서부터 만들어지지만, 성숙하면 화탁, 화관(화판상생 상태로), 화탁통 가장자리 또는 **웅예하화반**에 붙는다. 웅예하화반은 육질성으로 위로 솟아 있고, 때로는 밀선을 포함하는 방석 모양의 조직이다.

수술의 유형

수술의 유형(그림 9.21)에는 판상과 화사형, 두 종류가 있다(물론 그 중간형태도 있을 수 있다). **판상** 수술은 잎처럼 생긴, 배복성의 평평한 구조로, 향축면에 **반약** 2개가 있는 것이 일반적이다. 판상 수술은, 비록 일부 분류군에서는 이차적으로 진화하였지만, 현화식물의 원시형태를 나타낸다. **화사형** 수술은 보다 흔한 형태로, 주로 자루처럼 생긴 원주형 **수술대**에 꽃가루를 담고 있는 구분된 부분, 즉 **약**이 달린 구조이다. 일부 분류군에서는 한 개 이상의 수술이 처음부터 불염성이다. 이러한 불염성 수술을 **헛수술**(**의웅예**)이라고 한다. 헛수술은 염성인 수술과 유사한 경우가 있어, 살아 있는 꽃가루의 방출 여부를 확인해야만 확실히 알 수 있다. 일부 헛수술은 구조가 극도로 변형되기도 하는데, 화판상, 곤봉상, 밀선상 또는 매우 퇴화되어 흔적으로만 나타나기도 한다. 헛수술에는 약처럼 생긴 불염성 구조, 즉 **불염성약**이 있거나 없다.

수술의 배열/윤생성/위치

수술의 배열(그림 9.22)은 수술 간의 상대적인 위치를 의미한다. 수술 배열에 관한 기본 용어로 나선상과 윤생상이 있다. **나선상**은 수술이 나선형으로 달리는 것이며, **윤생상**은 수술이 1개 이상의 분명한 윤생렬에 달리는 것이다. 수술의 배열과 관련하여 수술 간의 상대적인 길이와 관련된 용어도 있다. **이쌍웅예**는 수술이 2개의 동일한 쌍으로 된 것이고, **이강웅예**는 수술이 2개의 서로 다른 쌍으로 된 것이며(지치과, 꿀풀과, 현삼과의 많은 식물에서 나타남), **사강웅예**는 4개는 길고, 2개는 짧은 수술 두 무리로 이루어진 것이다(십자화과에서 주로 나타난다).

수술의 윤생성(그림 9.23)은 수술의 윤생렬 수를 의미한다(수술이 윤생할 때에만 적용된다). 수술 윤생성의 두 가지 주요 유형은 일렬성과 이열성이다. 일렬성은 수술이 단 하나의 윤생렬을 이룬 것이고, 이열성은 수술이 2개의 윤생렬로 배열한 것이다. 만일 또 다른 윤생렬이 있다면, 삼렬성, 사열성 등의 용어를 사용한다.

수술의 위치(그림 9.23)는 수술과 다른 꽃 부속기관, 특히 꽃받침잎이나 꽃잎과의 상대적인 위치에 대한 것이다. **악편대생**은 수술이 놓인 자리가 꽃받침잎(악편)이나 꽃받침열편이 있는 자리와 같은 선상에 있는 (대생하는) 상태이다. 이와 비슷한 것으로, **화판호생**은 수술이 꽃잎이나 화관열편 사이에 위치한 경우이다. 이열성 화피인 경우 꽃잎/화관열편은 대부분 꽃받침잎/꽃받침열편 사이에 위치하며, 따라서 악편대생과 화판호생은 흔히 동의어로 사용된다. 그러나 이 두 가지 용어는 둘 다 또는 둘 중 하나만 사용될 수도 있기 때문에 확실한 것만 기재해야 한다. 악편대생 또는 화판호생 수술은 1열성 수술에서 매우 흔하다.

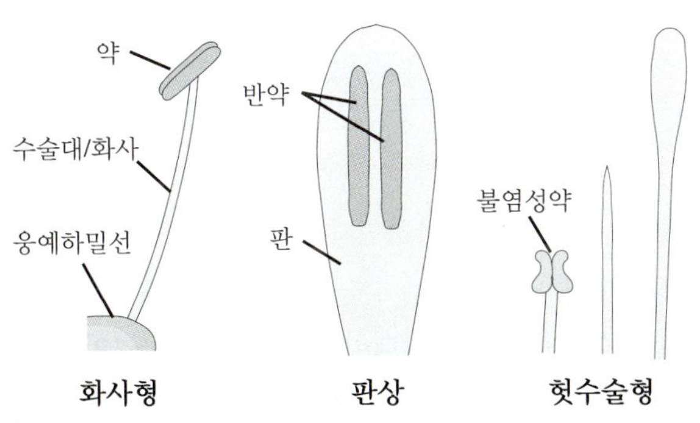

그림 9.21 수술의 유형과 부분.

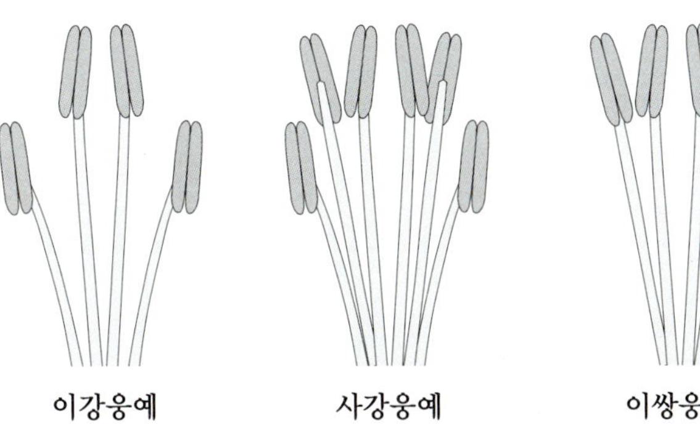

그림 9.22 수술의 배열.

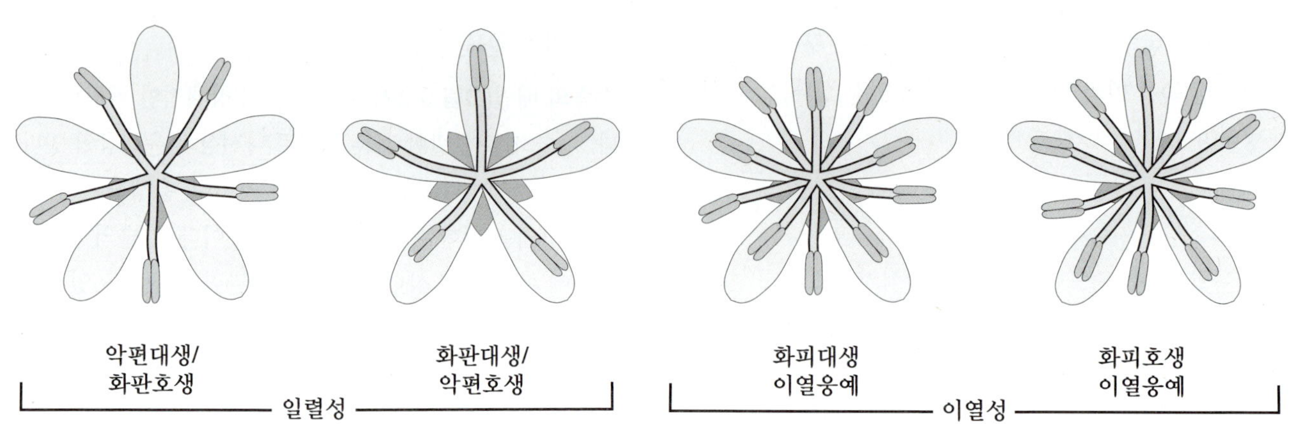

그림 9.23 수술의 윤생성(일렬성 또는 이열성) 및 위치.

화판대생은 수술이 놓인 자리가 꽃잎이나 화관열편이 있는 자리와 같은 선상에 있는(대생하는) 상태이다. **악편호생**은 수술이 꽃받침잎이나 꽃받침열편 사이에 위치한 경우이다. 앞서 설명한 것과 비슷한 이유로, 화판대생이나 악편호생은 흔히 동의어로 사용된다. 화판대생/악편호생 수술은 상대적으로 매우 드물며, 앵초과와 갈매나무과 같은 특별한 식물군의 표징형질이기도 한다.

이열성 수술의 경우 수술 위치에 관한 또 다른 용어가 2개 있다. **화피대생이열웅예**에서는 수술군의 바깥쪽 윤생렬은 꽃받침 잎과 대생하고, 안쪽 윤생렬은 꽃잎과 대생하며, **화피호생이열웅예**에서는 수술군의 바깥쪽 윤생렬은 꽃잎과 대생하고, 안쪽 윤생렬은 악편과 대생한다. 이열성 수술 윤생성을 지닌 분류군 중, 화피대생이열웅예가 좀 더 흔하고, 화피호생이열웅예는 상대적으로 드물어서 표징형질로 사용되는데, 일부 돌나물과 식물에서 나타난다.

수술의 부착형과 착생형

수술의 부착형(그림 9.24)은 자루의 존재 유무를 나타내는데, 수술대가 있으면 **화사형**, 없으면 **무병형**, 수술대가 매우 짧고 흔적처럼 되어 있다면 **아무병형**이라고 한다. 이 정의에 따르면 판상 수술은 무병형이다.

수술의 착생형에는 두 가지 의미가 있다. 첫째, 수술의 착생형이란 수술이 화피 밖으로 나왔는지의 여부를 가리키는데, 수술이 화피 밖으로 빠져 나온 상태이면 **돌출형**(또는 '현생형'이라고 한다), 수술이 화피 안에 있는 상태이면 **내재형**(또는 '은닉형'이라고 한다)이라고 한다. 둘째, 수술의 착생형이란 화판상생웅예에서 수술이 화관에 '부착된 지점'에 대한 것이기도 하다. 후자의 의미로 착생형이라는 용어를 사용하자면, "수술이 화관 판통의 중간에 착생함" 또는 "수술이 불균등하게 착생함(수술이 판통에 부착된 위치가 각각 다름)" 등으로 표현할 수 있다. 어떤 의미로 사용하던 간에, 수술의 착생형은 수분 메커니즘에 특별한 적응을 보여주는 것으로, 약을 수분매개자인 동물에게 효과적으로 보이기 위한 것이다.

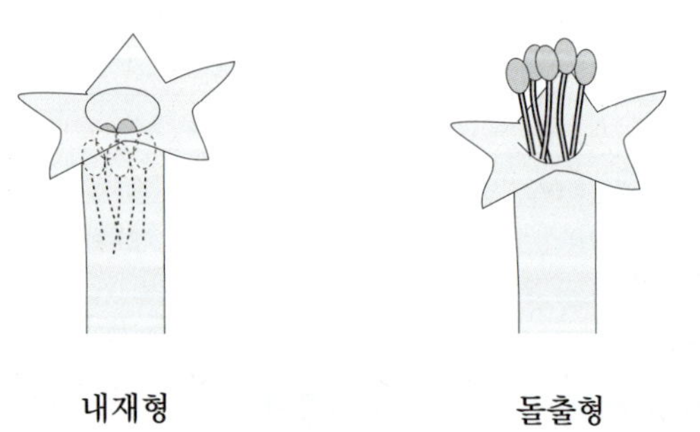

그림 9.24 수술의 착생형.

수술의 합착

수술의 합착(그림 9.25)은 수술이 합착되었는지, 그렇다면 어떻게 합착되었는가에 관한 것이다. 일반적인 용어로는 이생(서로 합착되지 않은), 동합(서로 합착된), 분리(다른 구조와 합착되지 않은), 이합(서로 다른 구조와 합착된) 등이 있다(일반 용어 참조). 흔히 사용하는 특수 용어로는 다음과 같은 것들이 있다. **이생웅예**는 수술이 합착되지 않은 상태, 즉 이생하면서 분리된 상태이다. **양체웅예**는 수술이 두 무리로 이루어져 있으며, 각각은 수술대만 동합한 상태이다. 이는 콩과의 콩아과 식물에서 전형적으로 나타나는데, 거의 전부 동합한 9개의 수술과 기부만 합착되거나 이생하는 수술 1개로 되어 있다. **화판상생**은

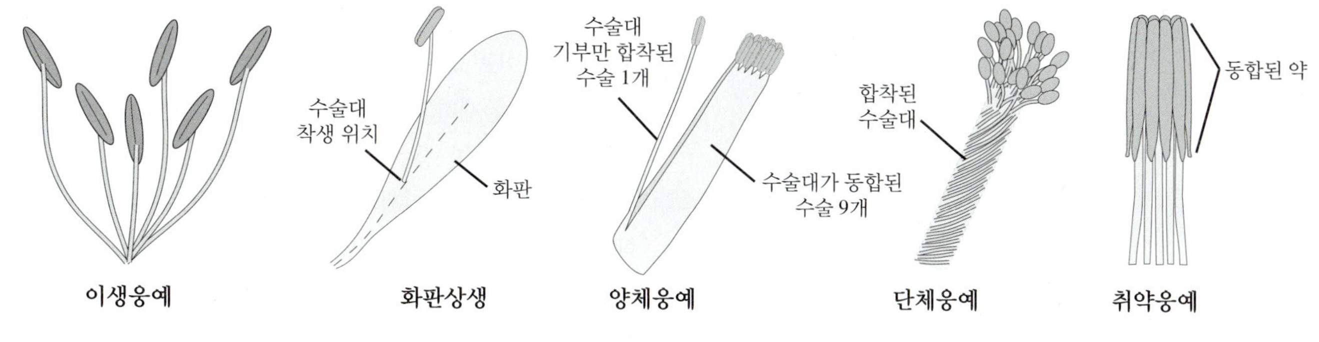

그림 9.25 수술의 합착.

수술이 꽃잎이나 화관에 이합한(착생한) 상태이다(화피편상생이나 악편상생이라는 용어는 수술이 각각 화피편이나 꽃받침잎에 이합하였을 경우에만 사용한다). **단체웅예**는 수술대가 동합하여 하나의 무리를 이룬 것으로, 아욱과에서 나타난다. **취약웅예**는 약은 동합하였으나 수술대는 분리된 상태로, 국화과의 표징형질이다. 수술의 합착은 수술의 착생과 마찬가지로 주로 수분매개 동물에게 수술을 잘 보여주기 위한 방식 중 하나이다.

약의 구성/유형/부착형(그림 9.26)

약(꽃밥)은 꽃가루를 포함하는 구분된 단위로, 피자식물 대부분의 수술에서 발견된다. 약은 전형적으로 **반약**이라고 하는 구획 2개로 이루어져 있으며, 각 반약은 소포자낭 2개(합착되어 약실을 형성함)로 구성된다. (따라서 약은 대개 사포자낭성이다.) 반약 사이에서 2개의 반약을 연결하는 조직을 **약격**이라고 하며, 이곳에 수술대가 붙는다. 소포자낭은 종자식물의 미성숙 웅성배우자체인 화분(꽃가루)이 생성되는 장소이다.

약의 유형은 다양한데, 이는 내부구조에 따라 결정된다. 전형적인 약은 **이반약성**으로, 반약 2개와 포자낭 4개를 지닌 형태이다. 홍초과와 아욱과 등의 극히 일부 분류군의 약은 **단반약성**으로, 대개 소포자낭 2개를 지닌 반약 1개로 구성되어 있다.

약 부착형은 약에 수술대가 붙는 지점의 위치나 형태를 가리킨다. 일반적인 약 부착 유형은 **저착**으로, 약의 기부에 수술대의 정단부가 붙는 것이다. **측착**은 약의 배면(뒷면)에 수술대의 정단부가 붙는 것이며, 아저착은 약의 기부 근처에 수술대의 정단부가 붙는 형태이다. **정자착**은 약이 자유롭게 움직일 수 있도록 수술대의 정단부가 회전축처럼 되는 것을 의미하며, 측착, 저착 또는 아저착 모두에서 볼 수 있다.

약열개 유형(그림 9.27, 9.28)

약열개는 약이 꽃가루를 방출하기 위하여 열리는 것을 의미한다. **약열개 유형**은 약이 열리는 물리적 방식을 말한다. 가장 흔하고 원시적인 약열개 유형은 종개로, 반약의 종축과 나란한 봉선을 따라 열개하는 유형이다. 다른 유형은 드물고, 분류군에 따라 특이적으로 나타나는데, 반약의 정단부에 있는 구멍을 통해 열개하는 **공개**(진달래과), 반약의 종축과 직각으로 열개하는 **횡개**, 판막 덮인 구멍을 통해 열개하는 **판개**(녹나무과) 등이

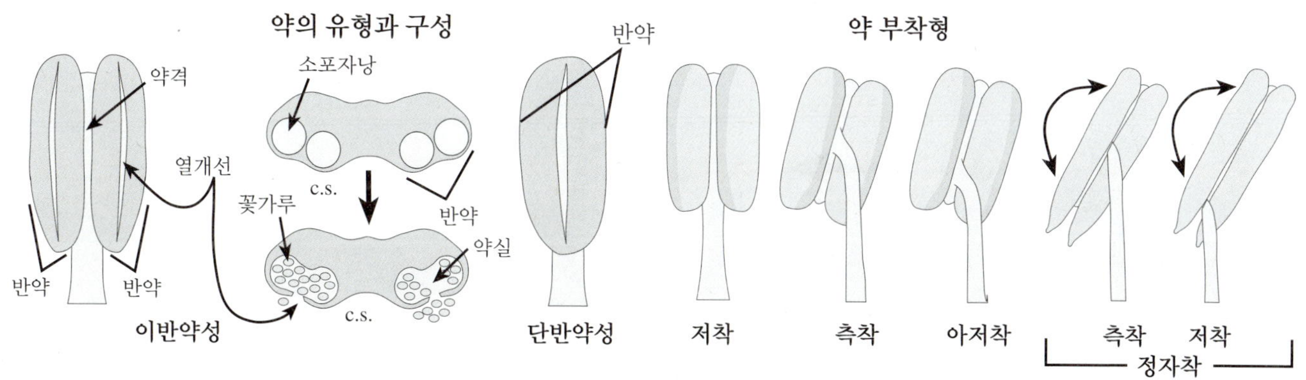

그림 9.26 약의 유형, 구성 및 부착형. (c.s. = 횡단면)

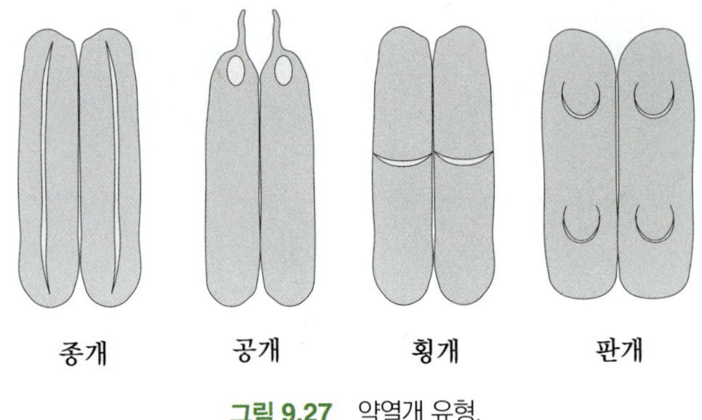

그림 9.27 약열개 유형.

있다.

약열개 방향은 약이 열리는 장소의 꽃 또는 지면에서의 상대적인 위치이다. 약열개 방향은 약이 미성숙하였을 때 (예, 눈 속에 있을 때) 또는 열개하기 시작하였을 때에 가장 쉽게 파악할 수 있다. 약은 열개하고 나면 흔히 주름이 지고 꼬여서 원래 열개했던 방향이 모호해진다. 약열개 방향에서 흔하게 나타나는 유형인 **외향약**은 꽃의 중심에서 멀어지는 방향으로 열개하는 것이며, **내향약**은 꽃의 중심쪽으로 열개하는 것이고, **측향약**은 측면으로 열개하는 약이다. 수평 방향으로 놓인 꽃에서는 지면에 대하여 약이 **상향열개**하거나 또는 **하향열개**한다.

약열개 방향에 있어서 미묘한 내용 하나가 일부 꽃과 관련되어 있다. 이들 꽃에서는, 적어도 일부 수술은 발달 초기에는 한 방향으로 존재하지만, 성숙하면 이와는 다른 방향으로 자리를 잡는다. 이러한 경우, 발달 초기 단계와 성숙 단계 두 가지 모두의 열개 방향을 기재해야 한다. 흔한 예로, 약이 발달 초기에는 내향약이지만 꽃의 정단부쪽으로 다시 방향을 잡아, 나중에는 모두 하향열개하는 것처럼 되는 것을 들 수 있다. 이런 경우, '약은 발달 초기에는 내향약이고(눈 상태에서의 관찰 결과를 근거로), 성숙기에는 하향열개한다'라고 기재하면 된다(그림 9.28 참조). (또 다른 예로, 진달래과의 일부 식물들에서 나타나는 공개약은 발달 초기에는 외향약이나, 성숙하면 역전하여 내향약으로 된다. 제8장 참조)

밀선

밀선은 꽃에서 꿀을 분비하는 특별한 구조이다(그림 9.13). 꿀은 한 가지 이상의 당과 다양한 물질로 이루어진 용액으로, 동물 수분매개자를 유인하여 (보상하여) 수분매개를 촉진하는 역할을 한다. 흔히, 자방의 기부나 정단부를 둘러싸는 쟁반 또는 도넛 모양으로 생긴 조직인 **화반**이 밀선 역할을 한다. 이러한

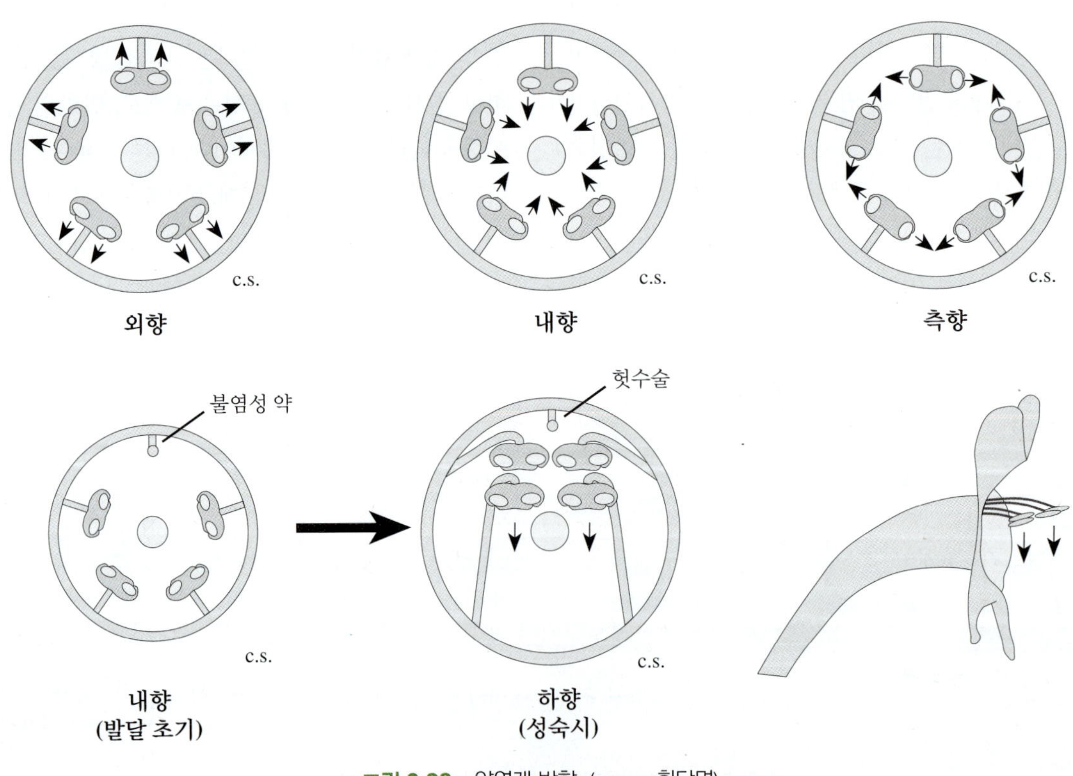

그림 9.28 약열개 방향. (c.s. = 횡단면)

꿀을 분비하는 **밀선반**은 수술군의 안쪽(**웅예내**), 아래쪽(**웅예하**) 또는 바깥쪽(**웅예외**)에 위치한다. 밀선은 꽃의 기부 둘레 근처에서 패드 모양으로 불연속적으로 발달하는 **밀선판**일 수도 있다. **화피밀선**은 화피에, 특히 꽃받침잎, 꽃잎 또는 화피편의 기부에 나타난다. **격벽밀선**은 자방 내의 격벽에 형성된 특별한 조직으로, 자방의 기부나 정단부에 있는 구멍을 통해 꿀을 분비한다.

당이 아닌 물질을 분비하여 수분에 대한 보상 역할을 하는 특별한 분비선이 있는데, Krameriaceae 식물이 분비하는 밀랍이 그 예이다. 이러한 것들을 밀선이라고는 하지 않고, 단순히 분비선, 즉 밀랍분비선이라고 한다.

암술군, 심피, 암술

암술군(**그림 9.29**)은 꽃의 모든 자성생식기관을 가리킨다. **심피**는 암술군의 단위로, 접첩(conduplicate), 변형되어 1개 이상의 배주를 감싸고 있는 대포자엽으로 정의한다(제6장 참조). 심피는 종자식물 중에서 피자식물을 독특하게 만드는 주요 특징, 즉 파생형질 중 하나이다. 다른 모든 꽃 부속기관처럼, 심피는 변형된 잎이며, 대포자낭(종자식물에서는 배주를 구성하는 요소임)을 지니는 생식엽인 대포자엽으로 정의된다. 심피는 실제로 배복성의 평평한 잎으로서 발달하는데, 이 잎이 접히고 접첩하여, 궁극적으로 배주를 감싼다.

암술(자예)은 암술군을 이루는 한 부분으로, 1개의 자방, 1개 이상의 암술대 그리고 1개 이상의 주두로 이루어진다. 자방(씨방)은 암술의 한 부분으로, 배주를 포함한다. **암술대**(화주)는 일반적으로 자루처럼 생겼으며, 배주를 포함하지 않고, 주두와 자방 사이에 위치한다. 일부 암술에는 암술대가 없다. **주두**(암술머리)는 암술에서 꽃가루(화분)를 받아들이는 부분이다. 주두는 분명하게 구분될 수도 있으나, 암술대나 암술대 가지의 한 지역(주두역)일 수도 있다(예, 국화과식물 암술의 암술대에서 볼 수 있는 주두"선-線"). 자방병이라는 용어는 암술 기부의 자루를 의미하지만, 일반적으로 없는 경우가 많다.

암술 또는 자방은 1개의 심피로 이루어지거나(단자예), 둘 이상의 심피로 이루어진다(복자예). 2개 이상의 자방, 암술대 또는 주두가 있으나, 이들 중 그 어느 것이라도 어떠한 형태로든지 합착되어 있다면(예를 들어, 따로 떨어진 자방 3개의 기부가 합착된 경우), 관례에 따라 이들 모두 한 암술의 부분으로 간주한다. (독특한 예로서 박주가리류를 들 수 있는데, 이 무리의 암술군은 분리된 자방 2개와 암술대 2개 그리고 합착된 주두 1개로 구성되어 있다. 두 심피의 주두가 동합되어 있기 때문에, 전체 구조는 암술 1개이다.)

자방 내에는, **격벽**이 칸막이처럼 있다. **자방실**은 자방의 공간으로, 자방벽과 격벽에 의해 둘러싸여 있다. 자방실의 수는 계통학적 형질로서 중요한데, 단자방실은 자방이 1개의 자방실로 이루어진 것을, 복자방실은 자방이 둘 이상의(대개 많은) 자방실로 이루어진 것을 의미한다. 태좌는 미성숙한 씨인 배주가 달리는 자방조직이다. **주병**은 배주와 태좌를 연결해주는 자루이다. **자방축**은 자방의 중앙축으로, 중축태좌나 독립중앙태좌에서 격벽과 태좌가 존재하는 곳이다.

심피의 합생과 암술군(**그림 9.30**, **9.31**)

심피의 합생 여부는 매우 중요한 계통학적 형질로, 이것의 상태는 주요 분류군을 규정짓는 특징이 된다. **이생심피성** 암술군은 심피가 서로 떨어져 있는 상태이다. 이생심피성 암술군은 일

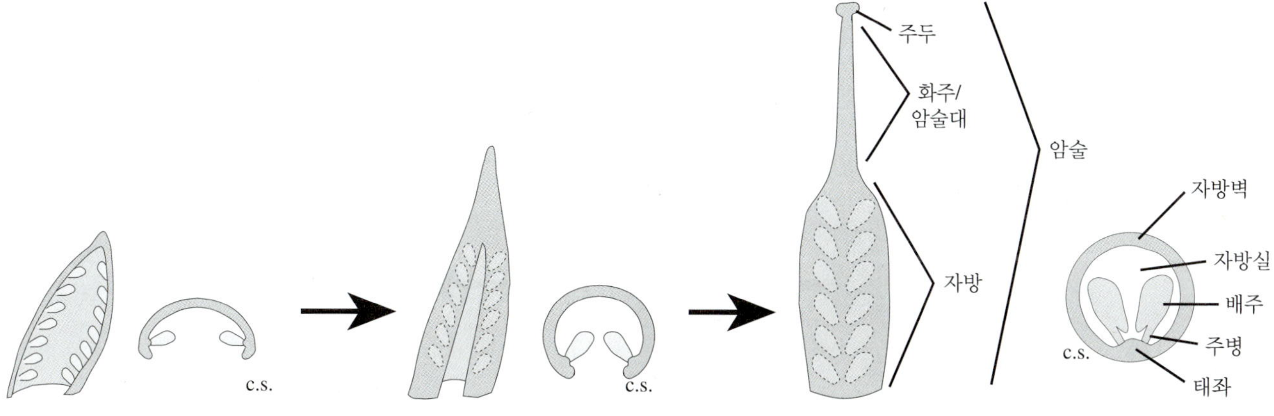

그림 9.29 암술군: 심피의 발달 단계. (c.s. = 횡단면)

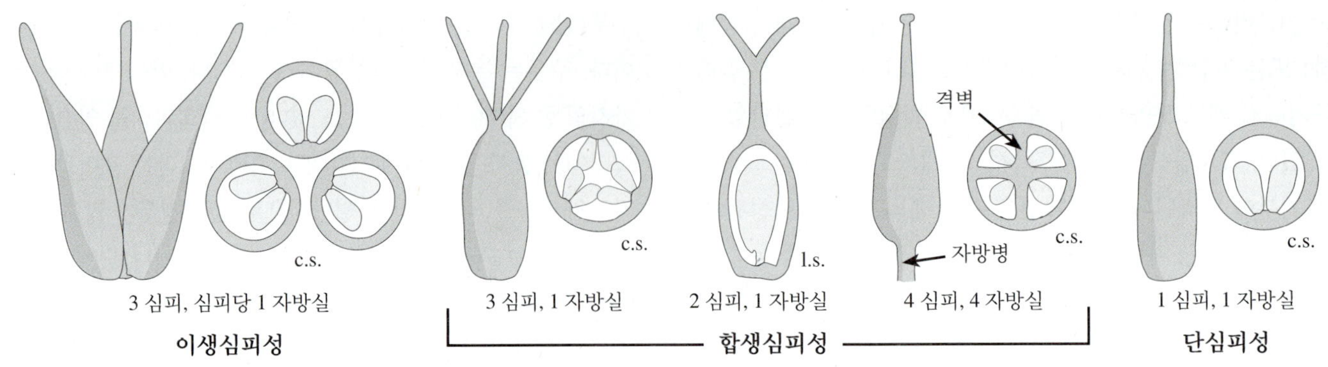

그림 9.30 암술군의 합생형, 심피 수, 자방실 수. (c.s. = 횡단면, l.s. = 종단면)

반적으로 피자식물에서 원시적인 특징으로 간주한다. 이와는 대조적으로 합생심피성 암술군은 심피들이 동합한 상태로(복자예), 현화식물에서 가장 흔하게 나타난다. **합생심피성** 암술군에서 심피가 합생한 정도는, 기부만 합생한 극단적인 상태(심하게 갈라진 자방)에서부터, 자방은 하나로 합생하였으나 암술대 또는 주두는 분명하게 갈라진 상태 그리고 자방, 암술대, 주두가 모두 하나로 완벽하게 합생한 상태에 이르기까지 다양하다. 심피의 합생은 태좌형을 결정한다(그림 9.31). 마지막으로, 암술군이 단 1개의 심피로 이루어져 있을 경우(이 경우 합생 개념은 적용할 수 없다), 단심피성이라는 용어를 사용한다.

심피/자방실 수(그림 9.30)

심피와 자방실의 수는 피자식물 계통학에서 매우 중요하다. **자방실 수**는 일반적으로 자방의 횡단면이나 종단면의 관찰을 통해 쉽게 결정할 수 있는데, 자방 안의 벽으로 둘러싸인 공간의 수와 같은 의미이다. 일반적으로, 자방은 1개의 자방실로 이루어진 **단자방실**과 둘 이상의 자방실로 이루어진 **복자방실**로 구분된다. 일부 피자식물에서는 자방의 기부가 여러 개의 공간으로 나뉘어짐에도 자방의 정단부는 터져 있어 자방의 일부만 분리되어 있는데, 이 경우 자방실 수는 기술적으로 1개이며, 따라서 단자방실로 간주한다.

심피 수는 흔히 현화식물의 분류와 동정에 결정적 역할을 한다. 심피 수는 다음 몇 가지 방법으로 확인할 수 있다. 암술군이 이생심피성이면, 심피의 수는 암술의 수와 동일한데, 이는 모든 이생심피성 암술군에서 각 암술이 심피 1개와 같기 때문이다. 암술이 1개만 있는 경우는, 심피 1개만 있는 경우(단심피

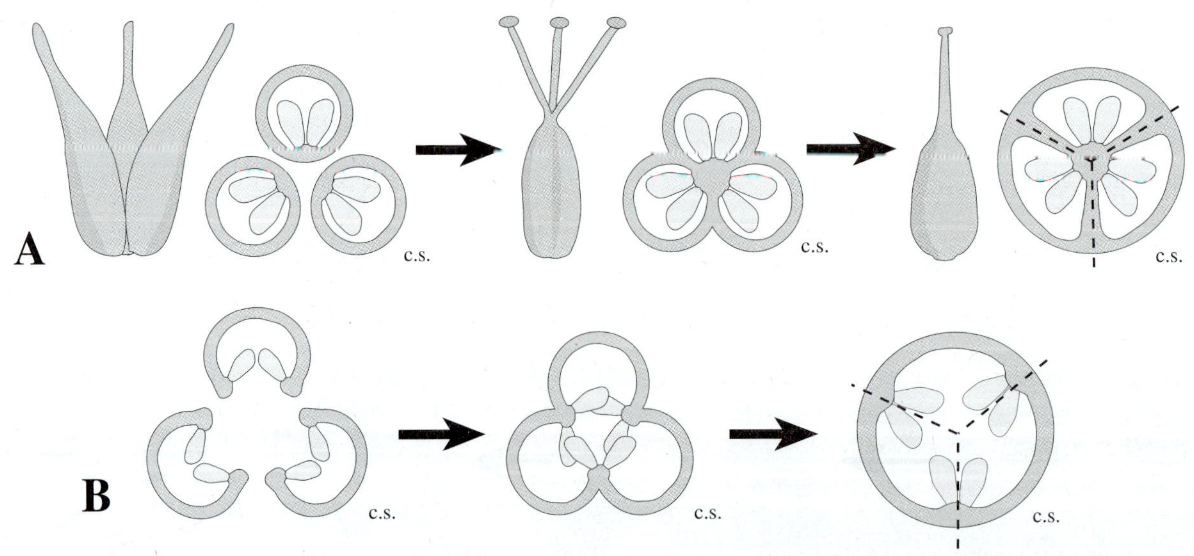

그림 9.31 심피 합생의 진화 과정. **A.** 중축태좌로 발달하는 과정. **B.** 측벽태좌로 발달하는 과정. 심피 사이의 경계는 점선으로 표시하였다. (c.s. = 횡단면)

성)이거나 또는 심피 여러 개가 합생한 경우이다. 암술이 1개일 때 심피 수는 다음과 같은 순서에 따라 결정된다. 첫째, 암술대와 주두의 수 어느 것 하나라도 1보다 크다면 더 큰 수가 심피의 수가 된다. 이는 자방의 구조와 상관없이 언제나 그러한데, 암술대나 주두가 각 심피의 일부분이며, 과거(합생 이전) 심피의 흔적으로 해석되기 때문이다. (예를 들어, 국화과 모든 식물의 암술에는 암술대와 주두가 각각 2개씩 있기 때문에 심피 수는 2개라고 해석한다. 비록 이들 식물에 자방실, 배주 그리고 태좌가 하나만 있을지라도, 암술대가 2개라는 점은 이심피성 암술이 진화 과정에서 자방실 1개와 배주 1개를 지니는 구조로 퇴화된 것이라는 해석을 가능하게 한다.) 둘째, 만일 암술에 암술대와 주두가 각각 1개만 있다면, 심피 수를 확인하기 위하여 자방을 잘라봐야 한다. 만일 자방실 수가 여러 개라면, 심피 수는 일반적으로 자방실 수와 같다. 이 경우 각 자방실은 원래의 조상형 또는 발생상의 심피 공간을 의미한다(일부 자방기생화주성 분류군은 예외). 셋째, 자방실이 1개라면 심피의 수는 태좌의 수와 동일하다. 예를 들어, 제비꽃은 암술 1개, 암술대/주두 각각 1개 그리고 자방실 1개로 이루어져 있음에도 불구하고, 태좌(측벽태좌)가 3개이기에 심피는 3개이다. (둘째와 셋째 방법에 대한 예외가 있는데, 이는 꿀풀과와 협의의 지치과의 자방기생화주성인 분류군에서 나타난다. 이들 무리 모두는 심피 2개 각각이 발달 초기에 이른바 '위격벽'에 의해 둘로 분리되어, 자방이 성숙했을 때에는 자방실이 대개 4개가 되고, 각 자방실에는 태좌와 배주가 각각 1개씩 존재한다. 따라서 이 경우에 자방실과 태좌 수는 심피 수의 두 배인 4개이다.)

자방의 부착형과 위치(그림 9.30, 그림 9.32)

자방의 부착형은 기부의 자루 또는 **자방병**의 존재 유무와 관련이 있다. **무병성** 자방은 자방병이 없으며 가장 흔한 형태이다. **자방병성** 자방은 자방병이 하나 있으며 상대적으로 매우 드물다.

자방의 위치는 다른 꽃 부속기관, 즉 화탁통, 꽃받침, 화관 그리고 수술군에 대한 자방의 위치나 장소로 결정한다. **상위**자방은 꽃받침잎, 꽃잎, 수술 그리고 화탁통이 자방의 기부에 달리는 유형이다. **하위**자방은 꽃받침잎, 꽃잎, 수술 그리고 화탁통이 자방의 정단에 달리는 유형이다. 상위자방과 하위자방 사이에 많은 중간 형태가 있을 수 있는데, **반하위**자방은 꽃받침잎, 꽃잎, 수술 그리고 화탁통이 자방의 중간 부위에 붙는 유형이다.

화피/수술군의 위치

화피/수술군의 위치(그림 9.32)는 자방과 화탁통(존재할 경우)에 대한 화피와 수술군의 상대적인 위치에 대한 것이다. 화피/수술군의 위치는 널리 사용되고 있긴 하지만, 단순히 자방 위치와 화탁통 존재유무로 대체되기도 한다.

화탁통이 없는 꽃에서 화피/수술군의 위치를 기술하는 데(자방 위치와 함께) 사용하는 용어는 다음 세 가지이다. **자방하생**은 꽃받침잎, 꽃잎 그리고 수술이 상위자방의 기부에 붙는다. **자방상생**은 꽃받침잎, 꽃잎 그리고 수술이 하위자방의 정단에 붙는다. **자방중생**은 꽃받침잎, 꽃잎 그리고 수술이 반하위자방성 자방의 중간에 붙는다.

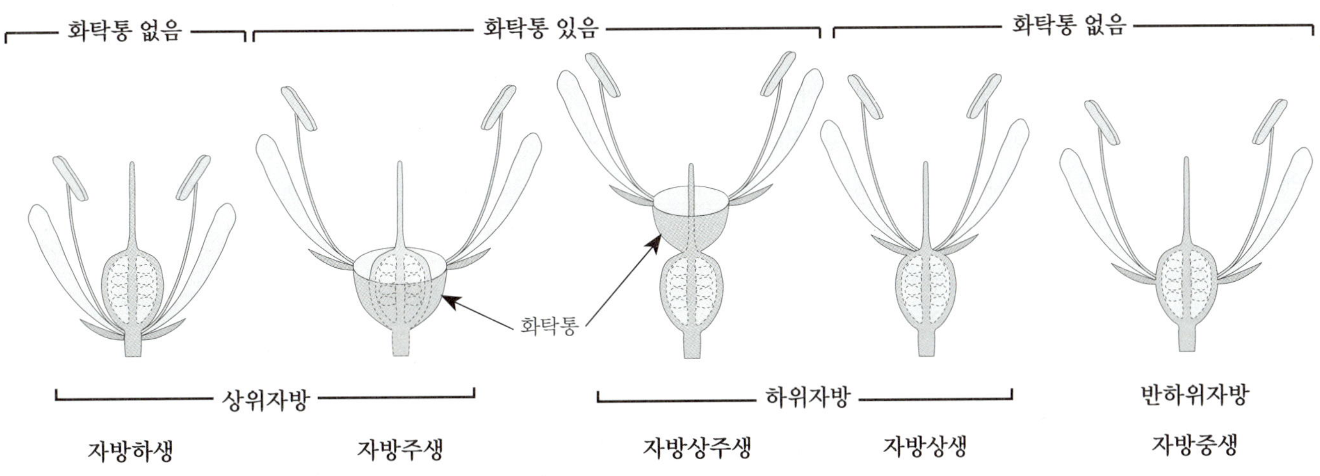

그림 9.32 자방의 위치와 화피/수술군의 위치.

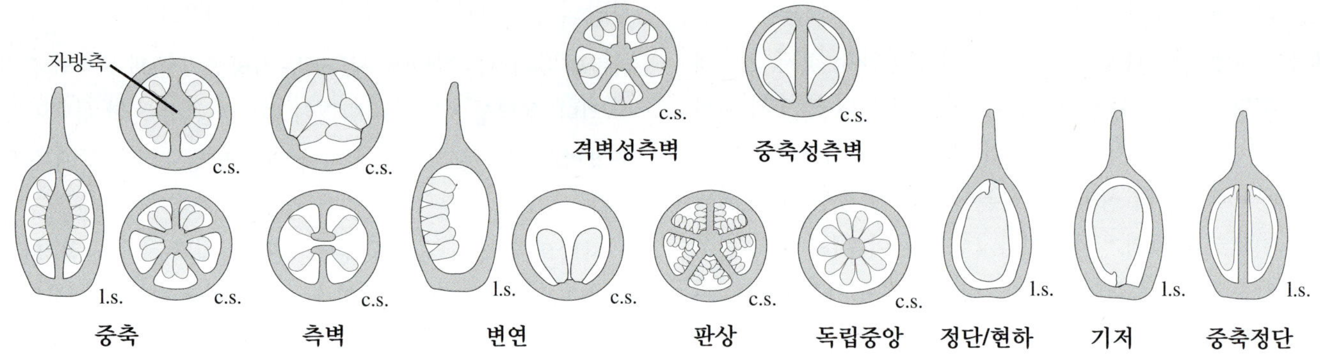

그림 9.33 암술군: 태좌형. (c.s. = 횡단면, l.s. = 종단면)

화탁통이 존재하는 꽃에서 꽃받침잎, 꽃잎 그리고 수술이 화탁통 가장자리에 붙는 유형을 일컫는 용어가 있다. **자방주생**은 화탁통이 상위자방의 기부에 붙는 것이고, **자방상주생**은 화탁통이 하위자방의 정단부에 붙는 유형이다.

태좌형(그림 9.33)

태좌형은 배주가 위치하는 것을 나타내는 것으로, 태좌, 격벽 그리고 자방실의 수와 위치를 고려한다. 태좌형을 결정하기 위해서는 자방을 횡단 또는 종단해서 살펴봐야 한다.

중축태좌는 표준 태좌형으로, 격벽이 있는 복자방의 자방축에 태좌가 있으며, 현화식물, 특히 백합과에서 가장 흔히 나타난다. **정단태좌** 또는 **현하태좌**는 태좌가 자방의 정단부에 있다. **중축정단태좌**는 격벽이 있는 자방의 정단부에 둘 이상의 태좌가 있는 형태로 산형과에서 나타난다. 기저태좌는 자방의 기부에 태좌가 있으며, 국화과와 벼과에서 나타난다. **독립중앙태좌**는 격벽이 없는 복자방의 자방축을 따라 태좌가 배열되는 형태로, 석죽과에서 나타난다. **판상태좌**는 격벽의 표면에 태좌가 있으며, **변연태좌**는 단심피성 자방의 가장자리에 태좌가 존재하며, 콩과에서 나타난다. **측벽태좌**는 태좌가 자방벽에 있거나 단자방실성 복자방의 돌출된 칸막이 위에 있으며, 제비꽃과에서 볼 수 있다. **중축성측벽태좌**는 둘 이상의 자방실로 이루어진 자방에서 자방벽과 격벽이 만나는 곳에 태좌가 있으며, 십자화과에서 출현한다. **격벽성측벽태좌**는 자방벽에 태좌가 있으나, 격벽이 있는 곳에는 존재하지 않으며, 번행초과에서 볼 수 있다.

배주의 구성, 유형, 배치 형태

배주란 대포자낭 및 이를 둘러싼 주피 1–2겹으로 구성되는 미성숙한 종자를 말한다. 배주는 자성배우자체가 발달하는 주심 또는 대포자낭, 배주를 달고 있는 자루인 주병, 화분이나 화분관이 들어오는 구멍인 주공으로 이루어진다. 주병이 이합하여 종피에 능선 구조인 제가 형성되기도 한다. 배주의 구성, 유형, 배치형태는 제10장, 식물의 생식에서 상세히 다루었다.

암술대 위치/구조의 유형

암술대 위치는 자방에 대해 암술대가 어떻게 놓이는지를 가리킨다(그림 9.34). **정생**은 암술대가 자방의 정단에서 나오는 것으로, 가장 흔한 유형이다. **아정생**은 암술대가 자방 정단 근처, 약간 아래에 놓여 있다. **측생**은 자방 옆에서 암술대가 나오며, 장미과, 특히 *Fragaria*(딸기속) 식물에서 나타난다. 끝으로 (자방-)**기생**은 암술대가 자방 기부에 붙어 있다. 자방기생화주는 협의의 지치과와 꿀풀과 대부분에서 특징적으로 나타나는데, 심하게 갈라져 있는 자방의 중심부 아래쪽에서 암술대가 자라나온다.

일부 분류군에서는 암술대 구조가 특화되었다. 암술대 구조 유형 중 특이한 것으로 **숙존생장화주**가 있는데, 이는 숙존하면서 길어진 화주 또는 화주의 기부(내지 아기부)지역을 말한다. 숙존생장화주는 대개 숙존생장성으로, 열매가 형성될 때 신장한다. 숙존생장화주는 열매 산포 기능이 있으며, *Taraxacum*(민들레속) 등의 국화과와 쥐손이풀과에서 볼 수 있다.

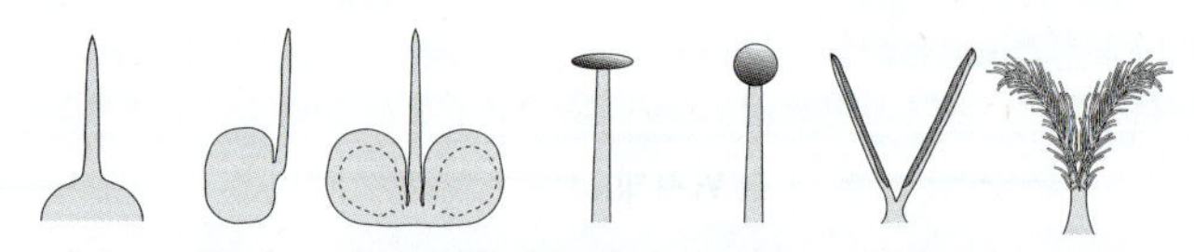

그림 9.34 암술군: 암술대 위치(왼쪽 3개)와 주두/주두역 유형.

주두/주두역의 유형

주두라는 용어는 표면 전체에서 꽃가루를 받아들이는 구분된 구조를 나타낼 때 사용되며, 주두역은 암술대 또는 암술대 가지에서 꽃가루를 받아들이는 보다 넓은 지역을 나타낼 때 쓰인다(그림 9.34). 일반적인 형태적 용어로는 주두 또는 **주두역 유형**이라고 쓴다. 흔하게 나타나는 주두 또는 주두역은 **원반상**으로, 주두가 원반처럼 생겼다. **구형** 주두는 공처럼 생겼고, **선형**은 폭이 좁은 기다란 주두 또는 주두역으로 되어 있으며, **우모상**은 주두에 날개깃처럼 길어난 모용이 있는 것으로, 사초과나 벼과처럼 바람에 의해 수분되는 분류군에서 볼 수 있다.

화서

화서는 한 개체에 달리는 꽃의 모임 또는 집합체이다. 화서는 번식과 관련된 역할을 한다. 예를 들어, 한 장소에 꽃이 무리지어 있으면, 잠재적 수분매개자를 더 많이 유인할 수 있게 보일 것이다. 일부 화서는 매우 특별한 번식 방식과 관련되어 있는데, 이는 천남성과의 육수화서나 육수화서와 연결되어 있는 불염포나 무화과나무 종류의 열매인 은화과에서 볼 수 있다.

화서의 구조는 복잡하며, 이를 명확하게 이해하기 위해서는 발달 과정에 대한 상세한 연구가 필요하다.

화서의 구성

화서와 관련된 용어로서 잎처럼 생긴 구조에 대한 것이 몇 가지 있다. **화서포**는 꽃 1개가 아닌, 화서 축이나 꽃의 무리를 싸고 있는 것이다. (꽃 하나를 싸고 있는 포를 화포라고 하지만, 일부 자료에서는 명확하게 구분하지 않거나, 화서포라는 용어로 이 두 가지를 모두 지칭하기도 한다.) 화서 전체를 싸고 있는 포의 집단 또는 무리를 **총포**라고 하며, 단위 화서를 싸고 있는 비슷한 포 무리를 **소총포**라고 한다. **불염포**는 커다랗게 확장되어 화서를 감싸고 있으며, 때로는 색을 띄기도 하는 포로, 흔히 화서를 완전히 감싼다. 많은 천남성과에서 불염포를 볼 수 있는데, 이들이 육수화서를 감싸고 있다. **까락**은 벼과식물의 소수화서의 포영이나 외화영에 달린 강모처럼 생긴 정단부 돌기물이다.

화서와 관련된 다양한 축(줄기)에 대한 여러 가지 용어도 있다. **화경**은 전체 화서의 자루이다. **복합화탁**(또는 **총화탁**)은 화경의 정단부에 있는 조직 덩어리로, 2개 이상의 꽃을 달고 있다. 뚜렷하게 발달된 잎이 없는 화경으로, 영양엽의 기부 로제트 사이에서 발달한 것을 **근생화경**이라고 하며, 이러한 식물의 줄기형을 무경성이라고 한다. **화서축**은 화서 내에 있는 주된 중심축이다. 그러나 벼과나 사초과 식물의 소수화서의 중심축은 **소축**이라고 한다. 마지막으로, **산경**은 복산형화서의 이차축을 이르는 용어이다.

화서의 위치

화서의 위치는 화서가 어디에 발달하느냐에 따라 다음 세 가지 주요 유형으로 나뉜다. (1) **액생**은 전체 화서가 가장 가까운 잎의 엽액에서 나오는 것이고, (2) **정생**은 화서에 가장 가까운 잎을 낸 정단 슈트의 일부분으로 화서가 발달하는 것이며, (3) **경생**은 화서가 목본성 수간에서 바로 자라나는 것이다.

화서의 발달

화서의 발달은 화서의 유형을 규정하는 중요한 내용이다. 화서 발달의 주요 유형에는 유한과 무한 두 가지가 있다. **유한화서**는 일차화서 축의 정단분열조직이 꽃으로 종료되는 화서로, 주로 정단에 있는 꽃이 먼저 성숙하고, 정단에서 기부 쪽으로 가면서 꽃이 차례로 성숙한다. 유한화서는 취산화서의 특징이다. **무한화서**는 일차화서 축의 정단분열조직이 꽃으로 발달하지 않은 화서로, 주로 화서 기부에 있는 꽃이 먼저 성숙하고, 기부에서 정단 쪽으로 꽃이 차례로 성숙한다. 무한화서에는 수상화서, 총상화서, 원추화서 등 여러 유형이 있다.

화서의 유형

포, 축 그리고 일부 특별한 구조의 존재 여부, 수, 배열, 방향 등과 관련된 구조와 발달 양상에 따라 화서의 유형이 결정된다 (**그림 9.35–9.37**). **화서의 유형**을 결정함에 있어서 어려운 점 한 가지는 화서의 경계를 설정하는 것이다. 일반적으로 화서는 가장 아래쪽에 있는 영양엽으로 경계를 설정한다. 그러나 아래쪽 잎 또는 기부의 영양엽과 작은 화포 사이에는 형태적인 연속성이 있으며, 따라서 이런 경우에는 화서의 경계가 다소 인위적이다. (참고: 1개의 화서가 1개의 꽃만으로 이루어진 경우를 **단정화서**라고 한다. **근생화서**는 1개 이상의 꽃이 로제트에서 나오는 무엽성 화경, 즉 **근생화경**에 달린다.)

화서 유형은 계통학에서 매우 중요하며, 때때로 특정 분류군에는 특징적인 화서가 나타나기도 한다. 산형과의 복산형화서, 국화과의 두상화서, 지치과의 권산상 또는 호산상 취산화서 등

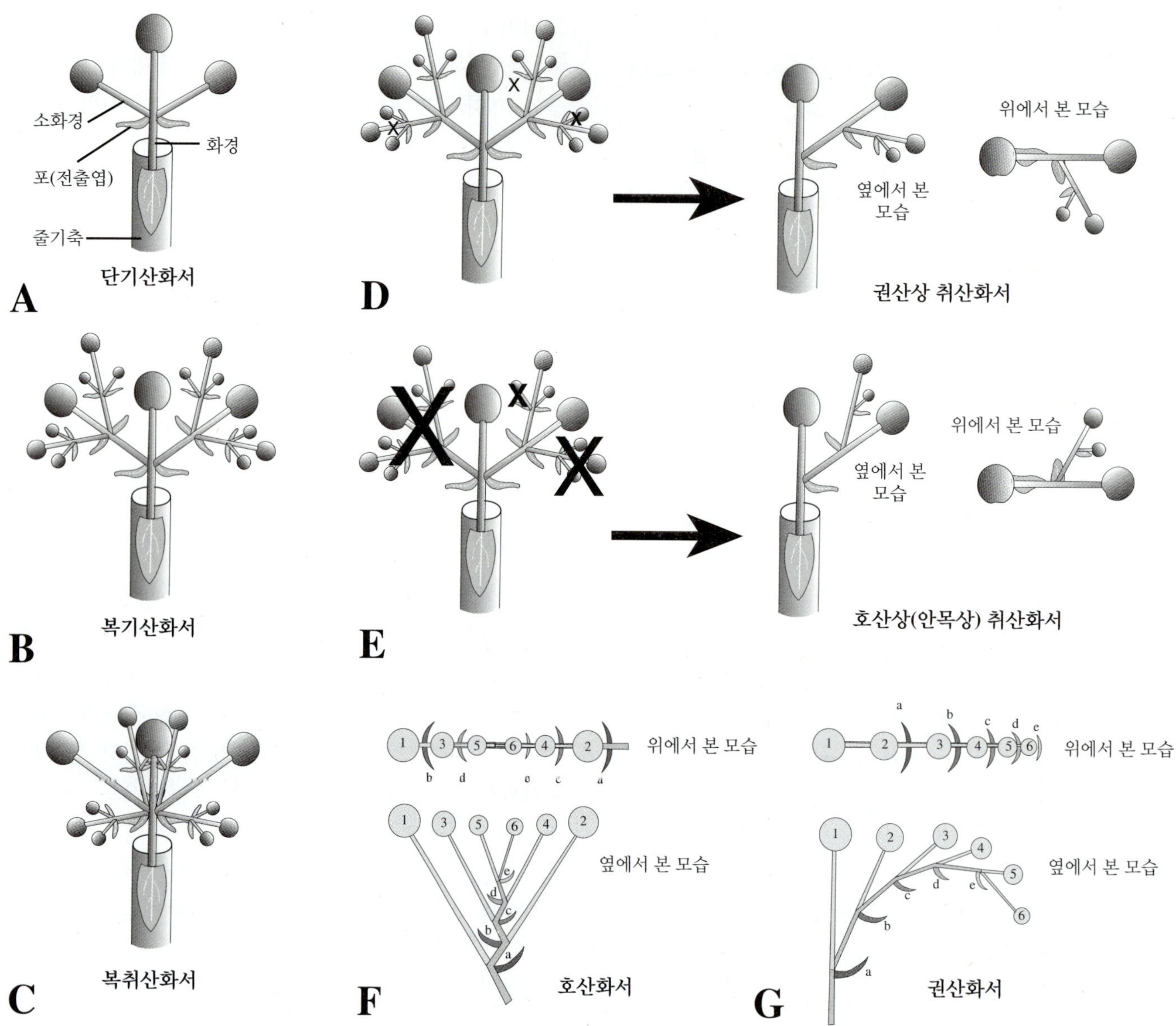

그림 9.35 유한(취산) 화서. **A–C.** 기산화서상 취산화서. **A.** 단기산화서. **B.** 복기산화서. **C.** 복취산화서. **D–G.** 단산화서상 취산화서. **D.** 권산상 취산화서로 복기산화서에서 주축의 한쪽 방향으로만 화서 축이 발달하였다. **E.** 호산상(안목상) 취산화서로 복기산화서에서 일차축의 한 쪽으로만 축이 호생하면서 발달한 것이다. **F.** 호산화서. **G.** 권산화서 (용어는 Weberling 1989에서 따왔으며 그림은 일부 다시 그렸음).

이 그 예이다. 대극과에서 나타나는 배상화서 등과 같은 일부 화서 유형은 번식을 위해 매우 특수하게 적응한 결과로 해석된다.

취산화서(그림 9.35)는 유한화서를 가리키는 일반적인 용어라고 할 수 있다. **기산화서**는 취산화서의 한 유형으로, 대생하는 측축 한 쌍 또는 여러 쌍을 형성하면서 2개의 축을 따라 발달한다. **단기산화서**는 꽃 3개로 이루어진 기산화서로, 정생화 1개, 대생하는 측생화 2개로 구성되며, 소화경은 모두 길이가 같고, 포는 주로 두 측생화를 감싸고 있으나 간혹 없는 경우도 있다. (**소취산화서**라는 용어는 작은 단기산화서를 지칭한다.) **복기산화서**는 많은 꽃으로 이루어진 기산화서로, 단기산화서 단위가 반복해서 가지를 쳐 형성된다. 복기산화서에서 가지는 주로 교호대생하기 때문에 여러 평면상에 배열한다. 마지막으로, **복취산화서**는 가지를 친 취산화서로 복기산화서와 비슷하지만, 연속적인 기산화서형 분지양상은 나타나지 않는다. 일부 복취산화서는 사실상 복기산화서와 같은 식으로 분지하지만 일부 절간 축이 축소되었거나 없기 때문에 좀 더 빽빽한 형태

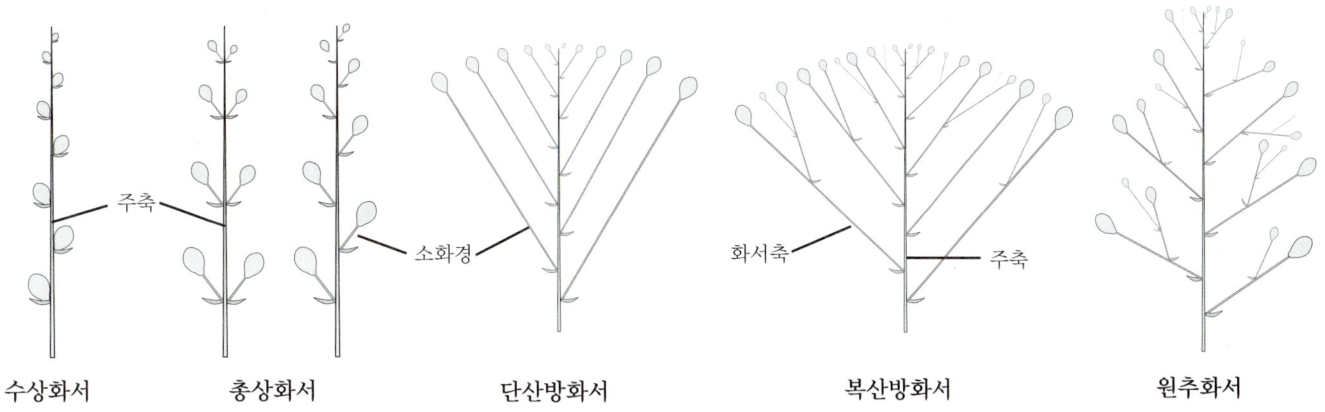

그림 9.36 무한화서의 유형.

이다.

단산화서(그림 9.35)는 취산화서의 한 유형으로, 1개의 축을 따라 발달한다. (단산화서 종류에 대해 사람마다 다른 용어를 사용하는데, 다음은 그중 하나이다.) **권산상취산화서** 또는 **나선상취산화서**는 축이 한쪽으로만 차례로 발달하는 것으로, 발달 초기에는 적어도 감겨 있는 것처럼 보이는 단산화서이다. **호산상취산화서** 또는 **안목상취산화서**는 가지가 서로 엇갈리면서 차례로 발달하는 단산화서로, 대개 지그재그형이다. 권산상취산화서와 호산상취산화서는 가지나 축이 2개 이상의 평면상에 놓여 있으며, 따라서 복기산화서의 교호대생 가지가 축소되어 형성된 것으로 볼 수 있다. 두 종류의 또 다른 단산화서에서는 축이 동일 평면에 배열한다. **권산화서**는 축이 한 쪽으로만 계속해서 발달하는 단산화서로, 권산상취산화서와 비슷한데, 적어도 발달 초기에는 나선형으로 보인다. (권산화서는 권산상취산화서로 간주하기도 한다.) **호산화서**는 가지가 연속된 축에 호생하며 달리는 단산화서로, 호산상취산화서와 비슷한데, 대개 지그재그형이다. (호산화서는 호산상취산화서로 간주하기도 한다.) 실제로는, 이상 4종류의 단산화서는 형태적인 연속성을 보인다. 예를 들어, 권산상취산화서와 권산화서의 중간 형태를 띄는 단산화서가 나타나기도 한다. 따라서 이보다 더 상세하게 관찰하거나 기재하기보다는 단순히 단산화서상 취산화서라는 용어를 쓰는 것이 가장 좋을 수도 있다.

무한화서에는 여러 유형이 있다(그림 9.36). 일반적으로 이들 화서 모두는 주축의 정단부에 꽃이 달리지 않으며, 기부에서 정단을 향해 꽃이 발달한다. **수상화서**는 축 하나에 무병성 꽃이 달리는 무한화서이다. 비슷한 화서인 **총상화서**는 축 하나에 소화경성 꽃이 달리는 무한화서이다. **원추화서**는 가지를 친 총상화서로, 소화경성 꽃이 여러 개의 가지에 달리는 무한화서이다. 마지막으로, **산방화서**는 중앙축 하나와 여러 개의 측축 및 소화경으로 구성되는 무한화서로, 비슷한 높이에 배열되는 꽃로 인해 평평하거나 약간 볼록한 형태를 띤다. 산방화서는 단산방화서와 복산방화서로 구분한다. **단산방화서**는 가지를 치지 않은 중앙축 하나에 소화경성 꽃이 평평하거나 약간 볼록하게 배열하는 화서이다. 아래쪽의 소화경이 위쪽의 소화경보다 더 길다는 점에서 단산방화서와 총상화서는 서로 비슷하다. **복산방화서**는 두 차례 혹은 그 이상 분지하는 화서축에 소화경성 꽃이 평평하거나 약간 볼록하게 배열하는 화서이다. 아래쪽의 축과 소화경이 위쪽의 것보다 훨씬 더 길다는 점에서 복산방화서와 원추화서는 서로 비슷하다.

일부 화서는 유한화서이거나 무한화서일 수도 있다(그림 9.37). **단산형화서**는 무한 또는 유한화서로, 화경 끝에 모여 달리는 소화경성 꽃이 평평하거나 볼록하게 배열한다. 한 장소에 여러 꽃이 달려 빽빽하게 보이는 화서에는 밀집화서와 단집화서 2종류가 있다. **밀집화서**는 소화경성 꽃이 달린 가지의 절간이 매우 짧은 총상화서형 또는 원추화서형 속생화서이다. **단집화서(glomerule)**는 무병성 또는 아무병성 꽃으로 이루어진 화서로, 꽃이 달린 가지의 절간이 매우 짧은 화서이다.

일부 분류군의 경우, 화서가 한 가지 유형으로 보이지만, 좀 더 자세히 살펴보면 실제로는 다른 유형이 변형된 화서일 수도 있다. 예를 들어, **위산형화서**는 단산형화서처럼 보이지만 실제로는 축약된 단산화서상 취산화서이며, 이는 부추과와 수선화과에서 나타난다.

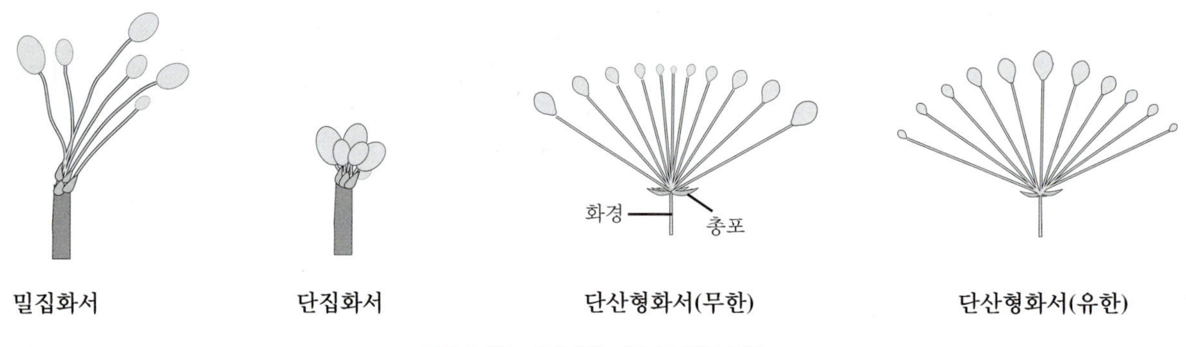

그림 9.37 무한 또는 유한화서의 유형.

이차화서(그림 9.38)

이차화서는 단위(또는 "일차", "부분")화서가 무리를 이룬 것으로 정의한다. 각 **단위화서**는 이차화서를 이루는 구성단위로서, 그 자체가 한 화서를 이루고 있다. 이차화서의 예로, "소수화서로 이루어진 원추화서", "두상화서(두화)로 이루어진 산방화서" 또는 "수상화서로 이루어진 총상화서" 등이 있다.

2종류의 특이한 이차화서로 밀추화서와 윤산화서가 있다. **밀추화서**는 본질적으로 여러 취산화서가 총상화서를 이룬 것으로, 주축은 무한화서이나 축에 대생으로 측생하는 단위 화서는 소화경성 취산화서(주로 단기산화서, 복기산화서이거나 또는 복취산화서, 간혹 단산화서상 취산화서)이다. **윤산화서**는 본질적으로 대생하는 여러 취산화서가 수상화서를 이룬 것으

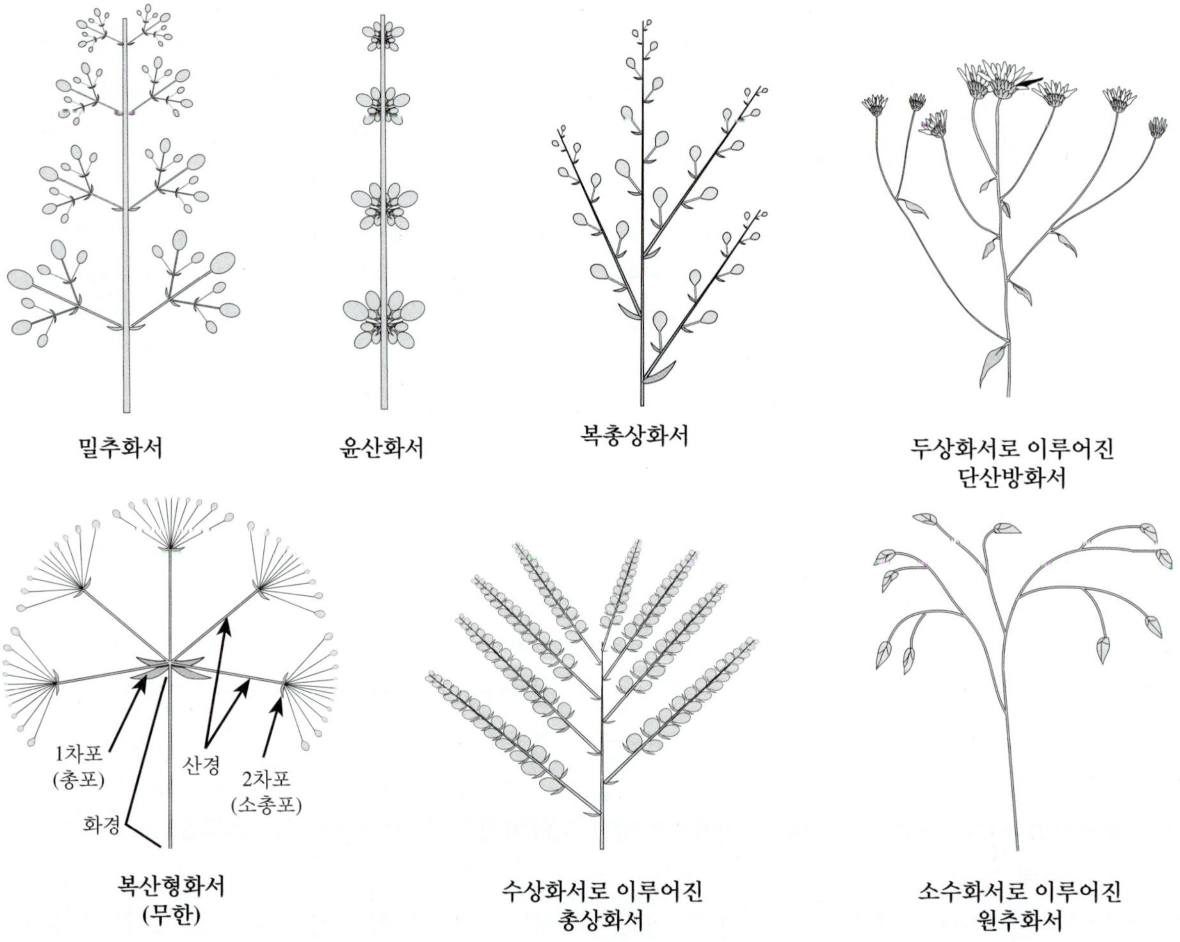

밀추화서
윤산화서
복총상화서
두상화서로 이루어진 단산방화서
1차포 (총포)
화경
산경
2차포 (소총포)
복산형화서 (무한)
수상화서로 이루어진 총상화서
소수화서로 이루어진 원추화서

그림 9.38 이차화서.

로, 주축이 무한화서인 점은 밀추화서와 비슷하지만, 측생하는 취산화서의 절간과 소화경이 축소되었거나 거의 없어 매우 빽빽한 형태를 이룬다는 점에서 다르다. 윤산화서는 꿀풀과의 몇몇 종류에서 나타난다. **복산형화서** 역시 이차화서로, 화경 끝에 산경이라고 하는 이차 축이 달리고, 각 산경 끝에는 소화경이 모여 달리는 것인데, 산형과에서 많이 나타난다.

특별한 화서

일부 화서는 매우 특별하며, 특정 분류군에서만 나타난다(그림 9.39). **미상화서**(또는 유이화서라고도 함)는 단성(주로 웅성) 수상화서로, 개화 또는 결실 후 한꺼번에 탈락하며, *Quercus*(참나무속)와 *Salix*(버드나무속) 식물에서 나타난다. **배상화서**는 작은 단성화를 지닌 화서로, 흔히 화판상 밀선이 있는 총포가 둘려 있어 전체 화서가 마치 하나의 꽃처럼 보이며, *Euphorbia*(대극속) 및 근연속에서 나타난다. **두화** 또는 **두상화서**는 무한 또는 유한화서로, 무병성 또는 아무병성 꽃이 복합화탁에 빽빽하게 달리는 것으로서, 흔히 총포가 둘려 있다. 두화는 국화과에 주로 존재하지만, 일부 분류군에서도 나타난다. (어떤 화서는 두상화서처럼 보이지만 복합화탁이 없는데, 이런 경우 두화상이라고 부른다.) **은두화서**는 수많은 꽃이 오목한 복합화탁의 안쪽에 달리는 것으로, *Ficus*(무화과나무속)에서 볼 수 있다. **위화서**는 외관이나 기능면에서 하나의 꽃처럼 보이지만, 대개 둘 이상의 꽃이 합착되었거나 모여서 이루어진 화서이다. **육수화서**는 중앙축이 두껍거나 육질성인 수상화서로, 대개 꽃이 매우 빽빽하게 달리며, 불염포로 싸이고, 천남성과에서 볼 수 있다. **소수화서**는 "작은 수상화서"를 의미하는데, 사초과, 벼과 화서의 기본 단위이다. 사초과형 소수화서는 작은 수상화서처럼 생겼으며, 축소된 무병성 꽃이 축(**소화축**)에 붙어 있고, 각 꽃은 포(또는 인편엽)가 감싸고 있다. 벼과형 소수화서는 대개 2장의 포가 기부에 붙어 있는 축(소화축)과 짧은 측지 단위인 **소화** 1개 또는 여러 개로 구성되는데, 각 소화에는 2장의 포(외화영과 내화영)가 있어 정단의 퇴화된 꽃을 싸고 있다. (제7장의 사초과와 벼과의 과기재 참조.)

열매

열매는 현화식물의 성숙한 자방이나 암술 및 이와 연관된 부과부분이다. **부과부위**(accessory parts)는 포, 축, 화탁, 복합화탁(다화과에서), 화탁통 또는 화피 등과 같이 열매에 붙어 있기는 하지만 자방에서 직접 기원하지 않은 기관을 말한다. 과피는 열매의 벽을 말하며, 성숙한 자방벽에서 기원한다. 때로는 과피를 몇 개의 층, 즉 내과피, 중과피, 외과피 등으로 구분할 수 있다(육질과 유형 참조).

열매의 유형은 무엇보다도 먼저 열매의 발달에 근거한다. 열매의 발달에는 세 가지 주요 유형이 있다. **단과**는 한 꽃에 있는 단일 암술에서 발달한 것이고, **취과**는 한 꽃에 있는 여러 암술로부터, 즉 암술군이 이생심피성인 꽃에서 발달한 것이며, **다화과**는 여러 꽃이 모여 발달한 것이다. 취과 또는 다화과에서 암술 하나로부터 발달한 열매를 **단위과**라고 한다. **과서**는 결실

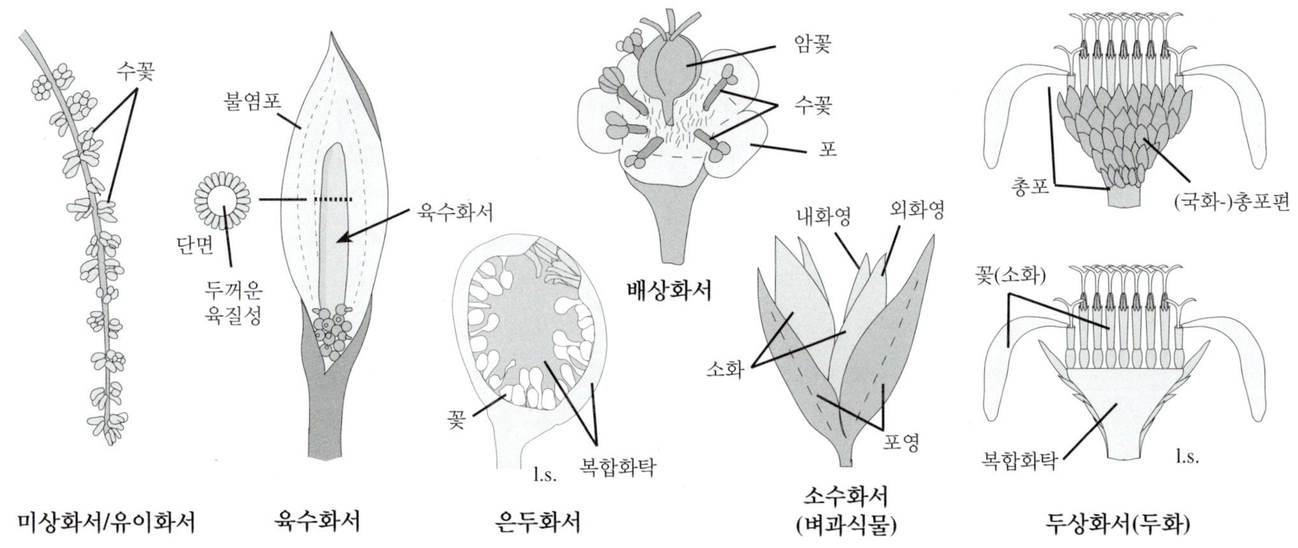

그림 9.39 특별한 화서의 유형. (l.s. = 종단면)

상태의 성숙한 화서를 가리키는 용어이다.

단과의 유형(그림 9.40–9.42)

단과의 유형은, 취과와 다화과의 단위과처럼, 몇 가지 기준, 즉 (1) 성숙 당시 육질성(다육성)인지 건성인지, (2) 성숙 당시 열개하지 않은 **폐과**인지 아니면 명확한 구멍, 틈 또는 봉선을 따라 터지는 **열개과**인지, (3) 열개과일 경우, 열개 유형(위치, 모양, 방향)은 어떠한지, (4) 격벽의 존재 유무를 포함하여 심피와 자방실의 수는 몇 개인지, (5) 종자나 배주의 수는 몇 개인지, (6) 태좌의 유형은 무엇인지, (7) 과벽의 구조는 어떠한지, (8) 자방의 위치는 어떠한지 등에 의해 구분한다.

단과의 한 가지 유형으로 성숙 당시 건폐과인 것이 있다(그림 9.40). 수과는 종자가 1개인 건폐과로, 종자가 과피의 한 지점에 붙어 있으며, 해바라기의 단위과에서 볼 수 있다. **화피과**는 대개 건폐과인 단과이며, 1개 이상의 꽃 부속기관이 마치 부과처럼 되는 열매로, *Pontederia* 식물의 열매에서 숙존생장한 화피가 수과를 둘러싸면서 수과와 합착된 것을 예로 들 수 있다. 영과는 1개의 종자로 이루어진 건폐과로, 종피가 과피벽에 이합되어 있다. 영과는 벼과의 열매 유형이다. 곡류의 배는 "맥아"라고 하고, 과피와 종피를 합한 것은 **속겨**라고 한다. **견과**는 종자 1개로 된 건폐과로, 과피가 딱딱하며, 흔히 자방실이 1개인 자방으로부터 발달한다. 견과와 수과 사이에는 중간형이 많아서 두 용어를 혼용하기도 한다. 소견과는 작은 견과성 열매로, 지치과와 꿀풀과의 분과(분열과 참조)를 이르는 말이다. **시과**는 날개 달린 건과로 흔히 폐과이며, *Acer*(단풍나무속)과 *Ulmus*(느릅나무속) 식물에서 나타난다. 포견과는 성숙하여 벌어지는 총포가 견과를 둘러싸고 있는 유형으로, *Carya*에서 볼 수 있다. 마지막으로, 낭과는 작은 주머니 또는 부푼 모양으로, 종자가 1개 들어 있는 건과이다. 낭과는 본질적으로 수과이지만, 성숙한 종자보다 과피가 훨씬 더 크게 발달하며, *Atriplex*(갯는쟁이속)의 열매가 그 예이다.

기타 단과는 성숙 당시 건개과이다(그림 9.41). 건개과 대부분은 과피편, 구멍 또는 분과 등의 방법으로 열개한다. 그러나 여러 열매 유형에 속하는 것 중 일부는 다양한 방식으로 형성된 힘에 의해 폭발적으로 열개하여 종자를 방출한다.

건개과의 일반적 유형은 **삭과**이다. 삭과는 일반적으로 건과로(매우 드물게 육질성임), 다심피성 자방으로부터 발달한다. 삭과는 열개하는 곳이나 방식에 따라 여러 종류로 구분한다. **포배열개삭과**에는 자방실을 따라 (격벽이 없을 때에는 태좌 사이에) 위아래로 뻗어 있는 열개선이 있다. **포간열개삭과**에는 자방의 격벽을 따라 (격벽이 없을 때에는 태좌를 따라) 위아래로 뻗어 있는 열개선이 있다. 포배열개삭과와 포간열개삭과 모두 과피편을 이루면서 쪼개진다. **과피편**은 과피벽의 일부이지만 종자를 감싸지는 않으며, 분류군에 따라 끝까지 붙어 있거나 탈락한다. **횡렬삭과**는 열개선이 횡 방향으로 나 있으며, *Plantago*(질경이속) 열매처럼 정단부에 뚜껑 또는 덮개를 형성하는 경우가 많다. **판개삭과**는 나팔꽃 열매에서처럼 격벽으로부터 과피편이 떨어져 나가는 유형이다. **공개삭과**는 구멍을 통해서 열개하는 유형으로 *Papaver*(양귀비속)에서 나타난다. 기타 삭과는 열개 장소에 따라 구분할 수 있는데, 정단부의 가는 틈을 따라 열개하는 것을 **정단세열삭과**, 기부에 있는 가는 틈을 따라 열개하는 것을 **기부세열삭과**라 하며, 후자는 *Aristolochia*(쥐방울덩굴속) 식물에서 볼 수 있다.

기타 건개과 유형으로는 앞에서 설명한 삭과와 비슷한 것이 있다. **골돌과**는 1개의 심피로부터 발달하여 봉선 1개를 따라 갈라지는 건개과로, *Magnolia*(목련속)의 단위과에서 볼 수 있다. 협과는 1개의 심피에서 발달하며, 위아래로 난 봉선 2개를 따라 열개하는 건개과이다. **협과**는 콩과의 표징 형질이나,

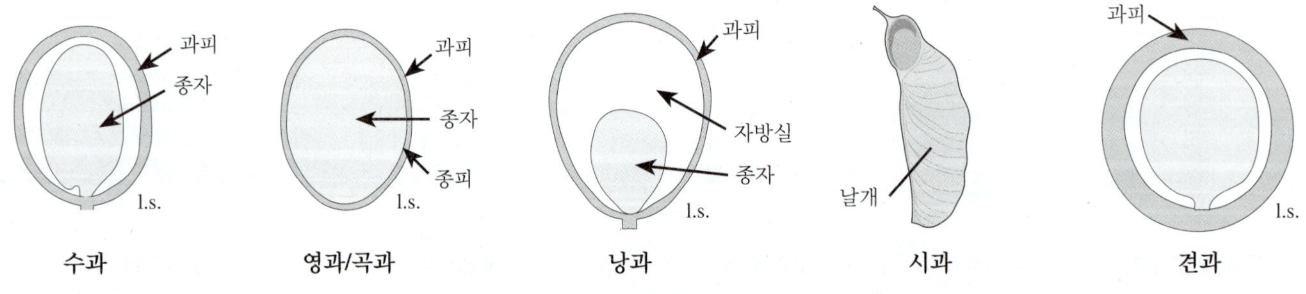

그림 9.40 열매: 단과, 건폐과의 유형. (l.s. = 종단면)

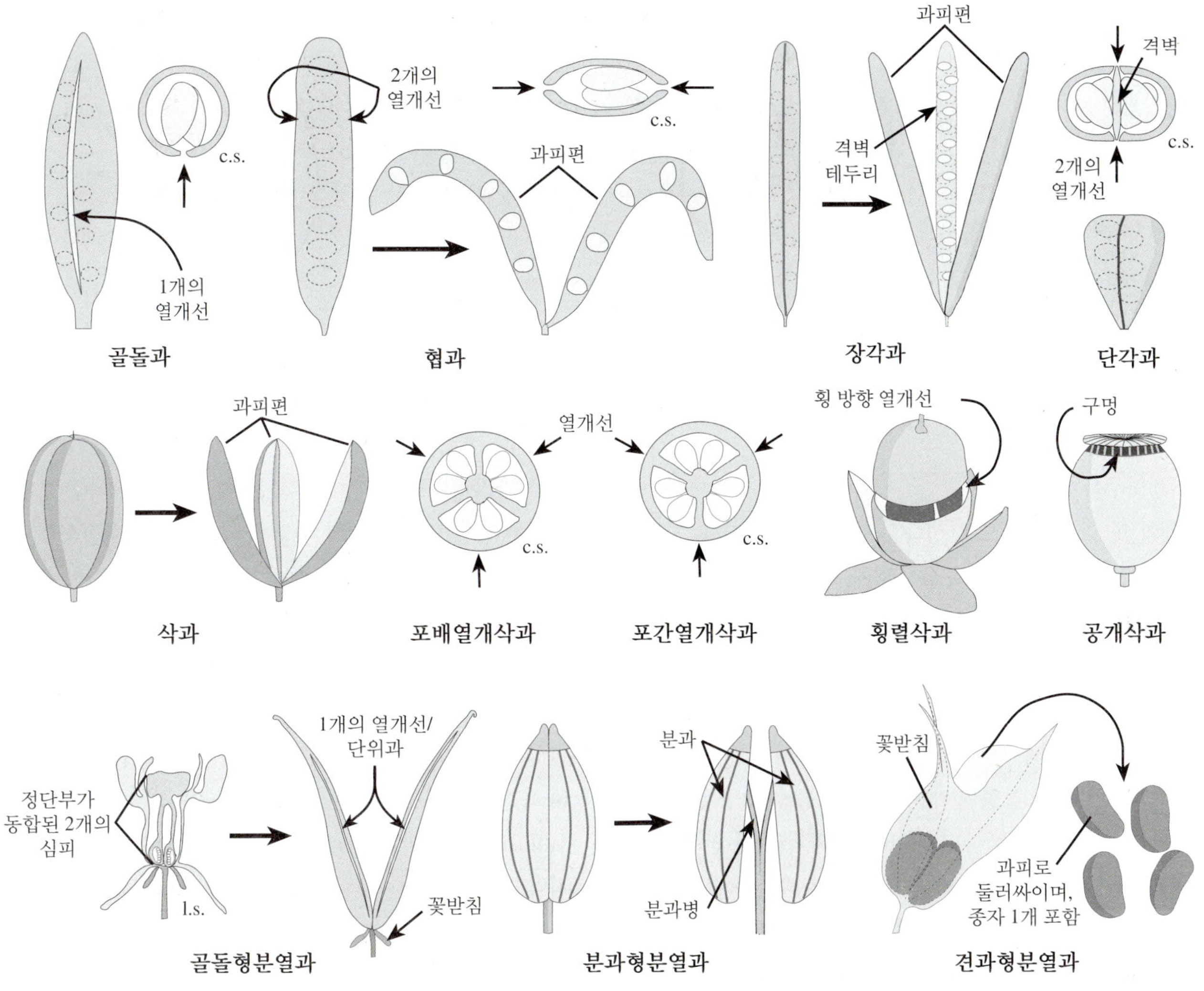

그림 9.41 열매: 단과, 건개과의 유형. (c.s. = 횡단면, l.s. = 종단면)

일부 콩과식물은 봉선 2개의 흔적을 지니기도 하지만, 이차적으로 변형되어 **분리과**나 **폐협과**와 같은 유형으로 되는데, 분리과는 1개의 종자만을 지닌 조각으로 횡으로 쪼개지며, 폐협과는 땅콩처럼 결코 열개하지 않는다. **단각과**와 **장각과**는 건개과로, 2개의 심피로 이루어진 자방으로부터 발달하며, 2개의 봉선을 따라 열개한다. 두 과피편 사이에는 얇은 격벽이 남아 있는데, 격벽테두리(replum)에는 일반적으로 종자가 붙어 있다. 이 두 열매 유형은 약간 다른데, 단각과는 길이와 폭이 비슷하거나 폭이 약간 넓은 반면, 장각과는 폭보다 길이가 더 길다. 이 두 종류 모두 십자화과의 전형적인 열매 유형이다.

마지막으로, **분열과**는 건개과로 둘 이상의 자방실로 이루어졌으며, 성숙하면 자방실로 분리되는 복자방으로부터 발달한다. 1개의 자방실로 이루어진 각각의 단위과는 단과 유형에 따라 정의된다. 예를 들면, **골돌형분열과**는 성숙시 암술의 (일반적으로 2개의) 심피가 쪼개지고, 각 심피는 골돌단위로 발달하는데, 이는 *Asclepias*(박주가리속)에서 나타난다. **분과형분열과**는 1개의 자방을 이룬 심피들이 열매가 성숙하는 동안 쪼개지고, 각 심피는 단위 분과로 발달하며, 산형과에서 나타난다. 분과는 종자를 완전히 감싸는 구분된 단위로써 자방으로부터 분리되는 열매의 일부분으로, 산형과에서는 서로 마주보는 분과 2개가 자루처럼 생긴 구조, 즉 **분과병**에 달린다. 끝으로, **견과형분열과**는 1개의 자방이 성숙하는 중에 열편으로 갈라지게 되고, 자방 성숙시 각 열편은 쪼개져 떨어지는 소견과로 발달한다는 점에서 독특하다. (여기서 소견과는 분과의 특별한 유형으로 간주될 수 있다.) 견과형분열과는 지치과와 대부분의 꿀풀과에서 나타나는데, 이들은 자방 열편 사이에 붙어 있는

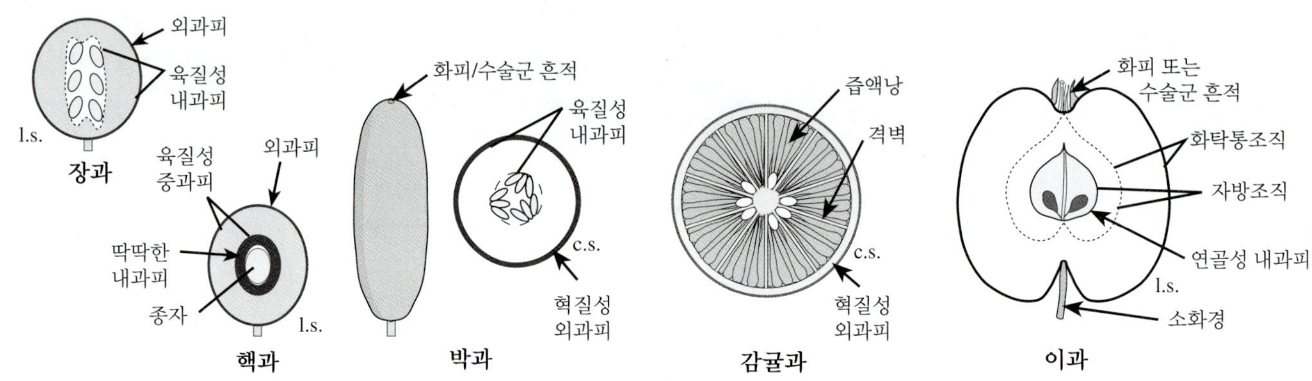

그림 9.42 열매: 단과, 육질과의 유형. (c.s. = 횡단면, l.s. = 종단면)

자방기생화주를 지니고 있다.

단과의 또 다른 유형으로 성숙시 육질성 또는 다육성으로 되는 것이 있다(그림 9.42). 육질성 열매(육질과)는 일반적으로 동물에 의한 종자 산포에 적응한 결과로, 다육성 과피를 보상으로 제공한다(적어도 일부 종자는 밖으로 떨어지거나, 동물의 창자 속을 아무런 해를 받지 않고 통과함). 육질성 열매는 일반적으로 폐과이나, 매우 드물게 *Yucca*(유카속)의 열매처럼 벌어지기도 한다. 일부 육질성 열매는 몇 개의 층으로 구분되기도 한다. 이러한 층이 존재한다면, 과피는 **내과피**(가장 안쪽의 벽층), **중과피**(중간 벽층) 그리고 **외과피**(제일 바깥쪽의 벽층)로 구분되며, 만일 2개의 층만이 존재한다면, 내과피와 외과피로 구분된다. **장과**는 *Vitis*(포도속) 열매처럼 다육성 열매를 부르는 일반적인 용어이다. **핵과**는 딱딱한 돌과 같은 내과피와 육질성 중과피로 이루어지며, *Prunus*(벚나무속)의 자두, 앵두, 버찌와 같은 열매를 예로 들 수 있다. 경핵과는 둘 이상의 종자가 흔히 단단한 재질의 내과피에 의해 둘러싸인 육질성 열매를 의미하거나 또는 수에 상관없이, 씨가 단단한 내과피로 둘러싸인 것을 가리키기도 한다. **감귤과**는 격벽이 있는 육질성 열매로, 두꺼운 껍질 또는 혁질의 바깥쪽 외과피벽과 육질성의 변형된 모용(즙액낭)이 안쪽의 벽에서 발달하는 형태로서, *Citrus*(감귤속)의 오렌지, 레몬, 자몽 등이 그 예이다. **박과**는 격벽이 없는 육질성 열매로, 측벽태좌성이며, 혁질의 외과피가 하위자방으로부터 발달하는데, 박과의 열매 유형을 이른다. 이과는 육질성 열매로, 연골성 내과피가 하위자방에서 발달하며, 바깥의 육질성 조직 덩어리는 이합된 화탁통 조직에서 발달하는데, *Malus*(사과속)이나 *Pyrus*(배나무속) 열매에서 볼 수 있다. 마지막으로 **위핵과**는 육질성, 비열개성 총포에 의해 둘러싸여 있는 견과로, *Juglans*(가래나무속) 열매에서 나타나며, 육질성 조직으로 발달하는 부과 조직을 지닌다.

취과의 유형(그림 9.43)

취과는 한 꽃 안에 있는 둘 이상의 암술(또는 자방)이 발달한 것이다. 취과의 유형을 구분하기 위해서는, 우선 1개의 암술에 상응하는 **단위과**를 찾아야 한다. 특정 단위과(X)가 모인 취과

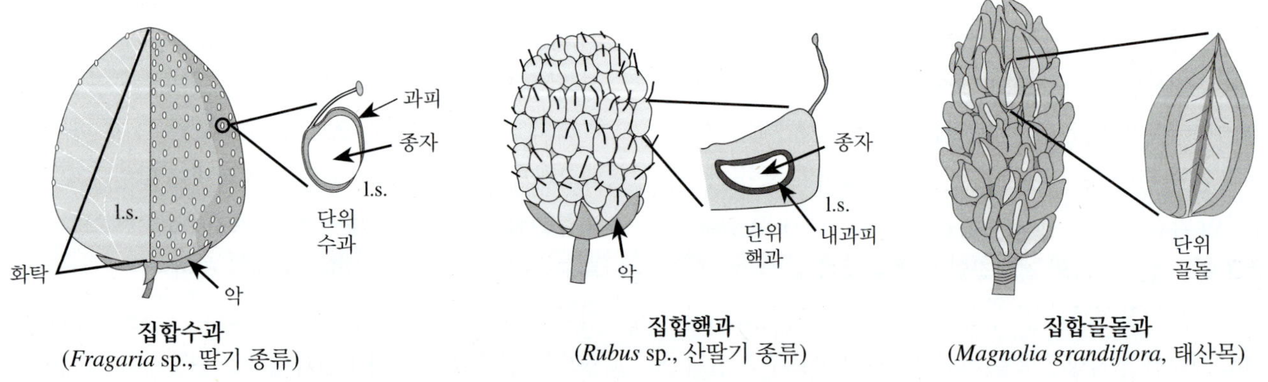

그림 9.43 열매: 취과의 유형. (l.s. = 종단면)

의 유형에 대한 용어는 "집합X"라는 단어를 넣어 만든다.

집합수과는 수과가 모인 취과이다. 흔한 예로서, 크게 발달한 육질성 화탁인 부과 조직의 표면에 많은 수과가 모여 달린 *Fragaria*(딸기속)의 열매를 들 수 있다. **집합핵과**는 핵과로 이루어진 취과로 *Rubus*(산딸기속) 열매가 그 예이다. **집합골돌과**는 골돌과가 모인 취과로, *Magnolia*(목련속) 열매에서 볼 수 있다. 한편, **합장과**는 대개 장과로 이루어진 취과로 *Annona* 열매에서처럼 여러 단위과가 합착하여 형성된다.

다화과의 유형(그림 9.44)

다화과는 꽃 둘 이상이 합착하여 형성된다. 다화과 유형을 결정하기 위해서는 한 꽃 안에 있는 1개의 암술에 해당하는 단위과가 무엇인지 알아야 하며, 열매 유형은 밝혀진 특정 단위과(X)에 따라 "X의 다화과"로 표시한다.

일부 특별한 다화과의 유형은 다음과 같다. **구형각두**는 수과나 영과의 다화과로, 가시 있는 총포가 열매를 둘러싸며, 벼과의 *Cenchrus*(대청가시풀속) 또는 국화과의 *Xanthium*(도꼬마리속) 열매에서 볼 수 있다. **상과**는 단위과가 육질성 장과인 다화과로, 기다란 축을 따라 열매의 측면이 합착되는데, *Ananas*(파인애플속)의 열매를 예로 들 수 있다. **은화과**는 단위과가 작은 수과인 다화과로서, 많은 수과가 뒤집힌(은두화서에서 발달한) 육질성 복합화탁의 표면을 덮고 있으며, *Ficus*(무화과나무속) 열매에서 볼 수 있다.

종자(그림 9.45)

종자 형태에 관한 내용은 식물의 분류와 동정에 사용되는 계통학적 형질로서 매우 중요하다. 종자에 관한 내용에는 종자의 크기와 모양뿐만 아니라, 주피에서 발달하여 씨를 보호하면서 감싸고 있는 조직인 **종피**의 색과 표면 무늬도 매우 중요하다. 성숙 당시 육질성인 종피는 **육질종피**라고 한다. (이 용어는 가종피와 간혹 혼동되는데, 가종피는 주피와 분리되어 있다.) 종피에 주병이 붙었던 흔적인 **제**와, 종피에 주병이 이합하여 형

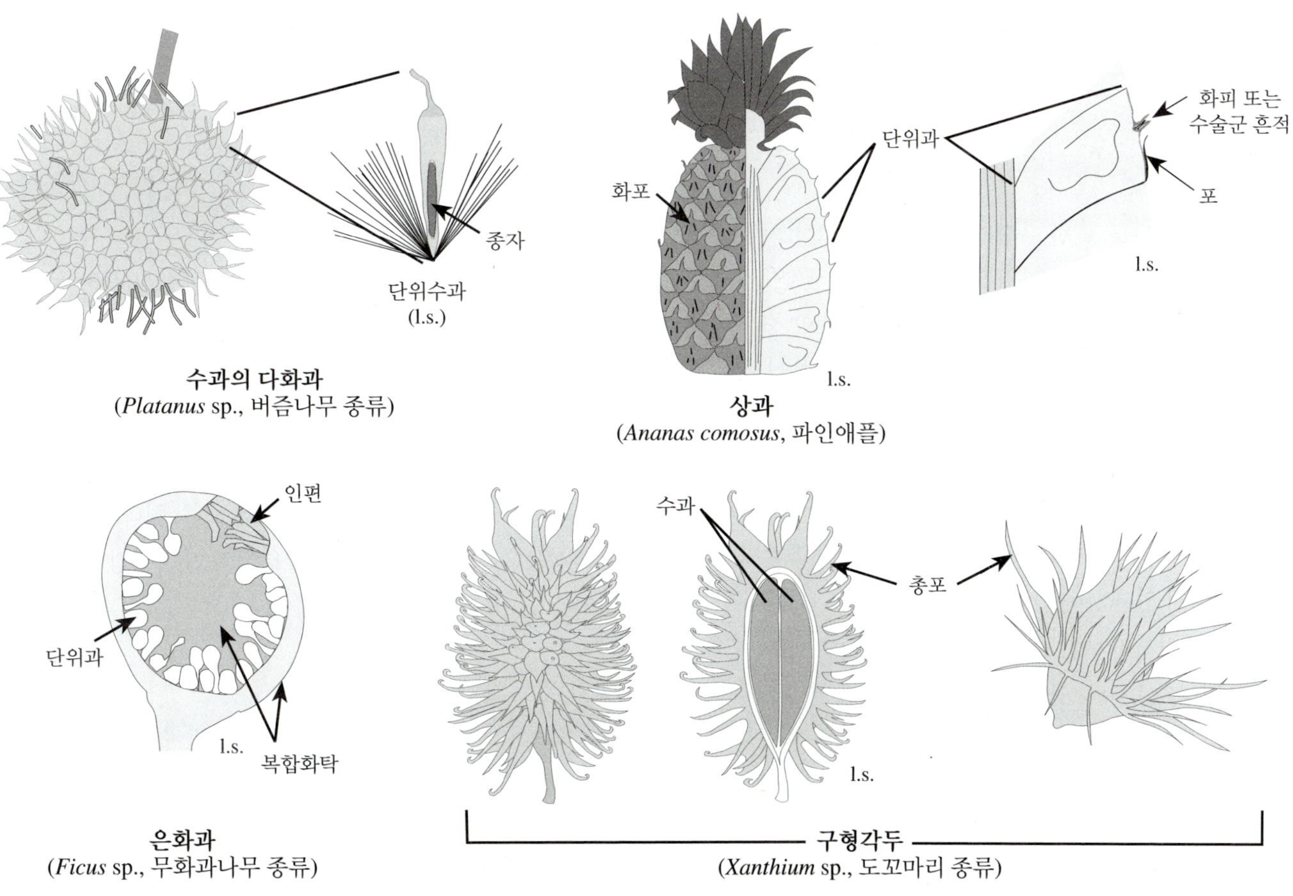

그림 9.44 열매: 다화과의 유형. (l.s. = 종단면)

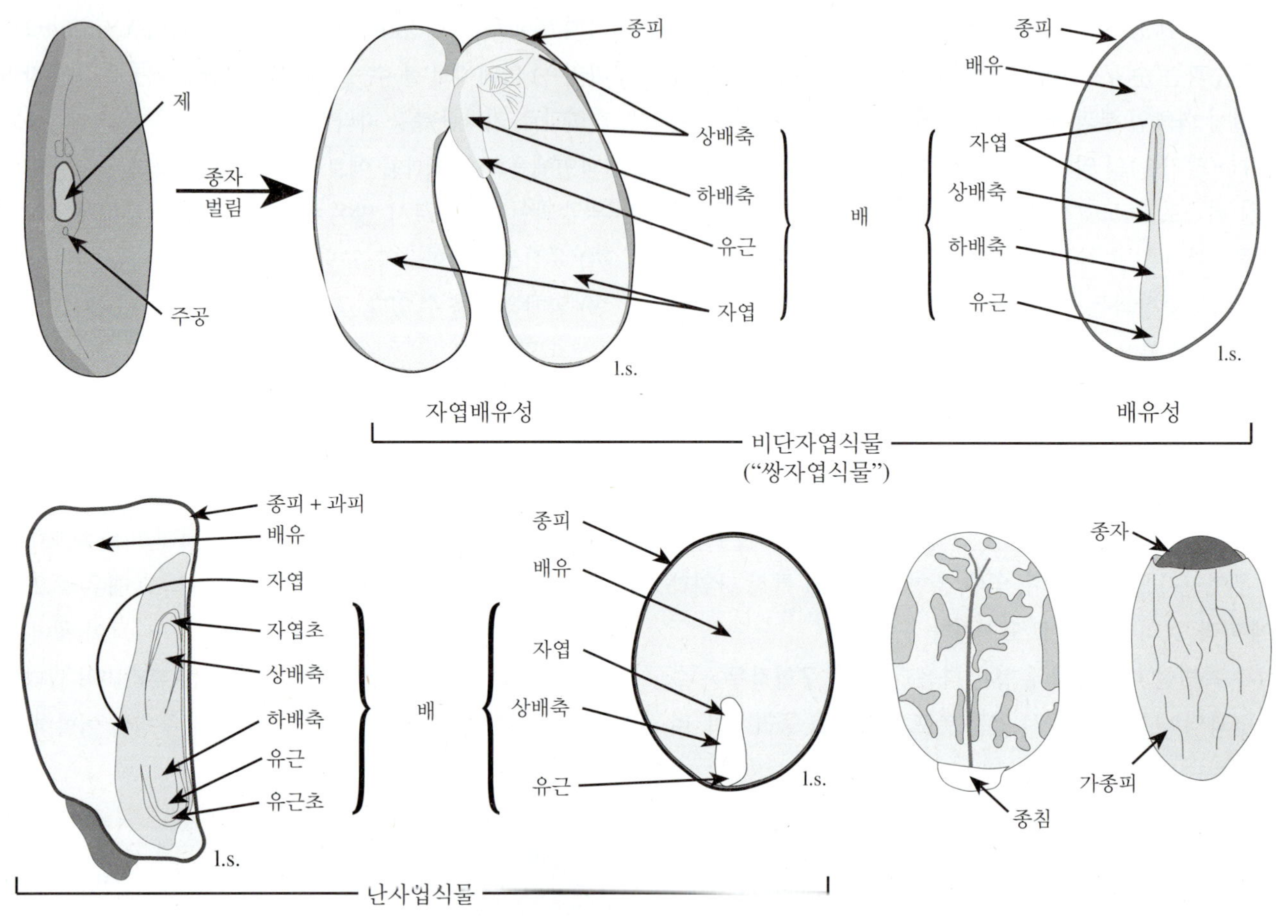

그림 9.45 종자의 구성 부분, 배의 유형. (l.s. = 종단면)

성된 능선인 **배선**의 형태, 크기 그리고 색 역시 중요하다. 일부 종자에는 **가종피**가 있는데, 이는 주병, 배선, 주피(이 경우 나중에 주피로부터 분리됨) 등이 육질성 돌기로 변한 것으로, 동물에 의한 종자산포 역할을 한다. 가종피는 무환자나무과와 같은 일부 분류군에 특징적으로 나타난다. 가종피와 비슷한 **종침**은 종자 기부에서 육질성 돌기가 발달한 것으로, 이것 역시 동물에 의한 종자 산포 역할을 하는데, *Viola*(제비꽃속)의 종침성 종자에서 볼 수 있으며, 이 식물에서 종침은 개미에 의한 종자 산포와 관련이 있다.

미성숙 포자체인 배와 관련한 세부 용어에는 미성숙 슈트인 **상배축**, 미성숙 뿌리인 **유근**, 뿌리와 상배축의 연결 지역인 **하배축**, 배의 첫 번째 잎으로 양분의 저장소 역할을 하는 **자엽** 등이 있다. Poaceae(벼과)의 일부 종에서는 보호기능성 엽초인 **자엽초**가 상배축을 감싸고 있으며, 보호기능성 엽초인 유근초는 유근을 감싸고 있다. 자엽의 유엽형태는 계통학적으로 매우 중요하다.

종자의 배유 유형

모든 피자식물은 배유를 형성하는데, 양분을 저장하는 조직인 배유는 정자와 자성배우자체의 극핵이 수정해서 만들어진다. 전형적인 피자식물의 종자는 성숙한 종자 내에 양분 저장소로 배유를 지니는 **배유성**이다. 일부 피자식물은 배유가 발달하기는 하지만 성숙한 종자 내에서는 매우 적거나 없는데, 이를 **무배유성**이라 하고, 난과식물 종자에서 볼 수 있다. 끝으로, 일부 현화식물은 **자엽성**으로, 주된 양분이 자엽에 저장된다. 자엽성 종자는 콩이나 완두콩이 전형적이다.

종자의 발아 유형

종자의 발아 유형을 파악하기 위해서는 발아하고 있는 어린 유식물의 관찰이 필요하며, 자엽의 위치를 파악해야 한다. **표토내발아(지하발아)** 또는 **은닉자엽**은 발아할 때 자엽이 땅속에 머무르는 유형이다. **지상발아** 또는 **현생자엽**은 발아할 때 자엽이 땅 위로 솟아나는 유형이다.

일반 용어

식물의 형태에 관한 많은 용어는 서로 다른 식물 기관에 (심지어 다른 종류의 생물에게도) 적용할 수도 있다. 이러한 일반 용어는 다음과 같다.

색

색은 사물로부터 반사되거나 사물을 투과한 빛의 파장에 대한 척도이다. 색을 기재하고자 할 때, 각 기관요소나 부분별로 색을 정확하게 명시하여야 한다. 예를 들어, 단순히 "꽃은 노란색"이라고 하는 대신, "화관과 수술대는 노란색, 약은 적갈색, 꽃가루는 흰색, 자방은 초록색"이라고 기재해야 한다. 색 그 자체는 색조, 명암도, 채도 등을 이용하여 매우 정확한 방법으로 정의되어야 한다. 색을 정확하게 명시하기 위해서는 색상도가 매우 중요하다(Tucker et al. 1991 참조).

색 양식은 물체에 색이 어떻게 분포하는지를 평가한 것이다. 가장 흔한 색 양식은 **반점상**으로, 다소 균일한 배경에 작은 점들이 분포하는 양식이다. **유점상**은 투명한 반점 또는 줄무늬가 있는 양식이며, **얼룩무늬상**은 일반적으로 잎에서 나타나는데, 둘 이상의 색이 다양하게 불규칙적으로 나타나는 유형이다.

크기

기재와 동정을 위해서는 식물 기관이나 부분의 크기를 측정하는 것이 매우 중요하다. 일반적으로 "잎 길이" 또는 "화관의 폭" 등과 같은 부분의 크기는 선으로 간주하고서 측정한다. 언제나 미터법을 사용해야 한다.

수

수는 단순히 각 부분의 수효를 헤아린 것이다. 부분의 수효는 계통학 연구에서 매우 중요한 정보이다. 윤생 구조인 경우, 윤생성과 수성을 명확하게 구분해야 한다.

윤생성은 여러 부분이 윤생렬을 이루는 수이다. 윤생성은 수나 용어 등으로 단순하게 표현할 수 있다. 예를 들어, 여러 부분이 1개의 윤생렬에 배열된 경우에는 **일렬성**이라고 하며, 2개의 윤생렬에 배열된 경우에는 **이열성**, 3개의 윤생렬에 배열된 경우에는 **삼렬성**이라고 한다. 윤생성은 화피나 수술군의 부분에 대해서 널리 사용된다.

수성(数性)은 윤생렬마다 달리는 부분의 수효이다. 수성은 단순히 수로 표시하는데, 한 윤생렬이 부분 2개로 이루어져 있으면 **이수성**, 3개로 이루어져 있으면 **삼수성**, 4개로 이루어져 있으면 **사수성**, 5개로 이루어져 있으면 **오수성**이라고 하다. 수성에 관한 일반적 용어가 2개 있다. **동수성**은 각기 다른 윤생렬에 있는 부분의 수효가 같은 것이고, 각기 다른 윤생렬에 다른 수의 부분이 있을 경우에는 **비동수성**이라고 한다. 수성은 꽃받침, 화관, 수술군, 암술군(합생심피성 암술군의 경우에는 심피수) 등의 꽃 부분에 대해 가장 흔히 명시한다.

재질

재질은 물체 내부의 구조적 연속성을 의미하는데, 재질과 관련된 일부 용어는 색을 포함하기도 한다. 재질은 흔히 잎에서 기재되지만, 다른 식물 부분, 즉 포나 꽃 부분에 사용되기도 한다. 재질은 식물의 생육지와 관련이 있으며, 수분저장 조직(다육식물의 줄기나 잎의 경우), 섬유, 관속, 목질소, 목전소 등의 양이나 기타 식물기관 내부의 해부학적 특징을 나타내기도 한다. 재질을 나타내는 일반 용어는 다음과 같다. **연골질**은 연골과 같은 재질로, 단단하고 강인하나 탄력성이 있으며, 흔히 하얀색이다. **지질**(紙質)은 불투명하고 글씨를 쓰는 종이처럼 생겼으며, **혁질**은 두꺼운 가죽 같으나 어느 정도 탄력성이 있고, **초질**은 부드럽거나 다소 육질성인 재질이며, **경질**은 단단하고 탄력성이 없는 상태이다. **막질**은 얇고 어느 정도 투명한 막처럼 생긴 상태이고, **중성질**은 혁질성과 막질성의 중간 단계이며(흔하게 나타나는 많은 잎의 상태), **굴곡질**은 평탄하지 않은 재질로, 거칠게 쭈구러져 있거나 파손된 모양을 한다(예, Annonaceae의 굴곡배유). **건막질(납지질)**은 얇고 마른 것처럼 보이는 상태로, 흔히 흰색 또는 갈색을 띤다. **다육질**(또는 장과성이나 다육성)은 육질성이며 즙이 많고, **목질**은 단단한 재(材)처럼 생긴 재질이다.

합착

합착 또는 합생은 둘 이상의 구분된 기관이나 부분이 합쳐지는 것을 이른다. "합착된" 물체는 각각 따로 발달하여 나중에 서로 맞닿아 합쳐질 수도 있다. 이러한 과정은 약이 합착할 때 일어나기도 한다. 그러나 합착된 물체는 실질적으로 같은 분열조직에서 기원하여 합착되는 경우가 더 많다. 이러한 과정에서는 정상적으로는 구분된 물체로 자라게 될 원기가 보다 더 기부에서 활발하게 생장하는 조직에 의해 높여지는데, 이에 대한 전형적인 예는 화관과 수술의 "합착"(화판상생)에서 볼 수 있다. (화피의 합착, 수술의 합착 그리고 암술군의 합착 참조.)

합착과 관련된 용어 중에는 같은 부분끼리 합착되었는지 또는 서로 다른 부분들 간에 합착이 일어났는지를 구분하는 것이 있다. **동합**은 비슷한 부분들이 완전히 붙어서 쉽게 분리되지 않는 것을 의미한다. **이합**은 서로 다른 부분들이 완전히 붙은 것이다. 따라서 "수술이 동합한다"라는 말은 수술이 서로 완전히 붙어 있다는 의미이며(예, 단체웅예, 양체웅예, 취약웅예 등), "수술이 이합한다"라는 말은 수술이 다른 어떤 부분(예를 들어, 화관)과 완전히 붙어 있다는 의미이다. 부분적인 또는 불완전한 합착을 나타내는 용어도 2개 있다. **위동합**은 같은 부분들이 외견상 붙어 있을 뿐 쉽게 분리되는 경우이고, **위이합**은 다른 부분들이 외견상 붙어 있을 뿐 쉽게 분리되는 경우이다.

합착되지 않았음을 나타내는 용어도 있다. **이생**은 비슷한 부분들이 합착되지 않고 떨어져 있는 상태이고, **분리**는 비슷하지 않은 부분들이 합착되지 않고 떨어져 있는 상태이다. 끝으로, **접촉상**은 부분들이 서로 맞닿아 있을 뿐, 동합, 이합, 위동합 또는 위이합하지 않고 있는 상태이다. 즉, 각 부분은 합착된 것처럼 보이지만 단순히 맞닿아 있을 뿐이다.

형태

형태에 관한 용어는 줄기, 잎, 소엽 또는 기타 잎 부분, 포, 꽃받침잎, 꽃잎, 수술, 암술, 모용 또는 기타 식물 부분에 사용할 수 있다. 형태는 식물의 기재와 동정에 매우 중요하다. 형태는 입체구조와 평면구조로 구분할 수 있다. 평면구조, 즉 평평한 형태는 전반적인 평면 형태, 기부, 엽연, 정단부 형태, 정단 돌기, 분할 등으로 구분할 수 있다.

형태: 입체구조(그림 9.46)

몇 가지 특별한 입체 형태에 관한 용어가 널리 사용되고 있다. **두상**은 머리처럼 생긴 구조로, 기부에 짧은 자루가 달린 둥근 모양이다. 둥근 구조를 **구형**이라고 하고, 반구처럼 생긴 구조를 **반구형**이라 한다. 타원체형 중 장축이 부착점과 나란히 놓인 타원체를 **장구형**이라고 하고, 장축이 부착점과 직각을 이룬 것을 **단구형**이라 한다. **곤봉형**은 곤봉처럼 생긴 것으로, 원통형이지만 끝 쪽으로 갈수록 폭이 커지면서 두꺼워지며, 끝이 둥그런 형태이다. **원반형**은 원반처럼 생긴 형태이며, **방추형**은 방추처럼 생긴 형태로, 폭이 좁은 타원형이며, 양쪽 끝으로 갈수록 가늘어진다. 사상은 실처럼 또는 섬유처럼 생긴 형태로, 길이는 길지만 가늘고, 주로 유연성이 있다. **대롱형(원통형)**은 원통처럼 속이 비어 있는 형태이다. **렌즈형**은 렌즈처럼 생긴 형태로, 원반형이나 양면이 볼록하다. **설상**은 혀 모양으로, 평평하고, 약간 장타원형인데, 일부 국화과의 설상화관에서 나타난다. **장유두형**은 기다란 원통형 자루에 구형 또는 타원형의 두툼한 정단부가 있는 형태로, 장유두형 선상 모용에서 볼 수 있다. **원주형**은 일반적인 식물 용어로 원기둥 모양을 의미한다. **팽이형**은 터번 또는 팽이 모양으로, 국화과의 복합화탁이나 팽이형 두상화서에서 나타난다.

형태: 평면구조(그림 9.47)

전반적인 평면 또는 이차원적 형태는 표준화되어 있다(참조: Systematic Association Committee for Descriptive Terminology, 1962). 이들 형태에 대한 용어는 부분적으로는 형태 윤곽선의 길이와 폭의 비에 기초하고 있는데, 흔히 등장하는 길이와 폭의 비는 >12:1, 12:1–6:1, 6:1–3:1, 2:1–3:2, 약 6:5 그리고 약 1:1이다(기부, 정단부 그리고 상세한 가장자리 형태는 이러한 일반적인 평면 형태 용어에 따라 다양해진다).

물체의 측면이 곧고 거의 평행한 형태는 다음과 같다. **침형**은 바늘처럼 생긴 것으로, 길이와 폭의 비는 12:1보다 크다. **검형**은 칼처럼 생겼으며, 길이와 폭의 비는 12:1보다 크고,

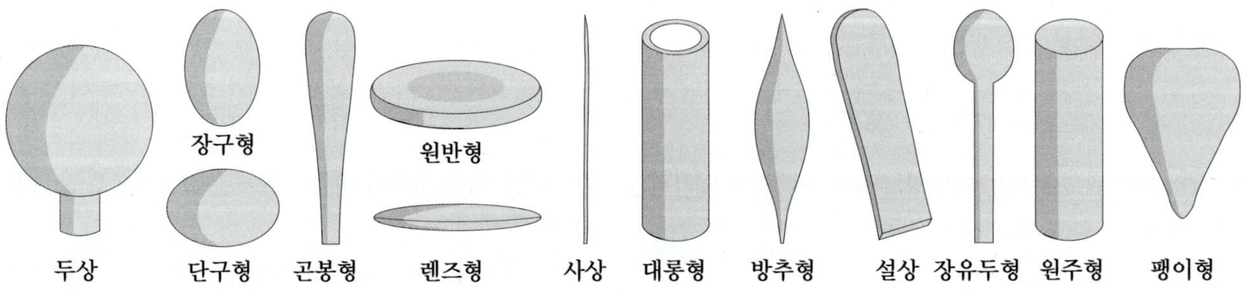

그림 9.46 입체구조의 유형.

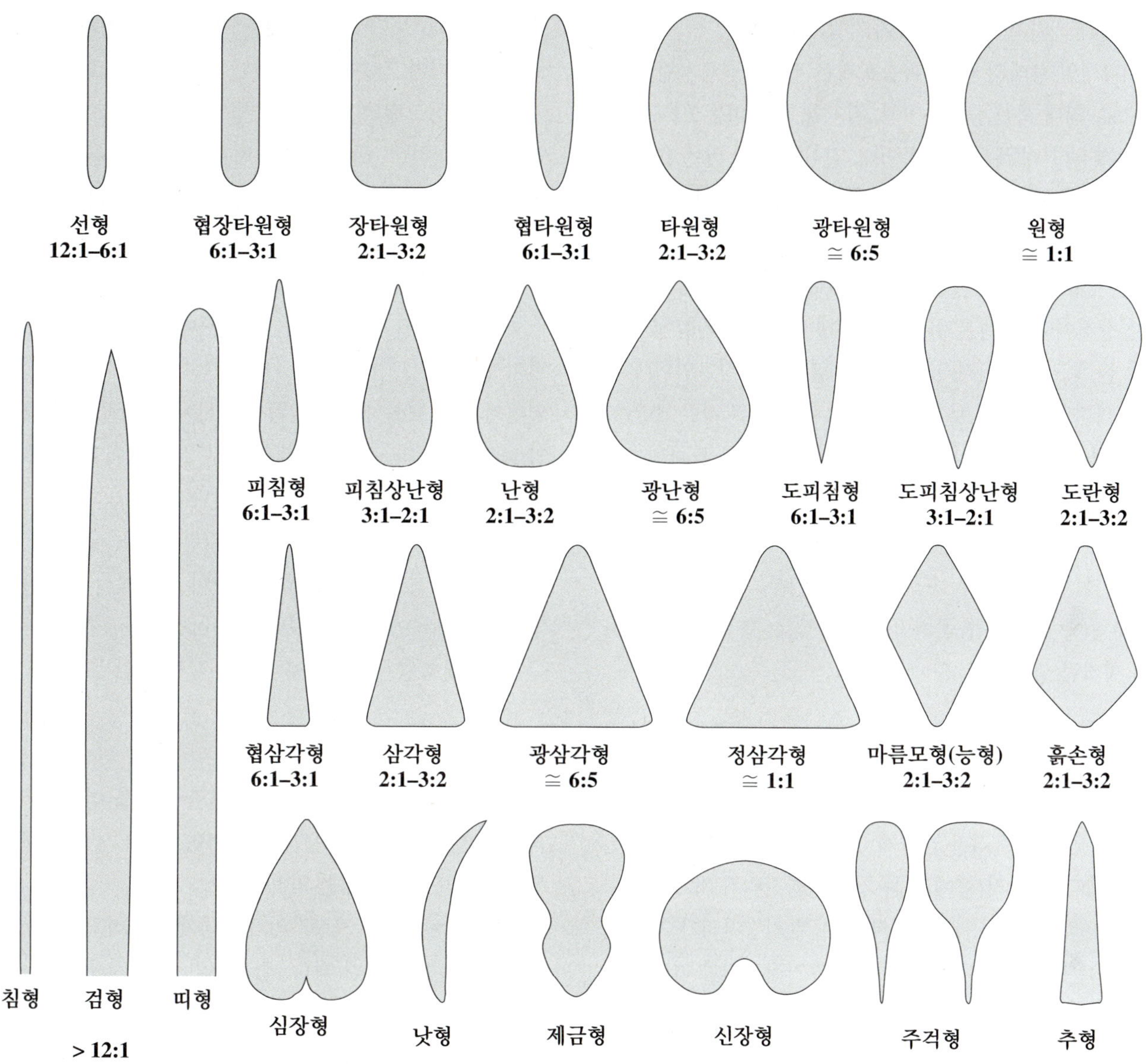

그림 9.47 평면 형태. 그림의 아래쪽이 부착 지점이다.

Iris(붓꽃속) 잎에서 볼 수 있다. **띠형**은 평평하지만 바늘처럼은 생기지 않았고, 길이와 폭의 비는 12:1보다 크다. **선형**은 길이와 폭의 비가 12:1–6:1이며, **협장타원형**은 길이와 폭의 비가 6:1–3:1이고, **장타원형**은 길이와 폭의 비가 2:1–3:2이다.

가장자리가 좌우대칭으로 곡선형이며, 물체의 중앙 근처의 폭이 최대인 형태로, **협타원형**은 길이와 폭의 비가 6:1–3:1이며, **타원형**은 길이와 폭의 비가 2:1–3:2이고, **광타원형**은 길이와 폭의 비가 6:5 정도이며, **원형**은 길이와 폭의 비가 거의 1:1이다.

가장자리는 곡선형이고, 최대 폭이 기부 쪽에 있는 형태 중에서, **피침형**은 길이와 폭의 비가 6:1–3:1이고, **피침상난형**은 길이와 폭의 비가 3:1–2:1이며, **난형**은 길이와 폭의 비가 2:1–3:2이고, **광난형**은 길이와 폭의 비가 거의 6:5이며, **초광난형**은 길이와 폭의 비가 거의 1:1에 가깝다.

가장자리는 굽어져 있고, 최대 폭이 정단쪽에 있는 형태 중에서, **도피침형**은 길이와 폭의 비가 6:1–3:1이며, **도피침상난형**은 길이와 폭의 비가 3:1–2:1이고, **도란형**은 길이와 폭의 비가 2:1–3:2이며, **광도란형**은 길이와 폭의 비가 거의 6:5 정도이고, **초광도란형**은 길이와 폭의 비가 거의 1:1에 가깝다.

면이 3개인 형태의 경우, **협삼각형**은 측면이 거의 직선형인데, 길이와 폭의 비가 6:1–3:1이며, **삼각형**은 길이와 폭의 비가 2:1–3:2이고, **광삼각형**은 길이와 폭의 비가 약 6:5이며, **정삼각**

형는 길이와 폭의 비가 거의 1:1에 가깝다.

면이 4개인 형태의 경우, **마름모형**은 평행사변형처럼 보이는 것으로, 최대 폭이 중앙부이며, 길이와 폭의 비는 2:1–3:2이고, **흙손형**은 최대 폭이 기부쪽이며, 길이와 폭의 비는 2:1–3:2이다.

마지막으로, 일부 특별한 형태도 나타나는데, **심장형**은 거꾸로 뒤집어져 있는 심장처럼 생긴 형태로, 거의 난형이지만 기부가 심장저이다. **낫형**은 언월도처럼 생겼으며, 타원형에서 선형이며 한 쪽으로 굽어져 있다. **두대우열형**은 우상복엽이나 정단부에 커다란 소엽이 달리며, 기부와 측부에는 작은 소엽이 달린다. **제금형**은 제금/바이올린처럼 생긴 형태로 도란형이며 엽연은 볼록하다. **신장형**은 콩팥처럼 생긴 형태로, 폭이 더 길며, 둥그런 정단부와 신장처럼 생긴 엽저로 되어 있다. **주걱형**은 장타원형, 도란형 또는 도피침형으로 기부가 기다란 유저로 된다. **추형(송곳형)**은 송곳처럼 생긴 형태로, 협장타원형 내지 협삼각형처럼 생겼다.

기부(그림 9.48)

가장자리가 내곡하거나 거의 직선인 기부 형태를 **유저**라고 하는데, 기부의 가장자리가 급하게 내곡하며(오목해지며), 각은 45°보다 작다. **협설저(협예저)**는 기부 가장자리가 거의 직선이며, 각은 45°보다 작다. **설저(예저)**는 기부 가장자리가 거의 직선이며, 각은 45°–90°이다. **둔저**는 기부 가장자리가 거의 직선이며, 각은 90°보다 크다. **평저**는 기부 가장자리가 거의 직선으로 서로 만나며, 각은 약 180°이다.

양쪽이 둥그런 형태의 기부 형태를 **원저**라고 하는데, 기부 엽연은 볼록하고, 하나의 부드러운 반원을 이룬다. **심장저**는 2개의 둥그런 기부 열편이 예각을 이루면서 만나며, 열편 위쪽의 엽연은 부드러운 원형이다. **신장저**는 2개의 원형의 기부 열편이 만나는 지점에서 약간 오목하다.

2개의 돌출된 열편을 지닌 기부를 **이저**라고 하는데, 기부 열편이 원형이며, 가장자리는 다소 오목하다. **극저**는 2개의 기부 열편이 다소 뾰족하며, 바깥쪽을 향하는데, 이들 각은 중앙축과 약 90° 정도이다. **전저**는 2개의 기부 열편 끝이 다소 뾰족하고, 아래쪽, 즉 정단부에서 먼 쪽을 향한다.

마지막으로, 몇 종류의 특별한 기부 형태도 있는데, **의저**는 기부가 비대칭성이며, **순저**는 엽병이 엽연에서 떨어진 곳, 즉 엽신의 아래쪽에 달리는 형태로, *Tropaeolum*(한련속)에서 볼 수 있다. **엽초성**은 기부에서 엽초를 감싼다(잎 부착 참조).

정단부

정단부 형태는 정단 돌기 또는 맥 돌출물(있을 경우) 바로 아래의 정단지역 형태를 말한다(그림 9.49, 9.50). 잎이나 포에서는 엽신조직의 정단 형태를 의미한다.

점첨두는 정단부 가장자리가 급하게 내곡하고(오목해지고), 정단부 각은 45°보다 작다. 점첨두의 두 가지 특별한 형태로,

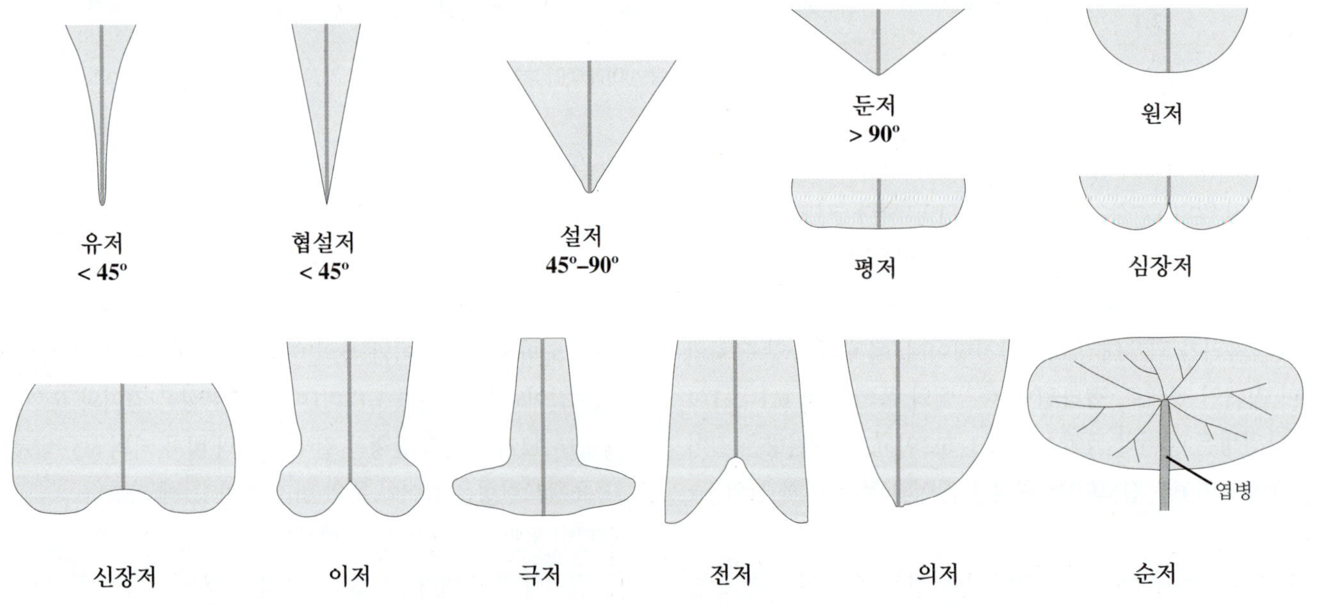

그림 9.48 기부. 그림의 아래쪽이 엽병이 부착하는 지점이다.

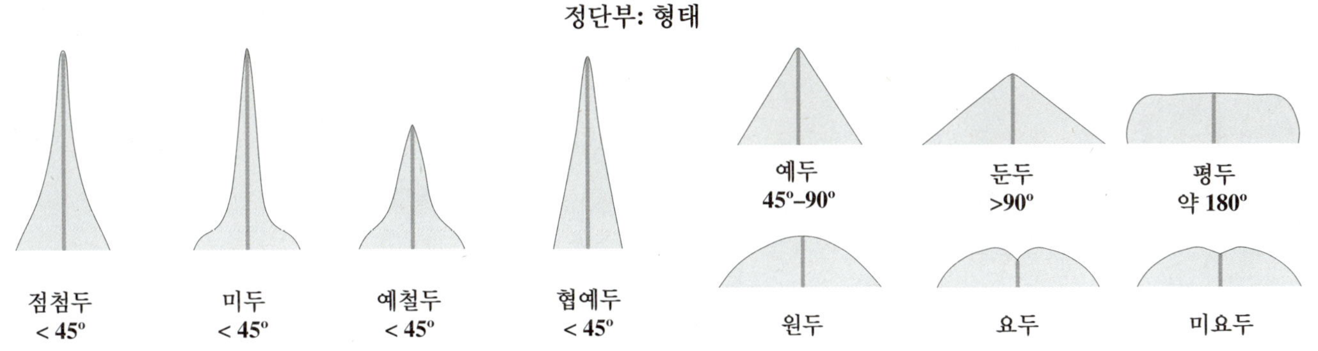

그림 9.49 정단부. 그림의 아래쪽이 기부이다.

미두는 급격한 점첨두로 정단이 길고 좁은 삼각형 모양(꼬리 모양)이며, **예철두**는 급격한 점첨두로 정단이 삼각형이고, 딱딱하거나 뾰족하다.

가장자리가 굽지 않고 곧은 정단부 형태로는 4종류가 있다. **협예두**는 가장자리가 거의 곧으며, 각은 45°보다 작다(따라서 협예두는 가장자리가 곧다는 점에서 점첨두, 미두, 예철두와는 부분적으로 다르다). **예두**는 가장자리가 다소 곧으며, 각은 45°–90°이다. **둔두**는 정단 가장자리가 곧으며, 각은 90° 이상이다. **평두**는 정단 가장자리가 곧으며, 각은 거의 180°이다.

원두는 볼록한 정단이 반원을 형성한다. **의두**는 비대칭성 정단이다. 마지막으로, 정단부가 갈라진 깊이에 따라 두 종류가 있는데, **요두**는 정단부가 중륵, 주맥 또는 일차맥의 접합부까지의 거리의 1/16 내지 1/8 정도까지 갈라진 것이며, **미요두**는 중륵, 주맥 또는 일차맥의 접합부까지의 거리의 1/16까지 갈라진 형태이다.

정단돌기는 일반적으로 맥이 길게 돌출한 것이기 때문에(주로 중앙맥이 돌출함) 대부분은 관속 조직이다. 정단돌기는 거의 모든 정단부 유형과 연관될 수 있다.

다음은 흔한 돌기 유형이다. **소철두형**은 흔한 유형으로 유연성이 있으며, 길이와 폭의 비는 3:1보다 크며, 주로 약간 굽어진 형태이다. **까락형(곡침형)**은 단단하며, 길이와 폭의 비는 3:1보다 크며, 대부분 길게 신장되어 있는 형태이다. **권수형(덩굴손형)**은 유연성이 있으며, 심하게 굽어진 형태이다. **미철두형**은 단단하고 곧으며, 길이와 폭의 비가 1:1–3:1인 형태이다. **유두형**은 단단하고 곧으며, 길이와 폭의 비는 1:1보다 작은 형태이다. **엽침형**은 뾰족하고 단단한 가시처럼 생긴 형태이다.

형태 조합

전체적인 형태, 기부 형태, 정단부 형태를 조합하여 다양한 이차원형을 설명할 수 있다(**그림 9.51**). 예를 들어, 그림 9.51은 5종류의 잎을 보여주는데, 이들은 모두 전체적인 형태에서는 타원형이지만 잎의 기부나 정단부의 형태는 조금씩 다르다.

가장자리

가장자리는 물체, 흔히 잎, 포, 꽃받침잎 또는 꽃잎의 측면을 의미한다(**그림 9.52**). 가장자리에 관한 많은 용어가 거치의 유무 및 형태와 관련이 되어 있는데, 거치는 작고 끝이 뾰족하거나 둥근돌기가 측면을 따라 나 있는 열편이다. 기술적으로 거치는 중륵, 주맥 또는 (장상 열편이 있는 잎에서는) 일차맥의 접합부까지 거리의 1/8 이상까지 커지지는 않는다. 이 거리가 1/8 이상이

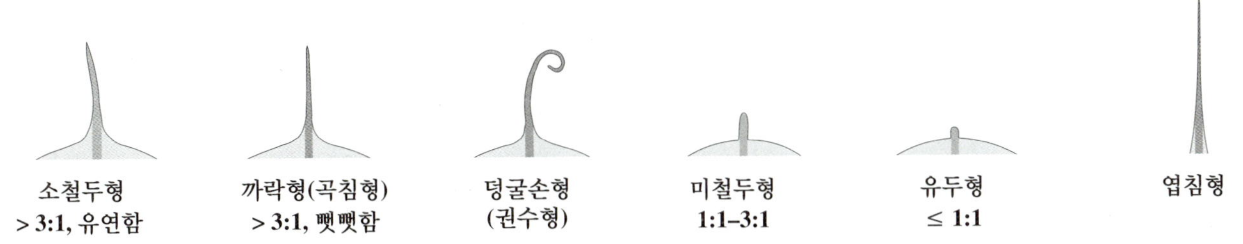

그림 9.50 정단돌기.

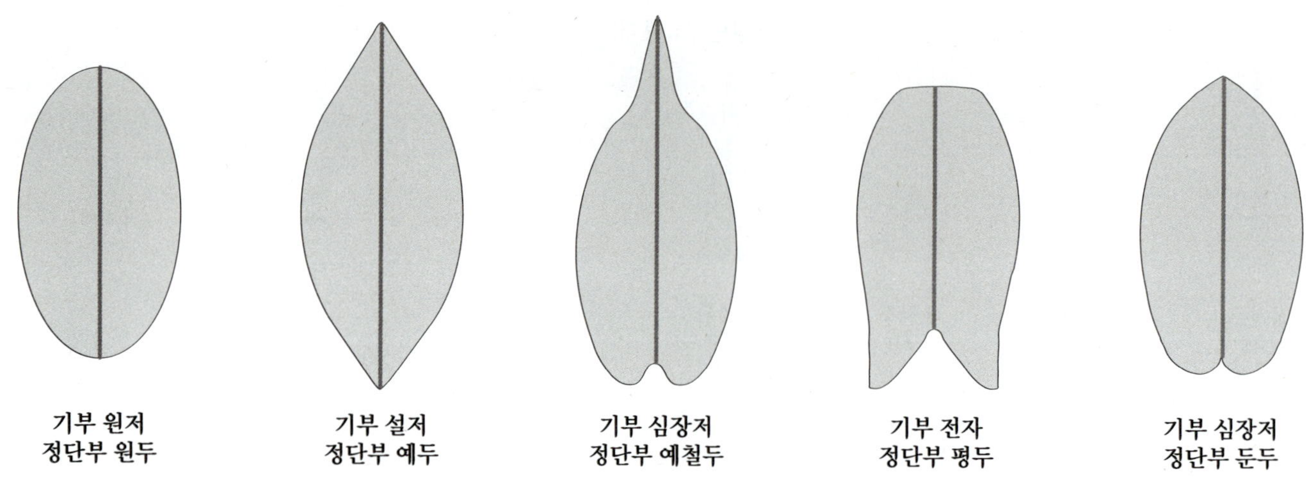

그림 9.51 형태조합. 5가지 모두 타원형이나 기부와 정단부의 형태가 다르다.

되면, 물체가 천열, 중렬, 부분전열(심열) 또는 전열한다고 기재한다(분할 참조).

거치가 없는 가장자리를 **전연**이라고 한다(그러나 평면은 분할될 수 있다). 거치가 있는 가장자리는 일반적으로 "거치형"이라고 하지만, 보다 구체적인 용어를 사용하는 것이 좋다. **예거치**는 아래쪽이 위쪽보다 더 긴 톱니모양 거치, 즉 뾰족한 사상성(ascending) 거치를 말하며, 중륵, 주맥 또는 일차맥의 접합부까지 거리의 1/16–1/8 정도 갈라진다. **소예거치**는 소형 예거치로, 중륵, 주맥 또는 일차맥의 접합부까지 거리의 1/16까지 갈라진다. **이중예거치**는 큰 예거치에 조그만 예거치가 다시 나 있는 형태이다.

치아상거치는 가장자리와 거의 직각을 이루면서 바깥쪽으로 상어 이빨처럼 (위쪽과 아래쪽의 길이가 거의 같게) 나 있는 거치이며, 중륵, 주맥 또는 일차맥의 접합부까지 거리의 1/16–1/8 정도 갈라진다. **소치아상거치**은 소형 치아상거치로, 중륵, 주맥 또는 일차맥의 접합부까지 거리의 1/16까지 갈라진다.

둔거치는 직각 방향 또는 약간 위쪽으로 달린 끝이 둥글거나 끝이 뭉툭한 거치를 말하는데, 중륵, 주맥 또는 일차맥의 접합부까지 거리의 1/16–1/8 정도 갈라진다. **소둔거치**는 소형 둔거치로 중륵, 주맥 또는 일차맥의 접합부까지 거리의 1/16까지 갈라진다.

거치의 상대적인 크기나 밀도를 나타내는 접두어는 다음과 같다. '조악'은 거치가 크고 불규칙하게 달린 것을 나타내고(예, 조악둔거치), '미세'는 상대적으로 작고 사이가 일정하게 달린 것을 의미하며(예, 미세소치아상거치), '산재'는 거치의 수가 작거나 거치 사이의 길이가 상당히 멀다는 뜻이다(예, 산재예거치).

날카롭고, 단단한, 가시처럼 생긴 돌기를 지닌 가장자리를 **엽침형**이라고 한다. **설치형**은 톱날같이 파손된 형태를 지닌 형태로 일부 야자식물에서 나타난다.

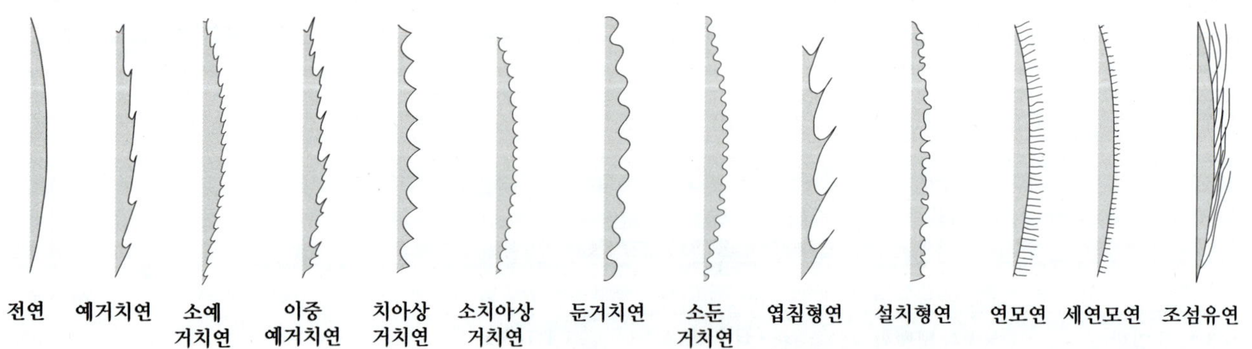

그림 9.52 가장자리.

모용과 관련된 가장자리에 대한 용어로는 **연모형(緣毛型)**이 있는데, 이는 가장자리에 모용이 돌출한 유형이다. **세연모형**은 작은 연모가 나 있는 가장자리 형태이다. **무연모형**은 거치의 존재 유무와 상관없이 엽연에 모용이 없는 형태이다. 마지막으로, **조섬유연형**은 가장자리에 조악한 섬유처럼 생긴 구조가 있는 경우로, *Yucca* 식물의 엽연에 달리는 섬유상 관속 구조에서 볼 수 있다.

(가장자리의 특징과 관련된 용어나 종(縱)자세로 간주되는 용어로는 내권형과 외권형이 있는데, 내권형은 가장자리가 위쪽으로 말려있는 것이고, 외권형은 가장자리가 아래쪽으로 말려있는 것이다.)

분할

분할(division)은 결각(열편이나 조각의 경계를 이룸)의 유무와 그 특성에 대한 형태 형질이다(그림 9.53). 분할의 형질상태가 "가장자리"의 특징으로 간주되기도 한다.

분할 정도를 나타내는 4종류의 용어가 있다. **천열**은 중륵, 주맥 또는 일차맥 접합부까지 거리의 $\frac{1}{8}$–$\frac{1}{4}$ 결각하는 것이고, **중렬**은 중륵, 주맥 또는 일차맥 접합부까지 거리의 $\frac{1}{4}$–$\frac{1}{2}$ 결각하는 것이며, **심열(부분전열)**은 중륵, 주맥 또는 일차맥 접합부까지 거리의 $\frac{1}{2}$–$\frac{3}{4}$ 결각하는 것이고, 전열은 중륵, 주맥 또는 일차맥 접합부까지 거리의 $\frac{3}{4}$에서 거의 끝까지 결각하는 것이다.

천열, 중렬, 부분전열 또는 전열은 분할 상태를 좀 더 세부적

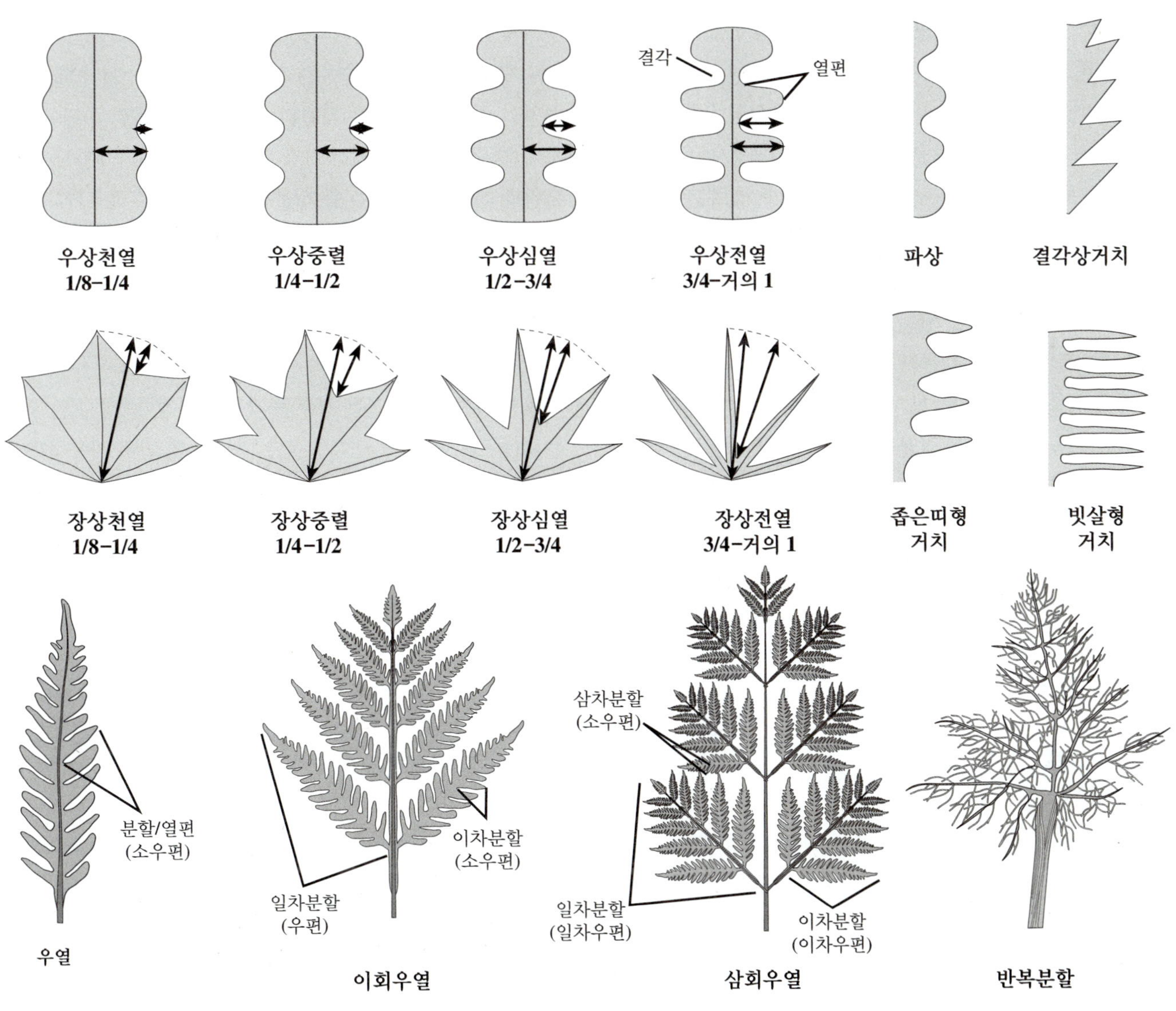

그림 9.53 분할.

으로 설명하는 용어(우상 또는 장상) 뒤에 붙여 사용한다. **우상**(예, 우상천열 또는 우상중렬)은 중앙축(특히, 중륵)을 따라 분할된 것을 나타내며, **장상**(예, 장상전열)은 한 지점(주맥이 기부에서 만나는 점)을 향해 분할된 것을 가리킨다. (천열과 전열이라는 용어는, 분할 정도와 상관없이, 갈라진 상태를 나타내는 일반 용어로 사용되기도 하지만, 여기에서는 분할 정도를 구체적으로 가리키고 있음을 밝혀둔다.)

분할 정도가 아니라 일반적 형태를 나타내는 유용한 일반용어도 있다. **우열**은 우상으로 천열 내지 전열한 것이고, **우상분열**은 거의 우상복엽처럼 갈라졌으나 중륵에는 엽신이 남아 있는 형태이며, **이회우열**은 이회우상으로 천열 내지 전열한 것이다. 장상렬은 장상으로 천열 내지 전열한 것이고, **장상분열**은 거의 장상복엽처럼 갈라졌으나 열편 기부에는 엽신이 남아 있는 형태이다. **반복분할**은 수많은 조각으로 깊게 전열하여 소엽을 명확하게 정의할 수 없는 특성 의미한다. (비슷한 용어로, 복엽을 여러 차례 이루는 것은 반복복엽이라 한다. 잎 유형 참조.)

일부 분할 용어는 결각과 열편의 형태를 구체적으로 나타내기 위하여 사용되기도 한다. **세열**은 아주 작게, 때로는 뚜렷이 구분되지 않을 정도로 분할된 것을 이른다. **이열**은 정단에서 2개로 천열 내지 전열하는 것이다. **결각상거치형**은 날카롭고 깊으며 들쭉날쭉하게 결각을 이룬 상태이다. **파상**은 이와는 대조적으로, 부드럽고 얕게 결각하며, 수평면에서 봤을 때 물결 모양인 것이다(종자세의 '파동형'과 비교할 것). **민들레형거치**는 불규칙하게 갈라진 결각을 말하는데, 열편은 마치 찢긴 것처럼 보인다. **좁은띠형거치**는 좁은 리본처럼 생긴 조각으로 갈라진 열편을 가리키며, **빗살형거치**는 머리빗처럼 생겼는데, 우상으로 갈라진 가느다란 열편이 매우 가깝게 위치하고 있다.

배치

배치(disposition)는 어떤 사물, 예를 들어 식물 기관 또는 기관의 부분이 놓인 상대적인 상태를 말한다. 배치는 위치, 배열, 방향, 자세 등으로 구분한다.

위치

위치는 어떤 부분이 다른 '상이한' 부분에 대해서 놓여 있는 상태를 의미한다(**그림 9.54**). 잎, 포 그리고 꽃 부속기관에 적용되는 몇 가지 일반 용어는 발달 과정과 관련이 있다. **향축면(복면)**은 기관의 위쪽 또는 안쪽 면에 해당한다. 향축면이란 문자적인 의미로는 축을 향한다는 것이다. 엽원기나 화원기의 발달 초기에 축을 향하거나 또는 축과 가까운 표면이 나중에 주로 위쪽 면이 된다. 문제의 기관이 발달 후기에 아래로 굽거나 비틀리게 되면 혼동이 야기되는데, 이 경우 특정 표면은 '발생적으로 향축면'이라고 기술하는 것이 더 명확하다. 이와 대응되는 개념인 **배축면(배면)**은 기관의 아래쪽 또는 바깥쪽 면에 해당하며, 발달 초기에 축에서 가장 멀리 있는 면이다. (동물에서는 복면과 배면이라는 용어를 식물과 반대 의미로 적용한다. 이들 용어는 일부 화서나 꽃 또는 열매 특징을 가리키기 위하여 여전히 사용되기도 하지만 식물 기재에서는 가급적 쓰지 않는 것이 좋다.)

수평 방향의 구조에 대해서는 위쪽 열편이나 부분은 **상부**, 아래쪽 열편이나 부분은 **하부**를 각각 가리킨다. '상부'와 '하부'는 수평으로 놓인 꽃의 부분을 설명하는 데 널리 사용하며, 이들은 각각 향축면과 배축면에 해당한다. **기부** 또는 **근생**은 구조의 바닥이나 기부 또는 그 근처를 말한다. **근접부**는 기부 또는 근생과 유사하며, 잎의 부착점과 같이 부착이나 기원이 일

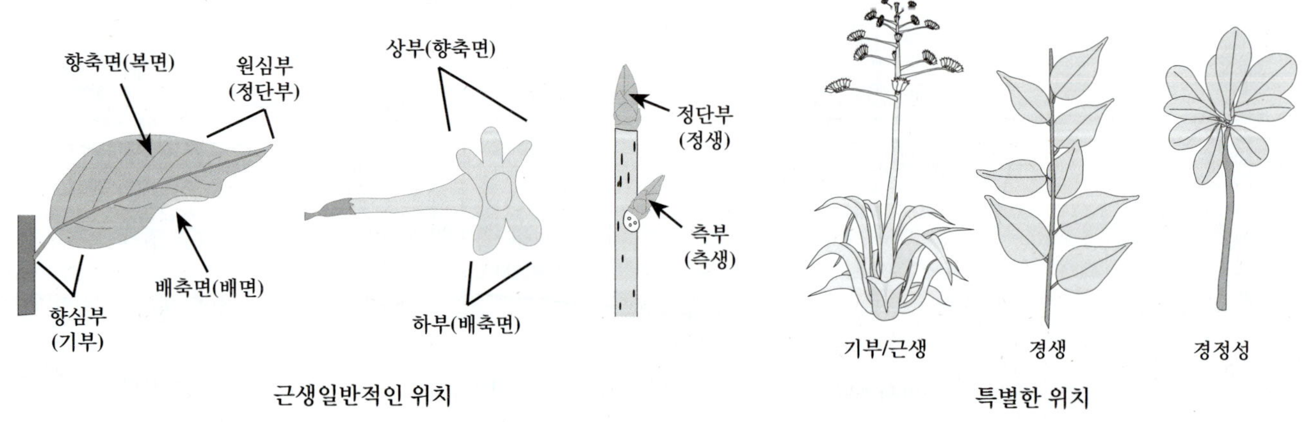

그림 9.54 위치.

어난 곳 근처를 말한다. **정단부** 또는 **선단부**는 구조의 맨 꼭대기, 말단, 끝을 말한다. **원심부**는 정단 또는 선단과 비슷하며, 부분의 기원이나 부착이 일어난 곳에서 멀리 떨어진 곳을 가리킨다. 근접부와 원심부는 항상 기관의 부착점과 관련하여 사용하는데, 이들 용어는 특히 원래의 "기부"나 "정단부"의 위치가 모호한 고리 모양 구조에서 매우 중요하다. 위치와 관련된 또 다른 용어로, 어떤 구조의 **측부**(측면)나 겨드랑이(**액**-마디의 향축면 지역)에 놓이는 **측생** 또는 **액생**이 있다(예, 측아 또는 액아). 중심은 어떤 구조의 가운데 또는 가운데 면을 의미하며, **주연(周緣)**은 둥그런 구조의 주변이나 주위를 의미한다.

일부 위치에 관한 용어는 줄기에서 구조물의 상대적인 위치를 기술하는 데 일차적으로 사용된다. 이러한 의미로, **근생** 또는 **기부**는 줄기의 아랫부분을 나타내며, **경생**은 줄기의 길이를 따라 배열된 것을(예를 들어, 경생엽이나 경생화) 의미한다. **경정성**은 줄기의 정단에 위치함을 지칭한다.

배열

배열은 어떤 부분이 다른 '유사한' 또는 '동일한' 부분에 대해서 놓여 있는 상태를 의미한다(**그림 9.55**). 일부 배열과 관련된 용어는 각 마디에 부착하는 기관의 수를 나타내는데, 주로 잎, 포 또는 꽃 부속기관에 적용한다. **호생**은 각 마디에 잎 또는 구조물 하나가 부착하는 것을 말한다. 호생의 하위 범주 중 하나인 **일렬호생**은 부착점이 한 개의 수직 열 또는 줄을 따라 호생하는 것으로 Costaceae에서 볼 수 있다. **이열호생**은 부착점이 2개의 수직 열 또는 줄을 따라 호생하는 것으로, 벼과 식물을 예로 들 수 있다. **삼렬호생**은 부착점이 3개의 수직열 또는 줄을 따라 호생하는 것으로, 사초과 식물을 예로 들 수 있다. **나선상(-호생)** 또는 **다열호생**은 부착점이 3개 이상의 수직 열 또는 줄을 따라 호생하는 것이다.

대생은 각 마디에 잎 또는 구조물 2개가 줄기나 중심축에 서로 반대 측에 부착하는 것을 말한다. 여기에는 하위 범주가 두 가지 있다. **교호대생**은 대생하는 잎 또는 다른 구조물이 앞서 달린 잎이나 구조물에 대해 직각 방향으로 달리는 것이다. **위교호대생**은 대생하는 잎이나 다른 구조물이 앞서 달린 잎이나 구조물에 대해 직각이 아닌 방향으로 달리는 것이다. 만일 잎이 대생한다면, 이들은 대개 교호대생한다. 실제로, 잎이 위교

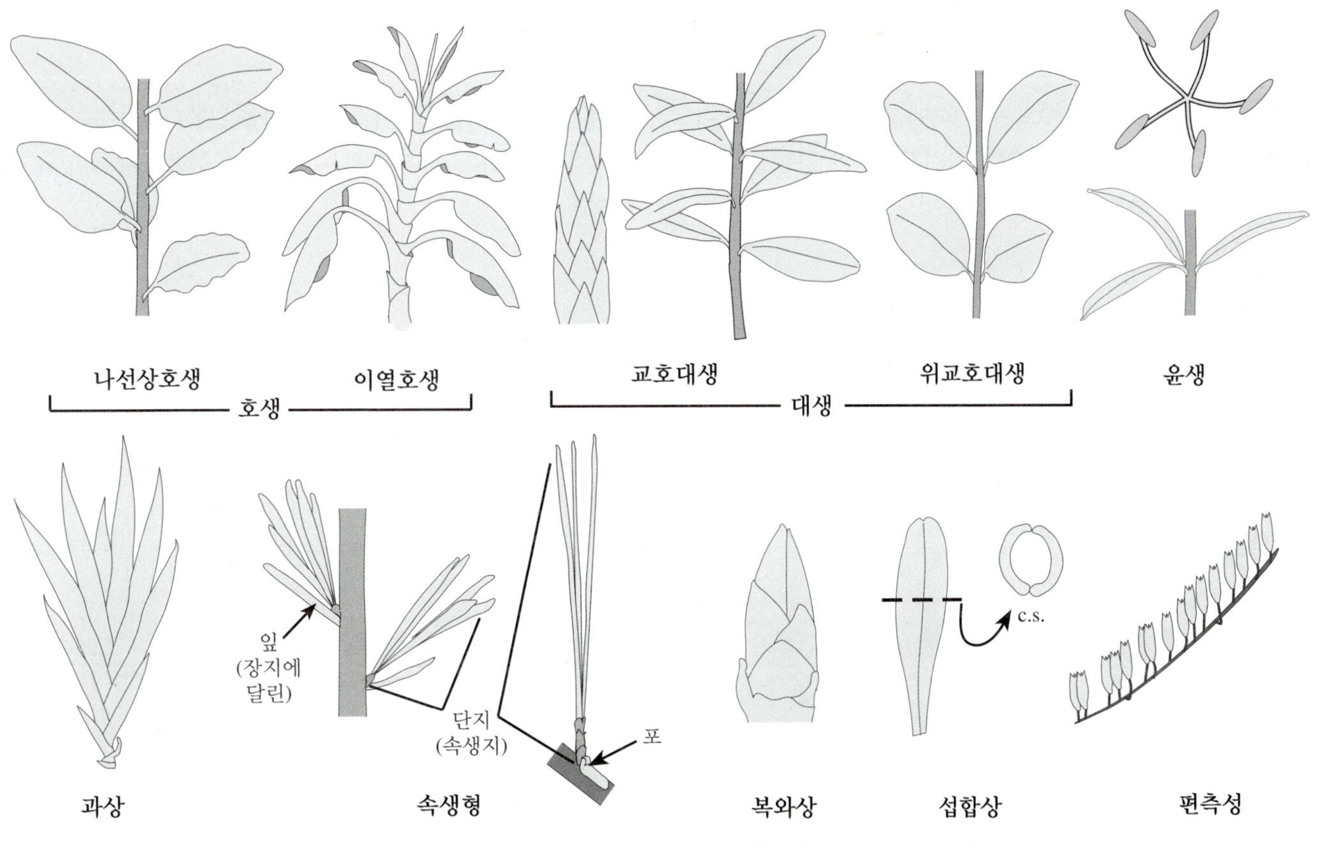

그림 9.55 배열. (c.s. = 횡단면)

호대생하는 것은 줄기가 꼬여져 있기 때문에 피상적으로 그렇게 보일 뿐이다. 복엽을 이루는 소엽은 전형적으로 위교호대생한다.

아대생이란 용어는 2장의 잎 또는 구조물이 줄기나 중심축에서 서로 반대 측에 부착하지만, 조금씩 어긋나서 서로 다른 마디에 부착하는 것이다. **윤생**은 한 마디에 셋 이상의 잎이나 다른 구조물이 부착하는 것이다.

기타 특별한 상태를 나타내는 배열 관련 용어는 다음과 같다. **과상**은 여러 잎이 기부에서 서로 겹쳐지거나, 중륵에서 날카롭게 접히는 것을 말한다. **속생형**은 잎이나 다른 구조물이 속생지 또는 단지에 모여 달리는 것으로, 절간이 매우 짧다. **복와상**은 잎이나 다른 구조물이 서로 포개어져 있는 상태를 나타내는 일반적 용어이다. **섭합상**은 부분의 측면이 안쪽으로 말리면서 인접한 부분과 맞닿아 있는 상태를 나타낸다. **로제트형**은 **로제트**를 의미하며, 부분(주로 잎) 여럿이 지표면의 한 중심점에서 방사상으로 달린 형태이다(예, 서양민들레의 잎). **편측성** 또는 **단측성**은 일반적으로 꽃이나 화서 또는 기타 구조가, 축의 한쪽 측면에만 달리는 것으로, 흔히 자루가 비틀리면서 이런 형태가 나타난다.

방향

방향은 한 구조물이 중심(주로 수직)축에 대해 이루고 있는 각도로 나타낸다(**그림 9.56**). 방향과 관련된 상세한 용어는 상부 축, 수평 축 또는 하부 축에 대한 일정 각도의 범위, 즉 0°–15°, 15°–45° 등을 이용한다. 방향 관련 용어를 위에서 아래 방향으로 차례대로 살펴보면 다음과 같다. **상밀착성**은 상부 축에 대해 15° 이내로 매우 가깝게 위를 향해 밀착되어 있는 것이고, **사상성**은 위를 향하며 상부 축에 대해 15°–45°로 벌어지는 것이며, **측상향성**은 위를 향하며 수평 축에 대해 15°–45°로 벌어진 것이다. **수평성**은 다소 수평으로 퍼지며 수평 축과 15° 이내로 벌어진 것이다. **측하향성**은 아래를 향하며 수평 축에 대해 15°–45°로 벌어진 것이고, **사하성**은 아래를 향하며 하부 축과 15°–45°로 벌어진 것이며, **하밀착성**은 하부 축에 대해 15° 이내로 매우 가깝게 아래를 향해 밀착되어 있는 것이다.

기타 방향 관련 용어는 더 일반적이다. **상향**은 위쪽으로 굽거나 향해 있는 형태로, 흔히 조그만 부속물의 방향을 나타내며, **하향**은 아래쪽으로 굽거나 향해 있는 형태이다. **가합착**은 합착되지 않은 상태에서 정단부만 합쳐진 형태로, 꽃에서 약이 서로 맞닿아 있는 것(예, *Solanum* 가지속)을 예로 들 수 있다. **직립**은 축과 상관없이 위쪽을 향하고 있는 상태를 일컫는다. **시계추형** 또는 **현하형**은 느슨하게 또는 자유롭게 아래쪽을 향하고 있는 상태이다. **급하향성**은 아래쪽으로 급하게 굽은 상태이고, **하굴형**은 아래쪽으로 굽거나 돌아가 있는 상태이다.

자세

자세는 평면에 대해 놓여 있는 형태를 말한다. 자세는 횡자세, 종자세, 비틀림/굴곡 자세 또는 유엽형태 등으로 분류한다(**그림 9.57**).

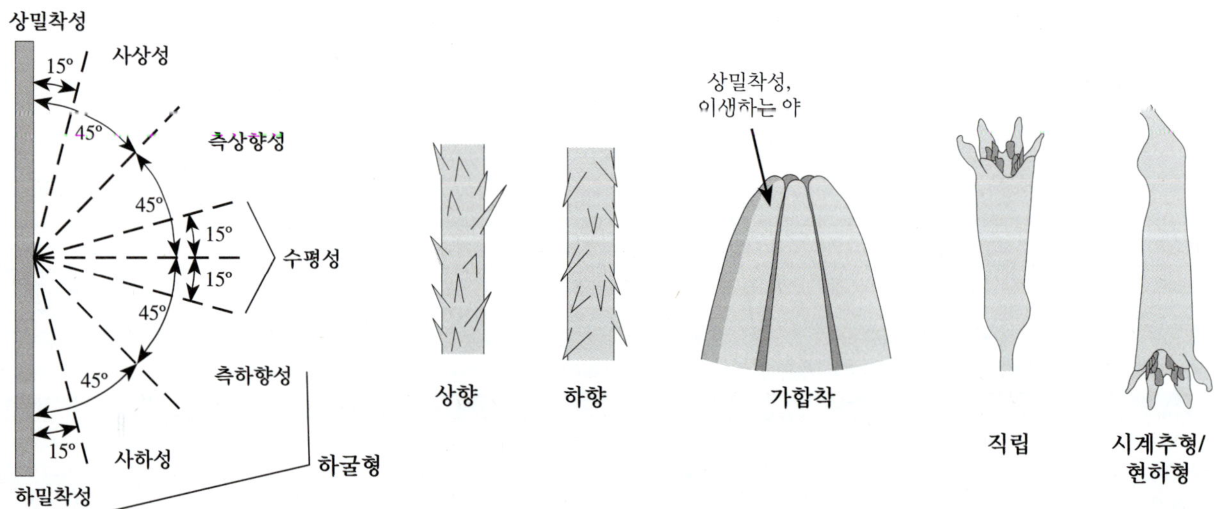

그림 9.56 방향.

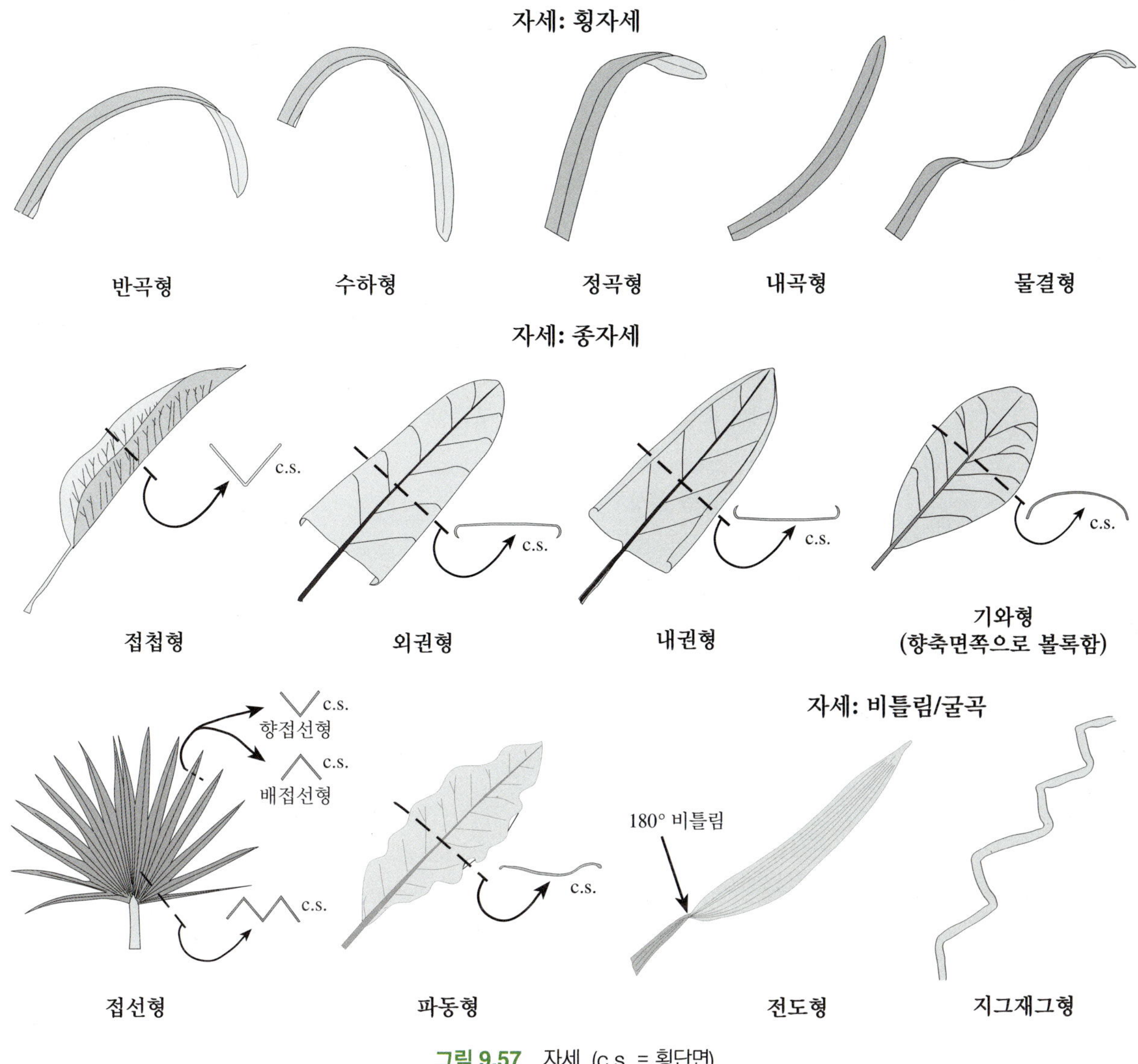

그림 9.57 자세. (c.s. = 횡단면)

횡자세는 시작 평면에 대해 물체의 정단부가 놓여있는 형태를 가리킨다. 횡자세 용어는 다음과 같다. **반곡형**은 정단부가 바깥쪽이나 아래쪽(배축면)을 향해 점진적으로 굽은 상태이다. **수하형**은 정단부가 아래쪽(배축면)으로 처진 형태이다. **정곡형**은 정단부 근처가 아래쪽 또는 바깥쪽으로 급하게 굽은 모양으로, 국화과의 총포편에서 볼 수 있다. **내곡형**은 정단부가 안쪽이나 위쪽(향축면)을 향해 점진적으로 굽은 형태이다. **평평형** 또는 **직선형**은 수직으로 굽지 않은 평평한 상태이고, **물결형**은 중앙축과 정단부가 위아래로 굽은 형태이다.

종자세는 시작 평면에 대해 물체의 가장자리가 놓여있는 상태이다(화아내 형태 참조). 흔히 사용되는 종자세는 다음과 같다. **접첩형**(conduplicate)은 중앙 축을 따라 종 방향으로 인접한 향축면이 서로 맞닿아 있는 상태이다. **외권형**은 가장자리 또는 바깥쪽 부분이 바깥쪽 또는 아래쪽으로 배축면을 감싸면서 말려 있는 상태이다. **내권형**은 가장자리 또는 바깥쪽 부분이 안쪽 또는 위쪽으로 향축면을 감싸면서 말려 있는 상태이다. **기와형**은 기와처럼 한쪽으로 오목한 또는 볼록한 상태이다. **접선형**은 종 방향으로 연속해서 주름진 상태로, 접선형의 하위 개념인데, 야자나무의 잎에서 나타나는 **향접선형**은 인접한 향축면이 서로 맞닿아 단면이 V자 형태를 띠고, **배접선형**은 인접한 배축면이 서로 맞닿아 단면이 Λ자 형태를 띤다. **파동형**은 횡단면이 파도 또는 물결 모양이다(분할의 파상과 비교할 것).

비틀림/굴곡 자세는 시작 평면에 대해서 비틀리거나 굽은 물체의 자세를 가리킨다. **전도형**은 180° 뒤로 젖혀져 있거나 꼬여 있는 형태로 Alstroemeriaceae의 잎이나, 많은 난과 식물 꽃의 자방에서 볼 수 있다. **지그재그형**은 일부 벼과식물의 화서축에서 볼 수 있다. **만경형**은 중심축을 따라 나선형으로 감아 오르는 형태로, 덩굴식물에서 볼 수 있다. 덩굴식물 중 위에서 봤을 때 시계 방향으로 감아 올라가면 **우선형**이라 하고, 반시계 방향으로 감아 올라가면 **좌선형**이라 한다.

유엽형태는 미성숙 잎이나 잎의 부분, 종자 내의 자엽 등과 같은 발달 초기 구조를 가리킨다. 성숙한 기관의 자세에 관한 용어 상당수를 유엽 형태를 기재할 때 사용할 수 있다. 일부 특별한 용어는 다음과 같다. **권상**은 엽신(엽축이나 소엽축 모두 포함)이 정단부에서 기부로 말려 있는 상태를 이르는데, 어린 양치식물 및 소철의 잎에서 볼 수 있다. **초권상**은 가운데로 말려 있는 엽신 절반과 중륵을 나머지 엽신 절반이 반대 방향으로 단단히 말고 있는 형태로서, 생강목 식물에서 볼 수 있다.

표면

식물 부속기관의 표면을 설명하는 용어는 대단히 많다. 표면의 특징은 표면 형상, 표피 돌출상태, 모용 상태 등 3종류의 형질로서 구분할 수 있다(**그림 9.58**). 이 3종류 형질의 내용을 표면

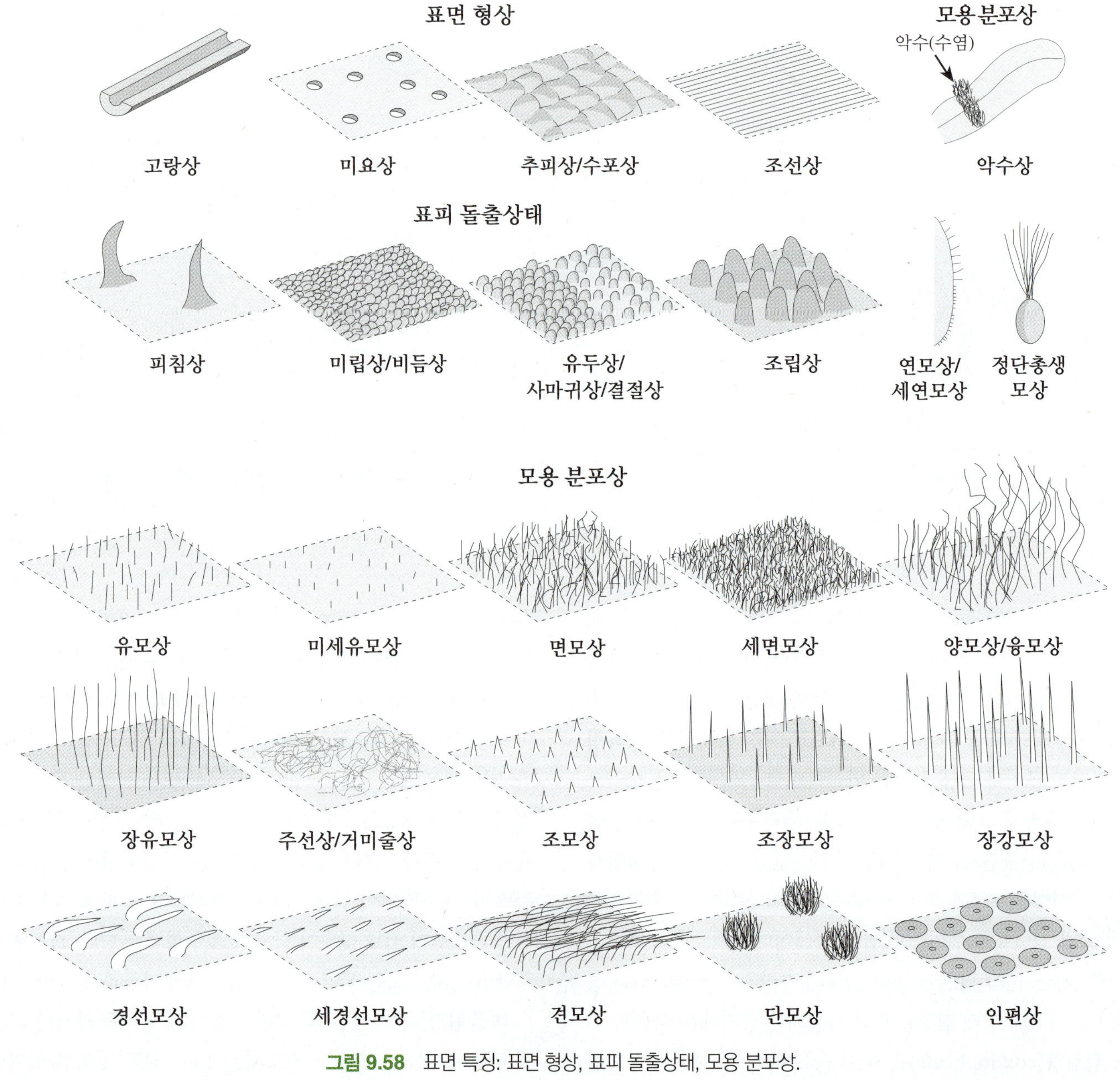

그림 9.58 표면 특징: 표면 형상, 표피 돌출상태, 모용 분포상.

의 특징으로 기재할 수 있다. 또한, 모용의 유형과 강모 유형도 표면 특징으로 설명한다.

표면 형상

표면 형상은 표피세포의 전반적인 표면 양상으로, 엽맥으로 인한 것은 제외한다. 표면 형상과 관련된 용어는 다음과 같다. **고랑상**은 길게 파인 홈을 지닌 형태로, 흔히 엽병이나 중륵에 적용한다. **창문상**은 표면에 창문과 같은 구멍이 있는 형태로, 천남성과의 *Monstera deliciosa*에서 나타난다. **미요상**은 조그만 구멍처럼 생긴 함몰부로 표면이 덮인 상태이다. **추피상** 또는 **수포상**은 그물형의 거친 선으로 덮인 상태로, 흔히 선 사이가 물집 같이 솟아오른다. **굴곡상**은 불규칙한 재질로 이루어진 상태로, 거친 주름이 있어 마치 파손된 것처럼 보인다(재질 용어로도 사용된다). **활면상** 또는 **평평상**은 매끈한 외형을 지닌 상태이고, **조선상**은 위아래로 뻗은 가느다란 선이 여러 개 있으며, **주름상**은 불규칙하게 가는 선이나 비틀림이 있는 상태이다.

표피 돌출상태

표피 돌출상태는 표피에서의 분비 또는 (모용이나 강모가 아닌) 돌출생장으로 기인한 표면 양상을 가리킨다. 표피 분비에 관한 용어는 다음과 같다. **선상**은 투명한 또는 검은빛이 도는 작은 선점(glands)으로 덮인 상태이며, **분백상(납분상)**은 표면은 매끄럽지만, 흔히 백색의 밀랍질로 덮인 상태로, 강하게 문지르면 벗겨진다. **광택상(윤채상)**은 광택이 나거나 매끄러운 상태이며, **점질상** 또는 점착상은 표면이 반짝이며, 끈적끈적한 상태이다. 표피의 돌출생장과 관련된 용어는 다음과 같다. **피침상**은 날카로운 비엽침성, 비경침성 부속체인 피침이 있는 상태이다. **미립상**은 미세한 가루 또는 작은 과립으로 덮인 상태이고, **조립상**은 끝이 둥글고 거친 원통형 돌기물이 있는 상태이다. **유두상**, **결절상** 또는 **사마귀상**은 조그만 원형의 돌기물이 있는 상태이고, **사포상(조면상)**은 사포처럼 표면이 거친 상태이다.

모용 분포상

모용 분포상은 모용으로 덮인 표면 상태이다. 모용은 표면에 난 털 같은 구조로서, 식물을 초식자로부터 보호하고, 가시광선과 자외선을 반사하며, 수분 증발을 방지한다. 모용 분포상과 관련된 용어는 모용의 유형, 길이, 강도, 모양, 밀도 그리고 색의 조합으로 이루어져 있다.

무모상은 모용이 전혀 없는 상태이다(무모성 표면은 표면 형상이 대개 활면상이다). **아무모상**은 거의 무모인 상태이고(극히 일부 산재함), **무모성**은 이와 같은 의미이거나 또는 나중에 모용을 잃어 무모상이 되는 것을 의미할 수도 있다.

악수상(bearded)은 물체 표면에서 모용이 수염처럼 무리를 지어 하나의 다발이나 띠를 이룬 상태로서, 주로 꽃잎에서 볼 수 있다. **정단총생모상**은 모용이 정단에 뭉쳐 있는 상태를 의미하는데, 일부 종자에서 볼 수 있다. 가장자리에 달리는 모용에 대해서는 두 가지 용어가 있다. **연모상**은 가장자리에 눈에 잘 띄는 모용이 있는 것이고, **세연모상**은 가장자리에 미세하거나 아주 작은 모용이 있는 것이다.

유모상은 다소 곧고, 가늘며, 짧고, 부드러운 모용이 약간 산재되어 있는 것을 의미한다. (이 용어는 "모용이 있는 상태"를 나타내는 일반적인 용어로도 사용된다.) **미세유모상**은 유모상이지만 모용이 매우 짧거나 산재된 것을 의미한다. **백색밀모상**은 흰색의 가는 모용으로 빽빽하게 덮인 상태이다. **면모상**은 모용이 서로 얽혀 매우 빽빽하게 덮인 상태이고, **세면모상**은 면모상이지만 모용이 매우 짧은 상태이다.

융모상 또는 **양모상**은 길고 부드러우며, 비틀린 모용으로 덮인 상태를 의미한다. 양모상은 융모상에 비해 모용이 좀 더 짧으나, 두 용어를 같은 의미로 혼용하고 있다. **장유모상**은 부드러우며 곧은 모용이 약간 무성하게 나 있는 상태를 나타내는데, 모용이 표면에 수직으로 나는 것이 일반적이다. **주선상(거미줄상)**은 거미줄 같은 모용이 빽빽하게 난 것을 의미한다(융모상과 비슷하여 이와 혼동할 수 있다).

조모상은 사포와 같이 거친 모용이 있는 상태이며(표피 돌기상에서 사용한 조면상과 같은 의미임), **미조모상**은 미세한 조모상이다. **조장모상**은 길고, 다소 단단하나 피부를 관통할 만큼은 아닌 모용으로 이루어진 상태이고, **장강모상**은 매우 길고 단단하며, 때때로 피부를 관통할 정도의 모용으로 이루어진 상태이다. **장강자모상**은 *Urtica*(쐐기풀속) 식물의 자모와 같이 자극성이 있는 장강모로 이루어진 것을 나타낸다.

경선모상은 거칠고 납작하며, 흔히 기부가 구근처럼 부풀어 있는 모용이 옆으로 굽어서 촘촘하게 나 있는 상태이다. **세경선모상**은 경선모와 형태는 비슷하지만 크기가 작은 모용이 나 있는 상태이다. **견모상**은 기다란 털이 바닥에 밀착되어 있는 상태로, 비단과 같이 번쩍인다.

단모(団毛)상은 여러 개의 무리를 이루면서 많은 털이 빽빽하게 나 있는 상태이다. **인편상**은 인편 또는 인편처럼 생긴 구조가 덮고 있는 상태로 표피 돌기상과 혼용하기도 한다.

모용 및 강모의 유형(그림 9.59)

모용 유형은 모용 하나하나의 상세한 현미경적 구조를 의미하는데, 식물 해부학의 한 영역에 속할 뿐만 아니라 계통학적으로도 매우 중요한 형질이다. 모용 유형과 모용 분포상이 서로 연관되어 있지만, 모용 분포상은 주로 모용이 나 있는 전체 외형을 의미한다. 예를 들어, 면모상이라는 모용 분포상은 여러 종류의 모용 유형, 즉 수지상, 성상, 다열성 첨두형, 일렬성 첨두형 모용 등 어떤 것으로도 구성될 수 있다.

모용 유형은 모용을 이루는 세포 수로도 평가된다. **단세포성** 모용은 세포 1개로 이루어지며, 흔히 매우 작다. 다세포성 모용은 세포 2개 이상으로 이루어진다. 다세포성 모용은 1개의 수직 열에 달리는 **일렬성** 또는 2개 이상의 수직 열에 달리는 **다열성**으로 구분한다. 모용을 이루는 세포층의 수 역시 표징형질이 될 수 있다.

많은 모용은 일반적 모양과 형태에 근거하여 구분한다. **첨두형모**는 정단이 뾰족하게 끝나는 것을 말한다. **말피기아형모** 또는 **양팔형모**는 1개의 기부에서 두 갈래로 나뉜 형태이다(말피기형모라는 이름은 이 모용이 Malpighiaceae 말피기아과에서 흔하게 나타나기 때문에 붙었다). **선모**는 분비성 또는 배출성 모용으로, 흔히 정단부에 분비세포가 있다. 선모는 기다란 자루 위에 분비세포가 달리는 **장유두상선모**와 매우 짧은 자루 위에 분비세포가 달리거나 자루가 없는 **두상선모**로 구분된다. 가지가 있는 모용에는 두 가지 유형이 있다. **성상모**는 별처럼 몇 개의 가지가 모여 달리며(자루가 있거나 또는 없다), **수지상모**는 나무처럼 측지가 많이 있는 모용이다. **방패형모**는 원반처럼 생긴 부위가 자루 끝에 방패형으로 달린 모용이다.

모용은 달리는 위치와 기능에 따라 구분하기도 한다. 예를 들어, 전형적인 엽초를 지닌 잎의 엽액에 있는 모용은 보호기능성 점액을 분비하는데, 이를 **엽초엽액모용**이라 한다(많은 택사목 식물에 존재함).

강모는 모용과 유사하지만, 일반적으로 좀 더 억세다(그러나 강모와 모용은 명확히 구분되지는 않는다). 이른바 강모 중 일부는 사실상 잎이 변형된 것인데, 선인장의 구침이 그 예이다. 강모의 주요 유형은 다음과 같다. **세자상 강모**는 조그맣고 뾰족한 돌기(세자)가 강모 전체 측면에 나 있는 유형이고(세자의 방향은 상향 또는 하향임), **우모상 강모**는 가늘고 긴 연모성 부속체가 있어 깃털처럼 생긴 것이다. **갈고리상 강모**는 정단부가 갈고리처럼 생겼으며, **구자모상**은 정단부에 세자 같은 것이

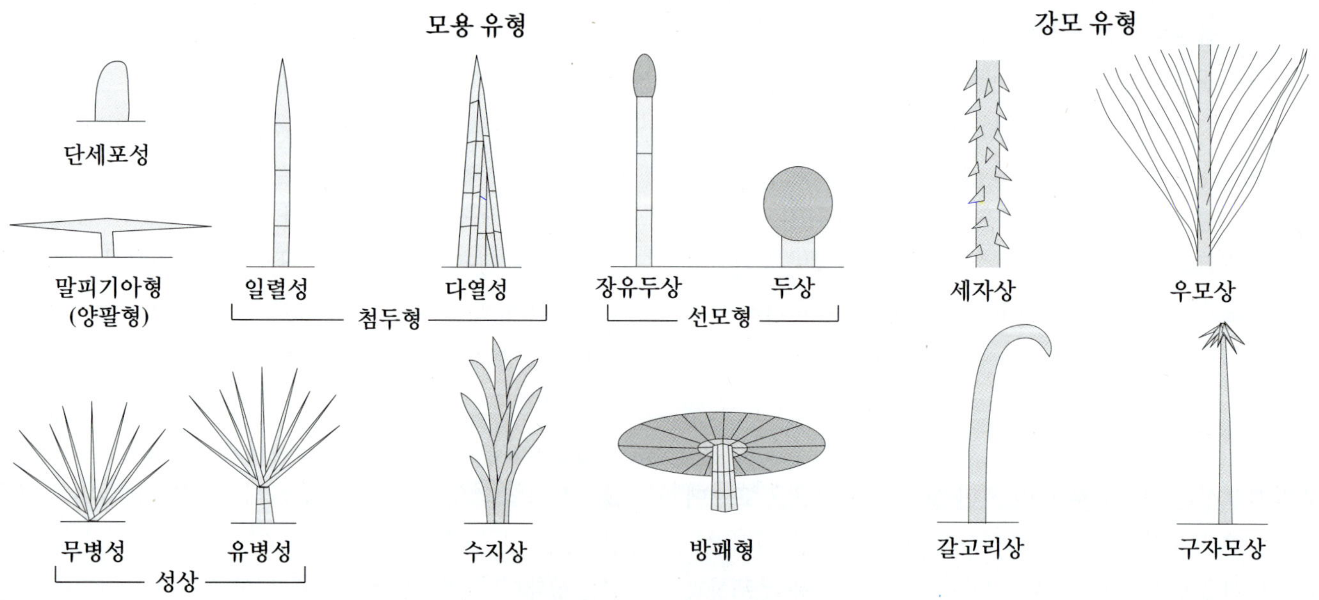

그림 9.59 모용 및 강모의 유형.

모여 있는 강모 유형이다.

대칭성

대칭성은 흔히 꽃에 대해서 적용하지만(꽃의 대칭성 참조), 다른 모든 식물 기관이나 여러 부분을 기재하는 일반적 특징일 수도 있다. 대칭성은 대칭을 만드는 거울면의 존재와 수에 의해 정의한다. **좌우대칭** 또는 **양면대칭**(또는 **부정제**)은 대칭면이 하나인 것을 이른다. **이축좌우대칭**은 대칭면이 2개 뿐이다. **방사대칭** 또는 **방사상칭**(또는 **정제**)은 대칭면이 3개 이상이다. **비대칭**은 그 어떤 대칭면도 없는 것을 이른다(이축좌우대칭과 방사대칭의 차이점은 때때로 명확하지 않아 둘 다 방사대칭이라고 부르기도 하지만, 둘을 구분하는 것이 유용할 때가 많으므로 여기서는 이들을 구분하였다).

시간 관련 현상

시간 관련 현상에서는 특정 시간과 관련된 내용을 다룬다. 이들 내용은 지속기간, 성숙시간 그리고 주기성으로 구분할 수 있다.

지속기간은 식물 또는 식물 부분이 생존하는 기간이다. **식물 지속기간**은 식물 전체의 생존기간으로, 일년생, 이년생, 다년생으로 구분한다. **일년생**은 식물이 1년 또는 이보다 짧은 기간 생존하며, 주로 1년 중 한 생육기간만 산다. 일년생 식물은 초본이며 지하부가 없고 이전 생육기간에 생존하였었다는 증거(예를 들어, 두껍게 발달한 목본성 줄기, 휴면아 또는 오래된 열매)를 찾을 수가 없다. **이년생**은 2년(또는 두 번의 생육기간)을 생존하는 식물로 흔히 두 번째 해에 꽃이 핀다. 이년생 식물은 주로 첫 해에 기부에 로제트 잎을 형성하고, 두 번째 해에(화서 자루가 길게 자라나) "추대"를 형성한다. 식물을 두 생육기간에 걸쳐 실제로 관찰하기 전에는 이년생 식물을 가려내기가 어려울 수도 있다. **다년생**은 2년 넘게 생존하는 식물이다. 다년생에는 지하경이 있는 초본, 관목, 덩굴나무, 아교목, 교목 등이 있다.

잎과 같은 식물 기관의 지속기간을 나타내는 용어도 있다. **상록성**은 대부분의 구과식물처럼 둘 이상의 생육시기에 걸쳐 잎이 달려있는 것이다. **낙엽성**은 *Acer*(단풍나무속) 식물처럼 한 생육시기만 잎이 달려있는 것이다. (상록성이나 낙엽성이란 용어는 주로 식물 그 자체에 대해 적용한다는 것을 기억해야 한다. 예를 들어, "낙엽성 관목" 또는 "상록성 교목"이라고 표현한다.) **조락성**은 아주 빨리 탈락하는 경우로(전형적인 다른 식물과 비교하여), 흔히 꽃잎이나 꽃받침잎 같은 꽃 부속기관에 적용한다. **조위성**은 빨리 시들지만 떨어지지 않고 붙어 있는 것을 의미하는데, 열매가 익는 동안에도 붙어 있는 화관을 예로 들 수 있다. **숙존생장성**은 계속 붙어 있으면서 정상적이거나 전형적인 상태 이상으로 생장을 지속하는 것을 말하는데, 매우 크게 생장하여 열매를 감싸는 부과 부분처럼 되는 꽃받침이 그러한 예이다(예, 꽈리종류). 끝으로, **일회결실성**은 꽃과 열매가 한 번만 피고 맺은 다음 죽는 식물을 이르는 말이다(식물 자체는 일년생 또는 다년생일 수도 있으나 이 용어는 주로 다년생 식물에만 적용된다. 왜냐하면, 모든 일년생 식물은 일회결실성이기 때문이다).

성숙시간은 식물 부분의 상대적인 발달 시기를 의미한다. **개화기**는 꽃이 피는 시기로, 수분이 일어날 수 있도록 꽃 부속기관이 열리는 시기이다. **웅성선숙**은 수술 또는 약이 심피나 주두가 발달하기 전에 발달하는 것을 의미한다. **자성선숙**은 주두나 심피가 수술이나 약보다 먼저 성숙하는 것을 의미한다. 웅성선숙과 자성선숙 두 가지 모두 종 내에서 외교배를 촉진하는 역할을 한다(제10장 참조).

주기성은 주기적으로 반복되는 현상을 의미한다. 하루와 관련된 용어로는 **주간성**(낮 동안), **야간성**(밤에), **조간성**(아침에), **석간성**(저녁에) 등이 있다. 이들 용어는 특정 분류군의 꽃이 언제 개화하는지를 나타낼 때 사용된다. 계절과 관련된 기타 용어로는 **춘출성**(봄에 나오는), **하출성**(여름에 나오는), **추출성**(가을에 나오는) 등이 있다.

생물계절학은 일반적으로 개화나 결실 일자처럼 일반적인 생식시기를 나타낸다. 생물계절학적 데이터는 화아, 어린 열매, 성숙 열매 등의 발달 시기와 같은 생식 단계를 포함할 수 있다.

복습문제

식물 구조: 뿌리 및 줄기/슈트 일반

1. 식물의 주요 기관의 이름을 말하시오
2. 식물에서 항상 활발하게 세포가 분열하는 지역의 이름은 무엇이며, 어디에 위치하고 있는가?
3. 식물형이란 무엇을 의미하며, 식물형의 종류에는 어떤 것이 있는가?
4. 식물 생육지형에는 어떤 것이 있는가?
5. 식물의 생활형 5가지를 열거하고 간단히 정의하시오.
6. 뿌리의 기능은 무엇인가?
7. 뿌리골무(근관), 뿌리털(근모), 부정근 그리고 측근이란 무엇인가?
8. 주근계와 수근계의 차이점은 무엇인가?
9. 슈트란 무엇인가?
10. 눈은 무엇이고, 어디에서 전형적으로 발달하며, 무엇으로 만들어지는가?
11. 인경, 구경 그리고 괴경의 차이점은 무엇인가? 근경, 정간 그리고 포복경(횡주지)의 차이점은 무엇인가?
12. 팽창경과 기부비후경의 차이점은 무엇인가?
13. 경침은 무엇이며, 엽침 또는 피침과는 어떻게 다른가?
14. 분얼, 지하웅이, 속생지, 덩굴손을 정의하시오
15. 무경성과 유경성, 평복성, 포복성 그리고 경복성의 차이는 무엇인가? 이들 모두를 지칭하는 형질은 무엇인가?
16. 단축분지와 가축분지의 차이는 무엇인가?
17. 전형적인 소지를 도해하고, 정아, 측아, 엽흔, 관속흔, 피목 등을 표시하시오.
18. 액아와 위정아의 차이점은 무엇인가? 병립아와 중생아의 차이점은 무엇인가?

식물 구조: 잎

19. 포와 인편의 차이점은 무엇인가?
20. 꽃 또는 화서와 관련되어 분화된 잎의 변형 구조 몇 가지의 이름을 쓰시오.
21. 무엇으로부터 위엽이 만들어졌는가?
22. 엽침은 무엇이며, 엽침의 세 가지 주요 유형은 무엇인가?
23. 식충식물에서 발견되는 잎의 변형 구조 세 가지는 무엇인가?
24. 잎의 유형 5가지를 열거하시오.
25. 단엽의 기본 구성 요소는 무엇인가?
26. 이회우상복엽을 도해하고, 소엽, 엽병, 소엽병, 엽축, 소엽축, 탁엽, 소탁엽 등을 표시하시오.
27. 기수우상복엽과 우수우상복엽, 삼출엽과 장상엽, 이출엽성우상복엽과 이회우상복엽의 차이점은 무엇인가? 단신복엽과 단엽의 차이점은?
28. 잎의 부착형 네 가지를 쓰시오
29. 우상망상맥과 장상망상맥 그리고 삼출맥의 차이점은 무엇인가?
30. 엽맥의 특별한 유형 네 가지를 쓰시오.

식물 구조: 꽃 및 화피

31. 전형적인 꽃을 도해하고, 포괄적인 용어도 포함하여 꽃의 모든 부분을 표시하시오.

32. 꽃의 성에 관한 2종류 기본 유형을 쓰시오.
33. 식물의 성과 관련된 세 가지 주요 기본 유형을 쓰시오. 각각에 대하여 상응하는 꽃의 성은 무엇인가?
34. 좌우대칭 화관을 도해하고, 하부 열편과 상부 열편을 표시하시오.
35. 방사대칭과 이축좌우대칭의 차이점은 무엇인가?
36. 웅성선숙과 자성선숙의 차이점 그리고 원심성과 구심성의 차이점은 무엇인가?
37. 화조, 화탁통, 판연, 순편, 열편, 거, 판인 그리고 판통은 각각 무엇인가?
38. 화피 배열의 두 가지 주요 유형은 무엇인가?
39. 화피 윤생성은 무엇인가?
40. 이종화피와 동종화피의 차이점은 무엇인가?
41. 악합착과 화관합착의 두 가지 유형은 무엇인가?
42. 순형화관, 종형화관, 폭상화관, 분상화관 그리고 호형화관을 정의하거나 도해하시오.
43. 화조와 순편을 지닌 꽃을 도해하고 표시하시오. 이러한 화피 유형의 이름은 무엇인가?
44. 회선상, 복와상 그리고 섭합상을 정의하시오. 이들과 대응하는 형질은 무엇인가?

식물 구조: 수술군

45. 수술의 두 부분과 약의 두 부분의 이름을 쓰시오.
46. 수술 배열과 수술 위치의 차이점은 무엇인가?
47. 이쌍웅예, 이강웅예, 사강웅예의 차이점은 무엇인가? 형질은 무엇인가?
48. 화판대생과 악편대생 그리고 이열호생의 차이점은 무엇인가?
49. 화판대생, 악편대생 또는 화피대생이열웅예 등의 용어는 수술 배열 또는 수술 위치와 관련된 것인가?
50. 돌출형과 내재형의 차이점은 무엇인가? 형질은 무엇인가?
51. 수술이 화관과 합착되는 것을 나타내는 용어는 무엇인가?
52. 모든 수술이 합착되어 있는 상태를 나타내는 용어는 무엇인가?
53. 수술이 2개의 무리로 합착되어 있는 상태를 나타내는 용어는 무엇인가?
54. 단반약이란 무엇인가?
55. 수술 부착과 관련된 세 가지 유형을 열거하시오.
56. (1) 열개공의 모양, (2) 열개공의 방향과 관련한 약 열개의 두 가지 유형을 쓰시오.
57. 밀선은 무엇이며, 밀선의 유형에는 어떤 것이 있는가?

식물 구조: 암술군

58. 암술군, 심피 그리고 암술의 차이점은 무엇인가?
59. 암술의 3부분은 무엇인가? 자방실은 무엇인가?
60. 암술군 합생의 두 가지 유형을 쓰시오.
61. 심피의 수는 어떻게 결정하는가?
62. 자방 부착 및 자방 위치와 관련된 두 가지 주요 유형을 쓰고 도해하시오.
63. 화피/수술군 위치란 무엇인가? 이들 중 네 가지의 이름을 쓰고 차이점을 쓰시오.
64. 중축태좌와 측벽태좌의 차이점, 기저태좌와 정단(현하)태좌의 차이점은 무엇인가?
65. 배주의 기본적 구조를 설명하고, 배주 및 배주 위치의 세 가지 기본 유형을 쓰시오.

66. 자방기생화주란 무엇인가?

식물 구조: 화서

67. 화서와 관련된 2종류의 분화된 포의 유형은 무엇인가?
68. 소화경과 화경의 차이점은 무엇인가?
69. 복합화탁을 정의하시오.
70. 화서 위치에 관한 3종류 유형은 무엇인가?
71. 유한화서와 무한화서 발달의 차이점은 무엇인가?
72. 기산화서는 무엇인가?
73. 단산화서는 무엇이며, 이 화서의 두 가지 유형은 무엇인가?
74. 화서에서 "산경"이란 무엇인가?
75. 총상화서와 수상화서의 차이점은 무엇인가? 이 두 가지 화서의 발달 양상은 어떠한가?
76. 총상화서와 원추화서의 차이점은 무엇인가?
77. 산형화서와 산방화서의 차이점은? 산형화서와 복산형화서의 차이점은 무엇인가?
78. 밀추화서와 윤산화서의 차이점은 무엇인가?
79. 복산형화서, 배상화서, 두상화서, 은두화서 그리고 육수화서로 규정짓는 분류군의 이름을 쓰시오.

식물 구조: 열매

80. 단과, 취과, 다화과의 차이점은 무엇인가?
81. 열매 유형을 규정하고 분류하는 특징은 무엇인가?
82. 분열과, 분과 그리고 과피편은 무엇인가?
83. 영과와 견과의 유사점과 차이점은 무엇인가?
84. 포배열개, 포간열개 그리고 횡렬삭과의 차이점은 무엇인가?
85. 골돌과, 협과, 장각과의 유사점과 차이점은 무엇인가?
86. 장각과와 단각과의 차이점은 무엇인가? 어떤 과에서 이들 열매가 나타나는가?
87. 날개가 달린 열매의 이름을 쓰시오.
88. 장과는 핵과나 감귤과와 어떻게 다른가?
89. 박과의 태좌, 자방 위치 그리고 재질은 어떠한가? 어떤 과에서 박과가 나타나는가?
90. 이과는 많은 바깥쪽 육질성 조직으로 되어 있다. 육질성 조직은 어떻게 만들어진 것인가? 자방 위치는 어떠한가? 어떤 종류의 식물이 이과를 만들어내는가?
91. 취과의 세 가지 유형을 쓰시오.
92. 구형각두, 상과 그리고 은화과는 어떤 유형의 열매인가?
93. 배유 유형과 종자 발아 유형에 근거한 종자의 두 가지 유형의 이름을 쓰시오.

일반 용어: 색, 수, 재질 그리고 합착

94. 색과 색 유형의 차이점은 무엇인가? 색 유형과 관련된 형질상태를 규정하고 이름을 쓰시오.
95. 윤생성과 수성의 차이점은 무엇인가? 각각의 예를 드시오.
96. 혁질과 경질의 차이점은 무엇인가? 건막질과 다육질의 차이점은 무엇인가? 이들에 대한 형질은 무엇인가?

97. 동합과 이생, 이합과 분리, 위이합과 위동합의 차이점은 무엇인가? 이들에 대한 형질은 무엇인가?

일반 용어: 형태

98. 두상, 곤봉형, 사상, 장유두형, 원주형 등 삼차원적 형태를 나타내는 용어를 정의하시오.
99. 피침형, 난형 그리고 피침상난형의 차이점은 무엇인가? 피침형과 도피침형의 차이점은 무엇인가? (도해하시오)
100. 난형과 도란형의 차이점은 무엇인가? 도피침형과 주걱형의 차이점은 무엇인가? (도해하시오)
101. 타원형과 장타원형의 차이점은 무엇인가? 장타원형과 선형의 차이점은 무엇인가? (도해하시오)
102. 심장형과 신장형의 차이점은 무엇인가? (도해하시오)
103. 극저과 전저의 차이점은 무엇인가? (도해하시오)
104. 순저란 무엇을 의미하는가?
105. 유저는 무엇을 의미하는가? 의저, 전저, 설저는 무엇을 의미하는가?
106. 전연, 둔거치연, 예거치연, 치아상거치연의 차이점은 무엇인가? 이들은 어떤 형질을 나타내는가?
107. 둔거치연과 소둔거치연의 차이점은 무엇인가? 예거치연과 소예거치연, 치아상거치연과 소치아상거치연의 차이점은?
108. 연모형, 세연모형, 조섬유연형를 정의하시오.
109. 점첨두, 협예두, 예두 그리고 둔두의 차이점은 무엇인가? 기부에 해당하는 용어는 무엇인가?
110. 원두과 평두, 원저와 평저의 차이점은 무엇인가? (정단부와 기부)
111. 유두형, 까락형 그리고 소철두형 돌기의 차이점은?
112. 요두와 미요두는 무엇을 의미하는가? (정단부)
113. 천열, 중렬, 심열 그리고 전열의 차이점은 무엇인가?
114. 우열과 이회우열은 무엇을 의미하는가?
115. 다음 형태를 도해하시오. (1) 단엽, 무병성, 난형, 예두, 둔거치연, (2) 단엽, 엽병성, 도피침형, 예거치연, (3) 우상 복엽, 엽병성, 탁엽성, 무병성의 소탁엽성, 전연, 협타원형, 설저, 점첨두, (4) 삼출엽, 엽병성, 소엽병성, 도란형, 협설저, 둔두, 미철두형 정단 돌기, (5) 단엽, 피침형, 미철두형, 전저, 치아상거치연.

일반 용어: 배치

116. 위치와 배열의 차이점은 무엇인가?
117. 배축면(배면)과 향축면(복면)의 차이점은 무엇인가?
118. 근접부와 원심부의 차이점은 무엇인가?
119. 근생의 의미는 무엇인가?
120. 잎을 예로 들어서 배열의 세 가지 기본적인 유형을 쓰시오.
121. 호생과 이열호생의 차이점은 무엇인가? 대생과 교호대생의 차이점은?
122. 과상, 복와상, 편측생, 섭합상 그리고 로제트형의 차이점을 설명하시오.
123. 방향을 정의하고, 3가지 유형(형질상태)의 이름을 쓰시오.
124. 횡자세와 종자세의 차이점은 무엇인가? 각각 두 가지 예를 드시오.
125. 접첩형, 외권형, 물결형 그리고 파동형을 구분하시오.

일반 용어: 표면, 대칭, 시간 관련 현상

126. 표면의 세 가지 특징은 표면 형상, 표피 돌출상태 그리고 모용 분포상을 의미한다. 이들은 어떻게 다른가?

127. 추피상을 정의하시오. 이 형질에는 어떤 형질상태가 있는가?
128. 분백상, 사포상 그리고 점질상의 차이점은 무엇인가? 이들 형질에는 어떤 형질상태가 있는가?
129. 조장모상, 유모상 그리고 면모상의 차이점은 무엇인가? 이들 형질에는 어떤 형질상태가 있는가?
130. 성상모, 장유두모 그리고 단열성모는 어떤 것을 의미하는가? 이들 형질에는 어떤 형질상태가 있는가?
131. 방사대칭(방사상칭)과 좌우대칭(양면대칭)의 차이점은 무엇인가? 이들 형질에는 어떤 형질상태가 있는가?
132. 일년생, 이년생 그리고 다년생의 차이점은 무엇인가? 이들 형질에는 어떤 형질상태가 있는가?
133. 조락성과 숙존생장성의 차이점은 무엇인가? 이들 형질에는 어떤 형질상태가 있는가?
134. 웅성선숙형과 자성선숙형의 차이점은 무엇인가?

실습과제

1. 식물 한 종을 선택하고, 부록 I에 있는 모든 형질 목록을 이용하여 이 식물 종을 철저하게 기재한다. 기재할 수 있는 모든 형질에 대하여 형질상태를 기록하는데, 당신이 가지고 있는 재료만으로는 모든 형질을 기록할 수 없음을 상기한다. 몇 개의 개체군, 개체 또는 식물 기관이나 부분만을 조사해 보고, 변이의 폭에 주목한다. 변이가 있는 형질에 대해서는 변이의 폭(예, 잎은 도피침형에서 협타원형, 소둔거치에서 치아상거치)을 기록하거나, 가장 흔한 형태를 기록하고, 예외는 괄호 안에 기록한다(예, 잎은 삼출엽 [매우 드물게 5장의 소엽으로 이루어진 우상엽] 또는 잎은 길이 4–7[2.5–10] cm).
2. 부록 I의 형질로부터, 제7장과 제8장에 있는 과 기재문과 같은 상세한 기재를 한다. 형질이 아닌 식물 기관 또는 식물 부분에 대해서만 목록이 있음을 상기한다. 예를 들어, 기재 형식은 반드시 "잎은 대생, 단엽"으로 해야 하며, "잎 배열은 대생, 잎 유형은 단엽"과 같이 하면 안 된다. (이러한 작업에는 워드프로세서의 파일 "합하기" 기능이 때때로 유용하다.) 작성된 기재문이 부드럽게 읽힐 수 있도록 편집하되 반복은 피한다.
3. 여러분이 가지고 있는 식물의 다양한 부위, 즉 잎, 화서, 꽃 전체, 꽃의 횡단 단면도, 약의 근접도, 자방의 근접도, 자방의 단면 또는 횡단도, 열매와 종자 등에 대한 상세한 도해도를 단단한 연필(2H 또는 3H)을 이용하여 작성한다. 이때 각 그림에 미터법에 따른 표시 눈금도 반드시 삽입하여야 한다. 이들 그림을 복사하거나 외곽선을 그려서, 섬세한 검정색 잉크로 라피도그래프를 만든다. 다양한 부위에 상세하게 점을 찍어서 엽맥, 명암 또는 심도를 나타낸다.
4. 기재문과 도해도를 식물지나 종속지 자료 등과 같은 표준 참고 자료와 비교한다. 여러분의 작업 결과가 대부분의 식물지보다는 좀 더 상세하고 많은 내용을 포함하고 있고, 아마도 종속지와 같은 전문적인 문헌과 비슷함을 알 수 있을 것이다.

참고문헌

Bell, A. D. 2008. Plant Form: an Illustrated Guide to Flowering Plant Morphology. With line drawings by Alan Bryan. Timber Press, Portland, Oregon.

Brouk, B. 1975. Plants Consumed by Man. Academic Press, London.

Ellison, A. M. and L. Adamec. 2018. Carnivorous Plants: Physiology, Ecology, and Evolution. Oxford University Press, Oxford.

Endress, P. 1994. Diversity and Evolutionary Biology of Tropical Flowers. Cambridge University Press, Cambridge.

Hallé, F., R. A. A. Oldeman, and P. B. Tomlinson. 1978. Tropical Trees and Forests: An Architectural Analysis. Springer, Berlin.

Hallé, F.. 2004. Architecture de Plantes. JPC, Montpellier.

Harris, J. G. and M. W. Harris. 2001. Plant identification terminology. Spring Lake Publishing, Spring Lake, Utah.

Hickey, L. J. 1973. Classification of the architecture of dicotyledonous leaves. American Journal of Botany 60: 17–33.

Hickey, L. J., and J. A. Wolf. 1975. The bases of angiosperm phylogeny: vegetative morphology. Annals of the Missouri Botanical Garden 62: 538–589.

Hilger, H. H. 2014. Ontogeny, morphology, and systematic significance of glochidiate and winged fruits of Cynoglosseae and Eritrichieae (Boraginaceae). Plant Diversity and Evolution 131.

Lawrence, G. H. M. 1951. Taxonomy of Vascular Plants. Macmillan, New York.
Radford, A. E., W. C. Dickison, J. R. Massey, and C. R. Bell. 1974. Vascular Plant Systematics. Harper & Row, New York.
Raunkiaer, C. 1934. The Life Forms of Plants and Statistical Plant Geography. Clarendon Press, Oxford.
Rowley, Gordon D. 1987. Caudiciform and Pachycaul Succulents—Pachycauls, Bottle-, Barrel- and Elephant-Trees and Their Kin: A Collector's Miscellany. Strawberry Press, Mill Valley, CA.
Tucker, A. O., M. J. Maciarello, and S. S. Tucker. 1991. A survey of color charts for biological descriptions. Taxon 40: 201–214.
Systematics Association Committee for Descriptive Terminology. 1962. II. Terminology of Simple Symmetrical Plane Shapes (Chart I). Taxon 11(5): 145–156.
Weberling, F. 1989. Morphology of Flowers and Inflorescences. Cambridge University Press, Cambridge, United Kingdom.

웹사이트

Stevens, P. F. (2001 onwards). Angiosperm Phylogeny Website. *http://www.mobot.org/MOBOT/research/APweb*
In addition to being a source of information on plant classification and phylogeny, this site also has an excellent glossary of plant terms.
Wikipedia contributors. August 11, 2017. Plant Morphology. *https://en.wikipedia.org/wiki/Category:Plant_morphology*

10

식물의 생식

이 장에서는 식물계통학과 관련된 식물발생학, 화분학 및 생식생물학에 관한 내용을 식물의 생식이라는 큰 주제에 포괄하여 다루고자 한다.

식물발생학

식물발생학은 육상식물의 포자낭, 배우자체 그리고 배의 발생을 연구하는 분야이다. 종자식물에서는 소포자낭(피자식물의 경우 약 내에 존재), 소포자, 화분립, 배주, 대포자, 자성배우자체 그리고 종자에 관한 연구가 여기에 포함된다. 대부분의 발생학적 연구 자료가 피자식물로부터 얻어졌고 활용되었기에 여기서는 피자식물에 관한 내용을 집중적으로 다루고자 한다.

계통수 연구에 사용되는 형질로서의 발생학적 연구 자료는 전통적인 식물 과(科)의 특징 파악 등, 주로 상위 분류계급에서 가장 유용하다. 그러나 이 자료는 어떤 분류계급에서도 유용할 수 있다.

약과 화분의 발달

약의 유형

피자식물에서 흔히 일반적인 형태 형질로 취급되기도 하는 중요한 발생학적 형질은 약(꽃밥) 하나에 존재하는 소포자낭의 수이다. 소포자낭은 대개 원통형이며 쌍을 이루는데, 발달 과정에서 이들 소포자낭 사이의 세포층이 붕괴하여 하나로 합쳐지게 된다(**그림 10.1**). 각 소포자낭 쌍을 **반약**(theca)이라고 한다. 피자식물 종 대부분에서 약은 반약 2개로 구성된다. 이와 같은 약을 **이반약성** 약 또는 **사포자낭성** 약이라고 하는데(그림 10.1A) 이는 원시적인 형질이다. 그러나 Malvaceae(아욱과), Cannaceae(홍초과), Marantaceae(마란타과) 그리고 *Lamium*(광대나물속) 등 일부 식물의 약은 반약이 1개뿐인 **단반약성** 약 또는 **이포자낭성** 약이며, 이는 파생형질이다(그림 10.1B).

약벽의 발달

약을 횡단하여 보면 감수분열이 일어나는 곳인 소포자낭과 그 바깥쪽에 있는 약벽으로 약이 나뉘어 있는 것을 알 수 있다. 약벽이 발달하는 과정에서 특징 몇 가지를 볼 수 있다. 성숙한 약벽은 몇 층 또는 여러 층으로 이루어져 있다. 가장 바깥 층(표피 바로 아래층)은 **내표피**라고 하는데, 이 층은 약열개를 위해 이차벽이 두껍게 발달한 커다란 세포들로 구성된다. 내표피층 세포의 이차벽 비후로 인해 약이 열개하는 부분의 약벽이 안으로 당겨진다. 가장 안쪽에 있는 층은 **융단조직**이라고 하는데, 이곳은 화분립의 발달과 관계된 대사 활동이 활발하게 일어나는 곳이다. 그 밖에 내표피와 융단조직 사이에 중간층이 몇 개 존재하기도 한다. 약벽을 이루는 층의 수와 이들의 발생학적 기원으로 약벽의 여러 유형을 정의한다. 약의 발달 초기에는 층 2개, 즉 바깥쪽에 있는 표피층과 안쪽에 **일차벽세포**로 이루어진 층이 존재한다. 일차벽세포층의 세포들은 병층분열을 하여 두 층의 **이차벽세포층**을 만든다. 세포 계열의 유래에 따라 다음과 같은 네 가지 일반적인 약벽의 발달 유형을 정의한다(**그림 10.2**): (1) **기본형**: 이차벽세포층이 분열하여 중간층 2개를 만드는 유형. (2) **쌍자엽식물형**: 바깥쪽의 이차벽세포층만이 분열하여 내표피와 하나의 중간층을 만드는 유형. (3) **단자엽식물형**: 안쪽의 이차벽세포층만이 분열하여 융단조직과 하나의 중간층을 만드는 유형. (4) **생략형**: 이차벽세포층이 분열하지 않고 내표피와 융단조직으로 각각 발달하는 유형.

융단조직의 발달 양상 역시 발생학적 형질에 해당하며 여기에는 두 가지 기본 유형이 존재한다(**그림 10.3**). 일부 피자식물

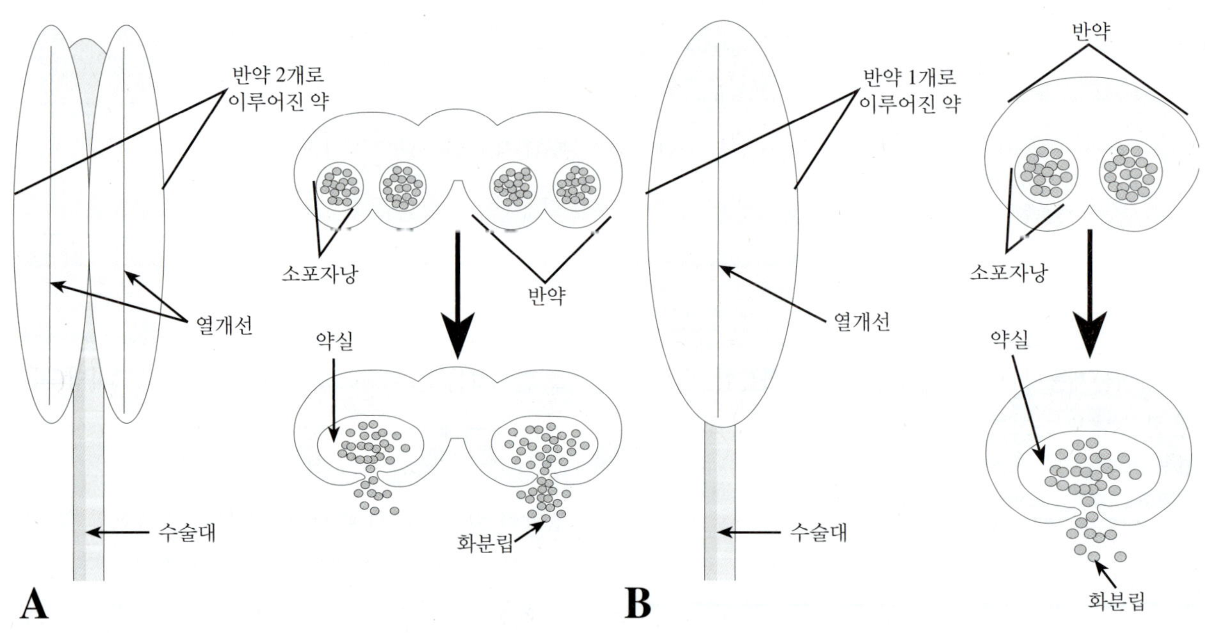

그림 10.1 피자식물의 약 유형. **A.** 이반약성. **B.** 단반약성.

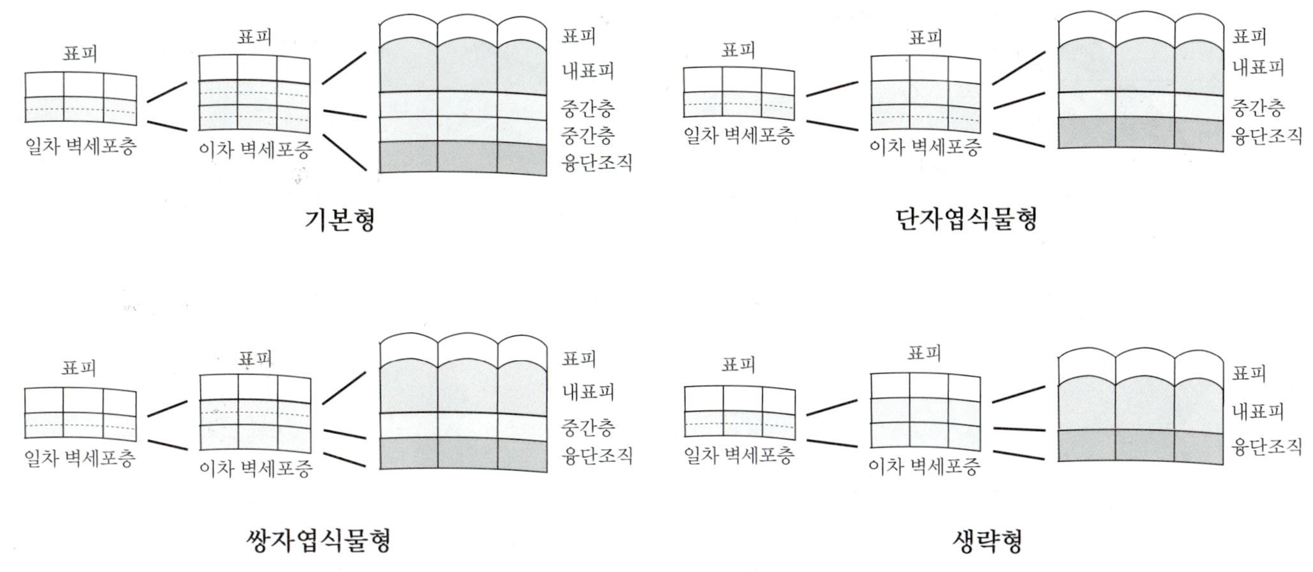

그림 10.2 약벽 발달. 위쪽이 표피이다.

에서 융단조직은 세포벽의 붕괴 없이 온전하게 유지된다. 이러한 융단조직 유형을 **분비형**이라 하는데(**그림 10.4**A,B), 이는 화분이 발달하는 과정에서 약실로 화합물이 분비되기 때문에 생긴 용어이다. 다른 피자식물에서는 융단조직의 세포벽이 붕괴하여 세포질이 약실로 방출된다(그림 10.4C,D). 이와 같은 유형을 **아메바형**이라고 하는데, 이는 화분립을 둘러싸는 세포질이 마치 아메바가 먹이를 에워싼 것처럼 보여 붙은 이름이다. 발달 과정의 미세한 차이에 의해 분비형과 아메바형은 더욱 세분된다.

약과 관련한 마지막 발생학적 형질로 내표피의 해부 형태가 있다. 내표피는 이차벽 비후 양상에 따라 두 가지 기본 유형으로 구분한다. **환상비후내표피**는 이차벽이 환상으로 비후하고 중간중간 이를 가로지르는 비후가 일어난 경우를 말한다(**그림 10.5**). **나선상비후내표피**는 이차벽이 나선상으로 비후한 경우를 말한다.

화분의 발달

소포자모세포로부터 소포자가 만들어지는 과정을 **소포자생성**(microsporogenesis)이라고 한다. 소포자생성은 세포질 분열의 시기에 따라 두 가지 유형으로 나눈다(**그림 10.6**A). 만일 세포질 분열이 일차 감수분열 이후에 일어나면 이를 연속분열형 소포자생성이라고 한다(그림 10.6B). **연속분열형**에서는 일차 감수분열 이후 세포 2개가, 이차 감수분열 이후 세포 4개가 만들어진다. 한편, 이차감수분열이 끝날 때까지 세포질 분열이 일어나지 않는 경우는 **동시분열형** 소포자생성이라고 한다(그림 10.6C).

소포자로부터 화분립(웅성배우자체)이 발달하는 과정은

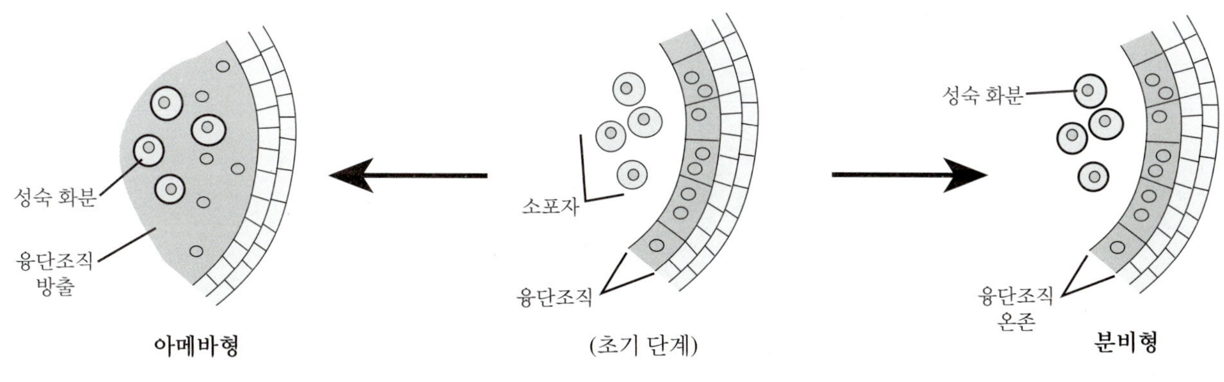

그림 10.3 융단조직의 유형.

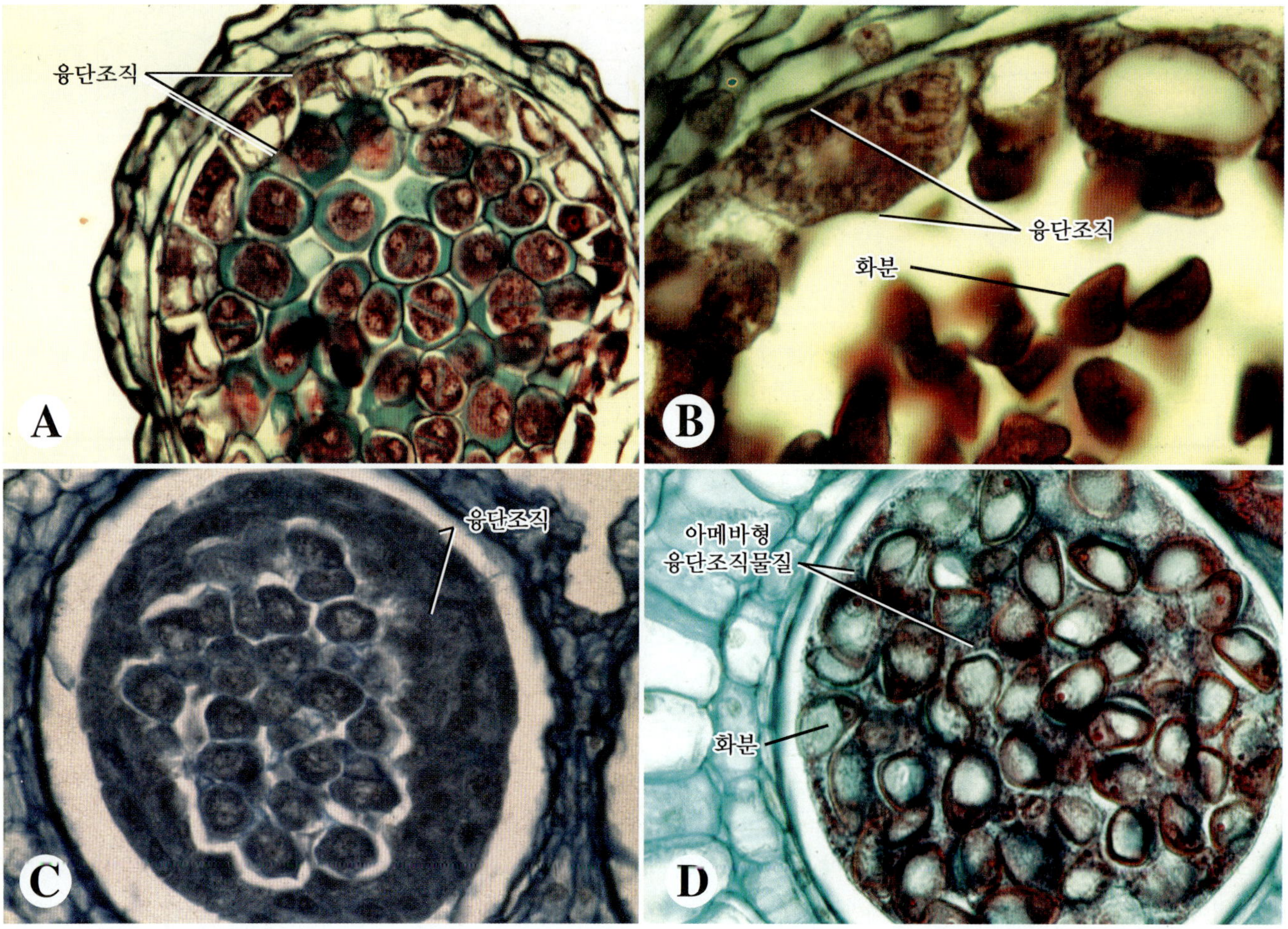

그림 10.4 약의 횡단면. 융단조직의 여러 유형. **A,B.** 분비형 융단조직; 세포들은 화분 발달 중 터지지 않음. **C,D.** 아메바형 융단조직; 세포가 터져 세포질 물질을 약실로 방출함. 각 유형의 발생 과정에서 A와 C는 초기, B와 D는 후기를 나타낸다.

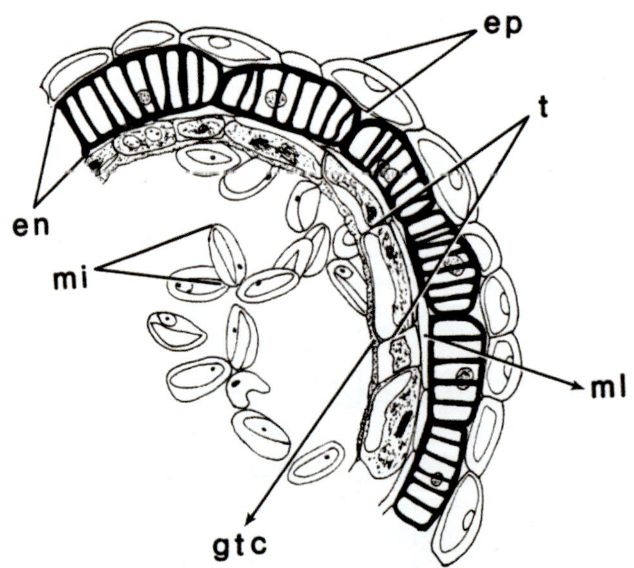

그림 10.5 환상비후내표피 유형. **en** = 내표피(약내표피); **ep** = 표피; **gtc** = 분비형 융단조직 세포; **mi** = 소포자; ml = 중간층; **t** =융단조직.

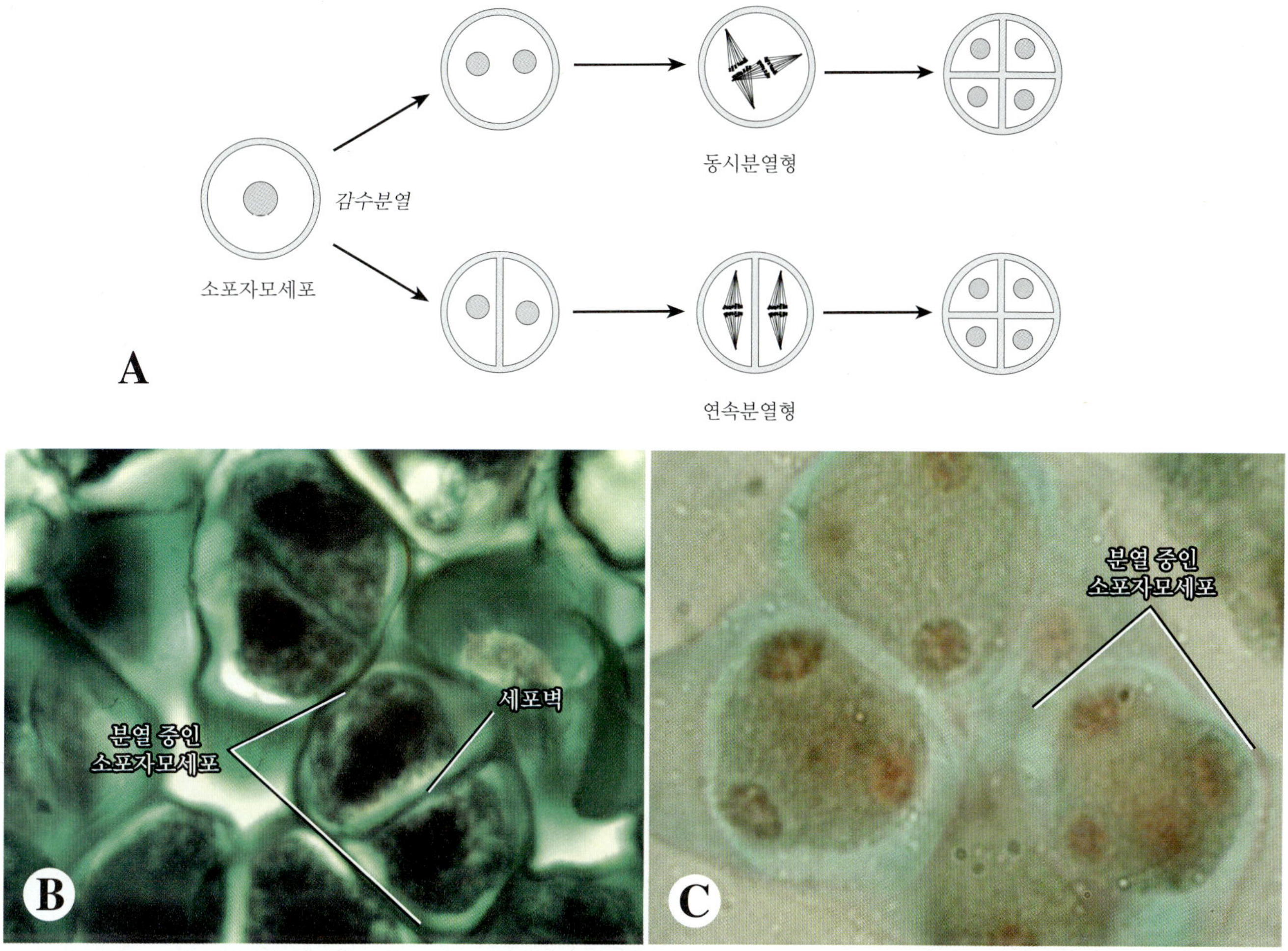

동시분열형
감수분열
소포자모세포
A
연속분열형

분열 중인 소포자모세포
세포벽
B
분열 중인 소포자모세포
C

그림 10.6 소포자생성. **A.** 두 가지 주요 유형; 동시분열형 및 연속분열형에 대한 모식도. **B.** 연속적으로 분열하여 소포자가 생성되는 경우로 2차 감수분열 후기를 보여줌. 1차 감수분열 후 세포질분열이 일어나 세포벽이 형성되어 있음에 주목할 것. **C.** 소포자가 동시에 생성되는 유형. 2차 감수분열 후기에도 세포벽이 형성되지 않았다.

소배우자체생성(microgametogenesis)이라고 하며, 이 과정은 소포자의 핵이 첫 번째 유사분열을 수행함과 동시에 시작한다. 소포자 생성과 관련한 발생학적 형질로는 약열개 또는 꽃의 성숙 시에 화분립에 존재하는 핵의 수를 들 수 있다(**그림 10.7**). 피자식물 대부분은 화분립에 핵(1개의 관세포 핵과 1개의 생식세포 핵) 2개가 들어있는 **이핵성**이다(그림 10.7). 생식세포는 화분관이 형성되고 나서 분열하여 정자 2개로 된다. 그러나 여러 피자식물 분류군의 경우 화분이 방출되기 전에 생식세포의 분열이 일어나기 때문에 화분립이 **삼핵성**이다(그림 10.7).

배주의 발달

배주의 발달 과정은 식물계통학 연구에 사용되는 여러 가지 중요한 발생학적 형질을 제공한다.

배주의 구성

배주는 **주병**이라고 하는 자루, 대포자모세포와 자성배우자체의 발달이 일어나는 대포자낭(**주심**이라고도 함) 그리고 이를 둘러

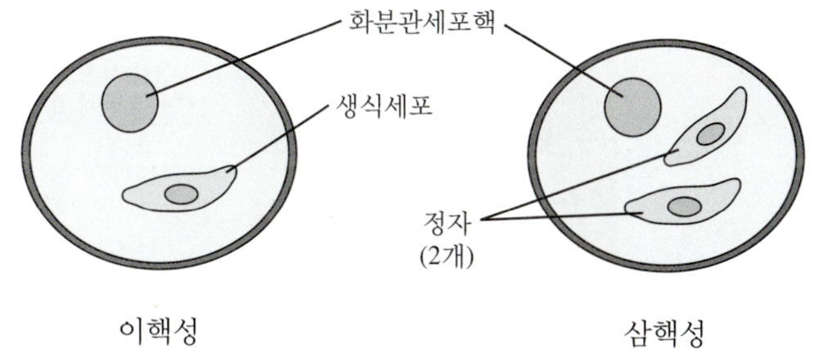

그림 10.7 웅성배우자체생성. 약열개 시 화분핵의 수.

싼 **주피** 1-2겹으로 구성되는 미성숙한 종자를 말한다. 주피에는 화분관이 수정을 위해 가로지르는 구멍인 **주공**이 존재한다(나자식물은 주공에서 화분을 직접 받아들임). 안쪽 주피와 바깥쪽 주피의 구조를 통해 여러 주공 유형을 정의할 수 있다.

주심에서 주공 쪽의 부위를 **주공** 지역이라 하고, 그 반대쪽은 **합점** 지역이라 한다. 대개 하나의 관속이 주병의 기부에서 주심 쪽으로 뻗어 있다. 피자식물 대부분에서 배주는 발달 과정에서 휘어져 주공이 주병 기부 근처에 놓이게 된다. 한편, 주심에서 주병이 붙어 있는 곳을 **배선**(raphe)이라고 하는데, 이는 성숙한 종자에서 다소 돌출한 구조로 되는 경우가 많기 때문이다.

주심의 유형

주심 또는 대포자낭의 유형은 이를 구성하는 세포층(특히 주공 쪽)의 수에 따라 정의한다. 미성숙한 배주 안에는 **포원세포**라고 하는 커다란 세포가 하나 들어있다. 일부 분류군에서 포원세포는 한 차례의 병층분열을 통해 바깥쪽에 벽세포 그리고 안쪽에 대포자모세포를 생성한다(**그림 10.8**). **벽세포**는 유사분열을 몇 차례 더 해서 주심의 안쪽 세포층을 이루게 되는데, 이러한 유형을 **후층성** 주심이라고 하며, 보통 두 층(혹은 그 이상)으로 이루어진다. 이와는 달리 포원세포가 분열하지 않고 직접 대포자모세포로 발달하게 되면 주심은 원래 바깥에 있던 층 1개만으로 이루어지게 되는데, 이러한 유형을 **박층성** 주심이라고 한다(그림 10.8). 그러나 몇몇 분류군에서 벽세포는 만들어지지 않지만 바깥에 있던 층이 병층분열을 하여 층이 하나 더 형성되기도 하는데, 이러한 유형을 **위후층성** 주심이라 한다. 이 경우 성숙이 완료된 주심은 마치 후층성 주심처럼 층이 2개 있는 것으로 보이지만 안쪽 층은 벽세포에서 기원한 것이 아니

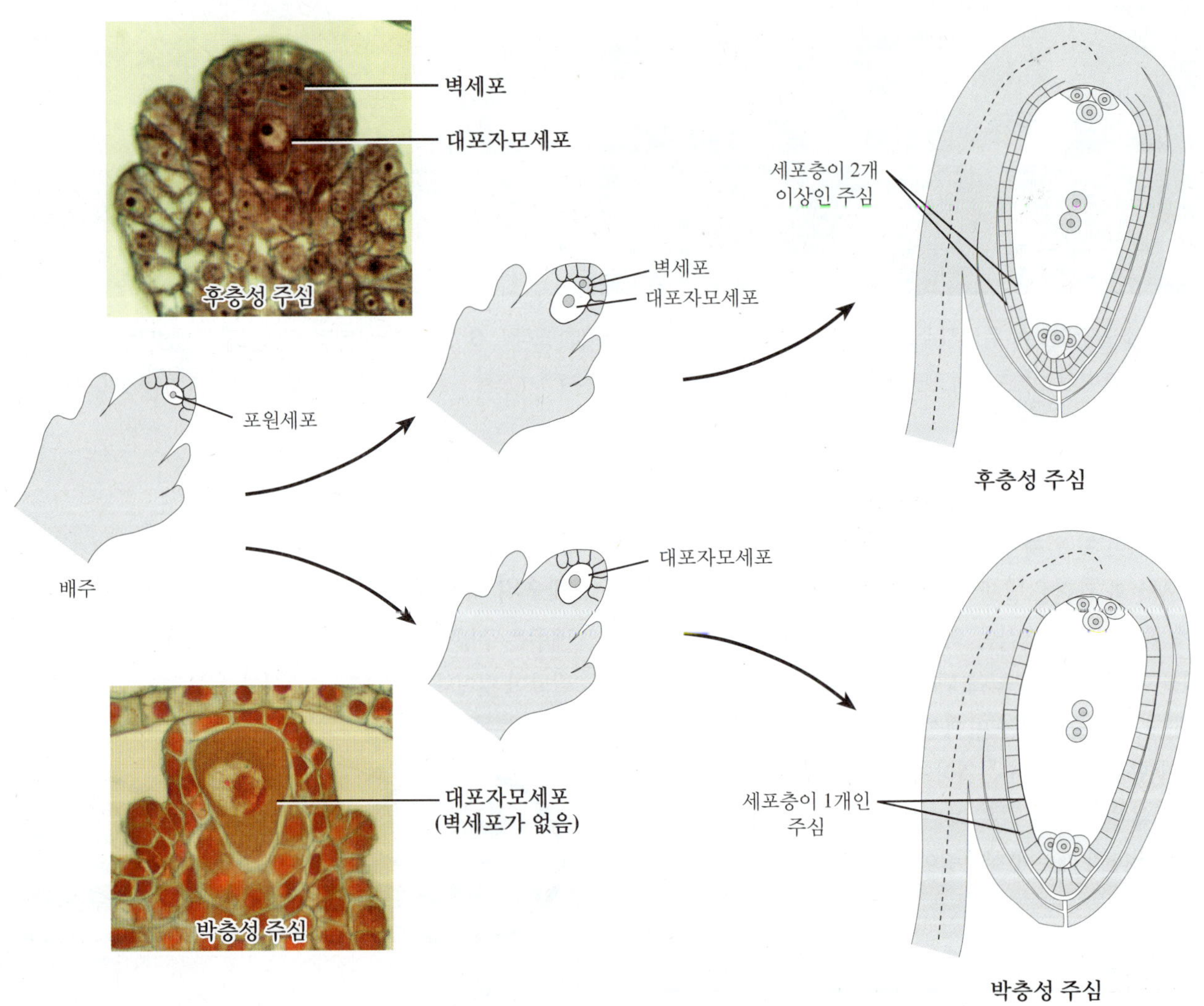

그림 10.8 주심의 유형.

다. 성숙한 주심에서는 후층성 주심과 위후층성 주심의 차이를 알 수 없다는 사실로부터, 이 둘을 구분할 수 있는 발생학적 연구가 얼마나 중요한지 알 수 있다.

일부 식물에서는 배주의 주공 쪽 지역에서 주심의 세포분열이 급격하게 많이 일어나서 세포 덩이를 이루는데, 이를 **주심돌기**라 한다.

대포자생성

대포자생성(megasporogenesis)이란 대포자모세포가 감수분열을 통해 대포자가 만들어지는 과정을 말한다. 대포자모세포가 감수분열을 하면 대포자 핵 4개가 생성된다. 식물 대부분에서 감수분열이 끝난 후에 세포질 분열이 일어나 대포자 4개가 만들어진다. 이러한 양상을 **단포자성** 대포자생성이라 하는데, 이는 생성된 대포자 4개 가운데 1개만이 자성배우자체로 발달하기 때문이다(**그림 10.9**, **10.10**A–D). 그러나 일부 피자식물의 경우 세포질 분열이 일차 감수분열 후에만 일어나서 각각 반수체 핵 2개를 지닌 세포 2개가 만들어진다. 이러한 발달 양상을 **이포자성**이라 하는데, 이는 두 세포 중 하나, 즉 대포자 핵 2개가 들어있는 세포 하나가 자성배우자체로 발달하기 때문이다(그림 10.9). 마지막으로, 어떤 식물에서는 감수분열이 끝나도록 세포질 분열이 일어나지 않아 반수체 핵 4개가 들어있는 세포 1개가 형성된다. 반수체 핵 4개 모두가 자성배우자체로 발달하기 때문에, 이를 **사포자성** 대포자생성이라 한다(그림 10.9).

대배우자체생성

감수분열의 결과로 생성된 반수체성 분열 산물인 대포자가 자성배우자체로 발달하는 것을 **대배우자체생성**(megagamtogenesis)이라고 한다. 대배우자체생성 유형은 유사분열, 새로운 세포의 형성 그리고 기존의 세포나 핵의 융합 등에 의해 결정하며, 이와 같은 사건이 일어나는 순서에 따라 **자성배우자체**(배낭)의 유형을 정의한다. 자성배우자체의 유형 구분에는 대포자생성 양상(사포자성, 이포자성 또는 단포자성)에 관한 내용도 일부 포함된다. 대배우자체생성 가운데 가장 일반적이면서도 원시적인 유형은 단포자성 대포자생성의 결과 만들어진 대포자 가운데 합점 쪽의 대포자가 발달하는 것이다. 이 반수체 대포자 핵은 3회의 유사분열 과정을 통해 8개의 핵으로 된다. 8개의 핵은 7개의 세포, 즉 합점 쪽에 위치하는 3개의 **반족세포**, 2개의 **극핵**을 포함하는 1개의 커다란 **중앙세포** 그리고 2개의 **조세포**와 이들 사이에 존재하는 1개의 **난세포**로 배열된다. [난세포와 조세포 2개를 합해 **난장치**라고 한다.] 이러한 순서로 핵과 세포가 분열하여 형성된 자성배우자체를 **마디풀형**(*Polygonum*형; 이 과정이 최초로 발견된 식물인 마디풀속에서 온 이름)이라고 하는데, 이는 피자식물 가운데 가장 일반적이고 원시적인 유형이다(그림 10.9, 10.10E). 그러나 다양한 피자식물 분류군에는 많은 자성배우자체 유형이 존재한다(그림 10.9). 예를 들어, 패모형(*Fritillaria*형)은 대포자 4개 중 3개가 융합하여 삼배체 핵을 만드는 사포자성 대포자생성으로부터 시작한다(그림 10.9, 10.10F,G). 반수체 핵 1개와 삼배체 핵이 각각 두 차례의 연속된 유사분열을 통해 최종적으로 핵 8개로 이루어진 자성배우자체가 만들어지는데, 이 가운데 반족세포 3개와 극핵 중 1개의 핵상은 삼배체이다(나머지는 반수체임).

최근 피자식물의 진화 이론은 자성배우자체 유형의 조상형이 일반적인 유형인 마디풀형(단포자성, 8핵, 7 세포)이 아니라, 사실상 모든 Nymphaeales(수련목) 및 Austrobaileyales(붓순나무목)에서 발견되는 *Nuphar/Schisandra*형(단포자성, 4핵, 4세포)이라고 제안한다(Friedman and Williams 2004; Friedman and Ryerson 2009). 자성배우자체 진화에 대한 가설에 관한 상세한 설명은 제6장(그림 6.14)을 참조한다.

주피의 유형(그림 10.11)

피자식물의 배주는 주피가 1겹 또는 2겹이다. 주피가 2겹인 경우를 **복주피성**이라 하고, 1겹인 경우를 **단주피성**이라고 하는데, 복주피성이 원시적인 형질 상태이다. 단주피성배주가 여러 피자식물 그룹에서 진화했는데, Asterids(국화계통군)에서 특히 많이 볼 수 있다. 그러나 아주 드물게 주피가 없을 수도 있는데, 이를 **무주피성**이라 한다.

주공의 유형(그림 10.12)

전형적인 복주피성 배주에서 주공은 대개 2겹의 주피에 의해 형성된다. 이와 같은 주공 유형을 **복주공성**이라고 한다. 만일 바깥쪽 주피가 짧게 발달함으로 인해 안쪽 주피에 의해서만 주공이 형성되면 **내주공성**이라 하고, 이와 반대의 경우에는 **외주공성**이라고 한다. 일부 피자식물에서는 두 주피에 난 구멍의 위치가 잘 맞지 않아 주공이 꾸불꾸불하게 형성된다(지그재그

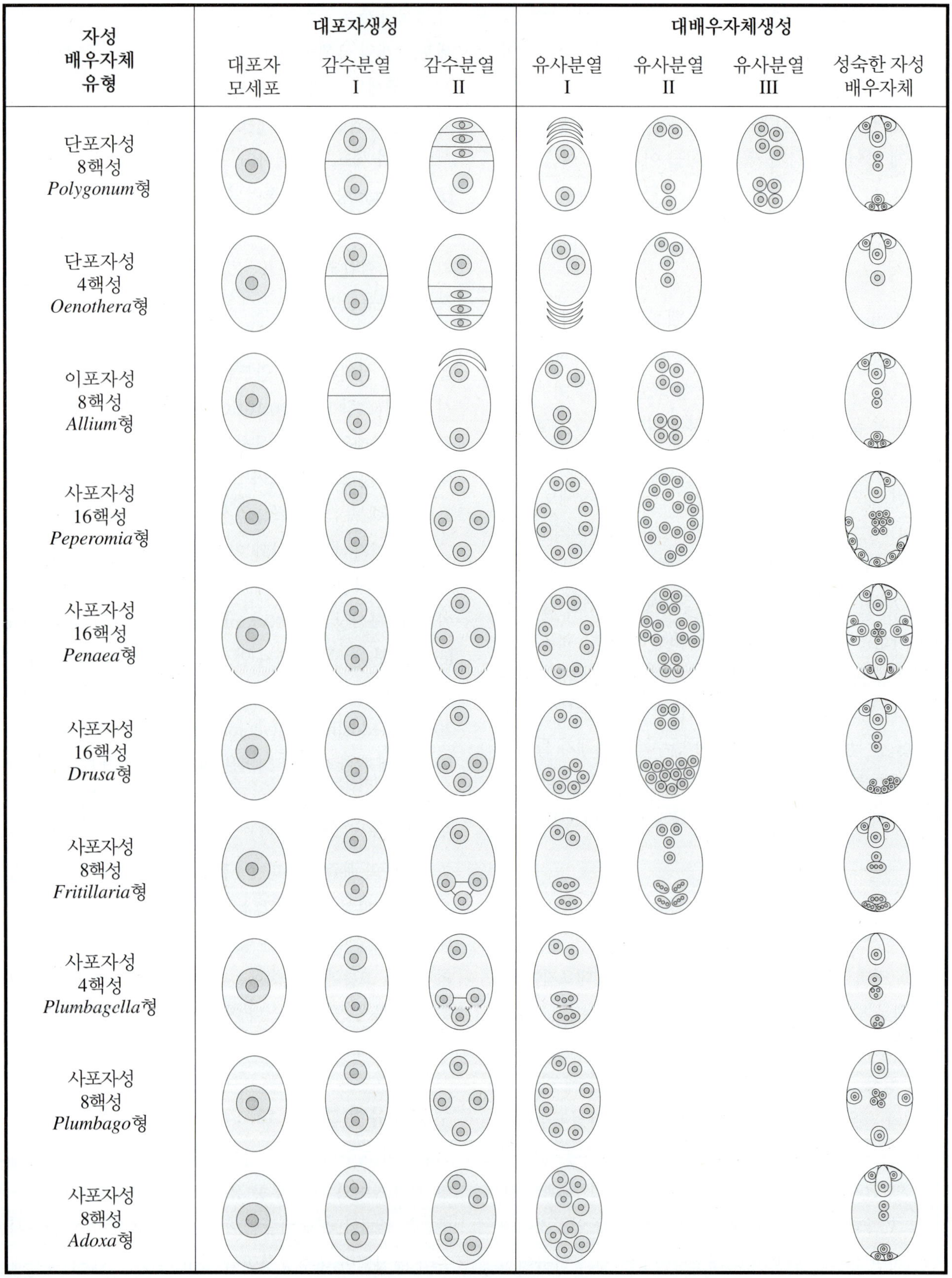

자성 배우자체 유형	대포자생성			대배우자체생성			
	대포자 모세포	감수분열 I	감수분열 II	유사분열 I	유사분열 II	유사분열 III	성숙한 자성 배우자체
단포자성 8핵성 *Polygonum*형							
단포자성 4핵성 *Oenothera*형							
이포자성 8핵성 *Allium*형							
사포자성 16핵성 *Peperomia*형							
사포자성 16핵성 *Penaea*형							
사포자성 16핵성 *Drusa*형							
사포자성 8핵성 *Fritillaria*형							
사포자성 4핵성 *Plumbagella*형							
사포자성 8핵성 *Plumbago*형							
사포자성 8핵성 *Adoxa*형							

그림 10.9 대포자생성의 유형과 대배우자체생성 중에 일어나는 분열 및 세포융합 순서에 따른 자성배우자체의 유형. 모든 그림에서 주공은 위쪽에 위치함. 용어는 Maheshwari(1950)를 따랐다.

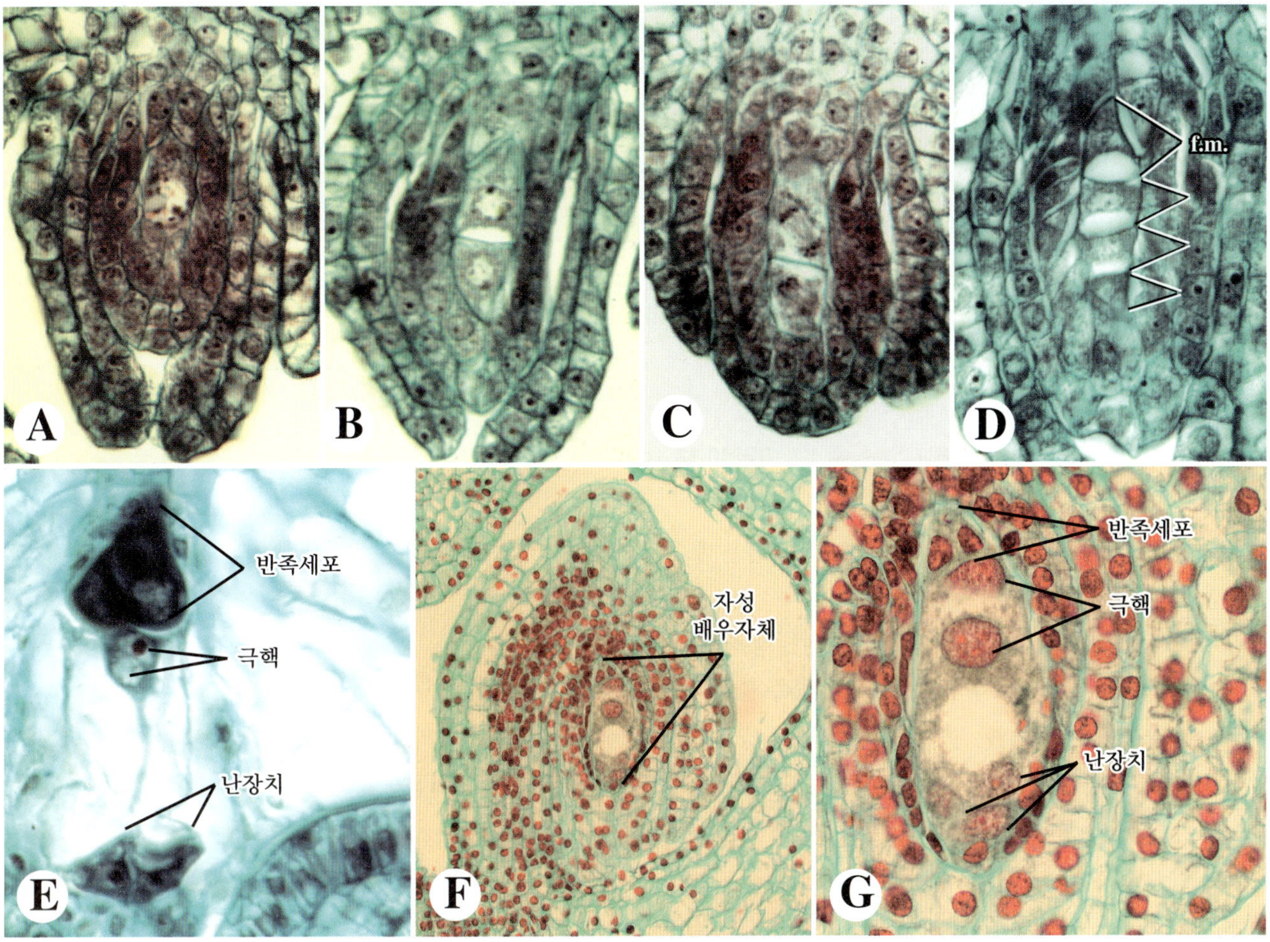

그림 10.10 배발생의 예(모든 사진에서 주공은 아래쪽에 있음). **A–D.** 단포자성 대포자생성. A. 대포자모세포 1개가 들어있는 배주. **B.** 일차 감수분열 후. **C.** 이차 감수분열. **D.** 이차 감수분열 후 생성된 4개의 대포자; f.m. = 기능을 하는 대포자. **E.** *Polygonum*형 자성배우자체(배낭); 반족세포 3개, 극핵 2개 그리고 난장치를 이루는 세포 3개중 2개를 볼 수 있음. **F,G.** *Lilium*(백합속)에서 볼 수 있는 *Fritillaria*형 대배우자체생성 과정. **F.** 전체 (도생)배주. 대배우자체가 성숙한 상태임. **G.** 대배우자체 접사. 삼배체 반족세포 2개(3개 중), 극핵 2개(1개는 반수체, 다른 하나는 삼배체) 그리고 반수체 난장치를 볼 수 있다.

형). 한편, 배주가 단주피성인 유형의 주공은 **단주공성**이라고 한다.

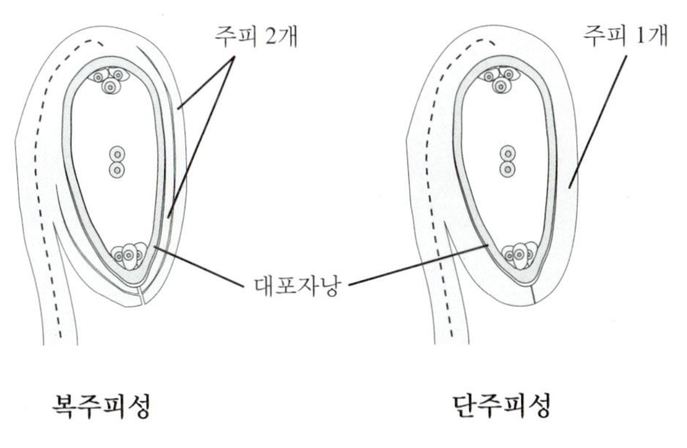

그림 10.11 배주의 주피 유형.

배주의 유형(그림 10.13)

배주의 유형은 일차적으로 주병과 주심/자성배우자체의 굴곡 양상에 따라 정의한다. 다음 용어는 유용하기는 하지만 다른 배주 유형은 정의하기 어려울 수 있으며, 정량 분석이 필요할 수도 있다. **도생배주**란 배주가 발달하는 동안에 굽어서 주공이 주병의 기부 근처에 위치하는 경우로, 관다발은 주병 기부에서 주공 반대편의 주심 지역까지 멀리 뻗어 있다. 도생배주는 피자식물에서 가장 흔한 유형이고, 조상형질 상태로 여겨진다. **직생배주**는 발달 과정에서 주병이 굽지 않아 주공이 주병 기부의 반대쪽에 위치하는 경우로, 관다발은 주병 기부에서 합점 지역까지만 뻗어 있다. 직생배주는 피자식물의 여러 그룹에서 독립적으로 진화하였다. 도생배주와 직생배주 모두 주심이 굽어 있

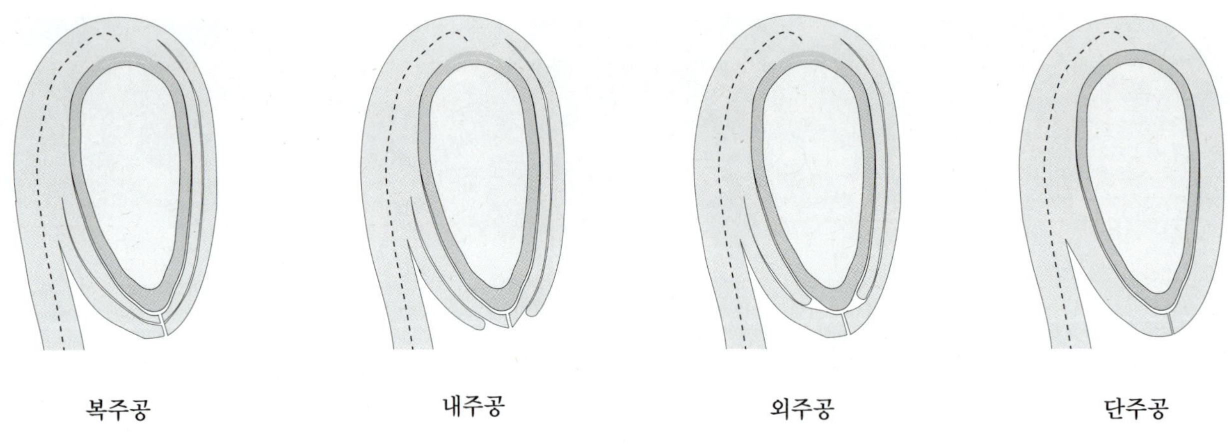

그림 10.12 배주의 주공 유형.

지 않고 곧다. (도생배주와 직생배주의 중간 정도로 굽은 배주를 반도생배주라 한다.)

이와 다른 네 가지 배주 유형이 있는데, 이들은 발생 중에 배주가 굽어져서 도생배주와 유사하게 주공이 주병쪽에 위치한다. 그러나 이들은 도생배주와는 달리 종단면(배주를 양분하는 면)에서 보았을 때 주심이 굽어 있다. 전통적으로 이들은 두 유형, 즉 주심 상하면이 모두 심하게 굽은 **만생배주**와 주심의 하면만 굽은 **만곡배주**로 구분되었는데, 이는 식물계통학 문헌에서 종종 언급된다. 그러나 이들 각각은 관다발의 방향에 따라서 두 개의 하위 유형으로 세분할 수도 있다. **도만생배주**는 관다발이 주병의 기부에서 주심의 합점까지 뻗어 있으며, 주심이 심하게 굽어 들어간 지역에 분화된 세포로 이루어진 **기저체**가 존재하는 유형이다. **도만곡배주**는 도만생배주와 유사하지만 기저체가 없다는 점이 다르다. **직만생배주**는 관다발이 주병 기부에서 주심 가운데로 곧게 뻗어 있으며 기저체가 존재하는 유형이다. **직만곡배주**는 직만생배주와 유사하지만 기저체가 없다는 점이 다르다.

배주의 배치 형태(그림 10.14)

배주자세는 주공과 배선이 자방축(화축)의 선단, 기부 또는 측면을 기준으로 어떻게 자리하고 있느냐에 관한 것이다. **주공상향배주**는 주공이 선단(위쪽)을 향하는 배주 유형이다. 이 유형은 배선이 배면(배축면)에 자리하는 **배면-주공상향배주** 및 배선이 복면(향축면)에 자리하는 **복면-주공상향배주** 등 두 가지 유형으로 구분할 수 있다. **주공하향배주**는 주공이 기부(아래쪽)를 향하는 배주 유형이다. 이 유형 역시 배선이 배면(배축면)에 자리하는 **배면-주공하향배주** 및 배선이 복면(향축면)에 자리하는 **복면-주공하향배주** 등 두 가지 유형으로 구분할 수 있다. **주공측향배주**는 주공이 옆을 향하는 배주 유형이다. 이 유형 역시 배선이 위에 자리하는 **배면-주공측향배주** 및 배선이

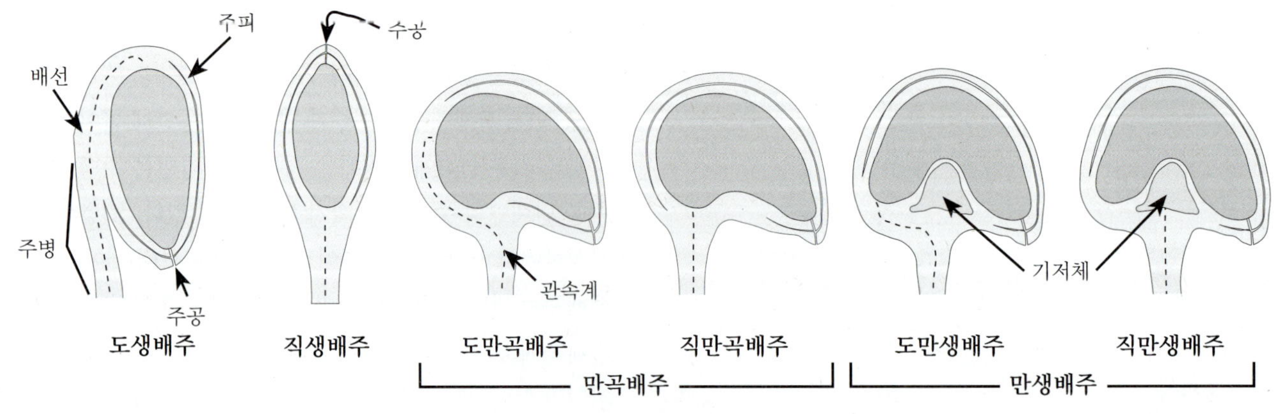

그림 10.13 배주의 유형.

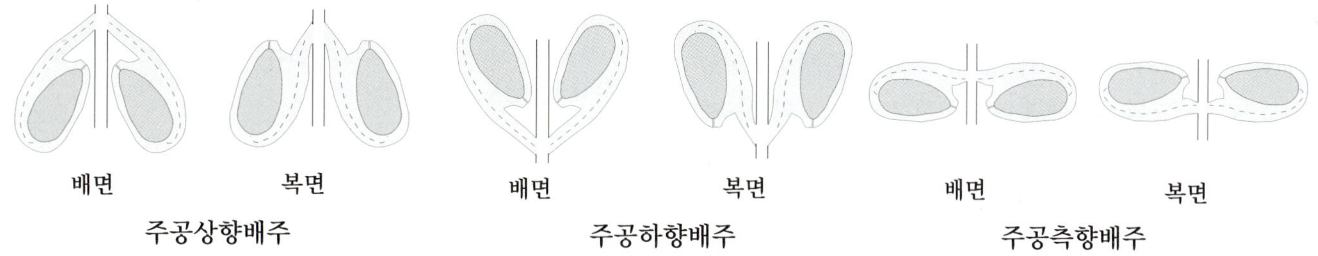

그림 10.14 배주의 배치형태, 도생배주를 사용하여 나타냈음.

아래에 자리하는 **복면-주공측향배주** 등 두 가지 유형으로 구분할 수 있다. **주공다향배주**는 놓인 방향이 일정하지 않은 배주 유형이다.

주병돌기의 유무

아주 드물게, 배주의 기부에서 주병이나 태좌로부터 조직이 돌출하는데 이를 **주병돌기**라고 하며, 대극과와 같은 특정 분류군에서 볼 수 있다.

종자의 발달

배발생

배발생이란 종자 안에 배가 형성되는 것을 말한다. 접합자(정자와 난자가 수정한 결과 생성된 세포)가 분열하는 순서에 따라서 여러 가지 배발생 유형을 정의하는데, 이들 유형은 각 유형이 존재하는 주요 분류군의 명칭을 따서 명명한다.

접합자의 최초 분열은 대개 횡(자성배우자체와 주심의 종축에 수직) 방향으로 일어나는데, 이 분열이 바로 어린 배(전배) 발생의 시작이다. 이 횡분열에 의해 두 세포, 즉 주공 쪽의 기저세포, 합점 쪽의 정단세포가 형성된다. 정단세포는 급격히 분열하여 전배체의 대부분을 형성한다. 전배체는 점차 생장해서 새로운 포자체가 될 부분이다. 최초의 기저세포는 유사분열을 통해 성숙한 배를 형성하는 데 이바지하며, 배가 성숙하는 동안 일시적으로 양분을 수송하는 배병으로 발달하기도 한다(**그림 10.15**A,B).

기저세포와 정단세포의 분열 순서 및 세포유도체 가운데 어느 것이 성숙한 배로 되느냐에 따라 5가지 배발생 유형이 존재한다. (1) 국화형 배발생: 정단세포가 종방향으로 분열하고, 기저세포와 정단세포 유도체 모두가 배 성숙에 참여한다. (2) 석죽형 배발생: 정단세포가 횡 방향으로 분열하고, 정단세포의 유도체만이 배 성숙에 참여한다. (3) 명아주형 배발생: 정단세포가 횡방향으로 분열하고, 기저세포와 정단세포 유도체 모두가 배 성숙에 참여한다. (4) 십자화과형 또는 바늘꽃형 배발생: 정

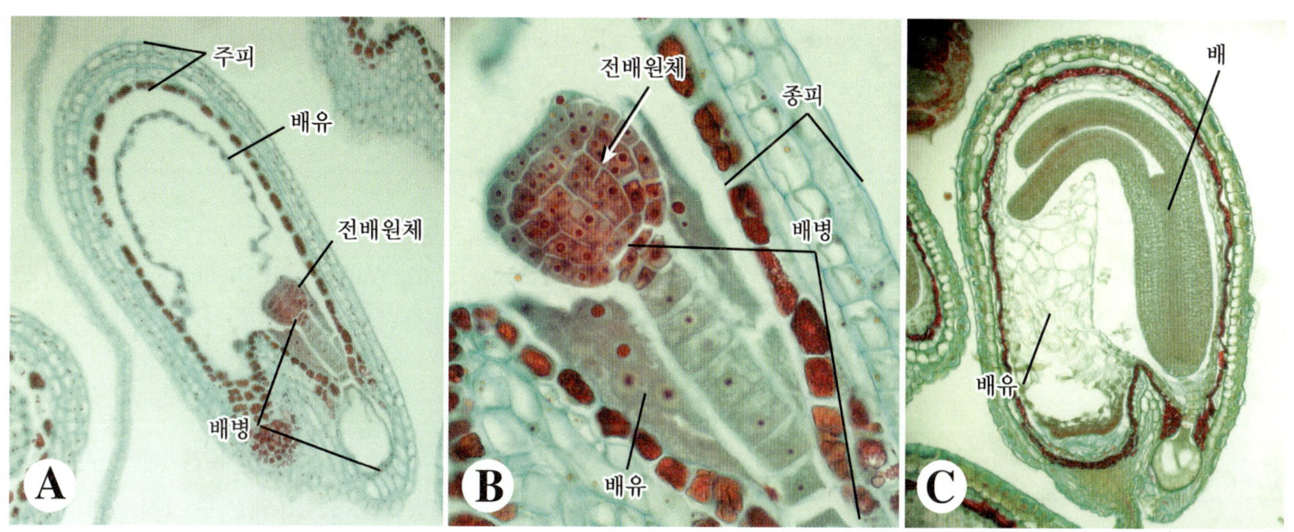

그림 10.15 배유와 배의 발생, *Capsella bursa-pastoris*. **A.** 매우 어린 종자, 미성숙 배, 초기 배유 그리고 종피를 볼 수 있다. **B.** 어린 배를 접사한 것. 기부의 배병 및 정단부에 활발히 분열하는 구형의 전배체(전배원체)를 볼 수 있다. **C.** 좀 더 성숙한 종자, 자엽 2개가 형성된 배를 보여준다.

단세포가 종 방향으로 분열하고, 정단세포의 유도체만이 배 성숙에 참여한다. (5) 가지형 배발생: 정단세포가 횡 방향으로 분열하고, 기저세포의 유도체가 배병을 형성하며, 그 외에는 배 성숙에 참여하지 않는다.

마지막 (6)번째 배발생 유형으로 후추형이 있는데, 이는 접합자가 종 방향으로 분열하기 때문에 기저세포나 정단세포를 형성하지 않는 유형이다.

배의 유형

성숙한 배는 그 형태와 크기에 따라 유형이 나뉘며, 이 경우 유근과 자엽의 모양 및 크기가 가장 중요한 기준이다. 배는 일차적으로 종자 내 자엽의 유엽형태에 따라 다양한 유형으로 구분한다(제9장). 한편, 엽록체의 유무에 따라 무엽록체성 또는 엽록체성 배로 구분하기도 한다.

배유발생

배유발생은 중복수정의 두 번째 산물인 배유세포(대개 3n)의 초기 유사분열 및 세포질 분열 양상을 기초로 기술된다(그림 10.15A–C). 세포성 배유는 배유세포의 유사분열에 이어 세포질 분열이 함께 일어나는 것을 말한다. 따라서 배유 핵은 처음부터 세포벽 안에 놓이게 된다. 반면, 다핵성 배유는 유사분열 이후 세포질 분열이 일어나지 않는 경우를 말한다. 따라서 적어도 발생 초기에는, 수많은 핵이 하나의 세포 안에 존재하게 된다(그러나 나중에는 세포벽이 핵을 둘러싸게 됨). 한편, 소생목형 배유는 최초의 유사분열에는 세포질 분열이 따라 일어나 2개의 세포가 생성되지만, 이후 분열에서 한 세포는 다핵성 배유처럼, 다른 세포는 세포성 배유처럼 분열하는 것을 말한다.

발생학과 계통학

다양한 발생학적 특징은 계통유연관계를 유추하는 데 매우 귀중한 자료가 될 수 있다. 피자식물군에 존재하는 발생학적 형질의 예는 표 10.1에 나타내었다.

화분학

화분학(palynology, palynos는 그리스어로 먼지를 뜻함)은 포자와 화분에 관한 학문이다. 포자와 화분에는 많은 형태적 또는 미세구조적 특징이 존재한다. 이러한 화분의 특징은 식물의 계통유연관계를 유추하는 데 중요한 형질을 많이 제공해 왔다. 포자와 화분은 또한 식물을 동정하는 데 활용되기도 한다. 이런 이유로 화석기록을 연구하는 고화분학 분야에서 화분 연구가 매우 광범위하게 이루어지고 있다. 특정 지층에서 나타나는 화분의 정체, 밀도 그리고 빈도는 과거에 어떤 식물이 그 지역에 서식했는가에 관한 정보를 제공한다. 고화분학적 연구결과는 과거의 식물군집구조를 밝히고, 시간의 경과에 따라 일어난 기후변화와 관련된 식생의 변화를 측정하는 데 사용된다.

표 10.1 Caryophyllids(석죽군)의 발생학적 형질의 예(출처: Rodman, 1990. Centrospermae revisited, Part I, Taxon 39: 353–393. 형질명은 대괄호 안에 볼드체로 표시하였음).

배주는 도생, (도)만곡 또는 직생 **[배주의 유형]**
주공은 주피 2개 또는 1개(내주피)에 의해 만들어짐 **[주공의 유형]**
주심돌기는 없거나 있음 **[주심의 유형]**
바늘꽃형, 국화형, 가지형, 석죽형 또는 명아주형 **[배발생 유형]**
*Polygonum*형 또는 *Plumbago*형 **[자성배우자체생성 유형]**
주병돌기는 없거나 있음 **[주병돌기의 존재유무]**
종자에 배유가 없거나 있음 **[종자 내 저장조직의 기원]**
종자에 외유(外乳)가 소멸하거나 숙존함 **[종자 내 저장조직의 기원]**
배에 엽록소가 없거나 있음 **[배의 유형]**
종자에 가종피(주병성 가종피)가 있거나 없음 **[종피의 해부구조]**
종자의 외종피층이 비후하거나 비후하지 않음 **[종피의 해부구조]**
종자의 내종피층이 비후하거나 비후하지 않음 **[종피의 해부구조]**
종자의 외주피층이 가도관상, 섬유상, 책상이거나 또는 특화되지 않음 **[종피의 해부구조]**
종자의 내주피층이 비후하거나 비후하지 않음 **[종피의 해부구조]**

화분학 용어

화분의 형태에 적용하는 용어는 연구자마다 조금씩 다르다. 다음은 Reitsma(1970), Walker and Doyle(1975) 그리고 Punt et al.(1994)가 제안했던 용어이다.

화분핵의 수

화분이 방출될 당시의 핵의 수는 계통유연관계 연구에 유용한 정보를 제공할 수 있다. 피자식물에는 두 가지 유형이 존재한다. 이핵성 화분은 화분관세포 1개와 생식세포 1개로 구성되는데, 이는 피자식물에서 가장 흔히 출현하는 원시적인 유형이다

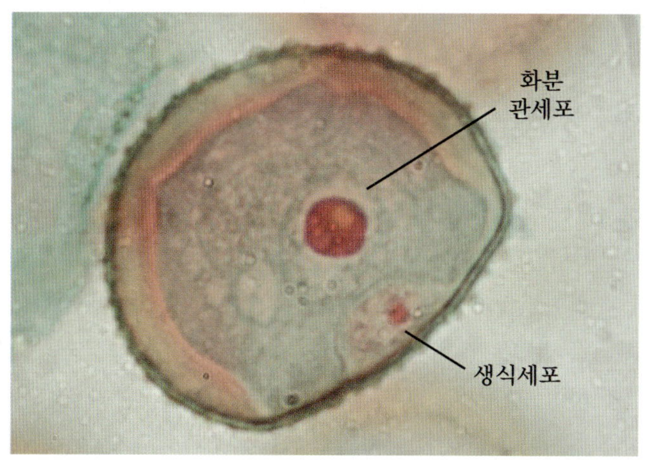

그림 10.16 이핵성 화분. 생식세포와 화분관세포 핵을 보여준다.

(그림 10.16). 삼핵성 화분은 화분관세포 1개와 정자 2개로 이루어지는데, 정자는 생식세포가 조숙하여 분열한 결과이다. 삼핵성 화분은 피자식물 내에서 상대적으로 드물고, 몇몇 석죽목 식물의 표징형질 혹은 파생형질로 간주될 수 있다. 화분핵 수는 발생학적 형질에서도 다루고 있다.

화분 저장산물

화분립에는 고에너지 저장물질이 들어있다. 이들은 대개 **녹말**이거나 **지방** 성분이다. 이러한 저장물질의 분포는 피자식물의 계통유연관계 연구에 정보를 제공할 수 있다.

화분 단위

화분 단위란 화분 방출 시 연합되어 있는 화분립의 수를 가리킨다. 대개 소포자 생성 과정을 통해 만들어진 소포자 4개는 화분 방출 전에 분리된다. 이렇게 하나씩 분리된 화분을 **단립**이라고 하며, 피자식물 전반에서 발견된다. 드물게, 화분립 2개가 합착되어 **이립**화분을 이루기도 한다. 이보다 약간 더 흔히 발견되는 유형은 **사립**인데, 이는 감수분열의 결과로 형성된 반수체 세포 4개가 떨어지지 않고 그대로 붙어 있는 경우이다. 여기에는 화분립 4개의 배열상태에 따른 5가지 세부 유형이 존재한다. (1) **사면체형사립**(그림 10.17A): 화분립 4개가

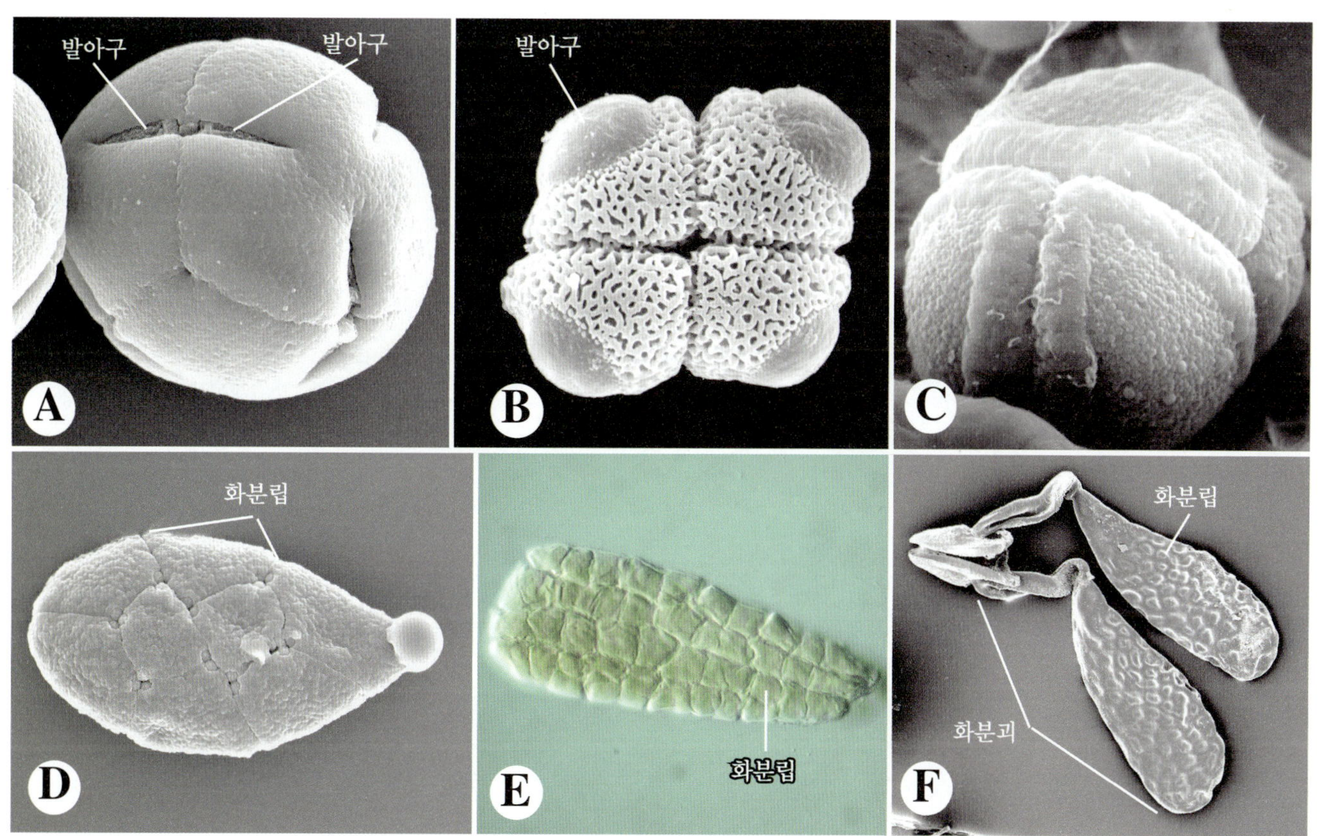

그림 10.17 화분단위. **A.** 사면체형 사립; *Arbutus*. **B.** 사변형 사립; *Philydrum*. **C.** 교호사립; 발달 초기, *Lachnanthes*. **D.** 화분 8개가 합착된 다립; *Calliandra*(콩과). **E.** 화분소괴; *Piperia*(난과). **F.** 화분괴; *Asclepias*(박주가리속).

사면체를 이루는 경우로서 Ericaceae(진달래과) 식물이 그 예이다. (2) **선형사립**: 화분립이 일직선상에 배열되는 경우로서 *Typha*(부들속) 식물이 그 예이다. (3) **마름모형사립**: 화분립이 한 평면 위에 배열되는 유형으로서 2개의 화분립이 더 가깝게 밀착하여 다른 두 화분립이 약간 떨어져서 배열되는 경우이다. (4) **사변형사립**(그림 10.17B): 화분립이 상호 등거리를 유지하며 하나의 평면상에 존재하는 유형이다. (5) **교호사립**(그림 10.17C): 화분립 4개가 2개씩 쌍을 이루어 서로 수직으로 배열된 상태이다.

4개보다 더 많은 수의 화분립이 붙어 있는 경우를 다립이라고 한다(그림 10.17D). 다립은 Fabaceae(콩과)의 Mimosoideae(미모사아과)에서 흔히 나타나며, 대개 화분립 8개가 합착된 것의 배수로 이루어져 있다. 반약 내의 모든 화분은 아니지만 많은 수의 화분이 뭉친 경우에는 **화분소괴**라고 한다(그림 10.17E). 한편, 반약 내의 모든 화분립이 하나로 뭉친 경우는 **화분괴**라 하는데 이는 Apocynaceae(협죽도과, 그림 10.17F)와 Orchidaceae(난과, 제7장)에서 볼 수 있다.

화분 극성

화분 극성이란 공간적 기준에 대한 하나 혹은 여러 발아구의 위치를 말한다. 이 공간적 기준은 **극축**인데, 이는 본래의 화분사립의 중심을 관통하는 화분립의 축을 일컫는다(**그림 10.18**). 극축과 화분립의 표면이 교차하는 지점들 가운데 화분사립의 중심 쪽에 있는 것을 **향심극**(이를 둘러싼 표면은 향심극반구)이라 하고, 그 반대쪽의 지점을 **원심극**(이를 둘러싼 표면은 원심극반구)이라 한다. 화분립의 중심을 극축과 수직으로 관통하는 면과 화분립의 표면이 만나는 선을 화분 **적도**라 한다. 각 극 위에서 화분립을 관찰한 면을 **극면**, 적도 위에서 화분립을 관찰한 면을 **적도면**이라고 한다(그림 10.18).

화분 극성의 세 가지 일반적 유형으로, (1) **등극성**은 두 반구가 서로 같으나 극지역과 적도지역이 구분되는 경우, (2) **이극성**은 하나 또는 여러 개의 발아구가 서로 다르게 배치됨에

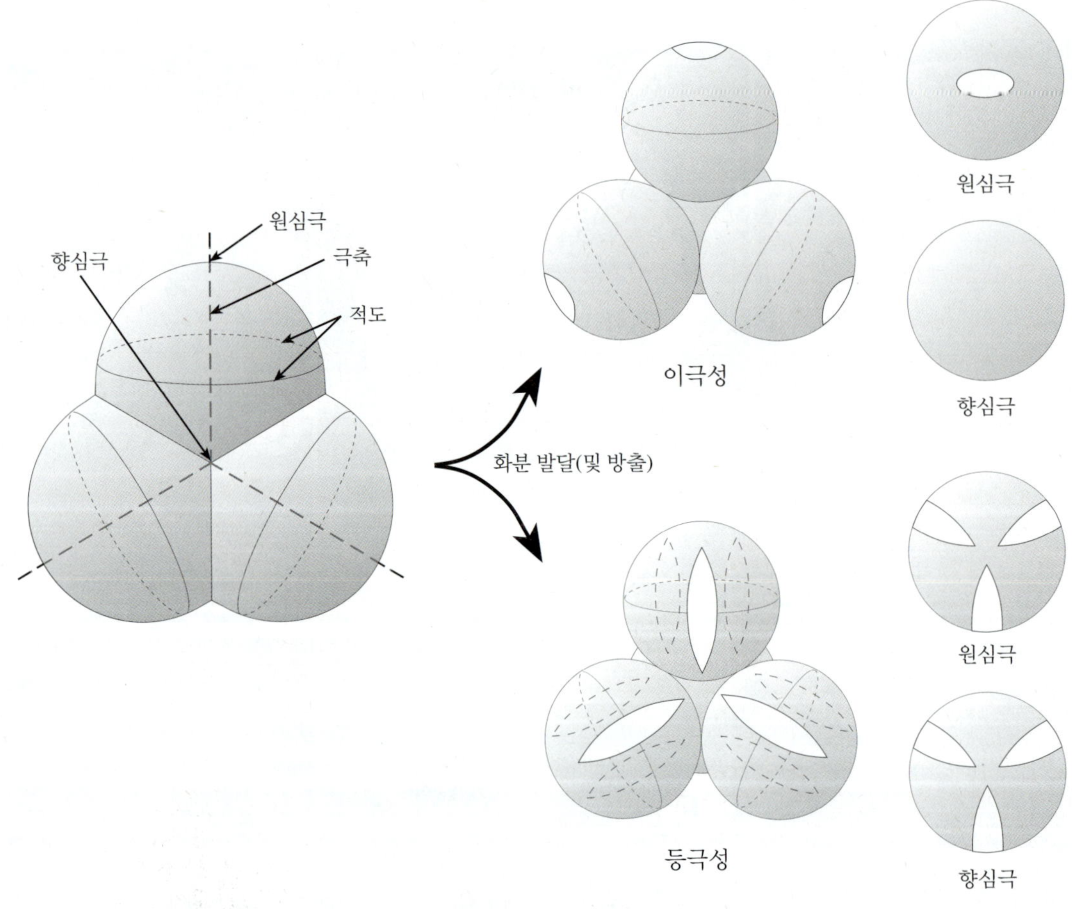

그림 10.18 화분 극성.

따라 두 반구가 다른 경우, (3) **무극성**은 화분이 사립으로부터 떨어져 나간 이후에는 극지역과 적도지역이 구분되지 않는 경우를 말한다. 화분 극성은 소포자 또는 화분사립과 관련된 개념이라는 것을 알아야 한다. 성숙했을 때의 화분 단위가 사립이 아닌 경우 화분 극성은 초기 화분사립 단계에서 발아구의 위치를 관찰해야만 결정할 수 있다. 그러나 이는 쉽게 관찰되지 않으므로, 직접적인 관찰을 통해 화분 극성이 이미 밝혀진 다른 분류군과 비교해서 극성을 추론하는 것이 일반적이다.

화분 발아구

발아구(発芽口; **그림 10.19, 10.20**)는 화분립의 벽에서 특별히 구분되는 지역을 말한다(화분벽 구조 참조). 발아구는 화분관이 뻗어 나오는 지역이지만 수분함량(습도) 변화에 따라 화분립의 부피 변화를 조절하는 기능도 한다. **부피변형능**으로 알려진 이 특징은 수분 손실에 따라서 발아구가 수축하게 하는 것으로, 발아구 주변의 표벽을 마르게 함으로써 발아구가 효율적으로 봉합되게 한다.

화분 발아구 유형은 발아구의 형태, 수, 위치, 배열에 따라 구분하는데, 이 경우 극축을 기준으로 한다는 점이 묵시적으로 내포되어 있다. 드물게 발아구가 인식되지 않는 화분립도 있는데, 이를 **무구형**이라 한다.

발아구의 두 가지 일반적 유형은 그 형태에 따라 구분한다. **구구**(溝口, colpus)는 긴 발아구를 말하며 길이와 폭의 비가 2:1을 초과하는 것을 말한다(그림 10.19). 구구는 타원형, 장방형 또는 방추형이다. **공구**(孔口, porus)는 원형에서 타원형으로 길이와 폭의 비가 2:1 이하인 발아구를 일컫는다(그림 10.19, 10.20C,D,F,K). 공구가 화분립의 표면 전반에 출현하면 **산공형**이라 한다(그림 10.19, 10.20J,K). 발아구가 구구형이지만 중앙에 공구가 있는 경우 **구공형**(溝孔型, colporate; 그림 10.19, 10.20B,I)이라 한다.

발아구들이 적도지역에 위치하는 것을 발아구의 형태에 따라 **병구형** 또는 **병공형**이라 한다. 구구와 공구라는 용어는 극을 제외한 지역(주로 적도지역)에 출현하는 발아구를 지칭할 때 국한하여 사용한다. 구구와 유사한 형태의 발아구가 극지역(주로 원심극) 혹은 좀 드물지만 적도지역에 위치할 경우 **원구구**(原溝口, sulcus)라고 한다(그림 10.18A). 예를 들어, (적도-) **이원구형**은 2개의 긴 발아구가 적도면과 평행하게 서로 반대쪽에 위치하는 경우이다(예, Pontederiaceae 물옥잠과; 그림 10.18H). 이와 마찬가지로 공구와 유사한 형태의 발아구가 극지역(주로 원심극)에 위치할 경우에는 **원공구**(原孔口)라고 한다(그림 10.20G).

발아구의 개수는 각 유형 앞에 단-, 이-, 삼-, 사-, 오-, 육- 또는 다- 등의 접두사를 붙여서 표시한다. 따라서 삼구형이란 긴 발아구 3개가 적도지역(적도와 수직으로)에 위치하는 것을 말하고, 오공형은 원형에 가까운 발아구 5개가 적도지역에 위치하는 것을 의미한다.

다소 드물고 특수한 발아구형인 **합구형**은 구구가 연결되어(예를 들어, 극 지역에서) 형성된 것을 지칭한다. 한편, **삼지원구형**은 원구구가 3개로 갈라진 발아구를 말한다. 원구구와 원공구 화분립은 대개 발아구가 1개이다. 이들은 각각 **원구형**과 **원공형**이라 한다. **나선상발아구형**은 나선형으로 배열된 하나 또는 여러 개의 발아구를 지칭한다.

화분 대칭성

화분은 대개 방사대칭이어서 대칭면이 둘 이상 있으나 좌우대칭으로 대칭면이 하나인 경우도 있다. 대칭성은 형태의 일부분으로 포함하여 다룬다(화분 형태 참조).

화분 크기

화분의 크기는 분류군마다 엄청나게 다르다. 크기는 일반적으로 극지름과 적도지름이 함께 측정된다(화분 형태 참고). 전형적인 화분립은 지름이 약 25–50 μm이지만, 5 μm 이하인 경우와(거의 세균만큼 작음) 200 μm 이상인 경우도 있다.

화분 형태

화분 형태(**그림 10.21**)란 보트형, 타원체형, 방추형 또는 구형처럼 화분립의 3차원적 구조를 말한다. 화분 형태는 광학현미경 하에서 관찰되는 극면 혹은 적도면의 이차원적 형태를 통해 밝혀지기도 한다. 극면의 윤곽선(**극면형**)은 원형 혹은 타원형으로 각이 지지 않을 수도 있지만, 삼각형, 마름모형, 직사각형 또는 오각형으로 다각형의 형태를 취하기도 한다. 다각형 극면의 형태에는 변이 직선인 것, 움푹 들어간 것, 볼록 나온 것 등이 있다(그림 10.21).

화분 형태에서 측정할 수 있는 다른 값으로는 극지름(P)과 적도지름(E)의 비율인 **P/E 비**를 들 수 있다. P/E 비가 1에 근접하면 **구형** 화분이다. 만일 P/E 비가 약 1.2보다 크면 그 화

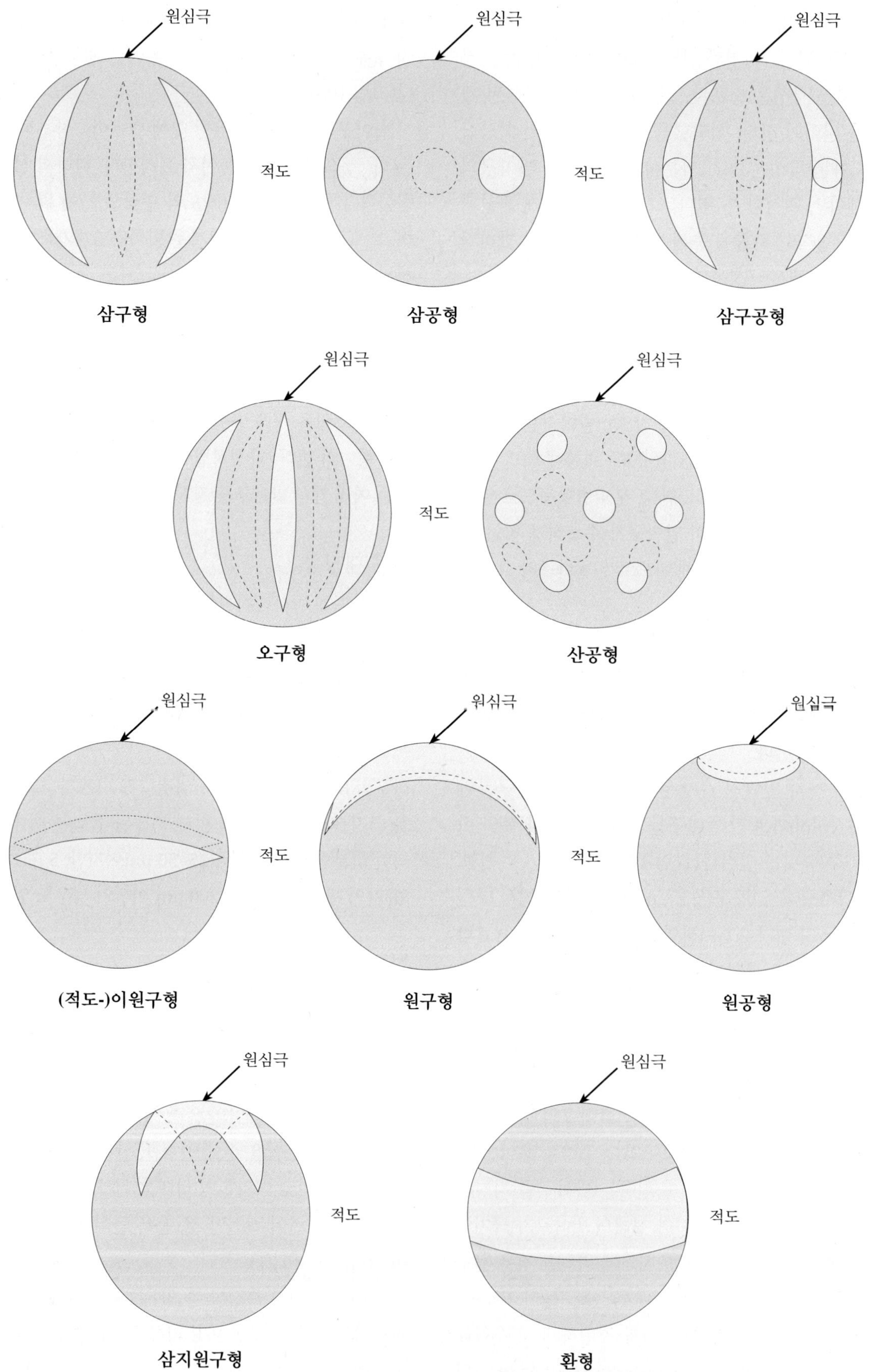

그림 10.19 화분 발아구.

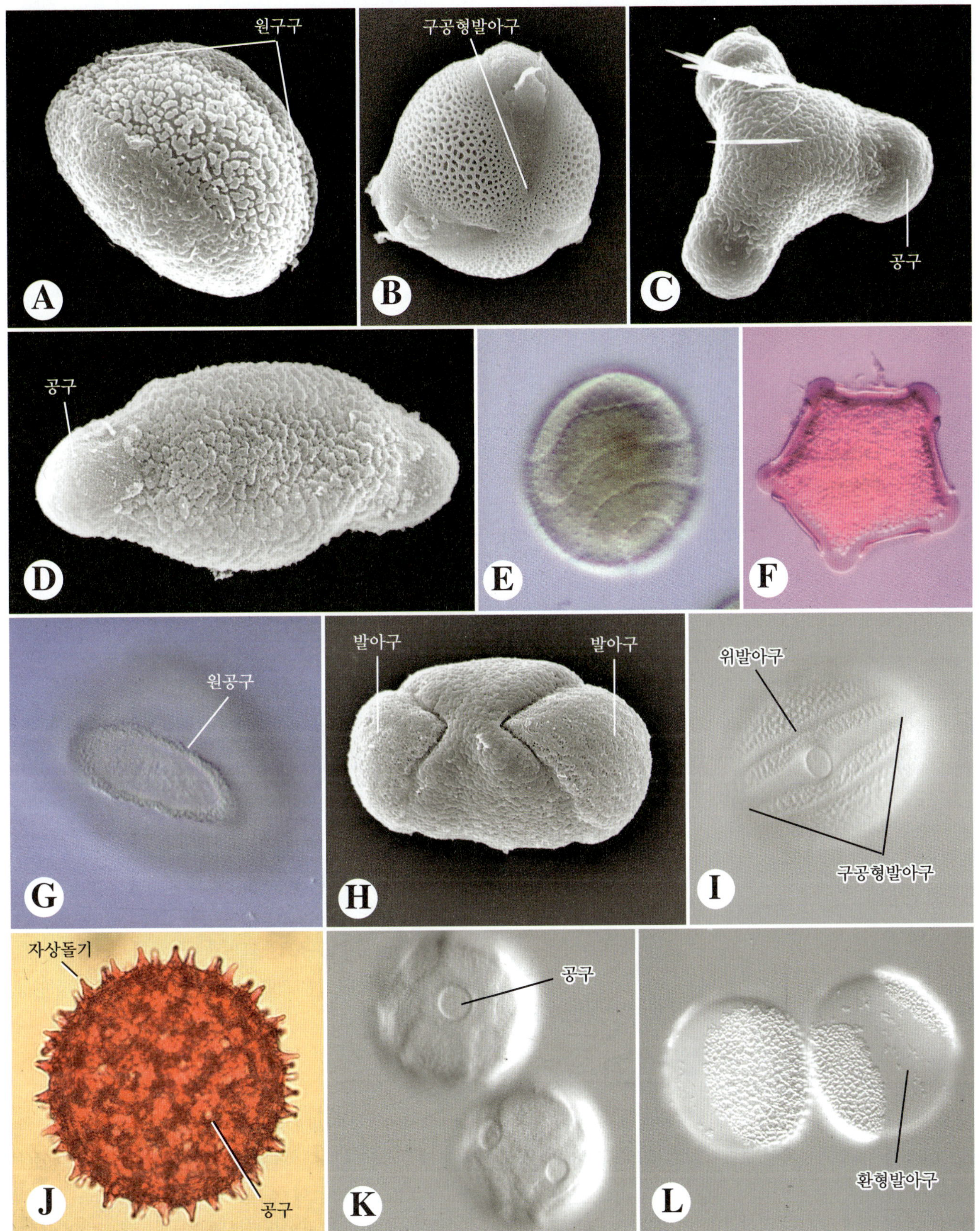

그림 10.20 화분 발아구의 예. **A.** 원구형. **B.** 삼구공형. **C.** 삼공형. **D.** 이공형. **E.** 나선상 아구형. **F.** 오공형. **G.** 원공형. **H.** (적도-)이원구형. **I.** 삼구공형. 발아구 하나와 양 옆의"위발아구"를 볼 수 있음. **J.** 산공형, 자상 표벽. **K.** 산공형. **L.** 환형.

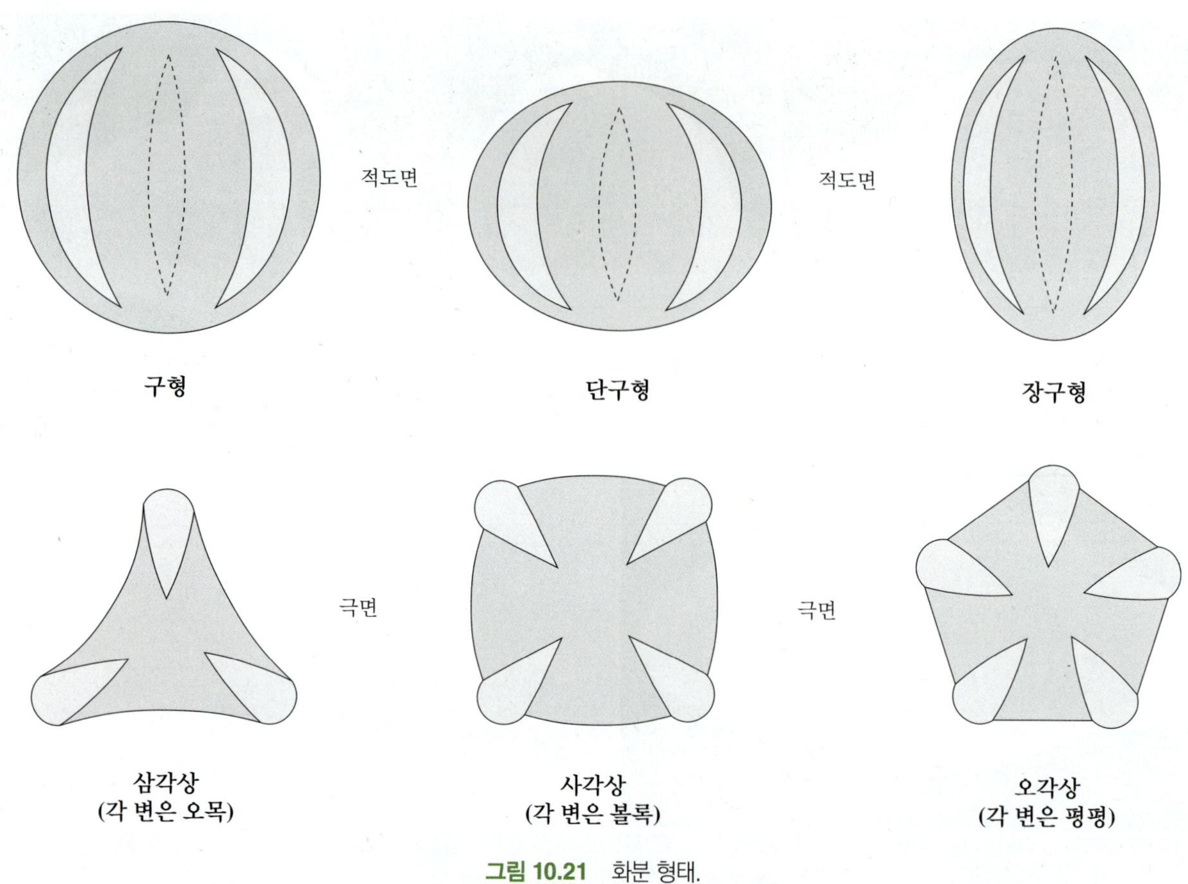

그림 10.21 화분 형태.

분립은 **장구형**(마치 오이처럼 극축을 따라 긴 경우)이라 하고, 0.8보다 작으면 **단구형**(귤처럼 생긴 경우)이라 한다. 한편, 구형에 가까운 장구형은 **아장구형**이라 하고, 구형에 가까운 단구형은 **아단구형**이라 한다.

화분 표면형태

화분 표면형태는 화분립 표벽의 외부 특징을 말한다(**그림 10.22**). 표면형태는 광학현미경으로도 관찰할 수 있지만, 더 세부적인 특징은 주사전자현미경을 사용해야 알 수 있다.

구체적인 표면 무늬에는 다음과 같은 것이 있다.

봉상: 막대기형 돌기가 있음; 각 돌기의 명칭은 봉.

곤봉상: 곤봉 모양의 돌기가 있음; 각 돌기의 명칭은 곤봉.

자상: 1 μm를 넘고, 가시처럼 생긴 돌기가 있음; 각 돌기의 명칭은 자상돌기.

추문상: 길이 방향으로 (주름살처럼) 패여 있음.

세공상: 구멍이 있어 공문상으로 되어 있음.

두상돌기형: 구형 또는 타원체형의 돌기가 있음.

평활상: 표면이 매끄러움.

망상: 그물 같은 표면무늬가 발달함; 각 그물코는 망목이라 하고, 그 사이의 공간은 망목강이라 함.

난선상: 뇌처럼 심하게 주름이 잡힘.

소자상 또는 **미세자상**: 1 μm 미만의 짧은 돌기가 있음; 각 돌기의 명칭은 소자.

조선상: 가는 원주형 구조가 표면과 나란하게 배열함.

사바귀상: 사바귀 같은 짧은 돌기가 나 있음; 각 돌기의 명칭은 우상돌기.

화분벽 구조

화분벽의 주기능은 세포질이 물리적으로 손상되거나 건조하는 것을 보호하는 것이다. 화분벽은 또한 수분이 쉽게 일어나게 하기도 한다. 예를 들어, 충매화 화분의 표면돌기는 정교하게 발달하는 경향이 있는데, 이러한 표면돌기는 화분립이 서로 달라붙게 하기도 하고, 곤충의 몸에도 잘 붙게 하는 것으로 생각된다. 풍매화는 표면이 매끈한 경우가 많은데, 이는 바람에 의

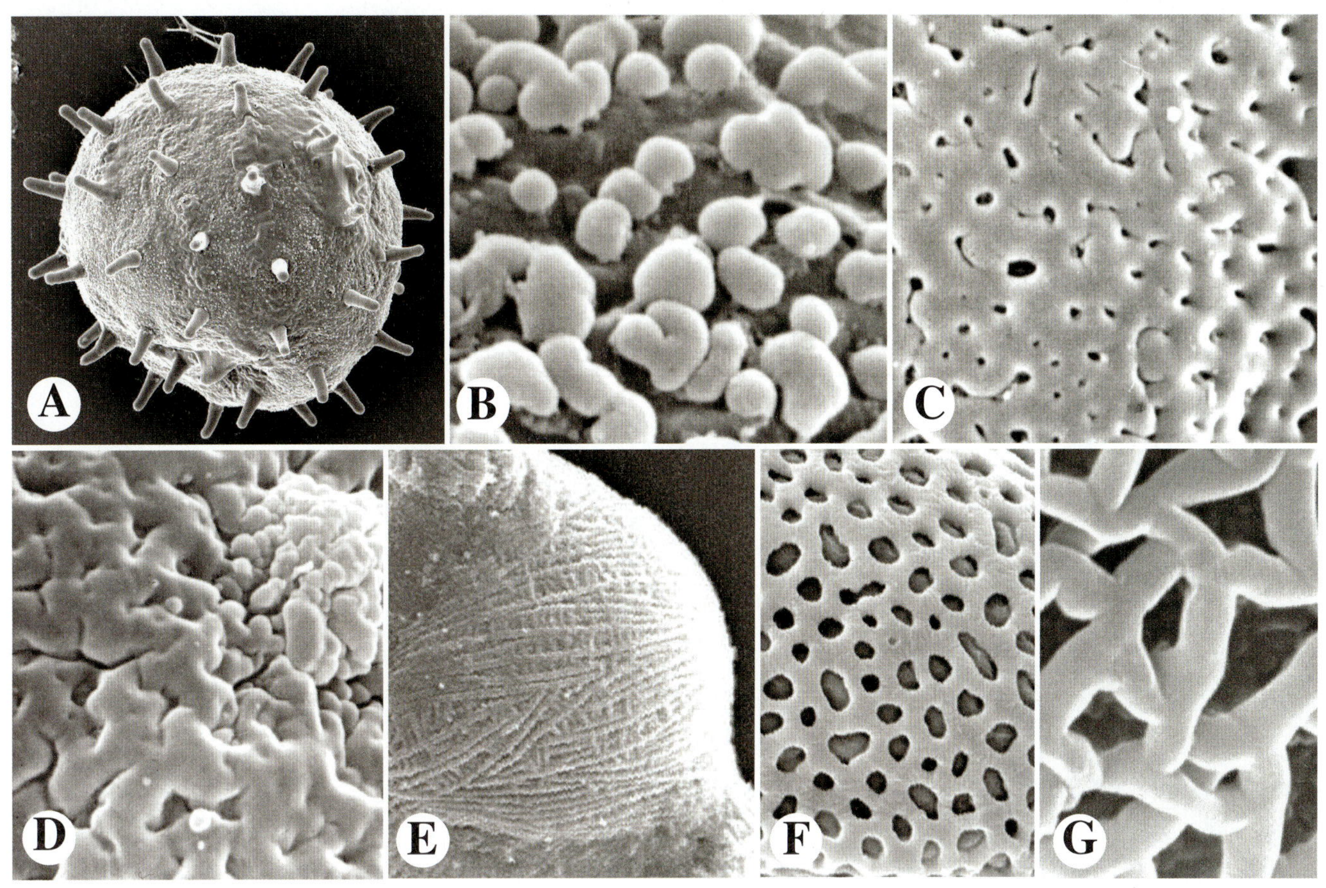

그림 10.22 화분 표면형태. **A.** 자상. **B.** 사마귀상. **C.** 세공상. **D.** 난선상. **E.** 조선상. **F,G.** 망상.

해 이동하기에 기체역학적으로 효율적이다.

화분벽은 자가불화합성에 관여하는 단백질을 저장하는 기능도 지닌다. 포자체 불화합성 분류군은 포자체의 융단조직으로부터 유래한 불화합성 단백질을 표벽의 내강에 저장하는 경향이 있다. 배우자체 불화합성 분류군은 소포자/화분 세포질로부터 유래한 불화합성 단백질을 내벽에 저장하는 경향이 있다.

그림 10.23의 화분벽 구조는 화분벽의 내부형태를 나타낸다. 발달 초기에 소포자는 대개 육상체(사요소에 존재하는 것과 같은 물질)로 구성된 두꺼운 세포벽을 지닌다. 그러나 화분이 발달하는 동안 육상체벽은 완전히 붕괴된다. 성숙한 화분벽은 대부분 내벽과 표벽, 2가지 층으로 구성된다. 내벽은 화분벽의 최내층으로 일반 유세포와 같이 주로 섬유소와 펙틴 성분으로 되어있다. **표벽**이란 딱딱한 건조방지층으로 세포질의 구조를 보호하는 바깥층을 말한다. 표벽은 포분소라고 하는 물질로 구성되는데, 이는 카로티노이드 및 카로티노이드 에스테르의 산화적 중합체이다. **포분소**는 매우 강하여 기계적 손상이나 붕괴에 저항성이 큰 물질이다. 포분소의 존재는 화분립이 화석의 형태로 잘 보존된다는 사실을 설명해준다. 포분소로 구성된 표벽은 광학현미경하에서 화분벽의 구조를 더 잘 관찰하기 위해 사용되는 **초산분해과정**에서도 녹지 않고 남아있다.

많은 식물에서 표벽은 내표벽와 외표벽, 2가지 층으로 구분된다. 이들 두 벽은 화학적 조성이 달라 투과전자현미경 하에서 다르게 염색되어 관찰된다. **내표벽**은 안쪽 층으로 구조가 비교적 단순하지만, 바깥층인 **외표벽**은 구조적으로 다양한 형태를 나타낸다. 피자식물에서 가장 흔히 나타나는 외표벽 유형은 **피복원주형**인데(그림 10.23, 10.24), 이는 가장 밑에 자리한 **기저층**, 기저층으로부터 방사상으로 기둥처럼 뻗은 **원주**들로 이루어진 중간층 그리고 가장 위에 지붕같이 덮고 있는 층인 **피복층**으로 구성된다. 몇몇 분류군에서는 중간층이 원주 대신에 불규칙한 과립들로 구성되기도 한다.

피복원주형 벽구조에서 피복층에 구멍 또는 천공이 없는 경우를 전복성이라고 한다. 일부 분류군에서는 피복층에 작은 구

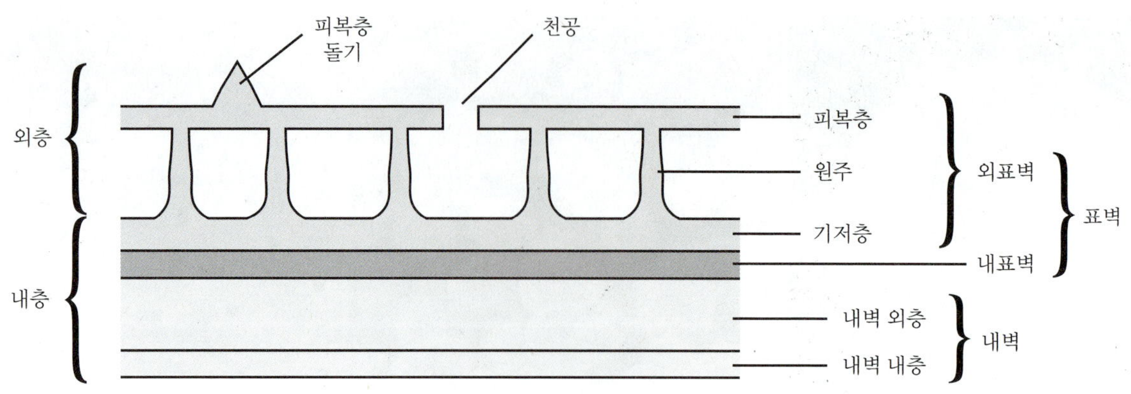

그림 10.23 화분벽 구조.

멍이 나 있는데, 이를 반피복성이라고 한다. 반피복성은 세공상 벽구조에 해당하기도 한다. 피복층에 비교적 큰 구멍이 나 있으면, 이를 천공성이라 부른다. 이는 망상 벽구조에 해당할 수 있다.

피복층 위에 있는 부수적인 표벽 구조물을 따라 봉상 또는 자상 등의 벽구조가 생겨난다. 한편, 일부 식물에서는 피복층이 없어서 원주가 노출되는데, 이것이 마치 피복층에 있는 봉상 또는 자상 벽구조와 상동으로 여겨지기도 한다. 그러나 원주가 노출된 것인지 피복층의 벽구조인지는 화분벽 내부구조를 직접 관찰해야만 알 수 있다.

여러 피자식물의 화분벽은 피복원주형이 아니라 원래 피복이 없는 **무피복형**이다. 무피복형 분류군의 표벽은 구조적으로 **동질상**이거나 또는 **과립상**이다. 그 밖에 다른 표벽 구조로는 **다층형**이 있는데, 이는 표벽이 여러 층으로 배열되는 것을 말하고, **포낭형**은 표벽 안에 수많은 구형의 기포 주머니들이 존재하는 것을 말한다.

표벽의 층상구조는 투과전자현미경을 통해서만 정밀하게 관찰될 수 있다. 그러나 많은 경우 광학현미경을 사용하여 화분의 구조를 연구하기 때문에 화분벽 구조를 설명하기 위해 내층과 외층이라는 용어가 사용되기도 한다(그림 10.23). **내층**(nexine)은 내벽과 내표벽 및 기저층을 포함하여 지칭하는 용어이고, **외층**(sexine)은 내층의 바깥으로 돌출하는 지역, 즉 원주와 피복층 및 피복층 돌기물을 모두 포함하는 용어이다.

화분질과 점사

화분질(pollenkitt)이란 표벽에 붙어 있는 황색 혹은 주황색의 카로틴 유사 화합물이다. 이는 화분립들이 서로 달라붙어 덩어리를 이루게 함으로써 동물, 특히 곤충에 의해 화분이 더 잘 옮겨지게 하는 작용을 한다.

점사는 탄수화물로 된 긴 가닥을 말하며, 화분질과 같은 기능을 한다(그림 10.25).

화분학과 계통학

화분학적 특징은 분류군의 경계설정에 매우 유용하고 계통유연관계를 유추하는 데 도움을 준다. 표 10.2에 피자식물군의

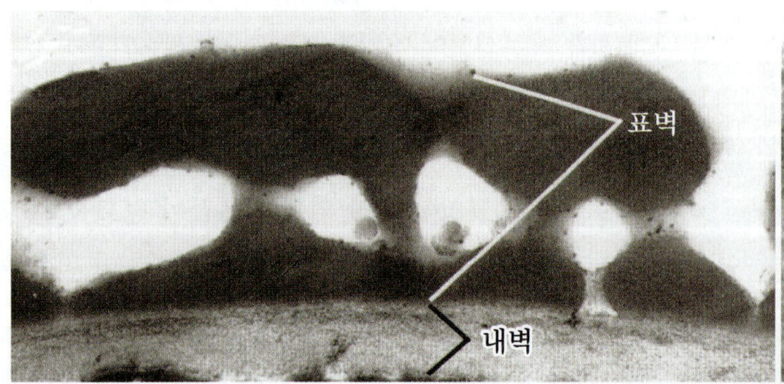

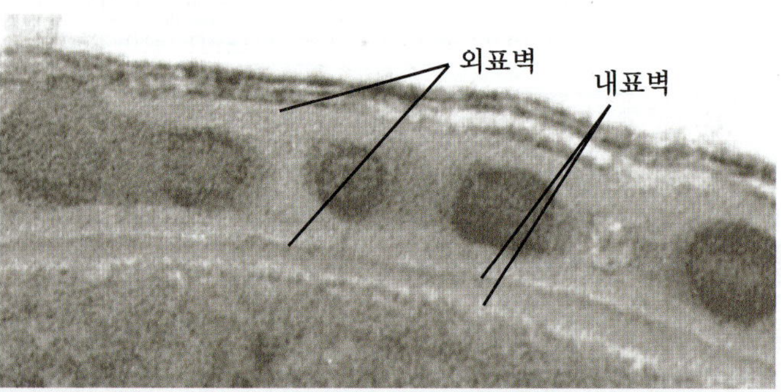

그림 10.24 피복원주형 화분벽 구조의 예.

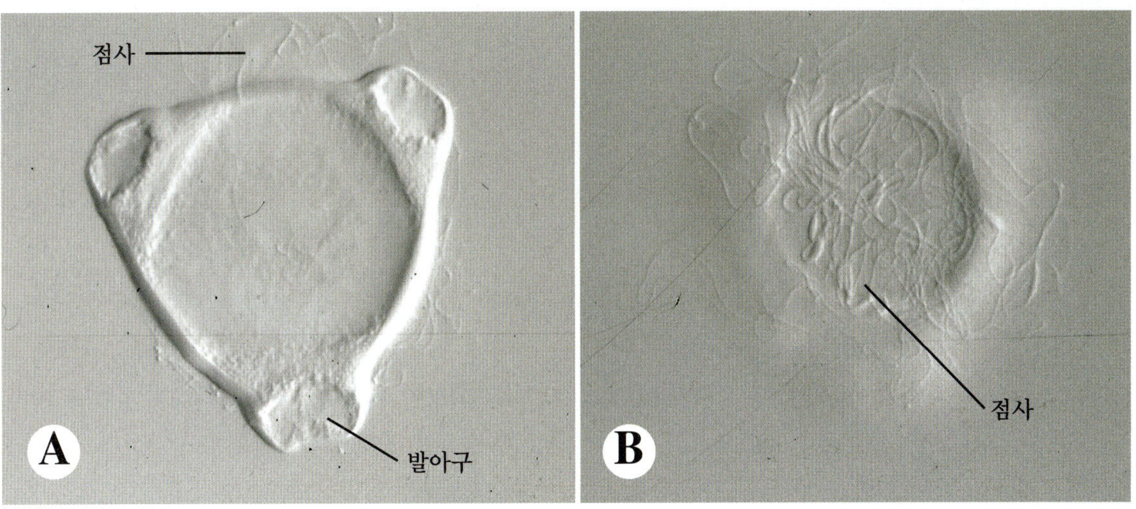

그림 10.25 *Fuchsia*의 일종(바늘꽃과). 삼각상, 삼공형 화분립으로 점사가 있다(화살표). **A.** 적도지역에 초점을 맞춘 것. **B.** 극지역에 초점을 맞춘 것.

표 10.2 Caryophyllales(석죽목)이 나타내는 화분학적 특징(Rodman, 1990. Centrospermae revisited. Part I. Taxon 39: 353-393). 형질명은 대괄호 내에 기록하였다.

화분은 이핵성 또는 삼핵성 상태에서 약으로부터 방출됨 **[화분핵 수]**
색소체 DNA는 화분을 통해 (접합자로) 전달되지 않거나 전달됨
발아구에 구구가 있거나 없음 **[화분 발아구]**
발아구에 공구가 있거나 없음 **[화분 발아구]**
발아구는 단순하거나 복합적임 **[화분 발아구]**
발아구의 수는 기본적으로 4-7개 또는 7개 이상임 **[화분 발아구]**
병구형 발아구(>3)는 없거나 있음 **[화분 발아구]**
화분 표면은 소자상이거나 아님 [화분 표면형태]
화분 표면은 미요상/세공상이거나 아님 [화분 표면형태]
화분 표면은 망상이거나 아님 **[화분 표면형태]**

화분학적 특징들을 수록하였다.

생식생물학

식물생식생물학은 식물의 유성생식 및 무성생식 과정과 방식을 연구하는 분야이다. 여기에는 수분 메커니즘, 유전적 변이 그리고 집단 내 및 집단 간에 일어나는 번식체의 전파에 관한 내용이 포함된다. 식물의 생식방식에 대한 지식은 식물계통학에서 사용되는 형질의 상동성과 적응 과정에서의 중요성을 평가하는 데 도움이 된다. 생식에 관한 연구를 통해 종과 종 내 분류군의 한계 설정 및 분류에 대한 통찰 또한 할 수 있다.

다음은 생식생물학에서 사용되는 용어와 개념 가운데 식물계통학에서 중요하게 다룰만한 것들을 간단히 정리한 것이다.

유성생식

이끼나 고사리와 같은 비종자식물의 유성생식에서는 독립생활을 하는 배우자체로부터 외부 환경으로 운동성 정자가 방출되는 것이 필요하다. 방출된 정자가 수막을 유영해 장란기로 이동한 후 난세포와 수정하고, 이어 접합자와 배가 형성된다. 생활환에서 이 시기를 잘 지나려면 배우자체의 생존, 장정기와 장란기의 효과적인 발달과 작용 그리고 적절한 외부 여건 조성 등이 잘 이루어져야 한다. 비종자식물에서 포자체는 대개 엄청난 수의 포자를 외부로 방출하며, 이 포자들은 주로 바람에 의해 또는 간혹 물에 의해 퍼져나간다. 이들 포자는 적절한 환경 조건 하에서 발아하여 배우자체로 생장함으로써 그 생활환을 마무리하게 된다(제3, 4장 참조).

종자식물에는 웅성포자 및 자성포자가 따로 존재하고, 이로부터 각각 웅성배우자체와 자성배우자체가 생성된다. 수정은 포자내발생성 웅성배우자체인 화분립이 배주의 주공이나(나자식물의 경우) 또는 암술의 주두로(피자식물의 경우) 옮겨감으로써 일어난다. 이후 정자가 배주의 자성배우자체 안으로 또는 바로 그 근처로 방출되고, 이때 정자 하나가 난자와 융합하여 종자 내에서 배발생이 시작된다. 종자는 다양한 방식에 의

해 새로운 환경으로 이동하게 된다(제5, 6, 9장).

종자식물의 유성생식은 수분과 수정이라는 두 주요 과정을 통해 일어난다. **수분**은 소포자낭 안의 화분이 배주 또는 주두로 이동하는 것이고, **수정**은 정자와 난자가 결합하는 것이다. 종자식물의 여러 구조 변형은 바로 이 화분의 이동과 이후 일어나는 발달 및 종자의 산포를 위한 것이다.

나자식물(소철류, 은행나무, 소나무류 그리고 매마등류)의 경우 화분립은 대부분 바람에 의해 이동한다(풍매수분). 바람에 의한 이동은 간접적이기 때문에 화분립이 배주에 도달할 확률이 매우 낮으며, 이를 극복하기 위해서는 비교적 많은 수의 화분립이 만들어질 필요가 있다. 이와는 대조적으로, 대다수 피자식물은 동물(주로 곤충)에 의해 수분이 이루어지지만(동물에 의한 수분은 원시적 형질임, 제6장), 몇몇 분류군에서는 풍매수분이 이차적으로 진화하였다.

현화식물의 수분

대부분의 현화식물은 매우 특별한 꽃 구조를 지니고 있는데, 이는 동물에 의한 수분을 촉진하기 위해 적응한 결과이다. 동물에 의한 수분은 적은 수의 화분으로 배주 내의 난자를 수정하기 위해서 훨씬 더 정교하고 조직적으로 일어난다.

동물을 통해 수분하는 현화식물의 적응 "전략"은 **유인**과 **보상**이다. 유인은 색이나 냄새를 이용해 동물을 꽃으로 불러들이는 것을 이른다. 시각적 유인으로는 주로 현란한 색상이나 주위 환경과 대조를 이루는 색상을 지닌 화피를 들 수 있다(예, 밤에 피는 꽃은 화피의 색깔이 밝음). 어떤 경우에는 다른 꽃기관, 즉 수술(예, *Hibiscus* 무궁화속), 헛수술(예, 변행초과, 홍초과, 혹은 생강과), 부화관(예, *Crinum* 문주란속, *Narcissus* 수선화속, *Passiflora* 시계꽃속), 심지어 암술군이 시각적 유인 기능을 대체하거나 강화하기도 한다. 개개의 꽃은 작지만 화서의 형태로 모으면 시각적 유인이 더 잘 될 것이다. 후각적 유인은 꽃, 특히 주로 화피의 표면으로부터 풍기는 휘발성 화합물에 의해 이루어진다. 대부분의 꽃 냄새는 달콤하지만(예, *Jasminum* 영춘화속), 썩은 생선 냄새를 내는 화합물을 발산하는 것들도 있다(예, *Aristolochia* 쥐방울덩굴속, *Arum* 토란속, *Stapelia*).

현화식물에서 동물 수분매개자가 화분 수송을 위해 지속해서 꽃을 방문하는 것에 대한 **보상**으로서 구조물 또는 삼출액이 진화하였다. 가장 흔한 보상은 당이 풍부한 꿀인데, 이를 분비하는 특정 지역 또는 기관을 밀선이라고 한다(제9장). 밀선은 암술군 내에(예, 많은 단자엽 식물의 "격벽" 밀선), 화피에 또는 암술군이나 수술군의 기부를 둘러싸는 지역에 존재한다. (일반적으로 밀선은 수분매개자에 대한 보상이지만 일부 밀선, 예를 들어 "화외밀선"은 초식자 또는 기타 동물로부터 식물체를 보호하는 역할을 하는 개미와 같은 곤충에게 주는 보상이다.) 수분에 대한 다른 보상은 화분 그 자체인데, 이는 화분이 비교적 풍부한 단백질 공급원이기 때문이다. 일부 현화식물은 수분자에게 왁스(예, *Krameria*)나 기름을 보상한다. 마지막으로, 좀 드문 경우이지만, 교미 상대를 유혹하는 데 필요한 화학물질을 곤충에게 보상하기도 한다.

일반적으로 꿀은 식량 공급원으로 작용하고 잠재적인 수분매개자에 대한 보상으로 작용한다. 그러나 꽃 밖에서 생산되는 꿀도 있는데("화외밀선"), 이는 수분에 대한 보상이 아니라 식물을 보호하는 기능을 한다. 화외밀선은 **식물-개미 상리관계**(myrmecophily)에서 가장 흔히 등장한다. 화외밀선, **도마티아**(domatia, 잎에 움푹 파인 곳으로 개미를 위한 영양분이 있는 곳), **벨트체**(Beltian body)와 같은 식물 구조는 모두 개미에게 보상으로 작용할 수 있다. 개미는 일반적으로 식물을 수분하지 않지만 상리공생 관계 속에서 초식자 또는 기생충으로부터 식물을 보호한다.

대부분의 현화식물에서 수분에 대한 일반적 전략은 수분매개자에게 보상을 하는 것이고, 이를 통해 식물 및 수분매개자(동물) 상호 간에 적응도가 높아지지만, 동물에 의해 수분이 되는 꽃들 모두에서 이런 일이 일어나는 것은 아니다. 일부 꽃에서는 동물이 화분을 이동하게끔 "속이는" 구조나 방식이 발달했는데, 이는 결과적으로 그 동물의 성공적인 생식에 부정적 영향을 끼칠 수도 있다. 예를 들어, 어떤 수련이나 난(蘭) 종류는 수분을 촉진하기 위해 곤충을 포획하거나 심지어 익사시키는 데 밀선을 사용한다. 또 다른 난 종류에서는 꽃이 시각적으로나 후각적으로 암컷 곤충(대개 말벌/장수말벌종류)을 닮았고, 이를 실제 곤충으로 오해한 수컷 곤충이 꽃과 교미를 시도하게 하며, 이 과정에서 꽃가루의 이동이 일어난다.

수분 메커니즘

상당수의 피자식물에서 구조적 변형과 특정 수분매개자 간에 상관관계를 보이는 특수한 수분 메커니즘이 진화하였다. 수분매개자에 대한 지식은 그와 연관된 꽃의 기능, 상동성 그리고 진화에 대한 이해를 넓힌다. 다음은 다양한 수분 시스템을 간단히 정리한 것이다.

피자식물에서 가장 흔한 수분 유형은 곤충에 의한 수분이다. **벌**이 수분(봉매수분)하는 꽃은 눈에 잘 띄고, 색이 화려하며, 대개 향기가 난다. 꽃에는 흔히 밀선안내선이라 부르는 특수한 색상을 띠는 지역이 있어서(그림 10.26A) 최대한 효율적으로 수분이 이루어지도록 벌을 끌어들인다. 벌에 의해 수분이 이루어지는 꽃에는 전방에 위치한 화피편(대개 꽃잎 또는 화관열편)에 밀선안내선이 존재하는데, 이 화피편은 벌이 더 효율적으로 화분과 꿀을 얻게 함으로써 더 효율적으로 수분이 이루어지도록 변형된 착륙장 기능을 한다(그림 10.26A).

딱정벌레에 의한 수분(갑매수분)은 종종 피자식물의 원시적 수분 유형으로 생각되는데, 이는 활짝 열리는 꽃, 노출된 생식기관, 과일 냄새 또는 악취와 종종 관련이 있다. 딱정벌레가 수분하는 일부 꽃(및 소철 구과)은 내부적으로 열을 생성함으로써 냄새 유발 화합물을 보다 효과적으로 분산시키는 기능을 한다.

나비가 수분(접매수분)하는 꽃은 대개 현란하고, 화려하며, 향기가 나고, 밀선안내선이 없다. 꽃에는 꿀로 가득한 긴 관이나 거(꽃뿔)가 있는 경우가 많은데(그림 10.26B), 이는 나비처럼 주둥이가 긴 곤충 이외에는 꿀을 가져가지 못하게 하기 위함이다.

나방이 수분(아매수분)하는 꽃은 대개 크고, 흰색이며, 향기가 나며, 밀선안내선이 없다. 접매수분과 마찬가지로, 꽃에는 꿀로 가득한 긴 관이나 거가 발달하는 경우가 많다(그림 10.26C). 아매수분에 대한 흥미로운 예 가운데 하나는 Agaveceae(용설란과) 식물 *Hesperoyucca*와 *Yucca*(유카)를 들 수 있다. 이들은 전적으로 나방(*Parategeticula*와 *Tegiticula* 종류)에 의해서만 수분이 이루어지며, 이 과정에서 이들 나방은 *Yucca* 꽃의 자방 안에 알을 낳는다. 따라서 *Yucca*와 이들 나방은 자손 생산을 위해 의무적인 상호 의존 관계를 형성하고 있다.

파리가 수분(승매수분)하는 꽃은 대개 적갈색이나 밤색이며, 썩은 생선의 냄새 같은 악취를 낸다. 이에 대한 예로서 *Arum*(토란속)과 *Stapelia* 종류를 들 수 있다(그림 10.26D). 이들 꽃의 일부에 파리가 알을 낳기도 하지만 적절한 양분이 없어서 성충으로 발달하지는 않는다.

박쥐가 수분(편매수분)하는 꽃은 대개 밤에 피며(야간에 약이 열개함), 크고, 희거나 화려하며, 엄청난 양의 꽃가루와 꿀을 생산한다. 꽃가루와 꿀은 주로 화탁통이나 화피통에서 분비되며, 꽃가루와 꿀 가운데 어느 하나 또는 둘 다 수분의 대가로서 제공된다(그림 10.26E,F).

새가 수분(조매수분)하는 꽃은 대개 붉고, 비교적 크며 그리고 충분한 꿀을 생산하는 통 모양이다(그림 10.26G,H). 때때로 "통" 모양은 이생하는 화피편이 밀착 배열하여 형성된다(선인장 종류인 *Cleistocactus*는 벌새에 의해 수분이 이루어짐).

바람을 통해 수분(풍매수분)하는 꽃은 대개 작고, 다수가 배열하며, 흔히 화피가 퇴화되어 눈에 잘 띄지 않는 단성화이다(그림 10.26I). 꽃가루는 대량으로 생산되며 화분의 표면은 매끈한 경향을 보인다. 암술대는 공기 중에 떠도는 꽃가루가 잘 붙도록 많이 갈라져 있다. 약과 암술대는 직립하거나 아래로 드리워져 있다. 풍매수분은 Fagaceae(너도밤나무과), Salicaceae(버드나무과), Betulaceae(자작나무과) 그리고 Poales(벼목)에서 발견된다. *Alexgeorgea*[Restionaceae(추정초과)–벼과의 근연과]와 같은 일부 풍매 분류군은 꽃이 지하에 있음에도 불구하고 암술대와 수술이 돌출하여 바람에 의해 수분이 일어난다.

물에 의한 수분(수매수분)은 수생식물에서 일어나는 경우가 있는데, 이 경우 꽃은 수면에 혹은 수중에 존재한다. 예를 들어, *Vallisneria*[나사말속, Hydrocharitaceae(자라풀과)]는 작은 수꽃을 방출하는데, 이것이 수면을 떠다니다가 비교적 큰 암꽃의 넓은 주두를 만남으로써 수분이 이루어진다. *Phyllospadix*(새우말속, 그림 10.27)과 같은 바다 식물의 경우 화분이 매우 긴 실처럼 생겨서 바다 물결 속에서도 암꽃의 암술대와 주두에 훨씬 더 쉽게 붙잡히게 된다(그림 10.27A).

교배 시스템

식물은 외교배나 내교배 또는 이 둘을 적절히 섞어서 한다. 많은 현화식물에서 이들 교배 시스템 가운데 하나를 촉진하는 특수한 방식이 진화하였다.

외교배(이계교배, 타가수정)는 한 개체의 배우자를 유전적 차이를 지닌 다른 개체로 전달하는 것을 말한다. 외교배의 일반적인 장점은 집단 내에 표현형 변이의 증가를 촉진한다는 것이다. 이를 통해서, 식물은 더 넓은 범위의 환경 조건에 적응할 수 있게 되고 진화적 변화에서 생존할 가능성을 높이게 된다. 외교배의 단점 중 하나는 다른 개체로 배우자가 전달되어야 한다는 것이다. 만일 두 개체가 멀리 떨어져 있거나 수분매개자가 거의 없는 경우, 외교배만 수행하는 종에서 유성생식이 일어나기는 힘들 것이다.

그림 10.26 수분 방식에 따른 꽃의 변형. **A.** *Penstemon eximus*, 벌이 수분함. 밀선안내선과 벌이 내려앉을 수 있는 착륙 구조를 보임. **B.** *Linaria canadensis*, 나비가 수분함. 화관에 거가 있음. **C.** *Calonyction aculeatum*, 나방이 수분함. 희고 긴 화관이 특징임. **D.** *Stapelia gigantea*, 파리가 수분함. **E.** *Selenicereus*의 일종, 박쥐가 수분함. **F.** *Couroupida guianensis*, 박쥐가 수분함. **G.** *Erythrina caffra*, 새가 수분함. **H.** *Anigozanthos manglesii*, 새가 수분함. **I.** *Bromus*의 일종, 바람이 수분함.

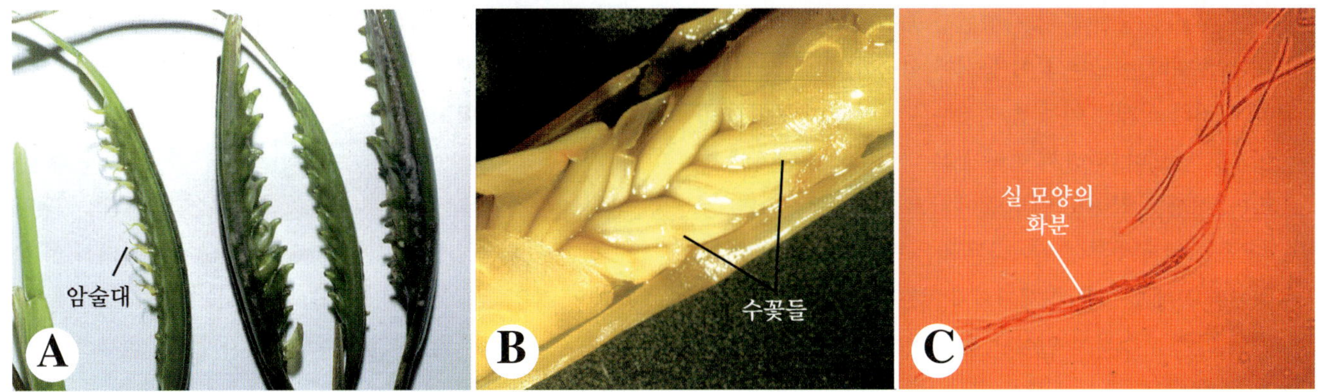

그림 10.27 *Phyllospadix torreyi*, 물에 의해 수분이 되는 피자식물. **A.** 식물체, 암그루. 왼쪽은 암술대이다. **B.** 수꽃 접사. **C.** 기다란 실 모양의 화분.

외교배 확률은 여러 가지 방식에 의해 높아질 수 있다. **자웅이주**, 즉 식물 개체가 암꽃 또는 수꽃 가운데 어느 하나만을 지닌다면 언제나 외교배가 일어날 것이다. 많은 현화식물에서 일부 개체는 단성화를 지니지만 나머지 개체는 양성화를 지니는, 약간 변형된 유형의 자웅이주를 나타낸다. 예를 들어, **자성이주**는 일부 개체가 암꽃만을 지니고 나머지는 양성화를 지니고, **웅성이주**는 일부 개체가 수꽃만을 지니고 나머지는 양성화를 지니며, **삼성이주**는 암꽃, 수꽃 그리고 양성화를 지니는 개체가 각각 존재하는 경우이다. 이러한 방식들은 외교배를 촉진할 뿐만 아니라 내교배도 일부 허용함으로써 최악의 경우에서도 얼마만큼의 종자는 맺히게 한다.

한 꽃 안의 웅성 기관과 자성 기관이 성숙하는 때를 달리함으로써 외교배가 일어나게 할 수도 있는데, 이를 **자웅이숙수정**이라 한다. 여기에는 두 가지 일반적인 유형이 존재한다. **웅성선숙**은 수술군이 먼저 성숙하는 경우로 산형과, 국화과 그리고 초롱꽃과 등이 여기에 해당한다(그림 10.28A,B). 웅성선숙 종에서는 암술군이 화분을 맞이할 만큼 성숙하기 전에 화분이 방출된다. **자성선숙**은 암술군이 먼저 성숙하는 경우로 명아주과 일부가 여기에 해당한다(그림 10.28C). 웅성선숙 및 자성선숙 모두 서로 다른 개체의 꽃들이 약간 다른 속도로 성숙하게 함으로써 외교배를 촉진한다. 따라서 한 꽃에서 나온 화분은 그 꽃에 수분하지 않고 암술군이 화분을 맞이할 만큼 성숙한 다른

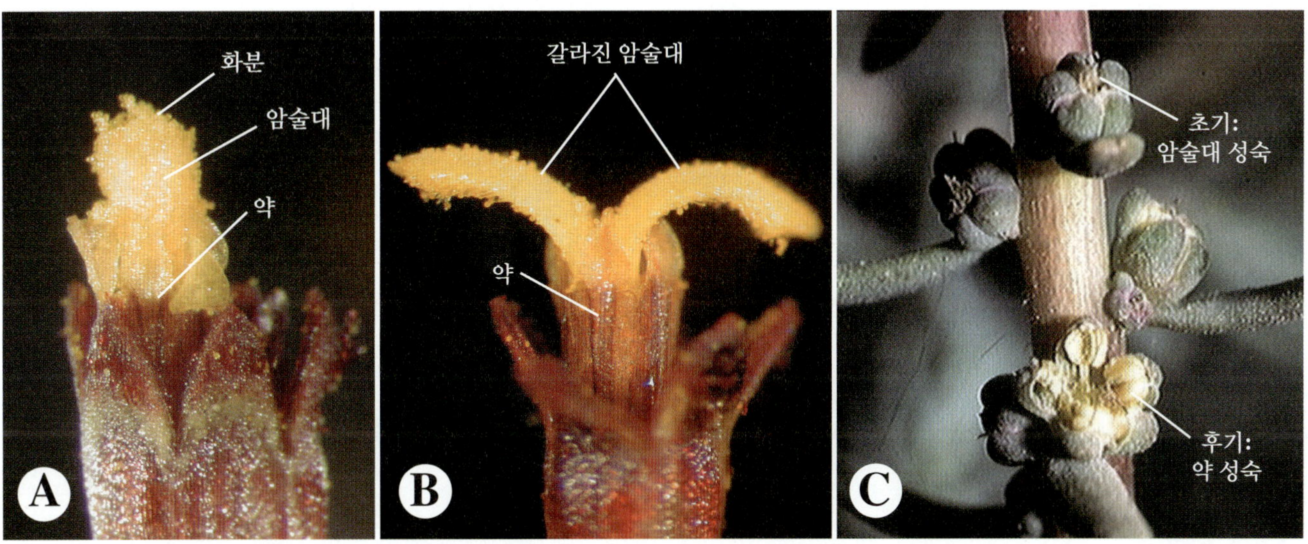

그림 10.28 **B.** 웅성선숙. *Encelia californica*(국화과의 일종). **A.** 암술대가 약통을 뚫고 자라나서 화분을 밖으로 밀어냄. **B.** 암술대가 다 자라나서 두 갈래로 펼쳐진 상태. **C.** 자성선숙. *Suaeda*(나문재속). 화분이 방출되기 전에 암술이 성숙하여 말라버린 모습.

꽃에 수분한다. 웅성선숙 및 자성선숙 종에 있어서 외교배는 한 개체에 존재하는 모든 꽃이 동시에 성숙할 때에만 가능하게 된다. 그러나 실제로 이들 종 대부분은 여러 꽃이 모여서 화서를 이루고 있으며, 따라서 여러 꽃은 다양한 성숙단계에 놓이게 된다. 어쨌든 적어도 일부 꽃에서는 외교배가 일어날 것이며, 한 꽃 안에서 수분이 일어나는 것은 막을 수 있을 것이다. 그러나 어떤 꽃에서 화분이 제거되지 않고 그대로 남아있다면 같은 꽃의 암술로 수분이 일어날 수도 있다. 이는 수분매개자가 없는 환경에서도 종자가 생산되는 실패-방지 방식이다.

외교배는 꽃 구조의 진화적 변화, 특히 약과 주두를 '공간적으로 분리'하는 **자웅분리수정**을 통해 강화되었다. 자웅분리수정의 한 유형으로 **이형화주**가 있는데, 이는 주두와 약의 상대적 길이 또는 높이를 꽃에 따라 달리하는 것을 말한다. (대부분 꽃은 단형성 또는 동형화주로 주두와 약의 상대적 위치가 비교적 일정함.) 이른바 **이화주성** 종에서는 두 가지 형태의 꽃이 존재한다: **장주화**는 암술대가 길고 수술은 짧으며, **단주화**는 암술대가 짧고 수술은 길다(**그림 10.29**A). 이런 상태에서는 장주화를 방문하는 곤충에 묻은 화분이 같은 장주화의 주두로 옮겨질 가능성보다 단주화의 주두로 옮겨질 가능성이 더 클 것이다(마찬가지로 단주화의 화분은 장주화로 수분할 가능성이 더 클 것이다). 이를 통해 꽃 내 수분보다 꽃 간 수분이 증가한다. 만일 한 개체가 하나의 꽃 형태만을 지니게 된다면 자웅분리수정을 통한 외교배가 보장될 것이다. 이보다 드문 경우로, 암술대와 약이 3개의 서로 다른 높이에 자리 잡는 **삼화주성**이 있는데, 상황만 좀 더 복잡할 뿐 꽃 간 타가수분이라는 기본적인 원리에서는 같다(그림 10.29B).

자웅분리수정의 또 다른 예로 **편측(반곡)화주**를 들 수 있는데, 이는 (정면에서 보았을 때) 암술대가 오른쪽 혹은 왼쪽으로 굽은 경우를 말한다(**그림 10.30**). 암술대가 이러한 편측성 상태일 경우 수술 가운데 적어도 하나는 암술대가 굽은 방향과 반대쪽으로 굽게 된다. 이형화주와 마찬가지로 편측화주 역시 곤충의 한쪽 측면으로만 화분을 묻히게 한다. 예를 들어, 암술대가 왼쪽으로 굽은 꽃을 방문하는 곤충은 몸의 오른쪽에 화분을 묻히게 될 것이다. 그 결과 암술대가 왼쪽으로 굽은 꽃을 방문했던 곤충은 암술대가 오른쪽으로 굽은 꽃에 화분을 매개할 확률이 더 높아질 것이다. 만일 한 개체가 암술대의 방향성에 일관성을 유지한다면 편측화주 역시 외교배 확률을 크게 높이는 방식이 될 것이다.

한편, 꽃 기관의 운동으로 자웅분리수정이 일어날 경우도 있다. 운동성 자웅분리수정의 한 유형으로 동물 수분매개자에 의해 건드려지면 빠르게 닫혀버리는 주두를 들 수 있다(예, *Mimulus* 물꽈리아재비속). 만일 어떤 수분매개자에 의해 화분을 받은 주두가 빠르게 닫혀버린다면 같은 꽃에서 오는 화분이 다시 그 주두로 옮겨지는 것을 효과적으로 방지할 수 있을 것이다. 운동성 자웅분리수정의 또 다른 유형에서는 **격발방식**이 관여한다(예, *Kalmia*, *Stylidium*). 꽃을 찾아온 곤충 수분매개자

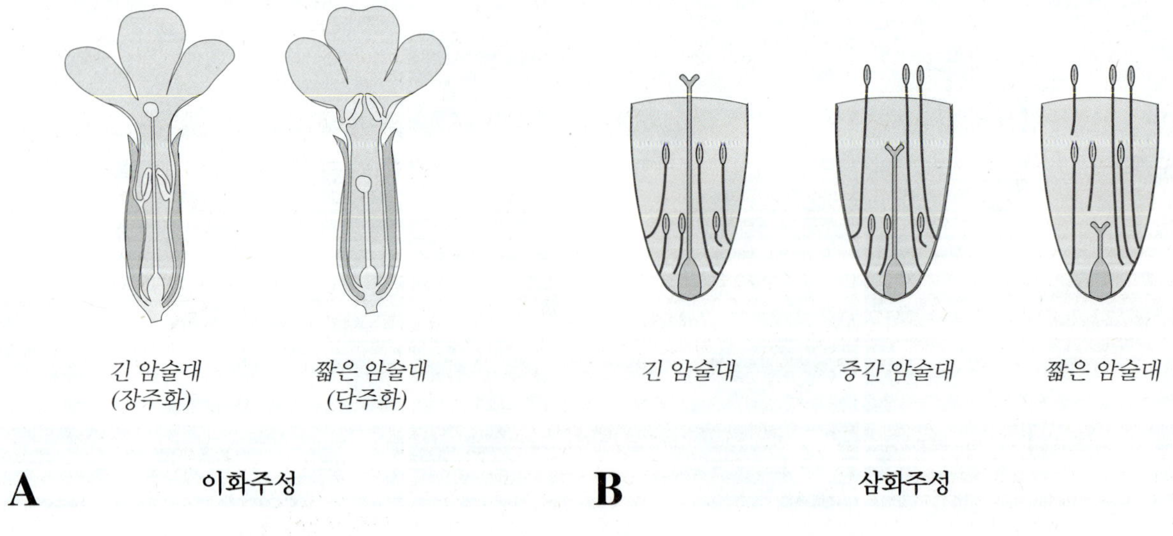

그림 10.29 꽃의 이형현상. **A.** 이화주성(출처: Weberling, 1989. Morphology of flowers and inflorescences. Cambridge University Press, New York.) **B.** 삼화주성(출처: Kohn et al., 1996. Evolution 50: 1454–1469.)

그림 10.30 편측(반곡)화주(*Wachendorfia thyrsiflora*). 암술대가 서로 반대쪽으로 굽은 것을 볼 수 있다. **A.** 암술대가 오른쪽으로 굽은 꽃. **B.** 암술대가 왼쪽으로 굽은 꽃.

(방아쇠 역할)에 의해 하나 또는 여러 수술이 갑작스럽게 움직이게 되고, 이 과정에서 수술에 닿은 곤충의 몸 부위에 화분이 묻는다(**그림 10.31**). 이렇게 함으로써 이 화분은 다른 꽃의 주두로 더 효과적으로 옮겨질 수 있는 위치에 놓일 수 있다.

마지막으로, 유전적으로 결정된 **자가불화합성** 방식을 통해 외교배가 촉진될 수 있다. 자가불화합성이란 한 개체의 유전형을 지닌 배우자 간에 수정이 일어나지 않는 것을 말한다. 불화합성은 유전적으로 결정되어 있어서 한 꽃 안에서뿐만 아니라 같은 개체에서 피는 꽃 사이에도 똑같이 작동한다. 자가불화합성에는 두 가지 기본적인 유형이 있다. 배우자체 자가불화합성은 웅성배우자체의 유전적 조성에 따라 조절되는 것이다. 포자체 자가불화합성은 포자체, 특히 암술의 주두와 암술대의 유전적 조성에 따라 조절된다.

자가수정은 **내교배**의 가장 극단적인 유형으로 동일 개체의 배우자가 결합하는 것이다. 현화식물에서 자가수정은 같은 꽃 안에서 일어나거나(**동일화수정**) 또는 한 개체의 다른 꽃 사이에서 일어나기도 한다(**동일개체수정**). (동일화수정과 동일개체수정의 유전적 산물은 같음.) 자가수정이 지니는 가장 주요한 진화적 장점은 집단 내에 개체수가 현저히 적거나(심지어 단 1개체뿐이거나) 또는 일시적으로 주어진 생육 장소이기 때

그림 10.31 격발방식의 예(*Stylidium*, Stylidiaceae). **A.** '방아쇠'가 당겨지기 전. **B.** 연필 끝으로 건드리면 하나의 수술에서 화분립이 방출된다.

문에 수분매개자가 거의 없더라도 생식을 할 수 있다는 것이다. 반면, 자가수정의 단점은 집단 내의 변이를 감소시키고, 심지어 유해 대립유전자의 축적을 일으킴으로써 내교배로 인한 기능 저하를 불러올 수 있다는 것이다.

어떤 식물에는 외교배화와 자가수정화가 모두 존재하는데, 이와 같은 교배 시스템을 **복합수정**이라고 한다. 예를 들어, *Viola*(제비꽃속)와 *Clarkia* 종류는 두 유형의 꽃을 피운다. 첫 번째 유형은 **개화수정**을 하는 꽃, 즉 화피가 열려 생식기관이 노출되는 전형적인 꽃으로, 개화하여 다른 꽃과 타가수분을 하는 것이 일반적이다. 두 번째 유형은 **폐화수정**을 하는 꽃, 즉 화피가 열리지 않아서 같은 꽃의 주두로 화분이 옮겨지는 꽃이다. 어떤 종에서는 한 꽃 내에서 자가수분과 타가수분 둘 다 일어나기도 한다. 예를 들어, *Myosurus*의 경우 수많은 작은 암술들이 놓여 있는 화탁이 꽃이 성숙하는 동안 길어진다. 개화 초기에는 화탁이 짧은데, 이때 성숙한 암술은 주변에 낮게 위치한 수술의 약에 의해 수분이 이루어진다. 그러나 화탁이 길어짐에 따라 암술은 약보다 더 높은 위치에 놓이게 되고, 따라서 다른 꽃의 화분을 묻힌 상태로 방문한 곤충이 수분할 가능성이 더 커진다. 복합수정 교배 시스템은 외교배도 일부 수행함으로써 전체적인 유전적 변이를 증가시킬 뿐만 아니라 자가수정을 통해 수분매개자가 없이도 종자를 맺는 것을 보장한다는 점에서 적응에 유리하다.

교배 시스템은 유성생식의 전체적인 시기 포착과도 상관이 있다. **다회생식성** 식물에서는 전체 생활사에서 2회 이상 그리고 대개 정기적으로 생식 과정이 진행된다. 다회생식성은 피자식물에 매우 흔하며 종자가 정기적으로 맺히는 것을 보장한다. **일회생식성** 식물에서는 단 한 차례의 생식 과정을 진행하기 위해 모든 에너지를 다 소모하고, 이후 전체 식물체가 죽어서 소멸한다(식물체는 일회결실성임; 제9장). 일회생식은 모든 일년생, 이년생 그리고 소수의 다년생 식물(*Agave* 용설란속 및 *Bambusa* 종류)에서 일어난다. 다년생 식물에서 일어나는 일회생식은 종자 포식자를 '골탕 먹이거나' 또는 '질려버리게 만드는' 전략으로 생각된다. '골탕 먹인다'는 것은 주기적으로 종자를 맺어주지 않는다는 의미이고, '질려버리게 만든다'는 것은 포식자가 다 먹기에는 너무 많은 종자를 한꺼번에 맺어버린다는 의미이다.

식물 종의 교배 시스템과 상관이 있는 현상으로 시기와 관련된 것이 또 있다. 예를 들어, 일년생 또는 낙엽성 식물에서 꽃과 잎 발달의 상대적 시기가 수분 및 종자 산포에 영향을 줄 수 있다. 꽃과 잎은 동시에 발달하기도 하고 서로 다른 시기에 발달하기도 한다. 예를 들어, 풍매수분 식물(*Salix* 버드나무속 등)은 잎이 나기 전에 개화함으로써 방출된 꽃가루가 자유롭게 숲에서 이동하여 더 효과적인 수분이 이루어지게 한다.

종자 및 열매 산포

각 분류군을 특징짓는 열매 및 종자의 수많은 유형이 진화해 온 것은 산포 장치의 기능과 깊은 상관관계를 보인다. 피자식물에서는 종자와 열매의 산포를 위한 다양한 방식이 진화하였다. (1) 바람에 의한 산포는 *Ulmus*(느릅나무속)와 *Acer*(단풍나무속)의 시과, *Liquidambar*의 날개 달린 종자 그리고 *Salsola*(수송나물속)처럼 식물체가 바람에 의해 뒹굴면서 퍼져나가는 것을 예로 들 수 있다. (2) 물에 의한 산포는 *Cocos nucifera*(코코스야자)의 열매처럼 바다 물결에 의해 퍼져가는 것을 들 수 있다. (3) 열매가 폭발적으로 터지면서 일어나는 종자 산포의 예로는 *Ceanothus* 또는 *Impatiens*(봉선화속)의 삭과를 들 수 있다. (4) 자가 산포는 *Arachis hypogaea*(땅콩)처럼 종자를 자기 스스로 심는 것을 말한다. (5) 동물에 의한 산포는 동물표면산포와 동물섭취산포로 나눌 수 있다. 동물표면산포는 *Xanthium*(도꼬마리속)이나 *Desmodium*(도둑놈의갈고리속)처럼 번식체가 동물의 몸 표면에 붙어 운반되는 것이고, 동물섭취산포는 동물에게 먹힌 종자가 장을 통해 다른 지역에서 배설됨으로써 산포되는 것이다. 후자에서 육질의 과피나 종피는 동물을 유인하거나 동물에게 보상하는 데 사용된다. 동물섭취산포 식물은 동물에 의해 소화되어야만 하는데, 이는 소화액이 종자의 휴면을 풀어주기 때문이다.

무성생식

많은 육상식물 종은 유성생식 과정 없이 정기적으로 자손을 생산하는 것으로 알려져 있다. 무성생식의 장점은 배우자의 전달이라는 과정 없이 비교적 빠르고 효과적으로 수많은 번식체를 만들어낼 수 있다는 것이다. 그러나 진화적 입장에서 치명적인 단점은 유전적 변이가 창출되지 않는다는 것이다. 무성생식의 한 유형으로 영양생식이 있는데, 이는 영양조직으로부터 유전적 클론을 생산하는 것을 말한다. (클론 개체는 **유전적동질체**

라 하고, 유전적으로 다른 개체는 **유전적이질체**라고 함), 영양 생식 클론은 지상부에 식물 소체가 형성됨으로써 생산될 수도 있다(*Kalanchoe daigremontiana*의 경우 잎 가장자리를 따라 식물 소체가 만들어짐). 또한, 포복경, 지하경, 인경, 구경 등을 통해서 클론이 생성되어 자신의 유전적 모체로부터 분리되거나 산포가 된다. *Larrea mexicana*의 클론은 자연 상태에서 수천 년을 생존해 온 것으로 밝혀졌으며, 이는 지금까지 알려진 것 가운데 가장 오래된 것이다.

무수정종자형성은 수정 과정 없이 종자를 생산하는 것을 말한다. 이 경우 수정이 일어나는 일은 결코 없지만, 일부 종에서는 종자를 형성하기 위해 수분이 일어나야 하는 경우가 있다. 배는 이배체 난자와 같은 비정상적인 이배체 자성배우자체 세포로부터 발생하는데, 이는 일종의 **처녀생식**이라고 볼 수 있다. 이와는 달리, 대포자낭 또는 주피 조직처럼 배낭을 둘러싼 조직으로부터 배가 발생할 수도 있는데, 이를 **부정배발생**이라고 한다. 무수정종자형성은 정상적인 유성생식을 하는 종이 간혹 수분하지 못했을 때 부가적으로 일어나는 경우가 있다. 한편, 서양민들레와 같은 일부 종은 필수적으로 무수정종자형성을 한다. 무수정종자형성의 증거로는 (1) 실험적으로 수술을 제거했어도 생존력 있는 종자가 만들어짐; (2) 약열개나 화분 성숙 전에 배가 형성됨; (3) 주심 또는 주피 조직으로부터 부정배가 생겨남; (4) 한 종자로부터 여러 배 및 유식물이 형성됨; (5) 자연 상태에서 웅성 식물체가 매우 드물거나 존재하지 않는 것을 들 수 있다.

잡종화, 유전자이입, 배수체화

잡종화란 대개 서로 다른 종 간에 일어난 유성생식, 즉 종간 잡종화를 일컫는다(그러나 이 용어는 집단 간이나 종 이하 분류군간에도 적용될 수 있음). 잡종화는 동물보다 식물에서 더 흔하게 관측되었다.

지리적으로 격리된 서로 다른 두 종이나 집단은 상호 교배하지 않을 것이다. 그러나 유전적으로 결정된 특징 가운데 유전자 교환을 막거나 억제하는 것이 하나 이상 있어도 식물은 서로 교배하지 않을 것이다. 이들 유전적, 생식적 격리 원인에는 (1) 생육지 차이; (2) 생식 시기 차이; (3) 꽃 형태 차이; (4) 수분매개자 차이 등이 있다. (예를 들어, 습한 지역에 적응해 사는 종과 건조한 지역에 적응해서 사는 종은 서로 수분할 만큼 가까이 있지 못하다는 이유만으로 상호 교배가 일어나지 않음.)

두 식물 분류군 간에 일어나는 잡종화는 이들 분류군이 유전적으로 충분히 유사한 경우에만 가능할 것이다. 만들어진 잡종 자손은 생식 능력이 있을 수도 있지만, 불규칙적 감수분열의 결과로 비정상적인 배우자가 만들어져 생식 능력이 없을 수도 있다.

유전자이입은 잡종화로 생성된 자손이 부모 종 가운데 하나 또는 둘 다와 역교배를 하는 것이다. 유전자이입의 중요성은 서로 다른 두 종 간에 유전자 유입이 촉진되어 한 종 또는 다른 종의 변이성이나 적합도가 증가할 수 있다는 것이다.

배수체화는 배수로 증가한 염색체가 자식에게 전달되는 대규모 돌연변이다. 배수체화는 종 내에서 일어날 수도 있고(**자가배수체화**), 서로 다른 종 간에 일어날 수도 있다(**타가배수체화**).

배수체화는 일반적인 두 가지 방법으로 일어난다. 하나는 염색체가 2세트 이상인 배우자가 만들어짐으로써 배수체화가 일어나는 것이다(**그림 10.32**A,B). 이배체 배우자는 감수분열 과정에서 상동염색체의 분리가 일어나지 않는 현상인 이른바 **비분리**(非分離)를 통해 생겨날 수 있다. 모든 상동염색체에서 비분리가 일어나면 딸세포는 반수체가 아닌 이배체가 된다. 현미경으로 보았을 때 사립 시기에 단 2개의 커다란 소포자만 존재할 경우 이배체 화분이 생성되었을 것으로 예측할 수 있다(그림 10.32D). 만일 양쪽 부모의 배우자가 모두 이배체라면 이들의 자식은 염색체가 4세트인 **사배체**가 될 것이다(그림 10.32A). 사배체는 생존 능력이 있는 이배체 배우자를 생산할 수 있기에 생식 능력이 있다. 그러나 만일 부모 중 한쪽은 반수체 배우자를, 다른 한쪽은 이배체 배우자를 제공할 경우 삼배체 자식이 생겨날 것이다(그림 10.32B). **삼배체**는 일반적으로 생식 능력이 없는데, 이는 삼배체 세포가 감수분열을 할 때 이가염색체가 아닌 삼가염색체가 형성이 되어(그림 10.32E) 상동염색체를 정상적으로 배분할 수 없게 되고, 따라서 감수분열 후 생성되는 배우자에게 염색체 세트가 온전히 전달되지 못하기 때문이다. 그러나 만일 무성생식을 통해 번식할 수만 있다면 이 삼배체 식물은 집단을 형성하여 생존해 나갈 수 있다.

배수체화가 일어나는 두 번째 방법은 정상적인 유성생식 후 만들어진 식물 개체의 염색체가 자발적으로 두 배가 되는 것이다. 예를 들어, 두 종 사이에 잡종화가 일어나 생산된 이배체

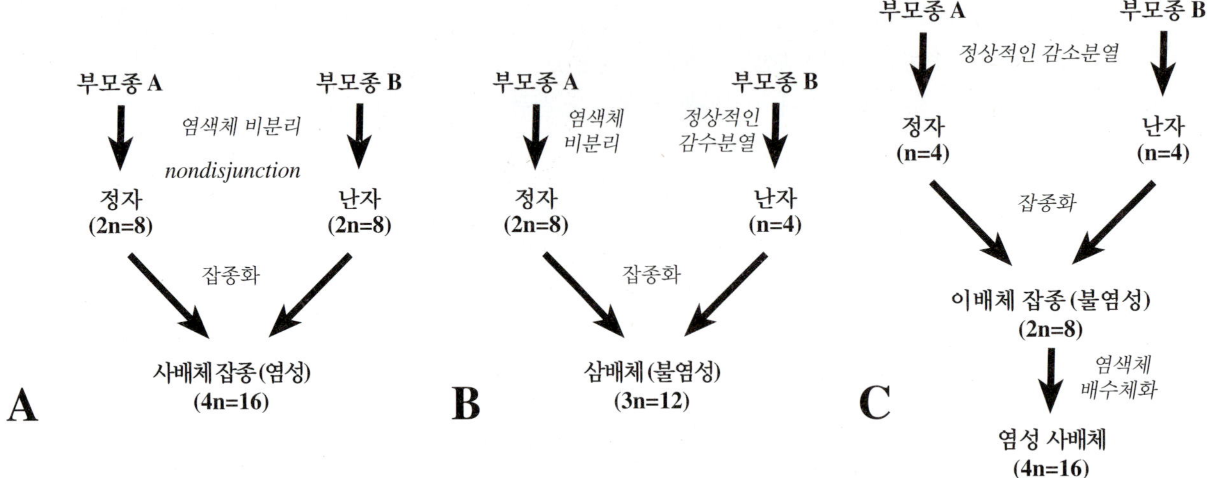

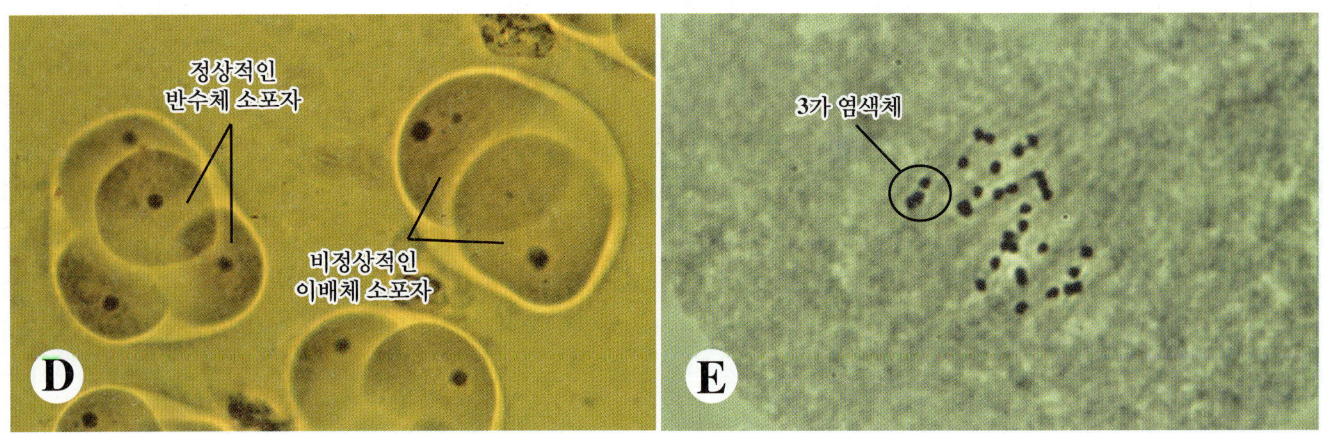

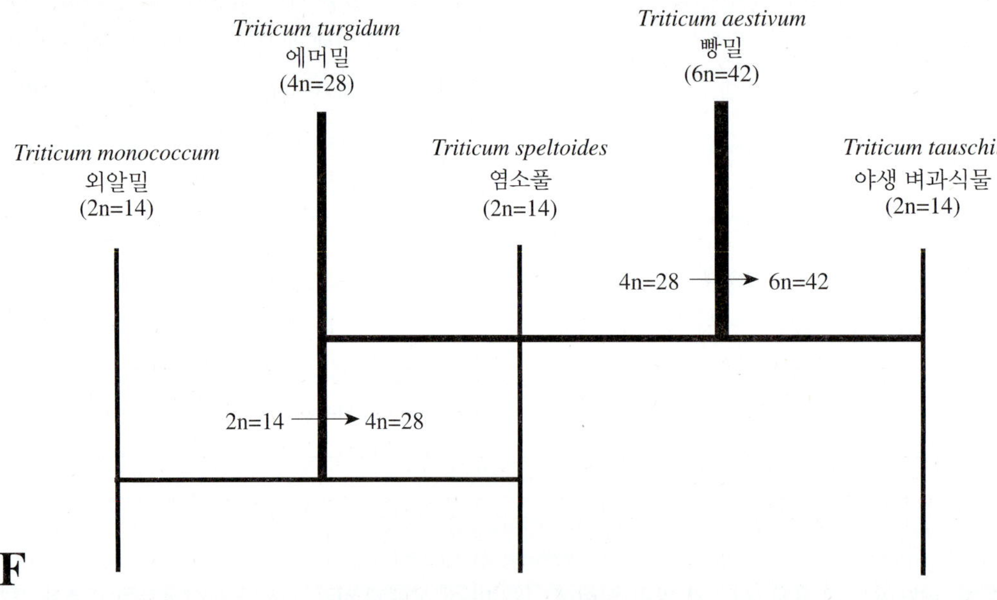

그림 10.32 배수체화. **A,B.** 감수분열 중 염색체 비분리로 인해 이배체 배우자가 생성됨으로써 삼배체나 사배체가 형성되는 방식. **C.** 불염성 잡종의 체세포 염색체가 배수화됨으로써 사배체 개체가 기원되는 방식. **D.** *Cylindropuntia*의 일종에서 화분이 발달하는 모습. 정상적인 반수체(n) 소포자 사립(왼쪽)과 비정상적인 이배체(2n) 소포자 이립(오른쪽)을 보여준다. **E.** 불염성 삼배체인 *Cylindropuntia prolifera*에서 감수분열시 상동염색체 3개가 무리지어 있는 모습. **F.** 배수체화를 통한 *Triticum*(밀속)의 진화. (D, E 사진제공: Jon Rebman.)

표 10.3 5가지 실험조건과 그 결과에 대한 해석. "+"는 정상적인 종자 형성, "–"는 종자 형성이 심하게 감소하였거나 종자가 형성되지 않은 경우이다.

	종자 형성(+/–)	
1. 꽃이 정상적으로 발달하도록 둠 – 대조구	+ 염성	– 불염성
2. 꽃에 망을 씌운 후 인공 자가수분	+ 자가염성	– 비자가염성
3. 꽃에 망을 씌운 후 그대로 방치	+ 자가수정	– 비자가수정
4. 수술을 제거한 후 망을 씌움	+ 무수정생식	– 비무수정생식
5. 수술을 제거한 후 그대로 방치	+ 타가수정	– 비타가수정

자식은 양쪽 부모로부터 받은 염색체의 유전적 차이로 인해 생존 능력이 있는 배우자를 생성할 수 없다(그림 10.32C). 그런데 만일 생식 능력이 없는 이 자식이 영양번식 등과 같은 방식으로 존속할 경우, 체세포분열 과정에서 체세포의 염색체 배수체화라는 매우 드문 현상이 일어날 수도 있다. 그 현상이 정단분열조직 같은 특정 지역에서 일어나면 거기서 분화되는 슈트 전체는 사배체가 될 것이다. 이 사배체는 생존 능력이 있는 이배체 배우자를 생산할 수 있고, 따라서 생식 능력이 있는 자식도 생산할 수 있을 것이다(그림 10.32C). 이런 식의 배수체화 사건은 매우 드물게 일어날 것으로 생각되지만, *Spartina*의 이배체 부모 종으로부터 새로운 사배체 잡종이 기원한 사례가 보고된 적이 있다.

염색체에 관한 연구결과는 식물 대부분이 그들의 진화 역사 어디에선가 배수체화 과정을 밟았음을 말해주며, 따라서 배수체화는 식물 진화의 주요 메커니즘으로 생각된다. 예를 들어, 에머(emmer) 밀과 빵밀은 오래전에 일어난 타가배수체화 사건에 의해 각각 사배체(4n)와 육배체(6n) 개체가 출현함으로써 진화한 것이다(그림 10.32F).

교배 메커니즘 검증

교배 메커니즘의 유형을 알아보기 위해 실험적 방법을 사용할 수 있다. 꽃눈을 잠재적 수분매개자로부터 차단하기 위해 눈이 아주 촘촘한 망을 꽃눈에 씌우기도 하고, 화분이 방출되기 전에 꽃눈에서 수술의 약을 제거할 수도 있다. 교배 메커니즘을 검증하기 위한 실험 진행 양식의 한 예를 **표 10.3**에 나타내었다. 각 실험의 종자 결실률을 통해 교배 시스템에 대한 추정이 가능하다.

위와 같은 교배실험 이외에 발생학적 관찰을 통해 화분관이 암술대를 통해 자라고 있는지 확인할 수도 있다. (화분관을 확인하기 위해서 형광현미경을 사용할 수 있음; **그림 10.33**.) 화

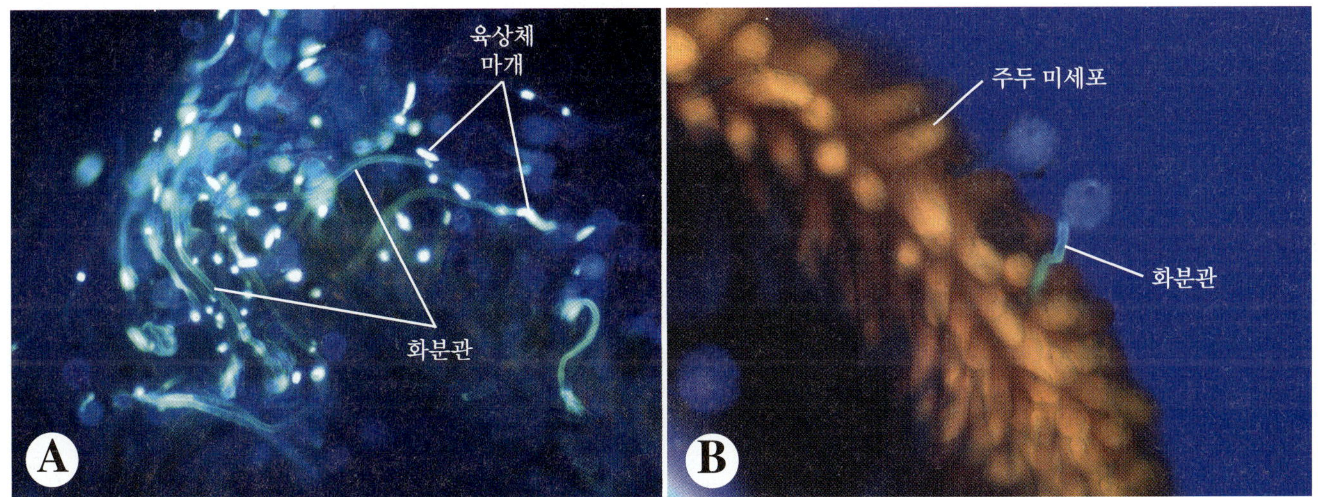

그림 10.33 **A,B.** 화분관의 생장. 육상체에 양성 반응을 보이는 형광염색을 통해 암술대를 따라 화분관이 길게 자라나는 것을 확인할 수 있다.

분관의 생장이 일어나지 않거나 억제되는 것은 일종의 유전적 불화합성이 존재함을 의미한다. 자성배우자체 또는 배발생 및 이들 조직에서의 염색체 수 확인을 통해 무수정종자형성을 감지해낼 수도 있다.

복습문제

약 및 화분의 발달

1. 약의 주요 유형 두 가지는 무엇이며, 이들은 서로 어떻게 다른가?
2. 약벽의 발달 유형 네 가지를 정의하는 데 사용하는 기준은 무엇인가?
3. 융단조직이란 무엇인가? 융단조직 발달의 두 가지 유형은 무엇이며, 이들은 어떻게 다른가?
4. 약 내표피의 두 가지 주요 유형은 무엇인가?
5. 소포자 생성을 정의하고 두 가지 주요 유형을 열거하시오.
6. 웅성배우자체 형성을 정의하고 두 가지 주요 유형을 열거하시오.

배주의 발달

7. 전형적인 배주의 구성 부분을 열거하시오.
8. 합점지역은 무엇을 의미하는가? 제란 무엇인가?
9. 주심 유형 세 가지를 열거하고 각각을 구분하시오. 이 가운데 성숙단계에서 서로 비슷하게 되는 유형은 무엇인가?
10. 대포자생성의 유형 세 가지를 열거하고 각각을 구분하시오.
11. 어떤 기준으로 여러 자성 배우자체생성 유형을 구분하는가?
12. 자성 배우자체생성 유형 가운데 어떤 것이 가장 흔하며, 피자식물의 조상형이라고 생각되는가?
13. 주피의 주요 유형 두 가지는 무엇인가?
14. 내주공, 외주공, 복주공, 단주공 및 지그재그형 주공 사이의 차이점은 무엇인가?
15. 식물계통학에 있어서 중요한 배발생 형질을 열거하시오.
16. 배주의 배치형태를 예를 들어 설명하시오.

종자의 발달

17. 배발생이란 무엇이며, 배발생 유형은 어떤 기준에 따라 구분하는가?
18. 유엽형태란 무엇이며, 이것이 무엇을 정의하는가?
19. 배유 발달의 세 가지 기본 유형을 쓰고, 이들이 어떻게 다른지 기술하시오.

발생학과 계통학

20. 계통학에 중요한 발생학적 특징을 열거하시오.

화분학

21. 포자나 화분에 대한 연구를 무엇이라 하는가?
22. 화분핵의 수에 따라 나뉘는 두 가지 화분유형은? 화분저장물질에 따라 나뉘는 두 가지 화분 유형은 무엇인가?
23. 화분 단위란 무엇인가?

24. 단립, 사립, 다립 그리고 화분괴의 차이점은 무엇인가?
25. 화분 극성이란 무엇인가?
26. 등극성과 이극성 화분의 차이점은 무엇인가?
27. 화분 발아구의 정의와 기능은 무엇인가?
28. 구구, 공구, 원구, 원공의 차이점은 무엇인가?
29. 삼구공형 화분립이란? 오공형 화분립이란 무엇인가?
30. 피자식물의 화분립 크기 범위는 어떠한가?
31. 화분의 무늬를 구체적으로 지칭하는 용어 여섯 가지를 열거하고 정의하시오.
32 화분벽의 세 가지 기능을 열거하시오.
33. 화분벽의 두 가지 주요 층은 무엇이며, 이들은 화학적 조성이 어떻게 다른가?
34. 표벽의 두 층을 열거하시오.
35. 가장 일반적인 표벽 구조에 관해 자세히 설명하시오.
36. 표벽내층과 표벽외층은 무엇인가?
37. 화분질과 점사의 기능은 무엇인가?

식물생식생물학

38. 식물생식생물학이란 무엇인가?
39. 수분이란 무엇인가?
40. 꽃의 진화 과정에서 동물에 의한 수분에 작용하기 위해 생겨난 일반적 특징 두 가지는 무엇인가?
41. 동물 수분매개자에게 주어지는 보상에는 어떤 것이 있는가?
42. 밀선안내선이란 무엇인가? 착륙 구조란 무엇인가?
43. 다음의 수분매개자와 관련하여 나타나는 꽃의 특징은 무엇인가? (a) 벌; (b) 나비; (c) 나방; (d) 바람; (e) 새; (f) 박쥐.
44. 두 가지 극단적인 교배 시스템의 유형은 무엇인가?
45. 외교배의 장점과 단점은 무엇인가?
46. 자웅이숙수정이란 무엇인가? 두 가지 세부 유형을 열거하시오.
47. 자웅분리수정이란 무엇인가?
48. 다음을 정의하고 설명하시오. 이형화주, 이화주성, 삼화주성, 반곡(편측)화주, 운동성 자웅분리수정, 방아쇠방식.
49. 자가불화합성을 정의하고, 식물생식생물학에 있어서의 중요성을 설명하시오.
50. 내교배의 장점과 단점은 무엇인가?
51. 타가수정, 동화수정(자가수정), 동일개체수정, 복합수정의 차이점은 무엇인가?
52. 내교배 방식의 유형을 열거하시오.
53. 무수정종자형성이란 무엇이며, 이를 검출하는 방법은 무엇인가?
54. 잡종화와 유전자이입을 정의하시오.
55. 배수체화란 무엇인가?
56. 배수체화가 일어날 수 있는 방법에 대해 설명하시오.
57. 식물에서 교배 메커니즘을 검증하는 구체적 방법에 관해 설명하시오.
58. 다음은 식물종 A–D에 대해 실험한 결과이다. 종자 형성 양상에 근거했을 때 각 식물의 교배 메커니즘을 어떻게 설명할 수 있을까?

	종자 형성			
	A	*B*	*C*	*D*
1. 꽃이 정상적으로 발달하도록 둠 – 대조구	+	+	+	+
2. 꽃에 망을 씌운 후 인공 자가수분	–	+	+	+
3. 꽃에 망을 씌운 후 그대로 방치	–	–	+	+
4. 수술을 제거한 후 망을 씌움	–	–	–	+
5. 수술을 제거한 후 그대로 방치	+	+	+	+

실습과제

발생학적 형질

1. 다양한 발달 단계에 있는 약을 채취하여 해부한 뒤 슬라이드에 올려놓는다. 아세트산카민으로 염색한다. 감수분열의 단계와 화분의 발달을 관찰한다.
2. 여러 현화식물의 성숙한 종자를 채취한다. 종피 형태, 배병흔, 배선, 종침, 가종피 등, 종자의 외부 형태를 관찰한다. 종자를 면도칼로 해부한다. 배와 종자의 영양조직 유형(배유성, 무배유성, 자엽성 또는 외유성)을 관찰한다. 해부한 종자를 IKI로 염색하여 성숙한 영양조직에 녹말이 들어있는지 색깔 변화를 통해 확인한다.
3. 식물계통학 관련 학술지(예, American Journal of Botany, Systematic Botany, International Journal of Plant Science)를 면밀히 조사하여 식물계통학과 관련하여 수행된 식물발생학적 연구가 있는지 찾아본다. 문헌에 언급된 모든 발생학적 형질과 형질상태에 대해 알아본다.

화분의 형질

4. 목련 종류, 단자엽 그리고 진달래과를 포함한 진정쌍자엽식물들의 화분을 조사한다. 화분 단위, 발아구의 유형, 발아구의 수, 화분 표면형태의 유형 등을 표로 정리한다.
5. American Journal of Botany, Systematic Botany 또는 International Journal of Plant Science 또는 화분 관련 전문 학술지인 Grana 혹은 Pollen et Spores(Appendix 3: 식물계통학 관련 과학 학술지)를 정독한다. 계통학적 연구와 관련한 화분 특징에 대한 기재에 주목한다. 기재에 사용된 모든 화분 형질과 형질 상태에 대해 알아본다.

생식생물학

6. 두 종 및 두 종의 잡종으로 생각되는 식물의 표본을 조사한다. (a) 표본을 직접 관찰하거나 문헌자료를 참조하여 두 종을 구분할 수 있는 영양기관 및 꽃의 형질을 조사한다. (b) 표본에서 측정할 수 있는 형질을 선정한다. (c) 선정된 각 형질에 대해 10–25개 측정값을 산출해낸다. 이를 그래프에 나타내어 비교함으로써, 세 분류군 사이에 어떤 불연속성이 존재하는지 알아본다.
7. 국화과 식물 중에서 반상화와 주변화를 모두 지니는 종의 집단을 찾아낸다. 집단내 개체들 중에서 일부는 두화로부터 주변화를 제거하고 나머지는 그대로 둔다. 두 무리를 대상으로, 일정 시간 동안(예를 들어, 10–30분 동안) 어떤 종류의 곤충이 얼마나 자주 두화를 방문하는지 기록한다.
8. 암모늄 증기로 포화된 용기 안에 꽃을 둔다. 화피에서 자외선에 민감한 부분이 있는지 관찰한다. 벌들은 이 자외선을 반사하는 부분을 감지함으로써 꽃을 찾아내고, 화분과 꿀이 있는 곳으로 보다 효율적으로 접근하게 된다.

9. 현화식물종의 암술대를 70% 알코올에 고정한다. 암술대를 꺼내 아닐린블루를 한 방울 떨어뜨린 슬라이드글라스 위에 올려놓고 커버슬립으로 덮는다. 암술대가 충분히 작을 경우에는 커버슬립에 힘을 가해 눌러서 조직을 펴준다. 형광현미경을 이용해 관찰한다. 화분관은 일정 간격으로 육상체를 침적시키기 때문에 아닐린블루 염색에 있어서 차이를 보인다. 이를 통해 화분관의 생장을 확인할 수 있으며, 자가불화합성이 일어나는지 검증할 수도 있다.
10. 시간이 충분히 있을 경우, 식물 한 종을 선정하여 본문에 소개된 교배실험을 진행한다. 이 기법은 자가수정 대 타가수정의 잠재/실재 정도를 검증하는 데 이용된다.
11. 식물계통학 관련 학술지(예, American Journal of Botany, Systematic Botany, International Journal of Plant Science)를 면밀히 조사하여 식물계통학과 관련하여 수행된 식물생식학적 연구가 있는지 찾아본다. 연구에 이용한 방법과 목적에 대해 알아본다.

참고문헌

식물발생학

Björnstad, I. N. 1970. Comparative embryology of Asparagoideae-Polygonateae, Liliaceae. Nytt Magasin for Botanikk 17(3–4): 169–207.

Davis, G. L. 1966. Systematic Embryology of the Angiosperms. John Wiley and Sons, New York.

Friedman, W. E. and J. H. Williams. 2004. Developmental evolution of the sexual process in ancient flowering plant lineages. The Plant Cell 16, S119–S132, Supplement.

Friedman, W. E. and K. C. Ryerson. 2009. Reconstructing the ancestral female gametophyte of angiosperms: insights from Amborella and other ancient lineages of flowering plants. American Journal of Botany 96: 129–143.

Herr, J. M., Jr. 1971. American Journal of Botany 58: 785–790.

Johri, B. M. (ed.). 1984. Embryology of angiosperms. Springer-Verlag, Berlin, New York.

Johri, B. M., K. B. Ambegaokar, and P. S. Srivastava. 1992. Comparative embryology of angiosperms. Springer-Verlag, Berlin, New York.

Maheshwari, P. 1950. An Introduction to the Embryology of Angiosperms. McGraw-Hill, New York.

Maheshwari, P. (ed.). 1963. Recent Advances in the Embryology of Angiosperms. International Society of Plant Morphologists, Delhi.

Rudall, P. J. and L. Clark. 1992. The megagametophyte in Labiatae. In: Harley, R. M. and T. Reynolds (eds), Advances in Labiatae Science, Royal Botanic Gardens, Kew, Pp. 65-84.

화분학

Erdtman, G. 1966. Pollen Morphology and Plant Taxonomy. Angiosperms. Corrected reprint and new addendum. Hafner, New York.

Faegri, K., and J. Iversen. 1964. Textbook of Pollen Analysis. 1964. Blackwell Scientific, Oxford.

Hoen, P. Glossary of Pollen and Spore Terminology. Second and revised edition. *http://www.bio.uu.nl/~palaeo/glossary/glos-txt.htm* (An excellent Web page for pollen terminology, based on Punt et al. 1994).

Lewis, W. H., P. Vinay, and V. E. Zenger. 1983. Airborne and Allergic Pollen of North America. The Johns Hopkins University Press, Baltimore. [QK 658 L48 1983]

Moore, P. D., J. A. Webb, and M. E. Collinson. 1991. Pollen Analysis, 2nd ed. Blackwell Scientific, Oxford.

Nilsson, S., and J. Praglowski (eds). 1992. Erdtman's Handbook of Palynology. Munksgaard International, Copenhagen.

Punt, W., S. Blackmore, S. Nilsson, and A. le Thomas. 1994. Glossary of Pollen and Spore Terminology. LPP Foundation, Utrecht.

Radford, A. E., W. C. Dickison, J. R. Massey, and C. R. Bell. 1974. Vascular Plant Systematics. Harper & Row, New York.

Reitsma, T. 1970. Suggestions towards unification of descriptive terminology of angiosperm pollen grains. Reviews in Palaeobotany and Palynology 10: 39–60.

Walker, J. W., and J. A. Doyle. 1975. The Bases of Angiosperm Phylogeny: Palynology. Annals of the Missouri Botanical Garden 62: 664–723.

생식생물학

Bernhardt, P. 1989. Wily Violets and Underground Orchids. W. Morro & Co., New York.

Chittka, L., A. Shmida, N. Troje, and R. Menzel. 1994. Ultraviolet as a component of flower reflections, and the colour perception of Hymenoptera. Vision Research 34: 1489–1508.

Faegri, K., and L. van der Pijl. 1979. The Principles of Pollination Ecology, 3rd ed. Pergamon Press, Oxford.

Jiao, Y., N. J.Wickett, S. Ayyampalayam, A. S. Chanderbali, L. Landherr, P. E. Ralph, L. P. Tomsho, Y. Hu, H. Liang, P. S. Soltis, D. E. Soltis, S. W. Clifton, S. E. Schlarbaum, S. C. Schuster, H. Ma, J. Leebens-Mack, and C. W. dePamphilis. 2011. Ancestral polyploidy in seed plants and angiosperms. Nature 473:97–100.

Li, Z., A. E. Baniaga, E. B. Sessa, M. Scascitelli, S. W. Graham, L. H. Rieseberg, and M. S. Barker. 2015. Early genome duplications in conifers and other seed plants. Science Advances 1:e1501084.

Soltis, D. E., V. A. Albert, J. Leebens-Mack, C. D. Bell, A. H. Paterson, C. Zheng, D. Sankoff, C. W. dePamphilis, P. K. Wall, and P. S. Soltis. 2009. Polyploidy and Angiosperm diversification. American Journal of Botany 96:336–348.

Soltis, D. E., C. J. Visger, D. B. Marchant, and P. S. Soltis. 2009. Polyploidy: Pitfalls and paths to a paradigm. American Journal of Botany 103:1-21.

Stace, C. A. 1989. Plant Taxonomy and Biosystematics, 2nd ed. Edward Arnold. Distributed in the USA by Routledge, Chapman, and Hall, New York.

van der Pijl, L. 1982. Principles of Dispersal in Higher Plants. Springer-Verlag, Berlin.

Weber, M. G. and K. H. Keeler. 2012. The phylogenetic distribution of extrafloral nectaries in plants. Annals of Botany 111:1251-1261.

Wendel, J. F. 2015. The wondrous cycles of polyploidy in plants. American Journal of Botany 102:1753-1756.

Zhan, S. H., M. Drori, E. E. Goldberg, S. P. Otto, and I. Mayrose. 2016. Phylogenetic evidence for cladogenetic polyploidization in land plants. American Journal of Botany 103:1-7.

11

식물분자계통학

분자계통학은 연구대상 생물의 거대분자 정보로부터 계통유연관계를 추론하는 일련의 접근방법을 총망라한다. 오늘날 분자 데이터 대부분은 DNA(또는 RNA) 시퀀싱을 통해 얻지만, RFLP, AFLP, 마이크로새털라이트(SSR), RAPD와 같이 염기서열을 간접적으로 평가하는 방법도 여전히 사용하고 있다.

분자량이 더 작은 분자, 예를 들어 식물의 이차대사화합물은 대개 "화학분류학" 분야에 속하므로, 여기서는 다루지 않기로 한다. 그러나 더 정교한 기법을 통해 생화학적 경로의 발생 진화와 이차대사화합물의 적응 관련 중요성이 밝혀지면서 화학적 데이터의 중요성이 점점 더 커지고 있다(Smith et al. 2019 참조).

분자 데이터의 사용으로 인해 생명체의 계통유연관계 추론에 혁명이 일어나고 있다. 다음은 분자계통학에서 다루는 자료의 유형, 자료의 수집과 분석 방법에 관해 정리한 것이다.

분자 데이터 수집

DNA 분리를 위한 식물 재료는 다양한 방법으로 얻을 수 있다. 우선 적합한 확증 표본을 제작한 후 공인된 표본관에 소장하여 분자계통학 연구를 입증할 기록물로 삼는 것이 필수적이다(제13장 참조). 생체 시료는 수집 즉시 화학적 처리 과정을 밟을 수도 있지만, 대개 현장에서 잎을 채취한 후 실리카겔이 들어 있는 용기에 바로 집어넣어 급속 건조시키는 것이 일반적이다. 때로는 채취한 시료를 드라이아이스나 액체질소를 사용해 동결시키거나 DNA 추출용 고농축 완충액에 보관하기도 한다. 이러한 모든 과정에서 DNA는 대개 온전하게 보존된다. 때로는 표본관에 소장된 석엽 표본에서도 사용 가능한 DNA가 성공적으로 분리되기도 하여 이 분자의 "놀라운 안정성"을 증명하기도 한다.

식물의 DNA 염기서열 데이터 종류

생물의 계통유연관계를 추론하는 데 가장 중요한 데이터는 DNA 염기서열일 것이다. DNA 염기서열은 해당 분류군이 지닌 DNA의 특정 구간에 존재하는 뉴클레오티드(아데닌 = A, 시토신 = C, 구아닌 = G, 티민 = T; **그림 11.1**)의 서열을 일컫

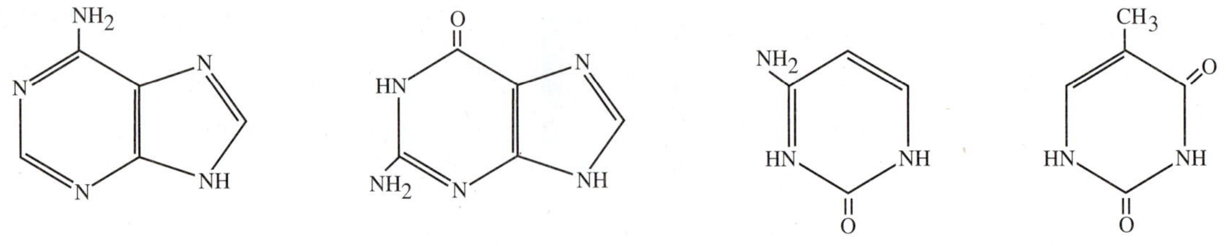

그림 11.1 DNA 분자의 염기 구조. 아데닌과 구아닌은 화학적으로 유사한 푸린; 시토신과 티민은 화학적으로 유사한 피리미딘이다.

는다. 연구대상 분류군이 지니는 DNA의 상동 구간을 비교함으로써 계통유연관계를 추론하는 데 사용되는 형질 및 형질상태를 얻는다.

식물의 DNA 염기서열 종류 세 가지는 각각 핵, 엽록체, 미토콘드리아로부터 얻는다. 핵 DNA(**nDNA**)는 핵의 분열에 의하여 부모에서 자식으로 유성 또는 무성 생식을 통해 전해 내려온다. 이에 반해 엽록체와 미토콘드리아는 핵과 독립적으로 복제하고 분열하며, 다른 방식으로 자손에게 전해진다. 예를 들어 피자식물에서는 이들 소기관이 정자에서는 제거되지만 난자에 남아 있기 때문에 모계를 따라 자식에게 전달된다. 흥미롭게도 구과식물에서는 엽록체 DNA가 모계가 아닌 부계를 따라 전달된다.

엽록체 DNA(**cpDNA**) 또는 엽록체 유전체는 PCR이 비교적 잘 되고 세포당 카피(copy; 유전자 사본) 개수도 많아서 식물의 유연관계를 밝히는 데 매우 많이 사용되었다. 엽록체 DNA 대부분은 **LSC(Large Single-Copy)**와 **SSC(Small Single-Copy)** 지역 및 그 사이에 서로 거울상인 **IR(Inverted Repeat)** 지역 2개(**A, B**)로 이루어져 있다. 코딩 유전자가 표시된 현화식물 엽록체 DNA의 기본 구조는 **그림 11.2**에 나타냈다. 다른 모든 세포소기관과 원핵생물처럼 엽록체의 DNA도 원형이다.

계통수 연구를 위해 특별히 자주 분석하는 엽록체 유전자는 **표 11.1**에 수록하였다. 엽록체 DNA의 코딩 유전자와 더불어 계통분석에 사용할 수 있는 것으로 코딩 유전자 사이의 논코딩 구간, 즉 **IGS**(intergenic spacer)가 있다. IGS는 코딩 유전자보다 변이성이 크기 때문에 종이나 종내 분류계급에서 더욱 유용하다. 흔히 사용하는 엽록체 IGS는 **표 11.2**에 수록하였다.

엽록체와 마찬가지로 식물의 미토콘드리아 역시 계통분석에 사용할 수 있는 원형 DNA를 지니고 있다. 그러나 식물의 미토콘드리아 DNA(**mtDNA**)는 유전적 재배열, 엽록체 또는 핵으로의 DNA 삽입이나 이전, 인트론/엑손 유전자 연속성의 단절, 유전자 발현의 진화적 변화가 매우 쉽게 일어나는 것으로 알려져 있어서(Knoop, 2004) 식물의 계통분류학적 연구에 덜 유용하다.

식물계통학에서 핵 DNA의 염기서열은 상대적으로 덜 사용되어 왔다. 유용한 핵 DNA 염기서열 가운데 rDNA의 반복 지역인 18S–26S **핵리보솜 시스트론**(nuclear ribosomal cistron)이 있다. 이 시스트론 혹은 유전자는 리보솜 합성 기능과 관련이 있는데, 대부분의 단백질 코딩 유전자와는 달리 여러 카피로 이루어져 있다. **ITS**(Internal Transcribed Spacer) 지역은 이 시스트론의 한 구성요소이다. ITS는 핵리보솜 DNA (**nrDNA**)의 18S와 26S 사이에 존재하는 지역으로 5.8S nrDNA에 의해 ITS1과 ITS2로 나뉘어 있다(**그림 11.3**). ITS 염기서열은 하위 분류계급, 즉 근연종 간의 계통유연관계를 유추하는 데 가장 적합한 것으로 알려져 있다. 그러나 이 지역은 더 높은 분류계급의 계통수 연구에 활용되기도 했다(Baldwin et al. 1995).

이와 관련된 DNA 염기서열로 **ETS**(External Transcribed Spacer) 지역이 있다. ETS는 26S와 18S nrDNA 사이 구간의 18S쪽에 존재한다(그림 11.3). ETS 지역은 ITS보다 더 변이가 크고, 따라서 하위 분류계급의 분석에 유용하다(Baldwin and Markos 1998).

ITS와 ETS 같은 시스트론의 염기서열은 다양한 계통수 연구에서 매우 유용하다. 그러나 이것은 수천 카피의 시스트론이 공조진화(concerted evolution)의 영향으로 모두 똑같다는 가정을 전제로 한 것이다. 그러나 이는 항상 사실이 아닐 수도 있으며, 따라서 이들 데이터를 사용하는 것에 대한 비판이 존재한다. (예, Alvarez and Wendel 2003 참조.)

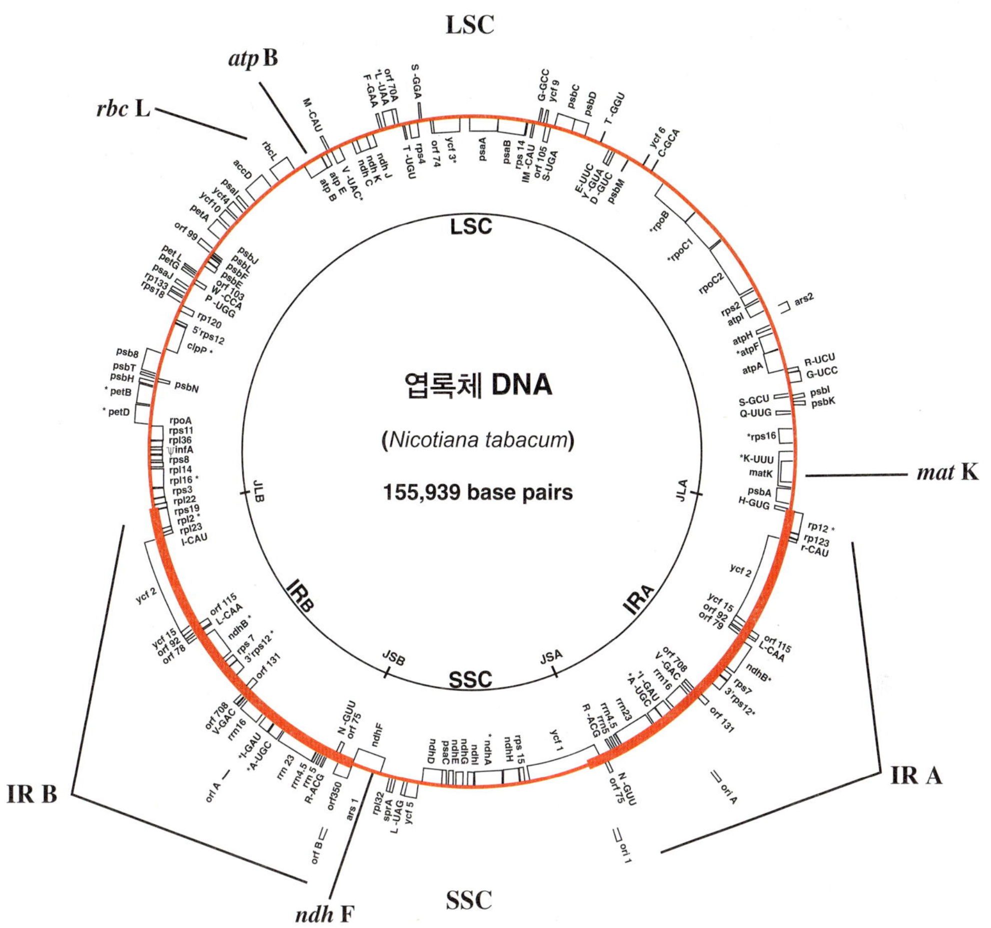

그림 11.2 *Nicotiana tabacum*(담배)의 엽록체 DNA 분자 구조. *atp*B, *rbc*L, *mat*K, *ndh*F 유전자(표 11.1 참조)의 위치에 주목할 것. LSC(=large single copy); SSC(=small single copy); IR(=inverted repeat). (출처: Wakasugi et al. 1998. Updated gene map of tobacco chloroplast DNA. Plant Molecular Biology Reporter 16: 231–241)

DNA 시퀀싱

중합효소 연쇄반응

계통분석법의 첫째 단계는 연구대상 DNA 지역을 다양한 방법으로 찾은 후, 이 지역을 여러 카피로 증폭하는 것이다. 최근까지 연구대상 DNA는 대부분 PCR(중합효소 연쇄반응) 기법을 통해 증폭했다. 신속하고 효율적인 DNA 증폭을 가능하게 하는 이 기술의 고안이야말로 현대적인 DNA 시퀀싱 기법을 위

표 11.1 식물분자계통학에 흔히 이용되는 유전자들(Soltis et al. 1998).

엽록체 유전자		
유전자	위치	기능
*atp*B	LSC 지역	수소이온 수송을 통한 ATP 합성 기능을 수행하는 ATP 합성효소의 베타 서브유닛
*rbc*L	LSC 지역	암반응에서 이산화탄소의 최초 고정에 관여하는 ribulose-1,5-bisphosphate 탈탄산효소/산소첨가효소(RUBISCO)의 큰 서브유닛 암호화
*mat*K	LSC 지역	RNA 전사체로부터 유형II 인트론을 제거하는 데 관여하는 스플라이싱효소 암호화
*ndh*F	SSC 지역	NADH를 NAD^+로 전환시켜 호흡에 관련된 여러 반응을 진행시키는 엽록체 NADH 탈수소효소의 서브유닛 암호화

표 11.2 식물분자계통학에서 사용하는 엽록체 유전자 간 논코딩 구간(Shaw et al. 2005, 2007).

엽록체 *IGS* 구간			
3'rps16-5'trnK	*petL-psbE*	*rpl32-trnL*	*trnL intron*
3'trnK-matK intron	*psaI-accD*	*rpoB-trnC*	*trnL-trnF*
3'trnV-ndhC	*psbA-3'trnK*	*rps16 intron*	*trnQ-5'rps16*
5'rpS12-rpL20	*psbB-psbH*	*rps4-trnT*	*trnS-rps4*
atpI-atpH	*psbD-trnT*	*trnC-ycf6*	*trnS-trnfM*
matK-5'trnK intron	*psbJ-petA*	*trnD-trnT*	*trnS-trnG*
ndhA intron	*psbM-trnD*	*trnG intron*	*trnT-trnL*
ndhF-rpl32	*rpl14-rps8-infA-rpl36*	*trnH-psbA*	*ycf6-psbM*
ndhJ-trnF	*rpl16 intron*		

한 중대한 발전이었다. PCR 증폭은 대용량 시퀀싱 라이브러리 제작을 포함한 다양한 실험법에 여전히 사용되고 있다.

PCR은 다음과 같이 진행한다(**그림 11.4**). 선행연구를 통해 증폭하고자 하는 유전자 혹은 DNA 구간의 양 끝에 존재하는 비교적 짧은 DNA 지역(동일한 유전체 내에서는 다른 어떤 곳에도 존재하지 않는 '고유한' 지역이면서 동시에 조사 대상 분류군에는 모두 존재하는 '보존된' 지역이어야 함)을 선별해낸다. 이 선별된 짧은 지역에 대한 상보적인 염기서열을 가지고 다수의 DNA 카피 합성을 위해 사용되는 **프라이머**를 제작한다. 프라이머는 그들 상호간의 결합이 일어나지 않도록 제작하여야 한다.

PCR을 위해 준비하는 용액은 (1) 순수 분리된 DNA; (2) 프라이머 2종류(정방향 및 역방향); (3) 뉴클레오티드; (4) DNA 중합효소(내열성인 *Taq* polymerase가 일반적임); (5) 완충액과 염 등으로 이루어진다. 이 용액을 시료 DNA의 변성, 즉 DNA 양 가닥의 분리가 일어나기까지 가열한다. DNA의 변성 이후에는 용액 내의 프라이머가 이와 상보적인 염기서열을 지닌 DNA 지역에 결합할 수 있게 된다(그림 11.4). 프라이머와 시료 DNA의 결합 이후 용액 내의 뉴클레오티드가 시료 DNA를 주형으로 하여 프라이머의 3′ 말단에 차례로 연결되어 가며, 이는 DNA 중합효소에 의해 촉진된다. 이런 반응이 두 상보적 단일가닥 DNA에서 일어나고, 그 결과 DNA는 두 카피로 복제된다. 보통 이러한 PCR 과정을 통해 몇 시간 내에 DNA 카피 수백만 개 이상이 만들어진다. 이들 증폭된 카피를 **증폭산물**(amplicons)이라 한다.

생어 시퀀싱

증폭한 DNA는 **생어**(Sanger) **시퀀싱**이라고 알려진 전통적인 기법으로 염기서열을 결정한다. 오늘날에는 이 방법이 대용량(high-throughput) 시퀀싱으로 대체되고 있다. 오늘날의 생어

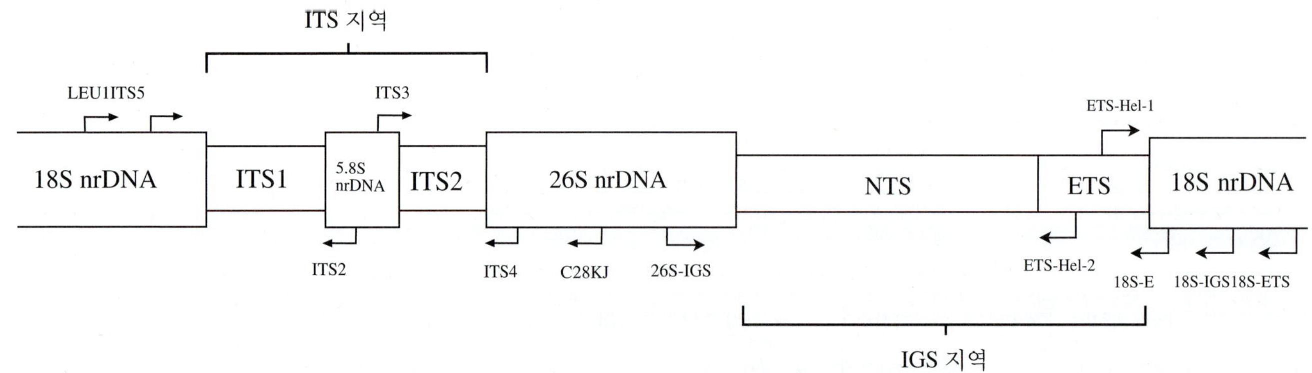

그림 11.3 핵 리보솜 DNA 시스트론으로 (1) ITS(internal transcribed spacer) 및 인접 지역, 프라이머의 방향과 위치, (2) IGS(intergenic spacer)의 ETS(external transcribed spacer) 지역, 프라이머의 방향과 위치를 보여준다(Baldwin et al. 1995, Baldwin and Markos 1998).

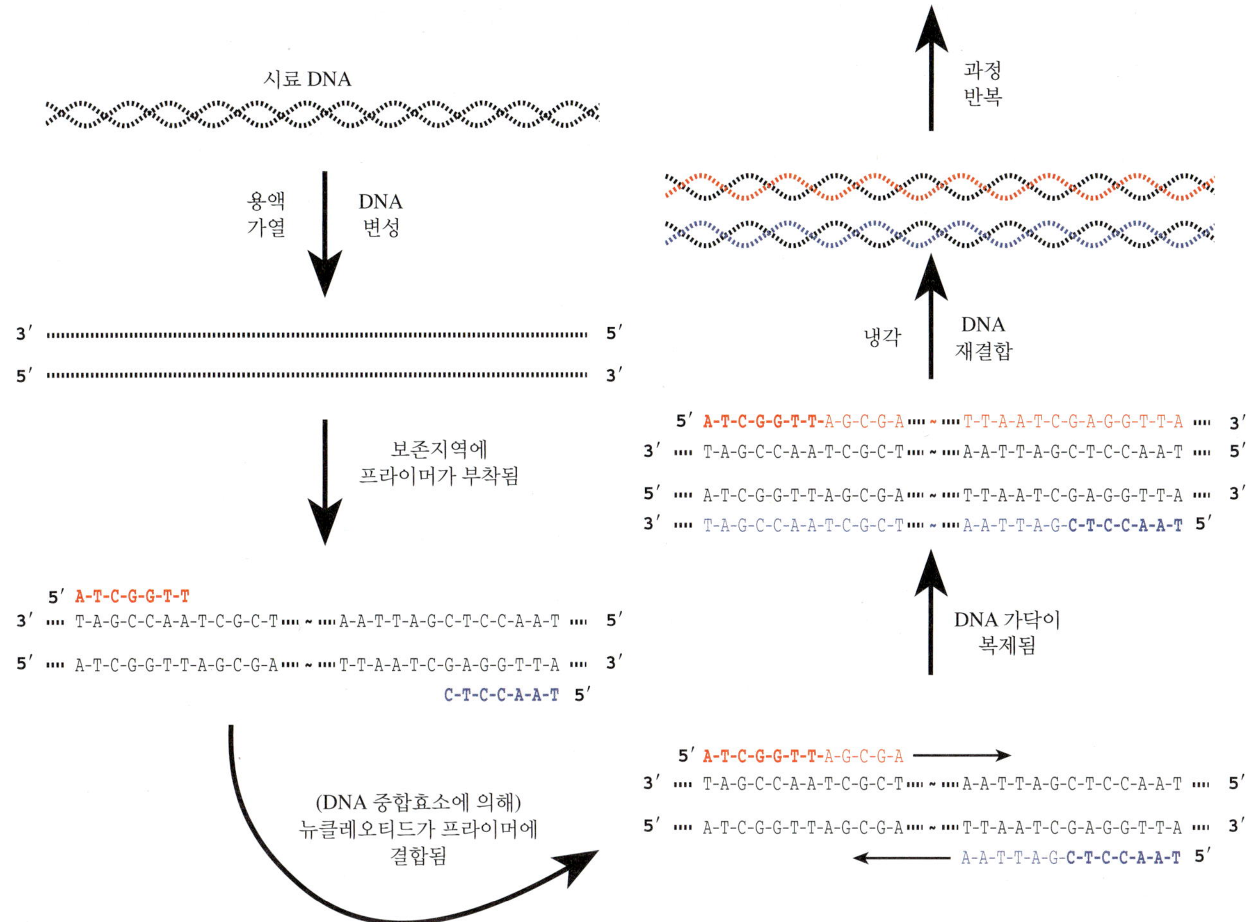

그림 11.4 순환 복제 과정을 통해 특정 DNA 카피 여러 개를 생산하는 중합효소 연쇄반응(PCR).

시퀀싱에서는 레이저를 감지하여 형광신호를 읽어내는 기계를 사용한다. 형광물질로 표지된 DNA를 만들어내는 방법은 PCR을 이용해 DNA를 복제하는 과정과 유사하다. 복제된 DNA를 DNA 중합효소, 뉴클레오티드 그리고 각각 다른 유형의 형광물질이 부착된 소량의 디디옥시뉴클레오티드(합성물질)가 포함된 용액 속에 넣는다. PCR 과정에서와 같이 시료 DNA를 두 상보적 가닥이 분리될 때까지 가열한다. 이때 프라이머가 DNA의 보존지역에 결합하고, 용액 내의 뉴클레오티드는 시료 DNA를 주형으로 하여 DNA 중합효소에 의해 프라이머의 3′ 말단에 차례로 연결된다. 이로써 시료 DNA의 복제된 가닥이 합성되기 시작한다. 그러나 어떤 지점에서는 뉴클레오티드가 들어갈 자리에 디디옥시뉴클레오티드가 들어가 연결될 수 있다. 디디옥시뉴클레오티드(디디옥시아데닌, 디디옥시시토신, 디디옥시구아닌, 디디옥시티민)는 뉴클레오티드와 유사하지만 히드록실기가 결여되어 있다는 점에서 다르다. 만일 디디옥시뉴클레오티드가 DNA 가닥에 연결되면 히드록실기가 없기 때문에 이후에는 어떤 뉴클레오티드도 연결될 수 없게 된다. 즉, 디디옥시뉴클레오티드의 삽입으로 인해 DNA 가닥의 합성이 종료된다(**그림 11.5**).

반응액 내의 뉴클레오티드와 디디옥시뉴클레오티드의 비율은 신중하게 정하는데, 디디옥시뉴클레오티드의 농도는 정상 뉴클레오티드의 그것보다 언제나 훨씬 더 낮게 책정한다. 따라서 복제가 진행되는 유전자의 임의의 지점에서 DNA 가닥의 합성이 중지하게 된다. 예를 들어, 복제된 여러 DNA 가닥은 프라이머보다 뉴클레오티드 하나만큼만 긴 경우(프라이머 다음에 곧바로 디디옥시뉴클레오티드가 삽입된 경우); 몇몇은 프라이머보다 염기가 2개만큼 더 긴 경우(1개의 뉴클레오티드와 한개의 디디옥시뉴클레오티드가 붙는 경우); 몇몇은 프라이머보다 염기가 3개만큼 더 긴 경우(2개의 뉴클레오티드와 한개의 디디옥시뉴클레오티드가 붙는 경우) 등 다양하게 나타날 것이

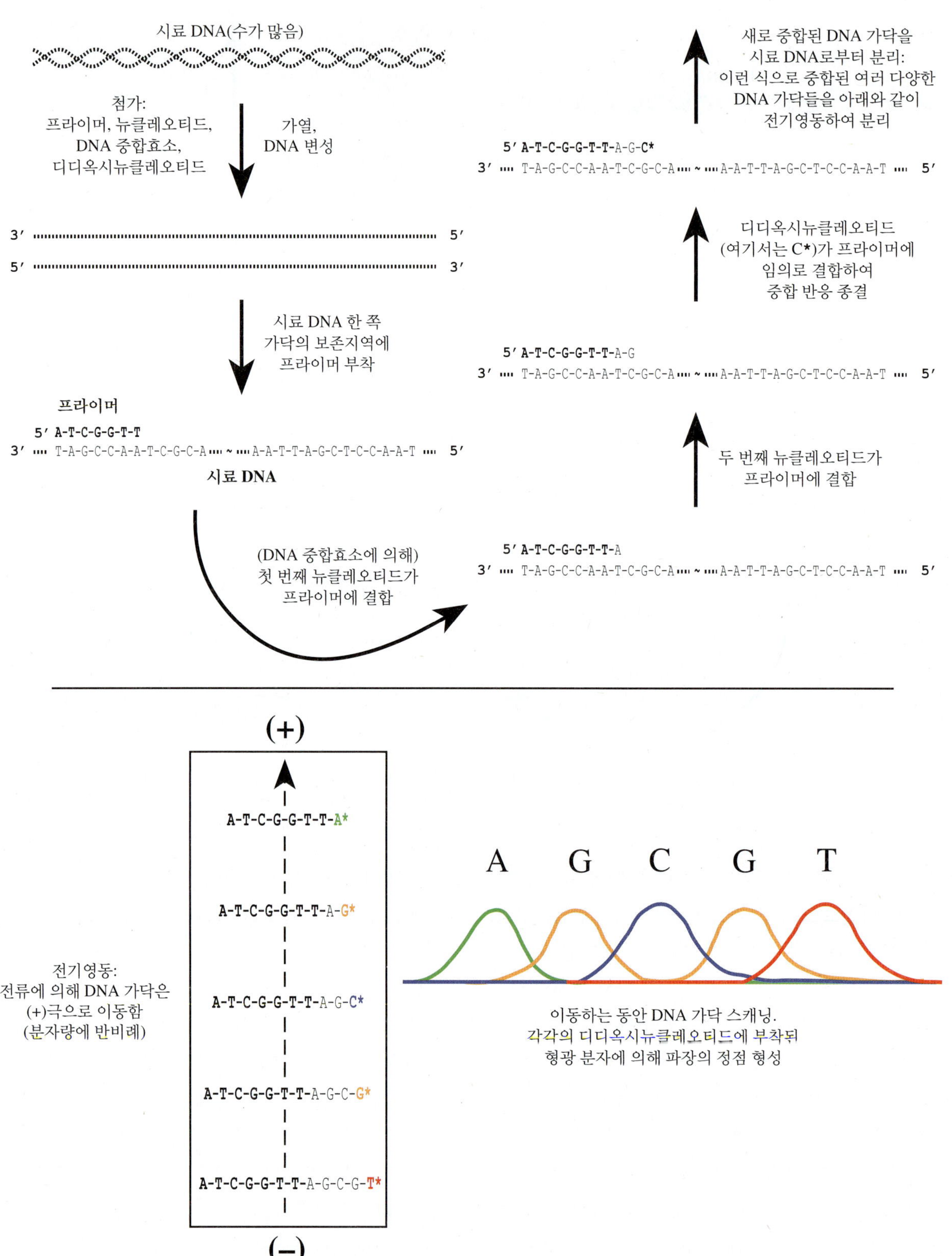

그림 11.5 생어(Sanger) 시퀀싱 과정. A* = 디디옥시아데닌; C* = 디디옥시시토신; G* = 디디옥시구아닌; T* = 디디옥시티민.

다. 시료 DNA 카피는 수천 수백만 개가 존재하기에 새로이 합성되는 서로 다른 길이의 DNA 가닥 역시 그만큼 많을 것이다.

생어 시퀀싱의 마지막 단계는 합성된 DNA 가닥을 **전기영동**을 통해 분리하는 것인데, 이 과정에서 DNA를 전류가 흐르는 평판이나 모세관에 적재한다. DNA 분자는 인산기로 인해 음전하를 띠기 때문에 양극(+)으로 끌려간다. DNA 가닥은 매질 속을 시간에 따라 이동하는데, 이때 이동거리는 그 DNA 가닥의 분자량에 반비례 한다(즉, 가벼운 가닥이 더 멀리 이동함). 각 가닥은 형광물질이 부착된 디디옥시뉴클레오티드가 결합하면서 반응이 종료된 상태이며, 각각의 디디옥시뉴클레오티드에는 고유한 파장의 빛을 발하는 서로 다른 형광물질이 부착되어 있다. 따라서 특정 길이의 DNA 가닥들이 평판이나 모세관을 따라 이동할 때 발산된 빛의 파장을 감지할 수 있으며, 이때 빛의 강도는 파장 정점의 높이로 기록한다. 발산된 파장("색깔")은 네 가지 디디옥시뉴클레오티드에 의해 결정되기에 이에 해당되는 뉴클레오티드의 유추가 가능하고, 그 위치는 DNA 가닥이 이동하는 시간 차이로 확인한다(그림 11.5).

대용량 DNA 시퀀싱

대용량 시퀀싱(일반적으로 "차세대 시퀀싱" 또는 "NGS"라고 함)이라고 통칭하는 부류의 기술이 비교적 최근에 개발됨에 따라 DNA 염기서열 분석에 혁명이 일어났다. 이들 기술은 훨씬 저렴한 비용으로 엄청나게 더 많은 염기서열 데이터를 생성할 수 있기 때문에 기존의 생어 시퀀싱을 근본적으로 대체했다.

대용량 시퀀싱 분야에는 여러 가지 방법론과 기술이 있다. 여기서는 이들 중 하나인 **합성연동 시퀀싱**(sequencing by synthesis; Illumina 회사에서 사용)을 소개하고자 한다. 이 방법은 다른 방법과 마찬가지로 여러 단계를 순차적으로 수행하는 작업 과정으로 이루어진다. 첫 번째 단계는 생어 시퀀싱과 같이 특정 식물 종의 샘플에서 DNA를 추출하고 정제하는 것이다. 그런 후에, DNA의 시퀀싱을 위한 일련의 "준비" 단계, 즉 **라이브러리 제작**을 다음과 같이 수행한다. 우선, 화학적으로 또는 물리적(초음파)으로 DNA를 단편화하거나 절단한다(**그림 11.6**A). 일부 작업 과정에서는 가장 적당한 크기의 DNA 단편을 얻기 위해 필터링, 즉 **크기 선별**을 수행한다. 절단 후 또는 절단하는 동안 개별 단편에 프라이머, 바코드 및 어댑터를 연결한다. **프라이머**는 DNA 시퀀싱 시작을 위한 결합 부위로서 생어 시퀀싱에서와 같이 작동한다. **바코드** 또는 **인덱스**는 샘플을 구별해야 하는 경우 각 샘플의 식별자 역할을 하는 짧은 DNA 염기서열 조각이다. 제작된 많은 라이브러리를 **동시다발**(multiplexing) 시퀀싱을 하여 한꺼번에 얻은 수많은 최종 염기서열은 나중에 이 바코드 서열을 이용해서 샘플별로 구분할 수 있다. 끝으로, **어댑터**는 시퀀싱을 할 DNA 단편의 끝에 연결된 짧은 DNA 조각을 말한다.

다음 단계는 DNA 단편을 수천 개로 증폭하는 것이다. 증폭 방법 가운데 하나로 클론 브리지 증폭이 있다. 이를 위해 '레인이 있는 유리 슬라이드', 즉 플로우셀(flowcell)을 준비하는데, 레인 표면에는 단편 제작에 사용했던 두 가지 유형의 어댑터에 상보적인 수백만 개의 올리고(oligo), 즉 짧은 DNA가 부착되어 있다. 제작된 단일가닥 DNA 단편을 레인에 넣어주면 이 단편의 어댑터가 슬라이드의 올리고(어댑터와 상보적인 시퀀스)와 결합한다. 이어서 생어 시퀀싱과 마찬가지로 DNA 중합효소와 4종류의 뉴클레오티드를 함께 추가한다. 중합효소는 DNA 단편을 주형으로 사용하여 상보적인 DNA 가닥을 합성한다(그림 11.6B). 이 이중가닥 DNA의 변성에 따라 원래의 단일가닥 단편이 분리된다. 분리된 가닥은 씻기어 제거되고, 남은 가닥은 구부러져서 끝 부분(어댑터 시퀀스)이 슬라이드의 상보적인 어댑터와 결합한다. 이후 중합 반응과 이중가닥 DNA의 변성(단일가닥으로 분리)을 여러 번 반복하면 원래 DNA 단편이 증폭된 클러스터가 만들어진다(그림 11.6C). 역방향 가닥을 잘라서 씻어내면 DNA 단편들의 한쪽 가닥 DNA로 이루어진 클러스터만 남는다.

시퀀싱은 상보적 프라이머, DNA 중합효소 및 형광표지된 뉴클레오티드를 추가하여 수행한다(그림 11.6D). 각 주기에서 형광표지가 붙은 뉴클레오티드는 시퀀싱할 DNA 단편의 상보적 뉴클레오티드와 결합한다(즉, DNA 단편에 상보적으로 DNA가 '합성'됨). 광원이 주어지면 생어 시퀀싱에서와 같이 4종류의 뉴클레오티드 형광표지에 해당하는 서로 다른 파장의 빛이 방출된다. 빛은 클러스터의 모든 DNA 단편에서 검출기가 감지하여 기록하기에 충분한 강도로 동시에 방출된다(그림 11.6E). 그러나 생어 시퀀싱의 디디옥시뉴클레오티드와 달리 형광표지는 바로 분리되고, 이어지는 주기에서 형광표지된 추가적인 뉴클레오티드가 DNA 단편에 결합한다. 이때 역시 형광이 검출기에 의해 기록되며, 이와 같은 주기가 반복된다. 각 주기에서 방출되는 빛의 순서는 DNA 단편의 염기서열과 일치한다. 이처럼 '**합성**과 **연동**된 **시퀀싱**'은 수많은 DNA 클러스터

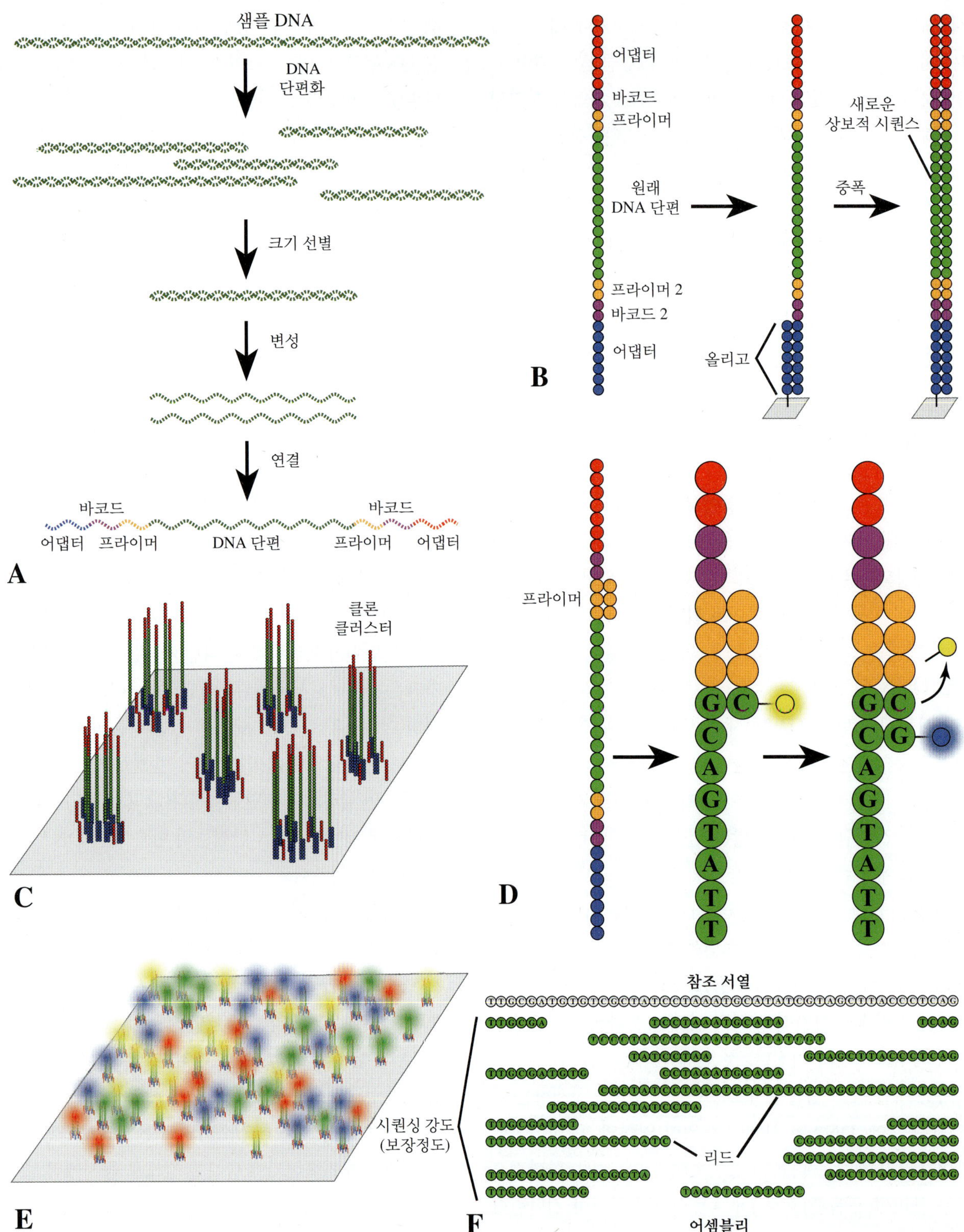

그림 11.6 합성연동 시퀀싱(sequencing by synthesis)을 이용한 대용량 DNA 시퀀싱 과정. **A.** 시퀀싱을 위한 DNA 준비(라이브러리 제작) 과정: DNA 단편화, 크기 선별(선택 사양), DNA 변성, 어댑터, 프라이머, 바코드 연결. **B.** DNA 증폭 과정: 어댑터가 유리 슬라이드의 올리고와 혼성화(상보적 결합). **C.** 원래 DNA로부터 유래한 클론 클러스터의 합성. **D.** 시퀀싱 과정: 서로 다르게 형광 표지된 4종류의 뉴클레오티드가 결합되면서, 즉 상보적 DNA 가닥이 합성되면서 뉴클레오티드 특이적 파장의 빛이 방출됨. **E.** 여러 클론 클러스터에서 동시에 방출되는 형광을 보여주는 플로우셀. **F.** 어셈블리(조립) 과정: 각 클론 클러스터의 염기서열 데이터에서 얻은 리드를 참조 서열을 이용해 정렬함.

에서 동시에 발생하여 수백만 개의 시퀀스 "**리드**(read)"를 생성한다(그림 11.6F). 원래 단편에 연결되었던 바코드도 시퀀싱되므로, 각 리드가 어느 샘플 분류군에서 왔는지 추적할 수 있다.

위에서 설명한 과정은 원래 DNA 단편의 맞은편(상보적) 가닥에 대해 반복할 수 있다. 페어드엔드(paired-end) 시퀀싱이라고 하는 이 방법은 DNA 가닥의 양방향으로 시퀀스 데이터를 수집함으로써 더 긴 리드와 더 높은 정확도를 제공한다.

각 분류군에서 얻은 수천 개의 리드는 컴퓨터 프로그램을 사용하여 분석한다. 각 리드는 원래의 특정 DNA 단편 중 하나의 염기서열 정보에 해당한다. 전체 DNA의 염기서열은 리드 서열이 겹칠 것이라는 점을 고려하여 리드를 서로 정렬하는 알고리즘을 사용하여 결정한다. 이 프로세스를 DNA 단편 조립 또는 어셈블리(assembly)라고 한다. 콘티그(contig, "연속"에서 유래)라는 용어는 대개 중첩되는 리드 시퀀스로부터 얻은 일련의 DNA 염기서열을 의미한다. DNA 어셈블리를 통해 전체 DNA 서열이 재구성된다. **시퀀싱 강도** 또는 **보장정도**(coverage depth: DNA 리드의 중첩된 어셈블리 수)를 더 높이면 그 정확성은 더 높아진다. 전체 DNA 서열의 정확성은 분석 대상 분류군의 것과 밀접하게 관련된 분류군의 알려진 DNA 서열로 리드를 조립함으로써 높아질 수도 있는데, 이를 **참조서열 활용 어셈블리**(reference guided assembly)라 한다. 참조 DNA 서열이 사용되지 않는 경우의 프로세스를 **드노보**(de novo) **어셈블리**라고 한다. 품질 관리 지표(예, Phred 점수)를 사용하여 신뢰성이 떨어지는 리드를 필터링한다.

위에 설명한 내용은 여러 유형의 대용량 시퀀싱 방법 중 하나에 불과하며, 다른 유형에서는 다른 기술과 기법을 사용한다. DNA 시퀀싱 분야는 빠르게 변화하고 있으며, 새로운 발전이 지속적으로 이루어지고 있다.

전장 유전체 분석법

유전체 스키밍

식물의 샘플에서 전체 DNA를 추출하면 일부 구성 요소의 DNA 카피(사본) 개수가 다른 구성 요소의 것보다 더 많게 된다. 특정 세포 내에 수백 개의 엽록체와 미토콘드리아가 있을 수 있으므로 이들 세포소기관에서 추출된 DNA의 카피 개수는 엇비슷할 것이다. 또한, 핵 유전자 대부분은 카피가 하나뿐이지만, 일부 핵 영역, 예를 들어 nrDNA 시스트론(그림 11.3)의 카피 개수는 수백 개이다. 이들 세 구성 요소(cpDNA, mtDNA, nrDNA)는 단일 카피 핵 DNA보다 전체 DNA 중에서 훨씬 더 높은 비율을 차지할 것이고, 대용량 시퀀싱 대상인 DNA 단편의 비율 역시 후자를 크게 능가할 것이다. 따라서 전체 DNA의 단편으로부터 이들 세 구성 요소의 완전서열 데이터를 얻는 것이 가능하다. 하지만, 같은 강도(시퀀싱 뎁스)의 대용량 시퀀싱으로 단일 카피 핵 DNA의 서열 데이터를 얻기에는 그 양이 충분하지 않다.

유전체 스키밍(genome skimming)은 대부분의 식물 세포에 높은 비율로 존재하는 세 구성 요소의 염기서열 정보를 확보하는 것을 말한다. 전체 유전체 DNA를 무작위로 잘게 절단하여 단편을 얻은 후 대용량 시퀀싱("샷건" 시퀀싱이라고 함)을 통해 해당 염기서열을 조립하면 된다. 유전체 스키밍의 장점은 전체 DNA의 추출 및 단편화 외에 추가 준비가 필요하지 않다는 것이다. 수년에 걸쳐 DNA가 손상된 건조표본이라 할지라도 이 3 구성 요소의 DNA 사본 개수의 비율은 여전히 상대적으로 높을 수 있기에 건조표본 역시 유전체 스키밍 분석에 사용할 수 있다. 유전체 스키밍의 단점은 nrDNA 시스트론 및 이와 유전 양상이 다른 cpDNA와 mtDNA로 염기서열 정보 수집이 제한된다는 것이다. 종 계통수 구성에 필수적일 수 있는 단일 카피 핵 유전자는 일반적으로 시퀀싱이 되지 않거나 된다 해도 부분적으로만 이루어진다. 부분적으로 시퀀싱이 된 단일 카피 핵 유전자자리는 혼성화 유형의 기법에 사용할 PCR 프라이머 또는 프로브를 설계하는 데는 충분할 수 있다(표적 시퀀싱 참조).

전장 유전체 시퀀싱

생물의 전체 DNA 염기서열을 얻는 **전장 유전체 시퀀싱**(whole genome sequencing)은 모델 생물 이외에서도 매우 보편화되고 있으며, 미래에는 이것이 일반적인 일이 될 수도 있다. 시퀀싱 기계는 이제 수백 염기쌍이 아니라 수천 염기쌍 길이의 리드를 생성함으로써 어셈블리를 크게 향상시키고 있다.

유전체 리시퀀싱

유전체 리시퀀싱(resequencing)은 밀접하게 관련된 수많은 개체의 전장 유전체 데이터를 기존 참조 유전체의 것과 비교하는 것을 말한다. 후자는 여러 개체의 데이터를 사용하여 얻은 것이다. 이를 통해서, 단일 뉴클레오티드 다형성(SNP), 인델(indel, 삽입-결실) 및 대규모 돌연변이를 포함한 개체군 간의 정밀한 유전적 비교가 가능하다.

선별 유전체 분석법

아래에 설명한 기법은 전체 유전체의 데이터 일부분만 수집하도록 설계되었기 때문에 **선별 유전체 분석법**에 해당한다고 할 수 있다.

표적 시퀀싱

전형적인 DNA 샘플에서는 cpDNA, mtDNA 및 nrDNA 시스트론에 비해 특정 핵 유전자의 카피 개수의 비율이 매우 낮다. **표적 시퀀싱**(targeted sequencing)은 이들 유전자의 염기서열 데이터를 얻는 기법의 한 부류이다. 일부 표적 시퀀싱에서는 연구 대상의 여러 대표 분류군에 존재하는 **이종상동성 보존유전자 세트**(conserved ortholog set, **COS**)와 같은 보존된 유전자를 검출하여 시퀀싱을 수행한다.

카피 개수가 적은 핵 유전자를 "표적화"하기 위한 다양한 기술이 개발되었다. 그중 하나는 PCR을 이용하는 것인데, 이는 여러 단일 카피 핵 유전자자리에 대해 보존된 프라이머를 확보한 후, PCR을 통해 이들 유전자자리를 대량으로 증폭하고, 그 염기서열 정보를 대용량 시퀀싱으로 수집하는 기법이다.

두 번째 표적 시퀀싱 기법은 흔히 **HybSeq**이라고 하는 **혼성화 농축**(hybridization enrichment) 시퀀싱 기법이다. 샘플 DNA는 용액 또는 고체 지지체(어레이)에서 매우 특이적인 짧은 프로브(올리고 뉴클레오티드)와 혼성화 반응을 한다. 샘플 DNA의 선별된 영역과 이를 표적으로 하는 프로브 간에 혼성화가 일어나고, 나머지 DNA는 제거된다(즉, 표적 영역만 '농축'됨). 이러한 혼성화된 DNA 영역은 라이브러리 제작을 거쳐 대용량 시퀀싱 과정으로 들어간다.

전사체 시퀀싱

유전체 중 일부로부터 전사된 모든 RNA를 전사체라 일컫는데, 이는 RNASeq이라고 하는 기법으로 분석한다. RNASeq은 일반적으로 특정 조직에서 생성된 mRNA에 초점을 맞추어 RNA 염기서열 데이터를 수집한다.

RNASeq을 위해서는 먼저 관심의 대상인 식물 조직(예: 뿌리, 새싹, 잎, 꽃, 열매, 종자 또는 그 구성 요소)에서 RNA를 추출한다. 추출된 RNA는 대부분 rRNA로 구성되어 있으므로 이를 걸러냄으로써 mRNA의 함량을 높인다. 고농도의 mRNA를 효율적으로 감소시켜서 상대적으로 낮은 농도의 mRNA를 감지하는 방법 또한 사용할 수 있다. mRNA는 역전사효소를 사용하여 cDNA로 변환시키고, 이를 대용량 시퀀싱에 사용하게 된다. RNASeq의 장점은 PCR 증폭 또는 '혼성화 농축'을 위한 개체의 유전적 정보가 필요하지 않다는 것이다.

전사체의 염기서열 데이터는 전통적인 계통수 연구에 사용할 수 있다. 이러한 데이터는 종종 강력한 결과를 산출한다(예, 높은 통계적 지지). 이러한 염기서열 데이터는 코딩 DNA의 상당한 부분을 나타내며, 따라서 계통합체(coalescent) 분석법에서 더 효과적으로 사용할 수 있다.

전사체 데이터는 식물 조직과 상관관계를 지닐 수 있다. 전사체 생성 유전자는 그 조직 또는 그 조직으로 만들어진 기관의 발달이나 기능에 그것들이 어떻게 관여하는지 평가를 받는다.

제한부위 연관지역 시퀀싱

제한부위 또는 **제한효소 결합자리**(restriction site)는 DNA와 특정 제한효소가 결합하는 대략 6–8 bp의 서열을 말한다. 여러 종류의 제한효소가 세균으로부터 분리되었다. 이들의 원래 기능은 바이러스 DNA를 절단함으로써 침입한 바이러스를 무력화하는 것이다. 유형 II 제한효소로 알려진 제한효소는 제한부위를 인식하여 그 부위 혹은 근처 특정 지역의 DNA를 절단한다. 예를 들어, *Eco*RI(이 효소가 최초 분리된 *E. coli*에서 기원한 명칭)은 **그림 11.7**에 나타낸 DNA 염기서열을 인식하여 화살표로 표시된 곳을 절단한다.

RADSeq(Restriction site Associated DNA Sequencing-제한부위 연관지역 시퀀싱)은 제한부위를 양 끝에 지니는 DNA 단편을 만들어내기 위해 제한효소를 사용한다(**그림**

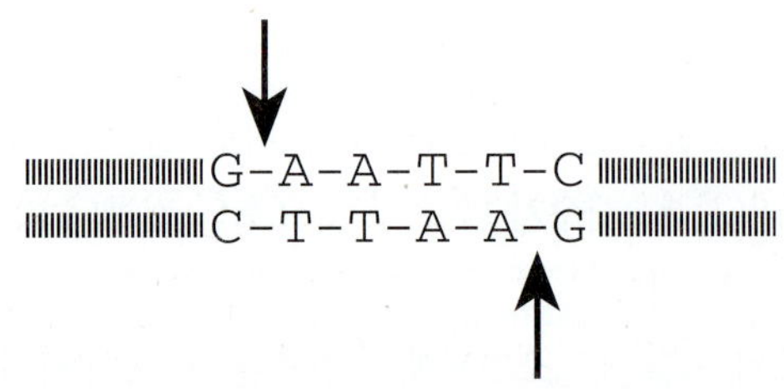

그림 11.7 *Eco*RI에 의해 절단되는 DNA 제한 부위(화살표).

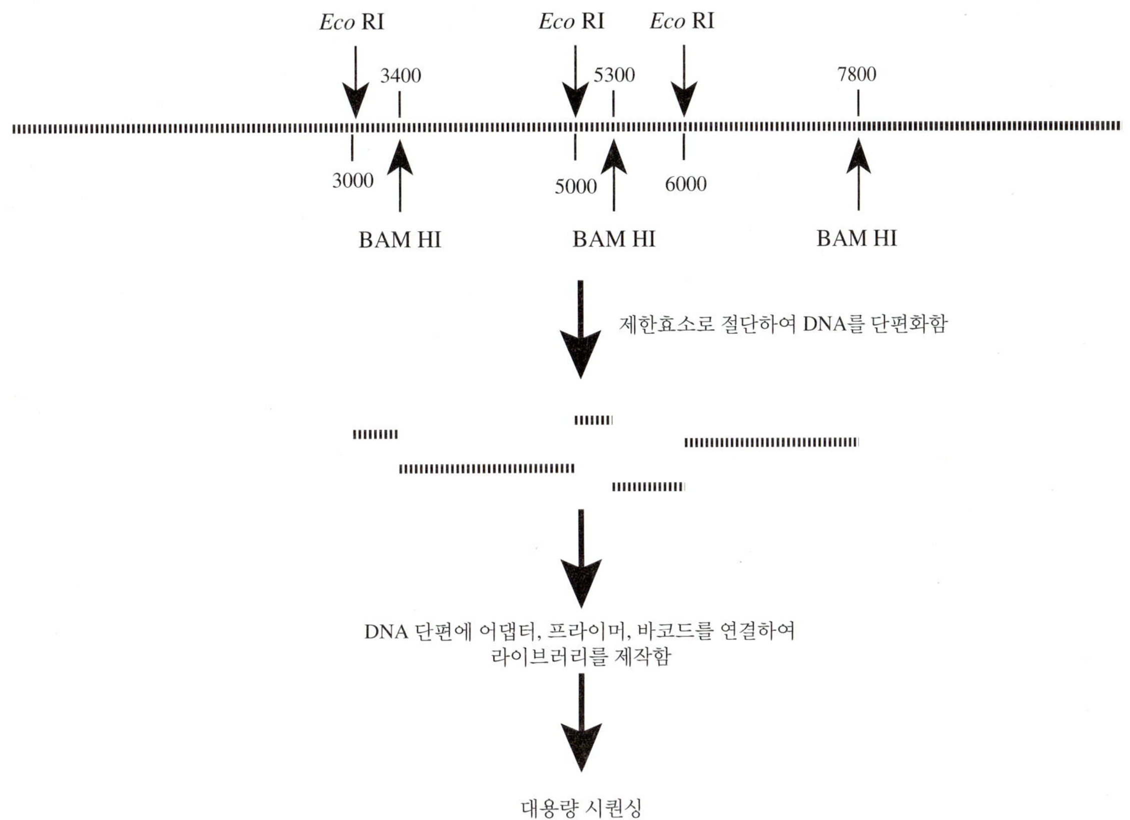

그림 11.8 두 개의 제한효소로 DNA를 단편화한 다음 대용량 시퀀싱을 위한 라이브러리를 제작하는 ddRADSeq의 과정. (단편화 후 특정 크기의 단편만 선별하기도 함)

11.8). 만일 제한효소를 2개 사용하면 ddRADSeq이라 한다(dd는 double digestion을 의미함). 이들 DNA 단편은 대용량 시퀀싱과 마찬가지로 어댑터, 바코드, 프라이머와 연결한다. 이것은 추가로 자르거나 크기 선별을 거쳐 한쪽 끝에서부터 시퀀싱을 하거나(단방향 시퀀싱) 양쪽 끝으로부터 시퀀싱을 한다(양방향 시퀀싱). 여기서 얻은 여러 컨티그는 이후 어셈블 과정을 거치게 된다.

RADSeq은 제한효소 결합자리 근처의 제한된 유전체의 모습만을 보여주지만, 높은 커버리지를 통해 이 부분의 염기서열을 집중적으로 정확하게 밝혀낸다. RADSeq의 장점은 SNP(Single Nucleotide Polymorphism) 형태의 시퀀스 데이터를 유전체 전반에 걸쳐서 얻는다는 것이다. 이는 유전체 스키밍 방법보다 핵 유전체의 더 많은 부분을 대변한다. RADSeq은 개체군 수준의 연구와 빠르게 진화하는 계통을 지닌 그룹의 연구에 유용한 것으로 밝혀졌다.

RADSeq의 변형으로 동시다발 샷건 유전형 분석(Multiplexed Shotgun Genotyping, MSG)이 있는데, 이는 DNA를 훨씬 더 잘게 절단하는 제한효소를 사용함으로써 물리적 절단이나 크기 선별을 거치지 않는다. 이러한 DNA 단편의 라이브러리는 대용량 시퀀싱 과정을 거친다. MSG는 일반적으로 더 많은 서열 데이터를 생성하며, 특히 개체군 및 종 수준의 분석에 유용하다.

DNA 염기서열 간접비교법

DNA 염기서열을 직접 읽는 것이 아니라 상동 DNA 지역의 길이를 비교하는 간접적인 방법도 존재한다. 오늘날에는 이들 기법이 많이 사용되지는 않는다.

RFLP와 AFLP

RFLP(restriction fragment length polymorphism, 제한 단편 길이 다형성)은 분류군 간에 나타나는 제한부위의 차이로

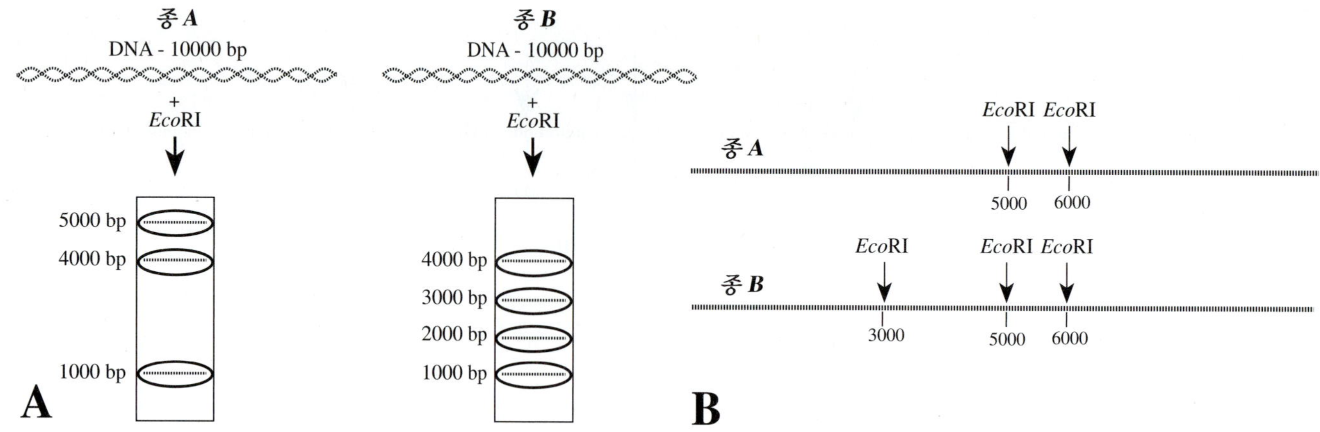

그림 11.9 *Eco*RI을 사용하여 종 A와 B의 제한효소 절단부위를 분석한 예. **A.** 절단 후 전기영동 결과, 두 종의 DNA 단편의 길이가 다른 것을 보여줌. **B.** 종 A와 B의 *Eco*RI 제한부위가 표시된 제한효소 절단지도.

인해 제한효소로 생성된 DNA 단편의 길이가 차이를 보이는 것을 말한다. 예를 들어, 그림 11.8은 가상의 2종을 대상으로 10,000 bp 길이로 증폭된 DNA를 *Eco*RI으로 절단한 경우를 설명하고 있다. 절단한 결과 종 *A*는 2개의 *Eco*RI 제한부위에 의해 3개의 단편으로 잘렸고, 종 *B*는 3개의 *Eco*RI 제한부위에 의해 4개의 단편으로 절단된 것을 볼 수 있다. 이들 제한부위의 상대적 위치는 **그림 11.9**B와 같이 지도로 작성할 수 있다(그림과 다르게 지도를 작성할 수도 있으며, 정확한 지도 작성을 위해서는 상당한 노력이 필요하다). 한편, 서로 다른 두 제한효소를 동시에 사용하여 DNA를 절단할 수 있다.

제한부위 단편 자료는 형질 및 형질상태로 부호화하여 계통분석을 하게 된다. 제한부위 분석은 동일한 지역의 염기서열을 완벽하게 결정하는 것에 비해 훨씬 적은 양의 자료를 생산하며, 단지 6–8 bp 길이의 제한부위 유무만을 다룰 뿐이다. 이 기법은 보다 넓은 DNA 지역을 조사할 수 있다는 장점이 있다. 그렇지만 앞서 제시한 RADSeq과 같이 시퀀싱 방법이 개선되고 이에 대한 비용도 낮아지면서 과거에 비해 그 가치와 활용도가 감소하고 있다.

RFLP와 유사한 것으로 **AFLP**(amplified fragment length polymorphism, 증폭 단편 길이 다형성) 기법이 있다. AFLP는 (1) DNA를 제한효소로 절단함으로써 양 끝에 특정 염기서열을 지닌 수많은 작은 DNA 단편을 만들고, (2) 이들을 합성 DNA인 '프라이머 어댑터'에 연결한 후, (3) 프라이머 어댑터에 결합하는 프라이머를 사용하여 PCR을 수행함으로써 이들 단편을 증폭하며, (4) 전기영동을 통해 증폭된 DNA 단편의 길이 다형성을 확인함으로써 수많은 유전적 마커를 인지하여 분석하는 기법이다.

마이크로새털라이트 데이터

마이크로새털라이트 또는 **SSR**(Simple Sequence Repeat)는 GTCGTCGTCGTCGTC와 같이 짧은(이 경우 3 bp) 염기서열이 **연쇄반복**(tandem repeat)되는 DNA 서열을 일컫는다. 만일 개체군 혹은 종 내에서 이 서열에 반복 횟수 차이가 존재할 경우, 이를 **연쇄반복서열변이**(variable-number tandem repeat, VNTR)라 한다. 이들 연쇄반복서열은 모든 유전체에 걸쳐 존재할 수 있고, 한 유전자자리에서는 그 길이가 일정한 경향이 있다. 그러나 DNA 복제와 교차 과정의 불규칙성으로 인해 집단 내 혹은 집단 간 개체 사이에는 연쇄반복서열의 길이에 차이가 날 수 있다(심지어 한 개체 내에서 대립유전자 간에도 차이가 난다). 연쇄반복서열변이는 유전적 표식자로서 사용할 수 있다.

마이크로새털라이트는 연쇄반복서열 양 끝에 위치하는 프라이머를 제작하여 PCR 기법을 사용해 조사한다. (이들 프라이머는 특정 종을 대상으로 연쇄반복서열의 탐침을 합성하고, 이 탐침에 결합하는 DNA를 선별하며, 이들 DNA의 염기서열을 결정하는 등 시간이 많이 걸리는 과정을 거쳐 연구 초기에 제작한다.) 일단 프라이머를 제작하고 나면 PCR을 거쳐 연쇄반복 DNA를 신속하게 증폭하고, 개체가 지니는 유전좌위나 대립유전자의 길이는 전기영동을 통해 결정할 수 있다(**그림 11.10**).

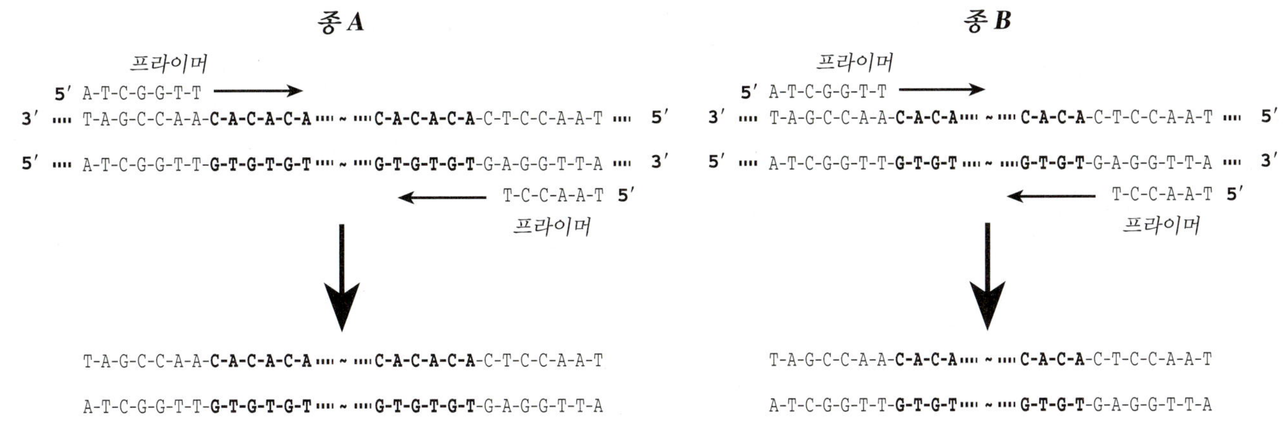

그림 11.10 마이크로새털라이트 자료. 연쇄반복되어 있는 지역을 포함하는 프라이머를 제작하였다. 종 *A*에서 연쇄반복된 지역이 종 *B*에 비해 더 긴 것을 볼 수 있다(두 분류군 사이의 유전적 차이).

특정 분류군에 대한 프라이머만 제작된다면, 많은 수의 개체를 대상으로 빠르고 효율적으로 마이크로새털라이트 자료를 만들어낼 수 있다. 이는 개체군 연구, 즉 유전적 변이나 동형접합도 산출에 주로 이용하는데, 계통학에서는 종 내 또는 매우 가까운 종 사이의 유연관계를 조사할 때 주로 사용한다.

RAPD

유전적 표식자를 찾아내는 다른 기법은 임의로 제작된 프라이머를 가지고 PCR을 수행하여 DNA를 증폭하는 것이다. 이 과정에서 프라이머는 DNA의 여러 상보적 지역에 결합할 것이다. 만일 DNA의 맞은편 가닥에도 동일 프라이머에 대한 상보적 지역이 존재하고 두 지역 간 거리가 멀지 않다면 그 구간은 PCR을 통해 증폭될 것이다(**그림 11.11**). 이런 식으로 증폭되는 구간이 많기 때문에 PCR을 통해 서로 다른 길이의 DNA 가닥이 많이 생겨날 것이고, 이들 DNA 가닥은 전기영동을 통해 분리할 수 있다. 유전적으로 가까운 개체라 할지라도 프라이머가 붙는 지역에 일부 변이가 존재할 것이고, 이로 인해 서로 다른 개체는 각각 다른 증폭산물을 만들어낼 것이다. **RAPD** (randomly amplified polymorphic DNA, 임의 증폭 다형 DNA)란 바로 이 '임의로' 제작한 프라이머를 가지고 DNA를

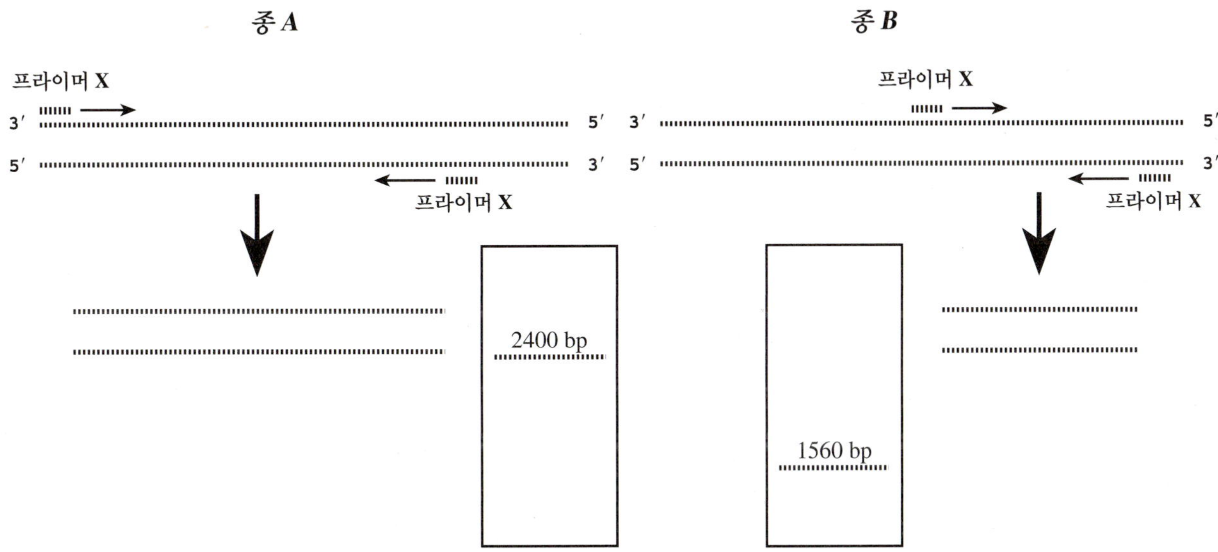

그림 11.11 RAPD 자료. 이 예에서는 종 A와 B의 동일 DNA 지역에서 프라이머의 부착 위치가 다름으로 인해 서로 다른 길이의 DNA 가닥이 증폭된 것(두 분류군 사이의 유전적 차이)을 보여준다.

'증폭하여' 서로 다른 개체 혹은 분류군 간에 존재하는 '다형 DNA' 구간을 밝혀내는 기법이라고 정리할 수 있을 것이다(예, 그림 11.11).

RAPD는 마이크로새털라이트와 마찬가지로 종 내의 유전적 연구에 주로 사용하지만 종 내 혹은 근연 종 간의 계통유연관계 연구에도 성공적으로 적용할 수 있는 기법이다. 그러나 RAPD는 결과의 재현성이 떨어지고 자료의 상동성이 불분명하다는 것이 큰 단점이다. SSR 그 자체를 프라이머로 활용하여 RAPD의 특성을 결합한 ISSR도 있다.

분자 데이터 분석

생물정보학은 유전적 데이터의 연구 및 분석을 포함하는 과학 분야로 알려져 있다. 생물정보학은 "거대 분자 측면에서 생물학을 개념화한 다음 '응용 수학, 컴퓨터 과학, 통계학 등의 정보학 기법'을 적용하여 이러한 분자와 관련된 정보를 대규모로 이해하고 조직화하는 것으로 정의한다."(Luscombe et al. 2001). 생물정보학 이론과 기술에 관한 지식은 이제 식물계통학 대학원생을 위한 표준 교육의 일부이다. 다음은 분자계통학 연구에서 분자 데이터를 분석하는 방법을 간략히 요약한 것이다.

제2장에서 논의한 바와 같이, DNA 또는 RNA 염기서열 데이터는 계통발생의 분석에 사용하는 형질 및 형질상태로 변환된다. 우선 DNA 염기서열은 상동(유전자의 동일한 코돈 위치에 해당하는) 뉴클레오티드가 해당 열에 위치하도록 배열함으로써 **정렬**(alignment)된다(**그림 11.12**). 비교적 잘 보존된 일부 유전자의 경우 모든 분류군이 동일한 길이의 유전자를 지니기에 정렬 과정이 매우 간단하다. 돌연변이로 인한 분류군 간의 변이는 **단일 뉴클레오티드 다형성**(**SNP**, 예를 들어 그림 11.12, 형질 1–5)의 형태이다. 그렇지 않은 유전자 또는 DNA 지역의 경우 몇몇 분류군은 다른 분류군에 대해 상대적으로 하나 또는 여러 개의 **인델**(indel), 역위 및 전위 돌연변이를 지닐 수 있다. 이들 돌연변이의 출현 그리고/또는 분류군 간의 심대한 비상동유사성은 DNA 염기서열 정렬을 어렵게 할 수 있다. 게다가 유전자가 중복되어 여러 개 존재할 경우 염기서열의 상동 여부를 결정하는 것이 어려워진다. 다양한 컴퓨터 프로그램을 연구대상 분류군의 염기서열 정렬에 사용할 수 있지만, 이들은 신중하게 고려해야 할 가정들을 포함하고 있다.

계통발생 분석에서 DNA 염기서열 자료를 사용할 때 뉴클레오티드의 자리가 형질이 되고 그 자리에서의 뉴클레오티드 종류가 형질상태가 된다(4개의 뉴클레오티드에 해당하는 4개의 형질상태가 존재함; 그림 11.12). 많은 수(대다수)의 뉴클레오티드 자리는 일반적으로 분류군 간에 변이를 보이지 않고, 변이를 보이는 것들 중의 일부조차도 특정 분류군에서만 나타나는 고유파생형질로서 계통학적 정보가 없다. 따라서 상대적으로 적은 수의 자리만이 계통학적 정보를 지니고, 계통수 작성에 유용하다(그림 11.12).

중요한 삽입, 결실, 역위 또는 전위 돌연변이는 진화적 신특징(파생형질상태)으로 간주되며, 계통들 간에 무리를 짓는데

```
                         DNA 정렬                                 형질 부호화
         000000000000000000111111111111111111111111
         888888889999999999000000000011111111112222
         234567890123456789012345678901234567890123    1 2 3 4 5 6
분류군 1  GCCTACCCAAAGCTCTTCCAAGGTGACTCTCAAGTTCAAGCT    2 0 3 2 0 4
분류군 2  GCCTACCCAAAGCTCTTCCAAGCTGACTCTCAA------GCT    2 0 3 1 0 5
분류군 3  GCCTACCCTAAGCTCATCCAAGGTGTCTCTCAAGTTCAAGCT    2 3 0 2 3 4
분류군 4  GCCTACCCTAAGCTCTTCCAAGGTGTCTCTCAAGTTCAAGCT    2 3 3 2 3 4
분류군 5  GCCTACCCAAAGCTCTTCCAAGCTGACTCTCAA------GCT    2 0 3 1 0 5
분류군 6  CCCTACCCAAAGCTCTTCCAAGCTGACTCTCAAGTTCAAGCT    1 0 3 1 0 4
분류군 7  CCCTACCCAAAGCTCTTCCAAGCTGACTCTCAAGTTCAAGCT    1 0 3 1 0 4
분류군 8  GCCTACCCTAAGCTCTTCCAAGCTGACTCTCAAGTTCAAGCT    2 3 3 1 0 4
```

그림 11.12 8개 분류군으로부터 42개 뉴클레오티드 지역(82–123)의 DNA 염기서열을 정렬한 예. 변이가 있는 지역은 볼드체로 표시하였다. 분류군 2, 5에 존재하는 6개(115–120) 염기의 결실을 주목할 것. 오른쪽은 염기서열 변이를 부호화한 예이다. 뉴클레오티드 부호화는 'A = 0, C = 1, G = 2, T = 3'으로 하였다. 결실의 존재 유무는 이원형질, 즉 '결실 없음 = 4, 결실 있음 = 5'로 처리하였다.

활용되기도 한다. 예를 들어, 콩아과(콩과)에 속하는 식물의 엽록체 DNA에는 대부분의 피자식물에 존재하는 IR 하나가 결실 돌연변이에 의해 결여되어 있다(그림 11.2 참조). 이와 같은 염색체상의 돌연변이는 하나의 염기 차이와는 분리해서 처리하며(그림 11.12의 예에서처럼), 유연관계를 추론할 때 상대적으로 더 큰 가중치를 부여하기도 한다.

DNA 염기서열 자료를 분석하는 데 사용하는 방법으로는 파시모니, 최대공산 그리고 베이스 추론 방법이 있다(제2장). 계통유연관계에 대한 신뢰할만한 가설을 얻기 위해서는 대개 복수의 염기서열(가급적 연관이 안 된 3개 이상의 유전자)을 사용하기도 한다. 제2장에서 검토한 바와 같이, 이러한 계통발생 분석법의 서열 데이터를 사용하여 진화 모델을 계산할 수도 있다. 이들 모델은 시퀀스 데이터의 구조를 평가한다. 예를 들어 유전자를 암호화하는 단백질의 경우, 세 번째 코돈 위치가 일반적으로 코돈의 중복성으로 인해 변동성이 더 크고 단백질 합성 결과에 영향을 미치지 않을 수 있다는 점을 고려할 때(동의치환돌연변이) 이러한 모델에서 코돈의 위치에 대한 가중치에 차등을 둘 수 있다. 염기전이(푸린 간 또는 피리미딘 간의 변화)과 염기전환(푸린에서 피리미딘으로 또는 그 반대의 변화)에 관한 것 또한 모델 매개변수가 된다(제2장).

DNA 자료는 분자의 이차구조를 평가하는 데 사용되기도 한다. 예를 들어, DNA가 만들어내는 산물(리보솜 RNA 혹은 단백질)에 있어서 중요한 분자 형태의 변화를 야기하는 뉴클레오티드 변화는 그렇지 않은 것에 비해 생리적 영향을 훨씬 더 크게 미칠 것이고, 따라서 이 경우에는 더 많은 가중치를 부여할 수 있는 것이다. 컴퓨터의 알고리즘을 통해 이런 점을 어느 정도 고려할 수 있다.

마지막으로, 앞서 언급했듯이 DNA 서열 데이터의 분석은 유전자 온톨로지(모든 종에 걸쳐 유전자 및 유전자 산물의 대표적 속성을 통합하기 위한 생물정보학의 새로운 계획)에 중요한 기여를 할 것이다. 진화는 돌연변이와 유전적 재조합, 집단 내에서 자연선택에 의해 그것들이 지속 및 확산함으로써 일어난다(제1장). 이러한 분자적 변화가 형태 및 생리의 발달을 어떻게 좌우하는가를 밝히는 것은 식물의 특징을 파악하고 분류하는 데 사용되는 이러한 기능적 적응, 즉 생물체의 생존을 돕는 타고난 기능의 진화를 이해하는 데 도움이 될 것이다.

복습문제

1. 전형적인 분자 데이터를 얻기 위해서 식물 시료를 어떻게 준비하며, 이 과정에서 필수적인 것은 무엇인가?
2. 분자계통수 연구에서 사용하는 세 가지 주요 DNA 염기서열 종류는 무엇인가?
3. 엽록체 DNA에 있어서 LSC, SSC, IR이란 무엇인가?
4. nrDNA 시스트론이란 무엇이며, 그 기능 및 계통수 연구를 위해 가장 많이 사용하는 두 지역은?
5. 중합효소연쇄반응(PCR)이란 무엇인가? 분자계통학에서의 그 중요성을 설명하시오.
6. 프라이머란 무엇인가?
7. 생어 시퀀싱의 기본 과정을 설명하시오. 디디옥시뉴클레오티드의 중요성은 무엇인가?
8. 대용량(차세대) 시퀀싱의 장점은 무엇인가?
9. 바코드란 무엇이며, 동시다발(multiplexing) 시퀀싱과 어떤 관계가 있나?
10. 합성연동 시퀀싱은 어떻게 이루어지는가?
11. (a) 리드, (b) 어셈블리, (c) 시퀀싱 강도(뎁스)는 무엇을 의미하는가?
12. 참조서열 활용 시퀀싱과 드노보 어셈블리의 차이는 무엇인가?
13. 유전체 스키밍이란 무엇이며, 이를 통해 어떤 데이터를 얻을 수 있는가?
14. 표적 시퀀싱란 무엇이며, 이에 속하는 두 가지 기법은?
15. 전사체는 무엇을 가리키는가?
16. 전사체 데이터의 잠재적 유용성과 장점은 무엇인가?

17. 제한부위란? 제한효소란?
18. RADSeq은 어떻게 진행하며, 이를 통해 어떤 데이터를 얻는가?
19. 동시다발 샷건 유전형 분석이 RADSeq과 어떻게 다르며, 어떤 장점이 있는가?
20. RFLP와 AFLP를 통해 어떤 유형의 데이터를 얻는가?
21. 마이크로새털라이트는 무엇이며, 어떻게 그 자료를 얻는가?
22. RAPD(임의 증폭 다형 DNA)란 무엇이며, 그 자료는 어떻게 얻어지는가?
23. 생물정보학이 다루는 분야에는 어떤 것들이 있는가?
24. DNA 정렬이란 무엇이며, 이것이 지니는 잠재적 문제점은 무엇인가?
25. DNA 염기서열에 있어서 형질과 형질 상태는 어떤 것인가?
26. 단일 뉴클레오티드 다형성(SNP)이란 무엇인가? 인델이란 무엇인가?
27. 염기서열 자료를 통해 생물체의 기능적 특성을 평가하는 것이 식물계통학에서 왜 중요한가?

실습과제

1. 가능하면 분자계통학의 다양한 기법, 즉 DNA 추출과 염기서열결정 등을 연습해본다. 자기 스스로 어떤 문제를 설정하고, 이에 대해 답하기 위한 자료를 수집하는 과정에서 이런 기법들을 사용하는 특별과제 수행을 고려해본다.
2. GebBank(https://www.ncbi.nlm.nih.gov/nuccore)에 접속하여 검색창에 관심대상 분류군의 학명을 입력한 후 원하는 유전자 또는 DNA 구간의 염기서열 자료를 내려 받는다. 이들 자료를 계통수 제작 프로그램(제2장 참조)을 이용해 분석한다.
3. American Journal of Botany, Annals of the Missouri Botanical Garden, Systematic Botany, 혹은 Taxon 등의 학술지를 정독하고 계통학적 연구와 관련하여 분자 데이터를 사용한 논문들을 살펴본다. 이들 논문에서 사용한 기법, 수집된 데이터, 그리고 제기된 문제들이 무엇인지 알아본다.

참고문헌

Alvarez, I. and J. F. Wendel. 2003. Ribosomal ITS sequences and plant phylogenetic inference. Molecular Phylogenetics and Evolution 29:417-434.

Andolfatto, P., D. Davison, D. Erezyilmaz, T. T. Hu, J. Mast, T. Sunayama-Morita, and D. L. Stern. 2011. Multiplexed shotgun genotyping for rapid and effi cient genetic mapping. Genome Research 21:610-617.

Baldwin, B. G., M. J. Sanderson, J. M. Porter, M. F. Wojciechowski, C. S. Campell, and M. J. Donoghue. 1995. The ITS region of nuclear ribosomal DNA: a valuable source of evidence on angiosperm phylogeny. Annals of the Missouri Botanical Garden 82:247–277.

Baldwin, B. G., and S. Markos. 1998. Phylogenetic utility of the External Transcribed Spacer (ETS) of 18S-26S rDNA: congruence of ETS and ITS Trees of *Calycadenia* (Compositae). Molecular Phylogenetics and Evolution 10:449-463.

Buggs, R. J. A., S. Renny-Byfield, M. Chester, I. E. Jordon-Thaden, L. F. Viccini, S. Chamala, A. R. Leitch, P. S. Schnable, W. B. Barbazuk, P. S. Soltis, and D. E. Soltis. 2012. Next-generation sequencing and genome evolution in allopolyploids. American Journal of Botany 99:372-382.

Cronn, R., B. J. Knaus, A. Liston, P. J. Maughan, M. Parks, J. V. Syring, and J. Udall. 2012. Targeted enrichment strategies for next-generation plant biology. American Journal of Botany 99:291-311.

Doyle, J. J. and J. L. Doyle. 1987. A rapid DNA isolation procedure for small quantities of fresh leaf tissue. Phytochemical Bulletin 19:11–15.

Fulton, T., R. V. D. Hoeven, N. Eannetta, and S. Tanksley. 2002. Identification, analysis and utilization of a conserved ortholog set (COS) markers for comparative genomics in higher plants. Plant Cell 14:1457-1467.

Grover, C. E., A. Salmon, and J. F. Wendel. 2012. Targeted sequence capture as a powerful tool for evolutionary analysis. American Journal of Botany 99:312-319.

Hillis, D. M., C. Moritz, and B. K. Mable. 1996. Molecular Systematics. 2nd ed. Sinauer, Sunderland, Massachusetts.

Huang, X., Q. Feng, Q. Qian, Q. Zhao, L. Wang, A. Wang, J. Guan, D. Fan, Q. Weng, T. Huang, G. Dong, T. Sang, and B. Han. 2009. High-throughput genotyping by whole-genome resequencing. Genome Research 19:1068-1076.

Knoop, V. 2004. The mitochondrial DNA of land plants: peculiarities in phylogenetic perspective. Current Genetics 46:123-139.

Lemmon, M. E. and A. R. Lemmon. 2013. High-throughput genomic data in systematics and phylogenetics. Annual Review of Ecology, Evolution and Systematics 44:99-121.

Luscombe, N. M., G. D., and G. M. 2001. What is bioinformatics? A proposed definition and overview of the field. Methods of Information in Medicine 40:346-358.

Schmieder, R. and R. Edwards. 2011. Quality control and preprocessing of metagenomic datasets. Bioinformatics 27:863-864.

Shaw, J., E. B. Lickey, J. T. Beck, S. B. Farmer, W. Liu, J. Miller, K. C. Siripun, C. T. Winder, E. E. Schilling, and R. L. Small. 2005. The Tortoise and the hare II: relative utility of 21 noncoding chloroplast DNA sequences for phylogenetic analysis. American Journal of Botany 92:142-166.

Shaw, J., E. B. Lickey, E. E. Schilling, and R. L. Small. 2007. Comparison of whole chloroplast genome sequences to choose noncoding regions for phylogenetic studies in angiosperms: the tortoise and the hare III. American Journal of Botany 94:275-288.

Small, R. L., J. A. Ryburn, R. C. Cronn, T. Seelanan, and J. F. Wendel. 1998. The tortoise and the hare: choosing between noncoding plastome and nuclear Adh sequences for phylogenetic reconstruction in a recently diverged plant group. American Journal of Botany 85:1301–1315.

Smith, S. D., R. Angelovici, K. Heyduk, H. A. Maeda, G. D. Moghe, J. C. Pires, J. R. Widhalm, and J. H. Wisecaver. 2019. The renaissance of comparative biochemistry. American Journal of Botany 106:1-11.

Soltis, P. S., D. E. Soltis, and J. J. Doyle (eds.). 1992. Molecular Systematics of Plants. Chapman and Hall, New York.

Soltis, D. E., P. S. Soltis, and J. J. Doyle (eds.). 1998. Molecular Systematics of Plants II: DNA Sequencing. Kluwer Academic, Boston.

Soltis, D. E., M. A. Gitzendanner, G. Stull, M. Chester, A. Chanderbali, S. Chamala, I. Jordon-Thaden, P. S. Soltis, P. S. Schnable, and W. B. Barbazuk. 2013. The potential of genomics in plant systematics. Taxon 62:886-898.

Straub, S. C. K., M. Parks, K. Weitemier, M. Fishbein, R. C. Cronn, and A. Liston. 2012. Navigating the tip of the genomic iceberg: Next-generation sequencing for plant systematics. American Journal of Botany 99:349–364.

Weitemier, K., S. C. K. Straub, R. C. Cronn, M. Fishbein, R. Schmickl, A. McDonnell, and A. Liston. 2014. Hyb-Seq: Combining target enrichment and genome skimming for plant phylogenomics. Applications in Plant Sciences 2:1400042.

분자계통학 컴퓨터 프로그램 및 서비스

DArTSeq. Diversity Arrays Technology Sequencing. Bruce, Australia. *https://www.diversityarrays.com*

FastQC. A quality control tool for high throughput sequence data. *https://www.bioinformatics.babraham.ac.uk/projects/fastqc*

GenBank. *https://www.ncbi.nlm.nih.gov/genbank*

Geneious. Biomatters Ltd., Auckland, New Zealand. *http://www.geneious.com*

MAFFT. Multiple alignment program for amino acid or nucleotide sequences. *https://mafft.cbrc.jp/alignment/software*

PRINSEQ. PReprocessing and INformation of SEQuences. *http://edwards.sdsu.edu/cgi-bin/prinseq/prinseq.cgi*

TransDecoder (Find Coding Regions Within Transcripts). *https://github.com/TransDecoder/TransDecoder/wiki*

IV

식물계통학의 근본

CAROLI LINNÆI
S:Æ R:GIÆ M:TIS SVECIÆ ARCHIATRI; MEDIC. & BOTAN. PROFESS. UPSAL; EQUITIS AUR. DE STELLA POLARI; nec non ACAD. IMPER. MONSPEL. BEROL. TOLOS. UPSAL. STOCKH. SOC. & PARIS. CORESP.

SPECIES PLANTARUM,

EXHIBENTES
PLANTAS RITE COGNITAS,
AD
GENERA RELATAS,
CUM
DIFFERENTIIS SPECIFICIS,
NOMINIBUS TRIVIALIBUS,
SYNONYMIS SELECTIS,
LOCIS NATALIBUS,
SECUNDUM
SYSTEMA SEXUALE
DIGESTAS.

TOMUS I.

Cum Privilegio S. R. M:tis Sueciæ & S. R. M:tis Poloniæ ac Electoris Saxon.

HOLMIÆ,
IMPENSIS LAURENTII SALVII.
1753.

Home | Search Collections | Map Search | Image Search | Browse Images | Data Use Policy | About CCH — Welcome Michael! My Profile Logout Sitemap

Welcome to the Consortium of California Herbaria Portal (CCH2)

CCH2 serves data from specimens housed in CCH member herbaria. The data included in this database represents all specimen records from partner institutions. The data served through this portal are currently growing due to the work of the **California Phenology Thematic Collections Network (CAP-TCN)**. This collaboration of 22 California universities, research stations, natural history collections, and botanical gardens aims to capture images, label data, and phenological (i.e., flowering time) data from nearly 1 million herbarium specimens by 2022. Data contained in the CCH2 portal will continue to grow even after this time through the activities of the CCH member institutions.

For more information about the California Phenology TCN, visit the project website:

https://www.capturingcaliforniasflowers.org

For more information about the California Consortium of Herbaria (CCH) see:

http://ucjeps.berkeley.edu/consortium/about.html

The California Phenology TCN is made possible by the National Science Foundation Award 1802312. Any opinions, findings, and conclusions or recommendations expressed in this material are those of the author(s) and do not necessarily reflect the views of the National Science Foundation.

Special thanks to the National Park Service who provided funds for the initial setup of the CCH2 website and database (November 2016)

Note also these other portals that will better serve the data needs of more-specialized users:

California vascular plants - CCH1: For California vascular plants linked to the statewide flora project (the Jepson eFlora: http://ucjeps.berkeley.edu/eflora/), please see the original the CCH1 portal (active since 2003).

Pteridophytes - fern portal: A new world-wide Pteridophyte portal is currently in development. Please check back later for a website URL

Macroalgae: For algae specimens, see the Macroalgal Herbarium Consortium Portal

Brytophytes: For bryophyte specimens, see the Consortium of North American Bryophyte Herbaria (CNABH)

Lichens: For lichen specimens, see the Consortium of North American Lichen Herbaria (CNALH)

Fungi: For fungi, see the Mycology Collections data Portal (MyCoPortal)

12

식물의 동정과 명명

동정은 미지의 실체와 알려진 실체를 관련짓는 과정이다(또는 관련지을 수 있는 알려진 실체가 없다는 것을 인식하는 과정이다). 다시 말해, 동정은 인지된 어떤 사물이 기존에 알려진 실체와 충분히 유사하여 그 실체와 같은 "부류"에 포함되게 하는 기준에 부합한다고 판정하는 것이다. 동정은 인간, 여타 동물 그리고 일정 수준의 조직체계를 지닌 모든 생명체가 수행하는 기본적인 활동이다. 독이 있는 것과 먹을 수 있는 것을 가려내고, 적과 친구를 분간하는 능력이 강력한 선택압력에 의해 진화하였다는 사실에는 의심의 여지가 없다.

두 실체가 정확히 똑같을 수는 없기 때문에, 동정을 할 때 중요하게 고려해야 할 점은 알려진 실체의 경계 또는 특징을 정하는 것이다. 예를 들어, 식물 동정은 식물이나 식물 표본을 연구하는 것과 그 식물이 어떤 특정 분류군(예, 종)에 "소속될 것인지"를 결정하는 것을 수반한다. 이러한 동정은 미지의 식물 및 이와 관련되었을 가능성이 있는 분류군 모두에 대한 기재에 근거한다. 관련 가능성이 있는 분류군을 고려할 때, 표징형질을 파악하는 것이 무엇보다 중요하다. **표징형질**이란 어떤 분류군을 다른 모든 분류군으로부터 구분할 수 있는 특징을 모두 나열한 것이다. 만일 미지의 실체에서 나타나는 특징이 앞서 알려진 실체의 표징형질 범위 내에 들어온다면, 동정이 완료된 것이다.

분자적 식물 동정

보다 일반적으로 사용되는 식물 동정 방법은 후보 유전자의 DNA 서열을 확보하고, 이를 식물 분류군과 관련된 유전자 데이터베이스의 자료와 비교하는 것이다. 이를 위해 "DNA 바코드"로 알려진 짧은 이종상동성(orthologous) DNA 서열을 사용한다(Kress et al. 2005 참조). DNA 바코드는 비교적 저렴한 비용으로 빠르게 얻을 수 있다. DNA 바코드는 속 내 특정 종을 항상 정확하게 구분해내지는 못하지만(Hollingsworth 2011), 최근에는 전체 엽록체 유전체를 바코드로 사용할 만큼 진전이 이루어졌다(Li et al. 2015). 동정을 위해 식물 샘플의 DNA 서열을 사용하는 것은 앞으로도 중요하며, 특히 법의학에서 매우 중요해졌다.

형태적 식물 동정

형태적 특징을 사용한 식물 동정에 사실상 우리의 모든 감각을 활용할 수 있다. 잎이나 꽃의 냄새, 열매의 맛 또는 줄기 표면의 느낌으로 식물을 동정하는 방법을 배울 수 있다. 실제로 특정 식물 그룹의 전문가는 현장에서 식물의 정체를 종종 냄새, 촉각 및 (때때로) 맛에 의존하여 확인하거나 동정을 한다. 비록 사람이 바람결에 바스락거리는 잎사귀의 소리로 나무를 확실하게 구별하는 법을 배울 수 있을지도 모르지만, 우리의 청각은 일반적으로 식물 동정에 사용되지 않는다. 그러나 새나 박쥐 같은 다양한 동물이 식물을 식별할 때는 청각이 주로 사용될 수 있다.

그러나 우리 대부분은 많은 경우에서 주로 시각으로 식물을 동정한다. 우리의 뇌는 식물체나 식물의 한 부분에서 빛이 반사되는 방식을 거의 즉시 시각적 이미지로 처리할 수 있다. 이 시각적 패턴은, 적어도 아주 짧은 시간만큼은, 우리에게 생소한 것이다. 동정은 이 생소한 시각적 패턴을 낯익은 시각적 패턴과 연관시키는 과정을 수반한다. 그 낯익은 시각적 패턴은 우리의 뇌에 저장되었거나 다양한 동정 도구를 사용하여 추론된 것이다.

우리의 뇌는 식물 또는 어떤 대상을 동정할 때 전체론적 또는 분석학적 방법으로 정보를 처리한다(Gauthier and Tarr 2002; Kirchoff et al. 2007 참조). **전체론적**(holistic) 방법은 대상을 전체적으로 보거나 강조한다. 특정 식물군이나 지역 식물상에 익숙한 대부분의 숙련된 분류학자는 식물을 전체론적 방법으로 동정한다. 이들은 잎이나 꽃에서 반사된 빛의 시각적 패턴을 한눈에 처리하여 그 패턴을 알려진 패턴과 거의 즉각적으로 연관시킬 수 있다. 그리고 이 연관된 패턴은 대개 식물의 이름과 연결된다. **분석학적**(analytic) 방법은 대상의 부분을 강조한다. 분석학적 동정은 일반적으로 전문적인 용어를 사용하여(제9장 참조) 대상 식물을 분해하거나 세분화하는 것을 수반한다. 예를 들어, 잎은 배열, 위치, 방향, 유형, 크기, 부착, 기부, 가장자리, 정단부, 엽맥, 질감 및 표면 특징으로 분석할 수 있다. 분석학적 방법은 식물 그룹에 관한 사전 지식이 없거나 분류군을 구분하기 위해 미세하거나 모호한 특징을 조사해야 하는 경우에 필요하며, 식물을 면밀히 해부하거나 추론하는 것을 요구한다.

수십만 가지의 가능성 속에서 하나의 식물을 동정하기 위해서는 이러한 가능성의 초기 범위를 좁혀야 하는 경우가 종종 있다. 자생식물이나 귀화식물의 경우에 지역의 식물지를 동정 과정에 활용하는 것이 일반적이다. (물론 문제의 식물이 그 식물지에 포함되어 있지 않은 새로운 것일 가능성은 항상 존재함.) 동정에 활용하는 식물지의 지리적 범위가 동정 대상 식물의 분포 범위를 포괄하고 있는지 반드시 확인해야 한다. 재배식물들은 동정하기가 특히 더 어렵다. 이는 재배하고 있는 식물들의 수가 워낙 많을 뿐만 아니라 매년 그 수가 증가하기 때문이기도 하다. 재배식물의 자생지가 세계 어느 지역이 될지 모르기 때문에, 그 분류군을 정확하게 포함하는 참고자료를 확보하는 것은 거의 불가능할 수도 있다. 원래 자생종과 상당히 다른 수많은 재배품종, 잡종, 교배종들이 끊임없이 만들어지기 때문에 재배식물을 동정하는 것은 쉽지 않다.

식물을 동정하는 방법에는 여러 가지가 있다. 이들 방법은 다음과 같다.

분류 검색표

아마도 가장 널리 사용되는 동정 방법은 분류 검색표일 것이다. **검색표**는 가능성이 하나로 줄어들 때까지 목록에 있는 가능성들을 순차적으로 선택해가는 동정 장치이다. 대부분의 검색표는 가장 능률적이면서도 효과적인 방법으로 분류군의 정체성 범위를 좁히는 데 도움을 준다. 검색표는 큰 무리를 보다 작은 자연적인(단계통인) 무리로 나눌 수도 있고 그렇지 못할 수도 있다.

제1장에서 살펴보았듯이, 식물지나 종속지 연구에서 가장 흔한 유형의 검색표는 **차상검색표**이다. 이 검색표에는 2개의 대조적인 진술이 연속되어 있는데, 각각의 진술을 **검색문**이라고 하며, 2개의 검색문으로 이루어진 것을 **검색쌍**이라고 한다. 검색쌍의 검색문들에 대해서는 들여쓰기 또는/그리고 숫자표기를 한다. 동정 과정은 한 검색쌍을 이루는 대조적인 검색문 중에서 하나를 선택하는 방식으로 진행한다. 동정하고자 하는 생물에 가장 잘 부합되는 검색문을 선택한 후, 동정이 완료될 때까지 (들여쓰기나 숫자를 따라) 그 검색쌍의 하위계층에 있는 검색문을 순차적으로 확인해 나간다(그림 12.1 참조). 잘 짜인 차상검색표에는 여러 유형의 증거들이 제시되어 있으며, 첫 번째 검색문의 특징이 두 번째 검색문의 특징과 각각 대비되어 있다(**그림 12.1**).

검색표 대부분은 인위적 또는 실용적이다. 이는 검색표에서 순차적으로 묶여가는 무리들이 자연분류군 또는 단계통군이 되도록 의도하지 않는다는 의미이다. 이런 검색표의 목적은 가장 쉬우면서도 효율적으로 주어진 분류군들을 검색하는 것이기에, 이들을 '분류'하는 것에 대해서는 고려하지 않는다. 매우 드물게, 어떤 검색표는 "자연적" 또는 "계통분류학적"이다. 이 경우에는 표징형질이나 파생형질을 사용하여 "자연" 분류군, 즉 공식적인 분류군을 규정한다. 계통분류학적인 검색표의 한 예로 국화과의 족에 대한 검색표를 들 수 있다. 계통분류학적

Papaveraceae POPPY FAMILY

1. Flower bilateral or biradial; petals 4, 1 or both outer ones spurred or pouched at base (Fumarioideae)
  2. Flower biradial; outer 2 petals alike, both pouched at base
    3. Plant without leafy stems .... **DICENTRA**
    3′ Plant with leafy stems .... **EHRENDORFERIA**
  2′ Flower bilateral; outer 2 petals not alike, upper petal spurred at base
    4. Fruit a capsule, generally linear to oblong, several to many-seeded .... **CORYDALIS**
    4′ Fruit a nut, round, 1-seeded .... **FUMARIA**
1′ Flower radial; petals ≥4, not spurred or pouched at base (Papaveroideae)
  5. Subshrub to small tree
    6. Petals 4(6), yellow, 2–3 cm; leaf entire or minutely toothed .... **DENDROMECON**
    6′ Petals 6, white, 4–10 cm; leaf deeply lobed .... **ROMNEYA**
  5′ Annual, biennial, perennial herb, occasionally woody at base
    7. Leaves entire to minutely toothed, cauline opposite; petals generally 6
      8. Plant generally glabrous; stamens 4–15
        9. Basal leaves sessile, linear, fleshy; petals persistent; capsule ovoid, 1.5–2.5 mm .... **CANBYA**
        9′ Basal leaves petioled, spoon-shaped, not fleshy; petals deciduous; capsule linear, to 50 mm .... **MECONELLA**
      8′ Plant long-hairy; stamens > 12
        10. Stigmas 3; fruit ovoid, opening by 3 valves, not breaking transversely into units .... **HESPEROMECON**
        10′ Stigmas ≥6; fruit ovoid to widely linear, breaking transversely into 1-seeded, indehiscent units .... **PLATYSTEMON**
    7′ Leaves toothed to dissected; petals 4, 6, or more
      11. Plant spiny; leaves generally cauline .... **ARGEMONE**
      11′ Plant unarmed; leaves basal, cauline, or both
        12. Hairs generally ±5–15 mm, wavy; leaves generally basal .... **ARCTOMECON**
        12′ Hairs 0 or to 3 mm, straight; leaves basal, cauline, or both
          13. Ovary, fruit <3× longer than wide; carpels > 2; fruit opening by pores .... **PAPAVER**
          13′ Ovary generally >3× (fruit >4×) longer than wide; carpels 2; fruit splitting into 2 valves
            14. Leaf dissected into ± linear segments; sepals 2, fused into conical cap; receptacle cup-shaped around ovary base; stigma lobes 4–8, linear .... **ESCHSCHOLZIA**
            14′ Leaf deeply pinnate-lobed; sepals 2, free; receptacle not cup-shaped, not around ovary base; stigma lobes 2, not linear .... **GLAUCIUM**

그림 12.1 숫자표기와 들여쓰기로 제작된 차상검색표의 예로 Papaveraceae(양귀비과)의 속 검색표이다. 검색쌍에서 첫 번째 검색문의 형질상태와 두 번째 검색문의 형질상태는 서로 대응하여야 한다. 출처: Gary L. Hannan & Curtis Clark, Jepson Flora Project (eds.) Jepson eFlora, *http://ucjeps.berkeley.edu/cgi-bin/get_IJM.pl?key=214*.

검색표에 이용되는 형질들은 보다 더 전문적이지만 쉽게 이해하기 어렵다. 그렇기 때문에 실제 동정에는 별로 유용하지 않지만, 분류군을 구분하는 특징으로 활용할 수는 있다.

차상검색표를 사용함에 있어서 반드시 주의해야 할 점이 있다. 가장 중요한 점은 그 식물이 어느 쪽에 더 적합한가에 대한 결정을 내리기 전에 검색문 2개에 적힌 모든 내용을 읽는 것이다. 비록 첫 번째 검색문이 부합하는 것처럼 보이더라도 두 번째 검색문이 더 잘 부합할 수도 있기 때문에 첫 번째 검색문만 읽어서는 안 된다. 한 검색쌍의 검색문 둘을 모두 읽은 다음에도 어느 것이 옳은지 확신할 수 없는 경우에는 그 둘을 모두 고려하여야 한다. 미지의 식물과 그 둘(또는 그 이상)의 관련 가능성은 기재문, 도해 또는 표본 비교를 통하여 확인할 수 있다.

검색 장치의 또 다른 유형은 다지형(多誌型)검색표이다. **다지형검색표**는 많은 형질상태들의 목록으로 이루어져 있으며, 그것들 중에서 (동정하고자 하는) 표본과 부합하는 형질상태를 모두 선택하는 것이다(예, **그림 12.2**). 많은 형질상태 중 어떤 것이 부합하느냐에 따라 정확한(또는 가장 잘 일치하는) 분류군을 결정하거나, 관련 가능성이 있는 분류군을 좀 더 가려내어 더 작은 범위로 좁혀간다. 요즘 사용되는 모든 다지형검색표는 컴퓨터 알고리즘을 활용한다.

차상검색표에 비하여 다지형검색표가 갖는 가장 큰 장점은 가능성을 좁혀감에 있어서 정보 중 일부를 사용하는 것을 허용한다는 것이다. 예를 들어, 만일 어떤 차상검색표가 꽃에 대한 형질만을 포함하고 있다면, 꽃이 없는 식물 표본에는 그 검색표를 적용할 수 없을 것이다. 그러나 다지형검색표는 꽃의 형질뿐만 아니라, 뿌리, 잎, 열매나 씨 등의 형질들도 포함하고 있을 것이다. 따라서 다지형검색표는 식물 표본에서 간혹 1-2 종류의 형질이 누락되어도 동정이 가능하다. 다지형검색표의 두 번째 장점은 표본을 완벽하게 동정할 수는 없을지라도, 식물의 실체를 일단 몇 가지 대안(대상)까지 좁혀간 다음, 이들을 다른 방법으로 확인할 수 있다는 것이다. 다지형검색표의 가장 중대한 약점은 이 검색표가 매우 제한된 수의 분류군에 대해서만 만들어졌다는 것이다.

차상검색표든 다지형검색표든 대부분의 검색표는 동정 대상의 정체성을 좁힐 때 오로지 문장이나 단어에 의존한다. 동정에 매우 유용한 장치로는 화상 자료 활용이 있다. 그림이나 사진과 같은 화상 자료는, 대비되는 형질이나 형질상태의 의미를 명료하게 보여 준다. 특히 식별 형질을 보여 주는 화상 자료는 동정의 정확성을 검증하는 데 유용하다. 실제로 화상 자료 자체만으로 검색표를 만들 수도 있다. (문장이나 단어 대신 화상 자료를 활용한 검색표에 대한 논의는 Kirchoff et al 2008을 참고.)

1 목본성 식물(반관목 제외)
2 초본성 식물(반관목 포함)
3 수생식물, 잎은 부유성이거나 침수성
4 엽록소는 없다(기생성 또는 부생성)
5 인경이 있다(단자엽식물만)
6 우유빛 즙액이 있다
7 가시성 줄기나 잎이 있다
8 덩굴손이 있다
9 엽상경 또는 위엽이 있다(변형된 가지는 엽병)
10 털은 선모이다.
11 털은 성상모이다(갈래는 2개, 가지를 치거나 타래처럼 된다)
12 털은 성상모이다(갈래는 2개가 아니고, 가지를 치거나 타래처럼 되지 않는다)
13 털은 2갈래 또는 T자 모양이며, 비선모성이다
14 털은 가지를 친다
15 털은 타래처럼 되며, 비선모성이다
16 털은 방패형 또는 인편상이다
17 털은 소낭 또는 주머니처럼 생겼다
18 털은 자극적이다
19 종유체가 있다(쌍자엽식물만)
20 잎은 대생 또는 윤생
21 잎은 호생(이열호생하는 단자엽식물 제외)
22 잎은 이열호생(단자엽식물만)
23 잎은 과상 [예, *Iris* (붓꽃속)]
24 잎은 복엽이 아니다
25 잎은 복엽이다
26 잎은 우상복엽이다(소엽이 4장 또는 그 이상이다)
27 잎은 삼출복엽이다(소엽이 3장)
28 잎은 장상복엽이다(소엽이 4장 또는 그 이상이다)
29 엽맥은 잎이나 소엽에서 우상맥으로 뚜렷하게 보인다 (30항 포함)
30 엽맥이 뚜렷하지 않거나 잎에 한 개만 있다 (단자엽 식물만)
31 엽맥은 잎이나 소엽에서 길게 발달한다 (삼출맥 잎 포함)
32 엽맥은 잎이나 소엽에서 장상맥다

그림 12.2 다지형검색표의 예. 이 검색표는 수많은 형질상태의 목록으로 구성된다. 동정은 미지의 식물을 설명하는 형질상태 조합을 표시하면서 진행된다. 모든 형질을 고려할 필요는 없다.

검색표는 가장 실질적이고 유용한 동정 방법이긴 하지만, 무턱대고 따라하면 다 해결되는 방법이 아닌 하나의 지침으로 간주해야 할 것이다. 검색표를 이용한 그 어떠한 동정도 다른 방법으로, 예를 들어 표본 비교나 전문가 감정으로, 다시 검토해야만 한다.

기재문

두 번째 동정 방법은 미지의 식물이 지니는 특징을 관련 가능성이 있는 알려진 분류군의 기재문과 비교하는 것이다. 이는 미지의 식물이 나타내는 변이역이, 알려진 식물의 기재문에 수록된 내용에 해당되는지 확신을 가지고 판단하게 하는 좋은 방법이다. 그러나 한 식물지에 기록된 모든 기재문을 다 읽는다는 것이 불가능하기 때문에, 이 방법은 일단 가능성을 좁혀가는 것에 의미가 있다. 또한, 길게 나열된 특징 목록에서 표징형질을 골라낸다는 것은 쉬운 일이 아니다. 따라서 한 가지 또는 몇 가지의 가능성이 제시된 이후에 동정을 검증하는 차원에서 기재문을 활용하는 것이 가장 좋다.

표본 비교

세 번째 동정 방법은 알고자 하는 식물을 생체 또는 보존된 식물 채집품(대개 동정이 된 석엽표본)과 비교하는 것이다. 식물이 지니고 있는 많은 특징들이 (예, 색상이나 표면 구조) 기재문에는 적절하게 기록되어 있지 않거나, 사진이나 도해에서는 잘 보이지 않기 때문에 이는 훌륭한 동정 방법이다. 표본 비교 방법은, 앞서 소개한 방법들처럼, 가능성들을 좁힌 이후에만 동정을 검증하는 데 도움을 줄 수 있다. 이러한 점에서 볼 때, 일정 지역(예, 시군)에 분포하는 각 분류군에 대하여 표본을 한 점씩 소장해 놓은 **지역개관**(synoptic) **표본**은 매우 유용하다. 만일 어떤 분류군을 보다 작은 무리, 예를 들어 과나 속으로 좁힐 수만 있다면, 지역개관 표본을 통한 빠른 조사로 미지의 식물을 그 자리에서 바로 동정하는 것도 종종 가능하다. 그러나 한 가지 조심해야 할 점은 이 방법에서는 비교 표본이 정확하게 동정되었다는 것을 전제로 한다는 것이다. 따라서 관련 가능성이 높은 대상에 대해서는 항상 기재문을 갖고서 검증해야 한다.

화상자료 비교

미지의 식물을 동정하기 위한 네 번째 방법은 알려진 분류군의 사진이나 도해와 비교하는 것이다. 최근에는 웹페이지가 화상자료의 유용한 출처가 되고 있지만, 이들 화상자료는 흔히 참고서적에서 찾을 수 있다. 이 방법의 문제점은 분류군 중 대개 일부에 대해서만 사진이나 도해가 제공된다는 것이다. 또한 일치하는 사진이나 도해를 찾기 위해서는 그 모든 자료들을 살펴봐야 한다는 번거로운 점도 있다. 하지만, 사전에 관련 대상들이 좁혀질 수만 있다면 화상자료와의 비교를 통해 식물을 동정하는 것은 여전히 매우 좋은 방법이다. 이 방법에서 가장 주의해야 할 점은 둘 이상의 분류군이 사진이나 그림으로 볼 때는 서로 매우 비슷할 수 있다는 것이다. 이러한 분류군들은 잘 보이지 않는 미세한 형태적 차이점으로 구분된다. 따라서 미지의 식물과 시각적 이미지가 일치하는 것이 있다면, 그 식물에 대한 정확한 기재를 통해서 검증해야 한다.

대화형 컴퓨터 프로그램, 특히 *iNaturalist*(웹 페이지 인용 참조)와 같은 스마트폰 앱으로 사용할 수 있는 프로그램은 식물 (및 동물) 동정에 혁명을 일으키기 시작했다. 전문가와 일반인(시민과학자) 모두 현장에서 식물을 촬영할 수 있고, 촬영된 식물의 사진과 지리적 위치는 다른 회원이 즉시 사용할 수 있다. (동정을 위해서는 전체 식물이나 잎의 사진, 꽃, 화서, 열매를 측면 및 정면에서 촬영한 사진이 적절하게 다운로드 되어야 함.) 전문가는 동정을 확인해주거나 수정해줌으로써 사진의 과학적 가치를 높여 줄 수 있다. 이 사진 자료는 맵핑되거나 다운로드 되어 생물의 지리적 분포에 관한 우리의 지식을 크게 확장시킬 수 있다. *iNaturalist*와 같은 플랫폼상의 관찰 자료는 미기록종, 멸종했다고 간주되었던 종, 심지어 신종의 발견으로 이어지기도 했다. 비록 현장의 사진이 표본관의 확증 표본을 대체할 수는 없고, 이것의 영속성은 여전히 해결되어야 할 것이지만, 이들 사진은 식물계통학 연구에서 중요한 자원으로 자리했다.

전문가 동정

마지막, 다섯 번째 동정 방법은 다른 사람, 특히 동정하고자 하는 분류군의 전문가에게 문의하는 것이다. 이 방법은 동정을 위하여 표본들을 발송해야 되기 때문에 시간이 많이 소요된다(뿐만 아니라 동정하고자 하는 분류군의 전문가가 누구인지를 알고 있어야 한다). 그럼에도 불구하고 전문가는 분포역 전반에 대해 그 분류군을 아는 경우가 많기 때문에 전문가 동정은 최선의 표본 동정 방법이다.

물론 전문가는 앞서 언급한 모든 동정 수단, 특히 표본 비교에 의존한다. 특정 분류군 전문가는 수백 개의 식물 표본을 연구해 왔고, 검색표나 설명에 포함되지 않은 특징을 알고 있을 가능성이 높다. 그 전문가는 또한 해당 식물에 대한 최근의 분류학적 처리나 신분류군 발견 등을 포함한 문헌에 관해 익히 알고 있을 것이다. 전문가의 결정은 종종 어떤 식물지보다 더 정확하고 가장 앞선 것이다.

종 또는 종내 분류군 동정이 매우 힘든 식물의 경우에는 종종 전문가 동정이 필수적이다.

실질적 동정

식물 분류군을 실질적으로 동정하는 과정에서는 동정을 하는 사람의 경험에 의존할 때가 많다. 물론 더 많이 알수록 식물을 더 쉽게 동정할 것이다. 예를 들어, 대부분의 식물지는 여러 식물과에 대한 검색표부터 시작한다. 그러나 이는 전체 식물상 내의 다양한 과를 전부 고려해야 하기 때문에 다소 부담스러울 수 있다. 그런데 몇몇 과의 일반적인 특징들을 미리 알고 있다면, 과내의 속에 대한 검색표로 바로 들어갈 수도 있을 것이다. 마찬가지로, 과내에서 그 분류군이 속하는 일반 분류군(예를 들어, 속)이 어떤 것인지 알고 있다면, 우선 그 분류군에 대한 검색표, 도해, 기재 또는 표본부터 조사할 수도 있을 것이다. 그러나 그런 확신이 없다면 처음부터 시작하여 아주 비슷한, 그러나 부정확한 선택들을 제거해 나가는 것이 최선이다.

표본을 정확하게 동정하는 것이 중요하다는 것은 아무리 강조해도 지나치지 않다. 일단 동정이 되었다면, 이는 단지 임시적인 것이라고 봐야 할 것이다. 한 가지 방법으로 "정확한 답"에 도달했다고 절대 가정하지 말아야 하며, 자신이 내린 결정은 모든 가능한 방법으로 검증하는 것이 중요하다. 자기 스스로를 옹호하려들지 말고, 검증하고 또 검증해야 한다. 기존의 기재문 및 표본과 비교하여 모든 동정 결과를 검증해야 한다. 일부 분류군들은 모호한 특징들로 구분되는 수많은 분류군들로 구성되어 있어 동정하기가 특히 더 어렵다. 조심스럽게 진행하되, 전문가에 의한 동정이 필요하다면 주저하지 않고 표본을 발송한다.

마지막으로, 동정 과정을 통하여 새로운 종을 발견할 수 있는 가능성이 있음을 항상 염두에 두어야 한다. 만일 가능한 모든 참고문헌을 철저히 조사했음에도 불구하고 의심스러운 미지의 식물이 기존의 식물지에 게재된 분류군들과 일치하지 않는다면, 이 식물은 아마도 이 식물지의 지리적 범위 내에서는 (자생이든 귀화하였든) 새로운 기록일 것이다. 이들 미동정식물 중 어떤 것은 학계에 합법적으로 출판할 근거가 충분한 새로운 종일 수도 있다.

식물 명명

명명이란 공식적인 체계를 이용하여 이름을 부여하는 것이다. "전통적으로 식물로 취급되었던" 생물을 공식적으로 명명하는 기준은 **조류, 균류, 식물에 관한 국제명명규약**(International Code of Nomenclature for algae, fungi, and plants, 이후 **ICN**으로 지칭)의 규칙과 권고에 근거한다(Turland et al. 2018). 식물명은 자연에 실재하는 무리의 상징으로서 의사소통과 자료 참조에 이바지한다.

ICN은 식물학(식물학의 정의는 제1장 참조) 분야에 포함되는 현존 및 화석 생물의 이름을 다룬다. 이러한 "식물"에는 육상식물뿐만 아니라, "남조류(남세균)", 호상균류와 난균류 및 점균류 등을 포함하는 균류, 광합성 원생생물 및 이와 분류학적으로 관계가 있는 비광합성 생물 등이 포함된다. 제1장에서 논의하였던 것처럼, 이들 많은 무리들은 계통수에서 서로 밀접하게 관련되어 있지 않는 것으로 밝혀졌다. 그러나 이들은 전통적으로 식물로 취급되었기 때문에 모두 ICN의 적용 대상이다.

전통적인 동물과 원핵생물을 위해서 별도의 명명규약, 즉 국제동물명명규약과 국제세균명명규약이 존재한다. 이들 규약으로 인한 한 가지 문제점은 광합성세균의 경우 ICN과 국제세균명명규약 모두의 적용을 받는다는 것이다. 이와 유사하게, 이른바 원생생물(그 자체는 측계통군)의 일부도 ICN과 국제동물명명규약에 따라 명명한다. 따라서 일부 생물은 2개의 다른 명명규약에 따른 2개의 이름을 지니게 된다. 모든 생물을 포함하는 포괄적 규약인 *BioCode*(Greuter et al. 1997)의 초안이 마련되었으나 진전을 이루지 못하고 있다. 최근에는 계통학적 정의를 활용하여 "고등" 육상식물을 명명하는 별도의 규약인 *PhyloCode*(Cantino and de Queiroz 2007)가 제안되기도 하였다.

ICN은 분류군에 부여될 구체적인 이름과 분류군 계급에 따른 이름의 어미를 규정하고 있다. ICN은 다음 두 가지 기본 활동, 즉 (1) 기존에 명명되지 않았거나 또는 (이름만 부여되었을 뿐) 기재가 없었던 새로운 분류군을 명명하는 것과 (2) 기존 분류군에서 분할, 병합, 전이 또는 계급 변경 등이 나타날 때, 이들 분류군에 정명을 결정하는 것에 활용한다. ICN의 규칙은 다소 복잡하기 때문에, 때로는 법률가와 같은 마음으로 신중하고 세세하게 살펴 볼 필요가 있다. (재배식물에 대해서는 "재배식물에 관한 국제명명규약"이 부가적으로 사용된다. 이 규약은 ICN의 틀 내에서 운용하며, 각 조항은 ICN의 조항에 우선하지 않는다.)

ICN의 지배를 받는 모든 이름은 **합법**적으로 **출판**되어야 하며, 그러한 경우를 **합법명**(valid name)이라 한다. **적법명**(legitimate name)은 ICN의 규칙에 따라서 발표된 합법명이다. 규칙에 어긋나게 발표된 합법명은 **부적법명**(illegitimate name)이다(뒤에 상세히 다룸).

ICN의 개정은 매 6년마다 전 세계를 순회하며 개최되는 국제식물학회의 명명분과회의에서 투표로 결정된다. 이 책을 저술할 당시의 가장 최근 국제식물학회는 2017년 7월, 중국 선전(Shenzhen)에서 개최되었다. 다음은 그 회의 결과에 따른 ICN을 요약한 것이다(Turland et al. 2018).

명명 원리

아래에 있는 ICN(조류, 균류, 식물에 관한 국제명명규약)의 **원리**(principle)는 2018년 선전 규약에 있는 내용을 그대로 옮긴 것이다. 여기서는 이들 항목에 대해 자세히 설명할 것이다.

I. 조류, 균류, 식물의 명명과 동물 및 세균의 명명은 독립적이다. 본 규약은 조류, 균류 또는 식물에 원래 이들이 그렇게 취급되었는지 여부와 관계없이 동일하게 적용된다.

II. 분류학적 그룹 이름의 적용은 명명기준형에 의해 결정된다.

III. 분류학적 그룹의 명명은 출판의 우선권에 근거를 둔다.

IV. 특정한 범주, 지위, 계급을 지니는 각 분류학적 그룹은 특별한 경우를 제외하고는 규약에 따라 가장 먼저 명명된 단 하나의 정명을 갖는다.

V. 분류학적 그룹의 학명은 그 유래에 관계없이 라틴어로 처리된다.

VI. 명명의 규칙은 명시적으로 제한되지 않은 한 효력이 소급된다.

ICN의 자세한 내용들은 일련의 **규칙**(rule, 의무적이며, 조항으로 열거되어 있는 것), **권고**(recommendation, 의무적이지는 않으나 제안한 것) 그리고 설명을 위한 **주해**(note)와 **사례**(example)로 구성되어 있다.

현재, ICN 전문은 웹사이트에 게시되어 있다(이 장 끝의 웹사이트 목록 참조).

학명

명명의 기본적인 원리는 ICN 원리 IV에 나타난 바와 같이, 모든 **분류군**, 즉 종, 속, 과 또는 그 이상의 계급은 오로지 하나의 정명만을 갖는다는 것이다. 이것은 단지 상식에 불과하다. 분류학적 실체가 2개 이상의 학명을 지니거나 1개의 학명으로 2개 이상의 실체를 지칭한다면, 혼란이 생길 것이다. ICN의 규칙에 의해 정해진 이름을 **학명**이라고 한다. 학명은 관례에 따라 라틴어로 처리된다.

제1장에서 설명하였듯이, 종의 학명은 **이명체계**(二名体系, **이명법**)에 따라 속명과 종소명, 두 부분으로 이루어진다. 스웨덴의 식물학자인 린네(Carolus Linneaus, Carl Linne 또는 Carl von Linne라고도 부른다)는 이명체계 사용의 관례를 일관되게 따른 최초의 사람이며, 따라서 그를 "분류학의 아버지"라고도 부른다. 이명체계를 사용하기 이전에는 기재문과 같은 것으로 종을 지칭하였다. 즉 명명을 위해 여러 단어를 사용했으며, 이들 이름은 종종 학자마다 달랐다.

이명체계의 한 가지 사례로, "sweetgum(미국풍나무)"로 알려진 종의 학명인 *Liquidambar styraciflua*을 들 수 있다. 참고로 속 이하의 식물명은 대개 이탤릭체로 하거나 밑줄을 그어 표시하는데, 속보다 상위 계급의 학명에 대한 관례는 딱히 없다. 위의 종의 학명에서 첫 번째 이름 *Liquidambar*는 **속명**이고, 항상 대문자로 시작한다. 이명체계의 두 번째 이름, 즉 *styraciflua*는 **종소명**이라 한다. 종소명이 사람이나 장소의 이름을 기념하기 위한 경우라면 대문자로 시작할 수도 있지만, ICN에서는 종소명에 대문자를 사용하지 말 것을 권고한다. 제1장에서 언급했던 것처럼, 종명은 항상 이명(속명과 종소명) 전체를 가리킨다. 따라서 앞에서 예로 든 "sweetgum"의 종명을 *styraciflua*라고 말하는 것은 잘못이다. 이것은 종소명일 뿐, 종명은 *Liquidambar styraciflua*이다. 속명은 첫 번째 알파벳으로 줄여서 표기할 수 있으나, 이는 일단 속명 전체를 다 쓴 다음에만 가능하다(다른 속명과의 혼동을 피하기 위함). 따라서 위에 있는 학명은 *L. styraciflua*라고 줄여서 표기할 수 있다.

학명과 대조적으로, 모든 분류군에는 **국명**(또는 지방명)이 붙어 있는데, 이 이름은 일반적으로 한정된 지리적 범위 안의 사람들이 사용한다. 국명은 공식적으로 출판되지 않으며, ICN에 의해 제어되지 않는다. 학명이 국명에 비해 더 많이 선호되는 이유는 다음과 같다. 첫째, 학명만이 전 세계에 걸쳐 보편적으로 사용될 수 있다. 국명은 지역에 따라, 즉 국가마다 다르고, 심지어 한 국가 내에서도 지방에 따라 다를 수 있다. 예를 들어, *Ipomoea*(애기나팔꽃속)의 경우, 미국에서는 흔히 "morning glory"로 알려져 있으나, 영국에서는 "woodbine"으로 알려져 있다. 언어의 차이는 더 많은 국명을 만들어낼 것이다. 지방에 따라 한 분류군에 2개 이상의 국명이 존재하기도 한다. 예를 들어, 장미과에 속하는 *Adenostoma fasciculatum*은 적어도 2개의 국명, "chamise"와 "greasewood"로 알려져 있다. 이와는 반대로, 1개의 국명이 여러 종류의 분류군을 지칭하기도 한다. 예를 들어, "Hemlock"은 전혀 다른 두 식물, 즉 Pinaceae(소나무과)에 속하는 *Tsuga*(솔송나무속) 식물과 Apiaceae(산형과)의 초본 *Conium maculatum*(독당근, 소크라테스가 처형될 때 이 식물의 추출물을 마셨음)을 지칭한다. 둘째, 국명은 계급이나 분류체계에 대한 정보를 전혀 주지 못하지만, 학명은 대개 계급을 알려주며, 적어도 분류체계에 대한 정보 일부를 제공한다. 예를 들어, "pygmy weed"는 변종, 종, 속 또는 과의 이름일 수도 있지만, 이 국명이 분류 계급에 대해서는 아무 것도 알려주지 않는다. 그러나 *Crassula argentea*의 경우 이 식물의 계급이 종이며, *Crassula*(돌나물속)에 속하는 다른 종과 유연관계가 깊을 것임을 바로 알 수 있다. 셋째, 전부는 아닐지라도, 많은 생물에는 어떠한 언어의 국명도 붙어 있지 않다. 따라서 이럴 경우 학명만이 이들을 지칭할 수 있다. 깊은 오지에서 자라거나, 사람들 눈에 잘 띄지 않거나, 구성원들 간에 서로 구분이 잘 안 되는 분류군에 속하는 식물들의 경우에 학명의 중요성은 특히 더하다.

모든 학명의 라틴어를 임의로 번역하여, 심지어는 자기 나라 사람들이 이를 사용하지 않는다고 하더라도, 국명으로 바꾸려는 일부 연구 경향도 있다. 예를 들어, *Carex aurea*를 일반 사람들이 사용하지 않는 국명인 "golden carex" 또는 "golden sedge"라고 번역하여 지칭할 수도 있다. 그러나 이는 좋은 생각이 아니다. 국명이 흔히 사용되고 있을 경우에는 국명을 사용하되, 그렇지 않을 경우에는 학명으로 지칭하는 것이 더 좋다는 것이 저자의 생각이다. 그러나 일부 식물지에서는 표준 국명을 지정하는 것이 추세이다.

계급

분류군은 **계급**에 따라 계층적으로, 즉 상위 계급에 모든 하위 계급이 포함되는 방식으로 분류한다(**그림 12.3**). 참고로 계급에는 "일차" 계급과 "이차" 계급 그리고 필요시 접두사 "아(sub)"를 덧붙인 부가적 계급이 있다. 특정 계급에 해당하는 각각의 학명은 ICN의 규약과 권고 사항에 따른 어미를 사용해야 한다(그림 12.3). 예를 들어, Asteridae는 아강이라는 계급, Asterales는 목이라는 계급 그리고 Asteraceae는 과라는 계급에 해당한다. 참고로 속보다 상위 계급에 해당하는 분류군은 밑줄을 긋거나 이탤릭체로 쓰지 않는다.

계급을 의미하는 어미 사용에 대한 예외로서, 8개 과의 학명은 과의 계급을 나타내는 어미 "-aceae"를 붙이지 않아도 된다. 이들 과는 Compositae = Asteraceae(국화과), Cruciferae = Brassicaceae(십자화과), Gramineae = Poaceae(벼과), Guttiferae = Clusiaceae(물레나물과), Labiatae = Lamiaceae(꿀풀과), Leguminosae = Fabaceae(콩과), Palmae = Arecaceae(야자나무과) 그리고 Umbelliferae = Apiaceae(산형과)이다. 또한, 콩과 내의 아과 학명 Papilionoideae는 Faboideae(콩아과)와 같이 사용할 수 있다. 최근 경향은 명명기준형 원리를 일관되게 적용하고 있는데, 이 원리는 어미가 "-aceae"로 끝나는 표준화된 과명을 쓰며, 아과명은 과명에 근거를 둔 학명(예를 들어, Papilionoideae가 아닌 Faboideae)을 사용하는 것이다. 그러나 오래된 문헌뿐만 아니라 최근에 발간된 식물지나 기타 분류학적 연구에서도 이 두 가지 학명을 모두 사용하고 있기 때문에, 식물분류학자들은 이 두 가지 학명을 모두 알아야 한다.

지위(position)는 한 분류군이 차상위 계급의 또 다른 분류군의 구성원으로서 자리하는 것을 의미한다. 예를 들어, *Aster*(쑥부쟁이속)는 Asteraceae(국화과)의 한 구성원이다. 분류군들은 같은 계급이면서도 지위는 다를 수가 있다. *Rosa*(장미속)와 *Aster*(쑥부쟁이속)는 둘 다 계급은 속(屬)이지만 지위는 다른데, 왜냐하면 전자는 Rosaceae(장미과)에 소속되어 있고, 후자는 Asteraceae(국화과)에 자리하고 있기 때문이다.

앞에서 설명하였지만, 아속(subgenus) 또는 아종(subspecies)과 같은 경우에 붙는 접두사 "아(sub)"는 더 많은 범주들이 필요한 계급 이름에 사용된다. 공식적이지는 않지만, 접두사 "아(sub)"처럼 "계급내(infra)"도 주요 계급의 아래 계급을 지

육상식물 분류 계급	어미	사례 분류군
계 Kingdom	(다양함)	**식물계 Plantae**
문 Phylum [또는 Division]	**-phyta**	**목련식물문 Magnoliophyta**
아문 Subphylum[또는 Subdivision]	-phytina	목련식물아문 Magnoliophytina
강 Class	**-opsida**	**국화강 Asteropsida**
아강 Subclass	-idae	국화아강 Asteridae
목 Order	**-ales**	**국화목 Asterales**
아목 Suborder	-ineae	국화아목 Asterineae
과 Family	**-aceae**	**국화과 Asteraceae**
아과 Subfamily	-oideae	국화아과 Asteroideae
족 Tribe	-eae	해바라기족 Heliantheae
아족 Subtribe	-inae	해바라기아족 Helianthinae
속 Genus	(다양함)	**해바라기속 *Helianthus***
아속 Subgenus	(다양함)	해바라기아속 *Helianthus*
절 Section	(다양함)	해바라기족 *Helianthus*
열 Series	(다양함)	해바라기열 *Helianthus*
종 Species (단수일 경우 줄여서 sp. 복수일 경우 spp.)	(다양함)	**해바라기 *Helianthus annuus***
아종 Subspecies (단수일 경우 줄여서 subsp. 또는 ssp. 복수일 경우 subspp. 또는 sspp.)	(다양함)	해바라기(아종) *Helianthus annuus* ssp. *annuus*
변종 Variety (단수일 경우 줄여서 var. 복수일 경우 vars.)	(다양함)	해바라기(변종) *Helianthus annuus* var. *annuus*
품종 Form (줄여서 f.)	(다양함)	해바라기(품종) *Helianthus annuus* f. *annuus*

그림 12.3 ICN에서 인정하는 분류 계급들. "주요" 계급은 볼드체로 "이차" 계급은 밑줄로 표시하였다. "아(Sub)" 계급은 필요에 따라 사용할 수 있다. 균류 또는 "조류"에서는 문, 아문, 강 그리고 아강의 어미를 다르게 사용할 수 있다. 속보다 상위 계급은 표준 어미를 따르거나 아니면 그 학명의 계급을 표시할 것을 권고한다. 목보다 상위 계급의 어미는 ICN에서 권고 사항으로 제시하고 있다. 문에 해당하는 용어로 Phylum 대신에 Division을 사용할 수 있다. 표준 약어는 대괄호 안에 표시하였다.

칭할 때 사용되기도 한다.

아종명이나 변종명은 *Toxicodendron radicans* ssp. *diversilobum* 또는 *Brickellia arguta* var. *odontolepis*처럼 3개의 단어로 구성되는 **삼명체계**(삼명법)를 따른다. 이 예에서, **아종소명**은 *diversilobum*이고, **변종소명**은 *odontolepis*이다. 아종 계급은 변종보다 상위 계급이지만(그림 12.3), 실제로는 아종과 변종을 혼용하기도 한다(Hamilton and Reichard 1992).

명명자

학명에는 그것을 합법적으로 출판한 한 명 이상의 사람, 즉 명명자의 이름이 연관되어 있다. 예를 들어, Rosaceae(장미과)는 Rosaceae Jussieu로 적을 수 있는데 이는 이 분류군을 합법적으로 출판한 사람이 de Jussieu이기 때문이다. 마찬가지로, Conostylideae라는 족은 Conostylideae Lindley로, *Mohavea*라는 속은 *Mohavea* A. Gray로, *Mohavea confertiflora*라는 종은 *Mohavea confertiflora*(Bentham) Heller 그리고 *Monardella linoides* ssp. *viminea*라는 아종은 *Monardella linoides* A. Gray ssp. *viminea*(Greene) Abrams으로 각각 명명자를 포함하여 적을 수 있다. 명명자의 이름은 때때로 축약되는데, 예를 들면, Haemodoraceae R. Br.의 R. Br.은 Robert Brown의 약칭이며, *Liquidambar styraciflua* L.의 L.은 Linnaeus의 표준 약칭이다. 표준화된 저자 약어는 Brummitt and Powell 1992, International Plant Names Index 및 Index Fungorum을 참조한다.

학명의 출처를 명확히 밝히기 위해 모든 과학 논문에서는 명명자의 이름을 적어도 한 번은 인용해야 한다. 그러나 실제로는 명명자를 대개 언급하지 않고 기억하지도 않는다. 분류군에 대한 명명의 역사를 다루는 상세한 종속지 연구를 제외하고, 상위 계급 분류군의 명명자는 과학 논문에서 간혹 생략하기도 한다. 많은 식물지나 학술지의 논문에서는 종과 종내 분류군(아종이나 변종)의 명명자 이름을 온전하게 제시하고 있다.

학명 배우기

식물의 학명을 배우고 정확하게 표기하는 것은 매우 중요하다.

많은 식물분류학자는 수백 개의 학명을 자신의 생애 동안 배울 것이지만, 이는 기재된 250,000여 종의 육상식물 중 극히 일부일 뿐이다. 초심자들은 학명을 처음 배울 때에 어려움을 느낄 것이다. 학명을 배우는 데 필요한 몇 가지 방법은 다음과 같다.

첫째, 음절을 구분해서 학명을 발음한다(**식물학적 명칭** 참조). 음절을 정확하게 구분하고 각 음절을 분리하여 읽는다면 학명을 쓰고 읽기가 좀 더 쉬워질 것이다.

둘째, 기억 증진 방법을 사용한다. 식물의 뚜렷한 특징을 한 가지 선택하고, 학명과 어느 정도 비슷하게 들리는 흔한 단어를 찾아낸다. 독특한 식물의 특징과 비슷한 소리가 나는 단어를 마음속의 생생한 이미지로 연결한다. 특이할수록 더 좋다. 그렇게 하면 식물을 관찰할 때 식물이 자신의 마음속 이미지와 연결될 것이고, 학명과 비슷한 발음을 할 수 있을 것이다. "Sweetgum"이라는 식물에서, 공처럼 생긴 독특한 열매에서 흘러내리는 "액체 호박(liquid amber)"의 이미지를 떠올리면, 속명 *Liquidambar*를 기억해내는 데 도움이 될 것이다.

셋째, 학명의 어원(의미)에 대하여 공부한다. 학명은 때때로 식물 형태를 설명한다. 예를 들어, 라틴어로 *alba*라는 뜻이 "흰색"을, *leptophylla*가 "좁은 잎"을 의미하는 것을 안다면, 생물과 학명을 좀 더 잘 연결할 수 있을 것이다. 학명 중 일부는 중요한 사람이나 장소에서 따왔는데, 기념하는 대상에 관한 역사를 알면 이들 학명을 보다 잘 기억할 수 있을 것이다.

마지막으로, 가장 최선의 방법은 학명을 지속적으로 사용하고 되새기는 것이다. 식물 전체, 식물 표본이나 사진 또는 마음속 이미지를 생각하면서 입으로 발음하고 정확하게 철자를 쓰면서 암송한다.

명명기준형

ICN의 두 번째 원리는 학명이 반드시 **명명기준형** 또는 흔히 **기준표본**으로 알려진 "요소"와 연관되어야 한다는 것이다. 명명기준형은 거의 언제나 하나의 표본, 예를 들어 관속식물의 경우 표준화된 하나의 표본 시트(압박 건조한 식물을 대지에 접착한 것)이지만 때로는 도해(illustration)일 수도 있다. 기준표본은 학명에 대한 참조 역할을 수행하는 목적으로 사용된다. 만일 학명이 정확한지 아닌지에 대한 의심이 든다면 기준표본을 참조해야 한다.

기준표본에는 여러 가지가 있다. **정기준표본**(holotype)은 학명이 근거를 둔 한 장의 표본 또는 도해로서, 학명을 합법출판할 때 사용하였거나 지정한 것이다. 이 표본은 분류군의 정체성이나 명명에 관한 질문에 대해 최종 참조 자료 역할을 한다. 정기준표본은 국제적으로 공인된 표본관(제13장 참조) 또는 공적 수집소에 소장하여 계통학자가 연구에 활용할 수 있도록 권고하고 있다. 정기준표본을 명시하는 것은 학명의 합법출판에 대한 기준 중 하나이다. 정기준표본은 가장 귀중한 표본으로 대개 큰 표본관에서 안전하게 보관하여야 한다. **동기준표본**(isotype)은 정기준표본의 중복품으로 같은 사람에 의해 같은 집단에서 같은 시각에 채집된 표본이다. 동기준표본은 정기준표본과 똑같이 신뢰할 수 있는 중복품이기에 매우 중요하며, 이 새로운 분류군의 표본을 보고자 하는 많은 지역의 분류학자들이 쉽게 관찰할 수 있도록 여러 표본관에 나누어 보관하는 것이 좋다. **선정기준표본**(letotype)은 출판 당시에 정기준표본이 지정되지 않았거나 정기준표본이 사라졌을 때, 또는 원래 표본이 두 점 이상 또는 두 분류군 이상으로 구성되었을 경우에 명명의 원재료(original materials; 상세한 내용은 Shenzhen 규약 9.4 참조) 중에서 명명기준형으로 사용하기 위해 선정한 표본이다(대개 등가기준표본에서 선정함). **신기준표본**(neotype)은 학명의 근거가 되었던 원래 재료(표본)들이 모두 사라졌을 때 기준표본으로 삼기 위해 원재료가 아닌 채집품 중에서 가져온 표본이다. 기타 기준표본으로 (1) **등가기준표본**(syntype)은 정기준표본이 지정되지 않은 상태에서 원래 연구에 인용된 모든 표본 또는 기준표본으로 지정되었던 두 점 이상의 표본; (2) **종기준표본**(paratype)은 정기준표본이나 동기준표본 또는 등가기준표본이 아니지만 합법출판 시 인용된 표본; (3) **후기준표본**(epitype)은 정기준표본, 선정기준표본 또는 신기준표본 등이 분류군의 동정이나 표징 확인에서 모호한 점이 있을 경우에 기준표본으로 선정된 표본 또는 도해이다.

우리는 흔히 명명기준형을 속, 종, 종내 계급에 대해서만 생각한다. 그러나 기준표본은 상위 계급의 분류군에 대한 참조 자료로도 활용한다. 예를 들어, Poaceae Barnhart.(벼과)의 명명기준형은 *Poa* L.(포아풀속)이고, 이것의 명명기준형은 *Poa annua* L.이다.

합법출판

ICN에 따르면, 학명이 공식적으로 인정되기 위해서는 반드시 **합법출판**(valid publication)되어야 한다. 학명이 합법출판되기 위해서는 다음 네 가지 기준에 맞아야 한다. 첫째, 학명은 반드시 유효출판되어야 한다. 즉, 인쇄물을 판매, 교환 또는 기증을 통해 일반 대중에게 배포하거나 아니면 적어도 누구나 이용할 수 있는 도서관이 있는 연구기관에 배포하여 널리 알려야 한다. 2012년 1월 1일부로 ICN은 국제표준연속간행물번호(ISSN) 또는 국제표준도서번호(ISBN)가 있는 휴대용 문서형식의 전자자료(PDF: 이 기술은 향후 대체 될 가능성이 있음)의 온라인 출판도 유효출판에 포함하였다. 이 새로운 방침은 전자시대의 전형이기는 하지만 동료 심사가 반드시 요구되지 않는다는 점에서 몇 가지 문제를 일으켰다(Specht et al. 2018 참조). 둘째, 학명은 반드시 정확한 형식, 즉 적절한 라틴어로 표기되어 있으면서 계급이 명시된 형태로 출판되어야 한다(예를 들어, 신종의 경우 "sp. nov.", 신속의 경우 "gen. nov." 등이 명시되어야 함). 이렇게 정확한 형식을 갖춘 학명을 수용가능 학명이라고 부른다. 셋째, 학명은 반드시 라틴어 또는 영어로 작성된 기재나 표징형질 또는 이러한 것에 대한 참조와 함께 출판되어야 한다. 표징형질은 새로운 분류군이 유사한 또는 유연관계가 있는 분류군과 다른 점을 나열하는 식으로 간략하게 작성할 수도 있다. 한편, 명명자의 모국어로 된 좀 더 자세한 기재 또는 (신조합명의 경우) 기존의 기재에 대한 참조가 포함되기도 하지만 요구 사항은 아니다. 넷째, 명명기준형이 반드시 명시되어야 한다. 종 및 종내 분류군은 기준표본과 그것이 소장된 표본관도 세계표본관요람(*Index Herbariorum*)에 근거한 약칭으로 표기되어야 한다. 속 이상의 경우 명명기준형은 참조한 종이 된다. 예를 들어, 속 *Stemminsoseris*의 명명기준형은 종 *S. heterocarpa*(Nutt.) Chamb.이다. 그림 12.2는 이러한 기준을 보여주는 합법출판의 예이다. **프로토로그**(protologue)라는 용어는 "학명과 그 학명의 합법출판과 관련된 모든 것, 예를 들어, 기재, 표징형질, 도해, 참고문헌, 이명, 지리적 데이터, 표본 인용, 고찰 및 의견"을 가리킨다(Turland et al 2018).

완전한 학명 인용은 명명자와 학명이 출판된 학술지의 이름, 권, 쪽, 년도를 포함한다. 예를 들어, 그림 12.4에 제시된 완전한 학명 인용은 "*Perityle vigilans* Spellenb. & A. Powell, Syst. Bot. 15: 252. 1990"이다. 완벽한 인용은 국제식물학명색인(IPNI)에 수록되어 있다(웹사이트 참조).

우선권

ICN의 세 번째 원리는 출판에 대한 우선권으로, 하나의 학명에 대하여 둘 이상의 경쟁 가능성이 있는 학명 중 일반적으로 첫 번째로 발표된 학명을 정명으로 간주하는 것이지만, 일부 예외도 있다. 우선권은 과 이하 수준에서만 적용되며, 계급이 변경되어 특정 계급을 벗어나면 적용할 수 없다. 예를 들어, 2개의 경쟁적 학명(둘 다 적법명이고 합법출판된 경우), 즉 1753년에 출판된 *Mimulus*(물꽈리아재비속)와 1838년에 출판된 *Diplacus*의 경우, 이 두 속을 하나로 병합하면 *Mimulus*라는 속 학명이 우선권을 가져서 정명이 된다. 관속식물에서의 우선권 원리는 1753년 5월 1일, 린네가 'Species Plantarum'을 출판한 날짜를 기준으로 적용하며, 이보다 앞서 출판된 학명에 대해서는 우선권을 고려하지 않는다. ICN에서 다루는 여타 분류군은 우선권 출발일이 각기 다르다.

학명의 보존

우선권 원리의 가장 큰 문제점은, 잘 알려져 있고 널리 사용되고 있는 학명이 이보다 먼저 출판된 것으로 밝혀진 다른 학명으로 대체될 수도 있다는 점이다. 이러한 점은 명명에 있어서 약간의 불안정성을 초래한다. 그러나 이러한 경우, 식물학 학술지인 'Taxon'에 요청서를 제출하여, 우선권이 있는 다른 학명을 대신하여 특정 학명을 보존할 수 있도록 국제식물학회에서 투표를 할 수 있다. 그 처리 결과는 ICN의 부록에 3종류의 수정안, 즉 보존 과명, 보존 속명과 폐기 속명, 보존 종명으로 정리되어 있다. 학명을 보존하는 논리적 근거는 비록 더 빨리 출판된 그러나 다소 모호한 학명을 발견했다 할지라도 잘 알려져 있고 널리 사용되는 학명을 존속시키는 편이 명명에 보다 더 큰 안정성을 제공한다는 것이다.

학명의 변경

때때로 분류군의 학명이 변경될 수도 있다. 학명의 변경은 (1) 학명이 규약에 어긋난 것으로, 즉 부적법명으로 밝혀져 다른 학명이 그 자리를 차지해야만 할 경우와, (2) 새로운 분류학적 연구나 조사, 예를 들어 계통분석 결과로 분류군의 정의와 경계 설정이 달라졌을 경우에 이루어지는데, 이러한 학명의 변경 과정을 **분류학적 재검토**라고 한다.

학명의 변경으로 귀결되는 네 가지 기본적인 명명 관련 행위가 있다. 첫째, 하나의 분류군은 **분할**되어 둘 이상의 분류군이 될 수 있다. 이들은 흔히 "분리된" 분류군이라고 불리는데, 이는 이들이 원래 분류 체계에서 서로 분리되었기 때문이다. 이러한 과정은 일반적으로 한 분류군을 둘 이상의 분류군으로

유효출판, 식물학자들이 흔히 접하는 학술지

Systematic Botany (1990), 15(2): pp. 252-255

A New Species of *Perityle* (Asteraceae) from Southwestern Chihuahua, Mexico

RICHARD SPELLENBERG

Department of Biology, New Mexico State University,
Las Cruces, New Mexico 88003

A. MICHAEL POWELL

Department of Biology, Sul Ross State University,
Alpine Texas 79832

ABSTRACT. **Perityle vigilans** is described from the Sierra Madre Occidental of southwestern Chihuahua. It differs from other *Perityle* by the combination of its white ligules, sparsely setose-hispid achenes, finely grayish villosulous tomentum, and absence of pappus bristles. The new species is believed to be most closely related to *P. rosei* and *P. trichodonta*, which occur about 800 km to the south. A key is presented that distinguishes the 12 known taxa of *Perityle* occurring in the northern Sierra Madre Occidental, an area of high diversity in the genus.

In a series of three papers Powell (1969, 1973, 1974) revised the genus *Perityle*, recognizing 53 species. Except for one amphitropical disjunct, *P. emoryi* Torrey, the genus is restricted to southwestern North America. The treatment by Niles (1970) is in concurrence with regard to the cir-cumscription of species. In his series of papers Powell proposed that speciation in *Perityle* occurs primarily by geographic isolation, that the populations of species, many of which inhabit nearly barren rock cliffs, were derived from more widespread ancestral species whose ranges were divided by geologic uplift, igneous intrusion, and subsequent erosion. Powell explained that this isolation on island-like habitats of exposed rock has resulted in a high degree of endemism, and he noted (1974) that the diversity in the genus is highest in the Sierra Madre Occidental of northwestern Mexico. He postulated that this may be the center of origin for the genus. Since that revision, seven narrowly endemic species have been added to the genus as remote areas have been explored: *P. ajoensis* Todsen (1974), *P. batopilensis* Powell (1983), *P. carmenensis* Powell (1976),*P. fosteri* Powell (1983), *P. huecoensis* Powell (1983), *P. specuicola* Welsh and Neese (1983), and *P. vandevenderi* B. Turner (1989). A few varieties also have been described. This article adds an eighth species, this from the isolated mid-elevations of the west slope of the Sierra Madre Occidental.

라틴어 학명

Perityle vigilans Spellenb. & A. Powell, sp. nov. (fig. 1).--TYPE: Mexico, Chihuahua, Municipio Maguarichi, on igneous rocks at Maguarichi and to 3 mi. NE along road, just below oak zone and in lower edge of zone, elev. 1700 m, 27°52'30"N, 107°59'30"W, 25 Apr 1985, Spellenberg, Soreng, Corral, Todsen 8104 (holotype: NMC; isotypes: ENCB, NY, MEXU, SRSC, TEX, UC, Escuela Superior Agricultura "Hermanos Escobar" [Cd. Juarez].

계급 명시

기준표본 제시

라틴어 기재

Plantae perennes suffrutescentes subpulvinatae, caulibus 2.5-8.5 cm longis. Indumentum densum, griseum, minute villosulum. Folia opposita, periolata, laminae ovataeve rhombeae-ovatae, 2.5-5.5 mm longae, 1.7-4 mm latae, dentibus 0-3 brevibus obtusis in uterque marginibus. Capitula terminales solitaria radiata; corollae radii 6-8, ligulis 2.5-3.0 mm longis, 1.5-2.5 mm latis, in tubis extus et laminis subtus glandulis aureis sparsis obsitis; corollae disci ca. 35-40, ca. 2.0 mm longae. Achaenia anguste obdeltata nigra 2.2-2.5 mm longa modice pilosa-hispida. Pappus obsoletus constans ex corona dentibus tenuibus triangularibus minoribus quam 0.1 mm longis. Fig. 1.

자국어 기재

Plants suffruticose, more or less cushion-like, the stem tips ascending. Stems 2.5-8.5 cm long, densely and finely grayish-villosulous, the fine kinked hairs over-topping yellowish spherical glands. Leaves opposite, pubescent as the stem, the upper leaves slightly more densely so than the lower; petioles slender, expanding into the cuneate leaf base, 2-3 mm long; blades ovate to rhombic-ovate, broadly cuneate at the base, 2.5-5.5 mm long, 1.7-4.0 mm wide, with 0-3 low blunt teeth on each margin, when only 1 tooth the blade then subhastate. Capitulescence of a

그림 12.4 신종 기재의 사례로 합법출판을 위한 조건들이 표시되어 있다. 학명 뒤에 나오는"sp. nov."는 라틴어로"새로운 종"을 의미하는 *species nova*의 약어이다. (출처: *Systematic Botany*.)

구분할 수 있는 특징을 명확하게 인식할 때 나타난다. 예를 들어, *Langloisia*는 형태학적, 해부학적, 화분학적 특징에 의하여 2개의 속, *Langloisia*와 *Loseliastrum*으로 분할되었다. 이상적으로 말하면 이들 분리된 그룹은 엄격한 계통분석에 근거한 단계통군이어야 한다. 분리된 분류군의 다른 사례는 다음과 같다.

1. Asteraceae(국화과)의 *Carduus*(가시엉겅퀴속)은 흔히 2개의 속, 즉 관모가 세자상 강모인 *Carduus*(가시엉겅퀴속)와 우모상 강모인 *Cirsium*(엉겅퀴속)으로 나뉜다.
2. Anacardiaceae(옻나무과)의 *Rhus*(옻나무속)는 *Malosma*, *Rhus*(붉나무속) 그리고 *Toxicodendron*(옻나무속) 등 몇 개의 분리된 속으로 나뉘었는데, *Toxicodendron*에는 poison-oak와 poison-ivy(덩굴옻나무)가 포함된다.
3. 전통적인 Liliaceae(백합과)는 Liliaceae s.s.(협의의 백합과), Melanthiaceae(여로과), Philesiaceae(필레시아과) 그리고 Smilacaceae(청미래덩굴과) 등 많은 과로 나뉘었다.
4. 국화과의 커다란 속 *Haplopappus*는 *Anisocoma*, *Ericameria*, *Hazardia*, *Haplopappus* 그리고 *Isocoma* 등으로 나뉘었다.

하나의 커다란 분류군이 같은 계급에 속하는 둘 이상의 작은 분류군으로 분할될 수도 있는데, 이때에는 보다 광범위한 개념의 분류군과 보다 작은 개념의 분류군을 구분하기 위하여 **광의의**(sensu lato, 약어로 **s.l.**) 그리고 **협의의**(sensu stricto, 약어로 **s.s.**)라는 용어를 사용한다. 예를 들어, 광의의 *Haplopappus*(Haplopappus s.l.)는 협의의 *Haplopappus*(*Haplopappus* s.s.)보다 더 많은 종을 포함하는데, 후자는 광의의 *Haplopappus*로부터 여러 속이 분리되어 나간 후에 남은 것이다.

둘째, 둘 이상의 분리된 분류군을 하나의 분류군으로 **병합**할 때 주된 학명 변경이 일어난다. 분류군을 병합해야 할 이유는 이들 분류군을 구분하기 위해 사용하였던 형질이 좀 더 자세한 연구를 통하여 분류군 사이에 별로 차이가 없다고 밝혀졌기 때문이다(분류군 사이에 형질상태의 명확한 불연속성이 없다고 판명되었음). 분류군을 병합하는 또 다른 이유는 둘 이상으로 분리된 분류군들에 대한 계통분석에서, 하나(또는 여러 개)가 측계통군이라고 밝혀졌기 때문이다. 여기서, 측계통군을 소멸시키는 한 가지 방법은 이들 분류군과 다른 분류군을 모두 병합하여 새로운 포괄적 단계통군을 만드는 것이다. 분류군을 병합하는 경우, 우선권의 원리에 따라 최초로 출판된 학명을 최종 학명으로 사용하여야 한다. 분류군이 병합된 사례는 다음과 같다.

1. 두 종 *Bebbia juncea*와 *Bebbia aspera*는 서로 구분이 되지 않는 분류군으로 간주되어 하나의 종, *B. juncea*로 병합되었다.
2. 두 속 *Diplacus*와 *Mimulus*(물꽈리아재비속)는 병합되어 한 개의 속, *Mimulus*(물꽈리아재비속)로 되었다.
3. Apocynaceae(협죽도과)와 Asclepiadaceae(박주가리과)는 한 개의 과 Apocynaceae(협죽도과)로 병합되었다. 이때에는 Apocynaceae s.l.(광의의 협죽도과)라고 표기해서 병합 이전의 덜 포괄적인 협의의 과와 구분한다.

셋째, 분류군은 한 계급의 분류군에서 같은 계급의 다른 분류군으로 **지위**가 **전이**될 수 있다. 이러한 사례는 다음과 같다.

1. *Rhus laurina*는 *Malosma*의 한 구성원으로 지위가 전이되었으며, 새로운 종명은 *Malosma laurina*이다.
2. *Sedum variegata*는 *Dudleya*로 전이되었으며, 새로운 학명은 *Dudleya variegata*이다.

지위의 전이는 상위 계급 분류군의 병합이나 분할에 따라 자동적으로 나타나기도 한다. 예를 들어, 만일 *Diplacus*와 *Mimulus*가 하나의 속 *Mimulus*로 병합되면 *Diplacus*에 속하던 종의 지위는 반드시 전이되어야 한다.

넷째, 분류군은 계급 변경이 될 수도 있는데, 이러한 사례는 다음과 같다.

1. *Eruca sativa*는 *E. vesicaria*의 아종으로 계급이 변경되었으며, 새로운 조합명은 *Eruca vesicaria* ssp. *sativa*이다.
2. *Cryptantha pterocarya* var. *cycloptera*는 종으로 계급이 변경되었으며, 새로운 학명은 *Cryptantha cycloptera*가 된다.

방금 제시한 2개의 계급 변경 사례에서 원래의 종소명 또는 변종소명이 보유된 것에 주목해야 한다. 계급이 변경될 때 종소명 또는 변종소명이 보유될 수 있으나, 이는 변경된 계급에서 그 분류군의 학명이 과거에 출판된 적이 없는 경우 또는 변경된 계급에 철자가 같은 학명이 이미 존재하지 않을 경우에만 가능하다. 그러나 분류군의 원래 계급 밖에서는 우선권의 원리를 적용하지 않는다. 이는 학명의 계급 변경이 있을 경우, 그 변경과 관련하여 출판에 대한 우선권을 평가함에 있어서 원래 학명(계급변경 전의 학명)의 출판 날짜를 고려할 수 없다는 의미이다.

어떤 경우에는, 분류학적 연구 결과로서 분류군의 **재조정**, 즉 한 분류군을 다른 분류군과 구분하였던 표징형질의 변화가 일어난다. 이럴 경우에 학명의 변화는 정당하지 않으며, ICN의 규칙을 적용할 필요가 없다.

기본명은 "이름을 따온 또는 종소명을 따온 이명(異名)", 즉 원래의 (그러나 지금은 채택되지 않은) 학명이며, 학명의 일부는 새로운 조합명에 사용된다. 앞에서 살펴보았듯이, 종이나 종내 분류군의 지위가 전이되거나 계급이 변경되는 경우, 기본명의 종소명 또는 변종소명이 보유될 수 있다. 그러나 출판의 우선권 등, 명명규약의 다른 규칙을 위반한 경우, 예를 들어, 그 분류군이 이미 명명되었거나 또는 그 학명이 동일 계급의 다른 분류군에 이미 사용된 경우에는 보유될 수 없다. 기본명을 원래 출판한 명명자(들)의 이름 또한 보유되며, 변경을 시도한 명명자의 이름 앞 괄호 안에 적어 넣는다. 따라서 식물 학명에는 두 무리의 명명자, 즉 괄호 안의 기본명 명명자와 학명 변경을 시도한 명명자가 존재할 수 있다. 그러나 이는 속 이하 분류군에만 적용되며, 속보다 상위 계급의 분류군에는 원명명자를 괄호 안에 적지 않는다. 기존에 인용되었던 몇 가지 사례를 살펴보면 다음과 같다.

1. *Sedum variegata* Wats.을 *Dudleya*로 Moran이 전이하였을 경우, 새로운 종명은 *Dudleya variegata*(Wats.) Moran이 된다. 원래의 종소명인 *variegata*는 보유되었고, 이 종소명과 연관된 명명자인 Watson 역시 보유되었으나 새로운 명명자 앞의 괄호 안에 표기되었다.
2. *Dilatris caroliniana* Lam.을 *Lachnanthes*으로 Dandy가 전이하였는데, 이때 새로운 학명은 *Lachnanthes caroliniana*(Lam.) Dandy가 된다. 이 경우 *Dilatris caroliniana* Lam.이 기본명이다.
3. *Fumaria bulbosa* L. var. *solida* L.을 Miller가 종으로 계급을 변경하였는데, 이때 새로운 학명은 *Fumaria solida*(L.) Miller가 된다. 이 경우 *Fumaria bulbosa* L. var. *solida* L.이 기본명이다. 이러한 변경에 이어서, *Fumaria solida*(L.) Miller를 Clairv가 *Corydalis*로 전이하였는데, 이때에는 새로운 학명이 *Corydalis solida*(Miller) Clairv가 아니라 *Corydalis solida*(L.) Clairv가 된다. 괄호 안에 보유되는 명명자의 이름은 기본명, *Funaria bulbosa* L. var. *solida* L.의 변종소명 명명자임에 주목해야 한다.

자동명은 과내, 속내, 종내 분류군에 대하여 자동적으로 생성되는 학명이다. 자동명은 과가 아과, 족 또는 아족으로, 속이 아속이나 절로, 종이 아종이나 변종 등으로 분할될 때마다 자동으로 생성된다. 둘 이상의 하위 분류군이 만들어지면, 자동명은 원래의 기준표본과 상응하는 분류군에 사용된다. 자동명에는 명명자가 없고, 단지 자동명을 포함하는 상위 분류군 및 다른 하위 분류군만 공식적인 명명자를 지닌다. 예를 들어, Isely는 *Lotus stipularis*(Benth.) E. Greene을 2개의 변종, *L. stipularis*(Benth.) E. Greene var. *ottleyi* Isley와 *L. stipularis* (Benth.) E. Greene var. *stipularis*로 분할하였다. 뒤에 나오는 변종, 즉 자동명을 지닌 변종에는 명명자가 없는데, 이는 자동명의 기준표본이 원래 기재되었던 종의 기준표본과 같기 때문이다.

과내 분류군의 경우, 자동명은 과의 학명과 어근은 같으나 어미는 과내 계급에 맞도록 해야 한다. 예를 들어, 흔히 여러 개의 아과로 세분되는 Euphorbiaceae(대극과)에 포함되는 Euphorbioideae(대극아과)의 이름이 바로 자동명이다. 물론, 이 아과는 과의 명명기준형인 *Euphorbia*(대극속)를 포함하고 있다. 속내 분류군의 경우, 자동명은 속명과 똑같으나 혼동을 피하기 위하여 계급을 표시하도록 하고 있다. 예를 들면, *Ceanothus*는 2개의 아속, 즉 *Ceanothus*아속과 *Cerastes*아속으로 구성되며, *Ceanothus*아속은 속의 명명기준형을 포함하고 있다. 종내 분류군의 경우, 자동명은 종소명을 그대로 쓴다. 예를 들어, *Eriogonum fasciculatum*은 몇 개의 변종으로 세분되는데, 이들 중 하나는 *Eriogonum fasciculatum* var. *fasciculatum*, 즉 자동명이며, 이것은 이 종의 원래 기준표본에 근거하여 설정된 학명이다.

이명

이명(異名)은 동일한 분류군에 적용되는 둘 이상의 학명 중 하나로, 특정 명명자나 명명자들이 채택하지 않은 학명(unaccepted name)이다. 이명에는 명명법적 이명과 분류학적 이명이 존재한다.

명명법적 이명(nomenclatural/homotypic synonym)은 채택한 학명과 기준표본이 같은 이명이다. 예를 들어, *Krynitzkia decipiens* M.E.Jones는 *Cryptantha decipiens*(M.E.Jones) A.Heller의 명명법적 이명인데, 이는 이들이 같은 기준표본에 근거했기 때문이다. **분류학적 이명**(taxonomic/heterotypic synonym)은 정명의 기준표본과 다른 기준표본에 근거한 이명이다. 예를 들어, *Amsinckia lemmonii* J.F.Macbr.(1916)은 *Amsinckia douglasiana* A.DC.(1946)와 동일한 것으로 밝혀져 분류학적 이명으로 처리되었는데, 이들은 서로 다른 정기준표본에 근거한 학명이다.

이명은 일반적으로 정명 뒤 대괄호 안에 표시한다. 예를 들어, *Malosma laurina*(Nutt.) Abrams[*Rhus laurina* Nutt.], 또는 *Machaeroanthera juncea*(Greene) Hartman[*Haplopappus juncea* Greene]과 같이 표시한다.

정명은 합법적으로 출판되었고, 적법하게 발표되었으며, 특정 명명자(들)가 채택한 학명이다. ICN의 기본 원리에 따르면, 각 분류군은 오직 하나의 정명만을 가질 수 있다. 따라서 같은 분류군에 경쟁하는 학명이 둘 이상 있는 경우, 예를 들어 *Malosma laurina*(Nutt.) Abrams와 *Rhus laurina* Nutt.가 있다면 이들 중 하나만이 정명이 된다. 그러나 어떤 이름이 정명인지에 대한 판단은 특정한 서적이나 학술지의 연구자(들)가 내린다. 예를 들어, 한 연구자에 따르면 *Rhus laurina* Nutt.가 정명이고 *Malosma laurina*(Nutt.) Abrams는 이명이다. 그러나 다른 연구자(들)에 따르면 *Malosma laurina*(Nutt.) Abrams가 정명이고 *Rhus laurina* Nutt.가 이명이다.

동일명(동음이의명)은 각기 다른 기준표본에 근거를 하였으나 동일한(철자는 똑같고 명명자만 다름) 둘 이상의 이름이다. 출판 일자에 근거해 **후동일명**으로 판명된 것은 보존되지 않는 한(앞의 설명 참조) 부적법명이다. 예를 들면, *Cryptantha foliosa* Reiche와 *Cryptantha foliosa* Greene은 동일명이다. *Cryptantha foliosa* Reiche(Anales Univ. Chile 121: 827, 1907)는 *Cryptantha foliosa* Greene(Pittonia 1: 113, 1887)보다 나중에 출판되었으며, 따라서 후동일명으로 부적법명이다.

반복명은 속명과 종소명의 철자가 같은 것으로, 식물의 명명에서는 허용하지 않는다. 예를 들어, *Helianthus helianthus*는 반복명으로 비합법명이나, *Helianthus helianthoides*는 반복명이 아니며 허용될 수 있다. (그러나 *Gorilla gorilla*처럼 동물명명에서는 반복명을 허용한다.)

약어

학명에 일부 약어가 사용된다. 예를 들어, **ex**라는 단어는 "누구에 의해 합법적으로 출판된"이라는 의미이다. 예를 들어, *Microseris elegans* Greene ex A. Gray라는 학명은 Asa Gray에 의해 *Microseris elegans*라는 학명이 합법출판되었으나, 이 이름은 원래 Greene이 제안한 (그러나 합법출판은 하지 않은) 것임을 의미한다. "ex"와 그 앞의 명명자는 생략할 수 있으며, 따라서 *Microseris elegans* A. Gray라고 써도 된다.

단어 **in**은 "누구의 출판물에서"라는 의미로, "in" 다음에 나오는 사람이 저술한 내용에 학명이 출판되었음을 나타낸다. 예를 들어, *Arabis sparsiflora* Nutt. in T. & G.라는 학명은 Torrey & Gray가 쓴 저술에 Nuttall이 *Arabis sparsiflora*라는 이름을 합법적으로 출판하였음을 의미한다. "in" 다음에 나오는 명명자는 in과 함께 생략해도 되며, 따라서 *Arabis sparsiflora* Nutt.라고 간결하게 써도 된다. (ICN에서는 "in"의 사용을 권고하지 않고 있음.)

"×"는 잡종을 의미한다. 예를 들어, *Delphinium* × *inflexum* Davidson은 *D. cardinale* Hook와 *D. parryi* A.Gray의 잡종으로 합법출판되었다. 이 잡종은 *D. cardinale* Hook × *D. parryi* A.Gray로 적을 수도 있다. 계급 앞에 "*notho-*"라는 접두어를 붙여 잡종을 표시하기도 한다. 예를 들어, *Polypodium vulgare* nothosubsp. *mantoniae*(Rothm.) Schidlay라고 적어서 이 아종의 기원이 잡종이라는 것을 명시한다.

"*Eryngium pendletonensis*, sp. nov."에서처럼 학명 다음에 나오는 "**sp. nov.**"라는 약어는 라틴어로 새로운 종, 즉 신종(*species nova*)이라는 뜻으로, 이 종을 학계에 처음으로 보고한다는 의미이다. 비슷하게, "**gen. nov.**(*genus novum*)"은 새로운 속 이름임을 의미한다. 약어 "**comb. nov.**"는 라틴어로 새로운 조합명(*combinatio novum*)임을 나타내며, 분류군이 최근에 지위가 전이되었나 계급이 변경되었음을 의미한다. 다음은 그러한 예이다.

> ***Lithospermum album***(G.L.Nesom) J.Cohen, **comb. nov.** Basionym: *Macromeria alba* G. L. Nesom, Madroño 36: 28. 1989. Type: Mexico. Tamaulipas, Mpio. Gomez Farias, 5–7 km, NW of Gomez Farias, just S of Agua del Indio, 30 May 1969, *A. Richardson 1763* (holotype: TEX).

위의 예에서 조합명을 합법출판할 때에는 기본명과 그 프로토로그를 인용(참조)만 해도 된다는 점에 주목한다.

약어 "aff."와 "cf."는 동정이 불확실한 식물 표본을 나타낼 때 사용한다. 이 두 약어의 차이점은 명확하지 않으며, 분류학자들마다 약간 다른 의미로 사용하고 있다. 분류군 이름 앞에 있는 약어 **aff.**는 문자 그대로 "무엇과 연관되어 있음"(라틴어로 *affinis*는 "연관된, 연결된"의 의미임)을 의미하는데, "*Calyptridium* aff. *monandrum*" 또는 "aff. *Calyptridium monandrum*"이라고 적는다. 이 약어는 일부 기준표본들이 밀접한 유연관계를 지닌, 아마도 진화적 유연관계가 있음을 나타내나, 인용된 분류군과 표본이 어떤 점에서는 다르다는, 즉 하나 이상의 형질이 기존에 기재된 형질의 변이를 벗어남을 의미한다. 이는 인용된 표본이 사실상 새로운 분류군일 수도 있음을 암시한다. 분류군 이름 앞에 있는 약어 **cf.**는 (라틴어로 confer는 "비교하라"라는 의미이다.) "*Calyptridum* cf. *monandrum*" 또는 "cf. *Calyptridium monandrum*"에서처럼 (참조자료나 비교할 만한 표본이 없었기 때문에) 표본의 실체가 다소 의심스럽고 불확실함을 의미하며, 좀 더 자세한 연구를 위해서는 인용된 분류군, 즉 "cf" 다음에 나오는 분류군과의 비교가 반드시 필요함을 의미한다.

분류군의 **범주**(circumscription)는 분류군의 경계, 즉 그 안에 무엇이 포함되며 이것이 다른 분류군과 어떻게 구분되는지를 나타낸다. 앞서 설명한 **s.l.**(*sensu lato*, 광의의)는 "넓은 의미의"라는 뜻으로서, 분류군의 범주를 폭넓게 설정하였음을 나타내며, **s.str.** 또는 **s.s.**(*sensu stricto*, 협의의)는 "좁은 의미의"라는 뜻으로서, 분류군의 범주를 좁게 설정하였음을 가리킨다.

다음은 일부 표준 용어, 약어 및 기호를 정리한 목록이다.

1. **aff.**(*affine*)는 "...와 연관된"을 의미한다.
2. **auct. non**(*auctorum non*)은 "이들 저자의 것이 아닌"이란 의미로, 그 학명의 기준표본이 그 이름이 가리키는 분류군의 범위 안에 속하지 않아서, 잘못 적용된 학명임을 가리킨다.
3. **cf.**(*confer*)는 "...와 비교하다"라는 의미이다.
4. **comb. nov.**(*combinatio nova*)는 새로운 조합명을 의미한다.
5. **emend.**(*emendatio*)는 수정 또는 변경을 의미한다.
6. **et**는 "그리고"를 의미한다.
7. **ex**는 "로부터"이며, (누구에) 의해 합법출판되었다는 의미이다.
8. **f**(filius)는 "누구의 아들"을 의미한다(예, L.f., 린네의 아들).
9. **gen. nov.**(*genus novum*)은 신속을 의미한다.
10. **in**은 "내에서"이며, (어떤) 문헌 내에서를 의미한다.
11. **ined.**(*ineditus*)는 합법출판되지 않았음을 의미한다.
12. **nom. cons.**(*nomen conservandum*)은 보존명을 의미한다.
13. **nom. nov.**(*nomen novum*)은 새로운 이름임을 의미한다.
14. **nom. nud.**(*nomen nudum*)은 기재나 표징형질 없이 출판된 이름으로, 학명을 무효로 한다.
15. **non**은 라틴어로 "아니다"를 의미한다.
16. **n.v.**(*non visus*)는 "보지 않은"을 의미하며, 연구자가 기준표본 같은 것을 보지 않았다는 것을 의미한다.
17. **orth. cons.**(*orthographis conservanda*)는 철자를 보존한다는 의미이다.
18. **s.l.**(*sensu lato*)는 "넓은 의미에서(광의의)"를 의미한다.
19. **s.s.** 또는 **s.str.**(*sensu stricto*)는 "좁은 의미에서(협의의)"를 의미한다.
20. **sp. nov.**(*species nova*)는 신종을 의미한다.
21. **stat. nov.**(*status novus*)는 변종을 종으로 승격시킨 것처럼 계급이 변경되었음을 의미한다.
22. **typ. cons.**(*typus conservandus*)는 보존된 기준표본을 의미한다.
23. **typ. des.**(*typus designatus*)는 기준표본을 선정하였음을 의미한다.
24. **vide**(*video*)는 참고문헌을 인용하였음을 의미한다.
25. **×**는 잡종을 가리킨다.
26. **!**(*vidi*, 즉 "내가 그것을 보았다"를 나타내는 기호)는 a) 표본 라벨에 적힌 학명에 동의한다는 뜻으로 주석 라벨에 표시하거나, b) 논문에서 표본(대개 기준표본)을 보았다는 의미로 표시한다.
27. =는 분류학적 이명, 즉 기준표본이 다름을 의미한다.
28. ≡는 명명법적 이명, 즉 기준표본이 같음을 의미한다.

식물 명명의 독립성

ICN은 국제동물명명규약 및 국제세균명명규약과 독립적이다. 따라서 일부 식물의 학명은 동물의 것과 똑같은 것도 있다. 예를 들어, *Morus*는 식물에서는 뽕나무속을 의미하나, 조류(鳥類)에서는 바다새류를 의미한다.

ICN의 소급성

ICN의 여섯 번째 원리는 명시적으로 제한되지 않은 한 명명규약의 규칙이 소급된다는 것이다.

식물의 학명

"라틴어에 대해 알려고 하지 않는 사람은 식물학 연구와 아무런 상관이 없다."(J. Berkenhout, 1789, cited in Stern, 1992).

ICN의 다섯 번째 원리는 분류군의 학명이 라틴어로 처리된다는 것이다. 라틴어는 오랜 역사를 지닌 언어라는 것(옛적 학자의 언어)과 더 이상 활발하게 사용되지 않는다는 점(국제 경쟁 최소화) 때문에 선택되었다. 학명을 출판한 사람이 어떤 언어를 사용하던 간에, 학명 그 자체는 반드시 라틴어 단어이거나 또는 "라틴어화", 즉 국명을 라틴어로 전환하여야 한다. 따라서 라틴어 철자(영어 철자와 거의 비슷함)와 문법 등에 반드시 맞아야 한다.

성

모든 라틴어 단어에는 성(남성, 여성, 중성)이 존재한다. 성의 결정은 흔히 속 이하 계급의 학명에 한해서 적용된다. 성의 표준 어미는 아래와 같다.

남성	여성	중성
-us	-a	-um
-er	-ra	-rum
-is	-is	-e
-r	-ris	-re

첫 번째 행의 어미, 즉 *-us*, *-a* 그리고 *-um*이 가장 흔히 사용된다. 예를 들어, *Amaranthus*의 성은 남성이며, *Crassula*는 여성 그리고 *Polygonum*은 중성이다. 종소명 또는 종내 계급의 소명(epithet)은 흔히 형용사이며, 이들의 어미는 반드시 속명의 성과 일치해야 한다. 따라서 *Amaranthus albus*, *Crassula connata* 그리고 *Eriogonum fasciculatum* ssp. *polifolium* 등으로 적어야 한다. 그러나 매우 드물게, 종소명이나 종내 계급의 소명이 명사일 수도 있으며, 이 경우 원래 성을 유지한다. 예를 들어, *Cypripedium calceolus*에서 *calceolus*는 명사인데, 속명이 중성임에도 불구하고 원래의 성인 남성을 유지하고 있다. 성의 표준 어미사용에 있어 한 가지 예외가 있는데, 많은 교목 속은 어미와 상관없이 일반적으로 여성으로 취급한다. 예를 들어, *Quercus*(참나무속), *Pinus*(소나무속), *Liquidambar*(풍나무속) 등은 남성 어미로 끝났으나 여성이다. 따라서 이들 속의 종소명 또는 종내 계급의 소명들은 반드시 (성의 일치를 위해) 여성이어야 하며, *Quercus alba*, *Pinus ponderosa*, *Liquidambar styraciflua* 등으로 적는다.

분할, 병합, 지위의 전이 그리고 계급의 변경 등의 이유로 **학명**이 **변경**되면 종소명의 어미도 성에 따라 변화한다. 예를 들어, *Haplopappus squarrosus*의 경우, 어미(*-us*)는 남성이다. 이 종이 *Hazardia*로 전이되면, 새 학명은 *Hazardia squarrosa*가 된다. 종소명의 어근은 변화하지 않더라도, 어미는 새로운 속명의 성에 일치시킨다.

수

라틴어에서는 속의 학명, 속내 분류군(아속 또는 절)의 학명, 종의 학명 그리고 종내 계급의 학명 모두 단수로 취급한다. 그러나 속보다 상위 계급에 해당하는 모든 분류군의 학명은 복수로 취급한다. (따라서 영어에서는 "The Orchidaceae **are** a large family of monocotyledons" 또는 "The Rosales **consist** of many species"라고 쓰는 것이 옳다.)

기념학명

사람이나 장소의 이름을 따서 만든 학명을 기념학명이라고 한다. 속의 기념학명은 일반적으로 명사로 적는다(예, *Linnaea*). 종소명 또는 종내 분류군 소명의 기념학명은 흔히 소유격으로 처리하며, 반드시 소유격 어미로 끝나야 한다. 남성 기념학명의 경우 (1) 자음으로 끝나면 어미는 *-ii*로(예, *Isoetes orcutii*), (2) 끝이 *-r*, *-y*인 자음이거나 *-a*가 아닌 모음이라면 어미는 *-i*로 적는다(각각의 예, *Erigeron breweri*; *Yucca baileyi*; *Arctostaphylos pringlei*). 여러 사람을 기념하는 경우 어미 *-orum* 또는 *-iorum*을 사용할 수 있다(예, *Ambrosia johnstoniorum*은 I.M. Johnston과 M.C. Johnston을 기념한다). 끝이 *-a*로 끝나면 성에 상관없이 *-e*를 붙이는데, *Baccharis vanessae*(여성)와 *Aphelandra trianae*(남성)이 그러한 예이다. 여성 기념학명은 마지막 알파벳이 무엇이든 상관없이 어미는 *-ae* 또는 *-iae*이다(예, *Hippeastrum wilsoniae* 또는 *Carex barbarae*).

어떤 경우에는 기념학명을 형용사로 취급하는데, 이때는 어미를 *-ianus*, *-iana*, *-ianum* 등으로 적기도 한다. 이러한 어미는 속명의 성과 일치시켜서, *Lotus nuttallianus*(Thomas Nuttal을 이름에서 따 옴), *Prunus caroliniana*(Carolinas에서 따옴) 또는 *Antirrhinum coulterianum*(John M. Coulter에

서 따옴)처럼 쓴다. 한편 장소를 기념한 학명에 사용되는 어미는 *-ensis*이며, 그러한 예로는 *virginiensis*(Virginia)와 *capensis*(Cape)가 있다.

만약 인물의 이름이 이미 라틴어로 되어 있다면 그 이름의 소유격으로만 적으면 된다(예, Linnaeus의 경우 *linnaeusii*가 아니라 *linnaei*로, Xantus의 경우 *xantii*가 아니라 *xanti*로 씀).

학명의 발음

학명은 전 세계적으로 통용되지만, 학명의 발음은 지역마다, 특히 나라마다 서로 다르다. 예를 들어, 유럽 사람들의 발음은 대부분 미국 식물학자들의 발음과는 다르다. 학명을 어떻게 발음해야 하는지에 대한 확고한 규칙은 없다. 사람들은 학명을 발음할 때 흔히 자국의 언어에 영향을 받는다. 발음에는 유연성이 있으며 순응성도 존재하는데, 가장 중요한 것은 의사소통이 되는 것이다.

다음은 **그림 12.5**와 **그림 12.6**에 인용된 규칙에 대한 권고사항이다. 일반적으로 이들 권고는 이중모음, 장모음 및 단모음, 자음 발음에 대한 것은 전통적 영어 발음을, 음절 전환이나 악센트에 대한 것은 "개선된" 학술적 발음(전통 라틴어에 근거)을 주로 활용하고 있다(Stern 1992, Weber 1986 참조).

이중모음

이중모음은 모음 2개가 하나로 묶여 있는 것으로 모음 1개와 동등하게 취급한다. 라틴어 이중모음과 이들의 전통적 영어식 발음은 다음과 같다.

이중모음	영어식	발음 예	
ae	장모음 "e"	*Tropaeolum*	트로/피:/오름
oe	장모음 "e"	*Kallstroemia*	칼스트/리:/미아
au	"aw"	*Daucus*	다우쿠스
ei	장모음 "i"	*Eichhornia*	/이:/코르니아
eu	장모음 "u"	*Teucrium*	/투:/크리움
ui	예, "quick"	*Equisetum*	이퀴세툼

"ie"는 라틴어 이중모음이 아니기 때문에 모음 2개를 따로 따로 발음하며, 따라서 *Parietaria*은 Pa-ri-e-ta-ri-a로 발음한다. "oi" 역시 라틴어 이중모음이 아니라는 점을 주의해야 한다. 엄밀하게 따지면, 모든 모음을 반드시 분리해서 발음해야 하기에 *Langloisia*는 Lan-glo-i-si-a로 발음해야 한다. 그러나 관례상, "oi"는 "oil"에서처럼 영어 이중모음으로 발음하며, 따라서 *Langloisia*는 Lan-gloi-si-a라고 발음한다.

간혹 인접한 모음들이, 실제로는 분리되어 있지만, 마치 이중모음처럼 보이는 경우가 있다. 연자 조판의 경우 이중모음의 철자 2개를 "æ"처럼 하나로 연결하여 인접한 모음 2개와 이중

규칙	예	음절
2개의 모음 또는 이중모음 사이의 1개의 자음은 두 번째 모음에 붙인다	*Tridens*	Tri-dens
예외:		
2개의 자음 또는 이중모음 사이의 "x"는 앞에 있는 모음에 붙인다	*exaltataus*	ex-al-ta-tus
모음들 또는 이중모음 사이에 놓인 인접한 자음 2개는 분리한다	*guttatus*	gut-ta-tus
예외: bl, cl, dl, gl, kl, pl, tl과		
br, cr, dr, gr, kr, pr 및 tr은 다음 모음에 붙인다	*scabra*	sca-bra
	leptocladus	lep-to-cla-dus
	Ephedra	E-phe-dra
	agrifolia	a-gri-fo-li-a
	brachypoda	bra-chy-po-da
	eremophila	e-re-mo-phi-la
	Notholaena	No-tho-lae-na
3개 이상의 자음이 2개의 모음 또는 이중모음 사이에 있을 경우, 첫 번째를 제외한 나머지 자음은 두 번째 모음 또는 이중모음에 붙인다	*absconditus*	ab-scon-di-tus

그림 12.5 라틴어 학명을 음절로 분리하는 방법.

발음 방법	예	음절과 악센트	소리내기
"C" 또는 "g"는 경음("k" 또는 경음 "g"로 각각 발음한다)	*Cakile*	Ca-kì-le	Kah-kì-lee
	Garcinia	Gar-cí-ni-a	Gar-cíh-nee-ah
예외: "c" 또는 "g"는 e, i, y, ae, oe 등과 같은 글자나 이중모음 앞에 나오면 연음으로, 즉 "s" 또는 "j"처럼 각각 발음한다	*Cedrus*	Cè-drus	Seè-druhs
	cinerea	ci-nè-re-a	sigh-neè-ree-ah
	coccinea	coc-cí-ne-a	Kahk-síh-nee-ah
	cyaneus	cy-à-ne-us	sigh-à-nee-us
	caerulea	cae-rù-le-a	see-rù-lee-ah
	Geranium	Ge-rà-ni-um	Jeh-rà-nee-uhm
	Gibasis	Gi-bà-sis	Jih-bà-sis
	Gypsophila	Gyp-só-phi-la	Jip-só-fi-lah
단어 또는 어근이 cn, ct, gn, mn, pn, ps, pt 또는 tm으로 시작하면 첫 번째 글자는 묵음이다. 두 번째 글자만 발음한다	*Cneoridium*	Cne-o-rí-di-um	Nee-oh-rí-di-um
	Ctenium	Ctè-ni-um	Teè-nih-um
	Gnetales	Gne-tà-les	Nee-tày-lees
	Mniodes	Mni-ò-des	Ni-ò-des
	Pneumatopteris	Pneu-ma-to-pté-ris	Noo-ma-to-té-ris
	Psilotum	Psi-lò-tum	Sigh-lò-tum
	Pteridium	Pte-rí-di-um	Teh-rí-di-um
	Tmesipteris	Tme-sí-pte-ris	Meh-sí-te-ris
"Ch"는 경음으로 "k"처럼 발음한다	*Chilopsis*	Chi-lóp-sis	Ki-lóp-sis
"X"가 단어 또는 어근의 시작일 경우에는 "z"처럼 발음한다	*Xylococcus*	Xy-lo-cóc-cus	Zy-lo-cóc-cus
	Xanthium	Xán-thi-um	Zán-thi-um
단어 안에 있는 "x"는 "ks"처럼 발음한다	*Zanthoxylum*	Zan-thóx-y-lum	Zan-thóks-i-lum
단어 끝의 "e" 또는 "es"는 길게 발음한다	*Anemone*	A-né-mo-ne	A-né-mo-nee
	Rosales	Ro-sà-les	Ro-sày-lees
단어 끝의 "a"는 짧게 발음한다	*Nicotiana*	Ni-co-ti-à-na	Ni-co-ti-à-nah
"y"는 짧은 "i"로 발음한다	*argophyllus*	ar-go-phy´l-lus	ar-go-fi´l-lus
"uu"의 경우, 두 "u" 모두 발음하되, 앞의 것은 길게, 뒤의 것은 짧게 발음한다	*Carduus*	Cár-du-us	cár-doo-us
음절의 끝에 나오는 "i"는 짧게 발음한다	*crassifolius*	cras-si-fò-li-us	cras-si-fòh-li-us
"e"가 그리스어 이중모음 "ei"에서 기원하였다면, 길게 발음한다	*Achillea*	A-chil-lè-a	a-kil-leè-a

그림 12.6 라틴어 학명의 발음 방법으로, `는 장모음의 악센트를 나타내며, ´는 단모음의 악센트를 나타낸다.

모음을 구분하고 있다. 그러나 최근 인쇄물에서처럼 이중모음임을 특별히 표시하지 않는 경우에는 인접한 모음들이 이중모음이 아님을 나타내기 위하여 분음부호(¨)를 삽입하기도 한다. 예를 들어, *Aloë*나 *Kalanchoë*에는 이중모음이 없는데, 여기서 분음부호는 "o"와 "e"가 분리된 모음임을 보여주고 있으며, 따라서 이 둘을 분리하여 발음해야 한다. 그러나 때때로 실제 발음할 때 이를 무시하기도 하는데, *Aloë*를 (*ë*를 무시하고) Ah´-lo-e가 아니라 Ah´-loh로 발음하는 것이 그러한 예이다.

음절

라틴어 단어에는 모음과 이중모음이 있는 만큼 많은 음절이 있다. 라틴어 단어의 "모든" 음절은 발음한다. 따라서 간혹 학명을 정확하게 발음하고 좀 더 잘 기억하기 위해서는 학명을 음절로 분리하는 것도 의미가 있다. 이러한 규칙의 일부를 그림 12.5에 제시했다. 자음과 모음을 발음하기 위한 특별한 규칙은 그림 12.6에 제시했다.

악센트

악센트를 표기하기 위한 표준화된 기호로서, 장모음에 대한 악센트를 나타내는 기호로는 `을, 단모음에 대한 악센트를 나타내는 기호로는 ´을 사용한다. 식물지나 기타 참고문헌을 보지 않은 채 학명에서 악센트를 결정하는 것은 매우 어려운 일이다. 그러나 이러한 자료가 없다 하더라도, 아래와 같은 일반적인 규칙에 따르면 어떤 음절을 강조해야 하는지 또는 음절에 있는 모음의 장단을 어떻게 구분하는지를 알 수 있다. 모음의 장단은 일반적으로 라틴어 사전을 참고하면 결정할 수 있다.

*Glycine máx*의 "*max*"처럼 음절 1개만으로 이루어진 단어가 아니라면, 마지막 음절에는 악센트가 없다. 만일 단어가 음절 2개로 이루어져 있다면, 악센트는 항상 끝에서 두 번째 음절(어미에서 두 번째 음절)에 있다; 예. *Àcer*. 음절 3개 이상으로 이루진 단어의 악센트는 항상 끝에서 두 번째 또는 세 번째 음절에 있다. 만일 단어가 (1) *perennis*처럼 자음으로 끝나거나(이 경우에는 모음이 짧다), 즉 발음이 (pe-rén-nis)로 되거나, (2) *amoenus*(a-moè-nus)처럼 이중모음으로 끝나거나, (3) *alsine*(al-sì-ne)처럼 장모음으로 끝나면, 끝에서 두 번째 음절에 악센트가 있다. 이러한 조건 중 하나라도 일치하지 않으면, *dracontium*(dra-cón-ti-um)처럼 끝에서 세 번째 음절에 악센트가 있다.

기념학명

기념학명은 라틴어로 적기 때문에 라틴어 규칙에 따라 음절 구분 및 발음 강조(악센트)를 할 수 있지만, 말하는 사람의 언어에서 사람이나 지명을 발음하듯이 발음할 수도 있다. 예를 들어, *Hesperoyucca whipplei*의 종소명은 (사람의 이름에 글자 i만 덧붙인 경우) "wíp-pull-i"로 발음할 수 있는데, 이는 라틴어식 발음인 "wíp-plee-i"와는 다르다. 일반적인 발음 규칙은 사람들이 발음하듯이 기념학명을 단순히 발음하되 뒤에 어미를 첨가하는 것이다. 그러나 기념학명을 실제 발음할 때에는 그 사람(기념 대상)의 원래 발음을 잘 모르거나 발음하기 힘들기 때문에 읽는 사람의 자국 언어로 발음하기도 한다. (최우선의 목표는 의사소통이라는 것을 기억한다!)

복습문제

식물 동정

1. 동정이란 무엇인가?
2. 동정이 당신 일상생활에서 어떻게 이용되고 있는 가에 대하여 설명하시오.
3. 동정 전에 해야 할 두 가지 과정은 무엇인가?
4. 표징형질을 정의하시오.
5. 정보처리에 있어서 전체론적 및 분석학적 방법의 차이는 무엇인가?
6. 재배 중인 식물 분류군을 동정할 때 겪게 되는 어려움은 무엇인가?
7. 식물 분류군을 동정하는 다섯 가지 방법에 대하여 각각 장단점을 설명하시오.
8. 차상검색표란 무엇인가?
9. 검색쌍과 검색문이란 무엇인가?
10. 차상검색표를 사용할 때 주의할 점은 무엇인가?
11. 자연적 검색표와 인위적 검색표의 차이점은 무엇인가?
12. 다지형검색표란 무엇인가?
13. 다지형검색표의 장단점은 무엇인가?
14. 식물 동정에서 화상자료의 중요성을 설명하시오.

16. 식물 표본을 검색함에 있어서 분류학적 검색표 활용 방법 이외의 방법에는 어떤 것들이 있는가?
16. 지역개관표본은 무엇이며, 식물 동정에 어떠한 장점이 있는가?
17. 식물 표본을 동정하는 실질적 과정을 설명하시오.

식물 명명

18. 명명이란 무엇인가?
19. 식물 명명에 대한 규칙과 권고 사항을 제공하는 자료의 이름 그리고 약칭은 무엇인가?
20. 어떤 생물 무리가 이 참조 자료에 실려 있는가? 어떤 생물이 누락되어 있는가?
21. 명명 그리고 ICBN에 의해 규정되는 두 가지 기본 활동은 무엇인가?
22. 적법명과 부적법명은 무엇인가?
23. ICN을 어떻게 수정할 수 있는가?
24. 식물 명명의 여섯 가지 원리를 열거하시오. 이들 중 어떤 조항이 근본 원리인가?
25. ICN에서 규칙과 권고의 차이점은 무엇인가?
26. 학명이란 무엇인가? 예를 들어 보시오.
27. 어떤 학명이 어떤 계급에서 항상 이명체계로 표기되는가? 이러한 사례를 드시오.
28. 이명체계를 일관되게 사용한 최초의 사람으로, "분류학의 아버지"라고 부르는 사람은 누구인가?
29. 이명체계의 정확한 구조는 무엇인가?
30. *Quercus dumosa* Nuttal에서, (a) *Quercus*, (b) *dumosa*, (c) *Quercus dumosa*, (d) Nuttal은 각기 무엇을 의미하는가?
31. 국명(지방명)은 무엇인가?
32. 국명이 불리한 이유는 무엇인가?
33. 계급과 지위의 차이점은 무엇인가?
34. 학명에서 계급별, 즉 문, 강, 아강, 상목, 목, 과, 아과, 족에 해당하는 표준 어미는 무엇인가?
35. 다음의 계급은 무엇인가: (a) Conostyloideae, (b) Flacourtiaceae, (c) Haemodoreae, (d) Hamamelidae, (e) *Linnaea borealis* var. *longiflora*, (f) Liliopsida, (g) Magnoliophyta, (h) Rosales, (i) *Trobonanthes*, (j) *Tribonanthes variegata*, (k) *Phlebocarya ciliata* ssp. *pilosissima*
36. Apiaceae, Arecaceae, Asteraceae, Brassicaceae, Fabaceae, Faboideae, Clusiaceae, Lamiaceae, Poaceae 등과 동등하게 수용할 수 있는 이름은?
37. 삼명체계란 무엇인가? 2개의 종내 계급에서 어떤 것이 더 "높은" 계급인가?
38. 학명에서 명명자는 누구를 가리키는가?
39. 학명을 암기하는 네 가지 제안에 대하여 설명하시오.
40. 명명기준형이란 무엇인가?
41. 정기준표본, 등가기준표본, 선정기준표본, 신기준표본의 차이점은 무엇인가?
42. 과명의 명명기준형은 무엇인가?
43. 출판의 우선권이 의미하는 것은 무엇인가?
44. 출판의 우선권 시작은 언제, 무엇을 기준으로 하는가?
45. 우선권의 좋지 않은 효과는 무엇인가?
46. 보존명은 무엇이며, 어떻게 설정되는가?
47. 학명을 변경할 수 있는 두 가지 이유는 무엇인가?

48. 학명이 변경되는 네 가지 방법을 제시하고, 예를 들어 설명하시오.
49. 분류학적 재평가란 무엇인가? 이때 학명의 변경이 요구되는가?
50. 기본명이란 무엇인가?
51. *Machaeranthera juncea*(Greene) Hartman처럼 명명자의 이름이 괄호 안에 있는 것은 무엇을 의미하는가?
52. *Xiphidium coeruleum* Aublet라는 분류군을 *Schiekia*로 전이해야 한다고 결정하였다. 명명자를 포함하여 새로운 이름에 필요한 것은 무엇인가? 만일 *Schiekia coeruleum*이란 이름이 이미 합법출판되어 있다면 어떻게 해야 하는가?
53. *Quercus albiniana*(C. Jones) G. Smith ssp. *tomentosa* H. Carlisle라는 분류군을 종 수준의 계급으로 올리는 것을 결정하였다. 명명자를 포함하여 새로운 이름은 어떻게 불러야 하는가?
54. 자동명이란 무엇인가? 아과, 아속, 아종 수준에서 자동명의 예를 드시오.
55. 학명의 합법출판에 필요한 주요 기준은 무엇인가?
56. 프로토로그란 무엇인가?
57. 이명(異名)이란 무엇인가?
58. 적법명이면서도 어떻게 정명이 아닐 수가 있는가?
59. *Malacothrix incana*(Nutt.) T. & G.[*Malacomeris i.* Nutt.]를 보면서 유추할 수 있는 것은 무엇인가?
60. *Porophyllum gracile* Benth.[*P. caesium* Green; *P. vaseyi* Greene]를 보면서 유추할 수 있는 것은 무엇인가?
61. *Gilia diegensis*(Munz) A. & V. Grant[*G. inconspicua* (Sm.) Sweet var. *diegensis* Munz]를 보면서 유추할 수 있는 것은 무엇인가?
62. 동일명이란 무엇인가? 후동일명은 적법명인가 부적법명인가?
63. 반복명이란 무엇인가? 반복명은 (1) 식물 명명, (2) 동물 명명에서 용납되는가?
64. 명명자에 "in"이 들어있으면 무엇을 의미하는가? 어떻게 이 표시를 간단히 할 수 있는가?
65. 명명자에 "ex"가 들어있으면 무엇을 의미하는가? 어떻게 이 표시를 간단히 할 수 있는가?
66. *Quercus* × *morehus*처럼 학명에 있는 기호 ×의 의미는 무엇인가?
67. 라틴어 약어 auct. non, emend., ined., nom. nov., nom. nud., s. l., s. s., vide(!)의 의미는 무엇인가?
68. 식물과 새가 같은 학명을 가져도 ICN의 원리에 상충되지 않는 이유는 무엇인가?

식물의 학명

69. 학명은 어떤 언어로 처리되는가?
70. 라틴어의 성 세 가지의 표준 어미는 무엇인가?
71. 이러한 성의 어미에 대한 한 가지 의미 있는 예외는 무엇인가?
72. 라틴어에서 어떤 분류학적 계급이 항상 복수로 간주되는가?
73. 기념학명이란 무엇인가?
74. 어떤 어미가 기념학명의 어미로 사용되는가?
75. 학명을 발음하는 보편적인 규칙은 무엇인가?
76. 라틴어의 이중모음은 무엇이고, 어떻게 발음하는가?
77. "oi"라는 조합을 라틴어로 어떻게 발음하는가?
78. 학명에서 음절의 수를 결정하는 규칙은 무엇인가?
79. 학명을 음절로 분리하는 특별한 규칙은 무엇인가?
80. 학명을 발음하는 특별한 규칙은 무엇인가?

81. 학명의 악센트에 관한 기본 규칙은 무엇인가?
82. 다음 학명(*Cleistes, Eucalyptus, microcarpa, Oenothera, Pyrus*)의 음절을 구분하고 발음하시오.
83. 사람이나 장소 이름에서 따온 기념학명을 발음하는 두 가지 기본적인 방법은 무엇인가?

실습과제

식물 동정

1. 미지의 재배식물을 선택하고, 이 장에서 설명한 다섯 가지 방법을 모두 이용하여 동정해본다. 이 과정에서 겪은 어려움은 어떤 것인가?
2. 미지의 자생식물을 선택하고, 지역개관표본과 같은 표본 수집품이나 식물지 또는 도감을 이용하여 이 식물을 동정해본다.
3. 온라인 상에서 또는 다운로드하여 사용할 수 있는 다지형검색표를 웹에서 검색해본다(아래 웹사이트 참조). 이 검색표로 주어진 미지의 식물에 대해 적용해본다. 가능하다면, 5–10 종류의 식물을 대상으로 검색표를 작성한다.

식물 명명

4. 특정 지역의 지침서나 식물지를 이용하여 자생식물 12종의 학명과 이들 학명에 대한 이명(異名)을 나열한다. 이들 분류군 이름의 명명 역사를 주어진 자료를 가지고, 특히 괄호 안에 들어있는 명명자의 이름에 주의하면서, 할 수 있는 한 끝까지 추적한다.
5. 이들 12종류의 학명을 국제식물명색인(http://www.ipni.org)에서 조사한다. 이들 학명에 대하여 출판일과 출판물/책을 기록한다. 모든 이명 또한 기록한다. 이러한 정보가 이들 분류군의 명명 역사를 명확하게 보여주는가?
6. 이들 12개 학명에 대해 음절 참고자료를 이용하여 음절과 악센트를 구분하고 발음해본다.

참고문헌

식물 동정

Gauthier, I. & Tarr, M.J. 2002. Unraveling mechanisms for expert object recognition: bridging brain activity and behavior. Journal of Experimental Psychology of Human Perception and Performance 28: 431–436.

Hollingsworth, P. M., S. W. Graham, and D. P. Little. 2011. Choosing and using a plant DNA barcode. PLOS ONE 6:e19254.

Kirchoff, B., D. Remington, L. Fu, and F. Sadri. 2008. A New Type of Image-Based Key. International Conference on BioMedical Engineering and Informatics.

Kress, W. J., K. J. Wurdack, E. A. Zimmer, L. A. Weigt, and D. H. Janzen. 2005. Use of DNA barcodes to identify flowering plants. Proceedings of the National Academy of Sciences of the United States of America 102:8369.

Li, X., Y. Yang, R. J. Henry, M. Rossetto, Y. Wang, and S. Chen. 2015. Plant DNA barcoding: from gene to genome. Biological Reviews 90:157-166.

Radford, A. E., W. C. Dickison, J. R. Massey, and C. R. Bell. 1974. Vascular Plant Systematics. Harper and Row, New York. 891 pp.

식물 명명

Bailey, L. H. 1963. How Plants Get Their Names. Dover Publications, Inc., New York.

Borror, Donald J. 1960. Dictionary of Word Roots and Combining Forms. Mayfield, Palo Alto, California.

Brummitt, R. K., and C. E. Powell (eds.). 1992. Authors of Plant Names: A List of Authors of Scientific Names of Plants, with Recommended Standard Forms of Their Names, Including Abbreviations. Royal Botanic Gardens, Kew, London.

Cantino, P. D., J. A. Doyle, S. W. Graham, W. S. Judd, R. G. Olmstead, D. E. Soltis, P. S. Soltis, and M. J. Donoghue. 2007. Towards a phylogenetic nomenclature of Tracheophyta. Taxon 56: 822-846.

Gledhill, D. 1989. The Names of Plants. 2nd ed. Cambridge University Press, Cambridge, UK.

Hamilton, C. W., and S. H. Reichard. 1992. Current practice in the use of subspecies, variety, and forma in the classification of wild plants. Taxon 41: 485-498.

Jaeger, E. C. 1959. A Source Book of Biological Names and Terms. 3rd ed. Charles C. Thomas, Springfield, Illinois.

McDade, L. A. 1995. Species concepts and problems in practice: insight from botanical monographs. Systematic Botany 20:606-622.

McVaugh, R., R. Ross, and F. A. Stafleu. 1964. An annotated glossary of botanical nomenclature. Regnum Vegetabile 56: 1–31.

Radford, A. E., W. C. Dickison, J. R. Massey, and C. R. Bell. 1974. Vascular Plant Systematics. Harper and Row, New York.

Specht, C., M. Fishbein, J. Doyle, L. Struwe, H. Ballard, S. Krosnick, D. Keil, G. Yatskievych, A. Mast, C. Barrett, T. Stoughton, S. Ickert-Bond, I. Jordon-Thaden, J. Smith, C. Martine, and B. Thiers. 2018. Editorial. Systematic Botany 43:1-3.

Stern, William T. 1992. Botanical Latin: History, Grammar, Syntax, Terminology and Vocabulary. David & Charles, Brunel House, Newton Abbot, Devon, UK.

Stern, William T. 2002. Stearn's Dictionary of Plant Names for Gardeners: A Handbook on the Origin and Meaning of the Botanical Names of Some Cultivated Plants. Timber Press, Portland.

Turland, N. J., Wiersema, J. H., Barrie, F. R., Greuter, W., Hawksworth, D. L., Herendeen, P. S., Knapp, S., Kusber, W.-H., Li, D.-Z., Marhold, K., May, T. W., McNeill, J., Monro, A. M., Prado, J., Price, M. J. & Smith, G. F. (eds.). 2018. International Code of Nomenclature for algae, fungi, and plants (Shenzhen Code) adopted by the Nineteenth International Botanical Congress Shenzhen, China, July 2017. Koeltz Botanical Books, Glashütten.

Weber, William. 1986. Pronunciation of scientific names. Madroño 33(3): 234–235.

웹사이트

식물 동정

Dallwitz, M. J. 1996 onwards. Programs for interactive identification and information retrieval.
http://delta-intkey.com/www/idprogs.htm
A comprehensive listing of computerized key programs, their platforms, cost (if any), and if web-based.

iNaturalist. Available from *http://www.inaturalist.org*

Morphbank. 2009. Florida State University, School of Computational Science, Tallahassee, FL 32306-4026 USA.
http://www.morphbank.net
A database of biological images, using open source software and having a Fair Use Web Site policy.

USDA, NRCS. 2009. The PLANTS Database. National Plant Data Center, Baton Rouge, LA 70874-4490 USA.
http://plants.usda.gov
Provides standardized information about land plants of the U.S. and its territories. It includes names, plant symbols, checklists, distributional data, species abstracts, characteristics, images, crop information, automated tools, onward Web links, and references.

식물 명명

Cantino, P. D. and K. de Queiroz. 2007. International Code of Phylogenetic Nomenclature. Version 4b. *http://www.ohio.edu/phylocode*

Greuter, W., D. L. Hawksworth, J. McNeill, A. Minelli, B. J. Tindall, P. Trehane, and P. Tubbs. 1997. Draft BioCode (1997): the prospective international rules for the scientific names of organisms. *http://www.bgbm.org/iapt/biocode/biocode1997.html*

Griffith, C. 1996 onwards. Dictionary of Botanical Epithets. *http://www.winternet.com/~chuckg/dictionary.html*

Index Fungorum. A list of the names of fungi (including yeasts, lichens, chromistan fungi, protozoan fungi and fossil forms) at species level and below. *http://www.indexfungorum.org*

International Code of Nomenclature for algae, fungi, and plants. 2018. *https://www.iapt-taxon.org/nomen/main.php*

IPNI. 2019. International Plant Names Index. The Royal Botanic Gardens, Kew, Harvard University Herbaria & Libraries and Australian National Botanic Gardens. Published on the Internet. *http://www.ipni.org*

Plants of the World Online. 2019. *http://plantsoftheworldonline.org*

Taxacom Discussion List. 1992 onwards. A listserv of discussions and queries of taxonomic issues, for plants and animals. Useful for querying specific information, listing images for identification, and searching for topics. *http://mailman.nhm.ku.edu/mailman/listinfo/taxacom*

The Plant List. 2019. *http://www.theplantlist.org*

Thiers, B. [continuously updated]. Index Herbariorum: A global directory of public herbaria and associated staff. New York Botanical Garden's Virtual Herbarium. *http://sycamore.nybg.org/science/ih*

WCSP. 2019. World Checklist of Selected Plant Families. Facilitated by the Royal Botanic Gardens, Kew. Published on the Internet. *http://apps.kew.org/wcsp*

13

식물 채집과 표본관

식물 채집과 기록

식물채집품은 계통학 연구에 있어서 필수적인 요소이다. 채집품은 대개 건조표본 또는 액침표본으로 구성되지만, 야외에서 채집되어 인위적 환경에서 자라고 있는 생체 또는 번식체(종자 등) 역시 채집품에 포함되기도 한다.

식물채집품은 여러 가지 목적으로 활용되는데, 그중 하나가 계통학 연구의 재료로 쓰이는 것이다. 분류학자들은 야생 상태의 식물을 연구해야 하지만, 실제로는 채집되어 보관된 건조표본이나 생체표본을 활용하는 경우가 대부분이다.

한편, 식물채집품의 다른 기능은 명명된 분류군의 기준 자료로 쓰인다는 것이다. 기준 채집품은 확증표본이라고 한다(확증표본은 거의 언제나 건조표본을 지칭함). **조류, 균류, 식물에 관한 국제명명규약**(ICN)은 새로운 분류군 명칭의 합법적 출판을 위해 확증표본을 요구하고 있다(제12장). 이에 따라, 과 이하 모든 식물 분류군의 이름은 최초의 채집품으로부터 선정된 확증표본인 **기준표본**(대개 정기준표본임; 제12장 참조)과 결부되어 있다.

식물 분류군의 동정이 잘 되었는지 검증할 때에도 확증표본이 그 기준이 될 수 있다. 만일 어떤 분류군의 정체성에 의심이 생기면 동정 상태를 확인하기 위해 확증표본을 살펴볼 수 있다. 계통학 연구에서 확증표본을 확보하고 인용하는 것이 필수적이다. 이는 얻어진 자료가 형태적, 화학적, 해부학적, 미세구조적, 생식생물학적인 것이든 또는 분자생물학적인 것이든 모두 그러하다. 특정 지역의 종 조성을 연구하는 야외조사에서도 확증표본이 필수적이다. 따라서 식물상 연구, 생태 연구, 환경평가 조사(예, 환경영향평가 보고서)에는 식물채집품과 확증표본이 포함되어야 한다. 그렇지 않으면, 연구 결론의 과학적 정당성에 의구심이 생길 수도 있다(Funk et al. 2005 참조).

끝으로, 식물을 채집할 때 기록된 정보는 매우 중요하며 여러 가지 목적으로 활용될 수 있다. 여러 대형 표본관 및 일부 소형 표본관은 표본 라벨에 기록된 정보를 컴퓨터 데이터베이스 시스템에 입력하는 작업에 착수했다. 이 데이터베이스를 통해 식물의 형태, 생태, 계절에 따른 변화, 지리 정보가 요약·분류됨으로써 여러 생물학 주제에 대한 통찰이 이루어진다('식물채집품에 대한 기록' 참고). 이들 데이터베이스 시스템이 가동됨에 따라 계통학, 생태학, 그리고 보존생물학 연구에 있어서 생물다양성의 온전한 기록물로서 식물채집품 및 이와 관련된 데이터의 중요성이 점차 증가하고 있다.

식물채집 방법

식물 분류군을 문서로 정리하기 위해서는 식물과 그 생육지에 관한 야외 자료를 빠짐없이 기록하는 것뿐만 아니라 실물 표본을 제작하는 일도 필요하다. 표본의 제작은 (1) 식물을 채집하고; (2) 채집된 식물을 눌러서 건조하며; (3) 건조된 식물과 라벨(채집기록을 담고 있음)을 일정 규격의 표본 대지 위에 풀로 붙임으로써 완료된다. 제작된 표본은 식물의 동정이나 분류학적 재검토를 위해 사용될 수 있도록 표본관에 수장되어 관리된다.

야외채집

특정 식물의 채집은 우연히 이루어지기도 하지만, 채집기록(표본 라벨) 또는 그 식물의 분포가 예상되는 특정 생육지역에 관한 지도 정보에 따라 진행되기도 한다. 채집자는 해당 지역에서 채집할 수 있는 허가를 사전에 받아야 한다.

연구하고자 하는 식물이 발견되었을 때, 양심 있는 연구자라면 그것을 반드시 채집해야 하는지 잘 생각해야 한다. 첫 번째 검토 기준은 이 식물이 희귀한 것인지, 생존에 위협을 받고 있는지, 멸종 위기에 처해 있는 종인지를 파악하는 것이다. 이들 종은 대부분 법적으로 보호받고 있으며, 특별한 허가 없이 이들을 채집하는 것은 위법 행위이다. 두 번째, 그 식물 종의 법적 지위와는 무관하게, 채집 행위를 통해 그 지역 집단을 크게 훼손하는 일은 피해야 한다. 가장 적절한 원칙은 이른바 '20:1' 원칙으로, 초본 한 개체를 채집할 때 그 주변에 최소한 20개체를 남겨두는 것이다. 관목이나 교목의 경우 한 개체를 가지 하나로 간주하면 된다.

초본은 적어도 한 개체는 뿌리나 근경이 포함되도록 전체를 완전하게 채집해야 한다. (아주 희귀하거나 멸종위기 식물은 예외.) 이는 이 식물이 일년생, 이년생, 다년생인지 알아내거나 뿌리의 유형(예, 수근 혹은 주근)과 땅속줄기의 유형(예, 인경, 구경 혹은 근경)을 파악하는 데 필요하다. 관목이나 교목은 전정가위를 가지고 한두 가지만 절단하여 식물체의 훼손을 최소화해야 한다. 식물은 꽃이나 열매가 달려 있는 것을 채집하며, 집단의 규모가 허락하는 범위 내에서 개체의 변이 폭을 잘 나타낼 수 있을 만큼 충분한 수를 채집한다.

식물체는 채집과 동시에 야외에서 곧바로 누르는 것이 대단히 중요하다. 이를 위해, **야외에서 사용하는 휴대용 야책**은 표본관 용품 판매회사로부터 구매한다. 한편, 딱딱한 판지(약 28 × 40 cm)와 신문지(반으로 접은 것, 약 28 × 40 cm)를 번갈아 가며 쌓은 후 전체를 납작한 끈 2개로 단단히 둘러 묶는 간이 야책을 준비할 수도 있다. 채집된 식물체는 접힌 신문지 안에 놓고서 누르는데, 각 신문지에는 채집번호를 적어둬서 야외 채집 기록과 대조할 수 있게 한다. 야외에서 일차적으로 눌린 식물체는 정식 야책으로 옮겨 완전히 건조한다. (압박건조표본 제작에 관한 자세한 내용은 나중에 소개할 예정임.)

만일 채집된 식물을 바로 누를 수 없을 때는 시들지 않도록 보관해야 한다. 이 경우 식물채집자 이름과 채집번호가 적힌 꼬리표를 식물체에 매단 후 비닐봉지에 담아두면 된다. 이때 물을 약간 적신 신문지로 식물체를 감싸서 마르는 것을 방지하기도 한다. 바로 누르지 못한 식물체는 아이스박스나 냉장고에 보관하는 것이 가장 이상적이다.

식물표본 제작

식물 연구나 동정 자료로서 식물을 보존하는 일반적인 방법은 표본을 제작하여 표본관에 수장하는 것이다. **석엽표본**은 표본 대지(거의 모든 표본관에서 29 × 42 cm 크기의 표준 종이를 사용함)에 압박 건조된 식물체를 올려 풀로 붙이거나 실로 꿰매 단단히 고정한 후, 이 식물체의 정보를 담고 있는 표본 라벨을 붙임으로써 완성된다. 적절히 관리해 줄 경우 석엽표본은 수백 년 동안 존속할 수도 있다.

야외에서 비닐봉지에 담아온 식물은 정식 야책으로 옮긴 후

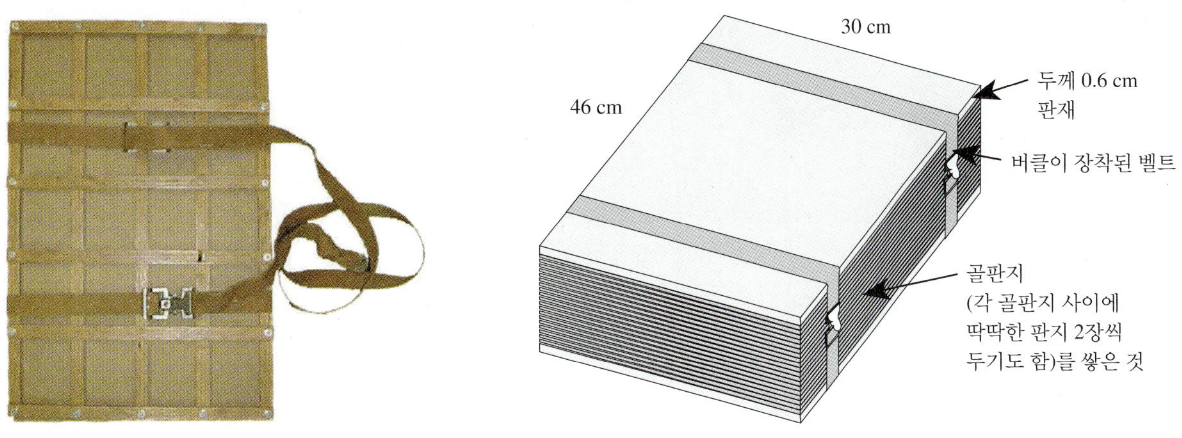

그림 13.1 일반적인 야책.

건조하여 석엽표본으로 제작된다. 야책은 30 × 46 cm 크기의 판재 2장 사이에 같은 크기의 골판지와 신문지를 번갈아 가며 쌓아서 만든다. 판재로는 납작한 나무 막대를 격자로 엮은 것 또는 합판을 사용한다(**그림 13.1**). 식물체는 신문지 사이에 넣어 압박하며, 필요에 따라 골판지와 신문지 사이에 같은 크기의 흡습지를 넣어 주기도 한다.

식물체를 누를 때는 되도록 야생의 모습이 잘 나타나게 하고, 정보량이 극대화될 수 있도록 배치해야 한다. 이를 위해서는 다음과 같은 사항을 염두에 두어야 한다. 식물체는 신문지 위에 전체의 형태가 잘 보일 수 있도록 올려놓으며, 초본의 경우 뿌리나 지하 부위가 잘 보이도록 흙을 깨끗이 털어내야 한다. 크기가 작은 초본은 여러 개체를 신문지 한 장에 올려서 빈 곳이 너무 많지 않도록 배열하고(**그림 13.2**B), 키가 큰 초본은 신문지 위에 전체가 다 놓일 수 있도록 "V", "N", "M"자 형태로 꺾어 접는다(그림 13.2A). 필요할 경우 키가 큰 초본은 서너 개로 자른 후 별도의 신문지에 올려놓을 수도 있다. 커다란 근경이나 구경 또는 인경은 종단해서 한쪽은 겉이 보이도록 그리고 다른 한쪽은 속이 보이도록 올려놓는다. 크기가 크고 심하게 분지한 식물체는(그림 13.2C–E) 각 부위가 서로 겹쳐서 가리지 않도록 잎이나 가지를 적당히 솎아낸다(이때 솎아낸 부위의 아랫부분은 약간 남겨둔다). 식물체를 누를 때 적어도 잎 하나는 뒤집어 잎의 양면이 모두 다 관찰될 수 있도록 한다. 다육식물을 누를 때는 잎이나 줄기를 종단하며, 너무 큰 경우에는 내부의 조직을 파낸 후 파낸 부분이 밑이 되도록 올려놓는다. 선인장 및 기타 다육식물은 95% 알코올에 하루나 이틀 담근 후 말린다. 꽃이나 꽃을 구성하는 부분은 특히 세심하게 배열하되 큰 꽃은 절개해서 내부 기관이 보이도록 하며, 형태 연구를 위해 꽃이나 화서 부분만을 한쪽에 따로 추가한다. 과벽의 내부 구조 또는 태좌 관찰을 위해 또는 속성 건조를 위해, 열매를 절개하기도 한다. 육질의 식물체나 수생식물 또는 매우 연약한 식물의 경우 왁스질의 종이를 식물체 아래위에 끼워 넣어 식물체가 신문지에 달라붙지 않도록 해야 한다. 두꺼운 가지에 달린 잎이나 꽃은 적당한 두께로 접은 신문지를 사용해서 평평하게 눌려 펴지도록 한다. 나중에 표본을 대지에 접착시킬 때 라벨을 붙일 것을 고려하여 오른쪽 아랫부분에는 항상 일정한 공간이(13 × 8 cm 정도) 남도록 식물을 배치한다. 식물체의 위치를 신중하게 결정한 후 신문지를 접어 덮은 다음 신문지 위아래에 골판지를 둔다.

위와 같은 방법으로 식물체를 모두 쌓은 후 벨트로 야책을 단단히 조여 잠근다(그림 13.1 오른쪽). 완성된 야책은 옆으로 세워서(벨트의 버클이 위쪽으로 오게 하여) 건조기 안에 집어넣는다. 건조기 아랫부분에는 발열판이나 백열전구를 장치하여 열이 공급되게 하고, 환풍기를 설치하여 공기가 흐르게 한다. 최근에는 식물표본으로부터 DNA를 추출하여 분석하는 실험을 수행하기도 한다. 따라서 지나치게 고온에서 식물을 건조시킴으로 인해 DNA가 파괴되는 일이 없도록 해야 한다. 골판지 및 신문지 사이를 흐르는 더운 공기에 의해 식물체가 마르며, 이 과정은 대개 2–3일이면 족하다. 이후 식물체를 꺼내어 건조 상태를 하나하나 확인하며, 만져보았을 때 여전히 축축한 느낌이 드는 식물체는 건조기 안에 좀 더 두도록 한다.

식물채집품에 대한 기록

식물을 채집할 때 현장에서 채집 정보를 기록해 두는 것이 대단히 중요하다. 이 정보는 나중에 표본 라벨로 옮겨지며, 컴퓨

그림 13.2 채집한 식물을 누른 예. **A.** 초본, 신문지 크기에 맞게 줄기를 꺾어 접었음. **B.** 초본, 뿌리를 포함한 전체 식물체를 채집하였음. **C.** 작은 관목, 뿌리를 포함하여 전체 식물체를 채집하였음. **D.** 교목, 가지를 채집하였음(이 경우에서는 열매를 포함하고 있음). **E.** 덩굴식물, 개화기, 뿌리(혹은 근경)는 채집하지 않았다.

터 데이터베이스로 입력될 수도 있다. 아래 내용은 채집현장에서 기록되어야 할 자료에 대한 설명이며, 그림 13.3은 채집 정보가 기록된 예이다.

채집지 정보

[채집지역 번호를 적어두어 다른 채집품과 대조할 수 있도록 한다.]

채집일자: 일-월-년(혼동을 피하도록 채집월은 숫자로 기록하지 말 것).

채집시간(선택사항): 개화시간을 알린다는 측면에서 중요할 수 있다.

행정구역명: 필요에 따라 적절히 나열한다.

채집지에 대한 상세 정보: 후일 재채집이 가능하도록 채집지 정보를 완벽하게 기록하되, 도로나 등산로 상의 거리 등이 포함되도록 한다.

경위도: 생물지리정보 시스템 구축을 위해 중요하다. GPS(위성항법장치)를 사용하거나, 등고선이 표시된 지도에 점을 찍는 방식을 이용한다.

경위도 근거/정밀도: 경위도 자료를 입수한 방법[예를 들어, 미국지질조사소(USGS) 지도나 GPS 장치]에 대해 기록하며, 어느 정도까지 정밀하게 기록했는지를 표시한다.

마을 이름: 경위도 자료 대신에 차선책으로 기록할 수 있다.

고도: 측정 장치에 따라 피트 또는 미터로 표시한다.

표지물: 인근에 있는 현저한 지형지물(가급적 표준 지도에 나와 있는 것으로 함)을 기술하고, 이로부터의 거리와 방향을 표시한다.

식물정보

채집번호: 원 채집자가 부여하는 고유번호를 말한다. 대개 채집 순서에 따라 차례로 기록한다(즉, 처음 채집한 식물에는 1, 그 다음 채집한 식물에는 2 등을 부여함). 그러나 채집일자를 변환하는 방식을 사용하기도 한다. 예를 들어, "10VI94A"의 경우 1994년 6월 10일에 채집한 첫 번째 식물(두 번째 식물은 B, 세 번째 식물은 C ...)을 의미한다. 같은 날 같은 장소에서 채집된 한 분류군의 중복품에는 같은 번호를 부여한다. 한 식물체가 둘(혹은 그 이상)로 나뉘어 표본으로 제작되었을 경우 라벨에 "1/2", "2/2"로 표시한다.

사진기록: 사진 또는 기타 영상물이 있는 경우에는 이에 대한 자료추적을 위해 기록한다.

채집자: 식물 채집을 주관한 채집자 1인을 말한다.

공동채집자: 채집을 도왔거나 동행했던 사람으로, 이들의 이름은 채집번호와 직접적인 연관이 없다.

분류군명: 명명자를 포함한 종의 학명(속명 및 종소명)으로 종내 분류군일 경우에는 아종(ssp.) 또는 변종(var.)을 명명자와 함께 명시한다. 학명은 항상 밑줄 또는 이탤릭체로 표시한다.

일년생/이년생/다년생, 식물형, 키, 분지양상: 식물의 지속기간을 선택하고 식물형을 적는다. 지면에서의 높이(m로 표시하되 전체가 채집되었을 때에는 불필요함), 그리고 표본에서는 잘 나타나지 않는 분지 양상에 대해 기록한다.

꽃/열매의 색깔 및 기타 사항: 식물체에 꽃이나 열매가 포함되어 있는지 표시한다. 특이한 영양기관이나 꽃 부분(예, 꽃받침, 꽃잎, 수술)의 색깔은 상세히 기술한다. 색깔에 대한 정밀도가 요구될 경우 Royal Horticultural Society 색상표(Tucker et al. 1991, Taxon 40: 201–214)를 참고한다. 그 밖에 모호하거나 표본에서 관찰하기 어려운 특질들을 기록해 둔다.

기타 연구내용이나 야외관찰(예를 들어, 수분 등에 관련된 동물)에 관한 정보를 추가할 수 있다.

개체군 크기와 분포: 개체군의 크기와 분포에 대한 약간의 언급. 예를 들어 "매우 희귀함", "개체군 크기가 매우 큼(10,000 m^2당 1,000개체 이상)", "국지적으로 흔함" 등의 정보는 유용하다.

서식지/토질: 서식지란 "건조한 하천 바닥", "화강암 노출 지역", "범람 지역" 따위의 무생물적 특질을 일컫는다. 토질은 토양의 기본 유형(예, 점토, 양토, 모래, 자갈, 바위 등)과 색깔을 기록한다. 더 나아가 토양의 세부 계열과 암반의 유형을 적을 수도 있다.

경사, 방위, 광 노출: 경사진 정도를 0°(평지)–90°(절벽)로 표시하고, 경사면의 방위를 기록한다. 광 노출 상태는 개활지, 반음지, 음지 등으로 표시한다.

군집/식생 유형: 식물체가 자라는 지역과 인근 지역의 군집/식생 유형을 기록한다. 군집/식생 유형은 대략 나눌 수도 있고(예, "관목수풀지대", "삼림" 등) 상세하게 구분할 수도 있다. 군집유형에 대한 상세한 구분은 "Radford A. E. et al. (1981, University of North Carolina Press, Chapel Hill)"

채집지역 #: *2-A*

채집지 정보

Date of collection: *24 April 1994*	Time (optional): *10 AM*
Country/State/Province/County/City: *CA / San Diego Co.*	
Specific Locality information: *Near hiking trail, just east of Oak Canyon, ca. 1.5 miles north of trailhead at Hwy 83 and Ventura Rd., Pickwood State Reserve*	
Latitude: *32* ° *50* ' *28* " (N)/ S	Longitude: *117* ° *02* ' *59* " (W)/ E
Source/Accuracy of Lat./Long.: *USGS 7.5' topo. quad (La Mesa); +/-1"*	
Township & Range:	
Elevation (ft or m): *1,100 feet*	
Landmark information: *Ca. 4.7 miles northwest of Wilson Peak*	

식물정보

Coll. No.: *702*	Photo. doc.: *Roll #2, slides 13-14*	
Collector (primary): *Cynthia D. Jones*		
Associated collector(s): *John J. Smith*		
Taxon: *Porophyllum gracile Benth.*		
Ann./Bien./(Per.) Habit, Height, Branching: *Subshrub, 30-40 cm tall, with several branches from base, densely branched above*		
(Fl.)/(Fr.) colors, other notes: *Involucre purple. Corolla white to greenish-yellow. Pappus bristles white to purplish. Leaves strongly pungent. NOTE: Fls. visited by Checkerspot butterflies. Material preserved in Carnoy's fixative for chromosomal studies*		
Physical Habitat, Substrate: *Mountain slope. Rocky, sandy loam soil.*		
Slope, Aspect, Exposure: *Slope ca. 30 degrees, south-facing, exposed.*		
Community/Vegetation type: *Open Eriogonum fasciculatum - mixed (Artemisia californica, Malosma laurina) scrub.*		
I.d. by: *Cynthia D. Jones*	Date: *4/1994*	I.d. source: *Jepson Manual, 1993*
Accession Number: *SDSU 12837*		

그림 13.3 식물채집기록용지(야장).

을 참고하며, 다음과 같이 정리할 수 있다.

1. 종 조성의 전반적 유사도에 따라 군집의 **경계**를 결정한다. 한 군집은 다른 군집과 겹치거나 변이를 많이 나타내기에 경계 설정이 명확하게 이루어지지 않을 수도 있다.
2. 군집 내에 존재하는 **층상 구조**, 즉 수관층(키가 큰 교목이나 덩굴성 목본)/아수관층(수관 아래의 키 작은 교목층)/관목층 또는 아관목층/초본층 등을 구분하여 기록한다. 군집의 주요 구성요소라고 판단될 경우에는 덩굴식물, 착생식물, 이끼, 지의류 등에 대해서도 기록한다.
3. 식생의 각 층에서 차지하는 전체피도를 산출한다. **전체피도**의 표시는 (1) 밀생(피도 50–100%); (2) 부분밀생(피도 25–50%); 또는 (3) 산생(피도 25% 이하)으로 한다.
4. 각 층에서 흔하게 출현하는 종에 대해서는 그 층에서 해당 종이 차지하는 **상대피도**를 산출하여 나타낸다(상대피도 이외에 다른 생태학적 값, 즉 중요도 등으로 나타낼 수도 있으나 상대피도가 야외에서 가장 쉽게 산출될 수 있는 값임). 상대피도는 (a) 우점(상대피도 50% 초과); (b) 부분우점(상대피도 25–50%) 등으로 나타낸다.
5. **군집 유형**을 요약할 때는 상층에서 하층 순서로 나열하되 각 층 사이는 사선으로 구분한다(예, 교목층/관목층/초본층/이끼층). 참고로, 우점 및 부분우점하는 덩굴식물은 맨 끝에 각각 이중 사선("//")과 삼중 사선("///")을 사용하여 기록한다.

   (a)전체 피도; (b) 우점종 (한 종이 우점할 경우, 즉 한 종의 피도가 50–100%일 경우); 또는 (c) 부분우점종 (2–3종이 부분우점할 경우, 즉 각 종의 피도가 25–50%인 경우를 말하며, 이때 각각의 종 사이에는 하이픈을 사용함) 등을 기록한다.

참고: "혼합 교목층", "혼합 관목층", "혼합 초본층" 등으로 표시할 수도 있는데, 이는 "2–4종들이 혼합"하여 우점 또는 부분우점하는 경우로 각각의 종의 상대피도가 25% 미만일 때 사용한다. 이렇게 표시한 후 상대피도가 적어도 10% 이상인 종을 괄호 안에 써넣는다.

6. 군집 유형에 이어서 **식생 유형**을 기록한다. 이는 식물형(habit), 생육지, 그리고 종 조성에 따라 구분한다. 예를 들어, 삼림(교목 밀생), 숲(교목 부분밀생), 사바나(교목이 산생하는 초원), 관목수풀지대(잎이 거친 상록관목 밀생), 관목림(관목이 부분밀생 또는 산생), 초원 또는 풀밭, 초지(키 작은 관목/초본이 산생), 관목습지(유속이 느린 물의 수생 관목 및 초본), 소택지(수생 교목이 밀생-산생), 연못, 계절적 물웅덩이 등이 있다.

예: 부분밀생 *Malosma laurina* – *Artemisia californica* / 밀생 *Erodium botrys* 관목림

예에 대한 설명: 관목층의 전체 피도는 부분밀생(전 지역의 25–50%)이다. 관목층의 부분우점종은 *Malosma laurina*와 *Artemisia californica*이다(상대피도가 25–50%). 초본층의 우점종은 *Erodium botrys*이고, 밀생하며(상대피도가 50% 를 초과), 식생 유형은 관목림이다(관목이 부분밀생).

동정한 사람/날짜/동정 근거: 식물을 동정한 사람을 명시하며, 채집자와 동정자가 일치하더라도 기록한다. 날짜는 월과 년만 적고, 분류군 동정을 위해 이용했던 참고자료를 명시한다. 동정 근거는 대개 그 지역의 식물지이지만 종속지나 관련 전문가의 의견이 될 수도 있다.

표본번호: 식물채집품을 석엽표본으로 제작하여 표본관에 수장한 후, 표본관 약칭과 표본번호(표본수납번호)를 부여함으로써 그 채집품에 관한 모든 기록이 완성된다. 이 표본번호는 출판물에서 채집품 목록을 제시하는 경우에 주로 사용된다.

액침표본

간혹 채집품을 액침표본으로 보관해야 더 좋을 수 있다. 액침표본은 식물 조직의 형태, 크기, 그리고 내부 구조를 잘 보존해준다. 특히 연약한 꽃의 경우에는 일반적인 건조표본 제작 과정에서 잘 눌리거나 심지어 파괴되기 때문에 액침표본을 제작해두면 좋다. 또한, 세포나 조직의 내부 구조 유지가 필요한 해부학적, 발생학적, 미세구조 연구에는 액침표본이 필수적이다.

가장 흔히 사용되는 고정액은 FAA이며, 70% 에탄올, 37% 포르말린, 빙초산을 10:1:1로 혼합하여 만든다(FAA는 유독하기에 피부에 닿거나 흡입하지 않도록 한다). 채집한 식물재료는 FAA가 들어있는 작은 유리병 또는 플라스틱 용기에 그대로 담그면 된다. FAA는 거의 모든 조직에 신속하게 침투하지만, 일부 조직은 고정액의 침투가 완전히 일어날 수 있도록 절개해야 한다. 적어도 화아, 자방, 잎, 줄기는 고정하기 전에 면도칼로 절단하는 것이 일반적이다.

염색체 수 확인과 같은 세포학적 연구를 위해서는 화아나

근단을 카노이(Carnoy) 고정액(100% 에탄올과 빙초산을 3:1로 혼합한 용액)에 담그기도 한다. 전자현미경을 사용한 미세구조 관찰 연구를 위해서는 글루타르알데히드(glutaraldehyde)나 오스뮴테트록시드(osmium tetroxide)와 같은 고정액이 필요하다. 이들 화합물질은 독성이 강하므로, 실험실 후드 내에서 다루어야 한다. 한편, 이들은 FAA보다 침투가 느리기 때문에 조직을 더 작은 조각(대개 1 mm 이하)으로 잘라야 한다.

형태 연구나 DNA 분석을 위해 식물체를 70–100% 에탄올에 고정하기도 한다. 그러나 DNA 분석을 하기 위해서는 식물체를 실리카겔에 건조하는 편이 더 좋으며, 따라서 에탄올 고정은 잘 안 하는 편이다.

모든 액침표본에는 그에 해당하는 석엽표본을 제작해 둬서 동정의 확증 자료로 삼는다. 액침표본을 담은 병이나 용기 표면에 라벨을 붙이고, 같은 내용을 종이에 연필로 써서 식물체가 들어있는 고정액에 집어넣는다. 라벨에는 종명, 채집자, 채집번호 등을 기록하며, 기타 내용은 야장 또는 확증표본을 참조해도 된다.

생체표본

야외에서 가져온 생체는 매우 귀중한 식물채집품이다. 이는 식물체 전체이거나 영양번식체 또는 종자를 일컫는다. 생체 채집품은 대개 연구자가 쉽게 접근할 수 있는 온실이나 식물원에서 키운다. 이들을 잘 자라게 하고 유지하기 위해서는 원예기술이 요구되며, 화분 선택이나 적절한 토질, 습도, 그리고 광 조건을 찾기까지 시행착오를 많이 겪기도 한다. 액침표본에서와 마찬가지로 표찰을 잘 달아주어야 하고(표찰은 철이나 플라스틱으로 만들어 내용이 지워지지 않도록 함), 확증표본을 제작하여 표본관에 수장해 둬야 한다.

생체표본은 장시간 식물체를 관찰하는 것을 가능하게 하여 생식의 전 과정을 보게 하거나 육종과 같은 실험에 사용할 수 있다는 큰 장점이 있다. 또한, 일회성인 야외채집과는 달리 오랜 기간에 걸쳐 신선한 연구재료를 제공한다는 장점도 있다. 그러나 생체 채집품은 재배 과정에서 야생과는 다른 형태를 나타낼 수도 있다는 점을 주의해야 한다. 또한, 야생에 존재하는 수분매개자가 인위적 재배환경에서는 존재하지 않으므로 해서 정상적인 결실이 일어나지 않을 수도 있다.

분자적 연구를 위한 채집

DNA 연구를 위해 식물을 채집하는 일반적인 방법은 잎 등의 식물 조직을 잘라 실리카겔이 들어 있는 용기나 비닐봉지에 담는 것이다. 분류군명과 채집자 정보(확증표본에 대응하는)를 기록한 종이 표찰을 식물체와 함께 넣는다. 실리카겔은 습기를 신속하게 제거해서, DNA 추출, 정제, 증폭이 가능하도록 DNA를 보존한다. 추출된 DNA는 −80°C에 냉동 보관하여 손상되지 않도록 한다. DNA 분석을 위해 70–100% 에탄올에 조직을 고정할 수도 있지만, 실리카겔을 썼을 때만큼 DNA가 잘 보존되지는 않는다.

알로자임 분석을 위해서는 식물재료가 신선해야 하는데, 이는 효소가 매우 빠르게 분해되기 때문이다. 채집된 식물재료는 비닐봉지에 넣은 후(확증표본 정보를 기록한 종이 표찰도 함께 넣음) 실험실로 가져올 때까지 냉장 보관한다.

식물표본 이미지

식물표본으로서 식물의 사진 이미지를 사용하려는 새로운 의견이 있다. 그러나 이를 위해서는 이들 이미지가 식물의 여러 측면에 대한 최대한의 정보를 지니도록, 그리고 가능하다면 생활사의 여러 단계를 포함할 수 있도록 이미지 확보와 관련된 엄격한 표준이 필요하다. 예를 들어, 교목의 경우 "표본"은 식물 전체, 성숙 및 미성숙 개체의 수피, 생장기의 소지와 동절기의 소지, 잎의 배축면과 향축면의 표면 형상, 잎의 배축면과 향축면의 엽맥 및 가장자리 모습, 화서, 꽃의 정면 및 측면 모습, 열매의 측면 모습을 담은 이미지를 모두 포함해야 할 것이다. 이러한 이미지는 고해상도 디지털 형식이어야 하며, 위치(위도, 경도), 날짜와 시간, 크기 축적, 군집 구조, 비생물적 환경요인 등에 대한 자세한 정보를 함께 제공해야 할 것이다. 이미지가 실물 표본을 대체하지는 않겠지만, 이러한 표준화는 실물 표본의 많은 기능을 보완 또는 강화할 수 있을 것이다.

식물표본관과 자료정보 시스템

표본관은 채집된 식물이 보존되어 있는 저장소이다. 식물은 대개 압박 건조되어 대지에 올려진 석엽표본의 형태로 저장된다. 표본관은 식물채집품을 수장하며, 연구의 중심지로 활동하기 위해 존재한다. 채집품은 동정을 위한 확증표본의 역할을 하고 분류학적 연구를 위한 재료로도 활용된다. 표본관에는 또한 수

많은 지리학적 및 분류학적 문헌, 특히 동정에 도움이 되는 식물지나 도감이 수장되어 있다. 표본관은 식물채집품을 수장하는 일 이외에, 전산화된 **자료정보 시스템**을 통해 식물표본의 채집 정보를 입력하고 출력할 뿐만 아니라 전 세계의 채집품에 관한 정보를 제공하고 있다.

현재 전 세계에 3,000개가 넘는 표본관이 존재하는데, 이곳에서는 총 387만 점의 표본을 수장하고 있다. 표본관에 대한 정보는 *Index Herbariorum*(Thiers, 계속 업데이트되고 있음; 참고문헌의 온라인 컴퓨터 접속 주소 참고)에 잘 나와 있는데, 여기에는 표본관의 이름, 주소, 표본관리자, 그리고 수장된 기준표본의 수가 기록되어 있다. *Index Herbariorum*에 수록된 표본관의 이름은 약칭으로 표시되어 있다. 출판 시 확증표본의 소재를 나타내기 위해 표본관을 인용할 때는 바로 이 약칭을 적게 되어 있다. 표본관은 대개 대학이나 식물원, 박물관, 기타 연구기관과 연계되어 있다. 규모가 큰 상위 25개 표본관에 대한 약칭과 수장된 표본 수는 **그림 13.4**에 나타내었다.

석엽표본

석엽표본은 압박, 건조되어 표본대지에 영구적으로 부착된 식물체 및 표본 라벨로 구성된다. 표본대지는 중량감이 있는 고급 종이로 하며, 변색을 방지하기 위해 중성지를 사용한다. 미국 내 대부분의 표본관에서는 가로 29 cm, 세로 42 cm가 표준 규격이지만, 이는 나라에 따라 다소 차이가 날 수 있다. 표본 라벨은 우측의 하단에 부착한다. **그림 13.5**는 석엽표본의 한 예이다. 적절히 관리한다면 석엽표본은 수백 년 지속한다. 석엽표본은 식물다양성의 기록을 보존하는 가장 효율적이면서도 경제적인 방법이다.

표본 라벨

표본 라벨은 표본 각각에 붙이되, 주로 우측의 하단에 부착한다. 라벨은 레이저 또는 잉크젯 프린터를 사용해 만드는 것이 일반적이다. 라벨은 크기가 다양하지만, 대개 가로 10–12 cm,

표본관	창립년도	약칭	수장표본수
Muséum National d'Histoire Naturelle, Paris, France	1635,1904	**P (8M), PC (2M)**	10,000,000
New York Botanical Garden, Bronx, New York, U.S.A.	1891	**NY**	7,800,000
Royal Botanic Gardens, Kew, England, U.K.	1841	**K**	7,000,000
Naturalis, Leiden, Netherlands	1829,1816,1896	**L,U,WAG**	6,900,000
Missouri botanical Garden, Saint Louis, Missouri, U.S.A.	1859	**MO**	6,600,000
Conservatoire et Jardin botaniques, Genève, Switzerland	1824	**G**	6,000,000
Komarov Botanical Institute of RAS, St. Petersburg, Russia	1823	**LE**	6,000,000
Naturhistorisches Museum Wien, Vienna, Austria	1807	**W**	5,500,000
The Natural History Museum, London, England, U.K.	1753	**BM**	5,200,000
Smithsonian Institution, Washington, D.C., U.S.A.	1848	**US**	5,100,000
Harvard University, Cambridge, Massachusetts, U.S.A.	1864	**A, AMES, ECON, FH, GH, NEBC**	5,005,000
Herbarium Universitatis Florentinae, Florence, Italy	1842	**FI**	5,000,000
Swedish Museum of Natural History, Stockholm, Sweden	1739	**S**	4,570,000
Université Claude Bernard, Villeurbanne, France	1924	**LY**	4,400,000
Botanic Garden Meise, Meise, Belgium	1870	**BR**	4,000,000
Botanischer Garten und Botanisches Museum Berlin Dahlem	1815	**B**	3,800,000
Université de Montpellier, Montpellier, France	1809	**MPU**	3,500,000
FriedrichSchillerUniversität Jena, Jena, Germany	1896	**JE**	3,500,000
University of Helsinki, Helsinki, Finland	1751	**H**	3,350,501
Botanische Staatssammlung München, München, Germany	1813	**M**	3,200,000
Museum of Evolution, Uppsala, Sweden	1785	**UPS**	3,100,000
Royal Botanic Garden Edinburgh, Edinburgh, Scotland, U.K.	1839	**E**	3,000,000
University of Copenhagen, Copenhagen, Denmark	1759	**C**	2,900,000
Field Museum of Natural History, Chicago, Illinois, U.S.A.	1893	**F**	2,700,000
Institute of Botany, Chinese Academy of Sciences, Beijing, China	1928	**PE**	2,650,000

그림 13.4 세계적으로 가장 규모가 큰 25개 표본관의 이름, 설립년도, 약칭, 수장표본수. 출처: Thiers, http://sweetgum.nybg.org/science/ih. (웹사이트 참고.)

가로 29 cm

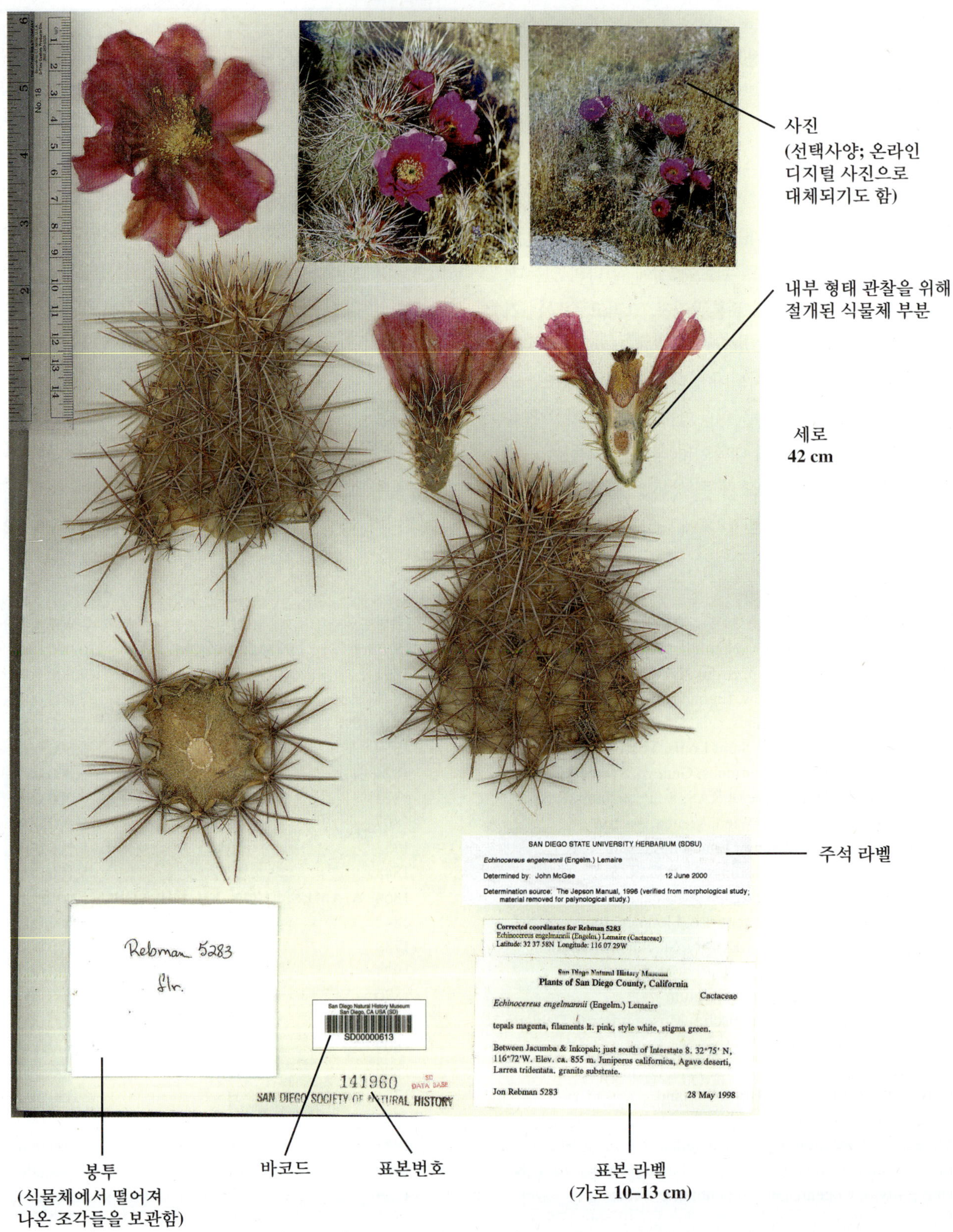

그림 13.5 전형적인 석엽표본의 예. (사진 제공: Jon P. Rebman)

폭 약 12.7 cm

SAN DIEGO STATE UNIVERSITY HERBARIUM USA CALIFORNIA San Diego Co. *Porophyllum gracile* Benth. Perennial subshrub, 30–40 cm tall, with several branches from base, densely branched above. In flower and fruit. Involucre purple. Corolla white to greenish yellow. Pappus bristles white to purplish. Leaves strongly pungent. Note: Flowers visited by checkerspot butterflies. Material preserved in Carnoy's fixative for chromosomal studies. Near hiking trail, just east of Oak Canyon, ca. 1.5 miles north of trailhead at Hwy 83 and Ventura Rd., Pickwood State Reserve. Mountain slope. Rocky, sandy loam soil. Slope ca. 30 degrees, south facing, exposed. Open *Eriogonum fasciculatum*–mixed (*Artemisia californica, Malosma laurina*) scrub. 32.841111 N 117.049722 W (USGS 7.5' La Mesa quad, ±1" accuracy.) Elevation 335 meters (1100 feet).Ca 4.7 miles northwest of Wilson Peak. Cynthia D. Jones 702   24 April 1994 with John J. Smith

그림 13.6 전형적인 표본 라벨의 예.

세로 5–7 cm이고, 고품질의 고중량(9–11 kg) 중성지를 사용한다. 채집 시 기록했던 거의 모든 정보가 표본 라벨에 담기도록 한다. **그림 13.6**은 채집 과정에서 기록한 거의 모든 정보를 담고 있는 전형적인 라벨 형식을 보여준다. 분류군명 뒤 첫 번째 문단에는 지속기간/생육형/키/분지양상과 개화기/결실기, 색깔 등 그 식물의 모든 특징을 기록하는 것이 관례이다. 두 번째 문단에는 물리적 환경/토양, 경사도/경사 방향/광노출 정도, 군집/식생 유형, 상세한 채집지점 정보, 현저한 지형지물 정보, 위도/경도, 해발고도 등 생육지 및 지역 정보를 포함한다. 세 번째 문단에는 기타 야외기록이나 사진/도해 기록을 넣기도 한다. 라벨 아랫부분에는 채집자, **채집번호**, 그리고 채집일자를 기록한다. 가끔 채집자 다음에 기록되는 s.n.은 라틴어 '*sine numero*'의 약자로서, 채집자가 개인 채집번호를 부여하지 않은 것을 의미한다. 라벨 맨 끝에는 동정자(채집자와 동일인일지라도)의 이름과 동정일, 동정을 위해 사용한 근거를 기록하기도 한다. 채집자가 동정자와 동일인이라고 가정할 수 없기에 분류군 동정자에 대한 정보가 중요하다. 동정의 근거, 즉 동정을 위해 참조한 식물지나 종속지 혹은 전문가의 의견 등에 대한 기록 또한 동정을 입증하기 위한 중요한 정보가 될 수 있다.

만일 식물표본이 너무 큰 경우에는 둘 이상의 표본대지에 나누며, 각각의 표본에 대해 별도의 라벨을 마련해야 한다. 동일 식물체에 속한 표본의 라벨에는 같은 채집번호를 부여한다(그러나 표본번호는 서로 다르게 부여함). 만일 식물표본을 둘로 나눴다면, 두 표본대지를 "1/2" 및 "2/2"로 표시하여 구분한다.

석엽표본 제작

식물표본은 접착제를 바르거나 끈으로 묶어 표본대지에 고정한다. 접착제로는 일반 화학용품 또는 표본관용품 판매소에서 구매할 수 있는 평범한 흰색 풀이나 메틸셀룰로오스 용액을 사용한다. 흰색 풀은 물 10%를 첨가하여 잘 저어서 약간 희석한 후 사용한다. 메틸셀룰로오스 용액은 메틸셀룰로오스 분말 70 g을 따뜻한 물 1 L에 타서 잘 섞이도록 힘껏 저어 만든다. 이때 물과 분말의 양을 달리하면 용액의 점도가 조절된다. 메틸셀룰로오스는 소량의 물로 분해되거나 연화되므로, 석엽표본으로부터 식물체를 쉽게 떼어낼 수 있다는 장점이 있다. 유기용매가 첨가된 접착제는 독성이 있어 별도의 환기장치가 필요하므로 별로 좋지 않다.

건조된 식물과 라벨을 표본대지에 붙이는 데 흔히 사용하는 방법은 다음과 같다. 표본대지, 판지(30 × 45 cm), 편평한 종이(약 30 × 45 cm), 붓(너비 5–10 cm), 접착제, 핀셋 2개, 스패튤러(작은 주걱), 그리고 무거운 물건(한 변이 10, 15, 20 cm인 정사각형 욕실 타일 따위)을 준비한다. 첫째, 판지 위에 표본대지를 올려놓는다. 라벨은 접착제를 바르지 않은 상태에서 우측의 하단에 위치시키되 표본대지 가장자리와 3–6 mm 정도 사이를 남겨둔다. 압박 건조된 식물체 역시 접착제를 바르지 않은 상태로 표본대지에 올려 최종적으로 위치를 잡아준다. 식물체가 라벨과 중첩되지 않게 하고 대지 밖으로 돌출하지 않게 하며, 중첩되는 부분이 생기면 잘라낸다. 라벨의 위쪽과 왼쪽에는 표본번호나 바코드 또는 주석 라벨을 붙일 수 있는 여유 공간을 남겨둔다. 여분의 꽃, 열매, 화서가 있는 경우 이들도 대지에 올려놓는다. 더 작은 조각들은 별도의 작은 봉투에 담아 대지에 붙여 두는데, 이는 나중에 개봉하여 연구에 사용할 수 있도록 한다. 봉투는 편지지 크기의 고중량 100% 본드지를 반으로 자른 종이, 즉 크기 21 × 14 cm인 종이를 반으로 접어 10.5 × 14 cm 크기의 직사각형을 만든 후 접힌 면을 제외한 3개의 면을 6 mm 정도 접어서 봉합하는 방법으로 만든다.

다음 단계로, 붓을 사용하여 최소 30 × 45 cm 이상의 넓은 판(예를 들어, 쿠키를 굽는 철판이나 유리판) 전체에 접착제를 바른다. 대지에 놓였던 식물체를 접착제를 바른 판 위에 올려놓고서 살짝 눌러 접착제가 묻게 한 후 조심스럽게 떼어내서 표본대지의 원래 위치로 옮겨 붙인다. 접착이 더 필요한 곳에는 작은 칼이나 주사기를 사용해 접착제를 직접 바른다. 이런 식으로 식물체의 모든 부분을 완전히 표본대지에 접착시킨다. 마지막으로, 판 위에 표본 라벨 넓이로 접착제를 얇게 바른 다음, 식물체와 같은 방법으로 표본 라벨에 접착제를 묻혀서 이를 표본대지에 옮겨 붙이되, 라벨이 표본대지의 가장자리로부터 약 5 mm 정도 떨어지도록 한다. 여분의 접착제가 흡수되면서 라벨이 매끈하게 펴질 수 있도록 종이타월 등을 라벨 위에 덮은 후 잘 눌러준다. 끝으로, 무거운 물건(욕실 타일이나 납덩이 등)을 식물체나 라벨 위에 올려놓고서 이 상태로 오랫동안 두어 완전히 마르도록 한다. 제한된 공간에서 여러 표본을 건조할 경우에는 표본과 표본 사이에 판지를 놓아 겹겹이 쌓아 말린다.

접착제가 다 말랐을 경우, 올려놓았던 무거운 물건을 치우고 표본을 점검한 후 필요한 곳에 접착제를 다시 발라준다. 굵은 줄기는 표본 제작용 접착테이프를 폭 3–4 mm 정도로 가늘게 잘라 붙여 더 확실하게 대지에 고정되도록 한다. 일부 표본관에서는 접착제를 거의 사용하지 않는 대신 표본 제작용 접착테이프를 주로 많이 사용해서 표본을 고정하기도 한다. 이렇게 하면 어떤 표본은 확실하게 고정되지 않을 수도 있지만, 나중에 연구를 위해 식물체 일부를 잘라내어 사용하기가 훨씬 쉽다는 장점이 있다.

표본관 운영

표본관리자

표본관에 상주하여 운영을 담당하고 있는 사람을 표본관리자라고 한다. **표본관리자**(및 부관리자 또는 채집품 관리인 등)의 임무는 (1) 표본을 적절히 수장하고 해충을 방제하는 등의 기존 채집품 관리; (2) 표본관으로 들어온 새로운 채집품에 대한 표본 제작, 라벨 부착, 수납; (3) 연구기관으로부터 표본 대여를 요청받아 발송하거나 다른 표본관에서 대여한 표본 인수; 그리고 (4) 해당지역 식물 또는 특정 채집품에 대한 동정자 역할을 담당하는 것이다. 최근에는 표본관에 수장된 채집품 자료를 전산화하여 정보가 상호 공유되도록 하는 일도 표본관리자가 담당하고 있다(표본관 윤리: Rabeler et al. 2019 참고).

표본 수납

표본 수납은 표본관에 영구히 수장되는 모든 표본에 번호를 부여하는 것을 수반한다. **표본번호**는 채집된 표본 각각에 부여하는데, 표본대지 위에 직접 쓰거나 번호인쇄기로 찍으며, 번호 앞에는 표본관의 약칭을 포함하기도 한다. 예를 들어, 표본번호 'UC 218485'의 경우에 UC는 표본관의 약칭으로서 버클리대학 표본관을 가리킨다. 지금은 컴퓨터를 사용한 정보처리 시스템의 등장으로 인해 스캔이 가능한 바코드 형식의 라벨이 표본번호를 대체하기도 한다.

표본번호는 전체 식물 수장품의 각 표본을 영구적으로 조회할 수 있도록 한다. 표본번호는 채집자 및 채집번호와 함께 논문에 자주 인용되며, 동정을 검증하기 위해 정확한 표본을 추적할 때 유용하다.

표본의 저장과 분류

표본을 속별로 폴더 내에 저장하는 것이 표본 수장을 위한 기본적인 절차이다. **속폴더**(genus folder)의 형태는 다양하지만, 두꺼운 고중량 종이를 사용한다는 것과 가운데 부분에 접는 선이 하나 이상 있다는 점에서는 같다. 속명은 우측의 하단에 표시하는 것이 일반적이다. 폴더 내의 종들은 대개 알파벳순으로 배열한다. 표본이 많은 속은 둘 이상의 폴더에 나누어 보관한다.

식물채집품을 지리적으로 구분하기 위해 색깔이 다른 속폴더를 사용하는 경우가 많다. 예를 들어, 서로 다른 색깔은 서로

그림 13.7 표준규격 표본장의 예. 표본 운반 수레 위에 놓인 속폴더(색깔로 표시됨)에 주목할 것.

다른 군, 도, 지방, 국가, 국가군, 대륙을 의미한다. 따라서 같은 종일지라도 채집지가 지리적으로 다를 경우에는 폴더 2개 이상에 나누어 놓을 수 있다. 색깔로 구분된 속폴더는 표준화된 순서에 따라 차례로 배열한다.

석엽표본은 일반적으로 **표본장**에 수장한다(그림 13.7). 표본장은 대개 철로 만들고, 곤충의 침입이나 살충제가 밖으로 확산하는 것을 막기 위해 문을 잘 봉해야 한다. 일반적인 대형 표본장은 높이 210 cm, 너비 76 cm 크기이고, 선반 26개가 세로칸 2개로 배열되는데, 표본의 부피에 따라 표본을 대략 500장 수장할 수 있다. 규모가 큰 표본관 대부분은 더욱 많은 표본을 수장하기 위해 전통적인 표본장을 이동식 **압축표본장**(compactor)으로 교체하였다. 이동식 압축표본장은 연결된 일련의 표본장 여러 줄을 트랙 위에 장착한 구조로 되어 있다. 같은 줄에 놓여 연결된 표본장들은 하나의 단위로 이동하며, 인접한 줄의 표본장을 밀면서 함께 움직일 수 있다. 따라서 표본장을 열기 위해서는 하나의 가변통로만 필요하므로, 수장 공간이 극대화된다.

같은 과 안에서는 속폴더를 알파벳순으로 분류한다. 과의 배열은 특정인의 분류체계를 따르는 표본관이 많은데, 과거 Engler 체계에 기반을 둔 Dalle Torre & Harms 방식이 지금도 흔히 사용되고 있다. 기타 표본관에서는 과를 단순히 알파벳순으로 분류하기도 하지만, 주요 식물군(예를 들어, 석송식물, 속새식물, 박벽포자낭 양치식물, 구과식물, 마황식물, 단자엽식물 또는 진정쌍자엽식물)은 분리하여 수장하는 경우가 많다.

표본관 이용

표본관을 이용하기 위해서는 표본관리자를 통하여 사전 승인 및 예약 절차를 밟는 것이 일반적이다. 표본관에서는 해부현미경, 기타 도구, 참고문헌 사용에 신중해야 한다. 일이 끝나면 책상의 부스러기를 쓸어서 쓰레기통에 버리는 등의 뒷정리를 한다.

표본의 열람과 취급

식물을 동정하고 특정 분류군에 관해 연구하기 위해서는 표본 관찰이 필요하며, 따라서 석엽표본을 꺼내야 할 필요가 있을 것이다. 식물 석엽표본은 부서지기 쉬우므로, 다음과 같이 조심해서 취급해야 한다.

분류군의 목록 또는 위치도를 준비해서 원하는 속과 과의 위치를 파악한다. 표본장으로부터 속폴더 전체를 꺼낸다. 이때 꺼낸 폴더 위 또는 아래의 폴더를 약간 앞으로 빼내서 꺼낸 폴더의 위치를 표시하는 것이 좋다. (그렇게 했다 할지라도 폴더를 제자리로 넣을 때는 반드시 라벨을 다시 확인해야 함.) 곤충의 침입을 막기 위해 표본장의 문은 즉시 닫는다. 표본 관찰을 위한 공간이 충분한 책상으로 속폴더를 조심스럽게 옮겨온 후 펼친다.

표본 낱장은 항상 두 손으로 잡아 구겨지지 않도록 신경을 쓴다. 표본 위에는 책 따위의 물건을 절대 놓아서는 안 된다. 표본은 절대 뒤집어서는 안 되는데, 뒤집을 경우 식물체가 깨지거나 대지에서 떨어져 나갈 수 있기 때문이다. 표본은 한 번에 한 장씩 위에서부터 차례로 꺼내고, 그 옆에 역순으로 쌓는다. 이때 쌓인 표본이 옆으로 무너져서 식물체가 손상되는 일이 없도록 주의한다. 한편, 특정 표본을 찾고자 할 때는 표본 우측의 하단을 아주 조심스럽게 들쳐서 라벨들을 확인해 나갈 수 있다. 그렇게 하여 원하는 표본을 찾으면 그 위에 있는 일단의 표본들을 옆으로 옮겨서 표본을 관찰한다. 일을 마치면, 꺼냈던 표본을 종명 또는 종 하위 분류군명의 알파벳순으로 분류한 후, 속폴더에 되돌려 넣는다.

지역개관표본 수집품

지역개관표본 수집품은 어떤 지역에 분포하는 각 분류군의 표본들 가운데 한 장씩을 모아놓은 것을 말한다. 지역개관표본 수집품은 군, 도, 공원, 보호구역 또는 기타 행정구역 내에 존재하는 분류군을 신속히 알아볼 수 있다는 점에서 매우 유용하다. 그러나 각 분류군당 대개 표본 수가 하나로 제한된다는 것이 지역개관표본 수집품의 단점이다. 동정 과정에서 그 분류군의 전체적인 변이를 파악하기 위해서는 모든 수장표본을 확인하는 것이 불가피하다.

주석 라벨

주석 라벨은 표본 동정을 확증했거나 변경했을 때 또는 표본으로부터 식물체 일부를 채취했다는 기록을 남길 때 붙인다(**그림 13.8**). 주석 라벨은 식물표본에 영구히 부착시키는데, 대개 표본 라벨 바로 위에 붙인다(그림 13.5). 이는 주로 특정 분류군 전문가가 연구과제를 수행하는 과정에서 붙여지게 된다. 주석 라벨의 형식은 일정하지 않으나, 일반적으로 너비 10 cm, 높이 2.5 cm로 하며, 표본 라벨과 같은 종류의 종이를 사용한다.

동정을 확증한 주석 라벨의 경우에는(그림 13.8A,B) 다음과 같은 내용, 즉 (1) 표본관명; (2) 명명자를 포함한 온전한 종명, 아종명, 변종명; 주석 라벨의 학명이 표본 라벨과 다르지 않을 경우, '확인했음'이라는 뜻의 라틴어 'vidi'에 해당하는 표시인 "!"를 학명 대신 사용하기도 함; (3) 동정을 바로잡은 사람의 이름("Det." 다음에 기록함); (4) 동정을 수행한 일자; 그리고 (5) 동정의 근거가 포함되도록 한다. 동정의 근거는 표본 라벨에서와 마찬가지로 생략되는 경우가 많지만, 잘 기록해 두면 유용하다. 동정 근거란 동정에 참조한 문헌(대개 특정 식물지)과 정

A

SAN DIEGO STATE UNIVERSITY HERBARIUM (**SDSU**)
Cryptantha leiocarpa (Fischer & C. A. Meyer) Greene
Determined by: Stella C. Danner 7 April 2016
Determination source: Jepson Flora Project (eds.) 2019. Jepson eFlora, http://ucjeps.berkeley.edu/eflor

B

FIELD MUSEUM OF NATURAL HISTORY (**F**)
Eriogonum tomentosum Michaux
Determined by: C.A.T. Mistoffelees 1 January 2001
Determination source: Monograph (in preparation)

C

ROYAL BOTANIC GARDEN EDINBURGH (**E**)
Fragment removed for study
Name: Date:
Institution:

그림 13.8 주석 라벨의 예: 동정용(A,B) 식물재료 채취 확인용(C).

확한 동정을 위해 사용한 방법을 말한다.

주석의 한 유형으로서, 형태적 검토를 통한 검증 없이, 그 종과 관련된 명명상의 변화만을 갱신하는 것이 있다. 이러한 주석은 바람직하지 않지만, 최신 식물지나 종속지에서 명명과 관련하여 많은 양의 표본을 인용하기 위해서는 필요할 수도 있다. 이 경우, 원래 동정은 옳았으며, 갱신된 이름에 의해 이명이 되었다고 가정한다. 주석의 다른 유형으로서, 참조한 문헌을 명기하고, 동정을 위해 형태적 검토를 면밀하게 수행했음을 가리키는 것이 있다. 이런 유형의 주석 라벨은 그림 13.8A에서 볼 수 있다. 한편, 출간된 또는 미출간된 종속지가 동정 근거로 이용되기도 한다. 이런 유형의 주석 라벨은 그림 13.8B에 나타내었다.

식물재료 채취

석엽표본에서 식물재료를 채취했다는 내용 또한 주석 라벨에 기록한다. 표본의 동정을 확증하거나, 해부학 또는 화분학적 연구와 같이 상세한 연구를 위해서 식물재료를 채취할 필요가 있다. 석엽표본에서 채취한 잎으로부터는 DNA 추출도 가능하다.

표본으로부터 식물재료를 채취하려면 표본관리자로부터 반드시 허락을 받아야 한다. 일단 허락을 받으면 표본대지 위에 부착된 봉투 안에 필요한 재료가 들어있는지 우선 확인한다. 만일 들어있지 않다면 대지에 붙어있는 식물체로부터 일부를 떼어내야 한다. 이는 표본 손상을 최소화시킨다는 양심적인 자세를 견지하면서 매우 신중하게 해야 한다. 일반적으로 핀셋을 이용해 식물재료를 자르거나 끄집어낸다. 어떤 경우에는 원하는 부분이 대지에 달라붙어 있을 때도 있다. 이는 채취하기가 쉽지 않은 경우로, 면도칼을 식물체와 대지 사이로 부드럽게 밀어 넣어 잘라낸다. 메틸셀룰로오스로 접착된 식물재료는 물을 몇 방울 떨어뜨려 접착제를 연화시키면 쉽게 떼어낼 수 있다. 건조된 식물재료는 끓는 물이나 'Aerosol OT' 등의 세제 용액을 사용해 원상으로 복구할 수 있다. 이것은 물에 들어있는 채로 관찰 및 해부를 할 수 있고, 고정액 속에서 장기간 보관할 수 있다.

식물재료를 채취했다는 기록을 남기기 위해 주석 라벨을 사용한다. 여기에는 연구자, 소속기관, 일자, 그리고 채취 목적을 명시하여야 한다. 기타 연구의 유형이나 목적(해부학적, 형태적, 화분학적, 발생학적, 미세구조, 분자계통학적 분석)을 추가로 기록한다(그림 13.8C).

열람표본 재정리

일부 표본관에서는 열람자가 열람했던 표본을 직원들이 모두 재정리하지만, 열람자 스스로 표본을 재정리하는 것을 허락하는(또는 원하는) 곳이 많다. 일반적으로, 속폴더가 비교적 단기간 나와 있었고 식물 부스러기 근처에 놓여 있지 않았었다면, 곧바로 원위치에 집어넣으면 된다. 그러나 곤충에 오염되었을 가능성이 있다면, 속폴더 및 그 내용물에 대해 해충 방제처리를 해야 한다.

열람한 표본을 자신이 직접 다시 정리할 때에는 분류군이나 지리적 구분이 정확하게 되도록 각별히 유의하여야 한다.

표본 대여

어떤 식물군을 연구할 때 표본 관찰을 위해 표본관들을 방문할 필요는 없다. 표본은 신청절차를 통해 우편으로 대여되기도 한다. 표본 대여는 대학, 박물관, 기타 연구기관에 소속된 사람에게만 허용되는 것이 일반적이다. 표본 대여를 신청하려면 표본관리자에게 편지를 써서 연구를 위해 표본 관찰이 필요함을 잘 설명해야 한다. 표본 대여 기간은 보통 6개월이지만 이는 표본관마다 다르며, 요청에 따라 대여 기간 연장을 승인하기도 한다.

해충 방제

표본관 수장품을 잘 유지하기 위해서 필수적인 것이 해충 방제이다. 만일 곤충이 전혀 없는 건조한 곳에 표본이 보관된다면 수백~수천 년 동안 그 상태가 양호하게 유지될 것이다. 그러나 해충에 감염되면 표본은 순식간에 부스러기로 변할 수 있다.

해충을 방제하는 방법은 살충제 사용과 표본동결 두 가지이다. 살충제를 사용하는 경우는 휘발성 살충제를 밀봉된 표본장 안에 집어넣는 것이 일반적이다. 과거에는 좀약이 사용되기도 했지만, 이는 사람에게 매우 위험한 것으로 판명되었다. 지금은 3–6개월 효과가 지속되는 옷장용 살충제를 표본장 안에 넣는다.

두 번째 해충 방제 방법은 표본동결이다. 속폴더는 표본장에 넣기 전에 −20°C 냉동고에 3–7일 보관한다. 표본동결은 표본관에서 일하는 사람들의 건강을 위협하는 유독성 휘발물질을 사용하지 않는다는 것이 장점이다. 그러나 이 방법은 손이 많이 가고, 표본을 주기적으로 넣고 꺼내는 상황에서 표본에 더 큰 해를 끼칠 수 있다는 것이 단점이다.

식물지와 종속지

표본관은 식물계통학과 관련된 두 가지 중요한 활동, 즉 식물지와 종속지 연구를 위해 대단히 필수적이다. 식물지 연구는 특정 지역에 존재하는 모든 식물종에 관해 상세히 기록하는 것이다. 그뿐만 아니라 식물 군집과 무생물적 요인에 대해서도 자세하게 기록한다. 식물지 연구 결과는 계통학 관련 학술지에 발표되거나 *Flora of North America* 등과 같은 식물지 또는 특정 지역에 대한 식물보고서와 같은 형태로 출간된다. 식물지 연구는 식물 다양성을 상세히 기록하기 위해서는 매우 중요한 일이다.

종속지는 특정 분류군, 즉 주로 속이나 과에 포함되는 모든 종 및 종내 분류군에 대한 세밀한 분류학적 연구를 말한다. 일정 지역에 분포하는 모든 분류군을 상세히 기록하는 식물지와는 달리, 종속지에서는 특정 분류군에 초점을 두고 전 분포역을 대상으로 연구를 한다. 이에 대한 예는 Systematic Botany Monographic series(미국식물분류학회, http://www.sysbot.org)에서 볼 수 있다.

표본관 데이터베이스의 중요성

자료정보 시스템 또는 **데이터베이스 시스템**은 정보를 조직, 입력, 그리고 출력하는 것을 말한다. 분리된 낱낱의 자료를 취합한 것, 즉 데이터베이스를 적절히 활용하면 식물분류학과 관련된 일반적인 또는 세부적인 문제를 해결할 수 있다. 오늘날에는 이런 시스템으로부터 자료를 수집하고 적절히 활용하는 기법을 숙지하는 것이 중요하다.

디지털화는 단어와 이미지를 포함한 데이터의 전자 기록에 대해 널리 사용되는 용어이다. 모든 자료정보 시스템은 정보를 기록하기 위해 컴퓨터 하드웨어와 소프트웨어를 활용한다. 자료는 **자료영역**(field)이라고 하는 개별적 단위로 조직화한다. 예를 들어, 표본관 수장품에 대한 정보의 경우, 전형적인 자료영역이 되는 것으로 종명; 명명자; 꽃색; 개화기/결실기; 토양 종류; 지형; 군집유형; 구체적 지역; 위도; 경도; 채집자; 채집번호; 동정자; 표본번호; 주석정보 등이 있다(그림 13.6 참조). 채집 시 또는 식물을 동정하고 수납하는 과정에서 기록된 거의 모든 개별적 사항들을 데이터베이스에 입력한다.

자료정보 시스템에는 결정적인 문제점이 있는데, 이는 시스템 그 자체보다는 채집품에 내재한다. 전부는 아니지만, 상당수의 석엽표본에는 결정적으로 중요한 정보가 많이 누락되어 있다. 예를 들어, 식물의 특징, 개화기/결실기, 생태, 채집지 경위도가 라벨에 기록되어 있지 않은 경우가 많다. 실제로, 오래전에 채집된 표본 대다수는 채집지가 지나치게 폭넓게 또는 애매하게 표시되어 있어 정보가 너무 빈약하다. 따라서 채집품의 질에 따라 석엽표본에서 얻을 수 있는 유용한 정보의 양이 상당히 제한적일 수 있다. 이러한 문제점은 각 지역에서 표본 수집 및 관련 데이터 기록 작업을 지속해야 할 필요성을 일깨워준다(Whitfield 2012 참조).

자료관리 시스템은 일상적인 표본관 운영에도 도움을 준다. 예를 들어, 스캔이 가능한 바코드 형태로 제작된 표본번호는 대여 표본의 입출을 자동으로 추적할 수 있도록 해준다. 최근에는 표본관 내부의 자료정보 시스템이 호스트 표본관의 데이터베이스와 전산망으로 직접 연결되는 것이 일반적이다. 예를 들어, 온라인상에서 열람한 표본에 주석을 달 수도 있는데, 이는 생물지리 또는 분류학적 연구에 매우 유용하다.

Taxonomic Number
Group
Family
Genus
Specific Epithet
Species Author
Infraspecific Rank
Infraspecific Name
Infraspecific Author
Country
State/Province
County
Municipality
Locality
Latitude
Longitude
Elevation
Date of Collection
Collector
Collector Number
Associate Collectors
Habitat
Substrate
Plant Description
Phenology
Accession Number
Determination
Determiner
Determination Date

그림 13.9 식물목록 자료정보 전산시스템의 자료 영역(data fields)에 관한 한 예.

오늘날에는 식물표본의 고해상도 디지털 이미지를 확보하는 것을 매우 강조하는데, 실제 이들 이미지는 매우 유용하다. 이미지가 실물 표본을 온전히 대체할 수는 없지만(예, 해부가 필요한 미세한 식별 형질의 경우), 이미지를 통해 많은 형태학적 특징에 쉽게 접근할 수 있다.

디지털화된 식물표본은 다양한 용도로 사용된다. 데이터베이스 시스템이 더 많이 개발되고 강조됨에 따라 이러한 정보가 전적으로 활용되기 시작했다(Soltis 2017, Soltis et al. 2018).

첫째, 디지털화된 표본 데이터는 기본적인 계통학적 및 분류학적 연구에 사용된다. 표본관에 수장된 표본의 이미지는 전문가가 동정을 확인하고 원격으로 주석을 달 수 있는데, 이는 동정의 정확성을 유지하는 데 필수적이다. 특정 분류군의 연구자는 표본 이미지를 사용하여 그 분류군이 신종임을 인식하거나(Bowdler 2010), 이전에 멸종되었다고 생각했던 분류군을 재발견할 수도 있다(Simpson et al. 2013). 표본 이미지는 또한 정량적 비교를 위한 물리적 측정을 허용함으로써 새로운 분류군의 기재를 위한 증거를 제공할 수도 있다(예, Jiménez-Mejías et al. 2017). 물론 표본 디지털화는 분자계통학 또는 집단유전학 연구를 위해 실물 표본의 활용도를 높인다.

둘째, 이러한 데이터는 생물지리학 연구에서 종의 분포를 매핑하는 데 사용된다. 이러한 목적을 위한 **좌표참조**(georeference, 예상 오차 반경을 포함한 위도와 경도 결정) 식물표본 수집이 강조되었다. 보다 상세한 분포 지도는 알려진 분포지 밖에서 채집된 표본을 인식할 수 있게 하며, 이는 오동정(이들 표본의 동정 상태를 우선 확인함으로써), 분포역의 확대 또는 새로운 분류군 인식의 실마리가 될 수 있다(Lavoie 2013 참조).

셋째, 디지털화된 데이터는 지역의 생물 다양성과 분류군의 보존 필요성을 평가하는 데 유용한 도구가 될 수 있다. 한 지역 내의 모든 식물 종의 목록이나 지도는 종 다양성을 정량적으로 측정하는 데 도움을 준다. 분자계통학 연구와 함께 분포 데이터를 사용하는 보다 정교한 기술로 고유지역(area of endemism)을 평가하고 다양한 지역의 보존에 관한 결정을 내리는 데 필요한 데이터를 제공할 수 있다(예, Kraft et al. 2010). 또한 수집된 데이터를 사용하여 단일 분류군의 희귀성 및 분포를 결정하고, 이를 위협종 또는 멸종위기종 등에 포함시킬 필요가 있는지 평가할 수 있다.

넷째, 디지털화된 표본 데이터는 분포 데이터에서 분류군의 특정 생육지 특징을 매핑하고 평가하는 데 사용할 수 있다. 이러한 데이터는 기후 변화에 따른 식물 군집화의 수축 또는 팽창을 평가할 수 있는 생태학적 지위 분석에 사용될 수 있다(Villaverde et al. 2017).

다섯째, 디지털화된 데이터, 특히 표본 이미지는 시간의 흐름에 따른 생물계절학적 변화를 평가하기 위한 엄청난 정보의 원천이다. 그러나 생물계절학적 데이터(개화기 또는 결실기와 같은 번식시기)는 종종 채집 당시에 기록되지 않는다. 표본 이미지를 사용하면 이러한 계절학적 데이터를 매우 정확한 방식으로 채울 수 있다(MillerRushing et al. 2006; Yost et al. 2018; Brenskelle et al. 2019; Ellwood et al. 2019a,b; Lorieul et al. 2019; Pearson 2019a,b).

여섯째, 일반적으로 디지털화된 생물 채집품의 가장 가치 있는 활용 중 하나는 교육과 대중의 인식에 있다(Cook et al. 2016). **시민과학**(citizen science)이 대중을 과학 연구에 참여시키는 수단으로 등장했다. 예를 들어, 적절한 교육을 통해 "시민 과학자"는 데이터 입력, 좌표참조 및 식물표본의 계절학적 평가를 지원할 수 있는데, 이는 대부분 온라인에서 수행할 수 있다. 초등학교 학생부터 대학원생에 이르기까지 위에서 언급한 모든 표본 활용을 망라한 디지털화 프로젝트에 참여할 수 있다. 학생과 일반대중 비과학자의 참여는 식물학과 진화에 대한 인식을 높이는 효과도 있다. 이러한 참여는 인간 문화를 이해하는 데 있어 생물 채집품의 중요성을 촉진할 수도 있다(Ickert-Bond 2017).

표본관의 식물 채집품은 과학과 교육, 그리고 자연 세계를 이해하기 위한 엄청난 자원이다. 그러나 현장에서 우리는 생물 수집의 중요성에 대하여 일반 커뮤니티의 구성원으로서 지속적으로 참여(투표)해야 하며, 이를 유지하는 데 필요한 재원 확보를 위해 끈기를 갖고서 투쟁해야 한다(Kemp 2105).

복습문제

식물채집 방법

1. 식물채집품의 유형에는 어떤 것이 있는가?

2. 식물채집품은 어떻게 활용하는가?
3. 확증표본이란 무엇인가?
4. 확증표본의 목적은 무엇인가?
5. 야외에서 식물을 채집하기 위해 준비해야 할 것들을 점검하시오.
6. 어떤 식물을 채집할 수 있는지를 판단하는 일반적인 원칙은 무엇인가?
7. 야외에서 식물을 적절하게 채집하는 일반적인 지침을 열거하시오.
8. 표본으로 제작하기 전에 식물채집품은 어떻게 보관하는가?
9. 석엽표본의 표준규격은?
10. 식물 야책의 구성에 대해 설명하시오.
11. (a) 초본; (b) 큰 키 초본; (c) 관목 또는 교목; (d) 심하게 분지한 식물체; (e) 근경체(예를 들어, 근경, 인경, 구경); (f) 다육식물; (g) 꽃과 열매 등을 표본으로 적절히 제작함에 있어서 특별히 요구되는 사항이나 방법에 대해 알아보시오.
12. 식물채집품은 어떻게 건조시키는가?
13. 식물채집을 하면서 기록해야 하는 자료를 모두 열거하시오.
14. 식물군집유형이 어떻게 세분되는지에 대해 자세히 알아보시오.
15. 식물을 동정한 사람이나 식물동정의 근거를 기록하는 것이 왜 중요한가?
16. 액침표본을 만드는 방법에 대해 알아보시오.
17. 가장 흔히 사용되는 고정액은 무엇인가?
18. 미세구조 연구를 위해 사용되는 고정액은 무엇인가?
19. 생체표본을 확보하기 위한 방법에 대해 알아보시오.
20. 생체표본의 장단점은 무엇인가?
21. 분자계통학적 연구를 위한 재료는 주로 어떻게 채취하는가?

식물표본관과 자료정보 시스템

22. 표본관이란 무엇인가?
23. 표본관의 기능과 목적은 무엇인가?
24. 전 세계의 표본관에 대한 이름, 약칭 등을 상세히 다루고 있는 최신 참고문헌의 이름은 무엇인가?
25. 석엽표본이란 무엇인가?
26. 석엽표본의 표준규격 및 특징은 무엇인가.
27. 표본 라벨의 표준규격과 여기에 포함된 정보에 대해 기술하시오.
28. 둘 이상의 표본대지에 나눠진 식물표본의 경우에는 표본 라벨을 어떻게 작성하는가?
29. 표본을 표본대지에 붙이는 과정을 기술하시오.
30. 위 과정에서 사용되는 접착제 2종류는 무엇이며, 이들은 어떤 점에서 차이가 나는가?
31. 표본관리자는 누구이며, 이들의 임무는 무엇인가?
32. 표본번호란 무엇이며, 그 기능은 무엇인가?
33. 속폴더란 무엇인가?
34. 속폴더들의 색깔이 다른 이유는 무엇인가?
35. 석엽표본은 어떻게 수장되는가?
36. 석엽표본을 취급하는 과정에 대해 설명하시오.

37. 주석 라벨은 무엇인가?
38. 주석 라벨의 종류와 표시 방법에는 어떤 것들이 있는가?
39. 석엽표본으로부터 식물재료를 채취하는 방법에 대해 알아보시오.
40. 채취한 재료를 어떻게 원상으로 복구하는가?
41. 표본 대여란 무엇이며, 그 목적은 무엇인가?
42. 표본관에서 어떻게 해충을 방제하는가?
43. 식물지와 종속지는 어떤 점에서 다르며, 각각의 예에는 무엇이 있는가?
44. 자료정보(데이터베이스) 시스템이란 무엇인가?
45. 자료정보 시스템에 어떤 유형의 데이터가 디지털화되는가?
46. 자료 정보 시스템은 다음과 같은 분야에서 어떤 가치가 있는가? (a) 분류학적 및 계통학적 연구; (b) 생물지리학적 연구; (c) 생물다양성 연구 및 보전생물학; (d) 생태학적 연구; (e) 생물계절학적 연구
47. 시민과학이란 무엇이며, 이것이 식물 채집품의 디지털화와 관련하여 어떻게 기여할 수 있는가?

실습과제

식물채집 방법

1. 초본 2종, 관목 1종, 교목 1종을 포함하여 식물 6종을 채집한다. 채집을 할 때 그림 13.3을 참고하여 관련된 모든 채집 정보를 기록한다.
2. 위의 식물 중 적어도 1종에 대하여 해부학적 연구와 세포학적 연구를 위한 액침-고정 표본을 제작한다.
3. 위의 식물 중 적어도 1종에 대하여 분자계통학적 연구를 위한 재료를 채취한다.

식물표본관과 자료정보 시스템

4. 석송식물, 양치식물, 구과식물, 단자엽식물, 진정쌍자엽식물 등에 속하는 몇몇 종의 목록을 작성한다. 자신이 소속된 기관의 표본관 또는 방문할 예정인 표본관의 표본분류체계에 대해 숙지한다. 각 종이 포함된 속폴더를 찾아 꺼낸다. 넓은 책상으로 속폴더를 조심스럽게 옮겨온 후 표본 한 장을 꺼내 관찰한다. 이때 표본대지를 올바르게 취급하도록 주의한다. 표본이 대지 위에 어떻게 부착되어 있는지 확인한다. 표본 라벨, 표본번호(또는 바코드), 그리고 주석 라벨 등을 확인한다. 채집자, 채집번호, 채집지역, 표본관 약칭(*Index Herbarium* 참조), 표본번호(예, *Smith 762*; NY 1120387)를 노트에 옮겨 적는다. 준비했던 목록에 있는 모든 종에 대해 위 과정을 밟는다. 위의 작업이 끝나면, 각 표본을 해당 속폴더에 올바른 순서(대개 알파벳순)로 다시 집어넣는다. 표본관에서 허락할 경우, 속폴더를 분류군 순서나 지역에 따른 폴더 색깔 등을 고려하여 표본장 안의 원래 위치에 집어넣는다. [주의: 제대로 집어넣었는지 다시 한 번 확인할 것! 엉뚱한 곳에 집어넣게 되면 한동안 표본을 활용할 수 없게 된다.]
5. *Index Herbariorum* 온라인을 통해 여러 대형 표본관(예, K, MO, NY, UC, US)을 검색하여 (1) 표본관리자의 이름, 주소, 이메일; (2) 현재 수장 중인 표본의 수; (3) 수장된 표본의 일반적 유형; (4) 수장하고 있는 기준표본에 대해 조사한다.
6. 식물지와 종속지를 하나씩 선택하여 살펴본다. 둘의 차이점을 보여주는 기재사항의 한 예를 찾아 복사한다.
7. 웹사이트를 검색하거나 *Index Herbariorum*을 사용하여 최소 2개의 식물표본 데이터베이스(예, Field Museum 식물 표본관)에 접속한다. 한 종을 찾아서 스프레드시트로 다운로드하여 얻은 데이터를 표로 만든다. 두 식물표본 데이터베이스는 자료영역(field)과 관련하여 어떻게 다른가?
8. 특정 식물 데이터베이스(예, SEINet)에서 같은 속의 두 종을 검색한다. 각 종의 모든 채집 기록에 대한 지도를 작성한다. 두 종의 분포역에서 겹치는 부분이 있는가? 분포지, 고도 또는 생육지와 종(두 종 중 하나 또는 두 종 모두) 간에 상관관계가 있는가?

참고문헌

식물채집 방법

Baskauf, S. J. and B. K. Kirchoff. 2008. Digital plant images as specimens: toward standards for photographing living plants. Vulpia 7: 16–30.

Funk, V. A., P. C. Hoch, L. A. Prather, and W. L. Wagner. 2005. The importance of vouchers in science. Taxon 54: 127-129.

Radford, A. E., W. C. Dickison, J. R. Massey, and C. R. Bell. 1974. Vascular Plant Systematics. Harper & Row, New York.

Radford, A. E., et al. 1981. Natural Heritage: Classification, Inventory, and Information. University of North Carolina Press, Chapel Hill.

Tucker, A. O., M. J. Maciarello, and S. S. Tucker. 1991. A survey of color charts for biological descriptions. Taxon 40: 201–214.

식물표본관과 자료정보 시스템

Allkin, R. and F. A., Bisby (eds.). 1984. Databases in Systematics. Academic Press, London. Systematics Association special volume, no. 26. Proceedings of an International Symposium held in Southampton, UK.

Bowdler, N. 2010. Thousands of plant species 'undiscovered in cupboards'. BBC News Science & Environment. http://www.bbc.co.uk/news/science-environment-11913076. Accessed on 7 December, 2010.

Brenskelle, L., B. J. Stucky, J. Deck, R. Walls, and R. P. Guralnick. 2019. Integrating herbarium specimen observations into global phenology data systems. Applications in Plant Sciences 7:e01231.

Cook, J. A., S. V. Edwards, E. A. Lacey, R. P. Guralnick, P. S. Soltis, D. E. Soltis, C. K. Welch, K. C. Bell, K. E. Galbreath, C. Himes, J. M. Allen, T. A. Heath, A. C. Carnaval, K. L. Cooper, M. Liu, J. Hanken, and S. Ickert-Bond. 2014. Natural history collections as emerging resources for innovative education. Bioscience 64:725-734.

Ellwood, E. R., K. D. Pearson, and G. Nelson. 2019. Emerging frontiers in phenological research. Applications in Plant Sciences 7:e01234.

Ellwood, E. R., R. B. Primack, C. G. Willis, and J. HilleRisLambers. 2019. Phenology models using herbarium specimens are only slightly improved by using finer-scale stages of reproduction. Applications in Plant Sciences 7:e01225.

Forman, L., and D. M., Bridson (eds.). 1992. The Herbarium Handbook, rev. ed. Royal Botanic Gardens, Kew, UK.

Funk, V. A. 2006. Floras: A model for biodiversity studies or a thing of the past? Taxon 55: 581-588.

Hart , M. L., L. L. Forrest, J. A. Nicholls, and C. A. Kidner. 2016. Retrieval of hundreds of nuclear loci from herbarium specimens. Taxon 65:1081-1092.

Houle, G. 2007. Spring-flowering herbaceous plant species of the deciduous forests of eastern Canada and 20th century climate warming. Canadian Journal of Forest Research 37:505-551.

Ickert-Bond, S. M. 2017. Arctic Museum collections: Documenting and understanding changes in biological and cultural diversity through time and space. Arctic Science 3:i–ii.

Jiménez-Mejías, P., J. I. Cohen, and R. F. C. Naczi. 2017. The study of online digitized specimens revalidates Andersonglossum boreale as a species different from A. virginianum (Boraginaceae). Phytotaxa 295:22-34.

Kemp, C. 2015. The endangered dead: The billions of specimens in natural-history museums are becoming more useful for tracking Earth's shrinking biodiversity, but the collections also face grave threats. Nature 518:292-294.

Kraft, N. J. B., B. G. Baldwin, and D. D. Ackerly. 2010. Range size, taxon age and hotspots of neoendemism in the California flora. Diversity and Distributions 16:403-413.

Kress, W.J. and Funk, V.A. 2005. Herbarium, floras, and checklists. In: Krupnick, G. A. and W. J. Kress (eds.). Plant Conservation: A Natural History Approach. Pp. 209-217. University of Chicago Press, Chicago.

Lavoie, C. 2013. Biological collections in an ever changing world: Herbaria as tools for biogeographical and environmental studies. Perspectives in Plant Ecology, Evolution and Systematics 15:68-76.

Lorieul, T., K. D. Pearson, E. R. Ellwood, H. Goëau, J.-F. Molino, P. W. Sweeney, J. M. Yost, J. Sachs, E. Mata-Montero, G. Nelson, P. S. Soltis, P. Bonnet, and A. Joly. 2019. Toward a large-scale and deep phenological stage annotation of herbarium specimens: Case studies from temperate, tropical, and equatorial floras. Applications in Plant Sciences 7:e01233.

Miller-Rushing, A. J., R. B. Primack, D. Primack, and S. Mukunda. 2006. Photographs and herbarium specimens as tools to document phenological changes in response to global warming. American Journal of Botany 93:1667-1674.

Pearson, K. D. 2019a. A new method and insights for estimating phenological events from herbarium specimens. Applications in Plant Sciences 7:e01224.

Pearson, K. D. 2019b. Spring- and fall-flowering species show diverging phenological responses to climate in the Southeast USA. International Journal of Biometeorology 63:481-492.

Rabeler, R. K., H. T. Svoboda, B. Thiers, A. Prather, J. A. Macklin, L. P. Lagomarsino, L. C. Majure, and C. J. Ferguson. 2019. Herbarium practices and ethics, III. Systematic Botany 44:7-13.

Radford, A. E., W. C. Dickison, J. R. Massey, and C. R. Bell. 1974. Vascular Plant Systematics. Harper & Row, New York.

Simpson, M. G., J. P. Rebman, K. E. Hasenstab-Lehman, C. M. Guilliams, and P. O. McConnell. 2013. Cryptantha wigginsii (Boraginaceae): A presumed extinct species rediscovered. Madroño 60:24-34.

Soltis , D. E. and P. S. Soltis. 2016. Mobilizing and integrating big data in studies of spatial and phylogenetic patterns of biodiversity. Plant

Diversity 38:264-270.
Soltis, P. 2017. Digitization of herbaria enables novel research. American Journal of Botany 104:1281-1284.
Soltis, P. S., G. Nelson, and S. A. James. 2018. Green digitization: Online botanical collections data answering real-world questions. Applications in Plant Sciences 6:e1028.
Takano, A., Y. Horiuchi, Y. Fujimoto, K. Aoki, H. Mitsuhashi, and A. Takahashi. 2019. Simple but long-lasting: A specimen imaging method applicable for small- and medium-sized herbaria. PhytoKeys 188:1-14.
Villaverde, T., P. González-Moreno, F. Rodríguez-Sánchez, and M. Escudero. 2017b. Niche shifts after long-distance dispersal events in bipolar sedges (Carex, Cyperaceae). American Journal of Botany 104:1765-1774.
Whitfield, J. 2012. Rare specimens: A handful of plant collectors has shaped the field of botany. Now they are disappearing, and there are no clear successors. Nature 484:436-438.
Yost, J. M., P. W. Sweeney, E. Gilbert, G. Nelson, R. Guralnick, A. S. Gallinat, E. R. Ellwood, N. Rossington, C. G. Willis, S. D. Blum, R. L. Walls, E. M. Haston, M. W. Denslow, C. M. Zohner, A. B. Morris, B. J. Stucky, J. R. Carter, D. G. Baxter, K. Bolmgren, E. G. Denny, E. Dean, K. D. Pearson, C. C. Davis, B. D. Mishler, P. S. Soltis, and S. J. Mazer. 2018. Digitization protocol for scoring reproductive phenology from herbarium specimens of seed plants. Applications in Plant Sciences 6:e1022.

웹사이트

ALA. 2019. Atlas of Living Australia. *https://www.ala.org.au*
GBIF. 2017. Global Biodiversity Information Facility. *http://www.gbif.org*
Global Plants. 2019. *https://plants.jstor.org*
iDigBio. 2019. Integrated Digitized Biocollections. *https://www.idigbio.org*
Thiers, B. [continuously updated]. Index Herbariorum: A global directory of public herbaria and associated staff. New York Botanical Garden's Virtual Herbarium. *http://sycamore.nybg.org/science/ih*

V

종의 개념과 보전생물학

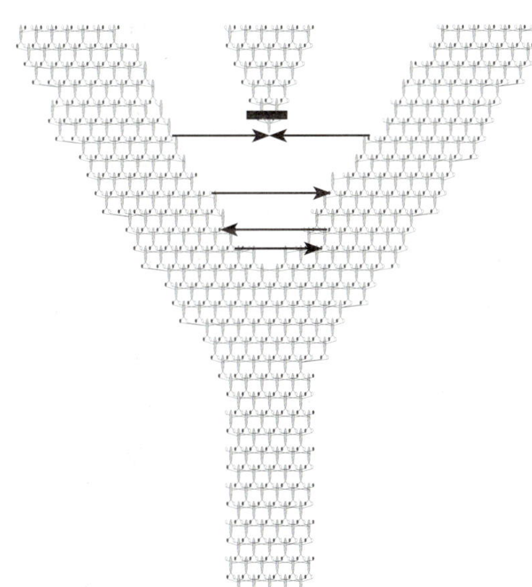

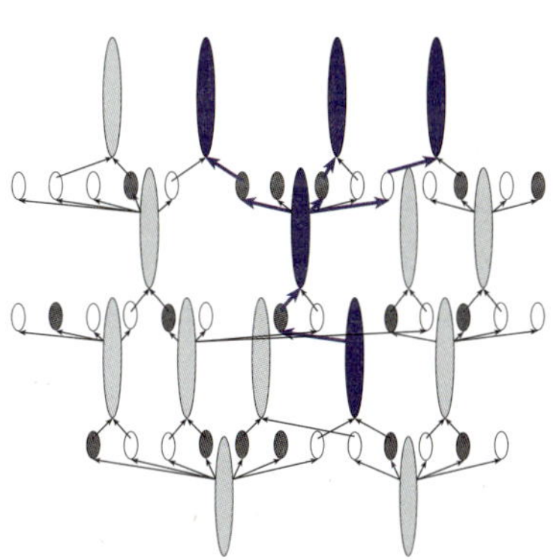

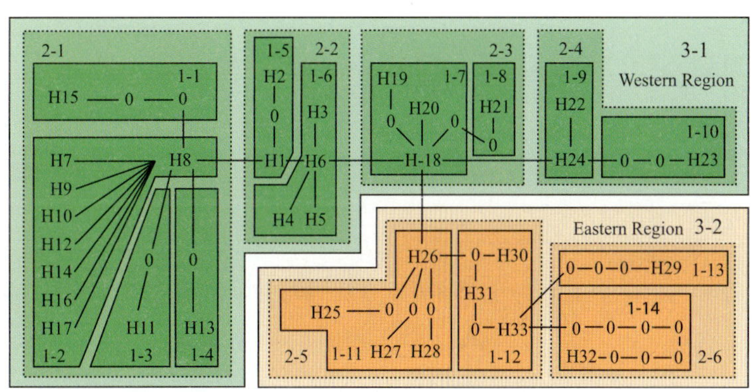

14

종의 개념과 보전생물학

서론

생물학에서 가장 정의하기 힘든 것이 종이다. 종은 서로 다른 기준에 따라 각기 다른 방식으로 정의할 수 있으며, 특정 분류군 또는 특정 목적에 따라 사용하는 종의 "개념"도 차이가 난다. 그러나 계통학 또는 분류학 연구에서는 종 또는 종내 분류군의 개념이나 근거를 정확히 정의하는 것이 중요하다(Hamilton and Reichard 1992, McDade 1995, Baum 2009).

종이란 무엇인가? 이 물음은 생물의 기본단위와 분류를 중시하는 계통학자에서부터 개체군 분기의 진화 과정에 관심 있는 유전학자에 이르기까지 많은 사람들 사이에 토론과 논쟁을 불러일으키고 또 조성했다. "종"에 대한 견해는 오래전부터 형성된 지적 사고로서, 광대하고 복잡한 생물의 변이를 취급 가능한 단위로 범주화하려는 인간 본성으로부터 탄생했다. 이 기본단위를 인지하고, 기재하고, 명명하고 그리고 분류하는 능력은 실용적인 또는 심지어 생존과도 관련된 가치를 지녔으며, 이는 지금도 계속되고 있다.

조류, 균류, 식물에 관한 국제명명규약(International Code of Nomenclature for algae, fungi, and plants; Turland et al. 2018)에서는 종을 "기본적인" 계급의 분류군으로 정의한다. 과연, 종이라는 것이 자연의 "실제적인" 단위인가, 아니면 인간이 제멋대로 만든 개념인가? 개체군 그룹과 종 사이에 본질적인 차이가 있는가? 지난 수년간 서로 다른 또는 중첩되는 특성에 근거한 종의 개념이 다양하게 제시되어 왔다. 그러나 중요한 것은 특정 종의 개념을 비판하거나 강제하는 것이 아니라, 자연에서 어떤 일이 일어나고 있는지 살펴보고, 이런 예를 지침으로 활용하여 종을 유용하게 정의하는 것이다. 서로 다른 종의 개념은 강조하는 바가 서로 다른데, 어떤 것은 진화의 과정을, 어떤 것은 진화의 결과를 중요시한다. 이러한 실용적인 접근 때문에 상이한 자연 시스템(예, 생식방식 등)에 따라서 또는 자연에서 일어나고 있는 현상에 관한 지식의 정도 차이에 따라 서로 다른 종의 개념 또는 정의를 사용하는 것이 필요하다.

계통학은 종 및 종내 분류군 간의 경계를 정확하게 결정함으로써 보전생물학에서 필수적인 역할을 담당하는데, 이는 이들 분류학적 실재를 명확하게 정의해야만 이들의 희귀성과 멸종 가능성을 평가할 수 있기 때문이다. 식물상 연구나 계통분석 역시 한정된 자원을 가지고 어떤 종이나 지역을 먼저 보호할 것인지를 결정하는 데 영향을 미칠 수 있다.

생식, 계통, 분계군

유성생식과 무성생식

종의 개념을 더 잘 이해하기 위해서는 식물의 생식을 되새겨 볼 필요가 있다. 다른 많은 진핵생물처럼 식물 역시 유성생식과 무성생식을 모두 할 수 있는데, 이 과정은 유전자 전달을 수반한다. 여기서는 **유전자 전달**을 부모에서 자손으로 유전물질이 이동하는 것으로 좁게 생각하고자 한다.

모든 육상식물에서 **유성생식**은 두 "시기"를 거친다(제3장). 반수체 배우자체는 난자와 정자를 생성하고, 이들은 융합하여 이배체 포자체로 발달한다. 포자체에 의해 생성된 포자낭의 세포는 감수분열을 통해 유전적으로 상이한 반수체 포자를 만들고, 이들은 배우자체로 발달한다.

비관속육상식물에서(태류, 선류, 각태류) 일반적으로 배우자체는 오랫동안 생존하면서 상대적으로 짧게 생존하는 포자체를 여러 "세대" 생성할 수 있다(제3장 참조). 각 배우자체는 난자 및/혹은 정자를 생성할 수 있고, 이들 중 일부는 융합하여 이배체 접합자를 만들며, 이는 새로운 포자체로 분화한다(**그림 14.1**A). 육상식물에서는 그 반대인데, 일반적으로 포자체가 오래 생존하고 배우자체 시기는 짧다(그림 14.1B; 제4장). 이 오래 생존하는 포자체는 여러 "세대"의 배우자체를 생성할 수 있고, 동일한 세대의 두 배우자체는 또 다른 새로운 포자체를 낳을 수 있다(그림 14.1B).

다양한 관속식물의 생활환에는 일부 상이한 점이 있다. 대부분의 비종자관속식물(석송식물과 양치식물)에서 포자체는 일반적으로 오래 생존하고, 동형포자성이며, 한 종류의 배우자체만이 형성되어 정자와 난자를 생성한다(그림 14.1C). 반면에, 석송식물의 물부추강, 양치식물의 생이가래목 그리고 모든 종자식물은 이형포자성으로 웅성배우자체와 자성배우자체가 따로 존재하여 정자와 난자를 각각 생성한다(그림 14.1D). 피자식물을 포함한 대다수의 종자식물(소철류와 은행나무 그리고 일부 구과류 제외)의 포자체는 웅성배우자체와 자성배우자체를 모두 생성할 수 있다(즉, 양성화주 또는 자웅동주). 종자식물의 일반적인 생활환은 많은 일년생 피자식물에서 약간 달라진다. 이 경우, 배우자체는 잠시 생존하지만(그림 14.1E), 새로운 포자체 역시 비교적 짧게, 1년도 채 생존하지 못한다. 이렇듯 육상식물 계통에서는 배우자체와 포자체 모두를 통해 약간 복잡한 양상으로 유전자 전달이 일어난다(그림 14.1F). 배우자체 생존기간, 포자체 생존기간, 포자 생산량, 난자와 정자 생산량, 배우자체의 성, 포자체의 성, 각 시기 등 일반적인 생존 능력의 변이는 모두 유전자 전달에 영향을 주는 요인들이다.

육상식물에서는 **무성생식**이 흔하게 일어난다. 무성생식은 부모의 DNA를 독립된 개체인 자손에게 그대로 전달하는 것이다. 태류, 선류, 각태류의 배우자체는 몸의 일부가 떨어져 나가거나 특수한 번식체인 무성아를 생성하는 방식으로 무성생식을 할 수 있다(제3장, 그림 14.1A). 관속식물에서 포자체는 인경, 구경, 근경 등을 통해 새로운 개체를 만들거나 포복경을 내어 그 끝에 소식물체를 만드는 방식으로 무성생식을 할 수 있다(그림 14.1B). 주아(예, *Allium*) 또는 소식물체(예, *Agave*, *Kalanchoe*)를 통해서도 무성생식이 일어난다. 때로는 무수정생식으로 종자가 발달하기도 한다(제10장). 많은 육상식물은 유성생식과 무성생식을 모두 수행할 수 있다(그림 14.1A,B). 수분처럼 배우자 전달이나 수정이 불확실하고 위태로울 때에도 다음 세대에 자손을 남길 수 있다는 점에서 이는 더욱 안전한 방식으로 생각된다. 그러나 주아 같은 영양번식체(*Poa bulbosa*), 클론 종자(*Taraxacum officinale* 서양민들레), 무성아(*Vittaria* 일엽아재비속) 등을 통하여 오직 무성생식만 하는 식물도 있다(그림 14.1G).

계통과 분계군

부모가 자손에게 세대를 거듭하여 유전 물질을 전달함으로써 대물림이 이루어진다. **계통**(lineage)은 '조상-자손 집단의 순차적 배열'로 정의하는데, 이 안에서 구성원들은 유전자 전달로 이어져 있다(**그림 14.2**A). **개체유연관계**는 이 계통 내의 유전자 전달과 관련된 개체 간의 관계를 말한다(그림 14.1, 14.2). 유성생식 시스템에서 개체유연관계는 "망형"이다. 즉, 자손에게 전달되는 유전자는 언제나 2개의 공급원으로부터 오며, 따라서 한 계통 내에 여러 유전자 전달 계열이 관여한다(그림 14.1F). 무성생식 시스템에서 개체유연관계는 "분기형"이다. 여기서는 유전자 전달이 1개의 공급원으로부터 일어나며, 따라서 두 생물 개체 사이에 일어나는 유전자 전달은 하나의 계열

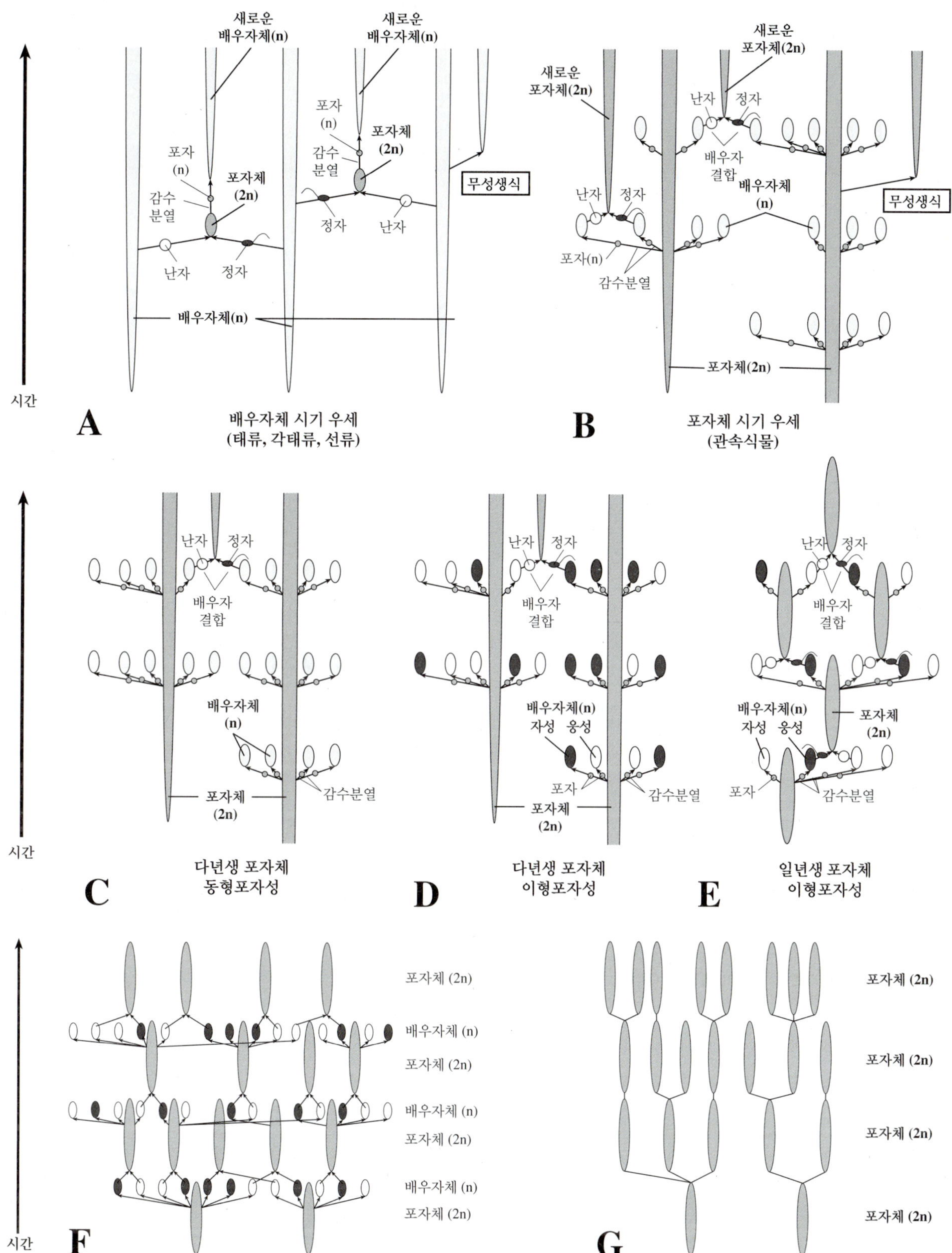

그림 14.1 육상식물에서 일어나는 유전자 전달. **A.** 비관속식물, 배우자체기가 길고 포차체기는 짧음; 무성생식에 유의할 것. **B.** 관속식물, 포자체기가 길고 배우자체기는 짧음; 무성생식에 유의할 것. **C–E.** 관속식물에서 일어나는 유전자 전달. **C.** 비종자식물, 동형포자성. **D.** 종자식물, 이형포자성. **E.** 일년생 현화식물, 포자체기가 짧음. **F.** 포자체기가 짧은(일년생) 이형포자성 육상식물에서 일어나는 유전자 전달의 모식도(포자와 배우자는 생략했음). **G.** 무성생식만 하며, 포자체기가 짧은(일년생) 이형포자성 육상식물에서 일어나는 유전자 전달의 모식도.

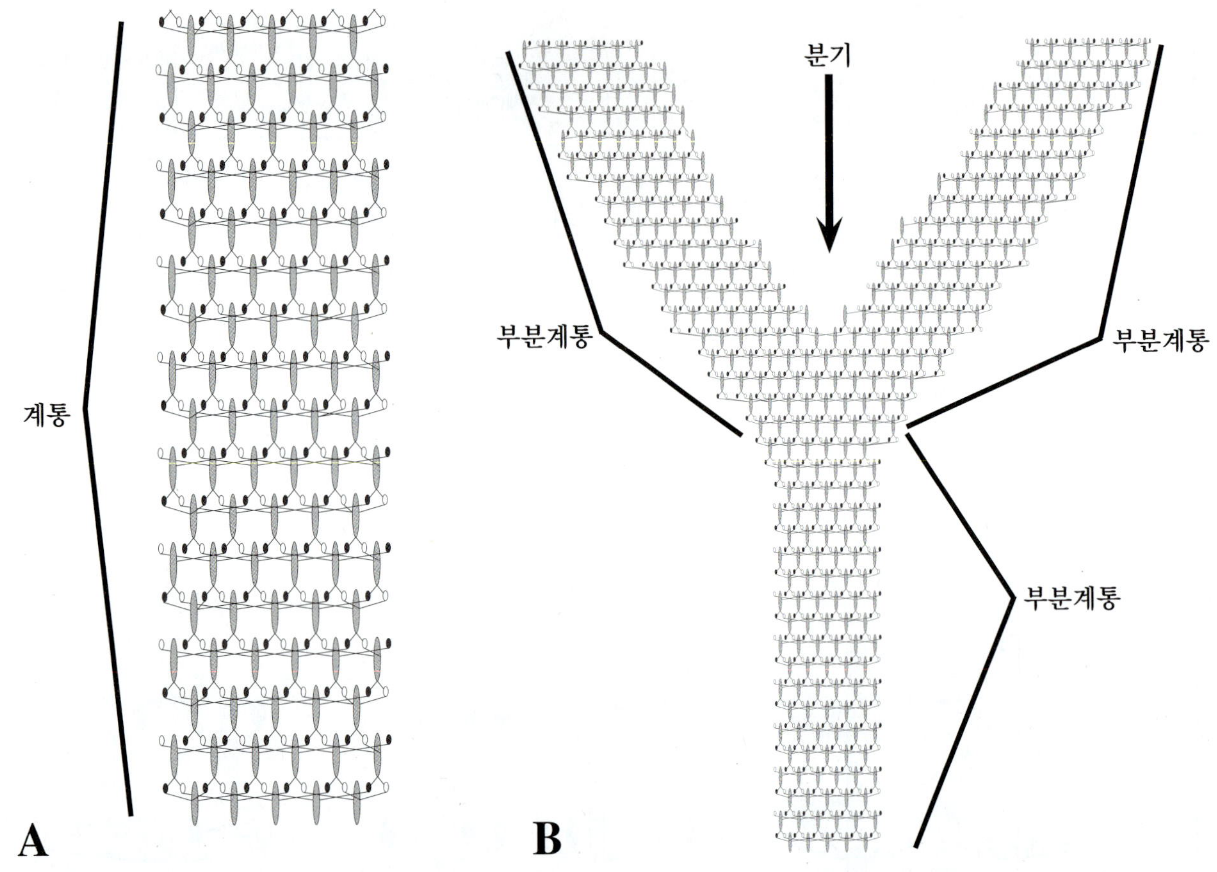

그림 14.2 **A.** 그림 14.1F의 예를 통해 나타낸 계통의 모식도. **B.** 한 계통이 두 계통으로 갈라지는 진화적 분기를 나타낸 것으로 부분계통을 보여줌.

을 따라 일어난다(그림 14.1G). **진화적 분기**는 한 계통이 둘로 갈라져서 2개의 부분계통이 생성되는 것이다(그림 14.2B). **계통유연관계**는 특정 시점에서 나타나는 개체의 그룹 간의 유연관계이다.

계통이란 부모로부터 자손에게, 궁극적으로는 생명의 기원으로부터 모든 현존(또는 멸종) 생물에게 DNA의 패턴이 지속적으로 전달되는 것이라고 볼 수 있다(**그림 14.3**A). **부분계통**(lineage segment)은 한 계통의 일부분, 예를 들어 한 분기점(분계도의 "마디")에서 다른 분기점 사이를 지칭한다(그림 14.2B, 14.3B). **분계군**(clade)이란 단계통군과 같은 말로서, 어떤 특정 공통조상으로부터 기원한 계통들로 이루어진다(그림 14.3C; 제2장 참조).

특정 유전자의 한 대립유전자 또는 유전자 사본이 개체 간에 전달되어 온 것을 **유전자 계통발생**이라 한다. 그림 14.3D와 E는 어떤 한 돌연변이가 부모로부터 자손에게 유성생식 및 무성생식 시스템 내에서 전달되는 것을 각각 보여준다. 계통분석방법(파시모니 등)을 통해 얻은 개별적인 **유전자 계통수**는 분류군 간의 유연관계를 보여주는 **종 계통수**와 차이가 날 수 있다.

단일계통 형성(lineage sorting)은 진화적 분기 이후 한 조상으로부터 기원된 여러 유전자 계통이 특정 부분계통 내에서 하나의 유전자 계통으로 수렴(환원)하는 과정을 말한다. 단일계통 형성은 하나의 유전자 계통을 제외한 나머지가 모두 사라지거나 강한 자연선택에 의해 한 유전자 계통만 살아남을 때 일어날 수 있다. 단일계통 형성은 계통수 말단의 분류군이 단계통을 이루게 하는데, 이는 특정 시점에서 한 분류군에 속하는 모든 개체가 다른 분류군과의 공통조상보다 더 최근 시점에 공통조상을 지니는 것이다. 예를 들어, **그림 14.4**A는 시점 t_2에서 단일계통을 형성한 분계군을 보여준다. **단일계통 미형성**(incomplete lineage sorting)은 특정 시점에서 한 부분계통에 2개 이상의 유전자 계통이 존재하는 것이다. 그림 14.4A의 시점 t_1에서 각 부분계통에 2개 이상의 유전자 계통이 존재한다. 이 시점(t_1)에서 각 부분계통의 개체들은 단계통군을 이루지

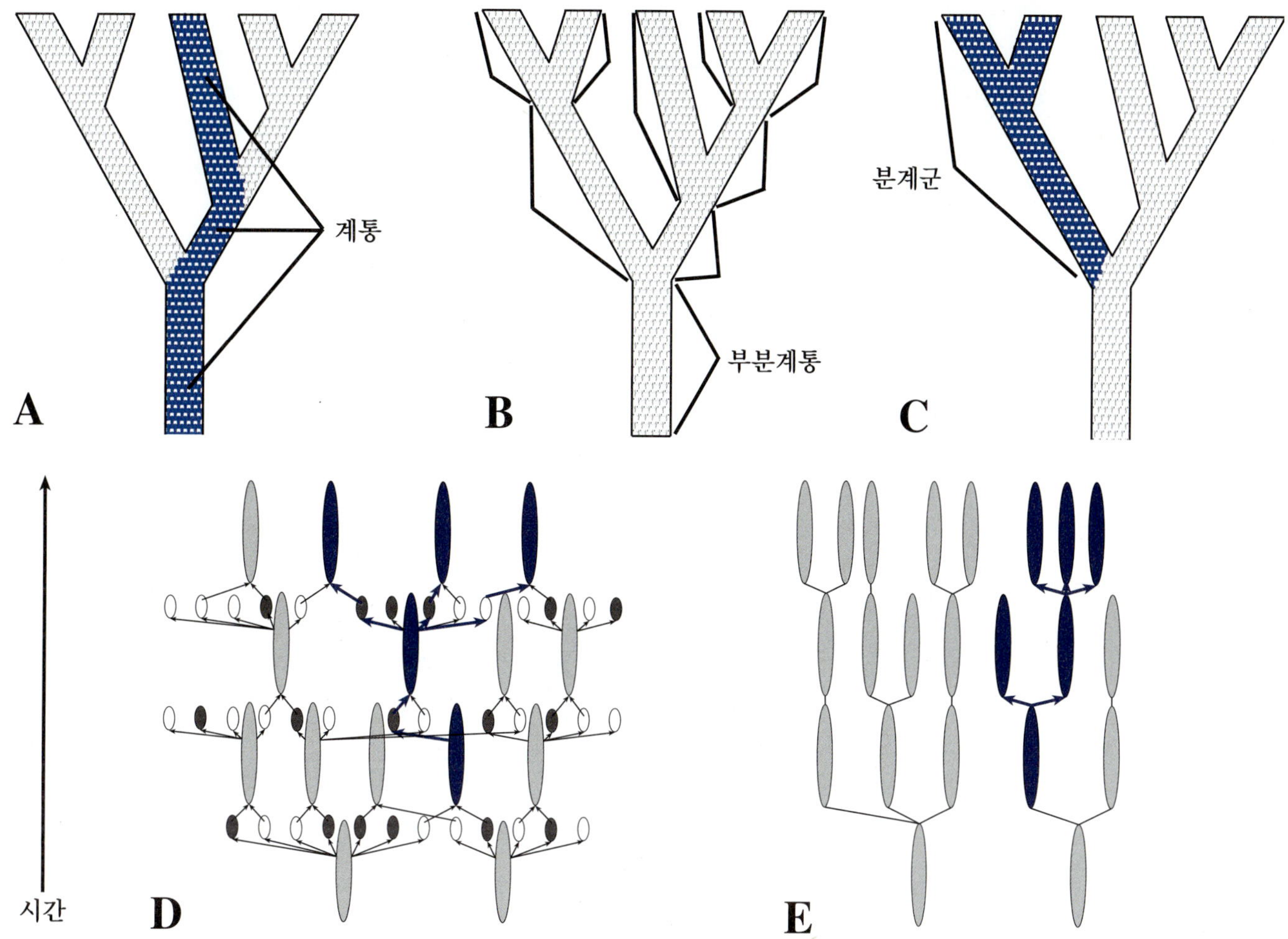

그림 14.3 **A.** 계통수 내의 연속적인 계통을 보여주는 모식도. **B.** 계통수 내의 여러 부분계통을 구분한 것. **C.** 계통수 내에 존재하는 분계군(단계통군) 중 하나. **D–E.** 생성된 돌연변이가 유성생식(**D**) 및 무성생식(**E**)을 하는 포자체에서 유전자 전달을 통해 대물림되는 과정.

않고, 따라서 단일계통을 완전히 형성하지 않은 상태이다. 단일계통 미형성은 진화적 분기 직후에 일어나기 쉬우며, 개체군의 크기와 생활환의 유형에 영향을 받는다.

한 분계군에서 과거의 유전자 다형성이 존재할 경우, 유전자의 계통은 종의 계통에 상응하지 않을 수 있다. 예를 들어, 그림 14.4B는 14.4A와 동일한 분계도로서 유전자 계통에서 일어난 한 돌연변이가 분류군 *U*와 *V*로 전달되는 것을 보여준다. 이 돌연변이는 분류군 *U*와 *V*를 연결시키는 파생형질로 감지될 수 있을 것이다. 그러나 그림 14.4C의 예에서는 분류군 *X*와 *Y*로 끝나는 계통으로 돌연변이가 전달된다. 이 파생형질(돌연변이)은 *X*와 *Y*가 연결되는 계통수 제작의 원인이 될 것이며, 이는 진정한 종 계통수에서 분류군 *Y*와 *Z*가 더 가까운 관계에 놓여 있는 것과 차이를 보인다.

유전자이입, 잡종화, 배수체

계통이 갈라진 이후에도 한 부분계통에서 옆의 부분계통으로 유전자 전달이 다소 일어날 수도 있는데, 이를 **유전자이입**(introgression)이라 한다. 유전자이입은 한 계통의 화분(정자 포함)이 다른 계통의 배주(난자 포함)로 전달되어 일어난다(**그림 14.5**A). 유전자이입은 특히 진화적 분기가 일어난 직후에 흔한데, 이는 새로운 계통들이 유전적으로 크게 달라지지 않았고, 조상의 유성생식 능력이 이들 부분계통에 여전히 남아 있기 때문이다. 그러나 시간이 지남에 따라 유전자 교환에 대한 장벽이 진화하여 계통 간 유전자이입의 강도가 감소할 것이다(그림 14.5A). 하지만, 종의 온전함(연합)을 유지하면서도 유전자이입이 간혹 일어나는 것이 감지되는 사례가 무수히 많다.

유전자이입에 더해 식물종은 종종 **잡종화**를 겪는다. 잡종

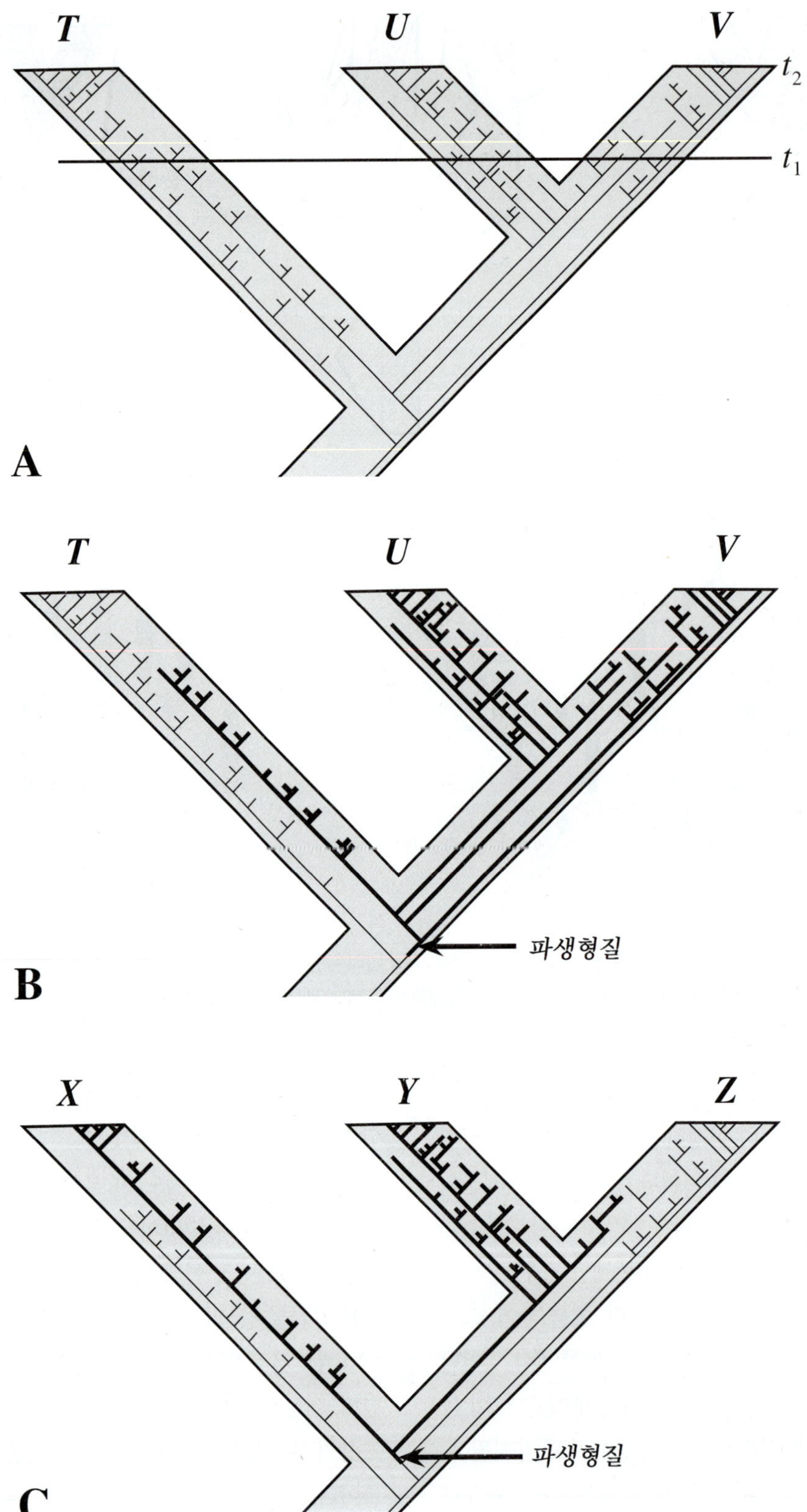

그림 14.4 단일계통 형성에 대한 설명. **A.** 유전자 단일계통 형성이 시점 t_1에서는 완전하게 일어나지 않았으나, 시점 t_2에서는 완전하게 일어났음. **B.** 돌연변이(진한 선)가 3 부분계통(*T–V*)으로 전달되었으나 유전자 계통 "*T*"에서는 절멸한 결과 이 돌연변이가 분류군 *U*와 *V*의 공유파생형질로 나타났음. **C.** 새로운 돌연변이가 계통 *X*와 *Y*로는 전달되었으나 *Z*로는 전달되지 않은 것, 즉 단일계통 미형성을 보여준다. 이것은 파생형질로 해석될 수 있으며, 따라서 계통분석에서 잘못된 결론을 도출할 것이다.

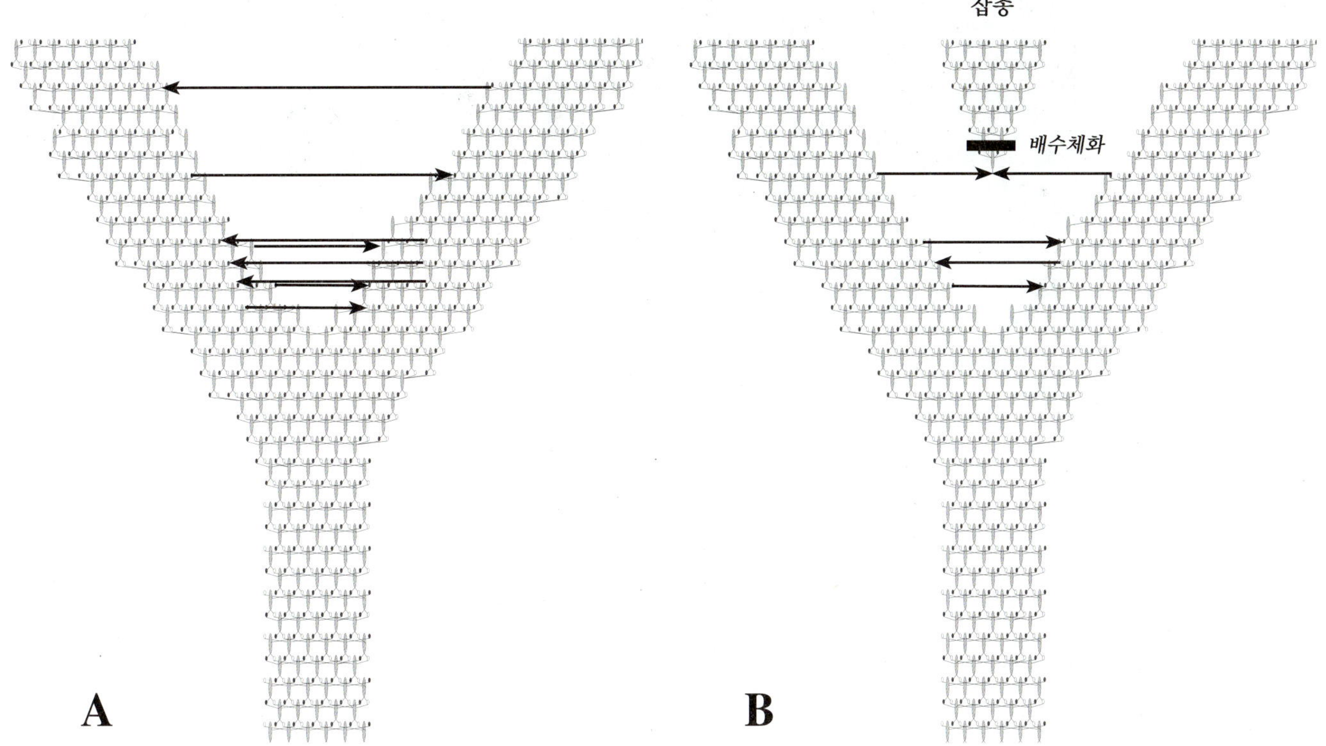

그림 14.5 **A.** 계통의 분기 후, 두 부분계통 사이에 약간의 유전자 흐름이 일어나며 시간이 지남에 따라 그 빈도가 감소하는 것을 보여줌. **B.** 두 부분계통 사이에서 기원한 잡종계통의 진화를 보여줌. 이 예에서 잡종계통은 배수체화를 통해 기원하였기 때문에 부모 계통과의 역교배를 통한 유전자이입을 보이지 않으며, 따라서 유전자 교환도 일어나지 않아 뚜렷한 잡종계통을 유지하고 있다.

화는 2종류(예, 2개의 집단, 종, 종내 분류군) 사이에 유성생식이 일어나 양쪽 부모와 독립적인 계통을 이루는 것이다(그림 14.5B). 어떤 경우에는, 생식 능력이 있는 잡종 개체군이 양쪽 부모의 어느 한쪽 또는 둘 다와 유전자이입의 연장선에서 유전자 전달 과정을 밟기도 한다. 흔히 잡종은 정상적인 감수분열이 일어날 수 없는 등의 유전적인 문제로 인해 불염성이다. 이 경우에 **배수체**(제10장)의 진화가 일어나면 정상적인 감수분열이 가능해지고, 비로소 그 잡종은 유성생식을 하면서 하나의 유성생식 계통을 형성할 수 있게 된다. 종간 잡종화를 통해 기원한 배수체들은 이제 부모 종들과 생식적으로 격리될 것이다.

계통지리

계통지리는 종 또는 일단의 근연종 내에 있는 개체들의 유전적 유연관계를 파헤쳐서, 이 유연관계와 그들의 공간적 분포와의 상관관계를 알아보는 연구 분야이다. 추론된 유연관계는 종 내 개체군의 생물지리 역사나 유전자 흐름, 분포 단절, 분포역 확장, 이주 등의 문제를 다루는 데 사용할 수 있다. 계통지리를 고찰하는 한 방법으로 **단계통 형성 양상 분석**(nested clade analysis)이 있다. 이는 개체의 혈통관계를 염색체나 세포소기관(엽록체 또는 미토콘드리아)의 고유한 대립유전자인 반수체형을 통해 재구성하는 것이다. 개체 샘플의 염기서열 자료는 통계 알고리즘을 사용하여 네트워크로 연결된다. 단계통 형성 양상 분석은 유전적으로 유사한 개체들을 유집할 수 있고, 이들을 아개체군이나 아분류군으로 그룹을 짓는 데 유용하다. 이른바 **단계통 형성 양상 계통지리 분석**에 의해 이러한 정밀한 계통유연관계와 지리의 상관성을 살펴볼 수 있다(그림 14.6). 단계통 형성 양상으로부터 진화의 방식을 추론할 수 있다(Templeton et al. 1988; Templeton 1989, 1998, 2001, 2004). 그러나 이들 진화적 추론의 통계적 근거는 비판을 받기도 했다(Knowles and Maddison 2002; Knowles 2008).

종의 개념

지난 수년 간 생물학자들은 서로 다른, 그러나 반드시 상호 배

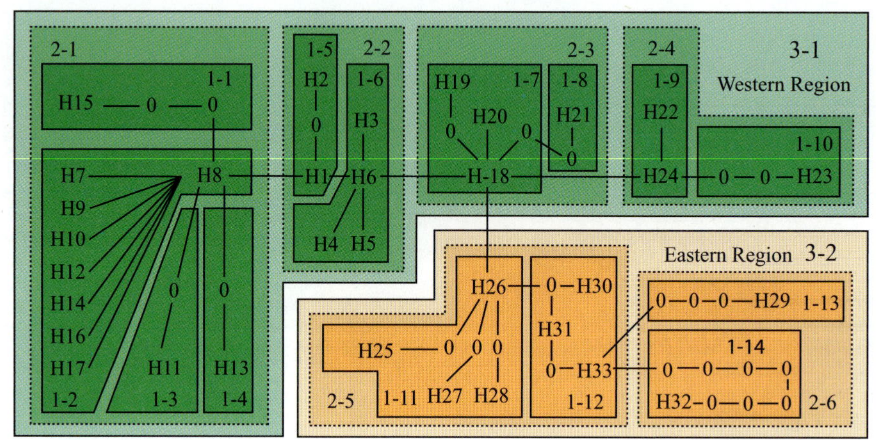

그림 14.6 단계통 형성 양상 분석의 예(쥐꼬리망초과의 *Hygrophila pogonocalyx*). 식물 샘플은 "H" 및 숫자로 표시하였음; "0"은 가설적 조상 또는 절멸한 개체군을 나타냄. 아개체군이 조사지역의 동부와 서부에 해당하는 것에 주목한다. (출처: Redrawn, by permission, from Huang, J.-C , W.-K Wang, C.-I Peng, and T.-Y Chiang 2005 Phylogeography and conservation genetics of *Hygrophila pogonocalyx* (Acanthaceae) based on atpB–rbcL noncoding spacer cpDNA Journal of Plant Research 118:1–11.)

타적이지는 않은, 종의 "개념"을 제안했다. 앞서 말했듯이, 여기서는 자연에 존재하는 것을 살펴보고서 그 자연의 시스템(예를 들어, 생식 방식, 분기 시점, 유전자이입의 정도 등)에 종의 개념을 맞추는 방식을 취하고자 한다. 특정 시스템은 어떤 종의 개념에는 잘 맞지만 다른 개념에는 그렇지 않을 수도 있다. 따라서 각 종의 유형에 저마다의 시스템을 연결짓는 것이 유용할 수 있다.

종의 개념은 크게 두 그룹으로 분류할 수 있다. 몇몇 종의 개념은 종을 하나의 단위로 유지하면서도 진화적 분기와 종분화를 야기할 수 있는 진화의 '**과정**(process)'을 강조한다. 다른 종의 개념은 종을 정의함에 있어서 진화의 '**양식**(pattern)'이나 최종 결과를 강조한다. 따라서 서로 다른 종의 개념은 저마다의 목표가 있다. 이들을 다시 살펴보는 것은 종이란 무엇이며 이들을 어떻게 공부해야 하는지 이해하는 데 통찰력을 준다.

과정을 강조하는 종의 개념

과정을 강조하는 종의 개념에는 생물학적, 인지적, 진화적, 그리고 연합적 개념이 있다. **생물학적 종**(biological species)은 잠재적 또는 실제적으로 교배하면서 그러한 다른 무리들과는 자연에서 **생식적으로 격리**되어 있는 개체군들의 무리로 정의한다(Mayr 1963). 이 정의에서 특별히 "자연에서"를 언급하는데, 이는 자연 상태에서는 교배하지 않는 종의 구성원들이 포획된 상태에서는 교배가 유도될 수 있기 때문이다. 또한 교배와 관련하여 "실제적으로 또는 잠재적으로"라고 명시되어 있어서, 만일 어떤 개체군이 지리적 격리에 의해 교배하지 않을지라도 이들이 같은 지역에 놓이게 되면 교배를 할 수 있다는 것에 주의해야 한다. 이 종의 개념에서는 서로 다른 종이 얼마나 생식적으로 격리가 되었는가를 강조한다. **유전자 교환 장벽**과 관련하여 여러 가지 유형이 기술되었다(**표 14.1**). 이러한 장벽은 교배를 억제하거나 금지하는 하나 이상의 계통에서 일련의 파생된 형질로 보일 수 있다. 종분화의 과정과 종을 유지하는 유전적 기작을 연구하는 진화생물학자에게 유전자 교환 장벽은 흥미로운 주제이다.

생물학적 종의 개념의 첫 번째 현실적인 문제는 종의 생식생물학에 대해 상세히 알아야 한다는 것이다. 이는 식물에서 상대적으로 덜 알려져 있다. 둘째, 생물학적 종의 개념은 무성생식 또는 자가수정을 통해 유성생식을 하면서 자연에 존재하고 있는 수많은 뚜렷한 진화적 단위를 아우르지 못한다. 셋째, 생물학적 종의 개념은 종분화 과정에 관한 설명으로서는 불완전하다. 왜냐하면, 유전자 교환의 장벽은 종의 형성과는 상관이 없고 다만 계통 진화의 부산물일 뿐이기 때문이다.

생물학적 종의 개념과 관련한 다른 이슈는 어떤 형태로든 생존 가능한 자손이 나오는 서로 다른 종 간의 유전자 흐름이 이들 개체군을 하나의 종으로 붕괴시킨다는 것이다. 그리고 식물 종이 이따금씩 잡종형성 또는 유전자 교환을 하는 일은 흔하다. 그러나 이처럼 이따금씩 교배하는 식물 종들은 형태적,

교배 전 장벽: 교배가 일어나는 것을 억제함

(1) 생태적 또는 생육지 격리: 생육지가 서로 달라 정상적인 만남과 성공적인 교배가 일어나지 않음

(2) 시간적 격리: 교배 시기가 다름(예, 봄과 가을 또는 아침과 저녁 등으로 개화기가 다름)

(3) 행동적 격리: 교배 행동이 달라 상호교배가 억제되는 것으로, 현화식물의 경우 수분 방식이 달라 서로 다른 꽃 간에 화분이 이동되지 않음

교배 후 장벽: 교배, 종자식물의 경우 수분은 일어나지만 접합자는 형성되지 않음

(1) 기계적 또는 생리적 격리: 다른 종의 주두로 화분이 이동하지만 정상적인 화분관을 내지 못하는 경우(예, 자가불화합성)

(2) 생식세포 격리: 정자와 난자가 만나지만, 배우자의 불화합성으로 수정이 일어나지 않음

접합 후 장벽: 접합자 형성 이후에 나타남

(1) 잡종 생존력 약화: 잡종이 성체로 잘 자라지 못함

(2) 잡종 생식력 약화: 잡종이 성체로 자라지만 불염성이거나 생식능력이 감퇴됨

(3) 잡종 쇠약: 잡종이 생식능력이 있지만, 그 다음 세대로 가면서 생존력 및 생식능력이 감퇴됨

표 14.1 유전자 교환의 장벽 ("생식적 격리 기작")

생태적 그리고 생리적으로 온전함을 유지하며, 대개 독자적인 계통을 이룬다.

인지적 종(recognition species)은 생식을 촉진하는 유전적 특징으로 유지되는 유성생식 체계를 말한다(Paterson 1985). 이 개념에서 강조하는 것은 생식력, 행동, 배우자 전달이나 인지와 같이 유성생식 시스템에서 유전자 전달을 촉진하는 기작 또는 과정이다. 생물학적 종의 개념에서 강조하는 종 간 유전자 흐름의 장벽은 종 내 유성생식을 촉진하는 특징을 유지하는 과정의 부산물일 뿐이다.

진화적 종(evolutionary species)은 기본적으로 연속적인 조상-자손 개체군의 단일 계통으로서(그림 14.3A,B), 그러한 다른 계통으로부터 "정체성"을 간직하며 자신만의 "진화 경향성 및 역사적 운명"을 지닌다(Wiley 1978).

연합적 종(cohesion species)은 유전적 및 표현형적 "연합"을 유지하는 개체들의 가장 큰 또는 포괄적인 집단으로 정의한다(Templeton 1989). 연합적 종의 구성원은 계통을 이루면서 일정 시간에 걸쳐 여러 진화적 과정("연합 기작")을 통해 상호간 일정 유형의 유사성을 유지한다. 이 종의 개념의 초점은 이들 연합 기작을 탐구하여 종이 어떻게 유지되고 분기(종분화)하는지 이해하려고 노력하는 것이다.

연합 기작은 유전자 흐름뿐만 아니라 유전적 부동과 자연선택을 포함한다. 후자 둘은 유전적으로 결정된 환경 내성, 즉 그 종의 근본적인 생태적 지위(fundamental niche)를 유지하게 할 것이다(상세한 내용은 Templeton 1989 참조).

연합적 종의 개념은 연합적 종이 무성생식 또는 (외교배로부터 자가수정에 이르기까지) 유성생식으로 번식할 수 있다는 장점이 있다. 또한 연합적 종은 온전함이 유지되는 한, 계통 사이에 또는 잡종형성에 있어서 다른 종과 유전물질을 제한적으로 교환하는 것을 허용할 수 있다. 따라서 연합적 종은 이른바 "**유전적연관군**(syngameon: 유전물질을 일부 교환하는 개체군 또는 종의 무리 전체)" 내에서 유지될 수 있으며, 실제 자연계를 더 잘 보여줄 수 있다.

결과를 강조하는 종의 개념

결과를 강조하는 종의 개념에는 분류학적(형태적), 계통적, 그리고 혈통적 개념이 있다. **분류학적 종**(taxonomic species)은 가장 기본적인 종의 개념으로서, 하나 이상의 특징에서 서로 유사하면서 그러한 다른 무리들과는 구별되는 개체들의 최소 무리(부류)로 정의한다(Cronquist 1988). 이 표현형적 생각은 개체들을 공통적인 하나의 종으로 무리를 짓거나 다른 종과 구별되는 차이를 측정하는 기준으로써 "전체적인 유사성"을 사용한다. 분류학적 종은 이들이 다른 종과 식별되는 하나 이상의 특징을 지니며, 이들 특징에 통계적으로 유의미한 분류군 간 점진적 변이가 존재하지 않는 한, 종으로 인지할 가치가 있는 뚜렷한 실재라고 생각될 수 있다.

이 분류학적 종의 개념은 진화론의 수용과 유전학 및 유성생식에 관한 상세한 지식이 나오기 전의 개념이다. 이는 오래전의 유형적(typological) 종의 개념에서 기원했는데, 종을 "필수적인" 성질을 지니는 것으로 간주하였다. 분류학적 종의 개념은 역사와 과정에 있어서 중립적이고, 또한 종이 어떻게 여기까지 도달했으며 무엇이 이들을 독립적으로 유지시키는가에 대해서도 중립적이다. 분류학적 종은 다른 정보가 없는 상태에

서 임시로 설정해 놓은 종으로 볼 수 있는데, 이는 후에 보다 정교한 기법으로 더 검증할 수 있다. 현재 명명된 종의 대다수는 진화 역사, 유전자 전달, 상세한 생식 방식에 관한 지식 없이 이런 식으로 정의되고 범주화된다는 사실을 인정해야만 한다. 따라서 분류학적 종의 개념은 생물다양성을 인식하고 분류함에 있어서 실질적이고 실용적이지만, 한계를 지니는 생각으로 볼 수 있다.

계통적 종(phylogenetic species)은 종이라는 단위를 인식하기 위해 계통유연관계 개념을 사용한다. 계통적 종은 형질기준, 즉 고유한 조합의 형질상태를 통해서 비슷한 개체들과 구별될 수 있는 개체군 또는 계통의 무리로 정의한다(Nixon and Wheeler 1990). 이 정의는 계통유연관계 양상에 대한 엄밀한 지식을 요구하지 않는다. 한편, 다른 의미에서 계통적 종은 공통조상 및 이로부터 나온 모든 자손으로, 하나 이상의 진화된 형질 또는 파생형질로 인식될 수 있는 가장 작은 단계통군과 같다(de Queiroz and Donoghue 1988). 이러한 유형의 계통적 종은 그 종의 계통만이 지니는 파생형질을 인식하는 것이 필요하기 때문에 "고유파생형질종"(여기서는 "파생형질종"이라고 부름)이라 부르기도 한다. 파생형질종의 장점은 그 정의가 단계통군이며, 따라서 진화의 양상을 직접 반영한다는 것이다. 그러나 문제는 후자의 정의가 최대한 여러 개체군 및 구성원의 수많은 샘플을 대상으로 하는 계통학적 분석을 요구하며, 이 분석에서 일정한 수준의 확실성(예, 높은 부트스트랩 또는 사후확률 값; 제2장)을 지니는 것으로 밝혀진 단계통군만을 종으로 간주한다는 것이다. 계통적 종의 개념에 대해 현실적으로 가장 크게 우려할만한 점은 단계통군이면서 하나 이상의 파생형질로 각각 구분되지만, 전체적 유사성, 유전자 전달, "연합" 기작 등의 기준에 의해서는 동일한 종에 속하는 개체군들이 자연계에 존재한다는 것이다. 실제로는, 이들 단계통 개체군들이 약간 분기하여 일시적으로는 격리된 집합체로 밝혀졌을지 모르지만, 생식적으로는 격리되지 않아 잠재적으로는 유전자를 교환할 수도 있다. 따라서 비록 단계통 단위로서의 종이 바람직하지만, 가장 작은 단계통군으로 정의되는 계통적 종은 유용한 종의 개념으로서는 비현실적이고 사용이 불가능할 수도 있다.

계통적 종과 관련하여 메타종(metaspecies)과 측계통종이 있다. 메타종이란 (예를 들어, 분리된 개체군의 샘플에서) 단계통이나 측계통으로 판명할 수 없는 둘 이상의 부분계통을 말한다(Donoghue 1988). 예를 들어, **그림 14.7**A는 단계통으로 판명된 개체군 5와(이 경우 생물학적 종 및 파생형질종 *X*로 불릴 자격이 있음) 그렇지 못한 개체군 1–4를 보여주는데, 후자를 메타종 *Q*로 지정할 수 있다. 메타종은 자료가 없거나 개체군의 부분계통들이 너무 빠르게 분기하여 파생형질을 미처 남기지 못했기 때문에(또는 분리된 부분계통이 사실상 동시에 분기했기 때문에) 계통유연관계가 명확하지 않은 것이다. 그림 14.7의 예와 같이, 빠르게 진화하는 분자 마커를 여럿 사용한 보다 정교한 연구를 통해 이들 개체군의 유연관계를 밝힐 수도 있다. 그림 14.7B는 개체군 1–4는 측계통 무리로서 각 부분계통은 파생형질이 없는 것을 보여준다. 이들 부분계통을 **측계통종**(paraphyletic species)으로 지정할 수 있다(그림 14.7B의 종 *R*). 측계통종은 일시적으로 분리된 부분계통들을 나타내는데, 이들은 서로 분기하였지만 여전히 유전자이입을 할 수 있다. 이는 자연에서 드물지 않은 현상으로, 형태가 서로 유사하고 적어도 잠재적으로 교배하면서 넓게 분포하는 일련의 개체군들이 독자적인 계통으로 분기하는 것을 나타낸다. 이 "부모" 측계통종으로부터 분기한 계통(들)이 고유한 형질, 즉 특수하고 제한된 서식처에 적응하게 하거나 또는 부모 계통들과의 유전자 교환을 금지하는 파생형질을 획득할 수 있다(그림 14.7B). 그러나 또 다른 가능성은, 이들 분기한 개체군 부분계통이 발단종(incipient species)이고, 이것이 시간이 흐른 뒤에 고유한 파생형질을 획득하여 각각 파생형질종 또는 계통적 종의 자격을 얻는 것이다(그림 14.7C의 종 *T*–*W*). 아니면, 이들 부분계통이 나중에 매우 빈번하게 유전자 교환을 하여 하나로 수렴할 수도 있다(그림 14.7D의 종 *S*).

혈통적 종(genealogical species)은 그룹의 모든 구성원이 그 그룹 밖의 개체보다 서로 간에 더 가까운 유연관계에 놓인 것이다(Baum and Shaw 1995). 유연관계는 개체(즉, 부모와 자식) 사이의 유전자 전달 양상으로 파악한다. **그림 14.8**은 계통 내의 개체 간 유연관계를 보여준다. 계통의 말단에서(시점 t_1에서) 분류군 *B*는 그 안에 포함되는 모든 개체들이 공유하는 공통조상이 시점 t_1의 분류군 *A*의 개체들과 공유하는 어떤 공통조상보다 더 최근에 존재하기 때문에 "배타성"의 특성을 지닌 혈통적 종이 될 수 있다. 그러나 그들의 공통조상이 분류군 *B*와 동일하게 가까운 유연관계를 보이고 있는 분류군 *A*의 말단 구성원은 배타성의 특성을 보이지 않는다. 따라서 분류군 *A*는 혈통적 종이 될 수 없다. 종을 정의함에 있어서 "유전자 배

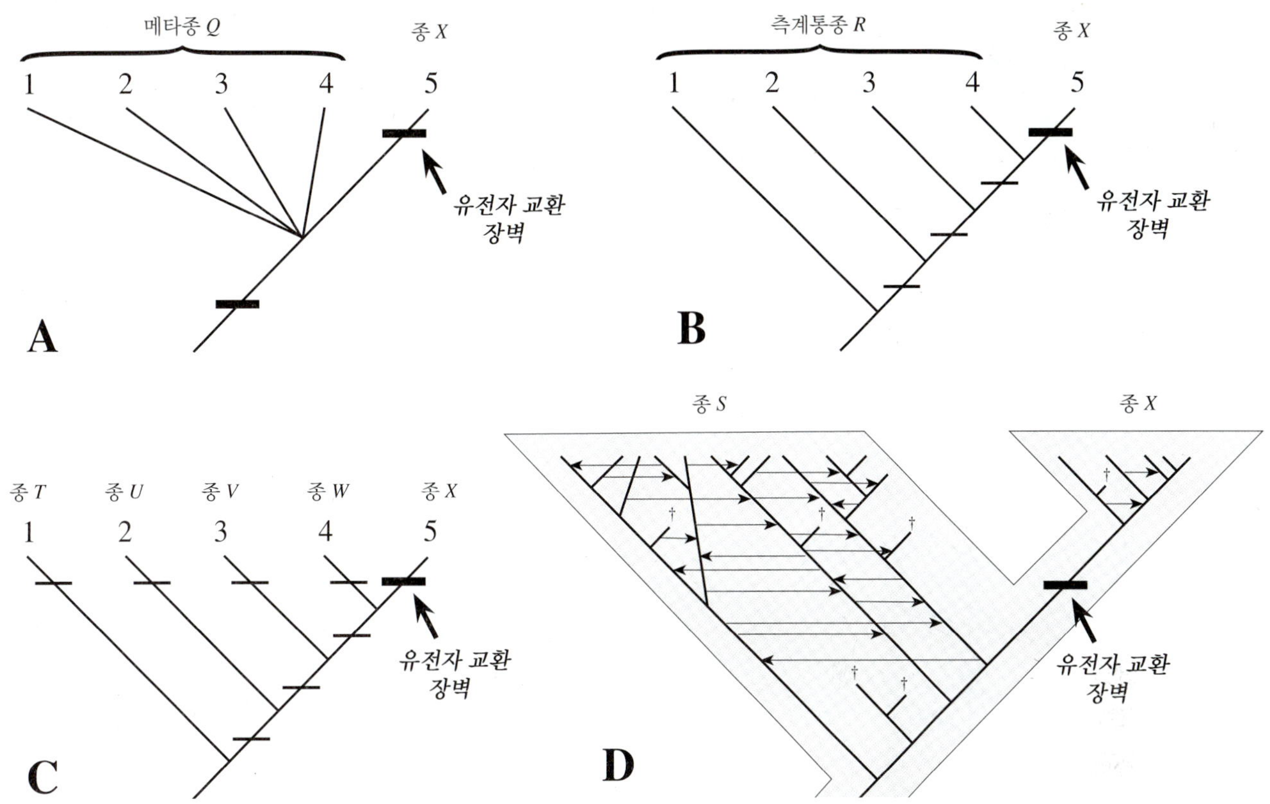

그림 14.7 **A.** 다섯 개 개체군의 계통수로 이 중 하나인 개체군 5가 다른 개체군과 유전자 교환을 억제하는 주요 파생형질을 획득하였음. 다른 네 개체군의 유연관계는 미확정된 상태이며, "메타종 *Q*"로 지정하였음에 유의할 것. **B.** 추가 자료에 의해 개체군 1–4의 계통유연관계가 확정되었으며, 여기서는 측계통종 *R*로 표시하였음. **C.** 개체군 1–4에서 파생형질을 발견하면 이들을 별개의 종(*T*–*W*)로 분류하는 것이 가능해짐. **D.** 시간이 지나면서 개체군 1–4에서 유전자이입이 빈번하게 일어났고, 따라서 이 경우 하나의 부분계통, 즉 종 *S*로 지정하는 것이 타당하다. (출처: Donoghue 1985, Olmstead 1995.) (†는 절멸 분류군을 나타낸다.)

타성"을 사용하여 혈통적 종을 파악하려는 실질적인 방법이 제안된 바 있다(Baum 2007 참조).

기타 종의 유형

앞선 종의 유형과 중복될 수도 있는 일반적인 종의 유형에는 무성생식종과 은닉종이 있다. **무성생식종**은 유성생식 없이 번식하지만 형태적 또는 유전적 단위로써 인식이 가능한 종이다. 예를 들어, 수정 없이 종자가 발달하는, 그래서 배(胚)가 부모와 유전적으로 동일한 무수정생식 개체군이 식물체에서 보고되었다. 무성생식종은 분기형 개체유연관계 양식을 지닌다(그림 14.3E). 이들은 연합 기작에 의해 유지될 수 있다.

동형이종(cryptic species, 은둔종)은 다른 종과 형태적으로 구분되지 않는 종을 말한다. 이들 감춰진 분류군을 식별하는 근거는 이들이 다른 개체군들과 유전적으로 다르다는 사실에 기초한다. 어떤 개체군은 보다 널리 분포하는 종과 형태적으로는 식별할 수 없지만 실제로는 분자계통수에서 뚜렷한 계통으로 구분되며, 따라서 독립된 종으로 인식하는 것이 타당하다고 주장할 수 있다(예, **그림 14.9**; Baldwin 2000).

종내 분류군

많은 식물 종에 아종, 변종, 품종 등의 **종내 분류군**이 알려져 있다. 종내 분류군의 대다수는 아종이나 변종이며, *Camissonia claviformis* subsp. *peirsonii* 및 *Quercus agrofolia* var. *oxyadenia*와 같이 삼명법으로 표기한다. 원칙적으로는 아종이 변종보다 상위계급이며, 따라서 아종이 변종보다 더 큰 차이를 보여야 한다. 그러나 실제로는 이들 두 종내 분류계급은 비슷한 의미로 사용되며, 대부분의 분류학자에게 이들의 구분은 주관적이다(Hamilton and Reichard 1992).

아종이나 변종은 흔히 점진적 변이를 보이는 미세한 형태적 차이를 지니면서 지리적, 생태적 및/또는 계통적으로 어느 정

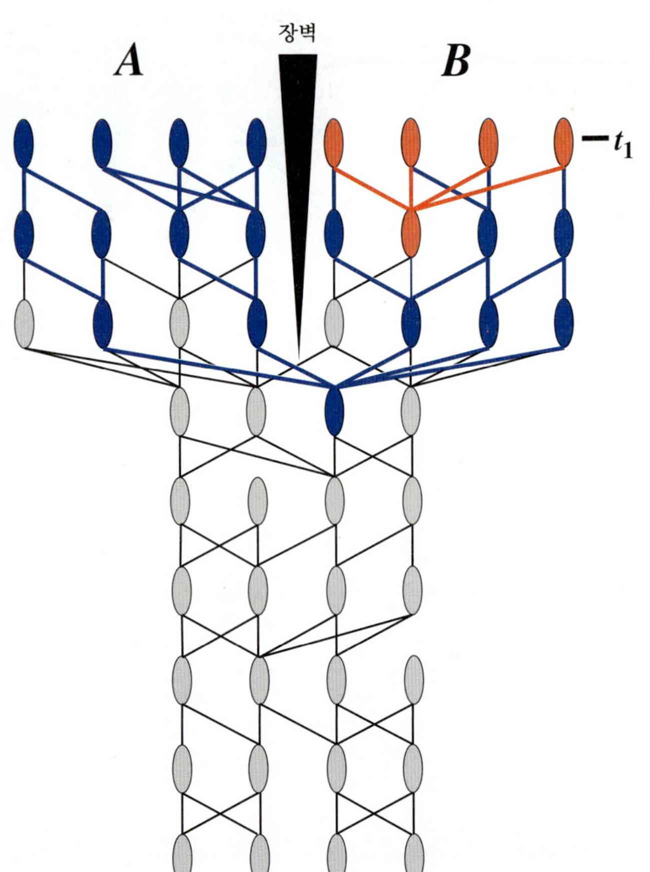

그림 14.8 혈통적 종. 말단의 *B* 개체들은 그들의 최근 공통조상이 다른 개체와 공유하는 어떤 공통조상보다 더 최근 시점에 놓여 있어서 혈통적 종의 자격이 있음. 분류군 *A*는 혈통적 종의 자격이 없다. (출처: Baum 2009.)

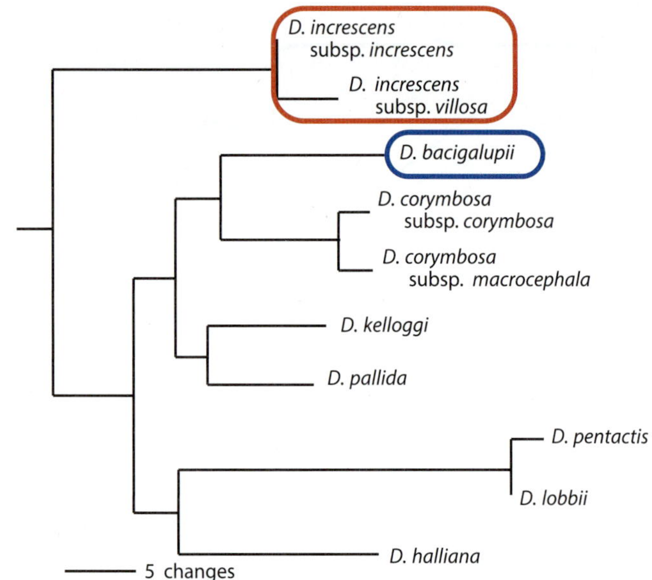

그림 14.9 *Deinandra* 종 복합체의 계통수. *D. bacigalupii*는 동형이종으로 당초 *D. increscens*에 포함되는 것으로 생각되었던 작고 격리된 개체군에 속한다. 그러나 이 분자계통수는 *D. bacigalupii*가 *D. increscens*와 계통적 및 지리적으로 잘 분리됨을 증명하였다. (출처: Baldwin 2000.)

도 구분되는 독립적인 종 내 개체군(들)이다. 종내 분류군은 초기 종분화, 즉 한 계통이 둘로 초기에 불완전하게 분기하여 이들 계통의 말단에 있는 실재들이 서로 충분히 분리되지 않은 결과물일 수 있다. 따라서 이들 계통은 인식할만한 파생형질이 없거나/없고, 여전히 일어나는 유전자이입이나 잡종화를 통해 활발한 유전자 교환을 하여 서로 서서히 섞일 수 있다. 이 불완전 분기 가설에 따르면, 종내 분류군은 **동소적**(동일한 지역에 분포)이거나 **이소적**(서로 다른 지역에 분포)이다.

또한 종내 분류군은 **이차접촉**(secondary contact), 즉 이전에 지리적으로 분리되었으며 약간 분기했었던 둘 이상의 계통이 동일한 또는 범위가 중첩되는 지역을 점유하는 것이라고 볼 수도 있다. 이 가설을 따르자면, 이들 종내 분류군은 이제 **동소적**이라고 할 수 있다. 이 경우 유전자 교환이 복원되었거나 이들 계통이 여전히 너무 유사해서 분간하기 어려울 수 있다.

일부 종내 분류군은 어느 정도 지속적인 유전자 교환을 하고 점진적인 변이를 보이면서 널리 분포하였던 종이 둘 이상의 개체군으로 갈라지게 되는 **단편화**(fragmentation)의 최종 결과일 가능성이 있다. 단편화의 결과인 개체군 또는 일단의 개체군은 분기한 것이 아니라 과거에 연속적이었던 개체군의 잔존이며, 그들의 차이는 중간 개체군들이 절멸한 결과이다.

종내 분류군이 초기 종분화나 이차접촉을 나타내든 또는 단편화의 결과이던 간에 이들은 불완전하게 갈라진 계통으로 볼 수 있다. 따라서 이들 예에서 종내 분류군을 명명하거나 규정하는 것은 독특한 진화 역사에 기초할 수 있다. 그러나 종내 분류군은 그 자체가 끝없이 반복되는 되풀이 현상을 반영한 것일 수 있다. 예를 들어, 한 종이 습한 지역으로부터 건조한 곳으로 또는 고도가 낮은 곳으로부터 높은 곳으로 분포역이 달라질 때, 자연선택에 의해 두 서식지 내의 극단적 유형들을 구분할 수 있는 형태의 변화가 손쉽게 일어날 수 있다.

요약하면, 종내 분류군을 사용하는 연구자는 그 분류에 대한 기준, 근거 그리고 증거를 가능한 한 명확하게 기술해야 한다. 또한 "빠른" 분자 마커를 사용한 계통분석이나 단계통 형성 양상 분석과 같은 보다 정교한 연구는 계통으로서의 종내 분류군 지정인지 아니면 단순한 유전적 변이나 표면적인 지역적 적응인지에 대한 타당성을 밝혀줄 것이다. 그러나 종내 분류군의 지정은 자연의 전체 생물다양성을 나타냄에 있어서 중요할 수 있다.

진화에 따른 종의 개념 변화

계통은 시간의 흐름 속에서 시점에 따라 종의 유형(개념)이 달라지는 식으로 변해 간다(Harrison 1998; **그림 14.10** 참조). 예를 들어, 진화적 분기 직후, 두 계통의 구성원은 형태적으로 분간이 안 되고, 단일계통 미형성 또는 상당한 유전자이입으로 인해 적절한 아종이나 변종과 같은 종내 계급을 사용하는 것이 타당할 수 있다. 이러한 분기 초반 이후에 종이 하나 이상의 특징에서 형태적으로 뚜렷해지면 **분류학적 종**의 정의에 맞을 수 있다. 어떤 시점에 이들 부분계통은 몇몇 형질상태에 의한 식별이 가능해져서 **형질-기준 계통적 종**의 기준에 부합할 수 있다. 그러나 단일계통 형성이 일어나려면 시간이 걸릴 수도 있다. 처음에는 한 계통이 또는 두 계통 모두가 측계통 또는 다계통일 수도 있다(제2장; Neigel and Avise 1986 참조). 시간이 지나면 두 부분계통 모두 고유한 공유파생형질을 획득하여 **파생형질-기준 계통적 종**의 기준에 부합할 것이다. 유성생식을 하는 식물에서 진화적으로 중요한 변화가 분기 시 일어나지 않았다면, 분기된 두 계통 사이에 유전자 흐름이 일어날 수 있다. 유전자 교환에 대한 장벽, 이른바 격리기작이 진화하면 두 계통은 각각 **생물학적 종**이 된다. 배우자 인식, 교배 시스템 등에 대한 선택 등과 같이 생식력을 유지하는 특징이 진화함으로써 부분계통은 **인지적 종**의 자격을 갖춘다. 이들 계통은 유전자 전달, 유전적 부동, 자연선택으로 유지되는 뚜렷한 생태적 지위의 특화를 통해 **연합적 종**의 자격을 얻는다. 만일 특정 시점에서 그 계통의 모든 구성원이 다른 종의 개체들보다 상호간에 유전적으로 더욱 가까운 유연관계에 놓인다면, 이들은 **혈통적 종**이 된다. 이러한 변화는 서로 다른 순서로 일어날 수도 있다. 특정 종에 제시된 종의 개념(기준)은 진화의 경로 속에서 언제 그 계통이 연구되었는지에 의존할 것인데, 이는 분기 이후 일어난 특정 진화 과정에 좌우되고, 개체군 크기, 세대 시간, 그리고 그 시스템의 유전적 특징에 영향을 받는다.

종의 시간적 규모도 평가될 수 있다. 종은 공시적 또는 통시적으로 정의되거나 개념화될 수 있다. **공시적 종**(synchronic

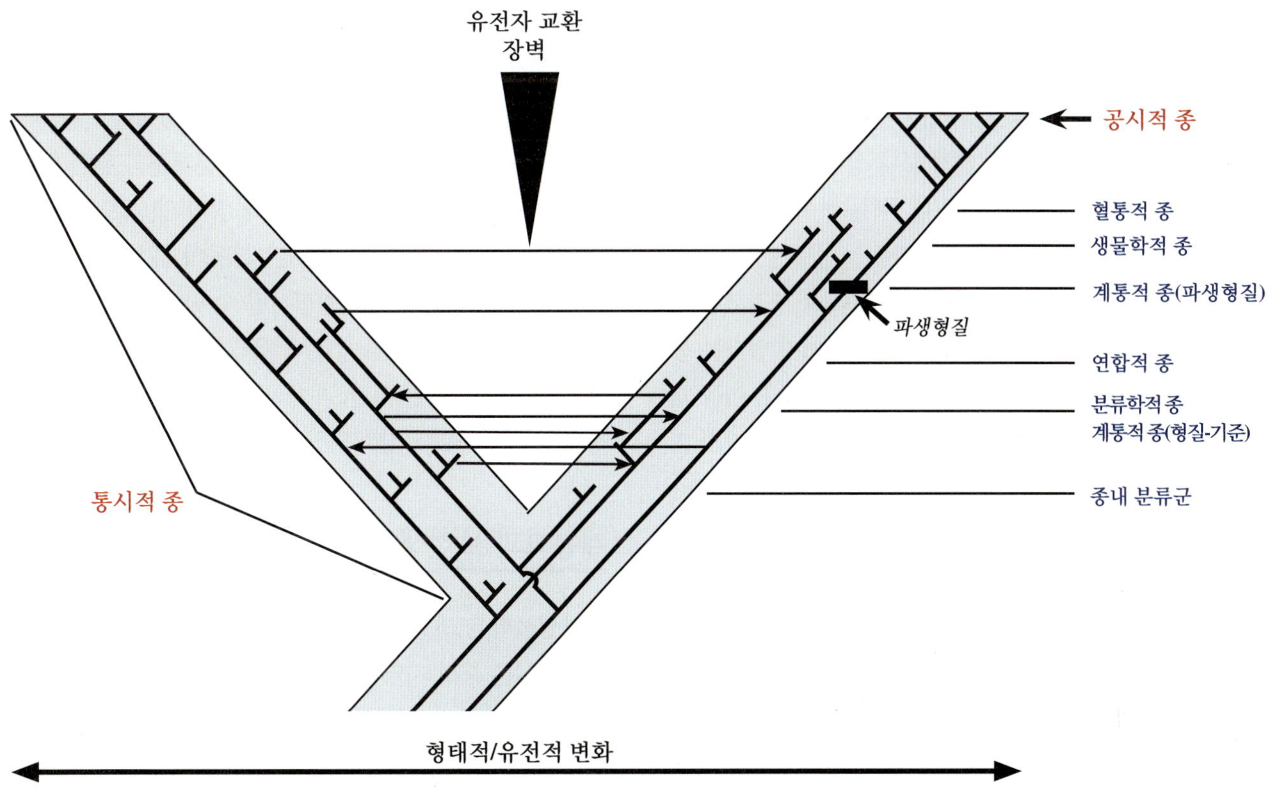

그림 14.10 진화에 따른 종의 개념 변화. 진화적 분기 초반 이후, 한 부분계통의 구성원이 식별 형질을 획득하면서 시기별로 종의 개념이 변화해 가는 것을 보여준다. (출처: Harrison 1998.)

species)은 동일한 시점에 사는, 즉 동시대 개체들의 무리이다. **통시적 종**(diachronic species)은 일정 기간 연속한 조상-자손 개체군들의 계통으로서 시간적으로 이어진 개체들의 무리를 말한다(그림 14.10). (이 부분의 요약과 계급을 지닌 분류군으로서의 종에 대한 논의는 Baum 2009 참조.)

실질적인 종의 개념

사실상 모든 계통학 연구는 **분류학적/형태적 종**의 개념에 기초하여 미리 동정하고 명명된 내군 분류군(OTU)을 선발하는 것으로 시작한다. 대부분의 종 및 종내 분류군은 그들이 다른 종(분류군)과 적어도 한 형질에 있어서 차이를 보이며, 그 형질의 변이가 종(분류군) 간에 점진적으로 연속되지 않는다고 판단하는 분류학적 연구를 통해 인식되었다. 상위 분류군에 문제가 있는지 주의를 기울인다면 기존의 분류학적 종을 상위 수준의 분석에 사용하는 것은 일반적으로 문제가 없다. 즉, 속이나 과의 계통유연관계 연구에서 이들 상위 분류군이 단계통이라는 가정을 해서는 안 되며, 따라서 이들 상위 단위에 포함되는 종들을 두루두루 수집해야 하고, 내군 밖의 분류군, 특히 과거의 분류체계에서 문제가 되었던 것들을 포함해야 한다. 결국, 대부분의 상위 분류군, 식물상 그리고 종속지 연구는 주로 분류학적/형태적 종의 개념을 활용할 것이다.

종(또는 **종 복합체**—매우 유사하고, 근연이라고 생각되는 종 및 종내 분류군들의 무리)에 관한 보다 상세한 연구는 더욱 복잡한 진화의 양상을 드러낼 수 있다. 예를 들어, 한 종 내의 많은 집단과 개체를 대상으로 한 분자계통수 연구는 예상하지 못한 결과를 드러낼 수 있다. 이 연구는 한 종으로 생각했던 것이 실제로는 둘 이상의 뚜렷한 분계군으로 이루어져 있다는(**동형이종**의 증거, 그림 14.9 참조) 것을 보여줄 수 있다. 이들 개체군 무리를 면밀히 조사하여 사실상 이질적인 분계군 간의 미묘한 형태적 또는 생태적 차이를 밝힐 수 있다.

만일 그 계통 하나 또는 여럿이 고유한 조합의 특징을 지닌다면, 이는 **형질-기준 계통적 종**의 정의에 부합한다. 만일 이들 특징이 공유파생형질로 밝혀지면 단계통군이 인식될 수 있는데, 이는 **파생형질-기준 계통적 종**의 정의에 부합하게 된다.

이 새로운 계통적 종에 대한 생식생물학적 연구는 유전적 근거가 있는 생식 불화합성에 의해 이 종이 다른 근연종과 생식적으로 격리되어 있다는 것을 밝혀낼 수 있다(제10장). 따라서 이 새로운 계통적 종은 **생물학적 종** 또는 (생식의 메커니즘이 유지된다면) **인지적 종**에 해당할 수 있다. 만일 이 종이 "부모"종과 독립적인 생태적 지위를 지닌다면, 이는 **연합적 종**의 정의에 부합할 것이다. 끝으로, 많은 개체군에서 많은 샘플을 사용한 상세한 유전적 연구에서 그 새로운 분계군이 혈통적으로 고유한 것으로 드러나면, **혈통적 종**의 정의에 부합한다.

종 복합체의 다른 계통들(즉, 그림 14.7A–C의 1–4)의 분류학적 위상은 위에 설명한 기준에 의해 독립적으로 파악할 수 있다. 이들 역시 상호 단계통군으로 결론내릴 수 있고, 생물학적, 인지적, 연합적 또는 혈통적 종의 개념의 정의에 부합하는지의 여부를 평가할 수도 있다. 그러나 자연에서 실제적인 가능성은 본래 종, 이 경우 종*X*를 제외한 나머지가 단계통군을 이룬다고 말하기 어렵다는 것이다. 이는 조상 "종"이 넓은 영역을 점하고, 이 중 일부 격리된 집단이 발견되어 신종으로 기재될 경우(예, 특이한 토양 유형에 적응하는 경우)에 흔히 일어난다. 만일 폭넓게 분포하는 잔존 개체군들이 그 새로운 격리된 종과 여전히 뚜렷하게 식별된다면, 이들 종은 형질-기준 계통적 종이라 말할 수 있다. 그렇지 않을 경우, 그 남은 개체군들은 메타종(만일 단계통이거나 측계통이 아니라는 연구결과가 있을 경우)이거나 측계통종으로 부를 수 있다. 이 경우 상세한 연구를 통해 이들 메타종이나 측계통종을 추가적인 단위로 세분하는 것의 효율성과 확실성을 평가한다. 그러나 그들 단위는 가급적이면 형태적으로 명확히 식별할 수 있어야 한다.

요약하면, 개체, 개체군, 계통 또는 분계군의 유연관계를 상세히 연구하는 것은 생물 진화의 과정과 양상 모두를 통찰하게 한다. 인지된 자연의 실재들은 그들의 특성을 평가하여 하나 또는 여러 종의 정의에 결합시킬 수 있다. 이들 실재가 어떤 "종"에 해당할지는 이들에 관해 우리가 얼마나 아는지 그리고 분기 이후에 경과한 시간, 개체군의 크기 그리고 생활환의 특징과 같은 진화의 과정과 양상에 달려 있다.

계통학과 보전생물학

보전생물학은 생물다양성의 보존에 관한 생물학 분야이다. 생물다양성은 특정 지역 내의 생물 전체에 관심을 두며, 여러 방법으로 계산하거나 파악할 수 있다. **종풍부도**(species richness)는 특정 지리적 영역 내에 존재하는 종의 수를 단순히 센 것이다. 예를 들어, 총 63종의 식물이 있는 어떤 초지는 총 48종이 존재하는 숲에 비해서 종풍부도가 더 높다. 일반적으로 종풍부도는 대상 지역의 면적을 중심으로 비교한다. **종균등도**(species evenness)는 종의 수뿐만 아니라 이들이 그 지역 내에 얼마나 균등하게 분포하는지도 고려한다. 분포의 균등도는 특정 지역 내의 개체의 수 또는 피도, 밀도, 빈도, 종의 중요도와 같은 생태적 요인에 따라 측정한다. 예를 들어, 두 지역 또는 생육지에 같은 수의 종이 있을 경우, 이들 종이 보다 균등하게 분포하는 곳은 소수의 종이 우점하고 나머지는 드문드문 존재하는 곳에 비해 균등도가 더 높다.

생물체는 생존을 위해 생물학적 및 비생물학적 환경에 의존하기에 보전생물학은 생물체뿐만 아니라 그들의 생육지 보존도 다루어야만 한다. 보전생물학은 종합적인 학문으로 계통학, 생태학, 지리학, 지질학, 지구화학 분야를 모두 아우른다(Cracraft 2002 참조).

계통학의 목표와 보전생물학

식물계통학은 보전생물학과 어떻게 관련될 수 있을까? 계통학이 보전생물학에 가장 중요하게 영향을 미치는 것들로는 분류군 식별, 식물상 조사, 분류군의 희귀성 평가, 계통학적 정보를 사용한 종 보존 여부 결정이 있다.

식물계통학이 보전생물학에 일차적으로 영향을 끼치는 것은 **분류군 식별**이다. 계통학자와 분류학자는 종 및 종내 분류군을 궁극적으로 명명하고 범주화하는 사람들이다. 이는 특정 분류군이 멸종위기에 처했는지 또는 멸종이 우려되는지 평가함에 있어서 결정적인 요소이다. 예를 들어, 넓은 지역에 흔하게 자라는 종의 분포범위 안에서 희귀하고 격리되어 있으면서 형태적 또는 유전적으로 독특한 개체군을 식물상 연구를 통해 발견할 수 있다. 이때 계통학적 연구를 통해 이들 희귀 개체군을 평가해서, 이를 별개의 종이나 종내 분류군으로 분류해야 할지를 결정해야 한다. (반대로 그 동안 희귀 분류군으로 생각했던 것이 상세한 연구를 통해 흔한 분류군의 자연적 변이이며, 따라서 별개의 분류군으로 인식하는 것이 부당하다는 것을 확인할 수도 있다.) 종 복합체에 관한 상세한 분자적 연구는 동형이종의 예와 같이(그림 14.9), 보전 가치가 있는 진화 단위를 추가로 밝혀낼 수도 있다. 이것을 새로운 종 또는 종내 분류군으로 명명하거나(제12장) 또는 유전적으로 독특한 개체군으로 인식하여 보전관련 목록의 대상으로 고려할 수도 있다.

계통학이 보전에 영향을 미치는 두 번째 방법은 **식물상 조사**를 통해 특정 지역에 어느 식물종과 종내 분류군이 출현하는지 밝혀내는 것이다. 도(道)와 같이 넓은 지역에 대한 연구는 자생종과 귀화종을 포함한 식물 분류군의 지리적 범위와 생물다양성을 파악하는 출발점이다. 이들 식물상 연구는 종 및 종내 분류군의 **분포범위**에 관해 소중한 정보를 제공한다. 외래 분류군의 범위에 관한 정보는 외래종이 자생 분류군의 생물다양성에 부정적 영향을 끼치는 경우가 흔해서 특히 중요하다. **격리** 개체군은 그 분류군 내 여타 구성원의 분포 범위를 훨씬 벗어나 출현하는 것을 말한다. 격리 개체군은 유전적 또는 형태적으로 독특하여 때로는 별개의 분류군으로 인지되는 경우가 있기 때문에 연구가 특히 중요하다. 식물상 연구는 그 식물이 그 지역의 **고유식물**(특산식물)인지, 즉 특정 제한된 지리적 장소에만 자연적으로 서식하는지를 파악하는 기초가 된다. 전체적 다양도 및 고유성이 높은 지역을 생물다양성 "핫스폿(hot spot)"이라 한다(Myers 1988, 1990; Myers et al. 2000).

더 작은 지역, 예를 들어 민감한 서식지에 대한 상세한 조사는 식물 분류군의 개체 수, 개체군 수, 지리적 및 생태적 범위에 관한 정보까지 제공한다. 그러나 식물상 조사의 신뢰성과 진실성은 담당 연구자의 경험에 전적으로 좌우된다. 식물상 조사는 단지 목록이어서는 안 되고 확증표본을 마련해서 표본관에 소장하는 것까지 포함해야 한다(제13장). 확증표본이 있는 것만이 영구적인 기록으로 남으며, 분류전문가에 의해 그 동정이 확증될 수 있다(표본에서 얻은 DNA 연구 포함). 또한 식물상 조사는 계절별로 골고루 그리고 건기와 우기를 포함하여 1년 넘게 진행하여 그 지역의 온전한 식물 목록이 나올 수 있도록 이루어져야 한다.

계통학이 보전에 영향을 미치는 세 번째 방법은 **분류군의 희귀성** 평가이다. 희귀성 평가는 대개 식물전문가의 상세한 기록과 관찰 및 지역 식물상에 관한 정보 기록을 포함하는 식물상 조사로부터 시작한다. 요즘은 야외 채집물에 대한 데이터베이스가 증가하여 특정 종의 채집품의 전체 수를 즉각적으로 취합하고 지도로 시각화할 수 있다. 이들 기록에 관한 후속 연구를 통해 그 분류군이나 개체군이 여전히 존재하는지 확인해야 한다. **절멸**(extinct) 종 또는 분류군은 야생에서 더 이상 존재하지 않는 것을 말한다. **지역절멸**(extirpated) 종 또는 분류군은 그 생육 범위의 특정 지역에서는 절멸했지만 다른 지역에는 존재하는 것을 말한다. 희귀하거나 역사적으로 중요한 개체군에 대해서는 생존하고 있는 개체의 수를 잘 추산하는 것이 중요하다. 끝으로, 생태적 또는 생식적 연구를 통해 그 식물종이 특정 생태계에서 차지하는 중요성 또한 평가할 수 있다. 예를 들어, 한 생태계의 **핵심종**(keystone species)은 그것이 없어질 경우 다른 종들도 사라지는 것을 직간접적으로 유발하는 것이다.

계통학자와 생태학자는 현존 개체군에 대한 위협의 평가와 함께 생물다양성의 존재와 빈도 자료를 활용하여 분류군 희귀성에 대한 공식적인 사정(assessment)과 이들 분류군을 보호하기 위한 법적 지위 지정을 제안한다. 예를 들어, 미국 연방 멸종위기종 법률에 의하면 **멸종위기**(endangered) 분류군(종, 아종 또는 명백히 구분되는 개체군)이란 그 지리적 범위의 전체 또는 현저한 부분이 가까운 미래에 우연한 요인(들)에 의해 절멸하게 될 위험에 처해 있는 것을 말한다. **멸종위협**(threatened) 분류군이란 그 지리적 범위의 전체 또는 일부분이 가까운 미래에 우연한 요인(들)의 반복에 의해 절멸될 가능성이 높다고 여겨지는 것을 말한다. 이 멸종위기종법은 멸종위기 및 멸종위협 종의 지속적인 생존을 위태롭게 하거나 아주 중요하다고 판단된 종의 서식지를 파괴하거나 변형시키는 연방정부단체의 활동을 금지한다.

계통학이 보전생물학에 도움을 줄 수 있는 네 번째 방법은 **계통수 연구**를 통해 얻은 정보를 활용하여 제한된 예산을 갖고서 어떤 분류군을 우선적으로 보전할 것인지 알려주는 것이다. 예를 들어, **그림 14.11**A의 계통수에서 분류군 *A*는 독특한 계통학적 위치를 차지하여 이 그룹 내 모든 분류군의 자매군임을 보여준다. 이와 대조적으로, *B*–*Q* 그룹의 각 분류군은 계통유연관계에 있어서 동등하다. 따라서 독특한 계통 발생의 역사를 지니며, 오랜 과거의 잔존 계통으로부터 크게 변화하지 않은 자손을 지닐 가능성이 있는 분류군 *A*는 분류군 *B*–*Q*에 비해 더 우선적으로 보전될 필요가 있다(예, 은행나무). 만일 시간 척도가 포함된 보다 깊은 연구를 진행한다면 진화적 분기율도 추정할 수 있다. 예를 들어, 그림 14.11B의 계통수에서 분류군 *B*–*I*와 분류군 *J*–*Q*는 대조적이다. 후자의 그룹은 더 빠른 종분화율로 최근에 기원했고, 따라서 우선적 보호를 받을 자격이 있다. 끝으로, 고유한 파생형질을 지닌 *D*와 같은 분류군을 중요하게 취급할 수도 있다. 유전적 신특징(예, 이 그룹에서는 새로운 염색체 수) 또는 그 생태계에서 중요한 주요 적응형질(예, 새로운 공생관계) 등을 포함하는 이들 파생형질은 보존가치가 있을 수 있다.

계통유연관계 그리고 지리적 분포와의 상관관계는 어떤 지역을 우선 보전할 것인지를 결정하는 데 사용될 수 있다. 예를 들어, 오랜 과거의 계통들(고고유종, paleoendemics) 혹은 비교적 최근에 진화한 계통들(신고유종, neoendemics)을 대표하는 고유종들을 표로 정리하면 이들이 집중적으로 분포하는 지역을 밝혀낼 수 있다. 전자는 옛날의 독특한 잔존종이 분포

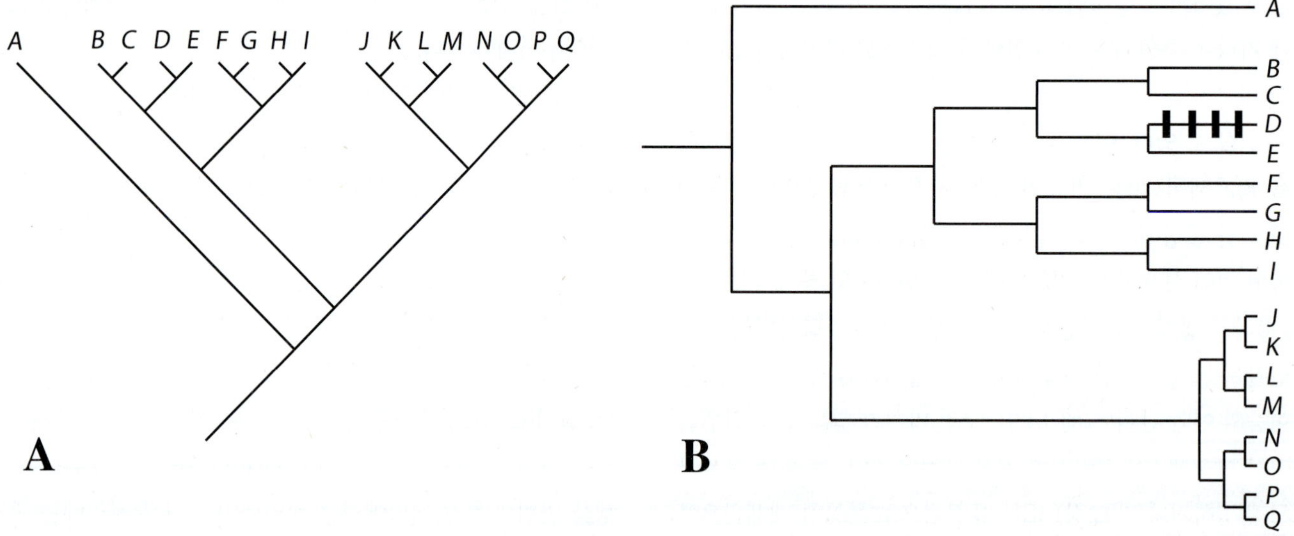

그림 14.11 **A.** 초기에 기부에서 갈라진 부분계통이 잠재적 고고유종을 나타내는 종 *A*가 된 것과 종 *B*–*Q*가 서로 비슷한 방식으로 분지해나간 것을 보여주는 계통수. **B.** 같은 종의 계통도로서 시간 개념이 표현되어 있음. 분류군 *B*–*I*로 된 계통들의 분기는 일찍이 일어났고, 분류군 *J*–*Q*로 진화한 계통은 나중에 빠르게 다양화하였다. 후자는 신고유종에 해당한다. 분류군 *D*는 적응진화에 중요한 파생형질을 지니고 있다.

하는 지역으로서 보전의 우선순위를 가질 수 있다. 후자는 종분화가 활발히 일어나는 지역으로서 우선권을 지닐 수도 있다. 보전 지역의 선별은 어렵고 많은 요인을 고려해야 하지만, 계통수 정보는 현명한 결정에 도움을 줄 수 있는 자료를 제공한다(Moritz 2002 참조).

보전생물학과 사명감

종은 놀랄만한 속도로 사라지고 있는데, 특히 열대우림에서 그러하며, 다른 생태계도 마찬가지이다. 따라서 계통학자들이 시급히 집중해야 하는 것은 지구의 생물을 문서화하는 것이다. 식물계통학자에 의한 식물상 조사나 기타 연구는 특정 지역, 서식지, 생태계의 식물 조성에 관한 정보를 제공할 것이다. 이 정보는 현명한 판단을 내리는 데 필요한 우리의 생물다양성 관련 지식을 증가시킬 것이다. 불행하게도, 어떤 지역에 대한 식물 연구는 영구적인 훼손이 있기 이전에 단지 그곳에 어떤 종이 있었는지를 발견하는 데 그칠 수 있다. 그러나 종자 등 번식체의 보존과 DNA의 저장은 이들 식물에 대한 연구 그리고 이들을 복원하여 재도입할 가능성이 있는지에 대한 연구를 가능하게 할 것이다.

생물다양성을 왜 지켜야 하는가? 첫째, 심미적 이유 때문이다. 우리는 자연을 탐구하고 관찰하는 데서 많은 즐거움을 누린다. 우리 자신과 미래 세대의 즐거움을 위해 자연 세계를 보존하고 가꿔야 할 가치가 있다. 철학적 측면에서, 지구 상의 모든 생물체는 존재할 자격이 있다. 인간만이 가장 중요하고 다른 생물체는 소중하지 않다고 생각하는 것은 인간중심적 우월주의다. 둘째, 경제적 중요성 때문이다. 많은 식물 종은 인간에게 막대한 경제적 중요성을 지니고 있을 수 있다. 아직 발견되지 않았거나 활용되고 있지 않는 식물이 미래의 식량, 섬유, 연료, 고무, 목재 등의 원료로서 중요할 수 있다. 이들 중 상당수는 약으로 이용하거나 이용할 수 있다. 사실상, 모든 약의 25%가 알칼로이드나 글리코사이드와 같은 식물 화합물에서 직간접적으로 유래한 것으로 추산되며, 이 가운데 비교적 소수에 대해서만 약리적 특성이 연구되었다. 잠재적 약용 가치를 지닌 식물은 틀림없이 더 많이 있다. 셋째, 유전적 다양성의 유지 때문이다. 주요 재배 농작물의 근연 자생종은 교배나 유전공학을 통하거나 혹은 직접적으로 질병저항성, 산출량 증대, 식품의 질 향상과 관련된 유용 형질의 유전자 제공에 중요하다.

지구의 생명다양성 보존에 관심이 있다면, 학생이든 교수든 그것을 삶의 최우선 순위로 두는 것은 우리들 각자의 몫이다. 우리는 더 많은 계통학자를 교육하여 아직 남아 있는 생물다양성을 기재하고, 기록하고, 지도상에 나타낼 수 있다. 자생식물과 외래식물 모두를 기록하는 것도 중요하다. 종의 채집품을 유지하는 표본관, 식물원, 동물원, 박물관뿐만 아니라 이러한 교육 노력에 더 많은 돈이 지원될 수 있도록 협력할 수도 있다. 또한 멸종위기종, 취약한 환경의 지역 고유종, 고고유종인 "잔존종" 또는 최근의 종분화를 보여주는 신고유종 등의 식물군을 우선적으로 연구하도록 연구 프로그램의 우선순위를 조정할 수 있다. 종 복합체 구성원의 계통유연관계를 이해함으로써, 이들이 특정 환경에 어떻게 적응했는지 알아볼 수도 있고, 이를 통해 멸종위기 분류군의 관리에 도움을 줄 수 있다. 생식생물학에 관한 이해는 생태계의 핵심 요소인 수분매개자를 생각하게 함으로써 식물의 보존을 도울 수 있으며, 이런 지식은 경제적으로도 중요할 수 있다. 교수들은 가끔씩이라도 "상아탑"으로부터 내려와 그들이 전문성을 지니고 있는 희귀, 멸종위협, 멸종위기 분류군의 보전관련 목록을 작성하는 일을 해야 한다. 그리고 아마 가장 중요한 것은 자연, 보전 그리고 생물다양성에 관해 사람들을 힘써 가르치며, 자연 세계를 존중하고 즐기는 아름다운 마음을 배양하는 일일 것이다.

복습문제

종

1. 유전자 전달이란 어떻게 정의할 수 있는가?
2. 육상식물의 반수체이배체 생활환의 모식도를 여러 세대에 걸쳐 일어나는 유전자 전달과 관련하여 그리시오.
3. 이 유전자 전달에 대하여 선류, 양치류, 구과류 및 일년생 현화식물이 어떤 차이를 보이는가?
4. 식물은 무성생식을 어떻게 수행할 수 있는가?

5. 계통이란 무엇인가?
6. 개체유연관계와 계통유연관계는 무슨 차이가 있는가?
7. 부분계통과 분계군의 차이는 무엇인가?
8. 종 계통수와 유전자 계통수의 관계는 어떠한가?
9. 단일계통 형성이란 무엇인가? 단일계통 미형성은 어떤 것이며, 그 결과는 무엇인가?
10. 유전자이입, 잡종화, 배수체화를 정의하라. 식물 진화에서 이들의 중요성은 무엇인가?
11. 계통지리가 의미하는 바는 무엇이며, 이를 위해 어떤 방법론을 사용하는가?
12. 생물학적 종의 개념을 정의하시오.
13. 교잡 전, 교잡 후, 접합 후 유전자 교환 장벽에는 어떤 것들이 있나?
14. 생물학적 종의 개념과 다르게 인지적 종의 개념에서 강조하는 것은 무엇인가?
15. 연합적 종의 개념은 무엇이며, 이것은 어떻게 유지되는가?
16. 진화적 종의 개념은 어떻게 정의하는가?
17. 분류학적/형태적 종이란 무엇인가? 왜 이들이 종을 파악하는 출발점이 되는가?
18. 계통적 종이란 무엇인가? 이들을 정의하는 두 가지 방법은 무엇인가?
19. 메타종의 개념을 설명하시오. 측계통종과 어떻게 다른가?
20. 측계통종이 자연에서 흔하지 않을 것으로 생각되는 이유는?
21. 혈통적 종이란 무엇인가? 무성생식종은?
22. 동형이종을 정의하시오. 어떻게 하면 이들을 밝힐 수 있는가?
23. 종내 분류군이란 무엇이며, 이 중 가장 흔한 두 계급은 어떤 것인가?
24. 종내 분류군이 보이는 세 가지 진화 과정은 무엇인가?
25. 종이 겪는 진화 과정을 상세히 기술하면서 여러 종의 유형이나 개념들이 어떻게 중첩되고 전이해 나가는지 명시하시오.
26. 공시적 종과 통시적 종을 구분하시오.
27. 식물계통학 연구에서 종을 실제로 어떻게 평가하는지 재검토하시오.

계통학과 보전

28. 보전생물학의 관심사는 무엇인가?
29. 종풍부도와 종균등도의 차이는 무엇인가?
30. 식물계통학이 보전생물학에 영향을 끼치거나 관련성을 나타내는 네 가지 방법은 무엇인가?
31. 분류군 식별이 보전생물학에 기본이 되는 이유는 무엇인가?
32. 식물상 연구가 식물의 보전에 왜 중요한가?
33. 격리란 무엇인가? 고유분류군이란?
34. 모든 식물상 조사에서 확증표본이 필수적인 이유는 무엇인가?
35. 절멸과 지역절멸의 차이는 무엇인가?
36. 핵심종이란 무엇인가?
37. 멸종위기종과 멸종위협종은 어떻게 정의하는가?
38. 계통수 연구가 보전 결정을 내림에 있어서 유용할 수 있는 예를 두 가지 제시하시오.
39. 고고유종, 신고유종이란 무엇인가?
40. 식물계통학자가 생물다양성을 지키기 위해 취할 수 있는 행동을 기술하시오. 우리가 그렇게 해야 할 도덕적 의무가 있는지 자

신의 생각을 기술하오.

실습과제

1. 계통학 관련 학술지에서 신종 기재 다섯 개를 찾고, 그 논문에 서술된 종의 정의에 관한 개념이나 논거를 확인하시오.
2. 종내 분류군이 둘 이상 존재하는 종의 표본들을 펼쳐놓으시오. 형태적 불연속성, 분류군간 점진적 형태변이, 지리적 범위, 서식지 차이와 관련하여 이들 종내 분류군을 평가하시오. 이들 종내 분류군의 계급이 적절한지, 이것이 생물학적으로 무엇을 의미하는지 알아보시오.
3. 우리 주변에서 사는 희귀종, 멸종위협종 또는 멸종위기종을 선발한다. 분류학적 처리로부터 이들 종이 근연종과 어떻게 다른지 알아내고 이들을 별개의 종으로서 분류하는 것에 대해 평가하시오.

참고문헌

Avise J. C. and R. M. Ball 1990. Principles of genealogical concordance in species concepts and biological taxonomy. Oxford Surveys in Evolutionary Biology 7: 45-67.

Baldwin, B. G. 2000. Roles for modern plant systematics in discovery and conservation of fine-scale biodiversity. Madroño 47: 219-229.

Baum D.A. 2009. Species as ranked taxa. Systematic Biology 58: 74-86.

Baum D. A., Shaw K. L. 1995. Genealogical perspectives on the species problem. In: P. C. Hoch and A. G. Stephenson (eds.), Experimental and molecular approaches to plant biosystematics. Pp. 289–303. Missouri Botanical Garden Press, St. Louis.

Clausen, R. T. 1941. On the use of the terms "subspecies" and "varieties". Rhodora 43:157-167.

Cronquist, A. 1988. The Evolution and Classification of Flowering Plants. Ed. 2. New York Botanic Garden, New York.

de Queiroz K., and M. J. Donoghue. 1988. Phylogenetic systematics and the species problem. Cladistics. 4:317–338.

de Queiroz K. 1998. The general lineage concept of species, species criteria, and the process of speciation: a conceptual unification and terminological recommendations. In: Howard D.J., Berlocher S.H. (eds.), Endless forms: species and speciation. Pp. 57-75. New York: Oxford University Press.

Donoghue, M. J. 1985. A critique of the biological species concept and recommendations for a phylogenetic alternative. The Bryologist 88: 172-181.

Erwin, T. L. 1991. An evolutionary basis for conservation strategies. Science 253: 750-752.

Faith, D. P. 1992. Conservation evaluation and phylogenetic diversity. Biological Conservation 61:1-10.

González-Orozco, C. E., Laura J. Pollock, Andrew H. Thornhill, Brent D. Mishler, N. Knerr, Shawn W. Laffan, Joseph T. Miller, Dan F. Rosauer, Daniel P. Faith, David A. Nipperess, H. Kujala, S. Linke, N. Butt, C. Külheim, Michael D. Crisp, and B. Gruber. 2016. Phylogenetic approaches reveal biodiversity threats under climate change. Nature Climate Change 6:1110.

Hamilton, C. W., and S. H. Reichard. 1992. Current practice in the use of subspecies, variety, and forma in the classification of wild plants. Taxon 41: 485-498.

Harrison, R. G. 1998. Linking evolutionary pattern and process: the relevance of species concepts for the study of speciation. In: D. J. Howard and S. H. Berlocher (eds.), Endless forms: species and speciation. Pp. 19-31. Oxford University Press, New York.

Heywood, V. H., R. K. Brummitt, A. Culham, and O. Seberg. 2007. Flowering Plant Families of the World. Royal Botanic Gardens, Kew, Richmond, Surrey.

Kling, M., M., B. Mishler, D., A. Thornhill, H., B. Baldwin, G., and D. Ackerly, D. 2019. Facets of phylodiversity: evolutionary diversification, divergence and survival as conservation targets. Philosophical Transactions of the Royal Society B: Biological Sciences 374:20170397.

Knowles, L. L. 2008. Why does a method that fails continue to be used? Evolution 62: 2713-2717.

Knowles, L. L. and W. P. Maddison. 2002. Statistical phylogeography. Molecular Ecology 11: 2623-2635.

Mayr, E. 1963. Animal Species and Evolution. Belknap Press, Cambridge, Mass.

McDade, L. A. 1995. Species concepts and problems in practice: Insight from botanical monographs. Systematic Botany 20: 606-622.

Millennium Ecosystem Assessment. 2005. Ecosystems and Human Well-being: Biodiversity Synthesis. World Resources Institute, Washington, DC.

Mishler, B. D., N. Knerr, C. E. González-Orozco, A. H. Thornhill, S. W. Laffan, and J. T. Miller. 2014. Phylogenetic measures of biodiversity and neo- and paleo-endemism in Australian Acacia. Nature Communications 5:4473.

Moritz, C. 2002. Strategies to protect biological diversity and the evolutionary processes that sustain it. Systematic Biology 51:238-254.

Myers, N. 1988. Threatened Biotas: "Hot Spots" in Tropical Forests. The Environmentalist 8: 187-208.

Myers, N. 1990. The Biodiversity Challenge: Expanded Hot-spots Analysis. The Environmentalist 10: 243-256.

Myers, N., R. A. Mittermeier, C. G. Mittermeier, G. A. B. da Fonseca, and J. Kent. 2000. Biodiversity hotspots for conservation priorities. Nature 403:853-858.

Neigel, J. E. and J. C. Avise. 1986. Phylogenetic relationships of mitochondrial DNA under various demographic models of speciation. In: S. Karlin and E. Nevo (eds.), Evolutionary Processes and Theory. Pp. 515-534. Academic Press, New York.

Nixon K. C., Wheeler Q. D. 1990. An amplification of the phylogenetic species concept. Cladistics 6: 211–223.

Olmstead, R. G. 1995. Species concepts and plesiomorphic species. Systematic Botany 20: 623-630.

Paterson, H. E. H. 1985. The recognition concept of species. In: E. S. Vrba (ed.), Species and Speciation. Pp. 21-29. Transvaal Museum, Pretoria.

Soulé, Michael E. 1990. The real work of systematics. Annals of the Missouri Botanical Garden 77: 4-12.

Stebbins, G. L. 1950. Variation and evolution in plants. Columbia University Press,

Systematics Agenda 2000:Charting the Biosphere. 1994. Technical Report. Society of Systematic Biologists, American Society of Plant Taxonomists, Willi Hennig Society, Association of Systematics Collections. New York. [An excellent introduction to the goals and rationale of systematic studies, described as "a global initiative to discover, describe and classify the world's species." Available through SA2000, Herbarium, New York Botanical Garden, Bronx, New York 10458, USA]

Templeton, A. R. 1989. The meaning of species and speciation: a genetic perspective. In: D. Otte and J.A. Endler (eds.), Speciation and its Consequences. Pp. 3-27. Sinauer, Sunderland, Massachusetts.

Templeton, A. R. 1998. Nested clade analyses of phylogeographic data: testing hypotheses about gene flow and population history. Molecular Ecology 7: 413-418.

Templeton, A. R. 2001. Using phylogeographic analyses of gene trees to test species status and processes. Molecular Ecology 10: 779-791.

Templeton, A. R. 2004. Statistical phylogeography: methods of evaluating and minimizing inference errors. Molecular Ecology 13: 789-809.

Thornhill, A. H., B. D. Mishler, N. J. Knerr, C. E. González-Orozco, C. M. Costion, D. M. Crayn, S. W. Laffan, and J. T. Miller. 2016. Continental-scale spatial phylogenetics of Australian angiosperms provides insights into ecology, evolution and conservation. Journal of Biogeography 43:2085-2098.

Thornhill, A. H., B. G. Baldwin, W. A. Freyman, S. Nosratinia, M. M. Kling, N. Morueta-Holme, T. P. Madsen, D. D. Ackerly, and B. D. Mishler. 2017. Spatial phylogenetics of the native California flora. BMC Biology 15:96.

Turland, N. J., Wiersema, J. H., Barrie, F. R., Greuter, W., Hawksworth, D. L., Herendeen, P. S., Knapp, S., Kusber, W.-H., Li, D.-Z., Marhold, K., May, T. W., McNeill, J., Monro, A. M., Prado, J., Price, M. J. & Smith, G. F. (eds.). 2018. International Code of Nomenclature for algae, fungi, and plants (Shenzhen Code) adopted by the Nineteenth International Botanical Congress Shenzhen, China, July 2017. Koeltz Botanical Books, Glashütten.

Wiley, E. O. 1978. The evolutionary species concept reconsidered. Systematic Zoology 27: 17-26.

Williams, P. H., R. I. Vane-Wright, and C. J. Humphries. 1993. Measuring biodiversity for choosing conservation areas. In: J. LaSalle and I. D. Gauld (eds.), Hymenoptera and Biodiversity. Oxford University Press, New York.

Wilson, Edward O. and F. M. Peters (editors). 1988. Biodiversity. National Academy Press, Washington, D. C.

웹사이트

International Union for the Conservation of Nature and Natural Resources (IUCN) Red List of Threatened Species.
http://www.iucnredlist.org

Millenium Ecosystem Assessment.
http://www.millenniumassessment.org/en/index.aspx

부록 1

식물 기재

식물 기재문 작성

여기에 수록한 형질들은 식물을 상세하게 기재하기 위한 기초 자료이다. 기재의 기본적인 틀은 식물 기관(형질 목록에서 볼드체로 표하였음)을 나열하고, 그 식물 기관에 적용할 수 있는 모든 형질상태들을 나열하는 것으로, 각 형질상태는 쉼표로 분리한다. 특정 종의 경우, 모든 형질을 다 적용하지 못할 수도 있는데, 이때에는 단순히 이들 형질을 생략한다. 또한 일부 형질들은 "**꽃받침잎/꽃받침열편/외화피편**"과 같이 다중 형질명으로 수록되어 있음에 유의해야 한다. 이는 세 가지 중 한 가지만 택하라는 의도로 제공된 것으로, 예를 들어 화피의 바깥쪽 윤생렬에 꽃받침잎이 이생하면 **꽃받침잎**을, 꽃받침잎이 합생하면 **꽃받침열편**을, 화피편이면 **외화피편**을 선택하여 기재하면 된다.

식물을 자세하게 기재하는 형식은 다양하다. 일부 기재문은 "잎은 단엽, 무병성, 윤생, 난형, 전연, 무모"와 같이 간결한 전신문체 형식을 사용한다. 이러한 형식은 식물지와 같이 글을 쓸 수 있는 공간을 최우선적으로 고려해야 하는 것에서 주로 볼 수 있다. 다른 기재문은 "잎은 단엽, 무병성, 윤생, 난형, 전연이며 무모이다"와 같이 완전한 문장을 사용한다. (참고: 영문으로 기재할 때 문장의 시작에, "the"라는 관사의 사용은 선택사항으로, "The leaves are simple, sessile, whorled, ovate, entire, and glabrous"라고 쓸 수 있다.)

다음은 일반적인 제안 사항이다.

1. 오직 식물 기관만을, 수록하되 반드시 단 한 번만 하고, 그 기관에 적용할 수 있는 형질상태는 그 뒤에 나열한다. 주요 식물 기관들은 강조하기 위하여 볼드체로 쓴다. 명확히 해야 할 필요가 있는 경우를 제외하고는 구체적인 형질 이름을 나열하지 않는다.
   바르게 기재한 예: "**꽃**은 양성화, 방사대칭, 소화경성, 길이 1.5–2.2 cm(소화경 포함)..." ["꽃"은 식물 기관이고, 다른 용어들은 모두 형질상태이다.]
   잘못 기재한 예: "**꽃의 성**은 양성, **대칭성**은 방사대칭, **부착형**은 소화경성, **길이**는 1.5–2.2 cm..." ["성", "대칭성", "부착형" 그리고 "길이"는 형질들이며, 따라서 기재문에 나열하면 안 된다].
   (참고: 영문으로 기재할 때에는 "Leaf blades are elliptic, serrate, rounded at base, obtuse at apex."와 같이 기재할 수 있다. "base"와 "apex"라는 형질을 명시하여 나열한 이유는 "rounded"와 "obtuse"가 "base"와 "apex" 모두에 대해 적용할 수 있는 형질상태이기 때문이다.)
2. 주요 기관에 대한 기재는 단수 또는 복수 형태로 쓸 수 있으나, 후자의 경우 그 기관이 한 개체 내에 두 개 이상 있을 경우에 한한다. 만일 어떤 기관이 한 개체에 한 개만 있다면, 반드시 단수로 써야 한다.[1)]
   바르게 기재한 예: 잎이 많을 경우 "Leaves are trifoliate, alternate..." 또는 "The leaf is trifoliate, alternate..."로 기재할 수 있다.
   바르게 기재한 예: 만일 한 개체에 단 한 개의 총상화서가 있다면 "The inflorescence is a solitary raceme..."으로 기재한다.

---

1) 영어에서는 단수와 복수를 구분하지만, 한글 기재문에서는 이들을 구분하지 않는다.

3. 식물체 또는 식물 기관의 키, 길이, 높이 등은 미터법에 따라야 한다. 항상 약어로 써야 하는데, 밀리미터는 "mm", 센티미터는 "cm" 그리고 미터는 "m"로 쓴다. 작은 구조에는 mm와 cm를, 큰 구조에는 m를 사용한다. 1보다 작은 값을 쓰는 것을 가능한 한 피하기 위해 적당한 측정단위를 선택해야 한다. (예, "0.2–0.5 cm"보다는 "2–5 mm"로 쓴다.) 소수점 앞에는 "0.5 mm"와 같이 항상 "0"을 써주어야 한다. 자신이 무엇을 기재하고 있는 가를 명확하게 해야 한다.

   바르게 기재한 예: "꽃은 완전히 개화하면 길이 0.5–1.3 mm (소화경은 제외), 폭 2–3 mm이다."

   잘못 기재한 예: "꽃은 0.5–1.3 mm이다."

4. 변이가 심한 형질에 대해서는 변이의 폭을 기재하거나 (예, "잎은 도피침형에서 협타원형, 둔거치연에서 치아상거치연...") 또는 가장 흔한 형태를 나열하고, 예외는 대괄호 안에 기록한다(예, "잎은 삼출엽 [드물게는 5장의 소엽으로 된 우상복엽]" 또는 "잎은 길이 4–7[2.5–10] cm...").

형태 형질 목록

[주어진 분류군에 모든 형질을 다 적용시킬 수 없음에 주의하고, 특별한 구조에 대해서는 형질을 추가해야 한다.]

종/종내 학명(명명자 포함)[국명]: ______

과명: ______

생육지: ______

식물체 지속기간: ______

식물의 성(양성화주가 아닐 경우): ______

식물형: ______

식물 키: ______

뿌리 유형: ______

뿌리 기원(예. 일차근, 부정근): ______

땅속줄기 유형(특별할 경우): ______

땅속줄기 분지 양상: ______

땅속줄기 크기: ______

지상줄기형: ______

지상줄기 분지 양상: ______

수피 유형: ______

수피 피목 존재유무/형태: ______

소지 표면/형태: ______

소지 피목 존재유무/형태: ______

소지 형태/단면 형태: ______

수 유형: ______

수 단면 형태: ______

과흔 존재유무/형태: ______

엽흔 크기/형태: ______

관속흔 수/양상: ______

탁엽흔 존재유무: ______

탁엽흔 위치/형태(있을 경우): ______

정아인편 흔적 존재유무: ______

자생지: ______

눈 유형: ______

눈 방향: ______

눈 형태/크기: ______

눈 위치: ______

눈 인편 배열: ______

눈 인편 표면/재질: ______

경침 (있을 경우): ______

엽침 (있을 경우): ______

피침 (있을 경우): ______

속생지 (있을 경우): ______

잎/잎 수 (보통과 다를 경우): ______

잎 유형: ______

잎 길이/폭: ______

잎 부착형: ______

잎 탁엽 존재유무: ______

잎 지속기간: ______

잎 위치(경생성이 아닐 경우): ______

잎 배열: ______

잎 방향(구분될 경우): ______

잎 자세(구분될 경우): ______

엽병 형태: ______

엽병 색: ______

엽병 길이: ______

엽병 방향: ______

탁엽 형태: ______

탁엽 향축면 표면: ____________________
탁엽 배축면 표면: ____________________
탁엽 길이: ____________________

단엽일 경우:
엽신 색(보통과 다를 경우): ____________________
엽신 형태: ____________________
엽신 길이: ____________________
엽신 폭: ____________________
엽신 기부: ____________________
엽신 가장자리: ____________________
엽신 정단부: ____________________
엽신 정단돌기: ____________________
엽신 분할: ____________________
엽신 맥계: ____________________
엽신 향축면 표면: ____________________
엽신 배축면 표면: ____________________
엽신 재질: ____________________

복엽일 경우: ____________________
잎 전체 외형: ____________________
엽축 수(반복복엽일 경우): ____________________
소엽 수(많지 않을 경우): ____________________
소엽 배열: ____________________
소엽 엽신 형태: ____________________
소엽 엽신 부착형: ____________________
소엽 엽신 색 (보통과 다를 경우): ____________________
소엽 엽신 길이: ____________________
소엽 엽신 폭: ____________________
소엽 엽신 기부: ____________________
소엽 엽신 가장자리: ____________________
소엽 엽신 정단부: ____________________
소엽 엽신 정단돌기: ____________________
소엽 엽신 분할: ____________________
소엽 엽신 맥계: ____________________
소엽 엽신 향축면 표면: ____________________
소엽 엽신 배축면 표면: ____________________
소엽 엽신 재질: ____________________
소엽병 형태: ____________________
소엽병 색: ____________________
소엽병 길이: ____________________

소탁엽 존재유무: ____________________
소탁엽 형태: ____________________
소탁엽 향축면 표면: ____________________
소탁엽 배축면 표면: ____________________
소탁엽 길이: ____________________

화서 위치: ____________________
화서포 존재유무: ____________________
화서 유형: ____________________
화서 길이: ____________________
화서 폭: ____________________
화서 분지 방향: ____________________
화서 성: ____________________
화서 축 표면: ____________________
꽃 성: ____________________
화포 존재유무: ____________________
꽃(소화경 제외) 길이: ____________________
꽃(소화경 제외) 폭: ____________________
꽃 배열: ____________________
꽃 방향: ____________________
꽃 자세: ____________________
꽃 대칭청 (전체): ____________________
꽃 부착형: ____________________
소화경 (있을 경우) 길이: ____________________
소화경 (있을 경우) 모양(보통과 다를 경우):
포/소포 수: ____________________
포 위치: ____________________
포 길이: ____________________
포 색(보통과 다를 경우): ____________________
포 부착형: ____________________
포 형태: ____________________
포 기부: ____________________
포 가장자리: ____________________
포 정단부: ____________________
포 정단돌기: ____________________
포 분할: ____________________
포 맥 (보통과 다를 경우): ____________________
포 재질 (보통과 다를 경우)____________________
포 향축면 표면: ____________________
포 배축면 표면: ____________________
화탁 크기 (보통과 다를 경우): ____________________

화탁 형태 (명확할 경우): ______

화탁통 존재유무: ______

화탁통 형태: ______

화탁통 길이: ______

화탁통 폭: ______

화피 윤생성: ______

화피 배열 (윤생하지 않을 경우): ______

화피 유형(동종화피성일 경우): ______

꽃받침/외화피편 화아내형태: ______

꽃받침/외화피편 합착: ______

꽃받침/외화피편 대칭성: ______

꽃받침/외화피편 길이: ______

꽃받침/외화피편 색(녹색이 아닐 경우): ______

꽃받침/외화피편 향축면 표면: ______

꽃받침/외화피편 배축면 표면: ______

꽃받침/외화피편 맥계(보통과 다를 경우) ______

꽃받침/외화피편 재질(보통과 다를 경우): ______

꽃받침잎/꽃받침열편/외화피편 수성: ______

꽃받침잎/꽃받침열편/외화피편 길이: ______

꽃받침잎/꽃받침열편/외화피편 형태: ______

꽃받침잎/꽃받침열편/외화피편 기부: ______

꽃받침잎/꽃받침열편/외화피편 가장자리: ______

꽃받침잎/꽃받침열편/외화피편 정단부: ______

꽃받침잎/꽃받침열편/외화피편 정단돌기: ______

화관 유형(이종화피성일 경우): ______

화관/내화피편 화아내형태: ______

화관/내화피편 합착: ______

화관/내화피편 윤생성(일렬성이 아닐 경우): ______

화관/내화피편 색: ______

화관/내화피편 대칭성: ______

화관/내화피편 길이: ______

화관/내화피편 표면: ______

화관/내화피편 맥 (보통과 다를 경우): ______

화관/내화피편 재질(보통과 다를 경우): ______

화판/화관 열편/내화피편 수성: ______

화판/화관열편/내화피편 형태: ______

화판/화관열편/내화피편 기부: ______

화판/화관열편/내화피편 가장자리: ______

화판/화관열편/내화피편 정단부: ______

화판/화관열편/내화피편 길이: ______

화판/화관열편/내화피편 방향: ______

화판/화관열편/내화피편 자세: ______

수술 (수술군) 윤생성: ______

수술 (수술군) 수성: ______

수술 유형: ______

수술 부착형: ______

수술 위치: ______

수술 배열: ______

수술 착생형 (적용 가능할 경우): ______

수술 합착: ______

헛수술 (있을 경우) 수: ______

헛수술 (있을 경우) 위치: ______

헛수술 (있을 경우) 크기: ______

헛수술 (있을 경우) 형태: ______

수술대 형태/색: ______

수술대 길이: ______

약 부착형: ______

약 유형: ______

약열개 유형: ______

약열개 방향: ______

약 색: ______

약 길이: ______

약 형태: ______

반약 배열: ______

약격 형태 (보통과 다를 경우): ______

꽃가루 색: ______

암술군 합착: ______

화피 수술군 위치: ______

자방 위치: ______

자방 부착형 (무병성일 경우): ______

자방 색: ______

자방 길이: ______

자방 형태: ______

자방 표면: ______

암술대 수(암술 1개에): ______

암술대 위치: ______

암술대 형태/색: ______

암술대 배치/길이: ______

주두 수: ______

주두 위치: ______

주두 형태: ______

주두 표면: ______

밀선 존재유무: ______

밀선 유형/위치: ______

심피 수: ______

중앙 심피 위치(줄기 축 기준):

자방실 수: ______

태좌형: ______

태좌 형태/위치(보통과 다를 경우): ______

배주 심피당 수: ______

배주 유형: ______

배주 위치: ______

열매 유형: ______

열매 색: ______

열매 형태: ______

열매 길이/폭: ______

열매 표면: ______

종자 색: ______

종자 형태: ______

종자 길이: ______

종자 표면: ______

주병 길이: ______

주병 형태: ______

가종피 존재유무: ______

가종피 크기: ______

가종피 형태: ______

가종피 위치: ______

종자 영양 조직: ______

배 유형/크기/형태/위치: ______

자엽 위치: ______

유근 위치: ______

유묘 유형: ______

화식:

P ______ A ______ G

또는 K ______ C ______ A ______ G

주의: 각 심벌 다음에 부분들의 수를 기입할 것

P = 화피 부분들 또는 화피편의 수(바깥쪽+안쪽 열)

K = 꽃받침잎 또는 꽃받침열편의 수

C = 꽃잎 또는 화관열편의 수

A = 수술군의 수술 수(바깥쪽 + 안쪽 열)

G = 암술군의 심피 수(자방 위치 포함)

( ) = 부분의 합착 [ ] = 드물게 출현하는 부분들의 수

선택사항:

$\mathbf{K_z}$ = 좌우대칭 꽃받침; $\mathbf{C_z}$ = 좌우대칭 화관; 등

예. **K** (5) $\mathbf{C_z}$ (5) **A** 5[4] **G** (2), 하위

= 꽃받침은 합편악으로 꽃받침열편은 5개 화관은 좌우대칭, 합판화관, 화관열편은 5개 수술은 5개, 드물게 4개, 한 윤생렬에 이생 암술군은 합생심피, 심피 2개, 하위자방

예. **P** 3+3 **A** 3+3 **G** 3, 상위

= 화피는 이생화피성, 화피편은 외열에 3개, 내열에 3개 수술은 6개, 이열성, 이생, 외열에 3개, 내열에 3개 암술군은 이생심피, 심피(암술)는 3개, 상위자방

식물 기재 예

Tecomaria capensis(Thunb.) Spach, Cape-Honeysuckle(남아프리카 자생). Bignoniaceae(능소화과).

식물체는 관목, 키는 약 5 m에 달한다. **뿌리**는 목본성 주근, 측근이 많이 발달한다. **줄기**(지상성)는 정단부 화서분열조직의 발생 중지로 인해 가축성으로 심하게 분지, 가지들은 기부에서 측상향성이다. **수피**는 갈색, 활면형이거나 미세한 홈이 있고, 피목은 원형에서 수직 방향의 타원형, 폭은 1–2 mm, 가장자리가 도드라진다. 소지는 원주형, 미세유모상이다. 수는 차 있으며, 단면은 원형이다. **과흔**(과서의)은 도드라지며, 원형, 주로 두 개의 측지가 만나는 부위에 있다. **엽흔**은 약간 아래쪽으로 도드라지며, 원형, 평두이다. **관속흔**은 U-자형이다. 눈은 엽액의 것은 작고(길이 약 2 mm), 바깥쪽의 인편 2개는 줄기 축의 접선면에 놓이며, 인편은 섭합상, 피침상난형, 뚜렷한 잔 모양, 밀모상; 정아는 나출, 신장되었으며, 길이 5 mm에 달한다. **잎**은 길이 10–12 cm, 기수우상복엽, 엽병성, 무탁엽성, 상록성, 경생성, 대생-교호대생, 수평성에서 측상향성, 편평형에서 반곡형이다. **엽병**은 녹색, 원주상에서 고랑상, 길이 1–3 cm이다. **잎의 외형**은 타원형이다. **소엽**은 9[11]개, 대생한다. 측소엽은 타원형에서 광타원형, 아무병성, 길이 15–17 mm, 폭 10–14 mm, 미상예첨저에서 둔저, 간혹 의저, 기부 쪽은 흔히 전연, 정단부쪽은 예거치연에서 둔거치연, 점첨두(미두), 정단돌기는 미철두형이다. 정소엽은 광타원형, 흔히 소엽병성(소엽병은 녹색, 좁은 날개가 발달, 길이 3–13 mm), 길이 24–30 mm, 폭 15–20 mm, 설저, 기부는 전연, 정단부 쪽은 예거치연에서 둔거치연, 예두에서 점첨두, 정단돌기는 미철두형이다. 모든 소엽은 우상그물맥, 소주맥과 이차맥은 상면에서는 함몰하고 하면에서는 돌출, 대부분 무모상, 배축면 맥 연결부 모용은 주선상, 엽육성이다. **화서**는 밀추화서, 몇 개의 포가 달리는 단기산화서 또는 단정화서로 구성, 단정화서로 구성될 경우에는 두 개의 불염성 측화아 또는 두 개의 아기부성 포가 있다(기산화서의 흔적). **꽃**은 양성화, 길이 약 50 mm, 폭 약 25 mm, 대생, 상밀착성, 반곡형, 좌우대칭, 소화경성이다. **소화경**은 길이 약 7 mm, 원주형이다. **포**는 1개, 각 단위화서를 끼워 싸고 있으며, 길이 1–5 mm, 피침형, 정단돌기는 미철두형이다. **소포**는 2개, 아기부성, 단기산화서일 경우 측화를 끼워 싸고 있다. **화피**는 이열성, 이종화 피성이다. **꽃받침**은 합편악, 방사대칭, 길이 약 5 mm이다. **꽃받침열편**은 예두, 정단돌기는 미철두형, 길이 약 1 mm이다. **화관**은 합판화관, 주황색, 좌우대칭, 판인이 확장된 분상-순형화관, 길이 약 45 mm, 반곡형, 내면은 유모상이다. **화관열편**은 5개(상부 2개, 측부 2개, 하부 1개), 장타원형에서 타원형, 원두에서 요두, 길이 7–12 mm, 폭 5–7 mm, 화서축에 대해 측상향성에서 수평성, 반곡형이다. **수술**은 4개, 염성, 일렬성, 화사형, 화판상생, 이강웅예, 화판호생, 돌출형, 이생웅예이다. **헛수술**은 1개, 중-후방에 위치, 퇴화되었으며, 길이 약 10 mm에 달한다. 수술대(염성 수술의)는 원주형, 황색-주황색, 길이 35–40 mm이다. 약은 정자착, 저착, 종개, 내향 열개(성숙하면 하향 열개), 길이 약 3 mm, 반약은 수평성이다. **화분**은 주황색이다. **암술군**은 합생심피성이다. **화피/수술군 위치**는 자방하생이다. **자방**은 상위, 녹색, 길이 4–5 mm, 협장타원형, 무모상이다. **심피**는 2개이다. **자방실**은 2개이다. **태좌형**은 중축성측벽태좌이다. **배주**는 다수이다. 화주는 1개, 정생, 정단부는 반곡형, 자주색–갈색이다. 주두는 2개, 난형, 수평성에서 상밀착성이다. 밀선은 밤색, 도너츠 모양, 자방 기부를 감싼다. **열매**는 갈색, 포배열개삭과(숙존하는 박격벽이 있음), 협장타원형, 길이 약 6 cm, 폭 약 1 cm에 달한다. **종자**는 편평, 노란빛이 도는 투명한 날개에 둘러싸이고, 길이 약 15 mm, 폭 8 mm(날개 포함), 몸체는 거의 원형, 직경은 약 6 mm이다.

화식: **K** (5) **C** (5) **A** $2+2+1_{\text{헛수술}}$ **G** (2), 상위.

부록 2

식물학적 도해

식물학적 도해는 식물 또는 식물 부분들에 대한 선화(line drawing) 또는 그림을 제작하여 보여주는 것을 말한다. 사진 촬영이 이미지 기록을 위한 첫째 수단이긴 하지만(그리고 야외와 실험실에서는 적극 권장되지만), 도해야말로 식물계통학 연구의 중요한 요소이며, 기재된 특징에 대한 (증거)자료로서 출판 과정에서 주로 요구되는 것이다. 또한 도해는 특징을 세심하면서도 완벽하게 관찰하는 것을 장려하는 중요한 교육 수단이다. 조사자들은 때로 그림을 그리는 과정을 통해 더 많은 것을 보고 더 자세히 알게 된다.

식물계통학 연구에서 도해는 거의 대부분 선화이다. 선화는 주로 연필로 그리기 시작하는데, 개인적 관찰과 자료 수집을 위해서라면 그 자체로도 충분하다. 출판을 위한 양질의 도해를 위해서는, 연필 그림을 검정 잉크로 다시 그려야 하며, 음영이 있는 입체적 그림을 위해 점을 찍어야 한다(**그림 A2.1** 참조). 한편, 그래픽 소프트웨어를 이용해서 컴퓨터로 그림자가 있는 선화를 그릴 수도 있다.

연필 선화를 위해서 필요한 기본적인 도구들로는 2H 또는 3H 연필, 고급 지우개, 도화지(일반적인 백지에서부터 전문가용 종이까지) 등이 있다. 클립보드나 전문가용 제도판은 종이를 움직이지 않게 하는 데 도움이 된다. 그림은 (장치 없이) 맨손으로 그릴 수도 있지만, 좀 더 세밀한 그림을 위해서는 드로잉 튜브가 달린 카메라-루시다 장치를 이용할 수도 있다. 이 광학 도구는 그리고자 하는 물체뿐만 아니라 그림을 그리는 손과 연필을 모두 볼 수 있게 함으로써 물체의 특징을 쉽고 빠르게 따라 그리도록 해준다. 연필 선화는 전체 기관/부분과 각 구성 요소의 윤곽선으로 구성된다. 선은 명확하고 정밀해야 한다. 좀 더 어두운 물체에 한해서 연필로 가볍게 최소한의 음영을 넣는다.

그림에는 반드시 라벨을 정확하게 붙여야 한다. 여기에는, (1) 분류군의 이름과 관찰 재료(예, 확증표본에 대한 참고 자료), (2) 화살표나 선과 함께 관련 용어를 제시한 구조명칭 등이 포함된다. 미터법에 따른 확대비율 막대선이 각 그림마다 수반되어야 한다. 단순히 배율(예, "25×"을 표시하는 것보다 비율 막대선(예, "5 mm"이 훨씬 더 좋은데, 이는 그림을 확대하거나 축소하여도 그림과 막대선의 비율은 그대로 유지되기 때문이다. 그림의 크기는 나중에(잉크로 그리고, 점을 찍은 다음에) 약 50-75% 정도로 축소하게 될 것을 고려해서 정하는데, 그렇게 해야 최종 그림이 좀 더 선명해진다.

무엇을 그릴 것인가?

식물 형태를 완벽히 도해하기 위해서는 다음 사항에 대한 그림들이 포함되어야 한다(그림 A2.1): (1) 식물의 생육형, 분지 양상 그리고 전반적인 형태를 보여주는 저배율의 식물 전체; (2) 줄기에 잎이 붙은 양상을 보여주는 한 장 또는 몇 장의 잎; (3) 정면, 경사면 그리고/또는 측면에서 바라본 꽃; (4) 중심부를 종단한 꽃; (5) 수술과 약을 확대하여 본 수술군; (6) 암술군; (7) 자방 종단면 그리고/또는 횡단면; (8) 기타 중요한 꽃 부분을 확대한 것.

식물 부분의 실상을 그리는 것에 더하여, 부분의 상대적인 위치를 도해한 모식도를 그릴 수 있다. 화식도(그림 A2.1H, **그림 A2.2**)는 화피의 부분들, 수술 그리고 암술/심피의 상대적 위치, 화아내형태 그리고 합착 상태를 보여준다. 꽃 부분의 상

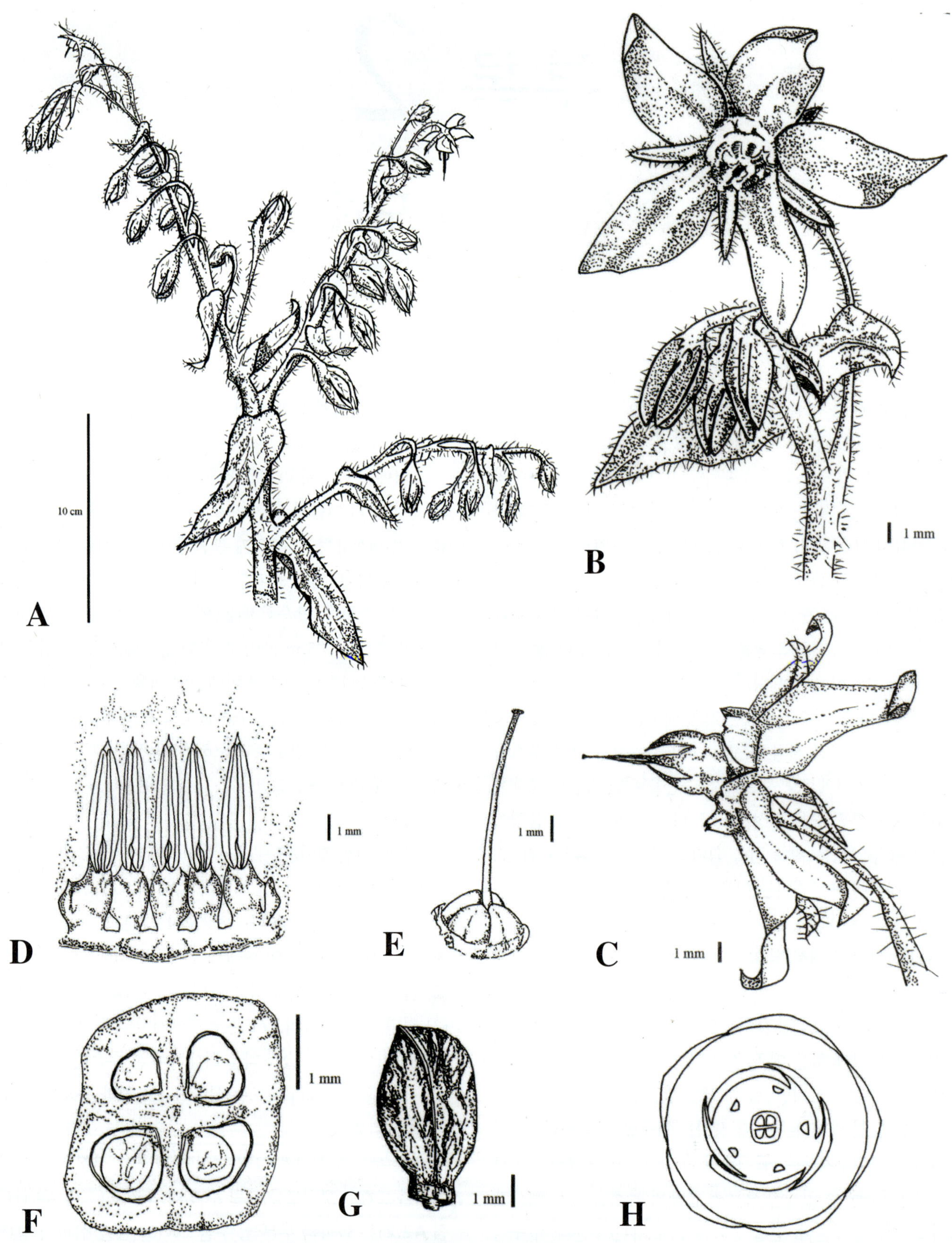

그림 A2.1 도해 예. 음영과 확대비율 막대선을 보여준다. *Borago officinalis*. **A.** 전체 화서 및 잎. **B.** 꽃, 정면. **C.** 꽃, 측면. **D.** 수술군, 펼쳐 놓은 상태로, 향축면을 보여줌. **E.** 암술군. **F.** 자방 횡단면, 자방 기부. **G.** 열매. **H.** 화식도. (식물계통학 강좌를 수강했던 학생, Dinna Estrella 제공.)

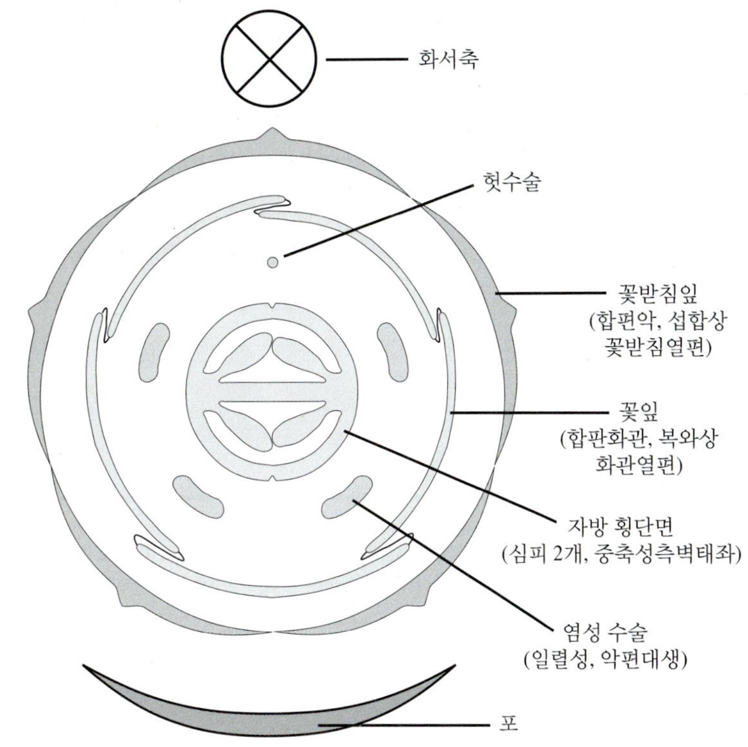
화서축
헛수술
꽃받침잎
(합편악, 섭합상
꽃받침열편)
꽃잎
(합판화관, 복와상
화관열편)
자방 횡단면
(심피 2개, 중축성측벽태좌)
염성 수술
(일렬성, 악편대생)
포

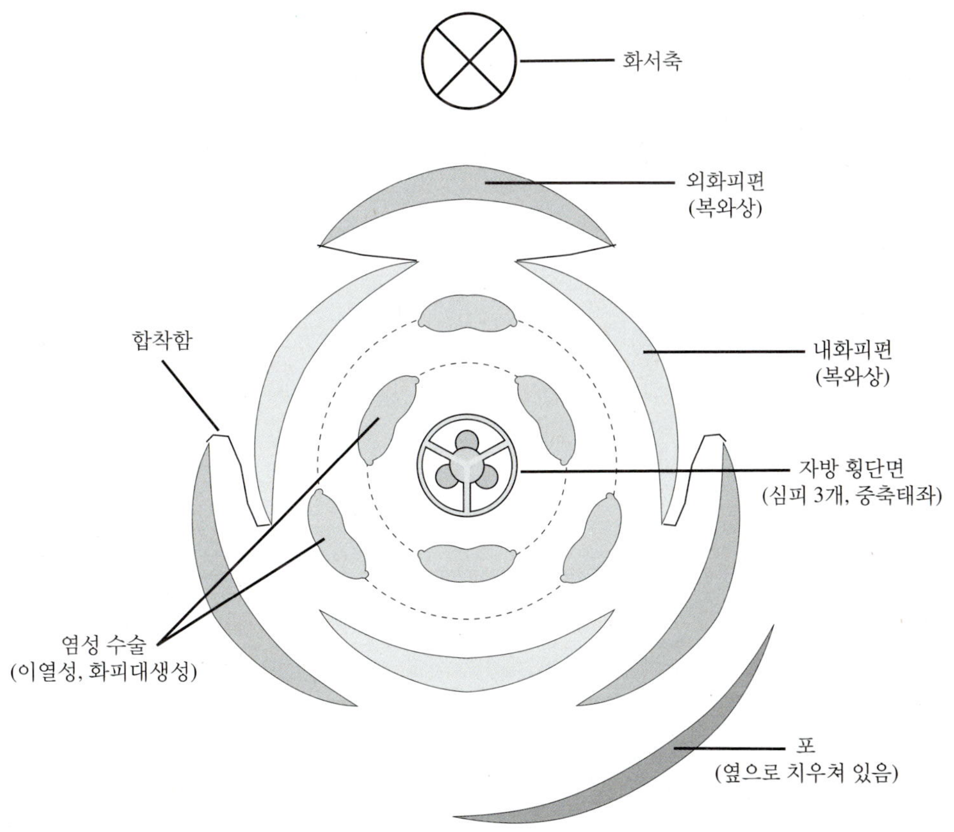
화서축
외화피편
(복와상)
합착함
내화피편
(복와상)
자방 횡단면
(심피 3개, 중축태좌)
염성 수술
(이열성, 화피대생성)
포
(옆으로 치우쳐 있음)

그림 A2.2 화식도.

대적인 위치를 보여주기 위하여, 화축의 모식도가 주로 위쪽(꽃의 상부에 해당)에 오게 한다. 화식도는 꽃의 중앙부에서부터 그리기 시작한다. 우선, 자방벽, 격벽, 배주 그리고 태좌형을 잘 표시하면서 암술의 횡단면도를 그린다. 그 다음, 암술군을 둘러싸는 수술군을 그린다. 수술은 약의 단면도로 그리는데, 소포자낭과 같은 내부 구조는 생략하지만, 열개 방향은 표시한다. 꽃잎(또는 화관 열편)과 꽃받침잎(또는 꽃받침열편)은 암술군과 수술군 주위에 그린다. 화피 부분은 횡단면도로 그리는데, 부분들 간의 상대적인 위치와 화아내형태에 주의한다. 포는 화피 부분과 비슷하게 그리는데, 부착 위치에 주의하여야 한다. 부분들이 동합 또는 이합한 것은 기관이 서로 맞닿게 하여 그리거나 합착된 구조 사이에 선을 연결해서 나타낸다. 꽃이 다소 직립한다면, 부착된 꽃과 축의 상대적인 위치를 나타내기 위하여 원을 그린다. 만일 꽃이 수평성이라면, 꽃이 핀 쪽이 관찰자를 향하도록 꽃의 각 부분들을 그린다. 만일 단성화라면, 수꽃과 암꽃을 당연히 따로 그려야 한다.

참고문헌

Cook, C. D. K. 1998. A quick method for making accurate botanical illustrations. Taxon 47: 317–380.

Holmgren, N. H., and B. Angell. 1986. Botanical Illustration: Preparation for Publication. The New York Botanical Garden, Bronx, New York.

Simpson, N. 2010. Botanical symbols: a new symbol set for new images. Botanical Journal of the Linnean Society 162:117-129.

부록 3

식물계통학 학술지

JOURNALS

JOURNAL NAME	WEB SITE (at time of publication)
Aliso	https://scholarship.claremont.edu/aliso
American Fern Journal	https://www.amerfernsoc.org/american-fern-journal
American Journal of Botany	https://bsapubs.onlinelibrary.wiley.com/journal/15372197
Annals of the Missouri Botanic Garden	https://annals.mobot.org/index.php/annals/index
Australian Journal of Botany	https://www.publish.csiro.au/bt
Australian Systematic Botany	https://www.publish.csiro.au/sb
Biochemical Systematics and Ecology	https://www.journals.elsevier.com/biochemical-systematics-and-ecology
Blumea	https://www.ingentaconnect.com/content/nhn/blumea
Botanical Journal of the Linnaean Society	https://academic.oup.com/botlinnean
Botanical Review	https://link.springer.com/journal/12229
Botany	https://www.nrcresearchpress.com/journal/cjb
Brittonia	https://link.springer.com/journal/12228
Cladistics	https://onlinelibrary.wiley.com/journal/10960031
Edinburgh Journal of Botany	https://www.cambridge.org/core/journals/edinburgh-journal-of-botany
Fieldiana (Botany)	https://bioone.org/journals/fieldiana-botany
Fremontia	https://www.cnps.org/publications/fremontia
Grana	https://www.tandfonline.com/loi/sgra20
International Journal of Plant Sciences	https://www.journals.uchicago.edu/toc/ijps/current
Journal of Biogeography	https://onlinelibrary.wiley.com/journal/13652699
Journal of the Botanical Research Institute of Texas [formerly SIDA]	https://www.brit.org/journal-botanical-research-institute-texas
Journal of the North Carolina Academy of Science	https://www.jncas.org
Journal of Plant Research	https://link.springer.com/journal/10265
Journal of Systematics and Evolution	https://onlinelibrary.wiley.com/journal/17596831
Kew Bulletin	https://link.springer.com/journal/12225
Madroño	https://calbotsoc.org/madrono

Molecular Biology and Evolution	https://academic.oup.com/mbe
Molecular Phylogenetics and Evolution	https://www.journals.elsevier.com/molecular-phylogenetics-and-evolution
Muelleria	https://www.rbg.vic.gov.au/science/publications/muelleria/muelleria-online
New Phytologist	https://nph.onlinelibrary.wiley.com/journal/14698137
New Zealand Journal of Botany	https://www.tandfonline.com/loi/tnzb20
Nordic Journal of Botany	https://onlinelibrary.wiley.com/journal/17561051
Novon	https://bioone.org/journals/novon-a-journal-for-botanical-nomenclature
Pesquisas. Botanica	http://www.anchietano.unisinos.br/publicacoes/botanica/botanica.htm
Phytokeys	https://phytokeys.pensoft.net
Phytologia	https://www.phytologia.org
Phytoneuron	http://www.phytoneuron.net
Phytotaxa	https://www.mapress.com/j/pt
Plant Ecology and Evolution	https://www.plecevo.eu/index.php/plecevo
Plant Systematics and Evolution	https://link.springer.com/journal/606
Pollen et Spores	https://www.worldcat.org/title/pollen-et-spores/oclc/825130
Proceedings of the National Academy of Sciences of the United States of America (PNAS)	https://www.pnas.org
Schumannia	https://www.dkg.eu/cs/index.pl?navid=Schumannia_1025&sid=de
Selbyana	https://selby.org/botany/botany-resources/sbg-press
Smithsonian Contributions to Botany	https://opensi.si.edu/index.php/smithsonian/catalog/series/SCB
South African Journal of Botany	https://www.journals.elsevier.com/south-african-journal-of-botany
Systematic Biology	https://academic.oup.com/sysbio
Systematic Botany	http://www.sysbot.org
Taxon	https://onlinelibrary.wiley.com/journal/19968175
Tropical Plant Biology	https://link.springer.com/journal/12042
Willdenowia	https://www.bgbm.org/en/willdenowia

연습문제

1. 앞에 열거되어 있는 식물학 관련 학술지 몇 개를 조사한다. 선택한 학술지 각각에 대하여: (1) 색인이나 웹사이트를 통해 학술지가 추구하는 바를 자세히 파악한 후, 그 학술지에 주로 실려 있는 논문의 일반적 유형을 기록하고; (2) 식물계통학과 관련한 것 중에서 자신의 관심을 끄는 논문들을 인용한다(생리학이나 생태학과 같은 다른 학문 영역 제외). 논문을 인용할 때, 그 학술지에서 사용된 인용 방법을 그대로 따른다.
2. 위에서 인용한 식물계통학 논문 중에서 가장 흥미롭다고 생각되는 것을 복사한 후, 그 논문의 초록을 철저하게 읽는다. 그런 다음 모든 그림과 표를 자세히 살펴보고, 서론, 재료 및 방법, 토의와 결론 부분을 읽는다. (제시된 표, 그림 또는 도해를 가지고) 이 논문에 대해 5분 정도 구두 발표를 준비한다.
3. 위 논문의 교신 저자에게 편지를 써서 논문의 별쇄본을 얻는다. (오래된 논문의 경우 별쇄본을 얻지 못할 수도 있기 때문에 최근의 논문을 선택하는 것이 좋다.) 최근 들어 일부 별쇄본은 전자저널을 통하여 흔히 pdf 파일로 얻을 수도 있다. 별쇄본이 도착하면 교수에게 제출한다.
4. 국제식물학명색인(International Plant Names Index, *http://www.ipni.org.*)을 조사하여, 위에서 발표했던 논문에 포함되어 있

는 종 하나를 임의로 선택해 이에 대한 완전한 인용(명명자, 학술지, 발표일자 등)을 옮겨 적는다.

5. 선택사항: 식물계통학과 관련된 특정 항목에 대하여 문헌 조사를 실시한다. 항목은 분류군이든 연구주제이든 상관없다. (주의: 도서관 사서에게 문의하여 문헌 데이터베이스에 접근하거나 또는 일반적인 과학 문헌을 위한 웹사이트 *http://www.scholar.google.com*을 이용한다.)

부록 4

식물계통학 관련 통계분석 및 형태계측

통계학은 숫자 데이터를 수집, 정리, 분석 및 해석하는 수학 분야이다. **형태계측**은 모양 또는 형태에 대한 연구로서, 일반적으로 통계적 방법을 사용한다. 통계분석 및 형태계측은 흔히 동시에 진행되며, 식물계통학에서 구조적 특징을 정량화하는 데 사용된다. 정량화된 특징은 새로운 형질을 찾아내거나 기존 형질을 둘 이상의 형질상태로 구체화하고 정의하는 데 사용할 수도 있다. 이러한 정량적 형질은 (1) 둘 이상의 분류학적 실체, 예를 들어 종, 종 내 분류군 또는 잡종과 같은 분류군의 독자성을 가늠하여 이들을 구별하는 데 사용하거나; (2) 계통수 연구를 위한 데이터로 사용할 수 있다.

다음은 분류학적 및 계통학적 문제를 해결하는 데 사용할 수 있는 통계 및 형태계측 기법에 관한 간략한 개요이다. 자세한 정보는 추가 연구를 위한 참고문헌을 참조한다.

정성적 및 정량적 형질

형질은 정성적 및 정량적, 두 가지 일반적 유형으로 나눌 수 있다. **정성적**(또는 범주적) **형질**은 형질상태를 직접 측정하지 않고 정의된 속성의 부류를 기반으로 하는 형질이다. 정성적 형질의 예는 다음과 같다. (1) 꽃잎의 색깔: 형질상태는 빨간색 또는 노란색; (2) 자방의 위치: 형질상태는 상위 또는 하위; (3) 잎의 모양: 형질상태는 난형 또는 타원형. 정성적 형질의 평가는 통상적인 또는 기존에 정의된 용어와 관찰의 결과를 비교하는 식으로 이루어진다. 어떠한 측정도 하지 않으며, 단지 특징을 관찰하고 용어의 정의와 비교한다.

정량적 형질은 형질상태를 측정하고 숫자를 기반으로 하는 형질이다. 정량적 형질에는 연속형질과 불연속형질, 두 가지 일반적인 유형이 있다. **연속**적인 정량적 형질은 개별 측정값이 반드시 정수일 필요는 없으며, 따라서 연속체를 형성할 수 있다. 그러한 형질의 예는 다음과 같다. (1) 화서의 길이: 형질상태는 6.2–10.4 cm 또는 14.6–28.1 cm; (2) 잎의 면적: 형질상태는 4–8 cm^2 또는 11–22 cm^2. **불연속**인 정량적 형질의 예는 다음과 같다. (1) 수술의 개수(예, 5, 10 또는 15)와 같은 계수형질을 포함하여 측정값이 항상 정수인 형질; (2) 유무 데이터(예, 화관이 있음 또는 없음).

정성적 형질과 정량적 형질의 차이는 임의적이다. 모든 정성적 형질을 정량화할 수 있으며(예: "꽃잎의 색"은 가시광선 파장 범위로 정량화할 수 있음), 특성의 부류를 정의하고 이름을 지정하여 정량적 형질을 정성적 형질로 바꿀 수 있다(예: 잎의 면적 4–8 cm^2는 임의로 "소형"이라고 할 수 있으며, 11–22 cm^2는 "대형"이라고 정의할 수 있다.) 사실상 정성적 형질은 우리 용어의 산물로서 실제로 연속적인 변이를 나타내거나 혹은 임의로 이러한 기존 용어에 들이맞춘 개별 형질상태로 나눌 수도 있다. 변이를 주의 깊게 살펴보면 형질 내에 명확한 구분이 없을 수 있다. 이러한 경우, 정성적 형질과 형질상태를 표준화하거나 더욱 정확하게 정의할 필요가 있다(Stevens 1991 참조). 두 가지 유형의 형질을 정의할 때 가장 중요한 판단 요소는 형질상태의 중첩 여부 및 그와 관련된 기준이다. 이를 평가하기 위해 통계적 방법이 사용된다.

분류학과 통계학

분류학에서 통계적 방법을 사용하는 한 가지 용도는 2개 이상의 분류군이 서로 어떻게 다른지 확인하는 것으로, 예를 들어 2개 이상의 종내 분류군 또는 형태학적으로 유사한 종이 그들을 구별하는 데 사용된 특징과 관련하여 동일한지 혹은 다른지 평가하는 것이다. 이들 분류군의 구별은 이를 뒷받침하는 데이터가 제시되지 않은 채 표본 관찰에 기반을 두었을 수 있다. 주의 깊은 통계 연구는 이러한 과거의 분류를 확증 또는 반박하거나 새로운 분류에 대한 증거를 제공할 수 있다.

예를 들어, 매우 유사한 두 식물 종이 열매의 길이로만 구별되었다고 가정하자(예, 열매의 길이가 0.4–1 mm인 종 *Q*와 1.2–1.8 mm인 종 *R*). 이들 종은 정말로 서로 구별되는가? 아니면 구별하는 데 사용된 특징이 명확하게 단절되지 않고 연속성을 보이는가? 다음은 데이터 수집, 단순 통계 계산, 데이터 그래프 작성, 통계 테스트를 통한 차이 평가의 몇 가지 단계를 요약한 것이다.

데이터 수집

통계적 방법에서, 전체 "모집단"을 실제로 측정할 수 없다는 전제 하에, 첫 번째 고려할 사항은 실제 계측이 이루어지는 **샘플(표본)**, 즉 전체의 부분집합이다. 샘플은 크기(**n**)가 충분히 크고 모집단을 대표할 수 있을 만큼 분포가 무작위이어야 이상적이다. 그러나 식물분류학 연구는 종종 표본관의 건조표본으로 제한되는데, 아쉽게도 그 수가 적을 수 있으며 분류군의 전체 변이 범위를 포함하지도 않는다. 철저하게 연구하려면 생육지 및 지리적 범위 전체에 걸쳐 연구대상 분류군을 광범위하고 새롭게 채집하는 것이 이상적이다.

이러한 연구에서 두 번째 고려 사항은 **비교의 타당성**인데, 이는 측정하고자 하는 특징이 유전이 되는 상동 형질이어서 연구를 통해 진화적 변화를 평가할 수 있어야 한다는 것이다. 식물과 식물의 부속기관은 환경적 가소성을 나타낼 수 있다. 온도 및 햇빛 노출 정도, 토양 수분 및 미네랄 함량, 다른 생물과의 상호작용과 같은 것들은 식물 부속기관의 크기, 개수 및 모양에 상당한 변화를 일으킬 수 있다. 비교의 타당성을 고려한다는 것은 자웅이주 식물의 경우 같은 성의 개체를 비교하고, 식물체나 기관의 경우 동일한 위치를 비교하며(예, 정단부는 정단부끼리 비교), 발달 단계에 있어서는 동일한 단계의 개체끼리 비교하는 것을 의미한다(예, 개화기 개체는 개화기 개체와 비교).

세 번째 고려 사항은 **정밀도**이다. 물론 측정할 특징은 신중하게 정의해야 하므로 실제로 무엇을 정량화해야 하는지 분명히 해야 한다. 측정에 사용되는 장치 또한 정확해야 한다. 디지털 카메라(필요에 따라 현미경에 장착됨), 축적 및 컴퓨터 인터페이스 소프트웨어를 사용하면, 영구적이고 쉽게 액세스할 수 있는 가장 일관된 유형의 기록 데이터를 얻을 수 있다.

단순 통계 계산

위에서 언급한 분류학적 문제를 다시 생각해보자. 전통적으로 열매의 길이가 0.4–1 mm인 것으로 정의된 종 *Q*는 그 길이가 1.2–1.8 mm로 정의된 종 *R*와 과연 다를까? 이 문제를 해결하는 한 가지 방법은 두 종의 여러 개체로부터 열매의 길이를 측정하고 그 결과가 다음 셋 가운데 어디에 해당하는지 판단하는 것이다. (1) 두 종에 해당하는 짧은 열매와 긴 열매를 가진 두 그룹으로 나뉜다. (2) 전혀 그룹을 이루지 않는다. (3) 두 종과 다른 새로운 그룹으로 나뉜다.

위 문제는 전통적으로 정의되고 명명된 두 종이 실제로 다른지 평가하는 것이기 때문에 식물표본관의 표본에서 두 종의 개별 개체의 특징을 조사하는 것이 적절한 접근 방식이다. 앞서 언급한 요인, 즉 크고 편향되지 않은 표본 크기, 비교 가능성, 형질의 정의 및 측정의 정밀도를 고려해야 한다.

각 샘플(개별 식물 표본)의 수많은 열매를 측정한다는 점을 감안할 때 일반적으로 다음과 같은 몇 가지 표준 통계자료를 작성한다. (1) 특성이 정규(가우시안) 분포를 따르는 경우, 전형적인 **평균**(**표 A4.1**, **그림 A4.1** 참조); 데이터가 치우친 경우, 값 목록의 중간 값인 **중앙값**. (2) 최소 측정값에서 최대 측정값까지의 값 **범위**(예, 그림 A4.1 참조). (3) **사분위수**, 데이터를 4개의 동일한 부분으로 나누는 3개의 데이터 포인트(첫 번째, 두 번째, 세 번째 사분위 수; 두 번째 사분위 수 = 중앙값; 예, 그림 A4.4).

샘플 크기(총 관찰 횟수): n

평균: $\bar{x} = \dfrac{\sum x}{n}$

표준편차: $s_X = \sqrt{\dfrac{SS_X}{n-1}} = \sqrt{\dfrac{\sum(x-\bar{x})^2}{n-1}}$

표준오차: $se_X = \dfrac{s_X}{\sqrt{n}}$

표 A4.1 대표적인 단순 통계.

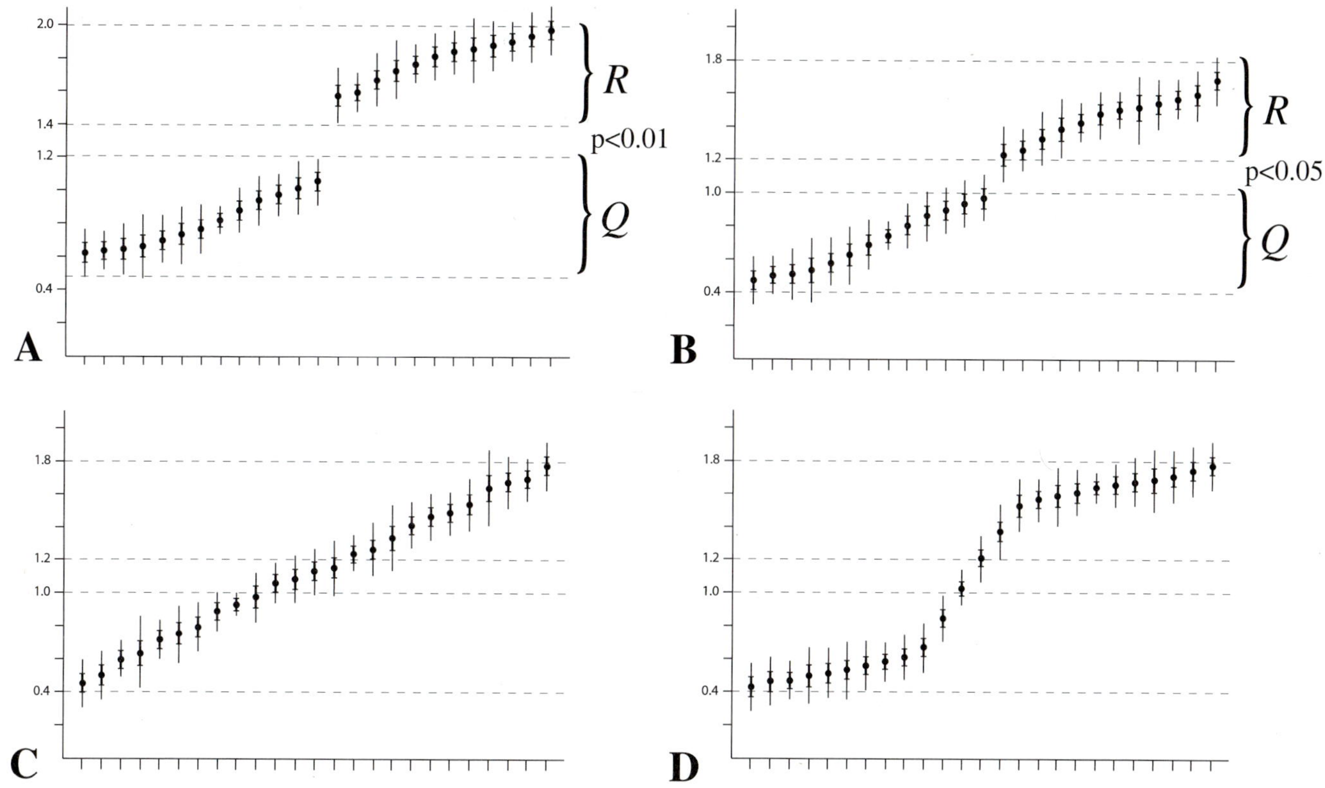

그림 A4.1 종 *Q* (열매 길이는 0.4–1.0 mm로 정의되었음) 및 종 *R* (열매 길이는 1.2–1.8 mm로 정의되었음)의 개별 건조표본에 대해 평균을 증가시켜 가면서 도표화한 단변량 그래프 및 열매 길이 관련 통계. 평균은 점으로, 범위는 수직선으로, 표준편차는 평균의 양쪽에 짧은 선으로 표시하였다. P 값은 종 *Q*와 *R*를 비교하는 t-검정의 결과를 나타낸다. **A.** 형질의 경계가 원래 정의된 것과 약간 다르지만 종 간에 열매 길이가 겹치지 않음을 보여주는 도표: 종 *Q*와 *R*는 이제 열매 길이가 각각 0.5–1.2 mm 및 1.4–2.0 mm이다. P 값이 작은 것에 유의하라. **B.** (원래 정의에 따라) 종 사이의 열매 길이에서 대부분 분명한 단절을 보여주는 도표지만 일부 샘플은 범위가 겹친다. P 값이 더 크다는 것에 유의하라. **C.** 열매 길이에 뚜렷한 단절 없이 연속적인 것을 보여주는 도표. **D.** 대부분 열매 길이가 길거나 짧은 그룹에 속하지만 일부 개체는 중간적인 특징을 보인다.

또한 평균과 비교했을 때 나타나는 데이터의 변동성을 측정하는 간단한 통계 매개 변수도 계산한다. 예를 들어, 열매의 길이가 0.5, 0.6, 0.7, 0.8 및 0.9인 두 표본과 열매의 길이가 0.65, 0.675, 0.7, 0.725 및 0.75인 두 표본(n = 5)의 평균은 0.7 mm로 같지만, 전자는 평균에 비해 변동성이 더 크다. 표본의 **표준편차**는 "제곱합(SS_x)"을 표본 크기에서 1을 뺀 값으로 나눈 값의 제곱근이며, 이는 모든 값의 평균과 개별 값의 차이를 측정한 것이다(표 A4.1). 정규분포 데이터의 평균에서 ±1 표준편차는 데이터의 약 68%를 포함하고, 평균의 ±2 표준편차는 데이터의 약 95%를 차지한다. **표준오차**는 표본 평균이 전체 모집단의 평균에 얼마나 가까운지를 측정한 것이다. 표준오차는 표준편차를 표본 크기의 제곱근으로 나눈 값이다(표 A4.1). ±2 표준오차 범위에는 모든 샘플 평균의 약 95%가 포함된다. 표준편차와 마찬가지로 표준오차 계산은 데이터가 정규분포를 따를 때에만 정확하다(모수 통계를 준수함).

단변량 및 이변량 도표

위에 인용한 예(열매의 길이로 종 *Q*와 *R*를 구별)에서 이 특징을 나타내는 그래프 또는 도표가 유익할 수 있다(그림 A4.1). 이 그림에서 측정에 사용한 개별 표본은 평균(±1 표준편차 표시)의 증가에 따라 X 축에 배열하였다. 단일 특성(이 경우 열매의 길이)만 그래프로 표시되기 때문에 이를 **단변량 도표**라고 한다.

이 간단한 도표는 여러 경향성을 나타낼 수 있다. 한 가지 시나리오는 두 종이 열매 길이에서 분명히 구별되며(그림 A4.1A), 별개의 실체로서 뚜렷하게 인식된다는 사실을 확증한다. 그러나 두 분류군을 특징짓는 열매 길이의 범위는 원래 알려진 것과 다르다. 두 번째 시나리오는 첫 번째 시나리오와 유

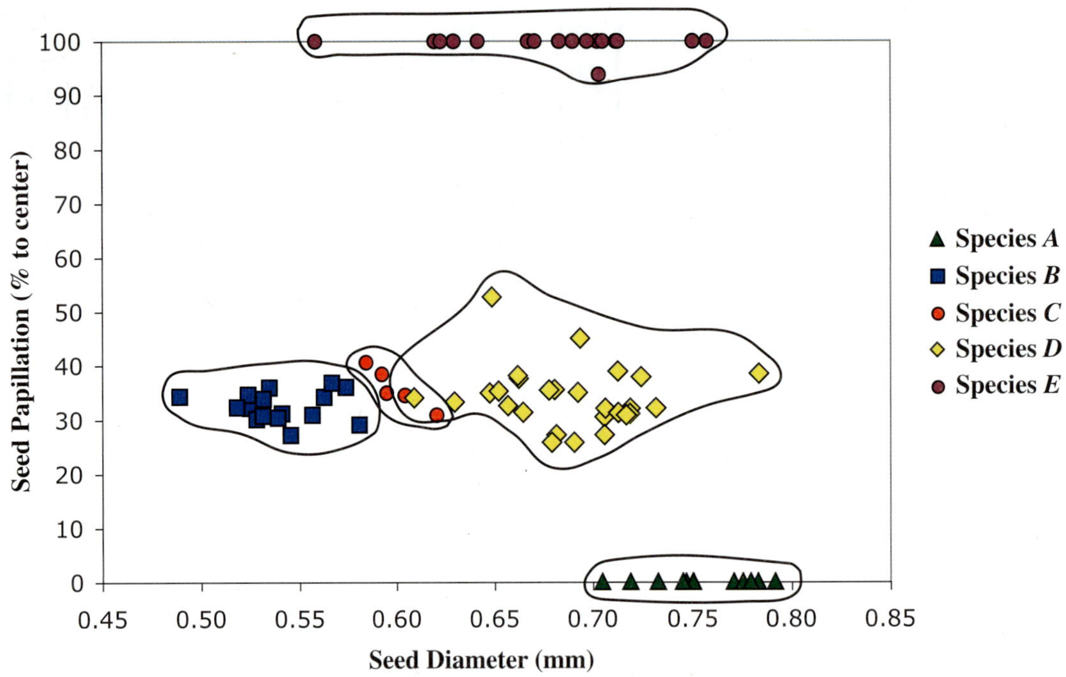

그림 A4.2 종 A–E에 대한 두 형태학적 특징(이 경우 종자의 직경과 유두상돌기)의 이변량 산점도. 종 C와 D 사이에 일부 겹침이 있지만, 5개의 종이 각각 클러스터를 이룬다.

사하지만, 이 경우에서만 일부 표본에 대해 두 그룹의 범위가 겹친다(그림 A4.1B). 두 종이 구별된다는 것을 확신할 수 있을까? 세 번째 시나리오는 열매의 길이가 샘플 간에 지속적으로 겹치는 경우이다(그림 A4.1C). 이 경우 원래 두 종을 구별하는 데 사용된 특징인 열매의 길이가 임의로 결정되었으며, 실제 분류학적 실체를 반영하지 않는다고 결론을 내릴 수 있다. 따라서 이 두 종의 분리에 의문이 제기된다. 아마도 이들은 하나의 종으로 병합하는 것이 가장 좋을 것이다. 또 다른 시나리오는 열매의 길이 차이라는 원래의 정의에서 일반적으로 두 종을 인식할 수 있지만 일부 중간급 개체가 있다는 것이다(그림 A4.1D). 이 경우 두 종은 유전적으로 다를 수 있지만, 예를 들어 지리적 범위의 중간에 있는 샘플 사이에서는 차이가 뚜렷하지 않을 수 있다. 이것은 두 "종"이 불완전하게 분기하였고, 따라서 한 종의 종 내 분류군으로 취급되는 것이 더 적절하다는 증거일 수 있다. 아니면 중간형 개체가 두 부모 종 사이의 잡종을 나타낸다고도 할 수 있다. (상세한 분자적 연구 또는 생물지리학 또는 생육지와의 상관관계와 같은 다른 유형의 데이터로 이러한 가능성을 확인할 필요가 있다.) 그림 A4.1의 다양한 시나리오에서 분류군의 경계를 평가하기 위해 통계적 차이에 대한 검증을 수행할 수 있다(이후 논의 참조).

분류군 간의 형질 차이 평가에 사용하는 또 다른 그래프로 두 변수 간의 관계를 나타낸 **이변량 도표**가 있다(그림 A4.2). 이 예에는 개별적 분류군으로 가정된 종 A–E 내 각 개체의 평균값이 표시되어 있다. 이변량 도표의 장점은 두 형질을 사용하여 분류군 간의 경계를 더 잘 설정할 수 있다는 것이다. 이 예에서 종자 직경만으로는 분류군 간에 상당한 중첩이 나타나지만, 종자의 직경과 유두상돌기의 조합은 분류군을 더 차별화된 그룹으로 분리한다(그림 A4.2).

이변량 분석으로 형질의 발달(또는 개체 발생)을 추적하기도 한다. 발달 데이터는 시간에 대해 하나의 변수 Y를 실시간으로 또는 다른 기준에 의해 추정된 시간으로(예: 시간에 따라 생장하는 특정 기관의 크기로) 도표화해야 한다. 주어진 분류군에 대한 실제 또는 상대 시간의 함수로서 변수의 이러한 도표는 소위 개체발생의 궤적을 보여준다(그림 A4.3). 서로 다른 분류군 간 개체발생 궤적을 비교함으로써 형질을 보다 명확히 정의하고 이들 형질의 진화적 변화를 평가할 수 있다.

통계 검정

연구를 통해 얻은 측정값을 그래프로 표시하면 분류군의 차이를 간파할 수 있다. 그러나 샘플의 변이를 감안하여 분류군

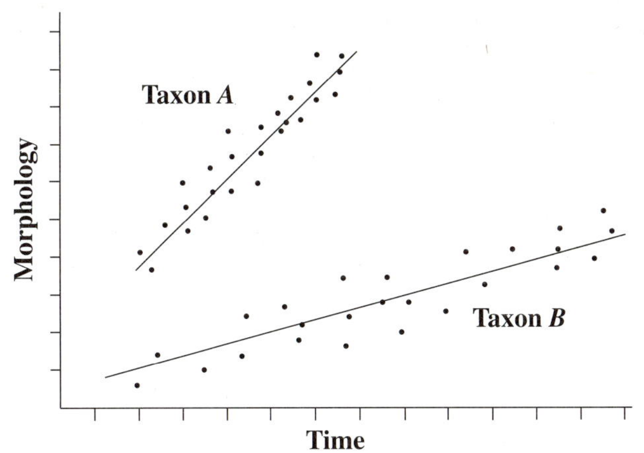

그림 A4.3 시간 경과에 따라 두 분류군(A, B)에 대한 형태학적 특징의 개체발생 양상을 보여주는 이변량 도표로 선형 회귀선이 표시되어 있다.

간의 차이 정도를 결정하기 위해서는 통계 검정(test)이 종종 필요하다. 이러한 검정에서 "귀무가설"은 비교 분류군 또는 그룹 간에 차이가 없다는 것이다. 모집단 간의 차이가 우연 또는 무작위 변이로 인한 경우 귀무가설을 기각하지 않는다. 그러나 차이가 우연이 아닐 가능성이 큰 경우 그룹 간에 차이가 없다는 귀무가설을 기각한다. 일반적으로 그룹 간 차이가 우연에 기인할 확률이 5% 미만인 경우($p < 0.05$) 귀무가설을 기각하지만, 때로는 1% 미만의 값($p < 0.01$)을 고려한다. 이러한 p 값은 널리 사용되기는 하지만 어디까지나 자의적이다. 참고: 이 분야의 여러 중견 연구자는 "통계적으로 유의미한"이라는 용어 사용을 거부하였다(예, Hurlbert et al. 2019 참조).

유의성 검정은 정규(가우시안) 분포를 보이는 데이터와 모수 통계의 영역에서만 유효하다(표준편차 및 표준오차 계산에서 언급). 분류학 연구에 사용되는 대부분의 형태 데이터는 표본이 충분히 크고 개별 식물 또는 형질을 선택하는 데 편향성이 없는 경우 모수 통계의 적용을 받는다. [데이터가 정규 분포를 보이는지 확인하기 위한 통계 검정이 있다. 정규 분포를 보이지 않는 경우 데이터를 변환할 수 있으며(예, 모든 값을 로그로 변환), 이러한 변환된 데이터는 종종 정규분포를 따를 수 있고, 따라서 모수 통계의 적용을 받는다.]

선형 회귀분석은 X와 Y라는 두 변수의 이변량 도표에 직선을 맞추고 이들 간 관계의 중요성을 검정하는 통계 절차이다. 선형 회귀분석에서는 Y와 X의 평균적인 관계를 직선으로 나타낼 수 있다고 가정한다. 이것은 심한 가정이기에 비선형 방법을 고려해야 할 필요가 있다. 선형 회귀분석은 계통학 또는 분류학에서 자주 사용되지 않지만 발달 경로(그림 A4.3) 또는 두 가지 형태적 특징의 이변량 도표를 추적할 때 곡선의 기울기 평가에 사용할 수 있다. 이 경우 곡선의 기울기를 형질상태로 볼 수 있다.

샘플 평균 간의 유의성 검정으로 **t-검정**(또는 **스튜던트 t-검정**)이 있다. 이 중 한 가지 형태인 "2-샘플 t-검정"은 두 표본이 같을 확률(귀무가설)을 평가하기 위해 이들을 통계적으로 비교하는 데 사용할 수 있다. 확률과 이 통계의 관계는 자유도(샘플 크기와 관련)의 함수이다. 예를 들어, 그림 A4.1A에서 두 그룹으로 묶이는 샘플에 해당하는 종 *Q*와 *R*의 t-검정 확률은 <0.01이다. 이는 두 종이 열매 길이에 대해 통계적으로 다르다는 것을 의미한다. 이와 마찬가지로, 그림 A4.1B에서 약간의 차이를 지니면서 두 그룹으로 묶인 샘플에 대한 t-검정 확률은 A4.1A의 시나리오에 비해 더 높기는 하지만 두 그룹의 차이를 나타내는 통상적인 한계치인 <0.05에 해당한다.

분산분석(ANOVA)은 단일 유의성 검정에서 2개 이상의 그룹 간의 차이를 평가하는 데 사용한다. ANOVA는 다소 복잡하지만 기본적으로 샘플 간의 변이와 샘플 내 변이를 비교하는 것으로, F 값(= 샘플 간 분산/샘플 내 분산)을 p 값과 함께 계산한다. 어떤 샘플이 다른 것들과 차이를 보이는지 확인하는 사후 검정을 추가적으로 사용한다. 예를 들어, 그림 A4.4는

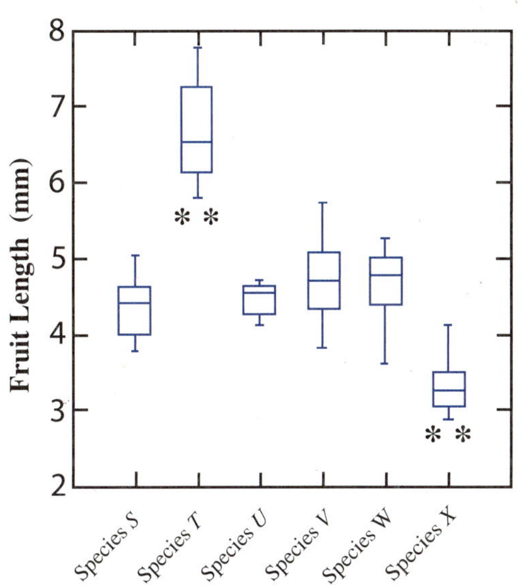

그림 A4.4 ANOVA 및 Tukey 사후 검정 결과를 보여주는 6가지 가상 분류군에 대한 열매 길이의 박스 도표. "박스"는 1사분위수와 3사분위수의 한계를 보여주며(수평선 = 중앙값), 최상위 및 최하위 데이터 포인트는 "꼬리"로 표시된다. 종 *T* 및 종 *X*가 다른 모든 종과 이 특성에서 $p < 0.01$ (**) 수준으로 차이를 나타내는 것에 유의한다.

6개의 분류군에서 얻은 특성(열매 길이)의 그래프를 나타낸다. 여기서 ANOVA에 이어 사용한 Tukey 사후 검정은 모든 쌍별 비교에서 분류군 *T*와 *X*가 여타 분류군과 $p<0.01$ 수준에서 차이를 보이지만, 다른 분류군은 그렇지 않음을 보여준다.

다변량 통계

다변량 통계 방법은 둘 이상의 변수의 분석을 동시에 평가할 수 있다. 이러한 개별 변수에는 잎 길이, 잎 너비, 꽃받침 길이, 화관 길이, 화관 판연 너비, 수술 길이 및 자방 너비와 같은 형태 형질이 포함될 수 있다.

주성분분석(PCA)은 데이터 변수를 주성분이라고 하는 다른 변수로 변환하는 다변량 기법이다. 이는 데이터에서 가장 큰 분산의 양을 첫 번째 주성분으로, 나머지 분산의 두 번째로 큰 양을 두 번째 주성분으로 투영해 나가는 방식이다. 이러한 새로운 변수는 드러나지 않을 수 있는 데이터 변수의 전체적 관계를 클러스터로 시각화할 수 있는 "산점도"에 사용된다. 예를 들어, 그림 A4.5A는 12개의 서로 다른 형태적 변수에서 계산된 PCA의 첫 번째 및 두 번째 "주성분"의 산점도를 보여준다. 이 그림에서 다섯 종은 서로 간에 크고 작은 차이로 분리된 클러스터를 이루고 있다(일부는 외군과 겹침).

이와 유사한 다변량 기법인 **판별함수분석**(discriminate function analysis)은 분류학적 그룹 등을 구별하는 변수를 결정하는 것이다.

형태 데이터 매핑

통계적 분류학 연구에서 얻은 데이터를 매핑하여 형태적 특징과 지리적 분포 간의 상관관계를 설명할 수 있다. 흔히 다양한 그래픽과 기호를 하나 이상의 형질을 나타내는 데 사용한다(그림 A4.5B).

형태계측

형태계측은 모양과 형태에 관한 연구로, 앞서 언급한 통계적 방법을 활용할 수 있다. 형태계측 기술은 계통학 및 분류학에서 일반적으로 여러 개별 기능으로 나눌 수 있는 복잡한 구조에 관하여 2개 이상의 분류군 간의 형태적 차이를 특징짓는 데에 사용할 수 있다. 이는 둘 이상의 분류군이 서로 다른지 평가하거나, 새로운 형질과 형질상태를 도출하거나 또는 특정 구조의 발달을 시간에 따라 추적하고 비교하는 데 사용할 수 있다.

기하학적 형태계측은 일반적으로 상동 형질에 해당하는 대상 지점인 **랜드마크**를 활용하는 기술에 속한다(Bookstein 1991, Zelditch et al. 2004). 예를 들어, 화관과 수술군의 위치가 다른 3종의 모양은 평평하게 펼쳐진 세로 단면 화관을 측

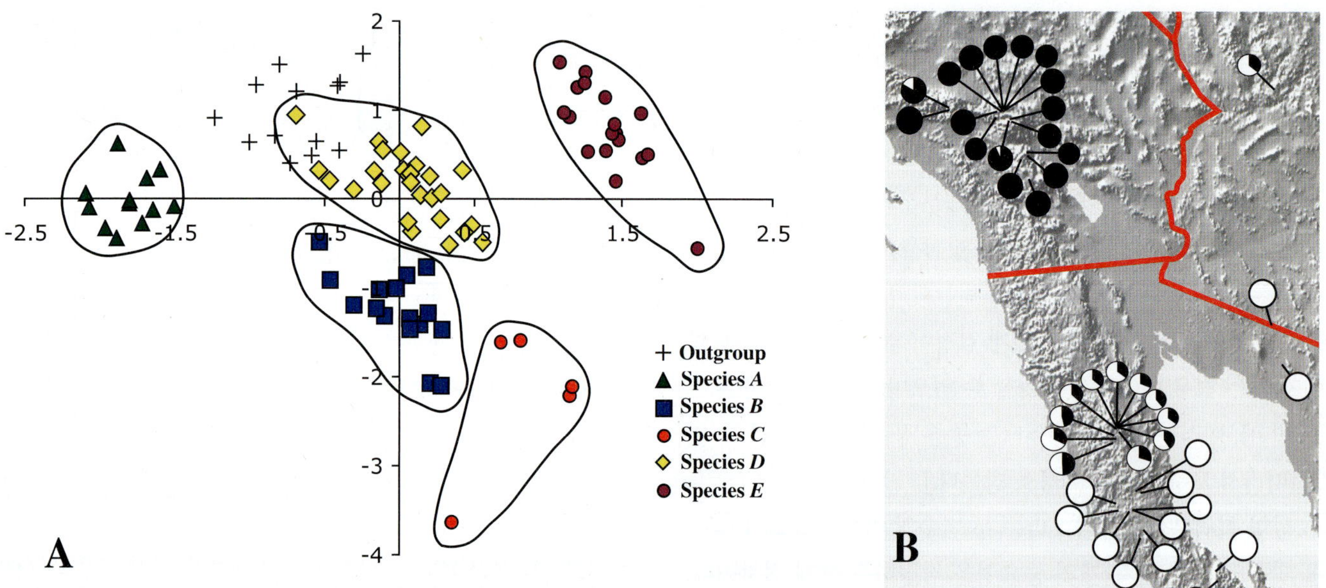

그림 A4.5 **A.** 6개의 분류군 분석에서 얻은 첫 번째 및 두 번째 주성분 분석의 결과. 대부분의 분류군이 명확하게 분리되어 있지만 종 *D*와 외군이 일부 겹친다. **B.** 분류군의 분포와 두 가지 형태학적 특징을 보여주는 지도. 원의 지름은 종자의 크기를 나타내며, 종자 표면구조는 정량화를 통해 음영 처리되었다.

정하여 비교할 수 있다. 이러한 평면구조로부터 화관 기부, 화관 열편의 정단과 결각, 수술 부착 지점, 수술대 정단, 수술 정단 등과 같은 상동 지점을 찾아낸다(**그림 A4.6**A–C). (간혹 "2차" 랜드마크를 정의할 수 있다. 이들은 직접적인 상동 지점이 아닌 상대적인 것으로, 예를 들어 실제 랜드마크 지점들 및 이들 연결선의 교차점 혹은 이들로부터 임의의 거리에 있는 지점이다.)

형태계측 기법 중 하나는 모든 상동 지점을 다른 상동 지점과 연결하고서 그 사이의 실제 거리를 측정하는 것이다(그림 A4.6A–C). 이러한 선 패턴을 흔히 "트러스(truss)" 네트워크라고도 한다(Strauss and Bookstein 1982). 이러한 데이터는 일반적으로 로그 값으로 변환하고, 이 로그 값을 주성분분석에서 매개 변수로 사용한다. 주성분의 패턴 결과는 여러 분류군이 지닌 복잡한 구조(예: 미세한 형태 차이로 구분되는 구조) 간의 차이를 평가하는 데 사용할 수 있다(그림 A4.6D). (Dickinson et al. 1987, Shipunov and Bateman 2005 참조.)

이외에도 형태 윤곽선을 분석하는 타원 푸리에(Fourier) 함수(Kuhl and Giradina 1982, Premoli 1996, McLellan and

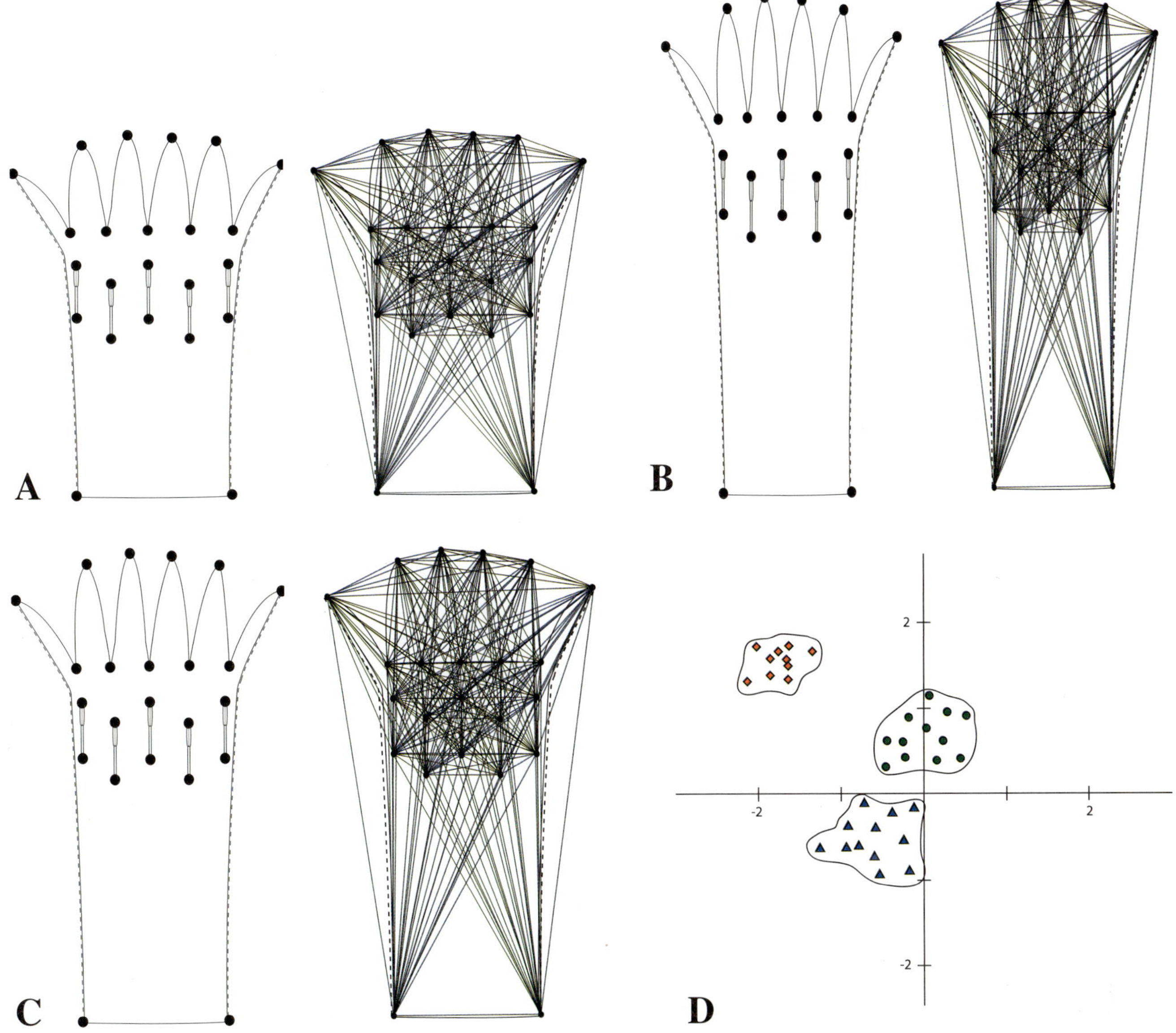

그림 A4.6 **A–C.** 세 분류군의 형태적 비교 사례. 그림은 세로로 잘라 평평하게 편 화관이며, 수술이 이합하여 있다. 상동 지점은 왼쪽에, 점을 연결하는 선의 "트러스" 네트워크는 오른쪽에 표시하였다. **D.** 상동 지점 사이의 로그 변환 거리를 사용한 다변량 분석을 보여주는 첫 번째 및 두 번째 축의 주성분 분석 도표.

Endler 1998, Olsson et al. 2000, Jensen et al. 2002) 및 상대 워프(warp) 스코어(Bookstein 1989, Rohlf 1993, Jensen et al. 2002) 등 여러 다른 형태계측 기법(일부는 수학적으로 매우 세밀함)이 있다. 이들에 관한 설명은 이 책의 범위를 벗어나므로, 자세한 내용은 참고문헌을 참조한다.

계통유연관계 분석과 정량적 형질

지금까지 살펴본 통계 방법은 형태 형질과 형질상태를 보다 정확하게 정의하는 데 사용할 수 있으며, 흔히 둘 이상의 분류군을 구별하는 데 도움이 된다(예, 종내 분류군, 근연종 또는 잡종의 경계 설정). 통계적 방법의 또 다른 용도는 형질 및 형질상태를 명확하게 도출하여 직접 계통유연관계 분석에 직접 사용하거나 계통수에서 이들을 추적(최적화)하여 진화적 변화를 평가하는 것이다.

일부 사람들은 계통유연관계 분석에 사용되는 형질상태가 항상 불연속적이고 겹치지 않아야 한다고 생각한다. 하지만 분류군 사이에 명확한 구분이 없음에도 불구하고 이들의 진화 역사를 반영하는 정보가 있는 경우도 분명히 존재한다. 예를 들어, **그림 A4.7**A는 10개의 분류군에 있는 꽃받침잎의 너비에 관한 도표를 보여준다. 어떤 분류군도 다른 모든 분류군과 분명히 다르지 않지만(ANOVA를 사용하여 p 값으로 평가할 수 있음), 유연관계 또는 적어도 이 형질의 추세를 설명하는 데 유용할 수 있는 정보가 분명히 있다.

이와 같은 연속 데이터를 처리하는 한 가지 방법은 더 작은

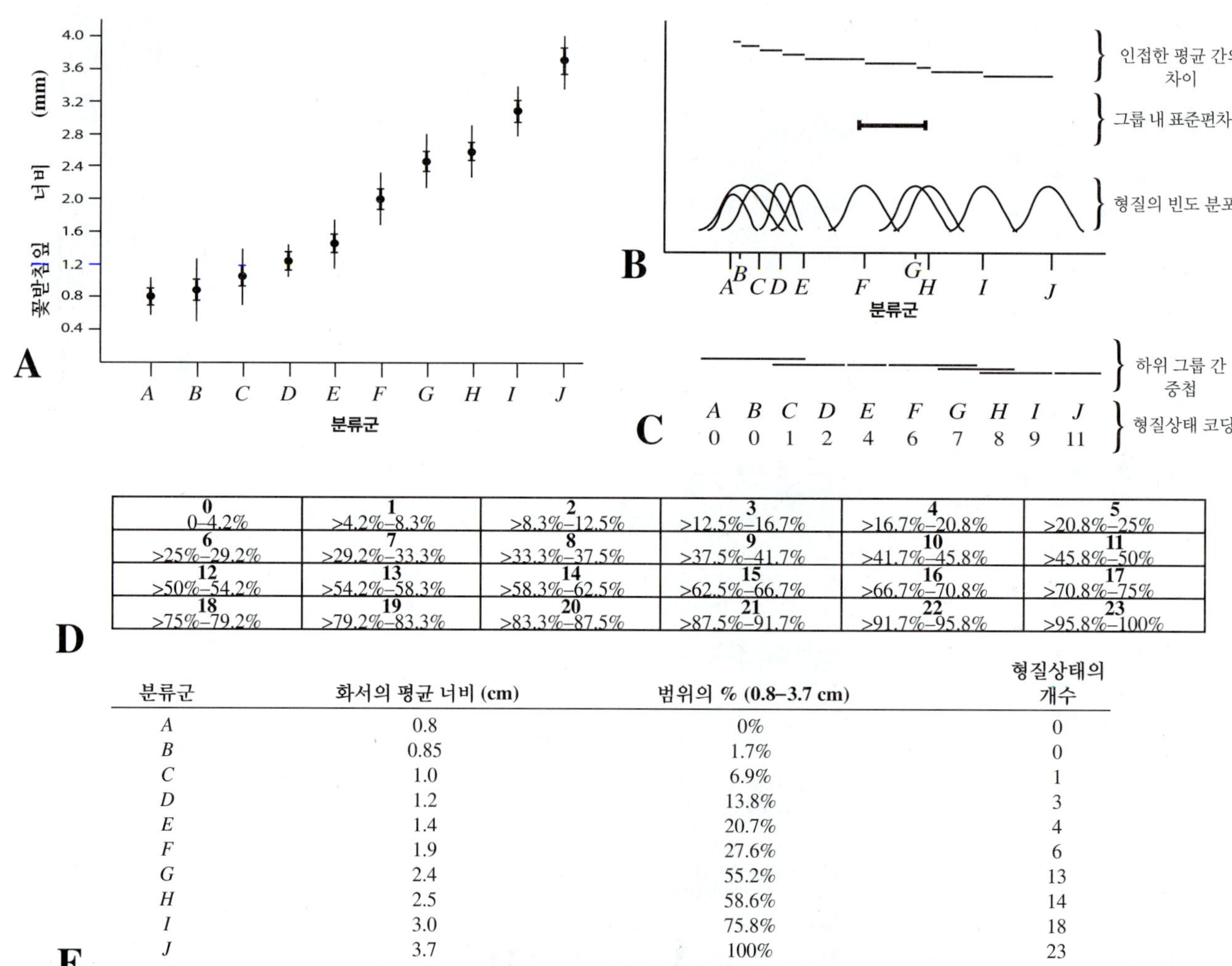

0 0–4.2%	**1** >4.2%–8.3%	**2** >8.3%–12.5%	**3** >12.5%–16.7%	**4** >16.7%–20.8%	**5** >20.8%–25%
6 >25%–29.2%	**7** >29.2%–33.3%	**8** >33.3%–37.5%	**9** >37.5%–41.7%	**10** >41.7%–45.8%	**11** >45.8%–50%
12 >50%–54.2%	**13** >54.2%–58.3%	**14** >58.3%–62.5%	**15** >62.5%–66.7%	**16** >66.7%–70.8%	**17** >70.8%–75%
18 >75%–79.2%	**19** >79.2%–83.3%	**20** >83.3%–87.5%	**21** >87.5%–91.7%	**22** >91.7%–95.8%	**23** >95.8%–100%

분류군	화서의 평균 너비 (cm)	범위의 % (0.8–3.7 cm)	형질상태의 개수
A	0.8	0%	0
B	0.85	1.7%	0
C	1.0	6.9%	1
D	1.2	13.8%	3
E	1.4	20.7%	4
F	1.9	27.6%	6
G	2.4	55.2%	13
H	2.5	58.6%	14
I	3.0	75.8%	18
J	3.7	100%	23

그림 A4.7 **A.** 10개의 분류군 그래프로, 특징이 연속적인 등급을 나타내며 형질상태로의 명확한 구분이 없다. **B.** 빈도 코딩(Weins, 1995 이후). 24개의 빈도 "빈"은 각각 0에서 23 사이의 형질상태에 할당된 데이터 범위에 해당한다. 형질 가중치는 0.0434, 즉 1/23(= 최소 형질상태 전환 횟수)로 조정되었다.

단계통군으로 형태 분석을 구체화하는 것이다. 전체 연구 그룹(내군 및 외군)의 형태 데이터는 겹칠 수 있지만, 더 작은 하위단위(예, 외군 단독 또는 내군 내에서 뚜렷이 구분되는 단계통군) 내에서 형질은 별개의 형질상태로 구분될 수도 있다.

이러한 유형의 연속 데이터를 처리하는 또 다른 방법은 다소 연속적인 변이를 불연속 상태로 나누는 것이다. 이 과정은 **갭 코딩**, **갭 가중치 부여** 또는 **상동-세부단위 코딩**으로 알려져 있다(Mickevich and Johnson 1976, Almeida and Bisby 1984, Archie 1985, Baum 1988, Goldman 1988, Chappill 1989). 이들 방법론에서는 중첩되는 형질상태를 몇몇 기준에 따라 서로 다른 세부단위로 지정한다. 연속체에서 불연속 상태를 얻기 위한 측정값으로는 통합 그룹 내 표준편차(s_p: 연구된 모든 분류군의 총 데이터로부터 계산)에 일부 상수(c, 흔히 1)를 곱한 값을 사용한다. 이들 세부단위를 도출하는 한 가지 방법은 인접한 분류군 간에 평균의 차이를 비교하는 것이다(그림 A4.7B). 이 차이가 cs_p 값보다 작으면 동일한 세부단위에 포함시킨다. 인접한 평균이 cs_p보다 크면 서로 다른 세부단위로 지정하는데, 이때 이들은 겹칠 수도 있다(그림 A4.7C). 그 결과 이러한 세부단위는 형질 코딩의 기초를 형성하게 된다. 예를 들어, 상동 세부단위 코딩에서 최하위 세부단위의 분류군에는 형질상태 0을 부여한다(Archie 1985). 연속 분류군의 경우 그 분류군이 다른 세부단위의 일부이면 형질상태 값을 1 증가시키고, 만일 이것이 더 이상 이전 세부단위의 일부가 아닌 경우 형질상태 값을 다시 1 증가시킨다(그림 A4.7C). 연속적으로 겹치는 형질(그림 A4.7A에서와 같이)은 이러한 방식으로 세부단위(그림 A4.7C) 간의 차이를 반영하는 형질상태("순차적 형질상태"로 처리, 2장 참조)로 세분할 수 있다. 형질 코딩을 다루는 다른 방법도 제안되었다(예, Strait et al. 1996).

중첩되는 형질을 코딩하는 또 다른 방법은 **갭 가중치**를 부여하는 것이다. 갭 가중치 부여 기법 중 하나로 형질상태를 다음 식에 따라 세부단위로 지정하는 것이 있다(Thiele 1993). x_s = n (x-min)/(max-min); x는 원래 형질상태의 평균, x_s는 갭 가중치를 부여한 형질상태, "max" 및 "min"은 각 분류군의 최대 및 최소 형질상태 값, n은 허용 가능한 최대 형질상태 수(컴퓨터 알고리즘에 따라 다름). 그림 A4.7A에서 언급한 중복 형질상태의 예에서 각 분류군의 평균은 최솟값에서 최댓값으로의 선형 거리를 기반으로 "빈도 빈(bin, 각 빈도의 구간)"(그림 A4.7D)이라고 하는 세부단위에 놓인다. 여기서도 얻어진 형질상태는 대개 순차적 형질로 처리하며, 이는 다른 형질과의 비교를 통해 비례적으로 조정될 수 있다. 따라서 이 예에서는 형질상태 변화에 있어서 인접한 분류군 A와 B 사이(0 단계)보다 인접한 분류군 *I*와 *J*(5단계) 사이에 더 큰 거리가 발생한다. (빈도 빈을 사용하여 다형성 형질을 코딩할 수도 있음; Wiens 1995 참조.)

복습문제

1. 정성적 형질과 정량적 형질의 차이점은 무엇인가? 각각에 대한 두 가지 예를 드시오.
2. 데이터 및 데이터 수집에서 어떤 사항을 고려해야 하는가?
3. 평균, 중앙값, 범위, 사분위수를 정의하라.
4. 표준편차는 무엇을 측정하는가? 표준오차는?
5. 단변량 도표란 무엇이며, 계통학 및 분류학에서 어떻게 사용되는가?
6. 이변량 도표란 무엇이며, 계통학에서 사용되는 두 가지 유형은 무엇인가? 단변량 도표에 비해 장점은 무엇인가?
7. 선형 회귀분석이란 무엇이며, 분류학에서 어떻게 사용할 수 있는가?
8. 귀무가설 및 p 값 측면에서 유의성 검정이 의미하는 바를 설명하시오.
9. t-검정의 기본 기능은 무엇인가?
10. 분산분석(ANOVA)은 언제 어떻게 사용하는가? 사후 검정이란 무엇인가?
11. 다변량 통계의 두 가지 주요 유형은 무엇이며, 이들을 계통학에서 어떻게 사용하는가?
12. 통계 데이터의 매핑은 어떻게 하며, 그 유용성은 무엇인가?

13. 형태계측이란 무엇인가?
14. 계통학적 연구에서 형태계측 기법을 사용할 수 있는 한 가지 방법을 설명하시오.
15. 정량적 형질 코딩에 통계를 어떻게 사용할 수 있는가?
16. 중첩되는 특성을 계통분류학적 분석에 사용할 수 있는 형질상태로 코딩하는 방법을 한 가지 제시하시오.

실습과제

1. 형태가 유사한 식물의 2–3종 또는 종 내 분류군에서 건조표본 약 10개(또는 살아있는 식물의 샘플)를 선택한다. 각 표본에 대해 최소 10개의 기관에서 두 가지 특징(예: 잎 길이 및 너비)을 측정한다. 구조의 상동 여부, 위치에 따른 변이 및 환경 가소성을 고려하여 측정할 형질을 신중하게 정의한다. 각 샘플에 대해 평균, 범위 및 표준편차를 계산한다(예를 들어, 스프레드시트에서). 두 형질의 이변량 도표를 마련하고, 그 결과로부터 분류군의 차이를 평가한다. 통계 소프트웨어를 사용할 수 있는 경우, t-검정(두 분류군인 경우) 또는 ANOVA(세 분류군인 경우)를 실행하고서 분류군 간에 통계적 차이가 있는지 평가해보자.
2. 두 식물 분류군으로부터 건조표본을 10개씩 확보하여 최대 10개의 형질을 측정한다. 분류군별로 이들 형질을 통합하고 주성분 분석을 수행한다. 처음 두 주성분을 그래프로 표시하고 클러스터가 명확히 구분되는지 평가한다.
3. 근연종을 3개 이상 선택하여 형태 분석을 수행할 복잡한 기관 또는 식물 부속기관(예: 분류군을 일차적으로 구분하는 데 사용되는 것)을 선별한다. 해당 구조의 상동 지점을 찾아낸다. 가능하면 이러한 지점에 대해 분류군당 최소 10개의 개체를 정량화하고 다양한 분석(예: "트러스" 네트워크의 주성분 분석)을 수행한다. 이러한 데이터가 계통학 연구에 어떤 가치가 있는가?

참고문헌

RESEARCH ARTICLES AND CHAPTERS

Almeida, M.T. and F.A. Bisby. 1984. A simple method for establishing taxonomic characters from measurement data. Taxon 33: 405-409.

Archie, J. W. 1985. Methods for coding variable morphological features for numerical taxonomic analysis. Systematic Zoology 34: 326-345.

Baum, B. R. 1988. A simple procedure for establishing discrete characters from measurement data, applicable to cladistics. Taxon 37: 63-70.

Bookstein, F. L. 1989. Principal warps: thin-plate splines and the decomposition of deformations. IEEE Trans. Pattern Analysis and Machine Intelligence 11: 567-585.

Chappill, J. A. 1989. Quantitative characters in phylogenetic analysis. Cladistics 6: 217-234.

Dickinson, T. A., W. H. Parker and R. E. Strauss. 1987. Another approach to leaf shape comparisons. Taxon 36: 1-20.

Goldman, N. 1988. Methods for discrete coding of morphological characters for numerical analysis. Cladistics 4: 59-71.

Hurlbert, S. H., R. A. Levine, and J. Utts. 2019. Coup de grâce for a tough old bull: "Statistically significant" expires. The American Statistician 73:352-357.

James, F. C. and C.E. McCulloch. 1990. Multivariate Analysis in Ecology and Systematics: Panacea or Pandora's box? Annual Review of Ecology and Systematics 21: 129-166.

Jensen, R. J., K. M. Ciofani and L. C Miramontes. 2002. Lines, outlines, and landmarks: morphometric analyses of leaves of Acer rubrum, Acer saccharinum (Aceraceae) and their hybrid. Taxon 51: 475-492.

Kuhl, E. P. and C.R. Giardina. 1982. Elliptic Fourier features of a closed contour. Computer Graphics and Image Processing 18: 236-258.

McLellan, T. and J. A. Endler. 1998. The relative success of some methods for measuring and describing the shape of complex objects. Systematic Biology 47: 264-281.

Pimentel, R.A. and R. Riggins. 1987. The nature of cladistic data. Cladistics 3: 201-209.

Olsson, A., H. Nyborn, and H. C. Prentice. 2000. Relationships between Nordic dogroses (*Rosa* L. sect. *Caninae*, Rosaceae) assessed by RAPDs and elliptic Fourier analysis of leaflet shape. Systematic Botany 25: 511-521.

Premoli, A. C. 1996. Leaf architecture of South American *Nothofagus* (Nothofagaceae) using traditional and new methods in morphometrics. Botanical Journal of the Linnean Society 121: 25-40.

Rohlf, F. J. 1993. Relative-warp analysis and an example of its application to mosquito wings. In: L. F. Marcus, E. Bello, and A. Garcia-Valdecasas eds. Contribution to Morphometrics, v8. Pp. 131-159. Museo Nacional de Ciencias Naturales, Madrid, Spain.

Rohlf, F. J. and D. Slice. 1990. Extensions of the Procrustes method for the optimal superimposition of landmarks. Systematic Zoology 39: 40-59.

Roth, V. L. 1993. On three-dimensional morphometrics, and on the identification of landmark points. Pages 42-61 in Contributions to morphometrics, Volume 8 (L. F. Marcus, E. Bello, and A. Garcia-Valdecasas eds.). Museo Nacional de Ciencias Naturales, Madrid.

Shipunov, A. B. and R. M. Bateman. 2005. Geometric morphometrics as a tool for understanding *Dactylorhiza* (Orchidaceae) diversity in European Russia. Biological Journal of the Linnean Society 85: 1-12.

Stevens, P. F. 1991. Character states, morphological variation, and phylogenetic analysis: a review. Systematic Botany 16: 553-583.

Strait, D. S., M. A. Moniz, and P. T. Strait. 1996. Finite mixture coding: A new approach to coding continuous characters. Systematic Biology 45:67-78.

Strauss, R. E. and F. L. Bookstein. 1982. The Truss: body form reconstructions in morphometrics. Systematic Zoology 3: 113-35.

Thiele, K. 1993. The Holy Grail of the perfect character: The cladistic treatment of morphometric data. Cladistics 9: 275-304.

Weins, J.J. 1995. Polymorphic characters in phylogenetic systematics. Systematic Biology 44: 482-500.

SOME STATISTICS AND MORPHOMETRIC BOOKS

Bookstein, F. L. 1991. Morphometric tools for landmark data: geometry and biology. Cambridge University Press, Cambridge, U. K.

Gould, S. J. 1977. Ontogeny and phylogeny. Belknap Press of Harvard University Press, Cambridge, Mass.

Humphries, C. J. (ed.) 1988. Ontogeny and Systematics. Columbia University Press, New York.

Ott, R. L. and M. T. Longnecker. 2008. An Introduction to Statistical Methods and Data Analysis. 6th ed. Duxbury Press, North Scituate, Massachusetts.

Quinn, G. P. and M. J. Keogh. 2002. Experimental Design and Data Analysis for Biologists. Cambridge University Press, Cambridge.

Rosner, B. 2005. Fundamentals of Biostatistics. 5th ed. Duxbury, Pacific Grove, California.

Tabachnick, B. G. and L. S. Fidell. 2006. Using Multivariate Statistics. 5th ed. Harper Collins, New York.

Zar, J. H. 2009. Biostatistical Analysis. 5th ed. Prentice Hall, Upper Saddle River, New Jersey.

Zelditch, M. L., D. L. Swiderski, H. D. Sheets, and W. L. Fink. 2004. Geometric morphometrics for biologists: a primer. Elsevier Academic Press, San Diego, California.

Wiens, J. J. (ed.). 2000. Phylogenetic analysis of morphological data. Smithsonian Institution Press, Washington, D.C.

컴퓨터 소프트웨어

Abramoff, M. D., P. J. Magelhaes, and S. J. Ram. 2004. Image Processing with ImageJ. Biophotonics International 11: 36-42.

Rasband, W. S. 1997-2007. ImageJ, U. S. National Institutes of Health, Bethesda, Maryland, USA
http://rsb.info.nih.gov/ij
Free, multiplatform software for morphometric analyses.

Rohlf, F. J. 2009 onwards. Morphometrics at SUNY, Stony Brook, NY.
http://life.bio.sunysb.edu/morph
Extensive software downloads and information on hardware, date, courses, and investigators in morphometrics.

Sheets, H.D. 2002. IMP (Integrated Morphometrics Package) Suite. Dept. of Physics, Canisius College, Buffalo, NY 14208.
http://www3.canisius.edu/~sheets/morphsoft.html

SYSTAT software. 2009 onwards.
http://www.systat.com
Very widely used commercial software in the biological sciences.

용어해설

× 학명에 사용되는 약어, 잡종을 의미한다.

! 주석라벨에 적혀 있는 학명을 확인했다는 것을 나타내는 부호.

ABC 모델 ABC model 이른바 A, B, C 유전자군의 발현산물이 연합하여 꽃받침잎, 꽃잎, 수술, 심피라는 4개의 주요 꽃 부속기관을 생성한다는 꽃 발달 이론.

P/E 비(比) P/E ratio 극축 직경과 적도축 직경의 비. (화분 형태)

가근(假根) rhizoid 여러 일렬성(한 세포층) 사상체 중 하나로, 식물체를 고착시키고 물과 무기물을 흡수하는 기능을 수행하며, 독립생활을 하는 배우자체나 송엽란 같은 일부 양치식물의 땅속 포자체 줄기에서 자라난다.

가도관(假導管) tracheid 통수요소의 원시적인 형태로 천공이 없다. 물과 무기물은 벽공쌍의 일차벽을 통해 인접한 세포 사이를 오간다.

가면상(假面狀) personate 순편 2장으로 이루어지는데, 위쪽은 아치형이며 아래쪽은 화관의 판인으로 돌출하는 형태의 화관. 예, *Antirrhinum*(금어초속). (화피의 유형)

가종피(假種皮) aril 주병, 배선 또는 주피가 육질성으로 과도하게 생장한 것으로(그러나 주피와 분리되어 있음), 일반적으로 동물에 의한 종자 산포 기능을 담당한다. 예, 무환자나무과. 유의어, 종의. (종자)

가중치부여(加重値附與) weighting/character weighting 계통유연관계를 결정함에 있어서 특정 형질을 다른 형질들보다 더 또는 덜 중요하게 취급하는 것.

가지-기준(—基準)) stem-based 계통분류의 한 방법으로, 공통조상 바로 위쪽의 가지와 그 가지의 모든 후손들로 이루어진 단계통군.

가지형(—型) solanad type 배발생의 한 가지 유형으로, 정단세포가 횡으로 분열하며 기부세포의 유도체들이 배병을 형성하고, 그 외에는 배 성숙에 관여하지 않는다.

가축분지성(假軸分枝性) sympodial 가지가 분지하는 양상으로, 하나의 축이 여러 개의 단위로 구성되어 있는데, 각 단위는 분리된 정단분열조직으로부터 형성되고, 단위 그 자체는 무한 또는 유한 생장을 한다. (줄기의 분지 양상)

가합착(假合着) connivent 합착되지 않은 상태에서 정단부만 맞닿은 형태. (방향)

각두(殼斗) cupule 단주피성 배주/종자 무리를 둘러싸는 구조로, 정단부에 조그만 구멍이 있으며, 이 구멍을 통하여 꽃가루가 들어온다. *Caytonia*와 같은 일부 종자고사리에서 특징적으로 나타난다. 참고, 깍정이.

각피(角皮) cuticle 표피세포 바깥쪽으로 분비된 각피소를 포함하는 보호층으로, 물의 손실을 방지하는 역할을 한다. 모든 육상식물에서 발견된다.

각피소(角皮素) cutin 지방산의 중합체로, 육상식물의 각피를 메워 물의 손실을 방지한다.

간(稈/杆) culm 벼과나 사초과 식물에서 꽃이 피고 열매가 달리는 줄기. (줄기/슈트의 유형)

갈고리상(—狀) hooked 갈고리처럼 생긴 정단부 구조. 유의어, 구자상.

감귤과(柑橘果) hesperidium 격벽이 있는 육질성 장과로, 두꺼운 껍질 또는 혁질의 외과피벽과 안쪽의 벽에서 발달한 변형된 육질성 모용(즙액낭)으로 이루어져 있다. 예, *Citrus*(밀감속; 오렌지, 레몬, 자몽 등). (열매의 유형)

감진성(感震性) seismonasty 감촉성.

감촉성(感觸性) thigmonasty 접촉, 진동 또는 열에 반응하여 복엽의 소엽들이 접히는 성질(예, *Mimosa pudica*미모사). 유의어, 감진성. (잎의 운동)

강모(剛毛) bristle 식물체 바깥으로 나 있는 털처럼 생긴 구조이나, 모용보다는 좀 더 억세다.

개재분열조직(介在分裂組織) intercalary meristem 활발히 분열하는 세포들이 모여 있는 기부 또는 기부 근처의 (잠재적으로 계속해서 생장할 수 있는) 무한생장성 조직.

개체군(個體群) population 같은 종에 속하는 개체들의 무리로, 지리적으로 한정된 지역 내에 분포하며, 대개 상당한 정도의 유전자 교환이 일어난다. 유의어, 집단.

개체발생(個體發生) ontogeny 주어진 특징의 발생/발달 과정.

개체발생경로(個體發生經路) ontogenetic trajectory 시간에 따른 발생/발달 변화를 나타낸 도표.

개체발생순서(個體發生順序) ontogenetic sequence 한 특징의 발생/발달 과정에서 나타나는 뚜렷한 단계.

개화기/개화(開花期/開花) anthesis 꽃이 피는 시기; 꽃가루받이가 가능해지도록 꽃을 이루는 부속기관들이 벌어지는 것. (꽃의 성숙상)

개화무한생장성(開花無限生長性) pleonanthic 무한히 생장하는 슈트로, 곁에 꽃을 피우지만, 정단부는 영양 생장을 계속한다. (줄기의 분지양상)

개화수정(開花受精) chasmogamy 화피가 벌어져 생식기관이 노출되고, 이어서 일반적으로 타가교배가 일어나는 수정 양식.

개화유한생장성(開花有限生長性) hapaxanthic 꽃이나 화서로 완전히 변형되는 유한생장 슈트. (줄기의 분지양상)

거(距) spur 원통형의 둥그런 또는 끝이 뾰족한 돌기로, 꽃받침이나 화관에서 발달하며, 꿀이 들어있다. 유의어, 꽃뿔. (화피의 구성)

거미줄상(—狀) arachnose 주선상.

거치(鋸齒) teeth 가장자리를 따라 나있는 끝이 뾰족하거나 둥근 작은 돌출부 또는 열편.

거치형계통분류(鋸齒形系統分類) indented phylogenetic classification 단계통군들을 연속적, 계층적으로 나열한 분류 방식.

건개과(乾開果) dry dehiscent fruit 건과의 일종. 익으면 틈 또는 봉선을 따라 터진다. (단과의 유형)

건과(乾果) dry fruit 익으면 껍질이 건성인(마르는) 열매.

건막질(乾膜質) scarious 얇고 마른 것처럼 보이는 상태로, 흔히 흰색 또는 갈색을 띤다. 유의어, 납지질. (재질)

건폐과(乾閉果) dry indehiscent fruit 건과의 일종. 익어도 터지지 않고 껍질이 씨를 싸고 있다. (단과의 유형)

검색문(檢索文) lead 차상검색표에 있는 2개의 대조적인 설명 (또는 진술) 중 하나.

검색쌍(檢索雙) couplet 차상검색표에 있는 2개의 대조적인 설명 (또는 진술).

검색표(檢索表) key/taxonomic key 서로 대조되는 진술로 이루어져 있는 동정 장치로, 분류군의 범위를 좁히고자 할 때 활용된다.

검형(劍形) ensiform 칼처럼 생겼으며, 길이와 폭의 비는 12:1보다 크다. 예, *Iris* (붓꽃속) 종류의 잎. (형태)

격벽(隔壁) septum 자방 내에 있는 칸막이 또는 교차 벽. (암술군, 단과의 유형)

격벽밀선(隔壁蜜腺) septal nectary 자방 격벽에 형성된 밀선으로, 자방 기부나 정단부에 있는 구멍을 통하여 꿀을 분비한다. (밀선 유형)

격벽상수(隔壁狀髓) septate pith 격벽으로 구획된 수.

격벽성측벽태좌(隔壁性側壁胎座) parietal-septate 격벽으로 나뉜 자방실의 내벽에 존재하는 태좌. 예, 번행초과. (태좌형)

격벽테두리(隔壁—) replum (십자화과에서) 장각과와 단각과의 열개 이후 숙존하는 얇은 격벽의 테두리.

격실상수(隔室狀髓) diaphragmed pith 얇은 횡막에 의해 구획된, 속이 빈 수.

견과(堅果) nut 1개의 종자로 이루어진 건폐과로, 과피가 딱딱하며, 1개의 자방실로 된 자방이 성숙하여 만들어지는 것이 보통이다. (단과의 유형)

견과형분열과(堅果形分裂果) schizocarp of nutlets 1개의 자방이 성숙하는 중에 열편으로 갈라져서 형성된 분열과로, 각 열편이 성숙하여 소견과로 된다. 예, 지치과, 꿀풀과. (단과의 유형)

견모상(絹毛狀) sericeous 기다란 모용이 압착되어 있는 상태로, 광택이 난다. (모용 분포상)

결각(缺刻) sinus 분할된 평면구조의 만입, 즉 움푹 들어간 부분. (분할)

결각상거치형(缺刻狀鋸齒型) incised 날카롭고 깊게 갈라진 가장자리로, 흔히 톱날 같다. (가장자리, 분할)

결절상(結節狀) tuberculate 유두상. (표피 돌출상태)

결정체(結晶體) crystal 규산질 또는 수산석회 등이 식물세포 내에 축적된 것으로 노폐물이거나, 칼슘이온의 저장고 또는 동물이 풀을 먹을 때 자극을 주어 초식을 방해하는 역할을 한다. 후형물질의 한 종류이다.

경구세포(頸口細胞) neck canal cells 장란기의 경부 내에 있는 세포들로, 성숙하면 파괴되면서 경부의 구멍으로 분비된다.

경복성(傾伏性) decumbent 기본적으로는 평복성이나 정단부는 사상성인 것(비스듬히 서는 형태). (줄기형)

경부(頸部) neck 장란기에서 좁고 길게 신장된 부위로, 불염성 외투세포들로 이루어지며, 정자가 수정을 위해서는 반드시 이 부위를 통과해야 한다.

경생(莖生) cauline 줄기를 따라 배열된 상태. (위치)

경생화서(莖生花序) cauliflorous 목본성 줄기에서 직접 자라는 화서. (화서의 위치)

경선모상(硬先毛狀) strigose 거칠고, 굽어 있는 모용이 빽빽이 평평하게 나 있는 상태로, 때때로 기부는 구근처럼 생겼다. (모용 분포상)

경재(硬材) hardwood 비단자엽성 피자식물에서 만들어지는 재(2기 물관부)로, 항상은 아니지만 일반적으로 섬유세포가 더 많이 들어 있어서 연재보다 단단하다.

경정성(莖頂性) acrocaulis 줄기의 정단에 위치한 상태. (위치)

경질(硬質) indurate 단단하고 유연성이 없는 상태. (재질)

경침(莖針) thorn 끝이 뾰족한 줄기나 슈트. 비교, 피침, 엽침. (줄기/슈트의 유형)

경핵과(硬核果) pyrene 둘 이상의 종자가 흔히 단단한 재질의 내과피에 의해 둘러싸인 육질성 열매, 또는 수에 상관없이, 씨가 단단한 내과피로 둘러싸인 열매. (단과의 유형)

계급(階級) rank 계층구조에서 분류군이 속하는 한 범주로, 상위계급은 하위계급을 포함한다.

계류연안식물(溪流沿岸植物) rheophyte 물살이 빠른 개울가나 강둑에 사는 식물. (식물의 생육지)

계통(系統) lineage 조상-자손 개체군들이 연속된 것으로, 그 구성원은 유전자의 전달에 의해 연관 또는 연결되어 있다.

계통발생(系統發生) phylogeny 생물군의 진화 역사 또는 대물림 양식. 흔히 계통수의 형태로 나타낸다.

계통발생학(系統發生學) phylogenetics 다양한 생물 무리의 진화적 유연관계를 연구하는 학문분야. 유의어, 계통분석론.

계통분류(系統分類) phylogenetic classification 진화 역사나 대물림 양식에 근거한 분류를 지칭한다.

계통분석론(系統分析論) phylogenetic systematics 생물 무리들의 진화 역사 양상을 추정하는 방법론으로, 분류군을 파생형질에 근거하여 유집한다. 유의어, 분계분석론.

계통선별(系統選別) lineage sorting 단일계통형성.

계통수(系統樹) phylogenetic tree 계통의 유연관계를 추정하여 나무의 분지 개념으로 도해한 것. 분지도라고도 번역함. 유의어, 분계도.

계통적종(系統的種) phylogenetic species 고유한 조합의 형질상태를 통해서 비슷한 개체들과 구별될 수 있는 최소 개체군 그룹 또는 계통; 하나 이상의 파생형질을 통해 인식되거나 정의되는 단계통군.

계통학(系統學) systematics 전통적인 분류학을 포함하는 학문으로, 일차적 목적은 계통발생을 재구성하는 데 있다. 참고, 분류학.

고둥형돌기(—形突起) hastula 일부 야자식물의 엽병과 엽신의 연결부위에서 나타나는 부속물 또는 돌출부. (잎의 구성)

고등형(高等型) advanced 파생형.

고랑상(—狀) canaliculate 기다랗게 홈이 파여진 상태로, 흔히 잎자루나 중륵에 적용된다. (표면 형상)

고유지역(固有地域) area of endemism 여러 종류의 고유종(특산종)이 분포하는 지역이 중복되는 부분.

고유파생형질(固有派生形質) autapomorphy 1개의 계통 또는 분류군에서만 나타나는 파생형질로 단독파생형질이라고도 함.

곡침형(穀針型) aristate 까락형.

곤봉(棍棒) clava 곤봉처럼 생긴 구조로, 일부 꽃가루의 표면에서 나타난다.

곤봉형/상(棍棒形/狀) clavate (1) 곤봉 형태로, 끝으로 갈수록 폭이 조금씩 좁아들면서 두꺼워지며, 끝이 둥그런 형태이다. (형태). (2) 곤봉처럼 생긴 구조들을 지니고 있는 꽃가루 외벽 구조, 각 구조는 곤봉(돌기)이라고 부른다.

골돌과(蓇葖果) follicle 한 심피에서 발달하는 건개과로, 1개의 봉선으로 터진다. 예, *Asclepias*(박주가리속). (단과의 유형)

골돌형분열과(蓇葖形分裂果) schizocarp of follicles 암술의 심피가 열매 성숙 시 분리되는 분열과로, 각 심피가 골돌과의 한 단위로 발달한다. 예, 박주가리과. (단과의 유형)

골지체(—體) golgi body 세포소기관의 하나로, 평평한 막성 구조가 나란히 층으로 배열되어 있으며, 물질의 운반과 변형에 관여한다.

공개(公開) poricidal 반약의 끝에 있는 구멍을 통한 약의 열개. 예, 진달래과. (약열개 유형)

공구(孔口) porus 원형 내지는 약간 타원형인 발아구로, 길이와 폭의 비는 2:1을 넘지 않는다. 공형(孔形) 발아구.

공기강(空氣腔) air chamber 속이 비어 있는 공간으로 격실로 구분되어 있다. 생강목 식물의 잎과 줄기에서 나타난다.

공변세포(孔邊細胞) guard cell 기공장치를 형성하는 2개의 세포 중 하나.

공유원시형질(共有原始形質) symplesiomorphy 분류군들 사이에 공유된 원시적(조상형) 특징으로, 전형질분류에서는 유집의 근거로 사용되기도 한다.

공유파생형질(共有派生形質) synapomorphy 둘 이상의 분류군 또는 계통들을 하나로 묶는 파생형질.

공통조상의 분지위치(分枝位置) recency of common ancestry 계통적 유연관계의 척도. 만일 특정 분류군들이 공유하는 공통조상이 다른 분류군들과 공유하는 공동조상보다 더 최근의 것이라면, 이들 분류군은 서로 밀접한 유연관계가 있을 것으로 말한다.

과곡공기관(果谷空氣管) vallecular canal 쇠뜨기종류의 줄기에서 속이 비어 있는 공간으로, 가운데가 텅 비어 있는 중공상수의 주변을 따라 발달한다.

과낭(果囊) perigynium 수과를 감싸고 있는 주머니처럼 생긴 포로, 낭포라고도 한다. 예, Cyperaceae(사초과).

과립상(顆粒狀) granular 미립상.

과발생진화(過發生進化) peramorphosis 이시진화의 한 형태로, 개체발생이 원시 형태의 단계나 경로를 초과하여 발생하는 것.

과상(跨狀) equitant 엽저가 서로 겹쳐 있는 잎의 형태로, 흔히 중륵을 따라 엽신이 날카롭게 접혀진다. (배열)

과서(果序) infructescence 결실기의 성숙한 화서.

과피(果皮) pericarp 열매의 벽으로, 자방벽이 성숙하여 만들어지며, 때때로 뚜렷하게 내과피, 중과피 그리고 외과피 등의 층으로 구분된다.

과피편(果皮片) valve 건개과에서 과피의 일부이지만 종자를 감싸지는 않으며, 분류군에 따라 끝까지 붙어 있거나 탈락한다. (단과의 유형)

관모(冠毛) pappus Asteraceae(국화과)의 꽃받침으로, 까락, 인편 또는 가느다란 강모로 변형되었다.

관목(灌木) shrub 다년생 목본으로, 몇 개의 주 줄기가 지표면에서부터 만들어진다. (식물형)

관목성(灌木性) frutescent 수많은 목본성 지상줄기로 이루어진 관목처럼 생긴 상태. (줄기형)

관상/형(管狀/形) tubular 원통형. (화피의 구성)

관상중심주(管狀中心柱) siphonostele 줄기 관속계의 한 유형으로, 원형으로 된 물관부의 바깥쪽을 체관부가 둘러싸거나 (외사관상중심주), 안팎 양쪽으로 둘러싸고 있다(양사관상중심주). 관속이 나뉘어져 있을 경우에는 망상중심주라고 한다.

관속(管束) vascular bundle 물관부와 체관부 조직이 결부되어 이루어진 가닥으로 관다발이라고도 함. 유의어, 관속대.

관속계(管束系) vasculature 관속의 일반적인 배열 상태.

관속관(管束冠) bundle cap 관속과 연결되어 있으며 관속 바깥쪽에 위치한 섬유세포.

관속대(管束帶) vascular strand 관속. (줄기/슈트의 유형)

관속조직(管束組織) vascular tissue 물관부와 체관부로 이루어진 조직으로, 주로 물, 무기물, 그리고 당을 운반한다.

관속주(管束柱) vascular cylinder 뿌리나 일부 줄기에 있는 중심 관

속조직(물관부와 체관부).

관속초(管束草) vascular bundle sheath 섬유세포 또는 유세포들이 원형으로 배열된 상태로, 관속의 물관부와 체관부를 감싸며, C4 광합성을 수행하는 역할을 한다.

관속흔(管束痕) vascular bundle scar 엽흔 내에 존재하며, 이전에 줄기에서 잎으로 관속이 연결되어 있던 자리임을 나타내는 흔적.

관천형(貫穿形) perfoliate 무병성 잎의 기부가 줄기를 완전히 감싸는 형태. (잎의 부착형)

광난형(廣卵形) widely ovate 가장자리는 굽어 있으며, 기부의 폭이 가장 넓고, 길이와 폭의 비가 약 6:5인 상태. (형태: 평면구조)

광도란형(廣倒卵形) widely obovate 가장자리는 굽어 있으며, 정단부의 폭이 가장 넓고, 길이와 폭의 비가 약 6:5인 상태. (형태: 평면구조)

광삼각형(廣三角形) widely triangular 3개의 면을 지닌 상태로, 길이와 폭의 비가 약 6:5인 상태. (형태: 평면구조)

광의(廣義)의 sensu lato 넓은 의미의; 이전에 인식된 분류군들을 포함하는 포괄적인 분류군을 지칭하기 위하여 분류군 이름 뒤에 사용됨. 약어. *s.l.*

광타원형(廣楕圓形) widely elliptic 가장자리는 굽어 있으며, 중앙부의 폭이 가장 넓고, 길이와 폭의 비가 약 6:5인 상태. (형태: 평면구조)

광택상(光澤狀) shining 윤채상. 유광택상. (표피 돌출상태)

광합성(光合成) photosynthesis 빛 에너지를 이용하여 고에너지 화합물을 생산하는 일련의 생화학 반응으로, 육상식물에서는 이산화탄소와 물을 반응시켜 다당류를 만든다.

괴경(塊莖) tuber 땅속에 있는 두툼한 저장 줄기로, 직립하지는 않으며, 바깥쪽에 눈이 주로 있고, 둘러싸는 저장엽이나 보호인편은 없다. 예, *Solanum tuberosum*(감자). (줄기/슈트의 유형)

괴근(塊根) root tuber 녹말과 같은 고에너지 물질을 함유하여 부풀은 원뿌리. (뿌리의 유형)

교목(喬木) tree 일반적으로 키가 크고 다년생인 목본성 식물로, 1개의 주된 줄기(수간)가 지표면에서 나온다. (식물형)

교호대생(交互對生) decussate 대생하는 잎 또는 기타 구조로, 앞선 잎이나 구조와 서로 직각 방향으로 배열한다. (배열)

교호사립(交互四粒) decussate tetrad 4개의 화분립으로 이루어진 사립으로, 두 쌍이 서로 직각방향으로 배열되어 있다.

구경(球莖) corm 크고 단단한 지하 저장 줄기 또는 줄기의 기부로, 겉에는 보호기능성 인편이 있다. (줄기/슈트의 유형)

구공형(溝孔型) colporate 구구(溝口)처럼 보이나 중앙부에 원형으로 된 지역이 있는 발아구 형태.

구과(毬果) cone 많은 비현화관속식물에서 볼 수 있는 유한생장성 생식슈트계의 변형. 포자엽("단순"구과의 경우) 또는 변형된 슈트계("복합"구과의 경우)를 달고 있는 줄기 축으로 이루어져 있다. 유의어, 포자낭수. (식물 기관)

구구(溝口) colpus 꽃가루의 기다란 발아구로, 길이와 폭의 비가 2:1보다 크다. 구형(溝形) 발아구.

구상체(球狀體) corpusculum 박주가리아과의 화분괴에서 분비선처럼 생긴 구조.

구심성(求心性) centripetal 바깥쪽 또는 주변부에서 중앙부를 향해 발달하는 특성; 화피, 꽃받침, 화관, 수술군, 암술군 등에 적용된다. (꽃의 성숙상)

구자모상(鉤刺毛狀) glochidiate 정단부에 세자상 구조가 밀집되어 있는 형태. (강모의 유형)

구자상(鉤刺狀) uncinate 갈고리상. (강모의 유형)

구침(鉤針) glochidium 매우 작은 엽침으로, 수많은 하향 세자가 길게 배열되어 있으며, 자좌에서 형성된다. 선인장 종류에서 나타난다. (잎의 구조 유형)

구형(球形) globose/spheroidal (1) 공처럼 생긴 형태. (형태). (2) 주두가 공처럼 생긴 것. (주두/주두역 유형)

구형각두(球形殼斗) bur 수과나 영과로 이루어진 다화과로, 가시가 있는 총포로 덮여 있다 예, 벼과의 *Centhrus*, 국화과의 *Xanthium*(도꼬마리속). (다화과의 유형)

국명(國名) common name 지방명(보통명)으로, 특정한 지역 또는 나라의 사람들만 사용하고, 공식적으로 발표되지 않으며, 규약에 따라 제어되지 않는다.

국화총포편(菊花總苞片) phyllary 국화과의 두상화서를 싸는 총포편의 한 종류. 유의어, 총포편. (잎의 구조 유형)

국화형(菊花型) asterad type 정단세포가 수직으로 분열하면서 만들어지는 배의 한 가지 유형으로, 기부 세포뿐만 아니라 정단세포 모두가 분열하여 성숙한 배를 만든다.

군집층위(群集層位) layer 식물군집에 대한 생태학적 기준의 하나로, 수관층, 아수관층, 관목층 또는 아관목층, 초본층으로 구분하며, 식물체의 키와 식물형에 근거한다.

굴곡상(屈曲狀) ruminate 평평하지 않은 재질로, 거칠게 쭈그러져 있거나, 마치 파손된 것처럼 보인다. 예, 파인애플과의 배유. (표면, 재질)

궁주상(弓走狀) campylodromous 뚜렷하게 발달하는 몇 개의 일차맥이 기부를 향해 굽어진 반원 형태를 띠다가, 다시 정단쪽으로 수렴하는 맥. (엽맥)

권고(勸告) recommendation 의무사항은 아니지만 제안한 것. (ICN)

권산상취산화서(券狀聚繖花序) helicoid cyme 축의 한쪽에만 측지가 발달하는 단산화서로, 발달 초기에는 둘둘 말려진 형태를 취한다. 호산상취산화서와 형태적 구배를 이루기도 한다. 유의어, 나선상취산화서. (화서의 유형)

권산화서(卷繖花序) drepanium 축이 한 쪽으로만 계속해서 발달하는 단산화서의 한 종류로, 적어도 발달 초기에는 나선형으로 보인다. 때때로 권산상취산화서와 동일시한다. (화서의 유형)

권상(券狀) circinate 잎(엽신과 주축 그리고 만일 있다면 소축까지 포함하여)이 정단에서 기부까지 둘둘 말려 있는 상태로, 어린 양치식물과 소철류의 잎에서 관찰된다. (자세, 화피의 화아내형태)

권상개엽(劵狀開葉) circination vernation 엽신과 주축, 그리고(만일 있다면) 소축까지 포함하여 잎 부위 전체가 정단에서 기부까지 둘둘 말려 있는 상태의 잎으로, 양치식물과 소철류의 어린잎에서 관찰된다. (자세, 유엽형태/화아내형태)

권상유엽(劵狀幼葉) croziers 양치유엽.

권수형(卷鬚形) cirrhose 탄력성이 있으며, 크게 둥글게 말려 있는 정단부의 형태. 유의어, 덩굴손형. (정단부)

규칙(規則) rule 강제적인 것이며, 조항으로 열거되어 있는 것. (ICN)

균근(菌根) mycorrhiza, mycorrhizae(복수) 곰팡이와 뿌리 사이의 공생관계로, 뿌리의 흡수 표면적과 무기물 흡수를 증가시킨다.

균영양성(菌營養性) mycotrophic 양분을 땅속에 있는 균근 곰팡이로부터 얻는 영양방식.

그라나 granum, grana(복수) 녹색식물의 엽록체 내부에서 틸라코이드 막이 동전처럼 쌓여 있는 구조.

그리고 et 그리고를 뜻하는 라틴어로 학명의 조합에 사용된다.

그물맥(—脈) netted 작은 맥이 그물과 같은 모양을 형성하는. 유의어, 망형. (엽맥)

극면(極面) polar view 화분을 극에서 바라본 면.

극성(極性) polarity 전환계열/형질구배에서 나타나는 형질상태들의 상대적인 원시성.

극저(戟底) hastate 2개의 기부 열편을 지닌 형태로, 다소 끝이 뾰족하고 중앙축에 거의 90°로 바깥쪽으로 열편이 벌어진다. (기부)

극축(極軸) polar axis 화분립 직경을 연장한 선으로, 초기 화분사립의 중심을 관통한다.

극핵(極核) polar nuclei 전형적인 피자식물의 자성배우자체 내에 있는 중앙세포를 이루는 2개의 반수체 핵으로 정자와 수정하여(중복수정) 삼배체의 배유 세포를 만든다.

근결정(根決定) rooting (of evolutionary tree) 외군 설정 등의 방법으로 계통수의 뿌리를 결정하는 것.

근경(根莖) rhizome (1) 수평성 지하 줄기로, 일반적으로 절간이 짧고 인편상 잎이 달려 있다. 예, *Zingiber officinale*(생강). (2) 지면에서 수평으로 자라는 양치식물 줄기. (줄기/슈트의 유형)

근경체(根莖體) rootstock 지하에 있는 줄기나 슈트에 대한 일반적인 용어로, 지상의 슈트는 이것의 정단분열조직에서 직접 자라 나오거나 측아로부터 뻗어 나온다. (줄기/슈트의 유형)

근관(根冠) rootcap 뿌리 정단부에 있는 바깥쪽 세포층으로, 근단분열조직을 보호하며, 생장하는 뿌리에 윤활 작용을 한다. 유의어, 뿌리골무.

근모(根毛) root hair 뿌리털.

근생(根生) radical 기부. (위치)

근생화경(根生花莖) scape 나출된, 즉 잎이 없는 화경으로, 주로 영양엽으로 이루어진 로제트로부터 자라 나온다. 유의어, 화경(*花莖*), 꽃줄기, 화간(*花幹*). (줄기/슈트의 유형, 화서의 구성)

근생화서(根生花序) scapose inflorescence 1개 이상의 꽃이 근생 로제트에서 나오는 무엽성 화경 또는 근생화경에 달린다.

근친교배(近親交配) inbreeding 유전적으로 유사한 개체에서 만들어진 배우자들의 결합. 가장 극단적인 근친교배로 자가수정이 있다. 유의어, 자가수정.

근피(根皮) velamen 일부 뿌리의 특화된 다층표피로 보호, 물 손실 방지, 물과 무기물의 흡수 등의 역할을 한다. 예, 천남성과, 난과.

글루코시놀레이트 glucosinolates 많은 Brassicaceae(십자화과) 식물에서 발견되는 이차화합물로, 초식과 기생을 방해하는 역할을 하며, 산업적으로 매우 중요한 향신료로도 이용된다.

급하향성(急下向性) deflexed 급격하게 아래쪽으로 향하는 상태. (방향)

기공(氣孔) stoma 기공장치에서 2개의 공변세포 사이의 구멍.

기공장치(氣孔裝置) stomate 특별한 표피세포인 2개의 공변세포로 이루어져 있으며, 팽압의 변화에 의해 구멍(기공)의 크기가 증가 또는 감소한다.

기근(氣根) aerial root 공기와 수관수로부터 습기와 무기양분을 흡수하는 부정근으로, 일부 착생식물에서 흔하다. 예, 천남성과와 난과. (뿌리의 유형)

기념학명(記念學名) commemorative name 사람이나 장소를 기념하기 위한 학명.

기름 oil 트리글리세리드 화합물의 한 가지 형태로, 고에너지 저장물질이나 분비물의 역할을 하며, 후형물질의 한 종류이기도 하다.

기본분열조직(基本分裂組織) ground meristem 비관속조직으로 흔히 유세포로 이루어져 있으며, 부제중심주의 관속 사이에 분포한다. (줄기/슈트의 유형)

기본조직(基本組織) ground tissue 표피 안쪽에 있으나, 관속을 제외한 조직으로, 유세포, 후각세포 그리고 후벽세포로 구성된다.

기본형(基本形) basic 이차 벽세포층이 분열하여 2개의 중간층을 만들면서 약벽이 발달하는 과정.

기부(基部) basal 바닥 근처 또는 구조의 아랫부분. 유의어, 근생, 기저부. (위치).

기부비후경(基部肥厚莖) pachycaul 직립하는 목질성 수간의 부푼 기저 부위로, 이곳에 양분이나 물이 저장된다. (줄기/슈트의 유형)

기부세열삭과(基部細裂蒴果) basicidal capsule 기부에 있는 가는 틈을 따라 열개하는 삭과. 예, *Aristolochia* (쥐방울덩굴속). (단과의 유형)

기부형(基部型) basal 3개 이상의 일차맥이 한 지점에서 발달한 맥계로, 방사상 맥계와 장상방사상 맥계의 한 종류. (엽맥)

기산화서(岐繖花序) dichasium 양쪽 축을 따라 발달하는 유한화서로, 대생하는 측축을 한 쌍 또는 여러 쌍을 형성한다. (화서의 유형)

기생근(寄生根) haustoria 숙주식물의 조직 속으로 뚫고 들어가는 기생성 뿌리. 유의어, 흡기. (뿌리의 유형)

기수우상/기수우상복엽(奇數羽狀複葉) imparipinnate/imparipinnately compound 정소엽이 존재하며, 소엽의 수가 홀수인 우상복

엽이다. (잎의 유형)

기와형(—形) cup-shaped 매끈한 표면이 오목 또는 볼록한 구조; 배축면 또는 향축면이 오목한 경우. (자세)

기재(記載) description 한 분류군 또는 어떤 실체의 특징이나 성질을 기술하는 것.

기저부(基底部) basal 기부.

기저체(基底體) basal body 만생배주에서 주심이 꺾인 지역에 존재하는 분화된 세포들.

기저층(基底層) foot layer 피복원주형 화분에서 외벽의 안쪽 층.

기저태좌(基底胎座) basal placentation 자방의 기부에 태좌가 있으며, 국화과와 벼과에서 나타난다.

기준표본(基準標本) type/type specimen 명명기준형.

긴가지끌림현상(—現象) long branch attraction 계통분석에 있어서, 상대적으로 긴(즉, 형질상태의 변화가 많은) 가지들이 우연한 결과로 인해 밀접한 유연관계가 있는 것처럼 유집되는 현상.

까락 awn (1) 벼과형 소수화서의 포영 또는 외영의 정단부에 달리는 강모처럼 생긴 부속물. (2) 국화과의 관모를 이루는 단위로, 폭은 좁고, 길고 곧으며 뻣뻣하다.

까락형(—形) aristate 단단하며, 길이와 폭의 비는 3:1보다 크며, 주로 약간 굽어진 형태. (정단부)

깍정이 cupule 너도밤나무과의 열매를 둘러싸고 있는 숙존생장성 총포, 도토리받침. 참고, 각두.

꽃 flower 피자식물의 생식기관; 변형된 유한생장성 슈트에 포자엽(수술과 심피)이 달리며, 그 바깥쪽에 변형된 잎, 화피 등이 달리거나 달리지 않는다. (식물 구조, 화서의 구성)

꽃가루 pollen 화분.

꽃가루받이 pollination 수분.

꽃대 peduncle 화경(花梗).

꽃받침 calyx 화피에서 가장 바깥쪽 윤생렬 또는 윤생층에 위치한 변형된 잎으로, 구성 단위는 꽃받침잎이라 한다. 유의어, 악. (꽃의 구성, 화피의 구성)

꽃받침열편(—裂片) calyx lobe 꽃받침잎이 동합하여 형성된 합편악의 조각. 유의어, 악열편. (꽃의 구성, 화피의 구성)

꽃받침잎 sepal 꽃받침을 이루는 구성 요소 또는 조각으로, 주로 초록색이면서 잎처럼 생겼고, 어린 꽃을 보호하는 역할을 한다. 유의어, 악편. (꽃의 구성, 화피의 구성)

꽃밥 anther 약.

꽃부리 corolla 화관.

꽃뿔 spur 거.

꽃잎 petal 화관을 이루는 구성 요소 또는 조각으로, 일반적으로 수분을 유도하기 위하여 녹색이 아닌 색을 띤다. 유의어, 화판. (꽃의 구성, 화피의 구성)

꽃줄기 scape 근생화경.

꿀샘 nectary 밀선.

나명(裸名) nomen nudum 기재나 표징형질 없이 출판된 비합법명 (invalid name). 약어, *nom. nud.*

나비형(—形) papilionaceous 상부에 커다란 꽃잎 1장(기판)과, 안쪽의 측면 꽃잎 2장(익판), 그리고 정단부가 합착된 아래쪽 꽃잎 2장(용골판)으로 구성된 꽃의 형태; 콩과, 콩아과의 꽃 구조. 접형. (화피의 유형)

나선상발아구형(螺旋狀發芽口型) spiraperturate 나선형으로 배열된 1개 이상의 발아구를 지닌 화분 유형.

나선상비후내표피(螺旋狀肥厚內表皮) spiral endothecium 이차벽 비후 모양이 나선상인 약내표피 유형. (약벽발생)

나선상취산화서(螺旋狀聚繖花序) bostryx 권산상취산화서. (화서의 유형)

나선상호생(螺旋狀互生) spiral (1) 부착점들이 3개 이상의 수직열 또는 줄을 따라 호생하는 상태. 유의어, 다열호생성. (배열). (2) 화피의 구성 요소가 한 마디에 돌려나지만 명확하게 윤생하지는 않는 배열상태. (화피 배열). (3) 수술이 한마디에 돌려나지만 명확하게 윤생하지는 않는 배열상태. (수술의 배열)

나아(裸芽) naked bud 눈을 둘러싸는 보호 인편이 없는 상태. 예, 인동과, 백당나무속. (소지, 눈, 수간)

나이테 annual ring 한 생장 기간에 이차물관부(또는 체관부)가 축적된 것으로, 여름에 만들어진 재의 마지막 세포와 그 다음 해 봄에 만들어진 재의 맨 처음 세포가 구조적으로 다르기 때문에 뚜렷하게 나타난다. 연륜.

낙엽성(落葉性) deciduous 한 생장 기간에만 구성 요소가 숙존하고 그 후에는 떨어진다. 예, 낙엽수의 잎. (지속기간)

난(卵) egg 진화적으로 커다랗게 발달하였으며, 이동성이 없는 배우자로 난접합의 최종 산물이다.

난선상(亂線狀) rugulate 불규칙 내지 결각상 화분 표면 구조로, 사람의 뇌와 비슷하게 생겼다.

난장치(卵裝置) egg apparatus 난세포와 조세포를 함께 이르는 용어.

난접합(卵接合) oogamy 크고 편모가 없는 난자와 상대적으로 작고 편모가 달려 있는 정자(나자식물 일부와 피자식물에서 편모 소실)가 수정하는 유성생식의 한 유형으로, 모든 육상식물에서 나타나며 다른 많은 진핵생물 무리에서 독립적으로 진화하였다.

난접합식물(卵接合植物) streptophytes 난접합을 하는 식물로 육상식물 전체와 일부 녹조류로 구성되는 단계통군이다.

난형(卵形) ovate 가장자리는 굽었으며, 기부가 가장 넓고, 길이와 폭은 비는 2:1에서 3:2 정도인 형태. (형태: 평면구조)

납분상(蠟粉狀) glaucous 분백상.

납지질(蠟紙質) scarious 건막질.

낫형(—形) falcate/falciform 피침형 또는 선형이나 한쪽 면이 굽어져 있는 형태; 초승달 모양의 칼처럼 생긴 것. (형태: 평면구조)

낭과(囊果) utricle 조그만 방광처럼 생긴 또는 부풀어 있는 건과로 1개의 종자만을 지니며, 성숙한 종자보다 외과피가 훨씬 큰 수과. 예,

Atriplex(갯는쟁이속). (단과의 유형)

낭상심피(囊狀心皮) ascidiate 잎처럼 생기지 않은 심피로, 둥그런 고리처럼 생긴 조직에서 위쪽으로 발달하며, 간혹 방패 모양을 띠기도 한다.

낭상엽(囊狀葉) pitcher leaf 조그만 동물을 잡아서 소화시키는 기능을 수행하며, 내부의 용액을 담고 있는 용기처럼 생긴 잎. 예, 여러 종류의 식충식물 잎(*Darlingtonia*, *Nepenthes*, *Sarracenia* 등). (잎의 구성)

낭체(囊體) sporangial body 박벽포자낭에서 포자를 담고 있는 주머니 부분.

낭탁(囊托) receptacle 박벽포자낭 양치류에서 포자낭군의 포자낭들이 달리는 자리.

낭퇴(囊堆) sorus 포자낭군.

낭형(囊形) saccate 주머니 같은 팽창 구조가 있는 화관. (화피의 유형)

내곡형(內曲形) incurved 끝이 조금씩 안쪽 또는 위쪽으로(향축면 쪽으로) 굽어지는 상태. (자세)

내과피(內果皮) endocarp 과피를 여러 개의 층으로 구분하였을 때, 제일 안쪽에 위치한 층. (단과의 유형)

내군(內群) ingroup 계통분석 당시 사용된 모든 연구 대상. 군내군, 내비교군이라고도 한다.

내권상(內券狀) involute 부채형으로 배열된 화피의 구성 요소들이 섭합상으로 배열된 상태. (화피의 화아내형태)

내권형(內券形) involute 향축면이 위쪽으로 말리거나 안쪽으로 말렸을 때 가장자리 또는 바깥쪽 부분의 상태. (종자세, 가장자리).

내벽(內壁) intine 화분벽의 가장 안쪽 층으로, 주로 섬유소와 펙틴으로 이루어진다.

내생적(內生的) endogenous 일차근 내부에서 발달하는 이차근처럼 내부 조직에서 기원하는 성질.

내수피(內樹皮) inner bark 이차체관부.

내원형(內原型) endarch 물관부 성숙 방향의 한 유형으로, 원생물관부가 후생물관부에 비해 중심주의 중앙부에 위치하며, 진정중심주 또는 부제중심주에서 나타난다.

내재형(內在型) inserted 수술이 화피 안에 포함된. 유의어, 은닉형. (수술의 부착형과 착생형)

내주공(內珠孔) endostomal 바깥쪽 주피가 너무 짧아 안쪽의 주피에 의해서만 만들어진 복주피의 주공.

내초(內) pericycle 내피 바로 안쪽에 위치하며 유세포로 이루어진 원통형 초상 조직으로, 분열조직 활동을 재개하여 이차근을 형성하거나 (목본식물에서) 유관속형성층 생성에 관여한다.

내층(內層) nexine 화분벽의 안쪽 층으로, 내벽, 내표벽 및 외표벽의 기저층을 포함한다.

내표벽(內表壁) endexine 꽃가루 벽의 안쪽 층.

내표피(內表皮) endothecium 약의 가장 바깥쪽에 있는 세포층으로, 약의 열개에 관여하기 위하여 이차벽이 두껍게 발달한 커다란 세포들로 이루어져 있다. 유의어, 약내표피.

내피(內皮) endodermis 뿌리와 일부 줄기에서 나타나며, 세포들이 원통형으로 배열되어 관속을 둘러싸며, 카스파리띠를 통하여 바깥쪽의 용질을 선택적으로 이동시키는 역할을 한다. (뿌리 구성, 줄기 구성)

내향(內向) introrse 안쪽으로 열리는, 꽃의 중심을 향하는 상태. (약 열개 방향)

내화영(內花穎) palea 벼과식물 꽃 기부의 안쪽(위쪽)에 달리는 포, 또는 일부 국화과, 특히 Heliantheae(해바라기족) 식물의 꽃을 끼고 있는 포. 유의어, 화탁포. (잎의 구조 유형)

네트워크 network 무근계통수.

녹말 starch 녹색식물에서 발견되는 포도당 단위의 중합체(1,4-글루코피라노시드)로, 고에너지 저장물질이다. 유의어, 전분.

녹색식물(綠色植物) green plants 진핵생물로 이루어진 단계통군으로, 녹조류와 육상식물로 구성되며, 엽록소 a와 b, 녹말, 틸라코이드가 층을 이룬 구조인 그라나를 지니는 엽록체가 존재하는 것이 특징이다. 유의어, 엽록생물문.

누두형(漏斗形) infundibular 깔때기 모양, 기부는 좁고 상부는 활짝 펼쳐진 상태. 예, *Ipomoea*(애기나팔꽃속). (화피의 유형)

눈 bud 미성숙한 슈트계로, 때때로 보호기능성 인편엽으로 둘러싸여 있으며, 측지, 꽃 또는 화서를 만든다. 배우자체이거나 포자체일 수 있다. 유의어, 아. (식물구성, 줄기/슈트구성, 소지구성)

다계통군(多系統群) polyphyletic group 각각 다른 공통조상으로부터 기원한 둘 이상의 분리된 단계통군 또는 측계통군으로 이루어진 생물군; 모든 구성원의 공통조상이 그 생물군 안에 포함되지 않는 생물군. 다계원이라고도 한다.

다공형(多孔形) porose 다소 원형이며, 구멍처럼 생긴 천공들이 존재하는 도관세포.

다년생(多年生) perennial 3년 이상 살아 있는 식물. (지속기간)

다립(多粒) polyad 4개 이상의 화분이 합착되어 하나의 단위처럼 보이는 화분 무리.

다세포성(多細胞性) multicellular (모용 등이) 2개 이상의 세포로 이루어진 상태. (모용의 유형)

다수합의계통수(多數合意系統樹) majority consensus tree 주어진 여러 분계도 중 50% 이상에서 출현하는 분계군은 붕괴시키지 않고 유지하는 합의계통수를 말한다.

다악편(多萼片) polysepalous 이편악. (화피의 합착)

다열성(多列性) multiseriate (1) 셋 이상의 분리된 윤생렬로 이루어진 화피. (화피의 윤생성). (2) 1개 이상의 수직열로 이루어진 모용. (모용의 유형). (3) 많은 수직렬 세포로 이루어진 방사조직(재에서).

다열호생성(多列互生性) polystichous 나선상호생. (배열)

다원형질(多元形質) multistate character 3개 이상의 형질상태로 구분되는 형질.

다육질(多肉質) succulent 살집이 많은 또는 수분이 많은 다육성 상태. 유의어, 다즙성, 육질성. (재질)

다즙성(多汁性) baccate 살집이 많은 또는 수분이 많은 상태로, 때로

는 열매를 지칭함. 유의어, 다육질, 다육성, 육질성. (재질)

다지형검색표(多誌型檢索表) polyclave key 많은 형질상태의 목록으로 이루어져 있는 검색표로, 동정 대상과 부합하는 모든 형질상태를 선택하여 동정을 완료하는 검색표.

다층형(多層型) lamellar 표벽이 여러 층으로 배열되는 경우. (화분벽 구조)

다핵성배유(多核性胚乳) nuclear endosperm 초기 유사분열에 이어 세포질분열이 일어나지 않고 형성된 배유.

다형형질(多型形質) polymorphic character 1개의 OTU 내에서 형질상태의 변이가 있는 형질.

다화과(多花果) multiple fruit 둘 이상의 꽃으로부터 만들어진 열매.

다화판(多花瓣) polypetalous 이판화관. (화피의 합착)

다회생식성(多回生殖性) iteropary 식물의 생애를 통하여 두 번 이상 번식하는 식물을 지칭함.

단각과(短角果) silicle 2개의 심피로 이루어진 건개과로, 2개의 봉선을 따라 터지며 숙존성 분할막인 격벽을 지니고, 길이보다 폭이 넓다. 예, 십자화과. 비교, 장각과. (단과의 유형)

단계통(單系統) monophyletic/monophyly 하나의 공통조상 및 이로부터 파생된 모든 후손들로 이루어진 무리로 단계원이라고도 한다.

단계통형성양상분석 (單系統形成様相分析) nested clade analysis 개체의 혈통관계를 염색체나 세포소기관(엽록체 또는 미토콘드리아)의 고유한 대립유전자인 반수체형(haplotypes)을 통해 재구성하는 것.

단과(單果) simple fruit 한 꽃의 한 암술(자방)이 자라 만들어진 열매.

단구형(短球形) oblate P/E(극축길이/적도직경길이) 비가 0.8보다 작은 화분 형태.

단기산화서(單岐繖花序) simple dichasium 3개의 꽃으로 이루어진 유한화서로, 1개의 정단부 꽃과 2개의 대생하는 측화로 구성되며, 소화경의 길이는 모두 같다. (화서의 유형)

단립(單粒) monad 1개로 된, 합착되지 않은 화분.

단면엽(單面葉) unifacial leaf 기부를 제외한 측면이 평평해져 (상하면이 아닌) 좌우면이 존재하는 형태를 보이는 잎으로, 기부는 대개 엽초상이다. 예, 붓꽃과. (잎의 구조 유형)

단모상(團毛狀) floccose 모용이 여러 개의 무리를 이루면서 밀집하거나 빽빽하게 달린 상태. (모용 분포상)

단반약성(單半葯性) monothecal 1개의 반약으로 이루어진 약으로, 대개 2개의 소포자낭이 있다.

단백질체(蛋白質體) proteinoplast 호분립.

단산방화서(單繖房花序) simple corymb 가지를 치지 않는 산방화서로, 중앙축에 소화경이 있는 꽃들이 달리며, 꽃들이 모여서 평평한 또는 볼록한 형태를 이룬다. (화서의 유형)

단산형화서(單傘形花序) simple umbel 한 지점에 소화경이 있는 꽃들이 달려있는 산형화서. 예, 부추과. (화서의 유형)

단산화서(單繖花序) monochasium 한쪽 축을 따라서만 발달하는 유한화서. (화서의 유형)

단성화(單性花) unisexual 심피 또는 수술로만 이루어진 꽃. (꽃의 성)

단세포성(單細胞性) unicellular 모용(또는 다른 구조)이 하나의 세포로 이루어진 상태. (모용의 유형)

단순구과(單純毬果) simple cone 1개의 축에 포자엽을 지닌 구과.

단순사판(單純篩板) simple sieve plate 하나의 구멍으로 이루어진 사판.

단순연주형(單純緣走型) simple craspedodromous 우상맥이면서, 이차맥이 엽연에서 끝나는 맥. (엽맥)

단순조직(單純組織) simple tissue 한 종류의 세포로만 이루어진 조직.

단순천공판(單純穿孔板) simple perforation plate 하나의 구멍으로만 이루어진 천공판.

단순형(單脣型) unilabiate 순편을 1개(주로 하순편)만 지닌 유형으로 Goodeniaceae에서 흔히 볼 수 있다. 유의어, 반순편형. (화피의 유형)

단신복엽(單身複葉) unifoliolate 엽병과 분명하게 구분되는 소엽병과 한 장의 소엽을 지니고 있는 잎으로, 원시형 복엽이 퇴화되어 생겨난 것으로 해석된다. 예, *Cercis*(박태기나무속). (잎의 유형)

단심피성(單心皮性) unicarpellous 하나의 심피로 이루어진 암술군으로, 단자예 또는 단자방성이다. (심피의 합착과 암술군)

단엽(單葉) simple leaf 소엽으로 갈라지지 않은 잎으로, 한 장의 엽신으로 되어 있다. (잎의 유형)

단위과(單爲果) unit fruit 취과나 다화과에 존재하는 개개의 열매.

단위생식(單爲生殖) parthenogenesis 비정상적인 이배체 자성배우자체나 난자로부터 배가 발생하는 것.

단위화서(單位花序) unit inflorescence 이차화서를 이루는 단위. 유의어, 일차화서. (화서의 구성)

단일계통미형성(單一系統未形成) incomplete lineage sorting 특정 시점에서 한 부분계통에 2개 이상의 유전자 계통이 존재하는 것.

단일계통형성(單一系統形成) lineage sorting 진화적 분기 이후 한 조상으로부터 물려받은 여러 유전자계통이 하나의 유전자계통으로 수렴하는 과정. 유의어, 계통선별.

단일뉴클레오티드다형성(單一-多形性) single nucleotide polymorphism (SNP) 특정 유전자 또는 DNA 지역에 존재하는 뉴클레오티드의 분류군/샘플 간의 변이.

단일맥(單一脈) uninervous 중앙부의 중륵만 있으며, 측맥이 없는 상태. 예, 석송류, 송엽란류, 속새류, 많은 송백류. (엽맥)

단자방(單子房) simple ovary 1개의 심피로 이루어진 자방, 암술군은 이생심피.

단자방실(單子房室) unilocular 1개의 자방실로 이루어진 자방. (자방실 수)

단자엽식물형(單子葉植物型) monocotyledonous 약벽 발달 유형의 한 가지로, 안쪽의 2차 벽세포층만이 분열하여 융단조직과 한 층의 중간층을 만든다.

단자예(單雌蘂) simple pistil 1개의 심피로 이루어진 암술, 암술군은 이생심피.

단정화서(單頂花序) solitary 하나의 꽃으로 이루어진 화서. (화서의 유형)

단주공성(單珠孔性) unistomal 단주피성 배주에 있는 주공.

단주피성(單珠被性) unitegmic 1개의 주피로만 이루어진 배주로, 모든 겉씨식물과 일부 발달한 속씨식물에서 나타난다.

단주화(短柱花) thrum 짧은 암술대와 긴 수술대를 지닌 꽃으로, 이화주성 꽃에서 나타난다.

단지(短枝) spur/spur shoot 속생지. (줄기/슈트의 유형)

단집화서(團集花序) glomerule 화경이 없는 또는 거의 없는 꽃들로 이루어진 화서로, 꽃들 사이의 절간은 매우 짧아 꽃들이 뭉쳐있는 것처럼 보인다. (화서의 유형)

단체웅예(單體雄蘂) monadelphous 수술대가 동합되어 하나의 무리로 된 수술. 예, 아욱과. (수술의 합착)

단축분지성(單軸分枝性) monopodial 주어진 한 축에서 단 하나의 정단분열조직이 만들어지는 분지 양상. (줄기의 분지 양상)

단측생(單側生) unilateral 편측성. (배열)

단포자성(單胞子性) monosporic 대포자모세포의 핵이 감수분열을 하여 4개의 반수체 대포자 핵을 만들고, 이어서 세포질분열이 일어나 4개의 대포자 세포가 만들어지나, 이 중 단 1개만이 자성배우자체로 발달하는 대포자생성 과정.

단형형질(單型形質) monomorphic character 형질 운영분류 단위 내에서 형질상태에 변화가 없는 형질.

대롱형(一形) fistulose/fistular 속이 비어 있는 원통형. (형태)

대물림 descent 시간에 따라 조상-후손 개체군이 이어져 내려온 것 (혈통).

대배우자체(大配偶子體) megagametophyte 자성배우자체.

대배우자체생성(大配偶子體生成) megagametogenesis 감수분열의 반수체 산물로부터 자성배우자가 발달하는 과정.

대생(對生) opposite 줄기나 중앙축의 마디에서 서로 반대쪽에 달려 있는 구조 또는 상태. 유의어, 마주나기. (배열)

대엽(大葉) megaphyll 진정엽.

대칭성(對稱性) symmetry 거울상을 만드는 평면의 수와 존재 유무를 나타냄.

대포자(大胞子) megaspore 자성포자로, 대포자낭에서 감수분열을 통하여 만들어지며, 자성배우자체로 발달한다.

대포자낭(大胞子囊) megasporangium 자성포자낭으로, 내부에서 대포자모세포가 감수분열을 하여 반수체 대포자를 형성한다. 유의어, (종자식물에서만) 주심.

대포자모세포(大胞子母細胞) megasporocyte/megaspore mother cell 대포자낭의 세포로, 감수분열을 하여 대포자 4개를 형성한다.

대포자생성(大胞子生成) megasporogenesis 대포자모세포에서 대포자가 발달하는 과정.

대포자엽(大胞子葉) megasporophyll 자성포자엽.

덩굴나무 liana/liane 열대 숲의 목본성 다년생 덩굴식물로, 간혹 수관층을 형성하기도 한다. (식물형)

덩굴손 tendril (1) 꼬이고 감는 잎의 구성 요소로, 흔히 엽축 또는 소엽이 변형되어 만들어진다. (잎의 구조 유형). (2) 기다랗고 가느다란, 꼬인 가지로, 기는 데 적응된 구조이다. (줄기/슈트의 유형)

덩굴손형(一形) cirrhose 권수형.

덩굴식물(一植物) vine 기다랗고 연약한 줄기를 가지며, 무질서하게 감는 덩굴손 또는 뿌리로 지탱하는 식물로, 일년생 또는 다년생이며, 초본성 또는 목본성이다. (식물형)

덩굴줄기성(一性) sarmentose 포복경성. (줄기형)

도감(圖鑑) manual 식물지.

도관(導管) vessel 도관절의 끝이 서로 연결되어 만들어진 통도관.

도관절(導管節) vessel member 천공이 있는 통수 요소의 한 종류로, 세포벽에 있는 구멍이나 천공판을 통하여 세포 사이에 물과 무기물을 운반한다.

도란형(倒卵形) obovate 가장자리는 굽어 있으며, 정단부 근처의 폭이 최대이며, 길이와 폭의 비는 2:1에서 3:2 정도. (형태)

도만곡(倒灣曲) ana-campylotropous 배주의 한 가지 유형으로, 관속조직이 굽어져 주병 기부와 주심의 합점이 나란히 위치하며, 주심의 아랫면만 굽어지고 기저체는 없다.

도만생(倒灣生) ana-amphitropous 배주의 한 가지 유형으로, 관속조직이 굽어져 주병의 기부와 주심의 합점이 나란히 위치하며, 주심은 위아래 면이 중앙부위에서 심하게 굽어지게 되고, 때때로 굽어진 부위에 분화된 세포인 기저체가 나타나기도 한다.

도생(倒生) anatropous 배주의 한 가지 유형으로, 발달 과정에 관속조직이 굽어져 주병 기부 근처에 주공이 위치하게 된다. 속씨식물에서 가장 일반적인 파생형질이다.

도피침상난형(倒披針狀卵形) oblance-ovate 가장자리는 굽어 있으며, 정단부 근처의 폭이 최대이고, 길이와 폭의 비는 3:1에서 2:1 정도이다. (형태)

도피침형(倒披針形) oblanceolate 가장자리는 굽어 있으며, 정단부 근처의 폭이 최대이고, 길이와 폭의 비는 6:1에서 3:1 정도이다. (형태)

독립중앙태좌(獨立中央胎座) free-central placentation 격벽이 없는 복자방에 있는 자방축을 따라 배주가 달리는 태좌. 예, 석죽과. (태좌형)

돌려나기 verticillate 윤생.

돌출형(突出型) exserted 수술이 화피 바깥쪽으로 빠져 나온 유형. 유의어, 현생형. (수술의 부착형과 착생형)

동기준표본(同基準標本) isotype 정기준표본의 중복품으로, 정기준표본과 같은 개체군에서 같은 사람에 의해 같은 시간에 채집된 표본.

동물산포(動物散布) zoochory 번식체가 동물에 의해 산포되는 것.

동물섭취산포(動物攝取散布) endozoochory 동물이 먹음으로써 산포되는 것으로 동물에는 해가 없다.

동물표면산포(動物表面散布) ectozoochory 번식체가 동물의 표면에 달라붙어 산포하는 유형.

동반세포(同伴細胞) companion cell 사관절에 인접해 있는 유세포로, 사관절과 같은 모세포에서 만들어지고, 사관절 공간에 당을 보내거나 받아들이는 기능을 한다.

동수성(同數性) isomerous 다른 윤생렬에 같은 수의 구성 요소들로 이루어진 형태. (화피의 수성)

동시다중분석(同時多重分析) multiplexing 여러 반응을 한꺼번에 수행하는 분석방법으로, 대용량 시퀀싱에서 수많은 DNA 라이브러리를 동시에 시퀀싱하는 것을 예로 들 수 있다.

동시분열형(同時分裂型) simultaneous 소포자 생성 과정에서 이차 감수분열이 종료될 때까지 세포질분열이 일어나지 않은 유형.

동일개체수정(同一個體受精) geitonogamy 한 개체에서 만들어진 서로 다른 꽃들 사이에서 일어나는 근친교배.

동일명(同一名) homonym 서로 다른 기준표본에 근거하였으나 철자가 같은 둘 이상의 이름 가운데 하나로, 동명 또는 동음이의명이라고도 한다.

동일화수정(同一花受精) autogamy 한 꽃 내에서 일어나는 근친교배. 유의어, 화내수정.

동정(同定) identification 미확인된 분류군을 기존의 분류군과 연계시키는 과정.

동종화피(同種花被) homochlamydeous 비슷한 구성 요소로 이루어진 화피로, 각 구성 요소를 화피편이라고 부른다. (화피의 윤생성)

동합(同合) connate 비슷한 구성 요소가 완전히 합착된 것으로, 쉽게 분리되지 않는다. (합착)

동합관천형(同合貫穿型) connate-perfoliate 두 장의 대생하는 잎의 기부가 동합하여, 각 잎의 엽저가 줄기를 완전히 감싸는 형태. (잎의 부착형)

동형성(同形性) isomorphic 외관상 비슷한 성질, 예 일부 녹색식물의 배우자들.

동형포자성(同形胞子性) homosporous 한 종류의 반수체 포자가 같은 포자낭에서 만들어지는 특성.

두대우열형(頭大羽裂型) lyrate 우상열편으로 분활되어 있으나 정단열편이 크고, 기부와 측부 열편은 작은 형태. (형태)

두상(頭狀) capitate 머리 형태; 짧은 자루가 기부에 있는 구형. (형태)

두상돌기형(頭狀突起形) gemmate 구형 또는 타원형 요소를 지니고 있는 화분으로, 각 요소를 두상돌기라고 한다.

두상돌기(頭狀突起) gemma 두상돌기형 화분에 달려 있는 구형 또는 타원체형 부속물의 하나.

두상선상모(頭狀腺狀毛) capitate-glandular 매우 짧은 자루 위에 분비세포가 달리거나 자루가 없는 선상모. (모용의 유형)

두상화서(頭狀花序) capitulum 무한 또는 유한화서로, 복합화탁 위에 무병성 또는 아무병성 꽃들이 무리지어 있는 상태로, 때때로 총포에 의해 싸이기도 한다. 예, 국화과. 참고, 두화. (화서의 유형)

두화(頭花) head 두상화서.

둔거치(鈍鉅齒) crenate 둥글거나 모가 나지 않으며 위를 향하는 작은 거치로, 가장자리에서 중륵, 중앙맥 또는 일차맥의 접합부까지 거리의 $^{1}/_{16}$에서 $^{1}/_{8}$까지 갈라진다. (가장자리)

둔두(鈍頭) obtuse 정단부의 가장자리는 거의 직선이며, 교차각이 90° 보다 큰 형태. (정단부)

둔저(鈍底) obtuse 기저부의 가장자리는 거의 직선이며, 교차각이 90° 보다 큰 형태. (기부)

등가기준표본(等價基準標本) syntype 정기준표본이 지정되지 않은 상태에서 원래의 연구에 인용된 표본들 또는 기준표본으로 지정된 둘 이상의 표본들.

등경성(等徑性) isodiametric 등직경성.

등극성(等極性) isopolar 2개의 극반구는 비슷하나, 적도 지역에서는 차이가 나는 화분의 극성.

등급화(等級化) scaling 계통분석에 있어 상관 형질에 가중치를 부여하는 것으로, 상관 형질 전체 수의 역수로 준다.

등반경성(登攀莖性) climbing 덩굴손, 엽병 또는 부정근을 이용하여 위로 자라는 상태. (줄기형)

등직경성(等直徑性) isodiametric 어떤 방향으로도 같은 직경을 갖는 입체 형태. 유의어, 등경성.

띠형(一形) strap-shaped 평평하나 바늘 같지는 않으며, 길이와 폭의 비는 12:1보다 큰 상태. (형태)

렌즈형(一形) lenticular 렌즈처럼 생긴, 2개의 볼록한 면을 지닌 원반형 상태. (형태)

로제트 rosette 구성 요소들, 특히 잎이 땅에 붙어 있는 중앙부에서 방사상으로 배열한 상태. 예, *Taraxacum officinale*(서양민들레)의 잎. (배열)

륵(肋) nerve 맥. (잎의 구성)

리드 read 대용량 시퀀싱을 통해 얻은 수많은 염기서열 중 하나로, 최종 DNA 염기서열을 조립(어셈블)하는 데 사용된다.

리보솜 ribosome 단백질 합성에 관여하는 세포내 소기관.

리불로스비스포스페이트카르복실라아제 ribulose-bisphosphate carboxylase 암반응에서 이산화탄소를 처음으로 결합시키는(고정시키는) 반응을 촉매하는 효소. 약어. *RuBP-carboxylase*.

마디 node (1) 잎이 줄기에 달라붙는 곳. (줄기/슈트 구성). (2) 잎과 가지 등이 만들어지는 줄기의 한 지역. (소지 구성). (3) 한 분계군이 2개의 분계군으로 갈라지는 지점으로, 2개의 분기하는 분계군의 가장 최근 공통 조상의 시간과 위치를 나타낸다. 유의어, 절(節).

마디(공통조상)-기준(基準) node-based 계통분류체계의 한 유형으로, 분계도의 마디(공통조상)를 (그리고 이 공통조상의 모든 후손들을) 기준으로 무리를 유집한다.

마디풀형(一型) Polygonum type 단포자성 자성배우자체 발생 과정의 한 유형으로, 대포자 핵이 3번 연속적으로 분열하여 8개의 핵과 7

개의 세포를 만드는데, 피자식물에서 가장 흔하고 원시적인 유형이다.

마름모형(一形) rhombic 평행사변형 형태로, 중앙 근처의 폭이 제일 크고, 길이와 폭의 비는 2:1에서 3:2 정도. (형태)

마름모형사립(一形四粒) rhomboidal tetrad 화분 4개가 한 평면에 있는 사립으로, 더 가깝게 붙어 있는 화분 2개가 나머지 화분 2개를 분리시키고 있는 형태이다.

마이크로새털라이트 microsatellite 짧은 (보통 2~5개의 뉴클레오티드 길이) 염기서열이 반복되는 DNA 지역.

마주나기 opposite 대생.

막질(膜質) membranous 얇고 어느 정도 투명한; 막과 같은 상태. (재질)

막질포(膜質苞) ocreola 막질의 탁엽초.

만경형(蔓莖形) twining 중심축을 따라 감겨 있는 형태. (비틀림/굴곡 자세)

만곡(彎曲) campylotropous 배주가 발달하면서 주공이 주병기부와 인접하게 되며, 주심의 아랫면이 굽어지는 배주 유형.

만생(彎生) amphitropous 배주가 발달하면서 주공이 주병 기부 쪽으로 구부러져 주심의 위아래 면 모두 휘어지는 배주 유형.

말피기아형모(一形毛) malpighian 1개의 기부에서 2개의 가지가 달린 형태의 모용. 예, Malpighiaceae. (모용의 유형)

망목(網目) murus 망상 화분의 표면구조 단위.

망목강(網目腔) lumen 망상 화분의 망목 내 공간.

망상분지(網狀分枝) reticulation 망상종분화.

망상종분화(網狀種分化) reticulation 이전에 분지한 2개의 계통 사이에서 잡종화에 의해 새로운 계통이 형성되는 진화양상. 유의어, 망상분지.

망상중심주(網狀中心柱) dictyostele 갈라진 양사중심주.

망형(網形) reticulate (1) 망상맥 또는 그물맥. (엽맥). (2) 그물과 같은 표면 무늬. (화분). 그물을 이루는 각 요소는 망목이라고 하며, 빈공간은 망목강이라고 부른다.

맥(脈) vein 잎 또는 잎과 유사한 기관, 즉 꽃잎, 꽃받침잎, 수술 또는 심피 등의 관속으로써, 통도조직을 지니고 있다. 유의어, 륵. (잎의 구성)

맥계(脈系) venation 잎 또는 잎의 상동기관에서 나타나는 맥과 맥분지 양상.

면모상(綿毛狀) tomentose 서로 꼬여진 빽빽한 모용으로 덮인 상태. (모용 분포상)

명명(命名) nomenclature 표준화된 체계에 따라 분류군에 공식적인 학명을 붙이는 것으로, 식물, 조류, 곰팡이, 그리고 곰팡이로 간주되는 생물들의 경우 국제식물명명규약에 따른다.

명명기준형(命名基準型) nomenclatural type 학명의 참조 자료로 활용되는 표본으로, 학명은 이 표본에 근거한다. 유의어, 기준표본.

명명자(命名者) author 학명을 처음으로 합법출판한 사람.

명반응(明反應) light reaction 식물에서 일어나는 광합성의 연속적인 생화학 반응 중의 하나로, 엽록체의 틸라코이드 막에서 일어나며, 에너지원으로 빛을 필요로 하고, 물이 분해될 때 수소이온, 전자 그리고 분자 산소가 만들어지면서, 고에너지인 ATP와 NADPH2가 생성되며, 이들은 암반응에서 사용된다.

명아주형(一型) chenopodial type 배발생 과정의 한 가지 형태로, 정단세포가 횡분열하여, 기부세포와 정단세포에서 기원한 세포들 모두가 성숙한 배를 만드는 데 기여한다.

모용(毛茸) trichome 길게 신장된 머리털과 같은 식물구조. 유의어, 털.

모용분포상(毛茸分布狀) vestiture 모용 또는 여러 종류의 모용이 덮고 있는 상태로, 길이, 강도, 모양, 밀도 그리고 색 등을 포함한다. (표면)

목본상(木本狀) arborescent 외형과 크기가 목본처럼 보이는 상태. (줄기형)

목본성(木本性) woody 목질.

목전소(木栓素) suberin 물을 투과시키지 않은 밀랍성 물질로, 기공, 내피의 카스파리띠, 그리고 코르크 세포의 세포벽에서 발견된다.

목질(木質) woody 단단한 재와 같은 재질. 목본성. (재질)

목질괴경(木質塊莖) lignotuber 지하융이. (줄기/슈트의 유형)

목질소(木質素) lignin 페놀화합물로 구성된 복합 중합체로, 일부 세포(통수요소와 후벽세포)의 이차세포벽에 축적되며, 세포벽을 강하고 견고하게 한다.

목질식물(木質植物) lignophytes 재를 생산하는 유관속 형성층과 코르크를 생성하는 코르크형성층이 있는 관속식물 단계통군.

목질화(木質化) lignified 세포벽에 목질소가 많이 축적되는 것.

무경성(無莖性) acaulescent 화서 축을 제외하면 지상으로 나오는 줄기가 없는 상태. (줄기형)

무공형(無孔型) nonporous 가도관으로 되어 있는 재의 유형.

무구형(無口型) inaperturate 어떠한 발아구도 지니지 않은 화분.

무극성(無極性) apolar 소포자 사립에서 꽃가루가 분리된 이후 극축과 적도축을 구분할 수 없는 꽃가루의 극성.

무근계통수(無根系統樹) unrooted tree 극성을 표시하지 않은 분계도로, 분류군 사이의 상대적인 형질상태만을 표시한다.

무모상(無毛狀) glabrous 모용이 없는 상태. (표피 돌출상태)

무모성(無毛性) glabrate 거의 무모상 또는 생장함에 따라 무모로 되는 성질. (표피 돌출상태)

무배유성(無胚乳性) exalbuminous 성숙한 종자 내에 양분의 저장고 역할을 하는 배유가 없는 상태. 유의어, 비배유성. (종자의 배유 유형)

무병선모(無柄腺毛) sessile-glandular 자루가 매우 짧거나 없는 선모. (모용의 유형)

무병성(無柄性) sessile (1) 엽병이 없거나 소엽의 소엽병이 없는 상태. (잎의 부착형) (2) 소화경이 없는 상태. (꽃의 부착형) (3) 기부에 자루가 없는 상태. (자방의 부착형)

무병형(無柄型) sessile 수술대가 없어 약이 직접 붙어 있는 유형. (수술의 부착형)

무성아(無性芽) gemma 일부 엽상체형태류의 배상체 내에 만들어진 무성생식체.

무소탁엽성(無小托葉性) exstipellate 소탁엽이 없는 상태. (잎의 구성)

무수정생식(無受精生殖) autogamous 무수정종자형성.

무수정종자형성(無受精種子形成) agamospermy 수정을 하지 않은 상태에서 종자를 생성하는 것.

무악편성(無萼片性) asepalous 꽃받침잎이나 꽃받침이 없는 상태. (화피의 수성)

무연모형(無緣毛型) eciliate 가장자리에 거치의 유무와 관계없이 모용이 없는 상태. (가장자리)

무엽록소성(無葉綠素性) achlorophyllous 엽록소나 엽록체가 없는 상태.

무주피성(無珠被性) ategmic 배주에서 주피가 없는 특성.

무탁엽성(無托葉性) exstipulate 탁엽이 없는 상태. (잎의 구성)

무포막성(無胞膜性) exindusiate 포막을 지니지 않은 포자낭 상태.

무포엽성(無苞葉性) ebracteate 포가 없는 상태. (꽃의 부착형)

무피복형(無被覆型) atectate 피복층이 없는 꽃가루 유형으로 원시적 상태임.

무한생장성(無限生長性) indeterminate (1) 제한 없이 생장할 가능성이 있는 슈트로, 정단분열조직이 계속 생장한다. (줄기/슈트의 유형, 줄기의 분지 양상). (2) 기부의 꽃이 제일 먼저 생장하는 화서로 기부에서 정단 방향으로 성숙한다. (화서의 발달)

무화판성(無花瓣性) apetalous 꽃잎이나 화관이 없는 상태. (화피의 수성)

무화피성(無花被性) achlamydeous 화피가 없는 상태. (화피의 수성)

무흡반등반경성(無吸盤登攀莖性) scandent 평반경성.

문합성(吻合性) anastomosing 모든 맥들이 연결되는 성질.

물결형(—形) flexuous 중앙축과 정단부가 위 아래로 굽어 있는 형태. (자세)

물관부(—部) xylem 통수요소와 일부 유세포, 그리고 후벽세포들로 이루어진 조직으로, 물과 무기물질을 운반하는 역할을 한다. 목부(木部)라고도 함.

미두(尾頭) caudate 급한 점첨두로, 길고 가느다란 삼각형(꼬리 모양) 정단부. (정단부)

미립상(微粒狀) farinaceous 미세한 가루 또는 작은 과립들이 덮고 있는 상태. 유의어, 과립상, 비듬상. (표피 돌출상태)

미상화서(尾狀花序) catkin 단성화, 전형적으로는 수꽃으로만 이루어진 수상화서를 의미하지만, 꽃이 핀 다음 또는 열매가 맺힌 다음 마치 하나의 단위처럼 탈락하는 기다란 축을 의미하기도 한다. 유의어, 유이화서. (화서의 유형)

미세강모(微細剛毛) capillary bristle 국화과에서 나타나는 관모의 단위로, 일반적으로 곧고 매우 가늘며, 실처럼 생겼는데, 흔히 세자상이다.

미세분비모(微細分泌毛) microhair 아주 작은 모용으로, 닭의장풀과에서는 3개의 세포로 된 선점의 형태로 나타난다.

미세원섬유(微細原纖維) microfibril 섬유소 분자들이 꼬여서 만들어진 미세한 섬유로, 세포벽 내에서 가는 그물구조를 형성한다.

미세유모상(微細柔毛狀) puberulent 미세한 모용이 있는 상태. (모용 분포상)

미세자상(微細刺狀) scabrate 소자상.

미완성형(未完成型) imperfect 일차측맥이 엽신의 $^2/_3$이상으로 뻗지 않은 형태. 방사상 맥계와 정주상 맥계의 하위 구조다. (엽맥)

미요두(微凹頭) retuse 가장자리에서 중륵, 중앙맥 또는 일차맥의 접합부까지의 거리의 $^1/_{16}$정도로 정단부가 함몰된 상태. (정단부)

미요상(微凹狀) punctate 조그만 구멍 같은 함몰 구조로 뒤덮여 있는 상태. (표면 형상)

미조모상(微粗毛狀) scaberulous 미세한 조모를 지닌 상태. (표피 돌출상태, 모용 분포상)

미철두형(微凸頭型) mucronate 뻣뻣하고 곧게 뻗은 정단부 형태로, 길이와 폭의 비는 1:1 내지 3:1 정도이다. (정단부)

민들레형거치(—鋸齒) lacerate 불규칙한 결각이 있는 상태로, 찢긴 것처럼 보인다. (분할)

밀랍(蜜蠟) wax 트리글리세리드 화합물의 한 종류로, 고에너지 물질의 저장 또는 분비 산물로 기능한다. 후형물질의 한 종류.

밀선(蜜腺) nectary 당이나 단백질이 풍부한 즙액을 몸 바깥쪽으로 분비하는 특수한 세포들의 무리로, 꽃가루받이나 보호에 대한 보상으로 제공된다. 유의어, 꿀샘. (꽃의 구성)

밀선반(蜜腺盤) nectariferous disk 자방 기부 또는 정단부를 둘러싸는 원반 또는 도넛 모양으로 생긴 밀선으로, 수술군의 안쪽(웅예내밀선반), 아래(웅예하밀선반), 바깥쪽(웅예외밀선반)에 위치할 수 있다. 유의어, 화반.

밀선판(蜜腺板) nectariferous pad 꿀을 분비하는 판처럼 생긴 구조물.

밀집화서(密集花序) fascicle 총상화서 또는 원추화서와 비슷한 화서로, 소화경이 있는 꽃들이 달리는 절간이 매우 짧아, 마치 화경 기부에 밀집되어 있는 것처럼 보인다. (화서의 유형)

밀추화서(密錐花序) thyrse 이차화서로, 중앙축에 1개의 무한화서가 달리고, 이축에 소화경이 있는 취산화서가 대생한다. 예, 지치과의 *Echium*, 질경이과의 *Penstemon*. (화서의 유형)

밑씨 ovule 배주.

바늘꽃형(—型) onagrad type 십자화과형.

바람산포(—散布) anemochory 바람에 의해 번식체가 산포되는 것.

바이컬러단위(—單位) bicolor unit 화서의 단위로, 아욱과의 파생형질로 추정된다. 변형된 3개의 포를 지닌 취산화서로 구성되는데, 아욱과의 경우 포는 부악으로 변형되어 있다.

박과(—果) pepo 격벽이 없는 육질성 열매로 측벽태좌로 되어 있으며, 하위자방이 혁질의 외과피로 발달한다. 예, Cucurbitaceae (박과). (열매의 유형)

박리형(薄離型) exfoliating 홈이 파여 있으며, 커다란 종이처럼 떨어져 나가는 수피.

박벽포자낭(薄壁胞子囊) leptosporangium 박벽포자낭 고사리류[예,

Polypodiales (미역고사리목)]의 포자낭으로, 1개의 세포에서 만들어지며, 1개의 세포층이 포자낭벽을 형성하는 특징을 지니고 있다.

박층성주심(薄層性珠心) tenuinucellate 주심이 세포 한 층으로 이루어진 배주로, 벽세포가 만들어지지 않는다.

반곡형(半曲型) recurved 바깥쪽이나 아래쪽 또는 배축면을 향해 점진적으로 굽은 형태. (자세)

반곡화주(半曲花柱) enantiostyly 다른 꽃의 암술대가 왼쪽 또는 오른쪽으로 굽어지는 상태로 자웅분리수정의 한 유형. 유의어, 편측화주.

반관목성(半灌木性) suffrutescent 기부는 목본성이나 정단부는 초본성인 아관목의 특성. (줄기형)

반구형(半球形) hemispheric 절반만 구형인 상태. (형태)

반기생식물(半寄生植物) hemiparasite 엽록체를 지니고 있는 기생식물. (식물의 생활형)

반도생(半倒生) hemitropous/hemianatropous 굽어져 있는 정도가 도생배주와 직생배주의 중간 정도인 배주.

반복명(反復名) tautonym 속명과 종소명의 철자가 똑같은 이름으로, ICN(조류, 균류, 식물에 관한 국제명명규약)에 따르면 비합법명이다.

반복복엽(反復複葉) decompound 복엽상태가 두 차례 이상 나타나는 잎에 대한 일반적 용어로, 우상복엽, 장상복엽, 삼출엽이 이회, 삼회 또는 그 이상 반복하여 형성되는 복엽. 유의어, 반복분할. (잎의 유형)

반복분할(反復分割) decompound 수 많은 조각으로 깊게 전열하여 소엽을 명확하게 정의할 수 없는 형태를 의미한다. (분할)

반상화(盤狀花) disk flower 판연이 벌어진 통상화관을 지닌 꽃. 예, 일부 국화과 식물. 유의어, 통상화.

반수체생활환(半數體生活環) haplontic life cycle 유성생식의 한 가지 유형으로, 성숙한 성체 상태는 반수체이며, 이로부터 배우자(난세포와 정세포)가 생산된 후 수정하여 이배체 접합자로 된다. 접합자는 감수분열을 통하여 반수체 포자를 만들며, 이포자가 자라서 새로운 반수체 성체로 된다.

반수체이배체생활환(半數體二倍體生活環) haplodiplontic life cycle 반수체와 이배체 상태를 모두 지니는 생활환로, 모든 육상식물에 나타난다. 유의어, 세대교번, 이배체반수체생활환.

반순편형(單脣片型) unilabiate 단순형.

반약(半葯) theca 2개의 소포자낭으로 이루어진 전형적인 약의 한쪽 절반 부위. (약의 구성)

반연주형(半緣走型) semicraspedodromous 우상맥으로 이차맥은 엽연 근처에서 분지하는데, 하나는 엽연에까지 도달하지만 다른 하나는 인접한 이차맥 쪽으로 위로 굽어진다. (엽맥)

반점상(斑點狀) maculate 반점이 있는; 단순한 배경에 작은 반점들이 있는 상태. (색 양상)

반족세포(反足細胞) antipodal cells 전형적인 피자식물의 자성배우자체에서 나타나는 3개의 반수체 세포들로, 주공의 반대쪽, 즉 합점 지역에 위치한다.

반피복성(半被覆性) semi-tectate 피복층에 작은 구멍이 나 있는 경우. (화분벽 구조)

반하위자방(半下位子房) half-inferior 꽃받침, 꽃잎, 수술 그리고/또는 화탁통이 자방의 중간에 붙어 있는 상태. (자방의 위치)

발아구(發芽口) aperture 화분벽 중 특정하게 구분되는 지역.

방사대칭(放射對稱) actinomorphic 방사상으로 대칭을 이룬 상태로, 3개 이상의 대칭축이 존재한다. 유의어, 방사상칭. (대칭성)

방사면(放射面) radial 목재의 줄기 직경을 따라 종단한 면.

방사분열(放射分裂) radial division 방사면을 따라 일어나는 분열. 수층분열.

방사상(放射狀) actinodromous 3개 이상의 주맥이 한 지점에서 발달하는 것으로 삼출맥 또는 장상맥 등을 포함한다. (엽맥)

방사상분지(放射狀分枝t) polytomy 하나의 분계도에서 셋 이상의 계통이 하나의 공통조상에서 파생한 것으로, 조사 결과가 상충되거나 유연관계가 불확실해서 나타난다.

방사상칭(放射相稱) radial 방사대칭.

방사조직(放射組織) ray 방사방향으로 배열된 세포들로, 이차물관부(재)에 띠처럼 분포하며, 물, 무기물, 당 등을 횡으로 이동시키는 기능을 한다.

방사형(放射形) ray 띠 또는 혀 모양으로 길게 신장한 화관 형태.

방사화(放射花) ray flower 판통이 짧고 정단부가 1개의 긴 띠 모양으로 돌출된 화관. 설상화. 예, 일부 국화과. (화피의 구성).

방아쇠방식(—方式) trigger mechanism 운동성 자웅분리수정과 관련된 것으로, 꽃을 찾은 곤충 수분매개자(방아쇠 역할)에 의해 하나 또는 여러 개의 수술이 갑작스럽게 움직이고, 이 과정에서 수술에 닿은 곤충의 몸 부위에 꽃가루를 묻히는 방식.

방추형(紡錘形) fusiform 방추사처럼 생긴 형태로, 폭이 좁은 타원형으로 양쪽 끝이 점점 뾰족해진다.

방패형(防牌形) peltate (1) 순저. (기부). (2) 정단부가 원반 모양인 구조를 아래쪽에서 지탱하는 자루를 지닌 모용. (모용의 유형)

방향(方向) orientation 중심축, 흔히 수직축에 대한 상대적인 각도.

배(胚) embryo 육상식물의 접합자에서 발달한 미성숙한 이배체 포자체.

배낭(胚囊) embryo sac 피자식물의 자성 배우자체를 지칭하는 말. 유의어, 대배우자체, 자성배우자체.

배맥(背脈) dorsal vein 심피의 중앙맥으로 잎의 중앙맥과 유사하다. 유의어, 중간맥.

배면(背面) dorsal 배축면 또는 상면.

배면(背面)-주공상향배주(珠孔上向胚珠) epitropous-dorsal 배선이 배면(배축면)에 있는 주공상향배주.

배면(背面)-주공측향배주(珠孔側向胚珠) pleurotropous-dorsal 배선이 위쪽에 위치한 주공측향배주.

배면(背面)-주공하향배주(珠孔下向胚珠) hypotropous-dorsal 배선이 배면(배축면) 쪽에 위치한 주공하향배주.

배발생(胚發生) embryogeny 종자 안에서 배가 만들어지는 과정.

배병(胚柄) suspensor 배의 비숙존성 자루로, 배발생 동안 성숙한 숙존성 배에 양분을 이동시키는 역할을 한다.

배복성(背腹性) dorsiventral 위아래 표면이 모두 평평하게 생긴 특징. 예, 잎.

배부(背部) dorsal 배축면. (위치)

배상체(杯狀體) gemma cup 일부 엽상체형태류의 배우자체 상면에 달린 잔처럼 생긴 구조로, 무성아를 포함하고 있다.

배상화서(杯狀花序) cyathium 조그만 단성화로 된 화서가 총포(대개 화판상밀선)에 싸여 있는 구조로, 전체 화서가 마치 한 송이의 꽃처럼 보인다. 예, *Euphorbia* (대극속). (화서의 유형)

배선(胚線) raphe 인접한 주병 때문에 만들어진 종피의 능선. (종자)

배수조직(排水組織) hydathode (흔히 근압에 의해) 과도하게 운반되어 온 물을 잎 가장자리로 운반하는 특별한 세포들.

배수체화(倍數體化) polyploidy 자손이 조상의 일부 염색체를 여러 쌍 지니게 되는 돌연변이.

배열(排列) arrangement 비슷한 부분(구성 요소)들에 관한 위치. (배치)

배열환(排列環) cycle 윤생렬.

배우자(配偶子) gamete 특별한 반수체성 세포로, 또 다른 배우자와 결합하여 (유성생식의 경우) 이배체성 접합자를 만든다.

배우자체(配偶子體) gametophyte 모든 육상식물의 생활환에 나타나는 반수체성 몸체.

배유(胚乳) endosperm 중복수정 결과 만들어진 삼배체성 배유 세포의 유사분열에 의해 형성된 조직으로, 분열이 끝나면 배를 둘러싸거나 배에 인접하고, 피자식물 종자의 영양조직 역할을 한다. 유의어, 배젖.

배유성(胚乳性) endospermous 성숙한 종자에서, 저장 양분인 배유가 있는 특성. 유의어, 알부민성. (종자의 배유 유형)

배접선형(背摺扇形) reduplicate 접선형으로, 인접한 배축면이 서로 마주보는 상태로, 단면은 "∧" 형태이다. (종자세)

배젖 endosperm 배유.

배주(胚珠) ovule 수정하기 전의 미성숙한 종자; 1개 또는 2개의 주피로 둘러싸인 대포자낭. 유의어, 밑씨. (식물 구조, 암술군)

배축면(背軸面) abaxial 축에서 가장 먼 면, 축에서 멀리 떨어진 면 또는 기관의 아래쪽 또는 바깥쪽 면. 유의어, 배부. (위치)

배치(排置) disposition 물체 또는 물체의 구성 요소들의 상대적 장소로, 위치, 배열 또는 방향 등을 포함한다.

백색밀모상(白色密毛狀) canescent 미세한 회백색~백색의 모용들이 밀생하고 있는 상태; 백색 모용이 있는 상태. (모용 분포상)

번식체(繁殖體) propagule 유성 또는 무성 생식 방식으로 형성되어 모체로부터 떨어져나가는 조직이나 기관으로, 식물의 번식 수단이다. 유의어, 이동체.

베이스추론/분석(—推論/分析) Bayesian inference/analysis 계통수의 사후 확률에 근거를 둔 계통유연관계 추론 방법.

베타레인 betalains 적색, 자주색 또는 황색 색소로 안토시아닌을 대신하며, 고등 석죽목의 파생형질이다.

벼과형소수화서(—科型小穗花序) grass spikelet 벼과 식물의 화서 단위로, 축(소축)에 구성 요소들이 이열호생한다. 2개의 기본포(포영, 때로는 변형되거나 없다)와 1개 이상의 소화가 달리며, 각 소화는 미세한 측축에 달리는 2개의 또 다른 포(외화영과 내화영), 그리고 꽃으로 구성된다.

벽공(壁孔) pit 이차 세포벽에 뚫려 있는 구멍으로, 발달 과정에 세포와 세포 사이의 정보교환 통로의 역할을 하며, 일부 통수요소에서는 물의 이동 통로 역할도 한다.

벽공쌍(壁孔雙) pit pairs 2개의 목질화된 이차세포벽 사이의 인접한 벽공.

벽세포(壁細胞) parietal cell 하나의 배주를 만드는 포원세포가 분열하여, 안쪽으로 대포자모세포를 만들었을 경우, 바깥쪽에 형성된 세포.

변연태좌(邊緣胎座) marginal placentation 단심피성 자방의 가장자리를 따라 배열된 태좌. 예, 콩과. (태좌형).

변연형(邊緣型) marginal 3개 이상의 일차맥이 한 지점에서 분지하여, 엽신의 가장자리까지 도달한 상태로, 방사맥의 하위단계. (엽맥)

변종소명(變種小名) varietal epithet 변종 계급의 학명에서 세 번째 구성 요소.

변형질체성(變形質體性) plasmodial 아메바형.

병공형(竝孔型) zonoporate 여러 공구가 적도 지역에 있는 화분.

병구형(竝溝型) zonocolpate 여러 구구가 적도 지역에 있는 화분.

병립아(竝立芽) collateral bud 옆으로 나란히 달린 둘 이상의 액아 또는 액아 옆에 달린 눈(이 경우 측생부아라고도 함). (소지, 눈, 수간)

병립유관속(竝立維管束) collateral bundle 물관부가 안쪽에, 체관부가 바깥쪽에 있는 유관속.

병합(竝合) unity 둘 이상의 분류군을 하나의 분류군으로 합하는 분류학적 처리.

보강세포(補强細胞) sclereid 후벽세포의 일종으로, 모양은 등직경성에서부터 불규칙한 것까지 나타나며, 간혹 가지를 내기도 하는데, 구조를 지지하거나 초식으로부터 보호하는 역할을 한다.

보상(報償) reward 화분, 꿀과 같은 분비물 등과 같은 꽃의 일부를 통해, 동물 수분매개자를 유인하여 화분을 운반하도록 하는 역할을 하는 것.

보정일치지수(補正一致指數) rescaled consistency index (RC) 분계도에서 비상동유사성의 상대적인 정도를 측정하는 지표로, 일치지수와 유지지수를 곱한 값이다.

보존명(保存名) nomen conservandum 보존된 이름을 의미함. 약어, *nom. cons.*

보존표본(保存標本) typus conservandus 보존된 표본을 의미함. 약어, *typ. cons.*

복구세포(腹溝細胞) ventral canal cell 장란기의 부풀은 기저부 내부에 있는 난자 바로 위에 있는 두 번째 세포이다.

복기산화서(複岐繖花序) compound dichasium 단기산화서들이 반복되어 분지하여 만들어짐으로써 많은 꽃이 달리는 유한화서이다. (화

서의 유형)

복맥(腹脈) ventral vein 심피 가장자리에 있는 2개의 맥 중 하나. 유의어, 측맥, 태좌맥.

복면(腹面) ventral 향축면. (위치)

복면(腹面)-주공측향배주(珠孔側向胚珠) pleurotropous-ventral 배선이 아래쪽에 위치한 주공측향배주.

복면(腹面)-주공상향배주(珠孔上向胚珠) epitropous-ventral 배선이 복면(향축면)에 있는 주공상향배주.

복면(腹面)-주공하향배주(珠孔下向胚珠) hypotropous-ventral 배선이 복면(향축면) 쪽에 위치한 주공하향배주.

복병립유관속(複竝立維管束) bicollateral bundle 체관부가 물관부의 안팎으로 위치한 관속.

복부(腹部) (1) **ventral** 복면/향축면. (2) **venter** 장란기의 기저 부위로, 부풀어 있으며 난자를 포함하고 있다.

복산방화서(複繖房花序) compound corymb 둘 이상 분지하는 화서축에 소화경성 꽃들이 평평하거나 약간 볼록하게 배열하는 화서. (화서의 유형)

복산형화서(複傘形花序) compound umbel 화경 끝에 산경이 달리고, 이 산경 끝에 1개의 산형화서가 달리는 화서. 예, 많은 산형과 식물. (화서의 유형)

복엽(複葉) compound leaf 둘 이상의 소엽으로 명확하게 구분된 잎. (잎의 유형)

복와상(覆瓦狀) imbricate (1) 잎이나 다른 구조들이 서로 겹치는 상태. (배열). (2) 서로 겹쳐지는 꽃잎을 지닌 상태. (화피의 화아내형태)

복자방(複子房) compound ovary 둘 이상의 심피로 이루어진 자방.

복자방실(複子房室) plurilocular 둘 이상의 자방실로 이루어진 자방 상태. (자방실 수)

복자예(複雌蘂) compound pistil 둘 이상의 심피로 이루어진 암술.

복주공성(複珠孔性) amphistomal 복주피로 이루어진 배주에 형성된 주공 또는 2개의 주피로 형성된 주공이 있는 특성.

복주피성(複珠被性) bitegmic 2개의 주피로 이루어진 배주를 이르며, 피자식물의 파생형질이다.

복취산화서(複聚繖花序) compound cyme 분지를 한 유한화서로, 복기산화서와 비슷하지만 기산화서와 같은 일정한 분지양상을 보여주지 않으며, 때때로 절간 축이 축소되기도 한다. (화서의 유형)

복합구과(複合毬果) compound cone 소나무종류의 구과로, 1개의 축에 포가 달려 있으며, 각각의 포 위에는 변형된 가지 체계, 즉 종린이 있다.

복합사판(複合篩板) compound sieve plate 사공이 무리지어 있는 지역이 둘 이상인 사판.

복합수정(複合受精) allautogamy 이계교배와 자가교배를 모두 하는 것.

복합조직(複合組織) complex tissue 두 가지 세포 유형 이상으로 구성된 조직.

복합천공판(複合穿孔板) compound perforation plate 여러 개의 구멍을 지닌 천공판.

복합화탁(複合花托) compound receptacle 화경의 정단부 조직 덩어리로, 이곳에 1개 이상의 꽃이 달린다. 유의어, 총화탁. (화서의 구성)

봉(棒) baculum 막대기 모양의 요소로 일부 꽃가루의 벽구조에 나타난다.

봉매수분(蜂媒受粉) melittophily 벌에 의한 꽃가루받이.

봉상(棒狀) baculate 막대기 모양의 요소로 이루어진 화분 구조로, 요소 하나하나는 봉이라 한다.

봉선(縫線) suture 열개선.

부과부위(副果部位) accessory part 포, 줄기축, 화탁, 화탁통 또는 화피 등과 같은 자방 이외의 다른 기관으로부터 만들어진 열매 부분.

부등편모생물류(不等鞭毛生物類) Stramenopiles 갈조류나 난균류를 포함하는 단계통 생물군.

부분계통(部分系統) lineage segment (계통수에서) 계통을 이루는 각각의 절간(가지) 부분.

부분전열(部分全裂) parted 심열.

부세포(副細胞) subsidiary cell 기공세포와 인접한 표피 세포로, 다른 표피 세포와는 생김새와 크기가 조금 다르며, 기공 개폐를 조절한다.

부아(副芽) accessory bud 액아 측면이나 위쪽에 있는 눈. (소지, 눈, 수간)

부악(副萼) epicalyx 외악.

부유성(浮游性) floating 물 표면에 떠 있는 형태. (식물의 생육지)

부적법명(不適法名) illegitimate name 합법적으로 출판된 학명이지만, ICN(조류, 균류, 식물에 관한 국제명명규약)의 규칙을 따르지 않은 학명.

부정근(不定根) adventitious root 뿌리를 제외한 다른 기관에서 발달한 뿌리로, 보통은 줄기에서 발달한다. (뿌리의 유형)

부정배발생(不定胚發達) adventive embryony 배를 둘러싸고 있는 조직이나 대포자낭 또는 주피 조직의 세포로부터 배가 발달하는 현상.

부정제(不整齊) irregular 좌우대칭. (대칭성)

부제중심주(不齊中心柱) atactostele 많은 수의 병립유관속이 줄기 조직 전체에 퍼져 있는 중심주.

부챗살형(一形) flabellate 3개 이상의 일차맥이 한 지점에서 갈라지며, 여러 개의 길이가 같은 가느다란 맥들이 정단을 향해 가지를 치고 있는 형태로, 방사상 맥계의 한 종류이다. (엽맥)

부트스트랩 bootstrap/bootstrapping 분계도의 확실성을 평가하는 한 가지 방법으로, 원래의 형질 분류군 자료행렬에서 형질을 무작위로 선택하여 재분석하는데, 주어진 형질이 한 번 이상 선택될 수도 있다.

부피변형능(一變形能) harmomegathy 꽃가루의 부피가 물의 함량, 즉 습도에 따라 변하는 현상으로 건조를 막는 역할을 한다.

부화관(副花冠) corona 수술과 화관 사이에 왕관처럼 돌출된 구성 요소로, 꽃잎이나 수술에서 기원한다. (화피의 구성, 화피의 유형)

부화관형(副花冠形) coronate 원통형 또는 깔때기처럼 생긴 화피 또는 수술의 돌출물. 예, *Narscissus*(수선화속), *Asclepias*(박주가리속). (화피의 유형)

분계구조(分系構造) topology 분지양상.

분계군(分系群) clade 공통조상 및 그 자손으로 구성되는 단계통군. 참고, 학자에 따라 분지군, 분기군, 계통군으로도 번역.

분계도(分系圖) cladogram 계통수.

분계도 확실성(確實性) cladogram robustness 분계도에 계통적 유연관계가 실질적으로 얼마나 반영되었는가를 추정한 값(예: 부트스트랩).

분계분석론(分系分析論) cladistics 계통분석론.

분과(分果) mericarp 종자를 완전히 감싸고 있는 분명한 단위로서, 자방으로부터 형성되었으나 서로 분리된 열매 구성 요소.

분과병(分果柄) carpophore 분과형분열과에서 분과에 달리는 기다란 자루 구조. 예, 산형과. (열매의 유형)

분과형분열과(分果形分裂果) schizocarp of mericarps (주로 2개의 심피로 이루어진) 자방이 열매 성숙시 분리되는 분열과로, 각 심피는 분과의 단위로 발달하며, 자루처럼 생긴 분과병에 각각 달린다. 예, 산형과. (열매의 유형)

분기진화(分岐進化) divergence/diversification 1개의 조상에서 둘 이상으로 계통이 갈라지는 진화.

분단(分斷) vicariance 대륙 이동이나 지리적 장벽 형성에 따라 한 조상 개체군이 둘 이상으로 쪼개지는 것.

분류(分類) classification 분류군을 순서나 무리 짓기 유형에 따라 배열하는 것.

분류검색표(分類檢索表) taxonomic key 검색표.

분류군(分類群) taxon (복수로는 taxa) 생물들의 무리로, 이상적으로는 단계통이며, 대개 특정 분류계급으로 처리하였다.

분류학(分類學) taxonomy 과학의 한 분과(계통학의 주요 요소)로, 기재, 동정, 명명 그리고 분류를 포함한다.

분류학적 재검토(分類學的 再檢討) taxonomic revision 분류군의 정의와 한계의 변화.

분리(分離) free 종류가 다른 구성 요소들이 서로 떨어져 있는 상태. 비교, 이생. (합착)

분리과(分離果) loment 씨가 1개씩 들어가도록 횡으로 열개하는, 이차적으로 변형된 협과. (열매의 유형)

분백상(粉白狀) glaucous 매끄럽고, 보통은 백색의 왁스로 덮여 있는 상태로, 손으로 만지면 쉽게 벗겨진다. 유의어, 납분상. (표피 돌출상태)

분비구조(分泌構造) secretory structures 내부 또는 외부로 물질을 분비하는 모든 조직.

분비형(分泌型) secretory 세포벽이 붕괴되지 않고 불활성인 채로 남아 있는 약의 융단조직 유형.

분상(盆狀) salverform 트럼펫 모양의 길고 가느다란 판통, 그리고 판통과 직각으로 달려 있는 광택이 나는 판연을 지닌 화관. (화피의 유형)

분얼(分蘖) tiller 줄기의 기부에서 만들어지는 벼과 식물의 슈트. (줄기/슈트의 유형)

분열과(分裂果) schizocarp 둘 이상의 자방실로 이루어진 복자방에서 만들어지는데, 성숙하면 자방실이 분리된다. (열매의 유형)

분열조직(分裂組織) meristem 활발하게 세포분열을 하는 지역.

분지양상(分枝樣相) topology 계통수의 분지 형태 또는 계통발생 양상. 유의어, 분계구조.

분할(分割) division (1) 결각의 유무와 특성. (2) 분류군을 여러 개로 나누는 것.

불염성(不稔性) sterile 생식 기능이 없는 성질.

불염성약(不稔性葯) antherode 일부 헛수술에 존재하는 생식 기능이 없는 약. (수술의 유형)

불염포(佛焰苞) spathe 흔히 색을 띤 넓은 포로, 주로 화서를 감싼다. 예, 천남성과, 종려나무과. (잎의 구조 유형, 화서의 구성)

불염포성(佛焰苞性) spathaceous 불염포를 지닌 상태. (잎의 구조 유형, 화서의 구성)

불완전화(不完全花) incomplete flower 꽃받침잎, 꽃잎, 수술, 그리고 암술 등 4가지 주요 요소 중 1개 이상이 없는 꽃. (꽃 윤생성)

불화합성반응(不和合性反應) incompatibility reaction 유전적으로 비슷한 개체들 사이에서 꽃가루 발아 또는 화분관 생장이 억제되는 현상으로, 불화합성 유전자에 의해 조절되며, 이계교배를 촉진시키는 역할을 한다.

붕괴지수(崩壞指數) decay index 분계도의 확실성을 측정하는 한 방법으로, (최대파시모니 분계도의 수를 벗어나서) 원래의 분계가 더 이상 유지되지 않을 때까지 요구되는 추가적인 진화 단계의 횟수를 측정한 값이다. 이 값이 클수록, 유집된 분계군은 확실성이 높다. 유의어, 브레머지수.

브레머지수(一指數) Bremer support 붕괴지수.

비대칭성(非對稱性) asymmetric 대칭면이 없는 상태. (대칭성)

비동수성(非同數性) anisomerous 윤생렬마다 서로 다른 수의 구성 요소들로 이루어진 상태. (화피의 수성)

비동시개화성(非同時開花性) hysteranthy 잎과 꽃의 발달시기가 일치하지 않은 상태.

비듬상(一狀) scurfy 미립상. (표피 돌출상태)

비배유성(非胚乳性) nonendospermous 무배유성. (종자의 배유 유형)

비분리(非分離) nondisjunction 감수분열시의 불규칙성으로, 상동염색체가 분리되지 않아 염색체 수가 감소하지 않은, 즉 염색체 두 쌍 모두를 지닌 배우자가 만들어지는 현상.

비상동유사성(非相同類似性) homoplasy 공통조상 또는 상동성에 의하지 않고 독립된 진화적 변화에 따라 얻은 유사성.

비순차적(非順次的) unordered 하나하나의 형질상태를 다른 형질상태와 똑같은 가능성, 즉 한 단계의 진화적 변화로 진화하였을 것으로 간주하는 형질상태 전환계열.

비연주형(非緣走型) camptodromous 우상맥계의 하나로, 이차맥이 가장자리까지 도달하지 않는 맥. (엽맥)

비합법명(非合法名) invalid name 합법적으로 출판되지 않은 이름. 유의어, 나명.

빗살형(一形) pectinate 빗과 같은 형태로, 우상으로 갈라진, 좁은 열편들이 가까이에 인접해 있다. (분할)

뿌리 root 모든 관속식물에서 나타나는 원통형 기관으로, 보호 기능성 뿌리골무, 중앙부의 내피-결합성 관속, 흡수성 표피의 뿌리털, 그리고 내생적으로 발달하는 측근 등을 형성하는 정단분열조직을 지니고 있고, 흔히 고착 및 물과 무기물 흡수의 역할을 담당하며, 처음에는 배의 유근에서 발달하고, 주로 아래쪽을 향해 자란다. (식물 구조)

뿌리골무 root cap 근관.

뿌리털 root hair 뿌리의 표피세포가 머리카락처럼 신장된 것으로, 표면적을 증가시켜 물과 무기물의 흡수를 가능하게 한다. 유의어, 근모.

뿔 horn 협죽도과의 박주가리아과 무리의 예주에서 기원한 뿔 모양 부속체로 후드와 함께 나타난다.

사강웅예(四强雄蘂) tetradynamous 6개의 수술 중 4개는 길고, 2개는 짧은 상태. 예, 십자화과. (수술의 배열)

사공(篩孔) sieve pore 사요소의 일차 세포벽에 있는 구멍으로 육상체가 덮여 있으며, 구멍을 통하여 당의 이동이 이루어진다.

사관색소체(篩管色素體) sieve tube plastid 사관절에서 발견되는 막에 붙어 있는 색소체로, 주요 구성물(녹말 또는 단백질)은 분류군에 따라 다르며, 계통학적 정보로 이용된다.

사관절(篩管節) sieve tube member 사요소의 한 가지 유형으로, 사역과 사판을 모두 지니고 있으며, 사판은 2개의 사관절이 맞붙은 말단벽에 있고 구멍이 크다. 피자식물의 파생형질이다.

사립(四粒) tetrad 화분립 4개가 합착된 것으로, 소포자 형성 과정에서 만들어진 4개의 세포가 발달한 것이다.

사마귀상(一狀) verrucate (1) 유두상. (표피 돌출상태). (2) 짧은 사마귀처럼 생긴 요소들로 이루어진 화분의 표면구조로, 각 요소를 우상돌기(肬狀突起)라 한다.

사면체형사립(四面體形四粒) tetrahedral tetrad 4개의 화분이 사면체의 꼭지점에 위치한 형태의 사립. 예, 진달래과 식물.

사배체(四倍體) tetraploid 염색체 네 조(組)를 지닌 배수체.

사변형사립(四邊形四粒) tetragonal tetrad 4개의 화분이 한 평면에 같은 거리를 두고 떨어진 형태의 사립.

사상(絲狀) filiform 길고 가늘며 잘 휘어질 뿐만 아니라 실처럼 생긴 화사형. (형태)

사상성(斜上性) ascending 축의 상부로부터 15°~45° 이내에서 굽어지는 상태. (방향)

사세포(篩細胞) sieve cell 사요소의 한 유형으로, 사역이 양쪽 말단과 측면에서만 발견되며, 현화식물을 제외한 관속식물에서 나타난다.

사수성(四數性) tetramerous 4개의 구성 요소로 이루어진 윤생렬. (화피의 수성)

사요소(篩要素) sieve element 성숙하면서 세포의 일부가 죽고 일부만 살아있는 기다란 세포로, 목질소가 없는 일차벽만을 지니며, 육상체가 덧입혀진 구멍(사공)들이 사역이나 사판에 모여 있고, 당을 운반하는 역할을 한다.

사지역(篩地域) sieve area 사요소에서 육상체가 덧입혀진 구멍들이 모여 있는 곳.

사초과형소수화서(莎草科型小穗花序) sedge spikelet 사초과의 화서단위로, 중앙의 축(소축)에 나선형 또는 이열호생으로 1개의 꽃을 싸는 포(인편 또는 포영이라고 부름)가 달린다.

사출병(射出柄) jaculator 종자의 주병이나, 때로는 단단한 갈고리처럼 생긴 구조로 변형되어 새총으로 돌을 쏘는 것처럼 종자를 분산시키는 기능을 한다. 쥐꼬리망초과의 특징.

사판(篩板) sieve plate 2개의 사관절의 말단벽이 만나는 지역에 나타나는 1개 이상의 사역으로, 사역의 구멍은 측벽에 있는 구멍보다 훨씬 크며, 피자식물에 특징적으로 나타난다.

사포상(砂布狀) scabrous 거친 표면이나 모용을 지닌 상태로, 사포와 비슷한 상태. 유의어, 조모상. (표피 돌출 상태, 모용 분포상)

사포자낭성(四胞子囊性) tetrasporangiate 4개의 소포자낭과 2개의 반약을 지닌 전형적인 약. (약의 유형)

사포자성(四胞子性) tetrasporic 감수분열 후 세포질분열이 일어나지 않는 대포자생성 과정으로, 4개의 반수체 핵을 지닌 1개의 세포가 만들어지며, 이들 모두가 자성배우자체 발생에 기여한다.

사하성(斜下性) descending 아래쪽을 향한 것으로, 아래쪽 축과 15°~45° 사이에서 벌어진다. (방향)

삭(蒴) capsule 태류, 각태류 및 선류의 포자체에서 포자를 만들어내는 부위. (식물 구조).

삭과(蒴果) capsule 복자예로부터 형성된 건개과. (열매의 유형)

삭모(蒴帽) calyptra 장란기 조직의 정단 부위로, 기다란 포자체에서 돌출되어 발달 후기에 위로 솟아오르며, 어린 포자체 정단부를 보호하는 역할을 한다.

삭모상(蒴帽狀) calyptrate 꽃받침과 화관이 합쳐져서 하나의 모자처럼 된 구조로, 하나의 단위처럼 탈락한다. 예, *Eucalyptus*(유카리나무속). 유의어, 합개화관. (화피의 구성)

삭병(蒴柄) stipe 선류의 포자체를 지탱하는 자루.

삭치(蒴齒) peristome teeth 포자의 방출에 관여하는 치아 같은 구조로 건습성이며, 선류의 삭이 열리는 주변부를 따라 환상으로 달려 있다.

산경(傘梗) ray 복산형화서의 이차축. (화서의 구성).

산공재(散孔材) diffuse-porous 도관세포가 생장 기간에 걸쳐 다소 일정하게 발달한 재.

산공형(散孔型) pantoporate 화분 표면에 발아공이 산재해 있는 발아구 유형.

산방화서(繖房花序) corymb 1개의 축에 옆으로 뻗은 가지가 있으며, 이 가지에 소화경이 있는 꽃들이 달려 전체적으로 평평하거나 약간 볼록하게 되는 무한화서. (화서의 유형)

산포(散布) dispersal 종자나 열매가 (바람, 물 또는 새에 의해) 대륙에서 섬으로 퍼져 나가는 것처럼, 생물체 또는 번식체가 한 지역에서 다른 지역으로 이동하는 것.

삼형화서(傘形花序) umbel 정단부가 평평하거나 볼록하고, 소화경들이 한 지점에 달리는 무한 또는 유한화서. (화서의 유형)

삼각뿔형(一形) deltate 삼면을 이루며, 길이와 폭의 비가 1:1인 형태. (형태)

삼각형(三角形) triangular 3개의 변을 지니며, 길이와 폭의 비는 2:1~3:2 정도인 형태. (형태)

삼렬성(三列性) triseriate 3개의 윤생렬을 지닌 상태. 유의어, 삼환형.

삼렬호생(三列互生) tristichous 3개의 축/열에 호생하며 달리는 상태. 예, 사초과. (배열)

삼릉형(三稜型) trigonous 능각이 3개인 형태.

삼명체계(三名體系) trinomial 아종이나 변종 같이 3개의 단어로 이루어진 학명.

삼배체(三倍體) triploid 염색체 세 조(set)를 지닌 배수체.

삼성동주(三性同株) trimonoecious 암꽃, 수꽃, 그리고 양성화가 한 개체에 모두 나타나는 상태. (식물의 성)

삼성이주(三性異株) trioecious/trioecy 암꽃, 수꽃 그리고 양성화가 각각 다른 개체에 나타나는 식물. (식물의 성)

삼수성(三數性) trimerous 3개의 부분(구성 요소)으로 이루어진 윤생렬. (화피의 수성)

삼원구형(三原溝型) trisulculate (적도-)삼원구형. 3개의 기다란 발아구가 적도에 배열된 화분.

삼주피(三珠被) tritegmic 주피가 세 층인 상태.

삼지원구형(三枝原溝型) trichotomosulcate 발아구가 3개로 갈라진 화분.

삼지표시(三枝表示) trilete mark 일부 육상식물의 포자벽에 새겨진 3개의 선 모양의 흔적으로, 사립 상태에서 인접한 3개의 포자가 달라붙어 있었던 흔적이다.

삼지형(三枝型) trilete 삼지표시가 있는 포자의 유형.

삼차맥(三次脈) tertiary vein 이차맥에서 나온 작은 측맥. (엽맥)

삼출그물맥(三出一脈) ternate-netted/ternately netted 삼출맥으로, 3개의 일차맥이 하나의 공통 기부점에서 나오며, 궁극적으로 맥들이 모여 조그만 망상구조를 이룬다. (엽맥)

삼출맥(三出脈) ternately veined 3개의 일차맥이 한 공통 지점에서 나오는 상태. (엽맥)

삼출복엽(三出複葉) ternate/ternately compound 3장의 소엽으로 이루어진 복엽. 유의어, 삼출엽. (잎의 구성)

삼출엽(三出葉) trifoliolate 삼출복엽. (잎의 유형)

삼핵성(三核性) trinucleate 일부 피자식물에서 화분이 방출될 때 핵이 3개인 상태.

삼화주성(三花柱性) tristyly 3종류의 암술대와 수술을 지니고 있는 자웅분리 수정 방식.

삼환형(三環型) tricyclic 3렬성. (윤생성)

삼회삼출복엽(三回三出複葉) triternate/triternately compound 3개의 축에 각각 3개의 이회삼출복엽이 달리는 복엽. (잎의 유형)

삼회우상복엽(三回羽狀複葉) tripinnate/tripinnately compound 3개의 축으로 이루어진 복엽으로, 세 번째 축에도 소엽이 달린다. (잎의 유형)

삼회우열(三回羽裂) tripinnatifid 삼회우상복엽.

상과(桑果) sorosis 단위 열매가 육질성 장과인 다화과의 한 종류로, 중앙축을 따라 열매의 측면이 서로 달라붙어 있다. 예, *Ananas*(파인애플속).

상대피도(相對被度) relative cover 군집의 각 층에서 전체 피도에 대하여 각 종이 차지하는 정도에 대한 척도.

상동성(相同性) homology 공통조상에서 기원한 결과 나타난 유사성.

상동특징(相同特徵) homolog/homologue 다른 것과 상동성인 특별한 특징. 비교, 상동성.

상록성(常綠性) evergreen 둘 이상의 생장 시기에 잎을 달고 있는 상태. 예, 대부분의 소나무류 잎. (지속 기간)

상밀착성(上密着性) appressed 축상부와 각도가 0°~15° 정도로 축의 위쪽을 향하면서 축에 거의 달라붙어 있는 상태. (방향)

상배축(上胚軸) epicotyl (1) 관속식물의 첫 번째 슈트로 배에서 발달한다. (2) 종자식물의 첫 번째 슈트로 종자 내의 배에서 발달한다. (줄기/슈트, 종자 구성)

상부(上部) posterior 후방. (화피의 구성)

상위(上位) superior 꽃받침잎, 꽃잎, 수술 그리고/또는 화탁통이 자방의 기부에 달라붙은 상태. (자방의 위치)

상표피(上表皮) upper epidermis 잎의 향축면 표피.

상향(上向) antrorse 위쪽으로 굽은 또는 위를 향한 상태로, 흔히 작은 부속물의 방향을 나타낸다. (방향)

상향열개약(上向裂開葯) upward 수평하게 배열된 꽃에서 하늘을 향해 열개하는 형태. (약열개 방향)

색상양상(色相樣相) color pattern 물체에 나타나는 색의 분포. (색상)

생란기(生卵器) oogonium 차축조류에서 난자를 생성하는 기관으로 이곳에서 정자와 난자의 결합이 일어난다.

생략형(省略型) reduced 약벽 발달의 한 가지 형태로, 2차 벽세포가 더 이상 분열하지 않고, 내표피와 융단조직으로 각기 발달하는 형태.

생물계절학(生物季節學) phenology 생식의 시기로, 주로 화기나 결실기 또는 그 세부 단계를 지칭한다.

생식세포(生殖細胞) generative cell 피자식물의 웅성배우자체에 있는 2개의 반수체성 시원세포 중 하나로, 이 세포가 분열하여 2개의 정자로 된다.

생식우편(生殖羽片) fertile segment 나도고사리삼 종류의 잎에서 포자낭을 이루는 구성 요소. 생식소엽, 생식엽편.

생활사(生活史) life history 생물의 난자, 접합자, 포자 따위의 개체발생 초기 단계에서 생체를 거쳐 자연사에 이르기까지 계속되는 일련의 변화.

생활환(生活環) life cycle 생활사.

석간성(石間性) vespertine 꽃의 개화 시기가 저녁인 상태. (주기성)

석송엽(石松葉) lycophyll 석송 종류의 포자엽으로, 개재분열 조직을 지니고, 잎에는 1개의 맥만이 있으며, 줄기의 관속계에 엽극이 없는 특징을 지니고 있다. 유의어, 소엽성. (잎의 구조 유형)

석엽표본(石葉標本) herbarium specimen 압착 건조되어 풀 또는 끈으로 표본 대지에 라벨과 함께 부착되어 영구히 보관되는 식물 재료.

석죽형(石竹型) caryophyllid type 배발생의 한 가지 유형으로, 정단 세포가 횡으로 분열하고, 이로부터 파생한 세포들만이 성숙한 배를 만든다.

선개(蘚蓋) operculum 삭 정단부의 뚜껑으로 대부분의 선류에 있으며, 포자가 방출될 때 떨어져 나간다.

선단부(先端部) terminal (1) 정단부 또는 정단부 근처 또는 구조의 끝. (위치). (2) 영양엽 근처보다는 상대적으로 슈트 정단부 근처에 위치한. (화서의 위치). (3) 자방의 정단부에서 솟아난. (암술대 위치)

선류(蘚類)물관 hydroid 일부 선류에서 물을 운반하는 특별한 세포.

선류(蘚類)체관 leptoid 일부 선류에서 당분을 운반하는 특별한 세포.

선모/선상모(腺毛/腺狀毛) glandular trichome 분비성 또는 배출성 모용으로, 흔히 정단부에 선점이 있다. 분비모. (모용의 유형)

선상(腺狀) glandular 조그만 검정색 또는 투명한 선점으로 뒤덮인 상태. (표피 돌출상태).

선정기준표본(選定基準標本) lectotype 정기준표본이 발표 당시 지정되지 않았거나, 정기준표본이 소실되었을 때, 또는 원래 기준표본들이 두 점 이상 또는 두 분류군 이상으로 구성되었을 때, 기준표본으로 활용하기 위해 원래 재료에서 선정한 하나의 표본.

선정체(腺晶體) druse 뾰족한 돌기가 달린 구형의 수정체로 옥살산칼슘으로 구성된다. 후형물질의 일종.

선정표본(選定標本) typus designatus 기준표본으로 선정된 표본을 의미함. 약어, *typ. des.*

선형(線型) linear (1) 가장자리는 곧고, 나란하며, 길이와 폭의 비가 12:1~6:1인 상태. (형태). (2) 주두 또는 주두지역이 길고 좁은 형태. (주두/주두역 유형)

선형사립(線型四粒) linear tetrad 화분 4개가 일직선상에 나열된 형태. 예, *Typha*(부들속).

설상(舌狀) ligulate 끈 모양 또는 혀 모양. 평평하고 어느 정도는 장타원형이다. 예, 국화과의 설상화. (화피의 유형, 형태)

설상화(舌狀花) ray flower 방사화.

설저(楔底) cuneate 기부의 가장자리가 거의 직선처럼 되며, 이 둘이 만드는 각이 45°~90°인 형태. (기부)

설치형(楔齒狀) praemorse 톱날 같이 찢어진 형태. 예, 일부 야자류. (가장자리)

섬유세포(纖維細胞) fiber cell 끝 쪽은 조금씩 가늘어지며, 길고 폭이 좁은 세포로, 기계적 지지 작용을 하며, 흔히 무리지어 나타난다.

섬유소(纖維素) cellulose 포도당 분자들이 β-1,4 결합을 한 중합체이며, 녹색식물 세포벽의 주요 구성성분이다.

섬유형(纖維形) shreddy 수피가 거친 섬유처럼 된, 때로는 갈라진 상태. (수피 유형)

섭합상(涉合狀) valvate (1) 가장자리가 말려서, 가장자리끼리 서로 붙은 상태. (배열). (2) 가장자리에서 화피의 구성 요소들이 서로 붙으나 겹치지는 않은 상태. (화피의 화아내형태)

성(性) gender 라틴어 이름에서 남성, 여성 또는 중성을 나타냄.

성상모(星狀毛) stellate 별처럼 생긴 모용으로, 한 지점에서 여러 개로 가지를 치며 자루가 있거나 없다. 예, 아욱과. (모용의 유형)

성숙상(成熟狀) maturation (1) 세포의 확장 이후 구조적 및 기능적으로 성숙한 상태에 이른 것. (2) 구성 요소들의 상대적인 발달 시간. (시간 관련 현상)

세경선모상(細硬先毛狀) strigulose 매우 자잘한 경선모. (모용 분포상)

세공상(細孔狀) foveolate 표면에 구멍이 파여 원형 무늬가 나타나는 화분.

세대교번(世代交番) alternation of generation 반수체이배체생활환.

세망형(細網形) reticulodromous (1) 이차맥이 가장자리에서 끝나지 않은 우상 맥계로, 반복적으로 가지를 형성하여, 빽빽한 그물과 같이 만들어진 구조. (엽맥). (2) 3개 이상의 일차맥이 한 지점에서 만들어지나, 엽신의 가장자리까지는 도달하지 않은 상태로, 방사상 맥계의 하위 형태. (엽맥)

세면모상(細綿毛狀) tomentulose 미세한 면모가 있는 상태. (모용 분포상)

세연모상(細緣毛狀) ciliolate 가장자리에서 조그만 모용들이 빠져나와 있는 형태; 미세한 섬모상. (가장자리, 모용 분포상)

세열(細裂) dissected 매우 가늘게 때로는 불명확한 조각으로 갈라지는 상태. (분할)

세자(細刺) barb 끝이 뾰족한 부속물로 강모의 표면이나 가장자리에 달린다.

세자상(細刺狀) barbed/ barbellate 끝이 뾰족한 수많은 세자가 강모의 표면이나 가장자리에 달려 있는 상태로, 세자는 상향 또는 하향으로 달린다. (강모의 유형)

세포내공생(細胞內共生) endosymbiosis 다른 세포 안에 한 세포가 들어가 같이 살아가는 것. 미토콘드리아와 엽록체가 출현한 방식으로 그 결과 진핵세포가 형성되었다.

세포벽(細胞壁) cell wall 원형질막에서 바깥쪽으로 물질이 분비되어 형성된 식물세포의 바깥층.

세포분화(細胞分化) cell differentiation 세포가 수정에서부터 성숙할 때까지 겪는 연속적인 변화로, 분열세포 단계를 거쳐 특정한 구조나 기능을 갖는 세포로 된다.

세포설(細胞說) cell theory 모든 생명체는 1개 이상의 세포로 구성되어 있고, 세포는 이미 존재하는 세포에서만 만들어지며, 세포가 물질대사 과정의 단위라는 가설.

세포성배유(細胞性胚乳) cellular endosperm 일반적인 유사분열처

럼 세포질분열이 일어나 형성된 배유로, 세포 내에는 배유 핵이 1개 들어있다.

세포소기관(細胞小器官) organelles 세포 내에 있는 원형질막으로 둘러싸인 구조 단위로, 활발한 물질대사 기능을 수행한다.

세포질(細胞質) cytoplasm 핵을 제외한 원형질막에 포함되어 있는 모든 것.

세포확장(細胞擴張) cell expansion 세포의 크기가 커지는 현상으로, 때때로 축 방향으로 길어진다.

소견과(小堅果) nutlet 조그만 견과로, 꿀풀과의 분과. (열매의 유형)

소공(小孔) pore 일부 태류 엽상체 상면에 있는 특수화된 영구적인 구멍으로 기체 교환을 담당한다.

소구경(小球莖) cormel 기존에 있던 구경에서 무성하게 자라나온 구경. (줄기/슈트의 유형)

소둔거치(小鈍鉅齒) crenulate 작은 둔거치로, 가장자리에서 중륵, 중앙맥 또는 일차맥의 접합부까지 거리의 $^1/_{16}$까지 갈라진다. (가장자리)

소배우자체(小配偶子體) microgametophyte 웅성배우자체.

소배우자체생성(小配偶子體生成) microgametogenesis 소포자로부터 화분이 만들어지는 과정.

소생목형배유(沼生目型胚乳) helobial endosperm 첫 번째 유사분열이 일어난 다음 세포질분열이 일어나 두 세포를 이루고, 이후 한 세포는 세포질분열 없이 유사분열만 하고, 다른 세포는 유사분열과 세포질분열을 함께 하여 형성된 배유.

소수화서(小穗花序) spikelet 조그만 수상화서로, 사초과와 벼과 화서의 기본 단위. (화서의 유형)

소엽(小葉) leaflet 잎이 분명하게 나누어진 조각. (잎의 구성)

소엽(小葉) microphyll 근본적으로 석송엽과 동등한 개념임.

소엽병(小葉柄) petiolule 소엽의 자루. (잎의 구성)

소엽병성(小葉柄性) petiolulate 소엽병이 있는 성질. (잎의 부착형)

소엽성엽침(小葉性葉針) leaflet spine 끝이 뾰족한 소엽으로, *Phoenix* (피닉스야자속)와 같은 일부 종려나무 종류에서 나타난다. (잎의 구조 유형)

소엽축(小葉軸) rachilla 이회우상복엽의 측축 또는 이차축. (잎의 유형)

소예거치(小銳鋸齒) serrulate 소형 예거치로, 가장자리에서 중륵, 중앙맥 또는 일차맥의 접합부까지 거리의 $^1/_{16}$까지 갈라진다. (가장자리)

소우편(小羽片) pinnule 양치식물의 잎이 갈라져서 최종적으로 형성된 소엽이나 열편. (잎의 구성)

소자(小刺) spinulum 소자상 화분의 가시처럼 생긴 요소.

소자상(小刺狀) spinulose 길이 1 μm보다 작은 가시처럼 생긴 돌기물을 지니고 있는 화분 표면 구조로, 가시 하나하나를 소자라고 한다. 유의어, 미세자상.

소지(小枝) twig 교목이나 관목에서 최근에 생장한 목본성 가지.

소철두형(小凸頭形) apiculate 정단부에 있는 굽어지는 돌기로, 흔히 약간 곱슬곱슬하며, 길이와 폭의 비가 3:1 보다 크다. (정단부)

소총포(小總苞) involucel 단위 화서를 끼워 싸고 있는 포들의 무리 또는 연합체. (화서의 구성)

소축(小軸) rachilla 벼과 또는 사초과 소수화서의 중심축. (화서의 구성)

소취산화서(小聚繖花序) cymule 하나의 작은 단기산화서. (화서의 유형)

소치아상거치(小齒牙狀鋸齒) denticulate 작은 치아상거치로, 가장자리에서 중륵, 중앙맥 또는 일차맥의 접합부까지 거리의 $^1/_{16}$ 이하로 갈라진다. (가장자리)

소탁엽(小托葉) stipel 소엽병의 기부 양쪽에 쌍으로 달리는 엽상 구조로, 엽침이나 선점으로 변형되기도 한다. 예, 너도밤나무과.

소탁엽성(小托葉性) stipellate 소탁엽이 있는.

소포(小苞) bractlet/bracteole 조금 더 작은 또는 이차포로, 때때로 소화경의 측면에 달린다. 유의어, 전출엽. (잎의 구조 유형, 화서의 구성)

소포자(小胞子) microspore 웅성포자로, 소포자낭에서 감수분열을 통하여 만들어지며, 웅성배우자체로 자란다,

소포자낭(小胞子囊) microsporangium 웅성포자낭으로, 이 안에서 소포자모세포가 감수분열을 하여 반수체성 소포자를 만든다.

소포자모세포(小胞子母細胞) microspore mother cell 감수분열을 통하여 4개의 소포자를 형성하는 이배체 세포.

소포자생성(小胞子生成) microsporogenesis 소포자모세포에서 소포자가 생성되는 과정.

소포자엽(小胞子葉) microsporophyll 1개 이상의 소포자낭을 지닌 잎. 유의어, 웅성포자엽.

소포체(小胞體) endoplasmic reticulum 인지질 막구조가 내부적으로 연결되어 있어, 물질 수송과 단백질 합성의 기능을 수행하는 세포소기관.

소화(小花) floret (1) 벼과형 소수화서의 단위로, 짧은 측축에 달리는 2개의 포(외화영과 내화영)가 정단부의 퇴화된 꽃을 끼워 싸고 있다. (2) 국화과의 두상화서를 이루는 낱꽃. (화서의 유형)

소화경(小花梗) pedicel 꽃을 지탱하는 자루. 유의어, 화병. (꽃의 구성, 화서의 구성)

소화축(小花軸) rachilla 소수화서에서 소화들이 달리는 화축.

속겨 bran 벼과 식물의 영과에서 과피와 종피가 합착한 것이다.

속명(屬名) genus name 이명체계(이명법)의 첫 번째 구성 요소로 항상 대문자로 시작한다.

속생지(束生枝) fascicle 매우 짧은 절간을 지닌 슈트로, 절간에 꽃이나 잎들이 달린다. 유의어, 단지. (줄기 유형)

속생화서(束生花序) fascicle 단집화서.

속폴더(屬—) genus folder 동일 속 내에 있는 종의 석엽표본을 담고 있는 폴더.

수(髓) pith 관상중심주와 진정중심주 또는 일부 뿌리의 관속주 중앙부 안에 유조직으로 이루어진 부분. (뿌리 구성, 줄기/슈트 구성)

수간(樹幹) trunk 교목의 주축 또는 주된 줄기.

수과(瘦果) achene 1개의 종자로 이루어진 건폐과로, 종자는 과피의 한 곳에만 달라붙어 있다. 예, 해바라기 열매를 비롯한 국화과 식물의 열매. (열매의 유형)

수근(鬚根) fibrous roots 수염뿌리.

수꽃 staminate (flower) 수술로만 이루어진 단성화로 생식이 가능한 심피는 없다. 유의어, 웅화. (꽃의 성)

수렴진화(收斂進化) convergence 둘 이상의 계통에서 독립된 진화 결과에 따라 비상동유사성이 나타나는 것. 유의어, 평행진화.

수류산포(水流散布) hydrochory 번식체가 물의 흐름에 따라 산포되는 것.

수매수분(水媒受粉) hydrophily 물에 의해 일어나는 꽃가루받이.

수분(受粉) pollination 소포자낭의 화분이 직접 배주에 도달하거나 (겉씨식물), 주두에 도달하는 과정. (피자식물).

수분실(受粉室) pollination chamber 나자식물에서 종자의 대포자낭(주심) 원심 말단부를 이루는 세포가 분해되어 형성된 구멍.

수분액(受粉液) pollination droplet 어린 배주에서 주공을 통하여 배출한 액체 상태 물질로, 재흡수 되어 꽃가루를 이동시킨다.

수상화서(穗狀花序) spike 하나의 축에 무병성 꽃이 달리는 무한화서. (화서의 유형)

수생(水生) aquatic 물 속에서 자라는 상태. (식물의 생육지)

수성(數性) merosity 한 윤생렬 또는 같은 배열환에 있는 구성 요소들의 수. (수)

수술 stamen 수술군의 단위로, 꽃가루가 들어있는 두 반약이 합착되어 형성된 약을 달고 있는 소포자엽(주로 수술대로 변형되었음). 유의어, 웅예. (꽃의 구성)

수술군(—群) androecium 꽃의 웅성 생식기관; 꽃의 모든 수술을 집합적으로 지칭한다. 유의어, 웅예군. (꽃의 구성)

수술대 filament 수술의 자루로 일반적으로 원주형이다. 유의어, 화사. (수술 구성)

수술착생형(—着生型) stamen insertion (1) 수술이 화피 바깥으로 돌출되어 있는지에 대한 상태를 나타낸다. (2) 화판상생 수술들이 화관에 이합한 자리를 지칭한다. (수술군)

수염뿌리(鬚髯—) fibrous roots 부정근으로 대개 가늘고, 많은 수의 뿌리가 달린다. 유의어, 수근. (뿌리의 유형)

수정(修正) emend 학명의 수정 또는 정정을 나타내는 약어.

수지도(樹脂道) resin ducts/ canals 수지를 분비하는 특수 세포들.

수지상모(樹枝狀毛) dendritic 나무처럼 생긴 모용으로, 많은 곁가지들이 달린다. (모용의 유형)

수축근(收縮根) contractile root 수직방향으로 수축하여 근경을 땅속으로 밀어 넣는 역할을 함. (뿌리의 유형)

수평성(水平性) horizontal 다소 수평하게 퍼져 있으며, 분지각도는 15° 미만이거나 수평축으로 굽어 있는. (방향)

수포상(水疱狀) bullate 추피상.

수피(樹皮) bark 목본 식물의 줄기(그리고 뿌리)에서 유관속형성층 바깥쪽에 위치한 조직으로, 이차체관부(내수피)와 코르크 형성층의 파생조직(외수피 또는 주피)으로 이루어졌다. (줄기/슈트)

수하형(垂下形) cernuous 아래쪽, 배축면 쪽으로 매달린 상태. (자세)

숙존생장성(宿存生長性) accrescent 숙존하면서 정상 또는 전형적인 형태보다 더 커지는 성질. 예, 가지과, *Physalis*(꽈리속)의 꽃받침. (지속 기간)

숙존생장화주(宿存生長花柱) beak 암술대 기부가 길게 신장된 부위로, 보통은 숙존생장하며 열매의 산포 기능을 담당한다. 예, *Taraxacum* (민들레속).

순저(盾底) peltate 가장자리가 평평한 구조를 가운데에서 지탱하는 자루를 지닌 상태. 예, 엽병이 엽신의 아랫면에 달린 상태.

순차적(順次的) ordered 형질상태가 이미 결정된 순서에 따라 나타나는 형질상태 전환계열.

순판(脣板) labellum 변형된, 주로 활짝 펼쳐진, 가운데에 있는 꽃잎, 꽃받침열편 또는 화피열편으로, 난과(蘭科) 식물에서 잘 발달되어 있다. 비교. 순편. (화피의 구성)

순편(脣片) lip 꽃받침 또는 화관이 2개로 갈라져 형성된 다양한 형태의 구조로, 흔히 상부(후방)와 하부(전방) 순편으로 구분되며, 각 순편은 때때로 2개 이상의 열편으로 나누어진다. 예, 꿀풀과, 난과. 비교. 순판. (화피의 구성)

순형(脣形) bilabiate 일반적으로 위(상순)와 아래(하순), 2개의 조각으로 갈라진 형태. 예, 꿀풀과. (화피의 유형)

슈트 shoot 줄기 및 줄기에 달리는 잎 그리고 잎에서부터 만들어진 모든 것을 포함하는 것으로, 줄기와 외부의 엽원기를 만들어내는 정단분열조직에서 일차적으로 생성된다. 배우자체 또는 포자체일 수도 있다. (식물 구성)

승매수분(蠅媒受粉) sapromyiophily 파리에 의한 꽃가루받이.

승모형(僧帽形) cucullate 두건처럼 생긴 상태로, 배축면이 오목한 위쪽의 순편을 지님. (화피의 유형)

시4 광합성(光合成) C4 photosynthesis 일부 육상식물에서 나타나는 광합성 과정으로, 이산화탄소를 처음에는 PEP 카르복실라아제를 이용하여 엽육세포에 고정시켜 탄소 4개로 이루어진 화합물을 만들고, 이 화합물을 유관속초세포로 옮긴 다음 이산화탄소를 다시 추출하여 Rubisco를 이용하여 전형적인 암반응이 일어나도록 한다.

시계추형(時計錘形) pendulous 현하형.

시과(翅果) samara 날개가 달린 건과. 예, *Acer*(단풍나무속), *Ulmus* (느릅나무속). (열매의 유형)

식물(植物) plant 광합성, 세포벽, 포자, 그리고 다소 고착성 특징을 지니고 있는 생물 또는 육상식물, 즉 Embryophyta(유배식물문)과 동등한 개념으로, 계통적 유연관계로 규정되는 생물의 한 무리.

식물과학(植物科學) plant sciences 식물 또는 육상식물에 관한 학문.

식물상(植物相) floristics 특정 지역에 자라는 모든 식물들의 목록.

식물생리학(植物生理學) plant physiology 식물의 물질대사 과정에 관한 학문.

식물야책(植物野柵) plant press 식물 표본을 압착하여 건조시키는 장치로, 석엽표본을 만들 때 유용하게 사용된다.

식물지(植物誌) flora 특정 지역에 분포하는 식물들의 목록으로, 흔히 검색표와 기재문이 포함된다. 유의어, 도감.

식물학(植物學) botany 광합성을 하는 생물(녹색식물, 홍조, 갈조, 쌍편모조류 그리고 유글레나를 포함하는, 그러나 광합성을 하는 세균은 제외)과 진균류, 그리고 난균류와 점균류 같이 곰팡이류로 간주되는 무리를 연구하는 전통적인 학문으로, 식물과학을 포함한다.

식물해부학(植物解剖學) plant anatomy 식물의 조직과 세포구조에 관한 학문.

식물형(植物型) plant habit 식물의 전반적인 형에 관한 것으로, 줄기의 존속 기간, 분지 양상, 발달 방식 및 질감 등을 모두 포함한다.

식생형(植生型) vegetation type 존재하는 식물 종의 식물형, 생육지, 그리고 피도 등에 대한 척도로서, 삼림, 숲, 사바나, 채퍼렐, 관목림, 초지, 목초지, 늪지, 소택지, 연못, 그리고 봄에만 나타나는 웅덩이 등이 있다.

신계급(新階級) status nova 학명의 계급의 변화를 나타내는 표현. 약어, *stat. nov.*

신기준표본(新基準標本) neotype 학명을 설정할 당시에 사용되었던 모든 원재료들이 소실되었을 때, 원래 재료가 아닌 다른 재료로부터 기준표본으로 선정된 표본.

신속(新屬) genus novum 속 수준에서의 학계에 새롭게 보고된 분류군임을 의미함. 약어. *gen. nov.*

신장형(腎臟形) reniform (1) 콩팥처럼 생긴, 둥그런 모양이지만 길이보다 폭이 더 큰 형태이고, 기부는 콩팥처럼 생긴 상태. (형태). (2) 2개의 둥그런 기부 열편을 지닌 상태로 열편의 교차 지점은 매끈하고 오목하다. (기부)

신조합명(新組合名) combiantio nova 분류군의 지위나 계급에서 다른 지위나 계급으로 옮겨진 것을 표시함. 약어, *comb. nov.*

신종(新種) species nova 종 수준에서 학계에 새롭게 보고 되는 분류군을 의미함. 약어, *sp. nov.*

신칭(新稱) nomen novum 새로운 이름. 약어, *nom. nov.*

심열(深裂) parted 가장자리에서 중륵, 중앙맥 또는 일차맥의 접합부까지 거리의 $^1/_2$ 또는 $^3/_4$까지 (장상 또는 우상으로) 갈라진 결각을 지닌 상태. 유의어, 부분전열. (분할)

심장저(心臟底) cordate 2개의 둥그런 엽저 열편이 뾰족한 각을 이루며 교차한 형태로, 열편 위쪽의 가장자리는 둥글다. (기부)

심장형(心臟形) cordate/cordiform 위를 향한 심장처럼 생긴 형태로, 거의 난형으로 심장저를 지님. (형태)

심피(心皮) carpel 피자식물에서 암술군의 단위. 원시적인 형태는 변형된 접첩형 자성(대)포자엽으로, 성숙하면서 1개 이상의 배주를 감싼다. (꽃의 구성, 암술군 구성)

십자형(十字形) cruciate 네 장의 명확한 꽃잎이 십자(+) 모양으로 배열된 형태. 예, 십자화과 식물. (화피의 유형)

십자화과형(十字花科型) crucifer type 배발생의 한 가지 유형으로, 정단세포가 종분열을 하여 만들어지며, 정단세포에서 파생된 세포만이 성숙한 배를 만드는 데 기여한다. 유의어, 바늘꽃형.

쌍자엽식물형(雙子葉植物型) dicotyledonous 약벽 발달의 한 유형으로, 바깥쪽의 이차 벽세포층만이 분열하여 내표피와 한 층의 중간층을 만든다.

씨방 ovary 자방.

아(芽) bud 눈.

아관목(亞灌木) subshrub 키가 작은 관목으로 기부만 목본성이며, 계절마다 새로운, 비목본성 일년생 슈트를 땅위로 만드는 식물. (식물형)

아대생(亞對生) subopposite 두 장의 잎 또는 다른 구조가 줄기나 중앙 축의 서로 다른 마디에서 달리지만, 비교적 서로 조금씩만 엇갈려 달리는 상태. (배열)

아린(芽鱗) bud scale 눈의 연약한 정단분열조직과 엽원기를 보호하는 작은 비늘형 잎.

아매수분(蛾媒受粉) phalaenophily 나방에 의한 꽃가루받이.

아메바형(—型) amoeboid 세포벽이 파괴되는 약의 융단조직 유형으로, 융단세포의 세포질이 약실로 분비된다. 유의어, 변형질체성.

아무모상(亞無毛狀) subglabrous 거의 무모인 상태, 몇 개의 산재한 모용이 있는 상태. (모용 분포상)

아무병성(亞無柄性) subsessile 매우 짧은, 흔적처럼 보이는 엽병(잎의 부착형), 소엽병, 소화경(꽃의 부착형).

아무병형(亞無柄型) subsessile 자루가 매우 짧고 흔적처럼 되어 있는 수술의 유형. (수술의 부착형)

아원기(芽原基) bud primordium 줄기에 있는 미성숙한 눈으로, 전형적으로 잎의 엽액에 위치한다.

아저착(亞底着) subbasifixed 약의 기부 근처에서 수술대에 달라붙은 상태. (약의 부착형)

아정생(亞頂生) subapical 자방의 정단부 근처 한쪽 면에서 솟아난 암술대를 지닌 상태.

아종소명(亞種小名) subspecific epithet 아종 계급에 해당하는 학명의 세 번째 구성 요소.

악(萼) calyx 꽃받침. (꽃의 구성)

악수/악수상(顎鬚狀) beard 모용들이 화피나 화피의 구성 요소들에 한 줄로 또는 일정 면적에 촘촘히 나있는 상태. (화피의 구성, 모용 분포상)

악열편(萼裂片) calyx lobes 꽃받침열편.

악편(萼片) sepal 꽃받침잎.

악편대생(萼片對生) antisepalous, antesepalous 수술이 악편이나 악열편과 대생하는 선의 한 점에 위치한 상태. (수술의 위치)

악편상생웅예(萼片上生雄蘂) episepalous 수술이 악편이나 꽃받침에 이합하여(내재된) 상태. (수술의 합착)

악편호생(萼片互生) alternisepalous 수술이 악편 또는 악열편의 사이에 부착된 상태. (수술의 위치)

안목상취산화서(雁木狀聚繖花序) cincinnus 호산상취산화서. (화서의 유형)

알로자임 allozyme 한 효소에 대한 둘 이상의 분자형으로, 공통 유전자의 서로 다른 대립유전자에 대응한다.

알부민성(—性) albuminous 배유성. (종자의 배유 유형)

알부민세포(—細胞) albuminous cell 사세포와는 다른 모세포에서 만들어진 세포이나 사세포와 인접하여 있는 유세포.

암극식물(巖隙植物) chasmophyte 바위나 거석의 홈 또는 틈에서 자라는 식물. (식물의 생육지)

암꽃 pistillate flower 단성화로, 심피만을 지닐 뿐, 염성수술은 없다. 유의어, 자화. (꽃의 성)

암반응(暗反應) dark reaction 식물에서 일어나는 광합성의 단계별 생화학 반응으로 엽록체의 스트로마에서 일어나며, 대기 중의 이산화탄소가 반응하여 포도당을 만드는데, 이때 고에너지화합물인 ATP와 NADPH2가 필요하다.

암석식물(巖石植物) lithophyte 바위나 거석의 표면에 붙어 자라는 식물. (식물의 생육지)

암생성(巖生性) saxicolous 바위나 거석의 표면이나 홈에 자라는 특성. (식물의 생육지)

암술 pistil 자방, 1개 이상의 암술대, 그리고 1개 이상의 주두로 이루어진 암술군의 구성 요소.

암술군(—群) gynoecium 꽃의 자성생식기로, 꽃에 있는 모든 심피를 총칭한다. 유의어, 자예군. (꽃의 구성)

암술대 style 화주.

암술머리 stigma 주두.

액(腋) axil 잎과 줄기가 만나는 지역의 위쪽(향축면) 지점. 유의어, 엽액. (위치)

액생(腋生) axillary (1) 구조의 측면 또는 주축의 마디 근처.(위치). (2) 화서 내에서 가장 가까운 영양엽의 엽액에 위치한 상태. 유의어, 측생. (화서의 위치)

액아(腋芽) axillary bud 잎이나 엽흔의 엽액에 있는 눈. 유의어, 측아. (소지, 눈, 수간)

액포(液胞) vacuole 식물 세포 내에 있는 커다란 내부의 막으로 이루어진 주머니로, 색소, 산성 물질 또는 후형물질을 저장하는 장소로서 역할을 한다.

야간성(夜間性) nocturnal 밤에 나타나는, 밤에 개화하는 특성. (주기성)

약(葯) anther 사상 수술에서 꽃가루를 만드는 부위. 유의어, 꽃밥. (수술 구성)

약개(葯蓋) anther cap 약을 덮고 있는 구조로 난과에서 볼 수 있다.

약격조직(葯隔組織) connective (-tissue) 약의 반약 사이에 있는 조직 또는 화사의 연장구조. (약의 구성)

약낭(葯囊) anther sac 소포자낭, 화분낭. (약의 구성)

약내표피(葯內表皮) endothecium 내표피.

약벽(葯壁) anther wall 한 층의 표피, 내표피, 2~3 층의 중간층 그리고 한 층의 융단조직으로 구성된 성숙한 약의 부위.

약실(葯室) anther locule 약의 구성 부위로, 흔히 2개의 소포자낭이 반약 내에서 합착되어 형성된다. (약의 구성)

양면대칭(兩面對稱) bilateral 좌우대칭.

양모상(羊毛狀) lanate 융모상.

양사관상중심주(兩篩管狀中心柱) amphiphloic siphonostele 원형으로 된 물관부가 안팎으로 체관부에 의해 둘러싸여 있는 관상중심주.

양성화(兩性花) bisexual/perfect flower 심피와 수술이 모두 있는 꽃. (꽃의 성)

양성화주(兩性花株) hermaphrodite 양성화만을 지니는 식물. (식물의 성)

양체웅예(兩體雄蘂) diadelphous 수술이 2개의 무리로 나누어진 형태로, 수술대는 합생한다. 예, 콩과, 콩아과의 많은 식물. (수술의 합착)

양치엽(羊齒葉) frond 양치식물의 잎을 나타내는 특별한 용어.

양치엽병(羊齒葉柄) stipe 흔히 양치식물의 잎자루에 적용되는 용어. (잎의 구성).

양치유엽(羊齒幼葉) fiddleheads 발달 과정에서 용수철처럼 말려 있는 상태로 나타나는 잎으로, 박벽포자낭을 만드는 양치식물과 Marattiales의 특징이다. 유의어, 권상유엽.

양팔형모(兩—形毛) two-armed 한 지점에서 나온 두 갈래로 이루어진 모용. 말피기아형모라고도 함. 예, Malpighiaceae. (모용의 유형)

얼룩무늬상(—狀) variegated 둘 이상의 색이 다양한 불규칙한 양상으로 나타나는 현상으로, 일반적으로 잎의 색을 나타낸다. (색 양상)

역(域) domain 계(界)를 포함하는 상위 분류계급.

역진화(逆進化) reversal 파생된 형질을 잃고서 원시 형태로 되돌아가는 것으로, 이로 인해 비상동유사성이 생겨난다.

연골질(軟骨質) cartilaginous 연골과 비슷한 구조; 단단하며 질기지만 휘어지기 쉬우며, 흔히 하얀색이다. (재질)

연륜연대학(年輪年代學) dendrochronolgy 내부 미세 구조로 과거의 사건을 추정하는 재해부에 대한 과학적 연구 분야. 수목연대학.

연모형/상(緣毛形/狀) ciliate 가장자리에 뚜렷하게 모용이 달려 있는 상태. (가장자리, 모용 분포상)

연속분열형(連續分裂型) successive 소포자형성 과정의 한 유형으로 일차 감수분열이 종료되고 세포질분열이 일어나는 상태.

연속상수(連續狀髓) continuous pith 속이 차 있는 수.

연재(軟材) softwood 구과식물이 만들어내는 재로, 일반적으로 재질면에서 경재보다 부드럽다(예외도 있음).

연주형(緣走形) craspedodromous 이차맥이 잎 가장자리까지 도달하는 우상 맥계. (엽맥)

연하형(沿下形) decurrent 줄기에 부착된 지점에서부터 아래로 길게 발달하는 형태로, 마치 줄기와 합착된 것처럼 보인다. 예, 측백나무과. (잎의 부착형)

열개과(裂開果) dehiscent fruit 성숙 시 열개선 또는 봉선을 따라 터지는 열매.

열매 fruit 피자식물의 성숙한 자방으로, 과피(성숙한 자방벽), 종자 그리고 (만일 존재한다면) 부과 부위로 구성되어 있다.

열편(裂片) lobe (1) 합편악 또는 합판화관의 조각. (화피의 구성). (2) 갈라진 잎의 조각. (잎의 구성)

열편상(裂片狀) lobed 열편을 가지고 있다는 일반적인 의미. (분할)

염기전이(鹽基轉移) transition 뉴클레오티드의 치환 중 푸린이 푸린으로, 피리미딘이 피리미딘으로 바뀌는 것.

염기전환(鹽基轉換) transversion 뉴클레오티드의 치환 중 푸린이 피리미딘으로, 피리미딘이 푸린으로 바뀌는 것.

염성(稔性) fertile 생식기능이 있는 성질.

엽간화서(葉間花序) interfoliar inflorescence 엽관주의 잎들 사이에 위치한 종려나무의 화서. (화서의 위치)

엽경(葉莖) phylloclade 엽상경. (줄기/슈트의 유형)

엽관(葉冠) crown 이웃하는 잎의 엽초가 서로 중복되어 수간정단에 왕관 같은 구조를 이룬 것. 예, 종려나무과.

엽관주(葉冠柱) crownshaft 종려나무 줄기 정단부에 형성되며, 잎의 기부가 엽초로 되면서 서로 겹쳐져 있는 부위.

엽극(葉隙) leaf gap 줄기의 마디에서 관속계가 없이 유조직으로 채워진 곳으로, 진정엽에서 볼 수 있다.

엽록생물(葉綠生物) Chlorobionta 녹색식물.

엽록세포(葉綠細胞) chlorophyllous cell (1) 엽록체를 지니고 있는 세포에 대한 일반적 표현. (2) *Sphagnum*(물이끼속)의 분화된 세포에서 1개의 엽록체만을 함유하는 세포로, 투명세포에 의해 둘러싸여 있다.

엽록소a (葉綠素—) chlorophyll a 광합성 명반응의 주요 색소로, 모든 광합성 진핵생물의 엽록체와 일부 박테리아에서 발견된다.

엽록소b (葉綠素—) chlorophyll b 광합성 명반응의 보조색소로, 녹색식물이 지니고 있는 엽록체의 파생형질이다.

엽록성(葉綠性) chlorophyllous 성숙하였을 때 엽록체를 지니는 또는 초록색을 띤 상태.

엽록체(葉綠體) chloroplast 안쪽에 틸라코이드를 지니며, 이중막으로 된 세포소기관으로 광합성 반응을 한다.

엽륵(葉肋) costa (1) 중륵. (2) 일부 선류의 배우자체 잎에서 발견되는 비관속성 통도조직. (잎의 구성)

엽병(葉柄) petiole 잎자루. (잎의 구성)

엽병내아(葉柄內芽) infrapetiolar bud 엽병 기부에 의해 둘러싸인 액아. 예, *Platanus*(버즘나무속). (소지, 눈, 수간)

엽병성(葉柄性) petiolate 엽병이 뚜렷하게 존재하는 상태.

엽병성엽침(葉柄性葉針) petiolar spine 끝이 뾰족한 엽병. 예, *Fouquieria* 식물. 비교. 경침, 피침. (잎의 구조 유형)

엽상경(葉狀莖) cladode/cladophyll 평평한, 광합성 기능을 수행하는 줄기로, 기능과 형태가 잎과 비슷하다. 유의어, 엽경. (줄기/슈트의 유형)

엽상돌기(葉狀突起) enation 줄기에서 만들어지는 조그만 돌기로, 미발달된 잎과 비슷하나 관속이 없다.

엽상체(葉狀體) thallus 일부 태류와 모든 각태류의 평평한 배복성 배우자체.

엽상체형(葉狀體形) thalloid 엽상체를 지닌 또는 엽상체처럼 생긴 상태.

엽상화서(葉上花序) suprafoliar inflorescence 종려나무의 화서를 지칭하는 말로, 엽관주에 달린 잎들 상부에 위치한다.

엽설(葉舌) ligule (1) 잎의 윗면(향축면), 엽저 부근에 있는 조그만 부속물로 부처손과와 물부추과 및 석송류에서 발견된다. (2) 잎과 만나는 부위의 엽초상부에 달리는 돌기 또는 돌출물로 벼과에서 발견된다. (형태)

엽성엽침(葉性葉針) leaf spine 끝이 뾰족한 잎으로, 선인장의 엽침이나 구침. 비교. 가시, 경침. (잎의 구조 유형)

엽신(葉身) blade 평평하고 넓게 펼쳐진 잎의 한 부분. 유의어, 엽편, 잎몸. (잎의 구성)

엽액(葉腋) axil 액.

엽원기(葉原基) leaf primordium 슈트의 미성숙한 잎. (줄기/슈트 구성)

엽육(葉肉) mesophyll 포자체성 잎의 바깥쪽 표피층과 잎 속에 있는 관속 사이의 조직으로, 엽록체가 들어 있는 세포로 이루어져 있다.

엽초(葉鞘) sheath 부분적으로 또는 완전하게 줄기를 감싸는 평평한 엽저 또는 엽병. 예, 벼과, 많은 산형과 식물. (잎의 구성)

엽초성(葉鞘性) sheathing 굽어진 또는 통으로 생긴 구조물을 지닌 상태로, 부분적으로 또는 전체적으로 줄기를 감싼다. (잎의 부착형, 기부)

엽초엽액모용(葉鞘葉腋毛茸) intravaginal (axillary) squamules 엽초를 이루는 잎들의 엽액에서 발견되는 모용들로, 보호기능성 점액질을 분비하는 기능을 수행하는 것으로 추정된다. 예, 택사과 식물들. (모용의 유형)

엽축(葉軸) rachis 우상복엽의 주된 축. (잎의 구성)

엽침(葉枕) pulvinus 엽병 또는 소엽병의 부풀은 기부로, 콩과 식물 일부에서 나타난다,

엽침(葉針) spine 끝이 뾰족한 잎(예, 선인장 엽침 또는 구침)이나 잎 부위로, 끝이 뾰족한 엽병(*Fouquieria* 종류), 중륵, 이차맥, 소엽(*Phoenix* 종류) 또는 탁엽[*Euphorbia*(대극속 종류)] 등을 포함한다.

엽침형(葉針形) spinose (1) 가장자리 거치에 날카롭고, 단단하며, 가시처럼 생긴 돌기가 있는 상태. (가장자리). (2) 날카롭고, 단단하며, 가시처럼 생긴 정단부. 유의어, 자극형. (정단부)

엽편(葉片) lamina 엽신. (잎의 구성)

엽하화서(葉下花序) infrafoliar inflorescence 엽관주의 잎들 아래에 위치한 종려나무의 화서. (화서의 위치)

엽흔(葉痕) leaf scar 잎이 달려 있었던 자리를 나타내는 흔적. (소지)

영과(穎果) caryopsis/grain 종자 1개가 들어 있는 건폐과로 종피와 과피가 이합하였다. 예, 벼과. (열매의 유형)

영양아(營養芽) vegetative bud 잎이 달리는 영양지로 발달하는 눈.

(소지, 눈, 수간)

영양우편(營養羽片) sterile segment 나도고사리삼 무리의 잎 중에서 광합성을 하는 잎 또는 엽신 부분. 영양소엽, 영양엽편.

영양조직(營養組織) nutritive tissue 종자 내의 배를 부양하기 위한 조직으로, 자성배우자체(비피자식물) 또는 배유(피자식물)로 이루어져 있다.

예거치(銳鋸齒) serrate 끝이 뾰족한 사상성 거치로 아래쪽 면이 더 길고, 가장자리에서 중륵, 중앙맥 또는 일차맥의 접합부까지 거리의 $^1/_{16}$ 에서 $^1/_8$까지 갈라진다. (가장자리)

예두(銳頭) acute 정단부 가장자리가 거의 직선상으로 된 상태로, 정단부 교각은 45°~90°이다. (정단부)

예저(銳底) acute 기부 가장자리가 거의 직선상으로 된 상태로, 기부 교각은 45°~90°이다. (기부)

예주(蘂柱) column 암술군과 수술군이 합착된 구조. 예, 난과, 쥐방울덩굴과. 유의어, 자웅예합체. (꽃의 구성, 암술군 구성).

예철두(銳凸頭) cuspidate 급작스럽게 점첨두로 되는 형태로, 단단하거나 뾰족하며 삼각형인 정단부 형태. (정단부)

오동정명(誤同定名) auctorum non 오동정으로 인해 학명을 잘못 적용한 것.

오수성(五數性) pentamerous 5개의 구성 요소로 이루어진 윤생렬을 지닌 상태. (화피의 수성)

오편상(五片狀) quincuncial 오수성 화피의 열편 가장자리가 복와상인 형태로, 양 가장자리로 다른 2개의 열편 가장자리를 덮는 열편 2개, 인접한 열편의 가장자리에 의해 양 가장자리가 덮이는 열편 2개, 그리고 가장자리의 한 쪽은 옆의 열편을 덮으나, 다른 한 쪽은 옆의 열편에 의해 덮이는 열편 1개로 이루어진 것 (그림 8.16 참조). 참조, 여뀌화피상. (화피의 화아내형태)

완성형(完成型) perfect 일차 측맥이 엽신의 $^1/_2$ 이상 뻗어 있는 상태로, 방사상 맥계와 정주상 맥계의 한 유형. (엽맥)

완전합의계통수(完全合意系統樹) strict consensus tree 둘 이상의 분계도에서 다르게 나타나는 모든 분지 양상을 붕괴하여 방사상 분지로 만든 합의계통수.

완전화(完全花) complete flower 꽃받침잎, 꽃잎, 수술, 암술 등 4개의 주요 구성 요소를 모두 지니고 있는 꽃. (꽃 윤생성)

외과피(外果皮) exocarp 과피가 여러 층으로 분리될 때 과피의 제일 바깥층. (열매의 구성)

외군(外群) outgroup 내군의 구성 분류군이 아닌 분류군이나 무리로, 군외군, 외비교군이라고도 한다.

외권형(外券形) revolute 가장자리 또는 측면의 바깥쪽 부분이 배축면을 덮으면서 바깥쪽 또는 아래쪽으로 말려있는 상태. (종자세, 가장자리)

외배유(外胚乳) perisperm 에너지가 풍부한 화합물을 저장하고 있으며, 합점 지역의 주심 세포들로부터 생성된 조직.

외사관상중심주(外篩管狀中心柱) ectophloic siphonostele 원형으로 된 물관부 바깥쪽을 체관부가 둘러싸는 관상중심주.

외수피(外樹皮) outer bark 주피.

외악(外萼) epicalyx 꽃받침을 싸는 여러 개의 포들. 예, *Hibiscus*(무궁화속) 및 기타 아욱과 식물. 유의어, 부악. (잎의 구조 유형)

외원형(外原型) exarch 물관부 성숙 방향의 한 유형으로, 원생물관부가 후생물관부보다 바깥쪽에 위치하며 일부 원생중심주에서 나타난다.

외종피(外種皮) testa 종피. (종자)

외주공(外珠孔) exostomal 복주피에서 안쪽의 주피가 너무 짧아 바깥쪽 주피에 의해서만 형성된 주공.

외층(外層) sexine 화분벽의 바깥쪽에 돌출된 표벽층으로, 원주층, 피복층 및 피복층 표면의 돌기물을 포함한다.

외투세포층(外套細胞層) jacket layer 장정기벽, 장란기벽.

외표벽(外表壁) ektexine 꽃가루 표벽의 제일 바깥 층.

외향(外向) extrorse 바깥쪽으로 열리는, 꽃의 중심에서 바깥쪽을 향하는 상태. (약열개 방향)

외화영(外花穎) lemma 벼과식물에서 소화의 바깥쪽 기부에 달리는 포. (잎의 구조 유형)

요두(凹頭) emarginate 정단부가 결각상으로, 가장자리에서 중륵, 중앙맥 또는 일차맥의 접합부까지 거리의 $^1/_{16}$에서 $^1/_8$까지 갈라진 상태. (정단부)

용골공기관(龍骨空氣管) carinal canal *Equisteum*(속새속) 식물의 줄기에서, 줄기의 세로 능각과 마주하는 작은 공기관.

용골형(龍骨形) carinate 접혀진 중앙부가 배축면 쪽으로 길게 뾰족하게 나와 있는 용골 형태; 뾰족한 접첩형 구조. (화피의 유형)

우권상(右券狀) dextrorse 우선형.

우모상(羽毛狀) plumose (1) 가늘고 기다란 연모성 부속체로 덮인, 깃털처럼 생긴 상태. 예, 일부 국화과 식물의 관모. (강모의 유형). (2) 깃털처럼 생긴 모용성 돌기를 지닌 주두 형태로, 사초과, 벼과 등과 같은 풍매화에서 때때로 발견된다. (주두/주두역 유형)

우상(羽狀) pinnate 깃털 모양을 한.

우상(羽狀)그물맥 pinnate-netted 이차맥이 하나뿐인 주맥에서 나오는 우상맥으로, 주맥은 중륵 또는 중앙맥이라 하고, 미세한 그물망 구조의 엽맥을 형성한다. (엽맥)

우상돌기(肬狀突起) verruca 화분 표면에 난 짧고 사마귀처럼 생긴 돌기.

우상맥(羽狀脈) pinnately veined 하나뿐인 일차맥을 따라 이차맥이 발달한 형태로, 일차맥을 중륵 또는 중앙맥이라 한다. (엽맥)

우상복엽(羽狀複葉) pinnate/pinnately compound 소엽이 중앙 축, 즉 엽축을 따라 대생 또는 호생하는 복엽. (잎의 유형)

우상분열(羽狀分裂) pinnatisect 우상으로 갈라진 형태로, 대부분 분명한 소엽처럼 보이나, 중륵에서는 합착된 형태. (분할)

우상삼출맥(羽狀三出脈) pinnate-ternate vein 삼출복엽의 맥으로, 정단부 소엽은 엽축의 정단부에 달리며, 우상복엽에서 진화적으로 파생하였다. 예, 일부 콩과 식물. (잎의 유형)

우상삼출엽(羽狀三出葉) pinnate-ternate leaf 정소엽이 엽축의 정단에 달리는 상태. 예, 일부 콩과식물.

우상평행맥(羽狀平行脈) penni-parallel 1개의 일차맥 지역에서 갈라져 나온 이차맥이 서로 평행한 맥으로, 이차맥 끼리는 횡으로 발달한 소엽맥에 의해 연결된다. (엽맥)

우선권(優先權) priority of publication 국제식물명명규약의 한 원리로, 둘 이상의 경쟁하는 이름이 있을 경우, 주로 처음 발표된 이름을 (일부 예외 존재) 정명으로 간주한다.

우선형(右旋形) dextrorse 전형적인 오른손 나사처럼 나선형(시계 방향)으로 꼬여 있는 형태. 예, 메꽃과 식물 일부. 유의어, 우권상. (비틀림/굴곡 자세)

우수우상/우수우상복엽(偶數羽狀複葉) paripinnate/paripinnately compound 정단부에 소엽이 달리지 않은 우상복엽으로, 소엽의 개수는 대개 짝수이다. (잎의 유형)

우열(羽裂) pinnatifid 우상열편으로 갈라진 상태. (분할)

우편(羽片) pinna 양치식물 잎에서 첫 번째로 분명한 소엽 또는 갈라진 엽신. (잎의 구성)

운동성자웅분리수정(雌雄分離受精) movement hercogamy 꽃의 구성 요소들이 움직이는 자웅분리수정 유형으로, 주두가 급하게 굽어져 잠재적인 동물 수분매개자와 접촉하게 된다.

운동수정(運動受精) zooidogamy 흡기처럼 발달하는 나자식물 화분관으로 수정실에 운동성 정자를 방출하는데, 이곳에서 정자는 장난기 또는 난자로 헤엄쳐간다. 비교, 화분관수정.

운영분류단위(運營分類單位) Operational Taxonomic Unit 계통분석에 사용되는 분류군의 개체나 단위. 약어, OTU.

웅성(雄性) male (1) 수컷 생식기관만을 지닌 개체. (식물의 성). (2) 수꽃. (꽃의 성)

웅성동주(雄性同株) andromonoecious 수꽃과 양성화가 한 개체에 모두 있는 상태. (식물의 성)

웅성배우자체(雄性配偶子體) male gametophyte 장정기만을 지닌 배우자체. 유의어, 소배우자체.

웅성선숙(雄性先熟) protandry 수술 또는 약이 심피 또는 주두보다 먼저 발달하는 형태. (꽃의 성숙상)

웅성이주(雄性異株) androdioecious/androdioecy 한 개체에는 수꽃만이 달리고, 다른 개체에는 양성화가 달리는 상태.(식물의 성)

웅성포자엽(雄性胞子葉) male sporophyll 소포자엽.

웅예(雄蘂) stamen 수술.

웅예군(雄蘂群) androecium 수술군.

웅예내밀선반(雄蘂內花盤) intrastaminal disk 수술군의 안쪽과/ 또는 자방의 기부에 위치한 화탁에서 솟아나온 원반형 또는 도넛 모양의 구조; 꿀을 분비하기도 한다. 유의어, 밀선반. (꽃의 구성)

웅예외밀선반(雄蘂外花盤) extrastaminal disk 원반형 또는 도넛 모양의 구조로 화탁의 바깥쪽에서 솟아나며, 수술군을 감싼다. 꿀을 분비하는 것으로 추정된다. 유의어, 밀선반. (꽃의 구성)

웅예하밀선반(雄蘂下花盤) staminal disk 원반상 또는 도넛 모양의 구조로 수술 기부의 화탁에서 발달하며, 꿀을 지니고 있다. 유의어, 밀선반. (꽃의 구성)

웅화(雄花) staminate 수꽃.

원공구(原孔口) ulcerus 원형에서 약간 타원형의 발아구를 지닌 형태로, 공형과 비슷하고(길이와 너비의 비는 2:1 보다 작다), 극(흔히 원심극) 지역에서 나타난다.

원공형(原孔型) monoulcerate 하나의 원공구를 지닌 화분.

원구구(原溝口) sulcus 기다란 발아구로서, 구구(길이와 폭의 비는 2:1보다 크다)와 형태에 있어 비슷하지만, 극(보통은 원심극)에 나타난다.

원구형(原溝型) monosulcate 하나의 원구구를 지닌 화분.

원두(圓頭) rounded 정단부 가장자리가 둥글고 볼록한 형태로, 하나의 부드러운 반원을 이룬다. (정단부)

원명(原名) basionym 원래의 (그러나 지금은 폐기된) 이름이며, 이름의 일부는 새로운 조합명에 사용된다. 유의어, 기본명.

원반상(圓盤狀) discoid 주두가 원반처럼 생긴 상태. (주두/주두유형)

원반형(圓盤形) discoid 원반처럼 생긴 형태. (형태).

원사체(原絲體) protonema 배우자체에서 나타나는 최초의 사상체 형태(예, 선류)로 유조직으로 분화되기 전 단계이다.

원생(原生)물관부 protoxylem 물관부 내에서 처음으로 만들어진 통수 요소로, 후생물관부에 비해 작고 세포벽이 얇다.

원생중심주(原生中心柱) protostele 관속이 중앙부에 하나의 원기둥을 이루고 있는 중심주.

원시형(原始型) plesiomorphic 조상형.

원심극(遠心極) distal pole 화분에서 극축과 표면이 교차하는 지점으로, 소포자 사립의 중심에서 멀리 떨어진 쪽이다.

원심부(遠心部) distal 기원점이나 부착점에서 멀리 떨어진 곳. (위치)

원심성(遠心性) centrifugal 중앙부에서 바깥쪽 또는 주변부 쪽으로 발달; 화피, 악, 화관, 수술군, 암술군 등의 구성 요소에 적용된다. (꽃의 성숙상)

원저(圓低) rounded 기부 가장자리가 둥글고 볼록한 형태로, 하나의 부드러운 반원을 이룬다. (기부)

원주(圓柱) columella (1) 각태류 포자체의 삭과 내에 있는 불염성(포자를 형성하지 못하는) 조직의 중앙축. (2) 피복원주형 꽃가루 외벽의 중간에 방사상으로 뻗어난 구조.

원주상결정체(圓柱狀結晶體) styloid 옥살산칼슘 결정체로, 길고 각이진 수정 모양이며, 후형물질의 한 종류이다.

원주엽(圓柱葉) centric leaf 생김새가 원기둥처럼 생긴 잎. 예, 번행초과의 *Fenestraria*. (잎의 구조 유형)

원주형(圓柱型) terete 원기둥처럼 생긴 것. (형태)

원추화서(圓錐花序) panicle 소화경을 지닌 꽃들이 여러 개로 갈라진 가지에 달리는 무한화서의 한 종류.

원통형(圓筒形) cylindrical 원통처럼 생긴 형태. 유의어, 관상

원형(圓形) orbicular 외곽이 둥글고, 가장자리는 굽어 있으며, 길이와 폭의 비는 약 1:1이다. (형태)

원형질(原形質) protoplasm 세포의 원형질막 내에 있는 모든 것.

원형질막(原形質膜) plasma membrane 단백질이 함몰되어 있는 인지질 이중층으로, 세포를 감싸며, 세포의 경계, 세포와 세포의 인식, 그리고 물질의 이동에 관여한다.

원형질연락사(原形質連絡絲) plasmodesmata 일차벽에 뚫려 있는 조그만 구멍으로, 세포들 사이의 벽을 횡단하여 존재하며, 세포 사이의 물질교환에 관여한다. 녹색식물에 속하는 차축조식물 무리의 파생형질이다.

위교호대생(僞交互對生) nondecussate 대생하는 잎 또는 다른 구조(예를 들어, 소엽들)가 인접한 마디의 짝들과 정확하게 직각을 이루지 않은 상태로, 줄기가 꼬여서 이러한 상태로 된다. (배열)

위동합(僞同合) coherent 비슷한 구성 요소들이 합착된, 그러나 피상적으로만 합착되었을 뿐 쉽게 분리된다. (합착)

위산형화서(僞傘形花序) pseudoumbel 단산형화서처럼 보이는 화서이나, 실질적으로는 축약된 단산화서성 취산화서가 무리지어 있는 것으로, 부추과와 수선화과에서 나타난다. (화서의 유형)

위엽(僞葉) phyllode 엽신처럼 생긴 평평한 탁엽으로 이루어진 잎. (잎의 구조 유형)

위엽병(僞葉柄) pseudopetiole 엽병처럼 생긴 구조들에 대한 일반적인 이름으로, 엽초와 엽신 사이에서 만들어지고, 바나나와 같은 일부 단자엽식물에서 나타난다. (잎의 구성)

위이합(僞異合) adherent 서로 다른 구성 요소가 합착되었으나, 피상적으로만 합쳐진 것으로 보일 뿐 쉽게 분리된다. (합착)

위인경(僞鱗莖) pseudobulb 일부 착생난에서, 짧게 곧추서며 공기중에 있는 저장줄기. (줄기/슈트의 유형)

위장상엽(僞掌狀葉) costapalmate 근본적으로는 장상으로 갈라져 있거나 복엽이지만, 잎자루가 주축처럼 길게 발달하며, 일부 종려나무 종류에서 볼 수 있다. (잎의 유형)

위정아(僞頂芽) pseudoterminal bud 정단부에 있는 눈처럼 보이지만, 실질적으로는 정단부 측면에 위치하는데, 아마도 정단부가 죽었거나 또는 진짜 정아가 발달하지 않았기 때문으로 추정된다. (소지, 눈, 수간)

위치(位置) position 어떤 부분들이 다른 '상이한' 부분들에 대해서 놓여 있는 상태. (배치)

위탄사(僞彈絲) pseudoelaters 기다랗고, 서로 합착되어 있는 비포자성, 일반적으로는 건습성 세포들의 무리로, 각태류의 포자낭 내부에서 발달하며, 포자 산포 기능을 한다.

위포막(僞胞膜) false indusium 박벽포자낭 양치식물의 포자낭을 덮고 있는 엽연의 확장부.

위핵과(僞核果) pseudodrupe 육질의 총포로 완전히 둘러싸여 있는 견과로서, 진짜 핵과와 비슷하다. 예, *Juglans*(굴피나무속), 호두나무. (열매의 유형)

위화서(僞花序) pseudanthium 하나의 꽃처럼 보이면서 기능을 수행하는 단위이지만, 실제로는 둘 이상의 꽃이 합착되거나 서로 모여 있는 상태. (화서의 유형)

위후층성주심(僞厚層性珠心) pseudocrassinucellate 하나의 바깥쪽 층에서 병층분열이 일어나 주심의 안쪽(두 번째) 층이 형성되는 배주의 한 유형으로, 벽세포는 형성되지 않는다.

유경성(有莖性) caulescent 지표 위에 영양경이 있는 상태. (줄기형)

유공형(有孔型) porous 도관 세포를 지니고 있는 목재를 지칭함.

유관(油管) oil ducts/canals 기름을 분비하는 특수 세포군.

유관속(維管束) vascular bundle 관속.

유관속형성층(維管束形成層) vascular cambium 주로 접선 분열을 통하여 형성된 원통형의 세포들로, 안쪽으로는 이차물관부(재)가, 바깥쪽으로는 이차체관부(내수피)가 형성된다.

유광택상(有光澤狀) laevigate 광택이 나는, 매끄러운 상태. 유의어, 광택상, 윤채상. (표피 돌출상태)

유근(幼根) radicle 종자 내에 있는 배의 첫 번째 뿌리. (뿌리의 유형)

유근계통수(有根系統樹) rooted tree 근이 결정된, 즉 형질상태의 극성이 결정된 계통수.

유근초(幼根鞘) coleorhiza 유근을 둘러싸고 있는 보호기능성 엽초. 예, 벼과 식물의 일부에서 나타난다.

유도형(誘導型) derived 파생형.

유두상(乳頭狀) papillate 조그맣고 동그란 돌기들. 유의어, 결절상, 사마귀상. (표피 돌출상태)

유두형(乳頭形) mucronulate 뻣뻣하고 곧게 뻗은 정단부 형태로, 길이와 폭의 비는 1:1 정도인 상태. (정단부)

유모상(柔毛狀) pubescent (1) 곧고, 짧으며, 부드러운, 어느 정도는 흩어져 있는 가는 모용. (2) 모용을 가지고 있는 상태의 일반적 용어. (모용 분포상)

유배식물(有胚植物) Embryophyta/embryophytes 진핵생물에 속하는 한 종류의 단계통 무리로, (체표의) 각피, 장정기와 장란기로 특수화된 배우자낭, 그리고 생활환에서 이배체 세대가 삽입된 특징을 지니고 있으며, 배(胚)가 형성된다. 유의어, 육상식물.

유상체(油狀體) elaiosome 기름이 저장되어 있는 종자 또는 열매의 일부가 자란 것으로, 개미의 먹이로 이용된다.

유세포(柔細胞) parenchyma (cell) 성숙한 후에도 살아 있으며, 잠재적으로 세포분열을 할 수 있고, 형태는 등경성이거나 길쭉하며, 일차벽만 있고, 조직 덩어리를 형성하며, 물질대사를 하고, 상처 치료나 재생에 관여한다.

유액관(乳液管) laticifer 유즙을 분비하거나, 저장하는 일부 조직의 주변부에 위치한 세포 무리. 유즙은 초식을 방해하거나 식물 조직을 상처로부터 보호한다.

유연참조(類緣參照) affinis 한 분류군 이름 내에서, 진화적 유연관계로 볼 때 매우 가까운 유연관계에 있는 유형, 또는 인용한 분류군과 약간 다른 표본을 의미한다. 예, 1개 이상의 형질에서 변이의 범위를 넘어서는 경우. 약어 *aff.*

유엽형태(幼葉形態) ptyxis 발달 초기의 기관들이 접혀진 모습. 유의어, 화아내형태. (자세)

유이화서(葇荑花序) ament 미상화서. (화서의 유형)

유인(誘引) attractant 시각이나 향기를 이용하여 동물 수분매개자들이 오도록 유도하는 꽃의 생김새.

유저(流底) attenuate 기부의 가장자리가 급격히 내곡된(오목한) 상태로, 기부의 교차각이 45°보다 작다. (기부)

유전자이입(遺傳子移入) introgression 두 종의 잡종화 이후, 잡종 개체와 부모 종의 한 쪽 또는 양쪽 사이에서 일어나는 역교배.

유전적동질체(遺傳的同質體) ramet 유전적이질체의 클론 단위. 적어도 잠재적으로, 다른 유전적동질체와는 독립적이다. 비교. 유전적이질체.

유전적부동(遺傳的浮動) genetic drift 한 개체군 또는 종 내에서 임의로 일어나는 유전적 변화로, 이 변화는 자연선택의 결과가 아니다.

유전적이질체(遺傳的異質體) genet 집단의 구성원으로서, 유전적으로 서로 다른 개체. 비교. 유전적동질체.

유점상(油點狀) pellucid 투명한 반점 또는 조각. (색 양상)

유조직(柔組織) parenchyma (tissue) 유세포로 이루어진 조직.

유지지수(維持指數) retention index 분계도에서 비상동유사성의 상대적인 값을 측정하는 지표로, (g–s)/(g–m)와 같이 계산한다. 여기서 g는 모든 가능한 계통수에서 일어날 수 있는 형질상태 변화횟수의 최대값이며, m은 최소값, 그리고 s는 실제 변화횟수이다. 약어. RI.

유체(油體) oil bodies 대부분의 태류 세포 내에 있는 기름을 포함한 구조물.

유한생장성(有限生長性) determinate (1) 일정 기간 이후에 생장이 중단된 슈트로, 정단분열조직이 더 이상 분열하지 않거나, 꽃이나 화서 또는 다른 특별한 구조로 전환된다. (줄기 분지 양상). (2) 정단부에 위치한 꽃이 먼저 개화하고, 정단부 쪽에서부터 가장자리 쪽으로 성숙하는 화서. (화서의 발달)

유형성숙(幼形成熟) neotony 유형진화의 한 가지 형태로, 한 가지 특징의 발생 속도가 감소되기 때문에 나타난다.

유형진화(幼形進化) paedomorphosis 이시진화의 한 가지 형태로, 성숙한 또는 성체의 파생된 개체 발생순서가 조상형의 유생 개체 발생 단계와 비슷하다.

유효출판(有效出版) effectively published 학자들이 흔히 볼 수 있는 학술지에 학명을 발표하는 것.

육상식물(陸上植物) land plants 유배식물.

육상체(肉狀體) callose β-1,3 결합을 한 포도당으로 이루어진 다당류의 일종으로, 사역의 구멍과 사요소의 사판 주위에 덧입혀 있으며, 이 밖에 화분관 내부에도 흔히 축적되어 있다.

육생(陸生) terrestrial 육지에서 자라는 상태. (식물의 생육지)

육수화서(肉穗花序) spadix 두툼한 또는 육질성 중앙축을 지닌 수상화서로, 꽃들이 밀집한다. 예, 천남성과. (화서의 유형)

육질성(肉質性) carnose 다즙성, 다육질. (재질)

육질종피(肉質種皮) sarcotesta 성숙하면 육질성이 되는 종피. (종자)

윤산화서(輪繖花序) verticillaster 대생, 측생, 무병성 취산화서가 달리는 무한 생장하는 축을 지닌 이차 화서로, 꽃들이 매우 밀집한 것처럼 보인다. 예, 일부 꿀풀과 식물. (화서의 유형)

윤생(輪生) verticillate 3장 이상의 잎 또는 다른 구조들이 마디에 달리는 상태. 유의어, 돌려나기. (배열)

윤생렬(輪生列) series 꽃받침잎, 꽃잎, 수술 또는 심피 등의 꽃 구성요소가 원형으로 둘러싼 무리. 유의어, 배열환, 윤생층. (꽃의 구성)

윤생상(輪生狀) whorled (1) 3장 이상의 잎 또는 다른 구조들이 한 마디에 달리는 상태. (잎 배열). (2) 화피의 구성 요소가 분명한 윤생층 또는 윤생렬에 달리는 상태로, 구성 요소들이 모두 같은 마디에서 나온다. (화피 배열). (3) 수술이 하나 이상의 윤생층 또는 윤생렬에 달리는 상태. (수술의 배열)

윤생성(輪生性) cycly 구성 요소들의 배열환 또는 윤생렬의 수. (수)

윤생층(輪生層) whorl 윤생렬.

윤채상(潤彩狀) nitid 윤이 나며 광택이 있는 상태. 유의어, 광택상. 유광택상. (표피 돌출상태)

융단조직(絨緞組織) tapetum 약벽의 가장 안쪽의 세포층으로, 화분이 발달할 때 물질대사를 활발히 하는 세포들로 이루어져 있다.

융모상(絨毛狀) villous 매우 길고 부드러우며 구불구불한 모용으로 뒤덮인 상태. 유의어, 양모상. (모용 분포상)

은닉자엽(隱匿子葉) cryptocotyla 표토속발아. (송자의 발아 유형)

은닉형(隱匿型) crypantherous 내재형. (수술의 부착형과 착생형)

은닉형(隱匿型) hyphodromous 일차맥만 나타나거나 뚜렷할 뿐, 이차맥은 없거나 매우 퇴화되어 엽육 안에 감추어져 있는 우상맥. (엽맥)

은두화서(隱頭花序) hypanthodium 수 많은 꽃들이 볼록한 또는 함몰된 복합화탁의 안쪽에 달리는 화서. 예, *Ficus*(무화과나무속). (화서의 유형)

은화과(隱花果) syconium 단위 열매가 작은 수과로 이루어진 다화과로, 뒤집힌 육질성 복합화탁의 표면에 수과가 파묻혀 있다. 예, *Ficus*(무화과나무속). (다화과의 유형)

의두(歪頭) oblique 정단부가 비대칭인 상태. (정단부)

의웅예(擬雄蘂) staminode/staminodium 헛수술.

의저(歪底) oblique 기부가 비대칭인 상태. (기부)

이강웅예(二强雄蘂) didynamous 길이가 다른 2종류의 수술로 이루어진 수술군. 예, 능소화과, 꿀풀과, 현삼과. (수술의 배열)

이계교배(異系交配) outbreeding 한 개체에서 만들어진 배우자가 유전적으로 다른 개체로 이동하는 것. 유의어, 타가교배, 타가수정, 타개체간수정.

이과(梨科) pome 육질과의 일종으로, 연골질의 내과피가 하위자방에서 발달하며, 바깥쪽의 이합된 화탁통으로부터 육질성 조직이 발달한다. 예, *Malus*(사과나무속)의 열매. (열매의 유형)

이극성(異極性) heteropolar (화분에서) 발아구로 인해 두 극쪽 반구가 서로 다른 형태를 이루는 특성.

이년생(二年生) biennial 2년을 사는 식물로, 대개 기부 로제트 잎을 첫 해에 만들며, 두 번째 해에 기다란 화서 자루를 만든다. (지속기간)

이동체(移動體) diaspore 번식체.

이리도이드 iridoid 많은 국화과 식물에서 발견되는 이차화합물.

이립(二粒) dyad 2개의 꽃가루가 합착되어 만들어진 것.

이면방사대칭(二面放射對稱) biradial 이축좌우대칭.

이명(異名) synonym 특정 저자나 저자들이 동일 분류군에 적용한 정명 이외의 (즉, 채택되지 않은) 학명.

이명법(二名法) binomial 이명체계.

이명체계(二名體系) binomial 종에 대한 학명을 쓰는 양식으로 2개의 이름, 즉 속명과 종소명으로 구성되며, 이탤릭체로 쓰거나 밑줄을 그어 표시한다. 유의어, 이명법.

이반약성(二半葯性) dithecal 반약 2개로 이루어진 약으로, 대개 소포자낭 4개로 이루어진다. 비교. 사포자낭성. (약의 유형)

이배체반수체생활환(二倍體半數體生活環) diplohaplontic life cycle 반수체이배체생활환.

이생(離生) distinct 비슷한 구성 요소들이 합착되지 않고 떨어져 있는 상태. 비교. 분리.

이생심피성(離生心皮性) apocarpous 심피들이 이생하는 상태로, 암술 또는 자방은 1개이다. (심피의 합착과 암술군)

이생웅예(離生雄蘂) apostemonous 수술이 이생한 상태. (수술의 합착)

이생화피(離生花被) apotepalous 화피가 이생한 상태. (화피의 합착)

이수성(二數性) bimerous 두 구성 요소가 윤생하는 것. (화피의 수성)

이시진화(異時進化) heterochrony 발생 속도와 시간이 달라지는 진화적 변화.

이쌍웅예(二雙雄蘂) didymous 길이가 같은 2종류의 수술로 이루어진 상태. (수술의 배열)

이열(二裂) bifid 2개의 열편으로 된 또는 2개로 나누어진 상태, 특히 정단부 상태. (분할)

이열성(二列性) biseriate (1) 구성 요소들이 두 열로 배열된 상태. (윤생성). (2) 2개의 분명한 윤생렬로 배열된 화피의 구성 요소. (화피의 윤생성). (3) 수술이 두 동심원 위에 배열된 상태. (수술의 윤생성) 유의어, 이환성. (4) 2개의 수직방향으로 배열된 세포들로 이루어진 재의 방사조직 세포.

이열호생(二列互生) distichous 부착점들이 2개의 수직열 또는 줄을 따라 호생하는 상태. 예, 벼과의 초본식물. (배열)

이원구형(二原口型) disulculate 2개의 기다란 발아구가 적도상에서 서로 반대쪽에 존재하는 화분 발아구형.

이원형질(二元形質) binary character 형질상태가 2개인 형질로, 이태형질이라고도 한다.

이저(耳底) auriculate 기부는 둥그렇고 위쪽은 오목한 열편 2개로 이루어진 형태. (기부)

이저형열편(耳底形裂片) auricule 이저처럼 생긴 열편.

이종화피(異種花被) dichlamydeous 윤생렬 수와 상관없이 바깥쪽 꽃받침과 안쪽의 화관이 명확히 구분되는 화피. (화피의 윤생성)

이중모음(二重母音) diphthong 라틴어에서 모음이 2개가 이어진 상태로, 1개의 모음으로 간주함.

이중예거치(二重銳鋸齒) doubly serrate 가장자리에 있는 큰 예거치에 이보다 작은 예거치가 있는 거치. (가장자리)

이차근(二次根) secondary root 기존 뿌리의 내초에서 내생적으로 만들어진 뿌리. (뿌리의 유형)

이차맥(二次脈) secondary vein 측맥. 일차맥으로부터 분지하여 형성되며, 일차맥보다 작다. (엽맥)

이차맥분지형(二次脈分枝型) cladodromous 이차맥이 잎 가장자리까지 도달하지 않고, 잎 가장자리 근처에서 분지하는 우상맥계. (엽맥)

이차물관부 secondary xylem 물과 무기물을 운반하는 조직으로, 유관속형성층에서 목본성 줄기나 뿌리 안쪽으로 만들어진다. 유의어, 재.

이차벽(二次壁) secondary cell wall 원형질막과 일차세포벽 사이로 분비되는 섬유소와 목질소로 구성되는 부가적인 세포벽으로, 통수요소와 섬유세포 등과 같은 일부 세포유형에서 발견된다. 이차세포벽.

이차 벽세포(二次 壁細胞) secondary parietal cells 약벽의 일차 벽세포가 접선분열을 통하여 만들어진 두 층의 세포.

이차생장(二次生長) secondary growth 측부분열조직에서 형성된 세포들로 인한 둘레 또는 폭의 생장.

이차조직(二次組織) secondary tissue 측부분열조직을 통한 이차생장으로 형성된 조직.

이차체관부(二次체管部) secondary phloem 유관속형성층에서 만들어져 당을 이동시키는 역할을 하는 조직으로, 줄기나 뿌리의 목재 바깥쪽에 형성된다. 유의어, 내수피.

이축좌우대칭(二軸左右對稱) biradial 대칭면이 2개인 대칭. 유의어, 이면방사대칭. (대칭성)

이출복엽(二出複葉) geminate 엽병에서 기원한 두 장의 소엽으로 이루어진 복엽으로, 엽축은 없다. (잎 형태)

이출엽(二出葉) geminate 이출복엽.

이출엽성우상복엽(二出葉性羽狀複葉) geminate-pinnate 2개의 엽축에 달린 복엽으로, 각각의 엽축에 소엽들이 우상으로 배열되어 있다. (잎의 유형)

이탄(泥炭) peat 화석화된 또는 부분적으로 분해된 *Sphagnum*(물이끼속) 식물.

이판화관(離瓣花冠) apopetalous 꽃잎이 이생한 상태. 유의어, 다화판. (화피의 합착)

이편악(離片萼) aposepalous 꽃받침잎이 이생한 상태. 유의어, 다악편. (화피의 합착)

이포자낭성(二胞子囊性) bisporangiate 소포자낭 2개와 주로 반약 1개로 이루어진 약. (약의 유형)

이포자성(二胞子性) bisporic 일차 감수분열 이후에만 세포질분열이 일어나는 대포자생성 과정으로 2개의 세포가 형성되는데, 각 세포에는 2개의 반수체 핵이 들어있으며, 이들 이핵성 세포 중 1개가 자성배우자체로 발달한다.

이합(異合) adnate 서로 다른 구성 요소가 완전히 합쳐진 것으로, 쉽게 떨어지지 않는다. (합착)

이핵성(二核性) binucleate 일부 피자식물에서 화분이 방출될 당시 핵이 2개인 상태.

이형발달엽(異形發達葉) heteroblasty 어린 잎들이 크기와 형태에서 다 자란 잎들과 명확하게 다른 상태. 예, 천남성과.

이형포자성(異形胞子性) heterosporous 2종류의 반수체포자, 즉 대포자와 소포자가 각각 자신들의 포자낭에서 만들어지는 특성.

이형화주성(異形花柱性) heterostyly 주두와 약의 상대적인 길이 또는 높이가 꽃들마다 달라서 나타나는 자웅분리수정.

이화주성(二花柱性) distyly 2종류의 꽃 형태가 만들어졌을 때 나타나는 자웅분리수정 현상; 기다란 암술대와 짧은 수술대로 지닌 장주화와 짧은 암술대와 긴 수술대를 지닌 단주화가 나타난다.

이환성(二環性) dicyclic 이열성. (화피의 윤생성, 수술의 윤생성)

이회삼출복엽(二回三出複葉) biternate/biternately compound 3개의 축에 각각 세 장의 소엽이 달리는 복엽. (잎의 유형)

이회우상복엽성(二回羽狀複葉性) bipinnate/bipinnately compound 두 차례로 갈라진 축을 지닌 복엽으로, 두 번째 엽축에 소엽들이 달린다. (잎의 유형)

이회우열(二回羽裂) bipinnatifid 이회우상복엽처럼 갈라진 상태. (분할)

이회이출복엽(二回二出複葉) bigeminate 2개의 소엽축을 지니는 복엽으로, 각 엽축에 2개의 소엽이 달린다. (잎의 유형)

인경(鱗莖) bulb 짧으나 곧추 선 땅속줄기로, 육질성 잎들로 덮여 있다. 예, 양파와 같은 *Allium*(부추속) 종류. (줄기/슈트의 유형)

인편(鱗片) scale (1) 눈 속이나 지하부 근경에 있는 작은 잎이나 초록색은 아니다. (잎의 구조 유형). (2) 사초과 식물의 소수화서에 달리는 포. (화서의 구성)

인편상(鱗片狀) lepidote 인편 또는 인편처럼 생긴 구조들로 뒤덮인 상태. (재질, 모용 분포상)

인편흔(鱗片痕) bud scale scar 인편이 달렸었던 흔적. (소지 구성)

인피(鱗被) lodicule 벼과 식물의 꽃에 달린 (2~3개의) 변형된 화피의 구성 요소 중의 1개로, 외화영과 내화영을 분리시켜 활짝 벌어지도록 하는 기능을 수행한다. (화피의 유형)

일년생(一年生) annual 생존기간이 1년 이하인 식물. (지속기간)

일렬성(一列性) uniseriate (1) 구성 요소들이 한 열로 원을 형성하는 상태. 유의어, 일환성. (수술의 윤생성, 화피의 윤생성). (2) 세포들이 한 수직 방향으로만 배열한 모용. (모용의 유형). (3) 재의 방사조직에서 세포들이 하나의 수직렬을 이룬 상태.

일렬호생(一列互生) monistichous 부착점들이 1개의 수직렬 또는 줄을 따라 호생하는 상태. 예, Costaceae. (배열)

일순형(一脣形) unilabiate 반순편형.

일차근(一次根) primary root 배의 유근에서 발달한 포자체 뿌리. (뿌리의 유형)

일차맥(一次脈) primary vein 크기라는 관점에서 보았을 때 주가 되는 맥 또는 맥들. (엽맥)

일차벽(一次壁) primary cell wall 처음 만들어진 세포벽으로, 세포가 생장할 때 원형질막에서 바깥쪽으로 분비되는 섬유소로 이루어진다. 일차세포벽.

일차벽공역(一次壁孔域) primary pit field 일차세포벽에 있는 수많은 원형질 연락사 무리로, 공간적으로 이차벽의 벽공쌍과 연관되어 있다.

일차벽세포(一次壁細胞) primary parietal cells 약벽 발달의 초기 단계에 있는 내층 세포들.

일차생장(一次生長) primary growth 줄기와 뿌리의 길이 또는 높이 생장으로, 정단분열조직에서 파생된 세포들의 길이 생장과 분화에 의해 나타난다.

일차조직(一次組織) primary tissue 일차생장에 의해 형성된 조직으로, 일차물관부 또는 일차체관부 등이 있다.

일차화서(一次花序) primary inflorescence 단위화서. (화서의 구성)

일치지수(一致指數) consistency index, CI 분계도에서 비상동유사성 정도를 파악하는 지수로, 실제로 일어난 형질상태 변화의 최소수에 대한 실제 일어난 변화수를 말한다. CI가 1에 가까울수록 비상동 유사성이 적음을 의미한다.

일환성(一環性) monocyclic 일렬성. (화피의 윤생성)

일회결실성(一回結實性) monocarpic 단 한 번 꽃이 피고 결실한 다음 말라 죽는 다년생 또는 일년생 식물.

일회생식성(一回生殖性) semelpary 한 번의 생식이 끝나고 나면 식물체 전체가 분해되어 죽는 식물을 지칭함.

임의증폭다형 DNA(任意增幅多形 —) random amplified polymorphic DNA 무작위로 선택된 프라이머가 만들어 낸 DNA 증폭산물을 사용하여 서로 다른 개체나 분류군들의 다형 DNA 지점을 확인하는 방법. 약어, *RAPD*.

잎 leaf 배복성의 평평한 구조로, 광합성과 증산작용을 하며, 배우자체이거나(일부선류나 태류) 포자체이고(관속식물), 때때로 다양한 형태로 변형된다. (식물 구조)

잎몸 blade 엽신.

자가배수체화(自家倍數體化) autopolyploidy 종 내에서 나타나는 배수체화.

자가불화합성(自家不和合性) self-incompatibility 한 유전자형에서 만들어진 배우자 사이에서 나타나는 유전적 불일치로 인한 이계교배 현상.

자가산포(自家散布) self-dispersal 현화식물이 자신의 열매를 땅에 묻는 과정. 예, *Arachis hypogaea*(땅콩). 유의어, 자동산포.

자가수정(自家受精) selfing 근친교배의 극단적인 유형. 한 꽃 또는 개체 내에서 수정이 이루어진다.

자극형(刺戟型) pungent 엽침형. (정단돌기)

자동명(自動名) autonym 과내, 속내 그리고 종내 분류군에게 자동적으로 부여되는 이름.

자동산포(自動散布) autochory 자가산포.

자료정보체계(資料情報體系) data information system/database system 컴퓨터화된 체계로, 정보의 입력 및 입수를 의미한다.

자매군(姉妹群) sister group/sister taxa 가장 밀접하게 연관된 두 분류군으로 하나의 공통조상에서 파생된 두 계통을 이른다.

자모(刺毛) stinging trichome 끝이 뾰족한 모용으로, 동물의 조직을 뚫고 들어가 자극성 용액을 분비한다.

자방(子房) ovary 배주를 포함하는 암술의 한 구성 요소. 유의어, 씨방. (암술군 구성)

자방기생화주성(子房基生花柱性) gynobasic (style) 화주가 자방의 기부와 갈라진 씨방의 중앙부에서 나오는 형태. 예, 지치과, 꿀풀과. (암술대 위치)

자방병(子房柄) stipe 암술의 자루를 지칭하지만, 흔하지 않다. (암술군 구성)

자방상생(子房上生) epigynous 꽃받침잎, 꽃잎 그리고 수술이 자방의 정단부에 붙은 상태로, 하위자방임. (화피/수술군 위치)

자방상주생(子房上周生) epiperigynous 자방의 정단부에서 화탁통이 발달하고, 꽃받침잎, 꽃잎 그리고 수술이 화탁통의 가장자리에 붙은 상태로, 하위자방임. (화피/수술군 위치)

자방실(子房室) locule 자방 내에 있는 공간으로, 자방벽과 격벽에 의해 구분된다. (암술군 구성)

자방주생(子房周生) perigynous 자방의 기부에서 화탁통이 발달하고, 꽃받침잎, 꽃잎 그리고 수술이 화탁통의 가장자리에 붙은 형태로, 상위자방임. (화피/수술군 위치)

자방중생(子房中生) epihypogynous 꽃받침잎, 꽃잎 그리고 수술이 자방의 중앙부에 붙은 상태로, 반하위자방임. (화피/수술군 위치)

자방중주생(子房中周生) epihypoperigynous 자방의 중간 부분에서 화탁통이 발달하며, 꽃받침잎, 꽃잎 그리고 수술이 화탁통의 가장자리에 붙은 상태로, 반하위자방임. (화피/수술군 위치)

자방축(子房軸) column 자방의 중앙축.

자방하생(子房下生) hypogynous 꽃받침잎, 꽃잎, 그리고 수술이 상위자방의 기부에 달려 있는 상태. (화피/수술군 위치)

자상(刺狀) echinate 길이가 1 μm보다 큰 자상돌기가 있는 화분벽의 상태.

자상돌기(刺狀突起) echina 자상 화분벽을 이루는 가시형 돌기.

자성(雌性) female (1) 암컷 생식기관만을 지닌 개체. (식물의 성). (2) 자화. (꽃의 성)

자성동주(雌性同株) gynomonoecious/gynomonoecy 한 개체에 암꽃과 완전화가 동시에 피는 상태. (식물의 성)

자성배우자체(雌性配偶子體) female gametophyte 난세포를 간직하는 장란기만을 지닌 배우자체. 유의어, 대배우자체, 배낭.

자성선숙(雌性先熟) protogyny 심피 또는 주두가 수술 또는 약보다 먼저 발달하는 상태. (꽃의 성숙상)

자성이주(雌性異株) gynodioecious/gynodioecy 일부 개체들은 암꽃만을, 또 다른 일부 개체들은 완전화를 지닌 상태. (식물의 성)

자성포자엽(雌性胞子葉) female sporophyll 1개 이상의 대포자낭 또는 종자를 지니고 있는 포자엽. 유의어, 대포자엽.

자세(姿勢) posture 평평한 평면에 대한 상대적인 위치. (배치)

자연선택(自然選擇) natural selection 한 종 또는 개체군에서 방향성이 있거나 비무작위로 일어나는 유전적 변역으로, 이를 통해 생존율과 번식률이 증가하여 다음 세대에 더 많은 기여를 할 수 있다.

자엽(子葉) cotyledon 배에 있는 첫 번째 (종자) 잎으로 때때로 양분을 저장하는 기능을 수행한다.

자엽성(子葉性) cotylespermous 배의 한 구성 요소인 자엽이 저장양분을 지니는 상태. (종자의 배유 유형)

자엽초(子葉鞘) coleoptile 상배축을 둘러싸고 있는 보호기능성 엽초. 예, 벼과식물의 일부에서 나타난다. (종자/배 구성)

자예(雌蘂) pistil 암술.

자예군(雌蘂群) gynoecium 암술군.

자웅동주(雌雄同株) monoecious 수꽃과 암꽃이 한 개체에 모두 나타나는 상태. (식물의 성)

자웅분리수정(雌雄分離受精) hercogamy/herkogamy 수술과 암술이 공간적으로 분리되어 나타나는 이계교배 현상.

자웅예합생병(雌雄蘂合生柄) androgynophore 수술군과 암술군을 모두 가지고 있는 자루처럼 생긴 구조. 예, *Passiflora*(시계꽃속). (꽃의 구성)

자웅예합체(雌雄蘂合體) gynandrium 예주. (꽃의 구성)

자웅이숙수정(雌雄異熟受精) dichogamy 암술과 수술의 성숙시기가 달라서 나타나는 이계교배 현상.

자웅이주(雌雄異株) dioecious/dioecy 분리된 개체에 각각 암꽃과 수꽃으로만 이루어진 단성화를 지닌 상태 (식물의 성)

자좌(刺座) areole 변형되고 퇴화되어 길이가 늘어나지 않은 슈트의 정단분열조직 부위로, 엽침을 지니고 있다. 예, 선인장과. (줄기/슈트의 유형)

자화(雌花) pistillate (-flower) 암꽃. (꽃의 성)

잡색체(雜色體) chromoplast 카로티노이드를 함유한 색소체로, 식물기관, 특히 꽃잎과 열매가 노란색, 주황색 또는 붉은색을 띠도록 해준다.

잡성주(雜性株) polygamous 양성화와 단성화를 모두 지니는 식물. (식물의 성)

잡종화(雜種化) hybridization 서로 다른 종들 사이(종간 잡종화) 또는 한 종 내의 서로 다른 개체군이나 종 내 분류군 사이에서 일어나는 유성생식.

장각과(長角果) silique 2개의 심피로 된 건개과로 2개의 봉선을 따라 터지며, 숙존성 분할막, 즉 박격벽을 지니고, 폭보다 길이가 더 길다.

예, 십자화과. 비교, 단각과. (열매의 유형)

장강모상(長剛毛狀) hispid 매우 길고 딱딱한 모용으로, 간혹 피부를 뚫고 들어갈 수 있다. (모용 분포상)

장강자모상(長剛刺毛狀) urent 장강모와 자모를 지닌 형태. (모용 분포상)

장과(漿果) berry 다육성 과피를 지니고 있는 육질성 열매. (열매의 유형)

장구형(長球形) prolate P/E 비가 1.2보다 큰 화분.

장란기(藏卵器) archegonium 배우자체의 자성배우자낭으로, 기저부에는 난자가 있고, 난자를 바깥쪽의 불염성 세포층, 즉 장란기벽이 둘러싸고 있으며, 기저부의 복부와 말단부의 경부로 구분된다.

장란기벽(藏卵器壁) archegonial wall 장란기 바깥쪽의 불염성 세포층. 유의어, 외투세포층.

장란기병(藏卵器柄) archegoniophore 일부 태류의 배우자체에서 자라나온 자루처럼 생긴 특별한 구조로, 일반적으로 우산 모양을 하며, 장란기를 포함하고 있다.

장란기실(藏卵器室) archegonial chamber 나자식물의 종자에서 대포자낭과 자성배우자체 사이의 비어 있는 공간으로, 웅성배우자체에서 방출된 2개의 정세포가 들어온다.

장상(掌狀) palmate 손바닥 모양의.

장상(掌狀)그물맥 palmately netted 한 기부 지점에서 4개 이상의 일차맥이 만들어지는 그물맥. (엽맥)

장상렬(掌狀裂) palmatifid 장상으로 갈라진 열편을 지닌 상태. (분할)

장상맥(掌狀脈) palmately veined 4개 이상의 일차맥이 한 지점에서 만들어진 맥. (엽맥)

장상방사상(掌狀放射狀) palinactinodromous 3개 이상의 일차맥이 한 장소에서 뻗어 나온 맥으로, 뻗어 나온 장소 위쪽에서 일차맥에 부가적인 맥이 달린다. (엽맥)

장상복엽(掌狀複葉) palmate/palmately compound 한 지점에 달리는 4장 이상의 소엽으로 이루어진 복엽으로, 흔히 엽병의 끝에 달린다. (잎의 유형)

장상분열(掌狀分裂) palmatisect 장상으로 나누어져 분명한 소엽처럼 보이지만, 열편의 기부는 합착된 상태. (분할)

장상삼출엽(掌狀三出葉) palmate-ternate 한 지점에서 3장의 소엽이 달라붙어 있는 상태. (잎의 유형)

장상평행맥(掌狀平行脈) palmate-parallel 수 개의 일차맥이 한 지점에서 만들어지며, 인접한 이차맥은 횡으로 일차맥과 교차되면서 평행하다. 예, 부채야자. (엽맥)

장유두상(長乳頭狀) pilate 구형 또는 타원체형으로 비후한 정단부를 지니고 있는 기다란 원주형 자루가 있는 상태. (형태)

장유두상선상모(長乳頭狀腺狀毛) pilate-glandular 기다란 기부 자루의 정단부에 선점이 달려 있는 상태. (모용의 유형)

장유모상(長柔毛狀) pilose 부드럽고 곧거나 또는 약간 더 불룩하게 달린 모용으로 표면과 직각 방향으로 달린다. (모용 분포상)

장정기(藏精器) antheridium 육상식물의 배우자체의 웅성배우자낭으로, 정자를 만들며, 바깥쪽에는 불염성인 세포들로 이루어진 장정기벽 또는 외투세포층이 둘러싸고 있다.

장정기벽(藏精器壁) antheridial wall 장정기 외부에 있는 불염성 세포층. 유의어, 외투세포층.

장정기병(藏精器柄) antheridiophore 일부 태류의 배우자체에서 자라나온 자루처럼 생긴 특별한 구조로, 일반적으로 우산 모양을 하며, 장정기를 포함하고 있다.

장주화(長柱花) pin 수술대는 길고, 암술대는 짧은 꽃으로, 이화주성 꽃에서 나타난다.

장타원형(長楕圓形) oblong 가장자리는 곧고 평행하며, 길이와 폭의 비는 2:1에서 3:2 정도이다. (평면 형태)

재(材) wood 이차물관부.

재조정(再調整) remodel/remodeling 분류군 표징형질의 변화.

재질(材質) texture 내부구조의 단단한 정도로, 때때로 색과 연관된다.

잭나이프 jacknife/jacknifing 분계도의 확실성을 평가하는 방법으로, 원래의 형질 자료에서 임의로 형질을 재선택하여 분석하는데, 형질을 중복해서 선택하지 않으며, 재선택된 자료는 원래보다 작다.

저작제(咀嚼劑) masticatory 흔히 기쁨이나 행복감을 위해 사람이 씹는 물질. 예, *Lophophora williamsii*(페요테선인장).

저장근(貯藏根) storage root 설탕과 같은 고에너지화합물을 저장하고 있어 부풀은 원뿌리. (뿌리의 유형)

저착(底着) basifixed 약의 기부가 화사의 정단에 붙은 경우. (약의 부착형)

저출엽(低出葉) cataphyll 흔적만 남아있는 인편엽으로, 흔히 표토속 발아 묘목에서 발견된다. (잎의 구조 유형)

적도(赤道) equator 화분립의 중심을 극축과 수직으로 관통하는 면과 화분립의 표면이 만나는 선.

적도면(赤道面) equatorial view 꽃가루를 적도지역에서 관찰한 면.

적법명(適法名) legitimate name 국제식물명명규약의 규칙들과 일치하는 이름.

적응(適應) adaptation 특별한 기능을 수행할 수 있는 구조나 특징으로, 적응 결과 생존이나 번식이 증가된다.

적합도(適合度) fitness 자손의 생식생존능력에 대해 각 유전자형이 차별적으로 기여하는 것을 정량화한 것.

전기생식물(全寄生植物) holoparasite 광합성을 하지 않고, 생존과 생식을 위해 숙주에 붙어 있어야만 하는 식물. (식물의 생활형)

전도형(顚倒型) resupinate Alstroemeriaceae의 잎이나 난과식물 대부분의 자방처럼 180° 전도된 또는 뒤집어진 상태. (비틀림/굴곡 자세)

전방(前方) anterior 구조의 아래쪽 열편이나 부분으로, 특히 평행하게 놓여 있는 구조를 지칭한다. 유의어, 하부. (위치)

전배(前胚) proembryo 아주 어린 배.

전배체(前胚體) embryo proper 궁극적으로 새로운 포자체로 발달할 전배 부분.

전복성(全覆性) tectate-imperforate 피복층에 구멍 또는 천공이 없는 경우. (화분벽 구조)

전분립(澱粉粒) starch grain 녹색식물 세포에 들어 있는 전분의 축적물로, 납작한 판처럼 생겼으며, 고에너지화합물이다. 후형물질의 한 종류. 유의어, 전분체.

전분체(澱粉體) amyloplast 전분립.

전연(全緣) entire 가장자리에 거치가 없는; 부분적으로 평평한(그러나 표면은 갈라져 있을 수도 있다). (가장자리)

전열(全裂) divided 가장자리에서 중륵, 중앙맥 또는 일차맥의 접합부까지 거리의 $^{3}/_{4}$부터 거의 끝까지 깊게 파인 상태. (분할)

전이(轉移) transfer in position 계급은 변화하지 않고, 한 분류군을 같은 계급의 다른 분류군에 소속시키는 것. 이전.

전저(箭底) sagittate 2개의 기부 열편을 지니며, 끝이 뾰족하고 아래쪽을 향한다. (기부)

전체피도(全體被度) total cover 전체 군집에서 특정 층의 구성원들이 덮고 있는 정도에 대한 척도.

전출엽(前出葉) prophyll/prophyllum 소포. (잎의 구조 유형, 화서의 구성)

전형질도(全形質圖) phenogram 전형질분석학 방법론으로 구성된 분지 모식도.

전형질분류(全形質分類) phenetic 분류군의 전(全)유사도를 측정하여 무리 짓는 분류.

절(節) node 줄기에서 잎이 달리는 곳, 마디.

절간(節間) internode (1) 슈트에서 2개의 인접한 마디(절)의 사이. (줄기/슈트, 소지 구성). (2) 분계도에서 2개의 인접한 마디 사이에 존재하는 계통.

점사(粘絲) viscin thread 탄수화물로 이루어진 기다란 사슬 무리의 한 종류로, 화분들이 서로 달라붙게 하는 역할을 한다.

점액선(粘液腺) colleter 동합된 탁엽의 내부 표면 구조로 점액을 분비하여, 발달 중인 어린 슈트를 보호한다. 예, 꼭두서니과. (잎의 구성)

점액질관(粘液質管) mucilage ducts/canals 점액질을 분비하는 특수화된 세포들.

점질상(粘質狀) viscid 광택이나고 끈적끈적한 표면으로 된 상태. 유의어, 점착상. (표피 돌출상태)

점착상(粘着狀) glutinous 점질상.

점첨두(漸尖頭) acuminate 정단부 가장자리가 급격하게 오목한 상태로, 정단부 교차각이 45° 이하이다. (정단부)

접매수분(蝶媒受粉) psychophily 나비에 의한 꽃가루받이.

접선면(接線面) tangential plane 재의 종단면으로 줄기 반경에 수직인 면이다.

접선분열(接線分裂) tangential division 병층분열. 접선면과 나란한 분열.

접선형(摺扇形) plicate 횡으로 서로 연속적으로 겹쳐진, 주름이 잡힌 상태. (종자세)

접첩(摺疊) conduplication 대포자엽이 중앙축을 따라 접힌 것을 이르는 용어. (심피)

접첩형(摺疊形) conduplicate 중앙축/종축을 따라 두 겹으로 접힌 구조로, 이웃한 향축면이 서로 맞닿아 있다. (종자세)

접촉상(接觸狀) contiguous 구성 요소들이 합착되지는 않았으나 접촉하고 있는 상태. (합착)

접합자(接合子) zygote 육상식물의 2개의 반수체세포(정자와 난자)가 결합되어 형성된 이배체세포로, 생장하여 최종적으로 하나의 새로운 포자체가 된다.

정간(楨幹) caudex 짧고 두꺼운, 수직 방향 또는 가지를 친 다년생 줄기로, 땅속 또는 지표면 가까이에 자란다. (줄기/슈트의 유형)

정곡형(頂曲形) squarrose 정단 근처에서 아래쪽 또는 위쪽으로 날카롭게 굽어진 형태로 일부 국화과의 총포편에서 나타난다. (자세)

정기준표본(正基準標本) holotype 학명의 근거가 되는 하나의 표본 또는 도해로, 발표 당시에 사용되거나 지정된다.

정단부(頂端部) apical (1) 어떤 구조의 정상, 끝 또는 그 근처(위치). 유의어, 선단부. (2) 자방의 정단부에서 솟아나온 암술대. (암술대 위치). (3) 정단태좌. 자방의 정단부에 태좌가 있는 상태. 유의어, 현하태좌. (태좌형)

정단분열조직(頂端分裂組織) apical meristem 육상식물에서 활발하게 분열 중인 세포들이 있는 부위로, 엽상체, 슈트, 뿌리의 정단부에 위치한다.

정단세열삭과(頂端細裂蒴果) acrocidal capsule 정단부의 세극에 의해 열개하는 삭과. (열매의 유형)

정단총생모상(頂端叢生毛狀) comose 모용이 정단부에 총생하는 상태. (모용 분포상)

정렬(整列) alignment 계통분석이나 그 밖의 분석을 위하여 둘 이상의 DNA 염기서열에 대해 상동 뉴클레오티드의 위치를 일치시키는 과정.

정명(正名) correct name 특정 저자 또는 저자들이 받아들인 합법적으로 출판되었으면서 적법한 학명.

정생(頂生) apical 어떤 기관이나 구조가 정단부 또는 정단에 존재하는 상태.

정생아(頂生芽) terminal bud 줄기의 정단부 또는 말단부에 있는 눈. 유의어, 정아. (눈 형태)

정생아인편흔(頂生芽鱗片痕) terminal bud scale scar 이전에 정생아 인편이 달려 있었음을 보여주는 고리 모양의 흔적. (소지 구성)

정수성(挺水性) emergent 뿌리나 줄기가 물속의 저토에 부착되어 있는 상태에서 물위로 슈트가 나와 있는 형태. (식물의 생육지)

정아(頂芽) apical bud 정생아. (소지, 눈, 수간)

정자(精子) sperm 반수체성 이동성 웅성배우자로 난세포와 결합하여 이배체 접합자를 형성한다.

정자착(丁字着) versatile 약이 화사의 한 지점에만 부착되어 자유롭게 제자리에서 움직일 수 있는 부착형. (약의 부착형)

정제(整齊) regular 방사대칭.

정주상(頂走狀) acrodromous 둘 이상의 주맥 또는 뚜렷하게 발달한 이차맥들이 잎 정단부 쪽으로 수렴하여 아치를 만드는 것으로 기부 쪽으로는 굽지 않는다. (엽맥)

제(臍) hilum 종피에 남아있는 주병의 흔적. (종자)

제금형(提琴形) pandurate 제금 또는 바이올린처럼 생긴, 도란형으로 가장자리는 볼록하다. (형태)

제한단편길이다형성(制限斷片—多形性) restriction fragment length polymorphism 제한효소 절단부위가 분류군 간에 다르기 때문에 제한효소로 DNA를 절단한 결과, DNA 조각의 길이가 차이를 보이는 것. 약어, RFLP.

제한부위(制限部位) restriction site 주어진 제한효소에만 결합하는 약 6 또는 8 bp의 DNA 서열.

조간성(朝間性) matutinal 아침에 꽃이 피는 시기와 관련한 주기. (주기성)

조락성(早落性) caducous 전형적인 것과 비교하여 상대적으로 아주 이른 시기에 떨어지는 상태로, 흔히 꽃의 구성 요소에 적용된다. (지속기간)

조류, 균류, 식물에 관한 국제명명규약(國際命名規約) International Code of Nomenclature for algae, fungi, and plants "조류", 균류 또는 전통적으로 균류로 간주하였던 생물 및 식물에 이름을 붙이기 위한 표준화된 규약 체계로, 분류군에 부여할 특별한 이름과 분류군 계급에 따른 계급 어미를 제어하며, 새로운 분류군에 대한 명명에 활용되고, 이전에 명명된 분류군의 정명을 결정한다. 약어. ICN.

조립상(粗粒狀) muricate 거칠고 방사 방향으로 길쭉한 원형의 돌기. (표피 돌출상태)

조매수분(鳥媒受粉) ornithophily 새에 의한 꽃가루받이.

조모상(粗毛狀) scabrous 거친 표면이나 모용을 지닌 상태로, 사포와 비슷한 상태. (표피 돌출상태, 모용 분포상)

조상형(祖上型) ancestral 이미 존재하였던 조건 또는 형질상태를 지칭함. 유의어, 원시형, 하등형.

조선상(條線狀) striate (1) 가느다랗게 위아래로 배열된 선. (표면 형상). (2) 가느다란, 원통형의 절선 방향으로 배열된 요소를 지닌 화분 형태.

조섬유연형(粗纖維緣形) filiferous 거친 섬유처럼 생긴 구조를 지니고 있는 형태. (가장자리)

조세포(助細胞) synergid cells 전형적인 피자식물의 자성배우자체에서 난세포의 옆에 있는 2개의 반수체 세포로, 화분관이 들어오는 통로 역할을 한다.

조위성(早萎性) marcescent 일시적인, 그러나 숙존 상태로 남아 있는; 마른 상태로 남아 있는 상태. (지속기간)

조장모상(粗長毛狀) hirsute 길게 발달하지만, 다소 딱딱한 모용. (모용 분포상)

조직(組織) tissue 세포들의 무리로, 공동의 기능 또는 구조를 지니고, 단순 또는 복합조직으로 구분한다.

좁은띠형거치(—形鋸齒) laciniate 좁은 리본처럼 조각으로 갈라진 상태. (분할)

종(種) species 한 가지 정의에 따르면, 종이란 분명한 계통으로, 유성생식하는 개체들이 유전적으로 서로 혼합이 되는, 즉 교배 가능한 무리를 이루며, 다른 무리들과는 생식적으로 격리되어 있다.

종개(縱開) longitudinal dehiscence 반약의 장축과 평행한 봉선에 따라 약이 열개하는 것. (약열개 유형)

종기준표본(從基準標本) paratype 출판 당시에 인용된 표본들 가운데 정기준표본, 동기준표본, 등가기준표본을 제외한 것.

종두(種頭) capitulum 화석식물인 *Glossopteris*의 생식기관으로, 심피로 진화하기 전 단계로 해석한다.

종린(種鱗) ovuliferous scale 소나무 종류에서 발달하는 구과의 변형된 측지체계로, 1개 이상의 종자를 지니고 있다. 참조, 실편이라고도 함.

종분화(種分化) speciation 이미 존재하던 종에서 새로운 종이 만들어지는 과정.

종소명(種小名) specific epithet 이명체계(이명법)를 이루는 두 번째 이름.

종속지(種屬誌) monograph 주어진 분류학적 군에 속하는 모든 종과 종내 분류군에 대한 자세한 분류학적 연구.

종유체(鍾乳體) cystolith 탄산칼슘의 덩어리로, 자루를 만들어 세포벽에 붙으며, 특별한 세포, 즉 종유체세포 안에서 나타난다. 비교. 종유체세포.

종유체세포(鍾乳體細胞) lithocyst 종유체를 포함하고 있는 특별한 세포, 비교. 종유체.

종자(種子) seed 씨. 영양조직으로 둘러싸인 배가 종피에 의해 덮여 있는 종자식물의 번식체.

종자세(縱姿勢) longitudinal posture 수평면과 관련된 가장자리의 위치. (배치)

종침(種枕) caruncle 씨의 기부에 있는 육질성 돌기물로, 일반적으로 동물에 의한 종자 산포가 일어나도록 하는 기능을 수행한다. 예, *Viola* (제비꽃속). (종자)

종피(種皮) seed coat 종자의 제일 바깥쪽의 보호 덮개로, 한 층 또는 두 층의 주피에서 발달한다. 유의어, 외종피. (종자)

종형(鐘形) campanulate 종처럼 생긴, 즉 기부는 둥그렇고, 길이와 폭이 비슷한 깔때기의 관부분과 깔때기의 벌어진 부분으로 되어 있는 형태. 예, *Campanula*(초롱꽃속) 식물; 종처럼 생긴 이판화관 또는 이생화피에 적용하기도 한다. (화피의 유형)

좌권상(左券狀) sinistrorse 좌선형.

좌선형(左旋形) sinistrorse 왼나사처럼 나선형(시계 반대방향)으로 꼬여진 형태. 예, 일부 인동과 식물. 유의어, 좌권상. (자세)

좌우대칭(左右對稱) zygomorphic 대칭선이 하나인 대칭. 유의어, 양면대칭, 부정제. (대칭성)

주간성(晝間性) diurnal 낮 동안에 나타나는 성질. 주로 꽃이 피는 시

기와 관련된 용어이다. (주기성)

주걱형(—形) spatulate 장타원형, 도란형 또는 도피침형이나 기다란 미상 예첨두를 지닌 상태. (형태)

주공(珠孔) micropyle 종자의 주피에서 원심면 쪽에 있는 작은 구멍으로, 꽃가루나 또는 (피자식물의 경우) 화분관이 들어가는 통로이다.

주공다향배주(珠孔多向胚珠) heterotropous 여러 가지 방향으로 배열된 배주.

주공상향배주(珠孔上向胚珠) epitropous 주공으로부터 멀리 떨어진 곳에 위치한 배주의 위치.

주공역(珠孔域) micropylar 배주의 주공 근처 지역.

주공측향배주(珠孔側向胚珠) pleurotropous 주공이 측면을 향한 배주.

주공하향배주(珠孔下向胚珠) hypotropous 주공이 아래쪽을 향한 배주.

주근(主根) taproot 세포벽이 잘 발달한 숙존성 일차 뿌리. (뿌리의 유형)

주기(柱基) stylopodium 자방의 정단부로, 암술대와 주두의 아래쪽 부분이 부풀은 형태. 예, 산형과. 유의어, 화주족.

주기성(週期性) periodicity 주기적으로 반복되는 현상을 의미함 (시간 관련 현상)

주두(柱頭) stigma 암술에서 화분을 받아들이는 구성 요소로, 암술대 또는 암술대 가지와 분명히 구분되기도 한다. 유의어, 암술머리.

주두돌기(柱頭突起) rostellum 난과 식물에서 주두 위로 돌출한 조각으로, 표면에서 점액물질을 분비하여 화분괴이동체 자루와 달라붙는 역할을 한다.

주두역(柱頭域) stigmatic region 주두부위 또는 주두지역.

주름상(—狀) wrinkled 불규칙한, 미세한 선 모양 또는 뒤틀린 모양. (표면 형상)

주변화(周邊花) peripheral/ray flower 국화과의 방사화형 두화에서 가장자리에 배열되는 좌우대칭성 화관을 지닌 설상화. 방사화.

주병(珠柄) funiculus 배주를 태좌에 달라붙게 하는 자루.

주병돌기(珠柄突起) obturator 배주의 기부 부위의 태좌나 주병에서 발달한 돌기 조직. 예, 대극과.

주석라벨(註釋—) annotataion label 표본의 실체를 규명하거나 변경하였을 때 또는 표본에서 식물의 일부분을 떼어냈음을 나타내기 위하여 덧붙이는 라벨.

주석형분류(註釋型分類) annotated phylogenetic classification 단계통을 이루는 무리들을 분계도의 기저부에서부터 정단부까지 순차적으로 나열한 분류방식.

주선상(蛛線狀) arachnoid 모용들이 거미줄처럼 나 있는 상태. 유의어, 거미줄상. (모용 분포상)

주심(珠心) nucellus 종자의 대포자낭을 지칭하는 용어.

주심돌기(珠心突起) nucellar beak 배주의 주공지역 주심에 세포분열로 인하여 형성된 돌기.

주아(珠芽) bulbil 식물체의 화서나 지상 슈트 내에 형성되는 조그만 번식성 인경. (줄기/슈트의 유형)

주연(周緣) circumferential 원 주위 또는 근처; 공처럼 생긴 구조의 둘레. (위치)

주위층(周圍層) perine layer 선류 포자의 두꺼운 바깥쪽 층.

주축유세포(主軸柔細胞) axial parenchyma 위아래로 만들어진 유세포로, 일부 이차물관부, 즉 재(材) 조직에서 나타난다.

주피(珠被) integument 배주의 대포자낭(주심)을 둘러싸고 또는 덮고 있는 조직으로, 종피로 발달한다.

주피(周皮) periderm 코르크형성층과 이로부터 만들어진 세포; 코르크피층과 코르크층을 지칭한다. 유의어, 외수피.

줄기 stem 일반적으로 원통형으로 생긴 기관으로 잎을 지니며, 전형적으로는 지지 작용을 하고 잎과 생식기관을 위로 올려주며, 물과 무기물 그리고 당을 운반한다. 관속식물에서는 처음에 배의 상배축에서 만들어지며, 일반적으로 위로 자란다. (식물 구조)

줄기형(—型) (stem) habit 슈트 지상부 줄기의 구조, 위치, 생장 그리고 방향에 따른 줄기의 특성. (줄기와 슈트)

중간맥(中間脈) median vein 배맥.

중간층(中間層) middle lamella 펙틴이 풍부한 층으로, 육상식물에서 이웃한 세포의 원형질막 사이에서 형성되며, 세포들을 단단하게 연결하는 역할을 한다. 유의어, 중엽.

중간층(中間層) middle layers (1) 내표피와 융단조직 사이에 나타나는 약의 벽층(약 발생); (2) 방사상으로 뻗은 기다란 원주로 이루어진 층(화분벽).

중공상수(中空狀髓) hollow pith 수가 발달하지 않아 텅 비어 있는 상태로, 속새류에서 나타난다.

중과피(中果皮) mesocarp 과피가 여러 층으로 나누어져 있을 경우, 이들 층의 가운데 층. (열매의 유형)

중렬(中裂) cleft 가장자리에서 중륵, 중앙맥 또는 일차맥의 접합부까지의 거리의 $^1/_4$에서 $^1/_2$까지 (우상 또는 장상으로) 파인 상태. (분할)

중륵(中肋) midrib 단엽 또는 일부 종려나무과 식물의 복엽의 엽신에 있는 중앙부 주맥. 유의어, 중앙맥, 엽륵. (잎의 구성)

중생아(重生芽) superposed bud 위아래로 배열된 둘 이상의 액아 또는 액아 위에 달린 눈(이 경우 중생부아라고도 함). (소지, 눈, 수간)

중성질(中性質) mesophytic 혁질과 막질의 중간 재질을 지닌 상태. (재질)

중심주(中心柱) stele 줄기에서 일차관속계의 공간배치 형태로, 물관과 체관의 배열에 따라 만들어진다.

중앙맥(中央脈) midvein 복엽을 이루는 소엽의 중앙부 맥. (잎의 구성)

중앙부(中央部) central 한가운데, 한가운데 근처 또는 구조의 가운데 평면. (위치)

중앙세포(中央細胞) central cell 전형적인 피자식물의 자성배우자체에서, 중앙부에 위치한 1개의, 상대적으로 커다란 세포로, 2개의 극핵을 포함하고 있다.

중엽(中葉) middle lamella 중간층.

중원형(中原型) mesarch 물관부가 성숙하는 방향으로, 관속 내에서 원생물관부가 후생물관부에 둘러싸여 있는 형태로, 관상중심주에서 나타난다.

중원형식물(中原型植物) Monilophytes 줄기의 물관부가 중원형인 식물들로 속새류, Marattiales, 나도고사리삼류, 송엽난류 그리고 Polypodiales (미역고사리목) 등이 포함된다. 참조, 양치류와 같은 개념.

중축기저태좌(中軸基底胎座) basal-axile placentation 격벽성 자방의 기부에 있는 둘 이상의 태좌. 예, 진달래과. (태좌형)

중축성측벽태좌(中軸性側壁胎座) parietal-axile placentation 둘 이상의 자방실로 이루어진 자방의 격막과 과피의 접합부에 달리는 태좌. 예, 십자화과. (태좌형)

중축정단태좌(中軸頂端胎座) apical-axile placentation 격벽성 자방의 정단부에 있는 둘 이상의 태좌. 예, 산형과. (태좌형)

중축태좌(中軸胎座) axile placentation 격벽이 있는 복합자방의 중축에 배열된 태좌. (태좌형)

중합효소 연쇄반응(重合酵素連鎖反應) polymerase chain reaction 프라이머, 뉴클레오티드, 그리고 DNA 중합효소를 혼합한 용액을 사용하며, 용액을 가열하여 DNA를 변성(해리)시키고 복제함으로써 빠른 시간 안에 DNA를 증폭시키는 과정. 약어. PCR.

증폭(增幅) amplification DNA 카피를 많이 복제하는 것.

증폭산물(增幅産物) amplicon (PCR 등에 의해) 증폭된 DNA 조각.

증폭단편길이다형성(增幅斷片—多形性) amplification fragment length polymorphism 길이 다형성을 보여주는 증폭된 DNA 조각들을 사용하는 것으로, 수많은 유전 지표를 인식하게 해준다. 약어. AFLP.

지그재그형(—形) zig-zag/geniculate (1) 바깥쪽 주피의 주공이 공간적으로 안쪽 주피의 주공과 상대적으로 어긋나게 자리 잡은 복주피의 주공상태. (2) 지그재그처럼 생긴 형태, 예, 일부 벼과식물의 화서축. (자세)

지방(脂肪) fat 트리글리세리드 화합물의 한 종류로, 식물에서 고에너지 저장물질이나 분비물로서 기능함; 후형물질의 한 종류.

지상근(地上根) aerial root 기근.

지상발아(地上發芽) epigeous 발아할 때 슈트 위쪽으로 올라온 자엽을 지닌 상태. 유의어, 현생자엽. (종자의 발아 유형)

지속기간(持續其間) duration 식물이나 식물 구성 요소가 살아 있는 시기. (시간 관련 현상)

지역개관표본(地域槪觀標本) synoptic collection 특정 지역에 분포하는 모든 분류군에 대하여(가능한 모든 표본 중에서) 표본 하나만을 포함하는 식물표본 수집품.

지위(地位) position 한 분류군이 차상위 계급의 또 다른 분류군의 구성원으로 자리하는 것.

지중식물(地中植物) geophyte 인경, 구경, 근경 또는 괴경의 형태로 지하부 줄기를 지니고 있는 다년생 초본. (식물의 생활형)

지지근(支持根) prop roots 슈트의 부정근으로 줄기를 지탱하는 역할을 한다. (뿌리의 유형)

지질(紙質) chartaceous 투명하고, 글씨를 쓰는 종이와 비슷한 재질. (재질)

지침(指針) note 의무적이며, 규칙을 명확하게 설명한 것. (ICN)

지표식물(地表植物) chamaephyte 지표 또는 그 바로 아래에 겨울눈이 있어서 월동하는 다년생 식물. (식물의 생활형)

지하옹이(地下—) burl 부푼 목질성 땅속줄기로, 옹이로부터 숙존성 목질성 지상부 가지가 만들어진다. 예, 일부 *Arctostaphylos* 식물이나 *Manzanita*에서 나타나는 화재 후 재생줄기. 유의어, 목질괴경. (줄기/슈트의 유형)

직렬식반복서열(直列式反復序列) tandem repeat sequence 연쇄반복서열.

직립(直立) erect 위로 곧추 서는 상태. (방향)

직만곡(直彎曲) ortho-campylotropous 관속이 주병 기부에서부터 주심의 중간까지 곧게 뻗으며, 주심은 아랫면만 굽어지고 기저체가 없는 배주의 한 유형.

직만생(直彎生) ortho-amphitropous 관속이 주병 기부에서부터 주심의 중간까지 곧게 뻗으며, 주심은 중앙부에서 위아래 면이 모두 휘어졌고, 흔히 기저체가 있는 배주의 한 유형.

직생(直生) orthotropous 발달 과정에 휘어짐 현상이 일어나지 않아, 주공이 주병 기부의 반대쪽에 위치하는 배주의 한 유형.

직선형(直線形) straight 평평하면서 수직곡선이나 굽어짐이 없는 상태. (횡자세)

진정비연주형(眞正比緣走型) eucamptodromous 이차맥이 엽연까지 도달하지 않으며, 가장자리 부근에서 위쪽으로 굽어지나, 인접한 이차맥끼리 서로 연결되지는 않는 우상 맥계. (엽맥)

진정엽(眞正葉) euphyll 진정엽식물의 포자체성 잎으로, 변연 또는 정단분열조직에 의해 생장하며, 가지를 친 다수의 맥을 지니며, 맥과 연관된 엽극을 만든다. 유의어, 대엽성. (잎의 구조 유형)

진정중심주(眞正中心柱) eustele 분리된 병립 또는 복병립 관속이 하나의 원통형으로 이루고 있는 줄기의 일차관속체계.

진정포자낭(眞正胞子囊) eusporangium/eusporangiate sporangium 상대적으로 큰 포자낭으로, 여러 개의 표피세포에서 발달하며, 포자낭벽이 두 층 이상이다.

진화(進化) evolution 변역을 수반한 유전(대물림); 부모로부터 자손에게 세대를 거치면서 유전물질이 전해지는 것으로, 이 과정에서 유전물질에 변화가 일어난다.

진화적 혁신(進化的 革新) evolutionary novelty 진화 과정에서 조상에서는 나타나지 않고, 후손에게서 새롭게 나타난 형질 또는 형질상태.

집합골돌과(集合蓇葖果) follicetum 골돌과가 모인 취과. 예, *Magnolia*(목련속). (열매의 유형)

집합수과(集合瘦果) achenecetum 수과가 모인 취과. 예, *Fragaria*(딸기속) 식물에서 볼 수 있는데, 수과들이 크게 발달한 육질성 화탁, 즉 부과조직의 표면에 있는 형태이다. (열매의 유형)

집합핵과(集合核果) drupecetum 핵과가 모인 취과. 예, *Rubus*(산딸기속) 식물. (열매의 유형)

차상검색표(叉狀檢索表) dichotomous key 2개의 대조적인 진술들의 순서로 이루어진 검색표로, 각 진술들은 검색쌍으로 되어 있다.

차상맥(叉狀脈) dichotomous 말단으로 가면서 계속 해서 같은 크기와 방향으로 둘로 갈라져 이루어진 맥. 예, *Ginkgo biloba*(은행나무). (엽맥)

차상분지성(叉狀分枝性) dichotomous 하나의 정단분열조직이 똑같이 나뉘어 가지로 자라는 성질. (줄기의 분지 양상)

착생(着生) epiphytic 다른 식물에 달라붙어 자라는.

착생식물(着生植物) epiphyte 다른 식물에 달라붙어 자라는 식물. (식물의 생육지)

착생형(着生型) insertion 수술이 부착하는 유형. (수술의 부착형)

참고(參考) vide 참고문헌의 인용을 의미.

참조(參照) confer 표본의 실체가 의심스럽거나 불확실하며, 따라서 그 분류군의 표본들과 비교하여 좀 더 상세히 연구해야 한다는 표시. 약어, *cf.*

창문상(窓門狀) fenestrate 표면에 창문과 같은 구멍을 지닌 상태, 예, 천남성과의 *Monstera deliciosa*. (표면 형상)

책상조직(柵狀組織) palisade mesophyll 일부 잎의 엽육에서 흔히 위쪽(향축면)에 있는 원주형 세포들.

천공성(穿孔性) tectate-perforate 피복층에 비교적 큰 구멍이 나 있는 경우. (화분벽 구조)

천공판(穿孔板) perforation plate 2개의 인접한 도관절 사이의 연결 지역으로, 여러 개의 구멍으로 된 복합천공판과 1개의 구멍으로 된 단순천공판으로 구분한다.

천열(淺裂) lobed 중륵, 중앙맥 또는 일차맥의 접합부까지 거리의 $^1/_8$에서 $^1/_4$ 지점까지 (우상 또는 장상으로) 갈라진 상태. (분할)

철자보존(綴字保存) orthographia conservanda 학명의 철자를 보존함. 약어, *orth. cons.*

첨두형(尖頭形) tapering (trichome) 정단부가 뾰족하게 끝나는 모용. (모용의 유형)

체관부 phloem 특수화된 사관요소와 일부 유세포, 그리고 후벽세포로 이루어진 조직으로, 당을 운반하는 기능을 수행한다. 사부(篩部).

체세포성(體細胞性) somatic 영양기관성; 유성 생식에 직접적으로 관여하지 않은 세포.

초광난형(超廣卵形) very widely ovate 가장자리는 굽어져 있고, 폭이 가장 넓은 곳은 기부쪽이고, 길이와 폭의 비는 거의 1:1 정도인 상태. (형태)

초광도란형(超廣倒卵形) very widely obovate 가장자리는 굽어져 있고, 폭이 가장 넓은 곳은 정단부쪽이고, 길이와 폭의 비는 거의 1:1 정도인 상태. (형태)

초권상(超券狀) supervolute 단엽 한 장의 반이 중륵을 중심으로 단단하게 꼬여 있고, 다른 절반은(반대 방향으로) 첫 번째 잎을 꼬고 있는 형태로 Zingiberales(생강목) 식물에서 나타난다. (자세, 유엽/화아내 형태)

초기부형(超基部型) suprabasal 3개 이상의 일차맥이 엽신 기부의 한 지점에서 나오는 형태로, 방사맥과 장상방사맥의 하위 구분이다.

초본(草本) herb 슈트가 한해만 살아가는 식물로, 꽃, 화서 그리고 식물체 자체는 한해살이, 두해살이 또는 여러해살이이다. (식물형)

초산분해(醋酸分解) acetolysis 꽃가루의 벽 구조를 광학현미경으로 보다 잘 관찰하기 위하여 꽃가루의 외벽을 제외한 나머지 부위를 용해하는 일반적인 산 처리방법.

초질(草質) herbaceous 부드러운 또는 다소 다육성 재질을 지니고 있는 상태. (재질)

촉수엽(觸手葉) tentacular leaf 수많은 끈적끈적한 선모 또는 강모를 지닌 잎으로, 조그만 동물을 잡아서 소화시키는 역할을 한다. 예, *Drosera*(끈끈이주걱속) (잎의 구조 유형)

총상화서(總狀花序) raceme 1개의 축에 소화경이 달린 꽃들이 달리는 무한화서의 한 유형. (화서의 유형)

총생상(叢生狀) cespitose/caespitose 일반적으로 짧고, 다발을 이루며, 가지를 많이 쳐서 방석 모양을 한 상태. (줄기형)

총포(總苞) involucre 화서를 싸는 포들의 무리 또는 집단 (화서의 구성)

총포편(總苞片) involucral bract 총포를 구성하는 각각의 포. (잎의 구조 유형) 유의어, 국화총포편. (잎의 구조 유형)

총화탁(總花托) torus 복합화탁. (화서의 구성)

최대공산(最大公算) maximum likelihood 특정 진화모형에 근거해 각 계통수가 자료를 설명하는 확률을 고려하는 계통유연관계 추론 방법으로, 최우추정이라고도 함.

추문상(皺紋狀) fossulate 길이 방향으로 주름살처럼 패여 있는 화분표면형태.

추출성(秋出性) autumnal 가을에 나타나는 성질. (주기성)

추피상(皺皮狀) rugose 거친 망상형의 선들로 덮인 상태로, 흔히 솟아난 물집들이 있는 것과 같다. 유의어, 수포상. (표면 형상)

추형(錐形) subulate 폭이 매우 좁은 장타원형에서 좁은 삼각형인 송곳처럼 생긴 것. (형태)

춘재(春材) spring wood 생장 계절 첫 해에 이차적으로 형성된 물관부로, 얇은 세포벽을 지니며 직경이 큰 경향이 있다.

춘출성(春出性) vernal 봄에 나타나는 성질. (주기성)

출아인경(出芽鱗莖) bulbel 이미 존재하는 인경에서 솟아나 증식하는 인경으로 땅속 또는 표면 근처에서 위치한다. 소인경. (줄기/슈트의 유형)

충매수분(蟲媒受粉) entomophily 곤충에 의한 꽃가루받이.

취과(聚果) aggregate fruit 한 꽃 내에서 2개 이상의 암술(씨방)이 성숙하여 만들어진 열매. 집합과라고도 함. (열매의 유형)

취산화서(聚繖花序) cyme 유한화서에 대한 일반적인 용어. (화서의 유형)

취약웅예(聚葯雄蘂) syngenesious/synanther 약은 동합하였으나, 수술대는 분리되어 있는 상태. 예, 국화과. (수술의 합착)

측계통(側系統) paraphyletic/paraphyly 공통조상과 공통조상의 후손 전부가 아닌 일부만을 포함한 무리로, 병계원이라고도 한다.

측근(側根) lateral root 내초에서부터 바깥쪽으로 내생적으로 만들어지는 뿌리. (뿌리의 유형)

측맥(側脈) lateral vein 복맥, 태좌맥.

측벽태좌(側壁胎座) parietal placentation 단심피성 복자방의 내벽 또는 함입된 격벽에 달리는 태좌로 측막태좌라고도 한다. 예, 제비꽃과. (태좌형)

측부분열조직(側部分裂組織) lateral meristem 세포들이 원통의 껍질처럼 되어 있는 조직으로, 이차생장을 담당하며, 목질식물의 줄기나 뿌리의 폭이나 둘레를 증가시킨다. 유관속형성층과 코르크형성층을 포함한다.

측상향성(側上向性) inclined 위쪽을 향하나 수평축에서 15°~45° 각도로 벌어진 상태. (방향)

측생(側生) lateral (1) 액생. (화서의 위치). (2) 자방의 옆에서 솟아나온 암술대. (암술대 위치)

측아(側芽) lateral bud 액아. (소지, 눈, 수간)

측착(側着) dorsifixed 수술대 정단부의 뒤쪽 중앙부에 달라붙은 약. (약의 부착형)

측하향성(側下向性) reclined 평평한 축으로부터 15°~45° 이내로 아래쪽으로 굽어지는 상태. 유의어, 하곡성. (방향)

측향약(側向葯) latrorse 꽃의 중심부에서 상대적으로 측면으로 열개하는 약. (약열개 방향)

측후방(側後方) lateral-posterior 측면의 뒤쪽 방향.

치아상거치(齒牙狀鋸齒) dentate 뾰족하고 거친 거치로, 정단부는 잎 가장자리와 거의 직각으로 뻗어 나오며, 가장자리에서 중륵, 중앙맥 또는 일차맥의 접합부까지 거리의 $^1/_{16}$에서 $^1/_8$까지 갈라진다. (가장자리)

침상결정체(針狀結晶體) raphide 옥살탄산염의 바늘 같은 결정체로, 주로 다발로 나타난다. 후형물질의 한 종류.

침수성(沈水性) submersed 온몸이 물속에 잠겨 있는 수생식물. (식물의 생육지)

침형(針形) acicular 바늘처럼 생긴 것으로, 때때로 단면은 원형이며, 양옆은 곧고 평행하며, 길이와 폭의 비는 12:1보다 크다. (형태)

카스파리띠 Casparian strip 목전소가 축적된 띠 또는 고리처럼 생긴 구조로, 내피세포의 세포벽에 축적되어, 물과 무기질이 내피세포의 원형질막을 강제로 통과하도록 하는 기능을 수행한다.

코르크 cork 주피의 가장 바깥쪽 층으로, 코르크형성층에서 만들어진다.

코르크피층(—皮層) phelloderm 코르크형성층에서 만들어진 세포층으로, 코르크형성층의 안쪽에 위치한다.

코르크형성층(—形成層) cork cambium 줄기나 뿌리의 가장자리 주변에서 발달하는 세포들로 이루어진 막 또는 원통형 구조로, 접선분열(병층분열)에 의해 안쪽에는 코르크피층이, 바깥쪽에는 코르크가 만들어진다.

크란츠해부구조(—解剖構造) Kranz anatomy 유관속초 세포의 엽록체가 엽육세포의 엽록체보다 더 큰 특징을 지닌 잎의 구조로, C4 광합성과 연관이 있다.

크래슐산대사(—代謝) crassulacean acid metabolism 일부 건생식물, 일반적으로는 물을 보존하는 기능을 수행하는 다육식물에서 나타나는 다른 광합성 경로로, 이산화탄소의 최초 고정이 밤에(기공이 이때 열린다) PEP카르복실라아제라는 효소에 의해 말산으로 바뀌면서 일어난다. 말산은 엽육세포의 액포 속에 저장되었다가, 낮에 기공이 닫히고 이산화탄소가 액포로부터 세포질로 방출되면, 엽록체에서 고정된다. 약어, *CAM*.

타가교배(他家交配) outcrossing 이계교배.

타가배수체화(他家倍數體化) allopolypoidy 서로 다른 종들 사이에서 유래한 배수체화.

타가수정(他家受精) allogamy 이계교배.

타개체간수정(他個體間受精) xenogamy 이계교배.

타원형(楕圓形) elliptic 가장자리는 굽어져 있고, 중앙부가 가장 넓은 형태로, 길이와 폭의 비는 2:1 또는 3:2인 형태. (형태)

탁엽(托葉) stipule 엽병 기부 양쪽에 쌍으로 달린 엽상 구조 중 하나로, 엽침 또는 선점으로 변형되기도 한다.

탁엽성엽침(托葉性葉針) stipular spine 끝이 뾰족한 소탁엽. 예, *Euphorbia*(대극속) 식물들. 비교. 경침, 피침. (잎의 구조 유형)

탁엽초(托葉鞘) ocrea 특수화된, 건막질성 엽초처럼 생긴 구조로, 마디풀과의 일부 식물의 마디 위쪽에 나타나며, 탁엽이 변형된 것으로 풀이되고 있다. 유의어, 초상탁엽. (잎의 구성)

탁엽흔(托葉痕) stipule scar 탁엽이 전에 달렸던 자리임을 나타내는 흔적.

탄닌 tannin 식물 세포에 있는 페놀화합물로, 초식과 기생 생장을 방해한다, 후형물질의 한 종류.

탄사(彈絲) elater (1) 건습성 부속지의 하나로 *Equisetum*(속새속) 포자에서 만들어지며, 포자 산포 기능을 담당한다. (2) 기다란 건습성 세포로(포자가 아님) 벽이 나선형으로 비후하며, 일부 태류의 포자낭 안에서 형성되어 포자 산포 기능을 담당한다.

태좌(胎座) placenta 자방에서 배주가 달리는 부위.

태좌맥(胎座脈) placental vein 복맥.

태좌형(胎座型) placentation 자방 내에서 배주들이 붙어 있는 위치에 따른 유형. (암술군, 심피, 암술)

털 trichome 모용.

통상(筒狀) tubular 통 모양을 한.

통상화(筒狀花) tubular flower 화관이 좌우대칭이며 통처럼 생겼다. 예, 국화과식물. 유의어, 반상화. (화피의 유형)

통수요소(通水要素) tracheary element 일반적으로 기다란 세포들로, 성숙하면 죽고, 목질소가 축적된 이차세포벽을 지니며, 다른 통수

요소와 끝이 서로 맞닿아 있어 연속된 대롱을 이루며, 물과 무기물을 이동시킨다, 물관부 조직의 주된 요소.

투구꽃형(—形) galeate 후드 모양; 배축면이 볼록하며 앞쪽으로 나온 입술형태. (화피의 유형)

투명세포(透明細胞) hyaline cell *Sphagnum*(물이끼속)에 있는 분화된 세포로서 엽록체를 지니고 있지 않으며, 특징적인 구멍이 있고, 나선상으로 비후되어 있으며, 물의 흡수 및 보유와 관련된 기능을 한다.

틸라코이드 thylakoid 엽록체와 광합성세균 안에 들어있는 막으로, 광합성의 광반응과 관련된 화합물들을 포함하고 있다.

파도형(波濤形) repand/undulate 가장자리가 파도 모양으로 된 형태. (자세)

파상(波狀) sinuate 얕고 부드러운 파도처럼 갈라진 상태. (분할)

파생형(派生型) apomorphic/advanced/derived 새로운 조건 또는 형질상태. 유의어, 고등형.

파생형질(派生形質) apomorphy 파생된 조건 또는 형질상태로 진화적 신특징을 나타낸다.

파생형질-기준(基準) apomorphy-based 계통분류에서, 주어진 고유한 진화 사건을 공유하는 단계통군의 모든 구성원들을 하나로 무리 짓는 것, 즉 파생형질을 기준으로 분류하는 것.

파시모니원리(—原理) principle of parsimony 가장 적은 수의 진화단계를 지니는 분계도가 계통을 가장 잘 추정한 것이라고 인정하는 원리; 오캄의 면도날이라는 일반원리의 결론.

파열형(破裂型) fissured 수직 또는 수평 방향으로 갈라지거나 틈이 있는 수피로, 흔히 거친 홈이 있다. (수피 유형)

판개(板開) valvular 구멍을 통한 약의 열개 방식의 하나로, 구멍을 날개와 같은 조직이 덮고 있다. (약열개 유형)

판개삭과(板開蒴果) valvular capsule 포축열개삭과. (열매의 유형)

판근(板根) buttress roots 커다란, 평행하게 옆으로 뻗은, 때로는 수직 방향으로 두꺼워진 뿌리로, 나무의 기부에 위치하며, 기계적 지지 작용을 한다. (뿌리의 유형)

판상(板狀) laminar 위아래가 모두 평평한 잎처럼 생긴 구조로, 반약을 지니는 형태. (수술의 유형).

판상태좌(板狀胎座) laminar placentation 격벽의 표면에서 솟아난 태좌에 배주를 지닌 형태. (태좌형)

판연(瓣緣) limb 화관이나 꽃받침의 판통, 판인 또는 화조 위로 확장된 구성 요소. (화피의 구성)

판인(瓣咽) throat 열개된, 확장된 화피의 구성 요소로, 흔히 합판화관에서 나타난다. (화피의 구성)

판통(瓣筒) tube 원통 모양의 화피 또는 화피 지역으로 흔히 합판화관에서 나타난다. (화피의 구성)

판형밀선(板形蜜腺) padlike nectary 꽃의 기부까지 확장되어, 서로 분리된 바구니처럼 발달하는 밀선. 유의어, 밀선판. (밀선 유형)

패모형(貝母型) Fritillaria type 사포자성 자성배우자체의 한 유형으로, 4개의 대포자중 3개는 결합하여 3배체성 핵을 형성하는데, 두 번의 연속된 유사분열로 인하여 반수체성 핵과 3배체성 핵이 만들어지며, 그 결과로 8개의 핵을 지닌 자성배우자체에는 3개의 3배체성 반족세포, 3배체성 극핵 1개와 반수체성 극핵 1개, 그리고 반수체성 난장치가 만들어진다.

팽이형(—形) turbinate 팽이 또는 터번 모양. (형태)

팽창경(膨脹莖) caudiciform stem 키가 작고(지표 또는 약간 위에서) 부풀은 다년생 저장줄기로, 이 줄기에서 일년생 또는 다른 유형의 비숙존성 광합성 슈트가 나온다. 예, *Dioscorea*(마속), *Calibanus*. (줄기/슈트의 유형)

편권상(偏券狀) contorted 회선상. (화피의 화아내형태)

편매수분(媥受粉) cheiropterophily 박쥐에 의해 일어나는 꽃가루받이.

편측성(偏側性) secund 꽃, 화서 또는 다른 구조들이 축의 한쪽에만 달리는 형태로, 때때로 자루가 꼬여서 형성된다. 유의어, 단측생. (배열)

편측화주(偏側花柱) enantiostyly 반곡화주.

평두(平頭) truncate 정단부 가장자리가 직선으로 갈라진 형태로, 각이 약 180° 정도이다. (정단부)

평반경성(平攀莖性) clambering 특별한 구조가 없이 물체를 아무 방향으로나 넘어가는 성질. 유의어, 무흡반등반경성. (줄기형)

평복성(平伏性) prostrate 기어가는 또는 평평하게 누워 있는, 하지만 마디에서 뿌리가 내리지 않은 상태.

평저(平底) truncate 기부 가장자리가 직선으로 갈라진 형태로, 각이 약 180° 정도이다. (기부)

평판형(平板形) plated 수피의 균열 사이에 평평한 판이 있는 것처럼 갈라지거나 홈이 생기는 상태. (수피 유형)

평평상(扁平狀) plane 평평형인 상태. 유의어, 활면상.

평평형(扁平形) plane (1) 평평한, 수직으로 굽어지거나 굴곡이 없는 형태. (횡자세). (2) 평탄한 표면 형상. (표면 형상)

평행맥(平行脈) parallel 일차맥 또는 이차맥이 기본적으로 서로서로 평행하며, 일반적으로 정단부쪽은 한 곳으로 모이고, 잔맥들은 횡으로 달린다. 유의어, 평행상. (엽맥)

평행상(平行狀) parallelodromous 둘 이상의 평행한 일차맥 또는 이차맥이 정단부에서 수렴하는 맥계. 평행맥. (엽맥)

평행진화(平行進化) parallelism 수렴진화.

평활상(平滑狀) psilate 표면이 매끄러운 화분.

폐과(閉果) indehiscent fruit 익어도 터지지 않고 껍질이 씨를 싸고 있다. (단과의 유형)

폐협과(閉莢果) indehiscent legume 2차적으로 변형된 협과로 벌어지지 않는다. 예, *Arachis hypogaea*(땅콩). (열매의 유형)

폐화수정(閉花受精) cleistogamy 화피가 닫혀있는 상태에서 한 꽃 내에서 꽃가루가 같은 꽃의 주두로 수분되는 상태.

포(苞) bract 변형되어 퇴화된 잎으로, 일반적으로 생식기관 주위에서 발견되는데, 나자식물의 종린(실편)이나 피자식물의 꽃이나 화축을 감싼다. (잎의 구조 유형)

포간열개삭과(苞間裂開蒴果) septicidal capsule 자방의 격벽을 따라 위아래로 뻗어 있는 열개선에 의해 벌어지는 삭과. (열매의 유형)

포견과(苞堅果) tryma 성숙하면 벌어지는 총포로 둘러싸인 견과. 예, *Carya*. (열매의 유형)

포경형(包莖型) amplexicaul 잎자루가 없이 잎의 기부가 줄기를 완전히 감싸는 상태. (잎의 부착형)

포공열개삭과(胞孔裂開蒴果) poricidal capsule 구멍을 통하여 열개하는 삭과. 예, *Papaver*(양귀비속). (열매의 유형)

포낭형(包囊型) alveolar 안에 수많은 구형의 공기주머니를 함유하고 있는 외벽구조.

포막(胞膜) indusium 포자낭군을 덮고 있는 조직으로 박벽포자낭을 만드는 양치식물에서 볼 수 있다.

포배열개삭과(胞背裂開蒴果) loculicidal capsule 열개선이 기다랗게 자방실의 방사방향으로 배열된 삭과. (열매의 유형)

포복경(匍匐莖) stolon 길게 뻗으면서 무한생장하는 번식성 지상(또는 약간 지하) 줄기로, 절간이 길고, 끝부분에서 새로운 개체가 뿌리를 내리면서 만들어진다. 유의어, 횡주지. (줄기/슈트의 유형)

포복경성(匍匐莖性) stoloniferous 기다란 번식성 슈트(포복경)를 지닌 상태로, 끝에서 뿌리를 내리면서 새로운 개체로 된다. 유의어, 덩굴줄기성. (줄기형)

포복성(匍匐性) repent 기거나 평평하게 누워 있는, 그리고 마디에서 뿌리를 내리는 상태. (줄기형)

포분소(胞粉素) sporopollenin 산화성 카로테노이드 또는 카로테노이드에스테르의 중합체로 화분의 표벽에 축적되어 있다.

포엽성(苞葉性) bracteate 꽃 따위에 포가 존재하는 성질.

포영(苞穎) glume 벼과형소수화서의 기부에 달리는 두 장의 포 중에 하나. (잎의 구조 유형)

포원세포(胞原細胞) archesporial cell 배주로 자랄 1개의 비대한 세포로, 그 자체가 대포자모세포로 되거나 다시 분열하여 벽세포와 대포자모세포로 된다.

포자(胞子) spore 반수체 세포로, 육상식물에서는 포자낭 내의 포자모세포가 감수분열하여 만들어지며, 궁극적으로 배우자체로 자란다.

포자낭(胞子囊) sporangium 포자체에서 포자를 형성하는 기관. (식물 구조)

포자낭과(胞子囊果) sporocarp 수생 양치식물에 있으며, 일반적으로 구형으로 생긴 생식구조로, 안쪽에 있는 포자낭을 감싸 휴면 상태에 있게 하면서 오랫동안 건조에 버티도록 한다.

포자낭군(胞子囊群) sorus (pl. sori) 박벽포자낭들이 모여 일정하게 무리를 지은 것. 유의어, 낭퇴.

포자낭벽(胞子囊壁) sporangial wall 포자낭의 한 층 이상의 불염성, 비포자성 세포층.

포자낭병(胞子囊柄) sporangiophore Equisetales(쇠뜨기목)의 포자낭수를 이루는 단위로, 우산처럼 생긴 축과 이 축에 매달린(원시적으로 반곡형인), 종으로 열개하는 포자낭으로 이루어져 있다.

포자낭수(胞子囊穗) strobilus 구과. (식물 구조)

포자내발생(胞子內發生) endospory 원래의 포자벽 내에서 배우자체가 형성되는 현상.

포자모세포(胞子母細胞) sporocyte 포자낭의 세포로, 감수분열을 하여(일반적으로 4개) 반수체 포자를 만든다.

포자생성조직(胞子生成組織) sporogenous tissue 포자낭의 내부 세포들로, 성숙하여 포자모세포로 되며, 포자모세포는 감수분열을 하여 포자를 만든다.

포자엽(胞子葉) sporophyll 1개 이상의 포자낭을 지니고 있는 특수화된 잎.

포자외발생(胞子外發生) exospory 포자가 발아하여 포자벽 밖에서 배우자체로 발달하는 현상.

포자체(胞子體) sporophyte 모든 육상식물의 반수체이배체생활환(세대교번)의 이배체 상태.

포자체엽(胞子體葉) sporophytic leaf 관속식물의 포자체에 달리는 잎.

포축열개삭과(胞軸裂開蒴果) septifragal capsule 과피편이 격벽에서 떨어져나간 삭과. 예, *Ipomoea*(애기나팔꽃속). 유의어, 판개삭과.

폭상(輻狀) rotate 넓은 판연이 짧은 판통에 직각을 이룬 화관 형태. (화피의 유형)

표면형상(表面形象) configuration 맥이나 표면의 돌기물이 아닌 전체적인 표면 양상. (표면)

표벽(表壁) exine 꽃가루에서 제일 바깥쪽에 있고, 단단하며, 건조를 방지하는 층으로, 기계적 지지 역할을 한다.

표본관리자(標本管理者) curator 표본관의 일상 업무를 담당하는 사람.

표본번호(標本番號) accession number 표본관에 영구히 보관할 표본 각각에 붙이는 번호.

표본수납(標本受納) accessing 표본관에 영구히 보관할 새 표본에 표본번호를 부여하는 작업.

표적시퀀싱(標的—) targeted sequencing 카피 수가 적은 특정 유전자의 염기서열 데이터를 얻는 기술의 한 분류.

표징형질(標徵形質) diagnosis 다른 종류에는 없고 오직 한 종류에만 있는 형질.

표토내발아(表土內發芽) hypogeous 발아 중에 자엽이 땅속에 남아 있는 상태. 유의어, 은닉자엽. (종자의 발아 유형)

표피(表皮) epidermis 모든 육상식물 기관의 제일 바깥쪽에 있는 세포층으로 내부 조직을 기계적으로 보호하는 작용과 수분 손실을 방지하는 역할을 한다.

표피돌출상태(表皮突出狀態) epidermal excrescence 구조적인 돌출물이나 표피에서의 분비로 인한 표면양상을 나타낸다. (표면)

표피조직(表皮組織) dermal tissue 식물기관의 체외부로, 표피로 구성된다.

풍매수분(風媒受粉) anemophily 바람에 의해 일어나는 꽃가루받이.

프라이머 primer 관심이 있는 DNA 지역을 사이에 끼고 있는 보존적 염기서열에 상보적으로 결합할 수 있는 짧은 DNA로, DNA를 증폭하거나 염기서열을 결정하는 데 사용된다.

프로토로그 protologue 학명의 합법적 출판과 관련된 모든 것으로, 기재, 표징형질, 도해, 참고문헌, 이명, 지리적 데이터, 표본 인용, 고찰 및 의견을 가리킨다.

프리즘형결정체(—形結晶體) prismatic crystal 프리즘처럼 생긴 수정체; 후형물질의 일종.

피목(皮目) lenticel 수피에 있는 구멍으로, 일반적으로 기체교환의 기능을 수행한다. (소지 구성)

피복원주형(被覆圓柱型) tectate-columellate 화분의 일반적인 표벽 구조로, 안쪽에는 기저층, 방사상으로 기다란 원주로 된 중간층, 그리고 바깥쪽에는 지붕 모양의 피복층으로 구성된다.

피복층(被覆層) tectum 피복원주형 화분의 바깥쪽 지붕처럼 생긴 층.

피층(皮層) cortex 표피 안쪽에서 관속조직까지 뻗어 있으며, 대부분이 유세포로 이루어진 조직. (뿌리 구성, 줄기/슈트)

피침(皮針) prickle 잎과 줄기를 제외한 부위에서 발달한 끝이 뾰족한 비엽침성, 비경침성 돌출물. (식물, 소지 구성)

피침상(披針狀) aculeate 엽침과 경침을 제외한 가시처럼 생긴 돌출물을 지닌 상태. (표피 돌출상태)

피침상난형(披針狀卵形) lance-ovate 가장자리는 굽어 있으며, 기부 쪽이 가장 넓고, 길이와 폭의 비는 3:1에서 2:1 정도인 형태. (형태)

피침형(披針形) lanceolate 가장자리는 굽어 있으며, 기부 쪽이 가장 넓고, 길이와 폭의 비는 6:1에서 3:1 정도인 형태. (형태)

하곡성(下曲性) reclinate 측하향성.

하굴형(下屈形) reflexed 굽은 또는 아래쪽을 향한 형태. (방향)

하등형(下等型) primitive 조상형, 원시형.

하면(下面) lower epidermis 잎의 배축면 표피.

하밀착성(下密着性) depressed 축방향의 아래쪽으로 매우 밀착하여 압착된 것으로, 아래쪽 축과 0°~15° 이내에서 벌어진다. (방향)

하배축(下胚軸) hypocotyl 배 안에서 뿌리와 상배축의 사이 지역으로, 어린싹의 발달과 관련되어 있으며, 뿌리와 줄기의 해부학적 경계부위이다. (종자)

하부(下部) anterior 전방. (화피의 구성)

하위수과(下位瘦果) cypsela 하위자방으로부터 발달한 수과. 예, 국화과. (수과가 일반적으로 사용되는 용어임).

하위자방(下位子房) inferior ovary 꽃받침, 꽃잎, 수술, 그리고/또는 화탁통이 자방의 정단부에 달라붙은 상태. (자방의 위치)

하재(夏材) summer wood 생장 계절의 후반기에 형성된 이차물관부로, 세포들은 직경이 작고 세포벽은 두껍다.

하출성(夏出性) aestival 여름에 나타나는 성질. (주기성)

하향(下向) retrorse 아래쪽으로 굽은 또는 향한, 흔히 작은 부속물의 방향을 나타냄. (방향)

하향열개약(下向裂開葯) downward 수평하게 배열된 꽃에서 땅을 향해 터지는 약. (약열개 방향)

학명(學名) scientific name 공식적이며, 보편적으로 받아들이는 이름으로, "조류, 균류, 식물에 관한 국제명명규약"과 규칙과 규정으로 제어된다.

하밀착성(下密着性) depressed 축방향의 아래쪽으로 매우 밀착하여 압착된 것으로, 아래쪽 축과 0°~15° 이내에서 벌어진다. (방향)

학명보전(學名保全) conservation of names 널리 알려져 있고, 흔히 사용하고 있는 학명을 더 빨리 출판되었으나 잘 알려져 있지 않은 다른 이름에 우선하여 보유하도록 한 "조류, 균류, 식물에 관한 국제명명규약"의 원리.

함정엽(陷穽葉) trap leaf 신호가 온 다음 기계적으로 움직여서 작은 동물을 잡고 소화시키는 잎. 예, *Aldrovanda*(벌레잡이말속), *Dionaea*(파리지옥풀속). (잎의 구조 유형)

합개화관(合蓋花冠) operculate 삭모상. (화피의 유형)

합구형(合溝型) syncolpate 화분의 구구가 연결된 발아구 유형.

합법명(合法名) valid name 합법적으로 출판된 이름.

합법출판(合法出版) valid publication 학명이 공식적으로 인정되기 위해서 필요한 조건으로, 합법적 출판으로 인정받기 위해서는 유효출판, 정확한 형태의 출판, 기재, 표징형질 또는 앞의 사항에 대한 참조, 명명기준형의 지정 등의 사항이 포함되어야 한다.

합생심피성(合生心皮性) syncarpous 심피가(적어도 기부는) 동합된 상태로, 암술 또는 자방이 여러 개이다. (암술군 합착)

합생포자낭(合生胞子囊) synangium 둘 이상의 포자낭이 합착된 것으로, 송엽란과 Marattiales 양치류에서 나타난다.

합생화피(合生花被) syntepalous 화피가 동합한 상태. (화피의 합착)

합성수반시퀀싱(合成隨伴—) sequencing by synthesis 대용량 DNA 시퀀싱 방법으로, DNA 단편을 어댑터, 프라이머 및 바코드와 연결하여 클러스터로 증폭하고, 형광 표지된 뉴클레오티드가 순차적으로 합성되어 갈 때에 검출되는 빛을 통해 시퀀싱을 진행한다.

합의계통수(合意系統樹) consensus tree 둘 이상의 분계도에서 공통적으로 나타나는 특징을 통합한 분계도.

합장과(合漿果) syncarp 전형적으로는 장과들의 취과로, 단위 열매들이 모두 합착되어 있다. 예, *Annona*. (열매의 유형)

합점(合點) chalazal 배주에서 주공의 반대쪽 장소.

합판화관(合瓣花冠) sympetalous 동합된 꽃잎으로 이루어진 화관. (화피의 합착)

합편악(合片萼) synsepalous 꽃받침잎(악편)이 동합한 꽃받침. (화피의 합착)

해면엽육조직(海綿葉肉組織) spongy mesophyll 일부 잎에서 발견되는, 흔히 아래쪽(배축면)에 있는 불규칙한 엽육조직의 세포들로, 일반적으로 커다란 세포간극이 있다.

핵(核) nucleus 이중막 구조로 된 세포내 소기관으로 DNA를 지니고 있다.

핵과(核果) drupe 육질성 열매로 단단한 돌과 같은 내과피를 지니고 있다. 예, *Prunus*(벚나무속)의 복숭아, 자두, 앵두. (열매의 유형)

향심극(向心極) proximal pole 화분의 극축과 표면의 교차점으로, 소포자 사립상태에서 중심쪽에 해당한다.

향심부(向心部) proximal 기원 지점 또는 부착점 근처. (위치)

향접선형(向摺扇形) induplicate 접선형의 한 유형으로, 이웃한 향축면이 서로 접하여, 단면으로 보면 V자 모양을 띤 상태. (자세)

향축면(向軸面) adaxial 축을 향하고 있거나 축에서 가까운 면 또는 기관의 위쪽 또는 안쪽 면. 유의어, 복면. (위치)

헛수술 staminodes 불염성 수술로, 기능을 발휘하지 못하는 화분을 생성하는데, 꿀샘 또는 화판상 구조로 변형되고, 불염성 약을 포함하거나 그렇지 않기도 한다. 위웅예/가웅예라고도 함. 유의어, 의웅예.

혁질(革質) coriaceous 두꺼운 가죽처럼 생겼으나, 약간은 탄력성이 있다. (재질)

현생자엽(顯生子葉) phanerocotylar 지상발아. (종자의 발아 유형)

현생형(顯生型) phanerantherous 돌출형. (수술의 부착형과 착생형)

현하태좌(縣下胎座) pendulous placentation 정단태좌. (태좌형)

현하형(縣下形) pendant/pendulous 아래쪽으로 느슨하게 또는 자유롭게 늘어져 있는 형태. 유의어, 시계추형. (방향)

협과(莢果) legume 건개과로 1개의 심피에서 만들어지며, 긴 2개의 봉선을 통해 터진다. 예, 콩과. (열매의 유형)

협삼각형(狹三角形) narrowly triangular 3개의 면을 지닌 형태로 길이와 폭의 비는 6:1에서 3:1 정도이다. (형태)

협설저(狹楔底) narrowly cuneate 기부 가장자리는 거의 곧고, 교차각이 45°보다 작은 형태. (기부)

협예두(狹銳頭) narrowly acute 정단부 가장자리가 거의 곧고, 교차각이 45°보다 작은 형태. (정단부)

협의(狹義)의 sensu stricto 좁은 의미의; 다른 이전에 인식된 분류군들을 배제하는 배타적인 분류군의 한계를 위한 분류군의 이름에 적용됨. 약어. *s.s.*

협장타원형(狹長楕圓形) narrowly oblong 가장자리는 곧고, 나란한 형태로 길이와 폭의 비는 6:1에서 3:1 정도이다. (형태: 평면구조)

협타원형(狹楕圓形) narrowly elliptic 가장자리는 굴곡이 져있고, 중앙부의 폭이 가장 넓으며, 길이와 폭의 비는 6:1에서 3:1 정도이다. (형태: 평면구조)

형질(形質) character 분류군이 지니고 있는 특징.

형질단계행렬(形質段階行列) character step matrix 주어진 형질에 대하여 모든 가능한 형질상태들의 조합에서 나타나는 변화 횟수를 숫자표로 나타낸 행렬.

형질×분류군 (자료)행렬 character×taxon matrix 계통분석에서 형질 및 이에 대응하는 각 분류군의 형질상태를 숫자표로 나열한 행렬.

형질상관(形質相關) character correlation 하나의 형질이 또 다른 형질에 의존하거나 영향을 주는 상태.

형질상태(形質狀態) character state 한 형질에 대하여 나타내는 2개 이상의 특징 중의 하나.

형질상태 전환계열(形質狀態 轉換系列) transformation series 한 형질상태가 다른 형질상태로 전환되는 진화적 변화를 방향과 확률로 써 나타낸 가상적 서열. 유의어, 형질구배.

형질진화(形質進化) character evolution 주어진 1개의 형질에서 나타나는 진화적 변화의 순서.

형질최적화(形質最適化) character optimization 분계도에서 형질을 최대파시모니법에 따라 표시하는 것으로, 형질상태의 변화가 최소화되도록 한다.

형태속(形態屬) form genus 화석식물의 특정기관에만 해당하는 속.

호분립(胡粉粒) aleurone grain 식물 세포 내에 축적되어 있는 과립상 단백질로 저장물질의 기능을 한다. 후형물질의 한 종류. 유의어, 단백질체.

호산상취산화서(互狀聚繖花序) scorpioid cyme 각 축의 양쪽에 서로 번갈아가면서 가지가 발달하는 단산화서로, 지그재그형이다. 권산상취산화서와 혼용하기도 한다. 유의어, 안목상취산화서. (화서의 유형)

호산화서(互繖花序) rhipidium 단산화서에서 가지가 축에서 호생하면서 발달하는 형태로, 전형적으로는 무릎처럼 굽은 형태(지그재그형)이고, 때때로 호산상취산화서와 비슷하다. (화서의 유형)

호생(互生) alternate 마디에 달리는 한 장의 잎 또는 다른 구조물. 어긋나기. (배열)

호생복와상(互生覆瓦狀) imbricate-alternate 화피의 바깥쪽 윤생렬(꽃받침잎 또는 바깥쪽 화피편)과 안쪽 윤생렬에 있는 화피 부분(꽃잎 또는 안쪽 화피편)이 호생하는 형태로, 화피의 화아내형태의 전형적인 형태이다. (화피의 화아내형태)

호형(壺形) urceolate 항아리처럼 생긴 상태로, 기부는 확장되어 있고, 정단부는 잘록한 형태. 예, 많은 진달래과 식물. (화피의 유형)

호흡근(呼吸根) pneumatophore 토양에서 공중으로 생장하는 뿌리로, 식물에 필요한 산소를 추가적으로 얻는 기능을 한다. (뿌리의 유형)

혼아(混芽) mixed bud 꽃과 잎을 모두 만들어내는 눈. (소지, 눈, 수간)

혼합연주형(混合緣走型) mixed craspedodromous 일부 이차맥이 엽연까지 발달하나, 많은 이차맥은 엽연까지 도달하지 못하는 우상맥. (엽맥)

화간(花幹) scape 근생화경.

화개(花蓋) perigonium 화피. (꽃의 구성)

화경(花梗) peduncle 화서 전체를 지탱하는 자루. (화서의 구성)

화경(花莖) scape 꽃줄기. 유의어, 근생화경.

화관(花冠) corolla 화피중에서 안쪽의 윤생렬 또는 윤생층에 배열된 잎의 변형체로, 단위는 꽃잎이라 한다. 유의어, 꽃부리. (꽃의 구성)

화관열편(花冠裂片) corolla lobe (동합된 꽃잎으로 이루어진) 합판화관의 조각.

화내수정(花內受精) infraflaral selfing 동일화수정.

화반(花盤) disk 화탁에서 발달한 원반상 또는 도넛 모양의 구조로 수술의 바깥쪽에서 수술을 감싸거나(웅예외화반), 수술의 기부에 위치하거나(웅예하화반) 또는 수술의 안쪽이나 자방의 기부에 위치한다(웅예내화반). 꿀을 분비하는 경우가 많다. 유의어, 밀선반. (꽃의 구성)

화병(花柄) pedicel 소화경.

화분(花粉) pollen grain 종자식물의 미성숙한 포자내발생성 웅성배우자체로 화분립이라고도 한다. 유의의. 꽃가루. (약의 구성)

화분관(花粉管) pollen tube 화분으로부터 자라나는 포자외발생성 산물로, 흡기 기관 또는 난자에게 정자를 제공하는 역할을 한다.

화분관세포(花粉管細胞) tube cell 피자식물의 웅성배우자체를 형성하는 2개의 최초 반수체 세포 중의 하나로, 생장하는 화분관의 정단부에 남아 있는데, 화분관 생장에 관여하는 것으로 추정된다.

화분관수정(花粉管受精) siphonogamy 화분에서 화분관이 발달하여 장난기 또는 난자에 비운동성 정자를 방출하는 수정 방식. 비교. 운동수정.

화분괴(花粉塊) pollinium 반약의 둘(난과) 또는 인접한 반약(박주가리과)이 서로 합착되어 하나의 덩어리처럼 보이는 약으로, 모든 화분이 들어있다.

화분괴병(花粉塊柄) retinaculum 화분괴를 달고 있는 자루. 유의어, 사출병.

화분괴이동체(花粉塊移動體) pollinarium 난과식물의 꽃에서, 화분괴와 끈적끈적한(약 또는 주두가 변해서 된) 자루가 달라붙은 형태로, 수분할 때 이동 단위가 된다.

화분낭(花粉囊) pollen sac 피자식물의 약을 구성하는 반약의 절반으로, 소포자낭. (약의 구성)

화분소괴(花粉小塊) massula 꽃가루가 뭉쳐서 큰 덩어리를 이룬 상태, 흔히 꽃가루 수는 정해져 있지 않으나, 반약 1개 안의 꽃가루 수보다는 작다.

화분질(花粉質) pollenkitt 외벽에 달라붙어 있는 노란색 또는 주황색 카로티노이드 계통 물질로 화분이 덩어리를 이루게 한다.

화분학(花粉學) palynology 포자와 화분에 관한 학문.

화사(花絲) filament 수술대. (수술 구성)

화사형(花絲型) filamentous (1) 다소 원주형의 수술대처럼 생긴 상태로, 판상의 반대 상태. (수술의 유형). (2) 수술대가 있는 상태로, 수술대가 없거나 무병성 약의 반대 상태. (수술의 부착형)

화서(花序) inflorescence 1개 이상의 꽃들이 모여 있는 상태로, 화서의 경계부에 아래쪽에는 일반적으로 영양엽들이 나타난다. 단위화서로 구성되기도 한다. (식물 구조)

화서아(花序芽) inflorescence bud 화서로 발달할 눈. (화서의 구성)

화서축(花序軸) rachis 화서의 주된, 중앙부의 축. (화서의 구성)

화서포(花序苞) inflorescence bract 화서 축을 싸고 있는 변형된, 일반적으로 퇴화된 잎. (화서의 구성)

화식(花式) floral formula 꽃의 형태에 대한 모식화된 표현으로, 윤생성 수(윤생렬 또는 윤생층의 수), 수 성(윤생렬 당 구성 요소의 수), 부분의 합착 여부 그리고 자방의 위치가 포함된다.

화식도(花式圖) floral diagram 꽃눈 단면의 모식도로, 화피, 수술군, 그리고 암술군 등과 같은 구성 요소들의 상대적인 배치상태를 보여주며, 수술의 위치, 태좌형, 화피, 악 또는 화관의 배열 상태를 그림으로 보여준다.

화아(花芽) flower bud 꽃으로 자랄 눈. (소지, 눈, 수간)

화아내형태(花芽內形態) aestivation 꽃을 이루는 화피의 구성 요소들의 위치, 배열 그리고 중복상태를 나타낸다. 유의어, 유엽형태. (화피형태)

화외밀선(化外蜜腺) extrafloral nectary 꽃 밖, 즉 잎이나 포에 있는 밀선.

화조(花爪) claw 꽃받침잎이나 꽃잎의 미상예첨저. (화피의 구성)

화조형(花爪形) unguiculate 화조처럼 생긴. 예, 많은 십자화과, 석죽과. (화피의 유형)

화주(花柱) style 암술에서 주두와 자방 사이의 자루처럼 생긴 부위, 때때로 없는 경우도 있다. 유의어, 암술대.

화주족(花柱足) stylopodium 주기.

화탁(花托) receptacle 꽃의 구성 요소들이 달라붙은 꽃의 조직이나 장소. (꽃의 구성)

화탁통(花托筒) hypanthium 잔 모양 또는 대롱 모양의 구조로, 자방의 상부 또는 주위에 있으며, 가장자리에는 꽃받침잎, 꽃잎, 그리고 수술 등이 달린다. 유의어, 화통. (꽃의 구성)

화탁포(花托苞) chaff 일부 국화과 꽃(소화)을 씨고 있는 소포(小苞)의 일종. 예, 해바라기족 식물. 유의어, 내화영. (잎의 구조 유형)

화통(花筒) floral tube 화탁통.

화판(花瓣) petal 꽃잎. (꽃의 구성, 화피의 구성)

화판대생(花瓣對生) antepetalous/ antipetalous 수술이 꽃잎이나 화관열편과 대생하는 선의 한 점에 위치한 것으로, 앵초과, 갈매나무과 등에서 나타난다. (수술의 위치)

화판상생(花瓣上生) epipetalous 수술이 꽃잎이나 화관과 이합하여(내재된) 상태. (수술의 합착)

화판호생(花瓣互生) alternipetalous 수술이 꽃잎 또는 화관열편의 사이에 부착된 상태. (수술의 위치)

화포(花苞) flower bract 변형된, 일반적으로 퇴화된 잎으로 꽃을 싸고 있다. (꽃의 구성)

화피(花被) perianth 꽃에서 변형된 잎으로 이루어진 가장 바깥쪽의 비생식구조로, 꽃받침과 꽃잎 또는 화피편으로 구성된다. 유의어, 화개. (꽃의 구성)

화피과(花被果) anthocarp 1개 이상의 꽃 구성 요소가 부과부위의 기능을 하는 열매로, Pontederiaceae(물옥잠과)의 *Pontederia*에서 나타나는데, 숙존성 화피가 주위를 감싸면서 동시에 수과와 합착된다. (열매의 유형)

화피대생이열웅예(花被對生二列雄蘂) diplostemonous 수술이 2개의 열로 배열된 형태로, 바깥 열은 꽃받침잎과 대생하고, 안쪽 열은 꽃잎과 대생한다. (수술의 위치)

화피밀선(花被蜜腺) perigonal nectary 화피에 달린 밀선으로, 흔히 꽃받침, 꽃잎 또는 화피편의 기부에 달린다. (밀선 유형)

화피편(花被片) tepal 화피의 구성 요소로, 구성 요소들이 중간단계 형태를 띠거나 또는 꽃받침잎과 꽃잎으로 명확하게 구분되지 않는 것.

(꽃의 구성, 화피의 구성)

화피편상생(花被片上生) epitepalous 전체적으로 화피나 화피편과 이합한 상태. (수술의 합착)

화피호생이열웅예(花被互生二列雄蘂) obdiplostemonous 수술이 2열로 배열하는데, 바깥 열은 꽃받침잎과 호생하며, 안쪽 열은 꽃잎과 호생한다. 예, 소태나무과. (수술의 위치)

확증표본(確證標本) voucher specimen 연구 과정의 일부로 또는 학명이 부여된 분류군에 대한 참고자료로 사용된 식물채집물 중 표본관에 보관된 표본.

환공재(環孔材) ring-porous 도관이 봄에만 형성되는 목재로, 여름에는 목재 형성이 되지 않거나, 상대적으로 조그만 도관을 형성하며, 일반적으로 대부분 섬유세포로 되어 있다.

환대(環帶) annulus 세포벽이 부위에 따라 다르게 비후되어 있는 특별히 분화된 세포들이 한 열로 배열된 부위로, 진정포자낭의 제일 바깥쪽에 위치하며, 포자낭의 열개에 관련되어 있다.

환상비후내표피(環狀肥厚內表皮) girdling endothecium 이차벽이 비후하여 고리들을 형성하고 중간에 이를 연결하는 비후가 일어난 약내표피. (약벽발생)

환주형(環走型) brochidodromous 이차맥이 가장자리에서 끝나지 않으며, 가장자리에서 명확하게 위쪽으로 굽어지고, 조금 떨어진 곳에서 다른 이차맥과 합쳐지는 우상맥계. (엽맥)

환형(環型) zonosulcate 원구구가 적도에 있는 발아구형. (화분 발아구)

활면형(滑面型) smooth (a) 평평형(표면 형상), 유의어, 활면상; (b) 갈라진 틈, 판 또는 박리성 조각이 없는 비섬유상 수피. (수피 유형)

회백밀모상(灰白密毛狀) incanous 아주 작은 회백색 모용들이 밀생하는 상태; 하얀색 모용이 있는 상태. (모용 분포상)

회선상(回旋狀) convolute 한 열에 배열된 화피의 구성 요소들의 가장자리가 겹쳐진, 즉 서로서로가 겹쳐진 상태, 예, 아욱과의 화관. 유의어, 편권상. (화피의 화아내형태)

횡개(橫開) transverse 반약의 장축과 직각 방향으로 열개하는 것. (약열개 유형)

횡렬삭과(橫裂蒴果) circumscissile capsule 횡으로 열개하는 삭과. 예, *Plantago*(질경이속). 유의어, 횡열포과. (열매의 유형)

횡렬포과(橫裂苞果) pyxide/pyxis 횡열삭과. (단과의 유형)

횡자세(橫姿勢) transverse posture 물체의 수평면과 관련된 정단부의 위치. (배치)

횡주지(橫走枝) runner 포복경. (줄기/슈트의 유형)

후각세포(厚角細胞) collenchyma cell 성숙시 살아 있는 세포의 한 종류로, 불균등하게 비후되어 있으며, 일차벽에 펙틴이 많고, 기계적 지지 작용을 하는데, 때로는 줄기나 잎의 가장자리에 나타난다.

후각조직(厚角組織) collenchyma 후각세포로 이루어진 조직.

후기준표본(後基準標本) epitype 정기준표본, 선정기준표본 또는 신기준표본이 분류군의 동정이나 표징 확인에 있어 모호한 점이 있어서, 후에 기준표본으로 선정한 표본(또는 도해).

후드 hood (옷에 달린) 모자처럼 생긴 부속체나 구조로 협죽도과의 박주가리아과 등의 예주에서 볼 수 있다. 미나리아재비과 투구꽃속의 꽃에서 투구처럼 생긴 구조(꽃받침)를 일컫기도 한다.

후방(後方) posterior 구성 요소의 위쪽 조각으로, 특히 평면으로 배열한 구조의 위쪽 구성 요소. 유의어, 상부. (위치)

후벽세포(厚壁細胞) sclerenchyma cell 목질화된 이차벽이 두껍게 발달하는 세포로 성숙 시에 죽어 있으며, 구조적 지지 또는 초식 저해 작용을 한다. 섬유세포와 보강세포로 구성된다.

후벽조직(厚壁組織) sclerenchyma 후벽세포로 이루어진 조직.

후생(後生)물관부 metaxylem 직경이 큰 세포들로 이루어진 이차적으로 성숙한 통수요소 무리로 된 물관부.

후추형(—型) piperad type 배발생의 한 가지 유형으로, 접합자가 종분열(자성배우자체와 주심의 중앙축과 평행한 분열)하여, 기부세포와 정단세포를 형성하지 않음.

후층성주심(厚層性珠心) crassinucellate 주심이 둘 이상의 세포층으로 발달하는 배주로, 안쪽 세포층은 벽세포의 분열로 만들어진다.

후형물질(後形物質) ergastic substance 물질대사와는 무관한 세포 내 물질로, 일반적으로 저장, 노폐물 분비, 보호기능이 있다.

흙손형(—形) trullate 흙손 모양으로, 기부 근처가 가장 넓고, 길이와 폭의 비는 2:1에서 3:2 정도인 상태. (평면 형태)

흡기(吸器) haustoria 기생근.

흡습성(吸濕性) hygroscopic 공기 중에서 물을 흡수하는 성질로, 그 결과 움직임이 일어난다.

용어 영어_한글

abaxial _ 배축면, 배부
ABC model _ ABC 모델
acaulescent _ 무경성
accessing _ 표본수납
accession number _ 표본번호
accessory bud _ 부아
accessory part _ 부과부위
accrescent _ 숙존생장성
acetolysis _ 초산분해
achene _ 수과
achenecetum _ 집합수과
achlamydeous _ 무화피성
achlorophyllous _ 무엽록체성
acicular _ 침형
acrocaulis _ 경정성
acrocidal capsule _ 정단세열삭과
acrodromous _ 정주상
acrostichoid _ 아크로스티쿰형
actinodromous _ 방사상
actinomorphic _ 방사대칭, 방사상칭
aculeate _ 피침상
acuminate _ 점첨두
acute _ 예저
adaxial _ 향축면, 복면
adherent _ 위이합
adnate _ 이합, 이종합착
advanced _ 고등형
adventitious root _ 부정근
adventive embryony _ 부정배발생
aerial root _ 기근, 지상근
aestival _ 하출성
aestivation _ 화아내형태, 유엽형태
affinis _ 유연참조
agamospermy _ 무수정종자형성
aggregate fruit _ 취과
air chamber _ 공기강
albuminous cell _ 알부민세포
aleurone grain _ 호분립
alignment _ 정렬
allautogamy _ 복합수정
allogamy _ 타가수정
allopolypoidy _ 타가배수체화
allozyme _ 알로자임
alternate _ 호생
alternation of generation _ 세대교번
alternipetalous _ 화판호생
alternisepalous _ 악편호생
alveolar _ 포낭형
ament _ 유이화서
amoeboid _ 아메바형, 변형질체성
amphiphloic siphonostele _ 양사관상중심주
amphistomal _ 복주공성
amphitropous _ 만생
amplexicaul _ 포경형
amplicon _ 증폭산물
amplification fragment length polymorphism _ 증폭절편길이다형
amplification _ 증폭
amyloplast _ 전분체
ana-amphitropous _ 도만생
ana-campylotropous _ 도만곡
anastomosing _ 문합성/문합형
anatropous _ 도생
ancestral _ 조상형, 원시형, 하등형
androdioecy _ 웅성이주
androecium _ 수술군, 웅예군
androgynophore _ 자웅예합생병
andromonoecious _ 웅성동주
anemochory _ 바람산포
anemophily _ 풍매수분
anisomerous _ 이수성
annotataion label _ 주석
annotated phylogenetic classification _ 주석형분류
annual ring _ 나이테
annual _ 일년생
annulus _ 환대
anterior _ 하부, 전방
anther cap _ 약개
anther locule _ 약실
anther sac _ 약낭
anther wall _ 약벽
anther _ 약, 꽃밥
anther _ 꽃밥
antheridial wall _ 장정기벽
antheridiophore _ 장정기병
antheridium _ 장정기
antherode _ 불임성약
anthesis _ 개화시기
anthocarp _ 화피과
antipetalous _ 화판대생
antipodal cells _ 반족세포
antisepalous _ 악편대생
antrorse _ 상향
aperture _ 발아구
apetalous _ 무화판성
apical bud _ 정아
apical meristem _ 정단분열조직
apical _ 정생, 정단부, 선단부
apical-axile placentation _ 중축정단태좌
apiculate _ 소철두형
apocarpous _ 이생심피성
apolar _ 무극성
apomorphic _ 파생형
apomorphy _ 파생형질
apomorphy-based _ 파생형질기준
apopetalous _ 이판화관
aposepalous _ 이편악
apostemonous _ 이생웅예
apotepalous _ 이생화피
appressed _ 상압착성
aquatic _ 수생
arachnoid/arachnose _ 주선상, 거미줄상
arborescent _ 목본상, 위목본성
archegonial chamber _ 장란기실
archegonial wall _ 장란기벽
archegoniophore _ 장란기병
archegonium _ 장란기
archesporial cell _ 포원세포
area of endemism _ 고유지역
areole _ 자좌
aril _ 가종피
aristae _ 곡침형
aristate _ 까락형
articulate/articulation _ 결절
ascending _ 사상성
ascidiate _ 낭상심피
asepalous _ 무악편성
assembly _ 어셈블리, 조립
asterad type _ 국화형

asymmetric _ 비대칭성
atactostele _ 부제중심주
atectate _ 무피복형
ategmic _ 무주피성
attenuate _ 유저
attractant _ 유인
auctorum non _ 오동정명
auriculate _ 이저
auricule _ 이저형열편
autapomorphy _ 고유파생형질
author _ 명명자
autochory _ 자동산포
autogamous _ 무수정생식
autogamy _ 동일화수정, 화내수정
autonym _ 자동명
autopolyploidy _ 자가배수체화
autumnal _ 추출성
awn _ 까락
axial parenchyma _ 주축유세포
axil _ 액, 엽액
axile placentation _ 중축태좌
axillary bud _ 액아
axillary _ 액생
baccate _ 다즙성, 다육질, 육질성
baculate _ 봉상
baculum _ 봉
barb _ 세자
barbed/barbellate _ 세자상
bark _ 수피
basal body _ 기저체
basal placentation _ 기저태좌
basal _ 기부, 기저
basal-axile placentation _ 중축기저태좌
basic _ 기본형
basicidal capsule _ 기부세열삭과
basifixed _ 저착
basionym _ 기본명
Bayesian inference/analysis _ 베이지안 추론/분석
beak _ 숙존생장화주
beard _ 악수/악수상
berry _ 장과
betalains _ 베타레인
bicollateral bundle _ 복병립유관속
bicolor unit _ 바이컬러단위
biennial _ 이년생
bifid _ 이열
bigeminate _ 이회이출복엽
bilabiate _ 순형
bilateral _ 양면대칭
bimerous _ 이수성
binary character _ 이원형질
binomial _ 이명법, 이명체계
binucleate _ 이핵성
bipinnate/bipinnately compound _ 이회우상복엽성
bipinnatifid _ 이회우열
biradial _ 이축좌우대칭, 이면방사대칭
biseriate _ 이열성, 이환성
bisexual/perfect flower _ 양성화
bisporangiate _ 이포자낭성
bisporic _ 이포자성
bitegmic _ 복주피성
biternate/biternately compound _ 이회삼출복엽
bivalvate _ 조가비형
blade _ 엽신
bootstrap/bootstrapping _ 부트스트랩
bostryx _ 나선상취산화서
bract _ 포
bracteate _ 포엽성
bractlet/bracteole _ 소포, 전출엽
bran _ 속겨
Bremer support _ 브레머지수
bristle _ 강모
brochidodromous _ 환주형
bud primordium _ 아원기
bud scale scar _ 인편흔
bud scale _ 아린
bud _ 눈, 아
bulb _ 인경
bulbel _ 출아인경, 소인경
bulbil _ 주아
bullate _ 수포상
bundle cap _ 관속관
burl _ 지하옹이, 목질괴경
buttress roots _ 판근
C4 photosynthesis _ C4 광합성
caducous _ 조락성
callose _ 육상체
calyptra _ 삭모
calyptrate _ 삭모상
calyx lobe _ 꽃받침열편, 악열편
calyx _ 꽃받침, 악
campanulate _ 종형
camptodromous _ 비연주형
campylodromous _ 궁주상
campylotropous _ 만곡
canaliculate _ 고랑상
canescent _ 백색밀모상
capillary bristle _ 미세강모
capitate _ 두상
capitate-glandular _ 두상선상모
capitulum _ 두상화서
capsule _ 삭과
carinal canals _ 용골공기관
carinate _ 용골형
carnose _ 육질성
carpel _ 심피
carpophore _ 분과병
cartilaginous _ 연골질
caruncle _ 종침
caryophyllid type _ 석죽형
caryopsis/grain _ 영과
Casparian strip _ 카스파리띠
cataphyll _ 저출엽
catkin _ 미상화서, 유이화서
caudate _ 미두
caudex _ 정간
caudiciform stem _ 팽창경
caulescent _ 유경성
cauliflorous _ 경생화서
cauline _ 경생
cell differentiation _ 세포분화
cell expansion _ 세포확장
cell _ 세포
cellular endosperm _ 세포성배유
cellulose _ 섬유소
central cell _ 중앙세포
centrarch _ 심원형
centric leaf _ 원주엽
centrifugal _ 원심성
centripetal _ 구심성
cernuous _ 수하형
cespitose/caespitose _ 총생상
chaff = receptacular bract _ 화탁포, 내화영
chalazal _ 합점
character × taxonmatrix _ 형질 × 분류군(자료)행렬
character correlation _ 형질상관
character evolution _ 형질진화
character optimization _ 형질최적화
character state _ 형질상태
character step matrix _ 형질단계행렬
character _ 형질
chartaceous _ 지질
chasmogamy _ 개화수정
cheiropterophily _ 편매수분
chenopodial type _ 명아주형
Chlorobionta _ 엽록생물문
chlorophyll _ 엽록소
chlorophyllous cell _ 엽록세포
chlorophyllous _ 엽록체성
chloroplast _ 엽록체
chromoplast _ 잡색체
ciliate _ 연모형
ciliolate _ 세연모상
cincinnus _ 안목상취산화서
circinate _ 권상
circination vernation _ 권상개엽
circumferential _ 주연
circumscissile capsule _ 횡렬삭과
circumscription _ 범주
cirrhose _ 권수형, 덩굴손형
clade _ 분계군, 단계통군
cladistics _ 분계분석론
cladode/cladophyll _ 엽상경
cladodromous _ 이차맥분지형
cladogram robustness _ 분계도확

실성
cladogram _ 분계도, 분지도
clambering _ 평반경성
classification _ 분류
clathrate _ 격자형
clava _ 곤봉
clavate _ 곤봉형, 곤봉상
claw _ 화조
cleft _ 중렬
cleistogamy _ 폐화수정
climbing _ 등반경성
coalescence method _ 계통합체 분석법
coherent _ 위동합
coleoptile _ 자엽초
coleorhiza _ 유근초
collateral bud _ 병립아
collateral bundle _ 병립유관속
collenchyma (cell) _ 후각세포
collenchyma (tissue) _ 후각조직
colleter _ 점액선
color pattern _ 색상양식
colporate _ 구공형, 공구형
colpus _ 구구
columella _ 원주
column _ 자방축
column _ 예주
combiantio nova _ 신조합명
commemorative (name) _ 기념 학명
common name _ 국명
comose _ 정단총생모상
companion cell _ 동반세포
complete flower _ 완전화
complex tissue _ 복합조직
compound cone _ 복합구과
compound corymb _ 복산방화서
compound cyme _ 복취산화서
compound dichasium _ 복기 산화서
compound leaf _ 복엽
compound ovary _ 복자방
compound perforation plate _ 복합천공판
compound pistil _ 복자예
compound receptacle _ 복합화탁, 총화탁
compound sieve plate _ 복합사판
compound umbel _ 복산형화서
conduplicate _ 접첩형
conduplication _ 접첩
cone _ 구과, 포자낭수
confer _ 참조
configuration _ 표면형상
connate _ 동합, 동종합착
connate-perfoliate _ 동합관천형
connective (-tissue) _ 약격-조직
connivent _ 가합착
consensus tree _ 합의계통수
conservation of names _ 학명보전
conserved ortholog set (COS) _ 이종상동성 보존유전자 세트
consistency index _ 일치지수
contig _ 콘티그
contiguous _ 접촉상
continuous pith _ 연속상수
contorted _ 편권상
contractile root _ 수축근
convergence _ 수렴진화
convolute _ 회선상, 편권상
copy (of genes) _ 카피, 유전자 사본
cordate _ 심장저
cordate/cordiform _ 심장형
coriaceous _ 혁질
cork cambium _ 코르크형성층
cork _ 코르크
corm _ 구경
cormel _ 소구경
corolla lobe _ 화관열편
corolla _ 화관, 꽃부리
corona _ 부화관
coronate _ 부화관형
corpusculum _ 구상체
correct name _ 정명
cortex _ 피층
corymb _ 산방화서
costa _ 엽륵
costapalmate _ 위장상엽
cotyledon _ 자엽
cotylespermous _ 자엽성
couplet _ 검색쌍
craspedodromous _ 연주형
crassinucellate _ 후층성주심
crassulacean acid metabolism _ 크래슐산대사
crenate _ 둔거치
crenulate _ 소둔거치
crown _ 엽관
crownshaft _ 엽관주
croziers _ 양치유엽, 권상유엽
cruciate _ 십자형
crucifer type _ 십자화과형
crypantherous _ 은닉형
cryptic species _ 동형이종(은닉종/은둔종)
cryptocoylar _ 은닉자엽
crystal _ 결정체
cucullate _ 승모형
culm _ 간
cuneate _ 설저
cup-shaped _ 기와형
cupule _ 깍정이, 각두
curator _ 표본관리자
cuspidate _ 예철두
cuticle _ 각피
cutin _ 각피소
cyathium _ 배상화서
cycly _ 윤생성
cylindrical _ 원통형, 관상
cyme _ 취산화서
cymule _ 소취산화서
cypsela _ (국화과의) 수과
cystolith _ 종유체
cytoplasm _ 세포질
dark reaction _ 암반응
decay index _ 붕괴지수
deciduous _ 낙엽성
decompound _ 반복복엽, 반복분할
decumbent _ 경복성
decurrent _ 연하형
decussate tetrad _ 교호사립
decussate _ 교호대생
deflexed _ 급하향성
dehiscent fruit _ 열개과
delimitation _ (분류군의) 경계 설정
deltate _ 삼각뿔형
dendritic _ 수지상모
dendrochronolgy _ 연륜연대학
dentate _ 치아상거치
denticulate _ 소치아상거치
depressed _ 하압착성
derived _ 파생형, 고등형
dermal tissue _ 표피조직
descending _ 사하성
descent _ 대물림, 혈통
description _ 기재
determinate _ 유한
dextrorse _ 우선형, 우권상
diadelphous _ 양체웅예
diagnosis _ 표징형질
diaphragmed pith _ 격실상수
diaspore _ 이동체
dichasium _ 기산화서
dichlamydeous _ 이종화피
dichogamy _ 자웅이숙수정
dichotomous key _ 차상검색표
dichotomous _ 차상맥, 차상 분지성
dicotyledonous _ 쌍자엽식물형
dictyostele _ 망상중심주
dicyclic _ 이환성
didymous _ 이쌍웅예
didynamous _ 이강웅예
diffuse-porous _ 산공재
dioecy _ 자웅이주
diphthong _ 이중모음
diplohaplontic life cycle _ 이배체 반수체생활환
diplontic life cycle _ 복상생활환
diplostemonous _ 화피대생이열 웅예
discoid _ 원반상, 원반형
disk flower _ 반상화

disk _ 화반, 밀선반
dispersal _ 산포
disposition _ 배치
dissected _ 세열
distal pole _ 원심극
distal _ 원심부
distichous _ 이열호생
distinct _ 이생
distyly _ 이이형화주성
disulculate _ 이원구형
dithecal _ 이반약성
diurnal _ 주간성
divergence/diversification _ 분기/다양화
divided _ 전열
division _ 분할
domain _ 역(域)
domatium(domatia) _ 도마티아
dorsal vein _ 배맥, 중간맥
dorsal _ 배면, 배부
dorsifixed _ 측착
dorsiventral _ 배복성
doubly serrate _ 이중예거치
downward _ 하향
drepanium _ 권산화서
drupe _ 핵과
drupecetum _ 집합핵과
druse _ 선정체
dry fruit _ 건과
dyad _ 이립
ebracteate _ 무포엽성
echina _ 자상돌기
echinate _ 자상
eciliate _ 무연모형
ectophloic siphonostele _ 외사관상중심주
ectozoochory _ 동물표면산포
effectively published _ 유효출판
egg apparatus _ 난장치
egg _ 난
ektexine _ 외표벽
elaiosome _ 유상체
elater _ 탄사
elliptic _ 타원형
emarginate _ 요두
embryo proper _ 전배체
embryo sac _ 배낭
embryo _ 배
embryogeny _ 배발생
Embryophyta/embryophytes _ 유배식물문/유배식물
emend _ 수정
emergent _ 정수성
emersed _ 잠수성
enantiostyly _ 반곡화주, 편측화주
enation _ 엽상돌기
endarch _ 내원형
endexine _ 내표벽
endocarp _ 내과피
endodermis _ 내피
endogenous _ 내생적
endosperm _ 배유, 배젖
endospermous _ 배유성
endospory _ 포자내발생
endostomal _ 내주공
endosymbiosis _ 세포내공생
endothecium _ 내표피
endozoochory _ 동물섭취산포
ensiform _ 검형
entire _ 전연
entomophily _ 충매수분
epicalyx _ 외악, 부악
epicotyl _ 상배축
epidermal excrescence _ 표피돌출상태
epidermis _ 표피
epigeous _ 지상발아, 현생자엽
epigynous _ 자방상생
epihypogynous _ 자방중생
epihypoperigynous _ 자방중주생
epiperigynous _ 자방상주생
epipetalous _ 화판상생
epiphyte _ 착생식물
epiphytic _ 착생
episepalous _ 악편상생웅예
epitepalous _ 화피상생
epitropous _ 주공상향배주
epitropous-dorsal _ 배면주공상향배주
epitropous-ventral _ 복면주공상향배주
epitype _ 후기준표본
equator _ 적도
equatorial view _ 적도면
equitant _ 과상
erect _ 직립
ergastic substance _ 후형물질
et _ 그리고, 및
eucamptodromous _ 진정비연주형
euphyll _ 진정엽
eusporangium _ 진정포자낭
eustele _ 진정중심주
evergreen _ 상록성
evolutionary novelty _ 진화적혁신
exalbuminous _ 무배유성
exarch _ 외원형
exfoliating _ 박리형
exindusiate _ 무포막성
exine _ 표벽
exocarp _ 외과피
exosproy _ 포자외발생
exostomal _ 외주공
exserted _ 돌출형, 현생형
exstipellate _ 무소탁엽성
exstipulate _ 무탁엽성
extrafloral nectary _ 화외밀선
extrastaminal disk _ 웅예외밀선반, 밀선반
extrorse _ 외향
facultative hemiparasite _ 선택적반기생식물
falcate/falciform _ 낫형
false indusium _ 위포막
farinaceous _ 미립상, 과립상, 비듬상
fascicle _ 밀집화서
fascicle _ 속생지, 단지
female gametophyte _ 자성배우자체
female sporophyll _ 자성포자엽
female _ 자성
fenestrate _ 창문상
fertile segment _ 생식엽편
fertile _ 임성, 염성
fiber (cell) _ 섬유세포
fibrous roots _ 수근, 수염뿌리
fiddlehead _ 양치유엽, 권상유엽
filament _ 수술대
filament _ 화사
filamentous _ 화사형
filiferous _ 조섬유연형
filiform _ 사상
fissured _ 파열형
fistulose/fistular _ 대롱형
fitness _ 적합도
flabellate _ 부챗살형
flexuous _ 물결형
floating _ 부유성
floccose _ 단모상
flora _ 식물지
floral diagram _ 화식도
floral formula _ 화식
floral tube _ 화통
floret _ 소화
floristics _ 식물상
flower bract _ 화포
flower bud _ 화아
follicetum _ 집합골돌과
follicle _ 골돌과
foot layer _ 기저층
form genus _ 형태속
fossulate _ 추문상
foveolate _ 세공상
free _ 분리
free-central placentation _ 독립중앙태좌
Fritillaria type _ 패모형
frond _ 양치엽
frutescent _ 관목성
funiculus _ 주병
fusiform _ 방추형
galeate _ 투구꽃형
gametangium _ 배우자낭
gamete _ 배우자
gametophyte _ 배우자체

geitonogamy _ 동일개체수정
geminate _ 이출복엽, 이출엽
geminate-pinnate _ 이출엽성우상복엽
gemma cup _ 배상체
gemma _ 두상돌기, 무성아
gemmate _ 두상돌기형
gender _ 성
general time-reversible model _ 일반가역치환모델
generative cell _ 생식세포
genet _ 유전적이질체
genetic drift _ 유전적부동
genus folder _ 속폴더
genus name _ 속명
genus novum _ 신속
geophyte _ 지중식물
girdling endothecium _ 환상비후내표피
glabrate _ 무모성
glabrous _ 무모상
glandular trichome _ 선모/선상모
glandular _ 선상
glaucous _ 납분상, 회청색상
globose/spheroidal _ 구형
glochidiate _ 구자모상
glochidium _ 구침
glomerule _ 단집화서
glucosinolates _ 글루코시놀레이트
glumes _ 포영
glutinous _ 점착상
golgi body _ 골지체
granular _ 과립상
granum _ 그라나(그라눔)
grass spikelet _ 벼과형소수화서
green plants _ 녹색식물
ground meristem _ 기본분열조직
ground tissue _ 기본조직
guard cell _ 공변세포
gynandrium _ 자웅예합체
gynobasic _ 자방기생화주성
gynodioecy _ 자성이주
gynoecium _ 암술군, 자예군
gynomonoecy _ 자성동주
half-inferior _ 반하위
hapaxanthic _ 개화유한생장
haplodiplontic life cycle _ 반수체이배체생활환(세대교번)
haplontic life cycle _ 반수체생활환
hardwood _ 경재
harmomegathy _ 부피변형능
hastate _ 극저
hastula _ 고둥형돌기
haustoria _ 기생근, 흡기
head _ 두화
helicoid cyme _ 권산상취산화서, 나선상취산화서
helobial endosperm _ 소생목형배유
hemiparasite _ 반기생식물
hemispheric _ 반구형
hemitropous/hemianatropous _ 반도생
herb _ 초본
herbaceous _ 초질
herbarium specimen _ 석엽표본
hercogamy/herkogamy _ 자웅분리수정
hermaphrodite _ 양성화주
hesperidium _ 감귤과
heteroblasty _ 이형발달엽
heterochrony _ 이시진화
heterocyst _ 헤테로시스트
heteropolar _ 이극성
heterosporous _ 이형포자성
heterostyly _ 이형화주성
heterotropous _ 주공다향배주
high throughput sequencing _ 대용량 시퀀싱
hilum _ 제
hirsute _ 조장모상
hispid _ 장강모상
hollow pith _ 중공상수
holotype _ 정기준표본
homochlamydeous _ 동종화피
homolog/homologue _ 상동특징
homology _ 상동성
homonym _ 동일명(동명, 동음이의명)
homoplasy _ 비상동유사성, 호모플라시
homosporous _ 동형포자성
hood _ 고깔
hooked _ 갈고리상, 구자상
horizontal _ 수평성
horn _ 뿔
hyaline cell _ 투명세포
hybridization _ 잡종화
HybSeq _ 혼성화농축시퀀싱
hydathode _ 배수조직
hydrochory _ 수류산포
hydroid _ 선류
hydrophily _ 수매수분
hygroscopic _ 흡습성
hypanthium _ 화탁통
hypanthodium _ 은두화서
hyphodromous _ 은닉형
hypocotyl _ 하배축
hypogeous _ 표토내발아, 은닉자엽
hypogynous _ 자방하생
hypotropous _ 주공하향배주
hypotropous-dorsal _ 배면주공하향배주
hypotropousventral _ 복면주공하향배주
hysteranthy _ 비동시개화성
identification _ 동정
illegitimate name _ 부적법명
imbricate _ 복와상
imbricate-alternate _ 복와상호생
imparipinnately compound _ 기수우상/기수우상복엽
imperfect _ 미완성형 (엽맥), 단성화
inaperturate _ 무구형
inbreeding _ 내교배
incanous _ 회백밀모상
incised _ 결각상거치형
inclined _ 측상향성
incompatibility reaction _ 불화합성반응
incomplete flower _ 불완전화
incomplete lineage sorting _ 단일계통 미형성
incurved _ 내곡형
indehiscent fruit _ 폐과
indehiscent legume _ 폐협과
indented phylogenetic classification _ 거치형분류
indeterminate _ 무한생장성
induplicate _ 향접선형
indurate _ 경질
indusium _ 포막
inferior ovary _ 하위
inflorescence bract _ 화서포
inflorescence bud _ 화서아
inflorescence _ 화서
infrafloral selfing _ 화내수정
infrafoliar _ 엽하화서
infrapetiolar bud _ 엽병내아
infructescence _ 과서
infundibular _ 누두형
ingroup _ 내군
inner bark _ 내수피
inserted _ 내재형, 은닉형
insertion _ 착생형
integument _ 주피
intercalary meristem _ 개재분열조직
interfoliar _ 엽간화서
International Code of Botanical Nomenclature _ 국제식물명명규약
internode _ 절간
intine _ 내벽
intrastaminal disk _ 웅예내밀선반
intravaginal (axillary) squamules _ 엽초엽액모용
introgression _ 유전자이입
introrse _ 내향
invalid name _ 비합법명, 나명
involucel _ 소총포
involucral bract _ 총포편
involucre _ 총포

involute _ 내권상, 내권형
iridoid _ 이리도이드
irregular _ 부정제
isobilateral _ 동측형
isodiametric _ 등경성
isomerous _ 동수성
isomorphic _ 동형성
isopolar _ 등극성
isotype _ 동기준표본
iteropary _ 다회생식성
jacket layer _ 외투세포층
jacknife/jacknifing _ 잭나이프
jaculator _ 사출병
key/taxonomic key _ 검색표
Kranz anatomy _ 크란츠해부구조
labellum _ 순판
lacerate _ 민들레형거치
laciniate _ 좁은띠형거치
laesura _ 연접흔
laevigate _ 유광택상, 광택상, 윤채상
lamellar _ 다층형
lamina _ 판, 엽판
laminar placentation _ 판상태좌
laminar _ 판상
lanate _ 양모상
lanceolate _ 피침형
lance-ovate _ 피침상난형
land plants _ 육상식물
later homonym _ 후동일명
lateral bud _ 측아
lateral meristem _ 측부분열조직
lateral root _ 측근
lateral vein _ 측맥
lateral _ 측생
lateral-posterior _ 측후방
laticifer _ 유액관
latrorse _ 측향약
layer _ 군집층위
lead _ 검색문
leaf gap _ 엽극
leaf primordium _ 엽원기
leaf scar _ 엽흔
leaf spine _ 엽성엽침
leaflet spine _ 소엽성엽침
leaflet _ 소엽
lectotype _ 선정기준표본
legitimate name _ 적법명
legume _ 협과
lemma _ 외화영
lenticel _ 피목
lenticular _ 렌즈형
lepidote _ 인편상
leptoid _ 선류체관
leptosporangium _ 박벽포자낭
liana/liane _ 덩굴나무
life cycle _ 생활환
life history _ 생활사
light reaction _ 명반응
lignified _ 목질화
lignin _ 목질소
lignophytes _ 목질식물
lignotuber _ 목질괴경
ligulate _ 설상
ligule _ 엽설
limb _ 판연
lineage segment _ 분절계통
lineage sorting _ 단일계통형성(계통선별)
lineage _ 계통
linear tetrad _ 선형사립
linear _ 선형
lip _ 순편
lithocyst _ 종유체세포
lithophyte _ 암생식물
lobe _ 열편
lobed _ 천열
locule _ 실(약실, 자방실)
loculicidal capsule _ 포배열개삭과
lodicule _ 인피
loment _ 분리과
long branch attraction _ 긴가지끌림현상
longitudinal dehiscence _ 종개
longitudinal posture _ 종자세
lower epidermis _ 하표피
lumen _ 망목강
lycophyll _ 석송엽
lyrate _ 두대우열형
maculate _ 반점상
majority consensus tree _ 다수합의 계통수
male gametophyte _ 웅성배우자체
male sporophyll _ 웅성포자엽
male _ 웅성
malpighian _ 말피기형모
marcescent _ 조위성
marginal placentation _ 변연태좌
marginal _ 변연형
massula _ 화분소괴
masticatory _ 저작제
maturation _ 성숙상
matutinal _ 조간성
maximum likelihood _ 최대공산, 최우 추정법
median vein _ 중간맥
megagametogenesis _ 대배우자체발생
megagametophyte _ 대배우자체
megaphyll _ 대엽성
megasporangium _ 대포자낭
megaspore mother cell _ 대포자모세포
megaspore _ 대포자
megasporocyte _ 대포자모세포
megasporogenesis _ 대포자발생
megasporophyll _ 대포자엽
melittophily _ 봉매수분
membranous _ 막질
mericarp _ 분과
meristem _ 분열조직
merosity _ 수성
Mesangiospermae _ 중핵피자식물
mesarch _ 중원형
mesocarp _ 중과피
mesophyll _ 엽육
mesophytic _ 중성질
metaxylem _ 후생물관부
microfibril _ 미세섬유
microgametogenesis _ 소배우자체발생
microgametophyte _ 소배우자체
microhair _ 미세분비모
microphyll _ 소엽
micropylar _ 주공역
micropyle _ 주공
microsatellite _ 마이크로새털라이트
microsporangium _ 소포자낭
microspore mother cell _ 소포자모세포
microspore _ 소포자
microsporogenesis _ 소포자발생
microsporophyll _ 소포자엽
middle lamella _ 중엽, 중간층
middle layers _ 중간층
midrib _ 중륵, 소주맥, 엽륵
midvein _ 소주맥, 중륵
mixed bud _ 혼아
mixed craspedodromous _ 혼합연주형
molecular clock _ 분자시계
monad _ 단립
monadelphous _ 단체웅예
Monilophytes _ 중원형식물(양치류)
monistichous _ 일렬호생
monocarpic _ 일회결실성
monochasium _ 단산화서
monocotyledonous _ 단자엽식물형
monocyclic _ 일환성
monoecious _ 자웅동주
monograph _ 종속지
monomorphic character _ 단형형질
monophyletic/monophyly _ 단계통
monopodial _ 단축분지성
monosporic _ 단포자성
monosulcate _ 원구형
monothecal _ 단반약성
monoulcerate _ 원공형
morphocline _ 형질구배
movement hercogamy _ 운동성자웅분리수정

mucilage ducts/canals _ 점액질관
mucronate _ 미철두형
mucronulate _ 유두형
multicellular _ 다세포성
multiple fruit _ 다화과
multiplexed shotgun genotyping _ 동시다중 샷건 유전형분석
multiplexing _ 동시다중(-분석)
multiseriate _ 다열성
multistate character _ 다원형질
muricate _ 조립상
murus _ 망목
mycorrhiza _ 균근
mycotrophic _ 균영양성
myrmecophily _ 식물-개미 상리 관계
naked bud _ 나아
narrowly acute _ 협예두
narrowly cuneate _ 협설저
narrowly elliptic _ 협타원형
narrowly oblong _ 협장타원형
narrowly triangular _ 협삼각형
natural selection _ 자연선택
neck canal cells _ 경구세포
neck _ 경부
nectariferous disk _ 밀선반, 화반
nectariferous pad _ 밀선판
nectary _ 밀선, 꿀샘
neotony _ 유형성숙
neotype _ 신기준표본
nerve _ 륵
nested clade analysis _ 단계통 형성 양상 분석
netted _ 그물맥, 망상형
network _ 네트워크
nexine _ 표벽내층
nitid _ 윤채상, 광택상
nocturnal _ 야간성
node _ 마디
node _ 절
node-based _ 마디(공통조상)-기준
nomen conservandum _ 보존명
nomen novum _ 신칭
nomen nudum _ 나명
nomenclatural type _ 명명기준형, 기준표본
nomenclature _ 명명
non-clathrate _ 비격자형
nondecussate _ 위교호대생
nondisjunction _ 비분리
nonendospermous _ 비배유성
nonporous _ 무공형
nucellar beak _ 주심돌기
nucellus _ 주심
nuclear endosperm _ 다핵성배유
nucleus _ 핵
nut _ 견과
nutlet _ 소견과
nutritive tissue _ 영양조직
nyctinasty _ 수면운동
obdiplostemonous _ 화피호생 이열웅예
oblanceolate _ 도피침형
oblance-ovate _ 도피침상난형
oblate _ 단구형
obligate hemiparasite _ 절대적 반기생식물
oblique _ 의두(정단부), 의저(기부)
oblong _ 장타원형
obovate _ 도란형
obturator _ 주병돌기
obtuse _ 둔두(정단부), 둔저(기부)
ocrea _ 탁엽초, 초상탁엽
ocreola _ 막질포
oil bodies _ 유체
oil ducts/canals _ 유관
onagrad type _ 바늘꽃형
ontogenetic sequence _ 개체발생 순서
ontogenetic trajectory _ 개체발생 경로
ontogeny _ 개체발생
oogamy _ 난접합
oogonium _ 생란기
Operational Taxonomic Unit _ 운영분류단위
operculate _ 합개화관
operculum _ 선개(선태류), 약개 (현화식물)
opposite _ 대생, 마주나기
orbicular _ 원형
ordered _ 순차적
organelles _ 세포소기관
orientation _ 방향
ornithophily _ 조매수분
ortho-amphitropous _ 직만생
ortho-campylotropous _ 직만곡
orthographia conservanda _ 철자 보존
orthotropous _ 직생
outbreeding _ 외교배
outcrossing _ 타가교배, 타가수정
outer bark _ 외수피
outgroup _ 외군
ovary _ 자방, 씨방
ovate _ 난형
ovule _ 배주, 밑씨
ovuliferous scale _ 종린
P/E ratio _ 극축-적도축 직경 비
pachycaul _ 기부비후경
padlike nectary _ 판형밀선, 밀선판
paedomorphosis _ 유형진화
palea _ 내화영
palinactinodromous _ 장상방사상
palisade mesophyll _ 책상조직
palmate _ 장상
palmately compound _ 장상복엽
palmately netted _ 장상그물맥
palmately veined _ 장상맥
palmate-parallel _ 장상평행맥
palmate-ternate _ 장상삼출엽
palmatifid _ 장상렬
palmatisect _ 장상분열
palynology _ 화분학
pandurate _ 제금형
panicle _ 원추화서
pantoporate _ 산공형
papilionaceous _ 나비형
papillate _ 유두상, 결절상, 사마귀상
pappus _ 관모
parallel _ 평행맥, 평행상
parallelism _ 평행진화
parallelodromous _ 평행상
paraphyletic/paraphyly _ 측계통
paraphysis _ 측사
paratype _ 종기준표본
parenchyma (cell) _ 유세포
parenchyma (tissue) _ 유조직
parietal cell _ 벽세포
parietal placentation _ 측벽태좌
parietal-axile placentation _ 중축성측벽태좌
parietal-septate placentation _ 격벽성측벽태좌
paripinnately compound _ 우수 우상복엽
parsimony _ 파시모니
parted _ 부분전열
parthenogenesis _ 단위생식
peat _ 이탄
pectinate _ 빗살형
pedicel _ 소화경(小花梗), 화병(花柄), 꽃자루
peduncle _ 화경(花梗), 꽃대
pellucid _ 유점상
peltate _ 방패형, 순형, 순저(기부)
pendant _ 현하형, 시계추형
pendulous placentation _ 현하 태좌
pendulous _ 시계추형, 현하형
penni-parallel _ 우상평행맥
pentamerous _ 오수성
pepo _ 박과
peramorphosis _ 과발생진화
perennial _ 다년생
perfect _ 완성형
perfoliate _ 관천형
perforation plate _ 천공판
perforation _ 천공
perianth _ 화피
pericarp _ 과피
pericycle _ 내초
periderm _ 주피, 외수피
perigonal nectary _ 화피밀선

perigonium _ 화개
perigynium _ 과낭
perigynous _ 자방주생
perine layer _ 주위층
periodicity _ 주기성
peripheral flower _ 주변화
perisperm _ 외배유
peristome teeth _ 삭치
personate _ 가면상
petal _ 꽃잎, 화판
petiolar spine _ 엽병성엽침
petiolate _ 엽병성
petiole _ 엽병
petiolulate _ 소엽병성
petiolule _ 소엽병
phalaenophily _ 아매수분
phanerantherous _ 현생형
phanerocotylar _ 현생자엽
phelloderm _ 코르크피층
phenetic _ 전형질분류
phenogram _ 전형질도
phenology _ 생물계절학
phloem _ 체관부
photosynthesis _ 광합성
phyllary _ 국화총포편, 총포편
phylloclade _ 엽경
phyllode _ 위엽
Phylocode _ 계통명명규약
phylogenetic classification _ 계통분류
phylogenetic systematics _ 계통분석론
phylogenetic tree _ 계통수
phylogenetics _ 계통발생학
phylogeny _ 계통발생
pilate _ 장유두상
pilate-glandular _ 장유두상선상
pilose _ 장유모상
pin (-type flower) _ 장주화
pinna _ 우편
pinnate _ 우상
pinnately compound leaf _ 우상복엽
pinnately veined _ 우상맥
pinnate-netted vein _ 우상그물맥
pinnate-ternate (leaf) _ 우상 삼출엽
pinnate-ternate (vein) _ 우상 삼출맥
pinnatifid _ 우열
pinnatisect _ 우상분열
pinnule _ 소우편
piperad type _ 후추형
pistil _ 암술, 자예
pistillate flower _ 암꽃, 자화
pistillate _ 자성
pit pairs _ 벽공쌍
pit _ 벽공
pitcher leaf _ 낭상엽
pith _ 수, 고갱이
placenta _ 태좌
placental vein _ 태좌맥
placentation _ 태좌형
plane _ 평평형
plane _ 평평상, 활면상
plant anatomy _ 식물해부학
plant habit _ 식물형
plant physiology _ 식물생리학
plant press _ 식물야책, 야책
plant press _ 야책
plant sciences _ 식물과학
plasma membrane _ 원형질막
plasmodesmata _ 원형질연락사
plasmodial _ 변형질체성
plated _ 평판형
pleonanthic _ 개화무한생장
plesiomorphic _ 원시형
pleurotropous _ 주공측향배주
pleurotropousdorsal _ 배면주공 측향배주
pleurotropousventral _ 복면주공 측향배주
plicate _ 접선형
plumose _ 우모상
plurilocular _ 복자방실
pneumathodes _ 배기조직
pneumatophore _ 호흡근
polar axis _ 극축
polar nuclei _ 극핵
polar view _ 극면
polarity _ 극성
pollen grain _ 화분립
pollen sac _ 화분낭
pollen tube _ 화분관
pollen _ 꽃가루
pollenkitt _ 화분질
pollinarium _ 화분괴이동체
pollination chamber _ 수분실
pollination droplet _ 수분액
pollination _ 수분, 꽃가루받이
pollinium _ 화분괴
polyad _ 다립
polyclave key _ 다지형검색표
polycyclic siphonostele _ 다환관 상중심주
polygamous _ 잡성주
Polygonum type _ 마디풀형
polymerase chain reaction _ 중합 효소연쇄반응
polymorphic character _ 다형 형질
polypetalous _ 다화판
polyphyletic group _ 다계통군
polyploidy _ 배수체화
polysepalous _ 다악편
polystichous _ 다열호생성
polytomy _ 방사상분지
pome _ 이과
population _ 개체군
pore _ 소공
poricidal capsule _ 포공열개삭과
poricidal _ 공개
porose _ 다공형
porous _ 유공형
porus _ 공구
position _ 위치(형태), 지위(명명)
posterior _ 상부, 후방
posture _ 자세
praemorse _ 설치형
prickle _ 피침
primary cell wall _ 일차벽
primary endosymbiosis _ 일차세 포내공생
primary growth _ 일차생장
primary inflorescence _ 일차화서
primary parietal cells _ 일차벽 세포
primary pit field _ 일차벽공역
primary root _ 일차근
primary tissue _ 일차조직
primary vein _ 일차맥
primer _ 프라이머
primitive _ 하등형
principle of parsimony _ 파시모 니원리
priority of publication _ 우선권
prismatic _ 프리즘형결정체
proembryo _ 전배
prolate _ 장구형
prop roots _ 지지근
propagule _ 번식체
prophyll/prophyllum _ 전출엽
prostrate _ 평복성
protandry _ 웅성선숙
proteinoplast _ 단백질체
protogyny _ 자성선숙
protologue _ 프로토로그
protonema _ 원사체
protoplasm _ 원형질
protostele _ 원생중심주
protoxylem _ 원생물관부
proximal pole _ 향심극, 근극
proximal _ 근접부
pseudanthium _ 위화서
pseudobulb _ 위인경
pseudocrassinucellate _ 위후층성 주심
pseudodichotomous _ 위차상분 지성
pseudodrupe _ 위핵과
pseudoelaters _ 위탄사
pseudopetiole _ 위엽병
pseudoterminal bud _ 위정아
pseudoumbel _ 위산형화서
psilate _ 평활상
psychophily _ 접매수분

ptyxis _ 유엽형태, 화아내형태
puberulent _ 미세유모상
pubescent _ 유모상
pulvinus _ 엽침(葉枕)
punctate _ 미요상
pungent _ 자극형
pyrene _ 경핵과
pyxide/pyxis _ 횡렬포과
quincuncial _ 오편상
raceme _ 총상화서
rachilla _ 소엽축, 소축, 소화축
rachis _ 엽축, 화서축
radial division _ 방사분열
radial _ 방사면, 방사상칭
radical _ 근생
radicle _ 유근
ramet _ 유전적동질체
random amplified polymorphic DNA _ 임의증폭다형DNA
rank _ 계급
raphe _ 배선
raphide _ 침상결정체
ray flower _ 방사화
ray _ 방사형, 산경
read _ 리드
recency of common ancestry _ 공통조상의 분지시점
receptacle _ 화탁, 낭탁
reclinate _ 하곡성
reclined _ 측하향성
recommendation _ 권고
recurved _ 반곡형
reduced _ 생략형(약 발생)
reduplicate _ 배접선형
reflexed _ 하굴형
regular _ 정제
relative cover _ 상대피도
remodel/remodeling _ 재조정
reniform _ 신장형
repand _ 세파형
repent _ 포복성
replum _ 격벽테두리
rescaled consistency index(RC) _ 보정일치지수
resin ducts/ canals _ 수지도
restriction fragment length polymorphism _ 제한절편 길이다형
restriction site _ 제한부위
resupinate _ 전도형
retention index _ 유지지수
reticulate _ 망상형
reticulation _ 망상분지
reticulodromous _ 세망형
retinaculum _ 화분괴병, 사출병
retrorse _ 하향
retuse _ 미요두
reversal _ 역진화
revolute _ 외권형
reward _ 보상
rheophyte _ 계류연안식물
rhipidium _ 호산화서
rhizoid _ 가근
rhizome _ 근경
rhombic _ 마름모형, 능형
rhomboidal tetrad _ 마름모형사립
ribosome _ 리보솜
root apical meristem _ 근단분열조직
root cap _ 근관, 뿌리골무
root hair _ 근모, 뿌리털
root tuber _ 괴근
rooted tree _ 유근계통수
rooting (of evolutionary tree) _ 근결정(계통수의)
rootstock _ 근경체
rosette _ 로제트
rostellum _ 주두돌기
rotate _ 폭상
rounded _ 원두
rounded _ 원저
rugose _ 추피상, 수포상
rugulate _ 난선상
rule _ 규칙
ruminate _ 굴곡상
runner _ 횡수지, 포복경
saccate _ 낭형
sagittate _ 전저
salverform _ 분상
samara _ 시과
sapromyiophily _ 승매수분
sarcotesta _ 육질종피
sarmentose _ 덩굴줄기성
saxicolous _ 암생, 암반생
scaberulous _ 미조모상
scabrate _ 미세자상
scabrous _ 사포상, 조모상
scabrous _ 조모상
scale _ 인편
scaling _ 등급화
scandent _ 무흡반등반경성
==> 평반경성
scape _ 근생화경, 화경(花莖), 꽃줄기, 화간
scapose inflorescence _ 근생화서
scarious _ 건막질, 납지질
schizocarp of follicles _ 골돌형 분열과
schizocarp of mericarps _ 분과형 분열과
schizocarp of nutlets _ 견과형 분열과
schizocarp _ 분열과
scientific name _ 학명
sclereid _ 보강세포
sclerenchyma (cell) _ 후벽세포
sclerenchyma (tissue) _ 후벽조직
scorpioid cyme _ 호산상취산화서, 안목상취산화서
scurfy _ 비듬상
secondary cell wall _ 이차벽
secondary endosymbiosis _ 이차세포내공생
secondary growth _ 이차생장
secondary parietal cells _ 이차벽세포
secondary phloem _ 이차체관부, 내수피
secondary root _ 이차근
secondary tissue _ 이차조직
secondary vein _ 이차맥
secondary xylem _ 이차물관부
secretory structures _ 분비구조
secretory _ 분비형
secund _ 편측성, 단측생
sedge spikelet _ 사초과형소수화서
seed coat _ 종피
seed _ 종자
seismonasty _ 감진성
self-dispersal _ 자가산포
self-incompatibility _ 자가불화합성
selfing _ 자가수정
semelpary _ 일회생식성
semicraspedodromous _ 반연주형
semi-tectate _ 반피복성
sensu lato _ 광의
sensu stricto _ 협의의
sepal _ 꽃받침잎, 악편
septal nectary _ 격벽밀선
septate pith _ 격벽상수
septicidal capsule _ 포간열개삭과
septifragal capsule _ 포축열개삭과, 판개삭과
septum _ 격벽
sequencing by synthesis _ 합성연동 시퀀싱
sericeous _ 견모상
series _ 윤생렬
serrate _ 예거치
serrulate _ 소예거치
sessile _ 무병성
sessile-glandular _ 무병선모
sexine _ 외층
sheath _ 엽초
sheathing _ 엽초성
shining _ 광택상
shoot _ 슈트
shreddy _ 섬유형
shrub _ 관목
sieve area _ 사역
sieve cell _ 사세포
sieve element _ 사요소
sieve plate _ 사판
sieve pore _ 사공
sieve tube member _ 사관절

sieve tube plastid _ 사관색소체
silicle _ 단각과
silique _ 장각과
simple cone _ 단순구과
simple corymb _ 단산방화서
simple craspedodromous _ 단순연주형
simple dichasium _ 단기산화서
simple fruit _ 단과
simple leaf _ 단엽
simple ovary _ 단자방
simple perforation plate _ 단순천공판
simple pistil _ 단자예
simple sieve plate _ 단순사판
simple tissue _ 단순조직
simple umbel _ 단산형화서
simultaneous _ 동시분열형
single nucleotide polymorphism _ 단일 뉴클레오티드 다형성, SNP
sinistrorse _ 좌선형, 좌권상
sinuate _ 파상
sinus _ 결각
siphonogamy _ 화분관수정
siphonostele _ 관상중심주
sister group/sister taxa _ 자매군
size selection _ 크기 선별
smooth _ 활면상, 활면형
SNP _ single nucleotide polymorphism
softwood _ 연재
solanad type _ 가지형
solitary (inflorescence) _ 단정화서
somatic _ 체세포성
sorosis _ 상과
sorus (pl. sori) _ 포자낭군, 낭퇴
spadix _ 육수화서
spathaceous _ 불염포성
spathe _ 불염포
spatulate _ 주걱형
speciation _ 종분화
species nova _ 신종
species _ 종
specific epithet _ 종소명
sperm lake _ 정자수용부
sperm _ 정자
spike _ 수상화서
spikelet _ 소수화서
spine _ 엽침
spinose _ 엽침형, 자극형
spinulose _ 소자상, 미세자상
spinulum _ 소자
spiral endothecium _ 나선상비후내표피
spiral _ 나선상호생
spiraperturate _ 나선상발아구형
spongy mesophyll _ 해면엽육조직
sporangial wall _ 포자낭벽
sporangiophore _ 포자낭병
sporangium _ 포자낭
spore _ 포자
sporocarp _ 포자낭과
sporocyte _ 포자모세포
sporogenous tissue _ 포자생성조직
sporophyll _ 포자엽
sporophyte _ 포자체
sporophytic leaf _ 포자체엽
sporopollenin _ 포분소
spring wood _ 춘재
spur _ 거, 꽃뿔
spur/spur shoot _ 단지
squarrose _ 정곡형
stamen insertion _ 수술착생형
stamen _ 수술, 웅예
staminal disk _ 웅예하밀선반
staminate (flower) _ 수꽃, 웅화
staminode/staminodium _ 의웅예, 헛수술
starch grain _ 전분립
starch _ 녹말, 전분
status nova _ 신계급
stele _ 중심주
stellate _ 성상모
stem (of cladogram) _ 가지 (분계도의)
stem habit _ 줄기형
stem-based _ 가지(분계)-기준
sterile segment _ 영양엽편
sterile _ 불임성
stigma _ 주두, 암술머리
stigmatic region _ 주두역
stinging trichome _ 자모
stipe _ 삭병, 양치엽병, 자방병
stipellate _ 소탁엽성
stiple _ 소탁엽
stipular spine _ 탁엽성엽침
stipule scar _ 탁엽흔
stipule _ 탁엽
stolon _ 포복경, 횡주지
stoloniferous _ 포복경성, 덩굴줄기성
stoma _ 기공
stomatal apparatus (=stomate, stomata) _ 기공장치
stomium _ 구변세포
storage root _ 저장근
straight _ 직선형
Stramenopiles _ 부등편모생물
strap-shaped _ 띠형
streptophytes _ 난접합식물
striate _ 조선상
strict consensus tree _ 완전합의계통수
strigose _ 경선모상
strigulose _ 세경선모상
strobilus _ 포자낭수
style _ 암술대, 화주
styloid _ 원주상결정체
stylopodium _ 주기
subapical _ 아정생
subbasifixed _ 아저착
suberin _ 목전소
subglabrous _ 아무모상
submersed _ 침수성
subopposite _ 아대생
subsessile _ 아무병성, 아무병형
subshrub _ 아관목
subsidiary cell _ 부세포
subspecific epithet _ 아종소명
subulate _ 추형
successive _ 연속분열형
succulent _ 다육질, 다즙성, 육질성
suffrutescent _ 반관목성
sulcus _ 원구구
summer wood _ 하재
superior _ 상위
superposed bud _ 중생아
supervolute _ 초권상
suprabasal _ 초기부형
suprafoliar _ 엽상화서
suspensor _ 배병
suture _ 봉선
syconium _ 은화과
symmetry _ 대칭성
sympetalous _ 합판화관
symplesiomorphy _ 공유원시형질
sympodial _ 가축분지성
synangium _ 합생포자낭
synapomorphy _ 공유파생형질
syncarp _ 합장과
syncarpous _ 합생심피성
syncolpate _ 합구형
synergid cells _ 조세포
syngenesious/synanther _ 취약웅예
synonym _ 이명
synoptic collection _ 지역개관표본
synsepalous _ 합편악
syntepalous _ 합생화피
syntype _ 등가기준표본
systematics _ 계통학
tandem repeat sequence _ 직렬식반복서열
tangential division _ 접선분열
tangential plane _ 접선면
tannin _ 탄닌
tapering (trichome) _ 첨두형
tapetum _ 융단조직
taproot _ 주근
targeted sequencing _ 표적 시퀀싱
tautonym _ 반복명
taxon (pl. taxa) _ 분류군
taxonomic key _ 분류검색표

taxonomic revision _ 분류학적재검토
taxonomy _ 분류학
tectate-columellate _ 피복원주형
tectate-imperforate _ 전복성
tectate-perforate _ 천공성
tectum _ 피복층
teeth _ 거치
tendril _ 덩굴손
tentacular leaf _ 촉수엽
tenuinucellate _ 박층성주심
tepal _ 화피편
terete _ 원주형
terminal bud scale scar _ 정생아인편흔
terminal bud _ 정생아, 정아
terminal _ 선단부
ternate/ternately compound _ 삼출복엽
ternately veined _ 삼출맥
ternate-netted/ternately netted _ 삼출그물맥
terrestrial _ 육생
tertiary vein _ 삼차맥
testa _ 외종피
tetrad _ 사립
tetradynamous _ 사강웅예
tetragonal tetrad _ 사변형사립
tetrahedral tetrad _ 사면체형사립
tetramerous _ 사수성
tetraploid _ 사배체
tetrasporangiate _ 사포자낭성
tetrasporic _ 사포자성
texture _ 재질
thalloid _ 엽상체형
thallus _ 엽상체
theca _ 반약
thigmonasty _ 감촉성
thorn _ 경침
throat _ 판인
thrum (-type flower) _ 단주화
thylakoid _ 틸라코이드
thyrse _ 밀추화서
tiller _ 분얼
tissue _ 조직
tomentose _ 면모상
tomentulose _ 세면모상
topology _ 분지양상, 계통분계구조
torus _ 충화탁
total cover _ 전체피도
trabecula _ 섬유주
tracheary element _ 통수요소
tracheid _ 가도관
transfer in position _ 전이
transformation series _ 전환계열, 형질구배
transitioin _ 염기전이
transverse posture _ 횡자세
transverse _ 횡개
transverse _ 횡단면
transversion _ 염기전환
trap leaf _ 함정엽
tree _ 교목
triangular _ 삼각형
trichome _ 모용, 털
trichotomosulcate _ 삼지원구형
tricyclic _ 삼환형
trifoliolate _ 삼출엽
trigger mechanism _ 방아쇠방식
trigonous _ 삼릉형
trilete mark _ 삼지표시
trimerous _ 삼수성
trimonoecious _ 삼성동주
trinomial _ 삼명체계
trinucleate _ 삼핵성
trioecy _ 삼성이주
tripinnate/tripinnately compound _ 삼회우상복엽
tripinnatifid _ 삼회우열
triploid _ 삼배체
triseriate _ 삼렬성
tristichous _ 삼렬호생
tristyly _ 삼이형화주성
trisulculate _ 삼원구형
tritegmic _ 삼주피
triternate/triternately compound _ 삼회삼출복엽
trullate _ 흙손형
truncate _ 평저
truncate _ 평두
trunk _ 수간
tryma _ 포견과
tube cell _ 화분관세포
tube _ 판통
tuber _ 괴경
tuberculate _ 결절상
tubular flower _ 통상화
tubular _ 관상, 관형, 통상
tunica _ 외초
turbinate _ 팽이형
twig _ 소지, 전년지
twining _ 만경형
two-armed _ 양팔형모
type/type specimen _ 기준표본
typus conservandus _ 보존표본
typus designatus _ 선정표본
ulcerus _ 원공구
umbel _ 산형화서
uncinate _ 구자상
undulate _ 파동형
unguiculate _ 화조형
unicarpellous _ 단심피성
unicellular _ 단세포성
unifacial leaf _ 단면엽
unifoliolate _ 단신복엽
unilabiate _ 단순형, 일순형, 반순형
unilateral _ 단측생
unilocular _ 단자방실
uninervous _ 단일맥
uniseriate _ 일렬성
unisexual _ 단성화
unistomal _ 단주공성
unit fruit _ 단위과
unit inflorescence _ 단위화서, 일차화서
unitegmic _ 단주피성
unity _ 병합
unordered _ 비순차적
unrooted tree _ 무근계통수
upper epidermis _ 상표피
upward _ 상향열개약
urceolate _ 호형
urent _ 장강자모상
utricle _ 낭과
vacuole _ 액포
valid name _ 합법명
valid published _ 합법출판
vallecular canal _ 과곡공기관
valvate _ 섭합상
valve _ 과피편, 판
valvular capsule _ 판개삭과
valvular _ 판개
variegated _ 얼룩무늬상
varietal epithet _ 변종소명
vascular bundle scar _ 관속흔
vascular bundle sheath _ 관속초
vascular bundle _ 관속, 관속대
vascular bundle _ 유관속
vascular cambium _ 유관속형성층
vascular cylinder _ 관속주
vascular strand _ 관속대
vascular tissue _ 관속조직
vasculature _ 관속계
vegetation type _ 식생형
vegetative bud _ 영양아
vein _ 맥
velamen _ 근피
velum _ 피막
venation _ 맥계
venter _ 복부(장란기의)
ventral canal cell _ 복구세포
ventral vein _ 복맥, 측맥, 태좌맥
ventral _ 복부
ventral _ 복면
vernal _ 춘출성
verruca _ 우상돌기
verrucate _ 사마귀상
versatile _ 정자착
verticillaster _ 윤산화서
verticillate _ 윤생, 돌려나기
verticillate _ 돌려나기
very widely obovate _ 초광도란형
very widely ovate _ 초광난형
vespertine _ 석간성
vessel member _ 도관절

vessel _ 도관
vestiture _ 모용분포상
vicariance _ 분단
vide _ 참고
villous _ 융모상, 양모상
vine _ 덩굴식물
viscid _ 점질상, 점착상
viscin thread _ 점사
voucher specimen _ 확증표본
wax _ 밀랍
weighting/character weighting _ 가중치부여
whorl _ 윤생층, 배열환, 윤생렬
whorled _ 윤생상, 윤생
widely elliptic _ 광타원형
widely obovate _ 광도란형
widely ovate _ 광난형
widely triangular _ 광삼각형
wood _ 재
woody _ 목질
wrinkled _ 주름상
xenogamy _ 타개체간수정
xylem _ 물관부
zig-zag/geniculate _ 지그재그형
zonocolpate _ 병구형
zonoporate _ 병공형
zonosulcate _ 환형
zoochory _ 동물산포
zygomorphic _ 좌우대칭, 양면대칭
zygote _ 접합자

찾아보기

ㄴ

ㅊ

기타

A

D

E

F

Q

R

U

V

W

X

Y~Z